学习C++20 中文版

[美] 保罗·J.戴特尔（Paul J. Deitel） [美] 哈维·M.戴特尔（Harvey M. Deitel）/ 著 周靖 / 译

U0252663

清華大學出版社
北 京

内容简介

全书共 18 章 5 个附录，讨论了 C++20 的 5 大编程模型：程序化编程、函数式编程、面向对象编程、泛型编程和模板元编程。第 I 部分介绍基础知识，第 II 部分介绍容器、C++20 范围、指针、字符串和文件，第 III 部分介绍现代面向对象编程和异常，第Ⅳ部分介绍泛型编程、模板、概念和模板元编程，第 V 部分介绍高级主题，包括模块、并行算法、并发和协程。

本书适合需要了解 C++20 新特性的程序员，包括零基础或有经验的 C++ 程序员以及其他想要了解 C++ 的程序员，也适合希望开课教 C++20 的老师。

北京市版权局著作权合同登记号　图字：01-2022-5477

图书在版编目（CIP）数据

学习C++20：中文版 /（美）保罗·J.戴特尔（Paul J. Deitel），哈维·M.戴特尔（Harvey M. Deitel）著；周靖译. —北京：清华大学出版社，2023.5（2024. 11重印）

书名原文：C++20 for Programmers: An Objects-Natural Approach

ISBN 978-7-302-62543-8

Ⅰ. ①学…　Ⅱ. ①保…　②哈…　③周…　Ⅲ. ①C++语言—程序设计　Ⅳ. ①TP312.8

中国国家版本馆CIP数据核字（2023）第022765号

责任编辑：文开琪
封面设计：李　坤
责任校对：周剑云
责任印制：丛怀宇
出版发行：清华大学出版社
网　　址：https://www.tup.com.cn，https://www.wqxuetang.com
地　　址：北京清华大学学研大厦A座　　邮　　编：100084
社 总 机：010-83470000　　邮　　购：010-62786544
投稿与读者服务：010-62776969, c-service@tup.tsinghua.edu.cn
质量反馈：010-62772015, zhiliang@tup.tsinghua.edu.cn
印 装 者：三河市铭诚印务有限公司
经　　销：全国新华书店
开　　本：178mm×230mm　　印　　张：64　　字　　数：1404千字
版　　次：2023年5月第1版　　印　　次：2024年11月第3次印刷
定　　价：238.00元

产品编号：098470-01

前言

欢迎阅读《学习 C++20（中文版）》。本书旨在为软件开发人员介绍前沿的计算机编程语言，遵循的是 ISO C++ 标准委员会在 2020 年 9 月通过[①]的 C++20 标准（英文版有 1834 页）。[②]

C++ 编程语言适合用来构建高性能的关键业务和关键任务计算系统，包括操作系统、实时系统、嵌入式系统、游戏系统、银行系统、空中管制系统以及通信系统等。本书的定位是帮助读者掌握 C++ 语言，所以书中涵盖了 C++ 语言本身（世界上最流行的编程语言之一[③]）及其相关的标准库，对 C++20 进行了友好的、现代的、范例代码丰富的、面向案例的介绍。在这里，我们将探讨这本书的“灵魂”。

着眼于现代 C++

本书专注于“现代 C++”，包含了四个最新的 C++ 标准：C++20、C++17、C++14 和 C++11，并对 C++23 以及更新的关键特性进行了展望。本书致力于探讨如何以一些新的和改进的方法用 C++ 进行编码。我们采用的是最佳实践，强调当前专业软件开发的“现代 C++”惯例，并将重点放在性能、安全性和软件工程这几个主题上。

保持话题性

“勇于传道授业解惑的人，是绝对不会停止进步的。”（约翰 • 科顿 • 达纳）[④]

---

① 赫伯 • 萨特（Herb Sutter），“C++20 Approved, C++23 Meetings and Schedule Update”，2020 年 9 月 6 日。详情访问 https://herbsutter.com/2020/09/06/c20-approved-c23-meetings-and-schedule-update/。

② C++ 标准的最终草案：https://timsong-cpp.github.io/cppwp/n4861/，该版本免费。如果要想购买最终发行版（ISO/IEC 14882:2020），请访问 https://www.iso.org/standard/79358.html。

③ 出自“TIOBE 编程社区指数”，网址是 https://www.tiobe.com/tiobe-index。

④ 出自 https://www.bartleby.com/73/1799.html，新泽西州纽瓦克市图书馆馆长达纳（后来担任美国图书馆和博物馆馆长）受邀提供一句拉丁文，用来铭刻在新泽西州尤尼恩市纽瓦克州立学院（现基恩大学）新大楼上。由于找不到合适的引文，达纳就自行创作了这句话（后来被作为校训）。——《纽约时报书评》，1967 年 3 月 5 日，第 55 页。

为了掌握“现代 C++”的发展动态并改变开发人员用 C++ 来写代码的方式，我们阅读、浏览或观看了最新的文章、研究论文、白皮书、文档以及博客帖子、论坛帖子和视频，数量累计超过 6 000。

C++ 版本

作为开发人员，你可能要按项目要求解决 C++ 遗留代码或使用特定的 C++ 版本。为此，本书中提到了“C++20”这样的提示，以便每次提到某个“现代 C++”语言特性时，你就知道它首次出现于 C++ 哪个版本中。这些内容有助于你体会 C++ 的发展历程：通常都是从低级别的细节，逐渐发展到更容易使用的高级别的表达形式。这个趋势有利于缩短开发时间、改善性能、提高安全性和系统可维护性。

目标读者

本书面向以下四类读者。

- 希望能够有一本内容全面、专业精深的教程可以帮助自己学习最新 C++20 特性的 C++ 软件开发人员。
- 需要做 C++ 项目并想学习最新语言特性的非 C++ 软件开发人员。
- 在大学里学过 C++ 或者在一段时间内因为职业需要用过 C++ 并希望在 C++20 的背景下更新 C++ 知识的软件开发人员。
- 计划开发 C++20 课程的 C++ 职业培训师。

“实时编码”方法和代码下载

本书的核心内容是我们 Deitel 标志性的实时编码（Live-Code）方法。我们不展示代码片段，而是在数百个完整的、可运行的、具有实时输出的真实 C++ 程序的背景下使用 C++。

请阅读“前言”之后的“准备工作”部分，从中了解如何设置 Windows、macOS 或 Linux 计算机，以便运行大约由 15 000 行代码组成的 200 多个代码示例。所有源代码都可以在以下网站免费下载：

- https://github.com/pdeitel/CPlusPlus20ForProgrammers
- https://www.deitel.com/books/c-plus-plus-20-for-programmers
- https://informit.com/title/9780136905691

为了提供方便，我们以 C++ 源代码（后缀名为 .cpp 和 .h）文件的形式提供本书的例子，供集成开发环境和命令行编译器使用。参见第 1 章的“试运行”一节（第 1.2 节），了解如何用我们推荐的三种编译器来编译和运行代码示例。在看书的同时执行每个程序，会有鲜活的学习体验。遇到任何问题，都可以通过 deitel@deitel.com 联系我们。

三种工业强度的编译器

我们在以下最新版本的平台上测试了所有代码示例。

- Windows® 平台：Microsoft® Visual Studio® 社区版的 Visual C++®。
- macOS® 平台：Apple® Xcode® 以及一个 Docker® 容器中的 Clang C++（clang++）。
- Linux® 平台：GNU 编译器集合（GCC）Docker® 容器中的 GNU® C++（g++）。

写作本书的时候，大多数 C++20 特性已经由所有三个编译器完全实现，有些由三个编译器中的一个子集实现，有些还没有由任何编译器实现。我们会酌情指出这些差异并在编译器厂商实现剩余的 C++20 特性时更新我们的数字版的内容。我们还会在本书的 GitHub 仓库中发布代码更新：

https://github.com/pdeitel/CPlusPlus20ForProgrammers

本书配套网站同时提供对代码和正文的更新：

https://www.deitel.com/books/c-plus-plus-20-for-programmers

https://informit.com/title/9780136905691

本书中文版网站会提供中文版后期勘误：

https://bookzhou.com

编程技巧和 C++20 关键特性

本书使用多种图标来提醒读者留意软件开发技巧及 C++20 的模块和概念特征。

软件工程　这类图标着重强调为正确开发软件而需要注意的架构和设计问题，特别是对于较大型的系统。

安全提示　这样的最佳实践帮助大家加强程序安全以抵御攻击。

性能提示　这一类提示给出了使你的程序运行得更快或尽量减少占用内存的窍门。

错误提示　常见编程错误有助于减少犯同样错误的可能性。

核心准则　C++ 核心准则建议（后面有具体说明）。

模块　C++20 新的模块特性。

概念　C++20 新的概念特性。

“对象自然”方法

第 9 章开始介绍如何开发自定义的 C++20 类并在后续章节继续讨论面向对象编程。

1. 何为对象自然

在第 9 章之前的各章，使用的是一些现有的类，它们能完成很多重要的工作。我们快速创建这些类的对象，并通过数量最少的简单 C++ 语句让它们“大显身手”。这就是我们所称的“对象自然方法”（Objects-Natural Approach）。

C++ 社区已经创建了大量免费、开源的类库，所以在第 9 章学习如何创建自己的 C++ 类之前，大多数读者就已经能够执行强大的任务了。这是使用面向对象语言（特别是 C++ 这样成熟的面向对象语言）最吸引人的地方。

2. 免费的类

我们鼓励使用 C++ 生态系统中现有的类，数量大且有价值、免费，它们通常有以下来源：

- C++ 标准库
- 平台特有的库，如微软的 Windows、苹果的 macOS 或各种 Linux 版本所提供的库
- 免费的第三方 C++ 库，通常由开源社区创建
- 其他开发者，比如你所在组织的开发者

我们鼓励大家查看大量免费的、开源的 C++ 代码实例（可在 GitHub 等网站上找到），从中找找灵感。

3. Boost 项目

Boost 提供了 168 个开源的 C++ 库。它也是最终被纳入 C++ 标准库之新特性的“温床”。一些已被添加到“现代 C++”的特性包括多线程、随机数生成、智能指针、元组、正则表达式、文件系统和 string_view。以下 StackOverflow 答案列出了从 Boost 库演变而来的“现代 C++”库和语言特性：

https://stackoverflow.com/a/8852421

4. 对象自然案例学习

第 1 章主要学习解释对象技术的基本概念和术语。然后，到第 9 章之前，本书的重点都是创建并使用现有类的对象。在第 9 章及之后的各章，才会开始创建自定义类。我们的对象自然案例学习如下：

- 2.7 节——创建并使用标准库 string 类的对象
- 3.12 节——任意大小的整数
- 4.13 节——使用 miniz-cpp 库读写 ZIP 文件
- 5.20 节——Lnfylun Lhqtomh Wjtz Qarcv: Qjwazkrplm xzz Xndmwwqhlz（这是我们私钥加密案例学习的加密标题）
- 6.15 节——C++ 标准库模板类 vector
- 7.10 节——C++20 span：连续容器元素的视图
- 8.19 节——读取 / 分析包含泰坦尼克号灾难数据的 CSV 文件
- 8.20 节——正则表达式简介
- 9.22 节——用 JSON 序列化对象

对于对象自然，一个完美的例子是直接使用现有类的对象，如 `array` 和 `vector`（第 6 章），而不需要知道如何编写自定义类，特别是不需要知道如何编写这些类。本书会广泛使用现有 C++ 标准库的功能。

本书导读

全书各章内容如下所示。[①]

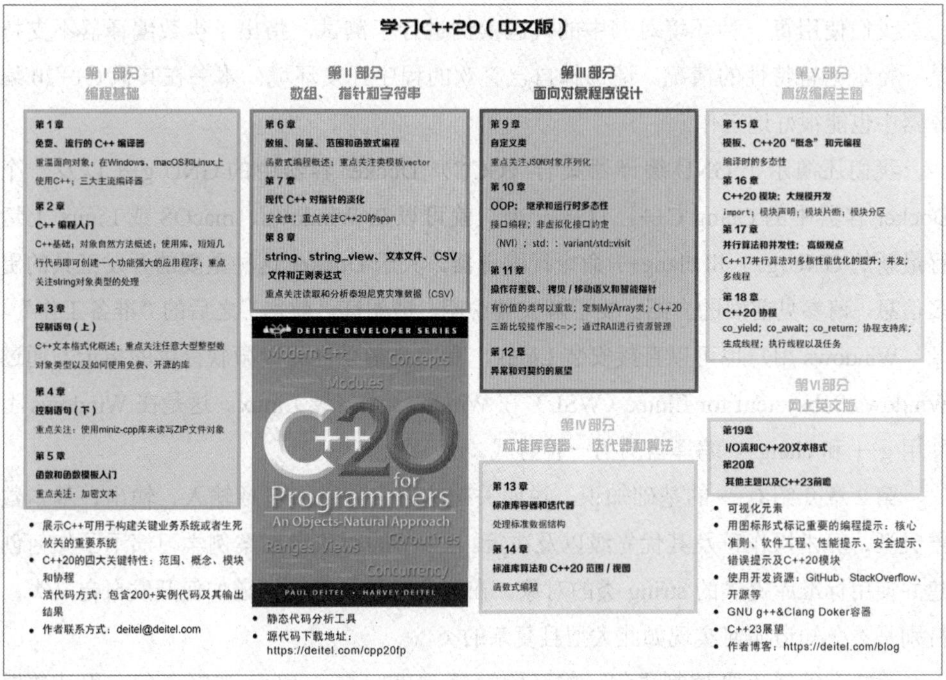

① 原图英文版下载地址：https://deitel.com/cpp20fpTOCdiagram。

这里描述了本书的许多关键特性。前几章为 C++20 的学习打下坚实的基础。后续涉及中高主题的章节和案例学习可以帮助大家轻松进入基于 C++20 的现代软件开发。贯穿全书，我们将讨论 C++20 的几种编程模型：

- 程序化编程
- 函数式编程
- 面向对象编程
- 泛型编程
- 模板元编程

第 I 部分：编程基础

第 1 章：本书是为专业软件开发人员编写的，所以首先提供一个简单的介绍。其次，讨论摩尔定律、多核处理器以及为什么标准化的并发编程在现代 C++ 语言中很重要。最后，对面向对象做一个简单的回顾，介绍贯穿全书的术语。

接下来，直接进入试运行环节，演示如何用我们首选的三个免费编译器编译和执行 C++ 代码：Windows 平台是作为 Visual Studio 一部分提供的 Microsoft Visual C++；macOS 平台是 Apple Xcode；Linux 平台是 GNU g++。

我们使用每一种环境对书中的代码实例进行了测试，指出了少数编译器不支持某一特定语言特性的情况。请选择自己喜欢的程序开发环境。本书在其他 C++20 编译器中也能很好地工作。

我们还演示了 GNU 编译器集合（GCC）Docker 容器中的 GNU g++ 以及一个 Docker 容器中的 Clang C++。这样一来，就可以在 Windows、macOS 或 Linux 上运行最新的 GNU g++ 和 clang++ 命令行编译器。关于 Docker 这种重要的开发工具的更多信息，请参见前面的介绍。要了解安装说明，请阅读“前言”之后的“准备工作”。

Windows 用户也可以直接安装 Linux，我们会指导你阅读微软提供的指示，通过 Windows Subsystem for Linux（WSL）在 Windows 上安装 Linux。这是在 Windows 上使用 g++ 和 clang++ 编译器的另一种方式。

第 2 章介绍 C++ 的基础知识，说明关键的语言特性，包括输入、输出、基本数据类型、算术操作符及其优先级以及决策。2.7 节的对象自然案例学习演示了如何创建并使用标准库提供的 string 类的对象。在这个时候，不必知道如何开发自定义类，特别是不必知道如何实现如此大型且复杂的类。

第 3 章的重点是控制语句。将开始学习 `if` 和 `if...else` 选择语句，用计数器控制和用哨兵控制的 `while` 循环语句，以及递增、递减和赋值操作符。3.12 节的对象自然案例学习演示了如何使用第三方库来创建任意大小的整数。

第 4 章介绍 C++ 的其他控制语句，包括 `for`，`do...while`，`switch`，`break` 和 `continue`，还介绍了逻辑操作符。4.13 节的对象自然案例学习演示了如何使用 `miniz-cpp` 库以编程方式写入和读取 ZIP 文件。

安全提示

第 5 章介绍自定义函数。我们用随机数生成来演示模拟技术。C++ 从 C 语言继承的随机数生成函数 `rand` 不具备良好的统计特征，是可以预测的。我们讲解了 C++11 引入的更安全的随机数库，它能生成非确定性的随机数——一组无法预测的随机数。这种随机数生成器应用于那些不容许预测的模拟和安全场景。我们还讨论了函数之间的信息传递以及递归。5.20 节的对象自然案例学习演示了私钥加密。

第 II 部分：数组、指针和字符串

安全提示

第 6 章初步讨论 C++ 标准库的容器、迭代器和算法。我们介绍了 C++ 标准库中用于表示值的列表和表格的 `array` 容器。将定义和初始化数组，并访问其元素。讨论了如何将数组传给函数，对数组进行排序和查找，以及操作多维数组。我们通过介绍 lambda 表达式（匿名函数）和 C++20 的“范围”——C++20 的“四大”特性之一——来开始接触函数式编程。6.15 节的对象自然案例学习演示了 C++ 标准库的 `vector` 模板。本章实质是 `array` 和 `vector` 的一个大型的“对象自然”案例学习，其中的代码很好地演示了“现代 C++”编码惯例（coding idiom）。

第 7 章全面介绍指针，并探讨内置指针、基于指针的数组和基于指针的字符串（也称为 C 字符串）之间的密切关系，所有这些都是 C++ 从 C 语言继承的。指针很强大，但使用起来很有挑战性。为此，“现代 C++”设计了一些特性来消除对大多数指针的需求，使代码变得更健壮、更安全。这些特性包括 `array` 和 `vector`、C++20 `span` 以及 C++17 `string_view`。我们还是会讨论内置数组，它们在 C++ 中依然有用，也是你看懂遗留代码所需要的。不过，如果是开发新项目，那么应该首选“现代 C++”提供的能力。7.10 节的对象自然案例学习展示的就是这样的一种能力：C++20 `span`。它使你能查看和操作连续容器（例如基于指针的数组以及标准库的 `array` 和 `vector`）的元素，同时无须直接使用指针。本章再次强调了“现代 C++”的编码惯例。

安全提示

第 8 章介绍标准库 `string` 类的许多特性，展示如何读写纯文本文件和以逗号分隔的 CSV 文件（常用于表示数据集），讨论如何用标准库的正则表达式（regex）功能进行字符串模式匹配。C++ 支持两种类型的字符串：string 对象和 C 风格的、基于指针的字符串。我们使用 string 类的对象使程序变得更健壮，同时避免 C 字符串的许多安全问题。如果要开发新项目，那么应该首选 string 对象。我们还介绍了 C++17 的 string_view，它是将任何类型的字符串传递给函数的一种轻量级的、灵活的机制。本章有两个对象自然案例学习。

- 8.19 节通过读取并分析一个包含泰坦尼克号灾难数据集的 CSV 文件来介绍数据分析，这是向初学者介绍数据分析的一个流行的数据集。
- 8.20 节介绍了正则表达式模式匹配和文本替换。

第 III 部分：面向对象程序设计

第 9 章正式讨论面向对象编程，我们会编写一些有价值的自定义类。C++ 是一种可扩展的语言——你编写的每个类都会成为一个新类型，可基于它创建对象。9.22 节的对象自然案例学习使用第三方库 cereal 将对象转换为 JSON 格式（序列化），并从其 JSON 表示中重新创建这些对象（反序列化）。

第 10 章主要讨论继承层次结构中类之间的关系以及这些关系所带来的强大的运行时多态处理能力。本章的一个重要方面是了解多态性是如何工作的。我们用插图和文字详细解释了 C++ 于幕后如何实现多态性、虚函数和动态绑定。你会看到，语言使用了一种优雅的、基于指针的数据结构。我们还介绍了用于实现运行时多态性的其他机制，其中包括非虚接口（NVI）惯用法和 std::variant/std::visit。本章还讨论了一个重要的编程原则：藉由接口来编程，而不要藉由实现（programming to an interface，not an implementation）。

第 11 章介绍如何使 C++ 现有的操作符与自定义类的对象一起工作，并讨论了智能指针和动态内存管理。智能指针提供了内置指针所不具备的额外功能，能帮助大家避免动态内存管理错误。unique_ptr 会在本章讨论，而 shared_ptr 和 weak_ptr 会在本书在线内容的第 20 章讨论。本章的一个关键点是教大家打造有价值的类。首先展示一个 string 类的例子，它优雅地运用了操作符重载技术。然后，教大家如何创建自定义类来实现该功能。接着是本书最重要的案例学习之一，你将利用重载操作符和其他功能创建自定义的 MyArray 类，从而解决 C++ 原生的、基于指针的数组所存在的各种问题。[1] 我们介绍并实现了 5 种可在所有类中定义的特殊成员函数：拷贝构造函数、拷贝赋值操作符、移动构造函数、移动赋值操作符和析构函数。我

错误提示

性能提示

① 工业强度的系统应该使用标准库的类来做这件事，但这个例子便于我们演示许多关键的“现代 C++”概念。

们讨论了拷贝语义和移动语义，它们使编译器能够将资源从一个对象移动到另一个对象，以避免昂贵的、不必要的拷贝。我们介绍了 C++20 的三路比较操作符 <=>（也称为“太空飞船操作符”），并演示了如何实现自定义转换操作符。第 15 章会着手将 MyArray 转换为一个可用于存储指定类型的元素的类模板，届时将真正打造出一个有价值的类。

第 12 章继续讨论第 6 章开始引入的异常处理。我们讨论了何时使用异常、异常安全保证、构造函数 / 析构函数中的异常、如何处理动态内存分配失败以及为什么有的项目不使用异常处理。本章最后还介绍了契约，这是未来 C++ 可能会纳入的一个特性。我们通过 godbolt.org 网站上的一个实验性契约实现来进行说明。契约的一个目标是将大多数函数都变成 noexcept，即指定函数不抛出异常。这可能允许编译器执行额外的优化，同时消除异常处理的开销和复杂性。

错误提示

性能提示

第Ⅳ部分：标准库容器、迭代器和算法

第 13 章开始更广泛和更深入地讨论三个关键的 C++ 标准库组件：

- 容器（模板化数据结构）
- 迭代器（用于访问容器元素）
- 算法（用迭代器操作容器）

本章将讨论容器、容器适配器和近似容器，会讲到 C++ 标准库提供的一些常用数据结构，这样就不必自行创建——我们的绝大多数数据结构需求都可通过重用这些标准库的功能来满足。我们演示了大多数标准库容器的用法，并介绍如何利用迭代器将算法应用于各种容器类型。本章还会提到，不同容器支持的是不同种类的迭代器。本章会继续演示如何利用 C++20“范围”来简化代码。

第 14 章从标准库总计 115 种算法中选择了一部分来介绍，重点放在常见的容器操作上，其中包括用值填充容器、生成值、比较元素或整个容器、移除元素、替换元素、数学运算、查找、排序、交换、拷贝、合并、集合操作、确定边界以及计算最小值和最大值等。我们讨论了对迭代器的最低要求，这样就可以确定每种算法能使用哪些容器。本章开始讨论 C++20 四大特性中的另一个概念。C++20 std::ranges 命名空间中的算法通过 C++20“概念”来指定它们的要求。我们将通过 C++20“范围”和“视图”来拓展对 C++ 函数式编程的讨论。

第Ⅴ部分：高级编程主题

第 15 章讨论如何使用模板进行泛型编程。自 1998 年 C++ 标准发布以来，C++

性能提示

语言就一直支持“模板”的概念。随着 C++ 每个新版本的发布，模板的重要性也日益增加。现代 C++ 的一个重要趋势就是在编译时做更多的事情，以获得更好的类型检查和更好的运行性能。换言之，如果问题能在编译时解决，就能有效地避免运行时开销，使系统更快。如你所见，模板（特别是模板元编程）是实现强大的编译时处理的关键。本章将深入研究模板，展示如何开发自定义类模板，并探索 C++20 新增的“概念”。你将创建自己的“概念”，将第 11 章的 MyArray 案例学习转换为具有自己的迭代器的类模板，并与可接收任意数量模板实参的“可变参数模板”协同工作。本章会讨论如何进行 C++ 元编程。

模块

性能提示

安全提示

第 16 章介绍了 C++20 的另一个“四大”特性。模块是一种新的代码组织方法，能精确控制向客户代码公开哪些声明，同时封装实现细节。模块有助于提高开发人员的效率，特别是在构建、维护和演化大型软件系统的时候。模块使这些系统能更快地构建，并为其赋予更佳的可伸缩性。C++ 之父本贾尼·斯特诺斯特拉普（Bjarne Stroustrup）说：“模块为改善 C++ 的代码整洁性和编译速度提供了一个历史性的机会（将 C++ 带入 21 世纪）。”[①] 你会发现，即使是一些小型系统，模块也能通过消除对 C++ 预处理器的需求，从而为每个程序带来直接的好处。我们本来想在程序中集成模块，但在写作本书时，市面上的主流编译器仍然缺失了多种模块功能。

性能提示

第 17 章是本书中最重要的章节之一，讲解了 C++ 如何为创建和管理多个任务的应用程序提供支持。这能显著提升程序的性能和可响应性。我们展示了如何使用 C++17 的预打包并行算法来创建多线程程序。这种程序在当今的多核计算机架构上运行得更快（而且通常快得多）。例如，我们做了个实验，对 1 亿个值先进行顺序排序，再进行并行排序。在逐渐增大核心数量的前提下，我们利用 C++ 的 <chrono> 库来分析在当今流行的多核系统上获得的性能提升。你会看到，在使用了八核英特尔处理器的 64 位 Windows 10 计算机上，并行排序的运行速度达到了顺序排序的 6.76 倍。我们讨论了生产者 – 消费者关系，并演示了使用低级和高级 C++ 并发基元（原语）来实现它的多种方法。这些基元包括 C++20 新增的 latch（闭锁）、barrier（栅栏）和 semaphore（信号量）。有必要强调一点，并发编程很难正确实现，所以应该尽可能地使用高级并发特性。像信号量和原子类型（atomic）这样的低级特性可以用来实现像闭锁这样的高级特性。

第 18 章介绍所谓的“协程”，这是 C++20 四大特性中的最后一个。协程是一

① Bjarne Stroustrup，“Modules and Macros”，访问日期 2022 年 2 月 9 日 http://www.open-std.org/jtc1/sc22/wg21/docs/papers/2018/p0955r0.pdf。

软件工程

种可以暂停执行并在稍后由程序的另一部分继续执行的函数。为其提供支持的机制完全由编译器自动为你生成的代码来处理。任何函数只要使用了 `co_await`、`co_yield` 和 `co_return` 关键字之一，就可以认为是一个协程。协程使你能以简单的顺序编码风格进行并发编程。协程需要一个复杂的基础结构，你可以自己写，但那样会很复杂、乏味而且容易出错。相反，大多数专家都认为，我们应尽可能使用高级协程支持库，本节演示的就是这种方法。开源社区已经创建了好几个实验性的库，使我们能快速、方便地开发协程，本书利用了其中两个。估计 C++23 会开始提供对协程的标准库支持。

附录

附录 A 按从高到低的优先级顺序列出了 C++ 支持的操作符。

附录 B 列出了字符及其数字编码。

如何访问英文版在线章节和附录

我们在 informit.com 上提供了几个章节和附录（英文版）。可以按以下步骤注册本书并访问以下内容。

1. 访问 https://informit.com/register，用现有账户登录或者注册新账户。
2. 在 Register a Product 区域的 ISBN 框中输入 9780136905691，单击 Submit 按钮。
3. 在个人账户页面的 My Registered Products 区域，单击 C++20 for Programmers: An Objects-Natural Approach 下的 Access Bonus Content 链接。

随后将显示本书的在线内容页面，单击下载链接即可获取全部内容（40 MB 以上）。

网上提供的章节

第 19 章（英文版）讨论标准的 C++ 输入 / 输出功能和 `<iomanip>` 库遗留的格式化特性。之所以讨论这些格式化特性，是因为程序员可能在遗留 C++ 代码中遇到它们。另外，本章还更深入地讨论了 C++20 新的文本格式化特性。

第 20 章（英文版）介绍 C++ 其他的主题，并展望了 C++23 以及后续版本预期的新特性。

附录 C（英文版）概述二进制、八进制、十进制和十六进制数字系统。

附录 D（英文版）讨论 C++ 预处理器的其他特性。我们在讨论模板元编程（第 15 章）和 C++20 模块（第 16 章）时，已经讨论过 C++ 预处理器的许多特性，本附录只是起到查漏补缺的作用。

附录 E（英文版）讨论了按位操作符，它们对整数操作数的单独的二进制位进行操作。另外，本附录还讨论了用于紧凑表示整数数据的“位域”。

配套网站 deitel.com 提供的其他资源

我们在 deitel.com 网站为本书设立了专页：

https://deitel.com/c-plus-plus-20-for-programmers

其中包含以下附加资源：

- 到 GitHub 仓库的链接，提供本书 C++ 源代码的下载
- 博客文章：https://deitel.com/blog
- 本书后续更新

要想更进一步了解如何下载源代码以及 C++ 开发环境的设置，请参见稍后的“准备工作”部分。

C++ 核心准则

核心准则

C++“核心准则”打印出来大约有 500 页：

https://isocpp.github.io/CppCoreGuidelines/CppCoreGuidelines

它们由 C++ 之父本贾尼·斯特诺斯特拉普（Bjarne Stroustrup）和 ISO C++ 标准委员会召集人赫伯·萨特（Herb Sutter）编辑，旨在“帮助人们有效使用现代 C++”。[①] 以下内容来自它的“摘要”：

软件工程 错误提示 性能提示

> “该准则聚焦于相对高层次的问题，例如接口、资源管理、内存管理以及并发等。这些规则影响的是应用程序架构和库的设计。和现今在代码中常见的情况相比，遵循这些规则可以保证代码的静态类型安全，无资源泄露，并能捕捉更多的编程逻辑错误。除此之外，还能使代码运行得更快，你将更容易地把事情做对。”[②]

核心准则

贯穿全书，我们将尽可能坚持这些准则。许多在“核心准则”中提供的建议我们都会用相应的图标指明。几百条核心准则被划分为多个类别和子类别。虽然信息量听起来似乎有点过度，但利用前面描述的静态代码分析工具，可以根据这些准则自动化检查代码。

---

① C++ Core Guidelines，“Abstract”，访问日期 2022 年 1 月 9 日，https://isocpp.github.io/CppCoreGuidelines/CppCoreGuidelines#S-abstract。

② C++ Core Guidelines，“Abstract”。

准则支持库

“C++ 核心准则”经常提到一个“准则支持库”（Guidelines Support Library，GSL），它实现了用于为各种建议提供支持的辅助类和函数①。微软在 GitHub 上提供了一个开源的 GSL 实现：

https://github.com/Microsoft/GSL

本书早期章节的一些例子已经在使用 GSL 特性，其中一些 GSL 特性后来被纳入 C++ 标准库。

具有工业强度的静态代码分析工具

安全提示

错误提示

利用静态代码分析工具，可以快速检查代码是否存在常见的错误和安全问题，并提供代码改进意见。使用这些工具就像是让世界级的专家帮你检查代码。为了帮助我们遵守 C++ 核心准则，并从总体上改进代码，我们使用了以下静态代码分析工具：

- clang-tidy——https://clang.llvm.org/extra/clang-tidy/
- cppcheck——https://cppcheck.sourceforge.io/
- Microsoft 的“C++ 核心准则”静态代码分析工具，它内置于 Visual Studio 的静态代码分析器中

使用上述三种工具，我们对本书代码示例进行检查以确认：

- 遵循 C++ 核心准则
- 遵循编码标准
- 遵循“现代 C++”惯例
- 是否存在可能的安全问题
- 是否存在常见 bug
- 是否存在可能的性能问题
- 代码的可读性
- 以及更多……

错误提示

我们还在 GNU g++ 和 Clang C++ 编译器中使用了编译器标志 -Wall 来启用所有编译器警告。除了一些超出本书范围的警告，我们确保程序在编译时没有警告消息。要更多地了解静态分析工具的配置，请参见稍后的“准备工作”。

教学方法

安全提示

本书包含丰富的“实时编码”示例。我们强调程序的清晰性，并专注于构建卓

① C++ Core Guidelines，“GSL: Guidelines Support Library”，访问日期 2022 年 1 月 9 日，https://isocpp.github.io/CppCoreGuidelines/CppCoreGuidelines#S-gsl。

越的软件，使其足以体现良好的工程规范。

- **使用不同字体进行强调** 关键术语加黑使其更醒目，C++ 代码使用等宽字体（例如，`x = 5`），并使用引号来表示界面元素（例如，“文件”菜单）。
- **学习目标和大纲** 每一章都从“学习目标”开始，简单概括希望读者在本章达成的目标。
- **表格和插图** 本书使用了大量的表格和插图。
- **编程技巧和关键特性** 编程技巧和关键特性在页边用相应的图标表示。

开发者资源

1. 关于 StackOverflow

StackOverflow 是最受欢迎的面向开发人员的问答网站之一。程序员遇到的许多问题已经在这里讨论过了，所以是寻找这些问题的解决方案和发布新问题的一个好地方。在本书写作过程中，当我们在谷歌上查询各种问题（往往是复杂的那种）时，都会将 StackOverflow 的答案作为首选。

2. 关于 GitHub

> “要想成为程序员，最佳的途径就是自己动手写程序并研究其他人已经写好的优秀的程序。我自己以前经常去计算机科学中心翻废纸篓，找他们写的操作系统，研究他们是怎么写代码的。”①
>
> ——比尔·盖茨

GitHub 是寻找免费的开源代码并集成到自己项目中的一个很好的地方。如果你愿意的话，还可以将自己的代码贡献给开源社区。目前有超过 8 300 万名开发人员在使用 GitHub。②网站拥有超过 2 亿个以多种编程语言编写的代码仓库。③仅仅过去一年，开发者就为 6 100 多万个代码仓库做出了贡献。④GitHub 为专业软件开发人员提供了版本控制工具，可以帮助开发团队管理公共开源项目和私人项目。

C++ 开源社区很庞大。在 GitHub 上，有超过 47 000 个 C++ 代码仓库。⑤你可以在 GitHub 上查看其他人的 C++ 代码。如果喜欢，甚至可以在此基础上构建自己的。这是一种很好的学习方式，是我们的“实时编码”教学方法的自然延伸。⑥

---

① 引自苏珊·拉默斯所著的《编程大师访谈录》，英文版由微软出版社在 1986 年出版。
② 2022 年 7 月 10 日的数据，最新数据请访问 https://github.com/about。
③ 2022 年 7 月 10 日的数据，最新数据请访问 https://github.com/about。
④ 2022 年 7 月 10 日的数据，最新数据请访问 https://octoverse.github.com。
⑤ 2022 年 7 月 10 日的数据，C++ 最新统计数据请访问 https://github.com/topics/cpp。
⑥ 学生需要熟悉 GitHub 上软件的各种开源许可证。

2018 年，微软斥资 75 亿美元收购了 GitHub。作为软件开发人员，你肯定会经常使用 GitHub。根据微软首席执行官萨蒂亚•纳德拉的说法，该公司收购 GitHub 的目的是“尽一切努力让每个开发人员构建、创新和解决世界上最紧迫的挑战”。[①]

我们鼓励大家研究并执行 GitHub 上大量的开源 C++ 代码，贡献自己的代码。

3. 关于 Docker

安全提示

Docker 是一种将软件打包成容器的工具，它捆绑了跨平台方便地执行该软件所需的一切。某些软件包要求进行复杂的安装和配置。对于许多这样的软件，你都可以下载现成的、免费的 Docker 容器，从而避免复杂的安装问题。然后，可以简单地在台式机或笔记本上本地执行软件，这使 Docker 成为帮助你快速、方便和经济地开始使用新技术的一个好方法。

我们展示了如何安装和执行 Docker 容器，预先配置了以下工具：

- GNU 编译器集合（GCC），其中包括 g++ 编译器
- 最新版 Clang 的 clang++ 编译器

两者都可以在 Windows、macOS 和 Linux 平台上的 Docker 中运行。

Docker 还有助于实现“可重复”或“再现”。自定义 Docker 容器可以使用你当前选择的软件和库来配置。这使其他人能重建你的环境，并再现你的工作，也能帮助你再现自己的结果。可重复在科学和医学领域尤其重要，例如，在研究人员想要对已发表文章中的工作进行证明和扩展的时候。

一些重要的 C++ 文档和资源

本书引用了视频、博客、文章和在线文档，总数超过 900 个。在阅读本书的过程中，建议大家根据需要访问这些资源中的一些，去研究更多的高级特性和编程惯例。zh.cppreference.com 网站已成为事实上的 C++ 文档网站。我们会时常引用它，方便大家获得标准 C++ 类和函数的更多细节。我们还会经常引用 C++20 标准文件的最终草案，它可从 GitHub 上免费获取，网址如下：

https://timsong-cpp.github.io/cppwp/n4861/

在阅读本书的过程中，以下 C++ 资源也会很有帮助。

1. 文档

- 由 C++ 标准委员会通过的 C++20 标准文档最终草案：https://timsong-cpp.

① “Microsoft to Acquire GitHub for $7.5 Billion”，访问日期 2022 年 1 月 7 日，https://news.microsoft.com/2018/06/04/microsoft-to-acquire-github-for-7-5-billion/。

github.io/cppwp/n4861/

- zh.cppreference.com 提供的“C++ 参考手册”：https://zh.cppreference.com/
- Microsoft 的 C++ 语言文档：https://docs.microsoft.com/zh-cn/cpp/cpp
- GNU C++ 标准库参考手册：https://gcc.gnu.org/onlinedocs/libstdc++/manual/index.html

2. 博客

- Sutter’s Mill 博客，这是 Herb Sutter 的软件开发博客：https://herbsutter.com/
- Microsoft C++ 团队的博客：https://devblogs.microsoft.com/cppblog
- Marius Bancila 的博客：https://mariusbancila.ro/blog/
- Jonathan Boccara 的博客：https://www.fluentcpp.com/
- Bartlomiej Filipek 的博客：https://www.cppstories.com/
- Rainer Grimm 的博客：http://modernescpp.com/
- Arthur O’Dwyer 的博客：https://quuxplusone.github.io/blog/

3. 其他资源

- C++ 之父的网站：https://stroustrup.com/
- Standard C++ Foundation 网站：https://isocpp.org/
- C++ 标准委员会网站：http://www.open-std.org/jtc1/sc22/wg21/

自己找答案

C++ 和常规编程网上论坛如下：

- https://stackoverflow.com
- https://www.reddit.com/r/cpp/
- https://groups.google.com/g/comp.lang.c++
- https://www.dreamincode.net/forums/forum/15-c-and-c/

其他有价值的网站可参见网站 https://tinyurl.com/2npmj3ld 列出的清单。

另外，厂商经常为他们的工具和库提供论坛。许多库是在 github.com 上管理和维护的。某些库的维护者会通过该库的 GitHub 页面上的“议题”（issues）标签提供支持。

与作者沟通

阅读本书的过程中遇到任何问题，可以通过 deitel@deitel.com 联系我们，我们会及时做出答复。

加入 Deitel & Associates 公司的社交媒体社群

Deitel 的社交媒体账号如下：

- LinkedIn®——https://bit.ly/DeitelLinkedIn
- YouTube®——https://youtube.com/DeitelTV
- Twitter®——https://twitter.com/deitel
- Facebook®——https://facebook.com/DeitelFan

O' Reilly Online Learning 提供的 Deitel Pearson 产品

你所在的公司或大学或许已经订阅了 O' Reilly Online Learning，因而能免费访问我们 Deitel 在培生出版的所有电子书和 LiveLessons 视频。除此之外，还能免费访问 Paul Deitel 提供的为期一天的 Full Throttle 培训课程。个人可在以下网址注册 10 天免费试用：

https://learning.oreilly.com/register/

要完整了解 O' Reilly Online Learning 提供的最新产品和课程，请访问以下网址：

https://deitel.com/LearnWithDeitel

教科书和专业书

O' Reilly Online Learning 提供的每一本 Deitel 电子书（英文版）都是全彩的，提供了全面的索引和文本查找功能。我们每写一本专业书，都会提前发布到 O' Reilly Online Learning 上，供早期的试读。定稿之后，会替换成最终内容。本书英文版的最终版电子书可访问以下网址：

https://learning.oreilly.com/library/view/c-20-for-programmers/9780136905776

LiveLessons 视频课程

和作者保罗（Paul Deitel）一起动手学，视频中介绍了 C++、Java、Python 以及 Python 数据科学 / 人工智能中大家关注的前沿计算技术(还有更多即将推出)。O' Reilly 订阅者可通过以下网址访问本书的 LiveLessons 视频：

https://learning.oreilly.com/videos/c-20-fundamentals-parts/9780136875185

这些视频是自己掌握学习进度时的理想选择。本书写作时，我们仍在录制这个产品。其他视频在 2022 年第 1 季度和第 2 季度发布。最终的视频产品将包含 50 ～ 60 小时的视频，大约相当于大学两个学期的课程。

Full-Throttle 直播培训课程

作者保罗（Paul Deitel）在 O' Reilly Online Learning 网站提供 Full-Throttle（快节奏）直播培训课程：

https://deitel.com/LearnWithDeitel

这是我们推出的为期一天的、仅授课（无学生互动）、快节奏的、代码密集型的直播授课方式，主题涉及 Python、Python 数据科学 /AI、Java、C++20 基础和 C++20 标准库。这些课程的目标学员是有经验的开发人员和软件项目经理，他们准备选择一种新的语言来完成项目，所以需要大致了解一下。在完成一节 Full-Throttle 课程后，学员通常可以选择观看相应的 LiveLessons 视频课程，授课时间更长，并符合课堂学习的节奏。

讲师指导的现场培训

三十年来，作者保罗（Paul Deitel）一直在为开发人员教授编程语言。他开设了各种为期一至五天的 C++、Python 和 Java 企业培训课程，并为加州大学洛杉矶分校安德森管理学院的商业分析科学硕士（MSBA）讲授 Python 与数据科学入门课程。他可以在全球范围内开展线下或线上授课。请联系 deitel@deitel.com，获得为贵公司或学术项目定制的方案。

本书的大学教科书版

本书的大学教科书版本是《C++ 程序设计》，最新版是第 11 版，它以三种数字格式提供：

- 主流电子书供应商提供的网上电子书
- 交互式 Pearson eText（见下）
- 带考评功能的交互式 Pearson Revel（见下）

所有这些教科书版本都支持标准的"How to Program"特色，例如：

- 专门用一章来介绍硬件、软件和互联网的概念
- 面向新手介绍编程
- 节末的编程和非编程检查点自测练习（附答案）
- 章末练习

Deitel Pearson eText 和 Revel 版本包括以下内容：

- Paul Deitel 讲解书中核心章节材料的视频

- 交互式的编程和非编程检查点自测题（附答案）
- 抽认卡和其他学习工具

此外，Pearson Revel 还支持交互式编程和非编程的自动考评练习，还提供教师课程管理工具，比如成绩册。

如果通过申请的大学教师用教科书进行教学的话，还可获得以下补充资源：

- 教参，包括大多数章末练习的答案
- 课堂作业文件，包括分为基于代码和非代码的多选题及答案
- 可定制的 PowerPoint 课堂幻灯片

请发送邮件至 deitel@deitel.com，了解详情。

致谢

感谢 Barbara Deitel 为本项目所做的长期性网上研究。很幸运能与培生（Pearson）的专业出版团队合作。感谢朋友和同事 Pearson IT Professional Group 副总裁马克・L. 陶伯（Mark L. Taub）的努力和对我们长达 27 年的指导。他与其团队出版我们的专业书籍和 LiveLessons 视频产品，并赞助我们通过 O' Reilly Online Learning 服务向读者提供实时在线培训：

https://learning.oreilly.com/

Charvi Arora 招募本书的审稿人团队并管理审稿过程。感谢 Julie Nahil 对本书英文版的制作过程进行管理。感谢 Chuti Prasertsith 设计英文版封面。

技术审稿人

在本项目中，我们很幸运地邀请到 10 位杰出的专业人士来审校我们的书稿。大多数审稿人或者是 ISO C++ 标准委员会的成员，或者曾在该委员会任职，或者与委员会有工作关系。许多人都为 C++ 语言做出了一些贡献。他们帮助我们做成了一本更好的书，书中如果还有任何差错，那么肯定是我们自己的问题。

- Andreas Fertig，独立 C++ 培训师和顾问，cppin-sights.io 的创建者，*Programming with C++20* 一书的作者。
- Marc Gregoire，Nikon Metrology 公司的软件架构师，微软 MVP（Visual C++ 方向）和 *Professional C++* 第 5 版的作者（本书针对 C++20）。
- Daisy Hollman 博士，ISO C++ 标准委员会成员。
- Danny Kalev 博士和认证系统分析师 / 软件工程师，ISO C++ 标准委员会前成员。

- Dietmar Kühl，Bloomberg L. P. 高级软件开发师，ISO C++ 标准委员会成员。
- Inbal Levi，SolarEdge Technologies，ISO C++ 基金会总监，ISO C++ SG9（“范围”）主席，ISO C++ 标准委员会成员。
- Arthur O' Dwyer，C++ 培训师，CppCon 的“Back to Basics”分主题主席，几个已被接受的 C++17/20/23 提案以及 *Mastering the C++17 STL* 一书的作者。
- Saar Raz，彭博社高级软件工程师，Clang 中 C++20“概念”的实现者。
- José Antonio González Seco，安达卢西亚议会议员。
- Anthony Williams，英国标准协会 C++ 标准小组成员，Just Software Solutions 公司的总监，*C++ Concurrency in Action* 第 2 版的作者（许多 C++ 标准委员会文件的作者或共同作者，这些文件最终促成了 C++ 标准化的“并发”特性）。

特别感谢 Arthur O' Dwyer

我们想要强调他为审校本书所付出的非凡努力。通过看他的批注，我们学到了很多 C++ 的精妙之处，特别是一些“现代 C++”编码惯例。除了仔细批注我们发给他的每一章 PDF 文件，他还单独提供了一份综合性的文档来详细解释自己的意见，还经常重写代码并提供外部参考资源以提供额外的见解。当我们在综合所有审稿人的意见时，总是期待他的，特别是涉及更具挑战性的问题时。他虽然很忙，但对审校工作很慷慨，而且总是富有建设性。他坚持要求我们“把书做好”并努力帮助我们做到这一点。他面向专业人士教授 C++ 编程。他教会了我们如何正确使用 C++。

GitHub

感谢 GitHub 使我们能轻松分享代码并保持更新，它提供的工具使 8 300 多万开发者能够为 2 亿多个代码仓库做出贡献。[①] 这些工具支持大规模开源社区，为当今流行的编程语言提供库，使开发者更容易创建强大的应用程序，同时避免“重新发明轮子”。

① 这是 2022 年 7 月 10 日的数据，最新数据请访问 https://github.com/about。

特别感谢 Matt Godbolt 和 Compiler Explorer

感谢 Compiler Explorer 的创造者 Matt Godbolt（https://godbolt.org）。这个工具能编译和运行以多种编程语言写的程序。通过这个网站，可以这样测试自己写的代码：

- 在大多数流行 C++ 编译器上测试，其中包括我们首选的三个编译器
- 在许多已发布的、开发中的和实验性的编译器版本上测试

例如，我们使用了一个实验性的 g++ 编译器版本来演示“契约”（参见第 12 章），该特性有望在未来的 C++ 语言版本中标准化。我们的几位审稿人使用 godbolt.org 向我们展示了建议的修改，以这种方式来帮助我们改进。

特别感谢 Dietmar Kühl

感谢彭博社 L. P. 高级软件开发师和 ISO C++ 委员会成员 Dietmar Kühl，他与我们分享了他对继承、静态 / 动态多态性的看法。他的见解帮助我们完善了第 10 章和第 15 章对这些主题的讲述。

特别感谢 Rainer Grimm

感谢 Rainer Grimm（http://modernescpp.com/），他是“现代 C++”社区最多产的博主之一。随着我们对 C++20 的深入了解，我们的谷歌搜索经常指向他的著作。Rainer Grimm 是一位专业的 C++ 培训师，提供德语和英语课程。他是几本 C++ 书籍的作者，包括 *C++20: Get the Details* *++20 Concurrency with Modern C++*、*The C++ Standard Library* 和 *C++ Core Guidelines Explained*。他已开始在博客上介绍有望在 C++23 中出现的特性。

特别感谢 Brian Goetz

我们有幸邀请到 Oracle 的 Java 语言架构师和 *Java Concurrency in Practice* 合著者 Brian Goetz 对我们的另一本书 *Java How to Program*（第 10 版）进行审稿。他为我们提供了许多见解和建设性的意见，具体如下。

- 继承层次的设计，这影响着本书第 10 章中几个例子的设计决策。
- Java 并发性，这影响着本书第 17 章中对 C++20 并发性的讲述。

开源贡献者和博客作者

特别感谢全世界为开源运动做出贡献并在网上发表博客的技术人员，感谢大力支持开源软件和信息的组织。

谷歌搜索

感谢谷歌，它的搜索引擎回答了我们的查询，每次都可以在几分之一秒内完成，无论白天还是晚上，而且还免费。这是我们过去 20 年的研究过程中所享受到的最好的生产力提升工具，没有之一。

Grammarly

我们现在对所有稿件都使用 Grammarly 付费版本。这个工具被描述成“AI 写作助手”，能帮助你“写出大胆、清晰、没有错误的文章”。[①] 他们还说：“利用各种创新方法——包括先进的机器学习和深度学习——我们不断在自然语言处理（NLP）研究方面取得新的突破，为用户提供无与伦比的帮助。”[②]Grammarly 提供免费工具，可以将其整合到流行的 Web 浏览器、Microsoft® Office 365 ™和 Google Docs ™中。他们还提供更强大的高级和商业工具。可以访问以下网址查看他们的免费和付费套餐：

https://www.grammarly.com/plans

在你阅读本书并使用代码示例时，我们感谢你对此发表评论、批评、指正和改进建议。包括疑问在内的所有信件请发送到 deitel@deitel.com，我们会及时做出答复。

欢迎来到令人振奋的 C++20 编程世界。过去 30 年，我们总共写了 11 版的学术和专业 C++ 书籍。我们希望本书能为您提供一个信息丰富、兼具挑战性和娱乐性的学习体验，并帮助您迅速进入“现代 C++”软件开发的状态。

关于作者

保罗·戴特尔（Paul Deitel）是 Deitel & Associates 公司 CEO 兼 CTO，拥有 42 年计算机行业的工作经验，早年毕业于麻省理工学院。作为全球最有经验的编程语言培训师之一，他从 1992 年以来，就一直为软件开发人员教授专业课程。他向 Deitel & Associates 公司的院校、行业、政府和军事客户提供了数以百计的编程课程，这些客户包括加州大学洛杉矶分校（UCLA）、思科（Cisco）、IBM、西门子（Siemens）、Sun Microsystems（现在的 Oracle）、戴尔（Dell）、Fidelity、肯尼迪航天中心的 NASA、美国国家强风暴实验室（National Severe Storm Laboratory）、白沙导弹发射场（White Sands Missile Range）、Rogue Wave Software、波音（Boeing）、彪马（Puma）

① Grammarly 的主页是 https://www.grammarly.com。
② “Our Mission”，https://www.grammarly.com/about。

和 iRobot 等。他与哈维 • M. 戴特尔（Harver M. Deitel）博士合作打造了全球最畅销的编程语言教材、专业书籍、视频和互动多媒体电子学习内容，做过许多线上和线下的培训以及虚拟 / 现场培训的主持人。

哈维 • M. 戴特尔博士是 Deitel & Associates 公司主席兼首席战略官，拥有超过 61 年的计算机行业工作经验。他早年在麻省理工学院获得电子工程学士和硕士学位，在波士顿大学获得数学博士学位——在计算机科学专业从这些专业分离出去之前，戴特尔博士已经学过计算机知识。他拥有丰富的大学教学经验。在与儿子保罗 1991 年创办 Deitel & Associates 公司之前，他是波士顿大学计算机科学系主任并拥有终身教职。他们的出版物享有国际声誉并被翻译成日文、德文、俄文、西班牙文、法文、波兰文、意大利文、中文、韩文、葡萄牙文、希腊文、乌尔都文和土耳其文。他为许多大公司、学术机构、政府部门和军事机构提供了数百场专业编程培训。

Deitel & Associates 公司简介

Deitel & Associates 公司由两位作者共同创办，是一家国际知名的内容创作和企业培训组织，擅长计算机编程语言、对象技术、移动应用开发以及互联网和 Web 软件技术。公司培训的客户包括一些全球最大型的公司、政府机构、军事部门和学术机构。公司提供讲师现场指导的培训课程，为世界各地的客户提供虚拟或现场培训，并在 O' Reilly Online Learning 上为培生教育提供线上培训（https://learning.oreilly.com）。

通过与培生公司超过 47 年的出版合作，Deitel & Associates 以纸质版和电子书形式出版了大量行业领先的编程专业书籍和大学教科书、LiveLessons 视频课程、O' Reilly Online Learning 实时培训课程和 Revel ™交互式多媒体大学课程。

如需联系 Deitel & Associates 公司和作者或要求提供全球范围内的虚拟或现场由讲师指导的培训方案，请发送电子邮件到以下邮箱：

deitel@deitel.com

要想进一步了解 Deitel 的虚拟和现场企业培训，请访问以下网站：

https://deitel.com/training

个人如需购买 Deitel 的书籍，请访问以下网站：

https://amazon.com

https://www.barnesandnoble.com/

企业、政府、军队和学术机构的大宗订单应直接联系培生公司。企业和政府销售请发送电子邮件到以下邮箱：

corpsales@pearsoned.com

Deitel 电子书支持各种格式，请访问以下网站购买：

https://www.amazon.com/
https://www.barnesandnoble.com/
https://www.informit.com/
https://www.vitalsource.com/
https://www.redshelf.com/
https://www.chegg.com/

如需注册 10 天免费的 O' Reilly Online Learning，请访问以下网站：

https://learning.oreilly.com/register/

准备工作

在使用本书之前，请先了解本书采用的约定，并设置好计算机以编译和运行示例程序。

字体和命名约定

- C++ 代码元素使用等宽代码字体，例如 `sqrt(9)`。
- 提到屏幕元素时会使用引号，例如“文件”菜单。
- 提到菜单操作的时候，会用“|”来表示从一个菜单中选择菜单项。所以，“文件” | “打开”意味着从“文件”菜单中选择“打开”。
- 提到组合键的时候用加号连接，例如“按 Ctrl+F5”。

获得代码示例

我们在一个 GitHub 仓库中维护本书的代码示例。本书主页（https://deitel.com/cpp20fp）的 Source Code 区域提供了到该 GitHub 仓库的链接，还提供了源代码 ZIP 文件的下载链接。如果大家熟悉 Git 和 GitHub，就把仓库克隆到自己的系统中。如果下载了 ZIP 文件，一定要解压其中的内容。本书假定这些示例已存储到用户账户下的“文档”文件夹中的一个名为 examples 的子文件夹中，如下图所示。

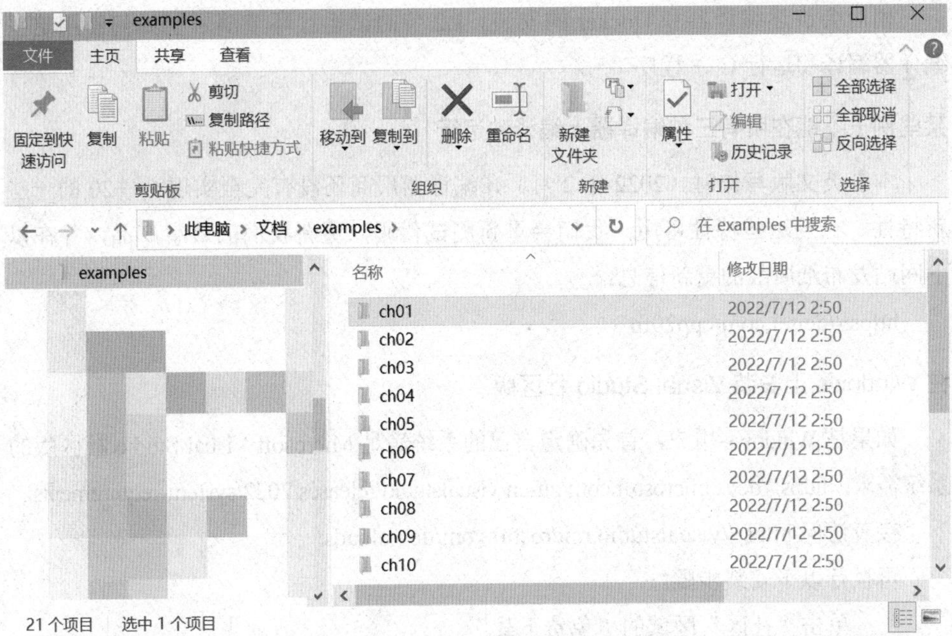

如果不熟悉 Git 和 GitHub，但又有兴趣了解这些基本的开发工具，请查看指南：

https://guides.github.com/activities/hello-world/

本书使用的编译器

在阅读本书之前，请确保已经安装最新的 C++ 编译器。我们使用了以下免费编译器来测试本书的全部代码示例。

- 在 Microsoft Windows 上使用的是 Microsoft Visual Studio 社区版，[①] 其中包括 Visual C++ 编译器和其他 Microsoft 开发工具。
- 在 macOS 上使用的是 Apple Xcode[②] C++ 编译器，后者使用 Clang C++ 编译器的一个版本。
- 在 Linux 上使用的是 GNU C++ 编译器[③]——GNU Compiler Collection（GCC）的一部分。GNU C++ 在大多数 Linux 系统上已经安装（虽然可能需要将编译器更新到一个较新的版本），并且可以安装到 macOS 和 Windows 系统上。
- 还可以通过 Docker 容器在 Windows、macOS 和 Linux 上方便地运行最新版本的 GNU C++ 和 Clang C++。请阅读稍后的“Docker 和 Docker 容器”一节。

---

① 本书写作时使用的是 Visual Studio 2022 社区版。
② 本书写作时使用的是 Xcode 13.2.1。
③ 本书写作时使用的是 GNU g++ 11.2。

稍后会讲述编译器和 Docker 的安装。1.2 节的试运行环节演示了如何使用这些编译器编译和运行 C++ 程序。

某些例子不能在所有三种编译器上编译和运行

本书英文版写作时（2022 年 2 月），编译器厂商还没有完全实现 C++20 的一些新特性。一旦这些特性可用，我们会重新测试代码，更新我们的数字产品，并在以下网站发布纸质版的更新信息：

https://deitel.com/cpp20fp

在 Windows 上安装 Visual Studio 社区版

如果是 Windows 用户，首先确定自己的系统满足 Microsoft Visual Studio 社区版的系统需求：https://docs.microsoft.com/zh-cn/visualstudio/releases/2022/system-requirements。

接着访问 https://visualstudio.microsoft.com/downloads/

再执行以下安装步骤。

1. 单击“社区”区域的“免费下载”。
2. 取决于所用的 Web 浏览器，文件下载回来后可能会在屏幕底部弹出一个提示，单击“运行”即可开始安装。如果是 Chrome 浏览器，单击下载回来的文件名即可开始安装。否则，请自行启动“下载”文件夹中的安装程序。
3. 如果出现“用户账户控制”对话框，单击“是”允许安装程序修改自己的系统。
4. 在 Visual Studio Installer 对话框中，单击“继续”允许安装程序下载配置安装所需的一些组件。
5. 对于本书的示例，请勾选“使用 C++ 的桌面开发”，其中已包含 Visual C++ 编译器和 C++ 标准库。
6. 单击“安装”。取决于网速，安装过程可能需要花一些时间。

在 macOS 上安装 Xcode

在 macOS 上执行以下步骤安装 Xcode。

1. 单击苹果图标，选择 App Store... 或者单击 Mac 屏幕底部 Dock 栏上的 App Store 图标。
2. 在 App Store 的搜索栏中，输入 **Xcode**。
3. 单击“获取”按钮并安装 Xcode。

安装最新的 GNU C++ 版本

目前有许多 Linux 发行版，它们通常采用不同的软件升级技术。请查阅你所使用的发行版的联机文档，了解将 GNU C++ 升级到最新版本的正确方法。也可以从以下网站下载适用于各种平台的 GNU C++：

https://gcc.gnu.org/install/binaries.html

用 WSL 运行 Ubuntu Linux 并安装 GNU 编译器集合

可以通过“适用于 Linux 的 Windows 子系统”（Windows Subsystem for Linux，WSL）在 Windows 上安装 GNU Compiler Collection。有了 WSL，就能在 Windows 上运行 Linux。Ubuntu Linux 在 Windows 商店中提供了一个易于使用的安装程序，但首先必须安装好 WSL。

1. 在任务栏的搜索框中，输入“启用或关闭”，在搜索结果中单击“启用或关闭 Windows 功能”。
2. 在“Windows 功能”对话框中找到“适用于 Linux 的 Windows 子系统”。如果它已被选中，就表明 WSL 已经安装。否则，选中它并单击“确定”。Windows 将安装 WSL 并要求你重启系统。
3. 系统重启后，打开 Microsot Store 应用并搜索 Ubuntu，选择名为 Ubuntu 的应用程序并点击安装。这就安装了最新版本的 Ubuntu Linux。
4. 安装好后单击“打开”按钮来显示 Ubuntu Linux 命令行窗口，这将继续安装过程。会要求你为这个 Ubuntu 安装创建用户名和密码（不需要与自己的 Windows 用户名和密码相同）。
5. Ubuntu 安装完成后，执行以下两个命令来安装 GCC 和 GNU 调试器，可能会要求你为第 4 步创建的账户输入密码：

```
sudo apt-get update
sudo apt-get install build-essential gdb
```

6. 执行以下命令来确认 g++ 已成功安装：

```
g++ --version
```

为了访问我们的代码文件，使用 cd 将文件夹更改为以下形式：

```
cd /mnt/c/Users/你的用户名/Documents/examples
```

将用户名换成自己的，将路径更新为自己系统中存储了本书示例的位置。

Docker 和 Docker 容器

Docker 是一个将软件打包到容器（也叫映像）中的工具。容器捆绑了跨平台执行该软件所需的一切，这对需要进行复杂安装和配置的软件包特别有用。许多这样的软件包都提供了免费的、现有的 Docker 容器（通常放在 https://hub.docker.com），可以下载并在自己的系统上本地执行。Docker 是开始使用新技术的一种快速、方便的方法，也特别适合试验新的编译器版本。

- **安装 Docker** 使用 Docker 容器必须先安装好 Docker。Windows 用户和 macOS 用户请从以下网站下载并运行 Docker Desktop 安装程序，网址为 https://www.docker.com/get-started。

  然后按照屏幕上的指示操作。另外，可以在这个网页上注册一个 Docker Hub 账户，以便利用 https://hub.docker.com 提供的各种容器。Linux 用户应该从以下网站安装 Docker Engine，网址为 https://docs.docker.com/engine/install/。

- **下载 GNU Compiler Collection Docker 容器** GNU 团队在以下网页维护其官方 Docker 容器，网址为 https://hub.docker.com/_/gcc。

  Docker 安装好并开始运行后，请打开一个“命令提示符”[1]（Windows）、Terminal(macOS/Linux) 或者 shell(Linux)，然后执行以下命令：

  ```
  docker pull gcc:latest
  ```

  Docker 会下载 GNU 编译器集合（GCC）容器的最新版本（本书英文版写作时是版本 11.2）。在 1.2 节的一次试运行中，我们会演示如何执行容器并用它编译和运行 C++ 程序。

- **下载 Clang Docker 容器** 目前，Clang 团队没有提供官方 Docker 容器，但 https://hub.docker.com 提供了许多可用的。本书英文版使用了其中一个比较流行的容器，网址为 https://hub.docker.com/r/teeks99/clang-ubuntu。

  打开一个“命令提示符”[2]（Windows））、Terminal(macOS/Linux) 或者 shell(Linux)，然后执行以下命令：

  ```
  docker pull teeks99/clang-ubuntu:latest
  ```

  Docker 会下载 Clang 容器的最新版本（本书英文版写作时是版本 13）。在 1.2 节的一次试运行中，我们会演示如何执行容器并用它编译和运行 C++ 程序。

C++ 答疑解惑

如果在阅读本书的过程中遇到任何问题，请发送电子邮件到以下邮箱：deitel@deitel.com。

---

① Windows 用户应选择以管理员身份打开“命令提示符”窗口。
② Windows 用户应选择以管理员身份打开“命令提示符”窗口。

或者访问 https://deitel.com/contact-us，我们会及时回复。

网上有丰富的编程资料可供参考，其中一个宝贵的资源是 https://stackoverflow.com 网站，无论是程序员还是非程序员，都觉得它非常好用。

- 查找最常见的编程问题的答案。
- 查找错误消息，了解出错原因。
- 提出编程问题，从世界各地的程序员那里获得答案
- 获得关于编程的宝贵见解

如果想参与实时的 C++ 讨论，请访问 Slack 的 cpplang 频道：https://cpplang-inviter.cppalliance.org。

Discord 服务器 #include<C++>：https://www.includecpp.org/discord/。

在线 C++ 文档

要查看 C++ 标准库文档，请访问 https://zh.cppreference.com。

另外，一定要看一下 C++ FAQ：https://isocpp.org/faq。

关于 {fmt} 文本格式化库

本书许多程序都包含下面这一行代码：

```
#include <fmt/format.h>
```

这使得我们的程序能够使用开源的 `{fmt}` 库的文本格式化功能[①]。这些程序包含了对 `fmt::format` 函数的调用。

新的 C++20 文本格式化功能是 `{fmt}` 库所提供的特性一个子集。在 C++20 中，上面这行代码应写成以下形式：

```
#include <format>
```

还应修改函数调用，变成调用 `std::format` 函数。

但在本书写作时，只有 Microsoft Visual C++ 支持新的 C++20 文本格式化功能。所以，本书的例子使用了开源 `{fmt}` 库，以确保大部分示例能在我们首选的全部编译器上执行。

静态代码分析工具

我们使用以下静态代码分析工具来检查我们的代码实例是否遵循“C++ 核心准则”、是否遵循编码标准、是否遵循“现代 C++”惯例，以及是否有可能的安全问题、

---

① 详情请访问 https://github.com/fmtlib/fmt。

常见 bug、可能的性能问题以及代码可读性等：

- `clang-tidy`—https://clang.llvm.org/extra/clang-tidy/
- `cppcheck`—https://cppcheck.sourceforge.io/
- Microsoft 的 C++ 核心准则静态代码分析工具，它内置于 Visual Studio 的静态代码分析器中

可用以下命令在 Linux 上安装 `clang-tidy`：

```
sudo apt-get update -y
sudo apt-get install -y clang-tidy
```

可以按照 https://cppcheck.sourceforge.io/ 上的说明，为多种操作系统平台安装 `cppcheck`。对于 Visual C++，一旦通过 1.2 节的试运行环节学会了如何创建项目，就可以按以下方式配置 Microsoft 的 C++ 核心准则静态代码分析工具。

1. 在解决方案资源管理器中右击项目名称，选择“属性”。
2. 在随后出现的对话框中，在左栏中选择“代码分析”|“常规”，然后在右栏中将“生成时启用代码分析”设为“是”。
3. 接着，在左栏中选择“代码分析”| Microsoft，然后在右栏中，从下拉列表中选择分析规则的一个特定子集。我们使用选项“<选择多个规则集 ...>”来选择所有以 C++ Core Check 开头的规则集。单击“另存为 ...”，为自定义规则集起个名字，单击“保存”，然后单击“应用”（注意，这会为本书示例中使用的 `{fmt}` 文本格式化库产生大量警告）。

简明目录

第 I 部分　编程基础

第 II 部分　数组、指针和字符串

第 III 部分　面向对象程序设计

第Ⅳ部分 标准库容器、迭代器和算法

第Ⅴ部分 高级编程主题

详细目录

第 I 部分　编程基础

第 1 章　免费、流行的 C++ 编译器

第 2 章　C++ 编程入门

第 3 章 控制语句（上）

第 4 章 控制语句（下）

第 5 章 函数和函数模板入门

第 II 部分　数组、指针和字符串

第 6 章　数组、向量、范围和函数式编程

第 7 章 现代 C++ 对指针的淡化

第 8 章 string、string_view、文本文件、CSV 文件和正则表达式

第 III 部分 面向对象程序设计

第 9 章 自定义类

第 10 章 OOP：继承和运行时多态性

第 11 章 操作符重载、拷贝 / 移动语义和智能指针

第 12 章　异常和对契约的展望

第Ⅳ部分　标准库容器、迭代器和算法

第 13 章　标准库容器和迭代器

第 14 章 标准库算法和 C++20 范围 / 视图

第Ⅴ部分 高级编程主题

第 16 章 C++20 模块：大规模开发

第 17 章 并行算法和并发性：高级观点

第 18 章 C++20 协程

附录 A 操作符优先级和分组 969

附录 B 字符集

第 I 部分

编 程 基 础

第1章

免费、流行的C++编译器

学习目标

- 高屋建瓴，了解本书架构和C++20这种大型、复杂和强大的编程语言
- 使用我们的三个首选编译器（Windows上是由Microsoft Visual Studio提供的Visual C++，macOS上是Xcode中的Clang C++，Linux上是GNU g++）尝试编译和运行C++应用程序
- 了解如何为g++和clang++命令行编译器执行Docker容器，以便在Windows、macOS或Linux上使用这些编译器
- 了解可以通过哪些资源了解C++ 40多年来的历史和里程碑
- 了解现代C++中的并发编程为什么是充分挖掘当今多核处理器性能的关键
- 概述本书早期章节对象自然案例学习中使用的对象技术概念。本书从第9章正式开始讲解面向对象编程技术

1.1 导读

欢迎来到 C++——世界上最流行的编程语言之一。[1] 我们在 C++20 的背景下介绍“现代 C++”。C++20 是由国际标准化组织（ISO）标准化的最新版本。本章将帮助你实现以下目标。

- 快速了解本书的架构。
- 试运行几个最流行的免费 C++ 编译器。
- 理解摩尔定律和多核处理器，以及为什么并发编程是“现代 C++”中构建高性能应用程序的关键。
- 理解面向对象编程的概念和术语。

本书的架构

在开始深入学习本书之前，建议你对本书的架构有一个“高屋建瓴”的认识，以从大的方向上掌控学习 C++20 这种大型、复杂和强大的编程语言的路径。为此，我们建议你先查看下面这些内容。

- 本书前面有一个单页的全彩目录图，它提供了本书的高层概览。这幅图的英文版 PDF 版本可从以下网址下载：https://deitel.com/cpp20fpTOCdiagram。
- 本书封底包含了对该书的简要介绍、关键特性列表和一些书评。封底内页还包含了更多内容。这些书评来自对印前手稿进行审查的 C++ 行业专家。阅读它们可以让你很好地了解审稿人认为本书所具有的重要特色。这些书评（英文版）也被张贴在本书主页上，网址是 https://deitel.com/cpp20fp。
- 本书“前言”展示了本书的大纲，解释了本书如何围绕着“现代 C++”编程方法展开。我们介绍了“对象自然方法”，它鼓励使用少量的、简单的 C++ 语句来指挥强大的类执行重要的任务，同时无需创建自定义类。请务必阅读前言中的“本书导读”一节，它描述了每一章的主要内容。在看这些导读的过程中，可以同时参考前面所说的“目录图”。

C++ 发展史

1979 年，本贾尼·斯特劳斯特卢普（Bjarne Stroustrup）开始创建 C++，他当时称之为“C with Classes”（包含类的 C）。[2] 现在，至少有 500 万开发人员（有的估计人数多达 750 万 [3, 4]）广泛使用 C++ 来构建关键的业务和关键任务系统及应用软件。[5, 6] 流行的桌面操作系统 Windows[7] 和 macOS[8] 也有一部分是用 C++ 编写的。许多流行的应用程序也有部分是用 C++ 编写的，包括网络浏览器（如 Google Chrome[9] 和 Mozilla

Firefox[10]）、数据库管理系统（如 MySQL[11] 和 MongoDB[12]）等。

C++ 的历史和重要的里程碑事件在下面这些地方进行了详细的记录。

- 维基百科的 C++ 页面提供了一个详细的 C++ 历史，还罗列了许多参考文献：https://zh.wikipedia.org/wiki/C++。
- C++ 之父提供了语言及其从开始到 C++20 设计过程的详细历史：https://www.stroustrup.com/C++.html#design。
- zh.cppreference.com 提供了一个自 C++ 诞生以来的里程碑列表，其中包括许多参考文献：https://zh.cppreference.com/w/cpp/language/history。

1.2 试运行一个 C++20 应用程序

在本节中，将编译和运行你的第一个 C++ 应用程序并与之交互。[13] 这是一个猜数字游戏，它从 1 到 1000 中随机挑选一个数字，并提示你去猜它。如果猜中，游戏就结束。如果猜错，应用程序会显示你猜的数是比正确数字高还是低。猜的次数没有限制。

编译器和 IDE 试运行总结

我们将展示如何使用以下编译器来编译和执行 C++ 代码：

- Windows 平台上的 Microsoft Visual Studio 2022 社区版（1.2.1 节）
- macOS 平台上的 Apple Xcode 中的 Clang（1.2.2 节）
- Linux 平台上用一个外壳程序执行的 GNU g++（1.2.3 节）
- 在 GNU Compiler Collection（GCC）Docker 容器内部，用一个外壳程序执行的 g++（1.2.4 节）
- 在一个 Docker 容器内部，用一个外壳程序执行的 clang++，这是 Clange C++ 编译器的命令行版本（1.2.5 节）

注意，可以只选读和自己平台对应的小节。要使用 g++ 和 clang++ 的 Docker 容器，必须先安装并运行 Docker，详情请参见本章之前描述的“准备工作”。

1.2.1 在 Windows 上用 VS 2022 社区版编译和运行 C++20 应用程序

本节演示如何使用 Microsoft Visual Studio 2022 社区版在 Windows 上运行 C++ 程序。Visual Studio 有几个版本；在某些版本中，我们介绍的选项、菜单和操作指示可能略有区别。后文将简单说说 Visual Studio 或 IDE。

步骤 1：检查安装

如果尚未安装，请参考之前的“准备工作”，了解如何安装 IDE 并下载本书代码示例。

步骤 2：启动 Visual Studio

启动 Visual Studio。如果是新安装的 Visual Studio，可能需要等一段时间才能就绪。出现启动窗口后，请按 Esc 键将其关闭。注意，不要单击右上角的 X，否则会终止运行 Visual Studio。可以在任何时候选择“文件”|“启动窗口”来显示该窗口。注意，本书在涉及菜单操作的时候，会用“|”来表示从一个菜单中选择菜单项。所以，“文件”|“打开”意味着从“文件”菜单中选择“打开”。

步骤 3：创建项目

软件工程

“项目”是指一组相关的文件，例如构成一个应用程序的 C++ 源代码文件。Visual Studio 用项目和解决方案的方式来组织应用程序。“解决方案”包含一个或多个项目。多项目解决方案常用于创建大规模的应用程序。本书每个应用程序都是只包含单个项目的解决方案。对于我们的代码示例，你将从一个空项目开始，并向其中添加文件。请按以下步骤创建一个项目。

1. 选择“文件”|“新建”|“项目”，显示“创建新项目”对话框。
2. 首先选择 C++、Windows 和“控制台”这三个标签，再选择“空项目”模板。这个项目模板适用于在“命令提示符”窗口的命令行上执行的程序。取决于 Visual Studio 版本及其安装选项，可能还会安装其他许多项目模板。可以使用顶部的“搜索模板”文本框和它下方的下拉列表来过滤选择。单击“下一步”来显示“配置新项目”对话框。
3. 指定项目名称和位置。为项目名称输入 cpp20_test，为位置选择本书的 examples 文件夹。单击“新建”，随后会在 Visual Studio 中打开这个新建的项目。

Visual Studio 会创建项目，将该项目文件夹放到以下文件夹中，然后显示主界面：

`C:\Users\` *你的用户名* `\Documents\examples`

编辑 C++ 代码时，Visual Studio 将每个文件作为一个单独的标签页显示。停靠于 Visual Studio 左侧或右侧的“解决方案资源管理器”用于查看和管理你的应用程序的文件。在本书的例子中，通常会把每个程序的代码文件放在“源文件”文件夹中。如果解决方案资源管理器没有显示，可以选择“视图”|“解决方案资源管理器”来显示它。

步骤 4：将 GuessNumber.cpp 文件添加到项目

接着，将 GuessNumber.cpp 添加到步骤 3 创建的项目中。在解决方案资源管理器中执行以下操作。

1. 右击“源文件”文件夹，选择“添加”|“现有项”。
2. 在出现的对话框中，切换到本书示例文件夹中的 ch01 子文件夹，选择 GuessNumber.cpp。单击“添加”。[14]

步骤 5：配置项目以使用 C++20

Visual Studio 中的 Visual C++ 编译器支持多个版本的 C++ 标准。本书使用 C++20，必须在项目设置中进行配置。

1. 在解决方案资源管理器中右击加粗显示的项目名称，选择“属性”来打开 cpp20_test 项目的属性页。
2. 从“配置”下拉列表中选择“所有配置”，再从“平台”下拉列表中选择“所有平台”。
3. 在左栏中展开 C/C++ 节点，选择“语言”。
4. 在右栏中单击“C++ 语言标准”右侧的字段。单击下箭头，选择“ISO C++20 标准（/std:c++20）”，单击“确定”。

步骤 6：编译和运行项目

为了编译并运行项目，以便试运行该应用程序，请选择“调试”|“开始执行（不调试）”，或者直接按快捷键 Ctrl+F5。如果程序正确编译，Visual Studio 会打开一个“命令提示符”窗口并执行该程序。为方便阅读，我们修改了“命令提示符”窗口的颜色方案和字号。

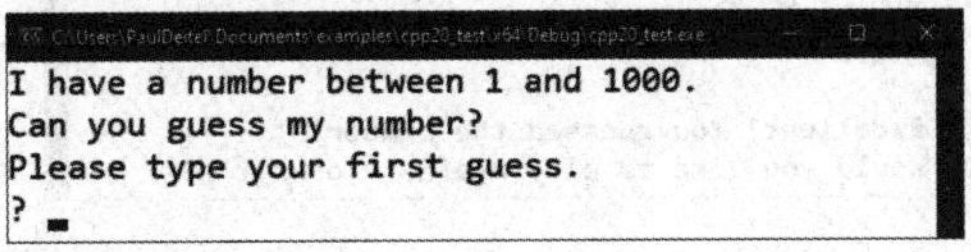
I have a number between 1 and 1000.
Can you guess my number?
Please type your first guess.
?

步骤 7：输入第一次猜测

在 ? 提示符下输入 500 并按回车键。每次运行程序的输出结果都有所不同。在我们的例子中，应用程序显示“Too low. Try again.”，表明猜的数字小于应用程序选择的目标数字。

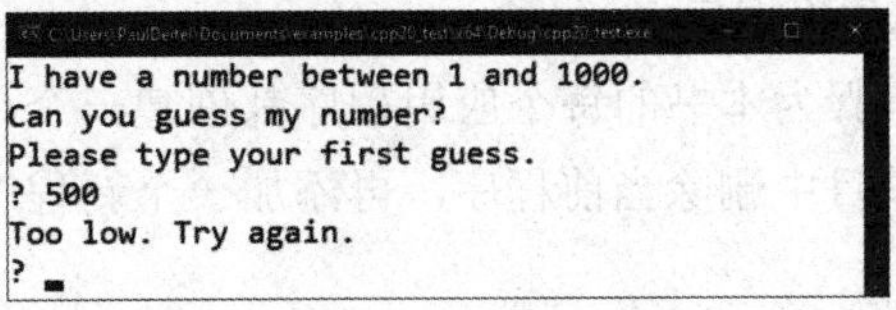
I have a number between 1 and 1000.
Can you guess my number?
Please type your first guess.
? 500
Too low. Try again.
?

步骤 8：输入另一个猜测

在下一个提示中，如果系统说第一次猜得太低，请输入 750 并按回车键；否则，输入 250 并按回车键。我们的例子是输入 750。然后，应用程序显示“Too high. Try again.”，表明太高了，可以再试一次。

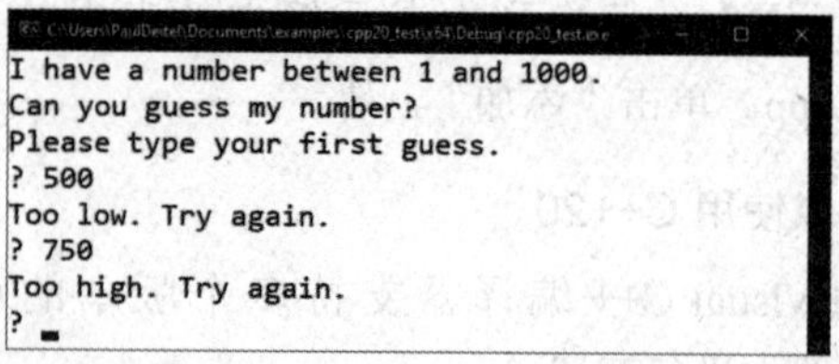
I have a number between 1 and 1000.
Can you guess my number?
Please type your first guess.
? 500
Too low. Try again.
? 750
Too high. Try again.
?

步骤 9：输入其他猜测

继续通过输入数字玩这个游戏，直到猜出正确数字。如果猜对，应用程序会显示“Excellent! You guessed the number!”，表明你猜对了。

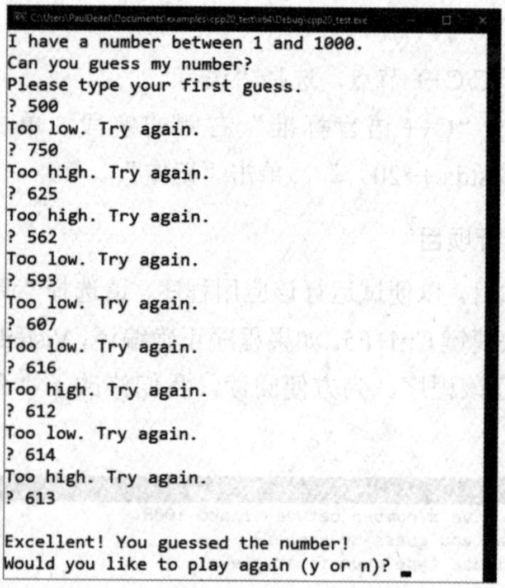
I have a number between 1 and 1000.
Can you guess my number?
Please type your first guess.
? 500
Too low. Try again.
? 750
Too high. Try again.
? 625
Too high. Try again.
? 562
Too low. Try again.
? 593
Too low. Try again.
? 607
Too low. Try again.
? 616
Too high. Try again.
? 612
Too low. Try again.
? 614
Too high. Try again.
? 613
Excellent! You guessed the number!
Would you like to play again (y or n)?

步骤 10：再玩一次游戏或退出应用程序

猜中正确的数字后，应用程序会问是否想再玩一次。看到“Would you like to play again (y or n)?”时，输入 y 会使应用程序选择一个新的目标数，并开始一次新的游戏。输入 n 则终止应用程序。

在后续的例子中重用该项目

可以按照本节的步骤为本书的每个应用程序都创建一个单独的项目。然而，就我们的例子而言，从项目中删除当前程序，再添加一个新程序会更方便。要从项目

（但不是你的系统）中删除一个文件，请在解决方案资源管理器中选定它，按 Del（或 Delete）键即可。然后，重复步骤 4 向项目中添加一个不同的程序。

在 Linux 的 Windows 子系统中使用 Ubuntu Linux

一些 Windows 用户可能想在 Windows 上使用 GNU gcc 编译器。可以使用 GNU 编译器集合 Docker 容器（1.2.4 节），也可以通过 WSL 来运行 Ubuntu Linux，并在其中使用 gcc。要安装 WSL，请按以下网址的指示进行操作：

https://docs.microsoft.com/en-us/windows/wsl/install

在 Windows 上安装并启动 Ubuntu 应用后，使用以下命令切换到包含代码示例的文件夹：

```
cd /mnt/c/Users/你的用户名/Documents/examples/ch01
```

然后，从 1.2.3 节的步骤 2 继续。

1.2.2 在 macOS 上用 Xcode 编译和运行 C++20 应用程序

本节在 Apple Xcode IDE 中使用 Apple 版本的 clang 编译器在 macOS 上运行 C++ 程序。

步骤 1：检查安装

如果尚未安装，请参考之前的“准备工作”了解如何安装 IDE 并下载本书代码示例。

步骤 2：启动 Xcode

打开“访达”（Finder）窗口，选择“应用程序”并双击 Xcode 图标：

如果是首次运行 Xcode，会出现 Welcome to Xcode 窗口。关闭这个窗口，此后可以选择 Window | Welcome to Xcode 重新打开它。注意，本书在涉及菜单操作的时候，会用“|”来表示从一个菜单中选择菜单项。所以，“文件” | “打开”意味着从“文件”菜单中选择“打开”。

步骤 3：创建项目

项目（project）是指一组相关的文件，例如构成一个应用程序的 C++ 源代码文件。本书创建的 Xcode 项目是 Command Line Tool 项目，将直接在 IDE 中执行。请按以下步骤创建一个项目。

1. 选择 File | New | Project。
2. 在 Choose a template for your new project 对话框顶部单击 macOS。
3. 在 Application 下单击 Command Line Tool 并单击 Next 按钮。
4. 在 Product Name 文本框中输入项目名称，这里输入的是 cpp20_test。
5. 从 Language 下拉列表中选择 C++，单击 Next 按钮。
6. 指定项目的存储位置。这里选择包含本书代码示例的 examples 文件夹。
7. 单击 Create 按钮。

Xcode 会创建项目，并显示工作区（Workspace）窗口，其中最开始有三个区域：Navigator 区域（左），Editor 区域（中）和 Utilities 区域（右）。

左侧的 Navigator 区域顶部显示了一些导航器图标，本书主要使用其中两个。

- Project（）——显示项目中的所有文件和文件夹。
- Issue（）——显示由编译器生成的警告和错误。单击一个导航器按钮会显示相应的导航器面板。

中间的 Editor 区域用于管理项目设置和编辑源代码。这个区域在你的工作区窗口中始终显示。在项目导航器中选择一个文件时，该文件的内容会出现在 Editor 区域。右侧的 Utilities 区域通常显示检查器。例如，如果构建的是包含可触摸按钮的 iPhone 应用，就可以在这个区域配置按钮的属性（标签、大小、位置等）。本书用不到 Utilities 区域。另外还有一个 Debug 区域，将在这里与运行中的猜数程序进行交互。它会出现在 Editor 区域下方。利用工作区窗口的工具栏，可以执行程序、显示 Xcode 中执行的任务的进度以及隐藏或显示左侧（Navigator）和右侧（Utilities）的区域。

步骤 4：配置项目以使用 C++20

Xcode 中的 Apple Clang 编译器支持多个版本的 C++ 标准。本书使用 C++20，因而必须在项目设置中进行配置。

1. 在 Project 导航器中，选择项目名称（cpp20_test）。
2. 在 Editor 区域左侧，在 TARGETS 下选择你的项目名称。
3. 在 Editor 区域的顶部，单击 Build Settings（生成设置），单击它下方的 All。
4. 滚动到 Apple Clang – Language - C++ 区域。
5. 单击 C++ Language Dialect 右边的值，选择 GNU++20 [-std=gnu++20]。
6. 单击 C++ Standard Library 右边的值，选择 Compiler Default（编译器默认）。

步骤 5：从项目中删除 main.cpp 文件

Xcode 默认创建了一个 main.cpp 源代码文件，其中包含一个能显示“Hello, World!”的简单程序。这次试运行不会用到 main.cpp，所以应删除该文件。在 Project 导航器中，右击 main.cpp 文件，从弹出菜单中选择 Delete 命令。在随后出现的对话框中，选择 Move to Trash。除非清空废纸篓，否则该文件不会从系统中删除。

步骤 6：将 GuessNumber.cpp 文件添加到项目

在 Finder 窗口中打开本书的 examples 文件夹，将 GuessNumber.cpp 拖放到 Project 导航器的 cpp20_test 文件夹。在随后出现的对话框中，确定已勾选了 Copy items if needed，单击 Finish 按钮。[15]

步骤 7：编译和运行项目

为了编译和运行项目，以便测试该应用程序，请直接单击 Xcode 工具栏上的运行按钮（▶）。如果程序正确编译，Xcode 会打开 Debug 区域，并在该区域的右半边执行程序。程序将显示“Please type your first guess.”，并显示一个问号（?）来提示输入。

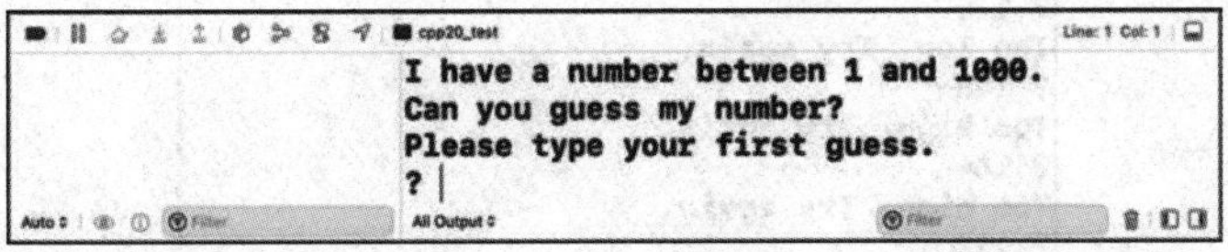
cpp20_test
Line: 1 Col: 1
I have a number between 1 and 1000.
Can you guess my number?
Please type your first guess.
?
Auto
Filter
All Output
Filter

步骤 8：输入第一次猜测

单击 Debug 区域，输入 500 并按回车键。每次运行程序的输出结果都有所不同。在我们的例子中，应用程序显示“Too high. Try again.”，表明太高了，再试一次，这表明猜的数字大于应用程序选择的目标数字。

```
I have a number between 1 and 1000.
Can you guess my number?
Please type your first guess.
? 500
Too high. Try again.
?
```

步骤 9：输入另一个猜测

在下一个提示中，如果系统说第一次猜得太低，请输入 750 并按回车键；否则，输入 250 并按回车键。我们的例子是输入 250。然后，应用程序显示“Too high. Try again.”，表明猜的数字还是比目标数字大。

```
I have a number between 1 and 1000.
Can you guess my number?
Please type your first guess.
? 500
Too high. Try again.
? 250
Too high. Try again.
? 
```

步骤 10：输入其他猜测

继续通过输入数字玩这个游戏，直到猜出正确数字。如果猜对，应用程序会显示“Excellent! You guessed the number!”，表明你猜对了。

```
I have a number between 1 and 1000.
Can you guess my number?
Please type your first guess.
? 500
Too high. Try again.
? 250
Too high. Try again.
? 125
Too low. Try again.
? 187
Too high. Try again.
? 156
Too high. Try again.
? 140
Too low. Try again.
? 148
Too high. Try again.
? 144
Too high. Try again.
? 142
Too low. Try again.
? 143

Excellent! You guessed the number!
Would you like to play again (y or n)? 
```

步骤 11：再玩一次游戏或退出应用程序

猜中正确的数字后，应用程序会问是否想再玩一次。看到“Would you like to play again (y or n)?”问你是否想要再玩一次 (y 或 n)）时，输入 y 会使应用程序选择一个新的目标数，并开始新一轮的游戏。输入 n 则终止应用程序。

在后续的例子中重用该项目

可以按照本节的步骤为本书的每个应用程序都创建一个单独的项目。然而，就我们的例子而言，从项目中删除当前程序，再添加一个新程序会更方便。要从项目（但不是你的系统）中删除一个文件，请在 Project 导航器中右击文件并从弹出菜单中选择 Delete 命令。然后，重复步骤 6 向项目中添加一个不同的程序。

1.2.3 在 Linux 上用 GNU C++ 运行 C++20 应用程序

本节在 Linux 上使用 GNU C++ 编译器（g++）运行 C++ 程序。[16] 对于这个例子，我们假设你已经阅读了前言最后的“准备工作”部分，并已将本书的示例代码放到了自己用户账户下的 Documents/examples 文件夹。

步骤 1：切换到 ch01 文件夹

在一个 Linux 外壳中，使用 cd 命令切换到本书 examples 文件夹中的 ch01 子文件夹。

```
~$ cd ~/Documents/examples/ch01
~/Documents/examples/ch01$
```

注意，本书是用加粗的内容来表示用户输入。另外，在 Ubuntu Linux 外壳中，提示符用波浪号 (~) 表示 home 目录（即用户根目录）。每个提示符都以美元符号 ($) 结尾。在不同 Linux 系统上，提示符可能有所区别。

步骤 2：编译应用程序

运行应用程序之前，必须先用以下 g++ 命令编译它：[17]

```
~/Documents/examples/ch01$ g++ -std=c++20 GuessNumber.cpp -o GuessNumber
~/Documents/examples/ch01$
```

注意，-std=c++20 选项表明我们要使用 C++20。-o 选项指定用于运行程序的可执行文件的名称（GuessNumber）。如果不指定该选项，g++ 默认将可执行文件命名为 a.out。

步骤 3：运行应用程序

在命令提示符后输入 ./GuessNumber，按回车键来运行程序。注意，GuessNumber 前的 ./ 告诉 Linux 从当前目录运行 GuessNumber 程序。

```
~/Documents/examples/ch01$ ./GuessNumber
I have a number between 1 and 1000.
Can you guess my number?
Please type your first guess.
?
```

步骤 4：输入第一次猜测

应用程序显示“Please type your first guess.”并显示一个问号(?)时，提示输入数字。

我们输入 500，但程序的输出在每次运行时都会有所区别。

```
~/Documents/examples/ch01$ ./GuessNumber
I have a number between 1 and 1000.
Can you guess my number?
Please type your first guess.
? 500
Too high. Try again.
?
```

在本例中，应用程序显示“Too high. Try again.”，这表明猜的数字大于应用程序选择的目标数字。

步骤 5：输入另一个猜测

在下一个提示中，如果系统说第一次猜得太低，请输入 750 并按回车键；否则，输入 250 并按回车键。我们的例子是输入 250。然后，应用程序显示“Too high. Try again.”，这表明猜的数字还是比目标数字大。

```
~/Documents/examples/ch01$ ./GuessNumber
I have a number between 1 and 1000.
Can you guess my number?
Please type your first guess.
? 500
Too high. Try again.
? 250
Too high. Try again.
?
```

步骤 6：输入其他猜测

继续通过输入数字玩这个游戏，直到猜出正确数字。如果猜对，应用程序会显示“Excellent! You guessed the number!”，表明你猜对了。

```
? 125
Too high. Try again.
? 62
Too low. Try again.
? 93
Too low. Try again.
? 109
```

```
Too high. Try again.
? 101
Too low. Try again.
? 105
Too high. Try again.
? 103
Too high. Try again.
? 102

Excellent! You guessed the number!
Would you like to play again (y or n)?
```

步骤 7：再玩一次游戏或退出应用程序

猜中正确的数字后，应用程序会问是否想要再玩一次。看到“Would you like to play again (y or n)?”时，输入 y 会使应用程序选择一个新的目标数，并开始一次新的游戏。输入 n 则终止应用程序。

1.2.4 在 GCC Docker 容器中编译和运行 C++20 应用程序

无论什么操作系统都可以使用最新的 GNU C++ 编译器。最方便的跨平台方法之一是使用 GNU 编译器集合（GCC）的 Docker 容器。本节假设大家已经按照“准备工作”的指示安装好了 Docker Desktop（Windows 和 macOS）或者 Docker Engine（Linux）。

执行 GNU 编译器集合（GCC）Docker 容器

打开一个命令提示符窗口（Windows）、终端（macOS/Linux）或外壳程序（Linux），然后执行以下步骤来启动 GCC Docker 容器。

1. 使用 cd 命令切换到包含本书代码示例的 examples 文件夹。
2. Windows 用户执行以下命令来启动 GCC Docker 容器：[18]

   ```
   docker run --rm -it -v “$(pwd)” :/usr/src gcc:latest
   ```

3. macOS/Linux 用户执行以下命令来启动 GCC Docker 容器：

   ```
   docker run --rm -it -v “%CD%” :/usr/src gcc:latest
   ```

对上述命令的解释如下。

- --rm 在最后关闭容器时清理容器的资源。
- -it 以交互模式运行容器，这样就可以输入命令来更改文件夹，并使用 GNU C++ 编译器来编译和运行程序。

- -v "%CD%":/usr/src（Windows） 或 -v "$(pwd)":/usr/src（macOS/Linux） 允许 Docker 容器访问你从中执行 docker run 命令的那个文件夹中的文件。在 Docker 容器中，将用 cd 命令切换到 /usr/src 的子文件夹以编译和运行本书的示例。换言之，你的本地系统文件夹将被映射到 Docker 容器中的 /usr/src 文件夹。
- gcc:latest 是容器的名称。:latest 指出你要使用最新版本的 gcc 容器。[19]

容器运行后，会出现像下面这样的一个提示符：

```
root@67773f59d9ea:/#
```

容器使用 Linux 操作系统。在它的提示符中，会在 : 和 # 符号之间显示当前文件夹位置。

在 Docker 容器中切换到 ch01 文件夹

之前执行的 docker run 命令将你的 examples 文件夹连接到容器的 /usr/src 文件夹。在 Docker 容器中，使用 cd 命令来切换到 /usr/src 下的 ch01 子文件夹。

```
root@01b4d47cadc6:/# cd /usr/src/ch01
root@01b4d47cadc6:/usr/src/ch01#
```

在 Docker 容器中编译、运行 GuessNumber 应用程序并与之交互的过程请遵循 1.2.3 节的 GNU C++ 的步骤 2 ～步骤 7。

终止 Docker 容器

可以在容器的提示符下按快捷键 Ctrl+d 来终止 Docker 容器。

1.2.5 在 Docker 容器中使用 clang++ 来编译和运行 C++20 应用程序

和 g++ 一样，无论什么操作系统都可以使用最新的 LLVM/Clang C++（clang++）命令行编译器。目前，LLVM/Clang 团队没有一个官方的 Docker 容器，但在 https://hub.docker.com 上有许多好用的容器可供下载。本节假设你已经按照“准备工作”的指示安装好了 Docker Desktop（Windows 和 macOS）或者 Docker Engine（Linux）。

我们选择的是带有 clang++ 13 的一个最新的、下载量很大的容器，可执行以下命令获取：[20]

```
docker pull teeks99/clang-ubuntu:13
```

执行 teeks99/clang-ubuntu Docker 容器

打开一个“命令提示符”窗口（Windows）、终端（macOS/Linux）或外壳程序（Linux），然后执行以下步骤来启动 teeks99/clang-ubuntu Docker 容器。

1. 使用 cd 命令切换到包含本书代码示例的 examples 文件夹。
2. Windows 用户执行以下命令来启动 GCC Docker 容器：[21]

```
docker run --rm -it -v “%CD%”:/usr/src teeks99/clang-ubuntu:13
```

3. macOS/Linux 用户执行以下命令来启动 GCC Docker 容器：

```
docker run --rm -it -v “$(pwd)”:/usr/src teeks99/clang-ubuntu:13
```

对上述命令的解释如下。

- --rm 在你最后关闭容器时清理容器的资源。
- -it 以交互模式运行容器，这样就可以输入命令来更改文件夹，并使用 Clang ++ 编译器来编译和运行程序。
- -v "%CD%":/usr/src（Windows） 或 -v "$(pwd)":/usr/src（macOS/Linux） 允许 Docker 容器访问你从中执行 docker run 命令的那个文件夹中的文件。在 Docker 容器中，你将用 cd 命令切换到 /usr/src 的子文件夹以编译和运行本书的示例。换而言之，你的本地系统文件夹将被映射到 Docker 容器中的 /usr/src 文件夹。
- teeks99/clang-ubuntu:13 是容器的名称。

容器运行后，会出现下面这样的提示符：

```
root@9753bace2e87:/#
```

容器使用的是 Linux 操作系统。在它的提示符中，会在符号 : 和 # 之间显示当前文件夹的位置。

在 Docker 容器中切换到 ch01 文件夹

之前执行的 docker run 命令将你的 examples 文件夹连接到了容器的 /usr/src 文件夹。在 Docker 容器中，使用 cd 命令来切换到 /usr/src 下的 ch01 子文件夹。

```
root@9753bace2e87:/# cd /usr/src/ch01
root@9753bace2e87:/usr/src/ch01#
```

编译应用程序

应用程序运行前必须编译。该容器使用 clang++-13 命令来开始编译，如下所示：

```
clang++-13 -std=c++20 GuessNumber.cpp -o GuessNumber
```

其中：

- -std=c++20 选项表明我们要使用 C++20
- -o 选项指定用于运行程序的可执行文件的名称（GuessNumber），如果不指定该选项，Clang ++ 默认将可执行文件命名为 a.out

运行应用程序

至于在Docker容器中运行GuessNumber应用程序并与之交互的过程，请遵循1.2.3节的GNU C++的步骤3~步骤7。

终止 Docker 容器

可以在容器的提示符下按Ctrl+d来终止Docker容器。

1.3 摩尔定律、多核处理器和并发编程

今天的许多个人电脑可以在一秒钟内做数十亿次计算——远远超过了我们人类一辈子所能做的。超级计算机每秒已能执行数千万亿条指令。日本的富岳超级计算机每秒能进行超过442千万亿次计算。[22] 如果这样算，富岳超级计算机在一秒钟内可以为地球上的每个人进行大约4 000万次计算！与此同时，超级计算的“上限”正在迅速攀升。

性能提示

摩尔定律

由于通胀的存在，我们每年花在大多数产品和服务上的钱恐怕都是增加的。但计算机和通信领域的情况刚好相反，特别是硬件。多年来，硬件成本呈现出不升反降的趋势。

几十年来，计算机处理能力大约每两年就会以低廉的成本翻上一番。这个明显的趋势通常被称为“摩尔定律”，得名于英特尔公司的联合创始人摩尔，他在20世纪60年代发现了这一趋势。英特尔是当今计算机和嵌入式系统（智能家用电器、家庭安全系统、机器人、智能交通路口等）所用的处理器的领先制造商。摩尔定律及其相关的观察尤其适用于以下场景：

- 为程序和数据准备的内存容量
- 用来存储程序和数据的辅助存储（二级存储）
- 处理器速度，即计算机执行程序以完成其工作的速度

不过，计算机处理器公司英伟达（NVIDIA）和半导体设计与软件公司安谋（ARM）的核心管理层表示，摩尔定律或许已经不再适用。[23, 24] 计算机处理能力虽然还是会增加，但现在主要依赖于新的处理器设计，尤其是多核处理器。

多核处理器和性能

今天，大多数计算机使用的都是多核处理器，也就是在一个集成电路芯片上经济地实现多个处理器。例如，双核处理器有2个CPU，4核处理器有4个，8核处

理器则有 8 个。我们的主要测试电脑使用的就是 8 核英特尔处理器。苹果最新的 M1 Pro 和 M1 Max 处理器有 10 个 CPU 核心。此外，顶级的 M1 Pro 有一个 16 核的 GPU，而顶级的 M1 Max 处理器有一个 32 核的 GPU，两者都有一个 16 核的“神经引擎”用于机器学习。[25,26] 英特尔的一些处理器有多达 72 个核心，并正在开发多达 80 个核心的处理器。[27]AMD 在开发 192 核和 256 核的 CPU。[28] 核的数量还会继续呈现着增长的态势。

性能提示

在多核系统中，不同处理器可以处理任务的不同部分，从而使任务能更快地完成。为了充分利用多核架构的优势，你需要编写多线程应用程序。如果一个程序将任务分割成多个独立的线程，那么只要内核数量足够多，多核系统就能并行运行这些线程。

软件工程

随着多核系统的普及，人们对多线程的兴趣日益增大。标准 C++ 多线程是 C++11 引入的最重要的一个更新。随后的每一个 C++ 标准都增加了更高级的功能来简化多线程应用程序开发。第 17 章将要讨论如何创建和管理多线程 C++ 应用程序。第 18 章将要介绍 C++20“协程”，它能以简单的、类似顺序编码的风格来实现并发编程。

1.4 面向对象简单回顾

虽然对新的和更强大的软件的需求激增，但以快速、正确和经济的方式构建软件仍然是一个难以达成的目标。对象，或者更准确地说，对象所来自的类本质上是可重用的软件组件（参见第 9 章）。有日期对象、时间对象、音频对象、视频对象、汽车对象、人物对象等。几乎任何名词都可以通过属性（例如名称、颜色和大小）和行为（例如计算、移动和通信）来合理地表示为一个软件对象。软件开发人员发现，如果使用模块化的、面向对象的设计和实现方法，那么相较于使用早期的技术，软件开发团队的效率会更高。这是由于面向对象的程序通常更容易理解、纠正和修改。

汽车作为对象

让我们从一个简单的类比开始。我们都知道，开车时踩油门踏板可以加速。但为了做到这一点，之前必须发生什么事件呢？好吧，在汽车能够开动起来之前，必须先有人进行设计。这通常是从工程图纸开始的，类似于描述房屋设计的蓝图。图纸中包括一个油门踏板的设计。油门踏板向司机隐藏了使汽车加速的复杂机制，就像刹车踏板隐藏了使汽车减速的机制，而方向盘隐藏了使汽车转向的机制。这样一来，那些对发动机、制动和转向机构如何工作知之甚少或一无所知的人也能轻松驾驶汽车。

汽车要想开动起来，必须先根据工程图纸来完成制造。完工的汽车有一个实际的加速踏板，它能使汽车跑得更快，但即使这样也还不够，因为汽车不会自己加速（幸好如此），所以司机必须自己踩下踏板来加速。

函数、成员函数和类

这里用汽车的例子来介绍一些关键的面向对象编程概念。在程序中执行一项任务需要一个函数。函数中包含执行任务所需的程序语句。它向用户隐藏了这些语句，这类似于汽车的油门踏板向司机隐藏了使汽车加速的机制。在 C++ 语言中，我们经常创建一个称为类的程序单元来容纳执行该类的任务所需的一组函数，这种函数称为类的成员函数。例如，代表银行账户的类可能用一个成员函数向账户存钱，用另一个从账户取钱，用第三个函数查询账户当前余额。类就像是汽车的工程图纸，它包含了油门踏板、刹车踏板、方向盘等的设计。

实例化

就像汽车在能够开起来之前必须先有人根据工程图纸把汽车制造出来一样，你必须在程序执行类的成员函数所定义的任务之前，根据类来创建一个对象。这个过程称为实例化，而对象称为其类的一个实例。

重用

软件工程

就像汽车的工程图纸可以重复使用很多次来大批量制造汽车一样，你也可以多次重用一个类来创建许多对象。类的重用可以节省大量时间和精力。重用还有助于构建更可靠、更高效的系统，因为现有的类和组件通常已经过广泛的测试、调试和性能优化。正如可互换零件的概念对于工业革命至关重要一样，可重用的类之于对象技术推动下的软件革命也至关重要。

消息和成员函数调用

驾驶汽车时，通过踩下油门踏板向汽车发送一条消息，让它执行一项任务，即“开动”。我们以类似的方式向对象发送消息。每条消息都被实现为一个成员函数调用，指示对象的一个成员函数执行其任务。例如，程序可调用特定银行账户对象的存款（deposit）成员函数以增加余额。

属性和数据成员

除了具有完成任务的能力，汽车还具有属性，例如它的颜色、车门数量、油箱油量、当前速度和总行驶里程的记录（即里程表读数）。和它的能力一样，汽车的属性在其工程图纸中被表示为其设计的一部分（例如，要求它配备一个里程表和一个燃油表）。驾驶汽车时，这些属性会跟着汽车走。换言之，每辆车都维护着自己的属性。例如，每辆车都知道自己的油箱里还有多少油，但不会知道其他车还有多少油。

同样，对象亦有属性，在程序中使用时，属性会跟着对象一起走。这些属性被设计为类的一部分。例如，银行账户对象可能有一个余额（balance）属性。每个银行账户对象知道它所对应的账户的余额，但不知道银行中其他账户的余额。属性是类的一种数据成员。

封装

类将属性和成员函数封装到由这些类创建的对象中。一个对象的属性和成员函数是密切相关的。对象之间可以交流，但它们通常不允许知道其他对象的实现细节。这些细节被隐藏在对象本身中。正如我们将看到的，这种信息隐藏对于良好的软件工程至关重要。

软件工程

继承

通过继承，可以快速、方便地创建新类。新类接收了现有类的特征，并可对其进行自定义，从而增加自己的独特特征。在我们的汽车类比中，“敞篷车”显然也是一种“汽车”，但它的车顶可以伸缩。

面向对象分析与设计

你很快就会用 C++ 语言来写程序。那么，如何为程序创建代码？也许，像许多程序员一样，你会直接启动电脑，然后直接开始敲代码。这种方法可能适合小程序（就像本书早期章节介绍的那些）。但是，如果要求你创建一个软件系统来控制一家大银行的数千台自动取款机呢？或者，如果要求你在一个由数千名软件开发人员组成的团队中工作，建立下一代空中交通管制系统呢？对于如此庞大和复杂的项目，肯定不是直接坐下来开始敲代码那么简单。

为了创建最好的解决方案，应遵循一个详细的分析过程来确定项目的需求（即定义系统应该做什么），并开发一个满足这些需求的设计（即决定系统应该如何做）。理想情况下，在写任何代码之前，都应经历这个过程并仔细审查设计（同时让其他软件专业人士审查这个设计）。如果这个过程涉及到从面向对象的角度分析和设计系统，就称其为面向对象分析与设计（Object-Oriented Analysis and Design，OOAD）过程。像 C++ 这样的语言就是面向对象的。用这样的语言编程称为面向对象编程（Object-Oriented Programming，OOP）。

软件工程

1.5 小结

本章讨论了如何使用三种首选的编译器（Windows 上的 Visual Studio 2022 社区版中的 Visual C++，macOS 上的 Xcode 中的 Clang 以及 Linux 上的 GNU g++）来编

译和运行应用程序。我们列出了微软的一个资源，它允许你通过 WSL 安装 Ubuntu Linux，这样就可以在 Windows 上运行 g++；还展示了如何启动跨平台的 Docker 容器，这样就可以在 Windows、macOS 或 Linux 上使用最新的 g++ 和 clang++ 版本。我们给你指出了几个学习 C++ 历史和设计的资源，包括由 C++ 的创造者 Bjarne Stroustrup 提供的资源。接着，我们讨论了摩尔定律、多核处理器以及为什么现代 C++ 的并发编程功能对于利用多核处理器的威能至关重要。最后，我们简要回顾了面向对象编程的概念和术语，它们将在本书以后广泛地使用。

下一章将讲解 C++ 编程的基础知识，包括基本输入和输出语句、基本数据类型、算术运算、决策和我们的第一个对象自然案例学习，它使用了 C++ 标准库提供的 string 类。

注释

1. 出自“TIOBE 编程社区指数”，网址是 https://www.tiobe.com/tiobe-index。
2. 访问日期 2022 年 1 月 10 日，https://en.wikipedia.org/wiki/Bjarne_Stroustrup。
3. “State of the Developer Nation, 21st Edition”，Q3 2021，https://www.slashdata.co/free-resources/state-of-the-developer-nation-21st-edition。
4. Tim Anderson，“Report: World’s Population of Developers Expands, Javascript Reigns, C# Overtakes PHP”，访问日期 2021 年 4 月 26 日，https://www.theregister.com/2021/04/26/report_developers_slashdata/。
5. “Top 10 Reasons to Learn C++.” 访问日期 2022 年 1 月 10 日，https://www.geeksforgeeks.org/top-10-reasons-to-learn-c-plus-plus/。
6. “What Is C++ Used For? Top 12 Real-World Applications and Uses of C++”，https://www.softwaretestinghelp.com/cpp-applications/。
7. “What Programming Language Is Windows Written In?”，访问日期 2022 年 1 月 10 日，https://social.microsoft.com/Forums/en-US/65a1fe05-9c1d-48bf-bd40-148e6b3da9f1/what-programming-language-is-windows-written-in。
8. 访问日期 2022 年 1 月 10 日，https://zh.wikipedia.org/wiki/MacOS。
9. 访问日期 2022 年 1 月 10 日，https://zh.wikipedia.org/wiki/Google_Chrome。
10. 访问日期 2022 年 1 月 10 日，https://zh.wikipedia.org/wiki/Firefox。
11. 访问日期 2022 年 1 月 10 日，https://zh.wikipedia.org/wiki/MySQL。
12. 访问日期 2022 年 1 月 10 日，https://zh.wikipedia.org/wiki/MongoDB。
13. 这里故意不涉及该 C++ 程序的代码。这个例子只是为了演示如何使用本节讨论的每种编译器来编译和运行程序。我们将在第 5 章讨论随机数生成。
14. 对于包含多个源代码文件的程序（本书以后会遇到），请选择程序的所有文件。开始自己创建程序时，可以右击“源文件”文件夹，选择“添加” | “新建项”来显示一个“添加新项”对话框。
15. 对于包含多个源代码文件的程序（本书以后会遇到），请将程序的所有文件拖放到项目的文件夹。开始自己创建程序时，可以右击项目的文件夹，从弹出菜单中选择“New File…”（新建文件）来显示一个用于添加新文件的对话框。

16. 本书写作时所用的 g++ 版本是 11.2。可以使用 g++ --version 命令来确定系统上安装的 g++ 版本。如果使用的是较旧的 g++ 版本，可在网上搜索为你的 Linux 发行版升级 GCC 的说明，或者考虑使用 1.2.4 节介绍的 GCC Docker 容器。
17. 如果安装了多个 g++ 版本，可能需要使用 g++-##，其中 ## 是 g++ 的版本号。例如，在计算机上运行最新版本的 g++ 11.x 可能需要使用 g++-11 命令。
18. 可能出现一个通知，要求你允许 Docker 访问当前文件夹中的文件。必须允许，否则无法在 Docker 中访问本书的源代码文件。
19. 如果希望 GCC 容器保持最新的版本，可以在运行容器之前执行命令 docker pull gcc:update。
20. Xcode 中使用的 Clang C++ 编译器的版本并不是最新版本，所以不像 LLVM/Clang 团队的直供版本那样实现了许多 C++20 特性。另外，本书写作时，在 docker pull 命令中将 13 换成 latest，会得到一个带有 clang++ 12 而不是 13 的 Docker 容器。
21. 可能出现一个通知，要求你允许 Docker 访问当前文件夹中的文件。必须允许，否则无法在 Docker 中访问本书的源代码文件。
22. 访问日期 2022 年 1 月 10 日，https://zh.wikipedia.org/wiki/TOP500#TOP_500。
23. Esther Shein，“Moore’s Law Turns 55: Is It Still Relevant?”，访问日期 2020 年 11 月 2 日，https://www.techrepublic.com/article/moores-law-turns-55-is-it-still-relevant。
24. Nick Heath，“Moore’s Law Is Dead: Three Predictions About the Computers of Tomorrow”，访问日期 2020 年 11 月 2 日，https://www.techrepublic.com/article/moores-law-is-dead-three-predictions-about-the-computers-of-tomorrow/。
25. Juli Clover，“Apple’s M1 Pro Chip: Everything You Need to Know”，访问日期 2022 年 1 月 19 日，https://www.macrumors.com/guide/m1-pro/。
26. 访问日期 2022 年 1 月 19 日，https://zh.wikipedia.org/wiki/Apple_M1。
27. Anton Shilov，“Intel's Sapphire Rapids Could Have 72–80 Cores, According to New Die Shots”，访问日期 2021 年 11 月 28 日，https://www.tomshardware.com/news/intel-sapphire-rapids-could-feature-80-cores。
28. Joel Hruska，“Future 256-Core AMD Epyc CPU Might Sport Remarkably Low 600W TDP”，访问日期 2021 年 11 月 28 日，https://www.extremetech.com/computing/328692-future-256-core-amd-epyc-cpu-might-sport-remarkably-low-600w-tdp。

第 2 章

C++ 编程入门

学习目标

- 写简单的 C++ 应用程序
- 使用输入和输出语句
- 使用基本数据类型
- 使用算术操作符
- 理解算术操作符的优先级
- 编写决策语句
- 使用关系和相等性操作符
- 在开始创建自定义类之前，通过创建和使用 C++ 标准库的 string 类的对象，理解“对象自然”学习方法

2.1 导读

本章展示了几个代码示例，解释程序如何显示消息并从用户那里获取数据以进行处理。前三个例子在屏幕上显示消息。下一个例子要求用户从键盘输入两个数字，求和并显示结果。在此期间，我们会讨论 C++ 的算术操作符。第 5 个例子演示决策语句，教你如何比较两个数字，然后根据结果显示信息。

"对象自然"学习方法

有许多现成的类可供利用，它们已进行了精心的开发和测试。我们在开发程序时，可以创建和使用这些类的对象，从而以最少的代码执行重要的任务。这些类通常有以下来源：

- C++ 标准库
- 平台特有的库（如微软提供的用于创建 Windows 应用程序的库，或者苹果提供的用于创建 macOS 应用程序的库）
- 免费的第三方库，通常由围绕所有主流编程语言发展起来的大型开源社区创建

为了在本书的早期体验这种编程风格，在学会创建自定义类之前，将先学会创建和使用现有的、来自 C++ 标准库的类的对象。我们称这种方法为"对象自然"。在本章最后的例子中，将创建和使用 `string` 类的对象。以后学会创建自定义类后，就知道 C++ 允许程序员自行修改有价值的类，以便自己使用，或者供其他程序员重用。

编译和运行程序

关于在微软的 Visual Studio、苹果的 Xcode 和 GNU C++ 中编译和运行程序的说明，请参见第 1 章的说明或者我们在以下网址提供的英文版视频解说：

http://deitel.com/c-plus-plus-20-for-programmers

2.2 第一个 C++ 程序：显示单行文本

图 2.1 是一个显示单行文本的简单程序。注意，行号不是代码的一部分。

```
// fig02_01.cpp
// Text-printing program.
#include <iostream> // enables program to output data to the screen

// function main begins program execution
int main() {
```

图 2.1 文本打印程序

```
7      std::cout << "Welcome to C++!\n"; // display message
8
9      return 0; // indicate that program ended successfully
10  } // end function main
```

```
Welcome to C++!
```

图 2.1 文本打印程序（续）

注释

第 1 行和第 2 行：

```
// fig02_01.cpp
// Text-printing program.
```

各自都以 // 开头，表明本行剩余的所有内容都是**注释**（comment）。本书每个示例程序的第一行注释都包含程序文件名。注释 "Text-printing program." 描述了该程序的作用。以 // 开头的注释称为**单行注释**，因其在当前行末就结束了。将文本封闭到一对 /* 和 */ 之间，即可创建单行或**多行注释**，例如：

```
/* fig02_01.cpp: Text-printing program. */
```

或者：

```
/* fig02_01.cpp
   Text-printing program. */
```

#include 预处理指令

第 3 行：

```
#include <iostream> // enables program to output data to the screen
```

这是一条**预处理指令**（preprocessing directive），它是向 C++ 预处理器发送的一条消息，编译器在对程序进行编译之前会先调用这种指令。上面这一行的作用是通知预处理器在程序中包含输入 / 输出流的头文件 <iostream> 的内容。任何程序只要使用 C++ 流输入 / 输出功能向屏幕输出或者从键盘输入，编译器在编译它时就需要来自这个头文件的信息。图 2.1 的程序将数据输出到屏幕。第 5 章会更详细地讨论头文件，放在网上的本书第 19 章更详细地解释了 <iostream> 的内容。

空行和空白

第 4 行就是一个空行。写代码时，我们使用空行、空格和制表符使程序更容易阅读。所有这些字符一般统称为**空白**（whitespace），编译时会直接被忽略。

main 函数

第 6 行：

```
int main() {
```

这是每个 C++ 程序都必须要有的。main 后的圆括号表明它是一个**函数**（function）。C++ 程序通常由一个或多个函数和类组成。每个程序必须有一个且只能有一个 main 函数，这是 C++ 程序开始执行代码的地方，称为程序的**入口点**（entry point）。关键字 int 表示在 main 执行完毕后，它会“返回”一个整数值。**关键字**（keyword）是 C++ 为特定用途而保留的。我们会在第 3 章展示 C++ 关键字的完整列表。第 5 章讲述如何自己动手创建函数时，会解释函数“返回一个值”是什么意思。现在，只需在你的每个程序的 main 左边加上关键字 int 即可。

第 6 行末尾的左大括号 { 用于开始函数的**主体**（body）。函数主体包含了函数要执行的指令。配对的右大括号 }（第 10 行）用于结束函数主体。

输出语句

第 7 行：

```
std::cout << "Welcome to C++!\n"; // display message
```

显示包含在双引号之间的字符。引号及其之间的字符统称为一个**字符串**（string）。平时，我们也会直接将双引号之间的字符称为字符串或者**字符串字面值**（string literal）。注意，字符串中的空白字符（空格、制表符等）不会被编译器忽略。

错误提示

整个第 7 行——包括 `std::cout`、<< 操作符、字符串 `"Welcome to C++!/n"` 和分号（;）——统称为一个**语句**（statement）。大多数 C++ 语句以分号结尾。如果需要分号而在 C++ 语句结尾处省略分号，就属于一种语法错误。预处理指令（例如 `#include`）不是 C++ 语句，不以分号结尾。

通常，C++ 语言中的输出和输入通过数据流（`stream`）来进行。上述语句执行时，会将字符流 `Welcome to C++!\n` 发送给标准输出流对象 `std::cout`，而它通常“连接”的是屏幕。

缩进

在用于主体定界的大括号内，整个函数主体最好缩进一级。这使程序的功能结构更醒目，使程序更容易阅读。为你喜欢的缩进大小设定惯例，然后统一应用。是可以按 Tab 键来缩进，但制表位的距离在不同系统上可能有所区别。我们喜欢每级缩进三个空格。

std 命名空间

如果准备使用从标准库头文件（例如 <iostream>）带入程序的名称，就需要在 cout 前添加 std:: 前缀。std::cout 指出我们要使用一个从属于 std 命名空间[1] 的名称（本例是 cout）。我们将在第 17 章介绍命名空间。现在，只需要记住在程序中每次引用 cout、cin 和 cerr 时都添加 std:: 前缀。这自然很繁琐，但我们很快就会讲到 using 声明和 using 指令，它们使你能在每次使用来自 std 命名空间的名字时省略 std:: 前缀。

流插入操作符和转义序列

cout 语句中的 << 操作符称为**流插入操作符**（stream insertion operator）。这个程序执行时，操作符右边的值（右操作数）被插入输出流[2]。注意，箭头方向就是数据的去向。一般情况下，显示的内容会和字符串的内容一模一样。但是，在图 2.1 的示例输出中，并没有显示字符 \n。反斜杠（\）称为**转义字符**（escape character）。它表示要输出一个“特殊”字符。在字符串中遇到反斜杠时，下个字符和这个反斜杠就构成了一个**转义序列**（escape sequence）。转义序列 \n 代表换行符，它使光标（即当前屏幕位置指示器）移动到屏幕下一行的开头位置。下表总结了一些常见的转义序列。

转义序列	说明
\n	换行符，将屏幕光标定位到下一行开头
\t	水平制表符，将屏幕光标移到下一个制表位
\r	回车符。将屏幕光标定位到当前行的开头；不前进到下一行
\a	警报，发出系统响铃声
\\	反斜杠，在字符串中包含一个反斜杠字符
\'	单引号，在字符串中包含一个单引号字符
\"	双引号，在字符串中包括一个双引号字符

return 语句

第 9 行：

```
return 0; // indicate that program ended successfully
```

展示了我们用来退出函数的几种方法之一。在 main 结尾的这个 return 语句中，数值 0 标志着程序成功终止。如果程序执行到 main 的结束大括号时没有遇到 return 语句，C++ 会默认已经遇到 return 0; 并假定程序成功终止。因此，在本书后续的程序中，我们会省略 main 最后的 return 语句，默认程序将成功终止。

2.3 修改第一个 C++ 程序

接下来的两个例子将修改图 2.1 的程序。第一个用多个语句显示单行文本。第二个用单个语句显示多行文本。

多个语句显示单行文本

图 2.2 的程序在多个语句中执行流插入操作（第 7 行 ~ 第 8 行），但产生的输出和图 2.1 一样。每一次流插入操作都会在上一次停止的地方继续。第 7 行显示了 `Welcome` 和一个空格，由于这个字符串没有以 `\n` 结尾，所以第 8 行在空格后于同一行开始显示。

```
1  // fig02_02.cpp
2  // Displaying a line of text with multiple statements.
3  #include <iostream> // enables program to output data to the screen
4
5  // function main begins program execution
6  int main() {
7     std::cout << "Welcome ";
8     std::cout << "to C++!\n";
9  } // end function main
```

```
Welcome to C++!
```

图 2.2 多个语句显示单行文本

单个语句显示多行文本

单个语句显示多行文本是通过额外的换行符实现的，如图 2.3 的第 7 行所示。每次在输出流中遇到\n（换行符）转义序列，屏幕光标就会指向下一行开头。要输出空行，像第 7 行那样连续使用两个换行符即可。

```
1  // fig02_03.cpp
2  // Displaying multiple lines of text with a single statement.
3  #include <iostream> // enables program to output data to the screen
4
5  // function main begins program execution
6  int main() {
7     std::cout << "Welcome\nto\n\nC++!\n";
8  } // end function main
```

图 2.3 单个语句显示多行文本

```
Welcome
to

C++!
```

图 2.3 单个语句显示多行文本（续）

2.4 另一个 C++ 程序：整数相加

下个程序获取用户从键盘输入的两个整数，求和，并用 `std::cout` 输出结果。图 2.4 展示了程序的代码以及示例输入和输出。注意，由用户输入的内容加粗显示。

```
1  // fig02_04.cpp
2  // Addition program that displays the sum of two integers.
3  #include <iostream> // enables program to perform input and output
4
5  // function main begins program execution
6  int main() {
7     // declaring and initializing variables
8     int number1{0}; // first integer to add (initialized to 0)
9     int number2{0}; // second integer to add (initialized to 0)
10    int sum{0}; // sum of number1 and number2 (initialized to 0)
11
12    std::cout << "Enter first integer: "; // prompt user for data
13    std::cin >> number1; // read first integer from user into number1
14
15    std::cout << "Enter second integer: "; // prompt user for data
16    std::cin >> number2; // read second integer from user into number2
17
18    sum = number1 + number2; // add the numbers; store result in sum
19
20    std::cout << "Sum is " << sum << "\n"; // display sum
21 } // end function main
```

```
Enter first integer: 45
Enter second integer: 72
Sum is 117
```

图 2.4 求两个整数之和

变量声明和大括号初始化

第 8 行～第 10 行：

```
int number1{0}; // first integer to add (initialized to 0)
int number2{0}; // second integer to add (initialized to 0)
int sum{0}; // sum of number1 and number2 (initialized to 0)
```

都是**声明**（declaration）。其中，number1，number2 和 sum 都是**变量**（variable）的名称，分别代表两个加数和两者之和。三个变量都是用于容纳整数值（例如 7，–11，0 和 31914）的 int 类型。注意，所有变量声明都必须包含一个数据类型和一个名称。

在第 8 行 ~ 第 10 行的每个变量声明中，变量名后都在一对大括号（{}）中包含了值 0。这种语法称为**大括号初始化**（braced initialization），是 C++11 引入的一个特性。虽然并非一定要显式初始化每个变量，但这样做有助于防止多种多样的问题。在 C++11 之前，第 8 行 ~ 第 10 行是这样写的：

```
int number1 = 0; // first integer to add (initialized to 0)
int number2 = 0; // second integer to add (initialized to 0)
int sum = 0; // sum of number1 and number2 (initialized to 0)
```

在一些遗留的 C++ 程序中，你会看到使用这种旧式 C++ 编码风格的初始化语句。我们以后会讨论大括号初始化的优点。

一次性声明多个变量

同一类型的变量可以一次性声明。例如，可以用逗号分隔的列表来声明并初始化全部三个变量，如下所示：

```
int number1{0}, number2{0}, sum{0};
```

但这会影响程序的可读性，而且不方便用注释来说明每个变量的作用。

基本类型

我们将很快讨论用于指定实数的 double 类型和用于指定字符数据的 char 类型。实数是带小数点的数，例如 3.4、0.0 和 -11.19。char 变量只能容纳一个小写字母、大写字母、数字或特殊字符（如 $ 或 *）。像 int、double、char 和 long long 这样的类型称为**基本类型**（fundamental types）。基本类型的名称通常由一个或多个关键字组成，而且必须全部小写。要查询 C++ 基本类型的完整列表及其取值范围，请访问 https://zh.cppreference.com/w/cpp/language/types。

标识符和驼峰式命名法

变量名（如 number1）可以是任何有效的标识符。**标识符**（identifier）是由字母、数字和下划线（_）组成的一系列字符，不能以数字开头，也不能是语言的关键字。C++ 区分大小写，同一个字母的大小写形式是两个不同的字符。所以，a1 和 A1 是两个不同的标识符。

C++ 语言允许任何长度的标识符。不要以下划线和一个大写字母开头，也不要以两个下划线开头，这种形式的标识符是 C++ 编译器内部使用的。

根据惯例，变量名标识符以小写字母开头，而且名称中第一个单词之后的每个单词都以大写字母开头。例如，firstNumber 的第二个单词 Number 以大写字母 N 开头。这种命名惯例称为**驼峰式命名法**（camel case），因为大写字母就像骆驼的驼峰一样突出。

变量声明位置

变量声明可以放到程序的几乎任何地方，但必须在变量使用前声明。以第 8 行的声明为例：

```
int number1{0}; // first integer to add (initialized to 0)
```

它可以放到第 13 行之前：

```
std::cin >> number1; // read first integer from user into number1
```

第 9 行的声明：

```
int number2{0}; // second integer to add (initialized to 0)
```

可以放到第 16 行之前：

```
std::cin >> number2; // read second integer from user into number2
```

而第 10 行的声明：

```
int sum{0}; // sum of number1 and number2 (initialized to 0)
```

可以放到第 18 行之前：

```
sum = number1 + number2; // add the numbers; store result in sum
```

事实上，第 10 行和第 18 行可以合并为以下声明，并放到第 20 行之前：

```
int sum{number1 + number2}; // initialize sum with number1 + number2
```

从用户处获取第一个值

第 12 行：

```
std::cout << "Enter first integer: "; // prompt user for data
```

会在屏幕上显示 Enter first integer:，并后跟一个空格。这种消息称为**提示**（prompt），因为它提示用户采取一个特定的操作。第 13 行：

```
std::cin >> number1; // read first integer from user into number1
```

使用标准输入流对象 cin（来自 std 命名空间）和**流提取操作符**（stream extraction operator）>> 从键盘获取一个值，注意箭头的方向即数据的流向。

上述语句执行时，程序等待你为变量 number1 输入一个值。你的回应是输入一个整数（此时是作为字符），然后按回车键将其发送给程序。cin 对象将数字的字符形式转换为整数值，并将该值赋给变量 number1。按回车键还会使光标移动到屏幕上下一行的开头。

当程序期望用户输入一个整数时，用户实际可能输入字母、特殊符号（如 # 或 @）或者带有小数点的数字（如 73.5）等。在本书前面的这些程序中，我们假设用户输入的是有效数据。以后会讨论用于处理数据输入问题的各种技术。

从用户处获取第二个值

第 15 行：

```
std::cout << "Enter second integer: "; // prompt user for data
```

在屏幕上显示 Enter second integer: 和一个空格，提示用户采取行动。第 16 行：

```
std::cin >> number2; // read second integer from user into number2
```

从用户处获取变量 number2 的值。

计算用户输入值之和

第 18 行是一个赋值语句：

```
sum = number1 + number2; // add the numbers; store result in sum
```

它使 number1 和 number2 的值相加，用赋值操作符 = 将结果赋给 sum。

主要计算在赋值语句中进行。这里的 = 操作符和 + 操作符都是**二元操作符**（binary operator），因为每个操作符都有两个操作数。其中，+ 操作符的两个操作数是 number1 和 number2，而 = 操作符的两个操作数是 sum 和表达式 number1 + number2 的求值结果。在二元操作符两侧添加空格可以使操作符更醒目，使程序更易读。

显示结果

第 20 行：

```
std::cout << "Sum is " << sum << "\n"; // display sum
```

显示字符串 Sum is，后跟变量 sum 的值和一个换行符。

注意，上述语句输出了多个不同类型的值。流插入操作符 << "知道"如何输出每种类型的数据。在单个语句中使用多个 << 操作符，这称为对多个流插入操作进行**连接**（concatenating）。

还可以直接在输出语句中执行计算。将第 18 行和第 20 行的语句合并成下面这个语句，即可避免使用变量 sum：

```
std::cout << "Sum is " << number1 + number2 << "\n";
```

C++ 语言的标志特征就是可以创建自己的数据类型，称为类（将从第 9 章开始讨论）。然后，也可以“教”C++ 如何使用 >> 和 << 操作符来输入和输出这些新类型的值。这就是所谓的**操作符重载**（operator overloading），将在第 11 章进行讨论。

2.5 算术运算

下表总结了算术操作符。

操作	算术操作符	代数式	C++ 语言的表达式
加	+	$f+7$	`f + 7`
减	-	$p-c$	`p - c`
乘	*	bm 或 $b \cdot m$	`b * m`
除	/	x/y，$\frac{x}{y}$ 或 $x \div y$	`x / y`
求余	%	$r \bmod s$	`r % s`

注意，这里使用了多个在代数中没有的符号。星号（*）表示乘法，而百分号（%）是求余操作符（马上就会讲到）。这些算术操作符都是二元操作符。

整数除法

分子和分母都是整数的整数除法会生成一个整数商。例如，表达式 7/4 的求值结果是 1，表达式 17/5 的求值结果是 3。整数除法结果中的任何小数部分都被截断，不会有四舍五入。

求余操作符

求余操作符 %（也称模除操作符）生成整数除法后的余数，且只能应用于整数操作数。x % y 生成 x 除以 y 后的余数。因此，7 % 4 的结果是 3，17 % 5 的结果是 2。

用圆括号对子表达式进行分组

圆括号在 C++ 表达式中的用法和在代数式中一样。例如，要求 b 和 c 之和，再和 a 相乘，可以写成 a * (b + c)。

操作符优先级规则

C++ 语言在算术表达式中应用各个操作符的顺序由以下操作符优先级规则决定，这些规则通常与代数中的规则保持一致。

1. 圆括号内的表达式优先求值。圆括号具有“最高优先级”。对于嵌套或嵌入圆括号的情况，例如(a * (b + c))，最内层圆括号中的表达式首先求值。
2. 其次求值的是乘法、除法和求余操作。如果一个表达式包含多个这样的操作，它们按从左到右的顺序应用。我们说这三个操作符具有相同的优先级。
3. 最后求值的是加法和减法操作。如果一个表达式包含多个这样的操作，它们按从左到右的顺序应用。加法和减法也具有相同的优先级。

附录 A 提供了完整的操作符优先级表。注意。在(a + b) * (c - d)这样的表达式中，两组圆括号没有嵌套，但处于“同一级”上，C++ 标准没有规定这些圆括号的子表达式的求值顺序。

操作符分组

当我们说 C++ 语言从左到右应用某些操作符时，我们说的是操作符的**分组**（grouping），有时也称为操作符的**关联性**（associativity）。例如，在以下表达式中：

```
a + b + c
```

加法操作符（+）从左到右分组，等同于(a + b)+ c。大多数相同优先级的 C++ 操作符都从左到右分组。以后会提到一些从右到左分组的操作符。

2.6 决策：相等性和关系操作符

下面要介绍 C++ 语言的 if 语句，它允许程序根据一个条件的真假来采取不同的行动。if 语句中的条件可用下表总结的**关系操作符**（relational operator）和**相等性操作符**（equality operator）来形成。

代数关系或相等性操作符	C++ 语言的关系或相等性操作符	示例 C++ 条件	C++ 条件的含义
关系操作符			
>	>	x > y	x 大于 y
<	<	x < y	x 小于 y
≥	>=	x >= y	x 大于或等于 y
≤	<=	x <= y	x 小于或等于 y
相等性操作符			
=	==	x == y	x 等于 y
≠	!=	x != y	x 不等于 y

所有关系操作符具有相同的优先级，从左到右分组。两个相等性操作符都具有相同的优先级，但低于关系操作符的优先级，而且也是从左到右分组。

颠倒操作符 != 、>= 和 <= 中一对符号的顺序（分别写成 =！、=> 和 =<）通常是一个语法错误。某些时候，将 != 写成 =！并不是语法错误，但几乎可以肯定，这是一个会在执行时产生影响的逻辑错误。4.11 节讨论逻辑操作符时，你会明白其中的原因。

错误提示

混淆 == 和 =

混淆相等性操作符 == 与赋值操作符 = 会造成逻辑错误。混淆这些操作符不一定会造成容易发现的语法错误，但可能会造成微妙的逻辑错误。编译器一般会对此提出警告。

错误提示

使用 if 语句

图 2.5 的程序使用 6 个 `if` 语句来比较用户输入的两个整数。如果一个给定的 `if` 语句的条件为真，其主体中的输出语句就会执行。如果条件为假，其主体中的输出语句就不执行。

```cpp
// fig02_05.cpp
// Comparing integers using if statements, relational operators
// and equality operators.
#include <iostream> // enables program to perform input and output

using std::cout; // program uses cout
using std::cin; // program uses cin

// function main begins program execution
int main() {
   int number1{0}; // first integer to compare (initialized to 0)
   int number2{0}; // second integer to compare (initialized to 0)

   cout << "Enter two integers to compare: "; // prompt user for data
   cin >> number1 >> number2; // read two integers from user

   if (number1 == number2) {
      cout << number1 << " == " << number2 << "\n";
   }

   if (number1 != number2) {
      cout << number1 << " != " << number2 << "\n";
   }
```

图 2.5　使用 `if` 语句、关系操作符和相等性操作符比较两个整数

```
24
25      if (number1 < number2) {
26         cout << number1 << " < " << number2 << "\n";
27      }
28
29      if (number1 > number2) {
30         cout << number1 << " > " << number2 << "\n";
31      }
32
33      if (number1 <= number2) {
34         cout << number1 << " <= " << number2 << "\n";
35      }
36
37      if (number1 >= number2) {
38         cout << number1 << " >= " << number2 << "\n";
39      }
40   } // end function main
```

```
Enter two integers to compare: 3 7
3 != 7
3 < 7
3 <= 7
```

```
Enter two integers to compare: 22 12
22 != 12
22 > 12
22 >= 12
```

```
Enter two integers to compare: 7 7
7 == 7
7 <= 7
7 >= 7
```

图 2.5 使用 if 语句、关系操作符和相等性操作符比较两个整数（续）

using 声明

第 6 行和第 7 行：

```
using std::cout; // program uses cout
using std::cin; // program uses cin
```

称为 using 声明，作用是避免在之前的程序中重复添加 std:: 前缀的必要。现在可以在程序剩余的部分直接写 cout 而不是 std::cout，直接写 cin 而不是

std::cin。

using 指令

但是，许多程序员不会像第 6 行 ~ 第 7 行那样写，他们更愿意使用 using 指令：

```
using namespace std;
```

这样就可以直接使用来自 std 命名空间的所有名称，不需要用 std:: 前缀进行限定。在本书前面的章节中，我们将在程序中使用这一指令来简化代码。[3]

变量声明和从用户处读取输入

第 11 行和第 12 行：

```
int number1{0}; // first integer to compare (initialized to 0)
int number2{0}; // second integer to compare (initialized to 0)
```

声明要在程序中使用的变量并把它们初始化为 0。

第 15 行：

```
cin >> number1 >> number2; // read two integers from user
```

使用连接的几个流提取操作符 >> 从标准输入设备 cin（这里是键盘）输入两个整数。由于第 7 行的存在，所以可以直接写 cin 而不是 std::cin。输入的第一个值被读入 number1，第二个值被读入 number2。

比较数字

第 17 行 ~ 第 19 行的 if 语句：

```
if (number1 == number2) {
   cout << number1 << " == " << number2 << "\n";
}
```

判断变量 number1 和 number2 的值是否相等。如果是，cout 语句显示一行文本，表明数字相等。对于从第 21 行、第 25 行、第 29 行、第 33 行和第 37 行开始的其余 if 语句，均是一旦条件为真，相应的 cout 语句就显示一行适当的文本。

大括号和代码块

在图2.5中，每个if语句的主体都只有一个语句。为了提高可读性，该语句被缩进。另外要注意的是，我们将每个主体语句都用一对大括号 {} 括起来，这形成了一个所谓的**复合语句**，或者称为**代码块或块**（block）。

虽然单语句的主体不必用大括号 {} 括起来，但多语句的主体必须用大括号括起来。如果忘记用大括号包围多语句的主体，那么肯定会导致错误。为了避免这种错误，请养成将所有 if 语句的主体语句都用大括号括起来的习惯。

⊗ 错误提示

常见逻辑错误：在条件之后添加分号

错误提示

在 if 语句的条件的右圆括号后紧跟一个分号往往是逻辑错误（虽然不是语法错误）。分号导致 if 语句的主体为空，因此该 if 语句不会执行任何操作，无论其条件是否为真。更糟的是，if 语句原来的主体语句现在变成了在 if 语句之后总是执行的一个语句（块），这常常导致程序产生错误的结果。大多数编译器会对这种逻辑错误发出警告。

分割冗长的语句

在代码编辑器中，一个冗长的语句可能自动散布于多行。如果出于可读性的考虑，必须对其进行分割，那么请选择有意义的分割点，例如在逗号分隔列表的一个逗号之后，或者在冗长表达式中的一个操作符之后。如果一个语句被分割为两行或多行，缩进所有后续行是一个好的做法。

操作符优先级和分组

除了赋值操作符 =，本章介绍的所有操作符都从左到右分组。赋值操作符（=）从右到左分组。因此，表达式 x = y = 0 等同于 x = (y = 0)，即从右到左，首先将 0 赋给 y，再将 y 的求值结果（即 0）赋给 x。

在写包含大量操作符的表达式时，请参考附录 A 完整的操作符优先级表。确认表达式中的操作符是按照你期望的顺序执行的。但凡不确定复杂表达式中的求值顺序，就用多个语句对其进行分割，或者使用圆括号来强制求值顺序，就像在代数式中做的那样。

2.7 对象自然案例学习：创建和使用标准库类 string 的对象

本书强调尽可能使用 C++ 标准库和 C++ 开源社区的各种开源库所提供的、有价值的类。你将专注于了解存在哪些库，选择你的应用程序适用的，使用库所提供的类来创建对象，并发挥这些对象的作用。“对象自然”的意思是，在你学会创建自定义类之前，就能使用功能强大的对象进行编程。

之前其实已经用过 C++ 对象，具体就是 cout 和 cin 对象，它们分别封装了输出和输入机制。在幕后，这些对象是使用头文件 <iostream> 所提供的类来创建的。本节将创建 C++ 标准库的 string 类的对象并与之交互。[4]

使用 string 类

类自己是不能执行的。一个 Person 对象可以告诉一个 Car 对象需要做什么（开快点、开慢点、左转、右转等等）来“驱动”这个 Car 对象，同时不需要知道汽车的内部工作机制。同样，main 函数可以通过调用 string 对象的成员函数来“驱动”它，同时不需要知道该类具体是如何实现的。从这个角度说，下面这个程序中的 main 可以称为驱动程序。如图 2.6 所示，main 函数“驱动”了几个字符串成员函数。

```
// fig02_06.cpp
// Standard library string class test program.
#include <iostream>
#include <string>
using namespace std;

int main() {
   string s1{"happy"};
   string s2{" birthday"};
   string s3; // creates an empty string

   // display the strings and show their lengths
   cout << "s1: \"" << s1 << "\"; length: " << s1.length()
      << "\ns2: \"" << s2 << "\"; length: " << s2.length()
      << "\ns3: \"" << s3 << "\"; length: " << s3.length();

   // compare strings with == and !=
   cout << "\n\nThe results of comparing s2 and s1:" << boolalpha
      << "\ns2 == s1: " << (s2 == s1)
      << "\ns2 != s1: " << (s2 != s1);

   // test string member function empty
   cout << "\n\nTesting s3.empty():\n";

   if (s3.empty()) {
      cout << "s3 is empty; assigning to s3;\n";
      s3 = s1 + s2; // assign s3 the result of concatenating s1 and s2
      cout << "s3: \"" << s3 << "\"";
   }

   // testing new C++20 string member functions
   cout << "\n\ns1 starts with \"ha\": " <<s1.starts_with("ha") << "\n";
   cout << "s2 starts with \"ha\": " << s2.starts_with("ha") << "\n";
   cout << "s1 ends with \"ay\": " << s1.ends_with("ay") << "\n";
   cout << "s2 ends with \"ay\": " << s2.ends_with("ay") << "\n";
}
```

图 2.6 标准库 string 类的测试程序

```
s1: "happy"; length: 5
s2: " birthday"; length: 9
s3: ""; length: 0

The results of comparing s2 and s1:
s2 == s1: false
s2 != s1: true
Testing s3.empty():
s3 is empty; assigning to s3;
s3: "happy birthday"

s1 starts with "ha": true
s2 starts with "ha": false
s1 ends with "ay": false
s2 ends with "ay": true
```

图 2.6 标准库 string 类的测试程序（续）

实例化对象

一般情况下，除非创建类的对象，否则不能调用该类的成员函数。[5] 创建类的对象也称为**实例化**（instantiating）一个对象。第 8 行 ~ 第 10 行创建了三个 string 对象。

- s1 初始化为一个字符串字面值拷贝 "happy"。
- s2 初始化为一个字符串字面值拷贝 " birthday"。
- s3 默认初始化为空字符串，即 ""。

以前在声明 int 变量时，编译器事先就知道 int 是什么，因为它是 C++ 语言内置的一个基本类型。但在本例的第 8 行 ~ 第 10 行，如果不事先做一些准备，那么编译器并不知道 string 是什么。事实上，它是 C++ 标准库中的一个**类类型**（class type）。

只要进行了恰当的封装，类就可以被其他程序员重用。这是像 C++ 这样的面向对象编程语言所具备的最显著的优势之一。这些语言提供了多种多样的库，其中预置了功能强大的类。例如，可以在任何程序中重用 C++ 标准库中的类，只要包含恰当的头文件即可，本例包含的是 <string> 头文件（第 4 行）。string 这个名称，就像 cout 一样，从属于命名空间 std。

string 的 length 成员函数

第 13 行 ~ 第 15 行输出每个字符串及其长度。string 类的 length 成员函数返回一个特定的 string 对象中的字符数。第 13 行的以下表达式：

```
s1.length()
```

通过调用 `s1` 对象的 `length` 成员函数来返回该对象的长度。要为一个特定的对象调用成员函数，需要先指定对象名称（`s1`），后跟点操作符（.），再后跟成员函数名称（length）和一组圆括号。空的圆括号表示 `length` 函数不需要任何额外的信息就能执行其任务。你很快就会看到，还有一些成员函数需要称为**实参**（arguments）的额外信息才能执行其任务。

从 `main` 的角度看，在 `length` 成员函数被调用时，程序会像下面这样运行。

1. 程序的执行从调用（`main` 中的第 13 行）转移到成员函数 `length`。因为 `length` 是通过 `s1` 对象调用的，所以 `length`“知道”要操作哪个对象的数据。
2. 接着，成员函数 `length` 执行它的任务——也就是把 `s1` 的长度返回给调用该函数的第 13 行。`main` 函数不知道 `length` 具体如何执行任务，就像驾驶员不知道发动机、变速箱、转向机构和刹车系统是如何实现的。
3. `cout` 对象显示成员函数 `length` 返回的字符数，程序继续执行，显示字符串 `s2` 和 `s3` 及其长度。

用相等性操作符比较字符串对象

和数字一样，字符串也能相互比较。第 18 行 ~ 第 20 行使用相等性操作符比较 `s2` 和 `s1`。注意，字符串比较区分大小写。[6]

默认情况下，在输出一个条件的值时，C++ 显示 `0` 代表假，`1` 代表真。来自 `<iostream>` 头文件的流操纵元 `boolalpha`（第 18 行）告诉输出流将条件值显示为 `false` 或 `true`。

string 的 empty 成员函数

第 25 行调用 `string` 的 `empty` 成员函数。如果字符串为空，它会返回 `true`。这里的“空”（empty）是指字符串长度为 `0`。如果字符串不为空，它会返回 `false`。我们故意让 `s3` 对象默认初始化为空字符串，所以会执行 `if` 语句的主体。

字符串连接和赋值

第 27 行使用 + 操作符使字符串 `s1` 和 `s2` 相加，并将结果赋给 `s3`。两个字符串相加的操作称为**字符串连接**（string concatenation）。在赋值之后，`s3` 包含 `s1` 的字符加上 `s2` 的字符，即 `"happy birthday "`。第 28 行输出 `s3` 以证明赋值成功。

C++20 string 的成员函数 starts_with 和 ends_with

第 32 行 ~ 第 35 行演示了新的 C++20 `string` 成员函数 `starts_with` 和 `ends_with`。如果字符串以指定的子串开始或结束，这两个成员函数将分别返回 `true`；

否则，它们返回 false。第 32 行和第 33 行显示 s1 是以 "ha" 开头，但 s2 不是。第 34 行和第 35 行显示 s1 不是以 "ay" 结束，但 s2 是。

2.8 小结

本章介绍了 C++ 语言许多重要的基本特性，包括在屏幕上显示数据、从键盘输入数据和声明基本类型的变量。具体地说，你学会了使用输出流对象 cout 和输入流对象 cin 来构建简单的交互式程序。我们声明并初始化了变量，并使用算术操作符来进行计算。讨论了 C++ 语言应用操作符的顺序（即操作符优先规则）以及操作符的分组（也称为操作符的关联性）。你学习了如何利用 C++ 语言的 if 语句让程序做出决策。讨论了相等性和关系操作符，我们用它们来形成 if 语句中的条件。

本章最后演示了学习 C++ 语言的“对象自然”方法，即创建 C++ 标准库类 string 的对象，并使用相等性操作符和各种字符串成员函数与之交互。在后续章节中，还会创建并使用许多现有类的对象，从而用最少的代码完成重要的任务。然后，在第 9 章 ~ 第 11 章中，你将开始创建自定义类。届时会理解 C++ 语言如何使你能够对现有的、有价值的类进行修改，从而打造符合自己需要的类。下一章开始介绍控制语句，它们指定了一个程序的行动顺序。

注释

1. “std::”应该怎么读？不要读作单独的字母 s，t 和 d，而是直接读作“standard”。
2. 译注：operator 在本书统一翻译为“操作符”，而不是“运算符”。相应地，operand 翻译为“操作数”，而不是“运算子”。
3. 第 19 章会讨论在大型系统中使用 using 指令的缺点。
4. 在后续章节，还要进一步介绍 string 类的功能。第 8 章将要详细讨论 string 类，试验它的更多成员函数。
5. 9.20 节将要讲到，可直接在类上调用它的静态成员函数，而不必先创建类的对象。
6. 第 8 章会讲到，用字符串中代表每个字符的数值按字典顺序进行比较。

第 3 章

控制语句（上）

学习目标

- 使用 `if` 和 `if...else` 选择语句在备选行动之间做出选择
- 使用 `while` 循环语句来重复执行程序中的语句
- 使用计数器控制的循环和哨兵值控制的循环
- 使用嵌套控制语句
- 使用复合赋值操作符和递增 / 递减操作符
- 理解为什么基本数据类型不可移植
- 用一个案例学习来继续介绍我们的“对象自然”方法，创建和操作任意大小的整数
- 使用 C++20 新的文本格式化功能，它比早期 C++ 版本的更简洁、更强大

3.1 导读

本章和下一章将介绍结构化编程的理论和原则。这些概念在构建类和操作对象方面至关重要。我们将更详细地讨论 `if` 语句，并介绍 `if...else` 和 `while` 语句，还将介绍复合赋值操作符以及递增和递减操作符。

我们会讨论为什么基本类型是不可移植的。我们通过一个关于任意大小的整数的案例学习继续我们的“对象自然”方法，这种整数可以表示超出计算机硬件所支持的整数范围的值。

本章将开始介绍 C++20 新的文本格式化功能，它们基于 Python、Microsoft .NET 语言（例如 C# 和 Visual Basic）和 Rust 中的功能。[1] 和早期 C++ 版本提供的功能相比，C++20 提供的这些功能更简洁、更强大。

3.2 控制结构

20 世纪 60 年代，人们清楚地认识到，滥用控制权的转移是软件开发团队遇到的许多问题的根源。人们把责任归咎于 goto 语句（当时大多数编程语言都设计了这个语句），它允许将控制权转移到程序中的几乎任何位置。计算机科学家 Böhm 和 Jacopini 的研究 [2] 表明，不使用任何 goto 语句也能编写程序。那个时代的程序员所面临的挑战是如何将他们的风格转变为“无 goto 编程”。**结构化编程**（structured programming）这个词几乎成了“消除 goto”的同义词。结果令人印象深刻。软件开发团队报告了更短的开发时间，更经常的按时交付，而且更经常地在预算内完成软件项目。这一系列成功的关键在于，结构化的程序更清晰，更容易调试和修改，而且更有可能从一开始就避免犯错。

Böhm 和 Jacopini 的研究表明，所有程序都可以只用三种控制结构来编写：顺序结构、选择结构和循环结构。我们将讨论 C++ 如何实现其中的每一个。

3.2.1 顺序结构

C++ 的语句默认就是顺序结构。除非另有指示，否则语句会按它们在程序中出现的顺序依次执行。以下 UML[3] **活动图**（activity diagram）展示了一个典型的顺序结构，其中的两个计算是按顺序进行的。

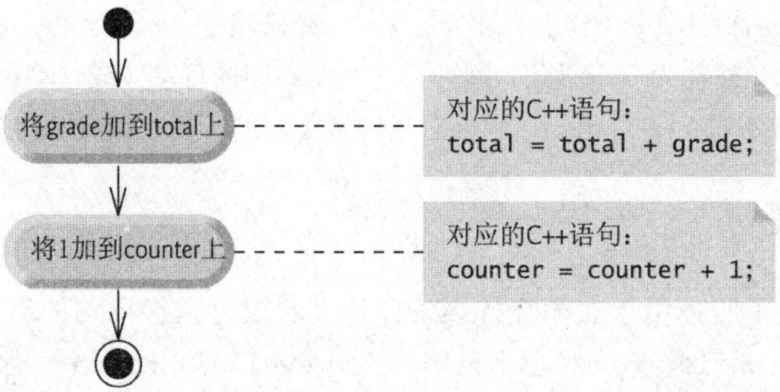

C++ 允许在顺序结构中采取任意数量的行动。很快就会看到，在任何可以放置一个行动的地方，都可以按顺序放置多个行动。

活动图建模的是软件系统的一个部分的**工作流**（workflow，也称为活动）。这样的工作流可能包括算法的一部分，就像上图的顺序结构。活动图由各种符号组成，例如行动状态符号（圆角矩形）、菱形和小圆圈。这些符号用转换箭头连接，代表活动的流程，也就是行动的顺序。

上述顺序结构活动图包含两个**行动状态**（action state），每个都包含一个**行动表达式**（action expression），例如“将 `grade` 加到 `total` 上”或者“将 1 加到 `counter` 上”。行动表达式指定了要执行的特定行动。活动图中的箭头代表**转换**[4]（transition），表示行动状态所代表的行动的发生顺序。

活动图顶部的实心圆代表**初始状态**（initial state）——即程序在执行所建模的行动之前，工作流的开始。图底部内部实心的空心圆代表**最终状态**（final state），即程序执行完行动之后，工作流的结束。

顺序结构活动图还包括右上角折叠的矩形。这些是 UML 注释（类似于 C++ 注释），它对图中的符号的作用进行解释。一条虚线将每个注释与它所描述的元素连接起来。上图的 UML 注释显示了该图与每个行动状态的 C++ 代码的关系。活动图一般不显示 C++ 代码。

3.2.2 选择语句

C++ 有三种类型的选择语句。`if` 语句在条件为真时执行（选择）一个（或一组）行动，在条件为假时跳过该行动。`if...else` 语句在条件为真时执行一个（或一组）行动，在条件为假时执行另一个（或一组）行动。`switch` 语句（第 4 章）根据一个表达式的值，从多个不同的行动（或行动组）中选择一个来执行。

if 语句被称为单选语句，因为它选择或忽略了一个行动（或行动组）。if...else 语句被称为双选语句，因为它在两个不同的行动（或行动组）之间选择。switch 语句则被称为多选语句，因为它从许多不同的行动（或行动组）中选择一个。

3.2.3 循环语句

C++ 提供了四种用于在循环持续条件为真时重复执行语句的循环语句，包括 while、do...while、for 和基于范围的 for。while 和 for 语句执行其行动（或行动组）零次或多次。如果循环继续条件一开始就为假，那么它的行动（或行动组）一次都不会执行。相反，do...while 语句执行其行动（或行动组）至少一次。第 4 章介绍了 do...while 和 for 语句。第 6 章介绍了基于范围的 for 语句。

关键字

if、else、switch、while、do 和 for 都是 C++ 关键字。关键字不能作为变量名这样的标识符使用，并且只包含小写字母（有时会有下划线）。下面是 C++ 关键字的完整列表。

C++ 关键字				
alignas	alignof	and	and_eq	asm
auto	bitand	bitor	bool	break
case	catch	char	char16_t	char32_t
class	compl	const	const_cast	constexpr
continue	decltype	default	delete	do
double	dynamic_cast	else	enum	explicit
export	extern	false	final	float
for	friend	goto	if	import
inline	int	long	module	mutable
namespace	new	noexcept	not	not_eq
nullptr	operator	or	or_eq	override
private	protected	public	register	reinterpret_cast
return	short	signed	sizeof	static
static_assert	static_cast	struct	switch	template
this	thread_local	throw	true	try

（续表）

C++ 关键字				
typedef	typeid	typename	union	unsigned
using	void	volatile	virtual	wchar_t
while	xor	xor_eq		
C++20 新增关键字				
char8_t	concept	consteval	constinit	co_await
co_return	co_yield	requires		

3.2.4 控制语句小结

C++ 语言只有三种控制结构，从现在起，我们把它们称为控制语句：

- 顺序
- 选择（if、if…else 和 switch）
- 循环（while、do…while、for 和基于范围的 for）

针对想要实现的算法，我们通过适当地组合这些语句来构建程序。每个控制语句都可以建模为一个活动图。每个图都包含一个初始状态和一个最终状态，分别代表控制语句的入口和出口。利用单入 / 单出的控制语句，可以很容易构建出可读性好的程序。为此，只需采用**控制语句堆叠**（control-statement stacking）技术，将一个控制语句的出口与下一个控制语句的入口连接。除此之外，只有另一种方式可以连接控制语句，即**控制语句嵌套**（control-statement nesting），也就是将一个控制语句放到另一个控制语句中。因此，C++ 程序中的算法仅由三种控制语句构成，仅以两种方式组合。这就是所谓的“大道至简”。

3.3 if 选择语句

2.6 节简单介绍了 if 单选语句。程序使用选择语句在备选的行动路线中进行选择。例如，假设一次考试的及格线是 60 分，以下 C++ 语句用于判断条件 studentGrade >= 60 是否为真：

```
if (studentGrade >= 60) {
   cout << "Passed";
}
```

如果条件为真，就打印 "Passed"，然后顺序执行下个语句。如果条件为假，就忽略主体中的输出语句，顺序执行下个语句。这个选择语句第二行的缩进虽然可选，但强烈建议加上以提高程序的可读性。

bool 数据类型

第 2 章是用关系或相等性操作符创建条件。实际上，任何求值为零或非零的表达式都可以用作条件。其中，零被视为假，而非零被视为真。C++ 还为布尔变量专门提供了 bool 数据类型，这种变量只能容纳 true 和 false 两个值之一，两者都是 C++ 关键字。编译器可以隐式地将 true（真）转换成 1，将 false（假）转换成 0。

if 语句的 UML 活动图

下图展示了上述单选 if 语句的控制流。

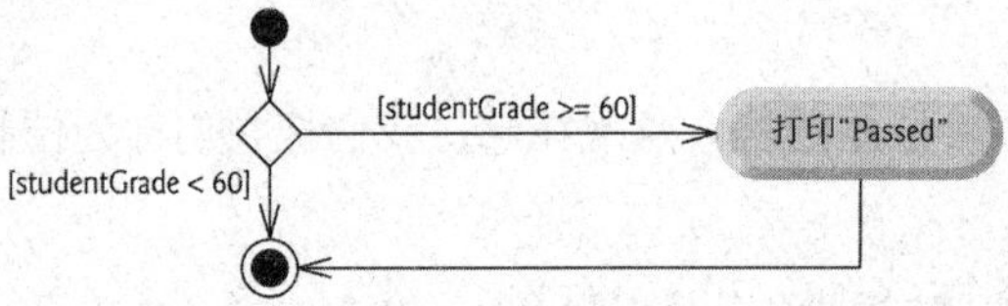

这张图包含了活动图中最重要的符号：菱形，或者称为**决策符号**（decision symbol），它表示要做出一个决定。工作流沿着与该符号关联的**监护条件**（guard condition）所决定的路径继续。监护条件要么为真，要么为假。每个从决策符号引出的转换箭头都附有一个监护条件（在箭头旁边的方括号中指定）。监护条件为真，工作流就进入转换箭头所指向的行动状态。上图显示，如果成绩高于或等于 60 分（即条件为真），程序会打印 "Passed"，然后转换到活动的最终状态。如果成绩低于 60 分（即条件为假），程序则立即转换到最终状态，而不打印消息。if 语句是一种单入 / 单出的控制语句。

3.4 if…else 双选语句

if 单选语句只在条件为真时执行指定的行动。if...else 双选语句则允许指定在条件为真时执行一个行动，在条件为假时执行另一个行动。例如，以下 C++ 语句在 studentGrade >= 60 时打印 "Passed"，在小于 60 时打印 "Failed"。

```
if (studentGrade >= 60) {
    cout << "Passed";
}
else {
    cout << "Failed";
}
```

不管哪种情况，在打印行动完毕后，都会顺序执行下一个语句。注意，else 的主体也进行了缩进。不管采用的是什么缩进惯例，在程序中都要保持一致。

if…else 语句的 UML 活动图

下图展示了上述 if…else 语句的控制流。

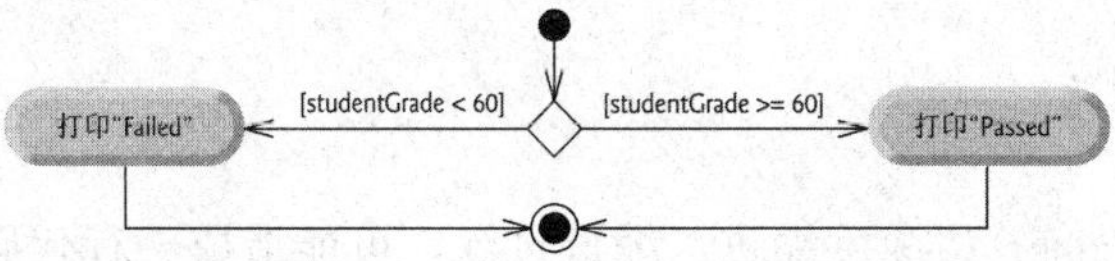

3.4.1 嵌套 if…else 语句

程序可以将 if...else 语句放到其他 if...else 语句中来测试多个条件，这样创建的是嵌套 if...else 语句。例如，下面这个嵌套 if...else 语句对考试成绩大于或等于 90 分的学生打印 "A"，对 80~89 分的学生打印 "B"，对 70~79 分的学生打印 "C"，对 60~69 分的学生打印 "D"，对其他所有成绩打印 "F"。我们用阴影来强调嵌套。

```
if (studentGrade >= 90) {
   cout << "A";
}
else {
   if (studentGrade >= 80) {
      cout << "B";
   }
   else {
      if (studentGrade >= 70) {
         cout << "C";
      }
      else {
         if (studentGrade >= 60) {
            cout << "D";
         }
         else {
            cout << "F";
         }
      }
   }
}
```

如果变量 studentGrade 大于或等于 90，嵌套 if...else 语句中的前四个条件都为真，但只有第一个 if...else 语句的 if 主体语句会执行。在该语句执行后，"最外层" if...else 语句的整个 else 部分会被跳过。上述 if...else 语句也可以写成以下形式，效果一样，但使用的大括号更少，空白和缩进也更少。

```
if (studentGrade >= 90) {
   cout << "A";
}
else if (studentGrade >= 80) {
   cout << "B";
}
```

```
else if (studentGrade >= 70) {
   cout << "C";
}
else if (studentGrade >= 60) {
   cout << "D";
}
else {
   cout << "F";
}
```

这样写能避免代码向右边深度缩进。缩进过深，可能造成一行代码发生自动换行。本书总是使用大括号（{ 和 }）将控制语句主体括起来，这样能避免一种称为“空悬 else”的逻辑错误。

3.4.2 代码块

如果 if 语句的主体要包含多个语句，用大括号把它们括起来既可。无论主体语句是否只有一个，始终使用大括号是一个好的做法。一对大括号中的语句（例如控制语句或函数的主体）构成了一个所谓的**块**或**代码块**（block）。函数中能放入一个语句的地方，都能放入多个语句。

下例在 if...else 语句的 else 子句中包含了一个多语句块：

```
if (studentGrade >= 60) {
   cout << "Passed";
}
else {
   cout << "Failed\n";
   cout << "You must retake this course.";
}
```

如果 studentGrade 小于 60，程序会执行 else 主体中的两个语句，即打印下面两行文本：

```
Failed
You must retake this course.
```

如果不用大括号将 else 子句中的两个语句括起来，以下语句：

```
cout << "You must retake this course.";
```

会跑到 if...else 语句的 else 子句的主体外面，无论 studentGrade 是否小于 60 都会执行，这是一个逻辑错误。

空语句

在任何可以放单个语句的地方，都可以放一个代码块。类似地，在任何通常可以放一个语句的地方，都可以放一个空语句。空语句就是一个分号（;），它没有任何作用。

3.4.3 条件操作符 (?:)

C++ 语言提供了条件操作符（?:）来代替 if...else 语句。这可以使代码更短、更清晰。条件操作符是 C++ 语言唯一的三元操作符（即需要三个操作数的操作符）。操作数和 ?: 符号共同构成一个**条件表达式**（conditional expression）。例如，以下语句打印条件表达式的求值结果：

```
cout << (studentGrade >= 60 ? "Passed" : "Failed");
```

? 左侧的操作数是条件，第二个操作数（? 和 : 之间）是条件为真时整个条件表达式的求值结果。: 右侧的操作数则是条件为假时整个条件表达式的求值结果。在本例中，如果条件 studentGrade >= 60 为真，条件表达式将求值为字符串 "Passed"，否则求值为字符串 "Failed"。所以，上述语句用条件操作符来执行和 3.4 节第一个 if…else 语句一样的功能。注意，条件操作符的优先级较低，所以一般将整个条件表达式放到圆括号中。

3.5 while 循环语句

循环语句指定程序在某个条件保持为真时重复一个行动。作为 C++ 语言 while 循环语句的一个例子，请考虑如何发现大于 100 的 3 的第一个乘幂。以下 while 语句执行后，变量 product 将包含结果。

```
int product{3};

while (product <= 100) {
   product = 3 * product;
}
```

while 语句的每一次循环都会使 product 乘以 3，所以 product 的值依次变成 9、27、81 和 243。当 product 变成 243 时，product<=100 条件变成假，这就终止了循环。所以，product 的终值是 243。随后，程序从 while 语句之后的语句继续执行。

while 语句的 UML 活动图

以下 while 语句的 UML 活动图引入了**合并符号**（merge symbol）。

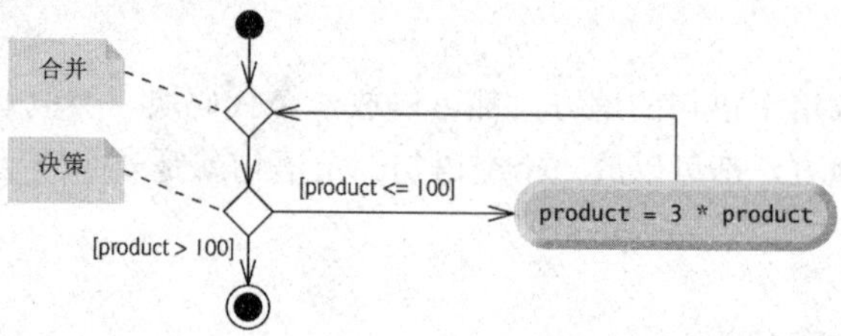

UML 将合并符号和决策符号都表示为菱形。合并符号将两个活动流连接成一个。在上图中，合并符号连接了来自初始状态和行动状态的过渡，使两者都流向决定循环是否应该开始（或继续）执行的决策。

可以根据进出的过渡箭头的数量来区分决策与合并符号。决策符号有一个箭头指向菱形，有两个或更多箭头离开菱形，代表该决策可能发生的状态过渡。另外，每个离开决策符号的箭头都有一个监护条件。相反，合并符号有两个或更多过渡箭头指向它，但只有一个箭头离开它，表示它合并了多个活动流以继续活动。与合并符号关联的过渡箭头都没有监护条件。

3.6 计数器控制的循环

考虑以下问题陈述：

> 一个班有 10 个学生，全班进行了一次测验。你可以获得这次测验的成绩（0~100 的整数）。计算此次测验的班级平均成绩。

班级平均成绩等于成绩之和除以学生人数。程序必须输入每个成绩，将所有输入的成绩相加，求平均值并打印结果。

我们使用**计数器控制的循环**（counter-controlled iteration）来一次输入一个成绩。这个技术要求用计数器控制一组语句的执行次数。在本例中，循环在计数器超过 10 后终止。

3.6.1 实现计数器控制的循环

在图 3.1 中，main 函数用计数器控制的一个循环来计算班级平均成绩。它允许用户输入 10 个成绩，然后计算并显示平均成绩。

```
fig03_01.cpp
// Solving the class-average problem using counter-controlled iteration.
#include <iostream>
using namespace std;
```

图 3.1 使用计数器控制的循环计算班级平均成绩

```
5
6   int main() {
7      // initialization phase
8      int total{0}; // initialize sum of grades entered by the user
9      int gradeCounter{1}; // initialize grade # to be entered next
10
11     // processing phase uses counter-controlled iteration
12     while (gradeCounter <= 10) { // loop 10 times
13        cout << "Enter grade: "; // prompt
14        int grade;
15        cin >> grade; // input next grade
16        total = total + grade; // add grade to total
17        gradeCounter = gradeCounter + 1; // increment counter by 1
18     }
19
20     // termination phase
21     int average{total / 10}; // int division yields int result
22
23     // display total and average of grades
24     cout << "\nTotal of all 10 grades is " << total;
25     cout << "\nClass average is " << average << "\n";
26  }
```

```
Enter grade: 67
Enter grade: 78
Enter grade: 89
Enter grade: 67
Enter grade: 87
Enter grade: 98
Enter grade: 93
Enter grade: 85
Enter grade: 82
Enter grade: 100

Total of all 10 grades is 846
Class average is 84
```

图 3.1 使用计数器控制的循环计算班级平均成绩（续）

main 中的局部变量

第 8 行、第 9 行、第 14 行和第 21 行分别声明 int 变量 total、gradeCounter、grade 和 average。变量 grade 用于存储用户的输入。在代码块（如函数的主体）中声明的变量是所谓的**局部变量**（local variable），其作用**域**（scope）从声明位置开始，到代码块的右括号结束。所有局部变量在使用前都必须声明。在 while 循环主体中声明的 grade 变量只能在这个代码块中使用。

初始化 total 变量和 gradeCounter 变量

第 8 行~第 9 行声明变量 total 和 gradeCounter，并分别初始化为 0 和 1。注意，这些变量必须先声明并初始化，然后才能在计算中使用。

从用户处读入 10 个成绩

只要 gradeCounter 的值小于或等于 10，while 语句（第 12 行~第 18 行）就会继续下一次循环。第 13 行提示 "Enter grade: "（输入成绩）。第 15 行将用户通过键盘输入的成绩赋给 grade 变量。然后，第 16 行将用户输入的新成绩加到总分上，并将结果赋给 total，取代它之前的值。第 17 行在计数器变量 gradeCounter 上加 1，表示程序已处理好了一个成绩，准备好由用户输入下一个成绩。gradeCounter 不断递增，最终导致它超过 10，从而终止循环。

计算并显示班级平均成绩

循环终止时，第 21 行在 average 变量的大括号**初始化器**（braced initializer）中计算平均成绩。第 24 行显示文本 "Total of all 10 grades is "（总成绩），后跟 total 变量的值。然后，第 25 行显示文本 "Class average is "（平均成绩），后跟 average 变量的值。执行到第 26 行时，程序终止。

3.6.2 整数除法和截断

这个例子的平均成绩计算产生的是一个 int 结果。从程序的示例执行可以看出，总成绩是 846 分，除以 10 应得 84.6。像 84.6 这样含小数点的数字称为**浮点数**（floating-point number）。但是，在求班级平均成绩的示例程序中，由于 total 和 10 都是整数，所以 total/10 的结果也是整数，即 84。在 C++ 程序中，两个整数相除称为**整数除法**（integer division），结果中的任何小数部分都会被截断。下一节将介绍如何在计算平均成绩是获得更准确的浮点结果。例如，7/4 在常规算术中的结果应该是 1.75，但在整数除法中被截断为 1，而不是四舍五入的 2。

3.7 哨兵值控制的循环

下面对 3.6 节的班级平均成绩问题进行了一般化：

> 开发一个求班级平均成绩的程序，每次运行都能处理输入的任意数量的成绩。

在上一个班级平均成绩例子中，问题陈述中限死了学生数量，所以有多少个成绩（10 个）是事先知道的。而在一般化后，我们并不知道用户在程序执行过程中会输入多少个成绩。程序必须能处理任意数量的成绩。

解决这个问题的一个方案是使用**哨兵值**（sentinel value）来指示“数据输入结束”。用户输入所有有效的成绩，然后输入一个哨兵值，表示没有更多成绩需要输入了。

哨兵值的选择必须得当，不能和任何要实际计算的输入值混淆。测试成绩肯定全是非负的整数，所以 –1 就是一个可接受的哨兵值。例如，用户连续输入 95，96，75，74，89 和 –1，程序就可以正常地计算前 5 个输入值的平均值。由于 –1 是哨兵值，所以不参与实际的平均值计算。

注意，用户可能在输入任何有效的成绩前就输入 –1，这会导致成绩数量为零。所以，必须在计算平均成绩前测试这种情况。根据 C++ 标准，在浮点算术中除以零的结果“**未定义**”（undefined）。执行除法（/）或求余（%）计算时，由于右操作数可能为零，所以应测试这种情况并予以相应的处理（例如，显示一条错误消息），而不是让计算继续。

3.7.1 实现哨兵值控制的循环

图 3.2 实现了哨兵值控制的循环。虽然用户输入的每个成绩都是整数，但平均成绩计算可能会产生一个浮点数，而 `int` 不能表示这样的数字。C++ 提供了数据类型 `float`、`double` 和 `long double` 来存储内存中的浮点数。这些类型的主要区别在于，`double` 变量能存储比 `float` 变量更大、更精确的值；即小数点右边的数字更多，这称为数字的**精度**（precision）。类似，`long double` 存储的值比 `double` 更大、更精确。第 4 章将详细讨论各种浮点类型。

```
// fig03_02.cpp
// Solving the class-average problem using sentinel-controlled iteration.
#include <iostream>
#include <iomanip> // parameterized stream manipulators
using namespace std;

int main() {
   // initialization phase
   int total{0}; // initialize sum of grades
   int gradeCounter{0}; // initialize # of grades entered so far

   // processing phase
   // prompt for input and read grade from user
```

图 3.2 使用哨兵值控制的循环计算班级平均成绩

```
   cout << "Enter grade or -1 to quit: ";
   int grade;
   cin >> grade;

   // loop until sentinel value is read from user
   while (grade != -1) {
      total = total + grade; // add grade to total
      gradeCounter = gradeCounter + 1; // increment counter

      // prompt for input and read next grade from user
      cout << "Enter grade or -1 to quit: ";
      cin >> grade;
   }

   // termination phase
   // if user entered at least one grade...
   if (gradeCounter != 0) {
      // use number with decimal point to calculate average of grades
      double average{static_cast<double>(total) / gradeCounter};

      // display total and average (with two digits of precision)
      cout << "\nTotal of the " << gradeCounter
         << " grades entered is " << total;
      cout << setprecision(2) << fixed;
      cout << "\nClass average is " << average << "\n";
   }
   else { // no grades were entered, so output appropriate message
      cout << "No grades were entered\n";
   }
}
```

```
Enter grade or -1 to quit: 97
Enter grade or -1 to quit: 88
Enter grade or -1 to quit: 72
Enter grade or -1 to quit: -1

Total of the 3 grades entered is 257
Class average is 85.67
```

图 3.2　使用哨兵值控制的循环计算班级平均成绩（续）

记住，整数除法产生的是整数结果。但是，这个程序引入了一个**强制类型转换操作符**（cast operator），强制平均成绩计算产生一个浮点结果。这个程序还在 `while` 语句后连接了一个 `if...else` 语句。该程序的大部分代码与图 3.1 相同，所以我们重点讨论新概念。

哨兵值控制的循环与计数器控制的循环的程序逻辑

第 10 行将 gradeCounter 初始化为 0，因为此时尚未输入任何成绩。记住，该程序使用哨兵值控制的循环来输入成绩。只有在用户输入一个有效的成绩时，程序才会递增计数器 gradeCounter。第 32 行声明 double 变量 average，它将计算出来的班级平均成绩作为浮点数来存储。

比较这个程序由哨兵值控制的循环和图 3.1 由计数器控制的循环的程序逻辑。在计数器控制的循环中，while 语句的每一次循环（图 3.1 的第 12 行 ~ 第 18 行）都从用户处读取指定次循环的值。而在哨兵值控制的迭代中，程序在进入 while 之前提示并读取用户输入的第一个值（图 3.2 的第 14 行和第 16 行）。该值决定了控制流是否应该进入 while 的主体。如果条件为假，即用户输入了哨兵值，没有输入任何有效成绩，那么循环主体一次都不会执行。如果条件为真，就开始执行 while 循环的主体，将 grade 值加到 total 上并递增 gradeCounter。然后，循环主体的第 24 行 ~ 第 25 行输入用户的下一个值。接着，程序控制在第 26 行到达循环主体的右大括号，所以继续执行 while 条件的测试（第 19 行）。该条件使用用户上次输入的成绩来判断循环主体是否应该再次执行。

下一个成绩总是在测试 while 条件之前由用户输入。这允许程序在处理该值（即把它加到总成绩上）之前判断刚刚输入的值是不是哨兵值。如果输入的是哨兵值，循环就会终止，程序不会把 -1 加到 total 上。

循环终止后，第 30 行 ~ 第 42 行的 if...else 语句开始执行。第 30 行的条件判断是否输入了任何成绩。如果没有输入任何成绩，就会执行 if...else 语句的 else 部分，并显示消息 "No grades were entered"（没有输入成绩）。if...else 语句执行完毕后，整个程序终止。

3.7.2 基础类型之间的显式和隐式转换

如果至少输入一个有效成绩，图 3.2 的第 32 行：

```
double average{static_cast<double>(total) / gradeCounter};
```

就会计算平均成绩。之前在讲图 3.1 的程序时提到过，整数除法肯定产生一个整数结果。即使将 average 声明为 double 类型，再将第 32 行换成下面这样的写法：

```
double average{total / gradeCounter};
```

在除法结果被用于初始化 average 之前，它还是会失去商的小数部分。

static_cast 操作符

在本例中，为了用整数执行浮点计算，首先要用 static_cast 操作符创建临时的浮点值。第 32 行将其圆括号中的操作数（total）的临时拷贝转换为尖括号中指定的类型（double）。此时，存储在 `int` 变量 `total` 中的值仍然是一个整数。以这种方式使用强制类型转换操作符称为**显式转换**（explicit conversion）。`static_cast` 是我们将要讨论的几个**强制类型转换**（cast）操作符之一。

提升

进行了强制类型转换之后，现在的计算式是 `total` 的临时 `double` 拷贝除以 `int` 类型的 `gradeCounter`。执行算术运算时，编译器只知道如何求值所有操作数类型都一样的表达式。所以，编译器会对选定的操作数执行一种称为**提升**（promotion）的操作，这也称为**隐式转换**（implicit conversion）。在同时含有 `int` 和 `double` 数据类型的表达式中，C++ 将 `int` 操作数提升为 `double` 值。所以在第 32 行，C++ 会将 `gradeCounter` 的值的临时副本提升为 `double` 类型，然后再执行除法运算。最终，`average` 被初始化为浮点结果。5.6 节会讨论哪些基本类型允许提升。

任意类型的强制类型转换操作符

第 9 章一开始就会讲到，强制类型转换操作符可应用于所有基本类型和其他类型，只需在 `static_cast` 关键字后面的尖括号（< 和 >）中指定要转换成的类型即可。它是一元操作符，只有一个操作数。其他一元操作符还有应用于表达式的一元加（+）和减（-）操作符，例如 `-7` 或 `+5`。强制类型转换操作算符的优先级是第二高的。

3.7.3 格式化浮点数

下面简单说明一下图 3.2 采用的格式化特性。更深入的解释请参见本书放在网上的第 19 章。

setprecision 参数化流操纵元

第 37 行调用 `setprecision(2)` 将浮点数的精度设为两位小数（例如 92.37）。`setprecision` 是一种**参数化流操纵元**（parameterized stream manipulator），因其需要一个实参（本例是 2）来执行其任务。使用参数化流操纵元的程序必须包含头文件 `<iomanip>`（第 4 行）。

fixed 非参数化流操纵元

非参数化流操纵元 fixed（第 37 行）不需要实参，表示浮点值应该以**定点格式**（fixed-point format）输出。这正好与**科学记数法**（scientific notation）[5] 相反。科学记数法将数字显示为 1.0~10.0 乘以 10 的幂。所以，在科学记数法中，`3100.0` 这个值显示为 `3.1e+0.3`（即 3.1×10^3）。这种格式对于显示极大或极小的值很有用。

定点格式则强制浮点数在显示时不使用科学记数法。即使是整数，定点格式也能强制打印小数点和尾随的零，例如 88.00。如果不指定定点格式，88.00 会打印成 88，没有小数点和尾随的零。

流操纵元 `setprecision` 和 `fixed` 进行的是所谓的“粘性设置”。一旦指定，程序之后所有浮点值的格式都会应用这些设置，直至你再次改变它们。本书放在网上的第 19 章介绍了如何在应用粘性设置之前捕获当前的流格式化设置，这样就可以在以后恢复原始格式化设置。

浮点数的四舍五入

使用流操纵元 `fixed` 和 `setprecision` 时，打印的值被四舍五入到当前精度所指定的小数位数。内存中的值保持不变。例如，如果将精度设为 2，那么 87.946 和 67.543 会分别四舍五入为 87.95 和 67.54。[6]

图 3.2 的第 37 行和第 38 行共同输出四舍五入后的班级平均成绩，保留两位小数。程序执行时，我们输入的三个成绩总计 257 分，平均成绩应该是 85.666...，但显示的是四舍五入后的结果 85.67。

3.8 嵌套控制语句

如前所述，控制语句可以按顺序堆叠（连接）在一起。在这个案例学习中，我们将讨论控制语句的另一种结构化连接方式：一个控制语句嵌套在另一个控制语句中。

3.8.1 问题陈述

考虑以下问题陈述：

大学开设了一门课程，帮助学生参加该州的房地产经纪人执照考试。去年，完成该课程的学生中有 10 人参加了考试。学校想知道学生的考试结果如何。你需要写一个程序来汇总结果。已经拿到了这 10 名学生的名单。如果学生通过了考试，名字旁边会写 1；如果没有通过考试，则会写 2。

程序应该对考试的结果进行分析，具体如下。

1. 输入每个考试结果（即 1 或 2）。每次程序要求另一个考试结果时，在屏幕上显示“Enter result”（输入结果）消息。
2. 统计每种考试结果的数量。
3. 显示测试结果的摘要，说明通过的学生人数和没有通过的人数。
4. 如果超过 8 名学生通过考试，打印“Bonus to instructor!”（给老师发奖金）。

3.8.2 实现程序

图 3.3 用计数器控制的循环实现该程序，并显示了两个示例执行的情况。第 8 行～第 10 行和第 16 行声明用于处理考试结果的变量。while 语句（第 13 行～第 29 行）循环 10 次。每次循环都输入并处理一个考试结果。注意，对每个结果进行处理的 if...else 语句（第 20 行～第 25 行）是嵌套在 while 语句中的。如果 result 为 1，if...else 语句会递增 passes 变量，否则，它就假设 result 为 2，[7] 并递增 failures 变量。在第 13 行重新测试循环条件之前，第 28 行先完成 studentCounter 变量的递增。

```
1  // fig03_03.cpp
2  // Analysis of examination results using nested control statements.
3  #include <iostream>
4  using namespace std;
5
6  int main() {
7     // initializing variables in declarations
8     int passes{0};
9     int failures{0};
10    int studentCounter{1};
11
12    // process 10 students using counter-controlled loop
13    while (studentCounter <= 10) {
14       // prompt user for input and obtain value from user
15       cout << "Enter result (1 = pass, 2 = fail): ";
16       int result;
17       cin >> result;
18
19       // if...else is nested in the while statement
20       if (result == 1) {
21          passes = passes + 1;
22       }
23       else {
24          failures = failures + 1;
25       }
26
27       // increment studentCounter so loop eventually terminates
28       studentCounter = studentCounter + 1;
29    }
30
31    // termination phase; prepare and display results
```

图 3.3 使用嵌套控制语句分析考试结果

```
32      cout << "Passed: " << passes << "\nFailed: " << failures << "\n";
33
34      // determine whether more than 8 students passed
35      if (passes > 8) {
36         cout << "Bonus to instructor!\n";
37      }
38   }
```

```
Enter result (1 = pass, 2 = fail): 1
Enter result (1 = pass, 2 = fail): 2
Enter result (1 = pass, 2 = fail): 1
Enter result (1 = pass, 2 = fail): 1
Enter result (1 = pass, 2 = fail): 1
Enter result (1 = pass, 2 = fail): 1
Enter result (1 = pass, 2 = fail): 1
Enter result (1 = pass, 2 = fail): 1
Enter result (1 = pass, 2 = fail): 1
Enter result (1 = pass, 2 = fail): 1
Passed: 9
Failed: 1
Bonus to instructor!
```

```
Enter result (1 = pass, 2 = fail): 1
Enter result (1 = pass, 2 = fail): 2
Enter result (1 = pass, 2 = fail): 1
Enter result (1 = pass, 2 = fail): 2
Enter result (1 = pass, 2 = fail): 1
Enter result (1 = pass, 2 = fail): 2
Enter result (1 = pass, 2 = fail): 2
Enter result (1 = pass, 2 = fail): 1
Enter result (1 = pass, 2 = fail): 1
Enter result (1 = pass, 2 = fail): 1
Passed: 6
Failed: 4
```

图 3.3 使用嵌套控制语句分析考试结果（续）

输入 10 个值后，循环终止，第 32 行显示通过和没有通过考试的人数（`passes` 和 `failures` 的当前值）。第 35 行～第 37 行的 `if` 语句判断是否有超过 8 名学生通过考试；如果有，就输出消息 `"Bonus to instructor!"`，表明要给老师发奖金。

图 3.3 显示了两次示例执行的输入和输出。第一次，第 35 行的条件为真，即超过 8 名学生通过了考试，所以程序输出给老师发奖金的消息。

3.8.3 用大括号初始化防止收缩转换

考虑图 3.3 第 10 行自 C++11 引入的大括号初始化：

```
int studentCounter{1};
```

在 C++11 之前只能这样写：

```
int studentCounter = 1;
```

对于基本类型的变量，大括号初始化防止了可能会造成数据丢失的**收缩转换**[8]（narrowing conversion）。我们来看看以下声明：

```
int x = 12.7;
```

它试图将 double 值 12.7 赋给 int 变量 x。如果这样写，C++ 会将 double 值的浮点部分（.7）截断，将该值转换成一个 int。这就是一种会造成数据丢失的收缩转换。所以，上述语句最终将值 12 赋给 x。对于这种情况，编译器通常会显示一个警告，但仍然允许编译。

但是，如果使用大括号初始化，例如：

```
int x{12.7};
```

错误提示

就会发生编译错误，帮助你避免一个不容易发现的逻辑错误。即使指定的是整数形式的 double 值，例如 12.0，那么仍然会得到编译错误。初始化器的类型（double）而不是它的值（12.0）决定了是否发生编译错误。C++ 标准文档没有具体规定错误消息的措辞。对于上述声明，Apple Xcode 编译器报告的错误如下：

```
'double' 类型不能在初始化列表中收缩为 'int'。
```

Visual Studio 报告的错误如下：

```
C2397：从 "double" 转换到 "int" 需要收缩转换
```

GNU C++ 报告的错误如下：

```
'double' 类型不能在初始化列表中收缩为 'int' [-Wc++11-narrowing]
```

本书以后会详细讨论大括号初始化特性。

回顾图 3.1

回头看看图 3.1 的以下语句：

```
int average{total / 10}; // int division yields int result
```

你可能觉得该语句会发生收缩转换。但是，total 和 10 均为 int，所以整个初始化器的值也是一个 int。相反，如果 total 是 double，或者使用 double 字面值 10.0 作为分母，那么初始化器的值就是 double 类型。在这种情况下，编译器才会因为发生了收缩转换而报错。

错误提示

3.9 复合赋值操作符

以下语句：

```
c = c + 3;
```

可用**加法复合赋值操作符**（addition compound assignment operator）+= 改写如下：

```
c += 3;
```

+= 操作符将右侧表达式的值与左侧变量的值相加，结果存入左侧的变量中。因此，赋值表达式 c +=3 将 3 加到 c 上，结果存回 c。下表列出了所有算术复合赋值操作符，提供了示例表达式，并解释了操作符的作用。

操作符	示例表达式	解释	赋值结果
假设：int c = 3, d = 5, e = 4, f = 6, g = 12;			
+=	c += 7	c = c + 7	10 赋给 c
-=	d -= 4	d = d - 4	1 赋给 d
*=	e *= 5	e = e * 5	20 赋给 e
/=	f /= 3	f = f / 3	2 赋给 f
%=	g %= 9	g = g % 9	3 赋给 g

3.10 递增和递减操作符

下表总结了 C++ 语言的一元递增和递减操作符 ++ 和 --，它们专门用于数值变量的值加 1 或减 1。

操作符	操作符名称	示例表达式	解释
++	前缀递增	++number	先使 number 递增 1，再在 number 所在的表达式中使用 number 的新值
++	后缀递增	number++	先在 number 所在的表达式中使用 number 的当前值，再使 number 递增 1
++	前缀递减	--number	先使 number 递减 1，再在 number 所在的表达式中使用 number 的新值
++	后缀递减	number--	先在 number 所在的表达式中使用 number 的当前值，再使 number 递减 1

递增或递减操作符的前缀形式分别称为**前缀递增**（prefix increment）或**前缀递减**（prefix decrement）操作符。后缀形式则分别称为**后缀递增**（postfix increment）或**后缀递减**（postfix decrement）操作符。

前缀递增（或递减）操作符会先使一个变量加 1 或减 1，然后在变量所在的表达式中使用新值。

而后缀递增（或递减）操作符会先在变量所在的表达式中使用变量的当前值，再使变量加 1 或减 1。和二元操作符不同，按照惯例，一元递增和递减操作符应紧靠在操作数旁边，中间不要有空格。

对比前缀递增和后缀递增

图 3.4 演示了 ++ 递增操作符的前缀和后缀版本的区别。[9] 递减操作符（--）与之类似。

```cpp
// fig03_04.cpp
// Prefix increment and postfix increment operators.
#include <iostream>
using namespace std;

int main() {
   // demonstrate postfix increment operator
   int c{5};
   cout << "c before postincrement: " << c << "\n"; // prints 5
   cout << " postincrementing c: " << c++ << "\n"; // prints 5
   cout << " c after postincrement: " << c << "\n"; // prints 6

   cout << "\n"; // skip a line

   // demonstrate prefix increment operator
   c = 5;
   cout << " c before preincrement: " << c << "\n"; // prints 5
   cout << " preincrementing c: " << ++c << "\n"; // prints 6
   cout << " c after preincrement: " << c << "\n"; // prints 6
}
```

```
c before postincrement: 5
    postincrementing c: 5
  c after postincrement: 5
  c before preincrement: 5
     preincrementing c: 6
   c after preincrement: 6
```

图 3.4 前缀递增和后缀递增操作符

第 8 行将变量 c 初始化为 5，并在第 9 行输出这个初始值。第 10 行输出表达式 c++ 的值。这个表达式对变量 c 进行的是后递增，所以会先输出 c 的原始值（5），再递增 c（变成 6）。因此，第 10 行输出的是 c 的初始值（5）。第 11 行则输出 c 的新值（6），以证明该变量的值确实在第 10 行递增了。第 16 行将 c 的值重置为 5，并在第 17 行输出该值。第 18 行输出表达式 ++c 的值。这个表达式对变量 c 进行的是前递增，所以会先递增它的值，再输出这个新值（6）。第 19 行再次输出 c 的值，证明在执行了第 18 行后，c 的值仍然是 6。

用算术复式赋值、递增和递减操作符简化语句

可以使用算术复合赋值操作符以及递减和递减操作符来简化程序语句。以图 3.3 的三个赋值语句（第 21 行、第 24 行和第 28 行）为例：

```
passes = passes + 1;
failures = failures + 1;
studentCounter = studentCounter + 1;
```

它们可用复合赋值操作符简化为：

```
passes += 1;
failures += 1;
studentCounter += 1;
```

甚至可以用前缀递增操作符进一步简化为：

```
++passes;
++failures;
++studentCounter;
```

或者使用后缀版本：

```
passes++;
failures++;
studentCounter++;
```

如果变量递增或递减自成一个语句，那么前缀和后缀版本的效果一样（无论递增还是递减）。只有当变量用在一个更大的表达式中时，前缀版本和后缀版本才有不同的效果。

试图在可以赋值的表达式以外的其他表达式上使用递增或递减操作符会造成编译错误。例如，++(x + 1) 会报告一个语法错误，因为 (x + 1) 不是可修改的变量。 ⊗ 错误提示

操作符优先级和分组

下表总结了到目前为止介绍的操作符的优先级和分组。操作符从上到下按优先级递减的顺序排列。第二列表示每一级操作符的分组情况（关联性）。注意，只有条件操作符 (?:)、一元前递增 (++)、前递减 (--)、加 (+)、减 (-) 操作符以及赋

值操作符 =、+=、-=、*=、/= 和 %= 从右到左分组。这个表格中的其他所有操作符均是从左到右分组。

操作符	分组（关联性）
++ -- static_cast<type>()	从左到右
++ -- + -	从右到左
* / %	从左到右
+ -	从左到右
<< >>	从左到右
< <= > >=	从左到右
== !=	从左到右
?:	从右到左
= += -= *= /= %=	从右到左

3.11 基本类型不可移植

C++ 基本类型及其典型取值范围的完整列表可参考以下网页：

https://zh.cppreference.com/w/cpp/language/types

在 C 和 C++ 中，一个 int 在一台机器上可能使用 16 位（2 字节）来表示，在另一台机器上可能使用 32 位（4 字节），在第三台机器上则可能使用 64 位（8 字节）。由于这个原因，使用整数的代码并非肯定能保证跨平台移植。可以写多个版本的程序，在不同平台上使用不同的整数类型。还可以使用一些技术来实现不同程度的可移植性。下一节将展示一种实现可移植性的方法。

C++ 的整数类型包括 int、long 和 long long。C++ 标准要求 int 类型至少为 16 位，long 类型至少为 32 位，long long 类型至少为 64 位。标准还要求 int 要小于或等于 long 的大小，long 要小于或等于 long long 的大小。这种“弱”的要求带来了可移植性的挑战，但允许编译器的实现者通过将基本类型的大小与机器的硬件相匹配来优化性能。

3.12 对象自然案例学习：任意大小的整数

一个整数类型的取值范围取决于在特定计算机上用来表示该类型的字节数。例如，一个 4 字节的 int 可以在 –2 147 483 648 到 2 147 483 647 的范围内存储 2^{32} 个可能的值。在大多数系统中，一个 `long long` 整数占用 8 个字节，可以在 –9 223 372 036 854 775 808 到 9 223 372 036 854 775 807 的范围内存储 2^{64} 个可能的值。

一些应用需要 long long 范围以外的数字

现在考虑一下阶乘计算。阶乘是指从 1 到一个给定值的整数的乘积。5 的阶乘（写成 5!）是 1*2*3*4*5，结果是 120。我们用 64 位 `long long` 整数表示的最高阶乘值是 20!，也就是 2 432 902 008 176 640 000。阶乘值迅速增长，很快就会超出 `long long` 整数所能表示的范围。随着要处理的数据迅速变大，越来越多的现实世界的应用将超过 `long long` 整数的限制。

安全提示

另一个需要巨大整数的应用是密码学，它是确保计算机通过互联网安全传输数据的关键。许多密码学算法都使用 128 位或 256 位整数值进行计算，这远远大于我们用 C++ 的基本类型所能表示的。

使用 BigNumber 类来实现任意精度的整数

如果需要超出 `long long` 范围的整数，任何应用都需要进行特殊的处理。不幸的是，C++ 标准库（还）没有为任意精度的整数提供一个类。所以，本例将深入广阔的开源类库世界，展示众多 C++ 类中的一个，你可以用它创建和处理任意精度的整数。这里使用的是 `BigNumber` 类，它来自 https://github.com/limeoats/BigNumber。

为方便起见，我们已将其下载到 examples 文件夹的 library 文件夹中。请务必阅读 LICENSE.md 文件中的开源许可条款。

`BigNumber` 类可以直接使用，不必了解它具体如何实现。包含它的头文件（bignumber.h），即可轻松创建该类的对象，并在代码中使用这些对象。图 3.5 的程序展示了如何使用 `BigNumber` 类，并提供了一个示例输出。本例将使用最大的 `long long` 整数值来证明可以用 `BigNumber` 创建一个更大的整数。本节最后会演示如何用自己喜欢的编译器来编译和运行程序。

```
// fig03_05.cpp
// Integer ranges and arbitrary-precision integers.
#include <iostream>
#include "bignumber.h"
using namespace std;

int main() {
   // use the maximum long long fundamental type value in calculations
   const long long value1{9'223'372'036'854'775'807LL}; // long long max
   cout << "long long value1: " << value1
      << "\nvalue1 - 1 = " << value1 - 1 // OK
```

图 3.5 整数范围和任意精度的整数

```
      << "\nvalue1 + 1 = " << value1 + 1; // result is undefined

   // use an arbitrary-precision integer
   const BigNumber value2{value1};
   cout << "\n\nBigNumber value2: " << value2
      << "\nvalue2 - 1 = " << value2 - 1 // OK
      << "\nvalue2 + 1 = " << value2 + 1; // OK

   // powers of 100,000,000 with long long
   long long value3{100'000'000};
   cout << "\n\nvalue3: " << value3;

   int counter{2};

   while (counter <= 5) {
     value3 *= 100'000'000; // quickly exceeds maximum long long value
     cout << "\nvalue3 to the power " << counter << ": " << value3;
     ++counter;
   }

   // powers of 100,000,000 with BigNumber
   BigNumber value4{100'000'000};
   cout << "\n\nvalue4: " << value4 << "\n";

   counter = 2;

   while (counter <= 5) {
      cout << "value4.pow(" << counter << "): "
         << value4.pow(counter) << "\n";
      ++counter;
   }

   cout << "\n";
}
```

```
long long value1: 9223372036854775807
value1 - 1: 9223372036854775806          OK
value1 + 1: -9223372036854775808         Incorrect result

BigNumber value2: 9223372036854775807
value2 - 1: 9223372036854775806          OK
value2 + 1: 9223372036854775808          OK
```

图 3.5 整数范围和任意精度的整数（续）

```
value3: 100000000
value3 to the power 2: 10000000000000000               OK
value3 to the power 3: 2003764205206896640             Incorrect result
value3 to the power 4: -8814407033341083648            Incorrect result
value3 to the power 5: -5047021154770878464            Incorrect result

value4: 100000000
value4.pow(2): 10000000000000000                       OK
value4.pow(3): 1000000000000000000000000               OK
value4.pow(4): 100000000000000000000000000000000       OK
value4.pow(5): 1000000000000000000000000000000000000000000 OK
```

图 3.5 整数范围和任意精度的整数（续）

C++ 标准库中未包含的头文件

如第 4 行所示，在 **#include** 指令中，和应用程序同一文件夹或某个子文件夹中的头文件通常被放在双引号（""）中，而不放在尖括号（<>）中。双引号告诉编译器，这个头文件在当前应用程序所在的文件夹或者由你指定的另一个文件夹中。

如果超出 long long 整数的取值范围，会怎样？

第 9 行将 value1 变量初始化为系统支持的最大 long long 值：

```
long long value1{9'223'372'036'854'775'807LL}; // max long long value
```

位数过多的数字字面值在输入时容易出错。为了增强这种字面值的可读性，并减少打字错误，C++14 引入了数字分隔符'（单引号字符）。可以在数值字面值的各个分组之间插入该分隔符，这里是用它分隔三个数字的分组。另外，请注意字面值末尾的 LL，它将该字面值指定为 long long 整数。

第 10 行显示 value1，第 11 行从中减 1，以演示一个有效的计算。接着，第 12 行在 value1 上加 1，变量此时已包含了最大的 long long 值。我们测试的所有编译器显示的结果都是最小的 long long 值。C++ 标准指出，这种计算是“未定义”的行为。未定义的行为在不同系统之间可能会有所区别，我们测试的系统会显示一个不正确的值，但其他系统可能终止程序并显示一条错误信息。这进一步证明了为什么基本整数类型是不可移植的。

用 BigNumber 对象执行同样的操作

第 15 行 ~ 第 18 行使用一个 BigNumber 对象来重复第 9 行 ~ 第 12 行的操作。我们创建了一个名为 value2 的 BigNumber 对象，并用 value1 对其进行初始化，该对象包含 long long 整数的最大值。

```
BigNumber value2{value1};
```

接着，我们显示 BigNumber 对象，然后从中减 1 并显示结果。第 18 行在 value2 上加 1。此时，value2 包含的是 long long 整数的最大值。BigNumber 能处理任意精度的整数，所以它正确执行了这个计算。其结果是使用 C++ 基本整数类型在我们的系统上无法处理的一个值。

BigNumber 支持所有典型的算术运算，包括本程序使用的 + 和 -。编译器知道如何为基本数值类型使用算术操作符，但你必须教会它如何将这些操作符应用于类的对象。我们将在第 11 章讨论这个技术，即所谓的操作符重载。

用 long long 整数计算 100 000 000 的乘方

第 21 行 ~ 第 30 行使用 long long 整数计算 100 000 000 的乘方。首先创建 value3 变量并显示它的值。第 26 行～第 30 行循环 4 次。以下计算：

```
value3 *= 100'000'000; // quickly exceeds maximum long long value
```

将 value3 的当前值乘以 100 000 000，从而获得 value3 的下一个乘方值。如程序的输出所示，只有循环的第一次迭代生成的结果才是正确的。

用 BigNumber 对象计算 100 000 000 的乘方

为了证明 BigNumber 能处理比基本整数类型大得多的值，第 33 行 ~ 第 42 行计算了 100 000 000 的乘方。首先创建 BigNumber 对象 value4 并显示其初始值。第 38 行 ~ 第 42 行循环 4 次。以下计算：

```
value4.pow(counter)
```

调用 BigNumber 的成员函数 pow 来计算 value4 的 counter 次方。BigNumber 能正确处理每个计算，生成的整数远超出各种操作系统的基本整数类型的支持范围。

性能提示

虽然可用 BigNumber 表示任意整数值，但由于它超出了系统硬件的支持范围，所以必然是以牺牲性能的方式来换取 BigNumber 所提供的灵活性。

在 Visual Studio 中编译和运行示例

在 Visual Studio 中，采取以下步骤。

1. 按照 1.2 节的指示创建一个新的空项目。
2. 在解决方案资源管理器中，右击项目的“源文件”文件夹，选择“添加”|“现有项”。
3. 切换到 fig03_05 文件夹，选择 fig03_05.cpp，单击“添加”。
4. 重复步骤 2 和步骤 3，添加来自 examples\libraries\BigNumber\src 文件夹的 bignumber.cpp。
5. 在解决方案资源管理器中右击项目名称，然后选择“属性”。

6. 在“配置属性”下选定“C/C++”。在对话框右侧，为“附加包含目录”添加 BigNumber\src 在你的系统上的完整路径。在我们的系统上，这个路径如下：

```
C:\Users\用户名\Documents\examples\libraries\BigNumber\src
```

7. 单击“确定”按钮。
8. 按快捷键 Ctrl+F5 编译并运行程序。[11]

在 GNU g++ 中编译和运行示例

以下操作适用于 GNU g++（在 macOS 的一个“终端”窗口运行时也可按这些指示操作）。

1. 在命令行中，切换到本例的 fig03_05 文件夹。
2. 用以下命令编译程序。其中，-I 选项指定编译器在查找头文件时的额外文件夹（所有内容在一行输入）：

```
g++ -std=c++2a -I ../../libraries/BigNumber/src fig03_05.cpp
   ../../libraries/BigNumber/src/bignumber.cpp -o fig03_05
```

3. 输入以下命令来执行程序：

```
./fig03_05
```

在 Apple Xcode 中编译和运行示例

在 Apple Xcode 中，采取以下步骤。

1. 按照 1.2 节的指示创建一个新项目，删除 main.cpp。
2. 将 fig03_05.cpp 文件从“访达”（Finder）中的 fig03_05 文件夹拖放到 Xcode 中的项目源代码文件夹。在出现的对话框中单击“完成”。
3. 采用类似的操作，将 bignumber.h 和 bignumber.cpp 从 examples/libraries/BigNumber/src 文件夹拖放到 Xcode 中的源代码文件夹，同样单击“完成”。
4. 按⌘+R 编译并运行程序。

3.13 C++20：用 format 函数格式化文本

C++20 通过 `format` 函数引入了强大的、新的字符串格式化功能（需包含 `<format>` 头文件），它使用和 Python、Microsoft .NET 语言（例如 C# 和 Visual Basic）以及较新的 Rust 语言相似的格式化语法大幅简化了 C++ 的格式化功能[10]。C++20 的文本格式化功能比早期 C++ 版本更加简洁和强大。本书以后将主要使用这些新的文本格式化功能。考虑到一些遗留软件仍在使用，所以放在网上的本书第 19 章介绍了旧的格式化功能的细节。

C++20 字符串格式化尚未全面实现

本书写作时，就只有 Visual C++ 实现了 C++20 新的文本格式化功能。https://github.com/fmtlib/fmt 提供了一个开源的 {fmt} 库，它完整了实现了新特性。[11, 12] 在 C++20 编译器全面实现文本格式化之前，我们将使用这个库。[13] 为方便起见，我们在 examples 文件夹的 library 子文件夹中包含了已经下载好的完整的 {fmt} 库。详情请参见例子之后的编译步骤。该库的许可条款请参见 https://github.com/fmtlib/fmt/blob/master/LICENSE.rst。

格式字符串占位符

format 函数的第一个实参是**格式字符串**（format string），包含以大括号（{ 和 }）分隔的占位符。如图 3.6 所示，函数会用其他实参的值来替换占位符。

```
1  // fig03_06.cpp
2  // C++20 string formatting.
3  #include <iostream>
4  #include <fmt/format.h> // C++20: This will be #include <format>
5  using namespace std;
6  using namespace fmt; // not needed in C++20
7
8  int main() {
9     string student{"Paul"};
10    int grade{87};
11
12    cout << format("{}'s grade is {}\n", student, grade);
13 }
```

```
Paul's grade is 87
```

图 3.6 C++20 字符串格式化

点位符从左到右替换

format 函数默认从左到右替换其格式字符串实参中的占位符。所以，对于以下格式字符串：

```
"{}'s grade is {}"
```

第 12 行的 format 调用会在第一个占位符中插入 student 的值（"Paul"），在第二个占位符中插入 grade 的值（87），然后返回以下完整字符串：

```
"Paul's grade is 87"
```

在 Microsoft Visual Studio 中编译和运行示例

步骤和 3.13 节一样，只是进行了以下修改。

- 在步骤 3，切换到 fig03_06 文件夹，将 fig03_06.cpp 添加到项目的“源文件”文件夹。
- 在步骤 4，切换到 examples\libraries\fmt\src 文件夹，将 format.cc 添加到项目的“源文件”文件夹。
- 在步骤 6，为“附加包含目录”添加 `{fmt}` 库的 include 文件夹的完整路径。在我们的系统上，这个路径如下：

  C:\Users\ *你的用户名* \Documents\examples\libraries\fmt\include

在 GNU g++ 中编译和运行示例

以下操作适用于 GNU g++（在 macOS 的一个“终端”窗口运行时也可按这些指示操作）。

1. 在命令行中，切换到本例的 fig03_06 文件夹。
2. 用以下命令编译程序，注意，所有内容在同一行输入：

```
g++ -std=c++2a -I ../../libraries/fmt/include fig03_06.cpp
    ../../libraries/fmt/src/format.cc -o fig03_06
```

3. 输入以下命令执行程序：

```
./fig03_06
```

在 Apple Xcode 中编译和运行示例

步骤和 3.12 节一样，只需进行一处修改。在步骤 2 中，改为将文件 fig03_06.cpp、format.cc 和文件夹 fmt 从“访达”（Finder）中的 fig03_06 文件夹拖放到 Xcode 中的项目源代码文件夹。

3.14 小结

开发任何一种算法都只需要三种类型的控制语句：顺序、选择和循环。本章介绍了 `if` 单选语句、`if...else` 双选语句和 `while` 循环语句。我们使用计数器和哨兵值控制的循环，通过控制语句的堆叠（连接）来汇总和计算一组学生成绩的平均值。然后，我们使用嵌套控制语句来分析一组考试结果并做出决策。我们还介绍了复合赋值操作符以及递增和递减操作符。

我们讨论了为什么 C++ 的基本类型不能保证在不同平台上具有相同的大小，并使用开源类 `BigNumber` 的对象来执行整数运算，它支持超出系统所支持范围的大数。

最后，我们通过开源的 `{fmt}` 库介绍了 C++20 新的文本格式化功能。一旦自己喜欢的编译器开始完全支持 C++20 的 `<format>` 头，就不再需要单独的 `{fmt}` 库了。第 4 章将继续讨论控制语句，会介绍 `for`、`do...while` 和 `switch` 这三种语句。还会介绍用于创建复合条件的逻辑操作符。

注释

1. Victor Zverovich，“Text Formatting”，访问日期 2021 年 11 月 11 日，https://www.open-std.org/jtc1/sc22/wg21/docs/papers/2019/p0645r10.html。
2. C. Böhm 和 G. Jacopini，“Flow Diagrams, Turing Machines, and Languages with Only Two Formation Rules”，*Communications of the ACM*, Vol. 9, No. 5，May 1966, pp. 336–371。
3. 本章和第 4 章使用 UML 来展示控制语句中的控制流。第 9 章～第 10 章讨论自定义类的开发时，会再次用到 UML。
4. 译注：或者说“转换”。
5. 放到网上的本书第 19 章（英文版）会进一步解释如何使用科学记数法进行格式化。
6. 在图 3.2 中，如果不指定 setprecision 和 fixed，C++ 语言默认保留 4 位小数。如果只指定 fixed，C++ 保留 6 位小数。
7. 正常编码不要假设 result 为 2，因为用户可能输入无效数据。以后会讨论数据校验技术。
8. 译注：也称为“窄化转换”。
9. 译注：本书换着用“前缀递增”和“前递增”以及“后缀递增”和“后递增”。递减版本同样如此。
10. Victor Zverovich，“Text Formatting”，July 16, 2019，访问日期 2021 年 11 月 11 日，http://www.open-std.org/jtc1/sc22/wg21/docs/papers/2019/p0645r10.html。
11. 根据 http://www.open-std.org/jtc1/sc22/wg21/docs/papers/2019/p0645r10.html，它是 C++ 标准委员会的 C++20 文本格式化提案。
12. C++20 的文本格式化特性是 {fmt} 库提供的特性的一个子集。
13. 我们的一些 C++20 特性模拟（Feature Mock-Up）小节展示了不能编译或运行的代码。一旦编译器实现了这些特性，我们就会重新测试代码，更新我们的数字产品，并在 https://deitel.com/c-plus-plus-20-for-programmers 发布针对纸质书的更新。本例的代码可以运行，但使用了 {fmt} 开源库来演示 C++20 编译器最终会支持的功能。

第 4 章

控制语句（下）

学习目标

- 使用 for 和 do...while 循环语句
- 使用 switch 选择语句进行多选
- 在 switch 语句中使用 C++17 的 [[fallthrough]] 特性
- 使用带初始化器的 C++17 选择语句
- 使用 break 和 continue 语句改变控制流
- 使用逻辑操作符在控制语句中构建复合条件
- 理解使用浮点数据保存币值时可能出现的表示误差
- 使用一个开源的 ZIP 压缩 / 解压缩库来创建和读取 ZIP 文件，继续我们的“对象自然”案例学习
- 使用更多的 C++20 文本格式化功能

4.1 导读

本章介绍了 for、do...while、switch、break 和 continue 控制语句。我们探讨了由计数器控制的循环的基本原理。我们通过复利计算开始研究货币金额的处理问题，首先探讨的是和浮点类型有关的表示误差。我们使用 switch 语句针对一组数值成绩来判断对应的 A、B、C、D 和 F 成绩数量。我们展示了 C++17 的增强功能，它允许在 if 语句和 switch 语句的头部初始化一个或多个同类型的变量。我们讨论了逻辑操作符，它们允许合并简单的条件以形成复合条件。我们的“对象自然”案例学习将继续使用现成类的对象，使用 miniz-cpp 开源库来创建和读取 ZIP 压缩文件。最后，我们介绍了更多 C++20 强大而富有表现力的文本格式化功能。

4.2 计数器控制的循环的本质

本节使用第 3 章介绍的 while 循环语句来正式说明计数器控制的循环的构成元素：

1. 一个控制变量（或循环计数器）
2. 控制变量的初始值
3. 在循环的每次迭代中应用的控制变量的增量
4. 决定循环是否应该继续的循环继续条件

图 4.1 用一个循环来显示从 1 到 10 的数字。

```cpp
// fig04_01.cpp
// Counter-controlled iteration with the while iteration statement.
#include <iostream>
using namespace std;

int main() {
   int counter{1}; // declare and initialize control variable

   while (counter <= 10) { // loop-continuation condition
      cout << counter << " ";
      ++counter; // increment control variable
   }

   cout << "\n";
}
```

```
1 2 3 4 5 6 7 8 9 10
```

图 4.1 计数器控制的 while 循环

在图 4.1 中，第 7 行、第 9 行和第 11 行定义了计数器控制的循环的各个元素。第 7 行声明 int 类型的控制变量 counter，在内存中为其保留空间，并将其初始值设为 1。我们用可执行语句来声明需要初始化的变量，这称为变量的**定义**（definition）。但是，我们通常使用声明这个术语，除非它和"定义"有重要的区别。

第 10 行在循环的每次迭代中显示一次 counter 的值。第 11 行在循环的每次迭代中使控制变量递增 1。while 的循环继续条件（第 9 行）测试控制变量的值是否小于或等于 10（10 是条件为真时的最后一个值）。一旦控制变量超过 10，循环终止。

由于浮点变量只能存储近似值，所以用浮点变量控制计数循环可能造成不精确的计数器值和不准确的终止测试，结果是造成循环无法正常终止。有鉴于此，总是用整数变量控制计数循环。

4.3 for 循环语句

for 循环语句用一行代码指定计数器控制的循环的所有细节。图 4.2 用 for 语句重新实现了图 4.1 的程序。

```
1  // fig04_02.cpp
2  // Counter-controlled iteration with the for iteration statement.
3  #include <iostream>
4  using namespace std;
5
6  int main() {
7     // for statement header includes initialization,
8     // loop-continuation condition and increment
9     for (int counter{1}; counter <= 10; ++counter) {
10       cout << counter << " ";
11    }
12
13    cout << "\n";
14 }
```

```
1 2 3 4 5 6 7 8 9 10
```

图 4.2 计数器控制的 for 循环

for 语句（第 9 行～第 11 行）开始执行时，先声明控制变量 counter 被把它初始化为 1。接着，程序测试两个分号之间的循环继续条件（counter <= 10）。因为 counter 的初始值是 1，所以该条件为真。所以，第 10 行显示 counter 的值（1）。执行第 10 行后，第二个分号右侧的 ++counter 使 counter 递增。然后，程序再次测试循环继续条件，判断是否应继续下一次迭代。这时，counter 的值是 2，条件仍

然为真，所以程序再次执行第10行。这个过程一直持续到循环显示1～10的所有数字，此时 counter 的值变成 11，所以对循环继续条件的测试失败，循环终止，程序继续执行 for 循环后的第一个语句（第 13 行）。

剖析 for 语句头

下图详细剖析了图 4.2 的 for 语句头。

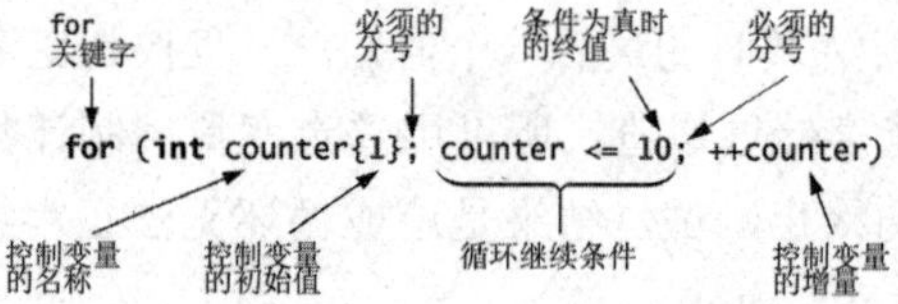

第一行——包括关键字 for 和之后圆括号内的一切（图 4.2 的第 9 行）——有时称为 for 语句头（header）。for 语句头承包了这种循环的全部控制工作，它用一个控制变量指定了计数器控制的循环所需的每个元素。

for 语句的常规格式

for 语句的常规格式如下所示：

```
for ( 初始化 ; 循环继续条件 ; 递增 ) {
   语句
}
```

其中：

- “初始化”命名循环的控制变量并提供其初始值。
- 两个必须的分号之间的“循环继续条件”决定循环是否应该继续。
- “递增”修改控制变量的值，使循环持续条件最终变为假。

如果循环继续条件一开始就为假，程序不会执行 for 语句的主体，而是直接执行 for 语句之后的语句。

for 语句的控制变量的作用域

如果“初始化表达式”声明了控制变量，那么该变量只能在该 for 语句内部使用，不能超出该语句的范围。这种限制性的范围有一个专业称呼，即变量的作用域，它定义了变量的寿命和它在程序中可以使用的地方。例如，变量的作用域是从它的声明位置开始，一直到代码块的结束右大括号。第 5 章会讲到，将变量限制在所需的最小作用域是一个好的做法。

for 语句头中的表达式是可选的

for 头中的三个表达式全都是可选的。如果省略“循环继续条件”，那么该条件会一直为真，从而形成一个无限循环。如果程序在循环之前就初始化好了控制变量，那么可以省略“初始化表达式”。如果程序在循环主体中递增控制变量，或者不需要递增，那么可以省略“递增”表达式。

for 的递增表达式相当于放在 for 主体末尾的一个独立的语句。所以，以下递增表达式：

```
counter = counter + 1
counter += 1
++counter
counter++
```

这些 for 语句是完全等价的。在本例中，由于递增表达式不会出现在一个更大的表达式中，所以前递增和后递增的效果一样。我们更喜欢前递增。第 11 章在讨论操作符重载时，会讲到前递增能提供性能上的优势。

在语句的主体中使用 for 语句的控制变量

程序经常显示控制变量的值，或者在循环主体的计算中使用它，但这并不是必要的。虽然能在 for 循环的主体内部更改控制变量的值，但这样做可能造成不容易发现的错误。如果必须在循环主体内部修改控制变量的值，最好使用 while 而不是 for。

for 语句的 UML 活动图

下面是图 4.2 的 for 语句的 UML 活动图，它清楚地表明，初始化仅在首次测试条件前发生一次，而递增在执行了主体语句之后发生。

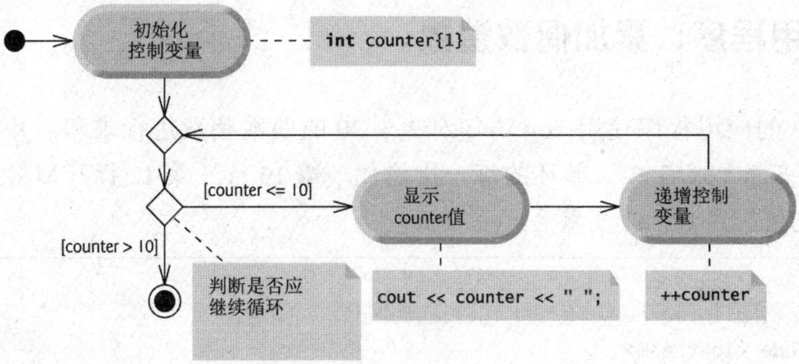

4.4 for 循环的例子

下面的例子展示了在 for 语句中更改控制变量的技术。每个例子只提供相应的 for 头。在控制变量递减的循环中，要注意关系操作符的变化。

- 将控制变量从 1 变到 100，每次递增 1。

```
for (int i{1}; i <= 100; ++i)
```

- 将控制变量从 100 变到 1，每次递减 1。

```
for (int i{100}; i >= 1; --i)
```

- 将控制变量从 7 变到 77，每次递增 7。

```
for (int i{7}; i <= 77; i += 7)
```

- 将控制变量从 20 变到 2，每次递减 2。

```
for (int i{20}; i >= 2; i -= 2)
```

- 使控制变量依次在 2，5，8，11，14，17，20 之间变化。

```
for (int i{2}; i <= 20; i += 3)
```

- 使控制变量依次在 99，88，77，66，55，44，33，22，11，0 之间变化。

```
for (int i{99}; i >= 0; i -= 11)
```

如果循环控制变量的增量或减量超过 1，就不要在循环继续条件中使用相等性操作符（!= 或 ==）。例如在以下 for 语句头中：

```
for (int counter{1}; counter != 10; counter += 2)
```

counter != 10 永远都不会变成假（从而造成无限循环），因为每次迭代后 counter 会递增 2，所以只会生成奇数值：3，5，7，9，11，……

4.5 应用程序：累加偶数整数

图 4.3 的应用程序使用 for 语句对 2 ～ 20 的偶数整数进行求和，并将结果存储到 int 变量 total 中。循环的每一次迭代（第 10 行～第 12 行）都将控制变量 number 的值加到 total 变量上。

```
1  // fig04_03.cpp
2  // Summing integers with the for statement.
3  #include <iostream>
4  using namespace std;
5
6  int main() {
7     int total{0};
8
9     // total even integers from 2 through 20
```

图 4.3 用 for 语句累加偶数整数

```
10     for (int number{2}; number <= 20; number += 2) {
11        total += number;
12     }
13
14     cout << "Sum is " << total << "\n";
15  }
```

```
Sum is 110
```

图 4.3 用 for 语句累加偶数整数（续）

for 语句的初始化和递增表达式可以是以逗号分隔的列表，其中包含多个初始化表达式或多个递增表达式。虽然不鼓励这样做，但确实可以使用逗号操作符将 for 语句的主体（第 11 行）合并到 for 头的“递增”部分。

```
for (int number{2}; number <= 20; total += number, number += 2) { }
```

表达式 total += number 和 number += 2 之间的逗号是**逗号操作符**（comma operator），它保证表达式列表从左到右求值。在所有 C++ 操作符中，逗号操作符的优先级最低。对于一个以逗号分隔的表达式列表，其值和类型分别是最右边的表达式的值和类型。需要多个初始化表达式或多个递增表达式的 for 语句经常使用逗号操作符。

4.6 应用程序：复利计算

本节用 for 语句计算复利，以下是问题陈述：

> 一个人将 1000 美元投资在一个年利率为 5% 的储蓄账户上。假设所有利息都留存，计算并打印 10 年内每年年底的账户余额。使用以下公式进行计算：
>
> $$a=p(1+r)^n$$
>
> 其中：
>
> - p 是初始投资金额（即本金）
> - r 是年利率（例如，用 0.05 表示 5%）。
> - n 是年数
> - a 是第 n 年年底的余额

解决方案（图 4.4）使用一个循环计算 10 年内每一年的余额。我们先用 double 值进行货币计算。然后，将讨论使用浮点类型表示货币金额的问题。对于需要精确货币计算和舍入控制的金融应用，可以考虑使用像 Boost.Multiprecision 这样的开源库。[1]

第 12 行和第 13 行将 double 变量 principal（本金）初始化为 1000.00，将 double 变量 rate（利率）初始化为 0.05。C++ 默认将 1000.00 和 0.05 这样的浮点字面值视为 double 类型。类似地，默认将 7 和 -22 这样的整数视为 int 类型。[2] 第 15 行和第 16 行显示初始本金和利率。

```
1  // fig04_04.cpp
2  // Compound-interest calculations with for.
3  #include <iostream>
4  #include <iomanip>
5  #include <cmath> // for pow function
6  using namespace std;
7
8  int main() {
9     // set floating-point number format
10    cout << fixed << setprecision(2);
11
12    double principal{1000.00}; // initial amount before interest
13    double rate{0.05}; // interest rate
14
15    cout << "Initial principal: " << principal << "\n";
16    cout << "    Interest rate: " << rate << "\n";
17
18    // display headers
19    cout << "\nYear" << setw(20) << "Amount on deposit" << "\n";
20
21    // calculate amount on deposit for each of ten years
22    for (int year{1}; year <= 10; ++year) {
23       // calculate amount on deposit at the end of the specified year
24       double amount{principal * pow(1.0 + rate, year)} ;
25
26       // display the year and the amount
27       cout << setw(4) << year << setw(20) << amount << "\n";
28    }
29 }
```

```
Initial principal: 1000.00
    Interest rate: 0.05

Year   Amount on deposit
   1             1050.00
   2             1102.50
```

图 4.4 用 for 进行复利计算

```
 3          1157.63
 4          1215.51
 5          1276.28
 6          1340.10
 7          1407.10
 8          1477.46
 9          1551.33
10          1628.89
```

图 4.4 用 for 进行复利计算（续）

用域宽和对齐来格式化

年份和金额的打印是循环之前的第 10 行和循环内部的第 27 行共同控制的。我们用参数化流操纵元 setprecision 和 setw 以及非参数化流操纵元 fixed 来格式化输出。其中，流操纵元 setw(4) 指定下个输出值应该在一个 4 字符宽度的域（或称字段）内打印。换言之，cout << 打印的值至少要占 4 个字符的宽度。如果输出的值需要的位置少于 4 个字符，该值在域内默认右对齐。如果要输出的值需要占用 4 个以上的字符位置，C++ 将域宽向右扩展以装下整个值。如果不想采用默认的右对齐，而是想左对齐，可以输出一个非参数化的流操纵元 left（位于头文件 <iostream> 中）。要恢复右对齐，输出一个非参数化的流操纵元 right 即可。

输出语句中其他格式化设置将 amount 变量显示为带小数点的定点值（第 10 行的 fixed），[3] 在 20 个字符位置的域内右对齐（第 27 行的 setw(20)），两位小数精度（第 10 行的 setprecision(2)）。我们在 for 循环之前对输出流 cout 应用了粘性的流操纵元 fixed 和 setprecision，这些格式化设置在被更改之前将一直有效（所谓的粘性），而且不需要在每次循环迭代时重复应用。但是，用 setw 指定的域宽只适用于下一个输出值。本书网上的第 19 章会详细讨论 cin 的和 cout 的格式化功能。4.14 节会继续讨论 C++20 新的、强大的文本格式化功能。

用标准库函数 pow 计算利息

for 语句（第 22 行～第 28 行）总共迭代 10 次，int 类型的控制变量 year 从 1 变到 10，每次递增 1，它代表问题陈述中的 *n*。

C++ 没有内建幂操作符，我们使用的是来自头文件 <cmath>（第 5 行）的标准库函数 pow（第 24 行）。pow(x, y) 计算 x 的 y 次方的结果。该函数接收两个 double 实参并返回一个 double 结果。第 24 行实际计算，其中 *a* 对应 amount，*p* 对应 principal，*r* 对应 rate，*n* 对应 year。

性能提示

pow 函数的第一个实参是 1.0 + rate。注意，该表达式在循环的每次迭代中都会产生相同的结果，所以每次都重复计算纯属浪费。为了提升程序性能，如今许多优化编译器都会在编译后的代码中把这种计算放到循环之前。

浮点数精度和内存需求

float 值表示的是一个单精度浮点数，大多数系统都用 4 个字节来存储它，其中约有 7 个有效数字（数位）。double 值表示的是一个双精度浮点数，大多数系统都用 8 个字节来存储它，其中约有 15 个有效数字——约为 float 精度的两倍。大多数程序员都会使用 double 类型。C++ 将程序源代码中的浮点数（例如 3.14159）默认看成是 double 值。源代码中的这种（直接写出来的）值称为浮点字面值。

C++ 标准没有规定各种浮点类型需要用多大的内存空间来存储，只规定 double 类型提供至少和 float 一样的精度。另外还有一种 long double 类型，它要求提供至少和 double 一样的精度。要获得 C++ 基本类型的完整列表及其典型范围，请访问 https://zh.cppreference.com/w/cpp/language/types。

浮点数是近似值

在传统算术中，浮点数往往是由除法产生的。10 除以 3，结果是 3.3333333...，3 的序列会无限重复。但计算机不一样，它是分配固定大小的空间来容纳这种值，所以存储的只能是一个近似值。像 double 这样的浮点类型存在着所谓的**表示误差**（representational error）。如果想当然地以为浮点数表示的是准确的值（例如，在相等性比较中使用），就会导致错误的结果。

错误提示

浮点数有很多应用，尤其是在测量值方面。例如，平时我们说一个人的体温为摄氏 36.5 度时，并不需要精确到小数点后面很多位。温度计显示 36.5 时，它实际可能是 36.494732103。对于大多数体温计算来说，称这个数字为 36.5 是可以接受的。一般来说，double 比 float 更受欢迎，因为 double 能更精确地表示浮点数。[4]

关于显示舍入值的警告

本例将 amount、principal 和 rate 都声明为 double 类型。遗憾的是，浮点数会为货币金额的小数点部分带来麻烦。下面简单解释了用浮点表示两位小数的货币金额时会出现什么问题。假定机器中存储的两个计算好的金额是 14.234（出于显示的目的而四舍五入为 14.23）和 18.673（出于显示的目的而四舍五入为 18.67）。两个金额相加，它们内部的结果应该是 32.907。但是，出于显示的目的，通常会被四舍五入为 32.91。因此，你的输出结果是这样显示的：

```
  14.23
+ 18.67
  32.91
```

但是，如果一个人把上面显示的各个数字相加，得到的总和将是 32.90。可别说我们没有警告过你！

即使是普通的美元金额，也会出现浮点表示误差

即使是简单的货币金额，把它们作为 double 值存储时，也可能出现表示误差。为了证明这一点，我们创建一个简单的程序并这样定义变量 d：

```
double d{123.02};
```

然后，以 20 位小数的精度来显示 d 的值，结果会将 123.02 显示为 123.0199999...，这是另一个表示误差的例子。虽然一些货币数额能精确地表示为 double 值，但许多都不能。这是许多编程语言常见的问题。本书以后会创建并使用能精确处理货币金额的类。

4.7 do…while 循环语句

while 循环语句在执行主体之前会先测试循环继续条件。如果为假，主体一次都不会执行。相反，do...while 循环语句先执行一次循环主体，然后才测试循环继续条件。所以，主体至少会执行一次。图 4.5 使用 do...while 来输出数字 1 ～ 10。第 7 行声明并初始化控制变量 counter。进入 do...while 语句后，第 10 行输出 counter 的值，第 11 行递增 counter。然后，程序在循环的底部（第 12 行）对循环继续条件进行求值。如果结果为真，循环从主体的第一个语句（第 10 行）继续。如果结果为假，则循环终止，程序从循环后的下一个语句继续。

```
1  // fig04_05.cpp
2  // do...while iteration statement.
3  #include <iostream>
4  using namespace std;
5
6  int main() {
7     int counter{1};
8
9     do {
10       cout << counter << " ";
11       ++counter;
12    } while (counter <= 10); // end do...while
13
14    cout << "\n";
15 }
```

```
1 2 3 4 5 6 7 8 9 10
```

图 4.5 do…while 循环语句

do…while 循环语句的 UML 活动图

从 do…while 的 UML 活动图可以清楚地看到，除非循环执行了行动状态（参见 3.2.1 节）至少一次，否则不会对循环继续条件进行求值。

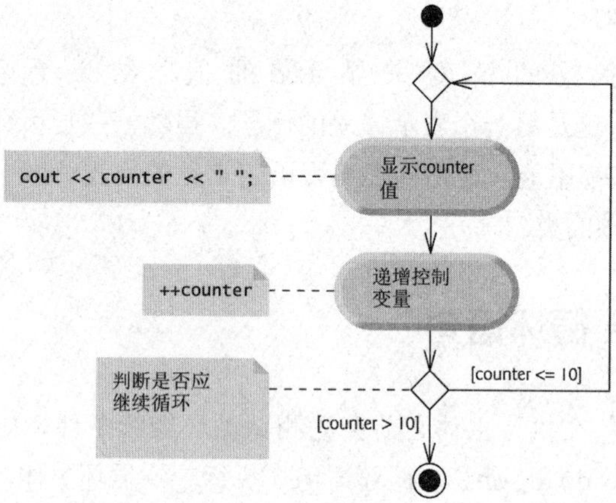

4.8 switch 多选语句

C++ 语言提供了 switch 多选（多路选择）语句，可以根据一个变量或表达式的值在多个不同的行动中做出选择。每个行动都和一个**整数常量表达式**（integral constant expression）的值关联。任何字符和整数常量的组合，只要最终能求值为一个整数，都可以作为这种表达式使用。

用 switch 语句统计成绩 A、B、C、D 和 F

图 4.6 计算用户输入的一组数值成绩的平均成绩。switch 语句判断与每个数值成绩对应的字母成绩（A、B、C、D 或 F），并递增相应的成绩计数器。该程序还显示了每个成绩的学生人数。

```
// fig04_06.cpp
// Using a switch statement to count letter grades.
#include <iostream>
#include <iomanip>
using namespace std;

int main() {
   int total{0}; // sum of grades
   int gradeCounter{0}; // number of grades entered
```

图 4.6 用 switch 语句统计每个字母成绩的学生人数

```
    int aCount{0}; // count of A grades
    int bCount{0}; // count of B grades
    int cCount{0}; // count of C grades
    int dCount{0}; // count of D grades
    int fCount{0}; // count of F grades

    cout << "Enter the integer grades in the range 0-100.\n"
       << "Type the end-of-file indicator to terminate input:\n"
       << " On UNIX/Linux/macOS type <Ctrl> d then press Enter\n"
       << " On Windows type <Ctrl> z then press Enter\n";

    int grade;

    // loop until user enters the end-of-file indicator
    while (cin >> grade) {
       total += grade; // add grade to total
       ++gradeCounter; // increment number of grades

       // increment appropriate letter-grade counter
       switch (grade / 10) {
          case 9: // grade was between 90
          case 10: // and 100, inclusive
             ++aCount;
             break; // exits switch

          case 8: // grade was between 80 and 89
             ++bCount;
             break; // exits switch

          case 7: // grade was between 70 and 79
             ++cCount;
             break; // exits switch

          case 6: // grade was between 60 and 69
             ++dCount;
             break; // exits switch

          default: // grade was less than 60
             ++fCount;
             break; // optional; exits switch anyway
       } // end switch
    } // end while

```

图 4.6 用 switch 语句统计每个字母成绩的学生人数（续）

```
   // set floating-point number format
   cout << fixed << setprecision(2);

   // display grade report
   cout << "\nGrade Report:\n";

   // if user entered at least one grade...
   if (gradeCounter != 0) {
      // calculate average of all grades entered
      double average{static_cast<double>(total) / gradeCounter};

      // output summary of results
      cout << "Total of the " << gradeCounter << " grades entered is "
         << total << "\nClass average is " << average
         << "\nNumber of students who received each grade:"
         << "\nA: " << aCount << "\nB:" << bCount << "\nC:" << cCount
         << "\nD: " << dCount << "\nF: " << fCount << "\n";
   }
   else { // no grades were entered, so output appropriate message
      cout << "No grades were entered" << "\n";
   }
}
```

```
Enter the integer grades in the range 0-100.
Type the end-of-file indicator to terminate input:
   On UNIX/Linux/macOS type <Ctrl> d then press Enter
   On Windows type <Ctrl> z then press Enter
99
92
45
57
63
71
76
85
90
100
^Z

Grade Report:
Total of the 10 grades entered is 778
Class average is 77.80
```

图 4.6 用 switch 语句统计每个字母成绩的学生人数（续）

```
Number of students who received each grade:
A: 4
B: 1
C: 2
D: 1
F: 2
```

图 4.6 用 switch 语句统计每个字母成绩的学生人数（续）

图 4.6 声明局部变量 total（第 8 行）和 gradeCounter（第 9 行）来跟踪用户输入的成绩之和以及输入的成绩数量。第 10 行～第 14 行为每个成绩类别（字母形式）声明计数器变量，并且都初始化为 0。第 24 行～第 51 行使用哨兵值控制的循环输入任意数量的整数成绩，更新变量 total 和 gradeCounter，并为输入的每个数值成绩递增一个对应的字母成绩计数器。第 54 行～第 73 行输出一份报告，显示输入的成绩总数、平均成绩以及每个字母成绩的学生人数。

从用户处取成绩

第 16 行～第 19 行提示用户输入整数成绩，或者按文件结束符来终止输入。**文件结束符**（End-of-file indicator，EOF）是一个在不同系统上有所区别的组合键，用于指示没有更多数据可供输入。第 8 章会讲到当程序从文件中读取输入时如何使用 EOF。

EOF 的具体按键与系统有关。在 UNIX/Linux/MacOS 系统中是键入 Ctrl+d，即按住 Ctrl 不放，再按 d。在 Windows 系统上则是键入 Ctrl+z。在某些系统上，还必须按一下 Enter 键。Windows 一般会在按下 EOF 键后显示 ^Z，具体可参考图 4.6 的输出。

while 语句（第 24 行～第 51 行）获取用户的输入，其中第 24 行：

```
while (cin >> grade) {
```

是在 while 语句的条件中执行输入动作。在本例中，如果 cin 成功读取了一个 int 值，那么循环继续条件求值为真。如果用户按下 EOF 键，则条件求值为假。

如果条件为真，第 25 行将 grade 加到 total 上，第 26 行递增 gradeCounter。这些都是用来计算平均成绩的。接着，第 29 行～第 50 行使用一个 switch 语句，根据输入的数值成绩递增相应的字母成绩计数器。

处理成绩

switch 语句（第 29 行～第 50 行）判断要递增哪个计数器。假定用户输入的是 0 ～ 100 的一个有效成绩。90 ～ 100 分对应 A，80 ～ 89 分对应 B，70 ～ 79 分对应 C，60 ～ 69 分对应 D，而 0 ～ 59 分对应 F。switch 语句主体中包含一连串的 case 标签和一个可选的 default case。注意，default 标签可以放在 switch 主体的任何地方，但通常都放在最后。在本例中，它们都用来根据成绩决定递增哪个计数器。

控制流到达 switch 语句时，程序对关键字 switch 之后的圆括号中的控制表达式（grade / 10）进行求值。程序将这个表达式的值与每个 case 标签进行比较。注意，这个表达式必须求值为一个有符号或无符号的整数值：bool、char、char8_t、char16_t、char32_t、wchar_t、int、long 或 long long。

第 29 行的控制表达式执行整数除法，所以结果中的小数部分会被截断。0 ～ 100 的值如果除以 10，结果必然是 0 ～ 10 的一个值。我们在 case 标签中使用了几个这样的值。如果用户输入整数 85，那么控制表达式会求值为 8。switch 将 8 与每个 case 标签进行比较。如果发现匹配（第 35 行的 case 8:），就执行该 case 的语句。对于结果为 8 的情况，第 36 行会递增 bCount，这是因为 80 ～ 89 分的成绩都归于 B。然后，break 语句（第 37 行）会退出 switch，到达 while 循环的终点（第 51 行），控制权随即返回第 24 行的循环继续条件，以确定循环是否应该继续。

switch 中的各个 case 显式测试 10、9、8、7 和 6 这些值。注意第 30 行～第 31 行的两个 case，它们测试 9 和 10 这两个值（均代表成绩 A）。像这样连续列出不同的 case，中间没有任何语句，就可以使两个 case 执行同一组语句。换言之，无论控制表达式求值为 9 还是 10，都会执行第 32 行～ 33 行的语句。switch 语句没有提供对值的范围进行测试的机制。所以，你需要测试的每个值都必须单列于一个 case 标签中。每个 case 都可以有多个语句。switch 语句和其他控制语句的区别在于，它不需要为一个 case 的多个语句加上大括号，除非需要在一个 case 中声明变量。

不用 break 的 case，这是 C++17 的 [[fallthrough]] 特性

不使用 break 语句，每次在 switch 中发现匹配时，该 case 和后续 case 的语句都会执行，直到遇到一个 break 语句，或者到达 switch 的终点。这被称为“直通”（falling through）到后续 case。[5]

错误提示

在需要的时候忘记 break 语句是一种逻辑错误。为了提醒你注意这个可能的问题，许多编译器一旦发现 case 标签后面有一个或多个语句，但没有包含 break 语句，就会发出警告。如果故意想要这种“直通”行为，C++17 专门引入了 [[fallthrough]] 特性。它告诉编译器，“直通”到下一个 case 是正确的行为。为此，在平时应该放 break 语句的地方放以下语句即可：

```
[[fallthrough]];
```

default case

如果控制表达式的值不匹配任何 case 标签，就会执行 default case 中的代码（第 47 行～第 49 行）。在本例中，我们用 default case 处理所有小于 6 的

控制表达式的值（即不及格）。注意，如果没有找到匹配，同时 switch 中没有写 default case，就会从 switch 后的第一条语句继续。在 switch 语句中，对控制表达式所有可能的值进行测试是一个好的做法。

报告成绩

第 54 行～第 73 行根据输入的成绩输出一份报告。第 60 行判断用户是否至少输入了一个成绩，以避免“除以 0”错误。在“除以 0”的情况下，整数除法会导致程序发生异常，而浮点除法得到的结果是 nan，代表“not a number”（非数字）。如果用户至少输入了一个值，第 62 行会计算平均成绩。第 65 行～第 69 行输出总成绩、班级平均成绩以及每个字母成绩的学生人数。如果没有输入任何成绩，第 72 行会输出一条恰当的消息。图 4.6 的输出展示了基于 10 个成绩的一份成绩报告单。

switch 语句的 UML 活动图

下面展示了常规 switch 语句的 UML 活动图。

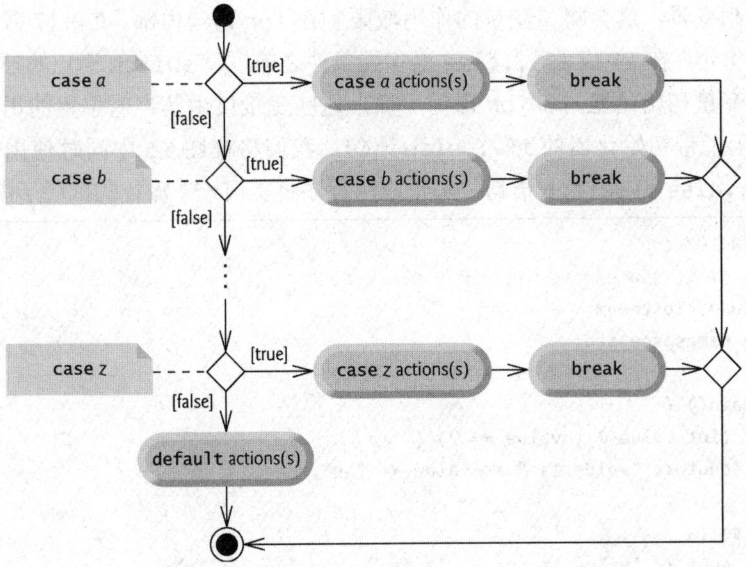

大多数 switch 语句在每个 case 中都使用了 break 语句，在当前 case 处理完毕后便终止 switch。上述 UML 图通过包括 break 语句来强调这一点，并显示在一个 case 结束时 break 会使程序控制立即退出 switch 语句。

对于 switch 的最后一个 case（或者放到最后的、可选的 default case），break 语句是可有可无的，这是因为到了这个时候，肯定会从 switch 之后的下一个语句继续执行。无论如何，在每个 switch 语句中都尽量提供一个 default case，集中精力处理特殊情况。

关于 case 的注意事项

switch 语句的每个 case 都必须包含一个常量整数表达式——也就是能求值为一个常量整数值的任何表达式。可以使用 enum（枚举）常量（参见 5.9 节）和**字符字面值**（character literal）——也就是放在单引号中的字符，例如 'A'、'7' 或 '$'，它们代表字符的整数编码。附录 B 展示了 ASCII 字符集中的字符的整数值，ASCII 字符集是 Unicode 字符集的一个子集。

第 10 章提出了一种更优雅的方式来实现 switch 逻辑。我们将使用一种名为**多态性**（polymorphism）的技术来创建程序，这种程序通常比使用 switch 逻辑的程序更清晰，更容易维护，也更容易扩展。

4.9 使用带初始化器的 C++17 选择语句

我们之前已经介绍了 for 循环语句。在 for 头的初始化部分，我们声明并初始化一个控制变量，这会将该变量的作用域限制在 for 语句内部。C++17 带初始化器的选择语句允许在 if 或 if...else 语句的条件之前以及 switch 语句的控制表达式之前包含变量初始化器。和 for 语句一样，这些变量仅由其声明位置的语句所知。图 4.7 展示了带初始化器的 if...else 语句。我们将在图 5.5 中同时使用带初始化器的 if...else 和 switch 语句，那个应用程序将实现一个流行的掷骰子游戏。

```
// fig04_07.cpp
// C++17 if statements with initializers.
#include <iostream>
using namespace std;

int main() {
   if (int value{7}; value == 7) {
      cout << "value is " << value << "\n";
   }
   else {
      cout << "value is not 7; it is " << value << "\n";
   }

   if (int value{13}; value == 9) {
      cout << "value is " << value << "\n";
   }
   else {
      cout << "value is not 9; it is " << value << "\n";
```

图 4.7 C++17 带初始化器的 if 语句

```
19  }
20  }
```

```
value is 7
value is not 9; it is 13
```

图 4.7 C++17 带初始化器的 if 语句（续）

带初始化器的选择语句的语法

对于 `if` 或 `if...else` 语句，初始化器要放在条件的圆括号中。对于 `switch` 语句，初始化器要放在控制表达式的圆括号中。初始化器必须以分号（;）结束，如第 7 行和第 14 行所示。初始化器可以在一个逗号分隔的列表中声明多个相同类型的变量。

初始化器所声明的变量的作用域

在 `if`、`if...else` 或 `switch` 语句的初始化器中声明的任何变量都可以在语句的其余部分使用。第 7 行～第 12 行使用 value 变量来判断应该执行 `if...else` 语句的哪个分支，然后在两个分支的输出语句中使用 value。`if...else` 语句终止时，value 就不再存在了，所以可以在第二个 `if...else` 语句中再次使用该标识符来声明一个仅限该语句知道的新变量。

为了证明 value 在 `if...else` 语句外部不能访问，我们提供了该程序的第二个版本（fig04_07_with_error.cpp），它试图在第二个 `if...else` 语句之后（因此超出了作用域）访问 value 变量。我们的三个编译器产生了以下编译错误：

- Visual Studio：“value”: 未声明的标识符
- Xcode：error: use of undeclared identifier ‘value’
- GNU g++：error: ‘value’ was not declared in this scope

4.10 break 语句和 continue 语句

除了选择和循环语句，C++ 还提供了 `break` 语句和 `continue` 语句来改变控制流。上一节展示了如何使用 `break` 语句来终止 `switch` 语句的执行。本节将讨论如何在循环语句中使用 `break` 语句。

break 语句

在 `while`、`for`、`do...while` 或 `switch` 中执行 break 语句会立即退出该语句——从控制语句之后的第一个语句继续执行。break 的常见用途包括提前退出循环或退出 `switch`（就像图 4.6 那样）。图 4.8 展示了如何利用 `break` 提前退出一个 `for` 语句。

```
1  // fig04_08.cpp
2  // break statement exiting a for statement.
3  #include <iostream>
4  using namespace std;
5
6  int main() {
7     int count; // control variable also used after loop
8
9     for (count = 1; count <= 10; ++count) { // loop 10 times
10       if (count == 5) {
11          break; // terminates for loop if count is 5
12       }
13
14       cout << count << " ";
15    }
16
17    cout << "\nBroke out of loop at count = " << count << "\n";
18 }
```

```
1 2 3 4
Broke out of loop at count = 5
```

图 4.8 用 break 语句退出 for

嵌套在 for 语句（第 9 行～第 15 行）中的 if 语句（第 10 行～第 12 行）检测到 count 为 5 时，就执行第 11 行的 break 语句。这将终止 for 语句，程序继续执行 for 语句之后的第 17 行，该行显示一条消息，指出循环终止时控制变量的值。循环只完整执行了它的主体 4 次，而不是 10 次。注意，可以直接在第 7 行初始化 count，这样 for 头的“初始化”部分可以留空，就像下面这样：

```
for (; count <= 10; ++count) { // loop 10 times
```

continue 语句

在 while、for 或 do...while 中执行 continue 语句会跳过循环主体剩余的语句，继续循环的下一次迭代。在 while 和 do...while 语句中，程序在执行 continue 语句后立即求值循环继续条件。在 for 语句中，则先执行递增表达式，再求值循环继续条件。

图 4.9 的嵌套 if 利用 continue 语句（第 9 行）在发现 count 的值为 5 时跳过循环主体的第 12 行。执行 continue 语句后，会立即递增 for 语句的控制变量（第 7 行），再判断是否进行下一次迭代。

```cpp
// fig04_09.cpp
// continue statement terminating an iteration of a for statement.
#include <iostream>
using namespace std;

int main() {
   for (int count{1}; count <= 10; ++count) { // loop 10 times
      if (count == 5) {
         continue; // skip remaining code in loop body if count is 5
      }

      cout << count << " ";
   }

   cout << "\nUsed continue to skip printing 5" << "\n";
}
```

```
1 2 3 4 6 7 8 9 10
Used continue to skip printing 5
```

图 4.9 continue 语句结束 for 语句的一次迭代

有的程序员认为，break 语句和 continue 语句违反了结构化编程。既然用结构化编程技术可以达到同样的效果，这些程序员更愿意避免使用 break 语句和 continue 语句。

性能提示

在实现高质量的软件工程和实现最佳性能的软件之间存在着一种矛盾。有时，这些目标中的一个是以牺牲另一个为代价的。除非对性能有很高的要求，否则优先保证代码的简单和正确，再使它更快和更小——但只有在特别必要的时候。

4.11 逻辑操作符

if、if...else、while、do...while 和 for 语句中的条件决定了如何继续一个程序的控制流。到目前为止，我们讨论的只是简单条件，例如 count <= 10，number != sentinelValue 和 total > 1000。简单条件用关系操作符 >、<、>= 和 <= 以及相等性操作符 == 和 != 来表示。每个都只测试一个条件。但有的时候，控制语句需要更复杂的条件来判断程序的控制流。在这种情况下，可以利用 C++ 的逻辑操作符组合简单条件。这些逻辑操作符包括 &&（逻辑 AND），||（逻辑 OR）和 !（逻辑非）。

4.11.1 逻辑 AND(&&) 操作符

假设要在程序的某个位置确保两个条件都为真，然后才选择某个执行路径。在这种情况下可以使用 &&（逻辑 AND）操作符，如下所示。

```
if (gender == FEMALE && age >= 65) {
   ++seniorFemales;
}
```

假设 FEMALE 是一个常量变量。这个 if 语句包含两个简单条件。其中，条件 gender == FEMALE 判断一个人是否女性，条件 age >= 65 判断一个人是否老年人。if 语句对以下组合条件进行求值：

```
gender == FEMALE && age >= 65
```

当且仅当两个简单条件都为真时，上述组合条件才为真。在这种情况下，if 语句的主体使 seniorFemales 递增 1，任何一个简单为假，或者两个都为假，程序将跳过递增操作。有些程序员发现，上述组合条件在加上冗余的圆括号后更易读，即：

```
(gender == FEMALE) && (age >= 65)
```

以下**真值表**（truth table）总结了 && 操作符，显示了*表达式 1* 和*表达式 2* 的 bool 值 false 和 true 的全部四种可能的组合。C++ 语言将包含关系操作符、相等性操作符或逻辑操作符的所有表达式都求值为零（假）或非零（真）。

表达式 1	表达式 2	表达式 1 && 表达式 2
false	false	false
false	true	false
true	false	false
true	true	true

4.11.2 逻辑 OR(||) 操作符

现在，假设我们希望在选择某个执行路径之前，确保两个条件中的一个或两个为真。在这种情况下，我们使用 ||（逻辑 OR）操作符，如下所示：

```
if ((semesterAverage >= 90) || (finalExam >= 90)) {
   cout << "Student grade is A\n";
}
```

这个语句也包含两个简单条件。其中，条件 semesterAverage >= 90 判断学生是否因为整个学期的出色表现而应该拿到 A。条件 finalExam >= 90 判断该学生是否因在期末考试中的出色表现而应该拿到 A。然后，if 语句对以下组合条件求值：

```
(semesterAverage >= 90) || (finalExam >= 90)
```

任何一个简单条件为真，学生都能拿到 A。只有在两个简单条件都为假的时候，才会不打印 "Student grade is A"。下面是逻辑 OR（||）操作符的真值表。

表达式 1	表达式 2	表达式 1 || 表达式 2
false	false	false
false	true	true
true	false	true
true	true	true

&& 操作符的优先级高于 ||。[6] 两个操作符均从左到右分组。

4.11.3 短路求值

使用了 && 或 || 操作符的组合表达式如果能提前知道结果，那么会立即停止求值。以下面这个表达式为例：

```
(gender == FEMALE) && (age >= 65)
```

如果 gender 不等于 FEMALE，那么整个组合表达式必定为假，所以会立即停止求值，不会继续求值 age >=65。逻辑 AND 和逻辑 OR 表达式的这一特性称为**短路求值**（short-circuit evaluation）。

在使用 && 操作符的表达式中，一个条件——我们称之为附属条件——可能要求另一个条件为真，它的求值才有意义。在这种情况下，附属条件应该放在 && 操作符之后以防止错误。以表达式 (i != 0) && (10 / i == 2) 为例。附属条件 (10 / i == 2) 必须出现在 && 操作符之后，以防止除以 0 错误。

4.11.4 逻辑非 (!) 操作符

!（逻辑非，也称为逻辑 NOT）操作符“反转”一个条件的含义。逻辑操作符 && 和 || 是二元操作符，要求组合两个条件。相反，逻辑非操作符是一元操作符，只有一个条件作为操作数。如果希望代码只在条件为假时执行，可将逻辑非操作符放在原始条件之前，如下所示：

```
if (!(grade == sentinelValue)) {
   cout << "The next grade is " << grade << "\n";
}
```

主体语句只有在 grade 不等于 sentinelValue 时才会执行。条件 grade == sentinelValue 周围的圆括号是必须的，因为逻辑非操作符的优先级高于相等性操作符。

大多数时候，可以使用恰当的关系或相等性操作符来表达一个不同的条件，以避免使用逻辑非。例如，上述语句改写成下面这样之后显得更可读：

```
if (grade != sentinelValue) {
   cout << "The next grade is " << grade << "\n";
}
```

利用这种灵活性，我们可以更方便地表示条件。下面是逻辑非操作符的真值表。

表达式	! 表达式
false	true
true	false

4.11.5 示例：生成逻辑操作符真值表

图 4.10 使用逻辑操作符来生成本节展示过的真值表。程序输出了每个需要求值的表达式及其 bool 结果。默认情况下，bool 值 true 和 false 被 cout 和流插入操作符分别显示为 1 和 0，但 format 函数会显示 true 或 false。第 10 行～第 14 行、第 17 行～第 21 行以及第 24 行～第 26 行分别生成了 &&、|| 和 ! 的真值表。

```
1  // fig04_10.cpp
2  // Logical operators.
3  #include <iostream>
4  #include <fmt/format.h> // in C++20, this will be #include <format>
5  using namespace std;
6  using namespace fmt; // not needed in C++20
7
8  int main() {
9     // create truth table for && (logical AND) operator
10    cout << "Logical AND (&&)\n"
11       << format("false && false: {}\n", false && false)
12       << format("false && true: {}\n", false && true)
13       << format("true && false: {}\n", true && false)
14       << format("true && true: {}\n\n", true && true);
15
16    // create truth table for || (logical OR) operator
17    cout << "Logical OR (||)\n"
```

图 4.10 逻辑操作符

```cpp
      << format("false || false: {}\n", false || false)
      << format("false || true: {}\n", false || true)
      << format("true || false: {}\n", true || false)
      << format("true || true: {}\n\n", true || true);

   // create truth table for ! (logical negation) operator
   cout << "Logical negation (!)\n"
      << format("!false: {}\n", !false)
      << format("!true: {}\n", !true);
}
```

```
Logical AND (&&)
false && false: false
false && true: false
true && false: false
true && true: true

Logical OR (||)
false || false: false
false || true: true
true || false: true
true || true: true

Logical negation (!)
!false: true
!true: false
```

图 4.10 逻辑操作符（续）

到目前为止的操作符的优先级和分组

下表总结了到目前为止介绍的操作符的优先级和分组。操作符从上到下按优先级递减的顺序排列。

操作符	分组（关联性）
++ -- static_cast<type>()	从左到右
++ -- + - !	从右到左
* / %	从左到右
+ -	从左到右
<< >>	从左到右
< <= > >=	从左到右
== !=	从左到右

（续表）

操作符	分组（关联性）
&&	从左到右
||	从左到右
?:	从右到左
= += -= *= /= %=	从右到左
,	从左到右

4.12 混淆相等性 (==) 和赋值 (=) 操作符

错误提示

有一种逻辑错误，C++ 程序员都很容易犯，无论多么有经验，因而我们觉得需要单独予以强调。这个错误就是不小心调换了操作符 ==（相等性）和 =（赋值）。这种错误的危害性在于，它通常不会导致编译错误。存在这些错误的语句往往能正确编译并运行，但往往会因为逻辑错误而产生不正确的结果。如果在预期使用 == 的时候使用了 =，今天的编译器一般都能发出警告（本节最后要讲述如何启用这个警告）。

C++ 语言有两个方面容易造成这个问题。首先，生成数值的任何表达式都能在控制语句的决策部分使用。如果表达式求值为零，它就被当作假。如果求值为非零，则被当作真。其次，赋值操作会生成一个值，该值被赋给操作符左侧的变量。例如，假设本来想写：

```
if (payCode == 4) { // 正确
   cout << "You get a bonus!" << "\n";
}
```

却不小心写成了下面这样：

```
if (payCode = 4) { // 错误
   cout << "You get a bonus!" << "\n";
}
```

第一个 `if` 语句正确地将奖金发给 payCode 等于 4 的人。第二个 `if` 语句（包含逻辑错误）将 `if` 条件中的赋值表达式求值为常量 4。记住，任何非零值都被视为“真”，所以这个条件总是成立的。无论 payCode 是多少，这个人总是能拿到奖金！更糟的是，payCode 现在被修改了，而它本来只有查询权限！

左值和右值

可以用一个简单的技巧来防止这个问题。首先，你需要了解赋值操作符左侧允许什么。等号左侧的变量称为**左值**（lvalue）。等号右侧的字面值或其他变量称为**右值**（rvalue）。赋值操作符（=）的左值不允许是字面值。

程序员在写 `x == 7` 这样的条件时，通常把变量名（左值）放在左边，把字面值（右值）放在右边。但是，如果两者调换一下，例如 `7 == x`（语法上正确，有时称为“Yoda 条件”[7]），那么一旦不小心把 == 操作符写成了 =，编译器就会报错，因为字面值是不允许更改的。

该用 = 的时候用了 ==

还有一种同样令人不快的情况。假定你想用下面这个简单的语句向变量赋值：

```
x = 1;
```

但不小心写成下面这样：

```
x == 1;
```

这同样不算是语法错误。相反，编译器会对表达式进行求值。如果 `x` 等于 `1`，条件为真，表达式求值为非零（真）值。如果 `x` 不等于 `1`，则条件为假，表达式求值为 `0`。无论表达式的求值结果如何，由于没有赋值操作符，所以求出来的值会被丢弃。`x` 的值将保持不变，而这可能导致执行时出现逻辑错误。使用 == 操作符进行赋值和使用 = 操作符判断相等性都属于一种逻辑错误。在代码编辑器中查找程序中出现的所有 =，并核实每个赋值、关系或相等性操作符都正确使用。

启用警告

当本该使用 == 的地方使用了 =，Xcode 会自动发出一个警告。一些编译器要求手动启用警告。对于 GNU g++，在编译命令中添加 `-Wall` 标志来启用所有警告。请参考 g++ 文档了解具体如何启用潜在警告的子集。以下步骤适用于 Visual C++。

1. 在解决方案资源管理器中右击项目名称，选择“属性”。
2. 展开“代码分析”，选择“常规”。
3. 为“生成时启用代码分析”选择“是”，再单击“确定”。

4.13 对象自然案例学习：使用 miniz-cpp 库读写 ZIP 文件[8]

性能提示

数据压缩减少了数据的大小，能节省内存、节省辅助存储空间或者在网络上更快地传输。无损数据压缩算法以不丢失信息的方式压缩数据——数据可以解压缩，并还原为其原始形式。有损数据压缩算法则会永久性丢失一部分信息，常用于压缩图像、音频和视频。例如，在网上观看流媒体视频时，视频通常都提前使用某种有损算法进行了压缩，以尽量减少在网上传输的总字节数。虽然一些视频数据被丢弃，但有损算法以一种特别的方式压缩数据，使大多数人在观看视频时不会注意到这些被删除的信息。视频质量仍然“相当不错”。

ZIP 文件

你或许已经用过 ZIP 文件，但如果没有，将来也几乎肯定会用到。ZIP[9] 是一种无损压缩[10] 格式，已经有 30 多年的历史。无损压缩算法使用各种技术来压缩数据，示例如下。

- 将重复的模式（例如文档中的文本字符串或图像中的像素）替换成对单一副本的引用。
- 将一组具有相同颜色的图像像素替换为该颜色的一个像素和一个计数（称为“游程编码”，即 run-length encoding）。

ZIP 将文件和目录压缩成一个所谓的**归档文件**（archive file），又称压缩包。ZIP 文件经常用于在互联网上更快地分发软件。今天的操作系统通常都内置对 ZIP 的支持，可以直接压缩和解压缩 ZIP 文件。

开源 miniz-cpp 库

许多开源库都支持以编程方式操作 ZIP 压缩文件和其他流行压缩文件格式（例如 TAR、RAR 和 7-Zip）。[11] 图 4.11 使用开源 `miniz-cpp` 库[12, 13] 的 `zip_file` 类来创建和读取 ZIP 文件，从而继续我们的“对象自然”学习方法。`miniz-cpp` 库是一个“单文件库”（header-only library），它在头文件 `zip_file.hpp` 中定义，可以直接把该文件放在与本例相同的文件夹中，并在程序中包含该头文件（第 5 行）。我们在 examples 文件夹的 library/miniz-cpp 子文件夹中提供了这个库。第 9 章将深入讨论头文件。

```
1  // fig04_11.cpp
2  // Using the miniz-cpp header-only library to write and read a ZIP file.
3  #include <iostream>
4  #include <string>
5  #include "zip_file.hpp"
6  using namespace std;
7
```

图 4.11 使用 miniz-cpp 单文件库读写 ZIP 文件

用 getline 从用户处输入一行文本：

```
int main() {
   cout << "Enter a ZIP file name: ";
   string zipFileName;
   getline(cin, zipFileName); // inputs a line of text

```

```
Enter a ZIP file name: c:\users\useraccount\Documents\test.zip
```

这里使用 getline 从用户处读取一个文件的位置和名称，并把它存储到 string 变量 zipFileName 中。和 string 类一样，getline 也要求包含 <string> 头，并从属于 std 命名空间。

创建样本内容并在 ZIP 文件写入一个单独的文件

以下语句创建一个名为 content 的长字符串，它包含了本章“导读”中的句子。

```
   // string literals separated only by whitespace are combined
   // into a single string by the compiler
   string content{
      "This chapter introduces all but one of the remaining control "
      "statements--the for, do...while, switch, break and continue "
      "statements. We explore the essentials of counter-controlled "
      "iteration. We use compound-interest calculations to begin "
      "investigating the issues of processing monetary amounts. First, "
      "we discuss the representational errors associated with "
      "floating-point types. We use a switch statement to count the "
      "number of A, B, C, D and F grade equivalents in a set of "
      "numeric grades. We show C++17's enhancements that allow you to "
      "initialize one or more variables of the same type in the "
      "headers of if and switch statements."};

```

我们将使用 miniz-cpp 库将包含该字符串内容的文本文件压缩到一个 ZIP 文件中。上述语句中的每个字符串字面值都只通过空白与下一个字面值分开。C++ 编译器自动将这些字符串字面值组合成单独一个字符串字面值，我们用它初始化 string 变量 content。以下语句输出 content 的长度（632 字节）。

```
   cout << "\ncontent.length(): " << content.length();

```

```
content.length(): 632
```

创建一个 zip_file 对象

我们用 miniz-cpp 库的 zip_file 类（位于库的 miniz_cpp 命名空间）来创建一个 ZIP 文件。以下语句将创建名为 output 的 zip_file 对象，它执行 ZIP 操作来创建压缩包。

```
30      miniz_cpp::zip_file output; // create zip_file object
31
```

在 zip_file 对象中创建文件，并将该对象存储到磁盘

第 33 行调用 output 的 writestr 成员函数，在 ZIP 压缩包中创建一个包含 content 的文本的文件（"intro.txt"）。第 34 行调用 output 的 save 成员函数，将 output 对象的内容存储到由 zipFileName 指定的文件中。

```
32      // write content into a text file in output
33      output.writestr("intro.txt", content); // create file in ZIP
34      output.save(zipFileName); // save output to zipFileName
35
```

ZIP 文件似乎包含的是随机符号

ZIP 是一种二进制格式，所以如果在文本编辑器中打开压缩文件，看到的基本上都是垃圾字符。下面展示了该文件在 Windows 记事本中的样子。

```
PK    † –P VÉ´o  y         intro.txt]’KnÜ0↑†÷> ÷±
tÕu›"'(Ð5-Ó#¢²ä’ÒL'ÇÈ‰CÊƒ ÈÒ&éï øwd… ñ¨$À¹JY[  L  -V¡d,²A B;ræ|P|1
Z±ÒN¹ê4ùÆVd„µÌó|‹œh ¼q
q„E ÿ æµŸrnôév†? õÿHE¨ƒHÕÞ3&ut(-›.é M´ lÏX¹ä~Ú”li?loØwI+ L¡¥¾¥P ,tá<p¼Ú/öÞ|8ŒU uÐ!Åœ« v³]Qî
€»ÓMâ ‹Öq. ¬¬¡©>"9↑fb; H KOµ 6ƒ+X qØRéÄé(& êý ýÐŽ˜à# ×Ûm;dÈm_¬Søc„Ÿ#<ð«gù ÁÕòú×øŠÉ³´
ý{dÅm~HÂáÜ:y Ë
žŸž¼} S 1‡³ #aõÖm~/Í XVì%ð+ X,ÖÐ …qIgf,âNÝ’Ã]p$ãIŸóÖ•~5¨óð PK      † –P VÉ´o  y
intro.txtPK        7   –
```

读取 ZIP 压缩包的内容

可以从系统中找到 ZIP 文件，并提取（解压）其内容，以确认 ZIP 文件被正确写入。miniz-cpp 库还支持以编程方式读取和处理 ZIP 文件的内容。以下语句创建一个名为 input 的 zip_file 对象，并用一个 ZIP 文件的名称对其进行初始化。

```
36      miniz_cpp::zip_file input{zipFileName}; // load zipFileName
37
```

这便可以读取相应的 ZIP 压缩包的内容。然后，我们可以使用 zip_file 对象的成员函数与归档的文件进行交互。

显示 ZIP 文件的名称和内容

以下语句调用 input 的 get_filename 和 printdir 成员函数来分别显示 ZIP 的文件名和 ZIP 文件的内容（一个目录列表）。

```
38     // display input's file name and directory listing
39     cout << "\n\nZIP file's name: " << input.get_filename()
40        << "\n\nZIP file's directory listing:\n";
41     input.printdir();
42
```

```
ZIP file's name: c:\users\useraccount\Documents\test.zip

ZIP file's directory listing:
  Length      Date    Time     Name
--------- ---------- -----    ----
      632 11/28/2021 16:48    intro.txt
---------                     -------
      632                     1 file
```

输出表明，ZIP 压缩包中包含文件 intro.txt，而且该文件的长度是 632，这与我们早先向文件写入的字符串内容相符。

获取并显示 ZIP 压缩包中一个特定文件的信息

第 44 行声明并初始化 zip_info 对象 info。

```
43     // display info about the compressed intro.txt file
44     miniz_cpp::zip_info info{input.getinfo("intro.txt")};
45
```

调用 input 的 getinfo 成员函数会为压缩包中指定的文件返回一个 zip_info 对象（来自 miniz_cpp 命名空间）。有的时候，一些对象会公开自己的数据，你可以使用对象名称加一个点（.）操作符来访问这些数据。例如，info 对象包含了关于归档文件 intro.txt 的信息，其中包括文件名称（info.filename）、未压缩前的大小（info.file_size）以及压缩后的大小（info.compress_size）。

```
46     cout << "\nFile name: " << info.filename
47        << "\nOriginal size: " << info.file_size
48        << "\nCompressed size: " << info.compress_size;
49
```

```
File name: intro.txt
Original size: 632
Compressed size: 360
```

注意，intro.txt 压缩后的大小为 360 字节，比原始文件小 43%。不同性质的内容在压缩比上有很大的区别。

解压 intro.txt 并显示其原始内容

你可以从 ZIP 压缩包中提取压缩文件的原始内容。这里调用 input 对象的 read 成员函数，将 zip_info 对象 info 作为实参传递。这将返回一个 string，其中包含了 info 对象所代表的那个文件的内容。

```
    // original file contents
    string extractedContent{input.read(info)};

```

我们输出 extractedContent 来证明它和我们压缩的原始 content 字符串的内容匹配。这样的压缩确实是无损的。

```
    cout << "\n\nOriginal contents of intro.txt:\n"
       << extractedContent << "\n";
}
```

```
Original contents of intro.txt:
This chapter introduces all but one of the remaining control statements--the
for, do...while, switch, break and continue statements. We explore the
essentials of counter-controlled iteration. We use compound-interest
calculations to begin investigating the issues of processing monetary
amounts. First, we discuss the representational errors associated with
floating-point types. We use a switch statement to count the number of A, B,
C, D and F grade equivalents in a set of numeric grades. We show C++17's
enhancements that allow you to initialize one or more variables of the same
type in the headers of if and switch statements.
```

4.14 用域宽和精度进行 C++20 文本格式化

3.13 节介绍了 C++20 的 format 函数（在 <format> 头中），它提供了新的、强大的文本格式化能力。图 4.12 展示了如何用格式字符串简洁地指定每个值的格式。我们重新实现了在图 4.4 的复利问题中引入的格式化。图 4.12 的输出结果与图 4.4 相同，所以只关注第 13 行、第 14 行、第 17 行和第 22 行的格式字符串。

```
1  // fig04_12.cpp
2  // Compound-interest example with C++20 text formatting.
3  #include <iostream>
```

图 4.12　使用了 C++20 字符串格式化的复利例子

```
4  #include <cmath> // for pow function
5  #include <fmt/format.h> // in C++20, this will be #include <format>
6  using namespace std;
7  using namespace fmt; // not needed in C++20
8
9  int main() {
10    double principal{1000.00}; // initial amount before interest
11    double rate{0.05}; // interest rate
12
13    cout << format("Initial principal: {:>7.2f}\n", principal)
14        << format("   Interest rate: {:>7.2f}\n", rate);
15
16    // display headers
17    cout << format("\n{}{:>20}\n", "Year", "Amount on deposit");
18
19    // calculate amount on deposit for each of ten years
20    for (int year{1}; year <= 10; ++year) {
21       double amount = principal * pow(1.0 + rate, year);
22       cout << format("{:>4d}{:>20.2f}\n", year, amount);
23    }
24 }
```

```
Initial principal: 1000.00
   Interest rate: 0.05

Year   Amount on deposit
   1             1050.00
   2             1102.50
   3             1157.63
   4             1215.51
   5             1276.28
   6             1340.10
   7             1407.10
   8             1477.46
   9             1551.33
  10             1628.89
```

图 4.12　使用了 C++20 字符串格式化的复利例子（续）

格式化本金和利率

第 13 行和第 14 行的 `format` 调用分别使用占位符 `{:>7.2f}` 来格式化 `principal`（本金）和 `rate`（利率）的值。占位符中的冒号（:）引入了一个**格式说明符**（format specifier），它说明相应的值应该如何格式化。格式说明符 `>7.2f` 指定一个浮点数（`f`）应该在 7 个字符的域宽内右对齐（`>`），而且在小数点右侧保留两位小数的精度（.2）。和之前介绍过的 setprecision 和 fixed 流操纵元不同，在占位符中指定的格式设置不是“粘性”的——它们只适用于插入该占位符中的值。

principal 的值（1000.00）正好需要 7 个字符来显示，所以无需添加空格来填满整个域（字段）。而 rate 的值（0.05）只需 4 个字符位置，所以会在 7 个字符的域内右对齐，并在左侧填充前导空格，如下图所示：

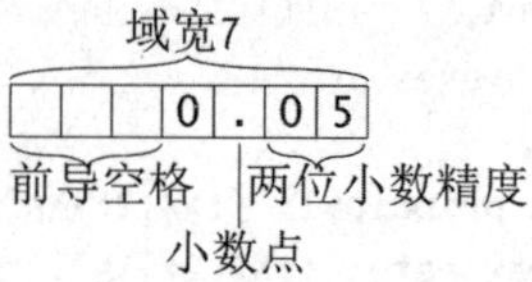

数值默认右对齐，所以这里其实不需要 >。可以换用 < 将域宽内的数值左对齐。

格式化 Year 列和 Amount-on-Deposit 列的标题

第 17 行使用了以下格式字符串：

```
"\n{}{:>20}\n"
```

所以，字符串 "Year" 会直接放到第一个占位符的位置，该占位符不含任何格式说明符。第二个占位符指定字符串 "Amount on Deposit"（共 17 个字符）应该在 20 字符的一个域内右对齐（>），format 会补三个前导空格来确保字符串右对齐。字符串默认左对齐，所以这里需要用 > 来强制右对齐。

在 for 循环中格式化 Year 列和 Amount-on-Deposit 列的值

第 22 行使用了以下格式字符串：

```
"{:>4d}{:>20.2f}\n"
```

它用两个占位符来格式化循环的输出。其中，占位符 {:>4d} 指定应将 year 的值格式化为整数（d 代表十进制整数），并在宽度为 4 的域内右对齐（>）。这样就会在“Year”列标题下右对齐所有年份值。

占位符 {:>20.2f} 将 amount 的值格式化为浮点数（f），并在宽度为 20 的域内右对齐（>），小数点后保留两位小数（.2）。像这样格式化 amount，它们的小数点将垂直对齐，这是在表示货币金额时的一种典型做法。在 20 个字符宽度的域内，所有金额在“Amount on Deposit”列的标题下右对齐。

4.15 小结

本章完成了对 C++ 所有控制语句的介绍，用于控制语句的执行流程。第 3 章讨论了 if、if...else 和 while。第 4 章讨论了 for、do...while 和 switch。我们展示了 C++17 的增强特性，它允许在 `if` 语句和 `switch` 语句的头部初始化一个变量。可以用 `break` 语句来退出 `switch` 语句，并可用它立即终止一个循环。`continue` 语句则用于结束循环的当前迭代，并继续下一次迭代。我们介绍了 C++ 的逻辑操作符，它使你能在控制语句中使用更复杂的条件表达式。

在本章的“对象自然”案例学习中，我们使用 `miniz-cpp` 开源库来创建和读取 ZIP 压缩包。最后，我们介绍了 C++20 强大而富有表现力的更多文本格式化特性。第 5 章将要介绍创建自定义函数。

注释

1. John Maddock 和 Christopher Kormanyos，“Chapter 1. Boost.Multiprecision”，访问日期 2021 年 11 月 19 日，https://www.boost.org/doc/libs/master/libs/multiprecision/doc/html/index.html。
2. 3.12 节讲过，C++ 语言的整数类型并不能表示所有整数值。要根据希望表示的值的范围选择恰当的类型。另外，杺在整数字面值后面附加 L 或 LL 来分别指定 long 类型或 long long 类型。
3. 3.7.3 节说过，fixed 导致输出符合我们平时习惯的、带小数点的浮点数，而不是使用科学计数法。
4. 当前的浮点数算术标准是 IEEE 754（https://zh.wikipedia.org/wiki/IEEE_754）。
5. 该特性特别适合编写一个简洁的程序来输出“圣诞节的十二天”这首歌的歌词。作为一个练习，你可以试着写一下这个程序，然后使用许多免费和开源的“文本转语音”程序来念出这首歌。还可以将你的程序与免费和开源的 MIDI（乐器数字接口）程序结合起来，创建一个有音乐伴奏的程序。
6. 通常，对求值顺序有任何疑虑，都用圆括号予以确定。
7. 访问日期 2021 年 11 月 19 日，https://en.wikipedia.org/wiki/Yoda_conditions。
8. 本例在 GNU C++ 中无法编译。
9. 访问日期 2021 年 11 月 19 日，https://zh.wikipedia.org/wiki/ZIP 格式。
10. 访问日期 2021 年 11 月 19 日，https://en.wikipedia.org/wiki/Data_compression#Lossless。
11. 访问日期 2020 年 3 月 19 日，https://en.wikipedia.org/wiki/List_of_archive_formats。
12. https://github.com/tfussell/miniz-cpp。
13. miniz-cpp 库提供的特性几乎与 Python 标准库的 zipfile 模块（https://docs.python.org/zh-cn/3/library/zipfile.html）完全一样，所以 miniz-cpp 的 GitHub 仓库会将你引向该文档页面来查看特性清单。

第 5 章

函数和函数模板入门

学习目标

- 用函数模块化地构建程序
- 使用常见数学库函数，学习 C++20、C++17 和 C++11 新增的数学函数和常量
- 用函数原型声明函数
- 了解许多关键的 C++ 标准库头文件
- 使用随机数来实现游戏应用
- 用有作用域的 `enum` 声明常量，并通过 C++20 的 `using enum` 声明来使用无类型名称的常量
- 理解标识符的作用域
- 使用内联函数、引用和默认参数
- 定义可以处理多种不同参数类型的重载函数
- 定义可以生成重载函数家族的函数模板
- 编写和使用递归函数
- Zajnropc vrq lnfylun lhqtomh uyqmmhzg tupb j dvql psrpu iw dmwwqnddwjqz（参见 5.20 节）

5.1 导读

本章讨论如何创建自定义函数。我们要概述一些 C++ 标准库的数学函数，并介绍了 C++20、C++17 和 C++11 新增的函数和常量。我们要介绍函数原型，并讨论编译器如何在必要时使用它们将函数调用中的实参类型转换为函数参数列表所要求的类型。我们还要介绍 C++ 标准库的头文件的情况。

接着，我们通过随机数生成来演示模拟技术。我们模拟了一个流行的掷骰子游戏，它使用了我们到目前为止介绍的大部分 C++ 语言的函数。在游戏中，我们展示了如何用有作用域的枚举声明常量，并讨论了如何使用 C++20 新的 `using enum` 声明来直接访问有作用域的 `enum` 常量而不使用其类型名称。

然后，我们介绍了 C++ 语言的作用域规则，它们决定了标识符在程序中可以被引用的位置。我们讨论了有助于提高程序性能的特性，包括可以避免函数调用开销的内联函数和能将大数据项高效传递给函数的引用参数。

我们开发的许多应用程序都会有一个以上的同名函数。我们利用这种“函数重载”技术来实现多个同名函数，它们获取不同类型或不同数量的实参，并且执行类似的任务。我们介绍了函数模板，它定义了重载函数家族。我们还演示了递归函数，它们能通过另一个函数直接或间接地调用自己：Cujuumt, ul znkfehdf jsy lagqynb-ovrbozi mljapvao thqt w wjtz qarcv aj wazkrvdqxbu（参见 5.20 节）。

5.2 C++ 程序组件

我们一般通过合并以下组件来构建一个 C++ 程序。

- C++ 标准库预打包的函数和类。
- 大量开源和专有第三方库中的函数和类。
- 你和你的同事写的新函数和类。

C++ 标准库为数学、字符串处理、正则表达式、输入 / 输出、文件处理、日期、时间、容器（数据集合）、操作容器内容的算法、内存管理、并发编程、异步编程等提供了一系列丰富的函数和类。

函数和类允许将一个程序的任务分解成独立的单元。在本书之前的程序中，你已经体验了 C++ 标准库的函数、开源库的函数以及 main 函数，本章将开始创建自定义函数，第 9 章则将开始创建自定义类。

我们出于以下动机会用到函数和类来创建程序组件。

- 软件重用。例如，在之前演示的程序中，我们不必定义如何创建和操纵 string 或者从键盘读取一行文本，C++ 语言通过来自 <string> 头文件的 string 类和 getline 函数提供这些功能。
- 避免代码重复。
- 将程序划分为有意义的函数和类，使程序更容易测试、调试和维护。

为了促进可重用性，每个函数都应该执行单一的、良好定义的任务，而且函数名应该有效地表达这一任务。以后在讲到面向对象编程时，会更多地讨论软件的可重用性。C++20 还引入了一种称为**模块**（module）的构造，我们将在第 16 章讨论。

5.3 数学库函数

在之前的对象自然案例学习中，我们创建了一些类的对象，然后调用其成员函数来执行有用的任务。像 main 这样不属于成员函数的函数称为**全局函数**（global function）。

<cmath> 头文件定义了许多全局函数（位于 std 命名空间）来执行常见的数学计算。示例如下：

```
sqrt(900.0)
```

它计算 900.0 的平方根并返回结果，即 30.0。sqrt 函数接受一个 double 实参，并返回一个 double 结果。调用 sqrt 函数前不需要创建任何对象。调用这种函数时，只需指定函数名称，后跟包含实参的圆括号。下表总结了一些常用的数学库函数。x 变量和 y 变量是 double 类型。

函数	说明	示例
ceil(x)	将 x 取整为不小于 x 的最小整数（向上取整）	ceil(9.2) 结果是 10.0，ceil(-9.8) 结果是 -9.0
cos(x)	x 的余弦（x 的单位是弧度）	cos(0.0) 结果是 1.0
exp(x)	指数函数 e^x	exp(1.0) 结果是 2.718282，exp(2.0) 结果是 7.389056
fabs(x)	x 的绝对值	fabs(5.1) 结果是 5.1，fabs(0.0) 结果是 0.0，fabs(-8.76) 结果是 8.76

（续表）

函数	说明	示例
floor(x)	将 x 取整为不大于 x 的最大整数（向下取整）	floor(9.2) 结果是 9.0，floor(-9.8) 结果是 -10.0
fmod(x, y)	作为浮点数的 x/y 的余数	fmod(2.6, 1.2) 结果是 0.2
log(x)	x 的自然对数（以 e 为底）	log(2.718282) 结果是 1.0，log(7.389056) 结果是 2.0
log10(x)	x 的对数（以 10 为底）	log10(10.0) 结果是 1.0，log10(100.0) 结果是 2.0
pow(x, y)	x 的 y 次方 (x^y)	pow(2, 7) 结果是 128，pow(9, .5) 结果是 3
sin(x)	x 的正弦（x 的单位是弧度）	sin(0.0) 结果是 0
sqrt(x)	x 的平方根（x 非负）	sqrt(9.0) 结果是 3.0
tan(x)	x 的正切（x 的单位是弧度）	tan(0.0) 结果是 0

C++11 引入的数学函数

C++11 在 <cmath> 头文件中引入了几十个新的数学函数。有的全新，有的是现有函数的扩充版本，提供对 float 或 long double 实参的支持（之前的版本只支持 double）。例如，双参数的 hypot 函数可以计算直角三角形的斜边。C++17 新增了一个三参数版本的 hypot 来计算三维空间中的斜边。<cmath> 头文件定义的所有函数可访问 https://zh.cppreference.com/w/cpp/numeric/math。

还可以参考 C++ 标准中关于浮点类型的数学函数的小节，网址为 https://timsong-cpp.github.io/cppwp/n4861/c.math。

C++20 新增的数学常数和 <numbers> 头文件

在 C++20 之前，C++ 没有内建对常用的数学常数的支持。某些 C++ 实现通过预处理器宏[1]定义了 M_PI（代表）和 M_E（代表 e）以及其他数学常数。预处理器执行时，会用 double 浮点值替换这些宏名称。遗憾的是，并不是所有 C++ 实现都提供了这些预处理器宏。C++20 新 <numbers> 头文件[2]对许多科学和工程应用程序中常用的数学常数进行了标准化，如下所示。

常数	数学表达式	常数	数学表达式
numbers::e	e	numbers::inv_sqrtpi	$\frac{1}{\sqrt{\pi}}$
numbers::log2e	$\log_2^e$	numbers::sqrt2	$\sqrt{2}$
numbers::log10e	$\log_{10}^e$	numbers::sqrt3	$\sqrt{3}$

（续表）

常数	数学表达式	常数	数学表达式
`numbers::ln2`	$\log_e(2)$	`numbers::inv_sqrt3`	$\frac{1}{\sqrt{3}}$
`numbers::ln10`	$\log_e(10)$	`numbers::egamma`	欧拉 - 马歇罗尼常数 γ
`numbers::pi`	π	`numbers::phi`	$\frac{(1+\sqrt{5})}{2}$
`numbers::inv_pi`	$\frac{1}{\pi}$		

C++17 数学特殊函数

C++17 在 `<cmath>` 头文件中为工程和科学界新增了几十个**数学特殊函数**（mathematical special functions）。[3] 可以访问 cppreference.com 查看完整列表和每个函数的简单例子。[4] 下表中的每个函数都有接受 `float` 参数、`double` 参数和 `long double` 参数的版本。

C++17 数学特殊函数	
连带拉盖尔多项式	不规则变形圆柱贝塞尔函数
连带勒让德多项式	圆柱诺依曼函数
beta 函数	指数积分
第一类完全椭圆积分	埃尔米特多项式
第一类不完全椭圆积分	勒让德多项式
第二类完全椭圆积分	拉盖尔多项式
第二类不完全椭圆积分	黎曼 zeta 函数
第三类完全椭圆积分	第一类球面贝塞尔函数
第三类不完全椭圆积分	球面连带勒让德函数
规则变形圆柱贝塞尔函数	球面诺依曼函数
第一类圆柱贝塞尔函数	

5.4 函数定义和函数原型

下面创建一个名为 `maximum` 的用户自定义函数，返回其三个 `int` 实参中最大的一个。图 5.1 的程序执行时，`main` 从用户处读取三个整数。然后，第 16 行调用 `maximum`（在第 20 行～第 34 行定义）。在第 33 行，`maximum` 函数将最大值返回给它的调用者，在本例中，第 16 行直接显示返回的值。

```
1  // fig05_01.cpp
2  // maximum function with a function prototype.
```

图 5.1 `maximum` 函数的原型和定义

```cpp
#include <iostream>
#include <iomanip>
using namespace std;

int maximum(int x, int y, int z); // function prototype

int main() {
   cout << "Enter three integer values: ";
   int int1, int2, int3;
   cin >> int1 >> int2 >> int3;

   // invoke maximum
   cout << "The maximum integer value is: "
      << maximum(int1, int2, int3) << '\n';
}

// returns the largest of three integers
int maximum(int x, int y, int z) {
   int maximumValue{x}; // assume x is the largest to start

   // determine whether y is greater than maximumValue
   if (y > maximumValue) {
      maximumValue = y; // make y the new maximumValue
   }

   // determine whether z is greater than maximumValue
   if (z > maximumValue) {
      maximumValue = z; // make z the new maximumValue
   }

   return maximumValue;
}
```

```
Enter three integer grades: 86 67 75
The maximum integer value is: 86
```

```
Enter three integer grades: 67 86 75
The maximum integer value is: 86
```

```
Enter three integer grades: 67 75 86
The maximum integer value is: 86
```

图 5.1 maximum 函数的原型和定义（续）

maximum 函数

通常，函数定义的第一行要指定其返回类型、函数名和包含参数列表的一对圆括号。**参数列表**（parameter list）指定函数执行任务所需的任何额外信息。函数的第一行也称为函数的**头**（header）。参数列表可以包含零个或多个**参数**（parameter，也称为形参），每个参数都用一个类型和一个名称声明。两个或多个参数用逗号分隔的列表指定。`maximum` 函数有三个 `int` 参数，分别命名为 `x`、`y` 和 `z`。调用函数时，每个参数都从函数调用中接收相应的**实参**（argument）值。

`maximum` 函数首先假定参数 `x` 包含最大值，所以第 21 行将 `maximumValue` 初始化为 `x` 的值。当然，参数 `y` 或 `z` 也可能包含最大值，所以它们分别与 `maximumValue` 进行比较。第 24 行～第 26 行判断 `y` 是否大于 `maximumValue`；如果是，就将 `y` 赋给 `maximumValue`。第 29 行～第 31 行判断 `z` 是否大于 `maximumValue`，如果是，就将 `z` 赋给 `maximumValue`。现在，`maximumValue` 包含的是真正的最大值，所以第 33 行向调用者返回该值的拷贝。

maximum 的函数原型

函数在使用之前必须定义或声明。第 7 行声明了 `maximum` 函数：

```
int maximum(int x, int y, int z); // function prototype
```

这个**函数原型**（function prototype）描述了 `maximum` 的接口，同时没有公开它的内部实现细节。函数原型告诉编译器函数的名称、它的返回类型和参数类型，而且必须以一个分号（;）结束。第 7 行表示 `maximum` 返回一个 `int`，并需要三个 `int` 参数来执行其任务。函数原型中的类型必须与函数定义头中的类型一致（第 20 行）。函数原型的参数名称通常与函数定义中的参数名称一致，但并不强求。

函数原型中的参数名称

函数原型中的参数名称是可选的（不过编译器会忽略它们），但建议加上这些名称以便编写文档。

编译器用 maximum 的函数原型来做什么？

在编译程序时，编译器使用该原型来做下面这些事情。

- 检查 `maximum` 函数头（第 20 行）是否与其原型（第 7 行）相符。
- 检查对 `maximum` 的调用（第 16 行）是否包含正确的实参数量和实参类型，而且实参的类型是否有正确的顺序（在本例中，所有实参都是同一类型）。
- 检查函数的返回值是否能在调用函数的表达式中正确使用。例如，如果函数声明了 `void` 返回类型（因而不会返回值），不能在期望获得一个值的地方调用它，例如在赋值操作符的右侧或者 `cout` 语句中。

- 检查每个实参是否与对应的形参类型一致。例如，一个 `double` 类型的参数可以接收 `7.35`、`22` 或者 `-0.03456` 这样的值，但不能接收 `"hello"` 这样的字符串。如果传给函数的实参与函数原型中指定的形参类型不一致，编译器会尝试将实参转换为要求的类型。5.6 节要讨论这个转换过程以及如果无法转换会发生什么。

错误提示

如果函数原型、函数定义头和函数调用在参数数量 / 类型 / 顺序以及函数的返回类型上不一致，就会发生编译错误。

将控制从函数返回给调用者

当程序调用一个函数时，该函数会执行其任务，然后将控制（可能还有一个值）返回给函数的调用位置。在不返回值的函数中（即返回类型为 `void`），当程序遇到函数的结束右大括号时，控制就会返回。除此之外，在这种函数中，还可以在函数主体的任何地方执行 `return;`，显式地将控制返回给调用者。

5.5 函数实参的求值顺序

图 5.1 中的第 16 行以 `maximum` 函数的实参进行分隔的逗号不是我们之前说过的逗号操作符。逗号操作符保证其操作数从左到右计算。但是，C++ 标准并没有规定函数实参的求值顺序。因此，不同的编译器可以按照不同的顺序对传给函数的实参进行求值。

有的时候，当一个函数的实参是某个表达式时（例如对其他函数的调用），编译器对实参进行求值的顺序就可能影响一个或多个实参的值。如果不同编译器使用了不同的求值顺序，传给函数的实参值就有可能出现区别，从而导致难以发现的逻辑错误。

如果对函数实参的求值顺序以及该顺序是否会影响传给函数的值有疑虑，可以在调用函数前将实参赋给变量，再将这些变量作为实参传给函数。

5.6 函数原型和实参强制类型转换的有关注意事项

错误提示

除非函数在使用前定义，否则必须列出函数的原型。如果函数在调用前就定义好了，那么它的定义也可以作为函数原型，所以不需要单独列出原型。如果一个函数在调用的时候既没有定义，也没有原型，就会发生编译错误。

使用像 `sqrt` 这样的标准库函数时，由于不能访问它的定义，所以在调用该函数之前不能在自己的代码中定义它。相反，必须包含该函数原型所在的头文件（本例

是 `<cmath>`）。虽然有函数定义就可以省略函数原型（前提是先定义再调用），但提供原型可避免将你的代码与函数的定义顺序绑定，而函数的定义顺序很容易随着程序的演进而发生变化。

5.6.1 函数签名和函数原型

函数的名称及其参数类型统称为**函数签名**（function signature），或者简单地称为**签名**（signature）。函数的返回类型不是函数签名的一部分。函数的作用域是程序中知道该函数的存在，并可访问该函数的区域。同一作用域内的每个函数都必须有唯一的签名。我们将在第 5.10 节详细讨论作用域。

在图 5.1 中，如果将第 7 行的函数原型写成下面这样：

```
void maximum(int x, int y, int z);
```

那么编译器就会报错，因为原型的 `void` 返回类型和函数头的 `int` 返回类型不一致。类似地，这样的一个原型会导致以下语句产生编译错误，因为它依赖 `maximum` 返回一个供显示的值：

错误提示

```
cout << maximum(6, 7, 0);
```

错误提示

函数原型可以帮助你在编译时发现错误，这总比在运行时发现错误好。

5.6.2 实参强制类型转换

函数原型的一个重要特征是**实参强制类型转换**（argument coercion）——也就是将实参的类型强制转换为参数（形参）声明所指定的恰当类型。例如，虽然函数原型指定的是 `double` 参数，但程序在调用该函数时可以传递一个整型实参。只要发生的不是收缩转换（参见 3.8.3 节），函数就仍然能正确工作。如果函数调用中的实参不能被隐式转换为函数原型中指定的预期类型，就会发生编译错误。

5.6.3 实参提升规则和隐式转换

有的时候，和函数原型中的参数类型不完全一致的实参值可能在函数被调用之前由编译器转换为适当的类型。这种转换根据的是 C++ **提升规则**（promotion rule），它们规定了基本类型之间允许的隐式转换。[5]`double` 也能转换为 `int`，但这种收缩转换会截断 `double` 值的小数部分。[6] 记住，`double` 变量可以容纳比 `int` 变量大得多的数字，所以收缩转换时发生数据损失的可能是相当大的。

将大整型转换为小整型（例如，`long` 转换成 `short`），有符号类型转换为无符号类型，或者无符号类型转换为有符号类型时，值也可能被修改。unsigned 整型变量可表示从 0 到大约两倍于对应的有符号整数类型的正值范围的值。unsigned 类型主要用于二进制位操作（参见放在网上的本书附录 E）。“C++ 核心准则”指出，使用 unsigned 类型并不能真正消除负值的可能性。[7]

核心准则

提升规则也适用于**混合类型表达式**（mixed-type expression），其中的值具有两个或多个数据类型。每个值的类型都被提升到表达式的“最高”类型。提升时使用的是每个值的临时拷贝——原始值保持不变。下表按照从“最高类型”到“最低类型”的顺序列出了数据类型。

数据类型	
long double	
double	
float	
unsigned long long int	等同于 unsigned long long
long long int	等同于 long long
unsigned long int	等同于 unsigned long
long int	等同于 long
unsigned int	等同于 unsigned
int	
unsigned short int	等同于 unsigned short
short int	等同于 short
unsigned char	
char and signed char	
bool	

转换可能会得到不正确的值

将数值转换为“较低”的类型可能因为收缩转换而导致错误或警告。如果将 double 实参传给一个指定了 int 参数的 square（平方）函数，该实参会被转换为 int（一个较低的类型，因此是收缩转换），而 square 可能返回一个不正确的值。例如，square(4.5) 将返回 16，而不是 20.25。一些编译器会对此发出警告。例如，Microsoft Visual C++ 显示的警告是：

```
“参数”: 从 "double" 转换到 "int"，可能丢失数据
```

配合“准则支持库”的收缩转换

核心准则

如果必须进行显式的收缩转换，“C++ 核心准则”推荐使用“准则支持库”（GSL）中的 narrow_cast。[8] 这个库有几个实现。其中，微软的开源版本已在众多平台 / 编译器组合上进行了测试，其中包括我们首选的三个编译器和平台。可从 https://github.com/Microsoft/GSL 下载 GSL。为方便起见，我们在本书配套资源的 libraries/GSL 子文件夹中提供了该 GSL。

GSL 是一个单文件（header-only）库，所以在程序中包含头文件 <gsl/gsl> 即可直接使用。当然，必须先将你的编译器指向 GSL 文件夹的 include 子文件夹，这样编译器才知道在哪里可以找到头文件，具体做法可参考 3.12 节末尾使用 BigNumber 类时的操作。以下语句使用一个 narrow_cast（来自命名空间 gsl）来将 double 值 7.5 转换为 int 值 7。

```
gsl::narrow_cast<int>(7.5)
```

圆括号中的值被强制转换为尖括号（<>）中指定的类型。

5.7 C++ 标准库头文件

C++ 标准库被划分为许多头文件。每个都包含该头文件中相关函数的函数原型。头文件还包含各种类的类型和函数的定义，以及这些函数所需的常量。头文件告诉编译器如何与库和用户编写的组件建立接口。

下表列出了一些常用的 C++ 标准库头文件，其中许多都会在本书后面讨论。注意，这个表格中的“宏”将在网上英文版附录 D“预处理器”中详细讨论。96 个 C++20 标准库头文件的完整列表请访问 https://zh.cppreference.com/w/cpp/header。注意，这个网页列出了 30 多个额外的、标记为弃用（deprecated）或移除（removed）头文件。废弃的头文件不应再用，而移除的头文件则不再包含在 C++ 标准库中。

标准库头文件	说明
<iostream>	C++ 标准输入和输出函数的函数原型，已经在第 2 章介绍，在网上的第 19 章进行了更详细的说明
<iomanip>	用于格式化数据流的流操纵元的函数原型。这个头文件首次在 3.7 节使用，并在放到网上的本书第 19 章进行了详细讨论
<cmath>	数学库函数的函数原型（5.3 节）
<cstdlib>	数字到文本转换、文本到数字转换、内存分配、随机数和其他各种实用函数的函数原型。头文件的部分内容将在 5.8 节、第 11 章和第 12 章讨论

（续表）

标准库头文件	说明
<random>	C++11 的随机数生成功能（会在本章讨论，并会在后续章节中使用）
<ctime> 和 <chrono>	定义了用于处理时间和日期的函数原型和类型。5.8 节使用了 <ctime>，<chrono> 自 C++11 引入并在 C++20 中得到了增强。第 17 章使用了几个 <chrono> 计时功能
<array>、<vector>、<list>、<tuple>、<forward_list>、<deque>、<queue>、<stack>、<map>、<unordered_map>、<unordered_set>、<set> 和 <bitset>	这些头文件包含实现 C++ 标准库容器的类。容器是常用数据结构的标准实现。<array> 和 <vector> 头文件首次在第 6 章讨论。第 13 章将讨论所有这些头文件。<array>、<forward_list>、<tuple>、<unordered_map> 和 <unordered_set> 是从 C++11 引入的
<cctype>	用于测试字符的某些属性（例如字符是否为数字或标点符号）的函数原型，还有将小写字母转换成大写字母（或相反）的函数原型
<cstring>	C 字符串处理函数原型
<typeinfo>	用于运行时类型识别的类（在程序执行时确定数据类型）
<exception> 和 <stdexcept>	异常处理类（第 12 章）
<memory>	用于管理内存分配的类和函数。这个头文件将在第 12 章使用
<fstream>	磁盘文件输入 / 输出函数原型（第 8 章）
<string>	string 类以及 getline 函数和 to_string 函数的定义（后者在第 8 章讨论）
<sstream>	从内存中的字符串输入和向内存中的字符串输出的函数原型（第 8 章）
<functional>	C++ 标准库算法所用的类和函数。这个头文件将在第 14 章使用
<iterator>	用于访问 C++ 标准库容器中的数据的类。这个头文件将在第 13 章使用
<algorithm>	对 C++ 标准库容器中的数据进行处理的函数。这个头文件将在第 13 章使用
<cassert>	用于添加有助于程序调试的诊断机制的宏。这个头文件在放到网上的本书附录 D 中使用

（续表）

标准库头文件	说明
<cfloat>	系统的浮点大小限制
<climits>	系统的整数大小限制
<cstdio>	C 标准输入 / 输出库函数原型
<locale>	流处理常用的类和函数，以不同语言的自然形式处理数据（例如，货币格式、字符串排序、字符呈现）
<limits>	用于定义每种计算机平台上的数值数据类型限制的类，这是 C++ 语言的 <climits> 版本和 <cfloat> 版本
<utility>	许多 C++ 标准库头文件都要用到的类和函数
<thread>、<mutex>、<shared_mutex>、<future> 和 <condition_variable>	在 C++11 和 C++14 中加入的多线程应用程序开发功能，使你的应用能够利用多核处理器的优势（第 17 章）
C++17 引入的一些关键头文件	
<any>	用于容纳任何可拷贝类型的单个值的类
<optional>	用于表示一个对象的模板，该对象可能有、也可能没有值（第 13 章）
<variant>	用于创建和操作指定类型集合的对象的特性（第 10 章）
<execution>	和标准模板库的并行算法一起使用的特性（第 17 章）
<filesystem>	与本地文件系统的文件和文件夹进行交互
C++20 引入的一些关键的头文件	
<concepts>	限制可与模板一起使用的类型（第 15 章）
<coroutine>	用协程进行异步编程（第 17 章）
<compare>	用于支持新的三路比较操作符 <=>（第 11 章）
<format>	支持新的、简洁和强大的文本格式化功能（贯穿全书）
<ranges>	为函数式编程提供支持（第 6 章和第 13 章）
<span>	将视图创建为连续的对象序列的能力（第 17 章）
<bit>	支持标准化的位操作
<stop_token>、<semaphore>、<latch> 和 <barrier>	提供额外的功能来支持 C++11 和 C++14 引入的多线程应用开发特性（第 17 章）

5.8 案例学习：随机数生成

现在让我们放松一下，来看看一种流行的编程应用：模拟和玩游戏。本节和下一节将开发一个用到了多个函数的游戏程序。本节的示例程序输出是用 Visual Studio 生成的。在其他编译器和平台上，输出可能会有所不同。

<random> 头文件

利用 C++11 `<random>` 头文件提供的功能，可以将概率元素引入你的应用程序中。这些功能取代了被弃用的 `rand` 函数，后者是 C++ 从 C 语言标准库继承的。`rand` 函数不具备“良好的统计特征”，是可以预测的。[9] 所以，凡是使用了 `rand` 的程序都不太安全。

安全提示

C++11 提供了一个更安全的随机数功能库，可以生成非确定性的随机数——一组无法预测的随机数。这种随机数生成器应用于那些不容许预测的模拟和安全场景。

随机数生成是一个复杂的主题，数学家们为此开发了许多具有不同统计特征的算法。为了在程序中灵活地使用随机数，C++11 提供了许多类来表示各种**随机数生成引擎**（random-number generation engine）和**分布**（distribution）。

- 引擎实现了生成随机数的一种随机数生成算法。
- 分布控制引擎所生成的数值的范围、数值的类型（如 `int`、`double` 等）以及数值的统计特征。

在本例中，我们使用的是默认的随机数生成引擎 `default_random_engine`。分布使用的则是 `uniform_int_distribution`，它将随机整数均匀分布在一个指定的范围内。默认范围是从 `0` 到你使用的平台所支持的最大 `int` 值。如果 `default_random_engine` 和 `uniform_int_distribution` 真的能随机生成整数，那么每次程序请求随机数时，`0` 到最大 `int` 值之间的每个数字都有均等的机会(或概率)被选中。

`default_random_engine` 直接生成的数值范围往往有别于应用程序的具体要求。例如，模拟抛硬币的程序可能只需要 0 代表“正面”，1 代表“反面”。而模拟掷六面骰子的程序需要 1 ～ 6 的随机整数。另外，假定总共有 4 种类型的飞船，程序随机预测游戏中从远处飞过的下一种飞船，那么需要的是 0 ～ 3 的随机整数。为了指定取值范围，应用程序需要用目标范围的起始值和终止值来初始化 `uniform_int_distribution`。

要获得引擎和分布的完整列表，请访问 https://zh.cppreference.com/w/cpp/header/random。

要想详细了解 C++11 随机数生成功能，请参考白皮书 *Random Number Generation in C++11*。[10]

5.8.1 掷六面骰子

图 5.2 模拟并显示将一颗六面骰子掷 10 次的结果。第 9 行创建一个名为 engine 的 default_random_engine 对象来生成随机数。第 12 行用 {1, 6} 来初始化 uniform_int_distribution 对象 randomDie，指定要生成的是范围在 1 到 6 之间的 int 值。第 16 行的表达式 randomDie(engine) 返回 1 ～ 6 的一个随机 int。

```
1  // fig05_02.cpp
2  // Producing random integers in the range 1 through 6.
3  #include <iostream>
4  #include <random> // contains C++11 random-number generation features
5  using namespace std;
6
7  int main() {
8     // engine that produces random numbers
9     default_random_engine engine{};
10
11    // distribution that produces the int values 1-6 with equal likelihood
12    uniform_int_distribution randomDie{1, 6};
13
14    // display 10 random die rolls
15    for (int counter{1}; counter <= 10; ++counter) {
16       cout << randomDie(engine) << " ";
17    }
18
19    cout << '\n';
20 }
```

```
3 1 3 6 5 2 6 6 1 2
```

图 5.2 生成 1 ～ 6 的随机整数

5.8.2 六面骰子掷 6000 万次

为了证实上一个程序所生成的随机数的出现概率大致差不多，图 5.3 模拟了 6 000 万次掷骰子的过程。[11] 范围在 1 到 6 之间的每个 int 都应出现大约 1 000 万次（掷六次出一次）。程序的输出证实了这一点。在 switch 的初始化器中（第 23 行），我们在 face 变量的定义前附加了一个 const。对于任何初始化后不应改变的变量来说，这是一个好的做法。用 const 声明后，如果不小心修改了这个变量，编译器就会报错。

```
// fig05_03.cpp
// Rolling a six-sided die 60,000,000 times.
#include <fmt/format.h>
#include <iostream>
#include <random>
using namespace std;

int main() {
   // set up random-number generation
   default_random_engine engine{};
   uniform_int_distribution randomDie{1, 6};

   int frequency1{0}; // count of 1s rolled
   int frequency2{0}; // count of 2s rolled
   int frequency3{0}; // count of 3s rolled
   int frequency4{0}; // count of 4s rolled
   int frequency5{0}; // count of 5s rolled
   int frequency6{0}; // count of 6s rolled

   // summarize results of 60,000,000 rolls of a die
   for (int roll{1}; roll <= 60'000'000; ++roll) {
      // determine roll value 1-6 and increment appropriate counter
      switch (const int face{randomDie(engine)}) {
         case 1:
            ++frequency1; // increment the 1s counter
            break;
         case 2:
            ++frequency2; // increment the 2s counter
            break;
         case 3:
            ++frequency3; // increment the 3s counter
            break;
         case 4:
            ++frequency4; // increment the 4s counter
            break;
         case 5:
            ++frequency5; // increment the 5s counter
            break;
         case 6:
            ++frequency6; // increment the 6s counter
            break;
         default: // invalid value
```

图 5.3 六面骰子掷 6000 万次

```
43              cout << "Program should never get here!";
44              break;
45          }
46      }
47
48      cout << fmt::format("{:>4}{:>13}\n", "Face", "Frequency"); // headers
49      cout << fmt::format("{:>4d}{:>13d}\n", 1, frequency1)
50         << fmt::format("{:>4d}{:>13d}\n", 2, frequency2)
51         << fmt::format("{:>4d}{:>13d}\n", 3, frequency3)
52         << fmt::format("{:>4d}{:>13d}\n", 4, frequency4)
53         << fmt::format("{:>4d}{:>13d}\n", 5, frequency5)
54         << fmt::format("{:>4d}{:>13d}\n", 6, frequency6);
55  }
```

```
Face Frequency
   1   9997896
   2  10000608
   3   9996800
   4  10000729
   5  10003444
   6  10000523
```

图 5.3 六面骰子掷 6000 万次（续）

switch 的 default case（第 42 行～第 44 行）应该永远都执行不到，因为控制表达式（face）的值总是在 1 到 6 的范围内。许多程序员在每个 switch 语句中都提供了一个 default case 以捕捉可能发生的错误——即使他们觉得自己的程序没有错误。第 6 章在介绍了数组之后，我们将展示如何用一个单行语句优雅地取代图 5.3 中的整个 switch。

5.8.3 为给随机数生成器提供种子

再次执行图 5.2 的程序，我们得到了以下结果：

```
3 1 3 6 5 2 6 6 1 2
```

还是和图 5.2 一样的输出。这算哪门子的“随机”数？default_random_engine 生成的实际上是**伪随机数**（pseudorandom number）。重复执行图 5.2 和图 5.3 的程序，生成的是貌似随机的数字序列。每次执行这些程序，这些序列实际上都会重复。对模拟程序进行调试时，一定要检查随机数的序列是不是在重复。

一旦彻底调试了你的模拟程序的输出，就可以为它设定条件，让它每次执行时生成不同的随机数序列，即所谓的**随机化**（randomizing）。为此，要用一个 unsigned int 实参初始化 default_random_engine，该参数为 default_random_engine 提供种子（seed），使其在每次执行时产生一个不同的随机数序列。

为 default_random_engine 提供种子

安全提示

图 5.4 的程序演示了如何用通过键盘输入的一个 unsigned int（第 12 行）为 default_random_engine 提供种子（第 15 行）。每次输入一个不同的种子，程序都会生成一个不同的随机数序列。我们在第一个和第三个示例输出中使用了相同的种子，所以每次都输出同一个 10 数字的序列。为安全性起见，必须确保程序每次执行时都为随机数生成器提供不同的种子（只需要提供一次）；否则，攻击者就能预知即将生成的（伪）随机数序列。

```
1  // fig05_04.cpp
2  // Randomizing the die-rolling program.
3  #include <iostream>
4  #include <iomanip>
5  #include <random>
6  using namespace std;
7
8  int main() {
9     unsigned int seed{0}; // stores the seed entered by the user
10
11    cout << "Enter seed: ";
12    cin >> seed;
13
14    // set up random-number generation
15    default_random_engine engine{seed}; // seed the engine
16    uniform_int_distribution randomDie{1, 6};
17
18    // display 10 random die rolls
19    for (int counter{1}; counter <= 10; ++counter) {
20       cout << randomDie(engine) << " ";
21    }
22
23    cout << '\n';
24 }
```

```
Enter seed: 67
6 2 5 6 6 2 2 6 2 1
```

图 5.4 对掷骰子程序进行随机化

```
Enter seed: 432
3 5 6 1 6 1 4 4 2 2
```

```
Enter seed: 67
6 2 5 6 6 2 2 6 2 1
```

图 5.4 对掷骰子程序进行随机化（续）

5.8.4 用 random_device 为随机数生成器提供种子

为了实现随机化，正确方式是像图 5.5 那样使用 C++11 引入的 random_device 对象（来自头文件 <random>）作为随机数生成器引擎的种子。random_device 生成均匀分布的、非确定性的随机整数，这些整数是无法预测的。[12] 但是，random_device 的文档指出，出于性能方面的原因，它通常只用于为随机数生成引擎提供种子。另外，random_device 在某些平台上可能是确定性的。[13] 因此，在安全应用中依赖它之前，一定要检查编译器的文档。例如，Visual C++ 的实现就提供了非确定性的、密码安全（cryptographically secure）的随机数。

安全提示

性能提示

5.9 案例学习：概率游戏，介绍有作用域的 enum

最流行的概率游戏（game of chance）之一是“掷骰子”，它在全世界的范围内都比较流行。游戏规则很简单：

> 玩家掷两颗骰子。每颗骰子六个面，点数分别是 1，2，3，4，5 和 6 点。骰子静止后，计算两个向上的面的点数之和。如果第一次掷出的点数是 7 或 11，玩家胜。如果第一次掷出的点数是 2、3 或 12，玩家输（庄家胜）。如果第一次掷出的点数是 4、5、6、8、9 或 10，那么这个点数就成为“你的点”（point）。要想获胜，必须继续掷骰子，直到再次掷出“你的点数”（make your point）。如果玩家在掷出“你的点”之前掷出 7，玩家输。

在规则中，注意，玩家第一次和之后都要掷两颗骰子。我们定义一个 rollDice 函数来模拟掷骰子的动作，计算并显示两颗骰子的点数之和。该函数可被多次调用。第一次掷骰子需要调用它。如果玩家在第一次掷骰子后既没赢也没输，则可能被调用更多次。下面是几个示例输出，它们显示的是以下内容。

- 第一次掷出 7 点，玩家赢。

- 第一次掷出 6 点，成为“你的点数”，然后再多掷几次，在掷出 7 点前再次掷出 6 点，玩家赢。
- 第一次掷出 12 点，玩家输。
- 在再次掷出“你的点数”之前掷了一个 7 点，玩家输。

```
Player rolled 2 + 5 = 7
Player wins
```

```
Player rolled 3 + 3 = 6
Point is 6
Player rolled 5 + 3 = 8
Player rolled 4 + 5 = 9
Player rolled 2 + 1 = 3
Player rolled 1 + 5 = 6
Player wins
```

```
Player rolled 6 + 6 = 12
Player loses
```

```
Player rolled 1 + 3 = 4
Point is 4
Player rolled 4 + 6 = 10
Player rolled 2 + 4 = 6
Player rolled 6 + 4 = 10
Player rolled 2 + 3 = 5
Player rolled 2 + 4 = 6
Player rolled 1 + 1 = 2
Player rolled 4 + 4 = 8
Player rolled 4 + 3 = 7
Player loses
```

实现游戏

掷骰子游戏（图 5.5）使用两个函数（`main` 和 `rollDice`）以及 `switch`、`while`、`if…else` 和嵌套 `if…else` 语句来模拟游戏。`rollDice` 函数的原型（第 8 行）规定函数不获取任何实参（一对空的圆括号）并返回一个 `int`（两颗骰子点数之和）。

```
1  // fig05_05.cpp
2  // Craps simulation.
3  #include <fmt/format.h>
```

图 5.5 模拟掷骰子

```
4  #include <iostream>
5  #include <random>
6  using namespace std;
7
8  int rollDice(); // rolls dice, calculates and displays sum
9
```

图 5.5 模拟掷骰子（续）

C++11 有作用域的 enum

玩家第一次掷骰子或随后任何一次掷骰子，都可能赢，也可能输。程序通过 gameStatus 变量来跟踪输赢，第 15 行将该变量声明为新的 Status 类型。第 12 行声明由用户定义的一个有作用域的枚举，该枚举类型由关键字 enum class 引入，后跟类型名称（Status）和一组代表整数常量的标识符。

```
10 int main() {
11    // scoped enumeration with constants that represent the game status
12    enum class Status {keepRolling, won, lost};
13
14    int myPoint{0}; // point if no win or loss on first roll
15    Status gameStatus{Status::keepRolling}; // game is not over
16
```

这些**枚举常量**（enumeration constant）的基础值是 int 类型的，从 0 开始，默认情况下以 1 递增。在 Status 枚举中，常量 keepRolling（继续掷骰子）值为 0，win（赢）的值为 1，lost（输）的值为 2。enum class 中的标识符必须是唯一的，但多个标识符可以有相同的（整数）值。只能将枚举中声明的常量赋给用户自定义的 Status 类型的变量。

按照惯例，enum class 名称的首字母应该大写。如果名称由多个单词组成，则后续每个单词的首字母也应大写（例如 ProductCode）。“C++ 核心准则”指出，enum class 中的常量应使用和变量相同的命名规则。[14, 15]

核心准则

为了引用一个有作用域的枚举常量，要使用枚举类名（即 Status）和作用域解析操作符（::）来限定要访问的常量，如第 15 行所示，该行将 gameStatus 初始化为 Status::keepRolling。如果胜了，程序将 gameStatus 设为 Status::win。如果输了，程序将 gameStatus 设为 Status::lost。

第一次掷骰的输赢

以下 switch 语句用于判断玩家在第一次掷骰子时是赢还是输。

```
17     // determine game status and point (if needed) based on first roll
18     switch (const int sumOfDice{rollDice()}) {
19        case 7: // win with 7 on first roll
20        case 11: // win with 11 on first roll
21           gameStatus = Status::won;
22           break;
23        case 2: // lose with 2 on first roll
24        case 3: // lose with 3 on first roll
25        case 12: // lose with 12 on first roll
26           gameStatus = Status::lost;
27           break;
28        default: // did not win or lose, so remember point
29           myPoint = sumOfDice; // remember the point
30           cout << fmt::format("Point is {}\n", myPoint);
31           break; // optional (but recommended) at end of switch
32     }
33
```

switch 的初始化器（第 18 行）创建 sumOfDice 变量，并通过调用 rollDice 对其进行初始化。如果掷出的点数是 7 或 11，第 21 行将 gameStatus 设为 Status::win。如果掷出的点数是 2、3 或 12，第 26 行将 gameStatus 设为 Status::lost。对于其他值，gameStatus 保持不变（Status::keepRolling），第 29 行将 sumOfDice 保存到 myPoint 中，第 30 行显示 myPoint。

继续掷骰

第一次掷完骰子后，如果 gameStatus 是 Status::keepRolling，将通过以下 while 语句继续程序执行。

```
34     // while game is not complete
35     while (Status::keepRolling == gameStatus) { // not won or lost
36        // roll dice again and determine game status
37        if (const int sumOfDice{rollDice()}; sumOfDice == myPoint) {
38           gameStatus = Status::won;
39        }
40        else if (sumOfDice == 7) { // lose by rolling 7 before point
41           gameStatus = Status::lost;
42        }
43     }
44
```

在每一次循环迭代中，if 语句的初始化器（第 37 行）都调用 rollDice 来生成一个新的 sumOfDice。如果 sumOfDice 与 myPoint 匹配，第 38 行将 gameStatus

设为 Status::won，然后循环结束。如果 sumOfDice 是 7，程序将 gameStatus 设为 Status::lost（第 41 行），然后循环结束。否则，循环将继续执行。

显示玩家是赢还是输

上述循环终止后，程序进入下面的 if...else 语句，如果 gameStatus 是 Status::win，则打印“Player wins”（玩家赢了）。如果 gameStatus 是 Status::lost，则打印“Player loses”（玩家输了）。

```
45    // display won or lost message
46    if (Status::won == gameStatus) {
47       cout << "Player wins\n";
48    }
49    else {
50       cout << "Player loses\n";
51    }
52 }
53
```

rollDice 函数

rollDice 函数模拟掷两个骰子（第 61 行～第 62 行），计算点数之和（第 63 行），打印每个骰子掷了多少点和两者之和（第 66 行），并返回点数之和（第 68 行）。

```
54 // roll dice, calculate sum and display results
55 int rollDice() {
56    // set up random-number generation
57    static random_device rd; // used to seed the default_random_engine
58    static default_random_engine engine{rd()}; // rd() produces a seed
59    static uniform_int_distribution randomDie{1, 6};
60
61    const int die1{randomDie(engine)}; // first die roll
62    const int die2{randomDie(engine)}; // second die roll
63    const int sum{die1 + die2}; // compute sum of die values
64
65    // display results of this roll
66    cout <<fmt::format("Player rolled {} + {} = {}\n", die1, die2, sum);
67
68    return sum;
69 }
```

一般来说，每个要用到随机数的程序都会创建一个随机数生成器引擎，为它提供种子，然后在整个程序中使用它。本例只有 rollDice 函数需要访问随机数生成器，所以第 57 行～第 59 行将 random_device、default_random_engine 和 uniform_ int_distribution 对象定义为**静态局部变量**（static local variable）。其他局部变量在一次函数调用结束后就会消失。相反，静态局部变量会在不同函数调用之间保留其值。将第 57 行～第 59 行的对象声明为 static 可确保它们只在第一次调用 rollDice 时被创建。然后，它们会在后续所有 rollDice 调用中重用。第 58 行的表达式 rd() 从 random_device 对象中获得一个非确定的随机整数，并使用它作为 default_random_engine 的种子，使程序在每次执行时产生不同的结果。

有作用域的 enum 的其他注意事项

用类型名称和 :: 来限定一个 enum class 类型的常量，会将该常量显式限定在该类型的作用域内。如果另一个 enum class 也包含相同的标识符，由于类型名称和 :: 是必须要有的，所以具体使用的是哪个常量不会有歧义。一般来说，使用唯一的枚举常量值有助于防止以后难以发现的逻辑错误。

月份是另一种流行的、有作用域的枚举：

```
enum class Month {jan = 1, feb, mar, apr, may, jun, jul, aug,
    sep, oct, nov, dec};
```

该语句创建用户自定义的 enum class 类型 Month，其枚举常量代表一年中的各个月份。第一个值被显式设为 1，所以其余的值从 1 开始递增，形成了 1 到 12 的值。任何常量都可以在 enum class 定义中被显式赋予一个整数值。后续常量值总是比上一个大 1，直到被再次显式设置。

C++11 之前的枚举类型

枚举也可以直接用关键字 enum 来定义，后跟类型名称和一组枚举常量。例如：

```
enum Status {keepRolling, won, lost};
```

核心准则

这些枚举常量是无作用域的，可直接使用 keepRolling、win 和 lost 等名称来引用它们，不需要在之前限定作用域。但是，如果两个或更多的无作用域枚举含有同名枚举常量，就可能导致命名冲突和编译错误。“C++ 核心准则”建议始终使用 enum class。[16]

C++11：指定枚举常量的类型

枚举常量具有整数值。对于无作用域的 enum，其基础整型取决于它的常量的值，并且保证足够大以存储它们。而对于有作用域的 enum，其基础整型是 int，但可以通过在类型名称后面加上冒号（:）和一个类型名称来指定其他整型。例如，可用以下语句将 enum class Status 中的常量类型指定为 short：

```
enum class Status : short {keepRolling, won, lost};
```

C++20：使用 enum 声明

如果一个 `enum class` 的常量类型依据其使用上下文是显而易见的（如掷骰子），那么 C++20 的 `using enum` 声明允许引用一个 `enum class` 的常量，而不必附加类型名称和作用域解析操作符（::）前缀。[17, 18] 例如，可在 `enum class` 声明后添加以下语句：

```
using enum Status;
```

它允许程序的剩余部分直接使用 `keepRolling`、`won` 和 `lost`，而不必分别写成 `Status::keepRolling`、`Status::won` 和 `Status::lost`。另外，使用以下形式的 `using` 声明，还可以直接使用一个单独的 `enum class` 常量：

```
using Status::keepRolling;
```

这样就能在不加 `Status::` 限定符的前提下直接使用 `keepRolling`。通常，应该将这种 `using` 声明放在使用它们的那个代码块中。

5.10 作用域规则

一个标识符能在程序的什么部分使用，这一部分就是该标识符的**作用域**（scope）。例如，在代码块中声明了一个局部变量后，它的作用域就被限制在以下范围：

- 从声明位置到该代码块的末尾；
- 声明位置之后的那个代码块中的嵌套块。

本节讨论了块作用域和全局命名空间作用域。函数原型中的参数名具有**函数参数作用域**（function parameter scope），仅在该原型中可见。以后还会讨论其他作用域，包括第 9 章的**类作用域**（class scope）和网上第 20 章的**函数作用域**（function scope）和**命名空间作用域**（namespace scope）。

块作用域

代码块中声明的标识符具有**块作用域**（block scope），它始于标识符的声明位置，终于代码块的结束右大括号（}）。局部变量具有块作用域，函数的参数（形参）亦是如此。任何块都可以包含变量声明。在嵌套块中，如果外层块中的标识符与内层块中的标识符同名，那么外层块中的标识符将被“隐藏”，直到内层块结束。内层块“看到”的是自己的局部变量的值，而不是包围它的那个块的同名变量的值。如果不小心为内层块中的标识符使用了和外层块的标识符相同的名称，而事实上你想让外层块中的标识符延续到内层块，那么通常都是一个逻辑错误。要注意避免内层作用域中的变量名称“隐藏”外层作用域中的名称。大多数编译器都会发生警告。

如图 5.5 所示，局部变量也可以声明为 static（静态）。这样的变量也具有块作用域，但和其他局部变量不同的是，静态局部变量在函数返回给调用者后仍然保留其值。下次调用该函数时，静态局部变量包含的是它在该函数上次执行后的值。以下语句声明一个静态局部变量 count 并将其初始化为 1：

```
static int count{1};
```

数值类型的静态局部变量默认初始化为零——虽然你应该尽量显式初始化。对于非基本类型变量，其默认初始化视类型而定。例如，string 变量的默认值是空字符串（""）。我们将在以后的章节中更深入地讨论默认初始化的问题。

全局命名空间作用域

如果声明的一个标识符不在任何函数或类的内部，该标识符就具有**全局命名空间作用域**（global namespace scope）。这种标识符一经声明，就被之后的所有函数所知。函数定义、放在函数外部的函数原型、类定义和全局变量均具有全局命名空间作用域。**全局变量**（global variable）是在所有类或函数定义的外部声明的。这种变量在程序执行期间会一直保留其值。

但是，如果将一个变量声明为全局而不是局部，那么当一个不需要访问该变量的函数意外或恶意地修改它时，就会产生意想不到的**副作用**（side effect）。除非是真正的全局资源，例如 cin 和 cout，否则应避免使用全局变量。这是**最小权限原则**（principle of least privilege）的一个例子，该原则对于优秀的软件工程至关重要。它指出，代码应该只被授予完成其目标任务所需的权限和访问，而不是更多。一个例子是局部变量的作用域，不需要它的时候，它就不应该可见。局部变量在函数被调用时创建，在函数执行时使用，然后在函数返回时消失。最小权限原则防止代码意外（或恶意）修改不应被它访问的变量值，从而使程序更健壮。它还使程序更容易阅读和维护。

一般来说，为变量提供所需要的最窄作用域即可。只在特定函数中使用的变量应声明为该函数的局部变量，而不应该声明为全局变量。

演示作用域

图 5.6 演示了全局变量、局部变量和静态局部变量的作用域问题。为方便讨论，我们把这个例子分成几个部分，并附有相应的输出。只有第一部分有图题，本书以后许多例子都会做类似的处理。第 10 行声明全局变量 x 并初始化为 1。在任何声明了同名变量的代码块（或函数）中，全局变量 x 都会被“隐藏”。

```
1 // fig05_06.cpp
2 // Scoping example.
3 #include <iostream>
4 using namespace std;
5
6 void useLocal(); // function prototype
7 void useStaticLocal(); // function prototype
8 void useGlobal(); // function prototype
9
10 int x{1}; // global variable
11
```

图 5.6 作用域示例

main 函数

在 main 中，第 13 行显示全局变量 x 的值。第 15 行将局部变量 x 初始化为 5。第 17 行输出该变量，证明全局变量 x 在 main 中被隐藏。接着，第 19 行～第 23 行在 main 中定义了一个新的代码块，其中另一个局部变量 x 被初始化为 7（第 20 行）。第 22 行输出该变量，证明它同时隐藏了 main 的外层块中的 x 以及全局 x。内层块退出时，值为 7 的 x 被自动销毁。接着，第 25 行在 main 的外层块中输出局部变量 x，表明它不再被隐藏。

```
12 int main() {
13    cout << "global x in main is " << x << '\n';
14
15    const int x{5}; // local variable to main
16
17    cout << "local x in main's outer scope is " << x << '\n';
18
19    { // block starts a new scope
20       const int x{7}; // hides both x in outer scope and global x
21
22       cout << "local x in main's inner scope is " << x << '\n';
23    }
24
25    cout << "local x in main's outer scope is " << x << '\n';
26
```

```
global x in main is 1
local x in main's outer scope is 5
local x in main's inner scope is 7
local x in main's outer scope is 5
```

为了演示其他作用域，程序定义了三个函数：useLocal、useStaticLocal 和 useGlobal。所有函数均无参，也不返回任何值。main 的其余部分（见下）在第 27 行～第 32 行调用每个函数两次。在分别执行了函数 useLocal、useStaticLocal 和 useGlobal 两次后，程序再次打印 main 中的局部变量 x，以证明对这些函数的调用都没有修改 main 中的 x 值，因为这些函数引用的全都是其他作用域中的变量。

```
27      useLocal(); // useLocal has local x
28      useStaticLocal(); // useStaticLocal has static local x
29      useGlobal(); // useGlobal uses global x
30      useLocal(); // useLocal reinitializes its local x
31      useStaticLocal(); // static local x retains its prior value
32      useGlobal(); // global x also retains its prior value
33
34      cout << "\nlocal x in main is " << x << '\n';
35   }
36
```

```
local x is 25 on entering useLocal
local x is 26 on exiting useLocal

local static x is 50 on entering useStaticLocal
local static x is 51 on exiting useStaticLocal

global x is 1 on entering useGlobal
global x is 10 on exiting useGlobal

local x is 25 on entering useLocal
local x is 26 on exiting useLocal

local static x is 51 on entering useStaticLocal
local static x is 52 on exiting useStaticLocal

global x is 10 on entering useGlobal
global x is 100 on exiting useGlobal

local x in main is 5
```

useLocal 函数

useLocal 函数将局部变量 x 初始化为 25（第 39 行）。当 main 调用 useLocal 时（第 27 行和第 30 行），该函数打印变量 x，将其递增并再次打印，然后将程序控制返回给它的调用者。程序每次调用该函数时，该函数都会重新创建局部变量 x 并将其重新初始化为 25。

```
37   // useLocal reinitializes local variable x during each call
38   void useLocal() {
39      int x{25}; // initialized each time useLocal is called
```

```
40
41    cout << "\nlocal x is " << x << " on entering useLocal\n";
42    ++x;
43    cout << "local x is " << x << " on exiting useLocal\n";
44 }
45
```

useStaticLocal 函数

useStaticLocal 函数声明静态变量 x，将其初始化为 50。局部静态变量即使离开作用域（即它所在的函数不再执行时），也会保留其值。当 main 中的第 28 行调用 useStaticLocal 函数时，函数会打印局部变量 x，在函数将程序控制返回给它的调用者之前，对 x 进行递增并再次打印。在对该函数的下一次调用中（第 31 行），静态局部变量 x 将包含值 51。由于附加了 static 关键字，所以第 50 行的变量初始化仅在首次调用 useStaticLocal 时（第 28 行）发生。

```
46 // useStaticLocal initializes static local variable x only the
47 // first time the function is called; value of x is saved
48 // between calls to this function
49 void useStaticLocal() {
50    static int x{50}; // initialized first time useStaticLocal is called
51
52    cout << "\nlocal static x is " << x
53       << " on entering useStaticLocal\n";
54    ++x;
55    cout << "local static x is " << x
56       << " on exiting useStaticLocal\n";
57 }
58
```

useGlobal 函数

useGlobal 函数没有声明任何变量。因此，当它引用变量 x 时，引用的是全局 x（第 10 行，在 main 前面）。当 main 调用 useGlobal（第 29 行）时，函数打印全局变量 x，将其乘以 10，并在函数将控制返回给调用者之前再次打印。下次 main 调用 useGlobal 时（第 32 行），全局变量容纳的是修改后的值，即 10。

```
59 // useGlobal modifies global variable x during each call
60 void useGlobal() {
61    cout << "\nglobal x is " << x << " on entering useGlobal\n";
62    x *= 10;
63    cout << "global x is " << x << " on exiting useGlobal\n";
64 }
```

5.11 内联函数

从软件工程的角度来看，将程序作为一组函数来实现是不错，但函数调用涉及执行时间和资源的开销。C++ 提供了**内联函数**（inline function）来帮助减少函数调用开销。在函数定义的返回类型前附加一个 `inline` 关键字，即可让编译器在调用该函数的每个地方都生成函数主体代码的一份拷贝（如果可以的话），从而避免函数调用。这通常会使程序变大。编译器有可能忽略 `inline` 限定符。可重用的内联函数通常放在头文件中，这样它们的定义就可以在使用了它们的每个源文件中内联。

核心准则

更改了内联函数的定义后，必须重新编译调用该函数的所有代码。虽然编译器可能自动内联你没有显式添加 `inline` 的代码，但“C++ 核心准则”指出，只应对“小的、对执行时间要求高”的函数进行内联[19]。

提供的关于内联函数的主机，可以访问 https://isocpp.org/wiki/faq/inline-functions，查看一份非常全面的 FAQ。

图 5.7 使用内联函数 cube（第 9 行～第 11 行）来计算立方体的体积。

```
1  // fig05_07.cpp
2  // inline function that calculates the volume of a cube.
3  #include <iostream>
4  using namespace std;
5
6  // Definition of inline function cube. Definition of function appears
7  // before function is called, so a function prototype is not required.
8  // First line of function definition also acts as the prototype.
9  inline double cube(double side) {
10    return side * side * side; // calculate cube
11 }
12
13 int main() {
14    double sideValue; // stores value entered by user
15    cout << "Enter the side length of your cube: ";
16    cin >> sideValue; // read value from user
17
18    // calculate cube of sideValue and display result
19    cout << "Volume of cube with side "
20       << sideValue << " is " << cube(sideValue) << '\n';
21 }
```

```
Enter the side length of your cube: 3.5
Volume of cube with side 3.5 is 42.875
```

图 5.7 计算立方体体积的内联函数

5.12 引用和引用参数

性能提示

在许多编程语言中，向函数传递实参都采用两种方式：**传值**（pass-by-value）和**传引用**（pass-by-reference）。如果采用传值方式，会创建参数值的一个拷贝，并将该拷贝传给被调用的函数。对该拷贝的更改不会影响调用者的原始变量值。这就防止了意外产生的副作用，这种副作用会极大妨碍我们开发正确和可靠的软件系统。到目前为止，本书每个实参都是传值的。但是，对于大的数据项来说，传值的缺点在于，对数据进行拷贝可能需要相当多的执行时间和内存空间。

引用参数

本节介绍引用参数，即传引用的两种机制之一。[20, 21] 如果传递的是对变量的引用，调用者相当于允许被调用的函数直接访问在调用者中的这个变量，而且允许对方修改该变量。

性能提示

传引用有利于性能，因其可以避免传值时对大量数据进行拷贝的开销。但是，传引用不利于安全性，因为被调用的函数可能破坏调用者的数据。

安全提示

在本节的例子之后，我们将展示如何在获得传引用的性能优势的同时，使调用者的数据免遭破坏。

引用参数（reference parameter）是调用函数时向其传递的实参的别名。为了指定一个函数参数是传引用的，需在函数原型中的参数类型后附加一个 & 符号。在函数（定义）头中列出参数类型时，也要使用同样的约定。以下面这个参数声明为例：

```
int& number
```

它从右到左读作“`number` 是对一个 `int` 的引用”。同样，函数原型和函数头必须一致。

调用函数时，则不需要添加 & 符号。直接使用变量名，即可传递对它的引用。在被调用函数的主体中，引用参数（如 `number`）引用的是调用者的原始变量，可以直接由被调用的函数修改。

通过传值和传引用来传递实参

图 5.8 对传递实参时的传值和传引用方式进行了对比。调用 `squareByValue` 和 `squareByReference` 这两个函数时，采用的“风格”是一致的，都是在函数调用中直接引用变量名。但是，编译器会检查函数原型和定义，以确定变量是以传值还是传引用的方式传给函数。

```
// fig05_08.cpp
// Passing arguments by value and by reference.
```

图 5.8 传值和传引用

```
#include <iostream>
using namespace std;

int squareByValue(int number); // prototype (for value pass)
void squareByReference(int& numberRef); // prototype (for reference pass)

int main() {
   int x{2}; // value to square using squareByValue
   int z{4}; // value to square using squareByReference

   // demonstrate squareByValue
   cout << "x = " << x << " before squareByValue\n";
   cout << "Value returned by squareByValue: "
      << squareByValue(x) << '\n';
   cout << "x = " << x << " after squareByValue\n\n";

   // demonstrate squareByReference
   cout << "z = " << z << " before squareByReference\n";
   squareByReference(z);
   cout << "z = " << z << " after squareByReference\n";
}

// squareByValue multiplies number by itself, stores the
// result in number and returns the new value of number
int squareByValue(int number) {
   return number *= number; // caller's argument not modified
}

// squareByReference multiplies numberRef by itself and stores the result
// in the variable to which numberRef refers in function main
void squareByReference(int& numberRef) {
   numberRef *= numberRef; // caller's argument modified
}
```

```
x = 2 before squareByValue
Value returned by squareByValue: 4
x = 2 after squareByValue

z = 4 before squareByReference
z = 16 after squareByReference
```

图 5.8 传值和传引用（续）

将引用作为函数中的别名

引用也可以作为一个函数中其他变量的别名使用（虽然它们通常像图 5.8 那样和

函数一起使用）。例如，以下代码使用 count 的别名 cRef 使其递增 1：

```
int count{1}; // declare integer variable count
int& cRef{count}; // create cRef as an alias for count
++cRef; // increment count (using its alias cRef)
```

引用变量必须在声明时初始化，而且不能作为别名重新赋给其他变量。从这个角度说，引用是常量。所有对别名（即引用）进行的操作实际都是在原始变量上进行的。别名只是原始变量的另一个名字。除非是对常量的引用（后面讨论），否则作为一个引用，它的初始化器必须是一个**左值**（lvalue）——即任何可以出现在赋值操作符左侧的东西，例如变量名。引用不能用常量或**右值**（rvalue）表达式来初始化。所谓右值表达式，就是只能出现在赋值操作右侧的东西，例如计算结果。

const 引用

为了指定一个引用参数不允许在被调用的函数中修改，可在参数声明中为类型名称附加 const 限定符。以下面这个 displayName 函数为例：

```
void displayName(std::string name) {
   std::cout << name << '\n';
}
```

调用这个函数时，函数会接收其 string 实参的一个拷贝。由于 string 对象可能很大，这种拷贝操作会影响应用程序的性能。因此，string 对象（以及一般的对象）应该以“传引用”的方式传给函数。

另外，displayName 函数不需要修改其实参。所以，遵循“最小权限原则”，我们应将参数声明为：

```
const std::string& name
```

性能提示

从右到左这样读：name 参数是对一个 string 的引用，该引用是常量。通过传递对 string 的引用，我们获得了性能上的优势。另外，displayName 将实参视为常量，所以 displayName 不能修改调用者中的值。

返回对局部变量的引用可能会很危险

错误提示

软件工程

如果返回对局部非 static 变量的引用，该引用会指向（引用）一个在函数返回时被丢弃的变量。试图访问这样的变量会产生未定义的行为，往往会造成程序崩溃或数据破坏。[22] 对未定义变量的引用称为**空悬引用**（dangling reference）。这属于一种逻辑错误，编译器通常会对此发出警告。软件工程团队通常有规定，代码在部署之前必须在没有任何警告的情况下进行编译。你可以利用编译器提供的选项，将警告视为错误，从而强制团队遵守这个规定。

5.13 默认参数

程序从多个地方调用一个函数，并为一个特定的参数使用相同的参数值，这是很常见的一种情况。在这种情况下，可为该参数指定一个**默认参数**（default argument）——也就是要为该参数传递的一个默认值。如果程序在函数调用中省略了一个带有默认参数的参数，编译器会自动改写函数调用，插入该参数的默认值。

带默认参数的 boxVolume 函数

图 5.9 演示了如何使用默认参数来计算一个箱子的体积（长 * 宽 * 高）。boxVolume 的函数原型（第 7 行）在每个参数右侧添加 =1，从而将全部三个参数的默认值设为 1。

```
1  // fig05_09.cpp
2  // Using default arguments.
3  #include <iostream>
4  using namespace std;
5
6  // function prototype that specifies default arguments
7  int boxVolume(int length = 1, int width = 1, int height = 1);
8
9  int main() {
10    // no arguments--use default values for all dimensions
11    cout << "The default box volume is: " << boxVolume();
12
13    // specify length; default width and height
14    cout << "\n\nThe volume of a box with length 10,\n"
15       << "width 1 and height 1 is: " << boxVolume(10);
16
17    // specify length and width; default height
18    cout << "\n\nThe volume of a box with length 10,\n"
19       << "width 5 and height 1 is: " << boxVolume(10, 5);
20
21    // specify all arguments
22    cout << "\n\nThe volume of a box with length 10,\n"
23       << "width 5 and height 2 is: " << boxVolume(10, 5, 2)
24       << '\n';
25 }
26
27 // function boxVolume calculates the volume of a box
28 int boxVolume(int length, int width, int height) {
```

图 5.9 使用默认参数

```
29      return length * width * height;
30  }
```

```
The default box volume is: 1

The volume of a box with length 10,
width 1 and height 1 is: 10

The volume of a box with length 10,
width 5 and height 1 is: 50

value is 7
value is not 9; it is 13
```

图 5.9　使用默认参数（续）

对 boxVolume 的第一次调用（第 11 行）没有指定任何参数，因此使用全部三个默认值 1。第二次调用（第 15 行）只传递一个 length 实参，因此 width 和 height 参数使用默认值 1。第三次调用（第 19 行）只传递 length 和 width 实参，因此 height 参数使用默认值 1。最后一次调用（第 23 行）同时传递了长宽高，所以没有使用任何默认值。任何明确传给函数的实参都会从左到右依次赋给函数的参数（形参）。所以，当 boxVolume 收到一个实参时，函数将该它的值赋给 length 参数（即参数列表最左边的参数）。当 boxVolume 收到两个实参时，函数将这些值依次赋给它的 length 参数和 width 参数。最后，当 boxVolume 收到全部三个参数时，函数将这些值依次赋给 length 参数、width 参数和 height 参数。

默认参数注意事项

默认参数必须是函数参数列表最右边（靠近尾部）的参数。调用具有两个或多个默认参数的函数时，如果一个被省略的实参不是最右边的那个，该实参右边的所有实参也必须省略。默认参数必须在函数名首次出现时指定，这通常是在函数原型中。如果省略了函数原型，那么因为函数定义也可以作为原型使用，所以默认参数必须在函数头中指定。默认值可为任意表达式，包括常量、全局变量或其他函数调用。默认参数也可与内联函数一起使用。使用默认参数可以简化函数调用的编写。但是，有的程序员认为，为所有参数显式提供参数值会更清晰。

5.14 一元作用域解析操作符

C++ 支持**一元作用域解析操作符**（unary scope resolution operator），即 ::。如果当前作用域有一个和全局变量同名的局部变量，就可以用该操作符访问变量的全局版本。注意，不能用它访问外层块中的同名局部变量。当然，如果全局变量的名字与作用域内的局部变量的名字不一样，那么可以直接访问全局变量，而不必使用一元作用域解析操作符。

图 5.10 展示了一元作用域解析操作符与同名的局部和全局变量（第 6 行和第 9 行）。为了强调 number 变量的局部和全局版本是不同的，程序将一个变量声明为 int 类型，另一个声明为 double 类型。一般来说，要避免在程序中将同名的变量用于不同的目的。虽然许多时候都可以这样做，但很容易引起错误。一般来说，我们不鼓励使用全局变量。如果使用了全局变量，一定要使用一元作用域解析操作符（::）来引用它（即使和局部变量的名称没有冲突）。这样可以清楚地表明你是在访问一个全局变量。这也使程序更容易修改，因为它减少了与非全局变量名称冲突的风险，并消除了局部变量将全局变量“隐藏”时可能发生的逻辑错误。

错误提示

```
1  // fig05_10.cpp
2  // Unary scope resolution operator.
3  #include <iostream>
4  using namespace std;
5
6  const int number{7}; // global variable named number
7
8  int main() {
9     const double number{10.5}; // local variable named number
10
11    // display values of local and global variables
12    cout << "Local double value of number = " << number
13       << "\nGlobal int value of number = " << ::number << '\n';
14 }
```

```
Local double value of number = 10.5
Global int value of number = 7
```

图 5.10 一元作用域解析操作符

5.15 函数重载

C++ 允许定义同名函数，只要它们有不同的签名即可，这称为**函数重载**（function overloading）。C++ 编译器检查调用时传递的实参的数量、类型和顺序来选择适当的函数进行调用。利用函数重载，我们可以创建几个执行相似任务、但对不同类型的数据进行处理的同名函数。例如，数学库中的许多函数都进行了重载，能处理不同的数值类型。5.3 节介绍的数学库函数就提供了 float、double 和 long double 的重载版本。对执行密切相关任务的函数进行重载，可以使程序更清晰。

重载的 square 函数

图 5.11 使用两个重载的 square 函数来分别计算 int 值的平方（第 7 行～第 10 行）和 double 值的平方（第 13 行～第 16 行）。第 19 行传递字面值 7 来调用 int 版本，C++ 语言将整数字面值视为 int 类型。类似地，第 21 行传递字面值 7.5 来调用 double 版本，C++ 语言将带小数点的字面值视为 double 类型。在每种情况下，编译器都会根据实参的类型选择适当的函数来调用。输出证明在每种情况下都调用了正确的函数。

```
1  // fig05_11.cpp
2  // Overloaded square functions.
3  #include <iostream>
4  using namespace std;
5
6  // function square for int values
7  int square(int x) {
8     cout << "square of integer " << x << " is ";
9     return x * x;
10 }
11
12 // function square for double values
13 double square(double y) {
14    cout << "square of double " << y << " is ";
15    return y * y;
16 }
17
18 int main() {
19    cout << square(7); // calls int version
20    cout << '\n';
21    cout << square(7.5); // calls double version
22    cout << '\n';
23 }
```

```
square of integer 7 is 49
square of double 7.5 is 56.25
```

编译器如何区分不同的重载版本？

重载函数是通过其签名来区分的。**签名**（signature）是函数名称及其参数类型（按顺序）的组合。**类型安全连接**（type-safe linkage）确保调用的是正确的函数，并且实参的类型与参数（形参）的类型一致。为了实现类型安全连接，编译器会在内部用参数的类型对每个函数标识符进行编码——这个过程称为**名称改编**（name mangling）。[23] 具体编码方式因编译器而异。因此，所有最终需要链接到一起，从而为给定平台创建可执行文件的东西都必须使用该平台上的同一个编译器进行编译。图 5.12 是用 GNU C++ 编译的。[24] 我们没有像平时那样显示程序的输出，而是显示 GNU C++ 在汇编语言中生成的、改编后的函数名称。[25]

```
// fig05_12.cpp
// Name mangling to enable type-safe linkage.

// function square for int values
int square(int x) {
   return x * x;
}

// function square for double values
double square(double y) {
   return y * y;
}

// function that receives arguments of types
// int, float, char and int&
void nothing1(int a, float b, char c, int& d) { }

// function that receives arguments of types
// char, int, float& and double&
int nothing2(char a, int b, float& c, double& d) {
   return 0;
}

int main() { }
```

```
_Z6squarei
_Z6squared
_Z8nothing1ifcRi
_Z8nothing2ciRfRd
main
```

图 5.12 通过名称改编来实现类型安全连接

对于 GNU C++ 来说，每个改编后的名称（除 main 外）都以下划线（_）开始，后面是字母 Z、一个数字和函数名。Z 后面的数字指定了函数名中有多少个字符。例如，

square 函数的名称中有 6 个字符，所以其改编名称的前缀是 _Z6。函数名后面是其参数列表的编码。

- 对于接收一个 int 的 square 函数（第 5 行），i 代表 int，如输出的第一行所示。
- 对于接收一个 double 的 square 函数（第 10 行），d 代表 double，如输出的第二行所示。
- 对于 nothing1 函数（第 16 行），i 代表 int，f 代表 float，c 代表 char，而 Ri 代表 int&（即对 int 的引用），如输出的第三行所示。
- 对于 nothing2 函数（第 20 行），c 代表 char，i 代表 int，Rf 代表 float&，而 Rd 代表 double&。

编译器通过参数列表来区分两个 square 函数——一个用 i 代表 int，另一个用 d 代表 double。注意，函数返回类型不是签名的一部分，所以没有在改编中名称中反映。重载的函数可以有不同的返回类型，但还是必须有不同的参数列表。具体如何改编函数名称是由编译器决定的。例如，Visual C++ 为第 5 行的 square 函数生成的改编名称是 square@@YAHH@Z。GNU C++ 编译器不对 main 这个名称进行任何处理，但有些编译器会。例如，Visual C++ 会改编成 _main。

同一个参数列表，不同的返回类型，像这样创建重载函数会造成编译错误。编译器只根据参数列表来区分重载函数。重载函数不需要有相同数量的参数。

错误提示

有默认参数的函数在调用时可能与另一个重载函数发生冲突；这也会造成编译错误。例如，假定程序中有一个函数显式地不获取任何实参，另一个同名函数则全部包含默认参数，那么一旦调用这个名字的函数，同时不传递任何实参，两者就会产生歧义，因为编译器无法判断应该调用函数的哪个版本。

重载解析详情

如果想详细了解编译器如何解析重载的函数调用，请参考 C++ 标准的“Overload Resolution”一节，网址如下：

https://timsong-cpp.github.io/cppwp/n4861/over.match

同时参考 cppreference.com 的“重载决议”一节，网址如下：

https://zh.cppreference.com/w/cpp/language/overload_resolution

重载的操作符

第 11 章会讨论如何重载操作符，从而定义它们应该如何操作用户自定义数据类型的对象。事实上，之前已经用到了许多重载操作符，其中包括流插入操作符 << 和流提取操作符 >>。它们为所有 C++ 基本类型进行了重载。第 11 章将详细介绍如何重载 << 和 >>，使其能处理用户自定义类型的对象。

5.16 函数模板

重载的函数通常需要对不同的数据类型进行相似的操作。如果针对每种数据类型的程序逻辑和操作都一样，可考虑使用**函数模板**（function template）来更精简、更方便地进行重载。在这种情况下，写单一的函数模板定义就可以了。根据调用此函数时提供的实参类型，C++ 会自动生成单独的**函数模板特化**（function template specialization）——也称为**模板实例**（template instantiation）——以适当地处理每种类型的调用。所以，定义单独一个函数模板，就相当于定义了全套重载函数。模板编程也称为**泛型编程**（generic programming）。本节将定义一个自定义函数模板。在以后的章节中，还会用到许多现成的 C++ 标准库模板。第 15 章将详细讨论定义自定义模板，其中包括 C++20“缩写函数模板”和 C++20“概念”。

maximum 函数模板

图 5.13 定义了 `maximum` 函数模板，它用于判断三个值中哪一个最大。所有函数模板定义都以 `template` 关键字开始（第 3 行），后跟一个用尖括号（< 和 >）括起来的模板参数列表。**模板参数列表**（template parameter list）中的每个参数前面都有关键字 `typename` 或关键字 `class`（它们在这里是同义词）。**类型参数**（type parameter）是基本类型或用户自定义类型的占位符。这些占位符——本例是 T——被用来指定函数参数的类型（第 4 行），指定函数的返回类型（第 4 行），并在函数定义的主体中声明变量（第 5 行）。函数模板的定义和普通函数没有太多区别，只是使用类型参数作为实际数据类型的占位符。

```
1  // Fig. 5.13: maximum.h
2  // Function template maximum header.
3  template <typename T> // or template <class T>
4  T maximum(T value1, T value2, T value3) {
5     T maximumValue{value1}; // assume value1 is maximum
6
7     // determine whether value2 is greater than maximumValue
8     if (value2 > maximumValue) {
9        maximumValue = value2;
10    }
11
12    // determine whether value3 is greater than maximumValue
13    if (value3 > maximumValue) {
14       maximumValue = value3;
15    }
```

图 5.13 maximum 函数模板定义

```
16
17     return maximumValue;
18 }
```

图 5.13 maximum 函数模板定义（续）

maximum 函数模板的类型参数 T（第 3 行）是一个占位符，代表该函数要处理的数据类型。在一个特定的模板参数列表中，所有类型参数名称都必须是唯一的。编译器在程序源代码中遇到对 maximum 的调用时，会在整个模板定义中将调用 maximum 时传递的实参类型替换为 T，从而创建一个完整的“函数模板特化”，以判断指定类型的三个值中的最大值。注意，这些值必须具有相同的类型，因为本例只使用了一个类型参数。然后，编译器对新创建的函数进行编译。从中可以看出，模板只是生成代码的一种手段。第 13 章将要用到需要多个类型参数的 C++ 标准库模板。

使用 maximum 函数模板

图 5.14 使用 maximum 函数模板分别判断三个 int 值、三个 double 值和三个 char 值的最大值（第 15 行、第 24 行和第 33 行）。每个调用都传递了不同类型的实参，所以编译器在“幕后”为每个调用都创建了单独的函数定义：一个期望三个 int；一个期望三个 double；一个期望三个 char。

```
1  // fig05_14.cpp
2  // Function template maximum test program.
3  #include <iostream>
4  #include "maximum.h"//include definition of function template maximum
5  using namespace std;
6
7  int main() {
8     // demonstrate maximum with int values
9     cout << "Input three integer values: ";
10    int int1, int2, int3;
11    cin >> int1 >> int2 >> int3;
12
13    // invoke int version of maximum
14    cout << "The maximum integer value is: "
15       << maximum(int1, int2, int3);
16
17    // demonstrate maximum with double values
18    cout << "\n\nInput three double values: ";
19    double double1, double2, double3;
20    cin >> double1 >> double2 >> double3;
```

图 5.14 maximum 函数模板测试程序

```

    // invoke double version of maximum
    cout << "The maximum double value is: "
       << maximum(double1, double2, double3);

    // demonstrate maximum with char values
    cout << "\n\nInput three characters: ";
    char char1, char2, char3;
    cin >> char1 >> char2 >> char3;

    // invoke char version of maximum
    cout << "The maximum character value is: "
       << maximum(char1, char2, char3) << '\n';
}
```

```
Input three integer values: 1 2 3
The maximum integer value is: 3

Input three double values: 3.3 2.2 1.1
The maximum double value is: 3.3

Input three characters: A C B
The maximum character value is: C
```

图 5.14 maximum 函数模板测试程序（续）

针对 int 类型的 maximum 函数模板特化

为 int 类型创建的函数模板特化将 T 的每个实例都替换为 int，如下所示：

```
int maximum(int value1, int value2, int value3) {
   int maximumValue{value1}; // assume value1 is maximum

   // determine whether value2 is greater than maximumValue
   if (value2 > maximumValue) {
      maximumValue = value2;
   }

   // determine whether value3 is greater than maximumValue
   if (value3 > maximumValue) {
      maximumValue = value3;
   }

   return maximumValue;
}
```

5.17 递归

对于某些问题，让函数调用自己是非常有用。**递归函数**（recursive function）是一个能直接或间接（通过另一个函数）调用自己的函数。本节和下一节将介绍简单的递归例子。高级计算机科学课程中会更深入地讨论递归。

递归的概念

本节首先介绍递归的概念，然后讨论了使用递归函数的程序。递归解决方案有几个共同的要素。我们调用递归函数来解决一个问题，但只知道如何解决该问题最简单的情况，或称**基本情况**（base case）。如果针对的是基本情况来调用函数，那么函数能直接返回一个结果。但是，如果调用函数时针对的是更复杂的情况，那么它通常会将问题分成两个概念性的部分：一个是函数知道如何做的部分，另一个是它不知道如何做的部分。为了实现递归调用，后一部分必须类似于原始问题，但又是该问题的一个稍微简单或者更小的版本。这个新问题看起来像原始问题，所以函数调用它自身的一个拷贝来处理较小的问题。这称为**递归调用**（recursive call），也称为**递归步骤**（recursion step）。递归步骤通常包括关键字 `return`，因其结果会和该函数知道如何解决的那部分问题结合起来，以形成传递给原始调用者（可能是 `main`）的结果。

如果遗漏基本情况，或者错误地编写了递归步骤，造成其无法收敛于基本情况，那么会导致无限递归错误，这通常会造成**栈溢出**（stack overflow）。这相当于一个循环（非递归）解决方案中的无限循环。如果一个没有设计成递归的函数意外地调用了自己，那么无论是直接调用还是通过另一个函数间接调用，也会发生无限递归。 ⊗ 错误提示

执行递归步骤时，对函数的原始调用仍然“开着”（open），这意味着它尚未完成执行。递归步骤可能会导致更多这样的递归调用，因为函数不断地将调用该函数时针对的每个新的子问题划分为两个概念性的部分（一个知道怎么做，另一个不知道怎么做）。递归最终要想终止，函数每次都会针对原始问题的一个稍微简单的版本来调用自己，这个越来越小的问题序列最终必须收敛于“基本情况”。在这个时候，函数识别出了基本情况，并向函数的上一个拷贝返回结果。然后，通过一连串的返回，直到最初的调用将最终结果返回给调用者。[26] 与我们到目前为止所使用的问题解决方式相比，这一过程听起来相当奇特。为了理解递归的概念，让我们写一个递归程序来执行一个流行的数学计算。

阶乘

非负整数 n 的阶乘记为 $n!$（读作“n 的阶乘”），其公式如下：

$$n! = n \cdot (n-1) \cdot (n-2) \cdot \cdots \cdot 1$$

其中，1!=1，且 0!=1。例如，5!= 5 · 4 · 3 · 2 · 1=120。

以循环方式求阶乘

对于一个大于或等于 0 的整数，其阶乘可用 for 语句以循环方式（非递归）进行计算，如下所示：

```
int factorial{1};
for (int counter{number}; counter >= 1; --counter) {
   factorial *= counter;
}
```

以递归方式求阶乘

递归阶乘的定义是通过观察到以下代数关系来得出的：

$$n! = n \cdot (n - 1)!$$

例如，5! 显然等于 5 * 4!，如下所示：

```
5! = 5 · 4 · 3 · 2 · 1
5! = 5 · (4 · 3 · 2 · 1)
5! = 5 · (4!)
```

求值 5!

下图展示了 5! 的求值过程。其中，(a) 部分展示了如何连续进行递归调用，直到 1! 被求值为 1（基本情况），从而终止递归；(b) 部分展示了每次递归调用返回给调用者的值，直到计算出终值并将其返回。

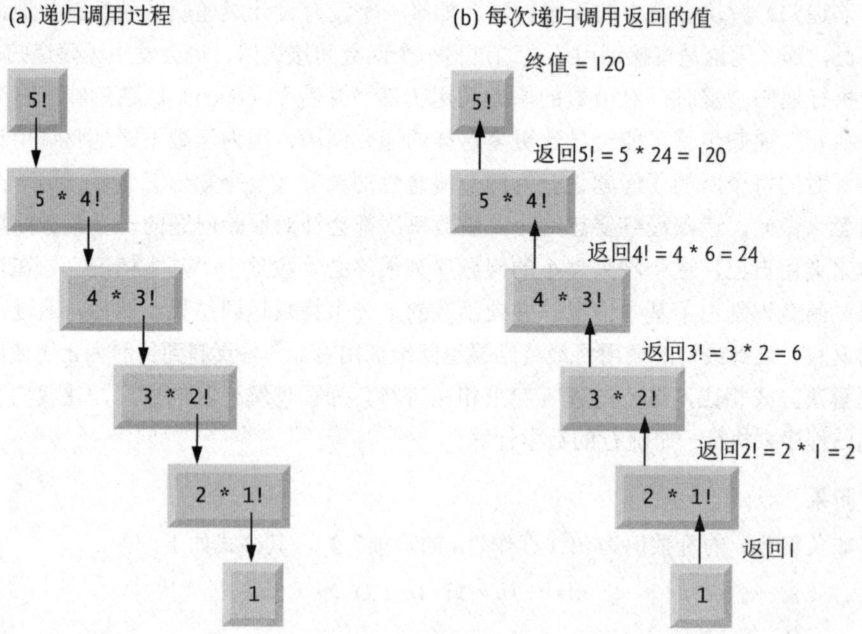

递归调用 factorial 函数来计算阶乘

图 5.15 利用递归算法来计算并打印 0 ～ 10 的整数的阶乘。递归函数 factorial（第 18 行～第 25 行）首先判断终止条件 number <= 1（即基本情况；第 19 行）是否为真。如果 number 小于或等于 1，就符合基本情况，所以 factorial 函数返回 1（第 20 行），此时没必要进一步递归，函数终止。如果 number 大于 1，第 23 行将问题表达为 number 乘以求 number-1 阶乘的一个递归 factorial 调用，后者比原始计算 factorial(number) 稍微简单一些。

```
1  // fig05_15.cpp
2  // Recursive function factorial.
3  #include <iostream>
4  #include <iomanip>
5  using namespace std;
6
7  long factorial(int number); // function prototype
8
9  int main() {
10    // calculate the factorials of 0 through 10
11    for (int counter{0}; counter <= 10; ++counter) {
12       cout << setw(2) << counter << "! = " << factorial(counter)
13          << '\n';
14    }
15 }
16
17 // recursive definition of function factorial
18 long factorial(int number) {
19    if (number <= 1) { // test for base case
20       return 1; // base cases: 0! = 1 and 1! = 1
21    }
22    else { // recursion step
23       return number * factorial(number - 1);
24    }
25 }
```

```
 0! = 1
 1! = 1
 2! = 2
 3! = 6
 4! = 24
 5! = 120
 6! = 720
```

图 5.15 递归版本的 factorial 函数

```
  7! = 5040
  8! = 40320
  9! = 362880
 10! = 3628800
```

图 5.15 递归版本的 factorial 函数（续）

阶乘值快速增长

factorial 函数接收一个 int 类型的参数并返回一个 long 类型的结果。通常，long 至少用 4 个字节（32 位）来存储；这样变量可以容纳 –2 147 483 648 到 2 147483 647 范围内的值。但遗憾的是，factorial 函数生成大数的速度非常快，计算不了多少阶乘值，就会达到 long 的最大值。要容纳更大的整数值，可以使用 long long 类型（3.11 节）或一个能表示任意大小整数的类（例如 3.12 节介绍的开源 BigNumber 类）。

5.18 递归示例：斐波那契数列

斐波那契数列从 0 和 1 开始，后续每个斐波那契数都是前两个之和，如下所示：

0, 1, 1, 2, 3, 5, 8, 13, 21, …

连续斐波那契数的比率收敛于一个常数 1.618…，它由 <numbers> 头文件中的常量 ::phi 表示。这个数字经常出现在自然界，被称为黄金比例或黄金分割。人类倾向于认为黄金分割线具有美感。建筑师经常设计出长度和宽度与黄金分割比例一致的窗户、房间和建筑物。明信片的设计也经常采用黄金分割的长 / 宽比例。在网上搜索“自然界中的斐波那契”会发现许多有趣的例子，包括花瓣、贝壳、螺旋星系、飓风等。

斐波那契的递归定义

斐波那契的递归定义如下所示：

$$fibonacci(0) = 0$$

$$fibonacci(1) = 1$$

$$fibonacci(n) = fibonacci(n-1) + fibonacci(n-2)$$

图 5.16 的程序使用 fibonacci 函数递归地计算第 n 个斐波那契数。虽然比阶乘慢得多，但斐波那契数也会迅速变大。图 5.16 展示了程序的执行情况，显示了几个数的斐波那契值。

```
// fig05_16.cpp
// Recursive function fibonacci.
#include <iostream>
using namespace std;

long fibonacci(long number); // function prototype

int main() {
   // calculate the fibonacci values of 0 through 10
   for (int counter{0}; counter <= 10; ++counter)
      cout << "fibonacci(" << counter << ") = "
         << fibonacci(counter) << '\n';

   // display higher fibonacci values
   cout << "\nfibonacci(20) = " << fibonacci(20) << '\n';
   cout << "fibonacci(30) = " << fibonacci(30) << '\n';
   cout << "fibonacci(35) = " << fibonacci(35) << '\n';
}

// recursive function fibonacci
long fibonacci(long number) {
   if ((0 == number) || (1 == number)) { // base cases
      return number;
   }
   else { // recursion step
      return fibonacci(number - 1) + fibonacci(number - 2);
   }
}
```

```
fibonacci(0) = 0
fibonacci(1) = 1
fibonacci(2) = 1
fibonacci(3) = 2
fibonacci(4) = 3
fibonacci(5) = 5
fibonacci(6) = 8
fibonacci(7) = 13
fibonacci(8) = 21
fibonacci(9) = 34
fibonacci(10) = 55

fibonacci(20) = 6765
fibonacci(30) = 832040
fibonacci(35) = 9227465
```

图 5.16 递归函数 fibonacci

该应用程序以一个循环开始，计算并显示整数 0 ～ 10 的斐波那契值，随后通过三个调用来计算整数 20、30 和 35 的斐波那契值（第 15 行～第 17 行）。main 中对 fibonacci 的调用（第 12 行和第 15 行～第 17 行）不是递归调用，但第 26 行的 fibonacci 调用是。每次程序调用 fibonacci 时（第 21 行～第 28 行），该函数立即测试基本情况，判断 number 是否等于 0 或 1（第 22 行）。如果为真，第 23 行返回 number。有趣的是，如果 number 大于 1，递归步骤（第 26 行）会产生两个递归调用，每个调用解决的问题都比最初调用 fibonacci 时要解决的问题小一点。

求值 fibonacci(3)

下图展示了 fibonacci 函数如何求值 fibonacci(3)。关于 C++ 编译器对操作符的操作数进行求值的顺序，这张图提出了一个有趣的问题。这是一个独立的问题，它有别于操作符应用于其操作数的顺序，后者是由操作符优先级和分组规则决定的。下图显示，求值 fibonacci(3) 导致两个递归调用，即 fibonacci(2) 和 fibonacci(1)。这些调用是按什么顺序进行的呢？

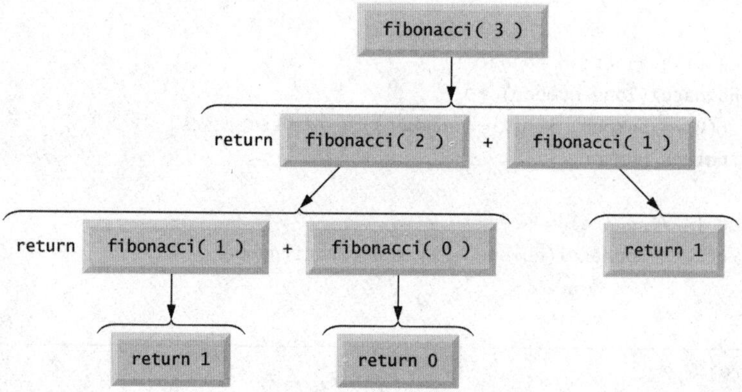

操作数的求值顺序

大多数程序员简单地认为操作数从左到右求值，在一些编程语言中确实如此。但是，C++ 没有规定许多操作符（包括 +）的操作数求值顺序。因此，对这些调用的执行顺序不能做任何预设。事实上，这些调用可能先执行 fibonacci(2)，再执行 fibonacci(1)，也可能相反。在这个程序和其他大多数程序中，最终结果都是一样的。但在一些程序中，操作数的求值可能会产生副作用（输入/输出操作或数据值的改变），从而影响表达式的最终结果。

指定了求值顺序的操作符

在 C++17 之前，C++ 只为 &&、||、逗号（,）和 ?: 等操作符规定了操作数的求值顺序。

前三个是二元操作符，其两个操作数保证从左到右求值。最后一个操作符是 C++ 唯一的三元操作符。它最左边的操作数总是先被求值。如果求值结果为真，中间的操作数将被求值，最后的操作数会被忽略。如果最左边的操作数被求值为假，就对第三个操作数求值，而中间的操作数会被忽略。

从 C++17 开始，还为其他多种操作符规定了操作数的求值顺序。对于 []（第 6 章）、->（第 7 章）、（函数调用的）圆括号、<<、>>、.* 和 ->* 操作符，编译器会从左到右求值操作数。对于一个函数调用的圆括号来说，这意味着编译器会在实参之前先求值函数名。编译器对赋值操作符的操作数从右到左进行求值。

如程序依赖于操作符的操作数的求值顺序，那么可能导致逻辑错误。为了确保副作用以正确的顺序应用，请将复杂表达式分解成单独的语句。以前讲过，&& 和 || 操作符使用了短路求值技术。如果一个具有副作用的表达式总是应该求值，那么将该表达式放在 && 或 || 操作符右侧就是一种逻辑错误。

指数级复杂度

对于本节用于生成斐波那契数的递归程序，有一点需要注意。fibonacci 函数中的每一级递归都会倍增函数调用数量；换言之，为了计算第 *n* 个斐波那契数，所需的递归调用在数量级上。这很快就会失去控制。仅计算第 20 个斐波那契数就需要次或大约一百万次调用，计算第 30 个斐波那契数则需要次或大约十亿次调用，以此类推。计算机科学家将此称为**指数级的复杂度**（exponential complexity）。当 *n* 变得更大时，这种性质的问题甚至会让世界上最强大的计算机都感到羞愧。一般来说，复杂度问题，特别是指数级复杂度，会在通常称为“算法”的高级计算机科学课程中详细讨论。在实际工作中要避免写斐波那契式的递归程序，这种程序会导致指数级的调用“爆炸”。

5.19 对比递归和循环

前两节研究了两个递归函数，它们也可以用简单的循环结构来实现。本节对这两种方法进行了比较，并讨论了为什么在特定情况下应该青睐其中一种而不是另一种。

- 循环和递归都基于一个控制语句。循环使用一个循环语句，递归使用一个选择语句。
- 循环和递归都涉及迭代。循环显式使用某个循环语句进行迭代。递归则通过调用自身的函数来实现迭代。
- 循环和递归都有一个终止测试。当循环持续条件失败时，循环就会终止。递归则在识别到一个基本情况时终止。

- 由计数器控制的循环和递归各自逐渐接近终止。循环会修改一个计数器，直到该计数器的值使循环继续条件失败。递归不断地产生原始问题更简单的版本，直至到达基本情况。

错误提示

- 无论循环还是递归都可能无限地发生。如果循环继续测试永远不会变成假，就会发生无限循环。如果递归步骤在每次递归调用中没有以收敛于基本情况的方式减小问题，则会发生无限递归。

阶乘的循环版本

让我们用计算阶乘的循环版本（图 5.17）来体会循环和递归之间的区别。第 22 行～第 24 行使用的是一个循环语句，而不是递归解决方案中的选择语句（图 5.15 的第 19 行～第 24 行）。在图 5.15 的递归版本中，第 19 行测试基本情况以终止递归。在图 5.17 的循环版本中，第 22 行测试循环继续条件——如果测试失败，则循环终止。此外，循环解决方案不是每次迭代都生成原始问题的一个更简单的版本。相反，它使用了一个计数器，该计数器被一直修改，直到循环继续条件变为假。

```
1  // fig05_17.cpp
2  // Iterative function factorial.
3  #include <iostream>
4  #include <iomanip>
5  using namespace std;
6
7  long factorial(int number); // function prototype
8
9  int main() {
10    // calculate the factorials of 0 through 10
11    for (int counter{0}; counter <= 10; ++counter) {
12       cout << setw(2) << counter << "! = " << factorial(counter)
13          << '\n';
14    }
15 }
16
17 // iterative function factorial
18 long factorial(int number) {
19    long result{1};
20
21    // iterative factorial calculation
22    for (int i{number}; i >= 1; --i) {
23       result *= i;
24    }
```

图 5.17 循环版本的 factorial 函数

```
        return result;
    }
```

```
 0! = 1
 1! = 1
 2! = 2
 3! = 6
 4! = 24
 5! = 120
 6! = 720
 7! = 5040
 8! = 40320
 9! = 362880
10! = 3628800
```

图 5.17　循环版本的 factorial 函数（续）

递归的缺点

性能提示

递归重复生成函数调用，会造成不小的开销，会在处理器时间和内存空间上付出昂贵代价。每次递归调用都会创建函数变量的另一份拷贝，这可能会消耗大量的内存。而循环通常一个函数内发生，所以节省了重复函数调用和额外内存分配的开销。那么，为什么有时还是要选择递归呢？

递归和循环的选择时机

性能提示

任何能用递归方法解决的问题也能用循环（非递归）方法解决。如果递归方法能更自然地反映出问题，并导致程序更容易理解和调试，通常可以考虑递归方法。选择递归方法的另一个原因是，当递归方法明显时，循环方法可能并不明显。如有可能，避免在追求性能的场合使用递归。递归调用需要时间并消耗额外的内存。

5.20 Lnfylun Lhqtomh Wjtz Qarcv: Qjwazkrplm xzz Xndmwwqhlz

你肯定已经注意到了，本章“学习目标”的最后一项、5.1 节的最后一句话以及本节的标题都看起来像是胡言乱语。这不是错误！本节将继续我们的“对象自然”方法，将创建现有类的一个对象来加密和解密信息，该类实现的是维吉尼亚密码（Vigenère secret key cipher）。[27]

在之前的“对象自然”小节中，你已经创建了 C++ 标准库 `string` 类的对象以及来自开源库的类的对象。有的时候，你会使用自己的组织或团队成员为内部使用或在特定项目中使用而创建的类。我们已经为本例编写了自己的 `Cipher` 类（在头文件 `cipher.h` 中）并提供给你。在第 9 章中，你将自己动手创建自定义类。

密码学

安全提示

密码学已经有几千年的历史[28, 29]且在互联网时代愈发重要。每一天，密码学都会在幕后使用，以确保你基于互联网的通信是私有和安全的。例如，大多数网站现在使用 HTTPS 协议来加密和解密你的 Web 交互。

凯撒密码

凯撒大帝用一种简单的替换加密技术来加密军事通信，[30]后被称为凯撒密码的这个技术是将通信中的每个字母替换为字母表中后数第三位的字母。因此，A 替换成 D，B 替换成 E，C 替换成 F，……，X 替换成 A，Y 替换成 B，Z 替换成 C。所以以下明文：

```
Caesar Cipher
```

会如下加密：

```
Fdhvdu Flskhu
```

明文加密后就成了密文（ciphertext）。

以下网站提供了体验凯撒密码和其他许多密码技术的一种有趣的方式：

https://cryptii.com/pipes/caesar-cipher

它其实是开源 cryptii 项目的一个线上实现版本：

https://github.com/cryptii/cryptii

维吉尼亚密码

像凯撒密码这样简单的替换密码很容易解密。例如，字母 e 是英语中使用频率最高的字母。所以，可以研究用凯撒密码加密的密文，其中出现频率最高的字符极可能就是 e。

本例使用维吉尼亚密码，它是一种密钥替换密码。这种密码是用 26 个凯撒密码实现的，字母表中的每个字母都对应一个。维吉尼亚密码使用来自明文和秘钥中的字母来查找各个凯撒密码中的替换字符。要想详细了解它是如何实现的，请访问 https://zh.wikipedia.org/zh/ 维吉尼亚密码。

在这种密码系统中，秘钥必须由字母组成。和我们上网时使用的各种密码一样，秘钥不应该被轻松猜出来。我们使用的是随机选择的 11 个字符：

XMWUJBVYHXZ

在秘钥中使用的字符数没有限制。然而，对密文进行解密的人必须知道这个密钥。[31] 通常，你会事先向对方提供这个密钥，例如以面对面的方式。

使用现成的 Cipher 类

图 5.18 的例子将使用我们已经创建好的 `Cipher` 类，它实现了维吉尼亚密码。本章 ch05 示例文件夹中的头文件 `cipher.h`（第 3 行）定义了这个类。你不需要阅读和理解这个类的代码，就能直接用加密和解密。只需创建一个 `Cipher` 类的对象，然后调用它的成员函数 `encrypt` 和 `decrypt` 来分别加密和解密文本。

```
1  // fig15_18.cpp
2  // Encrypting and decrypting text with a Vigenère cipher.
3  #include "cipher.h"
4  #include <iostream>
5  #include <string>
6  using namespace std;
7
8  int main() {
9     string plainText;
10    cout << "Enter the text to encrypt:\n";
11    getline(cin, plainText);
12
13    string secretKey;
14    cout << "\nEnter the secret key:\n";
15    getline(cin, secretKey);
16
17    Cipher cipher;
18
19    // encrypt plainText using secretKey
20    string cipherText{cipher.encrypt(plainText, secretKey)};
21    cout << "\nEncrypted:\n " << cipherText << '\n';
22
23    // decrypt cipherText
24    cout << "\nDecrypted:\n "
25       << cipher.decrypt(cipherText, secretKey) << '\n';
26
27    // decrypt ciphertext entered by the user
28    cout << "\nEnter the ciphertext to decipher:\n";
29    getline(cin, cipherText);
30    cout << "\nDecrypted:\n "
31       << cipher.decrypt(cipherText, secretKey) << '\n';
32 }
```

图 5.18 用维吉尼亚密码加密和解密

```
Enter the text to encrypt:
Welcome to Modern C++ application development with C++20!

Enter the secret key:
XMWUJBVYHXZ

Encrypted:
  Tqhwxnz rv Jnaqnh L++ bknsfbxfeiw eztlinmyahc xdro Z++20!

Decrypted:
  Welcome to Modern C++ application development with C++20!

Enter the ciphertext to decipher:
Lnfylun Lhqtomh Wjtz Qarcv: Qjwazkrplm xzz Xndmwwqhlz

Decrypted:
  Objects Natural Case Study: Encryption and Decryption
```

图 5.18 用维吉尼亚密码加密和解密（续）

Cipher 类的成员函数

这个类提供了两个关键的成员函数。

- encrypt 接收代表明文和密钥的字符串，使用维吉尼亚密码对文本进行加密，然后返回一个包含密文的 string。
- decrypt 接收代表密文和密钥的字符串，反转维吉尼亚密码以解密文本，然后返回一个包含明文的 string。

程序首先要求输入待加密的文本和一个密钥。第 17 行创建 Cipher 对象。第 20 行～第 21 行对输入的文本进行加密并显示密文。然后，第 24 行～第 25 行解密文本，显示你之前输入的明文字符串。

虽然本章“学习目标”的最后一项和本节的标题看起来像是胡言乱语，但它们都是我们用 Cipher 类和密钥 XMWUJBVYHXZ 创建的密文。

第 28 行～第 29 行提示并输入现有的密文，然后第 30 行～第 31 行解密密文并显示我们加密的原始明文。

5.21 小结

本章介绍了函数的特性，包括函数原型、函数签名、函数头和函数主体。我们概述了数学库函数以及 C++20、C++17 和 C++11 新增的数学函数和数学常数。

前面了解了实参强制类型转换——使实参的类型顺应形参所指定的类型。我们概述了 C++ 标准库的头文件，演示了如何生成 C++11 非确定性随机数，通过“有作用域的 enum”定义常量集合，并介绍了 C++20 的 using enum 声明。

本章讨论了变量的作用域，并讨论了向函数传递实参的两种方法：传值和传引用。我们展示了如何实现内联函数和接收默认参数的函数。你知道了重载函数具有相同的名称但有不同的签名。这种函数可以用来执行相同或类似的任务，但使用不同的类型或不同的参数数量。我们演示了如何使用函数模板来方便地生成一套重载函数。然后，我们讨论了递归，即函数调用自己来解决一个问题。最后的“对象自然”案例学习探讨了用于加密和解密文本的密钥替换密码。

第 6 章将学习如何用数组和面向对象的向量来维护数据的列表和表格。你会看到掷骰子应用程序的一个更优雅的、基于数组的实现。

注释

1. 网上共享的本书英文版附录 D 讨论了预处理器和宏的问题。
2. Lev Minkovsky 和 John McFarlane，“Math Constants”，访问日期 2019 年 7 月 17 日，https://wg21.link/p0631r8。
3. Walter E. Brown，Axel Naumann 和 Edward Smith-Rowland，访问日期 2021 年 12 月 27 日，“Mathematical Special Functions for C++17, v5”，February 29, 2016. https://wg21.link/p0226r1。
4. “数学特殊函数”，访问日期 2021 年 12 月 27 日，https://zh.cppreference.com/w/cpp/numeric/special_functions。
5. 除了这里讨论的之外，还有其他一些提升和转换规则。详情可以参考 C++ 标准的 7.3 节和 7.4 节。https://timsong-cpp.github.io/cppwp/n4861/conv 和 https://timsong-cpp.github.io/cppwp/n4861/expr.arith.conv。
6. 3.8.3 节讲过，C++11 大括号初始化器不允收缩转换。
7. C++ Core Guidelines，“ES.106: Don’t Try to Avoid Negative Values By Using unsigned”，访问日期 2021 年 12 月 25 日，https://isocpp.github.io/CppCoreGuidelines/CppCoreGuidelines#Res-nonnegative。
8. C++ Core Guidelines，访问日期 2020 年 5 月 10 日，http://isocpp.github.io/CppCoreGuidelines/CppCoreGuidelines#Res-narrowing。
9. Fred Long，“Do Not Use the rand() Function for Generating Pseudorandom Numbers”，最后由 Jill Britton 修改于 2021 年 11 月 30 日，访问日期 2021 年 12 月 27 日，https://tinyurl.com/ycxrvd6y。
10. Walter E. Brown，“Random Number Generation in C++11”，March 12, 2013，访问日期 2021 年 12 月 27 日，https://isocpp.org/files/papers/n3551.pdf。
11. 1976 年，当本书作者之一哈维·戴特尔（Harvey Deitel）首次在他的课堂上实现这个例子时，只掷了 600 次骰子，如果掷 6 000 次，会花太长的时间。如今，在我们的系统上，这个程序花了大约 5 秒钟就完成了 6 000 万次掷骰子！如果掷 6 亿次，则大概花一分钟。该程序掷骰子的过程是顺序的。以后讨论到异步编程时，会探讨如何将应用程序并行化，以利用当今多核计算机的优势。
12. 访问日期 2021 年 5 月 2 日，https://en.wikipedia.org/wiki/Nondeterministic_algorithm。

13. 访问日期 2021 年 12 月 27 日，https://zh.cppreference.com/w/cpp/numeric/random/random_device。
14. Core Guidelines，访问日期 2020 年 5 月 11 日，网址为 https://isocpp.github.io/CppCoreGuidelines/CppCoreGuidelines#Renum-caps。
15. 在遗留 C++ 代码中经常会看到全部大写的 enum 常量，这个实践目前已弃用。
16. C++ Core Guidelines，“Enum.3: Prefer Class enums over 'Plain' enums”，访问日期 2021 年 12 月 26 日，https://isocpp.github.io/CppCoreGuidelines/CppCoreGuidelines#Renum-class。
17. Gašper Ažman and Jonathan Müller，“Using Enum”，July 16, 2019，访问日期 2021 年 12 月 28 日，https://wg21.link/p1099r5。
18. 本书写作时，这一特性只有 Microsoft Visual C++ 编译器支持。
19. C++ Core Guidelines，https://isocpp.github.io/CppCoreGuidelines/CppCoreGuidelines#Rf-inline。
20. 第 7 章将讨论指针，它是“传引用”的另一种机制。
21. 第 11 章将讨论“引用”的另一种形式，称为“右值引用”。
22. C++ Core Guidelines，访问日期 2021 年 12 月 28 日，https://isocpp.github.io/CppCoreGuidelines/CppCoreGuidelines#Rf-dangle。
23. 译注：各种说法都有，包括但不限于：名称粉碎、名称修饰、名称重整。本书采用“名称改编”。
24. 主体为空的 main 函数确保在编译这些代码时不会出现链接器错误。
25. 用 g++ -S fig05_12.cpp 命令来生成汇编语言文件 fig05_12.s。
26. C++ 标准指出，main 不应该在程序内调用，也不能以递归方式调用。它唯一的目的就是成为程序执行的入口点。访问日期 2021 年 12 月 28 日，https://timsong-cpp.github.io/cppwp/n4861/basic.start.main 和 https://timsong-cpp.github.io/cppwp/n4861/expr.call。
27. 访问日期 2021 年 12 月 26 日，https://zh.wikipedia.org/zh/维吉尼亚密码。
28. 访问日期 2020 年 5 月 14 日，https://zh.wikipedia.org/wiki/密码学。
29. Binance Academy，“History of Cryptography”，Binance Academy，访问日期 2020 年 1 月 19 日，https://www.binance.vision/security/history-of-cryptography。
30. 访问日期 2020 年 5 月 7 日，https://zh.wikipedia.org/wiki/ 凯撒密码。
31. 有许多网站提供维吉尼亚密码解码器，试图在没有原始密钥的情况下解密密文。我们尝试了几个，但没有一个能恢复我们的原始文本。

第 II 部分

数组、指针和字符串

第 6 章

数组、向量、范围和函数式编程

学习目标

- 使用 C++ 标准库类模板 array——用于容纳相关的、可索引的数据项的一种固定大小集合
- 声明 array，初始化 array 并引用 array 的元素
- 使用基于范围的 for 语句来减少迭代错误
- 将 array 传给函数
- 对 array 的元素按升序排序
- 使用高性能 binary_search 函数快速判断已排序数组中是否包含特定的值
- 声明和操作多维数组
- 在函数式编程中使用 C++20“范围”
- 使用 C++ 标准库的类模板 vector（相关数据项的可变大小集合）继续“对象自然”案例学习

6.1 导读

本章介绍数据结构（data structure）——相关数据项的集合。C++ 标准库将数据结构称为**容器**（container）。我们将讨论两种容器：

- 固定大小的 C++11 数组（array）[1]
- 可变大小的向量（vector），它能在执行时动态伸缩

要想使用它们必须分别包含 <array> 头文件和 <vector> 头文件。

在讨论了如何声明、创建和初始化 array 后，我们展示了各种 array 操作，包括如何查找 array 以找到特定的项，以及如何对 array 进行排序使其数据按升序排列。我们展示了试图访问不在 array 或 vector 边界内的数据可能导致异常——表明在运行时发生了问题。然后，我们使用异常处理来解决（或处理）该异常。第 12 章会更深入地讨论异常。

性能提示

和许多现代语言一样，C++ 语言也提供了函数式编程特性。这些特性可以帮助你写出更简洁的代码，它们不容易出错，也更容易阅读、调试和修改。函数式程序也更容易并行化，以提高在当今的多核处理器上的性能。我们用 C++20 新的 <ranges> 库来介绍函数式编程。最后，我们继续“对象自然”方法，通过一个案例学习来创建和操作 C++ 标准库中的类模板 vector 的对象。读完本章后，你将熟悉两种数组风格的集合，分别是 array 和 vector。

完全限定的标准库名称

从第 2.6 节开始，我们在每个程序中都包含了 using namespace std; 语句，所以不需要用 std:: 前缀来限定每个 C++ 标准库的特性。但是，在规模较大的系统中，using 指令可能导致微妙的、难以发现的 bug。今后，我们将对 C++ 标准库的大多数标识符进行完全限定。

6.2 数组

数组元素（数据项）在内存中连续排列。下图展示了一个名为 c 的整数数组，其中包含 5 个元素。

引用数组元素的一种方法是在数组名称后面用方括号（[]）指定该元素的位置编号。位置编号更正式的称呼是**索引**（index）或**下标**（subscript）。第一个元素的索引是 0（零）。因此，数组 c 的元素是从 c[0] 到 c[4]。c[0] 的值为 -45，c[2] 为 0，而 c[4] 为 1543。

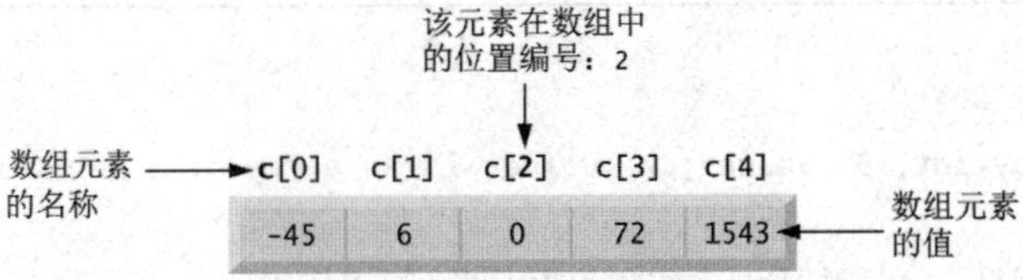

最高索引（本例为 4）总是比数组的元素数（本例为 5）小 1。每个 array 对象都知道自己的大小，你可以通过它的 size 成员函数获得，例如 c.size()。

索引必须是一个整数表达式。包围索引的大括号是一个操作符，其优先级与函数调用的圆括号相同。该操作符的结果是一个**左值**（lvalue），可以在赋值操作的左侧使用，就像变量名一样。例如，以下语句替换了 c[4] 的值：

```
c[4] = 87;
```

附录 A 提供了完整的操作符优先级表。

6.3 声明数组

使用以下形式的声明来指定数组的元素类型和元素数量：

```
std::array<type, arraySize> arrayName;
```

<type, arraySize> 表示 array 是一个**类模板**（class template）。和函数模板一样，编译器可以使用类模板为各种指定的**类型创建类模板特化**（class template specialization）——例如 5 个 int 的数组，7 个 double 的数组或者 100 个 Employee 的数组。第 9 章将要开始创建自定义类型。编译器会根据类型和 arraySize 保留适当的内存。以下声明告诉编译器为整数数组 c 保留 5 个元素：

```
std::array<int, 5> c; // c is an array of 5 int values
```

6.4 用循环初始化数组元素

图 6.1 的程序声明了 5 元素的一个整数数组 values（第 8 行）。第 5 行包含了 <array> 头文件，它包含了类模板 array 的定义。

```
1 // fig06_01.cpp
2 // Initializing an array's elements to zeros and printing the array.
3 #include <fmt/format.h> // C++20: This will be #include <format>
4 #include <iostream>
5 #include <array>
```

图 6.1 将数组元素初始化为 0 并打印数组

```cpp

int main() {
   std::array<int, 5> values; // values is an array of 5 int values

   // initialize elements of array values to 0
   for (size_t i{0}; i < values.size(); ++i) {
      values[i] = 0; // set element at location i to 0
   }

   std::cout << fmt::format("{:>7}{:>10}\n", "Element", "Value");

   // output each array element's value
   for (size_t i{0}; i < values.size(); ++i) {
      std::cout << fmt::format("{:>7}{:>10}\n", i, values[i]);
   }

   std::cout << fmt::format("\n{:>7}{:>10}\n", "Element", "Value");

   // access elements via the at member function
   for (size_t i{0}; i < values.size(); ++i) {
      std::cout << fmt::format("{:>7}{:>10}\n", i, values.at(i));
   }

   // accessing an element outside the array's bounds with at
   values.at(10); // throws an exception
}
```

```
Element     Value
      0         0
      1         0
      2         0
      3         0
      4         0
Element     Value
      0         0
      1         0
      2         0
      3         0
      4         0
terminate called after throwing an instance of
  what(): array::at: __n (which is 10) >= _Nm (which is 5)
Aborted
```

图 6.1 将数组元素初始化为零并打印数组（续）

用循环向数组元素赋值

安全提示

第 11 行～第 13 行使用 `for` 语句为每个数组元素赋 `0`。和其他非静态局部变量一样，数组元素不会被隐式初始化为 `0`（但静态数组的元素会）。在处理数组元素的循环中，要确保循环终止条件能防止访问数组边界以外的元素。6.6 节介绍了基于范围的 `for` 语句，它提供了一种更安全的方式来处理数组的每个元素。

size_t 类型

第 11 行、第 18 行和第 25 行将每个循环的控制变量声明为 `size_t` 类型。C++ 标准规定，`size_t` 是一个无符号整型，可以表示任何对象的大小。[2] 用任何变量来表示 `array` 对象的大小或索引时，都使用这个类型。`size_t` 类型在 `std` 命名空间中定义，并位于头文件 `<cstddef>` 中，后者通常由使用了 `size_t` 的其他标准库头文件为你包含。编译一个程序时，如果报错说 `size_t` 没有定义，在程序中添加 `#include <cstddef>` 即可。

显示数组元素

第一个输出语句（第 15 行）为随后的 `for` 语句（第 18 行～第 20 行）要打印的行显示列标题。这些输出语句使用了 4.14 节介绍的 C++20 文本格式化特性，以表格格式输出数组。

避免安全漏洞：数组索引的边界检查

安全提示

使用 [] 操作符来访问一个数组元素时（例如第 11 行～第 13 行和第 18 行～第 20 行），C++ 语言没有提供自动数组**边界检查**（bounds checking）机制来防止引用一个不存在的元素。所以，程序在执行时可能在无预警的情况下“穿过”数组的任何一端。但是，类模板 `array` 的 `at` 成员函数可以执行边界检查。第 25 行～第 27 行演示了如何通过 `at` 成员函数访问元素的值。也可以在赋值操作符的左侧调用 at 对数组元素进行赋值，例如：

```
values.at(0) = 10;
```

错误提示

第 30 行试图访问数组边界外的一个元素。当 at 成员函数遇到一个越界的索引时，会引发一个称为**异常**（exception）的运行时错误。我们用 GNU g++ 编译并在 Linux 上运行这个程序，第 30 行导致显示以下运行时错误信息，程序随即终止执行。

```
terminate called after throwing an instance of
  what(): array::at: __n (which is 10) >= _Nm (which is 5)
Aborted
```

该错误信息的意思是说，`at` 成员函数（`array::at`）检查一个名为 `__n`（值为 `10`）的变量是否大于或等于一个名为 `_Nm`（值为 `5`）的变量。如果是，就表明索引越界。

GNU 在实现 array 的 at 成员函数时，选择用 __n 表示元素的索引，用 _Nm 表示数组大小。6.15 节介绍了如何使用异常处理来处理运行时错误。第 12 章将深入探讨异常处理。

安全提示

允许程序读写边界外的数组元素是一种常见的安全缺陷。从界外数组元素中读取可能导致程序崩溃，甚至可能表面上正常运行，但实际使用的是坏数据。向界外元素写入（称为缓冲区溢出[3]）可能破坏程序在内存中的数据并使程序崩溃。在某些情况下，攻击者可能利用缓冲区溢出，用恶意代码改写程序的可执行代码。

6.5 用初始化器列表初始化数组

也可以在声明数组的同时初始化它，具体做法是在数组对象的名称后加上一对大括号，然后在其中添加以逗号分隔的初始化列表。图 6.2 的程序使用初始化列表来初始化一个有 5 个 int 值的数组（第 8 行）和一个有 4 个 double 值的数组（第 18 行），并显示每个数组的内容。

- 第 8 行显式指定该 array 的元素类型（int）和大小（5）。
- 第 18 行让编译器从初始化列表中的值推断（确定）该 array 的元素类型（double），从初始化值的数量推断数组的大小（4）。这种 C++17 的能力称为类模板实参推导（Class Template Argument Deduction，CTAD）。[4] 如果事先知道容器的初始元素值时，就可通过 CTAD 简化代码。

```
1  // fig06_02.cpp
2  // Initializing an array in a declaration.
3  #include <fmt/format.h>
4  #include <iostream>
5  #include <array>
6
7  int main() {
8     std::array<int, 5> values{32, 27, 64, 18, 95}; // braced initializer
9
10    // output each array element's value
11    for (size_t i{0}; i < values.size(); ++i) {
12       std::cout << fmt::format("{} ", values.at(i));
13    }
14
15    std::cout << "\n\n";
16
17    //using class template argument deduction to determine values2's type
```

图 6.2 声明的同时初始化一个 array

```
    std::array values2{1.1, 2.2, 3.3, 4.4};

    // output each array element's value
    for (size_t i{0}; i < values.size(); ++i) {
       std::cout << fmt::format("{} ", values.at(i));
    }

    std::cout << "\n";
}
```

```
32 27 64 18 95

1.1 2.2 3.3 4.4
```

图 6.2 声明的同时初始化一个 array（续）

初始化值少于数组元素

如果初始化值的数量少于数组元素的数量，那么剩余的数组元素会进行**值初始化**（value initialize），也就是将基本数值类型初始化为 `0`，`bool` 初始化为 `false`。另外，正如第 9 章会讲到的那样，对象接受其类定义中指定的默认初始化。例如，由于初始化值的数量（本例一个都没有）少于数组元素，所以以下语句将一个 `int` `array` 的元素初始化为 `0`：

```
std::array<int, 5> values{}; // initialize elements to 0
```

这个技术也被用于在运行时“重新初始化”一个现有数组的元素，例如：

```
values = {}; // set all elements of values to 0
```

初始化值多于数组元素

如果显式指定了 `array` 的大小，并使用了一个初始化列表，那么初始化值的数量必须小于或等于该大小。以下 `array` 声明会造成编译错误，因为提供了 6 个初始化值，但只有 5 个数组元素。

错误提示

```
std::array<int, 5> values{32, 27, 64, 18, 95, 14};
```

6.6 C++11 基于范围的 for 和 C++20 带初始化器的基于范围的 for

我们经常需要处理一个数组的所有元素。C++11 基于范围的 `for` 语句允许在不使用计数器的前提下做到这一点。一般来说，如需处理数组的所有元素，就使用基

软件工程

于范围的 for 语句，因为它确保代码不会“穿过”数组的边界。本节最后会比较计数器控制的 for 和基于范围的 for。图 6.3 使用基于范围的 for 来显示数组内容（第 12 行～第 14 行和第 23 行～第 25 行），并将每个数组元素的值乘以 2（第 17 行～第 19 行）。

```
1  // fig06_03.cpp
2  // Using range-based for.
3  #include <fmt/format.h>
4  #include <iostream>
5  #include <array>
6
7  int main() {
8     std::array items{1, 2, 3, 4, 5}; // type inferred as array<int, 5>
9
10    // display items before modification
11    std::cout << "items before modification: ";
12    for (const int& item : items) { // item is a reference to a const int
13       std::cout << fmt::format("{} ", item);
14    }
15
16    // multiply the elements of items by 2
17    for (int& item : items) { // item is a reference to an int
18       item *= 2;
19    }
20
21    // display items after modification
22    std::cout << "\nitems after modification: ";
23    for (const int& item : items) {
24       std::cout << fmt::format("{} ", item);
25    }
26
27    // sum elements of items using range-based for with initialization
28    std::cout << "\n\ncalculating a running total of items' values:\n";
29    for (int runningTotal{0}; const int& item : items) {
30       runningTotal += item;
31    std::cout << fmt::format("item: {}; running total: {}\n",
32       item, runningTotal);
33    }
34 }
```

图 6.3 使用基于范围的 for

```
items before modification: 1 2 3 4 5
items after modification: 2 4 6 8 10

calculating a running total of items
item: 2; running total: 2
item: 4; running total: 6
item: 6; running total: 12
item: 8; running total: 20
item: 10; running total: 30
```

图 6.3 使用基于范围的 for（续）

用基于范围的 for 显示数组内容

基于范围的 for 语句简化了对数组进行遍历的代码。第 12 行可以理解成“对于 items 中的每个 item”执行一些工作。在每次迭代中，循环都将 items 中的下一个元素赋给名为 item 的 const int 引用，然后执行循环主体。每次迭代，item 引用的都是 items 中的一个元素值（而非索引）。使用基于范围的 for 时，需要在 for 头的冒号（:）左侧声明一个**范围变量**（range variable），在右侧指定一个数组名称。[5] 以前讲过，“引用”是内存中另一个变量（本例就是一个数组元素）的别名。

性能提示

将范围变量声明为 const 引用有助于提升性能。使用引用后，可防止循环将每个值都拷贝到范围变量中。这在操作大型对象时尤其需要注意。

使用基于范围的 for 修改数组内容

第 17 行～第 19 行使用一个基于范围的 for 语句将 items 的每个元素乘以 2。第 17 行将范围变量 item 声明为一个 int&。这是一个普通的 int 引用，而不是 const 引用。所以，对 item 的任何更改都会改变相应数组元素的值。

C++20 带初始化器的基于范围的 for

C++20 新增了带初始化器的基于范围的 for 语句。和带初始化器的 if 和 switch 语句一样，在基于范围的 for 的初始化器中定义的变量在循环终止后就不存在了。第 29 行的初始化器定义了 runningTotal 并将其设为 0。然后，第 29 行～第 33 行在每次迭代时计算 items 中的元素的当前累加值（running total）。runningTotal 变量在循环终止时超出了作用域；换言之，它不复存在。

避免索引

大多数时候都可以用基于范围的 for 语句来代替计数器控制的 for 语句。例如，对数组中的整数进行累加时，只需要访问元素的值——这些元素在数组中的索引位置是不相关的。

外部迭代与内部迭代

在这个程序中，第 12 行～第 14 行在功能上等同于以下计数器控制的循环：

```
for (int counter{0}; counter < items.size(); ++counter) {
   std::cout << fmt::format("{} ", items[counter]);
}
```

这种循环风格称为**外部迭代**（external iteration），比较容易出错。从实现可以看出，这种循环需要一个控制变量（counter），每次循环迭代时，代码都会更改该变量。而每次写代码来更改变量时，都有可能在代码中引入一个错误。有几个可能出错的地方，示例如下。

- 不正确地初始化 for 循环的控制变量 counter。
- 使用错误的循环继续条件
- 不正确地递增控制变量 counter。

这些都可能导致数组访问越界。

另一方面，基于范围的 for 语句使用的是**内部迭代**（internal iteration）。它隐藏了迭代的细节。只需告诉基于范围的 for 语句应该处理哪个数组。它自己知道如何从数组中获取每个值，并在没有更多的值时停止迭代。

6.7 计算数组元素值并理解 constexpr

图6.4以计算的方式将values数组的5个元素设为偶数2、4、6、8和10（第13行～第15行），并打印该数组（第18行～第20行）。第 14 行将循环计数器 i 的每个连续值乘以 2 再加上 2 来生成所需的元素值。

```
1  // fig06_04.cpp
2  // Set array values to the even integers from 2 to 10.
3  #include <fmt/format.h>
4  #include <iostream>
5  #include <array>
6
7  int main() {
8     // constant can be used to specify array size
9     constexpr size_t arraySize{5}; // must initialize in declaration
10
11    std::array<int, arraySize> values{}; // array values has 5 elements
12
13    for (size_t i{0}; i < values.size(); ++i) { // set the values
```

图 6.4 将 values 数组的元素设为 2 ～ 10 的偶数

```
14          values.at(i) = 2 + 2 * i;
15       }
16
17       // output contents of array values in tabular format
18       for (const int& value : values) {
19          std::cout << fmt::format("{} ", value);
20       }
21
22       std::cout << '\n';
23    }
```

```
2 4 6 8 10
```

图 6.4　将 values 数组的元素设为 2 ～ 10 的偶数（续）

常量

性能提示

第 5 章引入 const 修饰符来指定一个变量的值在被初始化之后不会改变。C++11 引入了 constexpr 限定符来声明变量，这种变量可在编译时求值并最终生成一个常量。由于不会产生运行时开销，所以编译器能执行额外的优化来提高应用程序的性能。constexpr 变量是隐式的 const。它们之间的主要区别是，constexpr 变量必须在编译时初始化，而 const 变量可以在执行时初始化。

第 9 行使用 constexpr 声明常量 arraySize 并初始化为 5。声明为 constexpr 或 const 的变量必须在声明时初始化，否则会发生编译错误。如果试图在初始化后修改 arraySize，例如 arraySize = 7;，那么会造成编译错误。[6]

将数组大小定义为常量而不是字面值，可以使程序更清晰，以后也更容易维护。这种技术消除了**魔数**（magic number）——没有提供任何上下文来帮助你理解其含义的数值字面值。而使用常量可以为一个字面值提供名称，有助于解释该值在程序中的作用。

constexpr 和编译时

性能提示

现代 C++ 的一个主题是在编译时做更多的事情，以获得更好的类型检查和更好的运行时性能。自 C++11 以来，每个新的 C++ 标准都扩展了 constexpr 的用途。例如，本书以后会讲到能将 constexpr 应用于函数。在一个 constexpr 函数调用中，如果实参也是 constexpr，编译器就能在编译时对调用进行求值以生成一个常量。这就消除了运行时函数调用的开销，从而进一步提升了性能。在 C++20、C++17 和 C++14 中，整个 C++ 标准库中的许多函数都被声明为 constexpr。

要想深入了解 constexpr 的各种用途，请访问 https://zh.cppreference.com/w/cpp/language/constexpr。

第 15 章将要讨论“编译时编程”这个特性。

6.8 累加数组元素

我们经常用数组元素表示一系列用于计算的值。例如，如果一个数组的元素代表考试成绩，那么教授可能希望对元素进行累加，然后计算出本次考试的班级平均成绩。将值的集合处理成单个值的过程称为**归约**（reduction），这是函数式编程的一个关键操作，具体将在 6.14 节讨论。图 6.5 使用一个基于范围的 `for` 语句（第 12 行～第 14 行）对一个 4 元素的 int 数组中的值进行累加。6.14 节展示了如何使用 C++ 标准库的 `accumulate` 函数来进行这一计算。

```
1  // fig06_05.cpp
2  // Compute the sum of an array's elements.
3  #include <fmt/format.h>
4  #include <iostream>
5  #include <array>
6
7  int main() {
8     std::array items{10, 20, 30, 40}; // type inferred as array<int, 4>
9     int total{0};
10
11    // sum the contents of items
12    for (const int& item : items) {
13       total += item;
14    }
15
16    std::cout << fmt::format("Total of array elements: {}\n", total);
17 }
```

```
Total of array elements: 100
```

图 6.5 计算数组元素之和

6.9 使用简陋的条形图以图形方式显示数组数据

许多程序都以图形方式显示数据。例如，数值通常用条形图（bar chart）来显示，较长的条代表按比例来说较大的值。我们可以用一种比较简陋的方法显示条形图，也就是将每个数值显示成由星号（*）构成的一个条。

某教授用根据各种成绩的数量来图示成绩的分布情况。假设一次考试的成绩是 87，68，94，100，83，78，85，91，76 和 87。其中一个是 100 分，两个在 90 分段，四个在 80 分段，两个在 70 分段，一个在 60 分段，没有低于 60 分的。我们的下一个程序（图 6.6）将这些数据存储在一个 11 个元素的 `array` 对象中，每个元素都对应一个成绩区间。例如，元素 0 代表 0 ～ 9 的成绩数，元素 7 代表 70 ～ 79 的成绩数，元素 10 则代表 100 分的成绩数。这个例子将根据一组数值统计成绩分布。我们将用成绩出现的频率值初始化一个 frequencies 数组。

图 6.6 从 frequencies 中读取数字，并将其绘制成条形图，显示每个成绩区间，后跟代表该区间内成绩数量的一个星号条。该程序的工作方式如下所示。

- 第 8 行用 constexpr 声明数组，因为程序永远不会修改 frequencies，而且它的值在编译时就已经知道了。
- 第 15 行～第 21 行根据 i 的当前值输出一个成绩区间（例如 "70-79: "）。在第 16 行～第 17 行，格式说明符 :02d 表示一个整数（用 d 表示）应使用 2 字符的域宽进行格式化，如果该整数小于两位数，则使用前导 0。在第 20 行，格式说明符 :>5d 表示一个整数应该在 5 字符的域宽内右对齐（>）。
- 嵌套 for 语句（第 26 行～第 28 行）输出当前条的星号字符。第 26 行的循环继续条件（stars < frequency）使内部 for 循环从 0 开始计数到 frequency。因此，frequencies 的一个值决定了要显示的星号数量。在本例中，frequencies 的元素 0 ～ 5 包含的是值 0，这是由于没有学生的成绩低于 60 分。所以，程序在前六个成绩区间旁边也没有显示星号。

```
1  // fig06_06.cpp
2  // Printing a student grade distribution as a primitive bar chart.
3  #include <fmt/format.h>
4  #include <iostream>
5  #include <array>
6
7  int main() {
8     constexpr std::array frequencies{0, 0, 0, 0, 0, 0, 1, 2, 4, 2, 1};
9
10    std::cout << "Grade distribution:\n";
11
12    // for each element of frequencies, output a bar of the chart
13    for (int i{0}; const int& frequency : frequencies) {
14       // output bar labels ("00-09:", ..., "90-99:", "100:")
15       if (i < 10) {
16          std::cout << fmt::format("{:02d}-{:02d}: ",
17             i * 10, (i * 10) + 9);
18       }
19       else {
20          std::cout << fmt::format("{:>5d}: ", 100);
21       }
```

图 6.6 用一个简陋的条形图打印学生成绩分布

```

         ++i;

         // print bar of asterisks
         for (int stars{0}; stars < frequency; ++stars) {
            std::cout << '*';
         }

         std::cout << '\n'; // start a new line of output
      }
   }
```

```
Grade distribution:
00-09:
10-19:
20-29:
30-39:
40-49:
50-59:
60-69: *
70-79: **
80-89: ****
90-99: **
  100: *
```

图 6.6 用一个简陋的条形图打印学生成绩分布（续）

6.10 数组元素作为计数器使用

有的时候，程序会使用计数器变量来汇总数据，例如一个调查的结果。图 5.3 的掷骰子模拟使用单独的计数器来跟踪程序在掷 6 000 万次骰子时每种点数的出现频率。图 6.7 用一个频率计数器的数组重新实现了该模拟。

```
// fig06_07.cpp
// Die-rolling program using an array instead of switch.
#include <fmt/format.h> // C++20: This will be #include <format>
#include <iostream>
#include <array>
#include <random>

int main() {
```

图 6.7 这个掷骰子程序使用 array 取代了 switch

```
9      // set up random-number generation
10     std::random_device rd; // used to seed the default_random_engine
11     std::default_random_engine engine{rd()}; // rd() produces a seed
12     std::uniform_int_distribution randomDie{1, 6};
13
14     constexpr size_t arraySize{7}; // ignore element zero
15     std::array<int, arraySize> frequency{}; // initialize to 0s
16
17     // roll die 60,000,000 times; use die value as frequency index
18     for (int roll{1}; roll <= 60'000'000; ++roll) {
19        ++frequency.at(randomDie(engine));
20     }
21
22     std::cout << fmt::format("{}{:>13}\n", "Face", "Frequency");
23
24     // output each array element's value
25     for (size_t face{1}; face < frequency.size(); ++face) {
26        std::cout << fmt::format("{:>4}{:>13}\n", face, frequency.at(face));
27     }
28  }
```

```
Face    Frequency
   1      9997901
   2      9999110
   3     10001172
   4     10003619
   5      9997606
   6     10000592
```

图 6.7　这个掷骰子程序使用 array 取代了 switch（续）

图 6.7 使用 frequency 数组（第 15 行）统计骰子点数的出现次数。第 19 行取代了图 5.3 第 23 行～第 45 行的 switch 语句。它使用一个随机的骰子值作为索引来决定每次掷骰子要递增 frequency 的哪个元素。第 19 行的点 (.) 操作符具有比 ++ 操作符更高的优先级，所以该语句选择 frequency 的一个元素，然后递增其值。

调用 randomDie(engine) 生成一个 1 ～ 6 的随机索引，所以 frequency 必须足够大以存储 6 个计数器。这里使用的是一个 7 元素的 array 对象，其中忽略了元素 0。如果掷出的骰子是 1 点，那么递增 frequency.at(1) 而不是 frequency.at(0) 是更自然的一件事情。这样一来，每个骰子值都直接作为 frequency 的索引来使用。我们还替换了图 5.3 的第 49 行～第 54 行，通过遍历 frequency 数组来输出结果（图 6.7 的第 25 行～第 27 行）。这里使用了一个计数器控制的循环，以跳过打印 frequency 的元素 0。

6.11 使用数组来汇总调查结果

下一个例子使用数组来汇总从调查中收集的数据。考虑以下问题陈述：

> 20 名学生被要求对学生食堂的食物质量进行 1 到 5 的评分，1 分代表“糟糕”，5 分代表“优秀”。将这 20 个评分放在一个 int 数组中，并确定每个评分的出现频率。

这是一种流行的数组处理应用程序（图 6.8）。我们希望汇总每个评分（即 1 ～ 5）的数量。responses 数组（第 9 行～第 10 行）是一个 20 个元素的 int 数组，用学生的评分进行初始化。它被声明为 constexpr，因为它的值不会（也不应该）改变，而且在编译时已知。我们使用 6 个元素的 frequency 数组（第 18 行）来统计每个评分的出现次数。frequency 的每个元素都是一个评分计数器，并初始化为零。和图 6.7 一样，我们忽略了元素 0。

```
1  // fig06_08.cpp
2  // Poll analysis program.
3  #include <fmt/format.h> // C++20: This will be #include <format>
4  #include <iostream>
5  #include <array>
6
7  int main() {
8     // place survey responses in array responses
9     constexpr std::array responses{
10       1, 2, 5, 4, 3, 5, 2, 1, 3, 1, 4, 3, 3, 3, 2, 3, 3, 2, 2, 5};
11
12    // initialize frequency counters to 0
13    constexpr size_t frequencySize{6}; // size of array frequency
14    std::array<int, frequencySize> frequency{};
15
16    // for each response in responses, use that value
17    // as frequency index to determine element to increment
18    for (const int& response : responses) {
19       ++frequency.at(response);
20    }
21
22    std::cout << fmt::format("{}{:>12}\n", "Rating", "Frequency");
23
24    // output each array element's value
25    for (size_t rating{1}; rating < frequency.size(); ++rating) {
```

图 6.8 投票分析程序

```
26          std::cout << fmt::format("{:>6}{:>12}\n",
27             rating, frequency.at(rating));
28       }
29    }
```

```
Rating    Frequency
     1            3
     2            5
     3            7
     4            2
     5            3
```

图 6.8　投票分析程序（续）

第一个 for 语句（第 18 行～第 20 行）每次从 responses 中获取一个评分（每个评分都是 1 ～ 5 的一个值），并递增从 frequency.at(1) 到 frequency.at(5) 的一个计数器。关键语句是第 19 行，它根据 frequency.at(response) 的值来递增适当的计数器。无论调查问卷中处理了多少个评分，程序都只需要一个 6 元素的 array（忽略元素 0）来汇总结果，因为所有评分都在 1 ～ 5 之间，而 6 元素 array 的索引是从 0 到 5。

6.12 数组排序和查找

本节使用内置的 C++ 标准库函数 sort[7] 按升序对数组元素进行排序，并使用内置的 binary_search 函数来判断一个值是否在数组中。

数据按升序或降序进行**排序**（sorting）是最重要的计算应用之一。几乎每个组织都必须对一些数据进行排序，而且很多时候会是大量的数据。排序是一个有趣的问题，计算机科学领域的专家对其进行了大量研究。

我们经常需要判断一个数组是否包含与特定**键值**（key value）相匹配的一个值。寻找键值的过程称为**查找**（searching）。

演示 sort 函数和 binary_search 函数

图 6.9 的程序创建了一个由 7 个名为 colors 的 string 对象构成的未排序数组（第 13 行和第 14 行）。第 10 行的 using 声明使我们能用 string 对象的字面值来初始化这个数组。可以在字符串的结束引号后附加一个 s 后缀来表示这是该 string 对象的字面值。例如，对于 "red"s 这个字符串来说，字面值后面的 s 告诉编译器，引号内的内容全都是一个 std::string 对象的字面值。然后，在第 13 行和第 14 行，编译器可以从初始化器中推断出该 array 的元素类型是 std::string。

第 18 行～第 20 行显示 color 的内容。注意，循环的控制变量被声明为一个 const std::string&。

将范围变量 color 声明为引用，可防止循环在每次迭代时将当前 string 对象拷贝到 color 中。在需要处理大量 string 的程序中，这种拷贝操作会降低性能。

```
// fig06_09.cpp
// Sorting and searching arrays.
#include <array>
#include <algorithm> // contains sort and binary_search
#include <fmt/format.h>
#include <iostream>
#include <string>

int main() {
   using namespace std::string_literals; // enables string object literals

   // colors is inferred to be an array<string, 7>
   std::array colors{"red"s, "orange"s, "yellow"s,
      "green"s, "blue"s, "indigo"s, "violet"s};

   // output original array
   std::cout << "Unsorted colors array:\n ";
   for (const std::string& color : colors) {
      std::cout << fmt::format("{} ", color);
   }

   // sort contents of colors
   std::sort(std::begin(colors), std::end(colors));

   // output sorted array
   std::cout << "\nSorted colors array:\n ";
   for (const std::string& color : colors) {
      std::cout << fmt::format("{} ", color);
   }

   // search for "indigo" in colors
   bool found{std::binary_search(
      std::begin(colors), std::end(colors), "indigo")};
   std::cout << fmt::format("\n\n\"indigo\" {} found in colors array\n",
      found ? "was" : "was not");

   // search for "cyan" in colors
```

图 6.9 数组排序和查找

```
38     found = std::binary_search(
39        std::begin(colors), std::end(colors), "cyan");
40     std::cout << fmt::format("\"cyan\" {} found in colors array\n",
41        found ? "was" : "was not");
42  }
```

```
Unsorted colors array:
   red orange yellow green blue indigo violet
Sorted colors array:
   blue green indigo orange red violet yellow

"indigo" was found in colors array
"cyan" was not found in colors array
```

图 6.9 数组排序和查找（续）

接着，第 23 行使用 C++ 标准库函数 **sort**（来自 **<algorithm>** 头文件），将 **colors** 数组的元素转换为升序。对于 **string** 来说，这是一种字典排序，也就是说，字符串按照其中的字符在基础字符集中的数值来排序。**sort** 函数的实参指定了要排序的元素范围——本例是整个数组。实参 **std::begin(colors)** 和 **std::end(colors)** 分别返回代表数组开始和结束的“迭代器”。第 13 章将深入讨论迭代器。**begin** 和 **end** 函数是在 **<array>** 头文件中定义的。本书以后会讲到，可用 **sort** 对几种数据结构的元素进行排序。第 27 行～第 29 行显示排好序的 **array** 的内容。

第 32 行～第 33 行和第 38 行～第 39 行使用 C++ 标准库函数 **binary_search**（来自头文件 **<algorithm>**）来判断一个值是否在数组中。首先，值的序列必须按升序排序——**binary_search** 不会为你验证这一点。对未排序的数组执行二叉查找是一种逻辑错误，可能导致不正确的结果。该函数的前两个实参代表要查找的元素范围，第三个实参是查找键，也就是想要在数组中找到的值。该函数返回一个 **bool**，表示是否找到了该值。第 14 章将使用 C++ 标准库函数 **find** 来获得一个查找键在数组中的索引。

错误提示

6.13 多维数组

可以使用具有两个维度（即索引）的数组来表示按行列排列的一个数值表格。标识一个特定的表元素需要指定两个索引。根据惯例，第一个索引标识行，第二个索引标识列。需要两个索引来标识一个特定元素的数组称为二维数组。下图展示了一个二维数组 **a**：

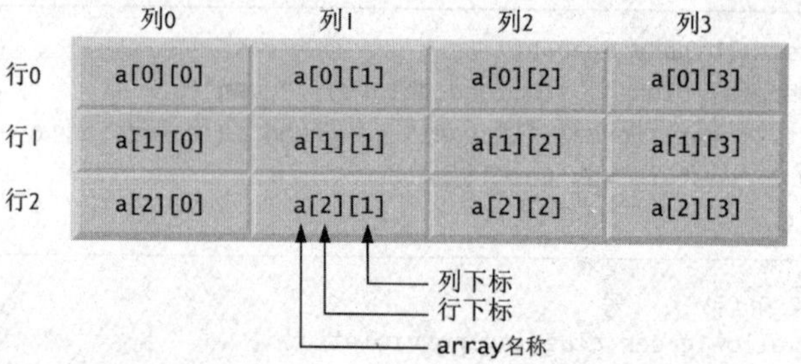

该数组包含三行和四列，我们说它是一个 3 乘 4 的数组。一般来说，有 *m* 行和 *n* 列的数组称为 *m* 乘 *n* 数组。

上图使用 a[*行*][*列*] 形式的元素名来标识每个元素。同样可以用 **at** 来访问每个元素，例如：

```
a.at(i).at(j)
```

对于行 0 的元素，其第一个索引全为 0；对于列 3 的元素，其第二个索引全为 3。

图 6.10 演示了如何在声明的同时初始化二维数组。第 11 行～第 12 行分别创建 2 行 3 列的一个由数组构成的数组。

```
1  // fig06_10.cpp
2  // Initializing multidimensional arrays.
3  #include <iostream>
4  #include <array>
5
6  constexpr size_t rows{2};
7  constexpr size_t columns{3};
8  void printArray(const std::array<std::array<int, columns>, rows>& a);
9
10 int main() {
11    constexpr std::array values1{std::array{1, 2, 3}, std::array{4, 5, 6}};
12    constexpr std::array values2{std::array{1, 2, 3}, std::array{4, 5, 0}};
13
14    std::cout << "values1 by row:\n";
15    printArray(values1);
16
17    std::cout << "\nvalues2 by row:\n";
18    printArray(values2);
19 }
20
21 // output array with two rows and three columns
22 void printArray(const std::array<std::array<int, columns>, rows>& a) {
```

图 6.10 初始化多维数组

```
23       // loop through array's rows
24       for (const auto& row : a) {
25          // loop through columns of current row
26          for (const auto& element : row) {
27             std::cout << element << ' ';
28          }
29
30          std::cout << '\n'; // start new line of output
31       }
32    }
```

```
values1 by row:
1 2 3
4 5 6

values2 by row:
1 2 3
4 5 0
```

图 6.10　初始化多维数组（续）

声明由数组构成的数组

在第 11 行～第 12 行，编译器推断 values1 和 values2 是由数组构成的数组，共有 2 行和 3 列，每个元素都是 int 类型。下面来看看 values1 的初始化器：

```
std::array{1, 2, 3}
std::array{4, 5, 6}
```

由此，编译器推断出 values1 有两行。每个初始化器都创建了一个包含三个元素的数组，所以编译器推断出 value1 的每一行都有三列。最后，这些行的初始化器中的值都是 int，所以编译器推断出 value1 的元素类型是 int。

显示由数组构成的数组

程序调用 printArray 函数来输出每个数组的元素。函数原型（第 8 行）和定义（第 22 行～第 32 行）指定 printArray 通过一个 const 引用来接收一个 2 行、3 列的 int 数组。在以下类型声明中：

```
const std::array<std::array<int, columns>, rows>&
```

外层 array 的类型指出它 rows(2) 个 array<int, columns> 类型的元素。所以，外层 array 的每个元素都是一个包含 columns(3) 个元素的 int 数组。由于 printArray 不会修改元素，所以该参数以 const 引用的方式接收数组。

嵌套的基于范围的 for 语句

我们用一个嵌套循环来处理二维数组的元素：

- 外层循环遍历行
- 内层循环遍历给定行的列

printArray 函数的嵌套循环是用基于范围的 for 语句实现的。第 24 行和第 26 行引入了 C++11 的 auto 关键字，它告诉编译器根据变量的初始值来推断（确定）变量的数据类型。外层循环的范围变量 row 用来自参数 a 的一个元素进行初始化。看看 array 的声明，可以看到它包含 array<int, columns> 类型的元素。编译器由此推断 row 引用的是包含 int 值的一个 3 元素数组（同样，columns 为 3）。row 声明中的 const& 表示该引用不能被用来修改行，并防止每行被拷贝到范围变量中。内层循环的范围变量 element 被初始化为由 row 所代表的 array 中的一个元素。所以，编译器推断 element 是对一个 const int 的引用，因为每一行都包含三个 int 值。在许多集成开发环境中，将鼠标光标悬停在一个用 auto 声明的变量上，会显示出为该变量推断的类型。第 27 行显示指定行列的 element 值。

嵌套的、由计数器控制的 for 语句

可以用计数器控制的循环来实现嵌套循环，如下所示：

```
for (size_t row{0}; row < a.size(); ++row) {
   for (size_t column{0}; column < a.at(row).size(); ++column) {
      cout << a.at(row).at(column) << ' '; // or a[row][column]
   }
   cout << '\n';
}
```

用完整的大括号初始化列表来初始化由数组构成的数组

如果在声明数组时显式指定它的维度，就可以简化它的初始化列表。例如，第 11 行可以写成如下形式：

```
constexpr std::array<std::array<int, columns>, rows> values1{
   {{1, 2, 3}, // row 0
    {4, 5, 6}} // row 1
};
```

在这种情况下，如果一个初始化子列表的元素少于列的数量，那么该行的剩余元素将进行“值初始化”。

常见二维数组操作：设置一行的值

现在考虑一下 6.13 节开头那张图中的 3 行、4 列数组 a 的其他几种常见操作。

以下 for 语句将行 2 的所有元素设为 0：

```
for (size_t column{0}; column < a.at(2).size(); ++column) {
   a.at(2).at(column) = 0; // 或者 a[2][column] = 0
}
```

for 语句只变换第二个索引（也就是列索引）。上述 for 语句等价于以下赋值语句：

```
a.at(2).at(0) = 0; // 或者 a[2][0] = 0;
a.at(2).at(1) = 0; // 或者 a[2][1] = 0;
a.at(2).at(2) = 0; // 或者 a[2][2] = 0;
a.at(2).at(3) = 0; // 或者 a[2][3] = 0;
```

常见二维数组操作：用嵌套的、由计数器控制的 for 循环求所有元素之和

以下嵌套的计数器控制 for 循环求数组 a 的所有元素之和：

```
int total{0};

for (size_t row{0}; row < a.size(); ++row) {
   for (size_t column{0}; column < a.at(row).size(); ++column) {
      total += a.at(row).at(column); // a[row][column]
   }
}
```

for 语句累加数组的所有元素，每次一行。外层循环首先将 row 索引设为 0，因此内层循环首先累加行 0 的所有元素。然后，外层循环将 row 递增为 1，这样就可以对行 1 的元素进行累加。再然后，外层 for 语句将 row 递增到 2，所以累加行 2 的元素。

常见二维数组操作：用嵌套的、基于范围的 for 循环求所有元素之和

刚才的循环最好用嵌套的、基于范围的 for 语句来实现：

```
int total{0};

for (const auto& row : a) { // 对于 a 中的每一行
   for (const auto& column : row) { // 对于行中的每一列
      total += column;
   }
}
```

C++23 mdarray

C++ 标准委员会正在为 C++23 开发一个名为 mdarray 的真正的多维数组容器。可以在以下网站关注 mdarray 和相关类型 mdspan 的进展：

- mdarray—https://isocpp.org/files/papers/D1684R0.html
- mdspan—https://wg21.link/P0009

6.14 函数式编程入门

性能提示

类似于 Python、Java 和 C# 等流行的语言，C++ 也支持多种编程范式：过程式、面向对象、泛型（面向模板）和“函数式”。C++ 的“函数式”特性帮助你写出更简洁的代码，错误更少，更容易阅读、调试和修改。函数式程序还更容易并行化，在当今的多核处理器上获得更好的性能。

6.14.1 做什么和怎么做

随着程序的任务变得越来越复杂，代码也变得越来越难以阅读、调试和修改，而且更可能包含错误。指定代码如何工作会变得很复杂。在函数式编程中，你指定你想要“做什么”，而库代码通常为你处理“怎么做”的问题。这可以消除许多错误。

以图 6.5 的基于范围的 `for` 语句为例，求数组中整数元素之和，如下所示：

```
for (const int& item : integers) {
   total += item;
}
```

虽然这个程序代码隐藏了迭代的细节，但我们仍需指定如何将每个 `item` 加到变量 `total` 上来计算元素的总和。而每次修改一个变量时，都可能引入错误。函数式编程强调的是**不变性**（immutability），它避免了修改变量值的操作。如果这是你第一次接触函数式编程，可能会想：“这怎么可能呢？”请继续阅读。

用 accumulate 进行函数式归约

图 6.11 用对 C++ 标准库 `accumulate` 算法（来自头文件 `<numeric>`）的调用取代了图 6.5 基于范围的 `for` 语句。默认情况下，该函数知道如何计算一个范围的值的总和，把它们归约为单一的值。**归约**（reduction）是常见的函数式编程操作。

```
// fig06_11.cpp
// Compute the sum of the elements of an array using accumulate.
#include <array>
#include <fmt/format.h>
#include <iostream>
#include <numeric>

int main() {
   constexpr std::array integers{10, 20, 30, 40};
   std::cout << fmt::format("Total of array elements: {}\n",
```

图 6.11 使用 accumulate 计算数组元素之和

```
11        std::accumulate(std::begin(integers), std::end(integers), 0));
12  }
```

图 6.11 使用 accumulate 计算数组元素之和（续）

和 6.12 节的 sort 函数相似，accumulate 函数的前两个实参（第 11 行）指定了需要求和的元素的范围——本例是 integers 从头到尾的所有元素。该函数在内部累加它每次处理的元素，并隐藏了具体计算过程。第三个参数是累加结果的初始值（0）。稍后就会看到如何定制 accumulate 的归约。

accumulate 函数使用**内部迭代**（internal iteration），这也是对开发人员隐藏的。该函数知道如何在指定元素范围内进行迭代，并将每个元素加到累加结果上。说明你想做什么，并让库决定怎么做，这就是所谓的**声明式编程**（declarative programming），是函数式编程的另一个特色应用。

6.14.2 函数作为实参传给其他函数：理解 lambda 表达式

许多标准库函数允许通过传递其他函数作为实参来定制其工作方式。接收其他函数作为实参的函数称为**高阶函数**（higher-order function），在函数式编程中获得了普遍应用。以 accumulate 函数为例，它默认是求元素之和。它还有一个重载版本，能接收一个定义了如何进行归约的函数作为其第四个实参。图 6.12 不是像默认的那样对数值进行求和，而是计算数值的乘积。

```
// fig06_12.cpp
// Compute the product of an array's elements using accumulate.
#include <array>
#include <fmt/format.h>
#include <iostream>
#include <numeric>

int multiply(int x, int y) {
   return x * y;
}

int main() {
   constexpr std::array integers{1, 2, 3, 4, 5};

   std::cout << fmt::format("Product of integers: {}\n", std::accumulate(
      std::begin(integers), std::end(integers), 1, multiply));

```

图 6.12 使用 accumulate 计算数组元素之积

```
18     std::cout << fmt::format("Product of integers with a lambda: {}\n",
19        std::accumulate(std::begin(integers), std::end(integers), 1,
20              [](const auto& x, const auto& y){return x * y;}));
21 }
```

```
Product of integers: 120
Product of integers with a lambda: 120
```

图 6.12 使用 accumulate 计算数组元素之积（续）

用一个具名函数调用 accumulate

第 15 行～第 16 行为 `integers` 数组（在第 13 行定义）调用 `accumulate`。我们要计算乘积，所以第三个实参（即归约的 初始值）是 1，而不是 0；否则，最终的乘积将是 0。第四个实参是为每个数组元素调用的函数——本例是 `multiply`（在第 8 行～第 10 行定义）。为了计算乘积，该函数必须接收两个实参：

- 到目前为止的乘积
- 来自数组的一个值

而且必须返回一个值，即新的乘积。当 `accumulate` 遍历 `integers` 数组时，它将当前的乘积和下一个元素作为实参传递。在本例中，`accumulate` 在内部调用 `multiply` 五次。

- 第一次调用传递初始乘积（1，它被指定为 `accumulate` 的第三个实参）和数组的第一个元素（1），生成乘积 1。
- 第二次调用传递当前乘积（1）和数组的第二个元素（2），生成乘积 2。
- 第三次调用传递 2 和数组的第三个元素（3），生成乘积 6。
- 第四次调用通过 6 和数组的第四个元素（4），生成乘积 24。
- 最后一次调用传递 24 和数组的第五个元素（5），生成最终结果 120，`accumulate` 把它返回给调用者。

用 lambda 表达式调用 accumulate

有时可能不需要重复使用一个函数，这时可以利用 C++11 开始引入的 lambda 表达式（或直接称为 `lambda`）在需要的地方定义一个函数。lambda 表达式本质上是一个匿名函数，也就是一个没有名字的函数。第 19 行～第 20 行在调用 `accumulate` 时使用以下 lambda 表达式来执行与 `multiply` 相同的任务：

```
[](const auto& x, const auto& y){return x * y;}
```

lambda 表达式以一个所谓的 `lambda introducer`（`[]`）开始，后跟逗号分隔的参数列表和一个函数主体。上述 lambda 接收两个参数，计算它们的乘积并返回结果。

6.13 节讲过，auto 使编译器能根据变量的初始值来推断其类型。将 lambda 参数的类型指定为 auto 可以让编译器根据调用 lambda 的上下文来推断其类型。在本例中，accumulate 对数组中的每个元素都调用一次 lambda，将当前乘积和元素的值作为 lambda 的实参传递。由于初始乘积（1）是一个 int，而数组中包含的是 int，所以编译器推断 lambda 参数的类型为 int。使用 auto 来推断每个参数的类型是 C++14 的一个特性，称为泛型 lambda。编译器还从表达式 x * y 中推断出 lambda 的返回类型——由于 x 和 y 都是 int，所以这个 lambda 返回的也是一个 int。

我们将参数声明为 const 引用。

- 设为 const 后，lambda 的主体就不能修改调用者的变量。
- 设为引用后，由于不会拷贝对象，所以在对大对象使用 lambda 时，有利于保证性能。

性能提示

任何支持 * 操作符的类型都可以使用该 lambda。第 14 章将详细讨论 lambda 表达式。

6.14.3 过滤器、映射和归约：理解 C++20 的“范围”库

C++ 标准库实现函数式编程已有多年的历史。C++20 新的范围库（头文件 <ranges>）使函数式编程变得更方便[8]。这里要介绍这个库的两个关键方面：范围和视图。

- **范围**（range）是可供遍历的元素的一个集合。例如，一个 array 就是一个范围。
- **视图**（view）使你能指定一个操作来处理一个范围。视图是可组合的，可以把它们连在一起，通过多个操作来处理一个范围中的元素。

为方便讨论，我们将图 6.13 的程序分成几个部分，演示了几个使用 C++20“范围”的函数式操作。第 14 章会讨论这个库支持的更多功能。

用于显示程序运行结果的 showValues lambda

本例使用一个基于范围的 for 语句来显示各种范围操作的结果。这里不是重复这些代码，而是定义一个能接收范围并显示其值的函数。我们选择定义一个泛型 lambda（第 12 行～第 20 行），展示如何将 lambda 存储到一个局部变量中（showValues；第 11 行～第 21 行）。然后，就可以使用该变量的名称来调用 lambda，如第 24 行、第 29 行、第 34 行、第 40 行和第 51 行所示。

```
1  // fig06_13.cpp
2  // Functional-style programming with C++20 ranges and views.
```

图 6.13 用 C++20 范围和视图来进行函数式编程

```
3   #include <array>
4   #include <fmt/format.h>
5   #include <iostream>
6   #include <numeric>
7   #include <ranges>
8
9   int main() {
10     // lambda to display results of range operations
11     auto showValues{
12        [](auto& values, const std::string& message) {
13           std::cout << fmt::format("{}: ", message);
14
15           for (const auto& value : values) {
16              std::cout << fmt::format("{} ", value);
17           }
18
19           std::cout << '\n';
20        }
21     };
22
```

图 6.13 用 C++20 范围和视图来进行函数式编程（续）

用 views::iota 生成一个连续的整数范围

性能提示

本章许多例子都要创建一个 array，然后处理其值。这要求为数组预分配适当数量的元素。某些情况下，也可以按需生成值，而不必提前创建和存储值。按需生成值的操作使用的是**惰性求值**[9]（lazy evaluation）。由于不需要一次性备好所有值，所以它能减少程序的内存消耗并提升性能。第 23 行使用 <ranges> 库的 views::iota 来生成从其第一个实参（1）到第二个实参（11）的一个整数范围（但不含 11），即所谓的**半开范围**（half-open range）。除非程序开始遍历结果，比如调用 showValues（第 24 行）来显示值，否则这些值不会生成。

```
23     auto values1{std::views::iota(1, 11)}; // generate integers 1-10
24     showValues(values1, "Generate integers 1-10");
25
```

```
Generate integers 1-10: 1 2 3 4 5 6 7 8 9 10
```

用 views::filter 过滤数据项

一个常见的函数式编程操作是对元素进行过滤，只选择那些符合条件的元素。这通常会产生比被过滤的范围更少的元素。实现过滤的一种方法是用循环来遍历元素，用 if 语句检查每个元素是否符合一个条件。然后，可以对符合条件的元素做一些事情，比如把它添加到一个容器中。这需要显式定义一个循环控制语句和可变的变量。如 6.6 节所述，这很容易引入错误。

有了范围和视图后，就可以使用 views::filter 来专注于我们想要解决的问题——本例是获得范围在 1 ～ 10 之间的偶整数。第 27 行～第 28 行的 values2 初始化器使用 | 操作符来连接多个操作。第一个操作（第 23 行的 values1）生成 1 ～ 10，第二个操作过滤这些结果。这些操作共同构成了一个**管道**（pipeline）。每个管道都从一个范围开始，这个范围就是数据源（由 values1 生成的 1 ～ 10 的值），然后是任意数量的操作，每个操作以 | 分隔。

```
26      // filter each value in values1, keeping only the even integers
27      auto values2{values1 |
28         std::views::filter([](const auto& x) {return x % 2 == 0;})};
29      showValues(values2, "Filtering even integers");
30
```

```
Filtering even integers: 2 4 6 8 10
```

传给 views::filter 的实参必须是一个函数，它接收一个要处理的值，并返回一个表示是否保留该值的 bool。我们传递了一个 lambda，如果其实参能被 2 整除，就返回 true。

执行了第 27 行～第 28 行后，values2 就成了一个**惰性管道**（lazy pipeline），它可以生成 1 ～ 10 的整数并过滤出其中的偶整数。我们用这个管道简洁地表达了想要做什么，同时不关心具体怎么做。

- views::iota 知道怎么生成整数。
- views::filter 知道怎么使用它的函数实参（lambda 表达式）来决定是否保留之前从管道接收到的每个值。

同时，管道是“惰性”的，除非开始遍历 values2，否则不会真正生成结果。

当 showValues 遍历 values2 时，views::iota 会生成一个值，然后 views::filter 调用它的函数实参来决定是否保留这个值。如果那个函数返回 true，基于范围的 for 语句会从管道中接收该值并显示它。否则，就对 views::iota 生成的下一个值重复这些处理步骤。

用 views::transform 映射数据项

另一个常见的函数式编程操作是将元素映射成新值，而且可能是不同类型的值。映射产生和原始范围相同数量的元素。使用 C++20 范围，可用 views::transform 执行映射操作。第 32 行和第 33 行的管道为第 27 行和第 28 行的管道增加了另一个操作，在第 33 行将向 views::transform 传递一个 lambda 表达式，从而将 values2 的过滤结果映射成它们的平方。

```
31      // map each value in values2 to its square
32      auto values3{
33         values2 | std::views::transform([](const auto& x) {return x * x;})};
34      showValues(values3, "Mapping even integers to squares");
35
```

```
Mapping even integers to squares: 4 16 36 64 100
```

传给 views::transform 的实参是一个函数，它获取一个要处理的值，并返回它映射后的值（可能是不同的类型）。当 showValues 遍历新的 values3 管道的结果时，将有以下后果。

1. views::iota 生成一个值。
2. views::filter 判断该值是不是偶数。如果是，将该值传给步骤 3；否则继续处理步骤 1 由 views::iota 生成的下一个值。
3. views::transform 计算偶整数的平方（由第 33 行的 lambda 表达式来指定）。然后，showValues 中基于范围的 for 循环显示结果，并继续处理步骤 1 由 views::iota 生成的下一个值。

将过滤和映射操作合并到一个管道中

一个管道可以包含任意数量以 | 操作符分隔的操作。第 37 行～第 39 行的管道将前面描述的所有操作合并到一个管道中，第 40 行显示结果。

```
36      // combine filter and transform to get squares of the even integers
37      auto values4{
38         values1 | std::views::filter([](const auto& x) {return x % 2 == 0;})
39                 | std::views::transform([](const auto& x) {return x * x;})};
40      showValues(values4, "Squares of even integers");
41
```

```
Squares of even integers: 4 16 36 64 100
```

用 accumulate 归约范围管道

像 accumulate 这样的 C++ 标准库函数也可以与惰性范围管道一起工作。第 44 行执行一个归约操作，对第 37 行～第 39 行的管道所生成的偶整数的平方进行求和。

```
42      // total the squares of the even integers
43      std::cout << fmt::format("Sum squares of even integers 2-10: {}\n",
44         std::accumulate(std::begin(values4), std::end(values4), 0));
45
```

```
Sum squares of even integers 2-10: 220
```

过滤和映射现有容器的元素

包括 array 和 vector（6.15 节）在内的各种 C++ 容器可以作为范围管道的数据源使用。第 47 行创建一个包含 1 ～ 10 的数组，然后在一个计算数组内偶整数的平方的管道中使用它。

```
46     // process a container's elements
47     constexpr std::array numbers{1, 2, 3, 4, 5, 6, 7, 8, 9, 10};
48     auto values5{
49        numbers | std::views::filter([](const auto& x) {return x % 2 == 0;})
50                | std::views::transform([](const auto& x) {return x * x;})};
51     showValues(values5, "Squares of even integers in array numbers");
52  }
```

```
Squares of even integers in array numbers: 4 16 36 64 100
```

6.15 对象自然案例学习：C++ 标准库类模板 vector

现在继续我们的“对象自然”学习方法，体验一下 C++ 标准库类模板 vector（来自头文件 <vector>）的用法[10]。vector 与 array 相似，但它支持动态调整大小。本节最后会演示 vector 的边界检查功能，array 也具有同样的功能。届时将通过检测和处理一个越界的 vector 索引来介绍 C++ 的异常处理机制。到那时我们才会讨论 <stdexcept> 头文件（第 5 行）。第 7 行～第 8 行是 outputVector（第 93 行～第 99 行）和 inputVector（第 102 行～第 106 行）的函数原型，它们分别用于显示 vector 的内容和向 vector 输入值。

```
1  // fig06_14.cpp
2  // Demonstrating C++ standard library class template vector.
3  #include <iostream>
4  #include <vector>
5  #include <stdexcept>
6
7  void outputVector(const std::vector<int>& items); // display the vector
8  void inputVector(std::vector<int>& items); // input values into the vector
9
```

图 6.14 演示 C++ 标准库类模板 vector

创建 vector 对象

第 11 行～第 12 行创建两个 vector 对象来存储 int 类型的值——integers1 包含 7 个元素，integers2 则包含 10 个元素。在这两个 vector 对象中，所有元素都默认设为 0。和 array 一样，vector 可以存储大多数数据类型——将 std::vector<int> 中的 int 替换为适当的类型即可。

```
10 int main() {
11    std::vector<int> integers1(7); // 7-element vector<int>
12    std::vector<int> integers2(10); // 10-element vector<int>
13
```

注意，这里用圆括号而不是大括号初始化器将大小实参传递给每个 vector 对象的构造函数。创建 vector 时，如果大括号中包含 vector 的元素类型的一个值，编译器会将大括号视为一个单元素的初始化列表，而不是视为 vector 的大小。所以，以下声明实际创建的是包含值 7 的单元素 vector<int>，而不是包含 7 个元素的一个 vector：

```
std::vector<int> integers1{7};
```

如果在编译时知道 vector 的内容，那么可以使用初始化列表和类模板实参推导（CTAD）来定义 vector，就像我们之前对 array 所做的那样（6.5 节）。例如，以下语句定义的是一个 4 元素的 double vector：

```
std::vector integers1{1.1, 2.2, 3.3, 4.4};
```

vector 成员函数 size 和 outputVector 函数

第 15 行使用 vector 的成员函数 size 来获得 integers1 的元素数量。[11] 第 17 行将 integers1 传递给函数 outputVector（第 93 行～第 99 行），后者使用基于范围的 for 来显示 vector 的元素。第 20 行和第 22 行对 integers2 执行相同的任务。

```
14    // print integers1 size and contents
15    std::cout << "Size of vector integers1 is " << integers1.size()
16       << "\nvector after initialization:";
17    outputVector(integers1);
18
19    // print integers2 size and contents
20    std::cout << "\nSize of vector integers2 is " << integers2.size()
21       << "\nvector after initialization:";
22    outputVector(integers2);
23
```

```
Size of vector integers1 is 7
vector after initialization: 0 0 0 0 0 0 0

Size of vector integers2 is 10
vector after initialization: 0 0 0 0 0 0 0 0 0 0
```

inputVector 函数

第 26 行～第 27 行将 integers1 和 integers2 传给 inputVector 函数（第 102 行～第 106 行），从用户处读入每个 vector 的值。

```
24      // input and print integers1 and integers2
25      std::cout << "\nEnter 17 integers:\n";
26      inputVector(integers1);
27      inputVector(integers2);
28
29      std::cout << "\nAfter input, the vectors contain:\n"
30         << "integers1:";
31      outputVector(integers1);
32      std::cout << "integers2:";
33      outputVector(integers2);
34
```

```
Enter 17 integers:
1 2 3 4 5 6 7 8 9 10 11 12 13 14 15 16 17

After input, the vectors contain:
integers1: 1 2 3 4 5 6 7
integers2: 8 9 10 11 12 13 14 15 16 17
```

判断两个 vector 是否不相等

第 5 章介绍了函数重载。一个类似的概念是操作符重载，它允许你定义一个内置操作符在一个自定义类型上的工作方式。C++ 标准库已为 array 和 vector 重载了 == 和 != 操作符，它们分别判断两个 array 或两个 vector 是否相等或不相等。第 38 行使用 != 操作符比较两个 vector 对象。如果两个 vector 的内容不相等（即两者长度不同，或两者中相同索引的元素不相等），该操作符将返回 true。否则，!= 将返回 false。

```
35      // use inequality (!=) operator with vector objects
36      std::cout << "\nEvaluating: integers1 != integers2\n";
37
38      if (integers1 != integers2) {
```

```
39          std::cout << "integers1 and integers2 are not equal\n";
40      }
41
```

```
Evaluating: integers1 != integers2
integers1 and integers2 are not equal
```

用一个 vector 的内容初始化另一个 vector

可以通过拷贝现有 vector 的内容来初始化一个新 vector。第 44 行创建 vector 对象 integers3，并用 integers1 的拷贝来初始化它。在这里，我们利用 CTAD 从 integers1 的元素类型推断出 integers3 的元素类型。第 44 行调用类模板 vector 的拷贝构造函数来执行拷贝操作。第 11 章会更详细讨论拷贝构造函数。第 46 行～第 48 行输出 integers3 的大小和内容，以证明它已经被正确初始化。

```
42      // create vector integers3 using integers1 as an
43      // initializer; print size and contents
44      std::vector integers3{integers1}; // copy constructor
45
46      std::cout << "\nSize of vector integers3 is " << integers3.size()
47         << "\nvector after initialization: ";
48      outputVector(integers3);
49
```

```
Size of vector integers3 is 7
vector after initialization: 1 2 3 4 5 6 7
```

vector 赋值和 vector 的相等性比较

第 52 行将 integers2 赋给 integers1，证明赋值操作符（=）已针对 vector 对象进行了重载。第 54 行～第 57 行输出两个对象的内容，证明它们现在包含相同的值。第 62 行用相等性操作符（==）比较 integers1 和 integers2，判断两个对象的内容在赋值后是否相等，结果是相等。

```
50      // use overloaded assignment (=) operator
51      std::cout << "\nAssigning integers2 to integers1:\n";
52      integers1 = integers2; // assign integers2 to integers1
53
54      std::cout << "integers1: ";
55      outputVector(integers1);
56      std::cout << "integers2: ";
57      outputVector(integers2);
```

```
58
59    // use equality (==) operator with vector objects
60    std::cout << "\nEvaluating: integers1 == integers2\n";
61
62    if (integers1 == integers2) {
63       std::cout << "integers1 and integers2 are equal\n";
64    }
65
```

```
Assigning integers2 to integers1:
integers1: 8 9 10 11 12 13 14 15 16 17
integers2: 8 9 10 11 12 13 14 15 16 17

Evaluating: integers1 == integers2
integers1 and integers2 are equal
```

使用 at 成员函数访问和修改 vector 的元素

第 67 行和第 71 行使用 vector 的成员函数 at 来获取一个元素，并用它分别从 vector 中获取一个值和替换 vector 中的一个值。如果索引有效，成员函数 at 返回以下任一结果。

- 对该位置上的元素的引用，可以用来改变相应 vector 元素的值。
- 该位置的元素的 const 引用，不能用来改变相应 vector 元素的值，但可以用来读取元素值。

如果在一个 const vector 上调用 at，或者通过一个声明为 const 的引用调用 at，该函数将返回一个 const 引用。

```
66    // use the value at location 5 as an rvalue
67    std::cout << "\nintegers1.at(5) is " << integers1.at(5);
68
69    // use integers1.at(5) as an lvalue
70    std::cout << "\n\nAssigning 1000 to integers1.at(5)\n";
71    integers1.at(5) = 1000;
72    std::cout << "integers1: ";
73    outputVector(integers1);
74
```

```
integers1.at(5) is 13

Assigning 1000 to integers1.at(5)
integers1: 8 9 10 11 12 1000 14 15 16 17
```

和 array 一样，vector 也有一个 [] 操作符。用方括号访问元素时，C++ 不需要执行边界检查。因此，必须自行确保使用 [] 的操作不会意外地操作 vector 边界之外的元素。

异常处理：处理超出范围的索引

第 78 行试图输出 integers1.at(15) 的值，这超出了 vector 的边界。成员函数 at 的边界检查机制识别出无效的索引并抛出一个**异常**（throws an exception），从而指出执行时出了问题。“异常”这个词暗示问题发生的频率不高。**异常处理**（exception handling）使你能创建用于处理（或捕捉）异常的**容错程序**（fault-tolerant program）。在某些情况下，这允许程序继续执行，就像没有遇到问题一样——例如，尽管我们试图访问一个超出范围的索引，但这个程序仍然运行到完成。但是，更严重的问题可能阻止程序继续正常执行，要求程序在正确清理它所使用的任何资源（如关闭文件、关闭数据库连接等）后终止。这里只对异常处理进行了简单的介绍。第 9 章将要介绍如何从自己的自定义函数中抛出异常，我们将在第 12 章更详细地讨论异常处理。

```
75      // attempt to use out-of-range index
76      try {
77         std::cout << "\nAttempt to display integers1.at(15)\n";
78         std::cout << integers1.at(15) << '\n'; // ERROR: out of range
79      }
80      catch (const std::out_of_range& ex) {
81         std::cerr << "An exception occurred: " << ex.what() << '\n';
82      }
83
```

```
Attempt to display integers1.at(15)
An exception occurred: invalid vector subscript
```

try 语句

默认情况下，一个异常会导致 C++ 程序的终止。要处理异常，并让程序继续执行（如果可以的话），需要将任何可能抛出异常的代码放在一个 try 语句中（第 76 行～第 82 行）。try 块（第 76 行～第 79 行）包含可能抛出异常的代码，而 catch 块（第 80 行～第 82 行）包含在异常发生时处理异常的代码。如第 12 章所述，一个 try 块可以有许多 catch 块来处理可能被抛出的不同类型的异常。如果 try 块中的代码成功执行，第 80 行～第 82 行的 catch 块会被忽略。必须用大括号对 try 块和 catch 块的主体定界。

执行 catch 块

程序向 vector 的成员函数 at 传递实参 15 时（第 78 行），该函数试图访问位置 15 的元素，这超出了 vector 的边界，integers1 此时只有 10 个元素。由于边界检查是在执行时进行的，所以 vector 的成员函数 at 生成了一个异常。具体地说，第 78 行抛出一个 out_of_range 异常（来自头文件 <stdexcept>）来通知程序这个问题。这就立即终止了 try 块，跳过了该块剩余的任何语句。然后，catch 块开始执行。如果在 try 块中声明了任何变量，它们现在就已经超出了范围，不能在 catch 块中访问。

一个 catch 块应该把它的异常参数（ex）声明为一个 const 引用，第 12 章会具体讲这个问题。catch 块可以处理指定类型的异常。在这个块中，可以使用参数的标识符与捕捉的异常对象进行交互。

异常对象的 what 成员函数

第 80 行～第 82 行捕捉到异常时，程序会显示一条消息（具体内容因编译器而异），指出所发生的问题。第 81 行调用异常对象的 what 成员函数来获取错误消息。在本例中，一旦显示了消息，就认为异常已得到了处理，程序会继续执行 catch 块的结束大括号后的下一个语句。在本例中，接着执行的是第 85 行～第 89 行。

更改 vector 的大小

vector 和 array 的一个关键区别在于，vector 可以随着元素数量的变化而动态增大和缩小。为了证明这一点，第 85 行显示了 integers3 的当前大小，第 86 行调用 vector 的 push_back 成员函数在 vector 尾部追加一个包含值 1000 的新元素。第 87 行显示 integers3 的新大小。然后，第 89 行显示 integers3 的新内容。

```
84       // changing the size of a vector
85       std::cout << "\nCurrent integers3 size is: " << integers3.size();
86       integers3.push_back(1000); // add 1000 to the end of the vector
87       std::cout << "\nNew integers3 size is: " << integers3.size()
88          << "\nintegers3 now contains: ";
89       outputVector(integers3);
90    }
91
```

```
Current integers3 size is: 7
New integers3 size is: 8
integers3 now contains: 1 2 3 4 5 6 7 1000
```

outputVector 函数和 inputVector 函数

outputVector 函数使用一个基于范围的 for 语句来获取 vector 中每个元素的值以进行输出。和类模板 array 一样，也可以用一个计数器控制的循环来做这件事，但推荐使用基于范围的 for。类似地，inputVector 函数使用一个基于范围的 for 语句和一个 int& 范围变量，以便在相应的 vector 元素中存储一个输入值。

```
// output vector contents
void outputVector(const std::vector<int>& items) {
   for (const int& item : items) {
      std::cout << item << " ";
   }

   std::cout << '\n';
}

// input vector contents
void inputVector(std::vector<int>& items) {
   for (int& item : items) {
      std::cin >> item;
   }
}
```

直线型代码

本章的例子出现了许多 for 循环。但在我们的“对象自然”小节，你可能已经注意到，许多创建和使用对象的代码都是**直线型顺序代码**（straight-line sequential code），鲜有控制语句。使用对象来编码时，经常可以将代码“扁平化”为大量的顺序的函数调用。

6.16 小结

首先要再次强调的是，本章提到的几乎所有“数组”和“向量”都分别特指 C++ 标准库类模板 array 和 vector。

本章初探了数据结构，讨论了如何使用 C++ 标准库的类模板 array 和 vector 在列表和值表格中存储和检索数据。我们演示了如何声明数组、初始化数组以及引用数组中单独的元素。我们以传引用的方式将数组传给函数，并使用 const 限定符来防止被调用的函数修改数组元素。你学习了如何使用 C++11 基于范围的 for 语句来操作数组中的所有元素。还演示了 C++ 标准库函数 sort 和 binary_search，它们分别用于对未排序的数组进行排序和对已排序的数组进行查找。

本章讨论了如何声明和操作二维数组。我们使用嵌套和计数器控制的 for 语句以及嵌套和基于范围的 for 语句来遍历二维数组的所有行和列。还展示了如何使用 auto 来根据变量的初始值来推断其类型。我们介绍了 C++ 的函数式编程，利用 C++20 的范围和视图来合成多个操作的惰性管道。

在本章的对象自然案例学习中，我们展示了 C++ 标准库类模板 vector 的能力。这个例子讨论了如何用边界检查来访问 array 元素和 vector 元素，并演示了基本的异常处理概念。本书以后还会继续讨论数据结构。

第 7 章将介绍 C++ 语言最强大的功能之一：指针。指针可以跟踪数据项在内存中的存储位置，这使我们能用一些有趣的方式操作数据项。如你所见，C++ 本身就支持称为“数组”的语言元素（有别于类模板 array），它与指针密切相关。在现代 C++ 代码中，人们普遍认为使用 array 类模板而不是传统的“数组”是更好的编程实践。

注释

1. 第 7 章会讲到，C++ 还提供了一种称为“数组”的语言元素（它和 array 容器不同）。现代 C++ 代码应该使用 C++11 的 array 类模板而不是传统的“数组”。本节在提到“数组”时，基本上都是特指 array 类模板的对象。
2. C++ Standard，“17.2.4 Sizes, Alignments, and Offsets”，访问日期 2021 年 12 月 29 日，https://timsong-cpp.github.io/cppwp/n4861/support.types#layout-3。
3. http://en.wikipedia.org/wiki/Buffer_overflow。
4. “类模板实参推导（CTAD）”，访问日期 2021 年 11 月 30 日，https://zh.cppre ference.com/w/cpp/language/class_template_argument_deduction。
5. 大多数 C++ 标准库容器都支持基于范围的 for 语句，这些容器将在第 13 章进行讨论。
6. 在错误消息中，有的编译器将 const 基本类型变量称为“const 对象”。C++ 标准将“对象”定义为任何“存储区域”。和类对象一样，基本类型变量也会占用内存空间，所以它们也经常称为“对象”。
7. C++ 标准称 sort 使用的是一种 $O(n \log n)$ 算法，但没有具体说明是哪一个。
8. 本书写作时，clang++ 还不支持这里展示的范围库特性。
9. 译注：或称延迟求值。
10. 第 13 章将要讨论 vector 具有的更多能力。
11. 也可以使用 C++17 的全局函数 std::size，即 std::size(integers1)。

第 7 章

现代 C++ 对指针的淡化

学习目标

- 了解什么是指针，以及如何声明和初始化它们
- 使用取址（&）和间接寻址（*）指针操作符
- 比较指针和引用
- 使用指针，以传引用的方式向函数传递实参
- 主要在传统代码中使用的基于指针的数组和字符串
- 为指针和它们指向的数据使用 `const`
- 使用 `sizeof` 操作来确定存储了特定类型的一个值的字节数
- 理解多见于遗留代码的指针表达式和指针算术
- 使用 C++11 的 `nullptr` 来表示不指向任何东西的指针
- 使用 C++11 的 `begin` 和 `end` 库函数处理基于指针的数组
- 了解关于避免使用指针和基于指针的数组的各种“C++ 核心准则”，以创建更安全、更健壮的程序
- 使用 C++20 的 `to_array` 函数将内置数组和初始化列表转换为 `std::array`
- 继续我们的“对象自然”案例学习，使用 C++20 的类模板 span 来创建对象。这种对象是内置数组、`std::array` 和 `std::vector` 的视图

7.1 导读

本章讨论了指针、内置的基于指针的数组和基于指针的字符串（也称为 C 字符串），所有这些都是 C++ 从 C 编程语言继承的。

在现代 C++ 中淡化指针

指针很强大，但用起来很有挑战性，而且容易出错。因此，现代 C++（C++20、C++17、C++14 和 C++11）增加了一些特性来消除大多数对指针的依赖。新的软件开发项目一般应优先考虑以下几点。

- 使用引用或“智能指针”对象（11.5 节），而不是使用指针。
- 使用 `std::array` 和 `std::vector` 对象（第 6 章），而不是使用内置的基于指针的数组
- 使用 `std::string` 对象（第 2 章和第 8 章）和 `std::string_view` 对象（8.11 节），而不是使用基于指针的 C 字符串。

有时仍然需要指针

在大量已部署的传统 C++ 代码中，经常都会遇到指针、基于指针的数组（C 风格的数组）以及基于指针的 C 字符串。需要用指针做下面这些事情。

- 创建和操作动态数据结构，例如链表、队列、栈和树，它们可能在执行时伸缩。但是，大多数程序员现在都会选择使用 C++ 标准库现有的动态容器，例如 `vector` 和第 13 章要讨论的其他容器。
- 处理命令行参数，程序以基于指针的 C 字符串数组的形式接收这些参数。
- 如果可能出现 `nullptr`[1]（空指针是不指向任何东西的指针；参见 7.2.2 节），则以传引用的方式传递实参——引用必须指向一个实际的对象。[2]

和指针有关的“C++ 核心准则”

“C++ 核心准则”鼓励程序员通过使用避免指针、基于指针的数组和基于指针的字符串来使代码更安全、更健壮。例如，一些准则建议使用引用而不是指针来实现传引用。[3]

核心准则

C++20 如何帮助避免使用指针

如果程序仍然需要基于指针的数组（例如用于接收命令行参数），那么可以利用 C++20 增加的两个新特性来确保自己的程序更安全、更健壮。

- `to_array` 函数将基于指针的数组转换为一个 `std::array`，这样就可以利用第 6 章讨论的各种功能。
- `span` 提供了一种更安全的方式将内置数组传给函数。它们是可迭代的，所以可以将它们与基于范围的 `for` 语句一起使用，以方便地处理元素，而不会有数组访问越界的风险。另外，由于 `span` 可迭代，所以能用标准库的容器处理算法来使用它们，比如 `accumulate` 和 `sort`。本章的“对象自然”案例学习（7.10 节）会讲到 `span` 也能与 `std::array` 和 `std::vector` 一起工作。

阅读本章的主要收获就是，平常应尽量避免使用指针、基于指针的数组和基于指针的字符串。如果必须使用，也要利用 `to_array` 和 `span` 的优势。

本章介绍的其他概念

我们声明和初始化了指针，并演示了指针操作符 `&` 和 `*`。第 5 章已通过引用来执行了“传引用”（pass-by-reference）。本章会讲到指针也能用于传引用。我们演示了内置的、基于指针的数组以及它们与指针的密切关系。

我们展示了如何为指针和它们所指向的数据使用 `const`，并介绍了如何使用 `sizeof` 操作符来确定特定基本类型的值以及指针所占用的字节数。我们讲解了指针表达式和指针算术。旧 C++ 软件广泛使用了 C 字符串，本章对其进行了简单介绍。你将看到如何处理命令行参数，这是一项简单的任务，但 C++ 仍然要求你同时使用 C 字符串和基于指针的数组。

7.2 声明和初始化指针变量

指针变量包含内存地址作为其值。通常，变量会直接包含一个具体的值。但是，指针包含的是变量的内存地址，具体的值在那个地址中。从这个意义上说，变量名是直接引用一个值，而指针是间接引用一个值，如下图所示。

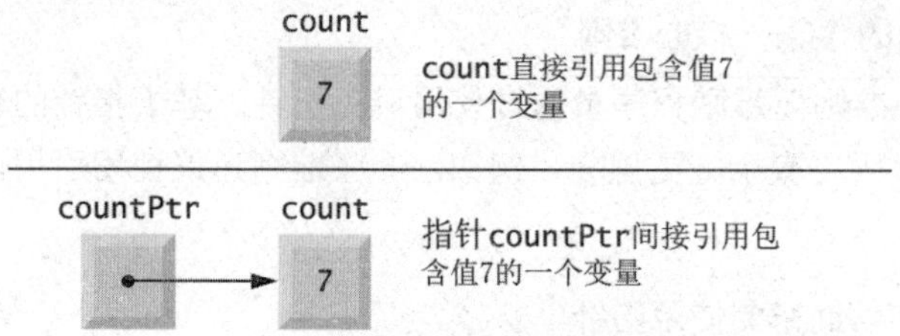

通过指针来引用一个值称为**间接寻址**（indirection）。

7.2.1 声明指针

以下语句将 countPtr 变量声明为 int* 类型（即指向一个 int 值的指针），它从右向左读作“countPtr 是指向一个 int 的指针”。

```
int* countPtr{nullptr};
```

这个 * 不是操作符；相反，它表示其右侧的变量是一个指针。我们喜欢在每个指针变量的名称中加入 Ptr，以明确该变量是指针，必须针对性地处理。

7.2.2 初始化指针

安全提示

要用 nullptr（来自 C++11）或一个内存地址初始化每个指针。一个值为 nullptr 的指针“不指向任何东西”，也称为**空指针**（null pointer）。从现在开始，当我们提到“空指针”时，指的就是一个值为 nullptr 的指针。初始化所有指针以防止指向未知或未初始化的内存区域。

7.2.3 C++11 之前的空指针

核心准则

在遗留 C++ 中，空指针指定成 0 或 NULL。NULL 在几个标准库头文件中被定义为代表 0 的值。用 NULL 初始化一个指针相当于把它初始化为 0。在现代 C++ 中，“C++ 核心准则”指出，应该总是使用 nullptr 而不是 0 或 NULL。[4]

7.3 指针操作符

一元操作符 & 和 * 分别用于创建指针值和对指针进行“解引用”。后续小节具体解释了如何使用这些操作符。

7.3.1 取址 (&) 操作符

一元地址或取址操作符（&）用于获得其操作数的内存地址。例如，假设有以下声明：

```
int y{5}; // 声明变量 y
int* yPtr{nullptr}; // 声明指针变量 yPtr
```

那么以下语句可将变量 y 的地址赋给指针变量 yPtr：

```
yPtr = &y; // 将 y 的地址赋给 yPtr
```

我们说 yPtr 变量“指向” y。现在，yPtr 间接引用了变量 y 的值。

上述语句中的 & 不是引用变量声明。为了声明引用变量，& 要放到一个类型名后面，而且 & 是类型的一部分。在像 &y 这样的表达式中，& 是取址操作符。

下面是执行了上述赋值操作后的内存示意图。

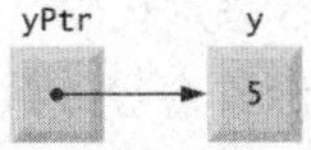

我们从代表内存指针 yPtr 的框到代表内存变量 y 的框画一条箭头来表示“指向”关系。

下图强调了指针在内存中是如何存储的，int 变量 y 存储在内存位置 600000，而指针变量 yPtr 存储在位置 500000。

取址操作符 & 的操作数必须是一个左值——取址操作符不能应用于字面值或者会导致临时值（如计算结果）的表达式。

7.3.2 间接寻址 (*) 操作符

将一元 * 操作符应用于指针，会生成代表其指针操作数所指向的对象的一个左值。这个操作符被称为间接**寻址操作符**（indirection operator）或者**解引用操作符**（dereferencing operator）。如果 yPtr 指向 y，并且 y 包含 5（参考上一节的图），那么以下语句：

```
std::cout << *yPtr << '\n';
```

将显示 y 的值（5），效果和以下语句一样：

```
std::cout << y << '\n';
```

以这种方式使用 `*`，称为**指针解引用**（dereferencing pointer）。解引用的指针可在赋值操作中作为左值使用。以下语句将 9 赋给 y：

```
*yPtr = 9;
```

在上述语句中，`*yPtr` 是引用了 `y` 的一个左值。也可用解引用的指针来接收一个输入值，例如：

```
cin >> *yPtr;
```

上述语句将用户输入的值放到 `y` 中。

未定义的行为

错误提示

安全提示

对未初始化的指针或者不再指向一个对象的指针进行解引用，会导致未定义的行为，而这可能造成致命的运行时错误。这还可能会导致意外地修改重要数据，程序仍会运行到完成，但可能出现不正确的结果。攻击者可能利用这个潜在的安全漏洞来访问数据，改写数据，甚至执行恶意代码。[5, 6, 7] 使用对空指针或不再指向对象的指针进行解引用的结果，是一种经常会导致致命执行时错误的一种未定义行为。如果必须使用指针，请先确保解引用的一个指针不是 `nullptr`。

7.3.3 使用取址 (&) 和间接寻址 (*) 操作符

图 7.1 演示了 & 和 * 指针操作符的用法，它们的优先级是第三高的。完整的操作符优先级表请参见附录 A。在本例中，内存位置被 << 输出为十六进制（base-16）整数。要想进一步了解十六进制整数，请参考本书的网上附录 C。输出证明变量 a 的地址（第 9 行）和 aPtr 的值（第 10 行）完全一致，所以 `a` 的地址确实被赋给了 `aPtr`（第 7 行）。第 11 行～第 12 行的输出证实 `*aPtr` 的值和 `a` 相同。实际显示的内存地址与编译器和平台有关。它们通常随着程序的执行而改变，所以你可能会看到不同的地址。

```
1  // fig07_01.cpp
2  // Pointer operators & and *.
3  #include <iostream>
4
5  int main() {
6     constexpr int a{7}; // initialize a with 7
7     const int* aPtr{&a}; // initialize aPtr with address ofint variable a
8
9     cout << "The address of a is " << &a
10       << "\nThe value of aPtr is " << aPtr;
```

图 7.1 使用指针操作符 & 和 *

```
    cout << "\n\nThe value of a is " << a
       << "\nThe value of *aPtr is " << *aPtr << '\n';
}
```

```
The address of a is 000000D649EFFD00
The value of aPtr is 000000D649EFFD00

The value of a is 7
The value of *aPtr is 7
```

图 7.1 使用指针操作符 & 和 *（续）

7.4 用指针传引用

C++ 语言支持以两种方式向函数传递实参：

- 传值（pass-by-value）
- 用引用实参传引用（pass-by-reference with a reference argument）
- 用指针实参传引用（有时称为“传指针”或 pass-by-pointer）

第 5 章已经介绍了前两种方式。这里解释一下如何通过指针来传引用。类似于引用，指针也可用于修改调用者的变量，或者以传引用的方式传递大型数据对象，以避免拷贝对象的开销。调用一个要求接收指针的函数时，通过向变量名应用取址操作符（&）来传递一个变量的地址。

性能提示

传值的例子

图 7.2 和图 7.3 展示了两个函数，它们都用于计算一个整数的立方值。图 7.2 将 number 变量以传值方式（第 12 行）传给 cubeByValue 函数（第 17 行～第 19 行），该函数计算实参的立方，并使用 return 语句（第 18 行）将结果传回 main。[8] 我们将新值存储在 number 中（第 12 行），覆盖它的原始值。

```
1  // fig07_02.cpp
2  // Pass-by-value used to cube a variable's value.
3  #include <fmt/format.h>
4  #include <iostream>
5
6  int cubeByValue(int n); // prototype
7
8  int main() {
9     int number{5};
```

图 7.2 以传值方式求一个变量值的立方

```

   std::cout << fmt::format("Original value of number is {}\n",number);
   number = cubeByValue(number); // pass number by value to cubeByValue
   std::cout << fmt::format("New value of number is {}\n", number);
}

// calculate and return cube of integer argument
int cubeByValue(int n) {
   return n * n * n; // cube local variable n and return result
}
```

```
Original value of number is 5
New value of number is 125
```

图 7.2 以传值方式求一个变量值的立方（续）

用指针传引用的例子

图 7.3 用指针实参（number 的地址）以传引用的方式将 number 变量传给 cubeByReference 函数（第 13 行）。

cubeByReference 函数（第 18 行～第 20 行）指定用参数 nPtr（指向 int 的一个指针）来接收其实参。该函数使用解引用的指针 *nPtr（在 main 中是 number 的别名）对 nPtr 所指向的值进行立方运算（第 19 行）。这会直接更改 main 中的 number 值（第 10 行）。第 19 行可以使用冗余的圆括号来使之更清晰：

```
*nPtr = (*nPtr) * (*nPtr) * (*nPtr); // cube *nPtr
```

```
1  // fig07_03.cpp
2  // Pass-by-reference with a pointer argument used to cube a
3  // variable's value.
4  #include <fmt/format.h>
5  #include <iostream>
6
7  void cubeByReference(int* nPtr); // prototype
8
9  int main() {
10   int number{5};
11
12    std::cout << fmt::format("Original value of number is {}\n", number);
13    cubeByReference(&number); // pass number address to cubeByReference
14    std::cout << fmt::format("New value of number is {}\n", number);
15 }
```

图 7.3 用指针实参传引用来求变量值的立方

```
16
17  // calculate cube of *nPtr; modifies variable number in main
18  void cubeByReference(int* nPtr) {
19     *nPtr = *nPtr * *nPtr * *nPtr; // cube *nPtr
20  }
```

```
Original value of number is 5
New value of number is 125
```

图 7.3 用指针实参传引用来求变量值的立方（续）

接收地址作为实参的函数必须定义一个指针参数来接收地址。例如，cubeByReference 函数头（第 18 行）规定，该函数要接收指向一个 int 的指针作为实参，将这个地址存储在 nPtr 中，而且不返回任何值。

事实：“用指针传引用”实际是“以传值方式传指针”

用指针以“传引用”方式传递一个变量，实际并不是以“传引用”的方式传递任何东西。相反，是以“传值”方式传递指向该变量的一个指针。这个指针的值会被拷贝到函数相应的指针参数中。然后，被调用的函数可以对该指针进行“解引用”以访问调用者的变量，从而完成了表面上的“传引用”过程。

图示传引用和传值

图 7.4 和图 7.5 分别展示了图 7.2 和图 7.3 的执行过程。给定表达式或变量上方的矩形包含图中某个步骤所生成的值。只有在 cubeByValue 函数（图 7.2）和 cubeByReference 函数（图 7.3）执行时，每个图的右栏才会显示它们。

步骤 1：在 main 调用 cubeByValue 之前：

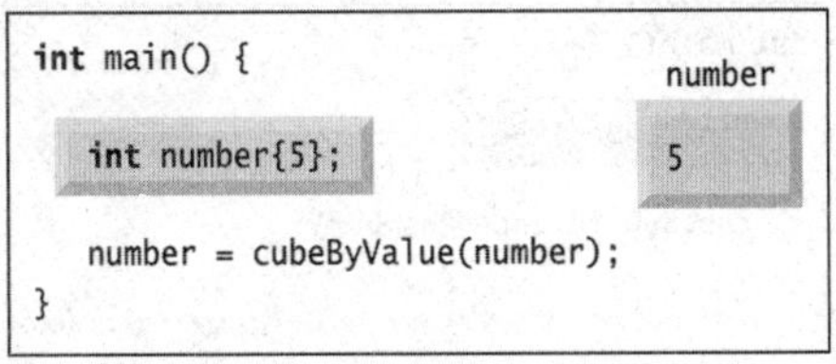
int main() {
number
int number{5};
5
number = cubeByValue(number);
}

步骤 2：在 cubeByValue 收到调用后：

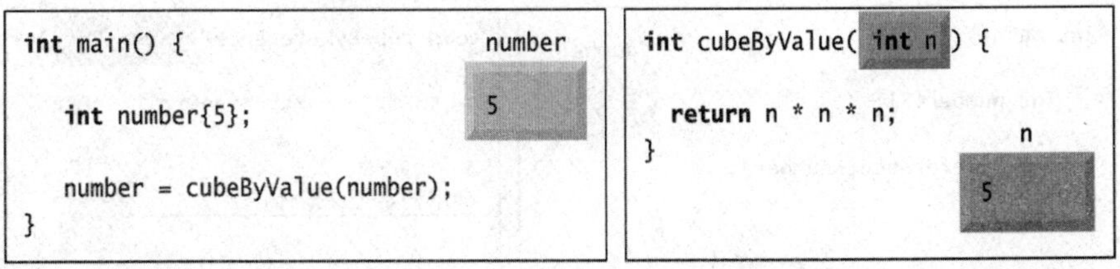
int main() {
number
int number{5};
5
number = cubeByValue(number);
}
int cubeByValue(int n) {
return n * n * n;
}
n
5

图 7.4 图 7.3 的程序的“传引用”分析

步骤 3：在 cubeByValue 对参数 n 进行立方运算之后，并在 cubeByValue 返回 main 之前：

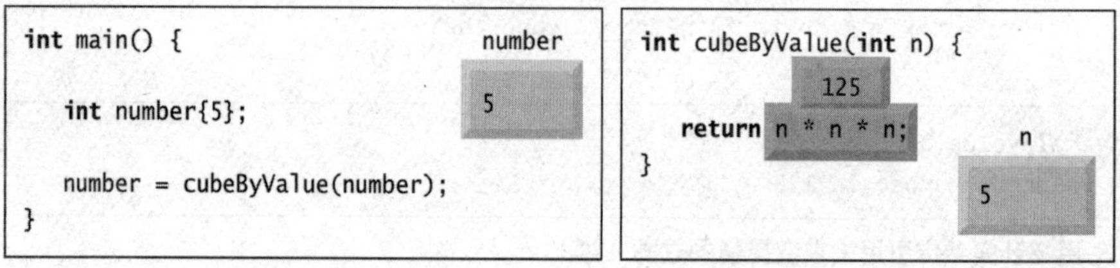
int main() {
int number{5};
number = cubeByValue(number);
}
number
5
int cubeByValue(int n) {
125
return n * n * n;
}
n
5

步骤 4：在 cubeByValue 返回 main 之后，并在将结果赋给 number 之前：

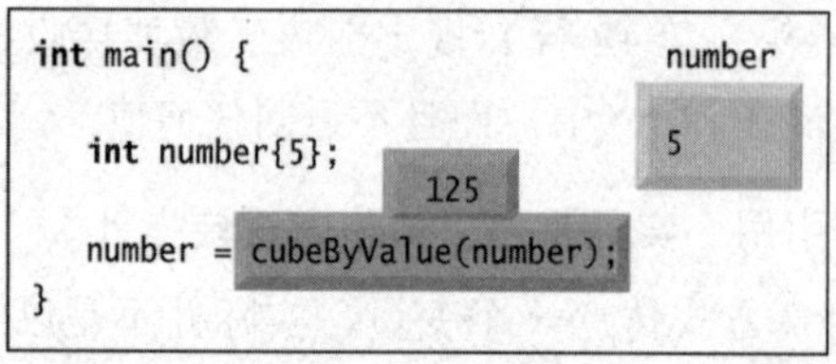
int main() {
int number{5};
125
number = cubeByValue(number);
}
number
5

步骤 5：在 main 完成对 number 的赋值后：

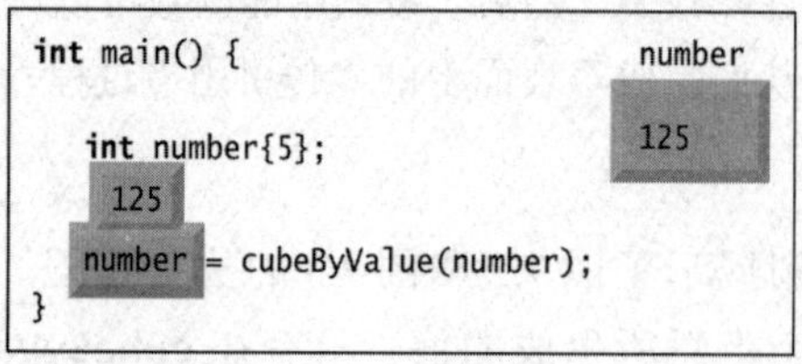
int main() {
int number{5};
125
number = cubeByValue(number);
}
number
125

图 7.4 图 7.2 的程序的“传值”分析（续）

步骤 1：在 main 调用 cubeByReference 之前：

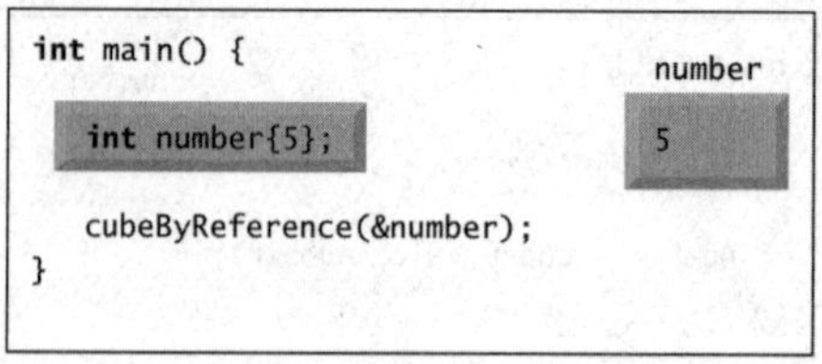
int main() {
int number{5};
cubeByReference(&number);
}
number
5

步骤 2：在 cubeByReference 收到调用后，并对 *nPtr 进行立方运算之前：

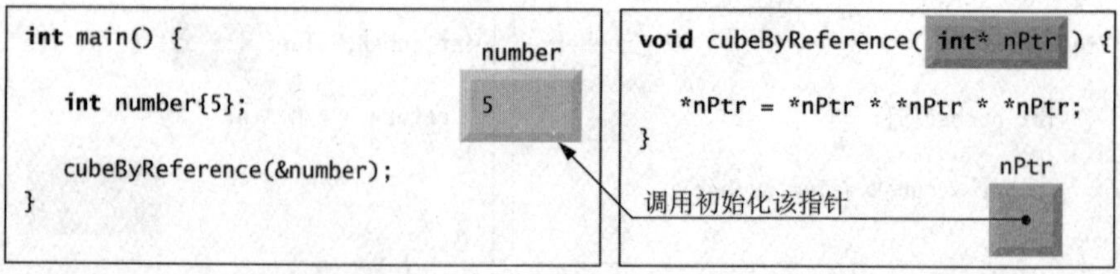
int main() {
int number{5};
cubeByReference(&number);
}
number
5
void cubeByReference(int* nPtr) {
*nPtr = *nPtr * *nPtr * *nPtr;
}
nPtr
调用初始化该指针

图 7.5 图 7.3 的程序的“传引用”分析

步骤 3：在将 5*5*5 的计算结果赋给 *nPtr 之前：

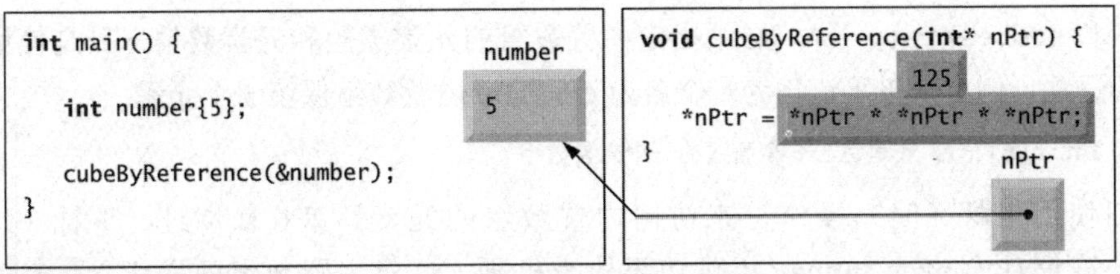
int main() {
int number{5};
cubeByReference(&number);
}
number
5
void cubeByReference(int* nPtr) {
125
*nPtr = *nPtr * *nPtr * *nPtr;
}
nPtr

步骤 4：在将 125 赋给 *nPtr 之后，并在程序控制返回 main 之前：

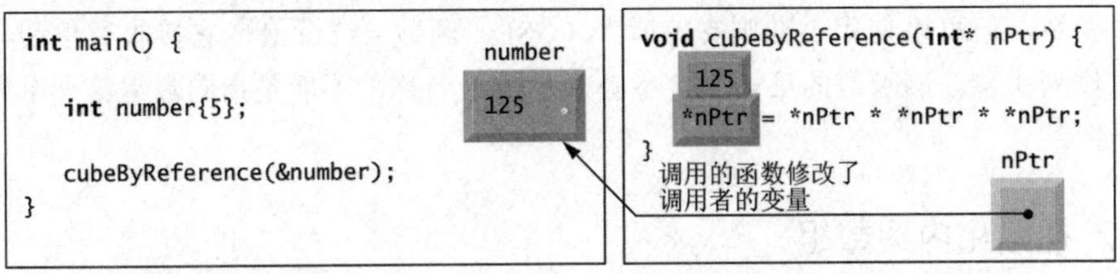
int main() {
int number{5};
cubeByReference(&number);
}
number
125
void cubeByReference(int* nPtr) {
125
*nPtr = *nPtr * *nPtr * *nPtr;
}
调用的函数修改了
调用者的变量
nPtr

步骤 5：在 cubeByReference 返回 main 之后：

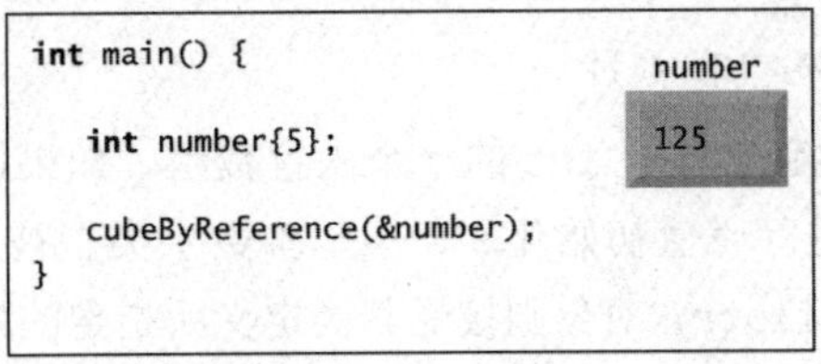
int main() {
int number{5};
cubeByReference(&number);
}
number
125

图 7.5 图 7.3 的程序的“传引用”分析（续）

7.5 内置数组

本节要介绍 C++ 的内置数组，和 std::array 一样，它们也是固定大小的数据结构。之所以要介绍它们，主要是因为你会在遗留 C++ 代码中看到内置数组。新的应用程序一般应该使用 std::array 和 std::vector 来创建更安全、更健壮的应用程序。 安全提示

具体地说，std::array 和 std::vector 对象总是知道自己的大小——即使是在传给其他函数时——内置数组则不然。如果面对的是包含内置数组的应用程序，可以使用 C++20 的 to_array 函数将它们转换为 std::array（7.6 节），或者使用 C++20 的 span 更安全地处理它们（7.10 节）。某些时候必须使用内置数组，例如在处理命令行参数时（7.11 节）。

7.5.1 声明和访问内置数组

和 std::array 一样，必须指定内置数组的元素类型和元素数量，只是使用不同的语法。例如，以下语句为一个名为 c 的 int 内置数组保留 5 个元素：

```
int c[5]; // c 是包含 5 个整数的一个内置数组
```

我们使用下标（[]）操作符来访问内置数组的元素。第 6 章讲过，下标（[]）操作符没有为 std::array 提供边界检查机制，这对内置数组同样成立。当然，std::array 的 at 成员函数能进行边界检查。内置数组没有能进行范围检查的 at 索引函数，但可以使用“准则支持库”（GSL）函数 gsl::at，它接收数组和一个索引作为实参。该函数的第一个实参必须是数组名称，不能是指向数组第一个元素的指针。

7.5.2 初始化内建数组

可以使用一个初始化列表来初始化内置数组的元素，例如：

```
int n[5]{50, 20, 30, 10, 40};
```

上述语句创建并初始化包含 5 个 int 的一个内置数组。如果提供的初始值少于元素的数量，剩余元素会进行“值初始化”——基本数字类型被设为 0，bools 被设为 false，指针被设为 nullptr，对象则接受其类定义所指定的默认初始化（第 9 章）。相反，如果提供了大于元素数量的初始值，则会发生编译错误。

编译器可以根据初始化列表中的元素数量来确定内置数组的大小。例如，以下语句创建一个包含 5 个元素的数组：

```
int n[]{50, 20, 30, 10, 40};
```

7.5.3 向函数传递内置数组

对于内置数组的名称，它的值可隐式转换为指向内置数组第一个元素的 const 或非 const 指针，这个过程称为**衰减为指针**（decaying to a pointer）。换言之，上述数组名称 n 可隐式转换为 &n[0]，这是指向包含值 50 的一个元素的指针。注意，不需要先取内置数组的地址（&），再把它传给函数。相反，传递数组名称即可。如 7.4 节所述，函数如果接收指向调用者的一个变量的指针，就可以修改调用者的变量。在内置数组的情况下，被调用的函数可以修改调用者中的所有元素，除非将函数参数声明为 const 以防止对调用者的实参数组进行修改。

7.5.4 声明内置数组参数

在函数头中，可以像下面这样声明一个内置数组参数：

```
int sumElements(const int values[], size_t numberOfElements)
```

在这里，函数的第一个实参应该是一个一维的内置 const int 数组。有别于 std::array 和 std::vector，内置数组不知道自己的大小。所以，一个处理内置数组的函数还应同时接收内置数组的大小。

上述函数头可改写如下：

```
int sumElements(const int* values, size_t numberOfElements)
```

编译器不区分接收指针的函数和接收内置数组的函数。事实上，编译器将 const int values[] 转换为 const int* values。这意味着函数必须“知道”它什么时候接收的是指向内置数组第一个元素的指针，什么时候接收的是一个传引用的变量。

“C++ 核心准则”指出，不要只是将内置数组作为一个指针传递。[9] 相反，应该传递 C++20 span，因为它们不仅维护了指向数组第一个元素的指针，还维护了数组的大小。7.10 节将演示 span，你会看到向函数传递 span 比传递内置数组及其大小更好。

核心准则

7.5.5 C++11 标准库函数 begin 和 end

6.12 节用以下语句对由 string 构成的一个名为 colors 的 std::array 进行排序：

```
std::sort(std::begin(colors), std::end(colors));
```

begin 和 end 函数指定对整个 std::array 进行排序。也可将 sort 函数（以及其他许多C++标准库函数）应用于内置数组。例如，以下语句对内置数组 n 进行排序（7.5.2 节）：

```
std::sort(std::begin(n), std::end(n)); // 对内置数组 n 进行排序
```

对于内置数组，begin 和 end 只能与数组的名称一起工作，而不能与指向数组第一个元素的指针一起工作。同样，应该使用 C++20 span 将内置数组传给其他函数，我们将在 7.10 节进行演示。

7.5.6 内置数组的限制

内建数组有以下几个方面的限制。

- 它们不能使用关系和相等性操作符进行比较。必须使用一个循环来逐个比较两个内置数组的元素。如果有两个名为 array1 和 array2 的 int 数组，

那么条件 array1 == array2 总是为假，即使两个数组的内容一样。如前所述，数组名称会“衰减”为指向数组第一个元素的 const 指针。自然，对于不同的数组，这些元素驻留在不同的内存位置。

- 内置数组的元素不能用一次简单的赋值操作一次性赋给另一个内置数组，例如 builtInArray1 = builtInArray2。
- 它们不知道自己的大小，所以处理内置数组的函数通常要求将内置数组的名称和大小作为参数。
- 它们不提供自动边界检查，我们必须自己确保访问数组的表达式在内置数组的边界内使用下标。

7.6 使用 C++20 to_array 将内置数组转换成 std::array

安全提示

核心准则

在工作中会遇到使用内置数组的 C++ 遗留代码。“C++ 核心准则”指出，应该首选 std::array 和 std::vector 而不是内置数组，因为它们更安全，而且它们在传给函数时不会变成指针[10]。C++20 新的 std::to_array 函数[11]（头文件 <array>）简化了从一个内置数组或初始化列表创建 std::array 的操作。图 7.6 演示了 to_array。我们使用一个泛型 lambda 表达式（第 9 行～第 15 行）来显示每个 std::array 的内容。同样，将 lambda 参数的类型指定为 auto，编译器将根据 lambda 出现的上下文推断参数的类型。在这个程序中，泛型 lambda 自动判断它所遍历的 std::array 的元素类型。

```
1  // fig07_06.cpp
2  // C++20: Creating std::arrays with to_array.
3  #include <fmt/format.h>
4  #include <iostream>
5  #include <array>
6
7  int main() {
8     // generic lambda to display a collection of items
9     const auto display{
10       [](const auto& items) {
11          for (const auto& item : items) {
12             std::cout << fmt::format("{} ", item);
13          }
14       }
15    };
```

图 7.6 C++20：用 to_array 创建 std::array

```
16
17    const int values1[]{10, 20, 30};
18
19    // creating a std::array from a built-in array
20    const auto array1{std::to_array(values1)};
21
22    std::cout << fmt::format("array1.size() = {}\n", array1.size())
23       << "array1: ";
24    display(array1); // use lambda to display contents
25
26    // creating a std::array from an initializer list
27    const auto array2{std::to_array({1, 2, 3, 4})};
28    std::cout << fmt::format("\n\narray2.size() = {}\n", array2.size())
29       << "array2: ";
30    display(array2); // use lambda to display contents
31
32    std::cout << '\n';
33 }
```

```
array1.size() = 3
array1: 10 20 30

array2.size() = 4
array2: 1 2 3 4
```

图 7.6 C++20：用 to_array 创建 std::array（续）

用 to_array 从内置数组创建 std::array

第 20 行通过拷贝内置数组 values1 的内容创建一个三元素的 int std::array。我们使用 auto 来推断 std::array 变量的类型和大小。如果显式声明了数组的类型和大小，而它与 to_array 的返回值不匹配，就会发生编译错误。我们把结果赋给 array1 变量。第 22 行和第 24 行显示 std::array 的大小和内容，确认它被正确创建。

使用 to_array 从初始化列表创建 std::array

第 27 行演示如何用 to_array 从一个初始化列表创建 std::array。第 28 行和第 30 行显示数组的大小和内容，确认它被正确创建。

7.7 为指针和它指向的数据使用 const

本节讨论如何将 const 与指针声明结合以贯彻最小权限原则。第 5 章说过，传值会将一个实参的值拷贝到函数的参数中。如果在被调用的函数中修改了这个拷贝，那么调用者的原始值不会发生变化。某些时候，即使是实参值的拷贝在被调用的函数中也不应该被修改。

如果不允许（或不应该）在函数主体中修改传递的一个值，请将该参数声明为 `const`。在使用一个函数之前，要检查它的函数原型，确定它的哪些参数可以修改，哪些不能修改。

有以下四种方法来声明指针。

- 指向非常量数据的非常量指针。
- 指向常量数据的非常量指针（图 7.7）。
- 指向非常量数据的常量指针（图 7.8）。
- 指向常量数据的常量指针（图 7.9）。

每种组合都提供了不同级别的访问权限。

7.7.1 指向非常量数据的非常量指针

最高权限是由指向非常量数据的非常量指针授予的：

- 数据可以通过解引用的指针来修改；
- 指针可以被修改以指向其他数据。

在这种指针的声明中（例如，`int* countPtr`）不包括 `const` 限定符。

7.7.2 指向常量数据的非常量指针

指向常量数据的非常量指针有以下特性。

- 一种可以修改以指向恰当类型的任何数据的指针；
- 指向的数据不能通过该指针进行修改。

在这种指针的声明中，要将 `const` 放在指针类型左侧，例如：[12]

```
const int* countPtr;
```

这个声明从右向左读作“`countPtr` 是指向一个整数常量的指针”，或者更精确地读作“`countPtr` 是指向一个整数常量的非常量指针”。

图 7.7 演示了通过指向常量数据的一个非常量指针修改数据时，由 GNU C++ 编译器生成的编译错误。

```
// fig07_07.cpp
// Attempting to modify data through a
// nonconstant pointer to constant data.
```

图 7.7 试图通过指向 `const` 数据的非常量指针修改数据

```

int main() {
   int y{0};
   const int* yPtr{&y};
   *yPtr = 100; // error: cannot modify a const object
}
```

GNU C++ 编译器错误消息：

```
fig07_07.cpp: In function 'int main()':
fig07_07.cpp:8:10: error: assignment of read-only location '* yPtr'
    8 | *yPtr = 100; // error: cannot modify a const object
      | ~~~~~~^~~~~
```

图 7.7　试图通过指向 const 数据的非常量指针修改数据（续）

安全提示

除非被调用的函数必须直接修改调用者中的值，否则就通过传值来传递基本类型的实参（如 int、double 等）。这是最小权限原则的另一个例子。如果大型对象不需要在被调用的函数中修改，就使用引用或者指向常量数据的指针来传递它们——尽管引用是首选。这样可以获得传引用的性能优势，并避免传值带来的拷贝开销。使用对常量数据的引用或者指向常量数据的指针来传递大型对象，还提供了传值的安全性（同样不能修改调用者的数据）。

7.7.3 指向非常量数据的常量指针

指向非常量数据的常量指针具有以下特性：

- 总是指向相同的内存位置；
- 在那个位置的数据可以通过指针修改。

声明为 const 的指针在声明时必须初始化。如果该指针是一个函数参数，它将使用传递给该函数的指针来初始化。每次调用函数，都会重新初始化该函数参数。

图 7.8 试图修改一个常量指针。第 9 行将指针 ptr 的类型声明为 int* const。这个声明从右向左读作“ptr 是指向一个非常量整数的常量指针”。指针被初始化为整数变量 x 的地址。第 12 行试图将 y 的地址赋给 ptr，但编译器生成了一条错误信息。第 11 行将值 7 赋给 *ptr 时没有发生错误。虽然 ptr 本身已经被声明为 const，但 ptr 指向的非常量值可用解引用的 ptr 来修改。

```
1  // fig07_08.cpp
2  // Attempting to modify a constant pointer to nonconstant data.
```

图 7.8　试图修改指向非常量数据的常量指针

```

int main() {
   int x, y;

   // ptr is a constant pointer to an integer that can be modified
   // through ptr, but ptr always points to the same memory location.
   int* const ptr{&x}; // const pointer must be initialized

   *ptr = 7; // allowed: *ptr is not const
   ptr = &y; // error: ptr is const; cannot assign to it a new address
}
```

Microsoft Visual C++ 编译器错误消息：

```
error C3892: 'ptr': you cannot assign to a variable that is const
```

图 7.8 试图修改指向非常量数据的常量指针（续）

7.7.4 指向常量数据的常量指针

指向常量数据的常量指针授予最小的访问权限，它有以下特性：

- 这种指针总是相同的内存位置；
- 在那个位置的数据不能通过指针修改。

图 7.9 将指针变量 `ptr` 声明为 `const int* const` 类型（第 12 行）。这个声明从右向左读作“`ptr` 是指向一个整数常量的常量指针”。图中显示了在 Xcode 中运行的 Clang 在发现代码试图修改 `ptr` 指向的数据（第 16 行）和试图修改存储在指针变量中的地址（第 17 行）时所生成的错误消息。第 14 行没有错误发生，因为指针和它指向的数据都没有被修改。

```
1  // fig07_09.cpp
2  // Attempting to modify a constant pointer to constant data.
3  #include <iostream>
4
5  int main() {
6     int x{5};
7     int y{6};
8
9     // ptr is a constant pointer to a constant integer.
10    // ptr always points to the same location; the integer
11    // at that location cannot be modified.
```

图 7.9 试图修改指向常量数据的常量指针

```
    const int* const ptr{&x};

    std::cout << *ptr << '\n';

    *ptr = 7; // error: *ptr is const; cannot assign new value
    ptr = &y; // error: ptr is const; cannot assign new address
}
```

Xcode 中的 *Clang* 编译器错误消息：

```
fig07_09.cpp:16:9: error: read-only variable is not assignable
  *ptr = 7; // error: *ptr is const; cannot assign new value
  ~~~~ ^
fig07_09.cpp:17:8: error: cannot assign to variable 'ptr' with const-quali-
fied type 'const int *const'
  ptr = &y; // error: ptr is const; cannot assign new address
  ~~~ ^
```

图 7.9 试图修改指向常量数据的常量指针（续）

7.8 sizeof 操作符

在程序编译期间，“编译时”一元操作符 **sizeof** 会判断一个内置数组、类型、变量或常量的字节大小。当应用于一个内置数组的名称时，例如图 7.10 的第 13 行，[13]**sizeof** 将内置数组中的字节总数作为一个 **size_t** 类型的值返回。我们用来编译该程序的计算机用 8 字节的内存来存储 **double** 变量。**number** 数组被声明为包含 20 个元素（第 10 行），所以它总共使用 160 字节的内存。向一个指针应用 **sizeof**（第 21 行）将返回该指针（本身）的大小，单位是字节（在我们使用的系统上是 4）。

```
1  // fig07_10.cpp
2  // Sizeof operator when used on a built-in array's name
3  // returns the number of bytes in the built-in array.
4  #include <fmt/format.h>
5  #include <iostream>
6
7  size_t getSize(double* ptr); // prototype
8
9  int main() {
10    double numbers[20]; // 20 doubles; occupies 160 bytes on our system
11
```

图 7.10 将 sizeof 操作符应用于内建数组的名称，将返回数组中的字节数

```
    std::cout << fmt::format("Number of bytes in numbers is {}\n\n",
       sizeof(numbers));

    std::cout << fmt::format("Number of bytes returned by getSize is {}\n",
       getSize(numbers));
}

// return size of ptr
size_t getSize(double* ptr) {
   return sizeof(ptr);
}
```

```
The number of bytes in the array is 160
The number of bytes returned by getSize is 4
```

图 7.10 将 sizeof 操作符应用于内建数组的名称，将返回数组中的字节数（续）

判断基本类型、内置数组和指针的大小

图 7.11 使用 sizeof 来计算用于存储各种标准数据类型的字节数。输出是由 Xcode 中的 Clang 编译器生成的。类型的具体大小与平台有关。当我们在 Windows 系统上运行这个程序时，long 是 4 字节，long long 是 8 字节，而在 Mac 上它们都是 8 字节。在这个例子中，第 7 行～第 15 行使用 C++11 的空初始化列表 {} 隐式地将每个变量初始化为 0。[14]

```
1  // fig07_11.cpp
2  // sizeof operator used to determine standard data type sizes.
3  #include <fmt/format.h>
4  #include <iostream>
5
6  int main() {
7     constexpr char c{}; // variable of type char
8     constexpr short s{}; // variable of type short
9     constexpr int i{}; // variable of type int
10    constexpr long l{}; // variable of type long
11    constexpr long long ll{}; // variable of type long long
12    constexpr float f{}; // variable of type float
13    constexpr double d{}; // variable of type double
14    constexpr long double ld{}; // variable of type long double
15    constexpr int array[20]{}; // built-in array of int
16    const int* const ptr{array}; // variable of type int*
17
```

图 7.11 用 sizeof 操作符判断标准数据类型的大小

```
    std::cout << fmt::format("sizeof c = {}\tsizeof(char) = {}\n",
       sizeof c, sizeof(char));
    std::cout << fmt::format("sizeof s = {}\tsizeof(short) = {}\n",
       sizeof s, sizeof(short));
    std::cout << fmt::format("sizeof i = {}\tsizeof(int) = {}\n",
       sizeof i, sizeof(int));
    std::cout << fmt::format("sizeof l = {}\tsizeof(long) = {}\n",
       sizeof l, sizeof(long));
    std::cout << fmt::format("sizeof ll = {}\tsizeof(long long) = {}\n",
       sizeof ll, sizeof(long long));
    std::cout << fmt::format("sizeof f = {}\tsizeof(float) = {}\n",
       sizeof f, sizeof(float));
    std::cout << fmt::format("sizeof d = {}\tsizeof(double) = {}\n",
       sizeof d, sizeof(double));
    std::cout << fmt::format(sizeof ld = {}\tsizeof(long double) = {}\n",
       sizeof ld, sizeof(long double));
    std::cout << fmt::format("sizeof array = {}\n", sizeof array);
    std::cout << fmt::format("sizeof ptr = {}\n", sizeof ptr);
}
```

```
sizeof c = 1            sizeof(char) = 1
sizeof s = 2            sizeof(short) = 2
sizeof i = 4            sizeof(int) = 4
sizeof l = 8            sizeof(long) = 8
sizeof ll = 8           sizeof(long long) = 8
sizeof f = 4            sizeof(float) = 4
sizeof d = 8            sizeof(double) = 8
sizeof ld = 16          sizeof(long double) = 16
sizeof array = 80
sizeof ptr = 8
```

图 7.11 用 sizeof 操作符判断标准数据类型的大小（续）

用于存储特定数据类型的字节数在不同系统和编译器中可能有所区别。如果要写依赖于数据类型大小的程序，请考虑使用 C++11 引入的定宽整型（头文件 <cstdint>）。完整列表请访问 https://zh.cppreference.com/w/cpp/types/integer。

sizeof 操作符可应用于任何表达式或类型名称。当应用于一个变量名或表达式时，会返回用于存储相应类型的字节数。只有当类型名称（例如 int）被作为操作数提供时，sizeof 才需要使用圆括号。如果 sizeof 的操作数是一个表达式，就不必使用圆括号。记住，sizeof 是一种编译时操作符，所以它的操作数在运行时不会求值。

7.9 指针表达式和指针算术

C++ 实现了**指针算术**（pointer arithmetic）——可对指针执行的算术运算。本节描述了支持指针作为操作数的操作符，以及这些操作符如何与指针一起使用。

错误提示

核心准则

指针算术只适用于指向内置数组元素的指针。我们很有可能会在遗留代码中遇到指针算术。然而，“C++ 核心准则”指出，指针只应指向单一的对象（而不是数组），[15] 而且不应该使用指针算术，因为它非常容易出错 [16]。如果需要处理内置数组，请换用 C++20 span（7.10 节）。

有效的指针算术运算如下。

- 递增（++）或递减（--）。
- 在指针上加一个整数（+ 或 +=）或从指针减一个整数（- 或 -=）。
- 将指针从同类型的另一个指针中减去。

指针算术的结果取决于指针指向的内存对象的大小，因此指针运算是依赖于机器的。

今天的大多数计算机都使用 4 字节（32 位）或 8 字节（64 位）的整数。不过，还是有许多资源有限的物联网（IoT）设备是用 8 位或 16 位硬件构建的，其整数为 2 字节——这是 C++ 标准所规定的最小 int 大小。假设 int v[5] 存在，它的第一个元素在内存位置 3000，而且 int 用 4 个字节存储。另外，假设指针 vPtr 已被初始化为指向 v[0]（即 vPtr 的值为 3000）。下图展示了在使用 4 字节整数的机器上的情况。

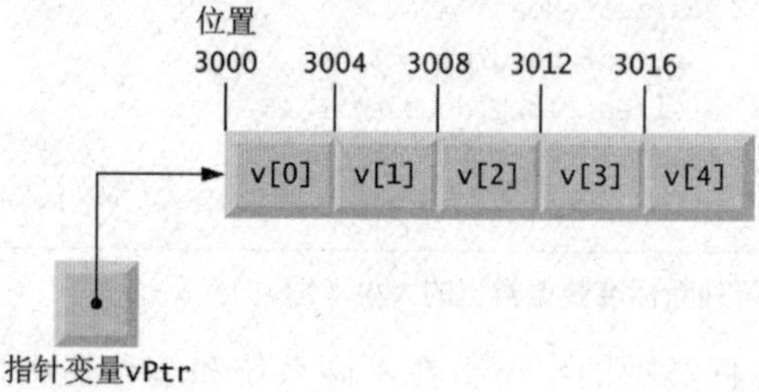

可用以下任何一个语句初始化 vPtr 来指向 v（因为内置数组的名称被隐式转换为其元素 0 的地址）：

```
int* vPtr{v};
int* vPtr{&v[0]};
```

7.9.1 在指针上加减整数

在传统算术中，加法运算 3000+2 得到的值是 3002。但是，指针算术通常不是这样的。在指针上加一个整数和从指针减一个整数，指针会以“该整数乘以指针所引用的类型的大小（字节数）”而增大或减小。字节数取决于内存对象的数据类型。以下面这个语句为例：

```
vPtr += 2;
```

如果 int 用 4 个字节来存储，该语句会生成 3008（3000 + 2 * 4）。在内建数组 v 中，vPtr 现在会指向 v[2]，如下图所示。

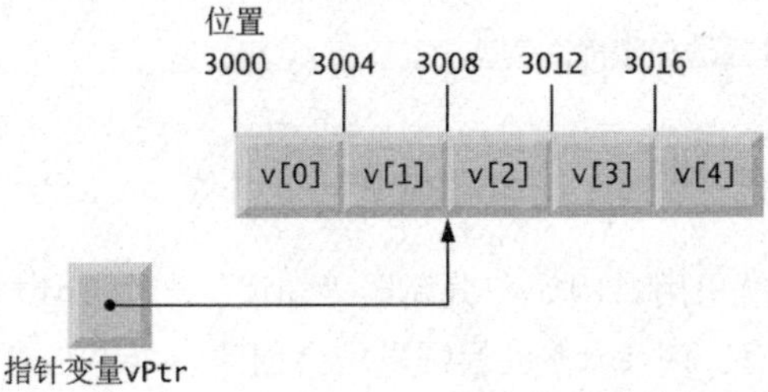

如果 vPtr 递增到 3016（即指向 v[4]），那么以下语句：

```
vPtr -= 4;
```

会将 vPtr 设回 3000——内置数组的起始位置。在指针递增或递减 1 的情况下，可以使用递增（++）和递减（--）操作符。以下每个语句：

```
++vPtr;
vPtr++;
```

都会递增指针，使其指向内建数组的下一个元素。而以下每个语句：

```
--vPtr;
vPtr--;
```

都会递减指针，使其指向内建数组的上一个元素。

指针算术没有边界检查，所以“C++ 核心准则”推荐使用 std::span 来代替，具体将在第 7.10 节演示。在指针上加减整数时，必须保证所产生的指针引用的是内置数组边界内的一个元素。std::span 支持边界检查，这有帮助于避免错误。

核心准则

7.9.2 从指针上减一个指针

指向同一内置数组的指针变量可以做减法。例如，假定 vPtr 包含地址 3000，v2Ptr 包含地址 3008，那么以下语句：

```
x = v2Ptr - vPtr;
```

会将从 vPtr 到 v2Ptr 的内置数组元素数量（本例是 2）赋给 x。我们不能假设两个相同类型的变量在内存中是连续存储的，除非它们是内置数组中相邻的元素。如果两个指针引用的不是同一个内置数组的元素，对它们做减法或者比较属于一种逻辑错误。

7.9.3 指针赋值

可将一个指针赋给另一个指针，前提是这两个指针属于同一类型。[17] 另外，可将指向基本类型或类（class）类型的任何指针赋给一个 void*（指向 void 的指针）而不需要强制类型转换。void* 指针可以代表任何指针类型。然而，不可以将一个 void* 类型的指针直接赋给另一个类型的指针。相反，void* 类型的指针必须先用 static_cast 转换为合适的指针类型。

7.9.4 不能解引用 void*

void* 指针不能解引用。例如，编译器“知道”一个 int* 在 4 字节整数的机器上指向 4 个字节的内存。对 int* 进行解引用会创建一个“左值”，它是 int 在内存中的 4 个字节的别名。然而，void* 包含的是一个未知数据类型的内存地址。不能在指针运算中使用 void*，也不能对 void* 进行解引用，因为编译器不知道这种指针所指向的数据的类型和大小。

允许对 void* 指针执行以下操作。

- 将 void* 指针与其他指针进行比较。
- 将 void* 指针强制转换为其他指针类型。
- 将其他指针类型转换为 void* 指针。

其他所有 void* 指针操作都会造成编译错误。

7.9.5 指针比较

指针可以使用相等性和关系操作符进行比较。除非指针指向同一个内建数组的元素，否则关系比较（<，<=，> 和 >=）没有意义。对指针进行比较时，比较的是存储在指针中的地址。例如，如果两个指针指向同一个内置数组，那么可以对它们进行比较，检查一个指针指向的元素是否在比另一个高的位置上。指针相等性比较的一个常见场合是判断指针是否包含 nullptr 值（即一个不指向任何东西的指针）。

7.10 对象自然案例学习：C++20 span，连续容器元素的视图

本节要继续我们的“对象自然”学习方法，体验一下 C++20 span 对象。span（头文件 <span>）使程序能够查看一个容器的连续元素，这些容器包括内置数组、std::array 或 std::vector 等。span 是容器的一个“视图”。它只是“看到”容器中的元素，自己没有这些元素的拷贝。

早些时候，我们讨论了 C++ 内置数组在传递给函数时如何衰减为指针。特别是，函数的参数会失去你在声明数组时提供的大小信息，具体可以参考图 7.10 对 sizeof 的演示。“C++ 核心准则”建议将内置数组以 span 的形式传给函数，[18] 因为 span 能同时表示指向数组第一个元素的指针以及数组的大小。图 7.12 展示了 span 的一些关键功能。为方便讨论，我们把这个程序分为几个部分。

核心准则

```
1  // fig07_12.cpp
2  // C++20 spans: Creating views into containers.
3  #include <array>
4  #include <fmt/format.h>
5  #include <iostream>
6  #include <numeric>
7  #include <span>
8  #include <vector>
9
```

图 7.12　C++20 span：创建容器视图

displayArray 函数

将内置数组传递给函数时，通常需要传递数组名称和数组大小。虽然 items 参数（第 12 行）是用 [] 声明的，但它只是指向一个 int 的指针。这个指针并不“知道”函数的参数中包含多少个元素。这会造成多方面的问题。例如，调用 displayArray 的代码可能传递错误的 size 值。在这种情况下，函数可能不会处理 items 的所有元素，或者函数可能访问 items 边界以外的元素——这属于一种逻辑错误，而且会带来潜在的安全问题。此外，我们在 6.6 节讨论过“外部迭代”的缺点（就像第 13 行～第 15 行那样）。Visual Studio 的“C++ Core Guidelines”检查器对 displayArray 和向函数传递内置数组发出了几个警告。本例之所以安排函数 displayArray，只是为了和在 displaySpan 函数中传递 span 进行比较，后者才是推荐的做法。

核心准则

安全提示

```
10  // items parameter is treated as a const int* so we also need the size to
11  // know how to iterate over items with counter-controlled iteration
12  void displayArray(const int items[], size_t size) {
13     for (size_t i{0}; i < size; ++i) {
14        std::cout << fmt::format("{} ", items[i]);
15     }
16  }
17
```

displaySpan 函数

“C++ 核心准则”指出，指针只应指向一个对象而不是数组，[19] 像 displayArray 这样同时接收指针和大小的函数很容易出错。[20] 为了解决这些问题，

核心准则

应该使用 span 将数组传递给函数。displaySpan 函数（第 20 行～第 24 行）接收一个包含 const int 值的一个 span。之所以加上 const 限定符，是因为该函数不需要修改数据。

```
18  // span parameter contains both the location of the first item
19  // and the number of elements, so we can iterate using range-based for
20  void displaySpan(std::span<const int> items) {
21     for (const auto& item : items) { // spans are iterable
22        std::cout << fmt::format("{} ", item);
23     }
24  }
25
```

性能提示

span 同时封装了一个指针和一个代表元素数量的 size_t。将内置数组（或者 std::array/std::vector）传给 displaySpan 时，C++ 会隐式创建一个 span，其中包含指向数组第一个元素的指针以及数组的大小，这些是编译器从数组的声明中确定的。可通过该 span 来查看作为实参传递的原始数组中的数据。“C++ 核心准则”指出，可采用“传值”方式来传递 span，它的效率和分别传递指针和大小一样好（就像我们在 displayArray 中所做的那样）。[21]

核心准则

安全提示

span 支持许多类似于 array 和 vector 的功能，比如允许通过基于范围的 for 语句进行遍历。由于 span 是根据编译器确定的数组原始大小而创建的，所以基于范围的 for 能保证我们不会访问数组边界以外的元素，从而解决了与 displayArray 相关的各种问题，并有助于防止像“缓冲区溢出”这样的安全问题。

times2 函数

由于 span 本质上是现有容器的一个“视图”，所以修改 span 的元素也会修改容器的原始数据。times2 函数将它的 span<int> 中的每个元素乘以 2。注意，这里使用一个非 const 引用来修改 span 视图中的每个元素。

```
26  // spans can be used to modify elements in the original data structure
27  void times2(std::span<int> items) {
28     for (int& item : items) {
29        item *= 2;
30     }
31  }
32
```

将数组传给函数以显示内容

第 34 行～第 36 行创建名为 values1 的 int 内置数组、名为 values2 的 std::array 以及名为 values3 的 std::vector。每个都包含 5 个元素，并

在内存中连续存储其元素。第 41 行调用 displayArray 来显示 value1 的内容。displayArray 函数的第一个参数是指向一个 int 的指针，所以不能使用 std::array 对象或 std::vector 对象的名称将它们传给 displayArray。

```
33 int main() {
34     int values1[]{1, 2, 3, 4, 5};
35     std::array values2{6, 7, 8, 9, 10};
36     std::vector values3{11, 12, 13, 14, 15};
37
38     // must specify size because the compiler treats displayArray's items
39     // parameter as a pointer to the first element of the argument
40     std::cout << "values1 via displayArray: ";
41     displayArray(values1, 5);
42
```

```
values1 via displayArray: 1 2 3 4 5
```

隐式创建 span 并把它们传给函数

第 46 行调用 displaySpan 并传递 values1 作为实参。函数的参数（形参）声明为 std::span<const int>，所以 C++ 会创建一个 span，其中包含指向数组第一个元素的 const int* 以及代表数组大小的一个 size_t，这些数据是编译器从 values1 的声明（第 34 行）获取的。

由于 span 支持查看任何连续的元素序列，所以也可以向 displaySpan 传递一个包含 int 值的 std::array 或 std::vector（第 50 行和第 52 行）。C++ 语言将创建一个适当的 span 来代表指向容器第一个元素的指针以及容器的大小。这使 displaySpan 函数比 displayArray 函数更灵活。在本例中，后者只能接收内置数组。

```
43     // compiler knows values1's size and automatically creates a span
44     // representing &values1[0] and the array's length
45     std::cout << "\nvalues1 via displaySpan: ";
46     displaySpan(values1);
47
48     // compiler also can create spans from std::arrays and std::vectors
49     std::cout << "\nvalues2 via displaySpan: ";
50     displaySpan(values2);
51     std::cout << "\nvalues3 via displaySpan: ";
52     displaySpan(values3);
53
```

```
values1 via displaySpan: 1 2 3 4 5
values2 via displaySpan: 6 7 8 9 10
values3 via displaySpan: 11 12 13 14 15
```

修改 span 的元素会同时修改原始数据

如前所述，times2 函数将其 span 中的元素乘以 2。第 55 行以 values1 为实参调用 times2。由于函数的参数被声明为 std::span<int>，所以 C++ 创建了一个 span，其中包含指向数组第一个元素的 int* 和一个代表数组大小的 size_t，编译器根据 values1 的声明（第 34 行）来获得这些信息。为了证实 times2 确实修改了原始数组的数据，第 57 行显示 values1 更新后的值。和 displaySpan 一样，调用 times2 时也可以传递程序创建的 std::array 或 std::vector 对象。

```
54     // changing a span's contents modifies the original data
55     times2(values1);
56     std::cout << "\n\nvalues1 after times2 modifies its span argument: ";
57     displaySpan(values1);
58
```

```
values1 after times2 modifies its span argument: 2 4 6 8 10
```

手动创建一个 span 并与之交互

可以显式创建一个 span 并与之交互。第 60 行创建一个 span<int> 来"查看"values1 中的数据——编译器通过 CTAD 从 values1 的元素中推断出元素类型 int。第 61 行～第 62 行演示了 span 的 front 和 back 成员函数，它们分别返回视图的第一个和最后一个元素（也就是 values1 的第一个和最后一个元素）。

```
59     // spans have various array-and-vector-like capabilities
60     std::span mySpan{values1}; // span<int>
61     std::cout << "\n\nmySpan's first element: " << mySpan.front()
62        << "\nmySpan's last element: " << mySpan.back();
63
```

```
mySpan's first element: 2
mySpan's last element: 10
```

核心准则

"C++ 核心准则"有一个理念："更倾向于编译时检查而不是运行时检查"，[22] 这使得编译器能在编译时发现并报告错误，而不是由你来编写代码以帮助防止运行时错误。在第 60 行，编译器从第 34 行的 values1 声明中确定了 span 的大小（5）。也可以显式说明 span 的类型和大小，例如：

```
span<int, 5> mySpan{values1};
```

在这种情况下，编译器会确保 span 的声明大小与 values1 的大小匹配；否则会报告编译错误。

为 span 使用标准库的 accumulate 算法

如本例所示，span 是可迭代的。这意味着可以利用 span 的 begin 和 end 函数将 span 传给 C++ 标准库算法，例如 accumulate（第 66 行）或 sort。第 14 章会深入讨论标准库算法。

```
64      // spans can be used with standard library algorithms
65      std::cout << "\n\nSum of mySpan's elements: "
66         << std::accumulate(std::begin(mySpan), std::end(mySpan), 0);
67
```

```
Sum of mySpan's elements: 30
```

创建子视图

有时需要处理一个 span 的子集，为此可以利用 span 的 first、last 和 subspan 成员函数来创建子视图。第 70 行和第 72 行分别使用 first 和 last 获得代表 values1 前三个和后三个元素的 span。第 74 行使用 subspan 获得一个 span，它从索引 1 开始“查看”了 3 个元素。在每种情况下，我们都将子视图传递给 displaySpan 来显示并确认子视图代表的内容。

```
68      // spans can be used to create subviews of a container
69      std::cout << "\n\nFirst three elements of mySpan: ";
70      displaySpan(mySpan.first(3));
71      std::cout << "\nLast three elements of mySpan: ";
72      displaySpan(mySpan.last(3));
73      std::cout << "\nMiddle three elements of mySpan: ";
74      displaySpan(mySpan.subspan(1, 3));
75
```

```
First three elements of mySpan: 2 4 6
Last three elements of mySpan: 6 8 10
Middle three elements of mySpan: 4 6 8
```

修改子视图的元素会同时修改原始数据

可以通过非 const 数据的子视图修改那些数据。第 77 行向 times2 函数传递从 value1 的索引 1 开始“查看”了 3 个元素的一个 span。第 79 行显示更新的 values1 元素以确认结果。

```
76      // changing a subview's contents modifies the original data
77      times2(mySpan.subspan(1, 3));
78      std::cout << "\n\nvalues1 after modifying elements via span: ";
```

```
79     displaySpan(values1);
80
```

```
values1 after modifying elements via span: 2 8 12 16 10
```

通过 [] 操作符访问视图的元素

和内建数组、`std::array` 和 `std::vector` 相似，我们也可以使用 `[]` 操作符访问和修改 `span` 中的元素。它同样不支持范围检查。第 82 行显示索引 2 的元素。[23]

```
81     // access a span element via []
82     std::cout << "\n\nThe element at index 2 is: " << mySpan[2];
83 }
```

```
The element at index 2 is: 12
```

7.11 理解基于指针的字符串

以前讲过如何使用 C++ 标准库的 `string` 类将字符串表示成一种全能的对象。第 8 章会更详细地讨论 `std::string` 类。本节介绍的是从 C 编程语言继承的基于指针的字符串。在这里，我们将这种字符串称为 C 字符串或者简单地称为“字符串”。在提到 C++ 标准库 `string` 类时，则会使用 `std::string`。

安全提示

`std::string` 是首选，因为它避免了许多安全问题和因为操作 C 字符串而引起的 bug。但在某些情况下，C 字符串又是必须的，例如在处理命令行参数的时候。另外，如果使用传统的 C 和 C++ 程序，那么很可能会遇到基于指针的字符串。我们将在网上附录 E 中详细介绍 C 字符串。

字符和字符常量

字符是 C++ 源程序的基本构成元素。每个程序都由字符构成。当这些字符被有意义地分组时，会被编译器解释成用于完成一项任务的指令和数据。程序可以包含**字符常量**（character constant），它们每个都是一个整数值，用单引号表示为一个字符。字符常量的值是该字符在机器的字符集中的整数值。例如，`'z'` 代表字母 `z` 的整数值（ASCII 字符编码 122；参见附录 B），并具有 `char` 类型。类似，`'\n'` 代表换行符的整数值（ASCII 字符编码 10）。

基于指针的字符串

C 字符串是一个内置的字符数组，以**空字符**（null character）`'\0'` 结尾，标志字符串在内存中的终止位置。C 字符串通过指向其第一个字符的指针来访问（不管字符串有多长）。

字符串字面值作为初始化器

字符串字面值可作为内置 char 数组或 const char* 类型的变量的初始化器使用。对于以下两个声明：

```
char color[]{"blue"};
const char* colorPtr{"blue"};
```

它们的作用都是将一个变量初始化为字符串 "blue"。第一个声明创建包含字符 'b'、'l'、'u'、'e' 和 '\0' 的 5 元素内置数组 color。第二个声明创建指针变量 colorPtr，它指向内存中某个位置的 "blue" 字符串（以 '\0' 终止）中的字母 b。上述第一个声明也可用包含单独字符的一个初始化列表来实现。在这个列表中，可以手动加入终止 '\0'，例如：

```
char color[]{'b', 'l', 'u', 'e', '\0'};
```

只要程序在运行，程序中的字符串字面值就会一直存在。如果在一个程序的多个位置引用同一个字符串字面值，它们也许会被共享。字符串是**不可变**（immutable）的，不能修改。

C 字符串的问题

没有在内置 char 数组中分配足够的空间来存储用于终止字符串的“空字符”是一种逻辑错误。创建或使用一个不含终止空字符的 C 字符串会导致逻辑错误。

安全提示

在内置 char 数组中存储字符串时，要确保内置数组足够大，能容纳将要存储的最大字符串。C++ 语言允许任意长度的字符串。如果一个字符串比用于存储它的内置 char 数组长，超出内置数组末端的字符将覆盖后续的内存位置。这可能导致逻辑错误、程序崩溃或安全漏洞。

显示 C 字符串

可以使用 cout 和 << 输出代表一个“以空字符终止的字符串”的内置 char 数组。以下语句将显示内置数组 color：

```
std::cout << color;
```

cout 对象并不关心内置字符数组有多大。它只是机械地输出这些字符，直到遇到一个终止空字符。空字符不会显示。cin 和 cout 都假设内置 char 数组应该作为“以空字符终止的字符串”来处理。它们不提供其他内置数组类型所具有的输入和输出处理能力。

7.11.1 命令行参数

有时必须使用内置数组和 C 字符串。例如，经常需要向应用程序传递命令行参数来指定配置选项、要处理的文件名等。从命令行执行一个程序时，可将命令行参数放程序名称之后，从而向该程序提供命令行参数。在 Windows 系统上，以下命令：

```
dir /p
```

使用 `/p` 参数列出当前目录的内容，每显示一屏就暂停。类似地，在 Linux 或 macOS 上，以下命令使用 `-la` 参数列出当前目录的内容，同时显示关于每个文件和子目录的详细信息：

```
ls -la
```

命令行参数是以 C 字符串的形式传入 C++ 程序的。应用程序名称被当作第一个命令行参数。要把参数作为 `std::string` 或其他数据类型（`int`、`double` 等）使用，必须把参数转换成这些类型。图 7.13 显示了传递给程序的命令行参数的数量，然后每个参数单独用一行显示。

```
1  // fig07_13.cpp
2  // Reading in command-line arguments.
3  #include <fmt/format.h>
4  #include <iostream>
5
6  int main(int argc, char* argv[]) {
7     std::cout << fmt::format("Number of arguments: {}\n\n", argc);
8
9     for (int i{0}; i < argc; ++i) {
10       std::cout << fmt::format("{}\n", argv[i]);
11    }
12 }
```

```
fig07_13 Amanda Green 97
Number of arguments: 4

fig07_13
Amanda
Green
97
```

图 7.13 读入命令行参数

为了接收命令行参数，声明 `main` 时要带两个参数（第 6 行）。它们按惯例分别命名为 `argc` 和 `argv`。第一个参数是一个 `int`，代表参数数量。第二个是一个指向内置 char* 数组第一个元素的指针，有的程序员把它写成 char** argv。数组的第一个元素是代表应用程序名称的 C 字符串[24]。其余元素是代表其他命令行参数的 C 字符串。

在命令行执行以下命令：

```
fig07_13 Amanda Green 97
```

将 "Amanda"、"Green" 和 "97" 传给应用程序 fig07_13。在 macOS 和 Linux 上，要用 "./fig07_13" 来运行该程序。注意，命令行参数以空白分隔，而不是以逗号分隔。上述命令执行时，fig07_13 的 main 函数接收到参数数量 4 以及一个 4 元素的 C 字符串数组。

- argv[0] 包含应用程序名称 "fig07_13"（macOS 或 Linux 上是 "./fig07_13"）。
- argv[1] 到 argv[3] 分别包含 "Amanda"、"Green" 和 "97"。

可以自行决定如何在程序中使用这些参数。考虑到之前讲过的 C 字符串所存在的问题，在代码中使用命令行参数之前，应该把它们转换成 std::string。

7.11.2 再论 C++20 的 to_array 函数

7.6 节解释了如何用 to_array 将内置数组转换为 std::array。图 7.14 展示了 to_array 的另一个用途。我们使用与图 7.6 相同的 lambda 表达式（第 9 行～第 13 行）来显示调用 to_array 后的 std::array 内容。

```
1  // fig07_14.cpp
2  // C++20: Creating std::arrays from string literals with to_array.
3  #include <fmt/format.h>
4  #include <iostream>
5  #include <array>
6
7  int main() {
8     // lambda to display a collection of items
9     const auto display{
10       [](const auto& items) {
11          for (const auto& item : items) {
12             std::cout << fmt::format("{} ", item);
13          }
14       }
15    };
16
```

图 7.14 C++20：用 to_array 从字符串字面值创建 std::array

```
17     // initializing an array with a string literal
18     // creates a one-element array<const char*>
19     const auto array1{std::array{"abc"}};
20     std::cout << fmt::format("array1.size() = {}\narray1: ",
21        array1.size());
22     display(array1); // use lambda to display contents
23
24     // creating std::array of characters from a string literal
25     const auto array2{std::to_array("C++20")};
26     std::cout << fmt::format("\n\narray2.size() = {}\narray2: ",
27        array2.size());
28     display(array2); // use lambda to display contents
29
30     std::cout << '\n';
31  }
```

```
array1.size() = 1
array1: abc

array2.size() = 6
array2: C + + 2 0
```

图 7.14 C++20：用 to_array 从字符串字面值创建 std::array（续）

从字符串字面值初始化一个 std::array 来创建单元素 array

第 19 行创建包含一个 const char* 的单元素 array，该指针元素指向 C 字符串 "abc"。

将字符串字面值传给 to_array，创建一个由 char 构成的 std::array

另一方面，将字符串字面值传给 to_array（第 25 行）会创建一个包含 char 的 std::array，其中的元素对应每个字符以及最后的终止空字符。第 26 行～第 27 行确认该数组的大小为 6，第 28 行确认该数组的内容。空字符不显示，所以没有出现在输出中。

7.12 展望其他指针主题

在本书以后的章节中，还会介绍关于指针的其他主题：

第 10 章将指针用于类对象，以说明可以使用引用或指针来执行面向对象编程特有的“运行时多态性处理”，而你应该首选引用。

第 11 章将指针用于动态内存管理，以便在执行时根据需要创建和销毁对象。不正确地管理这个过程会造成不容易发现的错误，比如“内存泄漏”。我们将展示“智能指针”如何自动管理不需要时应返还给操作系统的内存和其他资源。

第 14 章展示如何将函数名称作为指向其实现的指针使用，而且可以通过函数指针将函数传入其他函数。

7.13 小结

本章讨论了指针、基于指针的内建数组以及基于指针的字符串（C 字符串）。我们强调现代 C++ 编程准则是避免使用大多数指针——优先使用引用而不是指针，优先使用 `std::array` 和 `std::vector` 而不是内置数组，优先使用 `std::string` 对象而不是 C 字符串。

我们声明并初始化了指针，并演示了指针操作符 `&` 和 `*`。我们展示了指针也可以用来实现“传引用”，但一般应该首选引用。我们演示了内置的、基于指针的数组，并说明了它们与指针的密切关系。

我们讨论了 `const` 与指针及其指向的数据的各种组合，以及如何使用 sizeof 操作符来确定存储特定基本类型和指针本身所需的字节数。我们演示了指针表达式和指针算术。

我们简单讨论了 C 字符串，然后展示了如何处理命令行参数，虽然这是一个简单的任务，但 C++ 仍然要求同时使用基于指针的 C 字符串和基于指针的数组。

总之，你阅读本章的主要收获是，平常应尽量避免使用指针、基于指针的数组和基于指针的字符串。如果程序仍在使用基于指针的数组，可以使用 C++20 的 `to_array` 函数将内置数组转换成 `std::array` 对象，并使用 C++20 的 `span` 作为处理基于指针的内置数组的一种更安全的方法。下一章将讨论 `std::string` 所提供的典型的字符串处理操作，并介绍文件处理功能。

注释

1. C++ Core Guidelines，“F.60: Prefer T* over T& When “No Argument” Is a Valid Option”，访问日期 2022 年 1 月 2 日，https://isocpp.github.io/CppCore Guidelines/CppCoreGuidelines#Rf-ptr-ref。
2. 在现代 C++ 中，对象的存在与否可以用 std::optional 来表示（C++17），https://zh.cppreference.com/w/cpp/utility/optional。
3. C++ Core Guidelines，“F: Functions”，访问日期 2022 年 1 月 2 日，https://isocpp.github.io/CppCoreGuidelines/CppCoreGuidelines#S-functions。
4. C++ Core Guidelines，“ES.47: Use nullptr Rather Than 0 or NULL”，访问日期 2021 年 12 月 31 日，https://isocpp.github.io/CppCoreGuidelines/CppCoreGuidelines# Res-nullptr。

5. 访问日期 2021 年 12 月 31 日，https://en.wikipedia.org/wiki/Undefined_behavior。
6. “Common Weakness Enumeration”，访问日期 2022 年 1 月 2 日，CWE，https://cwe.mitre.org/ data/definitions/824.html。
7. 访问日期 2021 年 12 月 31 日，https://en.wikipedia.org/wiki/Dangling_pointer。
8. 还可以使用 std::pow(n, 3) 计算 n 的立方。
9. C++ Core Guidelines，“I.13: Do Not Pass an Array as a Single Pointer”，访问日期 2022 年 1 月 2 日，https://isocpp.github.io/CppCoreGuidelines/CppCore Guidelines#Ri-array。
10. C++ Core Guidelines，“SL.con.1: Prefer Using STL array or vector Instead of a C array”，访问日期 2022 年 1 月 2 日，https://isocpp.github.io/CppCoreGuidelines/CppCoreGuidelines#Rsl-arrays。
11. Zhihao Yuan，“to_array from LFTS with Updates”，July 17, 2019，访问日期 2021 年 12 月 31 日，https://wg21.link/p0325。
12. 有些程序员喜欢写成 int const* countPtr;。他们从右向左把这个声明读作“countPtr 是指向一个常量整数的指针”。
13. 这是演示 sizeof 如何工作的一个很机械的例子。如果使用了某个静态代码分析工具，例如 Microsoft Visual Studio 的“C++ Core Guidelines”检查器，那么会发出警告，因为不应该把内置数组传给函数。
14. 第 16 行使用 const 而不是 constexpr 来防止类型不匹配的编译错误。内置 int 数组的名称（第 15 行）会衰减为 const int*，所以必须用那个类型来声明 ptr。
15. C++ Core Guidelines，“S.42: Keep Use of Pointers Simple and Straightforward”，访问日期 2022 年 1 月 2 日，https://isocpp.github.io/CppCoreGuidelines/CppCoreGuidelines#Res-ptr。
16. C++ Core Guidelines，“Pro.bounds: Bounds Safety Profile”，访问日期 2022 年 1 月 2 日，https://isocpp.github.io/CppCoreGuidelines/CppCoreGuidelines#SS-bounds。
17. 当然，const 指针不可以修改。
18. C++ Core Guidelines，“R.14: Avoid [] Parameters, Prefer span”，访问日期 2022 年 1 月 2 日，https://isocpp.github.io/CppCoreGuidelines/CppCoreGuidelines#Rr-ap。
19. C++ Core Guidelines，“ES.42: Keep Use of Pointers Simple And Straightforward”，访问日期 2022 年 1 月 2 日，https://isocpp.github.io/CppCoreGuidelines/CppCoreGuidelines#Res-ptr。
20. C++ Core Guidelines，“I.13: Do Not Pass an Array as a Single Pointer”，访问日期 2022 年 1 月 2 日，https://isocpp.github.io/CppCoreGuidelines/CppCoreGuidelines#Ri-array。
21. C++ Core Guidelines，“F.24: Use a span<T> or a span_p<T> to Designate a Half-open Sequence”，访问日期 2022 年 1 月 2 日，https://isocpp.github.io/CppCoreGuidelines/CppCoreGuidelines#Rf-range。
22. C++ Core Guidelines，“P.5: Prefer Compile-Time Checking to Run-Time Checking”，访问日期 2022 年 1 月 31 日，https://isocpp.github.io/CppCoreGuidelines/CppCoreGuidelines#Rpcompile-time。
23. std::span 暂时没有支持范围检查的 at 成员函数，但不排除未来会有。
24. C++ 标准允许实现为 argv[0] 返回一个空字符串，即 ""。

第 8 章

string、string_view、文本文件、CSV 文件和正则表达式

学习目标

- 收集 string 特征信息
- 在 string 中查找、替换和插入字符
- 使用 C++11 的数值转换函数
- 使用 C++17 的 string_view 获得连续字符的轻量级视图
- 对顺序文件进行读写
- 向内存中的 string 输出数据和读取数据
- 在“面向对象”案例学习中使用一个开源库的类的对象，从 CSV 文件读取和处理关于泰坦尼克号灾难的数据
- 在“面向对象”案例学习中使用 C++11 正则表达式（regex）来查找字符串的模式、校验数据和替换子串

8.1 导读

本章讨论 `std::string` 的其他特性并介绍 `string_view`、文本文件处理、CSV 文件处理和正则表达式。

std::string

我们从第 2 章开始就一直在使用 `std::string` 对象。本章将介绍更多的 `std::string` 操作，包括赋值、比较、提取子串、查找子串和修改 `std::string` 对象等。另外，我们还讨论了如何在 `std::string` 对象和数值之间转换。

C++17 string_view

C++17 引入的 `string_view` 是 C 字符串或 `std::string` 对象的一种只读“视图”。和 `std::span` 一样，`string_view` 自己并不拥有它所“查看”的数据。你会看到 `string_view` 有许多与 `std::string` 相似的功能，特别适合不需要可修改的字符串的情况。

文本文件和字符串流处理

内存中的数据存储是暂时的。数据要持久存储需要用到文件。计算机将文件存储在辅助存储设备上，例如硬盘以及今天流行的“云端”。我们将解释如何构建 C++ 程序来创建、更新和处理文本文件。还展示了如何使用 `ostringstream` 和 `istringstream` 向内存中的 `std::string` 输出数据和读取数据。

对象自然案例学习：CSV 文件和泰坦尼克号灾难数据集

本章提供了两个对象自然案例学习。第一个介绍了 CSV（Comma-Separated Values，逗号分隔的值）文件格式。CSV 在大数据、数据分析和数据科学以及自然语言处理、机器学习和深度学习等人工智能应用中非常流行，是主要的数据集格式。

数据分析和数据科学的初学者经常拿来练手的一个数据集是泰坦尼克号灾难数据集。它列出了在泰坦尼克号于 1912 年 4 月 10 日～ 15 日处女航中撞上冰山并沉没的灾难性事件中的所有乘客及其幸存状况。我们使用开源 `rapidcsv` 库的一个类来创建对象，从 CSV 文件中读取泰坦尼克号的数据集。然后，我们查看一些数据并进行一些基本的数据分析。

对象自然案例学习：使用正则表达式来查找字符串的模式、校验数据和替换子串

本章的第二个“对象自然”案例学习介绍了正则表达式，它在当今数据丰富的应用程序中尤为关键。我们将使用 C++11 的 regex 对象来创建正则表达式，然后在 <regex> 头文件提供的各种函数中使用正则表达式来匹配文本中的模式。我们之前提到过在工业强度的代码中验证用户输入的重要性。本章介绍的 std::string、字符串流和正则表达式经常被用于数据校验。

8.2 字符串赋值和连接

图 8.1 演示了各种 std::string 赋值和连接功能。[1]

```cpp
// fig08_01.cpp
// Demonstrating string assignment and concatenation.
#include <fmt/format.h>
#include <iostream>
#include <string>

int main() {
   std::string s1{"cat"};
   std::string s2; // initialized to the empty string
   std::string s3; // initialized to the empty string

   s2 = s1; // assign s1 to s2
   s3.assign(s1); // assign s1 to s3
   std::cout << fmt::format("s1: {}\ns2: {}\ns3: {}\n\n", s1, s2, s3);

   s2.at(0) = 'r'; // modify s2
   s3.at(2) = 'r'; // modify s3
   std::cout << fmt::format("After changes:\ns2: {}\ns3: {}", s2, s3);

   std::cout << "\n\nAfter concatenations:\n";
   std::string s4{s1 + "apult"}; // concatenation
   s1.append("acomb"); // create "catacomb"
   s3 += "pet"; // create "carpet" with overloaded +=
   std::cout << fmt::format("s1: {}\ns3: {}\ns4: {}\n", s1, s3, s4);

   // append locations 4 through end of s1 to
   // create string "comb" (s5 was initially empty)
   std::string s5; // initialized to the empty string
   s5.append(s1, 4, s1.size() - 4);
```

图 8.1 演示字符串赋值和连接

```
30      std::cout << fmt::format("s5: {}", s5);
31   }
```

```
s1: cat
s2: cat
s3: cat

After changes:
s2: rat
s3: car

After concatenations:
s1: catacomb
s3: carpet
s4: catapult
s5: comb
```

图 8.1 演示字符串赋值和连接（续）

字符串赋值

第 8 行～第 10 行创建名为 s1、s2 和 s3 的字符串。第 12 行使用赋值操作符将 s1 的内容拷贝到 s2 中。第 13 行使用成员函数 assign 将 s1 的内容拷贝到 s3 中。这个特定版本的 assign 等同于使用 = 操作符，但 assign 还有许多重载。欲知这些重载的详情，请访问 https://zh.cppreference.com/w/cpp/string/basic_string/assign。

例如，其中一个重载能拷贝指定数量的字符，例如：

```
target.assign(source, start, numberOfChars);
```

其中，source 是要拷贝的字符串，start 是起始索引，numberOfChars 是要拷贝的字符数。

按索引访问字符串中的元素

第 16 行～第 17 行使用 string 的成员函数 at 将 'r' 赋给 s2 的索引 0（形成 "rat"），将 'r' 赋给 s3 的索引 2（形成 "car"）。也可以使用成员函数 at 来获取字符串中某个特定索引的字符。类似于 std::array 和 std::vector，std::string 的 at 成员函数会执行范围检查，如果索引不在字符串的边界内，会在运行时抛出一个 out_of_range 异常。string 的下标操作符 [] 不检查索引是否在范围内，这一点也类似于 std::array 和 std::vector。也可使用基于范围的 for 来遍历字符串中的字符，例如：

```
for (char c : s3) {
   cout << c;
}
```

这样可以确保不会访问超出字符串边界的元素（字符）。

字符串连接

第 21 行将 s4 初始化为 s1 的内容，并附加 "apult"。对于 std::string 来说，+ 操作符表示**字符串连接**（string concatenation）。第 22 行使用成员函数 append 将 s1 和 "acomb" 连接。接着，第 23 行使用重载的加法赋值操作符 += 将 s3 和 "pet" 连接。然后，第 29 行将字符串 "comb" 附加（append）到空字符串 s5 上。传递的实参包括要从中获取字符的 std::string(s1)、起始索引(4)以及要附加的字符数(s1.size() - 4)。

8.3 字符串比较

std::string 提供了用于比较字符串的成员函数（图 8.2）。我们会调用 displayResult 函数（第 7 行～第 17 行）来显示每次比较的结果。程序声明 4 个 string（第 20 行～第 23 行）并输出它们（第 25 行和第 26 行）。

```
1  // fig08_02.cpp
2  // Comparing strings.
3  #include <fmt/format.h>
4  #include <iostream>
5  #include <string>
6
7  void displayResult(const std::string& s, int result) {
8     if (result == 0) {
9        std::cout << fmt::format("{} == 0\n", s);
10    }
11    else if (result > 0) {
12       std::cout << fmt::format("{} > 0\n", s);
13    }
14    else { // result < 0
15       std::cout << fmt::format("{} < 0\n", s);
16    }
17 }
18
19 int main() {
20    const std::string s1{"Testing the comparison functions."};
21    const std::string s2{"Hello"};
22    const std::string s3{"stinger"};
23    const std::string s4{s2}; // "Hello"
```

图 8.2 比较字符串

```
24
25     std::cout << fmt::format("s1: {}\ns2: {}\ns3: {}\ns4: {}",
26        s1, s2, s3, s4);
27
28     // comparing s1 and s4
29     if (s1 > s4) {
30        std::cout << "\n\ns1 > s4\n";
31     }
32
33     // comparing s1 and s2
34     displayResult("s1.compare(s2)", s1.compare(s2));
35
36     // comparing s1 (elements 2-6) and s3 (elements 0-4)
37     displayResult("s1.compare(2, 5, s3, 0, 5)",
38        s1.compare(2, 5, s3, 0, 5));
39
40     // comparing s2 and s4
41     displayResult("s4.compare(0, s2.size(), s2)",
42        s4.compare(0, s2.size(), s2));
43
44     // comparing s2 and s4
45     displayResult("s2.compare(0, 3, s4)", s2.compare(0, 3, s4));
46  }
```

```
s1: Testing the comparison functions.
s2: Hello
s3: stinger
s4: Hello

s1 > s4
s1.compare(s2) > 0
s1.compare(2, 5, s3, 0, 5) == 0
s4.compare(0, s2.size(), s2) == 0
s2.compare(0, 3, s4) < 0
```

图 8.2 比较字符串（续）

用关系和相等性操作符来比较字符串

std::string 对象可以相互比较，也可以用关系和相等性操作符与 C 字符串比较，所有比较都返回一个 bool。比较基于字典序；也就是说，根据每个字符的整数值进行比较。例如，'A' 的值是 65，'a' 的值是 97（参见附录 B）。所以，虽然是同一个词，但 "Apple" 被认为比 "apple" 小。第 29 行使用重载的 > 操作符测试 s1 是否大于 s4。在本例中，s1 以大写 T 开头，s4 以大写 H 开头。所以，s1 大于 s4，因为 T（84）的数值比 H（72）高。

用成员函数 compare 比较字符串

第 34 行使用 std::string 的成员函数 compare 来比较 s1 和 s2。如果字符串相等，该函数返回 0；如果 s1 的字典序大于 s2，则返回一个正数；如果 s1 的字典序小于 s2，则返回一个负数。因为以 'T' 开头的字符串被认为在字典序上大于以 'H' 开头的字符串，所以结果是一个大于 0 的值，这一点在输出中得到了证实。

第 38 行使用 compare 的一个重载对 s1 和 s3 的一部分进行比较。前两个实参（2 和 5）指定 s1 一部分（"sting"）的起始索引和长度。第三个实参要和 s1 比较的字符串（s3）。最后两个实参（0 和 5）是 s3 中要比较的那一部分（也是 "sting"）的起始索引和长度。由于被比较的两个部分完全相同，所以 compare 返回 0，这在输出中得到了确认。

第 42 行使用 compare 的另一个重载来比较 s4 和 s2。前两个实参是起始索引和长度，最后一个实参是比较字符串。被比较的 s4 和 s2 片段是相同的，所以 compare 返回 0。

第 45 行将 s2 的前 3 个字符与 s4 进行比较。由于 "Hel" 与 "Hello" 的前三个字母相同，但总的来说字母数较少，所以 "Hel" 被认为小于 "Hello"，compare 返回小于 0 的一个值。

8.4 子串

std::string 的成员函数 substr（图 8.3）返回一个 string 的**子串**（substring）。结果是一个新的 string 对象，其内容从源字符串拷贝而来。第 8 行使用 substr 函数从 s 获得一个子串，从后者的索引 3 开始拷贝 4 个字符。

```
1 // fig08_03.cpp
2 // Demonstrating string member function substr.
3 #include <iostream>
4 #include <string>
5
6 int main() {
7    const std::string s{"airplane"};
8    std::cout << s.substr(3, 4) << '\n'; // retrieve substring "plan"
9 }
```

```
plan
```

图 8.3 演示 string 的成员函数 substr

8.5 交换字符串

std::string 提供了成员函数 swap，用于交换两个 string 的内容。图 8.4 调用 swap（第 13 行）来交换 s1 和 s2 的值。

```
1  // fig08_04.cpp
2  // Using the swap function to swap two strings.
3  #include <fmt/format.h>
4  #include <iostream>
5  #include <string>
6
7  int main() {
8     std::string s1{"one"};
9     std::string s2{"two"};
10
11    std::cout << fmt::format("Before swap:\ns1: {}; s2: {}", s1, s2);
12    s1.swap(s2); // swap strings
13    std::cout << fmt::format("\n\nAfter swap:\ns1: {}; s2: {}", s1, s2);
14 }
```

```
Before swap:
s1: one; s2: two

After swap:
s1: two; s2: one
```

图 8.4 使用 swap 函数交换两个 string

8.6 收集 string 特征信息

std::string 提供了一些成员函数来收集关于一个 string 的大小、容量、最大长度以及其他特征的信息。

- string 的“大小”（size）是指当前存储在该字符串中的字符数。
- string 的“容量”（capacity）是指无须执行内存分配即可在该字符串中存储的字符数；超出这个容量，就需要分配更多的内存。string 在幕后为你执行内存分配。string 的容量至少是字符串的当前大小，虽然也可能更大。确切的容量取决于实现。
- “最大大小”（maximum size）是指任何字符串所能允许的最大大小。超过这个值会抛出一个 length_error 异常。[2]

图 8.5 演示了 string 用于判断这些特征信息的成员函数。我们把这个例子分为几部分来讨论。printStatistics 函数（第 8 行～第 12 行）接收一个 string 并显示其容量（使用成员函数 capacity）、最大大小（使用成员函数 max_size）、大小（使用成员函数 size）以及字符串是否为空（使用成员函数 empty）。

```
1  // fig08_05.cpp
2  // Printing string characteristics.
3  #include <fmt/format.h>
4  #include <iostream>
5  #include <string>
6
7  // display string statistics
8  void printStatistics(const std::string& s) {
9     std::cout << fmt::format(
10       "capacity: {}\nmax size: {}\nsize: {}\nempty: {}",
11       s.capacity(), s.max_size(), s.size(), s.empty());
12 }
13
```

图 8.5 打印 string 的特征

程序声明空字符串 string1（第 15 行）将会把它传给函数 printStatistics（第 18 行）。这个 printStatistics 调用的输出结果显示，string1 的初始大小为 0，即不包含任何字符。对于 Visual C++ 和 GNU g++，最大大小是 9 223 372 036 854 775 807（如本例所示），Xcode 中的 Clang 则是 18 446 744 073 709 551 599。string1 对象是空字符串，所以 empty 函数返回 true。

```
14 int main() {
15    std::string string1; // empty string
16
17    std::cout << "Statistics before input:\n";
18    printStatistics(string1);
19
```

```
Statistics before input:
capacity: 15
max size: 9223372036854775807
size: 0
empty: true
```

第 21 行要求从键盘输入一个字符串（我们输入 tomato）。第 24 行调用 printStatistics 输出更新后的 string1 统计数据。大小现在变成 6，而且 string1 不再为空。

```
20      std::cout << "\n\nEnter a string: ";
21      std::cin >> string1; // delimited by whitespace
22      std::cout << fmt::format("The string entered was: {}\n", string1);
23      std::cout << "Statistics after input:\n";
24      printStatistics(string1);
25
```

```
Enter a string: tomato
The string entered was: tomato
Statistics after input:
capacity: 15
max size: 9223372036854775807
size: 6
empty: false
```

第 27 行要求输入另一个字符串（我们输入 soup）并把它存储到 string1 中以替换 "tomato"。第 30 行调用 printStatistics 输出更新后的 string1 统计数据。注意，长度现在为 4。

```
26      std::cout << "\n\nEnter a string: ";
27      std::cin >> string1; // delimited by whitespace
28      std::cout << fmt::format("The string entered was: {}\n", string1);
29      std::cout << "Statistics after input:\n";
30      printStatistics(string1);
31
```

```
Enter a string: soup
The string entered was: soup
Statistics after input:
capacity: 15
max size: 9223372036854775807
size: 4
empty: false
```

第 33 行使用 += 将一个 46 个字符的字符串连接到 string1。第 36 行调用 printStatistics 来输出更新后的 string1 的统计数据。由于 string1 的容量不足以容纳新的字符串大小，所以容量被自动增大到 63 个元素，现在 string1 的大小是 50。具体怎么扩容由实现定义。

```
32      // append 46 characters to string1
33      string1 += "1234567890abcdefghijklmnopqrstuvwxyz1234567890";
34      std::cout << fmt::format("\n\nstring1 is now: {}\n", string1);
```

```
35      std::cout << "Statistics after concatenation:\n";
36      printStatistics(string1);
37
```

```
string1 is now: soup1234567890abcdefghijklmnopqrstuvwxyz1234567890
Statistics after concatenation:
capacity: 63
max size: 9223372036854775807
size: 50
empty: false
```

第 38 行使用成员函数 resize 将 string1 的大小增大了 10 个字符。额外的元素被设置为空字符。printStatistics 输出显示容量没有变化，但大小变成 60。

```
38      string1.resize(string1.size() + 10); // add 10 elements to string1
39      std::cout << "\n\nStatistics after resizing to add 10 characters:\n";
40      printStatistics(string1);
41      std::cout << '\n';
42   }
```

```
Statistics after resizing to add 10 characters:
capacity: 63
max size: 9223372036854775807
size: 60
empty: false
```

C++20 对 string 成员函数 reserve 的更新

可以调用 string 的成员函数 reserve 来改变字符串的容量而不改变其大小。如果向其传递的整数实参大于当前容量，就会扩容至大于或等于实参值的一个容量。从 C++20 开始，如果 reserve 的实参小于当前容量，那么容量不会发生变化。然而在 C++20 之前，reserve 可以减少容量，而且在实参小于字符串大小（size）的情况下，缩少容量时还会匹配该大小。

8.7 在字符串中查找子串和字符

std::string 提供了一个成员函数，后者可以在一个 string 中查找子串和字符。图 8.6 演示了这些 find 函数。我们把这个例子分成几个部分来讨论。字符串 s 在第 8 行声明和初始化。

```
1  // fig08_06.cpp
2  // Demonstrating the string find member functions.
3  #include <fmt/format.h>
4  #include <iostream>
5  #include <string>
6
7  int main() {
8     const std::string s{"noon is 12pm; midnight is not"};
9     std::cout << "Original string: " << s;
10
```

```
Original string: noon is 12pm; midnight is not
```

图 8.6 演示 string 的各种 find 成员函数

成员函数 find 和 rfind

第 12 行～第 13 行使用成员函数 find 和 rfind 在 s 中查找 "is"。这两个函数分别从 s 的开头和结尾开始查找。如果找到 "is"，就返回该子串的起始位置的索引。如果没有找到该子串，string 的各种 find 函数都会返回常量 string::npos，表示在该字符串中没有找到子串或字符。除非另有说明，否则本节介绍的其他 find 函数都返回相同的这些东西。

```
11    // find "is" from the beginning and end of s
12    std::cout << fmt::format("\ns.find(\"is\"): {}\ns.rfind(\"is\"): {}",
13       s.find("is"), s.rfind("is"));
14
```

```
s.find("is"): 5
s.rfind("is"): 23
```

成员函数 find_first_of

第 16 行使用成员函数 find_first_of 来定位 "misop" 中的任何字符在 s 中的第一次出现。查找从 s 的起始位置开始。字符 'o' 在索引 1 处找到了。

```
15    // find 'o' from beginning
16    int location{s.find_first_of("misop")};
17    std::cout << fmt::format("\ns.find_first_of(\"misop\") found {} at {}",
18       s.at(location), location);
19
```

```
s.find_first_of("misop") found o at 1
```

成员函数 find_last_of

第 21 行使用成员函数 find_last_of 来定位 "misop" 中的任何字符在 s 中的最后一次出现。查找从 s 的结束位置开始。字符 'o' 在字符串的索引 27 处找到了。

```
20     // find 'o' from end
21     location = s.find_last_of("misop");
22     std::cout << fmt::format("\ns.find_last_of(\"misop\") found {} at {}",
23        s.at(location), location);
24
```

```
s.find_last_of("misop") found o at 27
```

成员函数 find_first_not_of

第 26 行使用成员函数 find_first_not_of 从 s 的开头查找不在 "noi spm" 中的第一个字符，并在索引 8 处找到了 '1'。第 32 行使用成员函数 find_first_not_of 来查找不在 "12noi spm" 中的第一个字符。它从 s 的开头查找，并在索引 12 处找到了 ';'。第 38 行则使用成员函数 find_first_not_of 来查找不在 "noon is 12pm; midnight is not" 中的第一个字符。在这种情况下，被查找的字符串包含字符串实参中指定的每个字符。由于没有找到字符，所以返回 string::npos（本例显示值 -1）。

```
25     // find '1' from beginning
26     location = s.find_first_not_of("noi spm");
27     std::cout << fmt::format(
28        "\ns.find_first_not_of(\"noi spm\") found {} at {}",
29        s.at(location), location);
30
31     // find ';' at location 12
32     location = s.find_first_not_of("12noi spm");
33     std::cout << fmt::format(
34        "\ns.find_first_not_of(\"12noi spm\") found {} at {}",
35        s.at(location), location);
36
37     // search for characters not in "noon is 12pm; midnight is not"
38     location = s.find_first_not_of("noon is 12pm; midnight is not");
39     std::cout << fmt::format("\n{}: {}\n",
40        "s.find_first_not_of(\"noon is 12pm; midnight is not\")",
41        location);
42  }
```

```
s.find_first_not_of("noi spm") found 1 at 8
s.find_first_not_of("12noi spm") found ; at 12
s.find_first_not_of("noon is 12pm; midnight is not"): -1
```

8.8 替换和删除字符串中的字符

图 8.7 演示了 string 用于替换和删除字符的成员函数。我们把这个例子分为几部分来讨论。第 9 行～第 13 行声明并初始化 string1。如果多个字符串字面值仅由空白分隔，编译器会把它们连接成单独一个字符串字面值。以这种方式拆分冗长的字符串可以增强代码的可读性。

```
1  // fig08_07.cpp
2  // Demonstrating string member functions erase and replace.
3  #include <fmt/format.h>
4  #include <iostream>
5  #include <string>
6
7  int main() {
8     // compiler concatenates all parts into one string
9     std::string string1{"The values in any left subtree"
10       "\nare less than the value in the"
11       "\nparent node and the values in"
12       "\nany right subtree are greater"
13       "\nthan the value in the parent node"};
14
15    std::cout << fmt::format("Original string:\n{}\n\n", string1);
16
```

```
Original string:
The values in any left subtree
are less than the value in the
parent node and the values in
any right subtree are greater
than the value in the parent node
```

图 8.7 演示 string 成员函数 erase 和 replace（续）

第 17 行使用 string 成员函数 erase 来删除从索引位置 62 到 string1 末尾的全部字符。每个换行符（'\n'）都算字符串中的一个字符。

```
17    string1.erase(62); // remove from index 62 through end of string1
18    std::cout << fmt::format("string1 after erase:\n{}\n\n", string1);
19
```

```
string1 after erase:
The values in any left subtree
are less than the value in the
```

第 20 行～第 26 行使用 find 来定位所有空格字符，然后通过调用 string 成员函数 replace 将所有空格统一替换为句点，该函数需要获取三个实参：

- 要开始替换的字符在字符串中的索引
- 要替换的字符数
- 要替换成的字符串

成员函数 find 如果没有找到目标字符会返回 string::npos。第 25 行在 position 上加 1，从下一个字符的位置继续查找。

```
20      size_t position{string1.find(" ")}; // find first space
21
22      // replace all spaces with period
23      while (position != std::string::npos) {
24         string1.replace(position, 1, ".");
25         position = string1.find(" ", position + 1);
26      }
27
28      std::cout << fmt::format("After first replacement:\n{}\n\n", string1);
29
```

```
After first replacement:
The.values.in.any.left.subtree
are.less.than.the.value.in.the
```

第 30 行～第 37 行使用 find 函数和 replace 函数来查找每个句点符号，并用两个分号来替换每个句号及其后面的一个字符。传给这个版本的 replace 函数的实参如下：

- 起始替换元素的索引
- 要替换的字符数
- 替换字符串，将从中选择一个子串作为“替换字串”
- 替换子串的起始元素的索引
- 替换子串包含的字符数

```
30      position = string1.find("."); // find first period
31
32      // replace all periods with two semicolons
33      // NOTE: this will overwrite characters
34      while (position != std::string::npos) {
35         string1.replace(position, 2, "xxxxx;;yyy", 5, 2);
36         position = string1.find(".", position + 2);
37      }
38
```

```
    std::cout << fmt::format("After second replacement:\n{}\n", string1);
}
```

```
After second replacement:
The;;alues;;n;;ny;;eft;;ubtree
are;;ess;;han;;he;;alue;;n;;he
```

8.9 在字符串中插入字符

std::string 提供重载的成员函数将字符插入一个 string（图 8.8）。第 14 行使用 string 成员函数 insert 在 s1 的索引 10 前插入 "middle "。第 15 行使用 insert 在 s2 的索引 3 前插入 "xx"。最后两个实参指定要插入的 "xx" 的起始和最后一个元素的索引。为最后一个元素的索引使用 string::npos 导致整个字符串被插入。

```
1  // fig08_08.cpp
2  // Demonstrating std::string insert member functions.
3  #include <fmt/format.h>
4  #include <iostream>
5  #include <string>
6
7  int main() {
8     std::string s1{"beginning end"};
9     std::string s2{"12345678"};
10
11    std::cout << fmt::format("Initial strings:\ns1: {}\ns2: {}\n\n",
12       s1, s2);
13
14    s1.insert(10, "middle "); // insert "middle " at location 10
15    s2.insert(3, "xx", 0, std::string::npos); // insert "xx" at location 3
16
17    std::cout << fmt::format("Strings after insert:\ns1: {}\ns2: {}\n",
18       s1, s2);
19 }
```

```
Initial strings:
s1: beginning end
s2: 12345678

Strings after insert:
s1: beginning middle end
s2: 123xx45678
```

图 8.8 演示 std::string 的各种 insert 成员函数

8.10 C++11 数值转换

C++11 引入了在数值和字符串之间转换的函数。

数值转换为 string 对象

C++11 的 to_string 函数（来自头文件 <string>）返回其数值实参的字符串表示。该函数针对基本数值类型 int、unsigned int、long、unsigned long、long long、unsigned long long、float、double 和 long double 都进行了重载。

string 对象转换为数值

C++11 提供了 8 个函数（来自头文件 <string>）将 string 对象转换为数值。

函数	返回类型	函数	返回类型
转换为整型的函数		转换为浮点类型的函数	
stoi	int	stof	float
stol	long	stod	double
stoul	unsigned long	stold	long double
stoll	long long		
stoull	unsigned long long		

每个函数都尝试将其 string 实参的开头部分转换为一个数值。如果不能进行转换，每个函数都抛出一个 invalid_argument 异常。如果转换结果超出了函数返回类型的范围，每个函数都会抛出一个 out_of_range 异常。

将 string 转换为整型的函数

考虑一个将 string 转换为整数值的例子。假设声明了以下 string：

```
string s{"100hello"};
```

以下语句将 string 开头部分转换为 int 值 100，并将该值存储到 convertedInt 中：

```
int convertedInt{stoi(s)};
```

将 string 转换为整型的每个函数都接收三个参数，最后两个具有默认的参数值。这些参数如下所示。

- 包含要转换的字符的一个 string。
- 指向一个 size_t 变量的指针。函数利用这个指针来存储第一个未被转换的字符的索引。默认参数是 nullptr，表示不存储该索引。
- 一个 int，要么是 0，要么是代表基数的 2～36 内的一个值。默认基数是 10（十进制）。如果设为 0，函数将自动检测基数。

因此，上面的语句等同于：

```
int convertedInt{stoi(s, nullptr, 10)};
```

给定名为 index 的一个 size_t 变量，以下语句：

```
int convertedInt{stoi(s, &index, 2)};
```

将二进制数 "100"（基数 2）转换为一个 int（二进制 100 相当于 int 值 4），并在 index 中存储字母 "h"（第一个未被转换的字符）的位置。

将 string 转换为浮点类型的函数

将 string 转换为浮点型的每个函数都接收下面两个参数：

- 包含要转换的字符的一个 string；
- 指向一个 size_t 变量的指针。函数在这个变量中存储第一个未被转换的字符的索引。默认参数是 nullptr，表示不存储该索引。

考虑一个将以下字符串转换为浮点值的例子：

```
string s{"123.45hello"};
```

以下语句：

```
double convertedDouble{stod(s)};
```

将 s 的开头部分转换为 double 值 123.45，并将结果存储到变量 convertedDouble 中。第二个参数同样默认为 nullptr。

8.11 C++17 string_view

C++17 引入了 string_view（头文件 <string_view>），它是 C 字符串或 string 对象的内容的一种只读视图。也可用它在容器（例如由 char 构成的一个 array 或 vector）中查看一个范围内的字符。和 std::span 一样，string_view 也不实际拥有它所查看的数据。它包含以下内容：

- 指向连续字符序列中第一个字符的指针；
- 字符数。

string_view 在初始化之后，如果它所查看的内容的大小发生了变化，string_view 是不会自动更新的。

性能提示

string_view 可以对 C 字符串执行许多 string 风格的操作，同时不会产生创建和初始化一个 string 对象的开销，因为使用 string 对象会拷贝 C 字符串的内容。“C++ 核心准则”指出，如果需要“拥有字符序列”，例如为了修改字符串中的内容，那么就应该首选 string 对象。[3] 如果只是需要一个连续字符序列的只读视图，“C++ 核心准则”建议使用 string_view。[4]

核心准则

核心准则

创建 string_view

图 8.9 演示了 string_view 的几个特性。我们把这个例子分为几个部分来讨论。第 6 行包含头文件 <string_view>。第 9 行创建字符串 s1，第 10 行将 s1 拷贝到字符串 s2 中。第 11 行使用 s1 来初始化一个 string_view。

```
1  // fig08_09.cpp
2  // C++17 string_view.
3  #include <fmt/format.h>
4  #include <iostream>
5  #include <string>
6  #include <string_view>
7
8  int main() {
9     std::string s1{"red"};
10    std::string s2{s1};
11    std::string_view v1{s1}; // v1 "sees" the contents of s1
12    std::cout << fmt::format("s1: {}\ns2: {}\nv1: {}\n\n", s1, s2, v1);
13
```

```
s1: red
s2: red
v1: red
```

图 8.9 C++17 string_view

string_view 能“看到”对所查看字符的更改

由于 string_view 并不“拥有”它所查看的字符序列，所以会“看到”对原始字符的任何更改。第 15 行修改 std::string s1。然后，第 16 行显示 s1、s2 和 string_view v1 的内容。注意，s2 未被修改，因为它“拥有”s1 内容的一份拷贝。

```
14    // string_views see changes to the characters they view
15    s1.at(0) = 'R'; // capitalize s1
16    std::cout << fmt::format("s1: {}\ns2: {}\nv1: {}\n\n", s1, s2, v1);
17
```

```
s1: Red
s2: red
v1: Red
```

string_view 可与 std::string 或其他 string_view 比较

和 string 一样，string_view 也支持关系和相等性操作符。还可以像第 20 行的 == 比较那样混合使用 std::string 和 string_view。

```
    // string_views are comparable with strings or string_views
    std::cout << fmt::format("s1 == v1: {}\ns2 == v1: {}\n\n",
       s1 == v1, s2 == v1);

```

```
s1 == v1: true
s2 == v1: false
```

string_view 可以移除前缀或后缀

性能提示

从一个 string_view 的开头或结尾删除指定数量的字符非常容易。这些操作对于 string_view 来说非常快，因为只需简单地调整一下字符数。如果从开头移除，将指针移到 string_view 中的第一个字符即可。第 23 行～第 24 行调用 string_view 成员函数 remove_prefix 和 remove_suffix，分别从 v1 的开头和结尾删除一个字符。注意，s1 的内容保持不变。

```
22     // string_view can remove a prefix or suffix
23     v1.remove_prefix(1); // remove one character from the front
24     v1.remove_suffix(1); // remove one character from the back
25     std::cout << fmt::format("s1: {}\nv1: {}\n\n", s1, v1);
26
```

```
s1: Red
v1: e
```

string_view 是可迭代的

第 28 行从一个 C 字符串初始化了一个 string_view。和 string 一样，string_view 也是可迭代的，所以可用基于范围的 for 语句来遍历它们，如第 30 行～第 32 行所示。

```
27     // string_views are iterable
28     std::string_view v2{"C-string"};
29     std::cout << "The characters in v2 are: ";
30     for (char c : v2) {
31        std::cout << c << " ";
32     }
33
```

```
The characters in v2 are: C - s t r i n g
```

string_view 支持对 C 字符串的多种 string 操作

string 许多不修改字符串内容的成员函数也为 string_view 进行了定义。示例如下。

- 第 35 行调用 size 来确定 string_view 所“看到”的字符数。
- 第 36 行调用 find 来获得 string_view 中的 '-' 字符的索引。
- 第 37 行～第 38 行使用新的 C++20 starts_with 函数来判断 string_view 是否以 'C' 开头。

要想获得 string_view 成员函数的完整列表，请访问 https://zh.cppreference.com/w/cpp/string/basic_string_view。

```
34      // string_views enable various string operations on C-Strings
35      std::cout << fmt::format("\n\nv2.size(): {}\n", v2.size());
36      std::cout << fmt::format("v2.find('-'): {}\n", v2.find('-'));
37      std::cout << fmt::format("v2.starts_with('C'): {}\n",
38         v2.starts_with('C'));
39   }
```

```
v2.size(): 8
v2.find('-'): 1
v2.starts_with('C'): true
```

8.12 文件和流

C++ 语言将每个文件看成是一个字节序列：

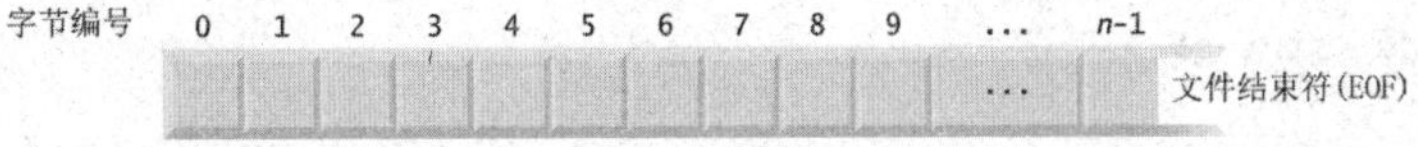

每个文件要么以**文件结束符**（end-of-file marker，EOF）结束，要么在操作系统维护的管理数据结构所记录的一个特定字节编号处结束。文件打开时会创建一个对象，并有一个**流**（stream）与该对象关联。cin、cout、cerr 和 clog 对象是在头文件 <iostream> 中为你创建的。与这些对象关联的流提供了程序与特定文件或设备之间的通信通道。cin 对象（标准输入流对象）使程序能从键盘或其他设备输入数据。cout 对象（标准输出流对象）使程序能向屏幕或其他设备输出数据。cerr 和 clog 对象（标准错误流对象）使程序可以向屏幕或其他设备输出错误消息。写入 cerr 的消息会立即输出。相反，写入 clog 的信息被存储在一个称为**缓冲区**（buffer）的内存对象中。当缓冲区满了之后（或称为 flushed，详情可参见网上的第 19 章），它的内容会被写入标准错误流。

文件处理流

文件处理要求头文件 <fstream>，它包含以下定义：

- ifstream 用于文件输入；
- ofstream 用于文件输出；
- fstream 结合了 ifstream 和 ofstream 的功能。

之前讨论的 cout 和 cin 的各种功能以及网上第 19 章描述的其他 I/O 功能也适用于文件流。

8.13 创建顺序文件

C++ 语言对文件结构没有任何要求。因此，不存在“包含相关数据项的一条记录”这样的概念。你自己结构化文件以满足应用程序的要求。下例展示了如何为一个文件施加简单的记录结构。

图 8.10 创建一个顺序文件，它可用于应收账款系统，以帮助跟踪公司的信贷客户所欠的钱。对于每个客户，程序都会获得客户的账号、姓名和余额（即客户因过去收到的商品和服务而欠公司的金额）。为每个客户获取的数据构成了该客户的一条记录。

```
// fig08_10.cpp
// Creating a sequential file.
#include <cstdlib> // exit function prototype
#include <fmt/format.h>
#include <fstream> // contains file stream processing types
#include <iostream>
#include <string>

int main() {
   // ofstream opens the file
   if (std::ofstream output{"clients.txt", std::ios::out}) {
      std::cout << "Enter the account, name, and balance.\n"
         << "Enter end-of-file to end input.\n? ";

      int account;
      std::string name;
      double balance;

      // read account, name and balance from cin, then place in file
```

图 8.10 创建顺序文件

```
20         while (std::cin >> account >> name >> balance) {
21            output << fmt::format("{} {} {}\n", account, name, balance);
22            std::cout << "? ";
23         }
24      }
25      else {
26         std::cerr << "File could not be opened\n";
27         std::exit(EXIT_FAILURE);
28      }
29   }
```

```
Enter the account, name, and balance.
Enter end-of-file to end input.
? 100 Jones 24.98
? 200 Doe 345.67
? 300 White 0.00
? 400 Stone -42.16
? 500 Rich 224.62
? ^Z
```

图 8.10 创建顺序文件（续）

打开文件

图 8.10 将数据写入一个文件。我们创建一个 ofstream 对象（第 11 行），并用“文件名”和“文件打开模式”对其进行初始化，从而打开指定的文件以进行输出。这里指定的文件打开模式是 ios::out，它是 ofstream 对象的默认模式，所以第 11 行的第二个实参实际是不需要的。打开现有文件进行输出时（ios::out）需谨慎。用 ios::out 模式打开一个现有的文件时，该文件会被**截断**（truncated）——文件中的所有数据都会被无预警地丢弃。如果指定的文件不存在，ofstream 对象会创建它。 错误提示

第 11 行创建与 client.txt 文件关联的 ofstream 对象 output，并打开它进行输出。由于没有指定该文件在磁盘上的路径，所以它被放在与程序的可执行文件相同的文件夹中。在 C++11 之前，文件名被指定为一个基于指针的字符串。从 C++11 开始，允许将文件名指定为一个 string 对象。C++17 则引入了 <filesystem> 头文件，提供了用于操作文件和文件夹的功能。因此，也可以把要打开的文件指定为一个 filesystem::path 对象。

下表总结了各种文件打开模式。这些模式可以合并，用 | 操作符分隔即可。

模式	说明
ios::app	将所有输出追加（append）到文件尾，而不修改文件中已有的任何数据
ios::ate	打开一个文件进行输出，并移动到文件尾。用于将数据追加到文件中。数据可能在文件的任何地方写入
ios::in	打开一个用于输入的文件
ios::out	打开一个用于输出的文件
ios::trunc	丢弃文件内容。这是 ios::out 的默认动作
ios::binary	打开一个用于二进制（即非文本）输入或输出的文件

通过 open 成员函数打开文件

可直接创建 ofstream 对象而不打开一个特定的文件。例如以下语句：

```
ofstream output;
```

将创建一个不和文件关联的 ofstream 对象。ofstream 成员函数 open 可以打开一个文件并把它连接到现有的 ofstream 对象，如下所示：

```
output.open("clients.txt", ios::out);
```

同样，ios::out 是第二个实参的默认值。

测试文件是否成功打开

创建好一个 ofstream 对象并尝试打开文件时，if 语句使用文件对象 output 为条件（第 11 行）来判断 open 操作是否成功。对于文件对象，有一个重载的 operator bool（C++11 新增），如果文件成功打开，它隐式地将文件对象求值为 true，否则求值为 false。打开文件失败有以下原因。

安全提示

- 试图打开一个不存在的文件进行读取。
- 试图在一个你没有权限访问的目录中打开一个文件进行读写。
- 在没有可用辅助存储空间的情况下打开一个文件进行写入。

如果条件表明打开文件的尝试不成功，第 26 行会输出一条错误信息，第 27 行会调用 exit 函数来终止程序。exit 的实参会返回给程序调用环境。向 exit 传递 EXIT_SUCCESS（在 <cstdlib> 中定义）表示程序正常终止；传递其他任何值（本例是 EXIT_FAILURE）表示程序因错误而终止。[5]

处理数据

如果第 11 行成功打开文件，那么程序开始处理数据。第 12 行～第 13 行提示用户输入每条记录的各个字段，数据输入完毕后要输入文件结束符。在 Linux 或

macOS 上为了输入文件结束符，请直接按快捷键 Ctrl+d。在 Microsoft Windows 上，则按快捷键 Ctrl+z 再加一个回车键。

while 语句的条件（第 20 行）在 cin 上隐式地调用 operator bool 函数。只要每次用 cin 进行的输入操作成功，该条件就保持为 true。输入文件结束符会导致 operator bool 成员函数返回 false。也可以在 input 对象上调用成员函数 eof 来判断是否输入了文件结束符。

第 20 行将每组数据提取到变量 account、name 和 balance 中，并判断是否输入了文件结束符。如果遇到文件结束符（即用户按下文件结束符的组合键）或者输入操作失败，operator bool 将返回 false，while 语句终止。

第 21 行使用流插入操作符 << 和程序开头与 client.txt 文件关联的 output 对象，将一组数据写入该文件。这些数据可由一个专门用来读取文件的程序进行检索（参见 8.14 节）。图 8.10 中创建的只是一个文本文件，可用任何文本编辑器查看。

关闭文件

一旦用户输入文件结束符，while 循环就会终止。这时会到达 if 语句的结束大括号，所以 output 对象超出了范围，这就自动关闭了文件。一旦程序中不再需要一个文件，就应该立即关闭它。也可以使用成员函数 close 显式关闭一个文件对象，例如：

```
output.close();
```

示例执行

在图 8.10 的示例执行中，我们输入了 5 个账户的信息，然后通过输入文件结束符（Microsoft Windows 显示为 ^Z）来表示数据输入结束。这个对话窗口并没有显示数据记录在文件中的显示方式。下一节将展示如何创建一个程序来读取这个文件并打印其内容。

8.14 从顺序文件读取数据

图 8.10 创建了一个顺序文件。图 8.11 从 client.txt 文件中顺序读取数据并显示记录。我们创建一个 ifstream 对象，并用“文件名”和“文件打开模式”来初始化，从而打开一个文件以进行输入。第 11 行创建一个名为 input 的 ifstream 对象，以便打开 client.txt 文件进行读取。[6] 如果文件内容不应修改，就用 ios::in 打开它仅供输入，以免无意中修改文件的内容。

```
// fig08_11.cpp
// Reading and printing a sequential file.
#include <cstdlib>
#include <fmt/format.h>
#include <fstream> // file stream
#include <iostream>
#include <string>

int main() {
   // ifstream opens the file
   if (std::ifstream input{"clients.txt", std::ios::in}) {
      std::cout << fmt::format("{:<10}{:<13}{:>7}\n",
         "Account", "Name", "Balance");

      int account;
      std::string name;
      double balance;

      // display each record in file
      while (input >> account >> name >> balance) {
         std::cout << fmt::format("{:<10}{:<13}{:>7.2f}\n",
            account, name, balance);
      }
   }
   else {
      std::cerr << "File could not be opened\n";
      std::exit(EXIT_FAILURE);
   }
}
```

```
Account   Name         Balance
100       Jones          24.98
200       Doe           345.67
300       White           0.00
400       Stone         -42.16
500       Rich          224.62
```

图 8.11 读取并打印一个顺序文件

打开文件进行输入

ifstream 类的对象默认以输入模式打开，所以可以在创建 ifstream 时省略 ios::in，例如：

```
std::ifstream input{"clients.txt"};
```

可以在不打开文件的情况下创建 ifstream 对象——可以在以后为它连接一个。在尝试从文件中获取数据之前，第 11 行将 input 对象作为条件来判断文件是否被成功打开。如果文件被成功打开，重载的 operator bool 返回 true；否则，返回 false。

从文件中读取

第 20 行从文件中读取一组数据（即一条记录）。第 20 行第一次执行后，account 的值为 100，name 的值为 "Jones"，balance 的值为 24.98。第 20 行每次执行时，都会向变量 account、name 和 balace 中读入另一条记录。第 21 行～第 22 行显示每条记录。到达文件结束符时，while 条件中对 operator bool 的隐式调用会返回 false，ifstream 对象在第 24 行超出范围（造成文件的自动关闭），程序终止。

文件位置指针

程序经常从文件的开头顺序读取，连续读取所有数据，直至找到所需的数据。在程序执行过程中，可能需要连续多次（从头开始）处理文件。istream 和 ostream 提供了成员函数 seekg（"seek get"）和 seekp（"seek put"）来重新定位文件**位置指针**（file-position pointer），它代表要在文件中读取或写入的下一个字节的字节编号。每个 istream 对象都有一个 get 指针，代表文件中下一次输入开始的字节编号。每个 ostream 对象都有一个 put 指针，代表文件中下一次输出开始的字节编号。以下语句：

```
input.seekg(0);
```

将 *get* 文件位置指针重定位到与 input 连接的文件的开头（位置 0）。传给 seekg 的实参是一个整数。如果已经设置了文件结束符，还需要执行以下语句：

```
input.clear();
```

重新允许从流中读取。

可选的第二个参数表示寻找方向。

- ios::beg（默认）相对于流的起始位置进行定位。
- ios::cur 相对于流中的当前位置进行定位。
- ios::end 相对于流的结束位置向后定位。

如果从文件起始位置开始寻找，那么文件位置指针是一个整数值，指定了从文件起始位置算起的一个字节数的位置。这也称为相对于文件起始位置的**偏移量**（offset）。下面展示了移动获取文件位置指针的一些例子：

```
// 定位到 fileObject 第 n 个字节的位置（假设使用 ios::beg）
fileObject.seekg(n);

// 从 fileObject 的当前位置向前定位 n 个字节
fileObject.seekg(n, ios::cur);

// 从 fileObject 的结束位置向后移动 n 个字节
fileObject.seekg(n, ios::end);

// 定位到 fileObject 的结束位置
fileObject.seekg(0, ios::end);
```

同样的操作也可以用 ostream 的成员函数 seekp 来完成。成员函数 tellg 和 tellp 分别返回 *get* 指针和 *put* 指针的当前位置。以下语句将 *get* 文件位置指针值赋给 std::istream::pos_type 类型的 location 变量：

```
auto location{fileObject.tellg()};
```

8.15 C++14 读取和写入引号文本

许多文本文件都有加了引号的文本，例如 "C++20 for Programmers"。在 HTML5 网页文件中，属性值都被括在引号中。如果要开发一个 Web 浏览器来显示这种网页，就必须能够读取这些带引号的字符串并去除引号。

假定要像图 8.11 那样从一个文本文件中读取，但每个账户的数据是像下面这样格式化的：

```
100 "Janie Jones" 24.98
```

以前说过，流提取操作符 >> 将空白视为分隔符。所以，如果使用图 8.11 的第 20 行的表达式读取上述数据：

```
input >> account >> name >> balance
```

那么第一个流提取操作符将 100 读入 int 变量 account，第二个只将 "Janie 读入 string 变量 name。起始双引号会成为 name 中的字符串的一部分。第三个流提取操作符在为 double 变量 balance 读取一个值时会失败，因为输入流中的下一个 token（即数据段）不是一个 double 值。

读取引号文本

C++14 新增了流操纵元 quoted（头文件 <iomanip>），用于从流中读取引号文本。引号文本中的任何空白字符都会被读入，同时会丢弃双引号定界符。例如，假定有以下数据：

```
100 "Janie Jones" 24.98
```

那么以下表达式：

```
input >> account >> std::quoted(name) >> balance
```

会将 100 读入 account，将 Janie Jones 作为一个字符串读入 name，并将 24.98 读入 balance。如果加了引号的数据中包含 \" 或 \\ 转义序列，那么就会分别被作为 " 或 \ 读取并存储到字符串中。

写入带引号的文本

与此类似，可将引号文本写入一个流中。例如，如果 name 包含 Janie Jones，那么以下语句：

```
outputStream << std::quoted(name);
```

会向 outputStream 写入 "Janie Jones"。

如果字符串包含 " 或 \，那么会显示成 \" 或 \\。

8.16 更新顺序文件

8.13 节讲过，被格式化并写入顺序文件的数据如果就地进行修改，那么可能会破坏文件中的其他数据。例如，如果需要将 "White" 这个名字改为 "Worthington"，覆盖旧名字就会破坏文件。当前写入文件的 White 的记录如下：

```
300 White 0.00
```

如果更长的名字在文件中从相同位置开始重新写入，那么修改后的正确记录应该如下：

```
300 Worthington 0.00
```

新记录比原来的记录多了 6 个字符。"Worthington" 中 "h" 之后的任何字符都将覆盖 0.00 以及文件中下一条连续记录的起始位置。使用流插入操作符 << 和流提取操作符 >> 的格式化输入 / 输出模型的问题在于，各个字段（进而记录）的大小不一。例如，值 7、14、-117、2074 和 27383 都是 int，它们在内部存储相同数量的“原始数据”字节。但是，这些整数在作为格式化文本（字符序列）输出时，会根据其实际的值而变成不同大小的字段。因此，通常不会使用格式化输入 / 输出模型对记录进行就地（in place）更新。

虽然可以用顺序文件进行这样的更新，但很不方便。例如，为了在顺序文件中完成上述对名字的更新，我们需要执行以下操作。

- 将 300 White 0.00 之前的记录拷贝到一个新文件中。
- 将更新的记录写入新文件。

- 然后，将 300 White 0.00 之后的记录写入新文件。

然后，我们可以删除旧文件并重命名新文件。仅仅为了更新一条记录，就需要处理文件中的全部记录。不过，如果要在文件中一次性更新许多记录，那么这种技术还是可以接受的。

8.17 字符串流处理

除了标准流 I/O 和文件流 I/O 之外，C++ 还支持对内存中的 string 进行输入和输出，这通常称为内存 I/O 或字符串流处理。可以用 istringstream 从 string 中读取，用 ostringstream 向 string 写入，两者都来自头文件 <sstream>。

类模板 istringstream 和 ostringstream 提供了与 istream 类和 ostream 类相同的功能，还增加了内存中格式化特有的成员函数。ostringstream 对象使用一个 string 串对象来存储输出数据。它的 str 成员函数返回该 string 的一个拷贝。

字符串流处理的一个应用是数据校验。程序可以从输入流中将整行数据读入一个 string。接着，一个校验例程可以仔细检查字符串的内容，并在必要时纠正（或修复）数据。然后，程序就能放心地从该字符串中输入，因为已经确定输入数据的格式是正确的。

为了帮助进行数据校验，C++11 新增了强大的模式匹配正则表达式功能。例如，在一个需要美国格式的电话号码（例如 (800)555-1212）的程序中，可以使用正则表达式来确认字符串符合该格式。许多网站都使用正则表达式来校验电子邮件地址、URL、电话号码、地址和其他流行的数据种类。8.20 节会介绍正则表达式并提供几个例子。

演示 ostringstream

图 8.12 创建一个 ostringstream 对象，然后使用流插入操作符向对象输出一系列 string 和数值。

```cpp
// fig08_12.cpp
// Using an ostringstream object.
#include <iostream>
#include <sstream> // header for string stream processing
#include <string>

int main() {
   std::ostringstream output; // create ostringstream object
```

图 8.12 使用 ostringstream 对象

```
9
10      const std::string string1{"Output of several data types "};
11      const std::string string2{"to an ostringstream object:"};
12      const std::string string3{"\ndouble: "};
13      const std::string string4{"\n int: "};
14
15      constexpr double d{123.4567};
16      constexpr int i{22};
17
18      // output strings, double and int to ostringstream
19      output << string1 << string2 << string3 << d << string4 << i;
20
21      // call str to obtain string contents of the ostringstream
22      std::cout << "output contains:\n" << output.str();
23
24      // add additional characters and call str to output string
25      output << "\nmore characters added";
26      std::cout << "\n\noutput now contains:\n" << output.str() << '\n';
27   }
```

```
output contains:
Output of several data types to an ostringstream object:
double: 123.457
   int: 22
output now contains:
Output of several data types to an ostringstream object:
double: 123.457
   int: 22
more characters added
```

图 8.12 使用 ostringstream 对象（续）

第 19 行 将 string string1、string string2、string string3、double d、string string4 和 int i 全部输出到内存中的 output。第 22 行显示 output.str()，该函数返回第 19 行 output 所创建的 string。第 25 行向 output 发起另一个流插入操作，将更多数据追加到内存中的 string。然后，第 26 行显示更新的内容。

演示 istringstream

istringstream 对象从内存中的 string 输入数据。istringstream 对象中的数据以字符形式存储。从 istringstream 对象的输入与从任何文件的输入相同。string 的结束位置被 istringstream 对象解释为文件结束符（EOF）。

图 8.13 演示如何从 istringstream 对象输入。第 9 行创建名为 inputString 的 string，它的字符代表了两个字符串（"Amanda" 和 "test"）、一个 int（123）、

一个 double（4.7）和一个 char（'A'）。第 10 行创建 istringstream 对象 input，并初始化它以从 inputString 中读取。第 17 行将 inputString 中的数据项读入变量 s1、s2、i、d 和 c，并于第 19 行～第 20 行显示。接着，第 23 行试图再次从 input 中读取，但操作失败。由于 inputString 中没有更多数据可供读取，所以 input 对象被求值为 false，将执行 if...else 语句的 else 部分。

```
1  // fig08_13.cpp
2  // Demonstrating input from an istringstream object.
3  #include <fmt/format.h>
4  #include <iostream>
5  #include <sstream>
6  #include <string>
7
8  int main() {
9     const std::string inputString{"Amanda test 123 4.7 A"};
10    std::istringstream input{inputString};
11    std::string s1;
12    std::string s2;
13    int i;
14    double d;
15    char c;
16
17    input >> s1 >> s2 >> i >> d >> c;
18
19    std::cout << "Items extracted from the istringstream object:\n"
20       << fmt::format("{}\n{}\n{}\n{}\n{}\n", s1, s2, i, d, c);
21
22    // attempt to read from empty stream
23    if (long value; input >> value) {
24       std::cout << fmt::format("\nlong value is: {}\n", value);
25    }
26    else {
27       std::cout << fmt::format("\ninput is empty\n");
28    }
29 }
```

```
Items extracted from the istringstream object:
Amanda
test
123
4.7
A

input is empty
```

图 8.13 演示从 istringstream 对象输入

8.18 原始字符串字面值

以前说过，字符串中的反斜杠字符用于引入一个转义序列，例如 `\n` 代表换行符，`\t` 代表制表符。要在字符串中包含字面意义的反斜杠，就必须使用两个反斜杠字符 `\\`，这使一些字符串难以阅读。例如，Microsoft Windows 在指定文件位置时使用反斜杠来分隔文件夹名称。为了表示 Windows 中一个文件的位置，可以像下面这样写：

```
std::string windowsPath{"C:\\MyFolder\\MySubFolder\\MyFile.txt"};
```

对于这种情况，使用 C++11 引入的**原始字符串字面值**（raw string literal）会更方便，它的格式如下：

```
R"(rawCharacters)"
```

必须用圆括号来包围构成原始字符串字面值的 *rawCharacters*。编译器根据需要在原始字符串字面值中自动插入反斜杠，以正确转义双引号（"）、反斜杠（\）等特殊字符。使用原始字符串字面值，上述字符串可以写成下面这样：

```
std::string windowsPath{R"(C:\MyFolder\MySubFolder\MyFile.txt)"};
```

原始字符串使代码更具可读性，特别是在使用 8.20 节要讨论的正则表达式时。正则表达式经常包含大量反斜杠字符。

在原始字符串字面值的左圆括号之前，以及在右圆括号之后，可以包含最长 16 个字符的定界符。示例如下：

```
R" MYDELIMITER(J.*\d[0-35-9]-\d\d-\d\d)MYDELIMITER"
```

如果提供了这种可选的定界符，那么左右两个必须完全一致。如果原始字符串字面值可能包含一个或多个右圆括号，这种可选的定界符就是必须的。否则的话，遇到的第一个右圆括号会被视为原始字符串字面值的结束。

在任何需要字符串字面值的地方，都可以使用原始字符串字面值。其中还允许手动按 Enter 键换行，在这种情况下，编译器会自动插入换行符。例如，以下原始字符串字面值：

```
R"(multiple lines
of text)"
```

会被视为以下字符串字面值：

```
"multiple lines\nof text"
```

警告：在原始字符串字面值中，第二行和后续行的任何缩进都会包括到字符串字面值中。

8.19 对象自然案例学习：读取和分析包含泰坦尼克号灾难数据的 CSV 文件

使用 .csv 文件扩展名的 CSV（Comma-Separated Values，逗号分隔的值）文件格式在大数据、数据分析和数据科学以及自然语言处理、机器学习和深度学习等人工智能应用中非常流行，是主要的数据集格式。本节将演示从 CSV 文件中读取数据。

数据集

网上有大量免费的数据集。例如，OpenML 机器学习资源网站（https://openml.org），包含 21 000 多个 CSV 格式的免费数据集。另一个出色的数据集来源是 https://github.com/awesomedata/awesome-public-datasets。

account.csv

我们在本书配套资源的 ch08 文件夹中提供了一个 accounts.csv 文件，其中含一个简单的数据集。该文件包含了图 8.11 的输出中展示的账户信息，但用的是以下格式：

```
account,name,balance
100,Jones,24.98
200,Doe,345.67
300,White,0.0
400,Stone,-42.16
500,Rich,224.62
```

CSV 文件的第一行通常是列名。后续每一行都包含一条数据记录，为那些列提供了值。这个数据集中共有三列：`account`、`name` 和 `balance`。

8.19.1 使用 rapidcsv 读取 CSV 文件的内容

`rapidcsv` 单文件库[7]（header-only library）提供了 `rapidcsv::Document` 类，可以用它读取和处理 CSV 文件。[8] 这个库的网址是 https://github.com/d99kris/rapidcsv。

还有其他许多库内置了 CSV 支持。为方便起见，我们在本书配套资源的 `examples` 文件夹的 libraries/rapidcsv 子文件夹中提供了 rapidcsv。和之前使用开源库的例子一样，为了包含 `<rapidcsv.h>`，需要将编译器指向 rapidcsv 子文件夹的 src 文件夹（图 8.14 的第 5 行）。

```
1  // fig08_14.cpp
2  // Reading from a CSV file.
3  #include <fmt/format.h>
4  #include <iostream>
5  #include <rapidcsv.h>
6  #include <vector>
7
8  int main() {
9     rapidcsv::Document document{"accounts.csv"}; // loads accounts.csv
10    std::vector<int> accounts{document.GetColumn<int>("account")};
11    std::vector<std::string> names{
12       document.GetColumn<std::string>("name")};
13    std::vector<double> balances{document.GetColumn<double>("balance")};
14
15    std::cout << fmt::format(
16       "{:<10}{:<13}{:>7}\n", "Account", "Name", "Balance");
17
18    for (size_t i{0}; i < accounts.size(); ++i) {
19       std::cout << fmt::format("{:<10}{:<13}{:>7.2f}\n",
20          accounts.at(i), names.at(i), balances.at(i));
21    }
22 }
```

```
Account   Name         Balance
100       Jones          24.98
200       Doe           345.67
300       White           0.00
400       Stone         -42.16
500       Rich          224.62
```

图 8.14 从 CSV 文件中读取

第 9 行创建并初始化一个名为 document 的 rapidcsv::Document 对象。该语句加载指定的文件（"accounts.csv"）。[9] 利用 Document 类的成员函数，可以按行、按列或按特定行和列中单独的值来处理 CSV 数据。在本例中，第 10 行～第 13 行使用类的 GetColumn 模板成员函数来获取数据。该函数以 std::vector 的形式返回指定列的数据，其中包含你在尖括号中指定的那种类型的元素。第 10 行调用以下函数来返回一个 vector<int>，其中包含每条记录的账户编号：

```
document.GetColumn<int>("account")
```

与此类似，第 11 行和第 12 行以及第 13 行的调用分别返回一个 vector<string> 和一个 vector<double>，其中包含所有记录的名字和余额信息。第 15 行～第 21 行格式化并显示文件的内容，以确认它们被正确读取。

警告：CSV 数据字段中的逗号

处理含逗号的字符串时要小心，例如 `"Jones, Sue"` 这个名字。如果这个名字被意外地存储为两个字符串 `"Jones"` 和 `"Sue"`，那么这条 CSV 记录就会有 4 个字段，而不是 3 个。读取 CSV 文件的程序通常希望每条记录都有相同数量的字段，否则会出问题。

警告：CSV 文件中缺失和多余的逗号

准备和处理 CSV 文件时要小心。例如，假设文件由记录构成，每条记录有 4 个以逗号分隔的 `int` 值，例如：

```
100,85,77,9
```

如果不小心遗漏其中一个逗号，例如：

```
100,8577,9
```

该记录就只有 3 个字段，其中一个含有无效值 8577。

如果放入两个紧挨着的逗号，而不是预期的一个，例如：

```
100,85,,77,9
```

那么就有 5 个而不是 4 个字段，其中一个字段会错误地变成空。所有这些与逗号有关的错误都可能使尝试处理记录的程序感到困惑。

8.19.2 读取和分析泰坦尼克号灾难数据集

数据分析和数据科学的初学者常拿来练手的一个数据集是泰坦尼克号灾难数据集。它列出了在泰坦尼克号于 1912 年 4 月 10 日～ 15 日首航中撞上冰山并沉没的灾难性事件中的所有乘客及其存活状况。我们在图 8.15 中加载数据集，查看它的一些数据，并执行一些基本的数据分析。

要从网上下载 CSV 格式的数据集，请访问 https://www.kaggle.com/datasets/sanjeev4779/titanic-datasets?resource=download。

下载回来的文件是 phpMYEkMl.csv，我们把它重命名为 titanic.csv。我们在本书示例文件夹的 ch08 子文件夹中提供了这个文件。

了解数据

数据分析和数据科学的大部分工作都是为了解自己的数据。一种方法是简单地看一下原始数据。在文本编辑器或电子表格应用程序中打开 titanic.csv 文件，会看到该数据集包含 1309 行，每行都有 14 列——这些列在数据分析中通常称为**特征**（feature）。本例只使用其中 4 列：

- survived：1 或 0，分别代表存活与否；
- sex："female" 或 "male"，代表性别；
- age：代表乘客的年龄。大多数年龄都是整数，但某些 1 岁以下的儿童是浮点值，所以我们将这一列处理为 double 值；
- pclass：1、2 或 3，分别代表头等舱、二等舱或三等舱。

要想更详细地了解这个数据集的来历以及其他列，请访问 https://biostat.app.vumc.org/wiki/pub/Main/DataSets/titanic3info.txt。

缺失的数据

坏的和缺失的数据值会严重影响数据分析。泰坦尼克号数据集缺少 263 名乘客的年龄。这些在 CSV 文件中表示为 "?" 字符。在本例中，当我们对乘客的年龄生成描述性统计时，将过滤掉并忽略这些缺失的值。一些数据科学家建议不要试图插入“合理值”。相反，他们主张明确标记缺失的数据，让数据分析包来处理这个问题。其他人不仅主张，还对此提出了强烈的警告。[10]

加载数据集

图 8.15 使用了 6.14 节介绍的一些 C++20 ranges 库的特性。为方便讨论，我们将程序分成了几个部分。第 15 行～第 17 行创建并初始化一个名为 titanic 的 rapidcsv::Document 对象，该对象加载了 "titanic.csv"。[11] 第 16 行的第二个和第三个实参是两个默认参数。如果只通过指定 CSV 文件名来创建 Document 对象，就会用这两个参数的默认值来初始化它。我们以前讨论默认参数时说过，如果为一个参数显式指定了实参，那么必须为参数列表中之前的所有参数指定实参。本例之所以要提供第二个和第三个实参，就是为了能够指定第四个实参。

```
1  // fig08_15.cpp
2  // Reading the Titanic dataset from a CSV file, then analyzing it.
3  #include <fmt/format.h>
4  #include <algorithm>
5  #include <cmath>
6  #include <iostream>
7  #include <numeric>
8  #include <ranges>
9  #include <rapidcsv.h>
10 #include <string>
11 #include <vector>
12
13 int main() {
```

图 8.15 从 CSV 文件读取泰坦尼克号数据集，然后对其进行分析

```
14     // load Titanic dataset; treat missing age values as NaN
15     rapidcsv::Document titanic{"titanic.csv",
16        rapidcsv::LabelParams{}, rapidcsv::SeparatorParams{},
17        rapidcsv::ConverterParams{true}};
18
```

图 8.15 从 CSV 文件读取泰坦尼克号数据集，然后对其进行分析（续）

实参 `rapidcsv::LabelParams{}` 指定默认在 CSV 文件的第一行包含列名。实参 `rapidcsv::SeparatorParams{}` 实参指定默认每条记录的字段以逗号分隔。第四个实参如下：

```
rapidcsv::ConverterParams{true}
```

它使 RapidCSV 能将整数列中缺失和坏的数据值转换为 `0`，将浮点列中的这些值转换为 `NaN`（Not a Number）。这使我们能将 age 列中的所有数据加载到一个 `vector<double>` 中，包括用 ? 代表的缺失值。

加载数据以进行分析

第 20 行～第 23 行使用 `rapidcsv::Document` 的 `GetColumn` 成员函数，将相应列的数据作为指定类型的一个 `vector` 来返回。

```
19     // GetColumn returns column's data as a vector of the appropriate type
20     auto survived{titanic.GetColumn<int>("survived")};
21     auto sex{titanic.GetColumn<std::string>("sex")};
22     auto age{titanic.GetColumn<double>("age")};
23     auto pclass{titanic.GetColumn<int>("pclass")};
24
```

查看泰坦尼克号数据集中的一些行

在总共 1309 行的数据中，每一行都代表一名乘客。根据维基百科，船上大约有 1317 名乘客，其中 815 人死亡。[12] 对于大型数据集，不可能一次显示所有数据。在了解你的数据时，一个常见的实践是显示数据集开头和结尾处的几行，这样可以对数据有一个大致的了解。第 26 行～第 31 行的代码显示了每一列数据的前五个元素。

```
25     // display first 5 rows
26     std::cout << fmt::format("First five rows:\n{:<10}{:<8}{:<6}{}\n",
27        "survived", "sex", "age", "class");
28     for (size_t i{0}; i < 5; ++i) {
29        std::cout << fmt::format("{:<10}{:<8}{:<6.1f}{}\n",
30           survived.at(i), sex.at(i), age.at(i), pclass.at(i));
31     }
32
```

```
First five rows:
survived  sex       age   class
1          female   29.0   1
1          male     0.9    1
0          female   2.0    1
0          male     30.0   1
0          female   25.0   1
```

第 34 行～第 40 行的代码显示每一列数据的最后 5 个元素。为了确定控制变量的起始值，第 36 行调用了 rapidcsv::Document 的 GetRowCount 成员函数。然后，第 37 行将控制变量初始化为比行数小 5。注意结果中显示的 nan 值，它表示 age 列的一行存在缺失的值。

```
33      // display last 5 rows
34      std::cout << fmt::format("\nLast five rows:\n{:<10}{:<8}{:<6}{}\n",
35         "survived", "sex", "age", "class");
36      const auto count{titanic.GetRowCount()};
37      for (size_t i{count - 5}; i < count; ++i) {
38         std::cout << fmt::format("{:<10}{:<8}{:<6.1f}{}\n",
39            survived.at(i), sex.at(i), age.at(i), pclass.at(i));
40      }
41
```

```
Last five rows:
survived  sex       age    class
0         female    14.5    3
0         female    nan     3
0         male      26.5    3
0         male      27.0    3
0         male      29.0    3
```

基本的描述性统计

作为了解数据集的过程的一部分，数据科学家还经常使用统计数据来描述和汇总数据。让我们计算一下年龄列的几个**描述性统计**（descriptive statistics），包括有年龄值的乘客数，以及平均、最小、最大和中位年龄值。进行这些计算之前，我们必须删除 nan 值。包括 nan 值的计算会产生 nan 作为计算结果。第 43 行和第 44 行使用 6.14 节介绍的 C++20 范围过滤技术，只保留 age vector 中不为 nan 的值。isnan 函数（头文件 <cmath>）在值不为 nan 的前提下返回 true。接着，第 45 行和第 46 行创建一个名为 cleanAge 的 vector<double>。该 vector 通过在 removeNaN 管道中遍历过滤好的结果来初始化其元素。

```
42     // use C++20 ranges to eliminate missing values from age column
43     auto removeNaN{
44        age | std::views::filter([](const auto& x) {return !isnan(x);})};
45     std::vector<double> cleanAge{
46        std::begin(removeNaN), std::end(removeNaN)};
47
```

清理后的年龄列的基本描述性统计

现在，我们可以计算描述性统计。第 49 行对 cleanAge 进行排序，这将帮助我们确定最小值、最大值和中位值。要想统计包含有效年龄数据的人数的话，获取 cleanAge 的 size 即可（第 50 行）。

```
48     // descriptive statistics for cleaned ages column
49     std::sort(std::begin(cleanAge), std::end(cleanAge));
50     size_t size{cleanAge.size()};
51     double median{};
52
53     if (size % 2 == 0) { // find median value for even number of items
54        median = (cleanAge.at(size / 2 - 1) + cleanAge.at(size / 2)) / 2;
55     }
56     else { // find median value for odd number of items
57        median = cleanAge.at(size / 2);
58     }
59
60     std::cout << "\nDescriptive statistics for the age column:\n"
61        << fmt::format("Passengers with age data: {}\n", size)
62        << fmt::format("Average age: {:.2f}\n", std::accumulate(
63           std::begin(cleanAge), std::end(cleanAge), 0.0) / size)
64        << fmt::format("Minimum age: {:.2f}\n", cleanAge.front())
65        << fmt::format("Maximum age: {:.2f}\n", cleanAge.back())
66        << fmt::format("Median age: {:.2f}\n", median);
67
```

```
Descriptive statistics for the age column:
Passengers with age data: 1046
Average age: 29.88
Minimum age: 0.17
Maximum age: 80.00
Median age: 28.00
```

第 51 行～第 58 行确定中位数。如果 cleanAge 的 size 是偶数，中位数就是两个中间元素的平均值（第 54 行）；否则，就是中间元素本身（第 57 行）。第 60 行～第 66 行显示描述性统计。第 62 行和第 63 行使用 accumulate 算法累加所有年龄，然后将结果除以 size，从而计算出平均年龄。vector 已排好序，所以第 64 行和第 65 行调用 vector 的 front 和 back 成员函数分别获得 vector 的第一个和最后一个元素，从而确定最小值和最大值。平均数和中位数是**集中趋势的量度**（measures of central tendency）。它们都是产生代表一组数值中的“中心”值的方法；换言之，在某种意义上，这个值是其他值的典型。

对于包含有效年龄数据的 1046 人，平均年龄为 29.88 岁。最年轻的乘客（最小值）只有两个多月大（0.17*12 是 2.04），而最年长的（最大值）是 80 岁。年龄中位数是 28 岁。

确定各种舱位的乘客人数

现在计算每种舱位的乘客人数。第 69 行～第 73 行定义一个 lambda 表达式来计算某个特定舱位的乘客数。C++20 的 std::ranges::count_if 算法用第二个实参指定的 lambda 表达式检查第一个实参中的每个元素，并对返回 true 的元素进行计数。std::ranges 算法的一个好处在于，你不需要指定容器的开始和结束位置——std::ranges 算法会自动处理这个问题，从而简化了你的代码。在本例中，count_if 的第一个实参将是名为 pclass 的 vector<int>。第二个实参是第 72 行的以下 lambda：

```
[classNumber](int x) {return classNumber == x;}
```

这里使用的 lambda introducer 是 [classNumber]，它指定 countClass lambda 的参数 classNumber 会在这个 lambda 的主体中使用——这称为**捕获**（capturing）了 classNumber 变量。默认进行的是值捕获，所以第 72 行的 lambda 捕获的是 classNumber 的值的一个拷贝。我们将在第 14 章更详细地讨论捕获 lambda 和 std::ranges 算法。第 75 行～第 77 行为三种乘客舱位定义了常量。第 78 行～第 80 行为每个舱位调用 countClass lambda，第 82 行～第 84 行显示计数。

```
68    // passenger counts by class
69    auto countClass{
70       [](const auto& column, const int classNumber) {
71          return std::ranges::count_if(column,
72             [classNumber](int x) {return classNumber == x;});
73    };
74
75    constexpr int firstClass{1};
76    constexpr int secondClass{2};
77    constexpr int thirdClass{3};
78    const auto firstCount{countClass(pclass, firstClass)};
79    const auto secondCount{countClass(pclass, secondClass)};
```

```
80      const auto thirdCount{countClass(pclass, thirdClass)};
81
82      std::cout << "\nPassenger counts by class:\n"
83         << fmt::format("1st: {}\n2nd: {}\n3rd: {}\n\n",
84            firstCount, secondCount, thirdCount);
85
```

```
Passenger counts by class:
1st: 323
2nd: 277
3rd: 709
```

存活列的基本描述性统计

假设要确定一些关于幸存者的统计数据。第 87 行～第 89 行定义了一个 lambda，使用 C++20 的 `std::ranges::count_if` 算法统计幸存者人数。以前讲过，`survived` 列包含的值是 `1` 或 `0`，分别代表存活或死亡。这些也是 C++ 可以处理为 `true`（1）或 `false`（0）的值，所以第 88 行的 lambda：

```
[](auto x) {return x;}
```

会直接返回列值。如果那个值是 1，`count_if` 会对那个元素计数。为了确定多少人死亡， 第 92 行从 `survived vector` 的 `size` 中直接减去 `survivorCount`。第 94 行计算幸存者百分比。

```
86      // percentage of people who survived
87      const auto survivorCount{
88         std::ranges::count_if(survived, [](auto x) {return x;})
89      };
90
91      std::cout << fmt::format("Survived count: {}\nDied count: {}\n",
92            survivorCount, survived.size() - survivorCount);
93      std::cout << fmt::format("Percent who survived: {:.2f}%\n\n",
94               100.0 * survivorCount / survived.size());
95
```

```
Survived count: 500
Died count: 809
Percent who survived: 38.20%
```

按性别和舱位统计幸存人数

第 97 行～第 117 行遍历 `survived` 列，使用其 `1` 或 `0` 值作为条件（第 104 行）。对于每个幸存者，我们都根据幸存者的 `sex` 和 `pclass` 值来递增相应的计数器。前者递增的计数器包括第 105 行中的 survivingWomen 和 survivingMen；后者递增的计数器包括第 107 行～第 115 行中的 surviving1st、surviving2nd 和 surviving3rd。我们将使用这些计数来计算百分比。

```
96      // count who survived by male/female, 1st/2nd/3rd class
97      int survivingMen{0};
98      int survivingWomen{0};
99      int surviving1st{0};
100     int surviving2nd{0};
101     int surviving3rd{0};
102
103     for (size_t i{0}; i < survived.size(); ++i) {
104        if (survived.at(i)) {
105           sex.at(i) == "female" ? ++survivingWomen : ++survivingMen;
106
107           if (firstClass == pclass.at(i)) {
108              ++surviving1st;
109           }
110           else if (secondClass == pclass.at(i)) {
111              ++surviving2nd;
112           }
113           else { // third class
114              ++surviving3rd;
115           }
116        }
117     }
118
```

计算幸存者百分比

第 120 行～第 129 行计算并显示以下乘客占幸存者的百分比：

- 幸存的女性
- 幸存的男性
- 幸存的头等舱乘客
- 幸存的二等舱乘客
- 幸存的三等舱乘客

幸存者中约三分之二是女性，头等舱乘客的存活率高于其他舱位的乘客。

```
119     // percentages who survived by male/female, 1st/2nd/3rd class
120     std::cout << fmt::format("Female survivor percentage: {:.2f}%\n",
121                 100.0 * survivingWomen / survivorCount)
122              << fmt::format("Male survivor percentage: {:.2f}%\n\n",
123                 100.0 * survivingMen / survivorCount)
```

```
            << fmt::format("1st class survivor percentage: {:.2f}%\n",
               100.0 * surviving1st / survivorCount)
            << fmt::format("2nd class survivor percentage: {:.2f}%\n",
               100.0 * surviving2nd / survivorCount)
            << fmt::format("3rd class survivor percentage: {:.2f}%\n",
               100.0 * surviving3rd / survivorCount);
}
```

```
Female survivor percentage: 67.80%
Male survivor percentage: 32.20%

1st class survivor percentage: 40.00%
2nd class survivor percentage: 23.80%
3rd class survivor percentage: 36.20%
```

8.20 对象自然案例学习：理解正则表达式

有时需要识别文本中的模式，例如电话号码、电子邮件地址、邮政编码、网址、社会安全号等等。**正则表达式**（regular expression）字符串描述了一个搜索模式，可用来匹配其他字符串中的字符。正则表达式可以帮助你从非结构化的文本（例如社交媒体上的发文）中提取数据。还可用它们在正式处理数据之前确保数据具有正确的格式。

数据校验

在处理文本数据之前，经常需要使用正则表达式来校验它。例如，可以核实以下几点：

- 美国邮政编码包含五位数（例如 02215）或五位数后加一个连字符和另外四位数（例如 02215-4775）
- 字符串姓氏（last name）只包含字母、空格、撇号和连字符
- 电子邮件地址只包含允许的字符，并按照允许的顺序
- 美国社会安全号包含三个数字、一个连字符、两个数字、一个连字符和四个数字，并遵守每组数字的其他特定规则

很少需要自己为这些常见数据项创建正则表达式。以下免费网站和其他网站都提供了现成的正则表达式库，可以直接拷贝并使用：

- https://regex101.com
- https://regexr.com/
- http://www.regexlib.com

- https://www.regular-expressions.info

许多这样的网站还允许你测试正则表达式，以确定它们是否能满足需求。

正则表达式的其他用途

正则表达式还有以下用途：

- 从文本中提取数据（称为刮削，即 scraping），例如找出一个网页中的所有 URL
- 清理数据，例如，删除不需要的数据，删除重复数据，处理不完整的数据，修正错别字，确保数据格式一致，删除格式化，改变文本大小写，处理异常（离群）值等
- 将数据转换为其他格式，例如，对于需要 CSV 格式的应用程序，将制表符分隔或空格分隔的值重新格式化为逗号分隔的值（CSV），我们已在 8.19 节讨论过 CSV

支持的正则表达式“流派”

C++ 支持多种正则表达式语法——通常称为“流派”。C++ 默认使用 ECMAScript 正则表达式的一个稍加修改的版本。[13] 要查看所支持的语法的完整列表，请参考 https://zh.cppreference.com/w/cpp/regex/syntax_option_type。

8.20.1 将完整字符串与模式相匹配

使用正则表达式需包含头文件 `<regex>`，它提供了几个用于识别和处理正则表达式的类和函数。[14] 图 8.16 演示了如何将整个字符串与正则表达式所指定的模式进行匹配。为方便讨论，我们将该程序分为几个部分。

匹配字符字面值

如果第一个实参中的整个字符串与第二个实参中的模式匹配，`<regex>` 的 `regex_match` 函数将返回 `true`。默认情况下，模式匹配需要区分大小写，以后会讲到如何执行不区分大小写的匹配。先从匹配字符字面值（即与自身匹配的字符）开始。第 9 行为模式 `"02215"` 创建一个名为 `r1` 的 `regex` 对象，其中只包含必须按指定顺序匹配的数字字面值。第 12 行为字符串 `"02215"` 和 `"51220"` 调用 `regex_match`。虽然每个字符串都包含相同的数字，但只有 `"02215"` 中的数字具有正确的顺序，可以匹配。

```
1  // fig08_16.cpp
2  // Matching entire strings to regular expressions.
```

图 8.16　整个字符串与正则表达式匹配

```
3  #include <fmt/format.h>
4  #include <iostream>
5  #include <regex>
6
7  int main() {
8     // fully match a pattern of literal characters
9     std::regex r1{"02215"};
10    std::cout << "Matching against: 02215\n"
11       << fmt::format("02215: {}; 51220: {}\n\n",
12          std::regex_match("02215", r1), std::regex_match("51220", r1));
13
```

```
Matching against: 02215
02215: true; 51220: false
```

图 8.16　整个字符串与正则表达式匹配（续）

元字符、字符类和量词

正则表达式通常包含各种特殊符号，它们称为**元字符**（metacharacter）：

```
[]  {}  ()  \  *  +  ^  $  ?  .  |
```

元字符 \ 用于开始每个预定义的**字符类**（character classes），下表列出了其中几个类，并列出了它们匹配的字符组别。

字符类	匹配
\d	任何数字（0～9）
\D	任何非数字字符
\s	任何空白字符（例如空格、制表符和换行符）
\S	任何非空白字符
\w	任何单词字符（也称为字母数字字符），即任何大写或小写字母、任何数字或下划线
\W	任何非单词字符

要匹配任何字面值形式的元字符，需要在它前面加一个反斜杠。例如，\$ 匹配美元符号（$），而 \\ 匹配反斜杠（\）。

匹配数字

让我们来验证五位数的美国邮政编码。在正则表达式 \d{5} 中（由第 15 行的原始字符串字面值创建），\d 是一个代表数字（0～9）的字符类。字符类是一个**正则表达式转义序列**，它匹配的是一个字符。要匹配多个字符，可以在字符类后面加上一个**量词**（quantifier）。量词 {5} 重复 5 次 \d，相当于写成 \d\d\d\d\d 来匹配 5

个连续的数字。第 18 行对 regex_match 的第二次调用返回 false，因为 "9876" 只包含 4 个连续的数字。

```
14       // fully match five digits
15       std::regex r2{R"(\d{5})"};
16       std::cout << R"(Matching against: \d{5})" << "\n"
17          << fmt::format("02215: {}; 9876: {}\n\n",
18                std::regex_match("02215", r2), std::regex_match("9876", r2));
19
```

```
Matching against: \d{5}
02215: true; 9876: false
```

自定义字符类

方括号 [] 中的字符定义了一个**自定义字符类**（custom character class）来匹配单个字符。例如，[aeiou] 匹配小写元音字母，[A-Z] 匹配大写字母，[a-z] 匹配小写字母，[a-zA-Z] 匹配任何小写或大写字母。第 21 行定义了一个自定义字符类来验证不含空格或标点符号的简单名字（first name）。

```
20       // match a word that starts with a capital letter
21       std::regex r3{"[A-Z][a-z]*"};
22       std::cout << "Matching against: [A-Z][a-z]*\n"
23          << fmt::format("Wally: {}; eva: {}\n\n",
24                std::regex_match("Wally", r3), std::regex_match("eva", r3));
25
```

```
Matching against: [A-Z][a-z]*
Wally: true; eva: false
```

在人的“名字”中可能包含许多字母。在正则表达式 r3（第 21 行）中，[A-Z] 匹配单独一个大写字母，而 [a-z]* 匹配任意数量的小写字母。量词 * 匹配其左侧的子表达式（本例是 [a-z]）的零个或多个实例。因此，[A-Z][a-z]* 匹配 "Amanda"、"Bo" 甚至 "E"。

若自定义字符类以 ^ 开始，表明该类匹配任何未指定的字符。所以，[^a-z]（第 27 行）匹配任何非小写字母的字符。

```
26       // match any character that's not a lowercase letter
27       std::regex r4{"[^a-z]"};
28       std::cout << "Matching against: [^a-z]\n"
29          << fmt::format("A: {}; a: {}\n\n",
30                std::regex_match("A", r4), std::regex_match("a", r4));
31
```

```
Matching against: [^a-z]
A: true; a: false
```

自定义字符类中的元字符被视为字面值，即字符本身。因此，[*+$]（第 33 行）匹配的是单个 *、+ 或 $ 字符。

```
32     // match metacharacters as literals in a custom character class
33     std::regex r5{"[*+$]"};
34     std::cout << "Matching against: [*+$]\n"
35        << fmt::format("*: {}; !: {}\n\n",
36              std::regex_match("*", r5), std::regex_match("!", r5));
37
```

```
Matching against: [*+$]
*: true; !: false
```

*** 和 + 量词**

为了要求名字中至少有一个小写字母，将第 21 行的量词 * 替换为 + 即可（第 39 行），从而要求匹配其左侧子表达式的至少一个实例。

```
38     // matching a capital letter followed by at least one lowercase letter
39     std::regex r6{"[A-Z][a-z]+"};
40     std::cout << "Matching against: [A-Z][a-z]+\n"
41        << fmt::format("Wally: {}; E: {}\n\n",
42              std::regex_match("Wally", r6), std::regex_match("E", r6));
43
```

```
Matching against: [A-Z][a-z]+
Wally: true; E: false
```

* 和 + 都很“贪婪”——它们会尽可能多地匹配字符。因此，正则表达式 [A-Z][a-z]+ 匹配 "Al"、"Eva"、"Samantha"、"Benjamin" 以及其他任何以大写字母开头，后跟至少一个小写字母的单词。但是，也可以为量词附加一个问号（?），例如 *? 或 +?，从而让 * 和 + 变得“懒惰”，匹配尽可能少的字符。

其他量词

量词 ? 本身可以匹配其左侧的子表达式的零个或一个实例。在正则表达式 labell?ed（第 45 行）中，子表达式是字符字面值 "l"。所以，在第 48 行 - 第 49 行的 regex_match 调用中，正则表达式匹配 labelled（英国英语拼写）和 labeled（美国英语拼写），但在第 50 行的 regex_match 调用中，正则表达式不匹配拼写错误的单词 labellled。

```
44    // matching zero or one occurrenctes of a subexpression
45    std::regex r7{"labell?ed"};
46    std::cout << "Matching against: labell?ed\n"
47       << fmt::format("labelled: {}; labeled: {}; labellled: {}\n\n",
48             std::regex_match("labelled", r7),
49             std::regex_match("labeled", r7),
50             std::regex_match("labellled", r7));
51
```

```
Matching against: labell?ed
labelled: true; labeled: true; labellled: false
```

可用 {n,} 量词来匹配其左侧子表达式至少出现 n 次的情况。第 53 行的正则表达式匹配至少包含三个数字的字符串。

```
52    // matching n (3) or more occurrences of a subexpression
53    std::regex r8{R"(\d{3,})"};
54    std::cout << R"(Matching against: \d{3,})" << "\n"
55       << fmt::format("123: {}; 1234567890: {}; 12: {}\n\n",
56             std::regex_match("123", r8),
57             std::regex_match("1234567890", r8),
58             std::regex_match("12", r8));
59
```

```
Matching against: \d{3,}
123: true; 1234567890: true; 12: false
```

可以使用量词 {n,m} 来匹配一个子表达式出现 n ～ m（含）次的情况。第 61 行的正则表达式匹配包含 3 ～ 6 个数字的字符串。

```
60    // matching n to m inclusive (3-6), occurrences of a subexpression
61    std::regex r9{R"(\d{3,6})"};
62    std::cout << R"(Matching against: \d{3,6})" << "\n"
63       << fmt::format("123: {}; 123456: {}; 1234567: {}; 12: {}\n",
64             std::regex_match("123", r9), std::regex_match("123456", r9),
65             std::regex_match("1234567", r9), std::regex_match("12", r9));
66 }
```

```
Matching against: \d{3,6}
123: true; 123456: true; 1234567: false; 12: false
```

8.20.2 替换子串

头文件 <regex> 提供了 regex_replace 函数来替换字符串中的模式。让我们将一个以制表符分隔的字符串转换成以逗号分隔的字符串（图 8.17）。regex_replace（第 13 行）函数接收三个实参：

- 要查找的 string（"1\t2\t3\t4"）。
- 要匹配的 regex 模式（制表符 "\t"）
- 用于替换的文本（","）

它返回包含修改后的内容的一个新 string。以下表达式：

```
std::regex{"\t"}
```

会创建一个临时 regex 对象，初始化它，并立即把它传递给 regex_replace 函数。这特别适合不需要多次重用一个 regex 对象的情况。

```
1  // fig08_17.cpp
2  // Regular expression replacements.
3  #include <fmt/format.h>
4  #include <iostream>
5  #include <regex>
6  #include <string>
7
8  int main() {
9     // replace tabs with commas
10    std::string s1{"1\t2\t3\t4"};
11    std::cout << fmt::format("Original string: {}\n", R"(1\t2\t3\t4)")
12       << fmt::format("After replacing tabs with commas: {}\n",
13             std::regex_replace(s1, std::regex{"\t"}, ","));
14 }
```

```
Original string: 1\t2\t3\t4
After replacing tabs with commas: 1,2,3,4
```

图 8.17 正则表达式替换

8.20.3 查找匹配

可以使用 regex_search 函数（图 8.18）来匹配一个字符串中的子串，如果一个任意的 string 中的任何部分与正则表达式匹配，就返回 true。此外，该函数还允许通过作为实参传递的类模板 match_results 的一个对象来访问匹配的子串。不同字符串类型有不同的 match_results 别名。

- 在 std::string 中的查找使用 smatch（读作“ess match”）。
- 对于 C 字符串和字符串字面值中的查找，使用 cmatch（读作“see match”）。

目前，<regex> 头文件尚未针对 string_view 进行更新。

在字符串的任何地方寻找匹配

第 14 行～第 16 行对 regex_search 函数的调用在 s1（"Programming is fun"）中查找与正则表达式相匹配的第一个子串——本例是字符串字面值 "Programming"、"fun" 和 "fn"。regex_search 函数的双参数版本只返回 true 或 false 来表示匹配与否。

```
1  // fig08_18.cpp
2  // Matching patterns throughout a string.
3  #include <fmt/format.h>
4  #include <iostream>
5  #include <regex>
6  #include <string>
7
8  int main() {
9     // performing a simple match
10    std::string s1{"Programming is fun"};
11    std::cout << fmt::format("s1: {}\n\n", s1);
12    std::cout << "Search anywhere in s1:\n"
13       << fmt::format("Programming: {}; fun: {}; fn: {}\n\n",
14             std::regex_search(s1, std::regex{"Programming"}),
15             std::regex_search(s1, std::regex{"fun"}),
16             std::regex_search(s1, std::regex{"fn"}));
17
```

```
s1: Programming is fun

Search anywhere in s1:
Programming: true; fun: true; fn: false
```

图 8.18 在整个字符串中匹配模式

忽略正则表达式中的大小写并查看匹配文本

可利用头文件 <regex> 中的 regex_constants 来自定义正则表达式执行匹配的方式。例如，匹配默认要区分大小写，但可以使用常量 regex_constants::icase 来执行不区分大小写的查找。

```
18    // ignoring case
19    std::string s2{"SAM WHITE"};
```

```
20     std::smatch match; // store the text that matches the pattern
21     std::cout << fmt::format("s2: {}\n\n", s2);
22     std::cout << "Case insensitive search for Sam in s2:\n"
23        << fmt::format("Sam: {}\n", std::regex_search(s2, match,
24              std::regex{"Sam", std::regex_constants::icase}))
25        << fmt::format("Matched text: {}\n\n", match.str());
26
```

```
s2: SAM WHITE

Case insensitive search for Sam in s2:
Sam: true
Matched text: SAM
```

第 23 行和第 24 行调用 regex_search 的三参数版本，传递的实参如下。

- 要查找的字符串（s2；第 19 行），在本例中它包含全部大写的字母。
- smatch 对象（第 20 行），用于存储匹配（如果有的话）。
- 要匹配的 regex 模式（第 24 行）。

本例在创建 regex 时传递了第二个实参：

```
std::regex{"Sam", std::regex_constants::icase}
```

这个 regex 匹配字面值字符 "Sam"，同时不考虑其大小写。因此，在 s2 中，"SAM" 与 regex "Sam" 匹配。两者的字母是一样的，尽管 "SAM" 包含的全部是大写字母。为了确认匹配的文本，第 25 行调用 match 的成员函数 str 来获得它的 string 形式。

查找字符串中的所有匹配

下面从字符串中提取所有形如 ###-###-#### 的美国电话号码。以下代码在 contact（第 28 行和第 29 行）中找出与 regex phone（第 30 行）匹配的每个子串，并显示匹配文本。

```
27     // finding all matches
28     std::string contact{
29        "Wally White, Home: 555-555-1234, Work: 555-555-4321"};
30     std::regex phone{R"(\d{3}-\d{3}-\d{4})"};
31
32     std::cout << fmt::format("Finding phone numbers in:\n{}\n", contact);
33     while (std::regex_search(contact, match, phone)) {
34        std::cout << fmt::format(" {}\n", match.str());
35        contact = match.suffix();
36     }
37  }
```

```
Finding phone numbers in:
Wally White, Home: 555-555-1234, Work: 555-555-4321
   555-555-1234
   555-555-4321
```

只要 regex_search 返回 true，即只要它找到一个匹配项，while 循环就会继续。循环的每次迭代都会做下面这些事情。

- 显示与正则表达式匹配的子串（第 34 行）
- 用调用 match 对象的成员函数 suffix 的结果来替换 contact（第 35 行），该函数返回字符串中尚未查找过的部分。下次调用 regex_search 时会使用这个新的 contact 字符串。

8.21 小结

本章讨论了更多关于 std::string 的细节，包括赋值、连接、比较、查找和交换字符串。我们还介绍了如何用几个成员函数来获得字符串的特征信息；在字符串中查找、替换和插入字符；以及 string 和基于指针的字符串之间的相互转换。我们对内存中的字符串进行输入和输出。还介绍了在数值和 string 之间相互转换的函数。

我们介绍了如何利用头文件 <fstream> 提供的功能来操作持久性数据，从而处理顺序文本文件。然后，我们演示了字符串流处理。两个“对象自然”案例学习的第一个是用开源库从 CSV 文件中读取泰坦尼克号数据集的内容，然后进行一些基本的数据分析。第二个案例学习介绍了用于模式匹配的正则表达式。

现在，大家已经理解了控制语句、函数、array、vector、string 和文件的基本概念。通过许多对象自然案例学习可以看出，C++ 应用程序经常都要创建和操作完成工作所需的对象。第 9 章将学习如何实现自己的自定义类，并在应用程序中使用这些类的对象。我们将开始讨论类的设计以及相关的软件工程概念。

注释

1. 译注：本章提到的“字符串”基本上都是指 C++ 标准库 string 对象，而不是指基于指针的 C 字符串。
2. 在 C++ 的大多数实现中，“最大大小”都设得非常高，以至于基本上不会有异常的发生。
3. C++ Core Guidelines，“SL.str.1: Use std::string to Own Character Sequences”，访问日期 2022 年 1 月 3 日，https://isocpp.github.io/CppCoreGuidelines/CppCore Guidelines#Rstr-string。
4. C++ Core Guidelines，“SL.str.2: Use std::string_view or gsl::span<char> to Refer to Character Sequences”，访问日期 2022 年 1 月 3 日，https://isocpp.github.io/CppCoreGuidelines/CppCore Guidelines#Rstr-view。

5. 可直接在 main 中返回 EXIT_SUCCESS 或 EXIT_FAILURE，而不是调用 std::exit。当 main 终止时，它的局部变量被销毁，然后 main 调用 std::exit，向其传递在 main 的 return 语句中指定的值（https://timsong-cpp.github.io/cppwp/n4861/basic.start.main#5）。记住，如果没有指定一个 return 语句，main 会隐式地返回 0 来表示成功执行。
6. clients.txt 文件必须在和程序可执行文件相同的文件夹中。
7. 版权所有 ©2017，Kristofer Berggren，保留所有权利。
8. 另一种流行的数据格式是 JavaScript Object Notation（JSON）。有一些用于读取和生成 JSON 的 C++ 库，如 RapidJSON（https://github.com/Tencent/rapidjson）和 cereal（https://uscilab.github.io/cereal/index.html；将在 9.22 节讨论）。
9. accounts.csv 文件必须在和程序的可执行文件相同的文件夹中。
10. 这段说明摘自 2018 年 7 月 20 日我们的 Python 教科书的学术评审员，圣地亚哥大学商学院的艾莉森·桑切斯博士发给我们的一条评论。她说："当提到用合理的值替代缺失或坏的值时需要谨慎。一个严厉的警告：不允许'替代'那些增加统计学意义或给出更'合理'或'更好'结果的值。'替代'数据不应变成'伪造'数据。学生应学会的第一条规则是不要消除或改变与他们的假设相矛盾的值。'用合理的值替代'并不意味着学生能随意改变值来获得他们想要的结果。"
11. titanic.csv 文件必须在和程序的可执行文件相同的文件夹中。
12. 访问日期 2022 年 1 月 3 日，https://en.wikipedia.org/wiki/Passengers_of_the_Titanic。
13. "改 ECMAScript 正则表达式文法"，https://zh.cppreference.com/w/cpp/regex/ecmascript。
14. 有些 C++ 程序更喜欢使用第三方正则表达式库，例如 RE2 或 PCRE。要想查看其他 C++ 正则表达式库的一个列表，请访问 https://github.com/fffaraz/awesome-cpp#regular-expression。

第Ⅲ部分

面向对象程序设计

第 9 章

自定义类

学习目标

- 定义自定义类并用它创建对象
- 将类的行为作为成员函数来实现，将属性作为数据成员来实现
- 通过公共取值（*get*）和赋值（*set*）函数访问和操作私有数据成员，以强制数据封装
- 使用构造函数来初始化对象的数据
- 将类的接口与它的实现分开，以实现重用
- 通过点（.）和箭头（->）操作符访问类成员
- 使用析构函数对超出范围的对象进行“终止时的清理工作”
- 将对象的数据成员赋给另一个对象的成员
- 创建由其他对象构成的对象
- 使用友元函数和声明友元类
- 通过 `this` 指针访问非静态类成员
- 使用静态数据成员和成员函数
- 使用结构体（`struct`）来创建聚合类型，并使用 C++20 的“指定初始化器”来初始化聚合体的成员
- 在“对象自然”案例学习中使用 JSON 和 `cereal` 库来序列化对象

9.1 导读

1.4 节已对面向对象进行了一番友好的介绍，讨论了类、对象、数据成员（属性）和成员函数（行为）。[1]之前的“对象自然”案例学习已经创建了许多现成类的对象，并调用它们的成员函数来执行任务，同时不需要知道这些类的内部工作机制。

本章开始深入讨论面向对象编程，解释如何打造有价值的自定义类。C++ 是一种可扩展的编程语言，自己创建的每个类都会成为一种新的类型，可以用它来创建对象。业内一些开发团队所开发的应用程序包含了成百上千的自定义类。

9.2 体验 Account 对象

本节通过三个例子开始学习如何创建自定义类，这些例子创建了代表一个简单银行账户的 `Account` 类的对象。首先看看 `main` 程序和输出，这样立即就能体验到 `Account` 类的一个能实际工作的对象。为了帮助你为以后在本书和职业生涯中遇到的更大型的程序做好准备，我们用不同的文件定义 Account 类和 main。具体地说，main 放到 AccountTest.cpp 中（图 9.1），Account 类放到 Account.h 中（图 9.2）。

```
1  // Fig. 9.1: AccountTest.cpp
2  // Creating and manipulating an Account object.
3  #include <fmt/format.h>
4  #include <iostream>
5  #include <string>
6  #include "Account.h"
7
8  int main() {
9     Account myAccount{}; // create Account object myAccount
10
11    // show that the initial value of myAccount's name is the empty string
12    std::cout << fmt::format("Initial account name: {}\n",
13       myAccount.getName());
14
15    // prompt for and read the name
16    std::cout << "Enter the account name: ";
17    std::string name{};
18    std::getline(std::cin, name); // read a line of text
19    myAccount.setName(name); // put name in the myAccount object
20
21    // display the name stored in object myAccount
22    std::cout << fmt::format("Updated account name: {}\n",
23       myAccount.getName());
24 }
```

```
Initial account name:
Enter the account name: Jane Green
Updated account name: Jane Green
```

图 9.1 创建和操纵 Account 对象

实例化对象

一般来说，除非创建了类的对象，否则不能调用类的成员函数。[2] 第 9 行创建一个名为 myAccount 的对象：

```
Account myAccount{}; // create Account object myAccount
```

变量的类型是 Account，也就是即将在图 9.2 中定义的类。

头文件和源代码文件

当我们声明 `int` 变量时，编译器知道 `int` 是什么——这是 C++ 内置的一个基本类型。但在第 9 行，编译器事先并不知道 `Account` 是什么——它是一个用户自定义类型。

只要进行了正确的打包，新的类就可由其他程序员重用。我们习惯上将可重用的类定义放在一个以 .h 作为扩展名的文件中，这样的文件称为**头文件**（header）。[3] 在需要使用该类的地方包含这个头文件即可，本书之前对来自 C++ 标准库和第三方库的类都是这样做的。

我们通过包含相应的头文件来告诉编译器一个 `Account` 是什么，如第 6 行所示：

```
#include "Account.h"
```

如果遗漏了这个指令，编译器会在使用类 `Account` 及其任何功能的地方报告错误消息。你在程序中定义的头文件要放到双引号（`""`）中，而不是放到尖括号（`<>`）中。双引号告诉编译器先在 AccountTest.cpp（图 9.1）所在的文件夹中查找头文件；如果找不到，再去为编译器指定的头文件搜索路径中查找。[4]

调用 Account 类的 getName 成员函数

`Account` 类的 `getName` 成员函数返回存储在特定 `Account` 对象中的账户持有人姓名（户名）。第 13 行调用 `myAccount.getName()` 来获取 `myAccount` 对象的初始姓名，这是一个空 `string`（稍后详述）。

调用 Account 类的 setName 成员函数

`setName` 成员函数将一个姓名存储到特定的 `Account` 对象中。第 19 行调用 `myAccount` 的 `setName` 成员函数将 `name` 的值存储到 `myAccount` 对象中。

显示用户输入的姓名

为了确认 `myAccount` 现已包含你输入的姓名，第 23 行再次调用成员函数 `getName` 并显示其结果。

9.3 具有赋值和取值成员函数的 Account 类

图 9.1 已经展示了 `Account` 实际工作时的样子，现在看看它的内部细节。

9.3.1 类定义

`Account` 类（图 9.2）包含用于存储账户持有人（Account Holder）姓名的数据成员 `m_name`（第 19 行）。类的每个对象都有一份它自己的类数据成员的拷贝。[5] 在 9.6

节中，我们将添加一个 balance 数据成员来跟踪每个 Account 中的资金。Account 类还包含以下成员函数。

- setName（第 10 行～第 12 行），用于在 Account 对象中存储姓名。
- getName（第 15 行～第 17 行），用于从 Account 中获取姓名。

```
1  // Fig. 9.2: Account.h
2  // Account class with a data member and
3  // member functions to set and get its value.
4  #include <string>
5  #include <string_view>
6
7  class Account {
8  public:
9     // member function that sets m_name in the object
10    void setName(std::string_view name) {
11       m_name = name; // replace m_name's value with name
12    }
13
14    // member function that retrieves the account name from the object
15    const std::string& getName() const {
16       return m_name; // return m_name's value to this function's caller
17    }
18 private:
19    std::string m_name; // data member containing account holder's name
20 }; // end class Account
```

图 9.2 Account 类包含一个数据成员以及用于赋值和取值的成员函数

关键字 class 和类的主体

类的定义以关键字 class 开始（第 7 行），紧接着是类名（Account）。须遵从以下惯例：

- 类名中的每个单词都首字母大写
- 数据成员和成员函数名中的第一个单词首字母小写，后续每个单词都首字母大写

每个类的主体都被包围在大括号 {} 中（第 7 行和第 20 行）。类定义必须以一个分号结束（第 20 行）。

std::string 类型的数据成员 m_name

1.4 节说过，对象具有属性。属性作为数据成员实现。每个对象在其生存期内都维护着它自己的一份数据成员副本。通常，类还会包含一些成员函数来操纵其对象中的这些数据成员。

数据成员在类定义中声明，但要放在类的成员函数外部。第 19 行声明了一个名为 m_name 的 string 数据成员：

```
std::string m_name; // data member containing account holder's name
```

按照惯例，“m_”前缀表明这是一个代表“数据成员”的变量。如果有多个 Account 对象，那么每个都有自己的 m_name。由于 m_name 是数据成员，所以可由类的成员函数进行操纵。之前说过，string 的默认值是空字符串（""），这就是为什么 main（图 9.1）的第 13 行没有显示一个姓名的原因。

按照惯例，C++ 程序员通常将类的数据成员放在类主体的最后。在类的主体中，可在成员函数定义以外的任何地方声明数据成员。但是，分散的数据成员会导致代码难以阅读。

在头文件中通过 std:: 使用标准库的组件

错误提示

在整个 Account.h 头文件中（图 9.2），每次引用 string_view（第 10 行）和 string（第 15 行和第 19 行）时，我们都会使用 std:: 前缀。不要在头文件中包含全局作用域的 using 指令或 using 声明。这些会被 #include 到其他源代码文件中，从而造成命名冲突。从第 6 章起，我们就已经开始用 std:: 限定来自标准库的所有类名、函数名和对象（例如 std::cout），这是一个好的编程实践。

setName 成员函数

软件工程

setName 成员函数（第 10 行～第 12 行）接收代表户名的一个 string_view，并将传入的 name 实参赋给数据成员 m_name。以前讲过，string_view 是字符序列（例如 std::string 或 C 字符串）的一个只读视图。第 11 行将 name 包含的字符拷贝到 m_name 中。m_name 由于使用了 "m_" 前缀，所以很容易和参数 name 区分。

getName 成员函数

getName 成员函数（第 15 行～第 17 行）没有参数，它将特定 Account 对象的 m_name 作为一个 const std::string& 返回给调用者。将返回的引用声明为 const，可确保调用者无法通过该引用修改对象的数据。

const 成员函数

在 getName 函数头中，注意参数列表右侧的 const（第 15 行）。当返回 m_name 时，getName 成员函数不会也不应修改在其上调用它的那个 Account 对象。将成员函数声明为 const 相当于告诉编译器：“该函数不应修改在其上调用它的对象——如果真的修改了，请生成编译错误。”如果不小心插入了会修改对象的代码，这就能帮助你定位错误。它还告诉编译器，getName 可在一个 const Account 对象上调用，或者通过 const Account 对象的一个引用或指针来调用。

9.3.2 访问说明符 private 和 public

关键字 `private`（第 18 行）是一个访问说明符（access specifier）。每个访问说明符后面都必须跟一个冒号（:）。数据成员 `m_name` 的声明（第 19 行）出现在 `private:` 之后，表明 `m_name` 只能由 `Account` 类的成员函数访问。[6] 这称为信息隐藏（或隐藏实现细节），是"C++ 核心准则"[7] 和一般意义上的面向对象编程的推荐做法。数据成员 `m_name` 被封装（隐藏）了，只能在 `Account` 类的 `setName` 和 `getName` 成员函数中使用。数据成员的声明大多出现在 `private:` 访问说明符之后。[8]

核心准则

这个类还包含 public 访问说明符（第 8 行）：

```
public:
```

在访问说明符 `public` 之后（以及下个说明符之前，如果有的话）列出的成员可以"公开访问"。只要类的对象仍在生存期内，谁都能访问对象的这些成员，而不是只有类的成员函数才能访问。

软件工程

将类的数据成员设为 `private` 有利于调试，因为一旦数据处理出了问题，那么必然是类的成员函数的问题。我们将在 9.7 节详细讨论 `private` 的优点。第 10 章还要介绍 `protected` 访问说明符。

类成员的默认访问级别

除非另行指定，否则类成员默认私有（`private`）。在列出一个访问说明符后，后续每个类成员都具有该访问级别，直到列出一个不同的访问说明符。`public` 和 `private` 访问说明符可以重复，但这容易引起混淆。我们倾向于只列出一次 `public`，将所有公共成员分为一组。然后只列出一次 `private`，将所有私有成员分为一组。

9.4 Account 类：自定义构造函数

如 9.3 节所述，`Account` 对象在创建之后，其 `string` 数据成员 `m_name` 会默认初始化为一个空字符串（`""`）。但是，如果想在创建 `Account` 对象的同时提供一个姓名（户名）呢？所有类都允许定义**构造函数**（constructors）来指定如何对类的对象进行初始化。构造函数是一种特殊的成员函数，它必须和类同名。构造函数不能返回值，所以不能指定返回类型（就连 `void` 也不行）。C++ 语言保证在创建对象时调用构造函数，所以这是对对象的数据成员进行初始化的理想时机。到目前为止，本书的例子每次创建一个对象时，都会调用相应类的构造函数来初始化该对象。很快就会讲到，类允许重载构造函数。

和成员函数一样，可为构造函数指定参数。向构造函数传递的实参用于初始化对象的数据成员。例如，可在创建 Account 对象时为该对象指定账户持有人的姓名，如后面图 9.4 的 第 10 行所示：

```
Account account1{"Jane Green"};
```

该语句将 "Jane Green" 传给 Account 类的构造函数，以初始化 account1 对象的数据。它假定类 Account 有一个能接收字符串实参的构造函数。

Account 类的定义

图 9.3 展示了 Account 类的定义，它的构造函数接收一个户名参数，并在创建 Account 对象时用它初始化数据成员 m_name。

```
1  // Fig. 9.3: Account.h
2  // Account class with a constructor that initializes the account name.
3  #include <string>
4  #include <string_view>
5
6  class Account {
7  public:
8     // constructor initializes data member m_name with the parameter name
9     explicit Account(std::string_view name)
10       : m_name{name} { // member initializer
11      // empty body
12    }
13
14    // function to set the account name
15    void setName(std::string_view name) {
16       m_name = name;
17    }
18
19    // function to retrieve the account name
20    const std::string& getName() const {
21       return m_name;
22    }
23 private:
24    std::string m_name; // account name
25 }; // end class Account
```

图 9.3 Account 类用一个构造函数初始化户名

Account 类的自定义构造函数

图 9.3 的第 9 行～第 12 行定义 Account 类的构造函数。构造函数一般都是 public 的。这样一来，能访问类定义的任何代码都能创建并初始化该类的对象。第

9 行指出该构造函数有一个 string_view 参数。新建 Account 对象时，必须把一个人的姓名传给构造函数的 string_view 参数。然后，构造函数用传入的实参初始化数据成员 m_name。图 9.3 的第 9 行没有指定返回类型（甚至 void 也没有指定），因为构造函数不允许返回值。另外，构造函数不能被声明为 const，因为初始化一个对象就必须修改它。

下面是该构造函数的成员初始化列表（第 10 行）：

```
: m_name{name}
```

它初始化了 m_name 数据成员。成员初始化列表要放在参数列表和构造函数主体的起始左大括号之间。成员初始化列表和参数列表之间用冒号（:）分隔。

每个成员初始化器都包含数据成员变量名，后跟包含其初始值的一对大括号。[9] 本例的成员初始化器调用 std::string 类接收一个 string_view 的构造函数。如果类包含多个数据成员，每个成员的初始化器都用逗号隔开。成员构造函数按照你在类中声明数据成员的顺序执行。为了清楚起见，以同样的顺序列出成员初始化器。成员初始化列表在构造函数的主体之前执行。

核心准则

性能提示

虽然可以在构造函数的主体中用赋值语句执行初始化，但"C++ 核心准则"建议使用成员初始化器。[10] 以后你会看到，成员初始化器可能更高效。另外，有的数据成员只能使用成员初始化器语法进行初始化，因为不能在构造函数的主体中对它们进行赋值。

explicit 关键字

核心准则

如果构造函数可以用一个实参来调用（也就是说，它有一个参数，或者其他参数都是默认参数），就把它声明为 explicit。这样可以防止编译器使用构造函数进行隐式类型转换。[11] explicit 关键字意味着必须显式调用 Account 的构造函数，例如：

```
Account account1{ "Jane Green" };
```

错误提示

目前，只需简单地将所有单参数构造函数声明为 explicit。11.9 节会讲到，没有声明为 explicit 的单参数构造函数可能被隐式调用以执行类型转换。这种隐式的构造函数调用可能导致不容易发现的错误，所以一般不建议使用。

在创建 Account 对象时初始化它们

AccountTest 程序（图 9.4）使用构造函数初始化了两个 Account 对象。第 10 行创建 Account 对象 account1：

```
Account account1{ "Jane Green" };
```

这会调用 Account 构造函数（图 9.3 的第 9 行～第 12 行），它使用实参 "Jane

Green" 来初始化新对象的 m_name 数据成员。图 9.4 的第 11 行重复这一过程，传递实参 "John Blue" 来初始化 account2 的 m_name：

```
Account account2{"John Blue"};
```

为了确认对象被正确初始化，第 14 行～第 16 行在每个 Account 对象上调用 getName 成员函数来获得相应的户名。输出显示每个账户都有不同的户名，从而确认每个对象都有自己的数据成员 m_name 的拷贝。

```
1  // Fig. 9.4: AccountTest.cpp
2  // Using the Account constructor to initialize the m_name
3  // data member when each Account object is created.
4  #include <fmt/format.h>
5  #include <iostream>
6  #include "Account.h"
7
8  int main() {
9     // create two Account objects
10    Account account1{"Jane Green"};
11    Account account2{"John Blue"};
12
13    // display each Account's corresponding name
14    std::cout << fmt::format(
15       "account1 name is: {}\naccount2 name is: {}\n",
16       account1.getName(), account2.getName());
17 }
```

图 9.4　创建每个 Account 对象时，调用 Account 构造函数来初始化各自的 m_name 数据成员

默认构造函数

图 9.1 的第 9 行在创建 Account 对象时，在对象变量名后传递的是一对空白大括号：

```
Account myAccount{};
```

在这个语句中，C++ 会隐式调用 Account 对象的**默认构造函数**（default constructor）。任何类如果没有定义构造函数，编译器会自动为其生成一个无参的默认构造函数。默认构造函数不初始化该类的基本类型（如 int）的数据成员，但如果数据成员是另一个类的对象，就会为其调用默认构造函数。例如，虽然在第一个 Account 类的代码中没有显示出这一点（图 9.2），但 Account 的默认构造函数确实调用了 std::string 类的默认构造函数将数据成员 m_name 初始化为空字符串（""）。

像上述语句那样用空的大括号声明一个对象时，未显式初始化的数据成员会先进行“值初始化”。换言之，它们被初始化为相应类型的“零”值（基本数值类型

初始化为 `0`，`bool` 初始化为 `false`）。然后才会调用对象的默认构造函数。没有大括号，这些数据成员就会包含未定义的值（“垃圾”值）。

类只要显式定义了构造函数就没有默认构造函数

软件工程

只要为类定义了自定义的构造函数，编译器就不会自动为该类创建默认构造函数。在这种情况下，就不能再调用无参构造函数来创建 `Account` 对象，除非你的自定义构造函数有一个空参数列表，或者所有参数都是默认参数。以后会讲到，即使定义了非默认的构造函数，也可以强制编译器创建默认构造函数。除非类的数据成员的默认初始化结果是可以接受的，否则就应在声明时初始化它们，或者提供一个自定义的构造函数，用有意义的值初始化它们。

C++ 的特殊成员函数

除了默认构造函数，编译器还可以生成其他 5 个特殊成员函数的默认版本，包括拷贝构造函数、移动构造函数、拷贝赋值操作符、移动赋值操作符和析构函数，另外还有 C++20 新的三路比较操作符 `<=>`。本章会简要介绍拷贝构造、拷贝赋值和析构函数。第 11 章将介绍三路比较操作符，并讨论所有这些特殊成员函数的细节：

- 什么时候需要定义每个函数的自定义版本
- 有关这些特殊成员函数的各种“C++ 核心准则”

届时你会理解，在设计自己的类时，应该让编译器为你自动生成特殊成员函数。这称为**零法则**（Rule of Zero），意思是不要在类的定义中提供自己的特殊成员函数。

9.5 赋值和取值成员函数的软件工程优势

下一节会讲到，赋值和取值成员函数可以分别验证对 `private` 数据的修改和控制该数据如何呈现给调用者。这些都是重要的软件工程的优势。

类的**客户端**或**客户**（client）是指调用该类的成员函数的其他任何代码。如果数据成员是 `public` 的，任何客户都能看到该数据，并对其做任何事情，包括将其设为无效值。

你可能会认为，即使客户代码不能直接访问一个 `private` 数据成员，也能通过 `public` 赋值和取值函数对该变量做任何事情。你会认为，可以通过 `public` 取值函数随时窥视 `private` 数据（并确切地看到它在对象中是如何存储的），而且可以通过 `public` 赋值函数随意修改 `private` 数据。

实际上，在编码赋值函数的时候，可以对其实参进行校验，并拒绝任何将数据设为不正确值的尝试。

软件工程

- 体温为负数
- 三月里不在 1 ～ 31 日的某一天
- 不在公司产品目录中的产品代码

软件工程

取值函数可采用不同的形式呈现数据，向用户隐藏对象的实际数据表示。例如，Grade 类可能将数字成绩作为 0 ～ 100 的 int 来存储，但 getGrade 成员函数可将字母成绩作为一个 string 返回，例如为 90 ～ 100 的成绩返回 "A"，为 80 ～ 89 的成绩返回 "B"，等等。严格控制 private 数据的访问和呈现有助于减少错误，同时提高程序的健壮性、安全性和可用性。

含有封装数据的 Account 类的概念性视图

可通过下图来理解 Account 对象。内层的 private 数据成员 m_name 隐藏在对象内部，只能通过外层的 public 成员函数 getName 和 setName 访问。任何需要与 Account 对象交互的客户只能通过调用外层的 public 成员函数来实现。

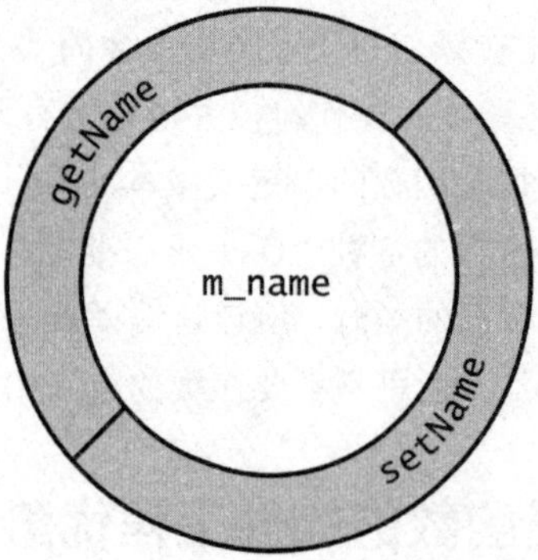

软件工程

一般将数据成员设为 private，将类的客户需要使用的成员函数设为 public。以后会讲到在什么时候可能需要 public 数据成员或 private 成员函数。使用 public 赋值和取值成员函数来控制对 private 数据的访问，可以使程序更清晰，更容易维护。改变是规则而不是例外。你应该预见到自己的代码会被修改，而且可能会经常如此。

9.6 含有余额的 Account 类

核心准则

图 9.5 定义的 Account 类包含两种相关的数据项：账户持有人的姓名（户名）和银行余额。“C++ 核心准则”建议用类来定义相关的数据项（或者，如 9.21 节所述，用 struct 来定义）。[12]

```cpp
// Fig. 9.5: Account.h
// Account class with m_name and m_balance data members, and a
// constructor and deposit function that each perform validation.
#include <algorithm>
#include <string>
#include <string_view>

class Account {
public:
   // Account constructor with two parameters
   Account(std::string_view name, double balance)
      : m_name{name}, m_balance{std::max(0.0, balance)} { // member init
      // empty body
   }

   // function that deposits (adds) only a valid amount to the balance
   void deposit(double amount) {
      if (amount > 0.0) { // if the amount is valid
         m_balance += amount; // add it to m_balance
      }
   }

   // function that returns the account balance
   double getBalance() const {
      return m_balance;
   }

   // function that sets the account name
   void setName(std::string_view name) {
      m_name = name; // replace m_name's value with name
   }

   // function that returns the account name
   const std::string& getName() const {
      return m_name;
   }
private:
   std::string m_name;
   double m_balance;
}; // end class Account
```

图 9.5 Account 类包含 m_name 和 m_balance 数据成员以及会执行校验的一个构造函数和 deposit 函数

数据成员 m.balance

银行为许多账户提供服务，每个账户都有自己的余额。现在，每个 Account 对象都有自己的 m_name 和 m_balance。第 39 行声明了 double 数据成员 m_balance。[13]

双参数构造函数

该类有一个构造函数和四个成员函数。开设账户的人立即存入资金是很常见的情况，所以构造函数（第 11 行～第 14 行）接收代表初始余额的第二个参数 balance（double 类型）。我们没有将这个构造函数声明为 explicit，因为调用它不能只传递一个参数。

m_balance 成员的初始化器调用 std::max 函数（头文件 <algorithm>），将 m_balance 初始化为 0.0 或 balance，以较大者为准。这确保在创建 Account 对象时，m_balance 包含一个有效的非负值。我们稍后会在构造函数主体中对实参进行校验，并利用异常来指出无效的实参。

deposit 成员函数

deposit 成员函数（第 17 行～第 21 行）接收一个 double 参数 amount，而且不返回值。第 18 行～第 20 行确保只有当 amount 大于零时（即它是一个有效的存款金额），amount 参数的值才会加到 m_balance 上。

getBalance 成员函数

getBalance 成员函数（第 24 行～第 26 行）允许类的客户获取特定 Account 对象的 m_balance 值。该成员函数指定了 double 返回类型和一个空参数列表。和 getName 一样，getBalance 也被声明为 const，因为它只是返回 m_balance 的值，不会也不应修改在其上调用它的 Account 对象。

用余额操纵 Account 对象

图 9.6 的 main 函数创建两个 Account 对象（第 8 行和第 9 行），分别用 50.00 的有效余额和 -7.00 的无效余额初始化它们。第 12 行～第 15 行调用每个对象的 getName 和 getBalance 成员函数来输出两个账户的户名和余额。我们的类确保初始余额大于或等于零。构造函数拒绝以负的余额来创建 account2 对象。相反，它的 m_balance 被初始化为 0.0。

```
1  // Fig. 9.6: AccountTest.cpp
2  // Displaying and updating Account balances.
3  #include <fmt/format.h>
```

图 9.6 显示和更新账户余额

```
4  #include <iostream>
5  #include "Account.h"
6
7  int main() {
8     Account account1{"Jane Green", 50.00};
9     Account account2{"John Blue", -7.00};
10
11    // display initial balance of each object
12    std::cout << fmt::format("account1: {} balance is ${:.2f}\n",
13       account1.getName(), account1.getBalance());
14    std::cout << fmt::format("account2: {} balance is ${:.2f}\n\n",
15       account2.getName(), account2.getBalance());
16
```

```
account1: Jane Green balance is $50.00
account2: John Blue balance is $0.00
```

图 9.6 显示和更新账户余额（续）

从用户处读取存入金额并进行存款

第 17 行～第 21 行提示用户输入并显示要向 account1 存入的金额。第 22 行调用 account1 对象的 deposit 成员函数，传递要在 account1 的 m_balance 上增加的 amount。第 25 行～第 28 行再次输出两个账户的户名和余额，表明只有 account1 的余额发生了变化。

```
17    std::cout << "Enter deposit amount for account1: "; // prompt
18    double amount;
19    std::cin >> amount; // obtain user input
20    std::cout << fmt::format(
21       "adding ${:.2f} to account1 balance\n\n", amount);
22    account1.deposit(amount); // add to account1's balance
23
24    // display balances
25    std::cout << fmt::format("account1: {} balance is ${:.2f}\n",
26       account1.getName(), account1.getBalance());
27    std::cout << fmt::format("account2: {} balance is ${:.2f}\n\n",
28       account2.getName(), account2.getBalance());
29
```

```
Enter deposit amount for account1: 25.37
adding $25.37 to account1 balance

account1: Jane Green balance is $75.37
account2: John Blue balance is $0.00
```

第 30 行～第 33 行提示用户输入并显示要向 account2 存入的金额。第 34 行调用 account2 对象的 deposit 成员函数，传递要在 account2 的 m_balance 上增加的 amount。第 37 行～第 40 行再次输出两个账户的户名和余额，表明只有 account2 的余额发生了变化。

```
30      std::cout << "Enter deposit amount for account2: "; // prompt
31      std::cin >> amount; // obtain user input
32      std::cout << fmt::format(
33         "adding ${:.2f} to account2 balance\n\n", amount);
34      account2.deposit(amount); // add to account2 balance
35
36      // display balances
37      std::cout << fmt::format("account1: {} balance is ${:.2f}\n",
38         account1.getName(), account1.getBalance());
39      std::cout << fmt::format("account2: {} balance is ${:.2f}\n",
40         account2.getName(), account2.getBalance());
41   }
```

```
Enter deposit amount for account2: 123.45
adding $123.45 to account2 balance

account1: Jane Green balance is $75.37
account2: John Blue balance is $123.45
```

9.7 Time 类案例学习：分离接口与实现

在之前的每个自定义类的定义中，都是将类放在头文件中以便重用。将头文件包含到 main 所在的源代码文件中，就可以创建和操作该类的对象。遗憾的是，将完整类定义放在头文件中，会将该类的整个实现暴露给它的客户。头文件不过是一个文本文件，任何人都能打开并阅读。

软件工程

传统的软件工程智慧认为，要使用一个类的对象，客户代码（例如 main）只需要知道下面这几项：

- 哪些成员函数可供调用
- 向每个成员函数提供哪些实参
- 每个成员函数的返回类型是什么

客户代码不需要知道这些函数具体是如何实现的。这是最小权限原则的又一个例子。

软件工程

如果客户代码的程序员知道一个类是如何实现的，就可能会根据该类的实现细节来编写客户代码。但是，这就会造成当类的实现发生变化时，类的客户代码也需要跟着修改。通过隐藏类的实现细节，我们可以更容易地改变实现，同时尽量减少甚至避免对客户代码进行修改。

下一个例子将创建并操作一个 `Time` 类的对象。[14] 我们会演示两个重要的 C++ 软件工程概念：

- 把接口和实现分开
- 在头文件中使用预处理器指令 `#pragma once`，防止头文件的代码被多次包含到同一个源代码文件中。由于类只能定义一次，所以 `#pragma once` 能防止重复定义的错误

C++20“模块”改变了分离接口与实现的方式

第 16 章会讲到，C++20“模块”[15] 避免了对 `#pragma once` 这样的预处理器指令的需求。届时会讲到，模块使你能在一个源代码文件中或者使用多个源代码文件来分离接口与实现。

模块

9.7.1 类的接口

接口（interface）定义并规范了人机交互方式。例如，收音机的控制装置作为用户和其内部组件之间的接口。控制装置允许用户执行一系列有限的操作（例如换台、调整音量、在 AM 和 FM 电台之间选择等）。各种收音机可能以不同的方式实现这些操作，有的提供按钮，有些提供旋钮，有的甚至支持语音命令。接口指定了一个收音机允许用户执行什么操作，但没有指定这些操作在收音机内部是如何实现的。

同样地，类的接口描述了类的客户可以使用哪些服务以及如何请求这些服务，但不描述该类具体如何实现这些服务。类的 `public` 接口由该类的 `public` 成员函数（也称为该类的公共服务）组成。稍后会讲到，可以通过编写一个类定义来指定类的接口，该定义在类的 `public` 部分只列出了该类的成员函数原型。

9.7.2 分离接口与实现

为了分离接口与实现，我们将 `Time` 类分解为两个文件：Time.h（图 9.7）定义 `Time` 类，而 Time.cpp（图 9.8）定义 `Time` 类的成员函数。像这样分解能提供下面这些好处：

- 有利于类的可重用性
- 确保类的客户知道该类提供了哪些成员函数，如何调用它们以及应期待什么返回类型
- 使客户能忽略类的成员函数的具体实现方式

性能提示 此外，像这样分解还能缩短编译时间，因为除非实现发生了变化，否则实现文件在编译之后无须重新编译。

按照惯例，成员函数的定义放到一个 .cpp 文件中，文件名和类的头文件一样（例如 Time.cpp）。有的编译器还支持其他文件扩展名。图 9.9 定义了 `main` 函数，它将使用我们的 `Time` 类的对象。

9.7.3 类定义

头文件 Time.h（图 9.7）包含 `Time` 类的定义（第 8 行～第 17 行）。类中没有函数定义，只有描述类的公共接口的函数原型（第 10 行～第 12 行），所以不会暴露成员函数的实现。第 10 行的函数原型指出 `setTime` 需要三个 `int` 参数，并返回 `void`。`to24HourString` 和 `to12HourString` 的原型（第 11 行～第 12 行）指出它们不需要参数，并返回一个 `string`。如果类有一个或多个构造函数，也会在这个头文件中声明（以后的例子会这样做）。

```
1  // Fig. 9.7: Time.h
2  // Time class definition.
3  // Member functions are defined in Time.cpp
4  #pragma once // prevent multiple inclusions of header
5  #include <string>
6
7  // Time class definition
8  class Time {
9  public:
10    void setTime(int hour, int minute, int second);
11    std::string to24HourString() const; // 24-hour string format
12    std::string to12HourString() const; // 12-hour string format
13 private:
14    int m_hour{0}; // 0 - 23 (24-hour clock format)
15    int m_minute{0}; // 0 - 59
16    int m_second{0}; // 0 - 59
17 };
```

图 9.7 Time 类的定义

但是，头文件中仍然指定了类的 `private` 数据成员（第 14 行～第 16 行）。每个都使用 C++11 **类内初始化器**（in-class initializer）将数据成员设为 0。编译器必须知道类的数据成员，才能判断应该为该类的每个对象保留多少内存。在客户代码中包含头文件 Time.h，为编译器提供了确保客户代码正确调用 `Time` 类的成员函数所需的信息。

核心准则

“C++ 核心准则”推荐为应该初始化为常量的数据成员使用类内初始化器。[16] 另外还推荐尽可能用类内初始化器初始化所有数据成员，让编译器为你的类生成默认构造函数。编译器生成的默认构造函数可能比你定义的更高效。[17]

性能提示

#pragma once

错误提示

在大型程序中，头文件还会包含其他定义和声明。在有许多头文件的程序中，经常会出现无意中多次包含一个头文件的情况，这些头文件可能包含其他头文件。如果同一个定义在一个预处理的文件中多次出现，就可能导致编译错误。#pragma once 指令（第 4 行）防止 time.h 的内容在同一个源代码文件中被多次包含。有时把该指令称为“包含保护”（include guard）。第 16 章将讨论 C++20“模块”如何帮助避免此类问题。

模块

9.7.4 成员函数

Time.cpp（图 9.8）定义了 Time 类的成员函数，这些函数已在图 9.7 的第 10 行～第 12 行声明。对于成员函数 to24HourString 和 to12HourString，const 关键字必须同时出现在函数原型（图 9.7 的第 11 行和第 12 行）和函数定义（图 9.8 的第 23 行 和 26 行）中。

```
1  // Fig. 9.8: Time.cpp
2  // Time class member-function definitions.
3  #include <fmt/format.h>
4  #include <stdexcept> // for invalid_argument exception class
5  #include <string>
6  #include "Time.h" // include definition of class Time from Time.h
7
8  // set new Time value using 24-hour time
9  void Time::setTime(int hour, int minute, int second) {
10    // validate hour, minute and second
11    if ((hour < 0 || hour >= 24) || (minute < 0 || minute >= 60) ||
12       (second < 0 || second >= 60)) {
13       throw std::invalid_argument{
14          "hour, minute or second was out of range"};
15    }
16
17    m_hour = hour;
18    m_minute = minute;
19    m_second = second;
```

图 9.8 Time 类的成员函数定义

```
20 }
21
22 // return Time as a string in 24-hour format (HH:MM:SS)
23 std::string Time::to24HourString() const {
24    return fmt::format("{:02d}:{:02d}:{:02d}", m_hour, m_minute, m_second);
25 }
26
27 // return Time as string in 12-hour format (HH:MM:SS AM or PM)
28 std::string Time::to12HourString() const {
29    return fmt::format("{}:{:02d}:{:02d} {}",
30             ((m_hour % 12 == 0) ? 12 : m_hour % 12), m_minute, m_second,
31             (m_hour < 12 ? "AM" : "PM"));
32 }
```

图 9.8 Time 类的成员函数定义（续）

9.7.5 在源代码文件中包含类的头文件

为了表明 Time.cpp 中的成员函数是 Time 类的一部分，首先必须包含 Time.h 头文件（图 9.8 的第 6 行）。这样就可以在 Time.cpp 文件中使用类名 Time（第 9 行、第 23 行和第 28 行）。在编译 Time.cpp 时，编译器使用 Time.h 中的信息来确保两点。

- 每个成员函数的第一行与 Time.h 中的原型一致。
- 每个成员函数都知道类的数据成员和其他成员函数。

9.7.6 作用域解析操作符 (::)

在每个成员函数的名称（第 9 行、第 23 行和第 28 行）前面，都附加了类名和作用域解析操作符（::）前缀。这样可以把它们与声明了类成员的（现在是分开的）Time 类定义（图 9.7）“联系”到一起。Time:: 告诉编译器，现在要定义的是在 Time 类的作用域中的成员函数，而且每个成员函数的名字也为其他类成员所知。

如果不在每个函数名称前面附加 "Time::"，编译器会将这些函数视为与 Time 类无关的全局函数。这样的函数也称为“自由”函数，它们不能访问 Time 的私有数据，也不能在不指定对象的情况下调用类的成员函数。因此，编译器将无法编译这些函数，因为它不知道 m_hour、m_minute 和 m_second 变量是由 Time 类声明的。也就是说，在图 9.8 中，第 17 行～第 19 行、第 24 行和第 30 行～第 31 行将引起编译错误，因为 m_hour、m_minute 和 m_second 既没有在每个函数中声明为局部变量，也没有被声明为全局变量。

9.7.7 成员函数 setTime 和抛出异常

setTime 函数（第 9 行～第 20 行）是一个 public 函数，它声明了三个 int 参数并使用它们来设置时间。第 11 行和第 12 行测试传递的每个实参以确定其值是否在范围内。如果是，第 17 行～第 19 行将这些值分别赋给 m_hour、m_minute 和 m_second 数据成员。hour 实参必须大于或等于 0 并且小于 24，因为 24 小时时间格式将小时表示为 0 ～ 23 的整数。类似地，minute 和 second 实参必须大于或等于 0 并且小于 60。

任何一个值超出的范围，setTime 会抛出一个 invalid_argument 类型的异常（头文件 <stdexcept>），通知客户代码收到了一个无效的实参。如 6.15 节所述，可以使用 try...catch 来捕捉异常，并尝试从中恢复，我们将在图 9.9 中这么做。throw 语句创建一个新的 invalid_argument 对象，用一个自定义的错误消息字符串初始化它。创建好异常对象后，throw 语句将终止 setTime 函数。然后，该异常被返回给调用 setTime 的代码。

之所以无效值不可能存储到 Time 对象中，是出于以下原因。

- Time 对象在创建时，它的默认构造函数会被调用，并且每个数据成员都被初始化为 0，如图 9.7 的第 14 行～第 16 行所示。全为零的数据成员相当于一个午夜零时的时间。
- 客户代码以后对数据成员的所有修改尝试都会有函数 setTime 进行仔细地检查。

9.7.8 成员函数 to24HourString 和 to12HourString

成员函数 to24HourString（图 9.8 的第 23 行～第 25 行）不获取参数，返回用三个冒号分隔的 24 小时格式的时间字符串。例如，如果时间是 1:30:07 PM，那么函数返回 "13:30:07"。第 24 行的每个 {:02d} 占位符都在宽度为 2 的一个域内格式化一个整数（d）。域宽之前的 0 表示如果少于 2 个数字，应该用前导零来格式化。

成员函数 to12HourString（第 28 行～第 32 行）不获取参数，返回一个格式化好的 12 小时格式的时间字符串，其中包含 m_hour、m_minute 和 m_second 值，用冒号隔开，后跟一个 AM 或 PM 标志（例如 10:54:27 AM 和 1:27:06 PM）。该函数使用占位符 {:02d} 将 m_minute 和 m_second 格式化为两位数，如有必要就添加前导零。第 30 行使用条件操作符 (?:) 来决定 m_hour 的格式化方式。如果 m_hour 是 0 或 12（分别对应 AM 或 PM），它就显示为 12；否则，我们使用求余操作符（%）来获得 1 ～ 11 的值。第 31 行的条件操作符判断是附加 AM 还是 PM。

9.7.9 隐式内联的成员函数

性能提示

如果一个成员函数在类的主体中被完整定义（就像我们在 Account 类的例子中所做的那样），那么该成员函数将被隐式声明为 inline（5.11 节）。这有助于提高性能。记住，编译器保留不对任何函数进行内联的权利。类似地，只要能访问到函数定义，优化编译器也保留对函数进行内联的权利，即使它们没有用 inline 关键字声明。

性能提示

只有最简单、最稳定的成员函数（也就是说，它的实现不太可能改变）和那些对性能最敏感的函数才应在类的头文件中定义。对头文件的每一次修改都要求重新编译依赖于这个头文件的所有源代码文件，这在大型系统中是一项非常耗时的工作。

9.7.10 成员函数与全局函数

软件工程

成员函数 to24HourString 和 to12HourString 不需要实参。它们隐式地知道并可以访问在其上调用它们的那个 Time 对象的数据成员。这是面向对象编程的一个重要优势。一般来说，成员函数调用要么不接受实参，要么接受比非面向对象程序中的函数调用更少的实参。这就减少了传递错误实参、传递错误数量的实参或者以错误顺序传递实参的可能性。

9.7.11 使用 Time 类

已经定义好的 Time 类可在声明中作为一个类型使用，示例如下：

```
Time sunset{}; // object of type Time
std::array<Time, 5> arrayOfTimes{}; // std::array of 5 Time objects
Time& dinnerTimeRef{sunset}; // reference to a Time object
Time* timePtr{&sunset}; // pointer to a Time object
```

图 9.9 创建并使用一个 Time 对象。将 Time 的接口与它的成员函数的实现分开并不影响客户端代码对于类的使用。第 8 行包含头文件 Time.h，这样编译器就知道要为 Time 对象 t（第 17 行）保留多少空间，并能确保在客户端代码中正确创建和使用 Time 对象。

```
1  // fig09_09.cpp
2  // Program to test class Time.
3  // NOTE: This file must be linked with Time.cpp.
4  #include <fmt/format.h>
```

图 9.9 Time 类测试程序

```
#include <iostream>
#include <stdexcept> // invalid_argument exception class
#include <string_view>
#include "Time.h" // definition of class Time from Time.h

// displays a Time in 24-hour and 12-hour formats
void displayTime(std::string_view message, const Time& time) {
   std::cout << fmt::format("{}\n24-hour time: {}\n12-hour time: {}\n\n",
      message, time.to24HourString(), time.to12HourString());
}

int main() {
   Time t{}; // instantiate object t of class Time

   displayTime("Initial time:", t); // display t's initial value
   t.setTime(13, 27, 6); // change time
   displayTime("After setTime:", t); // display t's new value

   // attempt to set the time with invalid values
   try {
      t.setTime(99, 99, 99); // all values out of range
   }
   catch (const std::invalid_argument& e) {
      std::cout << fmt::format("Exception: {}\n\n", e.what());
   }

   // display t's value after attempting to set an invalid time
   displayTime("After attempting to set an invalid time:", t);
}
```

```
Initial time:
24-hour time: 00:00:00
12-hour time: 12:00:00 AM

After setTime:
24-hour time: 13:27:06
12-hour time: 1:27:06 PM

Exception: hour, minute and/or second was out of range

After attempting to set an invalid time:
24-hour time: 13:27:06
12-hour time: 1:27:06 PM
```

图 9.9 Time 类测试程序（续）

整个程序都使用 displayTime 函数（第 11 行～第 14 行）来显示 Time 对象的 string 表示，该函数调用了 Time 的成员函数 to24HourString 和 to12HourString。第 17 行创建 Time 对象 t。记住，Time 类没有定义构造函数，所以该语句调用的是编译器生成的默认构造函数。因此，t 的 m_hour、m_minute 和 m_second 通过 Time 类为这些数据成员定义的初始化器设为 0。然后，第 19 行分别以 24 小时和 12 小时格式显示时间，以确认这些成员被正确初始化。第 20 行调用成员函数 setTime 来设置一个新的有效时间，第 21 行再次以这两种格式显示新时间。

用无效值调用 setTime

为了证明 setTime 会校验传给它的实参，第 25 行调用 setTime 并为 hour、minute 和 second 参数传递无效实参 99。我们将这个语句放在一个 try 块中（第 24 行～第 26 行），以防 setTime 抛出一个 invalid_argument 异常（本例确实如此）。当异常发生时，它在第 27 行～第 29 行被捕捉，第 28 行通过调用异常的 what 成员函数来显示异常的错误消息。第 32 行显示时间，确认为 setTime 提供的无效实参没有造成时间的改变。

9.7.12 对象的大小

刚接触面向对象编程的人常常以为，因为包含了数据成员和成员函数，所以对象一定相当大。从表面上看确实如此。对象似乎物理性地包含了所有这些数据和函数（前面的讨论加深了这一认识）。但是，实情并非如此。

内存中的一个对象只包含数据，不包含类的成员函数。成员函数的代码独立于类的所有对象进行维护。每个对象都需要自己的数据，因为不同对象通常需要不同的数据。但是，函数代码对于类的所有对象来说都是一样的，可在它们之间共享。

9.8 编译和链接过程

通常，类的接口和实现由一个程序员创建，然后由实现客户端代码的另一个程序员使用。例如，一个程序员负责实现可重用的 Time 类，他创建头文件 Time.h 以及 #include 了该头文件的源代码文件 Time.cpp。然后，他将这些文件提供给写客户端代码的程序员。一个可重用类的源代码通常以“库”的形式交付给负责开发客户端代码的程序员，他们可以从网站（例如 github.com）下载。

开发客户端代码的程序员只需要知道 Time 的接口就能使用该类，而且必须能编译 Time.cpp 并链接其目标码。由于该类的接口是 Time.h 头文件中类定义的一部分，开发客户端代码的程序员必须在客户端的源代码文件中 #include 该文件。编译器使用 Time.h 中的类定义来确保客户端代码正确创建和使用 `Time` 对象。

为了创建可执行的 Time 应用程序，最后一步是链接。

- `main` 函数（即客户端代码）的目标码。
- `Time` 类的“成员函数实现”的目标码。
- 类的“实现程序员”和“客户端代码程序员”使用的C++标准库中的C++类（如 `std::string`）的目标码。

链接器对 9.7 节的程序的输出就是可执行的应用程序，用户可运行它来创建和操作 `Time` 对象。编译器和集成开发环境（IDE）通常在编译代码后自动调用链接器。

软件工程

编译包含两个或多个源代码文件的程序

第 1.2 节展示了如何编译和运行包含一个源代码文件（.cpp）的 C++ 应用程序。下面说明了如何编译和链接多个源代码文件。[18]

- 在 Microsoft Visual Studio 中，向项目添加构成程序的所有自定义头文件和源代码文件（参见 1.2.1 节），然后生成并运行项目。可以把头文件放在项目的“头文件”文件夹中，把源代码文件放在项目的“源文件”文件夹中，但这主要是为了对大型项目的文件进行组织。将所有文件都放在“源文件”文件夹中，程序就能编译。
- 对于命令行中的 g++ 或 clang++，打开一个外壳程序，切换到包含程序所有文件的目录。然后在编译命令中，要么按名称列出每个 .cpp 文件，要么使用 *.cpp 来编译当前文件夹中的所有 .cpp 文件。预处理器会自动定位该文件夹中程序专属的头文件。
- 对于 Apple Xcode，在项目中添加构成程序的所有头文件和源代码文件（参见 1.2.2 节），然后生成并运行项目。

9.9 类作用域以及对类成员的访问

类的数据成员和成员函数具有该类的作用域。非成员函数默认在全局命名空间作用域内定义的（放到网上的本书第 20 章详细讨论了命名空间）。在类作用域内，类成员可由该类的所有成员函数访问，并且可以通过名字来引用。在类作用域外部，`public` 类成员是通过以下方式引用的：

- 一个对象名称
- 对一个对象的引用
- 指向对象的一个指针
- 指向特定类成员的一个指针（网上的第 20 章进行了简要讨论）

我们把这些称为对象的**句柄**（handle）。句柄的类型有助于编译器确定客户端通过该句柄能够访问的接口（也就是成员函数）。9.19 节会讲到，每次从一个对象中引用一个数据成员或成员函数时，编译器都会插入一个隐式句柄（称为 this 指针）。

点 (.) 和箭头 (->) 成员选择操作符

如你所知，可以使用一个对象的名称或者对一个对象的引用，后跟点成员选择操作符（.）来访问该对象的成员。要通过指向对象的一个指针来引用对象的成员，要在指针名称后面加上箭头成员选择操作符（->）和成员名称，即 pointerName->memberName。

通过对象、引用和指针访问公共类成员

下面来考虑一个有 public deposit 成员函数的 Account 类。给定以下声明：

```
Account account{}; // 一个 Account 对象
Account& ref{account}; // ref 引用一个 Account 对象
Account* ptr{&account}; // ptr 指向一个 Account 对象
```

可以使用点（.）和箭头（->）成员选择操作符来调用 deposit 成员函数，如下所示：

```
account.deposit(123.45); // 通过 account 对象名称来调用 deposit
ref.deposit(123.45); // 通过对 account 对象的引用来调用 deposit
ptr->deposit(123.45); // 通过指向 account 对象的指针来调用 deposit
```

同样，应该尽量使用引用而不是指针。我们会在必须使用指针的时候展示指针的用法，并让大家准备好处理工作中遇到的遗留代码。

9.10 访问函数和实用函数

访问函数

访问函数（access function）读取或显示数据，但不修改数据。访问函数的另一个用途是测试一个条件的真假。这样的函数也通常称为**谓词函数**（predicate function）。一个例子是 std::array 或 std::vector 的 empty 函数。程序可在尝试从容器对象中读取一个数据项之前测试 empty。[19]

实用函数

软件工程

实用函数（utility function）也称为**辅助函数**（helper function），它是一种 private 成员函数，用于支持类的其他成员函数的工作，并且不打算供该类的客户使用。如果不创建一个实用函数，它包含的代码通常会在其他几个成员函数中重复出现。许多代码库都约定了 private 成员函数的命名方式，例如在其名称前加一个下划线（_）。

9.11 Time 类案例学习：带有默认参数的构造函数

图 9.10 ～图 9.12 的程序增强了 `Time` 类，演示了一个带有默认参数的构造函数。

9.11.1 Time 类

和其他函数一样，构造函数也能指定默认参数。图 9.10 的第 11 行声明了一个 `Time` 构造函数，每个参数的默认值都是 `0`。如果一个构造函数的所有参数都有默认值，那么它也是一个默认构造函数，换言之，可以在无参的情况下调用。[20] 每个类只能有一个默认构造函数。对函数的默认参数值的任何修改都要求重新编译客户端代码，以确保程序仍能正确运行。

```
1  // Fig. 9.10: Time.h
2  // Time class containing a constructor with default arguments.
3  // Member functions defined in Time.cpp.
4  #pragma once // prevent multiple inclusions of header
5  #include <string>
6
7  // Time class definition
8  class Time {
9  public:
10    // default constructor because it can be called with no arguments
11    explicit Time(int hour = 0, int minute = 0, int second = 0);
12
13    // set functions
14    void setTime(int hour, int minute, int second);
15    void setHour(int hour); // set hour (after validation)
16    void setMinute(int minute); // set minute (after validation)
17    void setSecond(int second); // set second (after validation)
18
19    // get functions
20    int getHour() const; // return hour
21    int getMinute() const; // return minute
22    int getSecond() const; // return second
23
24    std::string to24HourString() const; // 24-hour time format string
25    std::string to12HourString() const; // 12-hour time format string
26 private:
27    int m_hour{0}; // 0 - 23 (24-hour clock format)
28    int m_minute{0}; // 0 - 59
```

图 9.10 Time 类定义了有默认参数的构造函数

```
    int m_second{0}; // 0 - 59
};
```

图 9.10 Time 类定义了有默认参数的构造函数（续）

Time 类的构造函数定义

错误提示

图 9.11 的第 9 行～第 11 行定义了 Time 类的构造函数，它调用 setTime 来校验并向数据成员赋值。setTime 函数（第 14 行～第 31 行）确保 hour 在 0～23 的范围内，minute 和 second 都在 0～59 的范围内。任何实参超出范围，setTime 都会抛出一个异常——在这种情况下，Time 对象不会完成构造，也不会存在于程序中供使用。这个版本的 setTime 使用单独的 if 语句来校验参数，这样就可以提供更精确的错误消息，说明具体是哪个实参超出了范围。setHour 函数、setMinute 函数和 setSecond 函数（第 34 行～第 40 行）分别调用了 setTime。每个函数都传递其实参和另外两个数据成员的当前值。例如，setHour 传递其 hour 实参以更改 m_hour，同时传递 m_minute 和 m_second 的当前值。

```
1   // Fig. 9.11: Time.cpp
2   // Member-function definitions for class Time.
3   #include <fmt/format.h>
4   #include <stdexcept>
5   #include <string>
6   #include "Time.h" // include definition of class Time from Time.h
7
8   // Time constructor initializes each data member
9   Time::Time(int hour, int minute, int second) {
10     setTime(hour, minute, second);
11  }
12
13  // set new Time value using 24-hour time
14  void Time::setTime(int hour, int minute, int second) {
15     // validate hour, minute and second
16     if (hour < 0 || hour >= 24) {
17        throw std::invalid_argument{"hour was out of range"};
18     }
19
20     if (minute < 0 || minute >= 60) {
21        throw std::invalid_argument{"minute was out of range"};
22     }
23
```

图 9.11 Time 类的成员函数定义

```
    if (second < 0 || second >= 60) {
       throw std::invalid_argument{"second was out of range"};
    }

    m_hour = hour;
    m_minute = minute;
    m_second = second;
 }

 // set hour value
 void Time::setHour(int hour) {setTime(hour, m_minute, m_second);}

 // set minute value
 void Time::setMinute(int minute) {setTime(m_hour, minute, m_second);}

 // set second value
 void Time::setSecond(int second) {setTime(m_hour, m_minute, second);}

 // return hour value
 int Time::getHour() const {return m_hour;}

 // return minute value
 int Time::getMinute() const {return m_minute;}

 // return second value
 int Time::getSecond() const {return m_second;}

 // return Time as a string in 24-hour format (HH:MM:SS)
 std::string Time::to24HourString() const {
    return fmt::format("{:02d}:{:02d}:{:02d}",
       getHour(), getMinute(), getSecond());
 }

 // return Time as a string in 12-hour format (HH:MM:SS AM or PM)
 std::string Time::to12HourString() const {
    return fmt::format("{}:{:02d}:{:02d} {}",
       ((getHour() % 12 == 0) ? 12 : getHour() % 12),
       getMinute(), getSecond(), (getHour() < 12 ? "AM" : "PM"));
 }
```

图 9.11 Time 类的成员函数定义（续）

核心准则

“C++ 核心准则”提供了许多关于构造函数的建议，接下来的两章还有更多。如果类具有**类不变式**（class invariant）[21]——即要求其数据成员具有特定的值或值的

错误提示

范围（Time 类就是如此）——那么该类应该定义一个构造函数来校验其实参；任何实参无效，就抛出一个异常来阻止对象的创建。[22, 23, 24]

测试更新的 Time 类

图 9.12 的 main 函数初始化了以下 5 个 Time 对象：

- 一个在隐式构造函数调用中为所有三个参数使用默认值（第 16 行）
- 一个指定了一个实参（第 17 行）
- 一个指定了两个实参（第 18 行）
- 一个指定了三个实参（第 19 行）
- 一个指定了三个无效实参（第 29 行）

错误提示

程序以 24 小时和 12 小时时间格式显示每个对象。对于 Time 对象 t5（第 29 行），程序会显示一条错误消息，因为向构造函数提供的实参超出了范围。在这个程序中，由于构造过程中抛出了异常，所以变量 t5 从未代表一个完全构造好的对象。

```
1  // fig09_12.cpp
2  // Constructor with default arguments.
3  #include <fmt/format.h>
4  #include <iostream>
5  #include <stdexcept>
6  #include <string>
7  #include "Time.h" // include definition of class Time from Time.h
8
9  // displays a Time in 24-hour and 12-hour formats
10 void displayTime(std::string_view message, const Time& time) {
11    std::cout << fmt::format("{}\n24-hour time: {}\n12-hour time: {}\n\n",
12       message, time.to24HourString(), time.to12HourString());
13 }
14
15 int main() {
16    const Time t1{}; // all arguments defaulted
17    const Time t2{2}; // hour specified; minute & second defaulted
18    const Time t3{21, 34}; // hour & minute specified; second defaulted
19    const Time t4{12, 25, 42}; // hour, minute & second specified
20
21    std::cout << "Constructed with:\n\n";
22    displayTime("t1: all arguments defaulted", t1);
23    displayTime("t2: hour specified; minute and second defaulted", t2);
24    displayTime("t3: hour and minute specified; second defaulted", t3);
25    displayTime("t4: hour, minute and second specified", t4);
```

图 9.12 有默认参数的构造函数

```

   // attempt to initialize t5 with invalid values
   try {
      const Time t5{27, 74, 99}; // all bad values specified
   }
   catch (const std::invalid_argument& e) {
      std::cerr << fmt::format("t5 not created: {}\n", e.what());
   }
}
```

```
Constructed with:

t1: all arguments defaulted
24-hour time: 00:00:00
12-hour time: 12:00:00 AM

t2: hour specified; minute and second defaulted
24-hour time: 02:00:00
12-hour time: 2:00:00 AM

t3: hour and minute specified; second defaulted
24-hour time: 21:34:00
12-hour time: 9:34:00 PM

t4: hour, minute and second specified
24-hour time: 12:25:42
12-hour time: 12:25:42 PM

t5 not created: hour was out of range
```

图 9.12　有默认参数的构造函数（续）

关于 Time 类的赋值和取值函数以及构造函数的软件工程说明

软件工程

类的主体多处调用了 Time 的赋值和取值函数。具体地说，构造函数（图 9.11 的 9 行～第 11 行）调用了 setTime。to24HourString 和 to12HourString 在图 9.11 的第 54 行和第 60 行和第 61 行调用了 getHour、getMinute 和 getSecond。在每种情况下，我们都可以直接访问该类的 private 数据。

我们使用三个整数在内部表示时间。在使用 4 字节 int 的系统上，这需要 12 字节的内存。可考虑修改为用午夜后的总秒数来表示，这样只需一个 int 的 4 字节内存。如果进行了这个修改，只有直接访问私有数据的函数主体需要改变。在这个类中，我们要修改的是 setTime 以及 m_hour、m_minute 和 m_second 的赋值和取值函数的主体。不必修改构造函数以及 to24HourString 或 to12HourString 函数，因为它们不直接访问数据。

对类的内部数据表示进行修改时，如果多个函数或构造函数中有大量重复的语句，那么会明显增大难度。如本例所示，通过实现 `Time` 构造函数以及 `to24HourString` 和 `to12HourString` 函数，可以在对类的实现进行修改时降低出错几率。

错误提示

软件工程

一般的规则是避免重复的代码。这就是所谓的 DRY 原则，即“Don’t Repeat Yourself”（不要重复自己）。[25] 与其重复代码，不如把它放在一个可由类的构造函数或其他成员函数调用的成员函数中。这简化了代码的维护，并减少了在修改代码实现时出错的可能性。

软件工程

错误提示

构造函数可以调用类的其他成员函数。但这样做务必小心。构造函数的作用是初始化对象，所以在被调用函数中使用的数据成员可能尚未初始化。如果在数据成员被正确初始化之前就使用它们，可能发生逻辑错误。

软件工程

将数据成员设为 `private`，并通过 `public` 成员函数控制对这些数据成员的访问（特别是写入访问）有助于确保数据的完整性。但是，并不是说将数据成员私有，就能自动保证数据完整性，你必须提供适当的有效性检查。

9.11.2 重载构造函数和 C++11 委托构造函数

5.15 节展示了如何重载函数。类的构造函数和成员函数也可以重载。重载的构造函数允许用不同类型和 / 或数量的实参来初始化对象。要重载构造函数，需要为每个重载版本提供一个原型和定义。这同样适用于重载的成员函数。

在图 9.10 ～图 9.12 中，`Time` 类的构造函数为每个参数都提供了默认值。我们可以将该构造函数定义为 4 个重载构造函数，它们具有以下原型：

```
Time(); // m_hour、m_minute 和 m_second 默认为 0
explicit Time(int hour); // m_minute 和 m_second 默认为 0
Time(int hour, int minute); // m_second 默认为 0
Time(int hour, int minute, int second); // 无默认值
```

核心准则

正如构造函数可以调用类的其他成员函数来执行任务，构造函数也可以调用同一个类的其他构造函数。发出调用的构造函数称为**委托构造函数**（delegating constructor），它将其工作委托给另一个构造函数。这是 C++11 引入的一个特性。“C++ 核心准则”建议在一个构造函数中为重载的构造函数定义好所有公用代码，然后使用委托构造函数来调用它。[26] 在 C++11 之前，这将通过一个由所有构造函数调用的 `private` 实用函数来完成的。

对于之前声明的 4 个构造函数，前 3 个可将工作委托给第 4 个（后者有 3 个 `int` 参数），为额外的参数传递 `0` 作为默认值即可。为此，需要使用一个带类名的成员

初始化器，例如：

```
Time::Time() : Time{0, 0, 0} {}
Time::Time(int hour) : Time{hour, 0, 0} {}
Time::Time(int hour, int minute) : Time{hour, minute, 0} {}
```

9.12 析构函数

析构函数（destructor）是一个特殊的成员函数，它没有参数或返回类型。类名前附加一个～符号，例如～ `Time`，这就是析构函数的名称。这种命名方式很直观，因为本书以后会讲到，～符号也作为按位求补操作符使用。而在某种意义上，析构函数正是构造函数的“补”。

一个对象被销毁时（通常是因为程序控制离开了对象创建时所在的作用域），就会隐式调用类的析构函数。析构函数本身实际并不从内存中删除对象。它只是在对象的内存被回收之前，执行**终止时的清理工作**（termination housekeeping），例如关闭文件和清理对象使用的其他资源。

虽然我们没有为之前展示的类定义析构函数，但每个类默认都有一个。如果没有显式定义一个析构函数，那么编译器会定义一个默认析构函数，它会调用任何类类型的数据成员的析构函数。[27] 第 12 章会解释为什么不应从析构函数中抛出异常。

9.13 什么时候调用构造函数和析构函数

构造函数和析构函数分别在对象创建时和即将离开作用域时被隐式调用。调用顺序取决于对象的作用域。一般来说，析构函数的调用顺序与相应构造函数的调用顺序相反，但如图 9.13 ～图 9.15 所示，全局和静态对象可能改变析构函数的调用顺序。

软件工程

全局作用域中的对象的构造函数和析构函数

对于在全局作用域（也称为全局命名空间作用域）中定义的对象，会在那个文件中定义的其他任何函数执行之前调用构造函数。全局对象构造函数在多个文件中的执行顺序是无法保证的，所以不同文件中的全局对象不应相互依赖。当 `main` 通过 `return` 语句或达到其结束大括号而终止时，相应的析构函数会按照和构造时相反的顺序调用。我们经常用 `exit` 函数在发生一个致命的、不可恢复的错误时终止程序。`exit` 函数强制程序立即终止，而且不会执行局部对象的析构函数。[28] `abort` 函数的作用与 `exit` 函数相似，但会强制程序立即终止，不允许调用程序员定义的任何形式的清理代码。经常用 `abort` 函数表示程序异常终止。[29]

错误提示

软件工程

非静态局部对象的构造函数和析构函数

非静态局部对象的构造函数在执行到该对象的定义时被调用。一旦执行离开了对象的作用域（也就是说，当定义该对象的代码块正常执行完毕，或者因为发生了异常而终止），就会调用它的析构函数。如果程序以调用 exit 或 abort 函数的方式终止，则不会为局部对象调用析构函数。

静态局部对象的构造函数和析构函数

静态局部对象的构造函数只在执行首次到达定义该对象的地方时被调用一次。当 main 终止，或者程序调用 exit 函数时，相应的析构函数会被调用。全局和静态对象的销毁顺序与它们的创建顺序相反。如果程序终止时调用了 abort 函数，那么不会为静态对象调用析构函数。

演示在什么时候调用构造函数和析构函数

图9.13～图9.15的程序演示了CreateAndDestroy类(图9.13和图9.14)的全局、局部和局部静态对象调用构造函数和析构函数的顺序。这是纯粹出于教学目的而设计的一个很呆板的例子。

图 9.13 声明了 CreateAndDestroy 类。第 13 行～第 14 行声明了该类的数据成员——一个整数（m_ID）和一个字符串（m_message），它们用于对程序输出中的每个对象进行标识。

```
1  // Fig. 9.13: CreateAndDestroy.h
2  // CreateAndDestroy class definition.
3  // Member functions defined in CreateAndDestroy.cpp.
4  #pragma once // prevent multiple inclusions of header
5  #include <string>
6  #include <string_view>
7
8  class CreateAndDestroy {
9  public:
10    CreateAndDestroy(int ID, std::string_view message); // constructor
11    ~CreateAndDestroy(); // destructor
12 private:
13    int m_ID; // ID number for object
14    std::string m_message; // message describing object
15 };
```

图 9.13 CreateAndDestroy 类定义

在构造函数和析构函数的实现中（图 9.14），都输出了几行文本来指出它们是在什么时候调用的。在析构函数中，条件表达式（第 18 行）判断被销毁的对象的 m_

ID 值是否为 1 或 6；如果是，就输出一个换行符，使程序的输出更容易理解。

```cpp
// Fig. 9.14: CreateAndDestroy.cpp
// CreateAndDestroy class member-function definitions.
#include <fmt/format.h>
#include <iostream>
#include "CreateAndDestroy.h"// include CreateAndDestroy class definition

// constructor sets object's ID number and descriptive message
CreateAndDestroy::CreateAndDestroy(int ID, std::string_view message)
   : m_ID{ID}, m_message{message} {
   std::cout << fmt::format("Object {} constructor runs {}\n",
      m_ID, m_message);
}

// destructor
CreateAndDestroy::~CreateAndDestroy() {
   // output newline for certain objects; helps readability
   std::cout << fmt::format("{}Object {} destructor runs {}\n",
      (m_ID == 1 || m_ID == 6 ? "\n" : ""), m_ID, m_message);
}
```

图 9.14 CreateAndDestroy 类成员函数定义

图 9.15 在全局作用域内定义 this 对象（第 9 行）。它的构造函数会在 main 中的任何语句执行之前调用。程序终止时，在具有自动存储期限的所有对象的析构函数运行之后，才会调用它的析构函数。

```cpp
1  // fig09_15.cpp
2  // Order in which constructors and
3  // destructors are called.
4  #include <iostream>
5  #include "CreateAndDestroy.h" // include CreateAndDestroy class definition
6
7  void create(); // prototype
8
9  const CreateAndDestroy first{1, "(global before main)"}; // global object
10
11 int main() {
12    std::cout << "\nMAIN FUNCTION: EXECUTION BEGINS\n";
13    const CreateAndDestroy second{2, "(local in main)"};
14    static const CreateAndDestroy third{3, "(local static in main)"};
15
```

图 9.15 构造函数和析构函数的调用顺序

```
16     create(); // call function to create objects
17
18     std::cout << "\nMAIN FUNCTION: EXECUTION RESUMES\n";
19     const CreateAndDestroy fourth{4, "(local in main)"};
20     std::cout << "\nMAIN FUNCTION: EXECUTION ENDS\n";
21  }
22
23  // function to create objects
24  void create() {
25     std::cout << "\nCREATE FUNCTION: EXECUTION BEGINS\n";
26     const CreateAndDestroy fifth{5, "(local in create)"};
27     static const CreateAndDestroy sixth{6, "(local static in create)"};
28     const CreateAndDestroy seventh{7, "(local in create)"};
29     std::cout << "\nCREATE FUNCTION: EXECUTION ENDS\n";
30  }
```

```
Object 1 constructor runs (global before main)

MAIN FUNCTION: EXECUTION BEGINS
Object 2 constructor runs (local in main)
Object 3 constructor runs (local static in main)

CREATE FUNCTION: EXECUTION BEGINS
Object 5 constructor runs (local in create)
Object 6 constructor runs (local static in create)
Object 7 constructor runs (local in create)

CREATE FUNCTION: EXECUTION ENDS
Object 7 destructor runs (local in create)
Object 5 destructor runs (local in create)

MAIN FUNCTION: EXECUTION RESUMES
Object 4 constructor runs (local in main)

MAIN FUNCTION: EXECUTION ENDS
Object 4 destructor runs (local in main)
Object 2 destructor runs (local in main)

Object 6 destructor runs (local static in create)
Object 3 destructor runs (local static in main)

Object 1 destructor runs (global before main)
```

图 9.15 构造函数和析构函数的调用顺序（续）

main 函数（第 11 行～第 21 行）定义了三个对象。second（第 13 行）和 fourth（第 19 行）是局部对象，third 对象（第 14 行）是 static（静态）局部对象。每个对象的构造函数在执行到定义该对象的地方时调用。执行到 main 的末尾时，将先后调用 fourth 和 second 对象的析构函数，顺序正好与它们的构造顺序相反。third 是静态对象，所以一直存在到程序终止。third 对象的析构函数在全局对象 first 的析构函数之前、但在所有非静态局部对象被销毁之后调用。

create 函数（第 24 行～第 30 行）定义了三个对象。其中，fifth（第 26 行）和 seventh（第 28 行）是局部自动对象，sixth（第 27 行）是 static 局部对象。当 create 终止时，seventh 和 fifth 对象的析构函数会按照和构造时相反的顺序调用。由于 sixth 是静态对象，所以会一直存在到程序终止。sixth 的析构函数在调用 third 和 first 对象的析构函数之前、但在其他所有非静态对象被销毁之后调用。作为一个实验，可以修改这个程序来调用 create 两次。你会看到只有第一次调用 create 时才会调用静态对象 sixth 的构造函数。

9.14 Time 类案例学习：返回到 private 数据成员的引用或指针时，须谨慎

对象引用是该对象的别名，所以可在赋值操作符左侧使用。在这种情况下，引用是一个完全能接受的“左值”，可向其赋值。

成员函数可返回对那个类的一个 private 数据成员的引用。如果将引用的返回类型声明为 const，就像本章前面对 Account 类的 getName 成员函数所做的那样，那么这个引用是一个不可修改的“左值”，不能被用来修改数据。然而，如果引用的返回类型没有声明为 const，就可能发生不容易发现的错误。

图 9.16 ～图 9.18 的程序用一个简化的 Time 类来演示返回对 private 数据成员的一个引用时可能存在的风险。成员函数 badSetHour（在图 9.16 第 12 行声明，在图 9.17 第 30 行～第 33 行定义）返回对数据成员 m_hour 的一个 int& 引用。像这样返回引用，会使调用成员函数 badSetHour 的结果成为 private 数据成员 m_hour 的别名！这个函数调用可以像私 private 数据成员一样使用，包括作为赋值语句中的“左值”。因此，类的客户可以随意覆盖该类的 private 数据！如果函数返回指向 private 数据的指针，也会出现类似的问题。

```
1  // Fig. 9.16: Time.h
2  // Time class definition.
3  // Member functions defined in Time.cpp
4
5  // prevent multiple inclusions of header
6  #pragma once
```

图 9.16 Time 类的声明

```cpp

class Time {
public:
   void setTime(int hour, int minute, int second);
   int getHour() const;
   int& badSetHour(int hour); // dangerous reference return
private:
   int m_hour{0};
   int m_minute{0};
   int m_second{0};
};
```

图 9.16 Time 类的声明（续）

```cpp
// Fig. 9.17: Time.cpp
// Time class member-function definitions.
#include <stdexcept>
#include "Time.h" // include definition of class Time

// set new Time value using 24-hour time
void Time::setTime(int hour, int minute, int second) {
   // validate hour, minute and second
   if (hour < 0 || hour >= 24) {
      throw std::invalid_argument{"hour was out of range"};
   }

   if (minute < 0 || minute >= 60) {
      throw std::invalid_argument{"minute was out of range"};
   }

   if (second < 0 || second >= 60) {
      throw std::invalid_argument{"second was out of range"};
   }

   m_hour = hour;
   m_minute = minute;
   m_second = second;
}

// return hour value
int Time::getHour() const {return m_hour;}

// poor practice: returning a reference to a private data member
int& Time::badSetHour(int hour) {
```

图 9.17 Time 类的成员函数定义

```
    setTime(hour, m_minute, m_second);
    return m_hour; // dangerous reference return
}
```

图 9.17 Time 类的成员函数定义（续）

错误提示

图 9.18 声明了 Time 对象 t（第 9 行）和 hourRef 引用（第 12 行），并用 t.badSetHour(20) 返回的引用来初始化该引用变量。第 14 行和第 15 行显示 hourRef 的值，证明 hourRef 破坏了类的封装，因为 main 中的语句不应访问 Time 对象中的 private 数据。接着，第 16 行使用 hourRef 将 hour 的值设为无效值 30。第 17 行和第 18 行调用 getHour，证明对 hourRef 的赋值修改了 t 的私有数据。第 22 行使用 badSetHour 函数调用作为“左值”，并将无效值 74 赋给该函数返回的引用。第 24 行和第 25 行再次调用 getHour，证明第 22 行修改了 Time 对象 t 中的 private 数据。

```
1  // fig09_18.cpp
2  // public member function that
3  // returns a reference to private data.
4  #include <iostream>
5  #include <fmt/format.h>
6  #include "Time.h" // include definition of class Time
7
8  int main() {
9     Time t{}; // create Time object
10
11    // initialize hourRef with the reference returned by badSetHour
12    int& hourRef{t.badSetHour(20)}; // 20 is a valid hour
13
14    std::cout << fmt::format(
15       "Valid hour before modification: {}\n", hourRef);
16    hourRef = 30; // use hourRef to set invalid value in Time object t
17    std::cout << fmt::format(
18       "Invalid hour after modification: {}\n\n", t.getHour());
19
20    // Dangerous: Function call that returns a reference can be
21    // used as an lvalue! POOR PROGRAMMING PRACTICE!!!!!!!!
22    t.badSetHour(12) = 74; // assign another invalid value to hour
23
24    std::cout << "After using t.badSetHour(12) as an lvalue, "
25       << fmt::format("hour is: {}\n", t.getHour());
26 }
```

图 9.18 返回对 private 数据的一个引用的 public 成员函数

```
Valid hour before modification: 20
Invalid hour after modification: 30

After using t.badSetHour(12) as an lvalue, hour is: 74
```

图 9.18 返回对 private 数据的一个引用的 public 成员函数（续）

软件工程

返回引用或者指向 `private` 数据成员的指针会破坏类的封装，使客户端代码依赖于类的数据表示。有些时候这样做是合适的。11.6 节构建我们的自定义类 `MyArray` 时，会展示一个这样的例子。

9.15 默认赋值操作符

赋值操作符（`=`）可将一个对象赋给同类型的另一个对象。编译器生成的**默认赋值操作符**（default assignment operator）[30] 将右操作数的每个数据成员拷贝给左操作数的相同数据成员。图 9.19 和图 9.20 定义了一个 `Date`（日期）类。图 9.21 的第 15 行使用默认赋值操作符将 `Date` 对象 `date1` 赋给 `Date` 对象 `date2`。在这种情况下，`date1` 的 `m_year`、`m_month` 和 `m_day` 成员被分别赋给 `date2` 的 `m_year` 成员、`m_month` 成员和 `m_day` 成员。

```
// Fig. 9.19: Date.h
// Date class declaration. Member functions are defined in Date.cpp.
#pragma once // prevent multiple inclusions of header
#include <string>

// class Date definition
class Date {
public:
   Date(int year, int month, int day);
   std::string toString() const;
private:
   int m_year;
   int m_month;
   int m_day;
};
```

图 9.19 Date 类的声明

```
// Fig. 9.20: Date.cpp
// Date class member-function definitions.
```

图 9.20 Date 类的成员函数定义

```
#include <fmt/format.h>
#include <string>
#include "Date.h" // include definition of class Date from Date.h

// Date constructor (should do range checking)
Date::Date(int year, int month, int day)
   : m_year{year}, m_month{month}, m_day{day} {}

// return string representation of a Date in the format yyyy-mm-dd
std::string Date::toString() const {
   return fmt::format("{}-{:02d}-{:02d}", m_year, m_month, m_day);
}
```

图 9.20 Date 类的成员函数定义（续）

```
// fig09_21.cpp
// Demonstrating that class objects can be assigned
// to each other using the default assignment operator.
#include <fmt/format.h>
#include <iostream>
#include "Date.h" // include definition of class Date from Date.h
using namespace std;

int main() {
   const Date date1{2006, 7, 4};
   Date date2{2022, 1, 1};

   std::cout << fmt::format("date1: {}\ndate2: {}\n\n",
      date1.toString(), date2.toString());
   date2 = date1; // uses the default assignment operator
   std::cout << fmt::format("After assignment, date2: {}\n",
      date2.toString());
}
```

```
date1: 2006-07-04
date2: 2022-01-01

After assignment, date2: 2006-07-04
```

图 9.21 类的对象可以使用默认赋值操作符来相互赋值

拷贝构造函数

对象可作为函数实参传递，也可从函数中返回。这种传递和返回默认采用“传值”方式，即传递或返回对象的拷贝。在这种情况下，C++ 会新建一个对象，并使用拷贝构造函数将原始对象的数据拷贝到新对象中。对于我们到目前为止展示的每一个类，编译器都提供了一个默认拷贝构造函数，它将原始对象的每个成员拷贝到新对象的相应成员中。[31]

9.16 const 对象和 const 成员函数

本节讨论一下最小权限原则如何应用于对象。一些对象不需要修改，所以应该把它们声明为 const。任何试图修改 const 对象的行为都会导致编译错误。以下语句声明 const Time 对象 noon，并把它初始化为中午 12 点（12 PM）：

```
const Time noon{12, 0, 0};
```

同一个类的 const 和非 const 对象都可以实例化。

软件工程

C++ 不允许在一个 const 对象上调用成员函数，除非该成员函数也被声明为 const。所以，任何成员函数如果不会修改在其上调用它的对象，就应声明为 const。

错误提示

必须允许构造函数修改对象才能初始化对象。必须允许析构函数在对象的内存被系统回收之前执行终止时的清理工作。所以，将构造函数或析构函数声明为 const 会造成编译错误。const 对象的“常量性”在该对象被构造后的整个生命期内都会予以强制。

使用 const 和非 const 成员函数

图 9.22 的程序沿用了图 9.10 和图 9.11 的 Time 类，但从 to12HourString 函数的原型和定义中删除了 const，以强制产生编译错误。我们创建了两个 Time 对象，包括非 const 对象 wakeUp（第 6 行）和 const 对象 noon（第 7 行）。程序试图在 const 对象 noon 上调用非 const 成员函数 setHour（第 11 行）和 to12HourString（第 15 行）。在每种情况下，编译器都报错。该程序还展示了另外三种在对象上的成员函数调用组合：

- 在非 const 对象上调用非 const 成员函数（第 10 行）
- 在非 const 对象上调用 const 成员函数（第 12 行）
- 在 const 对象上调用 const 成员函数（第 13 行～第 14 行）

输出窗口显示了在 const 对象上调用非 const 成员函数所产生的错误消息。我们添加了空行以方便阅读。

```
1 // fig09_22.cpp
2 // const objects and const member functions.
3 #include "Time.h" // include Time class definition
```

图 9.22 const 对象和 const 成员函数

```
4
5  int main() {
6     Time wakeUp{6, 45, 0}; // non-constant object
7     const Time noon{12, 0, 0}; // constexpr object
8
9                                  // OBJECT MEMBER FUNCTION
10    wakeUp.setHour(18);          // non-const non-const
11    noon.setHour(12);            // const non-const
12    wakeUp.getHour();            // non-const const
13    noon.getMinute();            // const const
14    noon.to24HourString();       // const const
15    noon.to12HourString();       // const non-const
16 }
```

clang++ 编译器的错误消息：

```
fig09_22.cpp:11:4: error: 'this' argument to member function 'setHour' has
type 'const Time', but function is not marked const
   noon.setHour(12);          // const non-const
   ^~~~

./Time.h:15:9: note: 'setHour' declared here
   void setHour(int hour); // set hour (after validation)
        ^

fig09_22.cpp:15:4: error: 'this' argument to member function 'to12Hour-
String' has type 'const Time', but function is not marked const
   noon.to12HourString();     // const non-const
   ^~~~

./Time.h:25:16: note: 'to12HourString' declared here
   std::string to12HourString(); // 12-hour time format string
               ^
2 errors generated.
```

图 9.22 const 对象和 const 成员函数（续）

软件工程

虽然构造函数必须是一个非 const 成员函数，但它仍然可以初始化一个 const 对象（图 9.22 的第 7 行）。记住，在图 9.11 中，Time 构造函数的定义调用了非 const 成员函数 setTime 来初始化 Time 对象。从构造函数中为一个 const 对象调用非 const 成员函数是允许的。记住，在构造函数完成对象的初始化之前，该对象还不是 const。

图 9.22 的第 15 行产生了一个编译错误。虽然 Time 的成员函数 to12HourString 并没有修改在其上调用它的对象，但仅仅这个事实还不够——必须将函数显式声明为 const，编译器才会允许这个调用。

9.17 合成：对象作为类成员

软件工程

如果一个 AlarmClock（闹钟）对象需要知道它应该什么时候闹铃，那么何不将一个 Time 对象作为 AlarmClock 类的成员呢？这种软件重用能力称为**合成**（composition）或**聚合**（aggregation），有时也被称为 has-a 关系，即一个类可将其他类的对象作为成员。[32] 本章 Account 类的例子已经使用了合成技术，它有一个 string 对象作为数据成员。

之前讲述了如何向构造函数传递实参。现在，来看看一个类的构造函数如何通过成员初始化器将实参传递给成员对象的构造函数。下一个程序使用 Date 类（图 9.23 和图 9.24）以及 Employee 类（图 9.25 和图 9.26）来演示合成。在 Employee 类的定义（图 9.25）中，包含 private 数据成员 m_firstName，m_lastName，m_birthDate 和 m_hireDate。其中，两个日期成员 m_birthDate 和 m_hireDate 是 Date 类的对象，后者定义了 private 数据成员 m_year、m_month 和 m_day 来分别代表年月日。

```
// Fig. 9.23: Date.h
// Date class definition; member functions defined in Date.cpp
#pragma once // prevent multiple inclusions of header
#include <string>

class Date {
public:
   static const int monthsPerYear{12}; // months in a year
   Date(int year, int month, int day);
   std::string toString() const; // date string in yyyy-mm-dd format
   ~Date(); // implementation displays when destruction occurs
private:
   int m_year; // any year
   int m_month; // 1-12 (January-December)
   int m_day; // 1-31 based on month

   // utility function to check if day is proper for month and year
   bool checkDay(int day) const;
};
```

图 9.23 Date 类的定义

```
// Fig. 9.24: Date.cpp
// Date class member-function definitions.
```

图 9.24 Date 类的成员函数定义

```
#include <array>
#include <fmt/format.h>
#include <iostream>
#include <stdexcept>
#include "Date.h" // include Date class definition

// constructor confirms proper value for month; calls
// utility function checkDay to confirm proper value for day
Date::Date(int year, int month, int day)
   : m_year{year}, m_month{month}, m_day{day} {
   if (m_month < 1 || m_month > monthsPerYear) { // validate the month
      throw std::invalid_argument{"month must be 1-12"};
   }

   if (!checkDay(day)) { // validate the day
      throw std::invalid_argument{
         "Invalid day for current month and year"};
   }

   // output Date object to show when its constructor is called
   std::cout << fmt::format("Date object constructor: {}\n", toString());
}

// gets string representation of a Date in the form yyyy-mm-dd
std::string Date::toString() const {
   return fmt::format("{}-{:02d}-{:02d}", m_year, m_month, m_day);
}

// output Date object to show when its destructor is called
Date::~Date() {
   std::cout << fmt::format("Date object destructor: {}\n", toString());
}

// utility function to confirm proper day value based on
// month and year; handles leap years, too
bool Date::checkDay(int day) const {
   // we ignore element 0
   static const std::array daysPerMonth{
      0, 31, 28, 31, 30, 31, 30, 31, 31, 30, 31, 30, 31};

   // determine whether testDay is valid for specified month
   if (1 <= day && day <= daysPerMonth.at(m_month)) {
```

图 9.24 Date 类的成员函数定义（续）

```
            return true;
        }

        // February 29 check for leap year
        if (m_month == 2 && day == 29 && (m_year % 400 == 0 ||
            (m_year % 4 == 0 && m_year % 100 != 0))) {
            return true;
        }

        return false; // invalid day, based on current m_month and m_year
    }
```

图 9.24 Date 类的成员函数定义（续）

```
// Fig. 9.25: Employee.h
// Employee class definition showing composition.
// Member functions defined in Employee.cpp.
#pragma once // prevent multiple inclusions of header
#include <string>
#include <string_view>
#include "Date.h" // include Date class definition

class Employee {
public:
    Employee(std::string_view firstName, std::string_view lastName,
        const Date& birthDate, const Date& hireDate);
    std::string toString() const;
    ~Employee(); // provided to confirm destruction order
private:
    std::string m_firstName; // composition: member object
    std::string m_lastName; // composition: member object
    Date m_birthDate; // composition: member object
    Date m_hireDate; // composition: member object
};
```

图 9.25 Employee 类的定义演示了“合成”

```
// Fig. 9.26: Employee.cpp
// Employee class member-function definitions.
#include <fmt/format.h>
#include <iostream>
#include "Employee.h" // Employee class definition
using namespace std;
```

图 9.26 Employee 类的成员函数定义

```
7
8   // constructor uses member initializer list to pass initializer
9   // values to constructors of member objects
10  Employee::Employee(std::string_view firstName, std::string_view lastName,
11     const Date &birthDate, const Date &hireDate)
12     : m_firstName{firstName}, m_lastName{lastName},
13       m_birthDate{birthDate}, m_hireDate{hireDate} {
14     // output Employee object to show when constructor is called
15     std::cout << fmt::format("Employee object constructor: {} {}\n",
16        m_firstName, m_lastName);
17  }
18
19  // gets string representation of an Employee object
20  std::string Employee::toString() const {
21     return fmt::format("{}, {} Hired: {} Birthday: {}", m_lastName,
22        m_firstName, m_hireDate.toString(), m_birthDate.toString());
23  }
24
25  // output Employee object to show when its destructor is called
26  Employee::~Employee() {
27     cout << fmt::format("Employee object destructor: {}, {}\n",
28        m_lastName, m_firstName);
29  }
```

图 9.26 Employee 类的成员函数定义（续）

Employee 构造函数的成员初始化列表

软件工程

核心准则

Employee 构造函数的原型（图 9.25 的第 11 行和第 12 行）指定该构造函数有 4 个参数（firstName, lastName, birthDate 和 hireDate）。在构造函数的定义中（图 9.26 的第 12 行和第 13 行），前两个参数通过成员初始化器传递给数据成员 firstName 和 lastName 的 string 构造函数。最后两个通过成员初始化器传递给数据成员 birthDate 和 hireDate 的 Date 类构造函数。成员初始化器的列出顺序并不重要。数据成员按照它们在 Employee 类中声明的顺序来构造，而不是按照它们在成员初始化列表中列出的顺序。为了清晰起见，“C++ 核心准则”建议按照成员在类中声明的顺序列出成员初始化器。[33]

Date 类的默认拷贝构造函数

注意，Date 类的定义（图 9.23）中并没有提供一个带有 Date 参数的构造函数。那么，为什么 Employee 构造函数的成员初始化列表可以通过向 m_birthDate 和 m_hireDate 对象的构造函数传递 Date 对象来初始化它们呢？如 9.15 节所述，编译器为每个类都提供了一个默认的拷贝构造函数，可以将构造函数实参中的每个数据成员拷贝到被初始化对象的相应成员中。第 11 章讨论了如何自定义拷贝构造函数。

测试 Date 类和 Employee 类

图 9.27 创建了两个 Date 对象（第 9 行和第 10 行），然后将它们作为实参传给第 11 行创建的 Employee 对象的构造函数。Employee 对象在创建时，它的构造函数会做以下事情。

- 调用两次 string 类的构造函数（图 9.26 的第 12 行）。
- 调用两次 Date 类的默认拷贝构造函数（图 9.26 的第 13 行）。

图 9.27 的第 13 行显示了 Employee 的数据，证明它已经被正确初始化。

```
1  // fig09_27.cpp
2  // Demonstrating composition--an object with member objects.
3  #include <fmt/format.h>
4  #include <iostream>
5  #include "Date.h" // Date class definition
6  #include "Employee.h" // Employee class definition
7
8  int main() {
9     const Date birth{1987 ,7, 24};
10    const Date hire{2018, 3, 12};
11    const Employee manager{"Sue", "Green", birth, hire};
12
13    std::cout << fmt::format("\n{}\n\n", manager.toString());
14 }
```

```
Date object constructor: 1987-07-24
Date object constructor: 2018-03-12
Employee object constructor: Sue Green

Green, Sue Hired: 2018-03-12 Birthday: 1987-07-24

Employee object destructor: Green, Sue
Date object destructor: 2018-03-12
Date object destructor: 1987-07-24
Date object destructor: 2018-03-12
Date object destructor: 1987-07-24
```

图 9.27 演示合成——含有“成员对象”的对象

第 9 行和第 10 行创建每个 Date 对象时，Date 构造函数（图 9.24 的第 11 行～第 24 行）都会输出一行文本来指出构造函数已被调用（见示例输出的前两行）。然而，图 9.27 的第 11 行引起了两个对 Date 拷贝构造函数的调用（图 9.26 的第 13 行），这些调用并没有在程序的输出中报告。由于 Date 类的拷贝构造函数是编译器自动定义的，所以不包含任何输出语句来展示它被调用的情况。

Date 类和 Employee 类各自包含一个析构函数（分别是图 9.24 的第 32 行～第 34 行和图 9.26 的第 26 行～第 29 行）。它们的对象被析构时会打印一条消息。这些消息证明对象是由外向内析构的。换言之，Date 成员对象在包围它的 Employee 对象之后被销毁。

注意图 9.27 的输出中的最后四行。最后两行是在 Date 对象 hire（图 9.27 的第 10 行）和 birth（第 9 行）上运行 Date 析构函数的输出。这些输出证实了在 main 中创建的三个对象是按照和构造时相反的顺序销毁的。倒数第五行是 Employee 析构函数的输出。倒数第四行和第三行是在 Employee 的成员对象 m_hireDate（图 9.25 的第 19 行）和 m_birthDate（第 18 行）上运行析构函数的输出。

这些输出证实了 Employee 对象是由外而内销毁的。Employee 的析构函数首先运行（见倒数第五行的输出）。然后，成员对象按照和构造时相反的顺序销毁。string 类的析构函数不包含输出语句，所以没有看到 firstName 和 lastName 对象被析构。

不使用成员初始化列表会发生什么？

如果不显式初始化一个成员对象，就会隐式调用它的默认构造函数来初始化。如果没有默认构造函数，就会发生编译错误。由默认构造函数设置的值可在以后通过赋值函数来更改。但是，如果初始化比较复杂，那么可能需要大量额外的工作和时间。所以，尽量通过成员初始化器来初始化成员对象，以避免对成员对象进行“双重初始化”的开销。

错误提示

性能提示

9.18 友元函数和友元类

友元（friend）函数可以访问类的 public 成员和非 public 成员。类可以有以下三类友元：

- 独立函数
- 整个类（及其所有函数）
- 其他类的特定成员函数

本节用一个例子来演示友元函数是如何工作的。第 11 章将展示如何利用友元函数来重载操作符，并将重载的操作符用于自定义类的对象。你会看到，某些重载操作符不能用成员函数来定义。

声明友元

要将一个非成员函数声明为类的友元，需要将函数原型放到类的定义中，并在前面附加 `friend` 关键字。例如，要将现有类 `ClassTwo` 的所有成员函数声明为 `ClassOne` 类的友元，可在 `ClassOne` 的定义中添加以下声明：

```
friend class ClassTwo;
```

友元规则

软件工程

友元具有以下基本规则。

- 友元是被授予的，而不是取得的——B 类要成为 A 类的友元，A 类必须声明 B 类是它的友元。
- 友元不是对称的——不能因 A 类是 B 类的友元推断出 B 类是 A 类的友元。
- 友元不是传递性的——不能因 A 类是 B 类的友元，B 类是 C 类的友元，就推断出 A 类是 C 类的友元。

友元不受访问说明符的影响

`Public` 成员、`protected` 成员（第 10 章）和 `private` 等成员访问说明符不适用于友元声明，所以友元声明可以放在类定义中的任何地方。我们倾向于在类定义主体中首先列出友元声明，而且不在它们前面加上任何访问说明符。

用友元函数修改类的私有数据

图 9.28 将自由函数 `modifyX` 定义为 `Count` 类的友元（第 9 行），使 `modifyX` 可以设置 `Count` 的私有数据成员 `m_x`。

```
1  // fig09_28.cpp
2  // Friends can access private members of a class.
3  #include <fmt/format.h>
4  #include <iostream>
5  #include "fmt/format.h" // In C++20, this will be #include <format>
6  
7  // Count class definition
8  class Count {
9     friend void setX(Count& c, int value); // friend declaration
10 public:
11    int getX() const {return m_x;}
12 private:
13    int m_x{0};
14 };
15 
```

图 9.28 友元可以访问类的私有成员

```
16 // function modifyX can modify private data of Count
17 // because modifyX is declared as a friend of Count (line 8)
18 void modifyX(Count& c, int value) {
19    c.m_x = value; // allowed because modifyX is a friend of Count
20 }
21
22 int main() {
23    Count counter{}; // create Count object
24
25    std::cout << fmt::format("Initial counter.m_x: {}\n", counter.getX());
26    modifyX(counter, 8); // change x's value using a friend function
27    std::cout << fmt::format("counter.m_x after modifyX: {}\n",
28       counter.getX());
29 }
```

```
Initial counter.m_x: 0
counter.m_x after modifyX: 8
```

图 9.28　友元可以访问类的私有成员（续）

modifyX 函数（第 18 行～第 20 行）是一个独立的（自由的）函数，而不是 Count 的成员函数。因此，在 main 中调用 modifyX 来修改 Count 对象 counter 时（第 26 行），必须将 counter 作为实参传递给 modifyX。modifyX 函数之所以能访问 Count 类的 private 数据成员 m_x（第 19 行），唯一的原因就是该函数被声明为 Count 类的 friend（第 9 行）。如果删除了这个友元声明，就会收到错误信息，指出 modifyX 函数不能访问 Count 类的 private 数据成员 m_x。

9.19 this 指针

每个类的成员函数只有一份，但类的对象可以有很多。那么，成员函数如何知道要操作哪个对象的数据成员？每个对象的成员函数都通过一个称为 this（C++ 语言的关键字）的指针来访问对象，该指针由传递给每个对象的非静态成员函数 [34] 的一个隐式实参来初始化。

使用 this 指针避免命名冲突

软件工程

成员函数使用 this 指针来隐式（到目前为止都是这样）或显式引用对象的数据成员以及其他成员函数。this 指针的一个显式应用是避免类的数据成员和构造函数 / 成员函数参数之间的命名冲突。如果成员函数使用了一个局部变量和一个同名的数据成员，局部变量会**隐藏**（hide）或者说**遮蔽**（shadow）数据成员。在成员函数主体中如果只写变量名，那么引用的是局部变量而非数据成员。

可以使用 this-> 来限定数据成员的名称，从而显式地访问数据成员。例如，假定 Account 类有一个 string 数据成员 name，我们可以这样实现它的 setName 函数：

```
void Account::setName(std::string_view name) {
   this->name = name; // 使用 this-> 访问数据成员
}
```

其中，this->name 代表一个名为 name 的数据成员。可以通过添加 m_ 前缀来命名数据成员以避免这种命名冲突，就像我们到目前为止的类所展示的那样。

this 指针的类型

this 指针的类型取决于对象类型和使用 this 的成员函数是否声明为 const。

- 在 Time 类的非 const 成员函数中，this 指针是一个 Time*，即指向一个 Time 对象的指针。
- 在 const 成员函数中，this 是一个 const Time*，即指向一个 Time 常量的指针。

9.19.1 隐式和显式使用 this 指针访问对象的数据成员

图 9.29 演示了如何在成员函数中隐式和显式使用 this 指针来显示一个 Test 对象的私有数据 m_x。9.19.2 节和第 11 章会展示 this 的一些重要应用以及一些容易碰到的“坑”。

```
// fig09_29.cpp
// Using the this pointer to refer to object members.
#include <fmt/format.h>
#include <iostream>

class Test {
public:
   explicit Test(int value);
   void print() const;
private:
   int m_x{0};
};

// constructor
Test::Test(int value) : m_x{value} {} // initialize m_x to value

// print m_x using implicit then explicit this pointers;
```

图 9.29 通过 this 指针引用对象成员

```
18 // the parentheses around *this are required due to precedence
19 void Test::print() const {
20    // implicitly use the this pointer to access the member m_x
21    std::cout << fmt::format("       m_x = {}\n", m_x);
22 
23    // explicitly use the this pointer and the arrow operator
24    // to access the member m_x
25    std::cout << fmt::format("  this->m_x = {}\n", this->m_x);
26 
27    // explicitly use the dereferenced this pointer and
28    // the dot operator to access the member m_x
29    std::cout << fmt::format("(*this).m_x = {}\n", (*this).m_x);
30 }
31 
32 int main() {
33    const Test testObject{12}; // instantiate and initialize testObject
34    testObject.print();
35 }
```

```
        x = 12
  this->x = 12
 (*this).x = 12
```

图 9.29　通过 this 指针引用对象成员（续）

出于演示的目的，成员函数 print（第 19 行～第 30 行）首先只指定数据成员名称，从而隐式使用 this 指针显示 m_x（第 21 行）。然后，print 使用两种不同的记号方法，显式使用 this 指针来访问 m_x：

- this->m_x（第 25 行）
- (*this).m_x（第 29 行）。

*this（第 29 行）必须要用圆括号括起来，因为点操作符（.）的优先级高于 * 指针解引用操作符。如果不加圆括号，表达式 *this.m_x 将被求值为 *(this.m_x)。而由于点操作符不能用于指针，所以会造成编译错误。

错误提示

9.19.2 使用 this 指针来实现级联函数调用

this 指针的另外一个用途是实现**级联成员函数调用**（cascaded member-function call）——即在同一语句中连续调用多个函数，如图 9.32 的第 11 行所示。图 9.30～图 9.32 的程序修改了 Time 类的 setTime 函数、setHour 函数、setMinute 函数和 setSecond 函数，使得每个函数都返回在其上调用它的那个 Time 对象的引用。这个引用是实现成员函数级联调用的关键。在图 9.31 中，setTime 主体中的最后

软件工程

一个语句返回对 `*this` 的引用（第 30 行）。`setHour` 函数、`setMinute` 函数和 `setSecond` 函数则分别调用 `setTime` 并返回其 `Time&` 结果。

```cpp
// Fig. 9.30: Time.h
// Time class modified to enable cascaded member-function calls.
#pragma once // prevent multiple inclusions of header
#include <string>

class Time {
public:
   // default constructor because it can be called with no arguments
   explicit Time(int hour = 0, int minute = 0, int second = 0);

   // set functions
   Time& setTime(int hour, int minute, int second);
   Time& setHour(int hour); // set hour (after validation)
   Time& setMinute(int minute); // set minute (after validation)
   Time& setSecond(int second); // set second (after validation)

   int getHour() const; // return hour
   int getMinute() const; // return minute
   int getSecond() const; // return second
   std::string to24HourString() const; // 24-hour time format string
   std::string to12HourString() const; // 12-hour time format string
private:
   int m_hour{0}; // 0 - 23 (24-hour clock format)
   int m_minute{0}; // 0 - 59
   int m_second{0}; // 0 - 59
};
```

图 9.30 修改 Time 类以实现级联成员函数调用

```cpp
1  // Fig. 9.31: Time.cpp
2  // Time class member-function definitions.
3  #include <fmt/format.h>
4  #include <stdexcept>
5  #include "Time.h" // Time class definition
6
7  // Time constructor initializes each data member
8  Time::Time(int hour, int minute, int second) {
9     setTime(hour, minute, second);
10 }
```

图 9.31 修改 Time 类成员函数定义以实现级联成员函数调用

```

// set new Time value using 24-hour time
Time& Time::setTime(int hour, int minute, int second) {
   // validate hour, minute and second
   if (hour < 0 || hour >= 24) {
      throw std::invalid_argument{"hour was out of range"};
   }

   if (minute < 0 || minute >= 60) {
      throw std::invalid_argument{"minute was out of range"};
   }

   if (second < 0 || second >= 60) {
      throw std::invalid_argument{"second was out of range"};
   }

   m_hour = hour;
   m_minute = minute;
   m_second = second;
   return *this; // enables cascading
}

// set hour value
Time& Time::setHour(int hour) {
   return setTime(hour, m_minute, m_second);
}

// set minute value
Time& Time::setMinute(int minute) {
   return setTime(m_hour, minute, m_second);
}

// set second value
Time& Time::setSecond(int second) {
   return setTime(m_hour, m_minute, second);
}

// get hour value
int Time::getHour() const {return m_hour;}

// get minute value
int Time::getMinute() const {return m_minute;}
```

图 9.31 修改 Time 类成员函数定义以实现级联成员函数调用（续）

```
// get second value
int Time::getSecond() const {return m_second;}

// return Time as a string in 24-hour format (HH:MM:SS)
std::string Time::to24HourString() const {
   return fmt::format("{:02d}:{:02d}:{:02d}",
      getHour(), getMinute(), getSecond());
}

// return Time as string in 12-hour format (HH:MM:SS AM or PM)
std::string Time::to12HourString() const {
   return fmt::format("{}:{:02d}:{:02d} {}",
      ((getHour() % 12 == 0) ? 12 : getHour() % 12),
      getMinute(), getSecond(), (getHour() < 12 ? "AM" : "PM"));
}
```

图 9.31 修改 Time 类成员函数定义以实现级联成员函数调用（续）

在图 9.32 中，我们创建 Time 对象 t（第 9 行）并在级联成员函数调用中使用（第 11 行和第 19 行）。

```
1  // fig09_32.cpp
2  // Cascading member-function calls with the this pointer.
3  #include <fmt/format.h>
4  #include <iostream>
5  #include "Time.h" // Time class definition
6  using namespace std;
7
8  int main() {
9     Time t{}; // create Time object
10
11    t.setHour(18).setMinute(30).setSecond(22); // cascaded function calls
12
13    // output time in 24-hour and 12-hour formats
14    std::cout << fmt::format("24-hour time: {}\n12-hour time: {}\n\n",
15       t.to24HourString(), t.to12HourString());
16
17    // cascaded function calls
18    std::cout << fmt::format("New 12-hour time: {}\n",
19       t.setTime(20, 20, 20).to12HourString());
20 }
```

图 9.32 用 this 指针进行级联成员函数调用

```
24-hour time: 18:30:22
12-hour time: 6:30:22 PM

New 12-hour time: 8:20:20 PM
```

图 9.32 用 this 指针进行级联成员函数调用（续）

为什么这种将 *this 作为引用返回的技术能起作用？点操作符(.)从左到右分组，所以第 11 行：

```
t.setHour(18).setMinute(30).setSecond(22);
```

首先求值 t.setHour(18)，返回对更新后的对象 t 的引用。剩余表达式如下解释：

```
t.setMinute(30).setSecond(22);
```

然后求值 t.setMinute(30)，返回对进一步更新的对象 t 的引用。剩余表达式被解释为：

```
t.setSecond(22);
```

第 19 行（图 9.32）也使用了级联。[35] 在 to12HourString 之后，我们不能继续级联调用一个 Time 成员函数，因为前者没有返回一个 Time&。但是，可以级联调用一个 string 成员函数，因为 to12HourString 返回的是一个 string。第 11 章展示了级联函数调用更实用的例子，比如在 cout 语句中使用 << 操作符，在 cin 语句中使用 >> 操作符。

9.20 静态类成员：类级数据和成员函数

每个对象都有它自己的类数据成员拷贝，这条规则有一个例外。有的时候，类的所有对象应该只共享变量的一个拷贝。静态（static）数据成员就是出于这些和其他原因而设计的。这样的变量代表的是“类级”（classwide）信息——也就是由类的所有对象共享的数据。如果一个类的所有对象可以共享一份数据，就用静态数据成员来节省存储空间。

什么时候需要类级数据

下面通过一个例子来进一步探讨静态类级数据的必要性。假设有一个关于火星人（Martian）和其他太空生物作战的电子游戏。每个火星人知道至少有五个火星人在场时会变得很勇敢，愿意攻击其他太空生物。如果少于五个，每个火星人就会变得很胆小。所以，每个火星人都需要知道 martianCount（火星人计数）。我们可以为 Martian 类的每个对象配备 martianCount 作为数据成员。但如果这样做，每个Martian都会有自己的数据成员拷贝。每次新建一个Martian，都必须更新所有Martian对象中的martianCount数据成员。这要求每个Martian对象都知道内存中的其他所有Martian对象。这不仅因为冗余的martianCount拷贝而浪费了空间，还因为要更新这些单独的拷贝而浪费了时间。相反，我们将martianCount声明为static，从而使其成为类级数据。现在，每个Martian都可以访问martianCount，就像它是自己的数据成员一样。但是，程序中只保留静态martianCount的一个副本。这节省了空间。我们让Martian构造函数递增静态变量martianCount，让Martian析构函数递减martianCount。由于只有一个拷贝，所以不必为每个Martian对象都递增或递减单独的martianCount拷贝。

静态数据成员的作用域和初始化

类的静态数据成员具有类作用域。静态数据成员只能被初始化一次。基本类型的static数据成员默认初始化为0。static const数据成员可以有一个类内初始化器。从C++17开始，也可以为非const static数据成员使用类内初始化器，方法是在其声明前附加inline关键字（如图9.33所示）。如果静态数据成员是提供了默认构造函数的一个类的对象，这个静态数据成员就不需要显式初始化，因为会调用它的默认构造函数。

访问静态数据成员

类的静态成员即使在该类的对象不存在时也存在。要访问类的一个public static数据成员或成员函数，只需在成员名称前加上类名和作用域解析操作符（::）前缀。例如，如果martianCount变量是公共的，就可以用Martian::martianCount来访问，即使此时没有Martian对象。

类的private（和protected，第10章）静态成员通常通过该类的公共成员函数或友元来访问。在没有类的对象存在时，要访问一个私有的private或protected静态数据成员，需要提供一个public static成员函数，并在其名称前加上类名和作用域解析操作符来调用该函数。静态成员函数是整个类提供的服务，而不是由该类的一个特定的对象提供。

演示静态数据成员

本例演示了一个名为m_count的private inline static（私有内联静态）数据成员，它被初始化为0（图9.33的第22行）。还演示了一个名为getCount的public static（公共静态）成员函数（图9.33的第16行）。静态数据成员也可以在类的实现文件中，以整个文件为作用域来初始化。例如，在Employee.cpp（图9.34）中，可以在包含了Employee.h头文件后添加以下语句：

```
int Employee::count{0};
```

```
// Fig. 9.33: Employee.h
// Employee class definition with a static data member to
// track the number of Employee objects in memory
#pragma once
#include <string>
#include <string_view>

class Employee {
public:
   Employee(std::string_view firstName, std::string_view lastName);
   ~Employee(); // destructor
   const std::string& getFirstName() const; // return first name
   const std::string& getLastName() const; // return last name

   // static member function
   static int getCount(); // return # of objects instantiated
private:
   std::string m_firstName;
   std::string m_lastName;

   // static data
   inline static int m_count{0}; // number of objects instantiated
};
```

图 9.33 Employee 类定义用一个静态数据成员跟踪内存中的 Employee 对象数量

图 9.34 的第 10 行定义了静态成员函数 getCount——注意这里就不能再加 static 关键字了，该关键字不能用在类定义外部的成员定义上。在这个程序中，数据成员 m_count 维护了在某一时刻内存中 Employee 对象的数量。当 Employee 对象存在时，m_count 成员可通过 Employee 对象的任何成员函数来引用，如构造函数（第 16 行）和析构函数（第 25 行）所示。

```
1 // Fig. 9.34: Employee.cpp
2 // Employee class member-function definitions.
3 #include <fmt/format.h>
4 #include <iostream>
5 #include "Employee.h" // Employee class definition
6 using namespace std;
7
8 // define static member function that returns number of
9 // Employee objects instantiated (declared static in Employee.h)
```

图 9.34 Employee 类的成员函数定义

```
int Employee::getCount() {return m_count;}

// constructor initializes non-static data members and
// increments static data member count
Employee::Employee(string_view firstName, string_view lastName)
   : m_firstName(firstName), m_lastName(lastName) {
   ++m_count; // increment static count of employees
   std::cout << fmt::format("Employee constructor called for {} {}\n",
      m_firstName, m_lastName);
}

// destructor decrements the count
Employee::~Employee() {
   std::cout << fmt::format("~Employee() called for {} {}\n",
      m_firstName, m_lastName);
   --m_count; // decrement static count of employees
}

// return first name of employee
const string& Employee::getFirstName() const {return m_firstName;}

// return last name of employee
const string& Employee::getLastName() const {return m_lastName;}
```

图 9.34 Employee 类的成员函数定义（续）

图 9.35 使用静态成员函数 getCount 来确定程序运行到不同位置时内存中的 Employee 对象数量。程序会在以下位置调用 Employee::getCount()。

- 在任何 Employee 对象被创建之前（第 11 行）。
- 在创建了两个 Employee 对象之后（第 23 行）。
- 在这些 Employee 对象被销毁后（第 34 行）。

有 Employee 对象在作用域内时，也可以在这些对象上调用 getCount。例如，第 23 行可以像下面这样写：

```
e1.getCount()
```

也可以像下面这样写：

```
e2.getCount()
```

两者都返回 Employee 类的静态 m_count 的当前值。

```
1  // fig09_35.cpp
2  // static data member tracking the number of objects of a class.
```

图 9.35 用静态数据成员跟踪类的对象数量

```
#include <fmt/format.h>
#include <iostream>
#include "Employee.h" // Employee class definition

int main() {
   // no objects exist; use class name and scope resolution
   // operator to access static member function getCount
   std::cout << fmt::format("Initial employee count: {}\n",
      Employee::getCount()); // use class name

   // the following scope creates and destroys
   // Employee objects before main terminates
   {
      const Employee e1{"Susan", "Baker"};
      const Employee e2{"Robert", "Jones"};

      // two objects exist; call static member function getCount again
      // using the class name and the scope resolution operator
      std::cout << fmt::format(
         "Employee count after creating objects: {}\n\n",
         Employee::getCount());

      std::cout << fmt::format("Employee 1: {} {}\nEmployee 2: {} {}\n\n",
         e1.getFirstName(), e1.getLastName(),
         e2.getFirstName(), e2.getLastName());
   }

   // no objects exist, so call static member function getCount again
   // using the class name and the scope resolution operator
   std::cout << fmt::format(
      "Employee count after objects are deleted: {}\n",
      Employee::getCount());
}
```

```
Initial employee count: 0
Employee constructor called for Susan Baker
Employee constructor called for Robert Jones
Employee count after creating objects: 2

Employee 1: Susan Baker
Employee 2: Robert Jones

~Employee() called for Robert Jones
~Employee() called for Susan Baker
Employee count after objects are deleted: 0
```

图 9.35 用静态数据成员跟踪类的对象数量（续）

main 中的第 15 行～第 28 行定义了一个嵌套作用域。我们知道，局部变量在定义它们的作用域终止之前会一直存在。在本例中，我们在嵌套作用域中创建了两个 Employee 对象（第 16 行～第 17 行）。每个构造函数执行时，它会递增 Employee 类的静态数据成员 count。当程序运行到第 28 行时，这些 Employee 对象被销毁。此是，每个对象的析构函数会执行并递减 Employee 类的静态数据成员 count。

静态成员函数的注意事项

错误提示

软件工程

如果一个成员函数不访问类的非静态数据成员或非静态成员函数，它就应声明为静态。静态成员函数没有 this 指针，因为静态数据成员和静态成员函数独立于类的任何对象而存在。this 指针必须引用一个特定的对象，但当内存中没有类的对象时，也可以调用该类的静态成员函数。所以，在静态成员函数中使用 this 指针会造成编译错误。

错误提示

静态成员函数不能声明为 const。const 限定符表示函数不能修改它所操作的对象的内容，但静态成员函数是独立于类的任何对象存在和运作的。所以，将静态成员函数声明为 const 会造成编译错误。

9.21 C++20 中的聚合

C++ 标准文档（https://wg21.link/n4861）的 9.4.1 节将**聚合类型**（aggregate type）描述为一个内置数组，一个 array 对象或者一个类的对象。其中，对类的要求如下。

- 没有用户声明的构造函数。
- 没有 private 或 protected（第 10 章）非静态数据成员。
- 没有 virtual 函数（第 10 章）。
- 没有 private（第 10 章）、protected（第 10 章）或 virtual（网上第 20 章）基类。

不能有用户声明的构造函数，这个要求是 C++20 新增的，目的是防止在对聚合对象进行初始化时，某些情况下可能绕过对用户声明的构造函数的调用。[36]

可以使用一个所有数据都是 public 的类来定义聚合。然而，struct（结构体）是默认只包含 public 成员的类。以下 struct 定义了一个名为 Record 的聚合类型，它包含 4 个 public 数据成员：

```
struct Record {
   int account;
   string first;
   string last;
   double balance;
};
```

根据“C++ 核心准则”的建议，如果需要任何非 public 的数据成员或成员函数，就使用类而不是结构体。[37]

核心准则

9.21.1 初始化聚合

可以像下面这样初始化聚合类型 Record 的一个对象：

```
Record record{100, "Brian", "Blue", 123.45};
```

在 C++11 中，如果聚合类型的任何非静态数据成员声明中包含类内初始化器，就不能为聚合类型的对象使用大括号初始化器。例如，在如下所示的聚合类型 Record 定义中，由于 balance 有一个默认值，所以上面的初始化语句会造成编译错误：

```
struct Record {
   int account;
   std::string first;
   std::string last;
   double balance{0.0};
};
```

C++14 取消了这个限制。另外，在初始化聚合类型的对象时，如果提供的初始化器的数量少于对象中的数据成员数量，例如：

```
Record record{0, "Brian", "Blue"};
```

那么剩余的数据成员这样初始化。

- 提供了类内初始化器的数据成员就使用那些值。在上例中，record 的 balance 被设为 0.0。
- 没有类内初始化器的数据成员用空大括号（{}）初始化。空大括号初始化会将基本类型的变量设为 0，将 bool 设置为 false，对象则接受其类定义中指定的默认初始化。

9.21.2 C++20：指定初始化器

从 C++20 开始，聚合开始支持**指定初始化器**（designated initializers）[38]，即通过名称指定要初始化的数据成员。没用前面的 struct Record 定义，我们可以这样初始化一个 Record 对象：

```
Record record{.first{"Sue"}, .last{"Green"}};
```

它显式初始化数据成员的一个子集。每个显式命名的数据成员前面都有一个点（.）。你指定的标识符必须按照它们在聚合类型中声明时一样的顺序列出。上述语句将数据成员 first 和 last 分别初始化为 "Sue" 和 "Green"。其余数据成员获得它们的默认初始化值。

- account 设为 0。
- balance 设为类型定义中的默认值，本例是 0.0。

指定初始化器的其他好处

软件工程

在聚合类型中添加新的数据成员不会破坏现有的、使用了指定初始化器的语句。任何没有显式初始化的新数据成员直接接受其默认初始化。指定初始化器还改善了与 C 语言的兼容性，后者从 C19 起就支持这个特性了。

9.22 对象自然案例学习：用 JSON 序列化

今天，越来越多的计算在“云端”完成——也就是说，分布在互联网上。你日常使用的许多应用程序都通过互联网与基于云的服务进行通信，这些服务使用了大量的计算资源集群（计算机、处理器、内存、磁盘驱动器、数据库等）。

通过互联网提供来访问的服务称为 Web 服务。应用程序通常通过发送和接收 JSON 对象与 Web 服务通信。JSON（JavaScript Object Notation）是一种基于文本的、人类和计算机可读的数据交换格式，它将对象表示成“名 - 值”对的集合。JSON 已成为跨平台对象传输的首选数据格式。

JSON 数据格式

每个 JSON 对象都包含放在大括号中的一个以逗号分隔的属性名称和值的列表。例如，可用以下“名 - 值”对代表一条客户记录：

```
{"account": 100, "name": "Jones", "balance": 24.98}
```

JSON 还支持数组，它表示成方括号中的一系列以逗号分隔的值。例如，下面是一个 JSON 数字数组：

```
[100, 200, 300]
```

JSON 对象和数组中的值可以如下。

- 双引号中的字符串（例如 "Jones"）。
- 数字（例如 100 或 24.98）。
- JSON 布尔值（表示为 true 或 false）。
- null（表示没有值）。
- 任何有效的 JSON 值的数组。
- 其他 JSON 对象。

JSON 数组可以包含相同或不同类型的元素。

序列化

将对象转换为另一种格式以便在本地存储或通过互联网传输，这个过程称为**序列化**（serialization）。类似地，从序列化的数据重构对象的过程称为**反序列化**（deserialization）。JSON 只是几种序列化格式中的一种。另一种常见的格式是 XML（eXtensible Markup Language，可扩展标记语言）。

序列化的安全性

安全提示

一些编程语言有自己的序列化机制，使用了语言的原生格式。使用这些原生序列化格式来反序列化对象是各种安全问题的根源。"开放式 Web 应用程序安全项目"（Open Web Application Security Project，OWASP）指出，这些原生机制"在处理不受信任的数据时，可能会被修改以用于恶意目的。针对反序列化器的破解可能被用于拒绝服务、访问控制和远程代码执行（RCE）攻击。"[39]OWASP 同时指出，可以通过避免使用语言原生的序列化格式，转而使用 JSON 或 XML 等"纯数据"格式来大幅降低攻击风险。

cereal 单文件序列化库

`cereal` 单文件库[40]能将对象序列化为 JSON、XML 或二进制格式，并将其反序列化。这个库支持基本数据类型，并能处理大多数标准库类型（包含和每种类型对应的 `cereal` 头文件即可）。如下一节所示，`cereal` 还支持自定义类型。要查看 `cereal` 的文档，请访问 https://uscilab.github.io/cereal/index.html。

为方便起见，我们已将 `cereal` 库包含在本书配套资源的 `libraries` 文件夹中。必须将你的 IDE 或编译器指向该库的 include 文件夹，这和本书前面几个"面向对象"案例学习是一样的。

9.22.1 序列化由包含 public 数据的对象构成的 vector

先来序列化只包含 `public` 数据的对象。在图 9.36 中，我们可以执行以下步骤。

- 创建 `Record` 对象的一个 `vector` 并显示其内容。
- 使用 `cereal` 将其序列化到一个文本文件中。
- 将文件的内容反序列化为包含 `Record` 对象的一个 `vector`，并显示反序列化的各个 `Record`。

执行 JSON 序列化需要包含 `cereal` 头文件 json.hpp（第 3 行）。序列化 `std::vector` 需要包含 `cereal` 头文件 vector.hpp（第 4 行）。

```
1  // fig09_36.cpp
2  // Serializing and deserializing objects with the cereal library.
3  #include <cereal/archives/json.hpp>
4  #include <cereal/types/vector.hpp>
5  #include <fmt/format.h>
6  #include <fstream>
7  #include <iostream>
8  #include <vector>
9
```

图 9.36 使用 cereal 库序列化和反序列化对象

聚合类型 Record

Record 是定义为 struct 的聚合类型。以前说过，聚合中的数据必须为 public，这在 struct 的定义中是默认的。

```
10 struct Record {
11    int account{};
12    std::string first{};
13    std::string last{};
14    double balance{};
15 };
16
```

Record 对象的 serialize 函数

cereal 库允许以多种方式执行序列化。如果想要序列化的类型包含的全都是 public 数据，那么可以简单地定义一个函数模板 serialize（第 19 行～第 25 行），它接收一个 Archive（归档）作为第一个参数，并接收你的类型的一个对象作为第二个参数。[41] 序列化和反序列化 Record 对象时都调用该函数模板。使用函数模板，可以通过传递一个适当的 cereal 归档类型的对象来选择使用 JSON、XML 或者二进制格式来进行序列化和反序列化。库为每种情况都提供了归档的实现。

```
17 // function template serialize is responsible for serializing and
18 // deserializing Record objects to/from the specified Archive
19 template <typename Archive>
20 void serialize(Archive& archive, Record& record) {
21    archive(cereal::make_nvp("account", record.account),
22       cereal::make_nvp("first", record.first),
23       cereal::make_nvp("last", record.last),
24       cereal::make_nvp("balance", record.balance));
25 }
26
```

每个 cereal 归档类型都有一个重载的圆括号操作符允许将归档参数作为函数名使用，如第 21 行～第 24 行所示。根据是对 Record 进行序列化还是反序列化，这个函数执行以下两种操作之一。

- 将 Record 的内容输出到一个指定的流中。
- 从指定的流中输入先前序列化好的数据，并创建一个 Record 对象。

每个对 cereal::make_nvp（即“make name value pair”）的调用主要是序列化步骤，例如第 21 行中的以下调用：

```
cereal::make_nvp("account", record.account)
```

它用第一个实参中的名称（本例是 "account"）和第二个实参中的值（本例是 int 值 record.account）来构建一个“名 - 值”对。为值命名不是必须的，但会增加 JSON 输出的可读性（稍后就会体验到这一点）。否则，cereal 会使用 value0、value1 等名称。

displayRecords 函数

我们提供 displayRecords 函数来显示 Record 对象在序列化之前和反序列化之后的内容。它的作用很简单，就是显示作为实参接收到的 vector 中每个 Record 的内容。

```
27 // display record at command line
28 void displayRecords(const std::vector<Record>& records) {
29    for (const auto& r : records) {
30       std::cout << fmt::format("{} {} {} {:.2f}\n",
31          r.account, r.first, r.last, r.balance);
32    }
33 }
34
```

创建要序列化的 Record 对象

main 中的第 36 行～第 39 行创建一个 vector，并用两个 Record 初始化它（第 37 行和 38 行）。编译器使用类模板实参推导（CTAD），根据初始化列表中的 Record 来确定 vector 的元素类型。每个 Record 进行的都是聚合初始化。第 42 行输出 vector 的内容，以确认这两个记录都已经得以正确初始化。

```
35 int main() {
36    std::vector records{
37       Record{100, "Brian", "Blue", 123.45},
38       Record{200, "Sue", "Green", 987.65}
39    };
```

```
40
41     std::cout << "Records to serialize:\n";
42     displayRecords(records);
43
```

```
Records to serialize:
100 Brian Blue 123.45
200 Sue Green 987.65
```

用 cereal::JSONOutputArchive 序列化 Record 对象

`cereal::JSONOutputArchive` 将 JSON 格式的数据序列化到一个指定的流中，例如标准输出流或代表文件的流。第 45 行尝试打开文件 `records.json` 进行写入。如果成功，第 46 行创建一个名为 `archive` 的 `cereal::JSONOutputArchive` 对象，并用 `output ofstream` 对其进行初始化，这样 `archive` 就可以将 JSON 数据写入文件。第 47 行使用 `archive` 对象输出一个“名 - 值”对，其中名称是 `"records"`，值是包含 `Record` 的 `vector`。对 `vector` 进行序列化的一部分工作是序列化其中的每个元素。所以，第 49 行也导致对 `vector` 中的每个 `Record` 对象调用 `serialize`（第 19 行～第 25 行）。

```
44     // serialize vector of Records to JSON and store in text file
45     if (std::ofstream output{"records.json"}) {
46        cereal::JSONOutputArchive archive{output};
47        archive(cereal::make_nvp("records", records)); // serialize records
48     }
49
```

records.json 的内容

第 47 行执行后，records.json 文件包含以下 JSON 数据：

```
{
    "records": [
        {
            "account": 100,
            "first": "Brian",
            "last": "Blue",
            "balance": 123.45
        },
        {
            "account": 200,
            "first": "Sue",
            "last": "Green",
            "balance": 987.65
        }
    ]
}
```

外层大括号代表整个 JSON 文档。较深的框代表文档的一个名为 "records" 的“名 - 值”对，它的值是一个 JSON 数组，包含较浅的框中的两个 JSON 对象。这个 JSON 数组代表我们在第 47 行序列化的名为 records 的 vector。数组中的每个 JSON 对象都包含一个 Record 的 4 个“名 - 值”对，这些“名 - 值”对已由 serialize 函数序列化。

用 cereal::JSONInputArchive 反序列化 Record 对象

接着，让我们对数据进行反序列化，用它填充一个单独的、由 Record 对象构成的 vector。为了能在内存中重建对象，cereal 必须能访问每个类型的默认构造函数。它会用默认构造函数来创建一个对象，然后直接访问该对象的数据成员，以便将数据放入该对象中。与类一样，如果没有定义一个自定义的构造函数，编译器会为 struct 提供一个 public 默认构造函数。

```
50      // deserialize JSON from text file into vector of Records
51      if (std::ifstream input{"records.json"}) {
52         cereal::JSONInputArchive archive{input};
53         std::vector<Record> deserializedRecords{};
54         archive(deserializedRecords); // deserialize records
55         std::cout << "\nDeserialized records:\n";
56         displayRecords(deserializedRecords);
57      }
58   }
```

```
Deserialized records:
100 Brian Blue 123.45
200 Sue Green 987.65
```

cereal::JSONInputArchive 从指定的流中反序列化 JSON 格式。第 51 行尝试打开 records.json 文件进行读取。如果成功，第 54 行创建一个名为 archive 的 cereal::JSONInputArchive 对象，并用 input ifstream 对象初始化它，这样 archive 就可以从 records.json 文件读取 JSON 数据。第 53 行创建了一个空的 Record vector，我们将在其中读入 JSON 数据。第 54 行使用 archive 对象将文件的数据反序列化为 deserializedRecords 对象。对 vector 进行反序列化的一部分工作是反序列化它的元素。这又导致了对 serialize（第 19 行～第 25 行）的调用。但是，由于 archive 是一个 cereal::JSONInputArchive，所以对 serialize 的每个调用都会读取一个 Record 的 JSON 数据，创建一个 Record 对象，然后在其中插入数据。

9.22.2 序列化由包含 private 数据的对象构成的 vector

也可以对包含 private 数据的对象进行序列化。为此，必须将 serialize 函数声明为类的友元，只有这样才能访问类的 private 数据。为了演示 private 数据的序列化，我们拷贝了图 9.36 的程序，并将聚合 Record 定义替换为图 9.37 第 12 行～第 35 行中的 Record 类。

```
1  // fig09_37.cpp
2  // Serializing and deserializing objects containing private data.
3  #include <cereal/archives/json.hpp>
4  #include <cereal/types/vector.hpp>
5  #include <fmt/format.h>
6  #include <fstream>
7  #include <iostream>
8  #include <string>
9  #include <string_view>
10 #include <vector>
11
12 class Record {
13    // declare serialize as a friend for direct access to private data
14    template<typename Archive>
15    friend void serialize(Archive& archive, Record& record);
16
17 public:
18    // constructor
19    explicit Record(int account = 0, std::string_view first = "",
20       std::string_view last = "", double balance = 0.0)
21       : m_account{account}, m_first{first},
22       m_last{last}, m_balance{balance} {}
23
24    // get member functions
25    int getAccount() const {return m_account;}
26    const std::string& getFirst() const {return m_first;}
27    const std::string& getLast() const {return m_last;}
28    double getBalance() const {return m_balance;}
29
30 private:
31    int m_account{};
32    std::string m_first{};
33    std::string m_last{};
34    double m_balance{};
35 };
```

图 9.37 对包含 private 数据的对象进行序列化和反序列化

```
// function template serialize is responsible for serializing and
// deserializing Record objects to/from the specified Archive
template <typename Archive>
void serialize(Archive& archive, Record& record) {
   archive(cereal::make_nvp("account", record.m_account),
      cereal::make_nvp("first", record.m_first),
      cereal::make_nvp("last", record.m_last),
      cereal::make_nvp("balance", record.m_balance));
}

// display record at command line
void displayRecords(const std::vector<Record>& records) {
   for (const auto& r : records) {
      std::cout << fmt::format("{} {} {} {:.2f}\n", r.getAccount(),
         r.getFirst(), r.getLast(), r.getBalance());
   }
}

int main() {
   std::vector records{
      Record{100, "Brian", "Blue", 123.45},
      Record{200, "Sue", "Green", 987.65}
   };

   std::cout << "Records to serialize:\n";
   displayRecords(records);

   // serialize vector of Records to JSON and store in text file
   if (std::ofstream output{"records2.json"}) {
      cereal::JSONOutputArchive archive{output};
      archive(cereal::make_nvp("records", records)); // serialize records
   }

   // deserialize JSON from text file into vector of Records
   if (std::ifstream input{"records2.json"}) {
      cereal::JSONInputArchive archive{input};
      std::vector<Record> deserializedRecords{};
      archive(deserializedRecords); // deserialize records
      std::cout << "\nDeserialized records:\n";
      displayRecords(deserializedRecords);
   }
}
```

图 9.37　对包含 private 数据的对象进行序列化和反序列化（续）

Record 类提供了一个构造函数（第 19 ～第 22 行）、取值成员函数（第 25 行～第 28 行）和 private 数据（第 31 ～第 34 行）。这个类有下面两点需要注意。

- 第 14 行～第 15 行将函数模板 serialize 声明为该类的 friend。这使 serialize 能直接访问 private 数据成员 account、first、last 和 balance。
- 构造函数的参数都有默认值，允许 cereal 在反序列化 Record 对象时将该构造函数作为默认构造函数。

serialize 函数（第 39 行～第 45 行）现在可以访问 Record 类的 private 数据成员，而 displayRecords 函数（第 48 行～第 53 行）现在使用每个 Record 的取值函数来访问要显示的数据。main 函数与 9.22.1 节的 main 相同，产生的结果也相同，所以这里就不再显示输出了。

9.23 小结

本章教大家动手创建自己的类，创建这些类的对象，并调用这些对象的成员函数来执行有用的操作。大家学会了声明了类的数据成员来维护类中每个对象的数据，并定义了成员函数来操作这些数据。还学会了如何使用类的构造函数为对象的数据成员指定初始值。

本章通过一个 Time 类案例学习来介绍各种额外的特性。我们展示了如何设计类，使其接口与实现分离。讲述了如何使用箭头操作符，通过指向对象的指针来访问该对象的成员。我们指出成员函数具有类作用域——成员函数的名字只为类的其他成员函数所知，除非该类的客户通过对象名、对该类对象的引用、指向该类对象的指针或者作用域解析操作符来引用。我们还讨论了访问函数（通常用于检索数据成员的值或者测试一个条件是真还是假）和实用函数（为类的 public 成员函数提供支持的 private 成员函数）。

我们讲到一个构造函数可以指定默认参数，使其能以多种方式调用。还讲到任何可以在无参的前提下调用的构造函数都是默认构造函数。我们演示了如何利用委托构造函数在构造函数之间共享代码。我们讨论了在对象被销毁前执行终止时的清理工作的析构函数，并演示了对象的构造函数和析构函数的调用顺序。

我们说明了当成员函数返回对 private 数据成员的引用，或者返回指向 private 数据成员的指针时可能发生的问题，这可能破坏类的封装。我们还展示了相同类型的对象可以使用默认赋值操作符来相互赋值。

大家学会了如何指定 const 对象和 const 成员函数来防止对对象的修改，从而贯彻最小权限原则。此外还了解到，通过“合成”，一个类可以将其他类的对象作为成员。本章还演示了如何声明和使用友元函数。

我们解释了 this 指针如何作为隐式实参传递给类的每个非静态成员函数，允许它们访问正确对象的数据成员和其他非静态成员函数。我们显式使用 this 指针来访问类的成员，并实现成员函数的级联调用。我们解释了有时为什么需要静态数据成员和静态成员函数，并演示了如何声明和使用它们。

我们介绍了聚合类型以及 C++20 为聚合新增的“指定初始化器”。在最后的“对象自然”案例学习中，我们介绍了如何借助于 cereal 库，用 JSON（JavaScript Object Notation）来序列化对象。

下一章通过介绍继承来继续讨论类的问题。我们会讲到，具有共同属性和行为的类可以从一个共同的“基”类继承。然后，基于对继承的讨论，我们将介绍多态性的概念。这个面向对象概念使我们能编写程序，以一种更常规的方式处理通过继承而发生关系的类的对象。

注释

1. 本章需要用到前面 1.4 节介绍的一些术语和概念。
2. 9.20 节会讲到，静态成员函数例外。
3. 像 <iostream> 这样的 C++ 标准库头文件不使用 .h 扩展名。另外，有些 C++ 程序员喜欢使用 .hpp 扩展名。
4. 如果将自己的程序文件夹设为编译器头文件搜索路径的一部分，那么就连你的自定义类头文件也能放到尖括号（< 和 >）中。在本书之前的“对象自然”案例学习中，我们为几个第三方库采用了这种做法。
5. 9.20 节会讲到，静态数据成员例外。
6. 或由类的“友元”访问，详见 9.18 节。
7. C++ Core Guidelines，“C.9: Minimize Exposure of Members”，访问日期 2022 年 1 月 6 日，https://isocpp.github.io/CppCoreGuidelines/CppCoreGuidelines#Rc-private。
8. 平时提到 private 和 public 时，一般会省略后面的冒号，就像这里的注释说明一样。
9. 有时可能需要使用圆括号而不是大括号，比如在初始化一个指定大小的 vector 时，如图 6.14 的第 11 行～第 12 行所示。
10. C++ Core Guidelines，“C.49: Prefer Initialization to Assignment in Constructors”，访问日期 2022 年 1 月 6 日，https://isocpp.github.io/CppCoreGuidelines/CppCoreGuidelines#Rc-initialize。
11. C++ Core Guidelines，“C.46: By Default, Declare Single-Argument Constructors explicit”，访问日期 2022 年 1 月 6 日，https://isocpp.github.io/CppCoreGuidelines/CppCoreGuidelines#Rc-explicit。
12. C++ Core Guidelines，“C.1: Organize Related Data into Structures (structs or classes)”，访问日期 2022 年 1 月 6 日，https://isocpp.github.io/CppCoreGuidelines/CppCoreGuidelines#Rc-org。
13. 要提醒大家注意的是，工业强度的金融应用程序不应使用 double 来表示货币金额。

14. 平时不需要创建自己的类来表示时间和日期。相反，一般使用 C++ 标准库头文件 <chrono> 提供的功能，详情可参考 https://zh.cppreference.com/w/cpp/chrono。
15. 本书写作时，C++20“模块”特性尚未由本书使用的三种编译器完全实现，所以我们打算单独用一章的篇幅来讨论。
16. C++ Core Guidelines，“C.48: Prefer In-Class Initializers to Member Initializers in Constructors for Constant Initializers”，访问日期 2022 年 1 月 6 日，https://isocpp.github.io/CppCoreGuidelines/CppCoreGuidelines#Rc-in-class-initializer。
17. C++ Core Guidelines，“C.45: Don' t Define a Default Constructor That Only Initializes Data Members; Use In-Class Member Initializers Instead”，访问日期 2022 年 1 月 6 日，https://isocpp.github.io/CppCoreGuidelines/CppCoreGuidelines#Rc-default。
18. 这一过程在使用 C++20“模块”时有所变化，具体将在第 16 章讨论。
19. 许多程序员喜欢用 is 作为谓词函数名称的开头。例如，对我们的 Time 类有用的谓词函数可能是 isAM 和 isPM。还可以为这样的函数添加 [[nodiscard]] 特性。这样一来，编译器就会确认返回值确实在调用者中使用，而不是被忽略。如果被忽略，编译器将会发出警告。
20. 第 15 章会讲到，C++20“概念”允许重载任何函数或成员函数，以用于符合特定要求的类型。
21. 访问日期 2022 年 1 月 8 日，https://en.wikipedia.org/wiki/Class_invariant。
22. C++ Core Guidelines，“C.40: Define a Constructor if a Class Has an Invariant”，访问日期 2022 年 1 月 6 日，https://isocpp.github.io/CppCoreGuidelines/CppCoreGuidelines#Rc-ctor。
23. C++ Core Guidelines，“C.41: A Constructor Should Create a Fully Initialized Object”，访问日期 2022 年 1 月 6 日，https://isocpp.github.io/CppCoreGuidelines/CppCoreGuidelines#Rc-complete。
24. C++ Core Guidelines，“C.42: If a Constructor Cannot Construct a Valid Object, Throw an Exception”，访问日期 2022 年 1 月 6 日，https://isocpp.github.io/CppCoreGuidelines/CppCoreGuidelines#Rc-throw。
25. 访问日期 2022 年 1 月 6 日，https://en.wikipedia.org/wiki/Don't_repeat_yourself。
26. C++ Core Guidelines，“C.51: Use Delegating Constructors to Represent Common Actions for all Constructors of a Class”，访问日期 2022 年 1 月 6 日，https://isocpp.github.io/CppCoreGuidelines/CppCoreGuidelines#Rc-delegating。
27. 第 10 章会讲到，这种默认析构函数还会销毁通过继承而创建的类对象。
28. 访问日期 2022 年 1 月 6 日，https://zh.cppreference.com/w/cpp/utility/program/exit。
29. 访问日期 2022 年 1 月 6 日，https://zh.cppreference.com/w/cpp/utility/program/abort。
30. 这实际是默认的拷贝赋值运算符。第 11 章会解释拷贝赋值操作符和移动赋值操作符的区别。
31. 第 11 章将讨论编译器什么时候会使用移动构造函数而不是拷贝构造函数。
32. 第 10 章会讲到，类也可以从其他类派生，后者提供了新类可以沿用的属性和行为，这就是所谓的继承。
33. C++ Core Guidelines，“C.47: Define and Initialize Member Variables in the Order of Member Declaration”，访问日期 2022 年 1 月 6 日，https://isocpp.github.io/CppCoreGuidelines/CppCoreGuidelines#Rc-order。
34. 9.20 节会介绍静态类成员，并解释为什么 this 指针不隐式传递静态成员函数。

35. 这个特定的级联调用只是为了演示。修改对象的函数调用应该放到独立的一条语句中，以免出现求值顺序问题。
36. “Prohibit Aggregates with User-Declared Constructors”，访问日期 2022 年 1 月 6 日，https://wg21.link/p1008。
37. C++ Core Guidelines，“C.8: Use class Rather Than struct if Any Member Is Non-Public”，访问日期 2022 年 1 月 6 日，https://isocpp.github.io/CppCoreGuidelines/CppCoreGuidelines#Rc-class。
38. 访问日期 2020 年 7 月 12 日，https://wg21.link/p0329r0。
39. “Deserialization Cheat Sheet”，OWASP Cheat Sheet Series，访问日期 2020 年 7 月 18 日，https://cheatsheetseries.owasp.org/cheatsheets/Deserialization_Cheat_Sheet.html。
40. Copyright © 2017。W. Shane Grant and Randolph Voorhies, cereal—A C++11 library for serialization。http://uscilab.github.io/cereal/。All rights reserved。
41. serialize 函数也可以定义为仅一个 Archive 参数的成员函数模板。详情参见 https://uscilab.github.io/cereal/serialization_functions.html。

第 10 章

OOP：继承和运行时多态性

学习目标

- 了解传统和现代的继承惯用法，并理解基类和派生类
- 理解 C++ 在继承层次结构中调用构造函数和析构函数的顺序
- 了解运行时多态性如何使编程变得更方便，系统更容易扩展
- 使用 `override` 告诉编译器派生类函数将重写基类的虚函数
- 在函数原型的末尾使用 `final` 来表示该函数不可重写
- 在类的定义中，在类名后面使用 `final` 来表示该类不能成为基类
- 用抽象类和具体类进行继承
- 了解 C++ 如何实现虚函数和动态绑定，并了解虚函数的开销
- 为公共非虚和私有 / 受保护虚函数使用非虚接口（NVI）惯用法
- 使用接口来创建更灵活的运行时多态性系统
- 通过 `std::variant` 和 `std::visit` 实现没有类层次结构的运行时多态性

10.1 导读

本章通过介绍继承和运行时多态性来继续我们对“面向对象编程”(OOP)的讨论。通过继承，你可以创建能吸收现有类的能力的类，然后定制或改进它们。

可在创建类的时候指定新类应**继承**（inherit）一个现有类的成员。这个现有的类称为**基类**（base class），而新类称为**派生类**（derived class）。一些编程语言（例如 Java）使用**超类**（superclass）和**子类**（subclass）来分别表示基类和派生类。

has-a 和 is-a 关系

我们像下面这样区分 has-a 关系和 is-a 关系。

- has-a 关系代表合成（composition，参见 9.17 节），即一个对象包含一个或多个其他类的对象作为成员。例如，汽车有一个（has a）方向盘，有一个刹车踏板，有一个发动机，有一个变速箱，等等。
- is-a 关系代表继承。在 is-a 关系中，一个派生类对象也可以被视为其基类类型的对象。例如，汽车是一个（is a ）交通工具，所以汽车也表现出交通工具的行为和属性。

运行时多态性

我们将解释并演示通过继承层次结构来实现的运行时多态性。[1] 利用运行时多态性，你可以“在常规意义上编程”（program in the general），而不是“在特定情况下编程”（program in the specific）。程序可以处理通过继承而发生关系的类的对象，好像它们全都是基类类型的对象。我们最开始会通过继承和虚函数来实现运行时多态性代码，届时你会看到，它是通过“基类指针”或“基类引用”来引用对象的。

实现可扩展性

通过运行时多态性，你可以设计和实现更容易扩展的系统——只要新类是程序继承层次结构的一部分，就可以添加这些类，同时只需对程序的常规部分进行少量修改，或者根本不进行修改。只有那些需要直接了解新类的代码才需要修改。假设新类 `Car` 继承于 `Vehicle` 类。我们只需要编写新类，然后编写创建 `Car` 对象并将其添加到系统中的代码——新类可以直接“插入”。那些处理 `Vehicle` 的常规代码可以保持不变。

讨论用虚函数实现的运行时多态性的幕后机制

本章的一个主要特点是讨论了运行时多态性、虚函数和动态绑定的“幕后机制”。C++ 标准没有规定语言特性具体应该如何实现。我们将用一个详尽的插图来解释 C++ 可能如何用虚函数实现运行时多态性（10.10 节）。

本章对继承和运行时多态性进行了传统的介绍，使你熟悉从初级到中级的思维方式，并确保你理解这些技术的工作机制。在本章和本书的后面部分，我们将讨论最新的思维方式和编程惯用法。

非虚接口惯用法

接下来，我们讨论另一种运行时多态性方法——非虚接口（Non-Virtual Interface Idiom，NVI）惯用法，其中每个基类函数只起到一个作用：作为可由客户端代码调用来执行一个任务的函数或者作为可由派生类自定义的函数。

可自定义的函数是类的内部实现细节，它使系统更容易维护和进化，因为客户端应用程序中的代码不需要跟着变动。

接口和依赖注入

为了解释继承的机制，我们的前几个例子将重点放在**实现继承**（implementation inheritance）上，它主要用于定义具有许多相同数据成员和成员函数实现的一些密切相关的类。多年以来，这种继承方式在面向对象编程社区中被广泛采用。然而，随着时间的推移，它的缺陷也变得越来越明显。我们用 C++ 构建现实世界中的关键业务和关键任务系统，而且通常是大规模的系统。多年来构建这种基于“实现继承”的系统的经验表明，对它们进行修改是颇具挑战性的。

因此，我们将重构一个“实现继承”的例子来使用**接口继承**（interface

inheritance）。基类将不再提供任何实现细节。相反，它只包含“占位符”，告诉派生类它们需要实现的函数。派生类则负责提供实现细节，即数据成员和成员函数的实现。作为这个例子的一部分，我们将引入**依赖注入**（dependency injection）的概念，即类中包含指向一个对象的指针，该对象提供了该类的对象需要的行为——本例就是计算一名雇员的收入。这个指针可重新定位。例如，如果一名雇员升职，可以让指针指向一个适当的对象来更改收入计算方法。然后，我们将解释为什么说这个重构的例子更容易进化。

使用 std::variant 和 std::visit 实现运行时多态性

接着，我们将为那些不通过继承建立关系而且没有虚函数的类的对象实现运行时多态性。为此，我们将使用 C++17 的类模板 `std::variant` 和标准库函数 `std::visit`。在不相关类型的对象上调用共同的功能称为**鸭式类型**（duck typing）。

多继承

我们将演示多**继承**（multiple inheritance），它使一个派生类可以继承多个基类的成员。我们将讨论多继承的潜在问题以及虚继承如何解决这些问题。

实现多态性的其他方式

最后，我们将概述其他运行时多态性技术和几种基于模板的**编译时多态性**（compile-time polymorphism）方法。编译时多态性将在第 15 章详细讨论。到时会讲到，C++20 新的“概念”特性消除了使用一些旧技术的必要，并扩充了“工具箱”来创建编译时基于模板的解决方案。我们还为那些希望深入研究的开发者提供了高级资源的链接。

本章目标

本章的目标是帮助你熟悉继承和运行时多态性机制，这样就能更好地欣赏现代多态性的惯用法和技术，它们促进了修改时的便利性，并能带来更好的性能。

10.2 基类和派生类

下表列出了几个简单的基类和派生类的例子。基类更常规，派生类更具体。

基类	派生类
`Student`	`GraduateStudent` 和 `UndergraduateStudent`
`Shape`	`Circle`、`Triangle`、`Rectangle`、`Sphere` 和 `Cube`
`Loan`	`CarLoan`、`HomeImprovementLoan` 和 `MortgageLoan`

（续表）

基类	派生类
Vehicle	Car、Motorcycle 和 Boat
Employee	Faculty 和 Staff
Account	CheckingAccount 和 SavingsAccount

每个派生类对象都是其基类类型的一个对象，而一个基类可以有许多派生类。所以，一个基类所代表的对象集通常要大于一个派生类所代表的对象集。例如，基类 Vehicle 代表所有车辆，包括汽车、卡车、船、飞机、自行车等。相比之下，派生类 Car 代表了所有 Vehicle 的一个更小、更具体的子集。

10.2.1 CommunityMember 类层次结构

继承关系自然形成了**类层次结构**（class hierarchy）。基类和它的派生类存在层次关系。一旦类在继承层次结构中使用，它们就会和其他类耦合。[2] 一个类可以是下面几种情形。

- 为其他类提供成员的基类。
- 从其他类继承成员的派生类。
- 以上两者都是。[3]

让我们开发一个简单的继承层次结构，它用下面的 UML 类图表示。这种图说明了层次结构中类和类的关系。

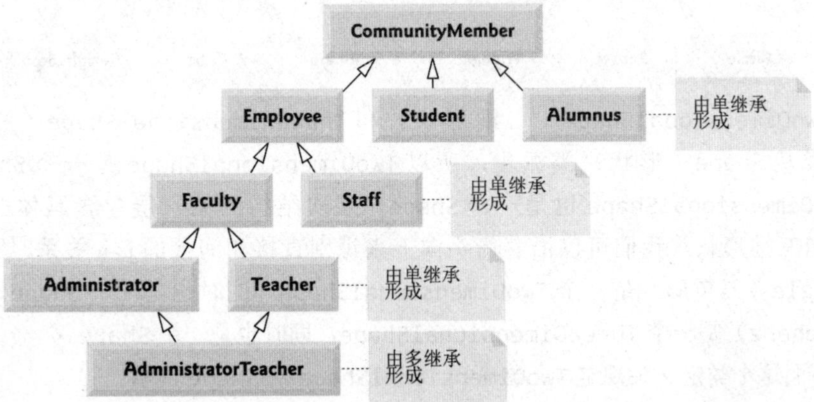

一个大学社区可能有数以千计的 CommunityMember（社区成员），例如 Employee（雇员）、Student（学生）和 Alumnus（校友，而且每个社区成员都是校友）。

Employee 是 Faculty（教员）或 Staff（职员），而 Faculty 是 Administrator（行政人员）或 Teacher（教师）。有的 Administrator 同时也是 Teacher。在**单继承**（single inheritance）中，一个派生类从一个基类继承。而在多继承或**多重继承**（multiple inheritance）中，一个派生类从两个或更多基类继承。在这个层次结构中，我们使用多继承来形成 AdministratorTeacher 类。

图中每个向上的箭头代表一个 is-a 关系。顺着箭头向上，我们可以说“an Employee *is a* CommunityMember”（雇员是一个社区成员）和“a Teacher *is a* Faculty member”（教师是一个教员）。CommunityMember 是 Employee、Student 和 Alumnus 的**直接基类**（direct base class），同时是层次结构中其他所有类的**间接基类**（indirect base class）。间接基类在类层次结构中比它的派生类要高两级或更多级。

可以沿着箭头向上多走几级来应用 is-a 关系。所以，我们说 Administrator Teacher 是一个 Administrator（也是一个 Teacher），是一个 Faculty，是一个 Employee，同时也是一个 CommunityMember。

10.2.2 Shape 类层次结构和 public 继承

以下 Shape 层次结构始于基类 Shape。

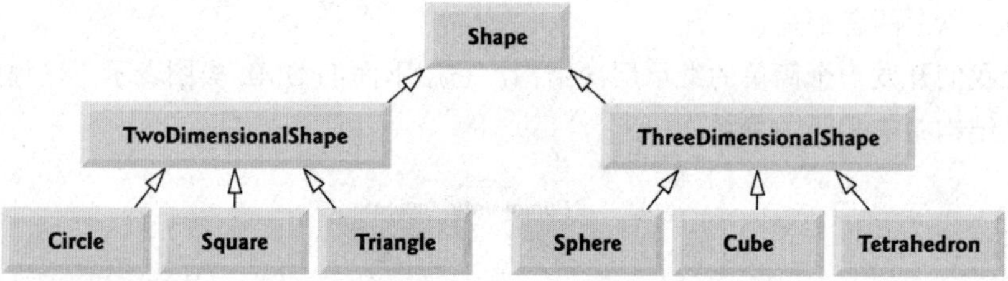

TwoDimensionalShape（二维形状）和 ThreeDimensionalShape（三维形状）类从 Shape（形状）类派生，所以 TwoDimensionalShape 是一个 Shape，ThreeDimensionalShape 也是一个 Shape。层次结构的第三层包含具体的二维形状和三维形状。我们可以沿着箭头向上来识别直接和间接的 is-a 关系。例如，Triangle（三角形）是一个 TwoDimensionalShape，同时也是一个 Shape。而球体（Sphere）是一个 ThreeDimensionalShape，同时也是一个 Shape。

下面这个类定义头规定 TwoDimensionalShape 从 Shape 继承：

```
class TwoDimensionalShape : public Shape
```

这称为 public 继承，本章将采用这种做法。通过 public 继承，public 基类成员成为 public 派生类成员，protected 基类成员成为 protected 派生类成员（以后会讨论 protected）。虽然 private 基类成员在派生类中不能直接访问，但这些成员仍被继承，并且是派生类对象的一部分。派生类可通过从基类继承的 public 和 protected 成员函数来操作 private 基类成员——只要基类成员函数提供了这样的功能。10.16 节还会讨论 private 和 protected 继承（10.16 节）。

软件工程

继承并不适合每种类关系。9.17 节讨论的合成（composition）的 has-a 关系有时更合适。例如，给定 Employee（雇员）、BirthDate（生日）和 PhoneNumber（电话号码）类，说 Employee 是一个 BirthDate 或者 Employee 是一个 PhoneNumber 是不合适的。但是，可以说 Employee 有一个 BirthDate，还有一个 PhoneNumber。

可用类似的方式对待基类对象和派生类对象的关系——它们的共同点在基类成员中表示。本章后面将要考虑利用这种关系的例子。

10.3 基类和派生类的关系

本节使用一个公司薪资应用程序中雇员类型的继承层次结构来演示基类和派生类的关系。

- 通过基类领薪的雇员领取固定周薪。
- 通过派生类领薪的雇员领取周薪加上其销售额百分比的一笔佣金。

10.3.1 创建和使用 SalariedEmployee 类

图 10.1 和图 10.2 展示了 SalariedEmployee（领薪雇员）的类定义。图 10.1 是头文件，指定了类的 public 服务：

- 一个构造函数（第 9 行）
- 成员函数 earnings（第 17 行）
- 成员函数 toString（第 18 行）
- public 取值和赋值函数，用于操纵类的数据成员 m_name 和 m_salary（在第 20 行～第 21 行声明）

成员函数 setSalary 的实现（图 10.2 的第 22 行～第 28 行）在修改数据成员 m_salary 前先校验它接收到的实参。

```cpp
// Fig. 10.1: SalariedEmployee.h
// SalariedEmployee class definition.
#pragma once // prevent multiple inclusions of header
#include <string>
#include <string_view>

class SalariedEmployee {
public:
   SalariedEmployee(std::string_view name, double salary);

   void setName(std::string_view name);
   std::string getName() const;

   void setSalary(double salary);
   double getSalary() const;

   double earnings() const;
   std::string toString() const;
private:
   std::string m_name{};
   double m_salary{0.0};
};
```

图 10.1 SalariedEmployee 类定义

```cpp
// Fig. 10.2: SalariedEmployee.cpp
// Class SalariedEmployee member-function definitions.
#include <fmt/format.h>
#include <stdexcept>
#include "SalariedEmployee.h" // SalariedEmployee class definition

// constructor
SalariedEmployee::SalariedEmployee(std::string_view name, double salary)
   : m_name{name} {
   setSalary(salary);
}

// set name
void SalariedEmployee::setName(std::string_view name) {
   m_name = name; // should validate
}

```

图 10.2 SalariedEmployee 类成员函数定义

```
18  // return name
19  std::string SalariedEmployee::getName() const {return m_name;}
20
21  // set salary
22  void SalariedEmployee::setSalary(double salary) {
23     if (salary < 0.0) {
24        throw std::invalid_argument("Salary must be >= 0.0");
25     }
26
27     m_salary = salary;
28  }
29
30  // return salary
31  double SalariedEmployee::getSalary() const {return m_salary;}
32
33  // calculate earnings
34  double SalariedEmployee::earnings() const {return getSalary();}
35
36  // return string representation of SalariedEmployee object
37  std::string SalariedEmployee::toString() const {
38     return fmt::format("name: {}\nsalary: ${:.2f}\n", getName(),
39        getSalary());
40  }
```

图 10.2 SalariedEmployee 类成员函数定义（续）

SalariedEmployee 构造函数

类的构造函数（图 10.2 的第 8 行～第 11 行）使用一个成员初始化列表来初始化 m_name。我们可以考虑对这个姓名进行校验（例如，确保它具有合理的长度）。构造函数调用 setSalary 来校验并初始化数据成员 m_salary。

SalariedEmployee 的成员函数 earnings 和 toString

earnings（收入）函数（第 34 行）调用 getSalary 并返回结果。toString 函数（第 37 行～第 40 行）返回包含 SalariedEmployee 的信息的一个 string。

测试 SalariedEmployee 类

图 10.3 中的程序测试 SalariedEmployee 类，第 9 行创建了 SalariedEmployee 对象 employee。第 12 行～第 14 行演示了 employee 的取值函数。第 16 行使用 setSalary 来更改 employee 的 m_salary 值。然后，第 17 行和第 18 行调用 employee 的 toString 成员函数来获取并输出 employee 的最新信息。最后，第 21 行使用更新后的 m_salary 值来显示雇员的 earnings。

```cpp
// fig10_03.cpp
// SalariedEmployee class test program.
#include <fmt/format.h>
#include <iostream>
#include "SalariedEmployee.h" // SalariedEmployee class definition

int main() {
   // instantiate a SalariedEmployee object
   SalariedEmployee employee{"Sue Jones", 300.0};

   // get SalariedEmployee data
   std::cout << "Employee information obtained by get functions:\n"
      << fmt::format("name: {}\nsalary: ${:.2f}\n", employee.getName(),
            employee.getSalary());

   employee.setSalary(500.0); // change salary
   std::cout << "\nUpdated employee information from function toString:\n"
      << employee.toString();

   // display only the employee's earnings
   std::cout << fmt::format("\nearnings: ${:.2f}\n", employee.earnings());
}
```

```
Employee information obtained by get functions:
name: Sue Jones
salary: $300.00

Updated employee information from function toString:
name: Sue Jones
salary: $500.00

earnings: $500.00
```

图 10.3 SalariedEmployee 类测试程序

10.3.2 创建 SalariedEmployee/SalariedCommissionEmployee 继承层次结构

现在，创建一个 SalariedCommissionEmployee（薪资 + 佣金员工）类（图 10.4 和图 10.5），它继承自 SalariedEmployee 类（图 10.1 ～图 10.2）。在这个例子中，我们说 SalariedCommissionEmployee 对象是一个 SalariedEmployee——public 继承传递了 SalariedEmployee 的能力。SalariedCommissionEmployee

除了继承来的能力，还增加了 m_grossSales（总销售额）和 m_commissionRate（佣金率）数据成员（图 10.4 的第 22 行和第 23 行），两者相乘即可计算出佣金。第 13 行～第 17 行声明了 public 取值和赋值函数来操作该类的 m_grossSales 和 m_commissionRate 数据成员。

```
1  // Fig. 10.4: SalariedCommissionEmployee.h
2  // SalariedCommissionEmployee class derived from class SalariedEmployee.
3  #pragma once
4  #include <string>
5  #include <string_view>
6  #include "SalariedEmployee.h"
7
8  class SalariedCommissionEmployee : public SalariedEmployee {
9  public:
10    SalariedCommissionEmployee(std::string_view name, double salary,
11       double grossSales, double commissionRate);
12
13    void setGrossSales(double grossSales);
14    double getGrossSales() const;
15
16    void setCommissionRate(double commissionRate);
17    double getCommissionRate() const;
18
19    double earnings() const;
20    std::string toString() const;
21 private:
22    double m_grossSales{0.0};
23    double m_commissionRate{0.0};
24 };
```

图 10.4 SalariedCommissionEmployee 类的定义表明它从 SalariedEmployee 类继承（续）

继承关系

软件工程

第 8 行的冒号（:）表示继承，右侧的 public 表示以什么方式继承。在 public 继承中，public 基类成员在派生类中仍然是 public，protected 成员（稍后讨论）仍然是 protected。SalariedCommissionEmployee 继承了 SalariedEmployee 除构造函数和析构函数之外的所有成员。构造函数和析构函数是定义它们的类所特有的，所以派生类有它们自己的构造函数和析构函数。[4]

SalariedCommissionEmployee 的成员函数

SalariedCommissionEmployee 的 public 服务（图 10.4）如下。

- 它自己的构造函数（第 10 行和第 11 行）。
- 成员函数 setGrossSales、getGrossSales、setCommissionRate、getCommissionRate、earnings 和 toString（第 13 行～第 20 行）。
- 从 SalariedEmployee 类继承的 public 成员函数。

软件工程

尽管 SalariedCommissionEmployee 的源代码没有包含这些继承的成员，但这些成员仍然是这个类的一部分。SalariedCommissionEmployee 对象还包含 SalariedEmployee 的 private 成员，但它们在派生类中不能直接访问。只能通过从 SalariedEmployee 继承的 public（或 protected）成员函数来访问它们。

SalariedCommissionEmployee 类的实现

软件工程

图 10.5 展示了 SalariedCommissionEmployee 的成员函数实现。每个派生类构造函数都必须调用一个基类构造函数。我们通过一个基类初始化器（第 11 行）来显式执行这个操作。**基类初始化器**（base-class initializer）是一个将实参传给基类构造函数的成员初始化器。在 SalariedCommissionEmployee 的构造函数中（第 8 行～第 15 行），第 11 行调用 SalariedEmployee 的构造函数，用实参 name 和 salary 来初始化继承的数据成员。基类初始化器通过名称来调用基类构造函数。setGrossSales 函数（第 18 行～第 24 行）和 setCommissionRate 函数（第 32 行～第 41 行）在修改 m_grossSales 和 m_commissionRate 数据成员之前对传给它们的实参进行校验。

```
1  // Fig. 10.5: SalariedCommissionEmployee.cpp
2  // Class SalariedCommissionEmployee member-function definitions.
3  #include <fmt/format.h>
4  #include <stdexcept>
5  #include "SalariedCommissionEmployee.h"
6
7  // constructor
8  SalariedCommissionEmployee::SalariedCommissionEmployee(
9     std::string_view name, double salary, double grossSales,
10    double commissionRate)
11    : SalariedEmployee{name, salary} { // call base-class constructor
12
13    setGrossSales(grossSales); // validate & store gross sales
14    setCommissionRate(commissionRate); // validate & store commission rate
15 }
16
17 // set gross sales amount
```

图 10.5 SalariedCommissionEmployee 类的成员函数定义

```cpp
void SalariedCommissionEmployee::setGrossSales(double grossSales) {
   if (grossSales < 0.0) {
      throw std::invalid_argument("Gross sales must be >= 0.0");
   }

   m_grossSales = grossSales;
}

// return gross sales amount
double SalariedCommissionEmployee::getGrossSales() const {
   return m_grossSales;
}

// return commission rate
void SalariedCommissionEmployee::setCommissionRate(
   double commissionRate) {

   if (commissionRate <= 0.0 || commissionRate >= 1.0) {
      throw std::invalid_argument(
         "Commission rate must be > 0.0 and < 1.0");
   }

   m_commissionRate = commissionRate;
}

// get commission rate
double SalariedCommissionEmployee::getCommissionRate() const {
   return m_commissionRate;
}

// calculate earnings--uses SalariedEmployee::earnings()
double SalariedCommissionEmployee::earnings() const {
   return SalariedEmployee::earnings() +
      getGrossSales() * getCommissionRate();
}

// returns string representation of SalariedCommissionEmployee object
std::string SalariedCommissionEmployee::toString() const {
   return fmt::format(
      "{}gross sales: ${:.2f}\ncommission rate: {:.2f}\n",
      SalariedEmployee::toString(), getGrossSales(), getCommissionRate());
}
```

图 10.5 SalariedCommissionEmployee 类的成员函数定义（续）

SalariedCommissionEmployee 的成员函数 earnings

SalariedCommissionEmployee 类的 earnings 函数（第 49 行～第 52 行）重新定义了来自 SalariedEmployee 类的 earnings（图 10.2 的第 34 行），以不同的方式计算 SalariedCommissionEmployee 的收入。在 SalariedCommissionEmployee 的版本中，第 50 行使用表达式 SalariedEmployee::earnings() 来获得收入中的固定薪资部分，然后将该值与佣金相加来计算总收入。

软件工程

错误提示

为了在派生类中调用已经重新定义的基类成员函数，需要在函数名前附加基类名称和作用域解析操作符（::）前缀。SalariedEmployee:: 在这里是必须的，目的是避免无限递归。另外，我们通过在 SalariedCommissionEmployee 的 earnings 函数中调用 SalariedEmployee 的 earnings 函数来避免重复性的代码。[5]

SalariedCommissionEmployee 的成员函数 toString

类似地，SalariedCommissionEmployee 的 toString 函数（图 10.5 的第 55 行～第 59 行）重新定义了 SalariedEmployee 类的 toString 函数（图 10.2 的第 37 行～第 40 行）。新版本返回的字符串中包含以下内容。

- 调用 SalariedEmployee::toString() 的结果（图 10.5 的第 58 行）。
- SalariedCommissionEmployee 的总销售额和佣金率。

测试 SalariedCommissionEmployee 类

图 10.6 创建 SalariedCommissionEmployee 类的对象 employee（第 9 行）。第 12 行～第 16 行在该对象上调用取值函数来检索数据成员值，从而输出这个 employee 的数据。第 18 行和第 19 行使用 setGrossSales 和 setCommissionRate 来分别改变该 employee 的 m_grossSales 和 m_commissionRate 值。然后，第 20 行和第 21 行调用 employee 的 toString 成员函数来显示 employee 的最新信息。最后，第 24 行显示雇员的最新收入。

```
1  // fig10_06.cpp
2  // SalariedCommissionEmployee class test program.
3  #include <fmt/format.h>
4  #include <iostream>
5  #include "SalariedCommissionEmployee.h"
6
7  int main() {
8     // instantiate SalariedCommissionEmployee object
9     SalariedCommissionEmployee employee{"Bob Lewis", 300.0, 5000.0, .04};
10
11    // get SalariedCommissionEmployee data
```

图 10.6 SalariedCommissionEmployee 类测试程序

```
    std::cout << "Employee information obtained by get functions:\n"
       << fmt::format("{}: {}\n{}: {:.2f}\n{}: {:.2f}\n{}: {:.2f}\n",
          "name", employee.getName(), "salary", employee.getSalary(),
          "gross sales", employee.getGrossSales(),
          "commission", employee.getCommissionRate());

    employee.setGrossSales(8000.0); // change gross sales
    employee.setCommissionRate(0.1); // change commission rate
    std::cout << "\nUpdated employee information from function toString:\n"
       << employee.toString();

    // display the employee's earnings
    std::cout << fmt::format("\nearnings: ${:.2f}\n", employee.earnings());
}
```

```
Employee information obtained by get functions:
name: Bob Lewis
salary: $300.00
gross sales: $5000.00
commission: 0.04

Updated employee information from function toString:
name: Bob Lewis
salary: $300.00
gross sales: $8000.00
commission rate: 0.10

earnings: $1100.00
```

图 10.6 SalariedCommissionEmployee 类测试程序（续）

派生类构造函数必须调用基类构造函数

如果派生类 SalariedCommissionEmployee 的构造函数并没有显式调用基类 SalariedEmployee 的构造函数，编译器会报错。在这种情况下，编译器会试图调用 SalariedEmployee 类的默认构造函数，但由于基类显式定义了一个构造函数，所以不存在默认构造函数。如果基类提供了默认构造函数，派生类的构造函数就可以隐式调用基类的构造函数。

错误提示

派生类构造函数的注意事项

派生类构造函数在调用基类的构造函数时必须提供要求的所有实参，否则会发生编译错误。这样可以确保继承的 private 基类成员得到初始化（派生类不能直接访问这些成员）。在成员初始化列表中，派生类的数据成员初始化器通常放在基类初始化器之后。

错误提示

软件工程

基类 private 成员在派生类中不能直接访问

C++ 对 `private` 数据成员的访问进行了严格限制。即使是与基类密切相关的派生类，也不能直接访问其基类的 `private` 数据。例如，`SalariedEmployee` 类的私有 `m_salary` 数据成员虽然是每个 `SalariedCommissionEmployee` 对象的一部分，但不能在 `SalariedCommissionEmployee` 类的成员函数中直接访问。如果非要访问，编译器会报告一条错误消息，例如 GNU g++ 会报告以下消息：

错误提示

```
'double SalariedEmployee::m_salary' is private within this context
```

但是，如图 10.5 所示，`SalariedCommissionEmployee` 的成员函数可以访问从 `SalariedEmployee` 类继承的 `public` 成员。

在派生类头文件中包含基类头文件

注意，我们在派生类的头文件中 `#include` 了基类的头文件（图 10.4 的第 6 行）。这是出于以下几方面的原因。

- 对于要继承第 8 行中基类的派生类（图 10.4），编译器需要有 SalariedEmployee.h 中的基类定义。
- 编译器根据类的定义来确定对象大小。为了创建一个对象，编译器必须知道类的定义以保留合适的内存量。派生类对象的大小取决于在其类定义中显式声明的数据成员以及从其直接和间接基类继承的数据成员[6]。通过包含基类的定义，编译器可确定对派生类对象的总大小有贡献的所有数据成员的完整内存需求。

软件工程

- 基类定义还使编译器能判断派生类是否正确使用了从基类继承的成员。例如，编译器使用基类的函数原型来校验派生类对继承的基类函数的调用。

通过“实现继承”消除重复代码

软件工程

通过“实现继承”，基类声明了层次结构中所有类都通用的数据成员和成员函数。需要对这些通用特性进行修改时，只需在基类中修改。派生类会继承这些变化，并且必须重新编译。如果没有继承，就需要修改包含了“变动后代码”的拷贝的所有源代码文件（一处改，处处改）。[7]

10.4 派生类中的构造函数和析构函数

构造函数调用顺序

实例化派生类对象会开始一个构造函数调用链。在执行自己的任务之前，派生类的构造函数先通过基类成员的初始化器来显式调用其直接基类的构造函数，或者通过调用基类的默认构造函数来隐式地调用。在这个链条中，最后一个被调用的构造函数是位于层次结构顶端的基类的构造函数。该构造函数首先完成执行，而最派生类的构造函数主体最后完成执行。

每个基类的构造函数都会初始化基类的数据成员，并由其派生类继承。在我们一直在研究的 SalariedEmployee/SalariedCommissionEmployee 层次结构中，每次创建一个 SalariedCommissionEmployee 对象的时候，都会发生以下事件。

- 它的构造函数立即调用 SalariedEmployee 的构造函数。
- SalariedEmployee 已经是层次结构的基类，所以 SalariedEmployee 的构造函数开始执行，初始化 SalariedCommission Employee 对象从 SalariedEmployee 继承的 m_name 和 m_salary 数据成员。
- 然后，SalariedEmployee 的构造函数将控制返回给 SalariedCommissionEmployee 的构造函数以初始化派生类特有的 m_grossSales 和 m_commissionRate 数据成员。

析构函数调用顺序

软件工程

派生类对象销毁时，程序调用那个对象的析构函数。这会开始一个析构函数调用链。析构函数按照和构造函数相反的顺序执行。派生类对象的析构函数在被调用时，它先执行自己的任务，再调用层次结构较高一级的下个类的析构函数。如此重复，直到调用层次结构顶端的基类的析构函数。

合成对象的构造函数和析构函数

软件工程

假设要创建一个派生类对象，无论这个派生类还是它的基类都包含了其他类的对象（称为“合成”，详情参见 9.17 节），那么每次创建该派生类的对象时，都会发生以下事件。

- 基类的成员对象的构造函数按照这些对象的声明顺序执行。
- 然后，基类构造函数的主体执行。
- 然后，派生类成员对象的构造函数按照派生类中这些对象的声明顺序执行。
- 最后，派生类构造函数的主体执行。

数据成员的析构函数的调用顺序与对应的构造函数的调用顺序相反。

10.5 运行时多态性入门：多态性电子游戏

假定要设计一个包含 Martian（火星人）、Venusian（金星人）、Plutonian（冥王星人）、SpaceShip（太空飞船）和 LaserBeam（激光束）的电子游戏。每个都从具有成员函数 draw 的基类 SpaceObject 继承，并以适合派生类的方式实现该函数。

屏幕管理器

一个屏幕管理器程序负责维护由 SpaceObject 指针构成的 vector，这些指针指向各个类的对象。为了刷新屏幕，屏幕管理器定期向每个对象发送相同的 draw 消息。每个对象都以其独特的方式做出回应。示例如下。

- Martian 把自己画成红色，脑袋上有几根天线。
- SpaceShip 把自己画成一个银色的飞碟。
- LaserBeam 把自己画成一束穿过屏幕的亮红色光束。

同一条 draw 消息导致多种形式的结果，这就是**多态性**（polymorphism）。

向系统添加新类

需要向系统添加新类时，多态性的“屏幕管理器”程序使我们只需写最少量的代码。例如，为了在游戏中添加 Mercurian（水星人）对象，可以创建一个继承自 SpaceObject 并定义了自己的 draw 的 Mercurian 类，并将它的对象的地址添加到包含 SpaceObject 指针的 vector 中。屏幕管理程序以同样的方式为 vector 指向的每个对象调用成员函数 draw，而不管对象的类型如何。所以，新的 Mercurian 对象相当于直接“插入”了系统。在不修改系统的情况下（除了创建新类的对象），可以通过“运行时多态性”来适应更多的类，包括那些在最初创建系统时没有想到的。

软件工程

运行时多态性使你能处理一般性的问题，而让执行时环境处理具体问题。可以在不知晓对象类型的情况下指导它们的行为，只要它们从属于同一个类层次结构，并通过一个共同的基类指针或引用进行访问[8]。

软件工程

运行时多态性促进了**可扩展性**（extensibility）。调用多态行为的软件独立于接收消息的对象类型而编写。因此，能响应现有消息的新对象类型直接插入即可使用，无须修改基础系统。要修改的只有负责实例化新对象的客户端代码，目的是让它适应新类型。

10.6 继承层次结构中对象之间的关系

10.3 节创建了 SalariedEmployee-SalariedCommissionEmployee 类层次结构，方便我们更仔细地研究层次结构中类和类的关系。随后几个小节将展示一些例子，演示基类和派生类的指针如何指向基类和派生类对象以及如何利用这些指针来调用成员函数以操作这些对象。

- 10.6.1 节将派生类对象的地址赋给一个基类指针，证明通过基类指针调用函数时，会在派生类对象中调用基类的功能。句柄的类型决定了哪个函数被调用。

错误提示

- 10.6.2 节将基类对象的地址赋给一个派生类指针，证明这会造成编译错误。我们将讨论这个错误消息，并研究为什么编译器不允许像这样赋值。
- 10.6.3 节将派生类对象的地址赋给一个基类指针，证明只能通过基类指针调用基类的功能。试图通过基类指针调用派生类才有的成员函数，会发生编译错误。

错误提示

- 10.7 节介绍了虚函数，演示如何通过指向派生类对象的基类指针来获得“运行时多态性”行为。然后，我们将派生类对象的地址赋给基类指针，并使用该指针来调用派生类的功能——这恰好就是实现“运行时多态性”行为所需要的。

这些例子表明，通过 public 继承，派生类的对象可被当作其基类的对象。这样就可以进行各种有趣的操作。例如，程序可以创建包含基类指针的 vector，让这些指针指向各种派生类的对象。编译器允许这样做，因为每个派生类对象都是其基类的一个对象（is-a 关系）。

软件工程

相反，不能将基类对象当作派生类的对象。例如，一个 Salaried Employee 不是 SalariedCommissionEmployee，因为它缺少数据成员 m_grossSales 或 m_commissionRate，也没有相应的赋值和取值成员函数。方向不要搞错，只有从派生类到其直接和间接基类，才存在 is-a 关系。

10.6.1 从派生类对象调用基类函数

图 10.7 重用了 10.3.1 节和 10.3.2 节介绍的 SalariedEmployee 类和 SalariedCommissionEmployee 类。本例演示了如何让基类和派生类指针指向基类和派生类对象。前两种指向方式最自然，也最容易理解，如下所示。

- 让基类指针指向一个基类对象，并调用基类的功能。
- 让派生类指针指向一个派生类对象，并调用派生类的功能。

然后，我们让基类指针指和派生类对象，并证明可在派生类对象中使用基类的功能，从而演示派生类和基类之间的 is-a 关系。

```
// fig10_07.cpp
// Aiming base-class and derived-class pointers at base-class
// and derived-class objects, respectively.
#include <fmt/format.h>
```

图 10.7 将基类和派生类对象的地址赋给基类和派生类指针

```cpp
#include <iostream>
#include "SalariedEmployee.h"
#include "SalariedCommissionEmployee.h"

int main() {
   // create base-class object
   SalariedEmployee salaried{"Sue Jones", 500.0};

   // create derived-class object
   SalariedCommissionEmployee salariedCommission{
      "Bob Lewis", 300.0, 5000.0, .04};

   // output objects salaried and salariedCommission
   std::cout << fmt::format("{}:\n{}\n{}\n",
      "DISPLAY BASE-CLASS AND DERIVED-CLASS OBJECTS",
      salaried.toString(), // base-class toString
      salariedCommission.toString()); // derived-class toString

   // natural: aim base-class pointer at base-class object
   SalariedEmployee* salariedPtr{&salaried};
   std::cout << fmt::format("{}\n{}:\n{}\n",
      "CALLING TOSTRING WITH BASE-CLASS POINTER TO",
      "BASE-CLASS OBJECT INVOKES BASE-CLASS FUNCTIONALITY",
      salariedPtr->toString()); // base-class version

   // natural: aim derived-class pointer at derived-class object
   SalariedCommissionEmployee* salariedCommissionPtr{&salaried Commission};

   std::cout << fmt::format("{}\n{}:\n{}\n",
      "CALLING TOSTRING WITH DERIVED-CLASS POINTER TO",
      "DERIVED-CLASS OBJECT INVOKES DERIVED-CLASS FUNCTIONALITY",
      salariedCommissionPtr->toString()); // derived-class version

   // aim base-class pointer at derived-class object
   salariedPtr = &salariedCommission;
   std::cout << fmt::format("{}\n{}:\n{}\n",
      "CALLING TOSTRING WITH BASE-CLASS POINTER TO DERIVED-CLASS",
      "OBJECT INVOKES BASE-CLASS FUNCTIONALITY",
      salariedPtr->toString()); // baseclass version
}
```

图 10.7 将基类和派生类对象的地址赋给基类和派生类指针（续）

```
DISPLAY BASE-CLASS AND DERIVED-CLASS OBJECTS:
name: Sue Jones
salary: $500.00

name: Bob Lewis
salary: $300.00
gross sales: $5000.00
commission rate: 0.04

CALLING TOSTRING WITH BASE-CLASS POINTER TO
BASE-CLASS OBJECT INVOKES BASE-CLASS FUNCTIONALITY:
name: Sue Jones
salary: $500.00

CALLING TOSTRING WITH DERIVED-CLASS POINTER TO
DERIVED-CLASS OBJECT INVOKES DERIVED-CLASS FUNCTIONALITY:
name: Bob Lewis
salary: $300.00
gross sales: $5000.00
commission rate: 0.04

CALLING TOSTRING WITH BASE-CLASS POINTER TO DERIVED-CLASS
OBJECT INVOKES BASE-CLASS FUNCTIONALITY:
name: Bob Lewis
salary: $300.00
```

图 10.7　将基类和派生类对象的地址赋给基类和派生类指针（续）

前面说过，SalariedCommissionEmployee 对象是一个根据总销售额拿佣金的 SalariedEmployee。SalariedCommissionEmployee 的 earnings 成员函数（图 10.5 的第 49 行～第 52 行）重新定义了 SalariedEmployee 的原始版本（图 10.2 的第 34 行）以加入佣金计算。SalariedCommissionEmployee 的 toString 成员函数（图 10.5 的第 55 行～第 59 行）重新定义了 SalariedEmployee 的原始版本（图 10.2 的第 37 行～第 40 行）以返回相同的信息加上雇员的佣金。

创建对象并显示其内容

图 10.7 的第 11 行创建了一个 SalariedEmployee 对象，第 14 行和第 15 行则创建了一个 SalariedCommissionEmployee 对象。第 20 行和第 21 行使用每个对象的名称来调用其 toString 成员函数。

基类指针指向基类对象

第 24 行用基类对象 salaried 的地址初始化 SalariedEmployee 类型的 salariedPtr 指针。第 28 行使用该指针调用 salaried 对象来自基类 SalariedEmployee 的 toString 成员函数。

派生类指针指向派生类对象

第31行用派生类对象 salariedCommission 的地址初始化 SalariedCommissionEmployee 类型的 salariedCommissionPtr 指针。第36行使用该指针调用 salariedCommission 对象来自派生类 SalariedCommissionEmployee 的 toString 成员函数。

基类指针指向派生类对象

第39行将派生类对象 salariedCommission 的地址赋给基类指针 salariedPtr。像这样的“跨界”是允许的，因为派生类对象是其基类的一个对象（is-a 关系）。第43行使用这个指针来调用成员函数 toString。尽管基类 SalariedEmployee 指针指向的是 SalariedCommissionEmployee 派生类对象，但此时调用的是基类的 toString 成员函数。总销售额和佣金率不会显示，因为它们不是基类成员。

这个程序的输出证明，具体调用哪个函数，要取决于用来调用函数的指针类型（或引用类型，稍后就会讲到），而不是取决于为其调用成员函数的那个对象的类型。10.7节会看到，虚函数的存在使得调用对象类型的功能成为可能，这是实现“运行时多态性”行为的一个重要前提。

10.6.2 派生类指针指向基类对象

现在，让我们尝试让派生类指针指向基类对象（图10.8）。第7行创建了一个 SalariedEmployee 对象。第11行试图用基类 salaried 对象的地址初始化一个 SalariedCommissionEmployee 指针。编译器报告了一个错误，因为 SalariedEmployee 不是 SalariedCommissionEmployee。

```
1  // fig10_08.cpp
2  // Aiming a derived-class pointer at a base-class object.
3  #include "SalariedEmployee.h"
4  #include "SalariedCommissionEmployee.h"
5
6  int main() {
7     SalariedEmployee salaried{"Sue Jones", 500.0};
8
9     // aim derived-class pointer at base-class object
10    // Error: a SalariedEmployee is not a SalariedCommissionEmployee
11    SalariedCommissionEmployee* salariedCommissionPtr{&salaried};
12 }
```

图 10.8 派生类指针指向基类对象

Microsoft Visual C++ 编译器的错误消息：

```
fig10_08.cpp(11,63): error C2440: 'initializing': cannot convert from
'SalariedEmployee *' to 'SalariedCommissionEmployee *'
```

图 10.8 派生类指针指向基类对象（续）

考虑一下编译器允许像这样赋值的后果。假定通过一个 SalariedCommissionEmployee 指针，我们可以为指针指向的对象（基类对象 salaried）调用该类的任何成员函数，包括 setGrossSales 函数和 setCommissionRate 函数。但是，SalariedEmployee 对象既没有 setGrossSales 和 setCommissionRate 这两个赋值成员函数，也没有可供它们赋值的数据成员 m_grossSales 和 m_commissionRate。允许像这样赋值会导致问题，因为成员函数 setGrossSales 和 setCommissionRate 会假设数据成员 m_grossSales 和 m_commissionRate 存在于 SalariedCommissionEmployee 对象中“通常”所在的位置。但是，SalariedEmployee 对象的内存中没有这些数据成员，所以 setGrossSales 和 setCommissionRate 可能会覆盖内存中的其他数据。

错误提示

10.6.3 通过基类指针调用派生类成员函数

编译器只允许通过基类指针调用基类成员函数。所以，如果基类指针指向一个派生类对象，并试图访问派生类专有的成员函数，那么会发生编译错误。图 10.9 展示了通过基类指针调用派生类特有成员函数时所报告的编译器错误。

错误提示

```
// fig10_09.cpp
// Attempting to call derived-class-only functions
// via a base-class pointer.
#include <string>
#include "SalariedEmployee.h"
#include "SalariedCommissionEmployee.h"

int main() {
   SalariedCommissionEmployee salariedCommission{
      "Bob Lewis", 300.0, 5000.0, .04};

   // aim base-class pointer at derived-class object (allowed)
   SalariedEmployee* salariedPtr{&salariedCommission};

   // invoke base-class member functions on derived-class
   // object through base-class pointer (allowed)
```

图 10.9 试图通过基类指针调用派生类专有函数

```
17      std::string name{salariedPtr->getName()};
18      double salary{salariedPtr->getSalary()};
19
20      // attempt to invoke derived-class-only member functions
21      // on derived-class object through base-class pointer (disallowed)
22      double grossSales{salariedPtr->getGrossSales()};
23      double commissionRate{salariedPtr->getCommissionRate()};
24      salariedPtr->setGrossSales(8000.0);
25   }
```

GNU C++ 编译器的错误消息：

```
fig10_09.cpp: In function 'int main()':
fig10_09.cpp:22:35: error: 'class SalariedEmployee' has no member named
'getGrossSales'
   22 |     double grossSales{salariedPtr->getGrossSales()};
      |                                    ^~~~~~~~~~~~~
fig10_09.cpp:23:39: error: 'class SalariedEmployee' has no member named
'getCommissionRate'
   23 |     double commissionRate{salariedPtr->getCommissionRate()};
      |                                        ^~~~~~~~~~~~~~~~~
fig10_09.cpp:24:17: error: 'class SalariedEmployee' has no member named
'setGrossSales'
   24 |     salariedPtr->setGrossSales(8000.0);
      |                  ^~~~~~~~~~~~~
```

图 10.9 试图通过基类指针调用派生类专有函数（续）

第 9 行和第 10 行创建一个 SalariedCommissionEmployee 对象。第 13 行用派生类对象 salariedCommission 的地址初始化基类指针 salariedPtr。这是允许的，因为 SalariedCommissionEmployee 是一个 SalariedEmployee。

第 17 行和第 18 行通过基类的指针调用基类的成员函数。这些调用是允许的，因为 SalariedCommissionEmployee 继承了这些函数。

既然 salariedPtr 指向的是 SalariedCommissionEmployee 对象，所以第 22 行～第 24 行试图调用 SalariedCommissionEmployee 专有的成员函数 getGrossSales、getCommissionRate 和 setGrossSales。编译器将报错，因为这些函数不是基类 SalariedEmployee 的成员函数。通过 salariedPtr，我们只能调用“该句柄的类”的成员函数，本例就是基类 SalariedEmployee 的成员函数。

10.7 虚函数和虚析构函数

10.6.1 节让基类 SalariedEmployee 指针指向一个派生类 SalariedCommissionEmployee 对象，并通过它调用成员函数 toString。在这种情况下调用的是基类 SalariedEmployee 的 toString。如何通过基类指针调用派生类的 toString 呢？

10.7.1 为什么虚函数这么有用？

软件工程

假设形状类 Circle、Triangle、Rectangle 和 Square 都派生自基类 Shape。每个类都可能被赋予了通过成员函数 draw 来绘制该类对象的能力，但每个形状的实现都有很大不同。在一个绘制许多不同形状的程序中，将它们全部作为基类 Shape 的对象来处理会非常方便。这样，我们就可以通过基类 Shape 的指针来调用 draw 以绘制任何形状。在运行时，程序将根据基类 Shape 指针所指向的对象的类型，动态地决定使用哪个派生类的 draw 函数。这就是“运行时多态性”行为。使用虚函数，所指向（或引用）的对象的类型——而不是指针（或引用）的类型——决定了要调用哪个成员函数。

10.7.2 声明虚函数

软件工程

为了实现这种运行时的多态性行为，我们将基类成员函数 draw 声明为虚函数，[9] 然后在每个派生类中重写（override）它，以便绘制适当的形状。在派生类中重写的函数必须具有与它所重写的基类函数相同的签名。要声明虚函数，在其原型前加上关键字 virtual 即可。例如，可在基类 Shape 中这样写 draw 函数原型：

```
virtual void draw() const;
```

软件工程

上述原型将 draw 函数声明为虚函数，它无参且什么都不返回。之所以声明为 const，是 draw 函数不应修改调用它的 Shape 对象。当然，虚函数不一定非要声明为 const，也允许接收实参和返回值，具体视情况而定。一个函数在声明为 virtual 后，它在所有直接或间接从该基类派生的类中都是虚函数。如果派生类选择不对它从基类继承的虚函数进行重写，那么派生类将直接继承基类的虚函数实现。

10.7.3 调用虚函数

如果程序通过以下两种方式来调用虚函数。

- 指向派生类对象的一个基类指针（例如 shapePtr->draw()）。
- 对派生类对象的一个基类引用（例如 shapeRef.draw()）。

程序将在执行时根据对象的类型——而不是指针或引用类型——选择正确的派生类函数。到执行时才选择适当的函数来调用，这称为**动态绑定**（dynamic binding）或**后期绑定**（late binding）。[10]

如果使用点操作符并通过特定对象的名称来调用虚函数，例如 squareObject.draw()，那么“优化编译器”可在编译时解析具体要调用的函数。这称为**静态绑定**（static binding）。将调用的虚函数是为该对象的类所定义的那个版本。

10.7.4 SalariedEmployee 层次结构中的虚函数

现在来体会一下虚函数如何在我们的层次结构中实现“运行时多态性”行为。我们只在每个类的头文件中进行了两处修改，以实现图 10.10 将要展示的行为。在 SalariedEmployee 类的头文件中（图 10.1），我们修改 earnings 和 toString 的以下原型：

```
double earnings() const;
std::string toString() const;
```

来包含 virtual 关键字（第 17 行～第 18 行）：

```
virtual double earnings() const;
virtual std::string toString() const;
```

在 SalariedCommissionEmployee 类的头文件中（图 10.4），我们修改以下 earnings 原型和 toString 原型（第 19 行～第 20 行）：

```
double earnings() const;
std::string toString() const;
```

来包含 override 关键字（在图 10.10 之后讨论）：

```
double earnings() const override;
std::string toString() const override;
```

SalariedEmployee 的 earnings 和 toString 函数均为 virtual，所以派生类 SalariedCommissionEmployee 的版本重写了 SalariedEmployee 的版本。SalariedEmployee 和 SalariedCommissionEmployee 的其他成员函数的实现没有变化，所以我们重用了图 10.2 和图 10.5 的版本。

运行时多态性行为

现在，如果让基类 SalariedEmployee 指针指向一个派生类 SalariedCommissionEmployee 对象，并使用该指针调用 earnings 或 toString，

那么会多态性地调用派生类对象的函数。图 10.10 演示了这种“运行时多态性”行为。首先，第 10 行～第 21 行创建一个 SalariedEmployee 和一个 SalariedCommissionEmployee，然后用它们的对象名称来显示 toString 的输出。这有助于稍后在程序中确认动态绑定的结果。第 27 行～第 38 行再次证明了两点。

- 指向一个 SalariedEmployee 对象的 SalariedEmployee 指针可用来调用 SalariedEmployee 的功能
- 指向一个 SalariedCommissionEmployee 对象的 SalariedCommissionEmployee 指针可用来调用 SalariedCommission Employee 的功能。

软件工程

第 41 行让基类指针 salariedPtr 指向派生类对象 salariedCommission。第 48 行通过基类指针调用成员函数 toString。如输出所示，此时调用的是派生类 salariedCommission 对象的 toString 成员函数。将成员函数声明为 virtual，并通过基类指针或引用来调用它，程序会在执行时根据对象的类型来决定调用哪个函数。

```
1   // fig10_10.cpp
2   // Introducing polymorphism, virtual functions and dynamic binding.
3   #include <fmt/format.h>
4   #include <iostream>
5   #include "SalariedEmployee.h"
6   #include "SalariedCommissionEmployee.h"
7
8   int main() {
9      // create base-class object
10     SalariedEmployee salaried{"Sue Jones", 500.0};
11
12     // create derived-class object
13     SalariedCommissionEmployee salariedCommission{
14        "Bob Lewis", 300.0, 5000.0, .04};
15
16     // output objects using static binding
17     std::cout << fmt::format("{}\n{}:\n{}\n{}\n",
18        "INVOKING TOSTRING FUNCTION ON BASE-CLASS AND",
19        "DERIVED-CLASS OBJECTS WITH STATIC BINDING",
20        salaried.toString(), // static binding
21        salariedCommission.toString()); // static binding
22
23     std::cout << "INVOKING TOSTRING FUNCTION ON BASE-CLASS AND\n"
24          << "DERIVED-CLASS OBJECTS WITH DYNAMIC BINDING\n\n";
25
```

图 10.10 演示多态性：通过指向派生类对象的基类指针来调用派生类虚函数

```
   // natural: aim base-class pointer at base-class object
   SalariedEmployee* salariedPtr{&salaried};
   std::cout << fmt::format("{}\n{}:\n{}\n",
      "CALLING VIRTUAL FUNCTION TOSTRING WITH BASE-CLASS POINTER",
      "TO BASE-CLASS OBJECT INVOKES BASE-CLASS FUNCTIONALITY",
      salariedPtr->toString()); // base-class version

   // natural: aim derived-class pointer at derived-class object
   SalariedCommissionEmployee* salariedCommissionPtr {&salariedCommission};
   std::cout << fmt::format("{}\n{}:\n{}\n",
      "CALLING VIRTUAL FUNCTION TOSTRING WITH DERIVED-CLASS POINTER",
      "TO DERIVED-CLASS OBJECT INVOKES DERIVED-CLASS FUNCTIONALITY",
      salariedCommissionPtr->toString()); // derived-class version

   // aim base-class pointer at derived-class object
   salariedPtr = &salariedCommission;

   // runtime polymorphism: invokes SalariedCommissionEmployee
   // via base-class pointer to derived-class object
   std::cout << fmt::format("{}\n{}:\n{}\n",
      "CALLING VIRTUAL FUNCTION TOSTRING WITH BASE-CLASS POINTER",
      "TO DERIVED-CLASS OBJECT INVOKES DERIVED-CLASS FUNCTIONALITY",
      salariedPtr->toString()); // derived-class version
}
```

```
INVOKING TOSTRING FUNCTION ON BASE-CLASS AND
DERIVED-CLASS OBJECTS WITH STATIC BINDING:
name: Sue Jones
salary: $500.00

name: Bob Lewis
salary: $300.00
gross sales: $5000.00
commission rate: 0.04

INVOKING TOSTRING FUNCTION ON BASE-CLASS AND
DERIVED-CLASS OBJECTS WITH DYNAMIC BINDING

CALLING VIRTUAL FUNCTION TOSTRING WITH BASE-CLASS POINTER
TO BASE-CLASS OBJECT INVOKES BASE-CLASS FUNCTIONALITY:
name: Sue Jones
salary: $500.00
```

图 10.10 演示多态性：通过指向派生类对象的基类指针来调用派生类虚函数（续）

```
CALLING VIRTUAL FUNCTION TOSTRING WITH DERIVED-CLASS POINTER
TO DERIVED-CLASS OBJECT INVOKES DERIVED-CLASS FUNCTIONALITY:
name: Bob Lewis
salary: $300.00
gross sales: $5000.00
commission rate: 0.04

CALLING VIRTUAL FUNCTION TOSTRING WITH BASE-CLASS POINTER
TO DERIVED-CLASS OBJECT INVOKES DERIVED-CLASS FUNCTIONALITY:
name: Bob Lewis
salary: $300.00
gross sales: $5000.00
commission rate: 0.04
```

图 10.10 演示多态性：通过指向派生类对象的基类指针来调用派生类虚函数（续）

当 salariedPtr 指向一个 SalariedEmployee 对象时，调用的是 SalariedEmployee 类的 toString 函数（第 31 行）。当 salariedPtr 指向一个 SalariedCommissionEmployee 对象时，调用的是 SalariedCommissionEmployee 类的 toString 函数（第 48 行）。所以，通过指向不同对象的基类指针发出相同的 toString 调用，会出现多种形式（本例是两种形式）。这就是"运行时多态性"行为。[11]

不要从构造函数和析构函数中调用虚函数

从基类构造函数或析构函数中调用虚函数时调用的是基类版本，即使基类构造函数或析构函数是在创建或销毁派生类对象时调用的。这不是你所期望的虚函数行为，所以，"C++ 核心准则"建议不要从构造函数或析构函数中调用它们。[12]

核心准则

C++11 override 关键字

使用 override 关键字声明 SalariedCommissionEmployee 的 earnings 和 toString 函数时，编译器会检查基类是否有一个具有相同签名的虚成员函数。如果没有，编译器会报错。这可以确保你重写的是正确的基类函数。它还能防止你不小心隐藏一个名字相同但签名不同的基类函数。因此，为避免出错，为每个重写了虚基类函数的派生类函数的原型都应用 override 关键字。

错误提示

"C++ 核心准则"指出下面两点。

- virtual 在层次结构中专门引入一个新的虚函数。
- override 专门指出一个派生类函数重写了一个基类虚函数。

所以，在每个虚函数的原型中，你只应使用 virtual 或 override。[13]

核心准则

10.7.5 虚析构函数

核心准则 软件工程

“C++ 核心准则”建议，包含虚函数的每个类中都要包含一个虚析构函数。[14] 这能防止当派生类有一个自定义析构函数时出现不容易发现的错误。如果类没有析构函数，编译器会为你生成一个，但生成的是非虚的。因此，在现代 C++ 中，大多数类的虚析构函数定义都像下面这样写：

```
virtual ~SalariedEmployee() = default;
```

这样不仅能将析构函数声明为 `virtual`，还能通过 `= default` 这样的写法让编译器为类自动生成一个默认析构函数。

10.7.6 final 成员函数和类

C++11 之前可以重写任何基类虚函数。在 C++11 以及后续版本中，如果虚函数在其原型中声明了 `final`，如下所示：

```
returnType someFunction(parameters) final;
```

软件工程

那么在任何派生类中都不能重写。在多级类层次结构中，这能确保后续所有直接和间接派生类都使用 `final` 成员函数定义。

类似地，在 C++11 之前，任何现有的类都可以在层次结构的任何位置被用作基类。在 C++11 以及后续版本中，可将类声明为 `final` 以防止它被用作基类，如下所示：

```
class MyClass final {
    // 类主体
};
```

或者：

```
class DerivedClass : public BaseClass final {
    // 类主体
};
```

错误提示 性能提示

试图重写 `final` 成员函数或者从 `final` 基类继承会造成编译错误。

将虚函数声明为 `final` 的一个好处是，一旦编译器知道某个虚函数不能被重写，就可以进行各种优化。例如，编译器也许能在编译时确定要调用的正确函数。这种优化称为**去虚**（devirtualization）。[15]

某些时候，即使虚函数没有被声明为 `final`，编译器也能将虚函数调用去虚。例如，编译器有时能在编译时识别将在运行时使用的对象的类型。[16] 在这种情况下，对一个非 `final` 的虚函数的调用可以在编译时绑定。[17, 18]

10.8 抽象类和纯虚函数

软件工程

有时需要定义一些你不打算实例化任何对象的类。这种**抽象类**（abstract class）为类层次结构中从它派生的类定义了一个公共接口。由于抽象类在继承层次结构中被用作基类，所以我们将其称为**抽象基类**（abstract base class）。这样的类不能被用来创建对象，因为正如以后会讲到的那样，抽象类是“缺失的环节”。派生类必须在派生类对象被实例化之前定义这些“缺失的环节”。我们将在 10.9 节、10.12 节和 10.14 节中用抽象类构建程序。

可用于实例化对象的类称为**具体类**（concrete class）。这样的类定义或继承了它们或它们的基类声明中的每个成员函数的实现。抽象类的一个很好的例子是 10.2 节描述的形状层次结构中的基类 `Shape`。然后可以有一个抽象基类 `TwoDimensionalShape`（二维形状）以及派生的具体类 `Circle`、`Square` 和 `Triangle`。此外，还可以有一个抽象基类 `ThreeDimensionalShape` 以及派生的具体类 `Cube`、`Sphere` 和 `Tetrahedron`。抽象基类对于定义对象来说过于笼统。例如，如果有人告诉你“画二维形状”，你会画什么形状？具体类提供了使对象能够实例化的具体细节。

10.8.1 纯虚函数

软件工程

类通过声明一个或多个纯虚函数而变得抽象。每个纯虚函数原型中都添加了“`=0`”，例如：

```
virtual void draw() const = 0; // 纯虚函数
```

软件工程

“`= 0`”是所谓的**纯说明符**（pure specifier）。纯虚函数不提供实现。派生的每个具体类必须用具体的实现重写其基类的纯虚函数。否则，派生类也是抽象的。相反，普通的虚函数有一个实现，派生类可选择是重写该函数，还是直接继承基类的实现。抽象类也可以有数据成员和具体函数。10.12 节会讲到，全部都是纯虚函数的抽象类有时称为**纯抽象类**（pure abstract class）或**接口**（interface）。

软件工程

如果基类不知道如何实现一个函数，但派生的所有具体类都应实现它，就可以使用纯虚函数。回到之前 `SpaceObject` 的例子，基类 `SpaceObject` 实现一个 `draw` 函数是没有意义的，因为不能凭空画出一个 `SpaceObject`。

软件工程

虽然不能实例化抽象基类的对象，但可以声明抽象基类类型的指针和引用，并让它们指向从抽象基类派生的任何具体类的对象。程序通常使用这样的指针和引用在运行时以多态的方式操作派生类对象。

10.8.2 设备驱动程序：操作系统中的多态性

多态性在实现分层软件系统特别有效。例如，在操作系统中，每种物理输入 / 输出设备的工作方式都可能存在很大区别。即便如此，用于执行数据读取的命令在一定程度上是统一的。我们向设备驱动程序对象发送一条写入消息，它具体如何解释这条消息取决于特定设备的上下文。但是，写入调用本身与向系统中的任何其他设备写入没有什么不同，都是将一些字节从内存放到该设备上。

所以，我们可以设计一个面向对象的操作系统，它使用一个抽象基类来提供适合所有设备驱动程序的接口。通过从抽象基类继承，所有派生类都以类似的方式工作。设备驱动程序提供的 public 函数就是抽象基类中的纯虚函数。这些纯虚函数由设备驱动程序继承的具体类来实现。

软件工程

这种体系结构还使新设备很容易添加到系统中。用户只需安装好设备以及相应的设备驱动程序。然后，操作系统就可以通过设备驱动程序与新设备“对话”，设备驱动程序具有与其他所有设备驱动程序相同的 public 成员函数，那些在“设备驱动程序”抽象基类中定义的函数。

10.9 案例学习：使用运行时多态性的薪资系统

让我们使用一个抽象类和运行时多态性来为两种雇员类型进行工资计算。我们创建一个 Employee 层次结构来解决以下问题：

一家公司每周向其雇员支付薪资。雇员类型有两种：

1. 领薪雇员（Salaried employees）领取固定薪资，与工作时长无关。
2. 佣金雇员（Commission employees）按其销售额的一定比例提成。

该公司希望实现一个 C++ 程序，以多态方式进行薪资计算。

软件工程

许多继承层次结构都从一个抽象基类开始，然后是一排设为 final 的派生类。我们用抽象类 Employee 来表示一般意义上的“雇员”，并定义了层次结构的“接口”——即 Employee 的所有派生类都必须具备的成员函数，这样程序就能在所有 Employee 对象上调用这些函数。另外，无论具体如何计算收入，每个雇员都必须有一个姓名。因此，我们在抽象基类 Employee 中定义一个 private 数据成员 m_name。

我们直接从 Employee 派生的 final 类是 SalariedEmployee 和 CommissionEmployee。每个都是类层次结构中的一个**叶子节点**（leaf node），不能成为基类。以下 UML 类图展示了我们的运行时多态性薪资应用程序的继承层次结构。按照 UML 的惯例，抽象类名称 Employee 用斜体表示。

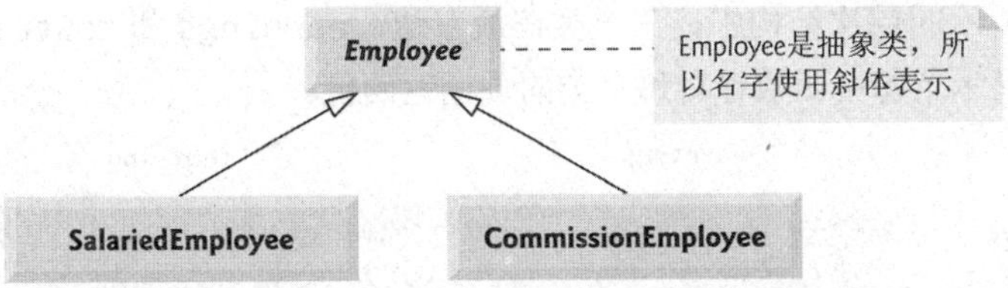

派生类可以从基类继承接口和 / 或实现。为接口继承而设计的层次结构往往在层次结构的下层为这些接口声明的功能提供了具体的定义。基类声明一个或多个应由每个派生类定义的函数，而具体的实现由单独的派生类负责提供。 软件工程

下面几个小节实现了 Employee 类的层次结构。前三小节各自定义了一个抽象类或具体类。最后一节包含一个测试程序，它创建具体类的对象，并通过运行时多态性来操作它们。

10.9.1 创建抽象基类 Employee

Employee 类（图 10.11 和图 10.12，稍后详述）提供了 earnings 和 toString 这两个函数，以及用于操作 Employee 的 m_name 数据成员的取值和赋值函数。所有雇员都应该有收入，所以一个 earnings 函数自然普适于任何 Employee。但是，具体怎么计算收入要取决于它的类。所以，我们在基类 Employee 中将 earnings 声明为纯虚函数。之所以纯虚，是因为默认实现对于该函数来说没有意义。此时没有足够的信息来确定 earnings 应该返回多少收入。

每个派生类都用一个适当的实现来重写 earnings。为了计算一名雇员的收入，程序将雇员对象的地址赋给基类 Employee 指针，然后调用该对象的 earnings 函数。

测试程序维护了一个由 Employee 指针构成的 vector，每个指针都指向“是一个 Employee”的对象——具体地说，就是从 Employee 派生的某个具体类的对象。程序遍历该 vector 并调用每个 Employee 的 earnings 函数。C++ 以多态的方式处理这些调用。在 Employee 中将 earnings 指定为纯虚函数，每个从 Employee 派生的具体类都必须重写 earnings。 软件工程

Employee 的 toString 函数不是纯虚的，它包含了实现，会返回包含雇员姓名的一个字符串。从 Employee 派生的每个类都重写了 toString 函数，除了返回雇员姓名，还要返回其他信息。虽然 Employee 中的 earnings 是纯虚函数，但在每个派生类的 toString 中都可以调用 earnings。每个具体类都保证有一个 earnings 的实现。就连 Employee 类的 toString 函数也能调用 earnings。在运行时通过一个 Employee 指针或引用来调用 toString 时，你总是在一个具体派生类对象上调用它。

在如图所示的层次结构中，三个类在最左边，**earnings** 和 **toString** 函数在最上边。图中显示了每个函数针对每个类的预期返回值。

	earnings	toString
Employee	纯虚	name: *m_name*
Salaried Employee	*m_salary*	name: *m_name* salary: *m_salary*
Commission Employee	*m_commissionRate* * *m_grossSales*	name: *m_name* gross sales: *m_grossSales* commission rate: *m_commissionRate*

斜体字表示在 **earnings** 和 **toString** 函数的这个地方，要使用来自某个特定对象的值。**Employee** 类将 **earnings** 函数指定为“纯虚”，以表明它不提供一个实现。派生的每个具体类都会重写该函数来提供一个恰当的实现。我们没有列出基类 **Employee** 的取值和赋值函数，因为派生类没有重写它们。每个函数都由派生类继承并“照样”使用。

Employee 类的头文件

在 **Employee** 类（图 10.11）的头文件中，其 **public** 成员函数如下。

- 一个获取姓名作为参数的构造函数（第 9 行）
- 一个 C++11 **default** 虚析构函数（第 10 行）
- 一个赋值函数，用于设置姓名（第 12 行）
- 一个返回姓名的取值函数（第 13 行）
- 纯虚函数 **earnings**（第 16 行）
- 虚函数 **toString**（第 17 行）

总结一下，之所以将 **earnings** 声明为纯虚函数，是因为首先必须知道具体的 **Employee** 类型，才能确定怎么计算收入。派生的每个具体类都必须提供 **earnings** 的一个实现。然后，通过一个基类 **Employee** 指针或引用，程序可为 **Employee** 的任何具体派生类的对象多态调用 **earnings** 函数。

```
1  // Fig. 10.11: Employee.h
2  // Employee abstract base class.
3  #pragma once // prevent multiple inclusions of header
4  #include <string>
5  #include <string_view>
6
7  class Employee {
```

图 10.11 Employee 抽象基类

```
public:
   explicit Employee(std::string_view name);
   virtual ~Employee() = default; // compiler generates virtual destructor

   void setName(std::string_view name);
   std::string getName() const;

   // pure virtual function makes Employee an abstract base class
   virtual double earnings() const = 0; // pure virtual
   virtual std::string toString() const; // virtual
private:
   std::string m_name;
};
```

图 10.11 Employee 抽象基类（续）

Employee 类成员函数定义

图 10.12 包含 Employee 的成员函数定义。没有为虚函数 earnings 提供实现。虚函数 toString 的实现（第 17 行～第 19 行）将在每个派生类中重写。在派生类的 toString 函数中，会调用 Employee 的 toString 函数，以获得 Employee 层次结构中的所有类都有的一种信息，即雇员的姓名。

```
1  // Fig. 10.12: Employee.cpp
2  // Abstract-base-class Employee member-function definitions.
3  // Note: No definitions are given for pure virtual functions.
4  #include <fmt/format.h>
5  #include "Employee.h" // Employee class definition
6
7  // constructor
8  Employee::Employee(std::string_view name) : m_name{name} {} // empty body
9
10 // set name
11 void Employee::setName(std::string_view name) {m_name = name;}
12
13 // get name
14 std::string Employee::getName() const {return m_name;}
15
16 // return string representation of an Employee
17 std::string Employee::toString() const {
18    return fmt::format("name: {}", getName());
19 }
```

图 10.12 Employee 类的实现文件

10.9.2 创建派生的具体类 SalariedEmployee

SalariedEmployee 类（图 10.13 和图 10.14）从 Employee 类派生（图 10.13 的第 8 行）。SalariedEmployee 的 public 成员函数如下。

- 一个构造函数，获取姓名和薪资作为实参（第 10 行）。
- 一个 C++11 default 虚析构函数（第 11 行）。
- 一个赋值函数，它为数据成员 m_salary 赋一个新的、非负的值（第 13 行）；一个取值函数，用于返回 m_salary 的值（第 14 行）。
- 对 Employee 的虚函数 earnings 的重写（第 17 行），用于计算 SalariedEmployee 这种雇员的收入。
- 对 Employee 的虚函数 toString 的重写（第 18 行），返回 SalariedEmployee 的字符串表示。

```
1  // Fig. 10.13: SalariedEmployee.h
2  // SalariedEmployee class derived from Employee.
3  #pragma once
4  #include <string> // C++ standard string class
5  #include <string_view>
6  #include "Employee.h" // Employee class definition
7
8  class SalariedEmployee final : public Employee {
9  public:
10    SalariedEmployee(std::string_view name, double salary);
11    virtual ~SalariedEmployee() = default; // virtual destructor
12
13    void setSalary(double salary);
14    double getSalary() const;
15
16    // keyword override signals intent to override
17    double earnings() const override; // calculate earnings
18    std::string toString() const override; // string representation
19 private:
20    double m_salary{0.0};
21 };
```

图 10.13 SalariedEmployee 类的头文件

SalariedEmployee 类的成员函数定义

图 10.14 实现了 SalariedEmployee 的成员函数，如下所示。

- 一个构造函数，它将 name 实参传给基类 Employee 构造函数（第 9 行），以初始化继承的、在派生类中不能直接访问的 private 数据成员。

- earnings 函数（第 27 行）重写了 Employee 的纯虚函数 earnings，以提供一个返回周薪的具体实现。如果不重写 earnings，那么 SalariedEmployee 会继承 Employee 的纯虚 earnings 函数，所以会成为一个无法实例化的抽象类。
- SalariedEmployee 的 toString 函数（第 30 行 ~ 第 33 行）重写了 Employee 的 toString。如果不这样做，该类将继承基类 Employee 的那个版本，即返回只包含雇员姓名的一个字符串。而在 SalariedEmployee 的 toString 函数返回的字符串中，除了 Employee::toString() 的结果，还有 SalariedEmployee 的薪资。

SalariedEmployee 的头文件将成员函数 earnings 和 toString 声明为 override，以确保正确地重写它们。记住，这些在基类 Employee 中都是虚函数，所以在整个类层次结构中，它们都保持 virtual（一日为虚，终生为虚）。

```
1  // Fig. 10.14: SalariedEmployee.cpp
2  // SalariedEmployee class member-function definitions.
3  #include <fmt/format.h>
4  #include <stdexcept>
5  #include "SalariedEmployee.h" // SalariedEmployee class definition
6
7  // constructor
8  SalariedEmployee::SalariedEmployee(std::string_view name, double salary)
9     : Employee{name} {
10    setSalary(salary);
11 }
12
13 // set salary
14 void SalariedEmployee::setSalary(double salary) {
15    if (salary < 0.0) {
16       throw std::invalid_argument("Weekly salary must be >= 0.0");
17    }
18
19    m_salary = salary;
20 }
21
22 // return salary
23 double SalariedEmployee::getSalary() const {return m_salary;}
24
25 // calculate earnings;
```

图 10.14 SalariedEmployee 类的实现文件

```
// override pure virtual function earnings in Employee
double SalariedEmployee::earnings() const {return getSalary();}

// return a string representation of SalariedEmployee
std::string SalariedEmployee::toString() const {
   return fmt::format("{}\n{}: ${:.2f}", Employee::toString(),
      "salary", getSalary());
}
```

图 10.14 SalariedEmployee 类的实现文件（续）

10.9.3 创建派生的具体类 CommissionEmployee

CommissionEmployee 类（图 10.15 和图 10.16）从 Employee 类派生（图 10.15 的第 8 行）。在图 10.16 中实现的成员函数如下所示。

- 一个构造函数（第 8 行～第 12 行），它获取姓名、总销售额和佣金率，然后将姓名传给 Employee 的构造函数（第 9 行）以初始化继承的数据成员。
- 赋值函数（第 15 行～第 21 行和第 27 行～第 34 行）将新值赋给数据成员 m_grossSales 和 m_commissionRate。
- 取值函数（第 24 行和第 37 行～第 39 行）返回 m_grossSales 和 m_commissionRate 的值。
- 对 Employee 类的 earnings 函数进行重写（第 42 行～第 44 行），用于计算 CommissionEmployee 这种雇员的收入。
- 对 Employee 的 toString 函数的重写（第 47 行～第 51 行），返回包含 Employee::toString() 结果、总销售额和佣金率的一个字符串。

```
1  // Fig. 10.15: CommissionEmployee.h
2  // CommissionEmployee class derived from Employee.
3  #pragma once
4  #include <string>
5  #include <string_view>
6  #include "Employee.h" // Employee class definition
7
8  class CommissionEmployee final : public Employee {
9  public:
10    CommissionEmployee(std::string_view name, double grossSales,
11       double commissionRate);
12    virtual ~CommissionEmployee() = default; // virtual destructor
```

图 10.15 CommissionEmployee 类的头文件

```
   void setGrossSales(double grossSales);
   double getGrossSales() const;

   void setCommissionRate(double commissionRate);
   double getCommissionRate() const;

   // keyword override signals intent to override
   double earnings() const override; // calculate earnings
   std::string toString() const override; // string representation
private:
   double m_grossSales{0.0};
   double m_commissionRate{0.0};
};
```

图 10.15 CommissionEmployee 类的头文件（续）

```
// Fig. 10.16: CommissionEmployee.cpp
// CommissionEmployee class member-function definitions.
#include <fmt/format.h>
#include <stdexcept>
#include "CommissionEmployee.h" // CommissionEmployee class definition

// constructor
CommissionEmployee::CommissionEmployee(std::string_view name,
   double grossSales, double commissionRate) : Employee{name} {
   setGrossSales(grossSales);
   setCommissionRate(commissionRate);
}

// set gross sales amount
void CommissionEmployee::setGrossSales(double grossSales) {
   if (grossSales < 0.0) {
      throw std::invalid_argument("Gross sales must be >= 0.0");
   }

   m_grossSales = grossSales;
}

// return gross sales amount
double CommissionEmployee::getGrossSales() const {return m_grossSales;}

```

图 10.16 CommissionEmployee 类的实现文件

```
// set commission rate
void CommissionEmployee::setCommissionRate(double commissionRate) {
   if (commissionRate <= 0.0 || commissionRate >= 1.0) {
      throw std::invalid_argument(
         "Commission rate must be > 0.0 and < 1.0");
   }

   m_commissionRate = commissionRate;
}

// return commission rate
double CommissionEmployee::getCommissionRate() const {
   return m_commissionRate;
}

// calculate earnings
double CommissionEmployee::earnings() const {
   return getGrossSales() * getCommissionRate();
}

// return string representation of CommissionEmployee object
std::string CommissionEmployee::toString() const {
   return fmt::format("{}\n{}: ${:.2f}\n{}: {:.2f}", Employee::toString(),
      "gross sales", getGrossSales(),
      "commission rate", getCommissionRate());
}
```

图 10.16 CommissionEmployee 类的实现文件（续）

10.9.4 演示运行时多态性处理

为了测试 Employee 层次结构，图 10.17 的程序为每个具体类（SalariedEmployee 和 CommissionEmployee）都创建了一个对象。程序首先通过对象的名称来操作这些对象。然后，借助“运行时多态性”，使用包含 Employee 基类指针的一个 vector 来操作它们。第 16 行和第 17 行创建派生的每个具体类的对象。第 20 行～第 23 行输出每名雇员的信息和收入。这些行使用了每个对象的变量名，所以编译器能在编译时识别每个对象的类型，从而决定应该调用哪个 toString 和 earnings 函数（静态绑定）。

```
1  // fig10_17.cpp
2  // Processing Employee derived-class objects with variable-name handles
3  // then polymorphically using base-class pointers and references
```

图 10.17 用变量名这种“句柄”处理 Employee 派生类对象，再用基类指针和引用进行多态处理

```
#include <fmt/format.h>
#include <iostream>
#include <vector>
#include "Employee.h"
#include "SalariedEmployee.h"
#include "CommissionEmployee.h"

void virtualViaPointer(const Employee* baseClassPtr); // prototype
void virtualViaReference(const Employee& baseClassRef); // prototype

int main() {
   // create derived-class objects
   SalariedEmployee salaried{"John Smith", 800.0};
   CommissionEmployee commission{"Sue Jones", 10000, .06};

   // output each Employee
   std::cout << "EMPLOYEES PROCESSED INDIVIDUALLY VIA VARIABLE NAMES\n"
      << fmt::format("{}\n{}{:.2f}\n\n{}\n{}{:.2f}\n\n",
            salaried.toString(), "earned $", salaried.earnings(),
            commission.toString(), "earned $", commission.earnings());

   // create and initialize vector of base-class pointers
   std::vector<Employee*> employees{&salaried, &commission};

   std::cout << "EMPLOYEES PROCESSED POLYMORPHICALLY VIA"
      << " DYNAMIC BINDING\n\n";

   // call virtualViaPointer to print each Employee
   // and earnings using dynamic binding
   std::cout << "VIRTUAL FUNCTION CALLS MADE VIA BASE-CLASS POINTERS\n";

   for (const Employee* employeePtr : employees) {
      virtualViaPointer(employeePtr);
   }

   // call virtualViaReference to print each Employee
   // and earnings using dynamic binding
   std::cout << "VIRTUAL FUNCTION CALLS MADE VIA BASE-CLASS REFERENCES\n";

   for (const Employee* employeePtr : employees) {
      virtualViaReference(*employeePtr); // note dereferenced pointer
   }
}

```

图 10.17 用变量名这种“句柄”处理 Employee 派生类对象，再用基类指针和引用进行多态处理（续）

```
// call Employee virtual functions toString and earnings via a
// base-class pointer using dynamic binding
void virtualViaPointer(const Employee* baseClassPtr) {
   std::cout << fmt::format("{}\nearned ${:.2f}\n\n",
      baseClassPtr->toString(), baseClassPtr->earnings());
}

// call Employee virtual functions toString and earnings via a
// base-class reference using dynamic binding
void virtualViaReference(const Employee& baseClassRef) {
   std::cout << fmt::format("{}\nearned ${:.2f}\n\n",
      baseClassRef.toString(), baseClassRef.earnings());
}
```

```
EMPLOYEES PROCESSED INDIVIDUALLY VIA VARIABLE NAMES
name: John Smith
salary: $800.00
earned $800.00

name: Sue Jones
gross sales: $10000.00
commission rate: 0.06
earned $600.00

EMPLOYEES PROCESSED POLYMORPHICALLY VIA DYNAMIC BINDING

VIRTUAL FUNCTION CALLS MADE VIA BASE-CLASS POINTERS
name: John Smith

salary: $800.00
earned $800.00

name: Sue Jones
gross sales: $10000.00
commission rate: 0.06
earned $600.00

VIRTUAL FUNCTION CALLS MADE VIA BASE-CLASS REFERENCES
name: John Smith
salary: $800.00
earned $800.00

name: Sue Jones
gross sales: $10000.00
commission rate: 0.06
earned $600.00
```

图 10.17 用变量名这种“句柄”处理 Employee 派生类对象，再用基类指针和引用进行多态处理（续）

创建包含 Employee 指针的一个 vector

图 10.17 中，第 26 行创建并初始化名为 employees 的一个 vector，其中包含两个 Employee 指针，分别指向对象 salaried 和 commission。编译器之所以允许用这些对象的地址初始化 vector 的元素，是因为 SalariedEmployee “是一个” Employee，CommissionEmployee 也“是一个” Employee。

virtualViaPointer 函数

图 10.17 中，第 35 行～第 37 行遍历 vector employees，并以每个元素作为实参来调用 virtualViaPointer 函数（第 50 行～第 53 行）。virtualViaPointer 函数通过其 baseClassPtr 参数来接收 employees 中给定元素所存储的地址，然后使用指针调用虚函数 toString 和 earnings。该函数不涉及任何 SalariedEmployee 或 CommissionEmployee 类型的信息，它只知道基类 Employee。程序反复使 baseClassPtr 指向不同的具体派生类对象，所以编译器无法提前知道应通过 baseClassPtr 调用哪个具体类的函数——它只能在运行时通过“动态绑定”来解析这些调用。在执行时，每个虚函数调用都正确调用了 baseClassPtr 当前指向的对象上的函数。输出结果表明，每个类的相应函数都被调用并显示了正确的信息。通过“运行时多态性”来获得每名雇员的收入，产生了与第 22 行和第 23 行相同的结果。

软件工程

virtualViaReference 函数

第 43 行～第 45 行遍历 employees vector，将其中每个元素作为实参来调用 virtualViaReference 函数（第 57 行～第 60 行）。virtualViaReference 函数通过其 baseClassRef 参数（const Employee& 类型）来接收一个对象引用，这是通过对 employees vector 中的元素所存储的指针进行解引用来获得的（第 44 行）。对这个函数的每次调用都会通过 baseClassRef 来调用虚函数 toString 和 earnings，以证明基类引用同样会发生运行时多态性处理。每个虚函数调用都会在运行时调用 baseClassRef 所引用的对象上的那个版本的函数。这是“动态绑定”的又一个例子。使用基类引用产生的输出与使用基类指针和之前编译时“静态绑定”所产生的输出是完全一样的。

10.10 运行时多态性、虚函数和动态绑定的幕后机制

本节讨论 C++ 如何实现运行时多态性、虚函数和动态绑定，使你对这些功能的运作方式有一个正确的理解。更重要的是，你会体会到运行时多态性的开销——也就是它产生的额外内存和处理器时间消耗。这将帮助你决定何时使用运行时多态性，

性能提示

何时避免使用。C++ 标准库类的实现一般不使用虚函数，以避免相关的执行时间开销，从而达到最佳性能。

首先解释编译器可能在编译时构建的、用于支持执行时多态性的数据结构。你会看到，这可以通过三级指针来实现，即所谓的**三重间接寻址**（triple indirection）。然后，将展示一个执行中的程序如何使用这些数据结构来执行虚函数，并实现与多态性相关的动态绑定。我们的讨论解释了一种可能的实现。

虚函数表

当 C++ 编译具有一个或多个虚函数的类时，会为该类建立一个**虚函数表**（简称 *vtable*）。*vtable* 包含指向该类虚函数的指针。**函数指针**包含执行该函数任务的代码在内存中的起始地址。正如数组名称可以隐式转换为数组第一个元素的地址一样，函数名称也可以隐式转换为其代码的起始地址。

通过动态绑定，每次在类的对象上调用虚函数时，执行中的程序都会使用类的 *vtable* 来选择正确的函数实现。图 10.18 最左边的一列展示了 `Employee`、`SalariedEmployee` 和 `CommissionEmployee` 这三个类的 *vtable*。

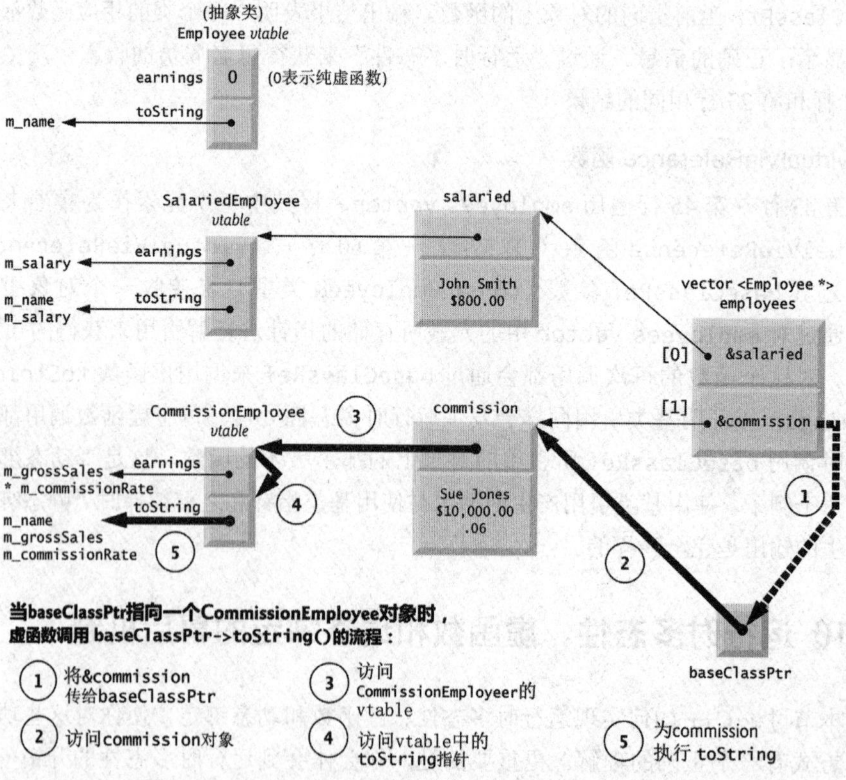

图 10.18 虚函数调用的工作方式

Employee 类的 vtable

Employee 类 vtable 中的第一个函数指针被设为 0（即 nullptr），因为 earnings 是一个无实现的纯虚函数。第二个指针指向 toString，它返回包含雇员姓名的一个 string。为了节省篇幅，我们在这个图中缩写了每个 toString 函数的输出。任何在 vtable 中有一个或多个纯虚函数（用值 0 表示）的类都是抽象类。SalariedEmployee 类和 CommissionEmployee 类则是具体类，因为它们的 vtable 中没有 nullptr。

SalariedEmployee 类的 vtable

SalariedEmployee 类 vtable 中的 earnings 函数指针指向该类对 earnings 函数的重写，该函数返回薪资。SalariedEmployee 还重写了 toString，所以相应的函数指针指向 SalariedEmployee 的 toString 函数，它返回雇员的姓名和薪资。

CommissionEmployee 类的 vtable

CommissionEmployee 类 vtable 中的 earnings 函数指针指向 CommissionEmployee 的 earnings 函数，它返回雇员的总销售额乘以佣金率的结果。toString 函数指针指向 CommissionEmployee 自己的版本，返回雇员的姓名、佣金率和总销售额。和 SalariedEmployee 类一样，这两个函数都重写了 Employee 类的。

继承具体虚函数

在我们的 Employee 例子中，每个具体类都提供了虚函数 earnings 和 toString 的实现。如你所知，由于 earnings 是纯虚函数，所以 Employee 的每个直接派生类必须实现它才能成为具体类。但是，在实现 earnings 后，直接派生类不需要继续实现 toString 就可以被认为是具体类——它们可以继承 Employee 类的 toString 实现。不过，在我们的例子中，两个派生类都重写了 Employee 的 toString。

在我们的层次结构中，如果一个派生类继承了 toString 而没有重写它，这个函数在 vtable 中的指针将直接指向继承的实现。例如，如果 CommissionEmployee 没有重写 toString，CommissionEmployee 在 vtable 中的 toString 函数指针将指向 Employee 类的 vtable 中的同一个 toString 函数。

用于实现运行时多态性的三级指针

运行时多态性可以通过一个优雅的数据结构来实现，该数据结构涉及三个指针层级。之前已经讨论了其中的一级：vtable 中的函数指针。这些指针指向虚函数被调用时真正执行的函数。

现在考虑第二级指针。每当具有一个或多个虚函数的对象被实例化时，编译器都会为它附加一个指向该类 *vtable* 的指针。这个指针通常放在对象头部（front），但并非一定要以这种方式实现。在我们的 vtable 示意图中，这些指针与图 10.17 定义的 SalariedEmployee 和 CommissionEmployee 对象关联（分别是 salaried 对象和 commission 对象）。我们在图中显示了每个对象的数据成员值。

第三级指针包含将为其调用虚函数的那个对象的地址。vtable 示意图最右边的一列展示了包含这些 Employee 指针的、名为 employees 的 vector。

现在，让我们看看一个典型的虚函数调用是如何执行的。假设在 virtualViaPointer 函数中调用 baseClassPtr->toString()（图 10.17 的第 52 行）。假设 baseClassPtr 包含 employees[1]，即 commission 对象在 employees 这个 vector 中的地址。编译这个语句时，编译器发现这个调用是通过一个基类指针进行的，而且 toString 是一个虚函数。编译器发现 toString 是每个 vtable 中的第二个条目。所以它在机器语言目标码指针表中加入一个**偏移量**（offset），以找到将用于执行虚函数调用的代码。

编译器生成代码来执行以下操作——列表编号对应图 10.18 中的圆圈。

1. 选择第 *i* 个 employees 条目（commission 对象的地址），并将其作为实参传给 virtualViaPointer 函数。这使 baseClassPtr 参数指向 commission 对象。
2. 对指针进行解引用以访问 commission 对象，该对象以指向 CommissionEmployee 类的 vtable 的一个指针开始。
3. 对 *vtable* 指针进行解引用以访问 CommissionEmployee 类的 *vtable*。
4. 跳过偏移量，选择 toString 函数指针。[19]
5. 为 commission 对象执行 toString，返回一个包含雇员姓名、总销售额和佣金率的 string。

性能提示

vtable 示意图的数据结构看起来可能有点复杂。但是，编译器管理着这种复杂性并将其隐藏起来，使运行时多态性编程变得简单明了。每个虚函数调用的“指针解引用”操作和内存访问需要额外的执行时间。添加到对象中的 *vtables* 和 *vtable* 指针需要占用一些额外的内存。

性能提示

就像 C++ 语言中通常用虚函数和动态绑定所实现的那样，运行时多态性非常高效。在大多数应用程序中，使用这些功能对执行性能和内存消耗只有微不足道的影响。但在某些情况下，多态性的开销可能会很大，例如在对执行时性能有严格要求的实时应用程序中，或者在那些使用了大量小对象，同时 *vtable* 指针和每个对象相比显得较大的应用程序中。

10.11 非虚接口 (NVI) 惯用法

非虚接口（Non-Virtual Interface，NVI）[20, 21] 惯用法是使用类层次结构来实现运行时多态性的另一种方式。Herb Sutter 在他的“Virtuality”论文 [22] 中首次提出了 NVI。Sutter 列出了实现类层次结构的四条准则，每一条都会在本例中使用。

1. “尽量使接口非虚，使用模板方法”——一种面向对象设计模式。[23, 24] Sutter 解释说，一个 `public` 虚函数有两个作用：描述类接口的一部分，并使派生类能通过重写虚函数对行为进行自定义。他建议每个函数只服务于一个目的。
2. “尽量使虚函数 `private`。”派生类可以重写其基类的私有 `private` 函数。通过使虚函数 `private`，可确保它只服务于一个目的：使派生类能通过重写虚函数对行为进行自定义。基类中的非虚函数在内部调用 `private` 虚函数来作为一种实现细节。
3. “只有在派生类需要调用虚函数的基类实现时，才使虚函数 `protected`。”这使派生类可以重写基类的虚函数，并利用基类的实现以避免派生类中的重复性代码。
4. “基类析构函数应该是 `public` 虚函数，或者是 `protected` 虚函数。”本节会再次使 `Employee` 基类析构函数成为一个 `public` 虚函数。在第 11 章中，你会看到当通过基类指针来删除动态分配的派生类对象时，`public` 虚函数会非常重要。

Sutter 在论文中演示了每一条建议，他的重点是作为一种良好的软件工程实践，应该将类的接口与它的实现分开。[25]

重构 Employee 类以应用 NVI 惯用法

下面按照 Sutter 的准则来重构 `Employee` 类（图 10.19 ～图 10.20）。大多数代码与 10.9 节相同，所以这里只关注改动之处。图 10.19 有下面几处关键的改动。

- `Employee` 的 `public earnings`（第 15 行）和 `toString`（第 16 行）成员函数不再被声明为虚函数。另外，正如稍后会看到的，`earnings` 将有一个实现。`earnings` 和 `toString` 现在只服务于一个目的：允许客户端代码分别获得一个 `Employee` 的收入和字符串表示。它们原来还有第二个目的，即作为派生类的自定义点使用。现在，这个目的将通过新的成员函数来实现。
- 添加了 `protected` 虚函数 `getString`（第 18 行）来作为派生类的一个自定义点。该函数由非虚的 `toString` 函数调用。基类的 `protected` 成员可由其派生类访问。稍后就会看到，派生类的 getString 函数将重写并调用 Employee 类的 getString。

- 添加了 private 纯虚函数 getPay（第 21 行）来作为派生类的一个自定义点。该函数由非虚的 earnings 函数调用。派生类将重写 getPay 以自定义收入计算。

```
1  // Fig. 10.19: Employee.h
2  // Employee abstract base class.
3  #pragma once // prevent multiple inclusions of header
4  #include <string>
5  #include <string_view>
6
7  class Employee {
8  public:
9     Employee(std::string_view name);
10    virtual ~Employee() = default;
11
12    void setName(std::string_view name);
13    std::string getName() const;
14
15    double earnings() const; // not virtual
16    std::string toString() const; // not virtual
17 protected:
18    virtual std::string getString() const; // virtual
19 private:
20    std::string m_name;
21    virtual double getPay() const = 0; // pure virtual
22 };
```

图 10.19 Employee 抽象基类

Employee 类的成员函数实现（图 10.20）有下面几处关键的改动。

- 成员函数 earnings（第 17 行）现在提供一个具体的实现，返回调用 private 纯虚函数 getPay 的结果。这个调用是允许的，因为在执行时，是在从 Employee 派生的一个具体类的对象上调用 earnings。
- 成员函数 toString（第 20 行）现在返回调用 protected 虚函数 getString 的结果。
- 现在定义了新的 protected 成员函数 getString 来指定一个 Employee 的默认字符串表示，其中包含 Employee 的姓名。该函数是 protected 的，所以派生类可以重写并且调用它来获得派生类字符串表示中基类的那一部分。

```
// Fig. 10.20: Employee.cpp
// Abstract-base-class Employee member-function definitions.
// Note: No definitions are given for pure virtual functions.
#include <fmt/format.h>
#include "Employee.h" // Employee class definition

// constructor
Employee::Employee(std::string_view name) : m_name{name} {} // empty body

// set name
void Employee::setName(std::string_view name) {m_name = name;}

// get name
std::string Employee::getName() const {return m_name;}

// public non-virtual function; returns Employee's earnings
double Employee::earnings() const {return getPay();}

// public non-virtual function; returns Employee's string representation
std::string Employee::toString() const {return getString();}

// protected virtual function that derived classes can override and call
std::string Employee::getString() const {
   return fmt::format("name: {}", getName());
}
```

图 10.20 抽象基类 Employee 的成员函数定义

更新的 SalariedEmployee 类

重构的 SalariedEmployee 类（图 10.21 和图 10.22）有下面几处关键改动。

- 类的头文件（图 10.21）不再包含 earnings 和 toString 成员函数原型。这些 public 非虚基类函数现在从 Employee 类继承。
- 在类的 private 区域，现在声明了对基类 private 纯虚函数 getPay 和 protected 虚函数 getString 的重写（图 10.21 的第 19 行～第 20 行）。getString 函数在 SalariedEmployee 类中是 private 的；这是 final 类，其他类不能从它派生。
- 类的成员函数实现（图 10.22）现在包括重写的 getPay 函数（第 27 行）以返回薪资，还包括重写的 getString 函数（第 30 行～第 33 行）以获得 SalariedEmployee 对象的字符串表示。注意，SalariedEmployee 的 getString 调用 Employee 类的 protected getString 来获取字符串表示的部分内容（姓名）。

```
// Fig. 10.21: SalariedEmployee.h
// SalariedEmployee class derived from Employee.
#pragma once
#include <string> // C++ standard string class
#include <string_view>
#include "Employee.h" // Employee class definition

class SalariedEmployee final : public Employee {
public:
   SalariedEmployee(std::string_view name, double salary);
   virtual ~SalariedEmployee() = default; // virtual destructor

   void setSalary(double salary);
   double getSalary() const;
private:
   double m_salary{0.0};

   // keyword override signals intent to override
   double getPay() const override; // calculate earnings
   std::string getString() const override; // string representation
};
```

图 10.21 从 Employee 派生的 SalariedEmployee 类

```
// Fig. 10.22: SalariedEmployee.cpp
// SalariedEmployee class member-function definitions.
#include <fmt/format.h>
#include <stdexcept>
#include "SalariedEmployee.h" // SalariedEmployee class definition

// constructor
SalariedEmployee::SalariedEmployee(std::string_view name, double salary)
   : Employee{name} {
   setSalary(salary);
}

// set salary
void SalariedEmployee::setSalary(double salary) {
   if (salary < 0.0) {
      throw std::invalid_argument("Weekly salary must be >= 0.0");
   }

```

图 10.22 SalariedEmployee 类的成员函数定义

```
   m_salary = salary;
}

// return salary
double SalariedEmployee::getSalary() const {return m_salary;}

// calculate earnings;
// override pure virtual function getPay in Employee
double SalariedEmployee::getPay() const {return getSalary();}

// return a string representation of SalariedEmployee
std::string SalariedEmployee::getString() const {
   return fmt::format("{}\n{}: ${:.2f}", Employee::getString(),
      "salary", getSalary());
}
```

图 10.22 SalariedEmployee 类的成员函数定义（续）

更新的 CommissionEmployee 类

重构的 CommissionEmployee 类（图 10.23 ～图 10.24）有下面几处关键改动。

- 类的头文件（图 10.23）不再包含 earnings 和 toString 成员函数原型。这些 public 非虚基类函数现在从 Employee 类继承。
- 在类的 private 区域，现在声明了对基类 private 纯虚函数 getPay 和 protected 虚函数 getString 的重写（图 10.23 的第 24 行和第 25 行）。这里同样将 getString 函数声明为 private；这是 final 类，其他类不能从它派生。
- 类的成员函数实现（图 10.24）现在包括重写的 getPay 函数（第 42 行～第 44 行）以返回佣金（提成）计算结果，还包括重写的 getString 函数（第 47 行～第 51 行）以获得 CommissionEmployee 对象的字符串表示。getString 调用 Employee 类的 protected getString 来获取字符串表示中的部分内容（姓名）。

```
1  // Fig. 10.23: CommissionEmployee.h
2  // CommissionEmployee class derived from Employee.
3  #pragma once
4  #include <string>
5  #include <string_view>
6  #include "Employee.h" // Employee class definition
7
```

图 10.23 从 Employee 派生的 CommissionEmployee 类

```
class CommissionEmployee final : public Employee {
public:
   CommissionEmployee(std::string_view name, double grossSales,
      double commissionRate);
   virtual ~CommissionEmployee() = default; // virtual destructor

   void setGrossSales(double grossSales);
   double getGrossSales() const;

   void setCommissionRate(double commissionRate);
   double getCommissionRate() const;
private:
   double m_grossSales{0.0};
   double m_commissionRate{0.0};

   // keyword override signals intent to override
   double getPay() const override; // calculate earnings
   std::string getString() const override; // string representation
};
```

图 10.23 从 Employee 派生的 CommissionEmployee 类（续）

```
// Fig. 10.24: CommissionEmployee.cpp
// CommissionEmployee class member-function definitions.
#include <fmt/format.h>
#include <stdexcept>
#include "CommissionEmployee.h" // CommissionEmployee class definition

// constructor
CommissionEmployee::CommissionEmployee(std::string_view name,
   double grossSales, double commissionRate) : Employee{name} {
   setGrossSales(grossSales);
   setCommissionRate(commissionRate);
}

// set gross sales amount
void CommissionEmployee::setGrossSales(double grossSales) {
   if (grossSales < 0.0) {
      throw std::invalid_argument("Gross sales must be >= 0.0");
   }

   m_grossSales = grossSales;
}
```

图 10.24 CommissionEmployee 类的成员函数定义

```

// return gross sales amount
double CommissionEmployee::getGrossSales() const {return m_grossSales;}

// set commission rate
void CommissionEmployee::setCommissionRate(double commissionRate) {
   if (commissionRate <= 0.0 || commissionRate >= 1.0) {
      throw std::invalid_argument(
         "Commission rate must be > 0.0 and < 1.0");
   }

   m_commissionRate = commissionRate;
}

// return commission rate
double CommissionEmployee::getCommissionRate() const {
   return m_commissionRate;
}

// calculate earnings
double CommissionEmployee::getPay() const {
   return getGrossSales() * getCommissionRate();
}

// return string representation of CommissionEmployee object
std::string CommissionEmployee::getString() const {
   return fmt::format(
      "{}\n{}: ${:.2f}\n{}: {:.2f}", Employee::getString(),
      "gross sales", getGrossSales(),
      "commission rate", getCommissionRate());
}
```

图 10.24 CommissionEmployee 类的成员函数定义（续）

使用 NVI 的 Employee 层次结构的运行时多态性

软件工程

这个例子的测试程序与图 10.17 的程序相同，所以只在图 10.25 中展示了输出。其实输出也和图 10.17 相同，这证明即使在基类中使用了 protected 和 private 虚函数，仍然可以实现多态处理。客户端代码现在只调用非虚函数。然而，每个派生类都通过重写 protected 和 private 基类虚函数来提供自定义行为。这些虚函数现在是类层次结构的一种内部实现细节，对客户端代码的程序员是隐藏的。我们可以在基类中改变这些虚函数的实现——甚至可能改变它们的签名——而不影响客户端代码。

```
EMPLOYEES PROCESSED INDIVIDUALLY VIA VARIABLE NAMES
name: John Smith
salary: $800.00
earned $800.00

name: Sue Jones
gross sales: $10000.00
commission rate: 0.06
earned $600.00

EMPLOYEES PROCESSED POLYMORPHICALLY VIA DYNAMIC BINDING
VIRTUAL FUNCTION CALLS MADE VIA BASE-CLASS POINTERS
name: John Smith
salary: $800.00
earned $800.00

name: Sue Jones
gross sales: $10000.00
commission rate: 0.06
earned $600.00

VIRTUAL FUNCTION CALLS MADE VIA BASE-CLASS REFERENCES
name: John Smith
salary: $800.00
earned $800.00

name: Sue Jones
gross sales: $10000.00
commission rate: 0.06
earned $600.00
```

图 10.25 用静态绑定处理从 Employee 派生的类的对象，再用动态绑定进行多态处理

10.12 藉由接口来编程，而不要藉由实现[26]

“实现继承”（参见本章开头的综述）主要用于定义具有许多相同数据成员和成员函数实现的、密切相关的类。这种继承造成了**紧密耦合**（tightly coupled）的类，其中基类数据成员和成员函数被继承到派生类中。对基类的修改会直接影响所有相应的派生类。

软件工程

紧密耦合造成我们难以修改类层次结构。考虑修改 10.9 节的 Employee 层次结构以支持（美国的）退休计划。存在多种不同的退休计划，例如 401k 和 IRA。可以在 Employee 类中添加一个纯虚 makeRetirementDeposit 成员函数。然后，可以定义

各种派生类，例如 SalariedEmployeeWith401k、SalariedEmployeeWithIRA、CommissionEmployeeWith401k、CommissionEmployeeWithIRA 等等，每个都包含一个恰当的 makeRetirementDeposit 实现。如你所见，很快就会出现大量派生类，使层次结构的实现和维护变得更具有挑战性。

和由许多人维护的大型继承层次结构相比，由一个人控制的小型继承层次结构往往更容易管理。即使“实现继承”产生了紧密耦合，情况也是如此。

重新思考 Employee 层次结构：合成和依赖注入

多年来，程序员们撰写了大量论文、文章和博文来讨论紧密耦合的类层次结构（例如 10.9 节的 Employee 层次结构）的问题。本例将重构 Employee 层次结构，使雇员的薪资模型不再“硬连接”（hardwired）到类层次结构中。[27]

软件工程

为此，我们将使用**合成**（composition）和**依赖注入**（dependency injection），即类中包含指向一个对象的指针，该对象提供了该类的对象需要的行为。在我们的雇员薪资例子中，该行为就是计算每名雇员的收入。我们将定义一个新的 Employee 类，它有一个指向 CompensationModel（薪资模型）对象的指针，该对象具有 earnings 和 toString 成员函数。这个 Employee 类将不是一个基类——为了强调这一事实，我们会使其成为 final 类。然后，将定义 CompensationModel 类的派生类，从而具体实现 Employee 的薪资计算：

- 固定薪资
- 基于总销售额的佣金（提成）

当然，我们还可以定义其他 CompensationModel。

接口继承最灵活

我们将为各种 CompensationModel 使用**接口继承**（interface inheritance）。每个 CompensationModel 具体类将从一个只有纯虚函数的类继承。这样的**类称为接口**（interface）或**纯抽象类**（pure abstract class）。“C++ 核心准则”推荐从纯抽象类继承，而不是从有实现细节的类继承。[28,29,30,31]

软件工程

接口中通常没有数据成员。接口继承可能需要做比“实现继承”更多的工作，因为具体类必须不仅要提供数据，还要为接口的纯虚成员函数提供实现，即使它们在不同类之间是相似或相同的。正如本例最后会讨论的那样，这种方法通过消除类和类之间的紧密耦合带来了额外的灵活性。

为了理解接口如何使系统更容易修改，10.8 节末尾在抽象类背景下对设备驱动程序的讨论就是一个很好的例子。

10.12.1 重新思考 Employee 层次结构：CompensationModel 接口

让我们重新考虑 10.9 节的 Employee 层次结构，这一次使用“合成”技术以及一个接口。我们可以这样说，每个 Employee 都有一个 CompensationModel（has-a 关系）。图 10.26 定义了 CompensationModel 接口，它是一个纯抽象类，所以没有相应的 .cpp 实现文件。该类包含一个由编译器生成的虚析构函数和两个纯虚函数。

- earnings 计算一名雇员基于它的 CompensationModel 的薪资。
- toString 创建一个 CompensationModel 的字符串表示。

任何继承自 CompensationModel 并重写其纯虚函数的类都是一个实现了该接口的 CompensationModel（is-a 关系）。

```
// Fig. 10.26: CompensationModel.h
// CompensationModel "interface" is a pure abstract base class.
#pragma once // prevent multiple inclusions of header
#include <string>

class CompensationModel {
public:
   virtual ~CompensationModel() = default; // generated destructor
   virtual double earnings() const = 0; // pure virtual
   virtual std::string toString() const = 0; // pure virtual
};
```

图 10.26 CompensationModel“接口”是一个纯抽象基类

10.12.2 Employee 类

图 10.27 定义新的 Employee 类。每个 Employee 都有一个指向其 CompensationModel 实现的指针（第 16 行）。注意，这个类声明为 final，所以不能被用作基类。

```
1  // Fig. 10.27: Employee.h
2  // An Employee "has a" CompensationModel.
3  #pragma once // prevent multiple inclusions of header
4  #include <string>
5  #include <string_view>
6  #include "CompensationModel.h"
7
8  class Employee final {
```

图 10.27 每个 Employee 都“有一个”（has a）CompensationModel

```
public:
   Employee(std::string_view name, CompensationModel* modelPtr);
   void setCompensationModel(CompensationModel *modelPtr);
   double earnings() const;
   std::string toString() const;
private:
   std::string m_name{};
   CompensationModel* m_modelPtr{}; // pointer to an implementation object
};
```

图 10.27 每个 Employee 都“有一个”（has a）CompensationModel（续）

图 10.28 定义了 Employee 类的成员函数。

- 构造函数（第 10 行和第 11 行）初始化 Employee 的姓名，并使其 CompensationModel 指针指向一个实现了 CompensationModel 接口的对象。这种技术称为**构造函数注入**（constructor injection）。构造函数接收指向另一个对象的指针（或引用），并将其存储在正在构造的对象中。[32]
- 使用 setCompensationModel 成员函数（第 15 行～第 17 行），客户端代码可以让 m_modelPtr 指向一个不同的 CompensationModel 对象，从而改变雇员的 CompensationModel。这种技术称为**属性注入**（property injection）。
- earnings 成员函数（第 20 行～第 22 行）通过 CompensationModel 指针 m_modelPtr 来调用具体的 CompensationModel 实现的 earnings 成员函数，从而确定雇员的收入。
- toString 成员函数（第 25 行～第 27 行）创建 Employee 对象的字符串表示，其中包括雇员姓名，然后是薪资信息，后者通过 CompensationModel 指针 m_modelPtr 来调用具体的 CompensationModel 实现的 toString 成员函数而获得。

“构造函数注入”和“属性注入”都是依赖注入的形式。为了指定对象的部分行为，我们为其提供到一个负责定义行为的对象的指针或引用。[33] 在本例中，是一个 CompensationModel 定义了让 Employee 计算收入并生成字符串表示的行为。

软件工程

```
1  // Fig. 10.28: Employee.cpp
2  // Class Employee member-function definitions.
3  #include <fmt/format.h>
4  #include <string>
5  #include "CompensationModel.h"
```

图 10.28 Employee 类的成员函数定义

```
#include "Employee.h"

// constructor performs "constructor injection" to initialize
// the CompensationModel pointer to a CompensationModel implementation
Employee::Employee(std::string_view name, CompensationModel* modelPtr)
   : m_name{name}, m_modelPtr{modelPtr} {}

// set function performs "property injection" to change the
// CompensationModel pointer to a new CompensationModel implementation
void Employee::setCompensationModel(CompensationModel* modelPtr) {
   m_modelPtr = modelPtr;
}

// use the CompensationModel to calculate the Employee's earnings
double Employee::earnings() const {
   return m_modelPtr->earnings();
};

// return string representation of Employee object
std::string Employee::toString() const {
   return fmt::format("{}\n{}", m_name, m_modelPtr->toString());
}
```

图 10.28 Employee 类的成员函数定义（续）

10.12.3 实现 CompensationModel

接着定义 CompensationModel 的实现。这些类的对象将被注入 Employee 对象中，以指定具体如何计算雇员的收入。

CompensationModel 的 Salaried 派生类

Salaried 薪资模型（图 10.29 和图 10.30）定义了如何为拿固定薪资的雇员计算收入。该类包含一个 m_salary 数据成员，并重写了 CompensationModel 接口的 earnings 和 toString 成员函数。Salaried 被声明为 final（第 7 行），所以它是 CompensationModel 层次结构中的一个叶子节点，不能作为基类使用。

```
1 // Fig. 10.29: Salaried.h
2 // Salaried implements the CompensationModel interface.
3 #pragma once
4 #include <string>
```

图 10.29 Salaried 实现了 CompensationModel 接口

```
#include "CompensationModel.h" // CompensationModel definition

class Salaried final : public CompensationModel {
public:
   explicit Salaried(double salary);
   double earnings() const override;
   std::string toString() const override;
private:
   double m_salary{0.0};
};
```

图 10.29 Salaried 实现了 CompensationModel 接口（续）

```
// Fig. 10.30: Salaried.cpp
// Salaried compensation model member-function definitions.
#include <fmt/format.h>
#include <stdexcept>
#include "Salaried.h" // class definition

// constructor
Salaried::Salaried(double salary) : m_salary{salary} {
   if (m_salary < 0.0) {
      throw std::invalid_argument("Weekly salary must be >= 0.0");
   }
}

// override CompensationModel pure virtual function earnings
double Salaried::earnings() const {return m_salary;}

// override CompensationModel pure virtual function toString
std::string Salaried::toString() const {
   return fmt::format("salary: ${:.2f}", m_salary);
}
```

图 10.30 Salaried 薪资模型的成员函数定义

CompensationModel 的 Commission 派生类

Commission 薪资模型（图 10.31 和图 10.32）定义了如何根据总销售额向雇员支付佣金。该类包含数据成员 m_grossSales 和 m_commissionRate，并重写了 CompensationModel 接口的 earnings 和 toString 成员函数。和 Salaried 类一样，Commission 类也声明为 final（第 7 行），所以它是 CompensationModel 层次结构中的一个叶子节点，不能作为基类使用。

```cpp
// Fig. 10.31: Commission.h
// Commission implements the CompensationModel interface.
#pragma once
#include <string>
#include "CompensationModel.h" // CompensationModel definition

class Commission final : public CompensationModel {
public:
   Commission(double grossSales, double commissionRate);
   double earnings() const override;
   std::string toString() const override;
private:
   double m_grossSales{0.0};
   double m_commissionRate{0.0};
};
```

图 10.31 Commission 实现了 CompensationModel 接口

```cpp
// Fig. 10.32: Commission.cpp
// Commission member-function definitions.
#include <fmt/format.h>
#include <stdexcept>
#include "Commission.h" // class definition

// constructor
Commission::Commission(double grossSales, double commissionRate)
   : m_grossSales{grossSales}, m_commissionRate{commissionRate} {

   if (m_grossSales < 0.0) {
      throw std::invalid_argument("Gross sales must be >= 0.0");
   }

   if (m_commissionRate <= 0.0 || m_commissionRate >= 1.0) {
      throw std::invalid_argument(
         "Commission rate must be > 0.0 and < 1.0");
   }
}

// override CompensationModel pure virtual function earnings
double Commission::earnings() const {
   return m_grossSales * m_commissionRate;
}
```

图 10.32 Commission 的成员函数定义

```
// override CompensationModel pure virtual function toString
std::string Commission::toString() const {
   return fmt::format("gross sales: ${:.2f}; commission rate: {:.2f}",
      m_grossSales, m_commissionRate);
}
```

图 10.32 Commission 的成员函数定义（续）

10.12.4 测试新层次结构

我们已经创建了 CompensationModel 接口和派生类的实现，定义了如何为不同 Employee 计算收入。现在，让我们创建不同的 Employee 对象，并用恰当的、具体的 CompensationModel 实现来初始化每个对象（图 10.33）。

```
// fig10_33.cpp
// Processing Employees with various CompensationModels.
#include <fmt/format.h>
#include <iostream>
#include <vector>
#include "Employee.h"
#include "Salaried.h"
#include "Commission.h"

int main() {
   // create CompensationModels and Employees
   Salaried salaried{800.0};
   Employee salariedEmployee{"John Smith", &salaried};

   Commission commission{10000, .06};
   Employee commissionEmployee{"Sue Jones", &commission};

   // create and initialize vector of Employees
   std::vector employees{salariedEmployee, commissionEmployee};

   // print each Employee's information and earnings
   for (const Employee& employee : employees) {
      std::cout << fmt::format("{}\nearned: ${:.2f}\n\n",
         employee.toString(), employee.earnings());
   }
}
```

图 10.33 处理具有不同 CompensationModel 的 Employee

```
John Smith
salary: $800.00
earned: $800.00

Sue Jones
gross sales: $10000.00; commission rate: 0.06
earned: $600.00
```

图 10.33 处理具有不同 CompensationModel 的 Employee（续）

第 12 行创建一个 Salaried 薪资模型对象 salaried。第 13 行创建一个 Employee 对象 salariedEmployee 并传递指向 salaried 的指针作为构造函数的第二个实参，从而注入这种雇员的 CompensationModel。第 15 行创建一个 Commission 薪资模型对象（commission）。第 16 行创建一个 Employee 对象 commissionEmployee，并传递指向 commission 的指针作为构造函数的第二个实参，从而注入这种雇员的 CompensationModel。[34] 第 19 行创建由 Employee 对象指针构成的一个 vector，并用 salariedEmployee 和 commissionEmployee 对象来初始化。最后，第 22 行～第 25 行遍历该 vector，显示每个雇员的字符串表示和收入。

10.12.5 依赖注入在设计上的优势

优势有三点。

CompensationModel 发生变化时的灵活性

将 CompensationModel 声明为实现了相同接口的单独的类，为将来的变化提供了灵活性。如果公司增加了新的员工收入模型，那么只需要定义一个新的 CompensationModel 派生类并在其中实现恰当的 earnings 函数即可。

员工升职时的灵活性

软件工程

本例使用的基于接口的“合成”和“依赖注入”方法比 10.9 节的类层次结构更灵活。在 10.9 节中，如果一名 Employee 升职，那么需要创建一个适当的 Employee 派生类的新对象来改变其对象类型，再将数据移动到新对象中。而使用依赖注入，只需调用 Employee 的 setCompensationModel 成员函数，并注入指向一个不同 CompensationModel 的指针来取代现有的。

对 Employee 类进行增强时的灵活性

基于接口的合成和依赖注入方法在增强 Employee 类时也更加灵活。如果决定支持退休计划（如 401k 和 IRA），我们可以说每个 Employee 都有一个

RetirementPlan（has-a 关系）。首先定义带有 makeRetirementDeposit 成员函数的 RetirementPlan 接口，然后提供适当的派生类实现。

如本例所示，使用基于接口的合成和依赖注入，只需要对 Employee 类进行以下小的改动，即可支持 RetirementPlan。

- 增加指向一个 RetirementPlan 的数据成员。
- 增加一个构造函数参数来初始化 RetirementPlan 指针。
- 增加一个 setRetirementPlan 成员函数，以便在将来更改 RetirementPlan 时调用。

10.13 使用 std::variant 和 std::visit 实现运行时多态性

软件工程

到目前为止，我们已通过“实现继承”和“接口继承”实现了运行时多态性。如你所见，这两种技术都需要类层次结构。但是，如果有一些不相关的类的对象，但仍然想在运行时对这些对象进行多态处理，那么应该怎么办？可以用 C++17 的类模板 std::variant 和标准库函数 std::visit（都在头文件 <variant> 中）来实现。[35, 36, 37, 38] 需要注意的是，事先必须知道程序要通过运行时多态性处理的所有类型，即所谓的封闭类型集。一个 std::variant 对象一次可以存储一个在创建 std::variant 对象时指定的任何类型的对象。稍后就会讲到，我们使用 std::visit 函数在 std::variant 对象中的对象上调用函数。

为了演示 std::variant 的运行时多态性，我们将重新实现 10.12 节的例子。使用的类几乎完全相同，所以只指出有区别的地方。

Salaried 收入模型

Salaried 类（图 10.34 和图 10.35）定义了领取固定薪资的 Employee 的收入模型。和 10.12 节的类相比，Salaried 类唯一的区别在于它不是派生类。所以，它的 earnings 成员函数和 toString 成员函数没有重写基类的虚函数。

```
// Fig. 10.34: Salaried.h
// Salaried compensation model.
#pragma once
#include <string>

class Salaried {
public:
   Salaried(double salary);
```

图 10.34 Salaried 收入模型

```
   double earnings() const;
   std::string toString() const;
private:
   double m_salary{0.0};
};
```

图 10.34 Salaried 收入模型（续）

```
// Fig. 10.35: Salaried.cpp
// Salaried compensation model member-function definitions.
#include <fmt/format.h>
#include <stdexcept>
#include "Salaried.h" // class definition

// constructor
Salaried::Salaried(double salary) : m_salary{salary} {
   if (m_salary < 0.0) {
      throw std::invalid_argument("Weekly salary must be >= 0.0");
   }
}

// calculate earnings
double Salaried::earnings() const {return m_salary;}

// return string containing Salaried compensation model information
std::string Salaried::toString() const {
   return fmt::format("salary: ${:.2f}", m_salary);
}
```

图 10.35 Salaried 收入模型的成员函数定义

Commission 收入模型

Commission 类（图 10.36 和图 10.37）定义了根据总销售额领取佣金的 Employee 的收入模型。和 Salaried 一样，Commission 不是派生类。所以，它的 earnings 成员函数和 toString 成员函数不会像 10.12 那样重写基类虚函数。

```
// Fig. 10.36: Commission.h
// Commission compensation model.
#pragma once
#include <string>

class Commission {
```

图 10.36 Commission 收入模型

```
public:
   Commission(double grossSales, double commissionRate);
   double earnings() const;
   std::string toString() const;
private:
   double m_grossSales{0.0};
   double m_commissionRate{0.0};
};
```

图 10.36 Commission 收入模型（续）

```
// Fig. 10.37: Commission.cpp
// Commission member-function definitions.
#include <fmt/format.h>
#include <stdexcept>
#include "Commission.h" // class definition

// constructor
Commission::Commission(double grossSales, double commissionRate)
   : m_grossSales{grossSales}, m_commissionRate{commissionRate} {

   if (m_grossSales < 0.0) {
      throw std::invalid_argument("Gross sales must be >= 0.0");
   }

   if (m_commissionRate <= 0.0 || m_commissionRate >= 1.0) {
      throw std::invalid_argument(
         "Commission rate must be > 0.0 and < 1.0");
   }
}

// calculate earnings
double Commission::earnings() const {
   return m_grossSales * m_commissionRate;
}

// return string containing Commission information
std::string Commission::toString() const {
   return fmt::format("gross sales: ${:.2f}; commission rate: {:.2f}",
      m_grossSales, m_commissionRate);
}
```

图 10.37 Commission 收入模型的成员函数定义

Employee 类定义

和 10.12 节一样，每个 Employee（图 10.38）都有一个收入模型（第 21 行）。但在这个例子中，收入模型是一个 std::variant 对象，其中包含一个 Commission 或者一个 Salaried 对象，注意是对象而不是指向对象的指针。第 11 行的 using 声明：

```
using CompensationModel = std::variant<Commission, Salaried>;
```

为 std::variant 类型定义别名 CompensationModel。

软件工程

这种 using 声明（C++11）称为**别名声明**（alias declaration），它方便你为复杂的类型（例如可能有许多类型参数的一个 std::variant 类型）创建方便好记的名称。在任何时候，我们的 std::variant 类型的对象可以存储一个 Commission 对象或者一个 Salaried 对象。第 21 行使用别名 CompensationModel 来定义用于存储 Employee 收入模型的 std::variant 对象。

```
1  // Fig. 10.38: Employee.h
2  // An Employee "has a" CompensationModel.
3  #pragma once // prevent multiple inclusions of header
4  #include <string>
5  #include <string_view>
6  #include <variant>
7  #include "Commission.h"
8  #include "Salaried.h"
9  
10 // define a convenient name for the std::variant type
11 using CompensationModel = std::variant<Commission, Salaried>;
12 
13 class Employee {
14 public:
15    Employee(std::string_view name, CompensationModel model);
16    void setCompensationModel(CompensationModel model);
17    double earnings() const;
18    std::string toString() const;
19 private:
20    std::string m_name{};
21    CompensationModel m_model; // note this is not a pointer
22 };
```

图 10.38 所有 Employee 都“有一个”CompensationModel

类型安全的 union

在 C 和 C++ 中，union（联合体或共同体）[39] 是一个内存区域，能随着时间推移包含各种类型的对象。union 的成员共享相同的存储空间，所以 union 一次最多只能包含一个对象，并需要足够的内存来容纳其最大的成员。通常将 `std::variant` 对象称为类型安全的 union。[40]

Employee 构造函数和 setCompensationModel 成员函数

`Employee` 类的成员函数（图 10.39）执行与图 10.28 相同的任务，并做了一些修改。`Employee` 类的构造函数（第 8 行和第 9 行）和 `setCompensationModel` 成员函数（第 12 行～第 14 行）分别接收一个 `CompensationModel` 对象。与合成和依赖注入方法不同，`std::variant` 对象存储的是一个实际的对象，而不是一个对象的指针。

```
1  // Fig. 10.39: Employee.cpp
2  // Class Employee member-function definitions.
3  #include <fmt/format.h>
4  #include <string>
5  #include "Employee.h"
6
7  // constructor
8  Employee::Employee(std::string_view name, CompensationModel model)
9     : m_name{name}, m_model{model} {}
10
11 // change the Employee's CompensationModel
12 void Employee::setCompensationModel(CompensationModel model) {
13    m_model = model;
14 }
15
16 // return the Employee's earnings
17 double Employee::earnings() const {
18    auto getEarnings{[](const auto& model){return model.earnings();}};
19    return std::visit(getEarnings, m_model);
20 }
21
22 // return string representation of an Employee object
23 std::string Employee::toString() const {
24    auto getString{[](const auto& model){return model.toString();}};
25    return fmt::format("{}\n{}", m_name, std::visit(getString, m_model));
26 }
```

图 10.39 Employee 类的成员函数定义

Employee 的成员函数 earnings 和 toString：用 std::visit 调用成员函数

通过类层次结构的运行时多态性和通过 `std::variant` 的运行时多态性之间的一个关键区别是，`std::variant` 对象不能调用它所包含的对象的成员函数。相反，可以使用标准库函数 `std::visiting` 来调用存储在 `std::variant` 中的对象的函数。

例如 earnings 成员函数中的第 18 行和第 19 行：

```
auto getEarnings{[](const auto& model){return model.earnings();}};
return std::visit(getEarnings, m_model);
```

第 18 行定义变量 getEarnings，并用一个泛型 lambda 表达式对其进行初始化，该表达式接收一个对象（model）的引用，并调用该对象的 earnings 成员函数。这个 lambda 表达式可在具有无参且返回一个值的 earnings 成员函数的任何对象上调用 earnings。第 19 行向 std::visit 函数传递 getEarnings lambda 表达式和 std::variant 对象 m_model。

类似地，在第 24 行，Employee 的 toString 成员函数创建了一个 lambda 表达式，返回调用某个对象的 toString 成员函数的结果。第 25 行调用 std::visit 将 m_model 传递给 lambda 表达式，返回 m_model 的 toString 结果。

测试用 std::variant 和 std::visit 实现的运行时多态性

在 main 中，第 11 行和第 12 行创建两个 Employee 对象：第一个在在其 std::variant 中存储一个 Salaried 对象，第二个存储一个 Commission 对象。第 11 行的表达式 Salaried{800.0} 创建一个 Salaried 对象，并立即用它初始化 Employee 对象的 CompansationModel。类似地，第 12 行的表达式 Commission{10000.0, .06} 创建一个 Commission 对象，并立即用它初始化 Employee 对象的 CompansationModel。

```
1   // fig10_40.cpp
2   // Processing Employees with various compensation models.
3   #include <fmt/format.h>
4   #include <iostream>
5   #include <vector>
6   #include "Employee.h"
7   #include "Salaried.h"
8   #include "Commission.h"
9
10  int main() {
11     Employee salariedEmployee{"John Smith", Salaried{800.0}};
12     Employee commissionEmployee{"Sue Jones", Commission{10000.0, .06}};
13
14     // create and initialize vector of three Employees
15     std::vector employees{salariedEmployee, commissionEmployee};
16
17     // print each Employee's information and earnings
18     for (const Employee& employee : employees) {
```

图 10.40 用各种收入模型处理不同的 Employee

```
19        std::cout << fmt::format("{}\nearned: ${:.2f}\n\n",
20           employee.toString(), employee.earnings());
21     }
22  }
```

```
John Smith
salary: $800.00
earned: $800.00

Sue Jones
gross sales: $10000.00; commission rate: 0.06
earned: $600.00
```

图 10.40 用各种收入模型处理不同的 Employee（续）

软件工程

第 15 行创建包含 Employee 对象的一个 vector，第 18 行～第 21 行对其进行遍历，调用每个 Employee 的 earnings 和 toString 成员函数来演示运行时多态性处理，产生的结果与 10.12 节相同。这种在类型不通过类层次结构发生关系的对象上调用通用功能的能力通常称为**鸭子类型**（duck typing）。

“如果它走路像鸭子，叫声像鸭子，那么它一定是只鸭子。”[41]

也就是说，如果对象有适当的成员函数，而且它的类型被指定为 std::variant 的成员，那么这个对象就能在这段代码中工作。

10.14 多继承

到目前为止讨论的都是单继承，即每个类都只从一个基类派生。C++ 还支持多继承或**多重继承**（multiple inheritance），即一个类继承两个或多个基类的成员。多继承比较复杂，只有经验丰富的程序员才“玩得转”。有的多重继承问题非常微妙，以至于较新的编程语言（例如 Java 和 C#）只支持单继承。[42] 必须非常谨慎才能设计一个系统来正确使用多继承。 但凡能用“单继承”和 / 或“合成”就能完成工作，就不要使用多继承。

软件工程

多继承的一个常见问题是，每个基类都可能包含同名的数据成员或成员函数。这可能导致在编译时出现歧义。isocpp.org FAQ 建议只从纯抽象基类进行多继承，以避免这个问题以及将在本节和 10.14.1 节讨论的其他问题[43]。

软件工程

多继承示例

下面来考虑一个使用“实现继承”的多继承例子（图 10.41 ～图 10.45）。Base1 类（图 10.41）包含以下内容。

- 一个 private int 数据成员（m_value；第 11 行）。
- 一个构造函数（第 8 行），它设置 m_value。
- 一个 public 成员函数 getData（第 9 行），它返回 m_value。

```
1  // Fig. 10.41: Base1.h
2  // Definition of class Base1
3  #pragma once
4  
5  // class Base1 definition
6  class Base1 {
7  public:
8     explicit Base1(int value) : m_value{value} {}
9     int getData() const {return m_value;}
10 private: // accessible to derived classes via getData member function
11    int m_value;
12 };
```

图 10.41 演示多继承：Base1.h

Base2 类（图 10.42）与 Base1 相似，只是它的 private 数据是一个名为 m_letter 的 char（第 11 行）。和 Base1 类一样，Base2 也有一个 public 成员函数 getData，但是它返回 m_letter 的值。

```
1  // Fig. 10.42: Base2.h
2  // Definition of class Base2
3  #pragma once
4  
5  // class Base2 definition
6  class Base2 {
7  public:
8     explicit Base2(char letter) : m_letter{letter} {}
9     char getData() const {return m_letter;}
10 private: // accessible to derived classes via getData member function
11    char m_letter;
12 };
```

图 10.42 演示多继承：Base2.h

Derived 类（图 10.43 和图 10.44）同时从 Base1 和 Base2 继承，它包含以下内容。

- 一个名为 m_real 的 double 类型的 private 数据成员（图 10.43 的第 18 行）。
- 一个构造函数，它初始化 Derived 类的所有数据。
- 一个 public 成员函数 getReal，它返回 m_real 的值。
- 一个 public 成员函数 toString，它返回 Derived 对象的字符串表示。

```cpp
1  // Fig. 10.43: Derived.h
2  // Definition of class Derived which inherits
3  // multiple base classes (Base1 and Base2).
4  #pragma once
5  #include <iostream>
6  #include <string>
7  #include "Base1.h"
8  #include "Base2.h"
9  using namespace std;
10
11 // class Derived definition
12 class Derived : public Base1, public Base2 {
13 public:
14    Derived(int value, char letter, double real);
15    double getReal() const;
16    std::string toString() const;
17 private:
18    double m_real; // derived class's private data
19 };
```

图 10.43 演示多继承：Derived.h

```cpp
1  // Fig. 10.44: Derived.cpp
2  // Member-function definitions for class Derived
3  #include <fmt/format.h> // In C++20, this will be #include <format>
4  #include "Derived.h"
5
6  // constructor for Derived calls Base1 and Base2 constructors
7  Derived::Derived(int value, char letter, double real)
8     : Base1{value}, Base2{letter}, m_real{real} {}
9
10 // return real
11 double Derived::getReal() const {return m_real;}
12
13 // display all data members of Derived
14 std::string Derived::toString() const {
15    return fmt::format("int: {}; char: {}; double: {}",
16       Base1::getData(), Base2::getData(), getReal());
17 }
```

图 10.44 演示多继承：Derived.cpp

软件工程

如图 10.43 所示，为了实现多继承，我们在 Derived 类名后面的冒号(:)后加上一个以逗号分隔的基类列表（第 13 行）。在图 10.44 中，注意，构造函数

Derived 使用成员初始化语法显式调用每个基类（Base1 和 Base2）的基类构造函数（第 8 行）。基类构造函数按照指定的继承顺序来调用。如果成员初始化列表没有显式调用某个基类的构造函数，将隐式调用该基类的默认构造函数。

解决派生类从多个基类继承同名成员函数时存在歧义的问题

成员函数 toString（第 14 行～第 17 行）返回 Derived 对象内容的字符串表示。它使用了 Derived 类的所有取值成员函数。但这里存在歧义。Derived 对象包含两个 getData 函数，一个继承自 Base1 类，一个继承自 Base2 类。这个问题很容易通过作用域解析操作符来解决。Base1::getData() 获取继承自类 Base1 的变量（即名为 m_value 的 int 变量）的值，而 Base2::getData() 获取继承自类 Base2 的变量（即名为 m_letter 的 char 变量）的值。

测试多继承层次结构

图 10.45 测试了图 10.41 ～图 10.44 的类。第 10 行创建 Base1 对象 base1，并将其初始化为 int 值 10。第 11 行创建 Base2 对象 base2，并将其初始化为 char 值 'Z'。第 12 行创建 Derived 对象，并初始化它来包含 int 值 7、char 值 'A' 和 double 值 3.5。

```
1  // fig10_45.cpp
2  // Driver for multiple-inheritance example.
3  #include <fmt/format.h>
4  #include <iostream>
5  #include "Base1.h"
6  #include "Base2.h"
7  #include "Derived.h"
8
9  int main() {
10    Base1 base1{10}; // create Base1 object
11    Base2 base2{'Z'}; // create Base2 object
12    Derived derived{7, 'A', 3.5}; // create Derived object
13
14    // print data in each object
15    std::cout << fmt::format("{}: {}\n{}: {}\n{}: {}\n\n",
16       "Object base1 contains", base1.getData(),
17       "Object base2 contains the character", base2.getData(),
18       "Object derived contains", derived.toString());
19
20    // print data members of derived-class object
21    // scope resolution operator resolves getData ambiguity
```

图 10.45 演示多继承

```
22    std::cout << fmt::format("{}\n{}: {}\n{}: {}\n{}: {}\n\n",
23       "Data members of Derived can be accessed individually:",
24       "int", derived.Base1::getData(),
25       "char", derived.Base2::getData(),
26       "double", derived.getReal());
27
28    std::cout << "Derived can be treated as an object"
29       << " of either base class:\n";
30
31    // treat Derived as a Base1 object
32    Base1* base1Ptr = &derived;
33    std::cout << fmt::format("base1Ptr->getData() yields {}\n",
34       base1Ptr->getData());
35
36    // treat Derived as a Base2 object
37    Base2* base2Ptr = &derived;
38    std::cout << fmt::format("base2Ptr->getData() yields {}\n",
39       base2Ptr->getData());
40 }
```

```
Object base1 contains: 10
Object base2 contains the character: Z
Object derived contains: int: 7; char: A; double: 3.5
```

图 10.45 演示多继承（续）

第 15 行～第 18 行显示每个对象的数据值。对于对象 base1 和 base2，我们调用每个对象的 getData 成员函数。虽然本例有两个 getData 函数，但这些调用没有歧义。在第 16 行，编译器知道 base1 是 Base1 类的对象，所以调用 Base1 类的 getData。在第 17 行，编译器知道 base2 是类 Base2 的对象，所以调用 Base2 类的 getData。第 18 行调用 derived 的 toString 成员函数来获得该对象的内容。

第 22 行～第 26 行使用 Derived 类的取值成员函数再次输出 derived 的内容。这里要再次解决歧义问题——对象中包含来自 Base1 类和 Base2 类的 getData 函数。以下表达式：

```
derived.Base1::getData()
```

获取从 Base1 类继承的 m_value 的值，而以下表达式：

```
derived.Base2::getData()
```

获取从 Base2 类继承的 m_letter 的值。

演示多继承中的 is-a 关系

单继承的 is-a 关系也适用于多继承关系。为了证明这一点，第 32 行将 derived 的地址赋给给 Base1 指针 base1Ptr。这是允许的，因为 derived 对象是一个 Base1 对象。第 34 行通过 base1Ptr 调用 Base1 成员函数 getData，只获取 derived 对象的 Base1 那一部分的值。第 37 行将 derived 地址赋给 Base2 的指针 base2Ptr。这也是允许的，因为 derived 对象是一个 Base2 对象。第 39 行通过 base2Ptr 调用 Base2 成员函数 getData，只获取 derived 对象的 Base2 那一部分的值。

10.14.1 菱形继承

上述示例显示了多继承，即一个类从两个或多个类继承的过程。在 C++ 标准库中，多继承被用来创建像 basic_iostream 这样的类，如下图所示。

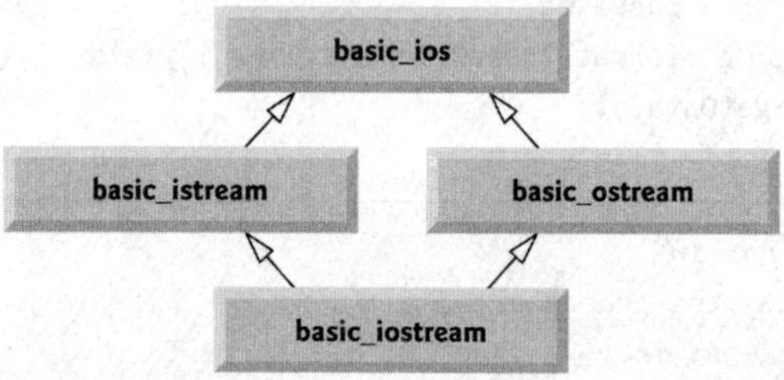

basic_ios 类是 basic_istream 和 basic_ostream 的基类。每个都是以单继承的方式创建的。但是，basic_iostream 类同时继承了 basic_istream 和 basic_ostream。这使 basic_iostream 类对象能同时提供 basic_istream 和 basic_ostream 的功能。在多继承层次结构中，本图所描述的继承称为菱形继承或**钻石继承**（diamond inheritance）。

由于 basic_istream 和 basic_ostream 都从 basic_ios 继承，所以 basic_iostream 存在一个潜在的问题。它可以继承 basic_ios 成员的两份拷贝：一份通过 basic_istream，一份通过 basic_ostream。这具有歧义，会导致编译错误，因为编译器不知道该使用 basic_ios 成员的哪一份拷贝。下面看看如何使用虚基类解决这个问题。

菱形继承中出现歧义时产生的编译错误

图 10.46 演示了菱形继承中可能发生的歧义。Base 类（第 7 行～第 10 行）包含纯虚函数 print（第 9 行）。DerivedOne 类（第 13 行～第 17 行）和 DerivedTwo 类（第 20 行～第 24 行）各自公开继承自 Base 并重写 print 函数。DerivedOne 类和 DerivedTwo 类各自包含一个**基类子对象**（base-class subobject），即本例中 Base 类的成员。

```cpp
// fig10_46.cpp
// Attempting to polymorphically call a function that is
// inherited from each of two base classes.
#include <iostream>

// class Base definition
class Base {
public:
   virtual void print() const = 0; // pure virtual
};

// class DerivedOne definition
class DerivedOne : public Base {
public:
   // override print function
   void print() const override {std::cout << "DerivedOne\n";}
};

// class DerivedTwo definition
class DerivedTwo : public Base {
public:
   // override print function
   void print() const override {std::cout << "DerivedTwo\n";}
};

// class Multiple definition
class Multiple : public DerivedOne, public DerivedTwo {
public:
   // qualify which version of function print
   void print() const override {DerivedTwo::print();}
};

int main() {
   Multiple both{}; // instantiate a Multiple object
   DerivedOne one{}; // instantiate a DerivedOne object
   DerivedTwo two{}; // instantiate a DerivedTwo object
   Base* array[3]{}; // create array of base-class pointers

   array[0] = &both; // ERROR--ambiguous
   array[1] = &one;
   array[2] = &two;

```

图 10.46 试图以多态性的方式调用从两个基类都继承的一个函数

```
43      // polymorphically invoke print
44      for (int i{0}; i < 3; ++i) {
45         array[i] ->print();
46      }
47   }
```

Microsoft Visual C++ 编译器错误消息：

```
fig10_46.cpp(39,20): error C2594: '=': ambiguous conversions from
'Multiple *' to 'Base *'
```

图 10.46 试图以多态性的方式调用从两个基类都继承的一个函数（续）

Multiple 类（第 27 行～第 31 行）同时继承了 DerivedOne 类和 DerivedTwo 类。在 Multiple 类中，print 函数被重写以调用 DerivedTwo 的 print（第 30 行）。注意，我们必须限定 print 的调用——本例使用类名 DerivedTwo 来指定调用哪个版本的 print。

main 函数（第 33 行～第 47 行）声明了 Multiple（第 34 行）、DerivedOne（第 35 行）和 DerivedTwo 类（第 36 行）的对象。第 37 行声明一个包含 Base* 指针的内置数组。每个元素都被分配了一个对象地址（第 39 行～第 41 行）。将 both（一个 Multiple 类的对象）的地址分配给 array[0] 时会发生错误。both 对象实际包含两个 Base 子对象。编译器不知道指针 array[0] 应该指向哪个，所以报告了一个编译错误，表明存在一个有歧义的转换。

10.14.2 用虚基类继承消除重复的子对象

软件工程

重复子对象的问题通过虚继承得以解决。从虚基类继承时，只有一个子对象会出现在派生类中。图 10.47 修改了图 10.46 的程序来使用一个虚基类。

```
// fig10_47.cpp
// Using virtual base classes.
#include <iostream>

// class Base definition
class Base {
public:
   virtual void print() const = 0; // pure virtual
};

// class DerivedOne definition
```

图 10.47 使用虚基类

```cpp
12 class DerivedOne : virtual public Base {
13 public:
14    // override print function
15    void print() const override {std::cout << "DerivedOne\n";}
16 };
17
18 // class DerivedTwo definition
19 class DerivedTwo : virtual public Base {
20 public:
21    // override print function
22    void print() const override {std::cout << "DerivedTwo\n";}
23 };
24
25 // class Multiple definition
26 class Multiple : public DerivedOne, public DerivedTwo {
27 public:
28    // qualify which version of function print
29    void print() const override {DerivedTwo::print();}
30 };
31
32 int main() {
33    Multiple both; // instantiate Multiple object
34    DerivedOne one; // instantiate DerivedOne object
35    DerivedTwo two; // instantiate DerivedTwo object
36    Base* array[3];
37
38    array[0] = &both; // allowed now
39    array[1] = &one;
40    array[2] = &two;
41
42    // polymorphically invoke function print
43    for (int i = 0; i < 3; ++i) {
44       array[i]->print();
45    }
46 }
```

```
DerivedTwo
DerivedOne
DerivedTwo
```

图 10.47 使用虚基类（续）

关键的变化是，`DerivedOne` 类（第 12 行）和 `DerivedTwo` 类（第 19 行）都使用 `virtual public Base` 从 `Base` 类继承。由于两个类都继承自 `Base`，所以它们

都包含一个 Base 子对象。直到 Multiple 类同时从 DerivedOne 和 DerivedTwo 继承（第 26 行），虚继承的好处才显现出来。由于每个基类都使用了虚继承，所以编译器确保 Multiple 只继承一个 Base 子对象。这就消除了图 10.46 中编译器报告的歧义错误。编译器现在允许在 main 的第 38 行将派生类指针（&both）隐式转换为基类指针 array[0]。第 43 行～第 45 行的 for 语句为每个对象多态地调用 print。

具有虚基类的多继承层次结构中的构造函数

软件工程

如果基类使用默认构造函数，那么实现具有虚基类的层次结构就比较简单了。图 10.46 和 图 10.47 使用了编译器生成的默认构造函数。如果一个虚基类提供了一个需要参数的构造函数，派生类的实现会变得更复杂。派生得最远的类（most derived class）必须显式调用虚基类的构造函数。出于这个原因，考虑为虚基类提供一个默认构造函数，这样派生类就不需要显式调用虚基类的构造函数。[44,45]

10.15 深入理解 protected 类成员

第 9 章介绍了访问说明符 public 和 private。基类的 public 成员不仅可以在类内访问，还可以在程序中能访问该类及其派生类对象的任何地方访问。基类的 private 成员只能在该类的主体内部以及由它的友元（friend）访问。访问说明符 protected 则提供了介于 public 和 private 访问之间的一种保护级别。这种成员可在基类内部由基类的成员和友元访问，也可以由任何从基类派生的类的成员和友元访问。

在 public 继承中，所有 public 和 protected 基类成员在成为派生类的成员时，都保留它们原来的访问权限。

- public 基类成员成为 public 派生类成员。
- protected 基类成员成为 protected 保护的派生类成员。

基类的 private 成员不可从类本身之外访问。派生类只能通过从基类继承的 public 或 protected 成员函数访问基类的 private 成员。派生类成员可以通过成员名称来引用从基类继承的 public 或 protected 成员。

protected 数据的问题

最好避免使用 protected 数据成员，因为它们会带来一些严重的问题。

软件工程

- 派生类对象不需要使用成员函数来设置基类的一个 protected 数据成员的值。所以，可能赋一个无效的值，使对象处于不一致的状态。例如，如果 CommissionEmployee 的数据成员 m_grossSales（总销售额）设为 protected（而且该类不是 final），那么派生类对象可以向 m_grossSales 赋一个负值。

- 编写派生类的成员函数时，更有可能产生对基类数据的依赖。派生类应该只依赖基类的非 private 成员函数。如果改变了基类 protected 数据成员的名称，就需要修改每个直接引用该数据的派生类。我们说这样的软件是脆弱的（fragile）或易碎的（brittle）。基类中的一个小变化就会“破坏”派生类。这就是所谓的**脆弱基类问题**（fragile base-class problem），[46] 也是“C++ 核心准则”建议避免 protected 数据的一个关键原因。理想情况是能在基类中进行修改而不必修改其派生类。[47]

核心准则

大多数时候，最好使用 private 数据成员以鼓励正确的软件工程。将基类数据成员声明为 private，可以在修改基类的实现而不必修改派生类的实现。这使代码更容易维护、修改和调试。

软件工程

派生类只能通过继承的非 private 基类成员函数来改变基类 private 数据成员的状态。如果派生类可以访问其基类的 private 数据成员，那么从该派生类继承的类也能访问这些数据成员，这就丧失了信息隐藏的好处。

软件工程

protected 基类成员函数

protected 的一个用途是定义基类不应暴露给客户端代码、但同时要在派生类中访问的成员函数。一个用例是使派生类能重写基类的 protected 虚函数，并从派生类的实现中调用原始的基类版本。[48] 我们在 10.11 节使用了这种能力。

10.16 public、protected 和 private 继承

可以从 public、protected 和 private 继承中选择。public 继承最常见，protected 继承很罕见。下表总结了每种继承类型的基类成员在派生类中的可访问性。第一列包含基类成员的访问说明符。

基类访问说明符	public 继承	protected 继承	private 继承
public	在派生类中 public 成员函数、friend 函数和非成员函数可直接访问	在派生类中 protected 成员函数和 friend 函数可直接访问	在派生类中 private 成员函数和 friend 函数可直接访问
protected	在派生类中 protected 成员函数和 friend 函数可直接访问	在派生类中 protected 成员函数和 friend 函数可直接访问	在派生类中 private 成员函数和 friend 函数可直接访问
private	不可在派生类中访问成员函数和 friend 函数可通过从基类继承的 public 或 protected 成员函数来访问	不可在派生类中访问成员函数和 friend 函数可通过从基类继承的 public 或 protected 成员函数来访问	不可在派生类中访问成员函数和 friend 函数可通过从基类继承的 public 或 protected 成员函数来访问

进行 public 继承时，注意以下两点。

- public 基类成员成为 public 派生类成员。
- protected 基类成员成为 protected 派生类成员。

基类的 private 成员在派生类中不能直接访问，但可以通过调用继承的、专门设计用来访问这些 private 成员的 public 和 protected 基类成员函数来访问。

通过 protected 继承来派生一个类时，public 和 protected 基类成员成为 protected 派生类成员。通过 protected 继承来派生一个类时，这两者则成为 private 派生类成员。

软件工程

通过 private 和 protected 继承创建的类与它们的基类不存在 is-a 关系，因为基类的 public 成员不能由派生类的客户端代码访问。

对比类和结构体的默认继承

类和结构体（参见 9.21 节）都可用于定义新类型。但是，类和结构体之间存在两个关键区别。第一个区别是，类的成员默认 private，而结构体的成员默认 public。另一个区别是默认继承类型不同。例如以下类定义：

```
class Derived : Base {
   // ...
};
```

它默认使用 private 继承，而对于结构体定义来说：

```
struct Derived : Base {
   // ...
};
```

它默认使用 public 继承。

10.17 更多运行时多态性技术和编译时多态性

本章重点讨论了继承和各种运行时多态性技术。本节将简单地介绍一下运行时多态性的其他技术以及编译时多态性（也称为静态多态性）。[49, 50] 这里讨论的惯用法和方法论（idioms and methodologies）是为那些想追求更高级技术的开发人员准备的。我们将在后面的章节中介绍其中的部分内容。关于本节主题的更多信息，请参见相应的脚注。

10.17.1 其他运行时多态性技术

我们之前使用继承和虚函数来实现运行时多态性。还在不使用继承和虚函数的前提下，通过标准库 `std::variant` 类模板和 `std::visit` 函数为事先知道的一组类型实现运行时多态性。下面介绍其他运行时多态性技术。

运行时概念惯用法

运行时概念惯用法（runtime concept idiom）[51, 52] 是由肖恩·帕伦特（Sean Parent）[53] 提出的。这个惯用法将系统的运行时多态性处理逻辑与它以多态性方式处理的类型分开。这些类型不需要成为类层次结构的一部分，所以它们不必重写基类的虚函数。

以 10.5 节讨论的多态性电子游戏为例。游戏的屏幕管理器重复清除和绘制游戏的屏幕元素。对于这个游戏，“运行时概念惯用法”的“概念”[54] 是绘制——每个类型都必须有一个 `draw` 函数。但是，“运行时概念惯用法”不是通过包含虚函数 `draw` 的一个基类来强制这一要求，而是使用不相关的类以及“鸭子类型”。我们将 `Martian`（火星人）、`Venusian`（金星人）、`Plutonian`（冥王星人）、`SpaceShip`（太空飞船）和 `LaserBeam`（激光束）定义为独立的类。在“运行时概念惯用法”中，这些类的 `draw` 函数将作为重载（overloaded）的非成员函数来实现。每个函数都用一个参数来引用要绘制的电子游戏对象类型。这种方法消除了继承层次结构中类和类之间的紧密耦合，而正是因为这种耦合，才使得这种层次结构难以修改。

为了实现多态行为，“运行时概念惯用法”使用类模板、继承和 `private virtual` 成员函数的一个巧妙组合来调用独立的重载 `draw` 函数。模板、继承和虚成员函数是对客户端代码程序员隐藏的实现细节。

带有类型擦除的运行时多态性

C++ **类型擦除**（type erasure）[55] 是一种基于模板的技术，用于实现使用鸭子类型的运行时多态性。模板使你能从自己写的代码中移除特定的类型（即擦除那些类型）。和使用 `std::variant`（10.13 节）不同，类型擦除不要求事先知道要以多态方式处理的类型。“运行时概念惯用法”在幕后使用类型擦除。

随着类型擦除的流行，人们开发了多种 C++ 开源库来简化编写使用了鸭子类型的运行时多态性程序。其中有两点特别引人注目。

- Facebook 的开源 Folly 库 [56] 包括一个 Poly 类模板，用于实现基于类型擦除的运行时多态性。[57]
- C++ 模板大师 Louis Dionne 开发了他自己的基于类型擦除的运行时多态性库，名为 Dyno。[58, 59]

运行时类型信息 (RTTI)

在 10.9.4 节的雇员薪资例子中，用运行时多态性处理 `Employee` 对象时，我们不需要关心为其计算收入的是哪种类型的雇员。但在使用运行时多态性时，我们有时可能想暂时将一个对象当作它的实际类型而不是基类类型。例如，在雇员薪资例子中，在计算所有雇员的收入时，我们可能想为 `SalariedEmployee` 发放奖金。第 20 章展示了雇员薪资例子的另一个版本，它演示了如何利用 C++ 的**运行时类型信息**（Runtime Type Information，RTTI）和**动态转型**（dynamic casting）在执行时确定一个对象的类型。

10.17.2 编译时（静态）多态性技术

“现代 C++”的一个重要目标是在编译时做更多的事情，以获得更好的类型检查和更好的运行时性能。[60，61] 我们将在第 13 章和第 14 章讨论各种标准库类模板，将在第 15 章讨论自定义模板编程。

C++ 程序员经常使用模板在编译时生成可以处理多种类型的代码——具体代码是针对不同的类型而生成的。本书以后会演示自定义类模板，并继续讨论函数模板——两者都用于实现编译时（静态）多态性。有了模板，编译器就可以在程序开始执行前识别错误，而且可以进行优化，以获得更好的运行时性能。[62] 下面简单介绍一下各种与编译时多态性有关的技术。

替换失败并非错误 (SFINAE)

模板提供了编译时多态性，使你能从类模板或函数模板生成针对给定类型特化（specialize）的代码。模板通常有要求，类型必须满足这些要求，编译器才能为这些类型生成有效的代码。考虑一下 5.16 节的 `maximum` 函数模板。它使用 > 操作符来比较其实参，所以只有支持该操作符的类型才可以和这个模板一起使用。如果为这个函数模板提供的类型实参不支持 > 操作符，编译器会报错。我们用 SFINAE（Substitution Failure Is Not An Error，替换失败不是错误）[63，64，65] 这个术语描述编译器在试图确定要调用的正确函数时丢弃无效的模板特化代码。如果编译器为调用找到了一个合适的匹配，代码就是有效的。这种技术可以防止编译器在第一次尝试对模板进行特化时立即产生可能非常冗长的错误信息列表。第 15 章在 C++20“概念”的背景下重新审视 SFINAE。[66，67]

C++20“概念”

C++20 的“概念”[68，69，70] 允许对可用于实例化模板的类型进行约束，从而进一步简化模板编码。这样一来，编译器就可以在使用模板生成一种类型的代码之前检查该类型是否满足模板的约束。第 15 章将展示 C++20 新的“概念”功能。[71]

Tag Dispatch

Tag Dispatch[72] 是一种基于模板的技术，编译器不仅根据模板类型参数，还根据这些类型的属性来决定调用哪个版本的重载函数。比雅尼 · 斯特诺斯特拉普（Bjarne

Stroustrup）在他的论文“Concepts: The Future of Generic Programming”（概念：泛型编程的未来）中将类型的属性称为“概念”，并将 Tag Dispatch 技术称为概念重载（concept overloading）或基于概念的重载（concept-based overloading）。[73] 然后，他讨论了如何用 C++20 新的“概念”特性来代替 Tag Dispatch。

10.17.3 其他多态性概念

你可能还对以下高级资源感兴趣。

- 双重调度 [74, 75]（double dispatch，也称为访问者模式 [76]）是一种运行时多态性技术，它使用两个对象的运行时类型来判断要调用的正确成员函数。双重调度也可以用 `std::variant` 和 `std::visitor` 来实现。[77]
- 在“Dynamic Polymorphism with Metaclasses and Code Injection”（CPPCON 2020）的演讲中，微软 C++ 开发团队的西·布兰登（Sy Brand）介绍了高级动态多态性技术，使用了可能会在 C++23 和 C++26 中新增的特性。[78]

10.18 小结

本章继续讨论面向对象编程（OOP），介绍了继承和运行时多态性。我们通过创建派生类来继承基类的功能，然后进行自定义或增强。我们对 has-a“合成”关系和 is-a“继承”关系进行了区分。

我们解释并演示了通过继承层次结构来实现的运行时多态性。我们写程序来处理属于同一个类层次结构的类的对象，好像它们都是这个层次结构的基类的对象。我们通过基类指针和引用来操作这些对象。

我们解释了为什么运行时多态性可以帮助你设计和实现更容易扩展的系统，使你能在很少或完全不修改程序的常规部分的前提下添加新类。我们用一个详细的插图来帮助你理解运行时多态性、虚函数和动态绑定在幕后是如何实现的。

我们介绍了非虚接口（NVI）惯用法，即每个基类函数只服务于一个目的（单一职责）：要么作为一个 `public` 非虚函数由客户端代码调用来执行任务，要么作为一个 `private`（或 `protected`）虚函数由派生类自定义。使用这种惯用法，虚函数成为向客户端代码隐藏的内部实现细节，这使系统更容易维护和进化。

本章最开始讨论的是“实现继承”，然后指出多年来人们开发现实世界的关键业务和关键任务系统的经验表明，维护和修改这样的系统会很困难。所以，我们重构了雇员薪资的例子，改为使用“接口继承”，即基类只包含派生的具体类需要实现的纯虚函数。通过这个例子，我们介绍了“合成和依赖注入”方法，即类中包含一个指向对象的指针，后者负责提供该类的对象所需的行为。然后，我们讨论了这种基于接口的方法如何使这个例子更容易修改和进化。

接下来，我们探讨了另一种实现运行时多态性的方法，即通过 C++17 类模板 `std::variant` 和标准库函数 `std::visit` 来处理不存在继承关系的类的对象，具体是通过“鸭子类型”来实现的。

我们演示了“多继承”，讨论了其潜在的问题，并解释如何通过“虚继承”解决这些问题。我们介绍了 `protected` 访问说明符——派生类成员函数和派生类的“友元”可以访问 `protected` 基类成员。我们还解释了三种类型的继承：`public`、`protected` 和 `private`，并探讨了使用每种继承类型时，派生类中的基类成员的可访问性。

最后，我们概述了其他运行时多态性技术和几种基于模板的编译时多态性方法。我们还为那些希望深入研究的开发人员提供了高级资源的链接。

本章的一个关键目标是让大家熟悉继承机制，以及如何通过虚函数实现运行时多态性。你现在已经理解了现代的多态性惯用法和技术，它们不仅方便修改，还提供了更好的性能。本书以后还会进一步讨论这些现代惯用法。

第 11 章继续我们的面向对象编程之旅，将介绍操作符重载，它使现有的操作符也能支持自定义类型的对象。例如，你会看到如何重载 << 操作符来输出一个完整的数组，同时无须显式使用循环语句。将使用“智能指针”来管理动态分配的内存，并确保它在不再需要时释放。还将介绍其他特殊成员函数，并讨论它们的使用规则。我们将讨论移动语义，它使对象资源（如动态分配的内存）在一个对象超出范围时从一个对象移动到另一个对象。如你所见，这有助于节省内存和提高性能。

注释

1. 运行时多态性不一定非要用继承层次结构来实现。第 15 章还要讨论编译时多态性。
2. 紧密耦合的类可能使系统难以修改。我们会介绍避免紧密耦合的替代方案。
3. 软件工程界的一些思想领袖不赞成最后一个选项。参见 Scott Meyers, “Item 33: Make Non-Leaf Classes Abstract,” More Effective C++: 35 New Ways to Improve Your Programs and Designs. Addison-Wesley, 1995。另请参见 Herb Sutter, “Virtuality,” C/C++ Users Journal, vol. 19, no. 9, September 2001. http://www.gotw.ca/publications/mill18.htm。
4. 派生类结构函数中，只将其参数传递给其相应的基类构造器是很常见的。此外不做任何操作。第 20 章将展示如何继承一个基类的构造函数。
5. 防止代码重复是优点。缺点是会在基类和派生类之间建立一个“耦合”，使大规模系统变得难以修改。
6. 类的所有对象共享类的成员函数的一个拷贝，该拷贝和那些对象分开存储，不算作对象大小的一部分。
7. 同样，“实现继承”的缺点在于，它在继承层次结构（尤其是较深的那种）中的不同类之间建立了紧密耦合，造成很难修改。

8. 我们将看到，一些形式的“运行时多态性”和“编译时多态性”不依赖于继承层次结构。
9. 一些编程语言（例如 Java 和 Python）将所有成员函数（方法）都视为 C++ 的虚函数。10.10 节会讲到，虚函数对性能和内存消耗有轻微的影响。C++ 允许根据应用程序对性能的要求来选择每个函数是否为虚。
10. 译注：又可以称为“晚期联编”。
11. 译注：事实上，多态性（Polymorphism）源自希腊语，本身就是“多种形式”的意思。
12. “C.82: Don’t Call Virtual Functions in Constructors and Destructors”，访问日期 2022 年 1 月 11 日，https://isocpp.github.io/CppCoreGuidelines/CppCoreGuidelines#Rc-ctor-virtual。
13. “C.128: Virtual Functions Should Specify Exactly One of virtual, override, or final”，访问日期 2022 年 1 月 11 日，https://isocpp.github.io/CppCoreGuidelines/CppCoreGuidelines#Rh-override。
14. “C.35: A Base Class Destructor Should Be Either public and virtual, or protected and Non-virtual”，访问日期 2022 年 1 月 11 日，https://isocpp.github.io/CppCoreGuidelines/CppCoreGuidelines#Rc-dtor-virtual。
15. 虽然 C++ 标准文档讨论了许多可能的优化，但并没有做出硬性要求。决定权在编译器实现者手上。
16 Matt Godbolt，“Optimizations in C++ Compilers”，November 12, 2019，访问日期 2022 年 1 月 11 日，https://queue.acm.org/detail.cfm?id=3372264。
17. Godbolt，“Optimizations in C++ Compilers”。
18. Sy Brand，“The Performance Benefits of Final Classes”，March 2, 2020，访问日期 2022 年 1 月 11 日，https://devblogs.microsoft.com/cppblog/the-performance-benefits-of-final-classes/。
19. 在实际应用中，步骤 3 和步骤 4 可作为单独一条机器指令来实现。
20. 访问日期 2022 年 1 月 11 日，https://en.wikipedia.org/wiki/Non-virtual_interface_pattern。
21. Marius Bancila，*Modern C++ Programming Cookbook: Master C++ Core Language and Standard Library Features, with over 100 Recipes, Updated to C++20*. Birmingham: Packt Publishing, 2020, pp. 562–567。
22. Herb Sutter，“Virtuality,” *C/C++ Users Journal*，vol. 19, no. 9, September 2001，访问日期 2022 年 1 月 11 日，http://www.gotw.ca/publications/mill18.htm。
23. 访问日期 2022 年 1 月 11 日，https://en.wikipedia.org/wiki/Template_method_pattern。
24. Erich Gamma et al.，*Design Patterns: Elements of Reusable Object-Oriented Software*，Reading, MA: Addison-Wesley, 1995, pp. 325–330。
25. 对继承的更多讨论，可参考 isocpp.org FAQ：“Inheritance—What Your Mother Never Told You”，https://isocpp.org/wiki/faq/strange-inheritance。
26. 本节标题原文是“Program to an Interface, Not an Implementation”，最早在 Gamma 等人所著的《设计模式：可复用面向对象软件的基础》一书中提出；后来在 Joshua Bloch 所著的《Effective Java》一书中展开了讨论。
27. 这里要感谢甲骨文（Oracle）的 Java 语言架构师布莱恩·戈茨（Brian Goetz），他在审校我们最近一版的 Java How to Program 一书时，向我们推荐了本节所用的类体系结构。
28. “I.25: Prefer Abstract Classes as Interfaces to Class Hierarchies”，访问日期 2022 年 1 月 11 日，https://isocpp.github.io/CppCoreGuidelines/CppCoreGuidelines#Ri-abstract。
29. “C.121: If a Base Class Is Used as an Interface, Make It a Pure Abstract Class”，访问日期 2022 年 1 月 11 日，https://isocpp.github.io/CppCoreGuidelines/CppCoreGuidelines#Rh-abstract。

30. “C.122: Use Abstract Classes As Interfaces When Complete Separation of Interface and Implementation Is Needed”，访问日期 2022 年 1 月 11 日，https://isocpp.github.io/CppCoreGuidelines/CppCoreGuidelines#Rh-separation。
31. “C.129: When Designing a Class Hierarchy, Distinguish Between Implementation Inheritance and Interface Inheritance”，访问日期 2022 年 1 月 11 日，https://isocpp.github.io/CppCoreGuidelines/CppCoreGuidelines#Rh-kind。
32. 在依赖注入的情况下，CompensationModel 对象的存在时间必须比 Employee 对象长，以防止出现所谓的“空悬指针”运行时逻辑错误。我们将在 11.6 节讨论空悬指针。
33. 访问日期 2022 年 1 月 11 日，https://en.wikipedia.org/wiki/Dependency_injection。
34. 在本例中，两个 CompensationModel 的生存期都会超过其对应的 Employee 对象，所以不会出现之前提到的运行时逻辑错误。
35. Nevin Liber, “The Many Variants of std::variant,” YouTube Video, June 16, 2019，访问日期 2022 年 1 月 11 日，https://www.youtube.com/watch?v=JUxhwf7gYLg。
36. “std::variant”，https://zh.cppreference.com/w/cpp/utility/variant。
37. Bartlomiej Filipek，“Runtime Polymorphism with std::variant and std::visit”，November 2, 2020，访问日期 2022 年 1 月 11 日，https://www.bfilipek.com/2020/04/variant-virtualpolymorphism.html。
38. Bartlomiej Filipek，“Everything You Need to Know About std::variant from C++17”，June 4, 2018，访问日期 2022 年 1 月 11 日，https://www.bfilipek.com/2018/06/variant.html。
39. “联合体声明”，访问日期 2022 年 1 月 11 日，https://zh.cppreference.com/w/cpp/language/union。
40. “std::variant”，访问日期 2022 年 1 月 11 日，https://zh.cppreference.com/w/cpp/utility/variant。
41. 访问日期 2022 年 1 月 11 日，https://zh.wikipedia.org/zh-hans/ 鸭子类型。
42. 更准确地说，Java 和 C# 只支持单实现继承。它们确实允许多接口继承。
43. “Inheritance—Multiple and Virtual Inheritance”，访问日期 2022 年 1 月 11 日，https://isocpp.org/wiki/faq/multiple-inheritance。
44. “Inheritance — Multiple and Virtual Inheritance — What special considerations do I need to know about when I use virtual inheritance?”访问日期 2022 年 1 月 11 日，https://isocpp.org/wiki/faq/multiple-inheritance#virtual-inheritance-abcs。
45. “Inheritance — Multiple and Virtual Inheritance — What special considerations do I need to know about when I use virtual inheritance?”访问日期 2022 年 1 月 11 日，https://isocpp.org/wiki/faq/multiple-inheritance#virtual-inheritance-ctors。
46. 访问日期 2022 年 1 月 11 日，https://en.wikipedia.org/wiki/Fragile_base_class。
47. C++ Core Guidelines，“C.133: Avoid protected Data”，访问日期 2022 年 1 月 11 日，https://isocpp.github.io/CppCoreGuidelines/CppCoreGuidelines#Rh-protected。
48. Herb Sutter，“Virtuality”，September 2001. 访问日期 2022 年 1 月 11 日，http://www.gotw.ca/publications/mill18.htm。
49. 访问日期 2022 年 1 月 11 日，https://en.wikipedia.org/wiki/C++#Static_polymorphism。
50. Kateryna Bondarenko，“Static Polymorphism in C++”，May 6, 2019，访问日期 2022 年 1 月 11 日，https://medium.com/@kateolenya/static-polymorphism-in-c-9e1ae27a945b。
51. Sean Parent，“Inheritance Is the Base Class of Evil,” YouTube Video, September 23, 2013. 访问日期 2022 年 1 月 12 日，https://www.youtube.com/watch?v=bIhUE5uUFOA。

52. Sean Parent, "Better Code: Runtime Polymorphism," YouTube Video, February 27, 2017. 访问日期 2022 年 1 月 12 日，https://www.youtube.com/watch?v=QGcVXgEVMJgNDC。
53. "Sean Parent"，访问日期 2022 年 1 月 13 日，https://sean-parent.stlab.cc/。
54. 不要与 C++20 新的"概念"特性混淆，C++20"概念"将在第 15 章详细讨论。
55. Arthur O'Dwyer，"What Is Type Erasure?"，March 18. 2019. 访问日期 2022 年 1 月 11 日，https://quuxplusone.github.io/blog/2019/03/18/what-is-type-erasure/。
56. "Folly: Facebook Open-Source Library"，访问日期 2022 年 1 月 11 日，https://github.com/facebook/folly。
57. "folly/Poly.h"，访问日期 2022 年 1 月 11 日，https://github.com/facebook/folly/blob/master/folly/docs/Poly.md。
58. "Dyno: Runtime Polymorphism Done Right"，访问日期 2022 年 1 月 11 日，https://github.com/ldionne/dyno。
59. Lewis Dionne，"Runtime Polymorphism: Back to the Basics"，YouTube video, November 5, 2017，访问日期 2022 年 1 月 11 日，https://www.youtube.com/watch?v=gVGtNFg4ay0。
60. "C++ Core Guidelines—Per: Performance"，访问日期 2022 年 1 月 11 日，https://isocpp.github.io/CppCoreGuidelines/CppCoreGuidelines#S-performance。
61. "Big Picture Issues—What's the Big Deal with Generic Programming?"，访问日期 2022 年 1 月 11 日，https://isocpp.org/wiki/faq/big-picture#generic-paradigm。
62. "Compile Time vs Run Time Polymorphism in C++ Advantages/Disadvantages"，访问日期 2022 年 1 月 11 日，https://stackoverflow.com/questions/16875989/compile-time-vs-run-timepolymorphism-in-c-advantages-disadvantages。
63. 访问日期 2022 年 1 月 11 日，https://zh.wikipedia.org/zh-cn/替换失败并非错误。
64. Bartlomiej Filipek，"Notes on C++ SFINAE, Modern C++ and C++20 Concepts"，April 20, 2020，访问日期 2022 年 1 月 11 日，https://www.bfilipek.com/2016/02/notes-on-c-sfinae.html。
65. David Vandevoorde 和 Nicolai M. Josuttis，*C++ Templates: The Complete Guide*. Addison-Wesley Professional, 2002. 中译本《C++ 模板》
66. Marius Bancila，"Concepts versus SFINAE-Based Constraints"，October 4, 2019，访问日期 2022 年 1 月 11 日，https://mariusbancila.ro/blog/2019/10/04/concepts-versus-sfinae-based-constraints/。
67. Filipek"Notes on C++ SFINAE, Modern C++ and C++20 Concepts"。
68. Saar Raz，"C++20 Concepts: A Day in the Life"，YouTube video, October 17, 2019. 访问日期 2022 年 1 月 12 日，https://www.youtube.com/watch?v=qawSiMIXtE4。
69. "Constraints and Concepts."，访问日期 2022 年 1 月 11 日，https://en.cppreference.com/w/cpp/ language/constraints。
70. "概念库"，访问日期 2022 年 1 月 11 日，https://zh.cppreference.com/w/cpp/concepts。
71. Bancila，"Concepts versus SFINAE-based constraints"。
72. "Generic Programming: Tag Dispatching"，访问日期 2022 年 1 月 11 日，https://www.boost.org/community/generic_programming.html#tag_dispatching。
73. Bjarne Stroustrup，"Concepts: The Future of Generic Programming (Section 6)"，January 31, 2017，访问日期 2022 年 1 月 11 日，https://www.stroustrup.com/good_concepts.pdf。
74. https://en.wikipedia.org/wiki/Double_dispatch。
75. Barath Kannan，"Generalised Double Dispatch"，YouTube video, October 26, 2019. 访

问日期 2022 年 1 月 12 日，https://www.youtube.com/watch?v=nNqiBasCab4。
76. 访问日期 2022 年 1 月 11 日，https://en.wikipedia.org/wiki/Visitor_pattern。
77. Vishal Chovatiya，“Double Dispatch in C++: Recover Original Type of the Object Pointed by Base Class Pointer”，April 11, 2020，访问日期 2022 年 1 月 11 日，http://www.vishalchovatiya.com/double-dispatch-in-cpp。
78. Sy Brand，“Dynamic Polymorphism with Metaclasses and Code Injection”，YouTube video, October 1, 2020，访问日期 2022 年 1 月 11 日，https://www.youtube.com/watch?v=8c6BAQcYF_E。

第 11 章

操作符重载、拷贝 / 移动语义和智能指针

学习目标

- 使用内置的 `string` 类重载操作符
- 利用操作符重载来打造有价值的类
- 理解特殊成员函数以及何时为自定义类型实现它们
- 理解对象何时应该移动，何时应该拷贝
- 使用右值引用和移动语义来删除即将超出范围的对象的拷贝，提高程序性能。
- 理解为什么要避免使用操作符 `new` 和 `delete` 来进行动态内存管理
- 用智能指针自动管理动态内存
- 打造一个完美的 `MyArray` 类，定义 5 个特殊成员函数以支持拷贝和移动语义，并重载多个一元和二元操作符
- 使用 C++20 的三路比较操作符（<=>）
- 将对象转换为其他类型
- 使用关键字 `explicit` 防止构造函数和转换操作符被用于隐式转换
- 体验“灵光一现”时刻，真正体会到类概念的优雅和意义

11.1 导读

本章介绍了**操作符重载**（operator overloading），它使 C++ 现有的操作符也能用于自定义类对象。标准 C++ 的重载操作符的一个例子是 <<，它同时作为以下两种操作符使用：

- 流插入操作符
- 按位左移操作符（在附录 E 讨论）

类似地，>> 同时作为以下两种操作符使用：

- 流提取操作符
- 按位右移操作符（在附录 E 讨论）

之前已经使用了许多重载操作符。有的是核心 C++ 语言本身内置的。例如，+ 操作符根据其在整数、浮点和指针算术中的上下文，针对基本类型的数据有不同的行为。`string` 类也重载了 +，所以你可以连接字符串。

可以重载大多数操作符，把它们应用于自定义类的对象。编译器会根据操作数的类型生成适当的代码。重载操作符能执行的操作也可由显式的函数调用来执行，但操作符表示法通常更自然、更方便。

演示 string 类的重载操作符

2.7 节的对象自然案例学习介绍了标准库的 `string` 类，并演示了它的一些特性，例如用 + 操作符进行字符串连接。本章会演示 `string` 类更多的重载操作符，这样就可以在自定义类中实现重载操作符之前，体会到对于一个重要的标准库类来说，操作符的重载是多么重要。接着，我们将介绍操作符重载的基础知识。

动态内存管理和智能指针

动态内存管理使程序能在运行时而不是编译时获取对象所需的额外内存，并在不需要时释放这些内存，以便用于其他用途。我们讨论了动态分配内存的潜在问题，例如忘记释放不再需要的内存（称为内存泄漏）。然后，我们介绍了智能指针，它能自动为你释放动态分配的内存。你会看到，与 RAII（资源获取即初始化）策略相结合，智能指针使你能够避免不容易发现的内存泄漏问题。

MyArray 案例学习

接着是作为本书"重头戏"的一个高级案例学习。我们将创建一个自定义的 `MyArray` 类，它通过重载操作符和其他功能来解决 C++ 原生的、基于指针的数组所存在的各种问题。我们介绍并实现了可以在每个类中定义的 5 个特殊成员函数：拷贝构造函数、拷贝赋值操作符、移动构造函数、移动赋值操作符和析构函数。有的时候，默认构造函数也被当作一种特殊成员函数。我们介绍了拷贝语义和移动语义，这有助于告诉编译器何时可以将资源从一个对象移动给另一个对象，以避免昂贵和不必要的拷贝。

`MyArray` 使用了智能指针和 RAII，并重载了许多一元和二元操作符，如下所示。

- =（赋值）
- ==（相等性）
- !=（不相等）
- []（下标）
- ++（递增）
- +=（加赋值）
- >>（流提取）
- <<（流插入）

我们还展示了如何定义一个转换操作符，它能将 `MyArray` 转换为一个 `true` 或 `false` 的 `bool` 值，表明 `MyArray` 是包含元素还是为空。

我们的许多读者都说，对这个 `MyArray` 案例进行研究的过程是"灵光一现"时刻，帮助他们真正体会到类和对象技术的意义。一旦掌握了这个 `MyArray` 类，就会真正理解对象技术的精髓——打造、使用和重用有价值的类，并与同事甚至整个 C++ 开源社区分享。

C++20 的三路比较操作符 (<=>)

我们介绍了 C++20 新的三路比较操作符（<=>），也有人把它称为“太空飞船操作符”。[1]

转换操作符

本章最后会更深入地探讨重载的转换操作符和转换构造函数。我们描述了隐式转换可能造成什么微妙的问题。然后，我们解释如何用 explicit 来防止这些问题。

11.2 使用标准库 string 类的重载操作符

第 8 章已经介绍了 string 类的基本情况。图 11.1 展示了 string 许多重载的操作符和其他几个有用的成员函数，包括 empty、substr 和 at。

- empty 判断字符串是否为空。
- substr（子串）返回现有 string 的一部分。
- at 返回 string 中特定索引位置的字符（在检查了该索引是否在范围内之后）。

为方便讨论，我们把这个例子分成几个部分，每一部分都带有相应的输出。

```
1  // fig11_01.cpp
2  // Standard library string class test program.
3  #include <fmt/format.h>
4  #include <iostream>
5  #include <string>
6  #include <string_view>
7
8  int main() {
```

图 11.1 标准库 string 类的测试程序

创建 string 和 string_view 对象并用 cout 和操作符 << 来显示

第 9 行～第 12 行创建三个 string 和一个 string_view：

- string s1 初始化为字面值 "happy"
- string s2 初始化为字面值 " birthday"
- string s3 使用 string 的默认构造函数创建一个空字符串
- string_view v 初始化为引用字面值 "hello" 中的字符

第 15 行和第 16 行用 cout 和操作符 <<（后者已由 string 和 string_view 为输出目的而重载）输出这三个对象。

```
9      std::string s1{"happy"}; // initialize string from char*
10     std::string s2{"birthday"}; // initialize string from char*
11     std::string s3; // creates an empty string
12     std::string_view v{"hello"}; // initialize string_view from char*
13
14     // output strings and string_view
15     std::cout << "s1: \"" << s1 << "\"; s2: \"" << s2
16        << "\"; s3: \"" << s3 << "\"; v: \"" << v << "\"\n\n";
17
```

```
s1: "happy"; s2: " birthday"; s3: ""; v: "hello"
```

用相等性和关系操作符比较 string 对象

第 19 行～第 25 行显示了使用 `string` 类重载的相等性和关系操作符比较 `s2` 和 `s1` 的结果。这些操作符根据字符串中代表字符的数值，基于字典序进行比较（参见附录 B）。使用 C++20 的 `format` 函数将 `bool` 转换为 `string` 时，`format` 产生 `true` 或 `false` 的结果。

```
18     // test overloaded equality and relational operators
19     std::cout << "The results of comparing s2 and s1:\n"
20        << fmt::format("s2 == s1: {}\n", s2 == s1)
21        << fmt::format("s2 != s1: {}\n", s2 != s1)
22        << fmt::format("s2 > s1: {}\n", s2 > s1)
23        << fmt::format("s2 < s1: {}\n", s2 < s1)
24        << fmt::format("s2 >= s1: {}\n", s2 >= s1)
25        << fmt::format("s2 <= s1: {}\n\n", s2 <= s1);
26
```

```
The results of comparing s2 and s1:
s2 == s1: false
s2 != s1: true
s2 > s1: false
s2 < s1: true
s2 >= s1: false
s2 <= s1: true
```

string 的 empty 成员函数

第 30 行使用了 `string` 的成员函数 `empty`，它在字符串为空的情况下返回 `true`；否则返回 `false`。`s3` 对象用默认构造函数初始化，所以为空。

```
27     // test string member function empty
28     std::cout << "Testing s3.empty():\n";
29
30     if (s3.empty()) {
31        std::cout << "s3 is empty; assigning s1 to s3;\n";
32        s3 = s1; // assign s1 to s3
33        std::cout << fmt::format("s3 is \"{}\"\n\n", s3);
34     }
35
```

```
Testing s3.empty():
s3 is empty; assigning s1 to s3;
s3 is "happy"
```

string 拷贝赋值操作符

第 32 行通过将 s1 赋值给 s3 来演示 string 类的重载拷贝赋值操作。第 33 行输出 s3 的内容以证明赋值正确。

字符串连接和 C++14 string 对象字面值

第 37 行演示了 string 的重载 += 操作符，它用于**字符串连接赋值**（string concatenation assignment）。在本例中，s2 的内容被附加到 s1 后面，从而修改了它的值。然后，第 38 行输出更新后的 s1。第 41 行展示了还可以使用 += 操作符将 C 字符串字面值附加到一个 string 对象后面。第 42 行输出结果。类似地，第 46 行将 s1 与一个 C++14 字符串对象字面值连接，这可以通过在一个字符串字面值的结束双引号（"）后面添加字母 s 来指定，如下所示：

```
", have a great day!"s
```

上述字面值实际会调用一个 C++ 标准库函数来返回一个 string 对象，其中包含了字面值中的字符。第 47 行和第 48 行输出 s1 的新值。

```
36     // test overloaded string concatenation assignment operator
37     s1 += s2; // test overloaded concatenation
38     std::cout << fmt::format("s1 += s2 yields s1 = {}\n\n", s1);
39
40     // test string concatenation with a C string
41     s1 += " to you";
42     std::cout << fmt::format("s1 += \" to you\" yields s1 = {}\n\n", s1);
43
44     // test string concatenation with a C++14 string-object literal
45     using namespace std::string_literals;
```

```
46      s1 += ", have a great day!"s; // s after " for string-object  literal
47      std::cout << fmt::format(
48         "s1 += \", have a great day!\"s yields\ns1 = {}\n\n", s1);
49
```

```
s1 += s2 yields s1 = happy birthday

s1 += " to you" yields s1 = happy birthday to you

s1 += ", have a great day!"s yields
s1 = happy birthday to you, have a great day!
```

string 的 substr 成员函数

string 类提供了 substr 成员函数（第 53 行和第 58 行），用于返回包含在其上调用它的那个 string 对象的一部分内容（子串）。第 53 行的调用获取 s1 从位置 0 开始的 14 个字符的一个子串。 第 58 行获取 s1 从位置 15 开始的子串。由于没有指定第二个实参，所以 substr 返回字符串剩余的部分。

```
50      // test string member function substr
51      std::cout << fmt::format("{} {}\n{}\n\n",
52         "The substring of s1 starting at location 0 for",
53         "14 characters, s1.substr(0, 14), is:", s1.substr(0, 14));
54
55      // test substr "to-end-of-string" option
56      std::cout << fmt::format("{} {}\n{}\n\n",
57         "The substring of s1 starting at",
58         "location 15, s1.substr(15), is:", s1.substr(15));
59
```

```
The substring of s1 starting at location 0 for 14 characters,
s1.substr(0, 14), is:
happy birthday

The substring of s1 starting at location 15, s1.substr(15), is:
to you, have a great day!
```

string 拷贝构造函数

第 61 行创建 string 对象 s4，并用 s1 的拷贝来初始化它。这会调用 string 类的**拷贝构造函数**（copy constructor）将 s1 的内容拷贝到新对象 s4 中。11.6 节要解释如何为自定义类定义拷贝构造函数。

```
60     // test copy constructor
61     std::string s4{s1};
62     std::cout << fmt::format("s4 = {}\n\n", s4);
63
```

```
s4 = happy birthday to you, have a great day!
```

用 string 拷贝赋值操作符测试自赋值

第 66 行使用 `string` 类的重载拷贝赋值 (=) 操作符来证明它能正确地处理**自赋值**（self-assignment），所以 `s4` 在自赋值后仍然有相同的值。本章后面在构建 `MyArray` 类时，会讲到对于那些自己管理内存的对象，必须小心地处理自赋值，我们会展示如何处理可能出现的问题。

```
64     // test overloaded copy assignment (=) operator with self-assignment
65     std::cout << "assigning s4 to s4\n";
66     s4 = s4;
67     std::cout << fmt::format("s4 = {}\n\n", s4);
68
```

```
assigning s4 to s4
s4 = happy birthday to you, have a great day!
```

用一个 string_view 初始化 string

第 71 行演示了 `string` 类可以接收一个 `string_view` 的构造函数。在本例中，我们用它将 `string_view v`(第 12 行)代表的字符数据拷贝到新的 `string` 对象 `s5` 中。

```
69     // test string's string_view constructor
70     std::cout << "initializing s5 with string_view v\n";
71     std::string s5{v};
72     std::cout << fmt::format("s5 is {}\n\n", s5);
73
```

```
initializing s5 with string_view v
s5 is hello
```

string 的 [] 操作符

第 75 行和第 76 行在赋值中使用 `string` 的重载 [] 操作符（下标操作符）来创建一个“左值”，以便替换 `s1` 中的字符。第 77 行和第 78 行输出 `s1` 的新值。`[]` 操作符将指定位置的字符（引用）作为可修改或者不可修改的左值返回（例如，如果返回一个 `const` 引用就不可修改）。具体是否可以修改，要取决于表达式的上下文。

- 如果 [] 被用在一个非 const string 上，该函数[2]返回一个可修改的左值，可以在赋值操作符(=)的左侧使用，俗艳为字符串中的那个位置赋一个新值，如第 77 行～第 78 行所示。
- 如果 [] 被用在一个 const 字符串上，该函数返回一个不可修改的左值，可用来获取（但不能修改）string 中的那个位置的值。

注意，重载的 [] 操作符不执行边界检查。因此，你必须确保使用该操作符时不会意外操作字符串边界之外的元素。

```
74      // test using overloaded subscript operator to create lvalue
75      s1[0] = 'H';
76      s1[6] = 'B';
77      std::cout << fmt::format("{}:\n{}\n\n",
78         "after s1[0] = 'H' and s1[6] = 'B', s1 is", s1);
79
```

```
after s1[0] = 'H' and s1[6] = 'B', s1 is:
Happy Birthday to you, have a great day!
```

string 的 at 成员函数

调用 string 的 at 成员函数时，如果传递的实参是一个无效的越界索引，就会抛出一个异常。如果索引有效，at 函数会将指定位置的字符（引用）作为一个可修改或者不可修改的左值返回（例如，如果返回一个 const 引用就不可修改），这取决于调用时的上下文。第 83 行展示了一个 at 函数调用，其无效的索引导致了一个 out_of_range 异常。这里显示的是 GNU C++ 生成的错误消息。

```
80      // test index out of range with string member function "at"
81      try {
82         std::cout << "Attempt to assign 'd' to s1.at(100) yields:\n";
83         s1.at(100) = 'd'; // ERROR: subscript out of range
84      }
85      catch (const std::out_of_range& ex) {
86         std::cout << fmt::format("An exception occurred: {}\n", ex.what());
87      }
88   }
```

```
Attempt to assign 'd' to s1.at(100) yields:
An exception occurred: basic_string::at: __n (which is 100) >= this->size()
(which is 40)
```

11.3 操作符重载基础

软件工程

如图 11.1 所示，标准库 `string` 类的重载操作符为 `string` 对象的各种操作提供了一种简洁的表示法。也可以将这些操作符应用于自定义类型。C++ 允许定义操作符函数来重载大多数现有的操作符。一旦为给定的操作符和自定义类定义了一个操作符函数，该操作就具有了适合你的类的对象的意义。

11.3.1 操作符不会自动重载

软件工程

必须手动编码用于执行所需操作的操作符函数。操作符作为一个非静态的成员函数或者作为一个非成员函数来重载。操作符函数的名称是关键字 `operator` 后跟要重载的操作符符号。例如，`operator+` 函数会重载加操作符（`+`）。如果操作符作为成员函数来重载，它必须是非静态的。换言之，要在类的一个对象上调用并对该对象进行操作。

11.3.2 不能重载的操作符

大多数 C++ 的操作符都能重载，但以下操作符不能。[3]

- .（点）成员选择操作符
- .* 成员指针（pointer-to-member）操作符（20.6 节讨论）
- :: 作用域解析操作符
- ?: 条件操作符——虽然未来也许能够重载 [4]

11.3.3 不必重载的操作符

错误提示

以下三个操作符默认支持每个新类的对象。

- 赋值操作符（=）可为大多数类的数据成员进行“逐成员”赋值。默认赋值操作符将每个数据成员从“源”对象（右边的）赋给“目标”对象（左边的）。11.6.6 节会讲到，这对含有指针成员的类来说是很危险的。因此，要么显式重载赋值操作符，要么显式不允许编译器定义默认赋值操作符。这一点对于 C++11 的移动赋值操作符来说同样成立，具体将在 11.6 节讨论。
- 取址（&）操作符返回指向对象的一个指针。
- 逗号操作符先求值左边的表达式，再求值右边的表达式，并返回后者的值。虽然这个操作符可以重载，但一般都不。[5]

11.3.4 操作符重载的规则和限制

当你准备为你自己的类重载操作符时，请牢记以下几个规则和限制。

- 操作符的优先级不能通过重载来改变。圆括号可以用来改变表达式中重载操作符的求值顺序。
- 操作符的分组（关联性）不能通过重载来改变。如果一个操作符通常从左到右分组，那么其重载版本也是如此。
- 操作符的“元数”[6]不能通过重载来改变。重载的一元操作符仍然是一元操作符，重载的二元操作符仍然是二元操作符。而唯一的三元操作符（`?:`）不能重载。操作符 &、*、+ 和 - 都有一元和二元版本，可以分别重载。
- 只有现有的操作符可被重载。你不能创建新的。
- 不能重载操作符来改变操作符对于基本类型值的工作方式。例如，不能让 + 求两个 `int` 的减法运算结果。
- 操作符重载只适用于用户自定义类型的对象，或者用户自定义类型的对象与基本类型对象的混合。
- 像 + 和 += 这样相关的操作符通常必须单独重载。在 C++20 中，如果为自己的类定义了 ==，C++ 会自动提供 !=，它只是对 == 的求值结果取反。
- 重载 ()、[]、-> 或 = 时，必须将操作符重载函数声明为类成员。以后会讲到，如果左边的操作数必须是自定义类类型的对象，那么这就是必须的。其他所有可重载操作符的操作符函数可以是成员或非成员函数。

软件工程

注意，为类类型重载操作符时，要使其工作方式尽量接近它们之于基本类型的工作方式。避免过度或不一致地使用操作符重载，因为这可能会使程序变得隐晦和难以阅读。

11.4 用 new 和 delete 进行动态内存管理（过时技术）

核心准则

可以在程序中为对象和任何内置或用户自定义类型的数组**分配**（allocate）和**取消分配**（deallocate，也称为“释放”）内存。这就是所谓的**动态内存管理**（dynamic memory management）。第 7 章介绍了指针，展示了可能会在遗留代码中看到的各种旧式技术，并接着展示了改进后的“现代 C++”技术。本节按相同的方式讲解。几十年来，C++ 的动态内存管理都是用操作符 `new` 和 `delete` 进行的。“C++ 核心准则”建议不要直接使用这些操作符。[7, 8]但是，由于很可能在遗留 C++ 代码中看到它们，所以这里还是简单地讨论一下。11.5 节会讲述现代 C++ 的动态内存管理技术，11.6 节的 MyArray 案例学习会使用这些现代技术。

老办法：操作符 new 和 delete

可以使用 new 操作符来动态预订（即分配）容纳一个对象或内置数组所需的确切容量的内存。该对象或内置数组在**自由存储区**（free store）创建，这是分配给每个程序的一个内存区域，用于存储动态分配的对象。内存一旦分配，就可以通过操作符 new 返回的指针来访问它。不再需要该内存时，可以通过操作符 delete 取消分配（即释放）内存，将其返还给自由存储区，供未来的 new 操作重用。

用 new 获取动态内存

考虑以下语句：

```
Time* timePtr{new Time{}};
```

错误提示

new 操作符为一个 Time 对象分配内存，调用默认构造函数来初始化它，并返回一个 Time*——这是 new 操作符右侧所指定类型的一个指针。上述语句之所以调用 Time 的默认构造函数，是因为我们没有为构造函数提供实参。如果 new 不能在内存中为对象找到足够的空间，就会抛出一个 bad_alloc 异常。第 12 章展示了如何处理 new 失败的问题。

用 delete 释放动态内存

我们调用 delete 来销毁动态分配的对象并释放对象占用的空间：

```
delete timePtr;
```

错误提示

这将调用 timePtr 所指向的对象的析构函数，然后取消为对象分配的内存，将其返还给自由存储区。不再需要动态分配的内存时，不释放它可能导致内存泄漏，最终导致系统过早地耗尽内存。有时，问题可能会变得更严重。如果泄漏的内存包含对其他资源进行管理的对象，将不会调用那些对象的析构函数以释放资源，从而造成额外的泄漏。

错误提示

不要 delete 不是由 new 分配的内存，否则会导致未定义的行为。delete 动态分配的内存后，要确保不要再次 delete 相同的内存，否则通常会导致程序崩溃。防止出现这种情况的一个方法是立即将指针设为 nullptr——delete 这样的指针没有任何效果。

初始化动态分配的对象

可以向构造函数传递实参来初始化一个新分配的对象，例如：

```
Time* timePtr{new Time{12, 45, 0}};
```

它将一个新的 Time 对象初始化为 12:45:00 PM，并将它的指针赋给 timePtr。

用 new[] 动态分配内置数组

也可以使用 new 操作符来动态分配内置数组。以下语句动态分配了一个 10 元素的 int 内置数组：

```
int* gradesArray{new int[10]{}};
```

该语句使 int 指针 gradesArray 指向动态分配的数组的第一个元素。new int[10] 值初始化器后面的一对空大括号负责对数组元素进行“值初始化”，也就是将基本类型的元素设为 0，将 bool 类型的元素初设为 false，将指针为 nullptr。在大括号初始化器中，也可以包含一个以逗号分隔的数组元素初始化器的列表。“值初始化”一个对象时会调用它的默认构造函数（如果有的话）。对于没有默认构造函数的对象，规则会变得更复杂。更多细节可访问 https://zh.cppreference.com/w/cpp/language/value_initialization，查看“值初始化规则”。

在编译时创建的内置数组的大小必须用一个整数常量表达式来指定。然而，动态分配的数组的大小可用任何非负的整数表达式来指定。

用 delete[] 释放动态分配的内置数组

以下语句取消分配 gradeArray 所指向的内存：

```
delete[] gradesArray;
```

如果指针指向一个内置的对象数组，该语句会首先调用数组中每个对象的析构函数，再取消分配整个数组的内存。与 delete 一样，delete[] 对一个 nullptr 没有作用。

错误提示

为一个用 new[] 分配的数组使用 delete 而不是 delete[] 会导致未定义行为。有些编译器只为数组中的第一个对象调用析构函数。为了确保数组中的每个对象都能收到一个析构函数调用，请总是使用操作符 delete[] 来销毁 new[] 分配的内存。我们将展示更好的动态分配内存管理技术，使你能够避免使用 new 和 delete。

错误提示

如果只有一个指针指向动态分配的内存块，而且这个指针离开了作用域（超出了范围），或者你为它分配了 nullptr 或一个不同的内存地址，就会发生内存泄漏。

错误提示

对动态分配的内存执行 delete 操作后，记住将指针的值设为 nullptr，以表明它不再指向自由存储区中的内存。这样可以确保你的代码不会在无意中访问先前分配的内存，如果那样做，可能会导致不容易发现的逻辑错误。

基于范围的 for 对动态分配的内置数组不起作用

错误提示

你可能想用 C++11 基于范围的 for 语句来遍历动态分配的数组。遗憾的是，这无法通过编译。编译器必须在编译时确定元素的数量，才能用基于范围的 for 来遍历一个数组。作为一种临时解决方案，你可以创建一个 C++20 span 对象来代表动态分配的数组和它的元素数，然后用基于范围的 for 遍历该 span 对象。

11.5 现代 C++ 动态内存管理：RAII 和智能指针

常见的设计模式如下：

- 分配动态内存
- 将内存地址赋给一个指针
- 使用该指针来操作内存
- 不再需要内存时取消分配

核心准则

错误提示

如果在成功分配内存后，但在 delete 或 delete[] 语句执行前发生异常，就可能发生内存泄漏。出于这个原因，“C++ 核心准则”建议使用 RAII（Resource Acquisition Is Initialization，资源获取即初始化）来管理像动态内存这样的资源。[9,10] 对于任何在程序使用完毕后必须返还给系统的资源，程序应该做到以下几点。

- 在函数中将对象作为局部变量来创建——对象的构造函数应在对象初始化时获取资源。
- 在程序中根据需要使用该对象。
- 函数调用终止时，对象离开作用域——对象的析构函数应释放资源。

11.5.1 智能指针

软件工程

C++11 智能指针使用 RAII 为你管理动态分配的内存。标准库头文件 <memory> 定义了三种智能指针类型：

- unique_ptr
- shared_ptr
- weak_ptr

unique_ptr 维护着指向动态分配的内存的一个指针，该内存在同一时间只能属于一个 unique_ptr。当 unique_ptr 对象离开作用域时，它的析构函数使用 delete（对于数组则是 delete[]）取消分配 unique_ptr 所管理的内存。下一小节会演示 unique_ptr，以后在 MyArray 案例学习中也会使用它。放到网上的本书第 20 章（英文版）介绍了 shared_ptr 和 weak_ptr。

11.5.2 演示 unique_ptr

在图 11.2 中，我们使一个 unique_ptr 指向动态分配的 Integer 类的一个对象（第 7 行～第 22 行）。出于教学的目的，该类的构造函数和析构函数在被调用时都会显示。第 29 行创建 unique_ptr 对象 ptr，并使用指向动态分配的 Integer 对象（包含值 7）的一个指针来初始化它。为了初始化 unique_ptr，第 29 行调用了 C++14 的 make_unique 函数模板，它用操作符 new 分配动态内存，并返回指向该内存的一个 unique_ptr。[11] 在本例中，make_unique<Integer> 返回的是一个 unique_ptr<Integer>——第 29 行使用 auto 关键字，根据 ptr 的初始化器来推断它的类型。

```
1  // fig11_02.cpp
2  // Demonstrating unique_ptr.
3  #include <fmt/format.h>
4  #include <iostream>
5  #include <memory>
6
7  class Integer {
8  public:
9     // constructor
10    Integer(int i) : value{i} {
11       std::cout << fmt::format("Constructor for Integer {}\n", value);
12    }
13
14    // destructor
15    ~Integer() {
16       std::cout << fmt::format("Destructor for Integer {}\n", value);
17    }
18
19    int getValue() const {return value;} // return Integer value
20 private:
21    int value{0};
22 };
23
24 // use unique_ptr to manipulate Integer object
25 int main() {
26    std::cout << "Creating a unique_ptr that points to an Integer\n";
27
28    // create a unique_ptr object and "aim" it at a new Integer object
29    auto ptr{std::make_unique<Integer>(7)};
30
31    // use unique_ptr to call an Integer member function
32    std::cout << fmt::format("Integer value: {}\n\nMain ends\n",
33       ptr->getValue());
34 }
```

图 11.2 演示 unique_ptr

```
Creating a unique_ptr that points to an Integer
Constructor for Integer 7
Integer value: 7

Main ends
Destructor for Integer 7
```

图 11.2 演示 unique_ptr（续）

第 33 行使用 unique_ptr 重载的 -> 操作符在 ptr 管理的 Integer 对象上调用 getValue 函数。表达式 ptr->getValue() 也可以写成以下形式：

```
(*ptr).getValue()
```

它使用 unique_ptr 重载的 * 操作符对 ptr 进行解引用，然后使用点操作符（.）在 Integer 对象上调用 getValue 函数。

软件工程

由于 ptr 是 main 中的一个局部变量，所以会在 main 终止时销毁。unique_ptr 的析构函数会对动态分配的 Integer 对象执行 delete 操作，这会调用对象的析构函数。无论程序控制通过 return 语句正常离开代码块，还是到达代码块的末尾，或者作为异常的结果，程序都会释放 Integer 对象的内存。

软件工程

最重要的是，使用 unique_ptr 能防止资源泄漏。如果函数返回的是指向某个动态分配对象的指针，那么遗憾的是，收到这个指针的函数调用者可能不会对这个对象执行 delete 操作，从而造成内存泄漏。然而，如果该函数返回的是指向该对象的一个 unique_ptr，那么当 unique_ptr 对象的析构函数被调用时，该对象会被自动销毁。“智能指针”中的“智能”就体现在这里。

11.5.3 unique_ptr 的所有权

软件工程

动态分配的对象只能由一个 unique_ptr 拥有，所以将一个 unique_ptr 赋给另一个 unique_ptr 会将所有权转移给目标 unique_ptr。将一个 unique_ptr 作为实参传递给另一个 unique_ptr 的构造函数时也是如此。这些操作使用了 unique_ptr 的移动赋值操作符和移动构造函数，具体将在 11.6 节讨论。拥有动态内存的最后一个 unique_ptr 对象将对内存执行 delete 操作。这使得 unique_ptr 成为将动态分配对象的所有权返回给客户端代码的理想机制。

11.5.4 指向内置数组的 unique_ptr

也可以使用 unique_ptr 管理动态分配的内置数组，11.6 节的 MyArray 案例学习采用的就是这个技术。例如，以下语句：

```
auto ptr{make_unique<int[]>(10)};
```

为 make_unique 的类型参数指定了 int[]。所以，make_unique 会动态分配一个内置数组，其元素数量由它的实参（10）指定。默认情况下，int 元素被“值初始化”为 0。上述语句使用 auto 关键字，根据 ptr 的初始化器来推断它的类型（unique_ptr<int[]>）。

用于管理数组的 unique_ptr 提供了一个重载的下标操作符（[]）来访问数组元素。例如，以下语句：

```
ptr[2] = 7;
```

将 7 赋给 ptr[2] 处的 int，以下语句则显示那个 int：

```
std::cout << ptr[2] << "\n";
```

11.6 MyArray 案例学习：通过操作符重载来打造有价值的类

类的开发是一项有趣的、有创造性的、具有智力挑战的活动，因为我们总是以精心打造有价值的类为目标。下面在提到“数组”时，指的是第 7 章讨论的内置数组。这种基于指针的数组存在许多问题，如下所示。

- C++ 不检查数组索引是否越界。程序可以很容易地“走出”数组的任何一端；如果忘记在代码中测试这种可能性，很可能引起致命的运行时错误。
- 大小为 n 的数组必须使用 0 到 n-1 范围的索引值。其他索引范围不被允许。
- 不能用流提取操作符（>>）输入整个数组，也不能用流插入操作符（<<）输出整个数组。必须读取或写入每个元素。[12]
- 两个数组不能用相等性或关系操作符进行有意义的比较。数组名称本质上是一个指针，它指向数组在内存中的起始位置。两个数组总是在不同的内存位置。
- 将数组传递给一个能处理任何大小的数组的常规函数时，必须将数组大小作为一个额外的参数传递。如 7.10 节所述，C++20 span 有助于解决这个问题。
- 不能用赋值操作符将一个数组赋给另一个数组。

使用 C++ 语言，你可以通过类和操作符重载来实现更健壮的数组功能，就像 C++ 标准库的类模板 array 和 vector 所做的那样。在这一节中，我们将开发比内置数组更完善的自定义 MyArray 类。

在内部，MyArray 类使用一个 unique_ptr 智能指针来管理动态分配的一个 int 内置数组。[13]

我们将创建具有以下功能的一个强大的 MyArray 类。

- 通过下标（[]）操作符访问 MyArray 时会执行范围检查，确保索引保持在其范围内。否则，将抛出一个标准库的 out_of_bounds 异常。
- 可以通过重载的流提取（>>）和流插入（<<）操作符对整个 MyArray 进行输入或输出，客户端代码的程序员无须编写循环语句。
- MyArray 可以用相等性操作符 == 和 != 来相互比较。该类可以很容易地增强以支持关系操作符。
- MyArray 知道自己的大小，因而使其更容易传给函数。
- MyArray 对象可以用赋值操作符相互赋值。
- MyArray 可以被转换为 bool 值（false 或 true），以判断它们是空的还是包含元素。
- MyArray 提供前缀和后缀递增（++）操作符，使每个元素递增 1。可以很容易地增加前缀和后缀递减（--）操作符。
- MyArray 提供了一个加法赋值操作符（+=），使每个元素都加一个指定的值。该类可以很容易地增强以支持 -=、*=、/= 和 %= 等复合赋值操作符。

MyArray 类将演示 5 个特殊成员函数以及用于管理动态分配内存的 unique_ptr 智能指针。我们将在这个例子中采用 RAII（资源获取即初始化）策略来管理动态分配的内存资源。类的构造函数将在初始化 MyArray 对象时动态分配内存。类的析构函数将在对象超出范围时取消分配内存以防止内存泄漏。我们的 MyArray 类并不打算取代标准库类模板 array 和 vector，也不打算模仿它们的功能。它的宗旨是演示关键的 C++ 语言和库特性。以后在创建自己的类时，你会发现这些特性非常有用。

11.6.1 特殊成员函数

你定义的每个类都可以有以下 5 个**特殊成员函数**（special member function），所有都在 MyArray 类中定义：

- 一个拷贝构造函数
- 一个拷贝赋值操作符
- 一个移动构造函数
- 一个移动赋值操作符
- 一个析构函数

“拷贝构造函数”和“拷贝赋值操作符”实现了该类的“拷贝”语义。也就是说，当 MyArray 以“传值”方式传给函数、从函数中返回或者赋给另一个 MyArray 时，应该如何拷贝它。“移动构造函数”和“移动赋值操作符”则实现了该类的“移动”

语义。对于即将销毁的对象，它能避免昂贵的、不必要的拷贝。在本案例学习中，当我们遇到对这些特殊成员函数的需求时，就会讨论它们的细节。

11.6.2 使用 MyArray 类

图 11.3 ～图 11.5 的程序演示了 MyArray 类和它的一套丰富的重载操作符。图 11.3 的代码测试了 MyArray 的各种功能。图 11.4 是类定义，图 11.5 是成员函数定义。为方便讨论，我们将代码和输出分为几个部分。出于教学的目的，MyArray 类的许多成员函数（包括所有特殊成员函数）都会显示它们会在什么时候被调用。

getArrayByValue 函数

程序后面会调用 getArrayByValue 函数（图 11.3 的第 10 行～第 13 行）来创建一个局部 MyArray 对象，函数内部会调用 MyArray 接收一个初始化列表的构造函数。getArrayByValue 函数以“传值”方式返回该局部对象。

```
1  // fig11_03.cpp
2  // MyArray class test program.
3  #include <fmt/format.h>
4  #include <iostream>
5  #include <stdexcept>
6  #include <utility> // for std::move
7  #include "MyArray.h"
8
9  // function to return a MyArray by value
10 MyArray getArrayByValue() {
11    MyArray localInts{10, 20, 30}; // create three-element MyArray
12    return localInts; // return by value creates an rvalue
13 }
14
```

图 11.3 MyArray 类测试程序

创建 MyArray 对象并显示它的大小和内容

第 16 行和第 17 行创建有 7 个元素的 ints1 对象和有 10 个元素的 ints2 对象。每个都调用 MyArray 接收元素数量并将元素初始化为零的构造函数。第 20 行和第 21 行显示 ints1 的大小，然后使用 MyArray 的重载流插入操作符（<<）输出其内容。第 24 行和第 25 行对 ints2 进行同样的操作。

```
15 int main() {
16    MyArray ints1(7); // 7-element MyArray; note () rather than {}
```

```
17    MyArray ints2(10); // 10-element MyArray; note () rather than {}
18
19    // print ints1 size and contents
20    std::cout << fmt::format("\nints1 size: {}\ncontents: ", ints1.size())
21       << ints1; // uses overloaded <<
22
23    // print ints2 size and contents
24    std::cout << fmt::format("\nints2 size: {}\ncontents: ", ints2.size())
25       << ints2; // uses overloaded <<
26
```

```
MyArray(size_t) constructor
MyArray(size_t) constructor

ints1 size: 7
contents: {0, 0, 0, 0, 0, 0, 0}

ints2 size: 10
contents: {0, 0, 0, 0, 0, 0, 0, 0, 0, 0}
```

用圆括号而不是大括号来调用构造函数

之前一直使用大括号初始化器 {} 向构造函数传递实参。第 16 行和第 17 行则使用圆括号 () 来调用接收一个数组大小的 MyArray 构造函数。之所以要使用圆括号，是因为和标准库的 array 和 vector 类一样，我们的类也支持基于包含 MyArray 元素值的大括号初始化器列表来构造一个 MyArray。例如，如果将圆括号换成大括号：

```
MyArray ints1{7};
```

当编译器看到上述语句时，它实际调用的是接收一个整数大括号初始化列表的构造函数，而不是接收数组大小的单参数构造函数。

使用重载流提取操作符来填充 MyArray 对象

接着，第 28 行提示用户输入 17 个整数。第 29 行使用 MyArray 重载的流提取操作符（>>）将前 7 个值读入 ints1，将其余 10 个值读入 ints2（记住，每个 MyArray 都知道自己的大小）。第 31 行使用重载的流插入操作符（<<）显示每个 MyArray 更新后的内容。

```
27    // input and print ints1 and ints2
28    std::cout << "\n\nEnter 17 integers: ";
29    std::cin >> ints1 >> ints2; // uses overloaded >>
30
31    std::cout << "\nints1: " << ints1 << "\nints2: " << ints2;
32
```

```
Enter 17 integers: 1 2 3 4 5 6 7 8 9 10 11 12 13 14 15 16 17

ints1: {1, 2, 3, 4, 5, 6, 7}
ints2: {8, 9, 10, 11, 12, 13, 14, 15, 16, 17}
```

使用重载的不相等操作符 (!=)

第 36 行对以下条件进行求值，从而测试 MyArray 重载的不相等操作符（!=）：

```
ints1 != ints2
```

程序的输出表明两个 MyArray 对象不相等。如果具有相同数量的元素，而且对应的元素值相同，两个 MyArray 对象就是相等的。以后会看以，我们只为 MyArray 重载了 == 操作符。在 C++20 中，如果为类型提供了一个 == 操作符，编译器会自动生成 != 版本，只对 == 的结果进行取反操作。

```
33      // use overloaded inequality (!=) operator
34      std::cout << "\n\nEvaluating: ints1 != ints2\n";
35
36      if (ints1 != ints2) {
37         std::cout << "ints1 and ints2 are not equal\n\n";
38      }
39
```

```
Evaluating: ints1 != ints2
ints1 and ints2 are not equal
```

用现有 MyArray 的拷贝初始化一个新 MyArray

第 41 行实例化 MyArray 对象 ints3，并用 ints1 数据的拷贝来初始化它。这会调用 MyArray 的拷贝构造函数，将 ints1 的元素拷贝到 ints3 中。任何时候需要对象的一个拷贝时，就会调用**拷贝构造函数**（copy constructor），示例如下。

- 以“传值”方式将对象传递给函数。
- 以“传值”方式从函数中返回对象。
- 用同类的另一个对象的拷贝初始化一个对象。

第 44 行和第 45 行显示 ints3 的大小和内容，确认它的元素已由拷贝构造函数正确设置。

```
40      // create MyArray ints3 by copying ints1
41      MyArray ints3{ints1}; // invokes copy constructor
42
43      // print ints3 size and contents
44      std::cout << fmt::format("\nints3 size: {}\ncontents: ", ints3.size())
```

```
45         << ints3;
46
```

```
MyArray copy constructor

ints3 size: 7
contents: {1, 2, 3, 4, 5, 6, 7}
```

软件工程

像 MyArray 这样的类如果同时包含一个拷贝构造函数和一个移动构造函数，编译器会根据上下文选择正确的一个来调用。在第 41 行，编译器选择的是 MyArray 的拷贝构造函数，因为像 ints1 这样的变量值是左值。你很快就会知道，移动构造函数接收的是一个右值引用，这是 C++11“移动语义”的一部分。右值引用不能引用一个左值。

将第 41 行改成下面这样也可以调用拷贝构造函数：

```
MyArray ints3 = ints1;
```

在对象的定义中，等号不表示赋值。它只是调用单参数的拷贝构造函数，将 = 符号右侧的值作为实参传给它。

使用重载的拷贝赋值操作符 (=)

软件工程

错误提示

第 49 行将 ints2 赋给 ints1，以测试重载的拷贝赋值操作符（=）。内建数组不能处理这个赋值操作。数组名称不是一个可修改的左值，所以向数组名称赋值会导致编译错误。第 51 行显示两个对象的内容，以确认它们现在是完全相同的。MyArray ints1 最初有 7 个整数，但重载操作符改变了动态分配的内置数组的大小，以容纳有 10 个元素的 ints2 的拷贝。类似于拷贝构造函数和移动构造函数，如果类中同时包含一个拷贝赋值操作符和一个移动赋值操作符，编译器会根据传递的实参来选择具体调用哪一个。在本例中，ints2 是变量，因而是左值，所以调用的是拷贝赋值操作符。注意在输出中，第 49 行也导致了对 MyArray 的拷贝构造函数和析构函数的调用，11.6.6 节在讨论赋值操作符的实现时，会具体解释原因。

```
47     // use overloaded copy assignment (=) operator
48     std::cout << "\n\nAssigning ints2 to ints1:\n";
49     ints1 = ints2; // note target MyArray is smaller
50
51     std::cout << "\nints1: " << ints1 << "\nints2: " << ints2;
52
```

```
Assigning ints2 to ints1:
MyArray copy assignment operator
MyArray copy constructor
MyArray destructor

ints1: {8, 9, 10, 11, 12, 13, 14, 15, 16, 17}
ints2: {8, 9, 10, 11, 12, 13, 14, 15, 16, 17}
```

使用重载的相等性操作符 (==)

第 56 行使用重载的相等性操作符（==）来比较 ints1 和 ints2，确认它们在第 49 行的赋值操作后确实完全一样。

```
53      // use overloaded equality (==) operator
54      std::cout << "\n\nEvaluating: ints1 == ints2\n";
55
56      if (ints1 == ints2) {
57         std::cout << "ints1 and ints2 are equal\n\n";
58      }
59
```

```
Evaluating: ints1 == ints2
ints1 and ints2 are equal
```

使用重载的下标操作符 ([])

第 61 行使用重载的下标操作符（[]）来引用 ints1[5]，这是 ints1 的一个范围内（in-range）元素。该索引名称（加了下标的名称）被用来获取存储在 ints1[5] 中的值。第 65 行在赋值操作符的左侧将 ints1[5] 作为一个可修改的左值[14]使用，以便向 ints1 的元素 5 赋一个新值 1000。稍后会讲到，operator[] 会在确认 5 是一个有效索引后返回一个引用来作为可修改的左值使用。第 71 行试图将 1000 赋给 ints1[15]。该索引超出了 int1 的边界，所以重载的 operator[] 抛出一个 out_of_range 异常。第 73 行～第 75 行捕捉该异常，并调用异常对象的 what 成员函数显示它的错误消息。

```
60      // use overloaded subscript operator to create an rvalue
61      std::cout << fmt::format("ints1[5] is {}\n\n", ints1[5]);
62
63      // use overloaded subscript operator to create an lvalue
64      std::cout << "Assigning 1000 to ints1[5]\n";
65      ints1[5] = 1000;
66      std::cout << "ints1: " << ints1;
67
68      // attempt to use out-of-range subscript
69      try {
70         std::cout << "\n\nAttempt to assign 1000 to ints1[15]\n";
71         ints1[15] = 1000; // ERROR: subscript out of range
72      }
73      catch (const std::out_of_range& ex) {
74         std::cout << fmt::format("An exception occurred: {}\n", ex.what());
75      }
76
```

```
ints1[5] is 13

Assigning 1000 to ints1[5]
ints1: {8, 9, 10, 11, 12, 1000, 14, 15, 16, 17}

Attempt to assign 1000 to ints1[15]
An exception occurred: Index out of range
```

数组下标操作符 [] 并非只能用于数组，也可用它从其他类型的容器类中选择元素。这些容器类维护着数据项的集合，例子包括 string（字符的集合）和 map（键值对的集合）等。我们将在第 13 章讨论 map。另外，在定义重载的 operator[] 函数时，不要求索引必须是整数。第 13 章将讨论标准库 map 类，它支持其他类型（例如 string）的索引。

创建 MyArray ints4 并用 getArrayByValue 函数返回的 MyArray 来初始化

第 80 行用调用 getArrayByValue 函数（第 10 行～第 13 行）的结果来初始化 MyArray ints4。该函数创建一个包含 10、20 和 30 的局部 MyArray，并以“传值”方式返回它。然后，第 82 行和第 83 行显示新的 MyArray 的大小和内容。

```
77      // initialize ints4 with contents of the MyArray returned by
78      // getArrayByValue; print size and contents
79      std::cout << "\nInitialize ints4 with temporary MyArray object\n";
80      MyArray ints4{getArrayByValue()};
81
82      std::cout << fmt::format("\nints4 size: {}\ncontents: ", ints4.size())
83         << ints4;
84
```

```
Initialize ints4 with temporary MyArray object
MyArray(initializer_list) constructor

ints4 size: 3
contents: {10, 20, 30}
```

具名返回值优化 (NRVO)

从 getArrayByValue 函数的定义（第 10 行～第 13 行）看出，它的构造函数接收包含 int 值的一个*初始化列表*（第 11 行），然后创建并初始化一个局部 MyArray。该构造函数每次调用时都显示：

MyArray(*初始化列表*) constructor

然后，getArrayByValue 以“传值”方式返回该局部数组（第 12 行）。你可能以为，以“传值”方式返回对象，会生成对象的一个临时拷贝供调用者使用。如果是这种情况，

就需要调用 `MyArray` 的拷贝构造函数来拷贝那个局部 `MyArray` 对象。你还可能以为，当 `getArrayByValue` 返回调用者的时候，局部 `MyArray` 对象会离开作用域，造成调用它的析构函数。然而，无论拷贝构造函数还是析构函数，在这里都没有显示它们的输出（表明没有调用它们）。

软件工程

这要归功于编译器的一项性能优化技术，称为**具名返回值优化**（Named Return Value Optimization，NRVO）。如果编译器发现函数中构造了一个局部对象，从函数中以“传值”方式返回，并用于初始化调用者中的一个对象，那么编译器会改为在调用者中直接构造对象，并那里使用，这样就避免了前面提到的临时对象和额外的构造函数/析构函数调用。这原本是一个可选的优化，但从 C++17 起将其作为硬性要求。[15, 16]

创建 MyArray ints5 并用 std::move 函数返回的右值来初始化

一个 `MyArray` 用另一个由左值表示的 `MyArray` 初始化时，会调用一个拷贝构造函数。拷贝构造函数拷贝其实参的内容。这类似于文本编辑器中的复制和粘贴操作——操作完成后，会得到数据的两个拷贝。

性能提示

C++ 还支持**移动语义**，[17] 它有助于编译器避免无谓拷贝对象的开销。移动类似于文本编辑器中的剪切和粘贴操作——数据被从剪切位置移动到粘贴位置。移动构造函数将一个不再需要的对象的资源移动到一个新对象中。这种构造函数接收的是一个自 C++11 引入的右值引用。稍后就会看到，它是用 `TypeName&&` 声明的。右值引用只能引用“右值”，这些通常是临时对象或者即将销毁的对象，称为**将亡值**（expiring value）或 xvalue。

第 88 行使用 `MyArray` 类的移动构造函数来初始化 `MyArray ints5`。然后，第 90 行～第 91 行显示新 `MyArray` 的大小和内容。`ints4` 对象是左值，所以不能直接传给 `MyArray` 的移动构造函数。如果不再需要一个对象的资源，可以将该对象传给 C++11 标准库函数 `std::move`（来自头文件 `<utility>`），将它从“左值”转换为“右值引用”。该函数将其实参转换为右值引用，[18] 告诉编译器不再需要 `ints4` 的内容了。因此，第 88 行强制调用 `MyArray` 的移动构造函数，`ints4` 的内容将被移入 `ints5`。

```
85     // convert ints4 to an rvalue reference with std::move and
86     // use the result to initialize MyArray ints5
87     std::cout << "\n\nInitialize ints5 with result of std::move (ints4)\n";
88     MyArray ints5{std::move(ints4)}; // invokes move constructor
89
90     std::cout << fmt::format("\nints5 size: {}\ncontents: ", ints5.size())
91        << ints5
92        << fmt::format("\n\nSize of ints4 is now: {}", ints4.size());
93
```

```
Initialize ints5 with result of std::move(ints4)
MyArray move constructor

ints5 size: 3
contents: {10, 20, 30}

Size of ints4 is now: 0
```

建议只有在知道传递给 `std::move` 的源对象永远不会再次使用的情况下，才使用这里展示的 `std::move`。对象的资源被移走后，可以对它执行以下两种有效的操作。

- 销毁它。
- 在赋值的左侧使用它，为它赋一个新值。

一般不应在发生移动的对象上调用成员函数。第 92 行之所以这样做了，只是为了证明移动构造函数确实移动了 `ints4` 的资源——输出显示 `ints4` 的大小现在为 `0`。

用移动赋值操作符将 MyArray ints5 赋给 ints4

第 96 行使用 `MyArray` 类的移动赋值操作符将 `ints5` 的内容（`10`、`20` 和 `30`）移回 `ints4`。然后，第 98 行和第 99 行显示 `ints4` 的大小和内容。第 96 行使用 `std::move` 显式地将左值 `ints5` 转换为右值引用。这表明 `ints5` 不再需要它的资源，所以编译器可以将它们移入 `ints4`。在这种情况下，编译器调用的是 `MyArray` 的移动赋值操作符。出于演示的目的，第 100 行输出了 `ints5` 的大小，证明移动赋值操作符确实移走了它的资源。与之前一样，你不应在资源已被移走的对象上调用它的成员函数。

```
94       // move contents of ints5 into ints4
95       std::cout << "\n\nMove ints5 into ints4 via move assignment\n";
96       ints4 = std::move(ints5); // invokes move assignment
97
98       std::cout << fmt::format("\nints4 size: {}\ncontents: ", ints4.size())
99          << ints4
100         << fmt::format("\n\nSize of ints5 is now: {}", ints5.size());
101
```

```
Move ints5 into ints4 via move assignment
MyArray move assignment operator

ints4 size: 3
contents: {10, 20, 30}

Size of ints5 is now: 0
```

将 MyArray ints5 转换成 bool 值来测试是否为空

许多编程语言都允许将 MyArray 这样的容器类对象当作条件来使用，以确定容器中是否存储任何元素。我们为 MyArray 类定义了一个 bool 转换操作符。如果 MyArray 对象包含元素（即其大小大于 0），它返回 true，否则返回 false。在需要 bool 值的上下文中，例如控制语句的条件，C++ 可以隐式调用对象的 bool 转换操作符，这称为**上下文转换**（contextual conversion）。第 103 行将 MyArray ints5 作为条件使用来调用 MyArray 的 bool 转换操作符。由于刚刚把 ints5 的资源移动到 ints4 中，所以 ints5 现在是空的，操作符返回 false。再次强调，不要在资源被移走的对象上调用成员函数，这里只是为了证明 ints5 的资源确实被别人接手了。

```
102     // check if ints5 is empty by contextually converting it to a bool
103     if (ints5) {
104        std::cout << "\n\nints5 contains elements\n";
105     }
106     else {
107        std::cout << "\n\nints5 is empty\n";
108     }
109
```

```
ints5 is empty
```

用重载的 ++ 操作符前递增 ints4 的每个元素

一些库支持“广播”（broadcast）操作，即对数据结构中的每个元素都应用相同的操作。以流行的高性能 Python 编程语言库 NumPy 为例。这个库的 ndarray（*n* 维数组）数据结构重载了许多算术操作符。它们可以方便地对 ndarray 的每个元素进行数学运算。在 NumPy 中，以下 Python 代码为名为 numbers 的 ndarray 中的每个元素加 1，同时不需要写循环语句：

```
numbers += 1 # Python 没有 ++ 操作符
```

我们为 MyArray 类添加了类似的功能。第 111 行显示 ints4 的当前内容，然后第 112 行使用 ++ints4 对 MyArray 进行前递增，使每个元素加 1。这个表达式的结果是更新的 MyArray。然后，我们使用 MyArray 重载的流插入操作符（<<）来显示内容。

```
110     // add one to every element of ints4 using preincrement
111     std::cout << "\nints4: " << ints4;
112     std::cout << "\npreincrementing ints4: " << ++ints4;
113
```

```
ints4: {10, 20, 30}
preincrementing ints4: {11, 21, 31}
```

用重载的 ++ 操作符后递增 ints4 的每个元素

第 115 行用表达式 `ints4++` 对整个 `MyArray` 进行后递增。如程序的输出所示，后递增返回的是操作数的前值（先返回操作数的当前值，再对操作数进行递增）。输出结果表明，在后递增操作符的实现中，我们调用了 `MyArray` 的拷贝构造函数和析构函数。11.6.14 节将具体讨论这个实现。

```
114     // add one to every element of ints4 using postincrement
115     std::cout << "\n\npostincrementing ints4: " << ints4++ << "\n";
116     std::cout << "\nints4 now contains: " << ints4;
117
```

```
postincrementing ints4: MyArray copy constructor
{11, 21, 31}
MyArray destructor

ints4 now contains: {12, 22, 32}
```

用重载的 += 操作符在 ints4 的每个元素上加一个值

`MyArray` 类还提供了一个基于广播的重载加操作符（+=），用于在每个 `MyArray` 元素上加一个 `int` 值。第 119 行在每个 `ints4` 元素上加 7，然后显示其新内容。注意，非重载版本的 ++ 和 += 仍然对单个 `MyArray` 元素起作用，这些元素不过就是一些 `int` 值。

```
118     // add a value to every element of ints4 using +=
119     std::cout << "\n\nAdd 7 to every ints4 element: " << (ints4 += 7)
120        << "\n";
121  }
```

```
Add 7 to every ints4 element: {19, 29, 39}
```

销毁剩余的 MyArray 对象

`main` 函数终止时，会为 `main` 中创建的 5 个 `MyArray` 对象调用析构函数，产生最后 5 行程序输出。

```
MyArray destructor
MyArray destructor
MyArray destructor
MyArray destructor
MyArray destructor
```

11.6.3 MyArray 类定义

现在看看 `MyArray` 类的头文件（图 11.4）。以后在提到头文件中的每个成员函数时，都会讨论该函数在图 11.5 中的实现。为方便讨论，我们将成员函数的实现文件也分为几个部分。

图 11.4 的第 53 行和第 54 行声明了 `MyArray` 类的 `private` 数据成员。

- `m_size` 存储它的元素数。
- `m_ptr` 是一个 `unique_ptr`，它管理一个动态分配的、基于指针的 `int` 数组，其中包含了 `MyArray` 对象的元素。当一个 `MyArray` 离开作用域时，它的析构函数将调用 `unique_ptr` 的析构函数，从而自动删除动态分配的内存。

在这个类的成员函数实现中，我们使用了第 6 章和第 7 章讨论的一些 C++ 声明式、函数式编程特性。此外还引入了另外三个标准库算法：`copy`、`for_each` 和 `equal`。

```
1  // Fig. 11.4: MyArray.h
2  // MyArray class definition with overloaded operators.
3  #pragma once
4  #include <initializer_list>
5  #include <iostream>
6  #include <memory>
7
8  class MyArray final {
9     // overloaded stream extraction operator
10    friend std::istream& operator>>(std::istream& in, MyArray& a);
11
12    // used by copy assignment operator to implement copy-and-swap idiom
13    friend void swap(MyArray& a, MyArray& b) noexcept;
14
15 public:
16    explicit MyArray(size_t size); // construct a MyArray of size elements
17
18    // construct a MyArray with a braced-initializer list of ints
19    explicit MyArray(std::initializer_list<int> list);
20
21    MyArray(const MyArray& original); // copy constructor
22    MyArray& operator=(const MyArray& right); // copy assignment operator
23
24    MyArray(MyArray&& original) noexcept; // move constructor
25    MyArray& operator=(MyArray&& right) noexcept; // move assignment
26
```

图 11.4 包含重载操作符的 MyArray 类定义

```
27      ~MyArray(); // destructor
28
29      size_t size() const noexcept {return m_size;}; // return size
30      std::string toString() const; // create string representation
31
32      // equality operator
33      bool operator==(const MyArray& right) const noexcept;
34
35      // subscript operator for non-const objects returns modifiable lvalue
36      int& operator[](size_t index);
37
38      // subscript operator for const objects returns non-modifiable lvalue
39      const int& operator[](size_t index) const;
40
41      // convert MyArray to a bool value: true if non-empty; false if empty
42      explicit operator bool() const noexcept {return size() != 0;}
43
44      // preincrement every element, then return updated MyArray
45      MyArray& operator++();
46
47      // postincrement every element, and return copy of original MyArray
48      MyArray operator++(int);
49
50      // add value to every element, then return updated MyArray
51      MyArray& operator+=(int value);
52   private:
53      size_t m_size{0}; // pointer-based array size
54      std::unique_ptr<int[]> m_ptr; // smart pointer to integer array
55   };
56
57   // overloaded operator<< is not a friend--does not access private data
58   std::ostream& operator<<(std::ostream& out, const MyArray& a);
```

图 11.4 包含重载操作符的 MyArray 类定义（续）

11.6.4 指定了 MyArray 大小的构造函数

图 11.4 的第 16 行：

```
explicit MyArray(size_t size); // construct a MyArray of size elements
```

声明了一个接收 MyArray 元素数量的构造函数。构造函数的定义（图 11.5 的第 15 行～第 19 行）执行以下任务。

- 第 16 行使用参数 `size` 的值初始化 `m_size` 成员。
- 第 17 行将 `m_ptr` 成员初始化为由标准库 `make_unique` 函数模板返回的一个 `unique_ptr`（参见 11.5 节）。在这里，我们用它创建一个动态分配的、大小为 `size` 的 `int` 数组。`make_unique` 函数对它分配的内存进行“值初始化”。所以，对于 `int` 数组，它的元素会被设为 `0`。
- 出于教学目的，第 18 行显示一条消息来证明构造函数已被调用。我们在 `MyArray` 的所有特殊成员函数和其他构造函数中都这样做，使你能直观地确认这些函数被调用。

```
1  // Fig. 11.5: MyArray.cpp
2  // MyArray class member- and friend-function definitions.
3  #include <algorithm>
4  #include <fmt/format.h>
5  #include <initializer_list>
6  #include <iostream>
7  #include <memory>
8  #include <span>
9  #include <sstream>
10 #include <stdexcept>
11 #include <utility>
12 #include "MyArray.h" // MyArray class definition
13
14 // MyArray constructor to create a MyArray of size elements containing 0
15 MyArray::MyArray(size_t size)
16    : m_size{size},
17      m_ptr{std::make_unique<int[]>(size)} {
18    std::cout << "MyArray(size_t) constructor\n";
19 }
20
```

图 11.5 `MyArray` 类的成员和友元函数定义

11.6.5 C++11 向构造函数传递一个大括号初始化器

在图 6.2 中，我们用一个大括号初始化列表来初始化 `std::array` 对象，即：

```
std::array<int, 5> n{32, 27, 64, 18, 95};
```

我们可以提供一个带有 `std::initializer_list` 参数的构造函数，从而为自定义类的对象使用**大括号初始化器**（braced initializer）。图 11.4 的第 19 行声明了这样的一个构造函数：

```
explicit MyArray(std::initializer_list<int> list);
```

std::initializer_list 类模板在头文件 <initializer_list> 中定义。使用这个构造函数，可以在创建 MyArray 对象的同时初始化它，例如：

```
MyArray ints{10, 20, 30};
```

或者

```
MyArray ints = {10, 20, 30};
```

软件工程

上述两个语句都创建一个包含值 10、20 和 30 的三元素 MyArray。如果类提供了一个 initializer_list 构造函数，该类的其他所有单参数构造函数都必须使用圆括号而不是大括号来调用。大括号初始化构造函数（第 22 行～第 29 行）有一个名为 list 的 initializer_list<int> 参数。可以通过调用 list 的 size 成员函数（第 23 行）来确定它包含的元素数量。

```
21  // MyArray constructor that accepts an initializer list
22  MyArray::MyArray(std::initializer_list<int> list)
23     : m_size{list.size()}, m_ptr{std::make_unique<int[]>(list.size())} {
24     std::cout << "MyArray(initializer_list) constructor\n";
25
26     // copy list argument's elements into m_ptr's underlying int array
27     // m_ptr.get() returns the int array's starting memory location
28     std::copy(std::begin(list), std::end(list), m_ptr.get());
29  }
30
```

为了将初始化列表中的每个值拷贝到新的 MyArray 对象中，第 28 行使用标准库的 copy 算法（来自头文件 <algorithm>）将每个 initializer_list 元素拷贝到新的 MyArray 中。该算法拷贝由其前两个实参所指定的范围内的每个元素，这两个实参标识了 initializer_list 的开头和结尾。这些元素被拷贝到由 copy 的第三个实参所指定的目的地。unique_ptr 的 get 成员函数返回指向 MyArray 的基础 int 数组的第一个元素的 int*。

11.6.6 拷贝构造函数和拷贝赋值操作符

核心准则

9.15 节和 9.17 节介绍了编译器生成的默认拷贝赋值操作符和默认拷贝构造函数。这些操作默认执行逐成员（memberwise）的拷贝操作。“C++ 核心准则”建议在设计自己的类时，确保编译器能自动生成拷贝构造函数、拷贝赋值操作符、移动构造函数、移动赋值操作符和析构函数。换言之，不要提供自己的。这称为**零法则**（rule of zero）。[19] 为此，可以在合成类的数据时，只使用基本类型的成员，以及那些不需要自定义资源处理方式的类的对象。后者的例子包括标准库类 array 和 vector 等，它们都使用 RAII（资源获取即初始化）策略来管理资源。

五法则

核心准则

默认的特殊成员函数对 int 和 double 等基本类型的值工作良好。但是对于需要管理自己的资源的类型的对象，比如动态分配内存的指针，又该怎么办？管理着自己的资源的类应该定义这五个特殊成员函数。“C++ 核心准则”指出，如果一个类需要某个特殊成员函数，那么应该定义全部五个，就像这个案例学习所做的那样。这称为**五法则**（rule of five）。[20]

即使类中包含的是编译器生成的特殊成员函数，一些专家也建议在类定义中用 =default（在第 10 章介绍）来显式声明它们。这称为**五默认法则**（rule of five defaults）。[21] 还可以在函数原型后面加上 C++11 引入的 =delete，从而显式移除由编译器生成的某些特殊成员函数。unique_ptr 类实际上对拷贝构造函数和拷贝赋值操作符都做了这个处理。

浅拷贝

编译器生成的拷贝构造函数和拷贝赋值操作符执行逐成员的**浅拷贝**（shallow copy）。如果成员是指向动态分配的内存的一个指针，那么只会拷贝指针中的地址。如下图所示，对象 x 包含元素数量（3）和指向动态分配的数组的一个指针。在此，我们假设指针成员只是一个 int*，而不是一个 unique_ptr。

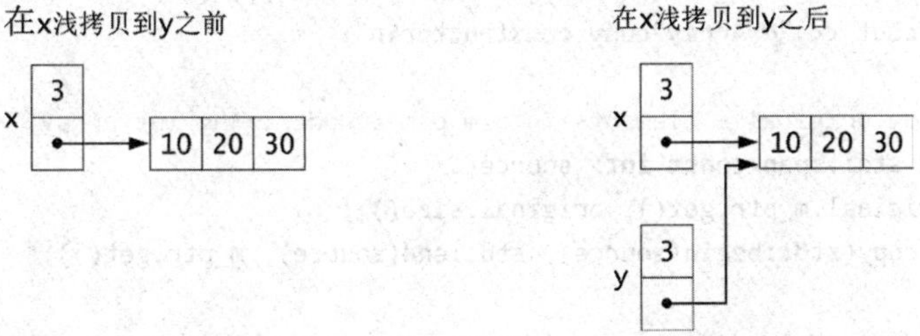

错误提示

现在，假设将 x 拷贝到新对象 y 中。如果拷贝构造函数只是将 x 中的指针拷贝到目标对象 y 的指针中，那么如图的右侧所示，两者都将指向同一个动态分配的内存。第一个执行的析构函数会销毁（delete）正由这两个对象共享的内存。另一个对象的指针会指向已被销毁的内存。这种情况称为**空悬指针**（dangling pointer）。通常，如果程序试图对该指针进行解引用，那么将导致严重的运行时错误（例如使程序提前终止），因为访问被 delete 的内存是一种未定义的行为。

深拷贝

错误提示

在管理着自己的资源的类中，拷贝需谨慎进行，以避免浅拷贝的陷阱。管理对象资源的类应该定义自己的拷贝构造函数和重载的拷贝赋值操作符来进行**深拷贝**（deep copy）。如下图所示，对象 x 被深拷贝到对象 y 中之后，两个对象都有自己的、包含 10、20 和 30 的动态分配数组的拷贝。当一个类的对象包含指向动态分配内存的指针时，不为该类提供拷贝构造函数和重载赋值操作符属于一种潜在的逻辑错误。

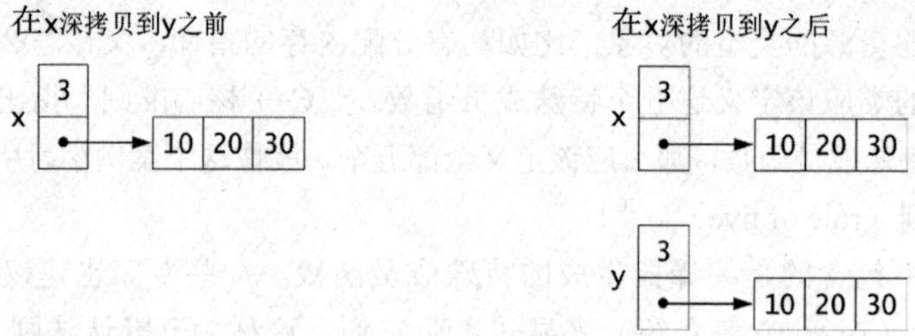

实现拷贝构造函数

图 11.4 的第 21 行：

```
MyArray(const MyArray& original); // copy constructor
```

软件工程

声明了类的拷贝构造函数（在图 11.5 的第 32 行～第 41 行定义）。它的实参必须是一个 `const` 引用，以防止构造函数修改作为实参传递的对象的数据。

```
31  // copy constructor: must receive a reference to a MyArray
32  MyArray::MyArray(const MyArray& original)
33     : m_size{original.size()},
34       m_ptr{std::make_unique<int[]>(original.size())} {
35     std::cout << "MyArray copy constructor\n";
36
37     // copy original's elements into m_ptr's underlying int array
38     const std::span<const int> source{
39        original.m_ptr.get(), original.size()};
40     std::copy(std::begin(source), std::end(source), m_ptr.get());
41  }
42
```

调用拷贝构造函数，通过拷贝一个现有的 `MyArray` 来初始化一个新 `MyArray` 时，它会执行以下任务。

- 第 33 行使用 `original` 的 `size` 成员函数的返回值来初始化 `m_size` 成员。
- 第 34 行将 `m_ptr` 成员初始化为由标准库 `make_unique` 函数模板返回的一个 `unique_ptr`。该函数模板会创建包含了 `original.size()` 个元素的一个动态分配的 `int` 数组。
- 第 35 行显示一行消息来表明已调用了拷贝构造函数。

- 记住，span 是连续数据项的一个集合（如数组）的视图。第 38 行和第 39 行创建名为 source 的一个 span，它代表由实参 MyArray 动态分配的 int 数组，我们将从中拷贝元素。
- 第 40 行将 source span 的开头和结尾所代表的范围内的元素拷贝到 MyArray 的基础 int 数组中（第三个实参指定拷贝的目的地）。

拷贝赋值操作符 (=)

图 11.4 的第 22 行：

```
MyArray& operator=(const MyArray& right); // copy assignment operator
```

声明了类的重载拷贝赋值操作符(=)。[22] 这个函数的定义(图 11.5 的第 44 行～第 49 行)允许将一个 MyArray 赋给另一个，将右操作数的内容拷贝到左操作数中。编译器看到以下语句时：

```
ints1 = ints2;
```

会像下面这样调用成员函数 operator=：

```
ints1.operator=(ints2)
```

```
43  // copy assignment operator: implemented with copy-and-swap idiom
44  MyArray& MyArray::operator=(const MyArray& right) {
45     std::cout << "MyArray copy assignment operator\n";
46     MyArray temp{right}; // invoke copy constructor
47     swap(*this, temp); // exchange contents of this object and temp
48     return *this;
49  }
50
```

可以像拷贝构造函数那样实现重载的拷贝赋值操作符。但是，有一种优雅的方式可以利用拷贝构造函数来实现重载的拷贝赋值操作符——**拷贝并交换惯用法**（copy-and-swap idiom），[23,24] 它的工作方式如下。

- 首先，使用拷贝构造函数（第 46 行）将实参直接拷贝到一个局部 MyArray 对象（temp）中。如果为 temp 的数组分配内存失败，就会发生 bad_alloc 异常。在这种情况下，重载的拷贝赋值操作符函数将终止，不会修改赋值操作符左侧的对象。
- 第 47 行使用 MyArray 类的友元函数 swap（在第 169 行～第 172 行定义）来交换 *this（赋值操作符左侧的对象）和 temp 的内容。
- 最后，该操作符函数返回对当前对象的引用（第 48 行中的 *this），使级联的 MyArray 赋值成为可能，如 x = y = z。

函数返回到它的调用者时，会调用 temp 对象的析构函数来释放由 temp 对象的 unique_ptr 管理的内存。正是因为第 46 行调用了拷贝构造函数，而且当 temp 离开作用域时会调用析构函数，所以当图 11.3 的第 49 行将 ints2 赋值给 ints1 时，会看到两行额外的输出。

11.6.7 移动构造函数和移动赋值操作符

性能提示

通常，被拷贝的对象也即将被销毁，例如从函数中以“传值”方式返回的一个局部对象。将该对象的内容移动到目标对象中，从而避免拷贝的开销，这是一种更高效的做法。这正是图 11.4 中的第 24 行和第 25 行声明的移动构造函数和移动赋值操作符的目的。

```
MyArray(MyArray&& original) noexcept; // move constructor
MyArray& operator=(MyArray&& right) noexcept; // move assignment
```

它们都接收一个用&&声明的右值引用，以区别于左值引用&。右值引用有助于实现“移动语义”。移动构造函数和移动赋值操作符不是对实参进行拷贝操作。相反，它们都移动其实参对象的数据，使原始对象进入一种可被正确析构的状态。

noexcept 说明符

错误提示

从 C++11 开始，如果一个函数不抛出任何异常，而且不调用任何抛出异常的函数，就应显式说明该函数不抛出异常。[25] 为此，只需在原型和定义中的函数签名后添加 noexcept。对于 const 成员函数，关键字 noexcept 必须放在 const 后面。如果一个 noexcept 函数调用了另一个会抛出异常的函数，而 noexcept 函数没有处理该异常，那么程序会立即终止。

可以在 noexcept 说明符后面添加一对圆括号，并在括号中包含一个求值为 true 或 false 的 bool 表达式。如果只写 noexcept，那么相当于 noexcept(true)。在函数签名后面加上 noexcept(false)，则表示该类的设计者已经考虑过该函数是否会抛出异常，并判断它可能会。在这种情况下，客户端代码的程序员可以决定是否要用 try 语句来包装对该函数的调用。

MyArray 类的移动构造函数

移动构造函数（第 52 行～第 56 行）将其参数声明为一个右值引用（&&），表明其 MyArray 实参必须是一个临时对象。成员初始化列表将成员 m_size 和 m_ptr 从实参所代表的对象移动到准备构造的对象中。

```
51   // move constructor: must receive an rvalue reference to a MyArray
52   MyArray::MyArray(MyArray&& original) noexcept
```

```
53     : m_size{std::exchange(original.m_size, 0)},
54       m_ptr{std::move(original.m_ptr)} { // move original.m_ptr into m_ptr
55     std::cout << "MyArray move constructor\n";
56 }
57
```

软件工程

11.6.2 节讲过，对于资源已被移走的对象，唯一有效的操作是要么将另一个对象赋给它，要么销毁它。从一个对象中移动资源时，该对象应留在一种允许被正确析构的状态。另外，如果对象的资源已被移动到一个新对象，就不应该再引用该资源。[26] 为此，对于 m_size 成员，第 53 行调用标准库 exchange 函数（头文件 <utility>），该函数将第一个实参（original.m_size）设为第二个实参的值（0），并返回第一个实参的原始值，然后用 exchange 返回的值初始化新对象的 m_size。

如第 54 行所示，当一个 unique_ptr 被移动构造（move constructed）时，它的移动构造函数将源 unique_ptr 的动态内存的所有权转移给目标 unique_ptr，并将源 unique_ptr 设为 nullptr。[27] 如果你的类负责管理原始指针（而不是使用智能指针），那么必须显式地将源指针设为 nullptr，或者像第 53 那样使用 exchange。

其实什么都没移动

虽然我们说移动构造函数“将成员 m_size 和 m_ptr 从实参所代表的对象移动到准备构造的对象中”，但它实际上并没有移动任何东西。[28]

- 对于 size_t 这样的基本类型（它不过是一个无符号整数），其值从源对象的成员拷贝到新对象的成员。
- 对于原始指针，存储在源对象的指针中的地址拷贝到新对象的指针中。
- 对于对象，会调用对象的移动构造函数。一个 unique_ptr 移动构造函数将动态分配的内存的地址从源 unique_ptr 的基础原始指针拷贝到新对象的基础原始指针中，从而完成动态内存所有权的转移。然后，将 nullptr 赋给源 unique_ptr，表示它不再管理任何数据。

下图展示了将带有原始指针成员的源对象 x 移动到新对象 y 中的概念。注意，在完成移动后，x 的两个成员都变成 0（指针成员中的 0 代表空指针）。

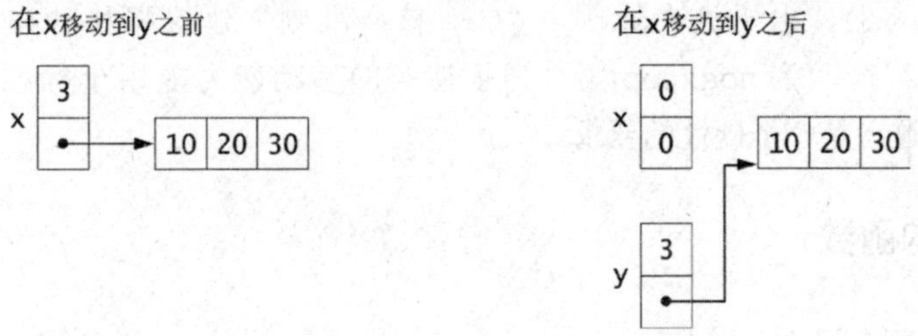

MyArray 类的移动赋值操作符 (=)

移动赋值操作符（=）（第 59 行～第 69 行）定义了一个右引用（&&）参数，表明其 MyArray 实参的资源应该被移动（而非拷贝）。第 62 行测试是不是自赋值，即 MyArray 对象将自己赋给自己。[29] 如果 this 等于 right 操作数的地址，表明赋值操作符两侧是同一对象，所以不需要移动任何东西。

```
58  // move assignment operator
59  MyArray& MyArray::operator=(MyArray&& right) noexcept {
60     std::cout << "MyArray move assignment operator\n";
61
62     if (this != &right) { // avoid self-assignment
63        // move right's data into this MyArray
64        m_size = std::exchange(right.m_size, 0); // indicate right is empty
65        m_ptr = std::move(right.m_ptr);
66     }
67
68     return *this; // enables x = y = z, for example
69  }
70
```

如果不是自赋值，那么第 64 行和第 65 行将执行以下步骤。

- 通过调用 exchange 将 right.m_size 移动到目标 MyArray 的 m_size 中——这会将 right.m_size 设为 0 并返回其原始值，我们用这个原始值来设置目标 MyArray 的 m_size 成员。
- 将 right.m_ptr 移动到目标 MyArray 的 m_ptr 中。

和在移动构造函数中一样，当一个 unique_ptr 被“移动赋值”时，其动态内存的所有权会转交给新的 unique_ptr，并且移动赋值操作符将原始 unique_ptr 设为 nullptr。无论这是不是自赋值，成员函数都会返回当前对象（*this），这使得级联的 MyArray 赋值成为可能，例如 x = y = z。

移动操作应该 noexcept

核心准则

软件工程

移动构造函数和移动赋值操作符不应抛出异常。它们不会获取任何新资源——只是移动现有的。出于这个原因，“C++ 核心准则”建议将移动构造函数和移动赋值操作符声明为 noexcept。[30] 为了使类的移动能力能用于标准库容器（如 vector），这还是一个硬性的要求。

11.6.8 析构函数

图 11.4 的第 27 行：

```
~MyArray(); // destructor
```

声明了该类的析构函数（在图 11.5 的第 73 行～第 75 行定义）。一旦 MyArray 对象离开作用域，就会调用这个析构函数。它会自动调用 m_ptr 的析构函数，以释放构建 MyArray 对象时创建的动态分配 int 数组。“C++ 核心准则”指出，会抛出异常的析构函数属于一种糟糕的设计。所以，他们建议将析构函数声明为 noexcept。[31] 然而，除非你的类是从析构函数声明为 noexcept(false) 的一个基类派生而来的，否则编译器默认就会将析构函数声明为 noexcept。

核心准则

```
71  // destructor: This could be compiler-generated. We included it here so
72  // we could output when each MyArray is destroyed.
73  MyArray::~MyArray() {
74     std::cout << "MyArray destructor\n";
75  }
76
```

11.6.9 toString 和 size 函数

图 11.4 的第 29 行：

```
size_t size() const noexcept {return m_size;}; // return size
```

定义了一个内联的 size 成员函数，它返回 MyArray 的元素数。

图 11.4 的第 30 行：

```
std::string toString() const; // create string representation
```

声明了一个 toString 成员函数（在图 11.5 的第 78 行～第 91 行定义），它返回 MyArray 内容的字符串表示。toString 函数使用一个 ostringstream（8.17 节已进行了介绍）来构建包含 MyArray 元素值的一个 string，该 string 用大括号（{}）括起来，每个 int 与下一个 int 之间用逗号和空格隔开。

```
77  // return a string representation of a MyArray
78  std::string MyArray::toString() const {
79     const std::span<const int> items{m_ptr.get(), m_size};
80     std::ostringstream output;
81     output << "{";
82
83     // insert each item in the dynamic array into the ostringstream
84     for (size_t count{0}; const auto& item : items) {
85        ++count;
86        output << item << (count < m_size ? ", " : "");
87     }
```

```
88
89        output << "}";
90        return output.str();
91    }
92
```

11.6.10 重载相等性 (==) 和不相等 (!=) 操作符

图 11.4 的第 33 行：

```
bool operator==(const MyArray& right) const noexcept;
```

声明了重载的相等性操作符（==）。比较不应抛出异常，所以应声明为 noexcept。[32]

当编译器看到 ints1 == ints2 这样的表达式时，就会调用这个重载的操作符函数，即：

```
ints1.operator==(ints2)
```

成员函数 operator==（在图 11.5 的第 95 行～第 101 行定义）的工作方式如下所示。

- 第 97 行创建 span lhs，代表左侧操作数组中动态分配的 int 数组（ints1）。
- 第 98 行创建 span rhs，代表右侧操作数组中动态分配的 int 数组（ints2）。
- 第 99 行～第 100 行使用标准库算法 equal（来自头文件 <algorithm>）来比较每个 span 的相应元素。前两个实参指定 lhs 对象的元素范围。最后两个参数指定 rhs 对象的元素范围。如果 lhs 和 rhs 对象长度不同，或者任何一对相应的元素不一样，equal 返回 false。如果每一对元素都相等，equal 返回 true。

```
93    // determine if two MyArrays are equal and
94    // return true, otherwise return false
95    bool MyArray::operator==(const MyArray& right) const noexcept {
96       // compare corresponding elements of both MyArrays
97       const std::span<const int> lhs{m_ptr.get(), size()};
98       const std::span<const int> rhs{right.m_ptr.get(), right.size()};
99       return std::equal(std::begin(lhs), std::end(lhs),
100         std::begin(rhs), std::end(rhs));
101   }
102
```

编译器自动生成 != 操作符函数

从 C++20 开始，如果你为自己的类型重载了 == 操作符，编译器就会自动生成一

个 != 操作符函数。在 C++20 之前，如果你的类需要一个自定义的不相等操作符（!=），那么通常会定义它来调用 == 操作符函数，并返回后者的反值。

将比较操作符定义为非成员函数

到目前为止，我们定义的每个类（包括 MyArray）都将它的单参数构造函数声明为 explicit 以防止隐式转换，这正是"C++ 核心准则"的"C.164: Avoid Implicit Conversion Operators"这一条所建议的。[33] 除此之外，还有可能遇到"C++ 核心准则"的"C.86: Make == Symmetric with Respect to Operand Types and noexcept"这一条所说的情况。[34] 它建议如果你的类支持将其他类型的对象隐式转换为自己的类类型（或相反），就将比较操作符定义为非成员函数。该准则适用于所有比较操作符，但这里只讨论 ==，因为它是我们的 MyArray 类唯一定义的比较操作符。

核心准则

核心准则

假设 ints 是一个 MyArray，other 是 OtherType 类的一个对象，它可以隐式转换为 MyArray。为了满足"核心准则"的 C.86 条，我们将 operator== 定义为具有以下原型的非成员函数：

```
bool operator==(const MyArray& left, const MyArray& right) noexcept;
```

这样就可以实现以下混合类型的表达式：

```
ints == other
```

或者：

```
other == ints
```

我们没有在 operator== 的定义中用它的参数来完全匹配 MyArray 和 OtherType 类型的操作数，或者匹配 OtherType 和 MyArray 类型的操作数。但是，C++ 允许每个表达式有一个用户自定义的转换。因此，如果 OtherType 对象可以隐式转换为 MyArray 对象，编译器就把 other 对象转换为 MyArray，然后调用接收两个 MyArray 的 operator==。

软件工程

C++ 根据一套复杂的重载解析（决议）规则来确定每个操作符表达式要调用哪个函数。[35] 如果 operator== 是 MyArray 的成员函数，左侧的操作数就必须是 MyArray。C++ 不会隐式地将 other 转换成 MyArray 来调用成员函数，所以对于以下表达式来说：

```
other == ints
```

如果左边的是一个 OtherType 对象，就会导致编译错误。这会使那些本以为这个表达式能通过编译的程序员感到疑惑，这正是"核心准则"C.86 建议使用非成员 operator== 函数的原因。

11.6.11 重载下标([])操作符

图 11.4 的第 36 行和第 39 行：

```
int& operator[](size_t index);
const int& operator[](size_t index) const;
```

声明了重载的下标操作符（在图 11.5 的第 105 行～第 112 行和第 116 行～第 123 行定义）。编译器看到 ints1[5] 这样的表达式时，它会调用适当的重载 operator[] 成员函数：

```
ints1.operator[](5)
```

当下标操作符被用于 const MyArray 对象时，编译器会调用 const 版本的 operator[]（第 116 行～第 123 行）。例如，如果将一个 MyArray 传递给某函数，而该函数将 MyArray 作为一个名为 z 的 const MyArray& 来接收，就需要 const 版 operator[] 来执行像下面这样的语句：

```
std::cout << z[3];
```

记住，当对象为 const 时，程序只能调用对象的 const 成员函数。

```
103 // overloaded subscript operator for non-const MyArrays;
104 // reference return creates a modifiable lvalue
105 int& MyArray::operator[](size_t index) {
106    // check for index out-of-range error
107    if (index >= m_size) {
108       throw std::out_of_range{"Index out of range"};
109    }
110
111    return m_ptr[index]; // reference return
112 }
113
114 // overloaded subscript operator for const MyArrays
115 // const reference return creates a non-modifiable lvalue
116 const int& MyArray::operator[](size_t index) const {
117    // check for subscript out-of-range error
118    if (index >= m_size) {
119       throw std::out_of_range{"Index out of range"};
120    }
121
122    return m_ptr[index]; // returns copy of this element
123 }
124
```

每个 operator[] 的定义都判断实参 index 是否在范围内。如果不在，就抛出一个 out_of_range 异常（头文件 <stdexcept>）。如果 index 在范围内，operator[] 的非 const 版本将相应的 MyArray 元素作为引用返回。它可以作为赋值左侧的一个可修改的左值使用，以便修改一个数组元素。operator[] 的 const 版本则返回对相应数组元素的 const 引用。

第 111 行和第 122 行中使用的下标操作符从属于 unique_ptr 类。当 unique_ptr 管理一个动态分配的数组时，unique_ptr 的重载 [] 操作符允许你访问数组的元素。

11.6.12 重载一元 bool 转换操作符

可以自定义转换操作符以实现类型之间的转换，它们也称为重载的强制类型转换或者**转型**（cast）操作符。图 11.4 的第 42 行：

```
explicit operator bool() const noexcept {return size() != 0;}
```

定义了一个内联的重载 operator bool，如果 MyArray 不为空，它将 MyArray 对象转换为 bool 值 true；否则转换为 false。和单参数构造函数一样，我们将这个操作符声明为 explicit，以防止编译器用它进行隐式转换（将在 11.9 节详细说明）。重载的转换操作符不在 operator 关键字的左侧指定返回类型。返回类型就是转换操作符的类型——本例是 bool。

图 11.3 的第 103 行使用 MyArray ints5 作为 if 语句的条件来判断它是否包含元素。在这种情况下，C++ 语言会调用这个 operator bool 函数，将 ints5 对象“上下文转换”为 bool 值来作为条件使用。也可以用一个表达式显式调用这个函数，例如：

```
static_cast<bool>(ints5)
```

11.8 节会更详细地讲解不同类型之间的转换。

11.6.13 重载前递增操作符

前缀递增 / 传递操作符和后缀递增 / 递减操作符也可以重载。本节和 11.6.14 节讲述的关于 ++ 的概念也适用于 -- 操作符。11.6.14 节解释了编译器如何区分前缀版本和后缀版本。

图 11.4 的第 45 行：

```
MyArray& operator++();
```

声明了 MyArray 的一元重载前递增操作符（++）。当编译器看到 ++ints4 这样的表达式时，会调用 MyArray 重载的前递增操作符（++）函数来生成以下调用：

```
ints4.operator++()
```

这会调用图 11.5 的第 126 行～第 132 行定义的函数，使每个元素递增 1，具体过程如下。

- 创建名为 items 的 span 来代表动态分配的 int 数组；
- 使用标准库 for_each 算法来调用一个函数，对 span 中的每个元素都执行一次任务。

```
125  // preincrement every element, then return updated MyArray
126  MyArray& MyArray::operator++() {
127     // use a span and for_each to increment every element
128     const std::span<int> items{m_ptr.get(), m_size};
129     std::for_each(std::begin(items), std::end(items),
130        [](auto& item){++item;});
131     return *this;
132  }
133
```

和 copy 算法一样，for_each 的前两个实参代表要处理的元素范围。第三个实参是一个函数，它接收一个实参并对其执行任务。本例指定的是一个 lambda 表达式，为范围内的每个元素都调用一次。for_each 在内部遍历 span 的元素时，它把当前元素作为 lambda 的实参（item）传递。然后，lambda 使用该值执行一个任务。这个 lambda 的实参是一个非 const 引用（auto&），所以 lambda 主体中的表达式 ++item 会修改 MyArray 中的原始元素。

操作符返回它刚刚递增的 MyArray 对象的引用。这使得前递增的 MyArray 对象可以作为左值使用。内置的前缀递增操作符以同样的方式操作基本类型。

11.6.14 重载后递增操作符

软件工程

重载后缀递增操作符提出了一个挑战。编译器必须能区分重载的前缀和后缀递增操作符函数的签名。按照惯例，当编译器看到像 ints4++ 这样的后递增表达式时，会生成以下成员函数调用：

```
ints4.operator++(0)
```

实参 0 严格来说是一个假值，编译器用它区分前缀和后缀递增操作符函数。同样的语法也适用于区分前缀和后缀递减操作符函数。

图 11.4 的第 48 行：

```
MyArray operator++(int);
```

声明了 MyArray 的一元重载后递增操作符（++），其 int 参数接收假值 0。这个参数不会使用，所以声明为无参数名。为了模拟后递增的效果，我们必须返回 MyArray 对象的一个未递增的拷贝。因此，该函数的定义（图 11.4 的第 135 行～第 139 行）：

- 使用 MyArray 拷贝构造函数来创建原始 MyArray 的局部拷贝；
- 调用前递增操作符为 MyArray 的每个元素加 1；[36]
- 以“传值”方式返回 MyArray 未递增局部拷贝的值，这是另一种编译器可以使用“具名返回值优化”（NRVO）的情况。

性能提示

后缀递增（或递减）操作符创建的额外的局部对象可能导致性能问题，尤其是在循环中使用该操作符时。出于这个原因，应该首选前缀递增和递减操作符。

性能提示

```
134  // postincrement every element, and return copy of original MyArray
135  MyArray MyArray::operator++(int) {
136     MyArray temp(*this);
137     ++(*this); // call preincrement operator++ to do the incrementing
138     return temp; // return the temporary copy made before incrementing
139  }
140
```

11.6.15 重载加赋值操作符 (+=)

图 11.4 的第 51 行：

```
MyArray& operator+=(int value);
```

声明了 MyArray 的重载加赋值操作符（+=），它在 MyArray 的每个元素上加一个指定的值，然后返回对修改后对象的一个引用，从而实现级联调用。和前递增操作符一样，我们使用一个 span 和标准库函数 for_each 来处理 MyArray 中的每个元素。在本例中，我们作为 for_each 的最后一个实参传递的 lambda（图 11.5 的第 146 行）在其主体中使用了 operator+= 函数的 value 参数。[value]（称为 lambda introducer）指定编译器应允许在 lambda 的主体中使用 value，这称为捕获变量。我们将在第 14 章详细介绍捕获（变量的）lambda。

```
141  // add value to every element, then return updated MyArray
142  MyArray& MyArray::operator+=(int value) {
143     // use a span and for_each to increment every element
144     const std::span<int> items{m_ptr.get(), m_size};
145     std::for_each(std::begin(items), std::end(items),
146        [value](auto& item) {item += value;});
147     return *this;
148  }
149
```

11.6.16 重载二元流提取 (>>) 和流插入 (<<) 操作符

我们可以使用流提取操作符（>>）和流插入操作符（<<）来输入和输出基本类型的数据。C++ 标准库为每个基本类型都重载了这些操作符，包括指针和 char* 字符串。也可以重载这些操作符来执行自定义类型的输入和输出。

图 11.4 的第 10 行：

```
friend std::istream& operator>>(std::istream& in, MyArray& a);
```

和第 58 行：

```
std::ostream& operator<<(std::ostream& out, const MyArray& a);
```

声明了非成员的重载流提取操作符（>>）和重载流插入操作符（<<）。我们将类中的 operator>> 声明为友元（friend），因为它将出于性能的原因而直接访问 MyArray 的 private 数据。operator<< 则没有声明为友元。稍后就会讲到，它调用 MyArray 的 toString 成员函数来获得 MyArray 的字符串表示，然后输出这个表示。

实现流提取操作符

重载的流提取操作符（>>）（第 152 行～第 160 行）获取一个 istream 引用和一个 MyArray 引用作为参数。它返回 istream 引用实参，以实现下面这种形式的级联输入：

```
std::cin >> ints1 >> ints2;
```

编译器在看到像 cin >> ints1 这样的表达式时，会像下面这样调用非成员函数 operator>>：

```
operator>>(std::cin, ints1)
```

稍后将要说明为什么需要把它设计成一个非成员函数。上述调用完成后，会返回对 cin 的一个引用。然后，在之前的 cin 语句中，就可以通过这个引用向 ints2 输入值。该函数创建一个 span（第 153 行）来代表 MyArray 动态分配的 int 数组。然后，第 155 行～第 157 行遍历 span 的元素，每次从输入流中读取一个值，并将该值放入动态分配的 int 数组的对应元素中。

```
150  // overloaded input operator for class MyArray;
151  // inputs values for entire MyArray
152  std::istream& operator>>(std::istream& in, MyArray& a) {
153     std::span<int> items{a.m_ptr.get(), a.m_size};
154
155     for (auto& item : items) {
156        in >> item;
```

```
157       }
158
159       return in; // enables cin >> x >> y;
160    }
161
```

实现流插入操作符

重载的流插入操作符（<<）（第 163 行～第 166 行）获取一个 ostream 引用和一个 const MyArray 引用作为参数，并返回一个 ostream 引用。函数调用 MyArray 的 toString 成员函数，然后输出结果字符串。

函数返回 ostream 引用实参来实现下面这种形式的级联输出：

```
std::cout << ints1 << ints2;
```

编译器看到像 std::cout << ints1 这样的表达式时，会像下面这样调用非成员函数 operator<<：

```
operator<<(std::cout, ints1)
```

```
162   // overloaded output operator for class MyArray
163   std::ostream& operator<<(std::ostream& out, const MyArray& a) {
164      out << a.toString();
165      return out; // enables std::cout << x << y;
166   }
167
```

为什么 operator>> 和 operator<< 必须是非成员函数

operator>> 和 operator<< 被定义为非成员函数，这样就可以在每个函数的参数列表中指定其操作数的顺序。在作为非成员函数实现的二元重载操作符函数中，第一个参数是左操作数，第二个是右操作数。

对于操作符 >> 和 <<，MyArray 对象应该是每个操作符函数的右操作数，这样才可以按照 C++ 程序员期望的方式使用它们，例如以下语句：

```
std::cin >> ints4;
std::cout << ints4;
```

但如果将这些函数定义为 MyArray 的成员函数，程序员就不得不写下面这种难看的语句来输入或输出 MyArray 对象：

```
ints4 >> std::cin;
ints4 << std::cout;
```

这种语句不仅让人迷惑，而且在某些情况下还会造成编译错误。cin 和 cout 总是出现在这些操作符左边，这样的情况，程序员早就见惯不怪了。

软件工程

重载的二元操作符要成为成员函数，就只能作为操作符左侧操作数的类的成员函数。要使 `operator>>` 和 `operator<<` 成为成员函数，我们必须修改标准库的 `istream` 类和 `ostream` 类，而这是不允许的。

在成员或非成员函数之间做出选择

重载的操作符函数（以及常规意义上的所有函数）可以如下。

- 能直接访问类的内部实现细节的成员函数。
- 能直接访问类的内部实现细节的友元函数。
- 非成员、非友元函数，通常称为自由函数，它们通过类的 `public` 接口与类的对象进行交互。

“C++ 核心准则”建议，只有当一个函数需要直接访问类的内部实现细节（例如它的 `private` 数据）时，才应该设计成成员函数。[37]

核心准则

使用非成员函数的另一个原因是为了定义交换(率)操作符。考虑一个支持任意大小整数的 HugeInt 类。使用名为 `bigInt` 的一个 `HugeInt`，我们可以写下面这样的表达式：

```
bigInt + 7
7 + bigInt
```

两者只是交换了操作数而已，每个都会将一个 `int` 值和一个 `HugeInt` 相加。和基本类型的内置 + 操作符一样，每个操作符都会生成一个包含求和结果的临时 `HugeInt`。为了支持这些表达式，需要定义两个版本的 `operator+`（通常是以非成员的友元函数的形式）：

```
friend HugeInt operator+(const HugeInt& left, int right);
friend HugeInt operator+(int left, const HugeInt& right);
```

为避免重复代码，一般会让第二个函数调用第一个。

11.6.17 友元函数 swap

图 11.4 中，第 13 行：

```
friend void swap(MyArray& a, MyArray& b) noexcept;
```

声明了拷贝赋值操作符所使用的 `swap` 函数，以实现拷贝并交换惯用法（copy-and-swap idiom）。这个函数声明为 `noexcept`——交换两个现有对象的内容不会分配新的资源，所以不应失败。[38] 该函数（图 11.5 的第 169 行～第 172 行）接收两个 `MyArray`。它使用标准库的 `swap` 函数来交换每个对象的 `m_size` 成员的内容，并使用 `unique_ptr` 的 `swap` 成员函数来交换每个对象的 `m_ptr` 成员的内容。

```
// swap function used to implement copy-and-swap copy assignment operator
void swap(MyArray& a, MyArray& b) noexcept {
   std::swap(a.m_size, b.m_size); // swap using std::swap
   a.m_ptr.swap(b.m_ptr); // swap using unique_ptr swap member function
}
```

11.7 C++20 三路比较操作符 (<=>)

经常需要比较自定义类类型的对象。例如，为了使用标准库 sort 函数（在 6.12 节概念，第 14 章会讲解更多细节）将对象按升序或降序排序，这些对象必须是可比较的。为了支持比较，你可以为自己的类重载相等性（== 和 !=）和关系（<, <=, > 和 >=）操作符。一个常见的实践是只定义 < 和 == 操作符函数，然后用它们来定义 !=、<=、> 和 >=。 例如，对于表示一天中的时间的 Time 类，其 <= 操作符可以基于 < 操作符并以一个内联成员函数的形式来实现。

```
bool operator<=(const Time& right) const {
   return !(right < *this);
}
```

这导致了大量“样板”（boilerplate）代码，在它们的重载操作符 !=、<=、> 和 >= 的定义中，唯一的区别就是参数类型。

对于大多数类型，编译器可以通过编译器生成的 C++20 的三路比较操作符（<=>）的 default 实现来为你处理比较操作符，[39, 40, 41] 它也被称为太空飞船操作符，[42] 并需要头文件 <compare>。图 11.6 展示了 <=> 对一个 Time 类（第 8 行～第 23 行）的实现，该类包含以下要素。

- 一个构造函数（第 10 行和第 11 行）来初始化其 private 数据成员（第 20 行～第 22 行）。
- 一个 toString 函数（第 13 行～第 15 行）来创建 Time 的字符串表示。
- 重载 <=> 操作符的 default 定义（第 18 行）。

只要类包含的数据成员全都支持相等性和关系操作符，就可以使用编译器生成的 default 操作符 <=>。另外，如果类包含内置数组作为数据成员，编译器在比较数组元素类型的两个对象时，会逐个元素地应用重载的操作符 <=>。

软件工程

```
1  // fig11_06.cpp
2  // C++20 three-way comparison (spaceship) operator.
3  #include <compare>
```

图 11.6 C++20 三路比较（太空飞船）操作符

```
4  #include <fmt/format.h>
5  #include <iostream>
6  #include <string>
7
8  class Time {
9  public:
10    Time(int hr, int min, int sec) noexcept
11       : m_hr{hr}, m_min{min}, m_sec{sec} {}
12
13    std::string toString() const {
14       return fmt::format("hr={}, min={}, sec={}", m_hr, m_min, m_sec);
15    }
16
17    // <=> operator automatically supports equality/relational operators
18    auto operator<=>(const Time& t) const noexcept = default;
19 private:
20    int m_hr{0};
21    int m_min{0};
22    int m_sec{0};
23 };
24
25 int main() {
26    const Time t1(12, 15, 30);
27    const Time t2(12, 15, 30);
28    const Time t3(6, 30, 0);
29
30    std::cout << fmt::format("t1: {}\nt2: {}\nt3: {}\n\n",
31             t1.toString(), t2.toString(), t3.toString());
32
```

```
t1: hr=12, min=15, sec=30
t2: hr=12, min=15, sec=30
t3: hr=6, min=30, sec=0
```

图 11.6 C++20 三路比较（太空飞船）操作符（续）

在 main 中，第 26 行～第 28 行创建了三个 Time 对象（之后的各种比较会使用它们），然后显示了它们的字符串表示。Time 对象 t1 和 t2 都代表 12:15:30 PM，t3 代表 6:30:00 AM。为方便讨论，我们把这个例子分成几个部分。

<=> 使编译器支持所有比较操作符

一旦让编译器为你生成重载的三路比较操作符（<=>），你的类就相当于支持了所有关系和相等性操作符。第 34 行～第 46 行对此进行了演示。在每种情况下，编译器都会将下面这样的一个表达式：

```
t1 == t2
```

重写为使用了 <=> 操作符的以下表达式：

```
(t1 <=> t2) == 0
```

如果两个对象相等，表达式 `t1 <=> t2` 求值为 `0`。如果 `t1` 小于 `t2`，求值为一个负值。如果 `t1` 大于 `t2`，则求值为一个正值。如你所见，即使 `Time` 没有定义任何相等性或关系操作符，第 34 行～第 46 行也能通过编译并产生正确的输出。

```
33     // using the equality and relational operators
34     std::cout << fmt::format("t1 == t2: {}\n", t1 == t2);
35     std::cout << fmt::format("t1 != t2: {}\n", t1 != t2);
36     std::cout << fmt::format("t1 < t2: {}\n", t1 < t2);
37     std::cout << fmt::format("t1 <= t2: {}\n", t1 <= t2);
38     std::cout << fmt::format("t1 > t2: {}\n", t1 > t2);
39     std::cout << fmt::format("t1 >= t2: {}\n\n", t1 >= t2);
40
41     std::cout << fmt::format("t1 == t3: {}\n", t1 == t3);
42     std::cout << fmt::format("t1 != t3: {}\n", t1 != t3);
43     std::cout << fmt::format("t1 < t3: {}\n", t1 < t3);
44     std::cout << fmt::format("t1 <= t3: {}\n", t1 <= t3);
45     std::cout << fmt::format("t1 > t3: {}\n", t1 > t3);
46     std::cout << fmt::format("t1 >= t3: {}\n\n", t1 >= t3);
47
```

```
t1 == t2: true
t1 != t2: false
t1 < t2: false
t1 <= t2: true
t1 > t2: false
t1 >= t2: true

t1 == t3: false
t1 != t3: true
t1 < t3: false
t1 <= t3: false
t1 > t3: true
t1 >= t3: true
```

显式使用 <=>

也可以在表达式中使用 <=>。<=> 表达式的结果不能转换为 `bool` 值，所以要想在条件中使用 <=>，必须把它和 `0` 进行比较，如第 49 行、第 53 行和第 57 行所示。

```
   // using <=> to perform comparisons
   if ((t1 <=> t2) == 0) {
      std::cout << "t1 is equal to t2\n";
   }

   if ((t1 <=> t3) > 0) {
      std::cout << "t1 is greater than t3\n";
   }

   if ((t3 <=> t1) < 0) {
      std::cout << "t3 is less than t1\n";
   }
}
```

```
t1 is equal to t2
t1 is greater than t3
t3 is less than t1
```

11.8 类型之间的转换

大多数程序都要处理多种类型的信息。有时所有操作都“限定在一个类型内部”。例如，一个 int 加一个 int 生成一个 int。然而，经常有必要将一种类型的数据转换为另一种类型的数据。这可能发生在赋值、计算、向函数传值和从函数返回值中。编译器知道如何在基本类型之间进行某些转换。你可以使用强制类型转换（cast）操作符来进行基本类型之间的转换。

但是用户自定义类型呢？编译器不知道如何在用户自定义类型之间或用户自定义类型与基本类型之间进行转换。你必须指定具体如何做。这种转换可以通过**转换构造函数**（conversion constructor）来进行。这种构造函数是用一个参数来调用的，我们将其称为**单参数构造函数**。这样的构造函数可以将其他类型（包括基本类型）的对象转换为某个特定类的对象。

转换操作符

转换操作符（也称为强制类型转换操作符）也可以将一个类的对象转换为另一个类型。这样的转换操作符必须是一个非静态成员函数。在 MyArray 案例学习中，我们实现了一个重载的转换操作符，它将 MyArray 转换为一个 bool 值，以判断 MyArray 是否包含元素。

隐式调用转换操作符和转换构造函数

软件工程

强制类型操作符和转换构造函数的一个特点是，编译器可以隐式调用它们来创建对象。例如，假定在预期一个 bool 值的位置使用 MyArray 类的一个对象，即：

```
if (ints1) { // if 预期一个条件
   ...
}
```

那么编译器可以调用重载的强制类型转换操作符函数 operator bool 将对象转换为 bool，并在表达式中使用这个 bool。

软件工程

用转换构造函数或转换操作符执行隐式转换时，C++ 语言在每个表达式中只能应用一个隐式构造函数或操作符函数调用（即执行一次用户自定义转换），以尝试匹配该表达式的需求。编译器不会通过执行一系列隐式的、用户自定义的转换来满足一个表达式的需求。

11.9 explicit 构造函数和转换操作符

软件工程

之前，我们将可用一个参数调用的构造函数声明为 explicit，其中包括指定了默认参数的多参数构造函数。除了拷贝和移动构造函数，任何可用一个参数调用的构造函数如果没有被声明为 explicit，那么都可能被编译器用来执行隐式转换。构造函数的实参被转换为定义构造函数的那个类的一个对象。这种转换是自动的，不需要进行强制类型转换。

某些时候，隐式转换不可取或者容易出错。例如，我们的 MyArray 类定义了需要接收一个 size_t 参数的构造函数。该构造函数用于创建包含指定数量的元素的 MyArray 对象。然而，如果这个构造函数没有声明为 explicit，就可能被编译器误用来执行隐式转换。

软件工程

遗憾的是，编译器可能会在出乎预料的情况下使用隐式转换，导致执行时的逻辑错误或因为产生了有歧义的表达式而造成编译错误。

意外地将单参数构造函数用作转换构造函数

图 11.7 的程序使用 11.6 节的 MyArray 类来演示一个不恰当的隐式转换。为了允许这种隐式转换，我们从 MyArray.h 中（图 11.4）的第 16 行删除了 explicit 关键字。

```
// fig11_07.cpp
// Single-argument constructors and implicit conversions.
#include <iostream>
```

图 11.7　单参数构造函数和隐式转换

```
4  #include "MyArray.h"
5  using namespace std;
6
7  void outputArray(const MyArray&); // prototype
8
9  int main() {
10    MyArray ints1(7); // 7-element MyArray
11    outputArray(ints1); // output MyArray ints1
12    outputArray(3); // convert 3 to a MyArray and output the contents
13 }
14
15 // print MyArray contents
16 void outputArray(const MyArray& arrayToOutput) {
17    std::cout << "The MyArray received has " << arrayToOutput.size()
18       << " elements. The contents are: " << arrayToOutput << "\n";
19 }
```

```
MyArray(size_t) constructor
The MyArray received has 7 elements. The contents are: {0, 0, 0, 0, 0, 0, 0}
MyArray(size_t) constructor
The MyArray received has 3 elements. The contents are: {0, 0, 0}
MyArray destructor
MyArray destructor
```

图 11.7 单参数构造函数和隐式转换（续）

main（图 11.7）的第 10 行实例化 MyArray 对象 ints1，并调用单参数构造函数，用值 7 来指定 ints1 的元素数。记住，接收一个 size_t 实参的 MyArray 构造函数会将 MyArray 的所有元素初始化为 0。第 11 行调用 outputArray 函数（在第 16 行～第 19 行定义），它接收一个 const MyArray& 实参，输出该实参所代表的 MyArray 对象的元素数量和内容。在本例中，MyArray 对象的大小为 7，所以 outputArray 显示 7 个 0。

第 12 行调用 outputArray，并传递实参 3。这个程序没有获取单 int 参数的 outputArray 函数。所以，编译器判断实参 3 是否能转换为 MyArray 对象。由于 MyArray 类提供了一个获取一个 size_t 参数（可以接收 int）的构造函数，而且该构造函数没有声明为 explicit，所以编译器假定该构造函数是一个转换构造函数，并用它将实参 3 转换为一个包含三个元素的临时 MyArray 对象。然后，编译器将这个临时 MyArray 对象传递给 outputArray 函数，后者显示这个临时 MyArray 的大小和内容。因此，即使我们没有显式提供一个接收 int 的 outputArray 函数，编译器也能编译第 12 行。输出显示了包含 0 的三元素 MyArray 的内容。

禁止单参数构造函数的隐式转换

软件工程

我们之所以将每个单参数构造函数都声明为 explicit，是为了禁止通过转换构造函数执行隐式转换。声明为 explicit 的构造函数不能在隐式转换中使用。

下一个程序使用 了 11.6 节的 MyArray 类，该类在其接收一个 size_t 的单参数构造函数的声明中包含了关键字 explicit：

```
explicit MyArray(size_t size);
```

图 11.8 是图 11.7 的程序的一个稍加修改的版本。编译图 11.8 的这个程序时会报告一条错误消息。例如，g++ 显示的是：

```
error: invalid initialization of reference of type 'const MyArray&'
from expression of type 'int'
```

它表明第 12 行传给 outputArray 的整数值不能转换为 const MyArray&。第 13 行演示了如何使用 explicit 构造函数来正确创建包含 3 个元素的一个临时 MyArray 并将其传递给 outputArray。

```
1  // fig11_08.cpp
2  // Demonstrating an explicit constructor.
3  #include <iostream>
4  #include "MyArray.h"
5  using namespace std;
6
7  void outputArray(const MyArray&); // prototype
8
9  int main() {
10    MyArray ints1{7}; // 7-element MyArray
11    outputArray(ints1); // output MyArray ints1
12    outputArray(3); // convert 3 to a MyArray and output its contents
13    outputArray(MyArray(3)); // explicit single-argument constructor call
14 }
15
16 // print MyArray contents
17 void outputArray(const MyArray& arrayToOutput) {
18    std::cout << "The MyArray received has " << arrayToOutput.size()
19       << " elements. The contents are: " << arrayToOutput << "\n";
20 }
```

图 11.8 演示 explicit 构造函数

软件工程

除非本来就打算隐式作为转换构造函数使用，否则应该总是为单参数构造函数使用 explicit 关键字。要隐式地作为转换构造函数使用，请将单参数构造函数声明为 explicit(false)。这样一来，你的类的用户就知道你有意允许用该构造函数进行隐式转换。explicit 的这种新用法是在 C++20 中引入的。

C++11 explicit 转换操作符

软件工程

除了单参数构造函数可以声明为 explicit，转换操作符也可以声明为 explicit——或者在 C++20 中声明为 explicit(true)——以防止编译器使用它们来执行隐式转换。以 MyArray 类中的以下原型为例：

```
explicit operator bool() const noexcept;
```

它将 bool 强制类型转换操作符声明为 explicit，这样一般就就必须像下面这样通过 static_cast 来显式调用它：

```
static_cast<bool>(myArrayObject)
```

但是，正如 MyArray 案例学习所展示的，C++ 仍然可以使用 explicit bool 转换操作符在条件中将对象转换为 bool 值来执行“上下文转换”。

11.10 重载函数调用操作符 ()

函数调用操作符 () 的重载是一个强大的技术，因为函数可以接受任意数量的、以逗号分隔的参数。我们将在 14.5 节的一个合适的上下文中演示重载函数调用操作符。

11.11 小结

本章演示了如何打造有价值的类，通过操作符重载使 C++ 现有的操作符也能支持自定义类的对象。我们首先使用了 string 类的几个重载操作符。接着，我们讲述了操作符重载的基础知识，包括哪些操作符可以重载以及操作符重载的各种规则和限制。

我们通过操作符 new 和 delete 介绍了动态内存管理，它们在运行时为对象和内置的、基于指针的数组获取和释放内存。我们讨论了旧式 new 和 delete 存在的问题，例如忘记使用 delete 来释放不再需要的内存。我们介绍了 RAII（资源获取即初始化）策略，并演示了智能指针。我们描述了在创建一个 unique_ptr 智能指针对象时如何动态分配内存。当对象离开作用域（超出范围）时，unique_ptr 会自动释放内存，防止内存泄漏。

接着是本书一个非常重要的案例学习。我们全面分析了自定义的 MyArray 类，它使用重载操作符和其他功能来解决基于指针的数组的各种问题。我们实现了在管理自己的资源的类中通常都要定义的五个特殊成员函数：拷贝构造函数、拷贝赋值操作符、移动构造函数、移动赋值操作符和析构函数。还讨论了如何用 `=default` 来自动生成特殊成员函数，以及如何用 `=delete` 来删除它们。我们的自定义类重载了许多操作符，并定义了从 `MyArray` 到 `bool` 的转换，以判断 `MyArray` 是空的还是包含元素。

我们介绍了 C++20 新的三路比较操作符（`<=>`）——也称为太空飞船操作符。对于某些类来说，默认的编译器生成的 `<=>` 操作符使一个类能支持全部 6 个相等性和关系操作符，而不需要显式地重载它们。我们更详细地讨论了类型之间的转换、由单参数构造函数定义的隐式转换的问题以及如何用关键字 `explicit` 来防止这些问题。最后，我们提到了函数调用操作符 () 的重载问题，并准备在后面的章节中详细讨论。

我们之前已经介绍了一些异常处理的基础知识。下一章将详细讨论这个主题，它能帮助你创建更健壮、容错性更好的应用程序。这种程序可以处理问题并继续执行，或者得体地终止。我们将展示在 `new` 操作符未能成功为对象配内存时如何处理异常。还将介绍几个 C++ 标准库的异常处理类，并展示如何动手创建自己的。

注释

1. “太空飞船操作符”（spaceship operator）这个词是由兰德 • L. 施瓦茨（Randal L. Schwartz）创造的，当时在 Perl 课程中向学生讲解这个操作符时，他嫌这个操作符念起来麻烦（小于等于大于操作符），所以就根据早期电子游戏中太空飞船的形状来重新定义它，详情可参见 https://groups.google.com/a/dartlang.org/g/misc/c/WS5xftItpl4/m/jcIttrMq8agJ?pli=1。
2. 译注：记住，重载的操作符是作为函数来实现的。
3. 虽然可以重载取址（&）、逗号（,）、&& 和 || 操作符，但尽量不要那么做，以避免不易发现的错误。参见 https://isocpp.org/wiki/faq/operator-overloading。
4. Matthias Kretz，“Making Operator ?: Overloadable”，October 7, 2019，访问日期 2022 年 1 月 15 日，https://wg21.link/p0917。
5. “Operator Overloading”，访问日期 2022 年 1 月 15 日，https://isocpp.org/wiki/faq/operatoroverloading。
6. 译注：即 arity。在计算机编程中，一个函数或运算 (操作) 的元数是指函数获取的实参或操作数的个数。它源于像 unary(arity=1)、binary(arity=2)、ternary(arity=3) 这样的单词。
7. C++ Core Guidelines，“R.11: Avoid Calling new and delete Explicitly”，访问日期 2022 年 1 月 15 日，https://isocpp.github.io/CppCoreGuidelines/CppCoreGuidelines#Rr-newdelete。
8. 操作符 new 和 delete 可以重载。如果重载了 new，就应该在同一作用域内重载 delete，以避免出现不容易发现的动态内存管理错误。重载 new 和 delete 通常是出于性能的考虑而精确控制内存的分配和解除分配。例如，可以用这个技术预分配一个内存池，以后就在该内存池中创建新对象，从而减少运行时内存分配的开销。对 placement

new 操作符和 delete 操作符的概述，可以参考 https://en.wikipedia.org/wiki/Placement_syntax。

9. C++ Core Guidelines，“R: Resource Management”，访问日期 2022 年 1 月 15 日，https://isocpp.github.io/CppCoreGuidelines/CppCoreGuidelines#S-resource。
10. C++ Core Guidelines，“R.1: Manage Resources Automatically Using Resource Handles and RAII (Resource Acquisition Is Initialization)”，访问日期 2022 年 1 月 15 日，https://isocpp.github.io/CppCoreGuidelines/CppCoreGuidelines#Rr-raii。
11. 在 C++14 之前，需要直接将 new 表达式的结果传递给 unique_ptr 的构造函数。
12. 第 13 章将使用 C++ 标准库函数输入和输出整个元素容器，比如 vector 和 array。
13. 本节将使用操作符重载来打造一个有价值的类。第 15 章会将其转换为类模板，使其更有价值。然后，还会使用 C++20 新的“概念”特性来进一步增大它的价值。
14. 记住，“左值”可以声明为 const，在这种情况下就不可修改。
15. Sy Brand, “Guaranteed Copy Elision Does Not Elide Copies.” C++ Team Blog, February 18, 2019，访问日期 2022 年 1 月 15 日，https://devblogs.microsoft.com/cppblog/guaranteed-copy-elision-does-not-elide-copies/。
16. Richard Smith, “Guaranteed Copy Elision Through Simplified Value Categories,” September 27, 2015，访问日期 2022 年 1 月 15 日，http://www.open-std.org/jtc1/sc22/wg21/docs/papers/ 2015/p0135r0.html。
17. Klaus Iglberger, “Back to Basics: Move Semantics,” YouTube Video, June 16, 2019，访问日期 2022 年 1 月 15 日，https://www.youtube.com/watch?v=St0MNEU5b0o。
18. 更具体地说，这称为 xvalue（英文 expiring value 的简称，即“将亡值”）。
19. C++ Core Guidelines，“C.20: If You Can Avoid Defining Any Default Operations, Do”，访问日期 2022 年 1 月 15 日，https://isocpp.github.io/CppCoreGuidelines/CppCoreGuidelines#Rc-zero。
20. C++ Core Guidelines，“C.21: If You Define or =delete Any Copy, Move, or Destructor Function, Define or =delete Them All”，访问日期 2022 年 1 月 15 日，https://isocpp.github.io/CppCoreGuidelines/CppCoreGuidelines#Rc-five。
21. Scott Meyers，“A Concern About the Rule of Zero”，March 13, 2014，访问日期 2022 年 1 月 15 日，http://scottmeyers.blogspot.com/2014/03/a-concern-about-rule-of-zero.html。
22. 这个拷贝赋值操作符确保 MyArray 对象不会被修改，而且在异常发生时不会泄露内存资源。这称为强异常保证（strong exception guarantee），详情参见 12.3 节。
23. Herb Sutter，“Exception-Safe Class Design, Part 1: Copy Assignment”，访问日期 2022 年 1 月 15 日，http://www.gotw.ca/gotw/059.htm。
24. Answer to “What is the copy-and-Swap Idiom?”，Edited April 24, 2021, by Jack Lilhammers.，访问日期 2022 年 1 月 15 日，https://stackoverflow.com/a/3279550。
25. C++ Core Guidelines, “F.6: If Your Function May Not Throw, Declare It noexcept”，访问日期 2022 年 1 月 15 日，https://isocpp.github.io/CppCoreGuidelines/CppCoreGuidelines#Rf-noexcept。
26. C++ Core Guidelines，“C.64: A Move Operation Should Move and Leave Its Source in a Valid State”，访问日期 2022 年 1 月 15 日，https://isocpp.github.io/CppCoreGuidelines/CppCoreGuidelines#Rc-move-semantic。
27. “std::unique_ptr<T,Deleter>::unique_ptr”，访问日期 2022 年 1 月 15 日，https://zh.cppreference.com/w/cpp/memory/unique_ptr/unique_ptr。

28. Topher Winward，“C++ Moves For People Who Don't Know or Care What Rvalues Are”，January 17, 2019，访问日期 2022 年 1 月 15 日，https://tinyurl.com/3e5jtf2a。
29. “C.65: Make Move Assignment Safe for Self-Assignment”，访问日期 2022 年 1 月 15 日，https://isocpp.github.io/CppCoreGuidelines/CppCoreGuidelines#Rc-move-self。
30. C++ Core Guidelines，“C.66: Make Move Operations noexcept”，访问日期 2022 年 1 月 15 日，https://isocpp.github.io/CppCoreGuidelines/CppCoreGuidelines#Rc-move-noexcept。
31. C++ Core Guidelines，“C.37: Make Destructors noexcept”，访问日期 2022 年 1 月 15 日，https://isocpp.github.io/CppCoreGuidelines/CppCoreGuidelines#Rc-dtor-noexcept。
32. C++ Core Guidelines，“C.86: Make == Symmetric with Respect Of Operand Types and noexcept”，访问日期 2022 年 1 月 15 日，https://isocpp.github.io/CppCoreGuidelines/CppCoreGuidelines#Rc-eq。
33. C++ Core Guidelines，“C.164: Avoid Implicit Conversion Operators”，访问日期 2022 年 1 月 15 日，https://isocpp.github.io/CppCoreGuidelines/CppCoreGuidelines#Ro-conversion。
34. C++ Core Guidelines，“C.86: Make == Symmetric with Respect to Operand Types and noexcept”，访问日期 2022 年 1 月 15 日，https://isocpp.github.io/CppCoreGuidelines/CppCoreGuidelines#Rc-eq。
35. “重载决议”，访问日期 2022 年 1 月 15 日，https://zh.cppreference.com/w/cpp/language/overload_resolution。
36. Herb Sutter，“GotW #2 Solution: Temporary Objects”， May 13, 2013，访问日期 2022 年 1 月 15 日，https://herbsutter.com/2013/05/13/gotw-2-solution-temporary-objects/。
37. C++ Core Guidelines，“C.4: Make a Function a Member Only If It Needs Direct Access to the Representation of a Class”，访问日期 2022 年 1 月 15 日，https://isocpp.github.io/CppCoreGuidelines/CppCoreGuidelines#Rc-member。
38. C++ Core Guidelines，“C.84: A swap Function May Not Fail”，访问日期 2022 年 1 月 15 日，https://isocpp.github.io/CppCoreGuidelines/CppCoreGuidelines#Rc-swap-fail。
39. “C++ Russia 2018: Herb Sutter, New in C++20: The Spaceship Operator,” YouTube Video, June 25, 2018，访问日期 2022 年 1 月 15 日，https://www.youtube.com/watch?v=ULkwKsag0Yk。
40. Sy Brand,“Spaceship Operator,” August 23, 2018，访问日期 2022 年 1 月 15 日，https://blog.tartanllama.xyz/spaceship-operator/。
41. Cameron DaCamara,“Simplify Your Code with Rocket Science: C++20’s Spaceship Operator”，June 27, 2019，访问日期 2022 年 1 月 15 日，https://devblogs.microsoft.com/cppblog/simplifyyour-code-with-rocket-science-c20s-spaceship-operator/。
42. “太空飞船操作符”（spaceship operator）这个词是由兰德尔 • L. 施瓦茨（Randal L. Schwartz）创造的，当时在 Perl 课程中向学生讲解这个操作符时，他嫌这个操作符念起来麻烦（小于等于大于操作符），所以就根据早期电子游戏中的太空飞船的形状来重新定义它，详情可参见 https://groups.google.com/a/dartlang.org/g/misc/c/WS5xftItpl4/m/jcIttrMq8agJ?pli=1。

第 12 章

异常和对契约的展望

学习目标

- 理解用 `try`、`catch` 和 `throw` 实现的异常处理控制流
- 为自己的代码提供异常保证
- 理解标准库异常层次结构
- 定义自定义的异常类
- 理解栈展开（stack unwinding）如何使在一个作用域中没有捕捉到的异常在一个包围的作用域中被捕捉到
- 处理动态内存分配失败
- 用 `catch(...)` 捕捉任意类型的异常
- 理解未捕捉的异常会造成什么结果
- 理解哪些异常不应处理，哪些不能处理
- 理解为什么有的组织不允许使用异常，以及这对软件开发工作的影响
- 理解异常处理对性能的影响
- 展望“契约”如何消除许多异常的使用情况，使更多函数可以设为 `noexcept`

12.1 导读

C++ 可以用来构建现实世界中许多面向关键任务和关键业务的软件。C++ 之父本贾尼·斯特劳斯特卢普（Bjarne Stroustrup）在他的网站上维护了一个很全面的列表，[1] 其中列举了约 150 个部分或者完全用 C++ 编写的应用程序和系统。下面只列出了其中一部分：

- 大多数主流操作系统的组件，如 macOS 和 Windows
- 本书使用的所有编译器（GNU g++、Clang 和 Visual C++）
- Amazon.com
- 脸书（Facebook）中需要高性能和高可靠性的组件
- 彭博社（Bloomberg）的实时金融信息系统
- 奥多比（Adobe）的许多创作、图形和多媒体应用程序
- 多种数据库系统，包括 MongoDB 和 MySQL
- 美国国家航空航天局（NASA）的许多项目，包括火星车使用的软件

The Programming Languages Beacon 提供了另一个超过 100 个应用程序和系统的列表。[2]

这些系统中许多的规模都很大。"Codebases: Millions of Lines of Code Infographic"（不全是 C++）[3] 提供了如下这些统计数据：

- 波音 787 飞机的航电设备和联机支持系统有 650 万行代码，它的飞行软件有 1 400 万行代码
- F-35 战斗机有 2 400 万行代码
- 位于瑞士日内瓦的大型强子对撞机（世界上最大的粒子加速器）[4] 有 5 000 万行代码
- 脸书（Facebook）有 6 200 万行代码

- 一辆普通的现代高端汽车有 1 亿行代码，预计到 2030 年，它们将有 3 亿行代码[5]，涉及数百个处理器和控制器。[6]

自动驾驶汽车预计需要 10 亿行代码。[7] 对于大大小小的代码库来说，应确保在开发过程中消除错误，并在软件被部署到实际产品中后处理可能出现的问题。这正是本章的重点。

异常和异常处理

如你所知，**异常**（exception）表示程序执行过程中发生的问题。异常可能通过以下方式出现：

- `try` 块中显式提到的代码
- 对其他函数的调用（包括库调用）
- 操作符错误，例如在程序执行时，new 无法取得额外的内存（12.8 节）

异常处理（exception handling）帮助你写健壮的、容错的程序，它们能捕捉到不常出现的问题，并且还会采取以下行动：

- 处理它们，然后继续执行
- 遇到不能或不应处理的异常，就执行恰当的清理工作，然后得体地终止
- 遇到出乎预料的异常时突然终止，这是一个称为快速失败（failing fast）的概念，具体在 12.6.2 节讨论

异常处理、栈展开和重新抛出异常

之前已经体验了异常的抛出（6.15 节）和用来处理异常的 `try...catch`（9.7.11 节）。本章通过一个例子来回顾这些异常处理概念，并展示了不同情况下的控制流：

- 程序成功执行时
- 发生异常时

我们讨论了捕捉并重新抛出异常的用例，并展示了 C++ 如何处理在特定作用域内未被捕捉的异常。我们介绍了如何将异常记录到文件或数据库，以便开发人员将来出于调试的目的进行审查。

何时使用异常和异常安全保证

不是说所有类型的错误处理都适合使用异常。我们讨论了何时应该使用异常，何时不应该使用异常，还介绍了如何在自己的代码中提供异常安全保证，从完全没有保证，到用 `noexcept` 保证不抛出异常。

构造函数和析构函数中的异常

我们讨论了为什么要在构造过程中用异常来表示错误，以及为什么析构函数不应抛出异常。还演示了如何使用函数 `try` 块从构造函数的成员初始化列表中捕获异常。

处理动态内存分配失败

默认情况下，new 在动态内存分配失败时抛出异常。我们演示了如何捕捉这种 bad_alloc 异常。还展示了在 C++ 引入 bad_alloc 之前，遗留代码如何处理动态内存分配失败。

标准库异常层次结构和自定义异常类

本章介绍了 C++ 标准库异常处理类的层次结构。我们创建了一个自定义异常类，它继承了 C++ 标准库的一个异常类。你将体会到通过引用来捕捉异常的重要性，这样能使异常处理程序捕捉派生类异常类型。

异常没有广泛使用

大多数 C++ 特性都有一个“零开销”原则，即除非使用某个特性，否则不需要为它付出代价。[8] 异常违反了这个原则——使用了异常处理的程序会有更大的内存占用。一些组织出于这个原因和其他原因不允许异常处理。我们将讨论为什么有些库提供了双接口，使开发者能为一个函数选择抛出异常的版本或设置错误代码的版本。

展望“契约”

本章最后介绍了“契约”。这个特性最初是为 C++20 设计的，但被推迟到未来的版本发布。我们将介绍前置条件、后置条件和断言，它们作为在运行时测试的契约来实现。如果这些条件失败，就会发生违约。默认情况下，代码会立即终止，这使你能更快地发现错误，并在开发过程中消除它们，并有望为最终的部署创建更健壮的代码。我们将使用 https://godbolt.org 的 GCC 实验性契约实现来测试示例代码。

异常使你能将错误处理与程序逻辑分离

软件工程

软件工程

异常处理提供了处理错误的一个标准机制。在大型项目上工作时，这一点尤其重要。如你所见，使用 try...catch 可以将成功的执行路径和错误的执行路径分开，[9, 10] 使代码更容易阅读和维护。[11] 另外，异常一旦发生就不能忽略它。在 12.5 节会看到，如果忽略一个异常，那么有可能导致程序终止。[12, 13]

通过返回值来指示错误

在没有异常处理的情况下，函数通常会在成功时计算并返回一个值，或在失败时返回一个错误码。

错误提示

- 这种架构的一个问题在于，有人可能在随后的计算中使用返回值，而不首先检查该值是不是错误码。
- 另外，某些时候无法返回错误码，例如在构造函数和重载的操作符函数中。

异常处理避免了这些问题。

12.2 异常处理控制流

我们准备演示两种情况下的控制流：

- 程序成功执行时
- 发生异常时

出于演示的日的，图 12.1 和图 12.2 展示了如何处理一个常见的算术问题——除以 0。在 C++ 中，整数和浮点算术中的除以 0 是一种未定义的行为。如果在编译时检测到整数除以零，本书使用的三个首选编译器都会报告警告或错误。Visual C++ 在编译时检测到浮点除以 0 时也会报错。在运行时，整数除以零通常会导致程序崩溃。有些 C++ 实现允许浮点除以 0，并生成正负无穷大结果，分别显示为 `inf` 或 `-inf`。我们首选的所有编译器都是如此处理的。

本例由两个文件构成。

- DivideByZeroException.h（图 12.1）定义了一个自定义异常类，它代表本例可能发生的问题类型。
- fig12_02.cpp（图 12.2）定义了 `quotient` 函数和调用它的 `main` 函数。我们将用它们来解释异常处理的控制流。

12.2.1 定义一个异常类来表示可能发生的问题类型

图 12.1 定义了 `DivideByZeroException`，这是一个自定义异常类。当程序检测到有除以 0 的企图时就会抛出这个异常（类的对象）。我们将其定义为标准库类 `runtime_error`（来自头文件 `<stdexcept>`）的一个派生类。在典型的 `runtime_error` 派生类中，我们只定义一个构造函数（例如第 10 行和第 11 行），它将一个错误信息字符串传递给基类构造函数。

```
1  // Fig. 12.1: DivideByZeroException.h
2  // Class DivideByZeroException definition.
3  #include <stdexcept> // stdexcept header contains runtime_error
4  
5  // DivideByZeroException objects should be thrown
6  // by functions upon detecting division-by-zero
7  class DivideByZeroException : public std::runtime_error {
8  public:
9     // constructor specifies default error message
10    DivideByZeroException()
11       : std::runtime_error{"attempted to divide by zero"} {}
12 };
```

图 12.1 `DivideByZeroException` 类的定义

软件工程

核心准则

一般情况下，应该从 C++ 标准库的异常类派生出你的自定义异常类，并好好地命名该类，从而清楚地知道发生了什么问题。“C++ 核心准则”指出，这样的异常类不太可能与其他库（比如 C++ 标准库）抛出的异常混淆。[14] 我们将在 12.9 节详细介绍标准异常类。

12.2.2 演示异常处理

图 12.2 使用异常处理来包装可能抛出 DivideByZeroException 的代码，并在异常发生时处理该异常。quotient 函数接收两个 double 值，用第一个除以第二个，并返回 double 结果。quotient 函数将所有试图除以 0 的行为视为错误。如果发现第二个实参是零，它会抛出一个 DivideByZeroException（第 13 行），向调用者指出该问题。throw 的操作数可以是任何能拷贝构造的类型，而非仅仅是直接或间接从 exception 派生的类型的对象。之所以必须是可拷贝构造的类型，是因为异常机制会将异常拷贝到一个临时的异常对象中。[15]

```
1  // fig12_02.cpp
2  // Example that throws an exception on
3  // an attempt to divide by zero.
4  #include <fmt/format.h>
5  #include <iostream>
6  #include "DivideByZeroException.h" // DivideByZeroException class
7
8  // performs division only if the denominator is not zero;
9  // otherwise, throws DivideByZeroException object
10 double quotient(double numerator, double denominator) {
11    // throw DivideByZeroException if trying to divide by zero
12    if (denominator == 0.0) {
13       throw DivideByZeroException{};
14    }
15
16    // return division result
17    return numerator / denominator;
18 }
19
20 int main() {
21    int number1{0}; // user-specified numerator
22    int number2{0}; // user-specified denominator
23
24    std::cout << "Enter two integers (end-of-file to end): ";
```

图 12.2 在试图除以 0 时抛出异常

```
25
26     // enable user to enter two integers to divide
27     while (std::cin >> number1 >> number2) {
28        // try block contains code that might throw exception
29        // and code that will not execute if an exception occurs
30        try {
31           double result{quotient(number1, number2)};
32           std::cout << fmt::format("The quotient is: {}\n", result);
33        }
34        catch (const DivideByZeroException& divideByZeroException) {
35           std::cout << fmt::format("Exception occurred: {}\n",
36              divideByZeroException.what());
37        }
38
39        std::cout << "\nEnter two integers (end-of-file to end): ";
40     }
41
42     std::cout << '\n';
43  }
```

```
Enter two integers (end-of-file to end): 100 7
The quotient is: 14.2857

Enter two integers (end-of-file to end): 100 0
Exception occurred: attempted to divide by zero

Enter two integers (end-of-file to end): ^Z
```

图 12.2　在试图除以 0 时抛出异常（续）

如果用户没有指定 0 作为除法运算的分母，函数 quotient 将返回除法结果。如果用户输入 0 作为分母，quotient 将抛出一个异常。在这种情况下，main 会处理该异常，并在再次调用 quotient 前要求用户输入两个新值。这样一来，即使输入了一个不恰当的值，程序也能继续执行，使程序更健壮。在示例输出中，前两行显示一次成功的计算，后两行显示由于试图除以 0 而导致的一次失败。在讨论完代码后，我们将考虑产生如图 12.3 所示的输出的用户输入和控制流。

12.2.3 将代码封闭到 try 块中

程序提示用户输入两个整数，并在 while 循环的条件中输入它们（第 27 行）。第 31 行将值传给 quotient（第 10 行～第 18 行），quotient 要么执行整数除法并返回结果，要么在用户试图除以 0 时抛出一个异常。quotient 中的第 13 行称为抛

核心准则

出点（throw point）。异常处理针对的是函数检测到错误，无法继续执行其任务的情况。[16]

第 30 行～第 33 行的 `try` 块包含两个语句，如下所示。

- `quotient` 函数调用（第 31 行），它可能抛出一个异常。
- 显示除法结果的语句（第 32 行）。

第 32 行只有在 `quotient` 成功返回一个结果时才会执行。

12.2.4 为 DivideByZeroException 定义 catch 处理程序

软件工程

每个 `try` 块后至少要跟随一个 `catch` 处理程序（第 34 行～第 37 行）。异常参数应该被声明为对要处理的异常类型（本例是 `DivideByZeroException`）的一个 `const` 引用。这样做有下面两个关键的好处：

性能提示

- 它禁止将异常作为 `catch` 操作的一部分来拷贝
- 它实现了在不切割的情况下捕捉派生类异常（见下文）

通过引用来捕捉以防止切割

错误提示

`try` 块内发生异常时，C++ 会执行参数类型与所抛出的异常类型相同或者是其基类的第一个 `catch` 处理程序。如果一个基类 `catch` 处理程序以值的方式捕捉到了一个派生类的异常对象，那么在派生类异常对象中，只有基类部分会被拷贝到异常参数中。当派生类对象被拷贝或赋给基类对象时，就会发生这种称为**切割**（slicing）的逻辑错误。所以，总是通过引用来捕获异常，以防止切割。

catch 参数名

包含可选参数名的异常参数（如第 34 行所示）使 `catch` 处理程序能与捕捉的异常进行交互。第 36 行调用其 `what` 成员函数来获得异常的错误消息。

catch 处理程序执行的任务

一般情况下，`catch` 处理程序执行的任务如下。

- 向用户报告错误。
- 将错误记录到文件中，以便开发人员出于调试目的进行研究。
- 得体地终止程序。
- 尝试另一种策略来完成失败的任务。
- 向当前函数的调用者重新抛出异常。
- 抛出不同类型的异常。

本例的 `catch` 处理程序只是向用户报告试图除以 0。

定义 catch 处理程序时常犯的错误

刚接触异常处理的程序员应注意下面几种常见的编码错误。

错误提示

- 在 `try` 块和对应的 `catch` 处理程序之间，或者在它的不同 `catch` 处理程序之间放置代码是语法错误。
- 每个 `catch` 处理程序只能有一个参数——指定一个以逗号分隔的异常参数列表是语法错误。
- 在 `try` 块后面的多个 `catch` 处理程序中捕捉相同的异常类型会造成编译错误。
- 在捕捉派生类异常之前捕捉基类异常是一种逻辑错误——发现这种情况时，编译器通常会警告你。

12.2.5 异常处理的终止模型

如果 `try` 块中没有发生异常，那么程序控制将从该 `try` 块之后的最后一个 `catch` 之后的第一个语句继续。如果发生异常，`try` 块会立即终止——在该块中定义的任何局部变量都将超出作用域。这是异常处理的一个优点。`try` 块中的局部变量的析构函数会保证运行，使程序避免资源泄漏。[17] 接着，程序查找并执行第一个匹配的 `catch` 处理程序。如果执行到该 `catch` 处理程序的结束大括号（}），就认为该异常得到了处理，`catch` 处理程序中的任何局部变量（包括 `catch` 参数）都将超出作用域。

C++ 使用了异常处理的终止模型（termination model），即程序控制不能返回抛出点。相反，控制从 `try` 块最后一个 `catch` 处理程序后的第一个语句（第 39 行）恢复。

如果异常发生在一个函数中，而且没有在那里捕捉，那么这个函数会立即终止。程序尝试在调用（主调）函数中找到一个封闭它的 `try` 块。这个过程称为**栈展开**（stack unwinding），将在 12.5 节详细讨论。

12.2.6 用户输入非零分母时的控制流

考虑一下在图 12.3 中中当用户输入分子 **`100`** 和分母 **`7`** 时的控制流。在第 12 行，`quotient` 判断分母不为 0，所以第 17 行执行除法运算并将结果（**`14.2857`**）返回第 31 行。程序控制从第 31 行继续，所以第 32 行显示除法结果，控制到达 `try` 块的结束大括号。在这种情况下，`try` 块成功完成，所以程序控制跳过 `catch` 处理程序（第 34 行～第 37 行），从第 39 行继续。

12.2.7 用户输入零分母时的控制流

现在考虑一下用户输入分子 **`100`** 和分母 **`0`** 时的控制流。在第 12 行，`quotient` 判断分母为 0，所以第 13 行使用关键字 throw 来创建并抛出一个 DivideByZeroException 对象。这会调用 DivideByZeroException 构造函数来初始化异常对象。我们的异常类的构造函数没有参数。如果异常构造函数有参，可以在创建对象时将实参传递给构造函数，例如：

```
throw out_of_range{"索引越界"};
```

软件工程

抛出异常后，quotient 立即退出，不执行除法运算。如果要从自己的代码中显式抛出一个异常，一般应该在错误有机会发生之前抛出。当然，这并非总是能够做到的。例如，你的函数可能会调用另一个函数，而后面这个函数遇到了错误并抛出了异常。

软件工程

我们将 quotient 调用（第 31 行）封闭到一个 try 块中，所以程序控制进入紧随 try 块之后的第一个匹配的 catch 处理程序（第 34 行～第 37 行）。这个处理程序捕捉 DivideByZeroException（quotient 所抛出的类型），并打印由 what 函数返回的错误消息。将每种类型的运行时错误与一个恰当命名的异常类型关联起来，这使程序更清晰。

12.3 异常安全保证和 noexcept

客户端代码的程序员需要知道在使用你的代码时应该期待什么。是否可能出现异常？如果是，异常发生时的程序状态是怎样的？设计你自己的代码时，务必考虑应该做出什么**异常安全保证**（exception safety guarantees）。[18, 19]

- 无保证——如果发生异常，程序可能处于无效状态，资源（例如动态分配的内存）可能泄露。
- 基本异常保证——如果发生异常，对象的状态仍然有效，但可能被修改，而且没有资源被泄露。一般来说，可能造成异常的代码至少应该提供一个基本的异常保证。
- 强异常保证——如果发生异常，对象的状态保持不变。如果对象被修改了，它们会恢复到导致异常的操作之前的原始状态。我们在第 11 章的 MyArray 类中实现了拷贝赋值操作符，并通过“拷贝并交换”惯用法提供了强异常保证。该操作符首先拷贝其实参，而这可能导致资源分配失败。如果发生这种情况，赋值操作会失败，不会修改原始对象；否则，赋值操作成功完成。
- 保证不抛出异常——该操作不会抛出异常。例如，在第 11 章的 MyArray 类中，移动构造函数、移动赋值操作符和友元函数 swap 被声明为 noexcept。它们处理的都是现有资源，不会分配新资源，所以不会失败。只有那些真正不会失败的函数才应被声明为 noexcept。如果一个 noexcept 函数发生异常，程序将立即终止。

12.4 重新抛出异常

有的时候，我们需要捕捉一个异常，部分处理它，然后通过重新抛出异常来通知调用者。这样做的目的是告诉调用者该异常尚未处理完毕。在一个 catch 处理程序中执行以下语句：

```
throw;
```

会将当前异常返回给上一级的 try 块。然后，由那个 try 块后的某个 catch 处理程序尝试处理该异常。如果是在某个 catch 处理程序的外部执行上述语句，会造成程序立即终止。

错误提示

如果 catch 处理程序为它捕捉的异常定义了一个参数名，例如 ex，那么不要像下面这样重新抛出异常：

```
throw ex;
```

这将不必要地拷贝原始异常对象。而且可能是一个逻辑错误。如果异常处理程序的类型是被重新抛出的异常的基类，就会发生切割（slicing）。

错误提示

性能提示

需要重新抛出异常的用例

重新抛出异常有多种用例。

- 将每个异常发生的位置记录到一个文件中，以便将来进行调试。在这种情况下，你会捕捉异常，记录它，然后在外层封闭的作用域内重新抛出异常，以便进一步处理。我们将在 12.12 节讨论日志记录。
- 抛出一个不同的异常类型，它对你的库或应用程序更有针对性。在这种情况下，可以使用 C++11 的 nested_exception 类将原始异常包装到新异常中。[20]
- 部分处理一个异常（比如释放一个资源），然后重新抛出异常，并在外层 try...catch 块内进一步捕捉并处理。
- 某些时候，异常是隐式重新抛出的，比如在构造函数和析构函数的函数 try 块中，详情参见 12.7.2 节。

演示重新抛出异常

图 12.3 演示了重新抛出异常。在 main 的 try 块中（第 24 行～第 28 行），第 26 行调用 throwException（第 7 行～第 20 行），其中包含一个 try 块（第 9 行～第

12 行），第 11 行的 throw 语句从中抛出一个 exception 对象。该函数的 catch 处理程序（第 13 行～第 17 行）捕捉这个异常，打印一条错误消息（第 14 行和第 15 行）并重新抛出这个异常（第 16 行）。这就立即将控制权返回到 main 的 try 块的第 26 行。该 try 块终止（所以第 27 行没有执行），main 中的 catch 处理程序（第 29 行～第 31 行）捕捉这个异常并打印一条错误消息（第 30 行）。本例的所有 catch 处理程序都没有使用异常参数，所以我们省略了异常参数的名称，只指定要捕获的异常类型（第 13 行和第 29 行）。

```
1  // fig12_03.cpp
2  // Rethrowing an exception.
3  #include <iostream>
4  #include <exception>
5
6  // throw, catch and rethrow exception
7  void throwException() {
8     // throw exception and catch it immediately
9     try {
10       std::cout << " Function throwException throws an exception\n";
11       throw std::exception{}; // generate exception
12    }
13    catch (const std::exception&) { // handle exception
14       std::cout << " Exception handled in function throwException"
15          << "\n Function throwException rethrows exception";
16       throw; // rethrow exception for further processing
17    }
18
19    std::cout << "This should not print\n";
20 }
21
22 int main() {
23    // call throwException
24    try {
25       std::cout << "main invokes function throwException\n";
26       throwException();
27       std::cout << "This should not print\n";
28    }
29    catch (const std::exception&) { // handle exception
30       std::cout << "\n\nException handled in main\n";
31    }
32
33    std::cout << "Program control continues after catch in main\n";
34 }
```

图 12.3 重新抛出异常

```
main invokes function throwException
  Function throwException throws an exception
  Exception handled in function throwException
  Function throwException rethrows exception

Exception handled in main
Program control continues after catch in main
```

图 12.3 重新抛出异常（续）

12.5 栈展开和未捕捉的异常

如果在特定作用域内未捕捉异常，函数调用栈可能**展开**（unwinding），[21] 试图在一个包围作用域内捕捉该异常。所谓包围作用域，就是下个外层 try 块的 catch 块。try 块可以嵌套；在这种情况下，下一个外层 try 块可能在同一个函数中。如果 try 块没有嵌套，就会发生**栈展开**（stack unwinding）。没有捕捉到异常的函数会终止，它现有的局部变量都会离开作用域（超出范围）。在栈展开的过程中，控制回到调用该函数的语句。如果那个语句在一个 try 块中，该块终止，并尝试捕捉异常。如果那个语句不在一个 try 块中，或者异常没有被捕捉，那么继续进行栈展开。事实上，正是因为存在这个机制，所以不应该在每个函数中都尝试捕捉异常。[22] 有的时候，让调用链中较早的函数来解决问题更恰当。图 12.4 的程序展示了栈解开。

核心准则

```cpp
// fig12_04.cpp
// Demonstrating stack unwinding.
#include <iostream>
#include <stdexcept>

// function3 throws runtime error
void function3() {
   std::cout << "In function 3\n";

   // no try block, stack unwinding occurs, return control to function2
   throw std::runtime_error{"runtime_error in function3"};
}

// function2 invokes function3
void function2() {
   std::cout << "function3 is called inside function2\n";
   function3(); // stack unwinding occurs, return control to function1
```

图 12.4 演示栈展开

```
18 }
19
20 // function1 invokes function2
21 void function1() {
22    std::cout << "function2 is called inside function1\n";
23    function2(); // stack unwinding occurs, return control to main
24 }
25
26 // demonstrate stack unwinding
27 int main() {
28    // invoke function1
29    try {
30       std::cout << "function1 is called inside main\n";
31       function1(); // call function1 which throws runtime_error
32    }
33    catch (const std::runtime_error& error) { // handle runtime error
34       std::cout << "Exception occurred: " << error.what()
35          << "\nException handled in main\n";
36    }
37 }
```

```
function1 is called inside main
function2 is called inside function1
function3 is called inside function2
In function 3
Exception occurred: runtime_error in function3
Exception handled in main
```

图 12.4 演示栈展开（续）

在 main 中，try 块中的第 31 行调用 function1（第 21 行～第 24 行），后者调用 function2（第 15 行～第 18 行），后者又调用 function3（第 7 行～第 12 行）。function3 的第 11 行抛出一个 runtime_error 对象——这里就是抛出点。从这个点开始，控制流像下面这样继续。

- 没有 try 块包围第 11 行，所以开始栈展开。function3 终止，将控制返回到 function2 的第 17 行。
- 没有 try 块包围第 17 行，所以继续栈展开。function2 终止，将控制返回到 function1 的第 23 行。
- 同样，没有 try 块包围第 23 行，所以继续栈展开。function1 终止，将控制权返回到 main 的第 31 行。
- 第 29 行～第 32 行的 try 块包围了第 31 行，所以 try 块的第一个匹配的 catch 处理程序（第 33 行～第 36 行）捕捉并处理异常，显示一条异常消息。

未捕捉的异常

错误提示

如果在栈展开过程中没有捕捉到异常，C++ 会调用标准库函数 `terminate`，该函数调用 `abort` 来终止程序。为了证明这一点，我们在 fig12_04.cpp 的 `main` 中删除了 `try...catch`，只保留图 12.4 中 `try` 块的第 30 行～第 31 行。修改后的版本 fig12_04modified.cpp 在 fig12_04 示例文件夹中。执行这个修改后的版本时，由于 `main` 中没有捕捉异常，所以会终止。下图是用 GNU C++ 执行该程序时的输出，注意输出中提到 `terminate` 被调用。

```
function1 is called inside main
function2 is called inside function1
function3 is called inside function2
In function 3
terminate called after throwing an instance of 'std::runtime_error'
  what():  runtime_error in function3
Aborted (core dumped)
```

12.6 什么时候使用异常处理

错误提示

异常处理被设计用来处理不经常发生的**同步错误**（synchronous error）。即使你的代码是正确的，语句执行时也有可能发生这种错误。[23]

- 访问暂时不可用的 Web 服务。
- 试图从不存在的文件中读取。
- 试图访问你没有适当权限的文件。
- 动态内存分配失败。

错误提示

异常处理不是为了处理与**异步事件**（asynchronous event）相关的错误而设计的。异步事件与程序的控制流平行发生，并且独立于控制流。例子包括 I/O 完成、网络消息到达、鼠标单击和按键。

复杂的应用程序通常由预定义软件组件（例如标准库类）和使用预定义组件的应用程序组件构成。当预定义组件遇到问题时，它需要将问题传达给应用程序组件——预定义组件无法预知每个应用程序会如何处理一个问题。有的时候，这个问题必须传达给导致异常的函数调用链中处于较靠前位置的一个函数。

核心准则

软件工程

异常处理为问题的处理提供了单一的、统一的技术。这有助于大型项目的程序员理解彼此的错误处理代码。它还使预定义软件组件（例如标准库类）能够将问题传达给应用程序组件。应该从一开始就把自己的异常处理策略纳入系统，[24] 因为在系统实现之后再这样做可能会很困难。

什么时候不使用异常处理

isocpp.org 关于异常的 FAQ 列出了几种应该避免使用异常的情况。[25] 其中包括下面几种。

- 预期可能失败的情况，例如将字符串转换为数值，而这些字符串可能具有不正确的格式。

性能提示

- 对性能有严格要求的应用，它们无法接受抛出异常和栈展开的开销。例如，一些战斗机的实时系统甚至专门有一个 C++ 编码标准规定了禁止使用异常。[26]
- 代码中不应频繁发生的错误，例如访问越界的数组元素、对空指针进行解引用和除以零 [27] 等。有趣的是，C++ 标准专门包含了一个 `out_of_range` 异常类。另外，多个 C++ 标准库类（例如 `array` 和 `vector`）都有抛出 `out_of_range` 异常的成员函数。

性能提示

异常处理会增加程序的可执行文件的大小，[28] 这在内存受限的设备（例如嵌入式系统）中也许是不能接受的。然而，根据 isocpp.org 关于异常处理的 FAQ，“当你不抛出一个异常时，异常处理是非常便宜的。在一些实现中，它不需要花费任何开销。所有开销都是在你抛出异常时产生的——也就是说，正常执行的代码比使用了错误返回码和测试的代码更快。只有在出现错误时，才需要付出代价。”[29] 关于异常处理性能的详细讨论，请参考“Technical Report on C++ Performance”的 5.4 节。[30]

软件工程

有常见错误的函数一般会返回 `nullptr`、`0` 或者其他适当的值（例如 `bool` 值），而不是抛出异常。调用这种函数的程序可以检查返回值，以确定函数调用是成功还是失败。赫伯·萨特（Herb Sutter，ISO C++ 标准委员会召集人和微软 C++/CLI 架构师）指出：“程序 bug 不是可恢复的运行时错误，所以不应该作为异常或错误代码报告”。[31]12.13 节将看到新的“契约”功有助于减少标准库中对异常的需求。它原本计划包含在 C++20 中，现在至少推迟到 C++23。

核心准则

“C++ 核心准则”指出，在代码中果出现过多 `try...catch` 语句，可能意味着进行了太多的低级资源管理。[32] 为了在这样的代码中避免 `try...catch`，建议设计类来使用 RAII（资源获取即初始化，参见第 11 章）。使用 RAII，对象的构造函数获取资源，而它的析构函数释放这些资源。所以，如果一个对象由于任何原因（包括发生异常）而离开了作用域，该对象的资源将被释放。

12.6.1 assert 宏

实现和调试程序时，有时需要在函数的特定位置声明某个条件应该成立。这种条件称为**断言**（assertion）。通过在开发过程中捕捉潜在的错误和识别可能的逻辑错误，断言帮助我们确保程序的有效性。断言是对一个条件的运行时检查；如果代码是正确的，这个条件就应该永远为真。如果条件为假，程序应立即终止，并显示错误消息，包括发生问题的文件名和行号以及失败的条件。可以使用 `<cassert>` 头文件中的 `assert` 宏[33]来实现断言，它具有以下形式：

```
assert( 条件 );
```

断言主要是开发时的一种辅助手段，[34]用于提醒程序员需要修复的编码错误。例如，可以在处理数组的一个函数中使用断言，以确保数组索引大于 `0` 且小于数组长度。一旦完成调试，可以通过在 `<cassert>` 头文件的 `#include` 指令之前添加以下预处理器指令来禁用断言：

```
#define NDEBUG
```

编译器一般会提供一个设置，允许在不修改代码的前提下禁用断言。例如，g++ 提供的命令行选项是 `-DNDEBUG`。

12.6.2 快速失败

核心准则

"C++ 核心准则"建议："如果不能抛出异常，就考虑快速失败"。[35] **快速失败**（fail-fast）是一种开发风格，它不是捕捉异常，处理它，让程序处于以后可能失败的状态，而是立即终止程序。[36]这表面上有些违反直觉。但其背后的思路在于，快速失败实际上可以帮助你在开发过程中更快地发现和修复错误，从而构建更健壮的软件。这样一来，更少的错误会被"漏"到最终的产品中。[37]

12.7 构造函数、析构函数和异常处理

在构造函数和析构函数的上下文中，有一些关于异常的微妙问题。本节将讨论以下问题。

- 为什么构造函数在遇到错误时应抛出异常？
- 如何捕捉发生在构造函数成员初始化器中的异常？
- 为什么析构函数不应抛出异常？

12.7.1 从构造函数抛出异常

软件工程

首先，考虑一个我们已经提到但尚未解决的问题。在构造函数中检测到错误时会发生什么？例如，当一个对象的构造函数收到无效的数据时，应该如何回应？由于构造函数不能返回一个值来表示错误，所以必须以某种方式指出对象没有被正确构造。一个方案是返回没有正确构造的对象，并希望使用它的人能进行适当的测试，

以确定它处于一种不一致的状态。另一个方案是在构造函数外部设置一个变量，例如全局错误变量，但这被认为是糟糕的软件工程。最好的办法是要求构造函数抛出一个包含错误信息的异常。但是，不要从全局对象的构造函数中抛出异常。这样的异常不能捕捉，因为它们是在 main 执行之前构造的。

软件工程

如果在初始化对象时发生问题，构造函数应抛出一个异常。如果构造函数不用智能指针管理动态分配的内存，它应该在抛出异常之前释放内存，以防止内存泄漏。不会调用析构函数来释放资源——尽管已构造好的数据成员的析构函数会被调用。

软件工程

应该总是使用智能指针来管理动态分配的内存。

12.7.2 通过函数 try 块在构造函数中捕获异常

记住，基类初始化器和成员初始化器先于构造函数主体执行。因此，如果想捕捉由这些初始化器抛出的异常，那么不能简单地将构造函数的主体语句包裹在一个 try 块中。相反，必须使用一个函数 try 块，如图 12.5 的程序所示。

```
// fig12_05.cpp
// Demonstrating a function try block.
#include <fmt/format.h>
#include <iostream>
#include <limits>
#include <stdexcept>

// class Integer purposely throws an exception from its constructor
class Integer {
public:
   explicit Integer(int i) : value{i} {
      std::cout << fmt::format("Integer constructor: {}\n", value)
         << "Purposely throwing exception from Integer constructor\n";
      throw std::runtime_error("Integer constructor failed");
   }
private:
   int value{};
};

class ResourceManager {
public:
   ResourceManager(int i) try : myInteger(i) {
      std::cout << "ResourceManager constructor called\n";
   }
```

图 12.5 演示函数 try 块

```
25    catch (const std::runtime_error& ex) {
26       std::cout << fmt::format(
27          "Exception while constructing ResourceManager: ", ex.what())
28          << "\nAutomatically rethrowing the exception\n";
29    }
30 private:
31    Integer myInteger;
32 };
33
34 int main() {
35    try {
36       const ResourceManager resource{7};
37    }
38    catch (const std::runtime_error& ex) {
39       std::cout << fmt::format("Rethrown exception caught in main: {}\n",
40          ex.what());
41    }
42 }
```

```
Integer constructor: 7
Purposely throwing exception from Integer constructor
Exception while constructing ResourceManager: Integer constructor failed
Automatically rethrowing the exception
Rethrown exception caught in main: Integer constructor failed
```

图 12.5 演示函数 try 块（续）

为方便演示函数 try 块，Integer 类（第 9 行～第 18 行）故意从其构造函数抛出一个异常（第 14 行）来模拟“获取资源”失败。ResourceManager 类（第 20 行～第 32 行）包含一个 Integer 类的对象（第 31 行），它将在 ResourceManager 构造函数的成员初始化列表中初始化。

在构造函数中，我们在构造函数的参数列表之后、引入成员初始化列表的冒号(:)之前放一个 try 关键字（第 22 行）来定义函数 try 块。在成员初始化列表后面，是构造函数的主体（第 22 行～第 24 行）。任何发生在成员初始化列表或构造函数主体中的异常都可以由构造函数主体后面的 catch 块来处理——本例是第 25 行～第 29 行的 catch 块。本例的控制流如下。

- main 中的第 36 行创建 ResourceManager 类的一个对象，调用该类的构造函数。
- 构造函数的第 22 行调用 Integer 类的构造函数（第 11 行～第 15 行）来初始化 myInteger 对象，产生前两行输出。第 14 行故意抛出一个异常来演示 ResourceManager 构造函数的 try 块。这会终止 Integer 类的构造函数，并将异常抛回给第 22 行的初始化器，后者在 ResourceManager 构造函数的函数 try 块中。

- 函数 try 块（它还包含了构造函数主体）终止。
- ResourceManager 构造函数的 catch 处理程序在第 25 行～第 29 行捕捉异常并显示接下来的两行输出。
- 构造函数的“函数 try 块”的主要目的是进行初步的异常处理，例如记录异常或者抛出另一个更适合你的代码的异常。由于对象没有构造完全，所以每个跟在函数 try 块后面的 catch 处理程序都必须抛出一个新异常，或者显式或隐式地重新抛出现有异常。[38] 我们的 catch 处理程序没有显式包含 throw 语句，所以它是隐式地重新抛出异常。这就终止了 ResourceManager 构造函数，并将异常抛回 main 中的第 36 行。

软件工程

- 第 36 行在一个 try 块中，所以该块会终止，由第 38 行～第 41 行的 catch 处理程序处理这个异常，显示最后一行输出。

软件工程

函数 try 块也可以使用以下语法和其他函数一起使用：

```
void myFunction() try {
   // 做一些事
}
catch (const ExceptionType& ex) {
   // 处理异常
}
```

但对于普通函数来说，相较于像下面这样将整个 try…catch 序列放在函数主体中，函数 try 块并没有提供任何额外的好处。

```
void myFunction() {
   try {
      // 做一些事
   }
   catch (const ExceptionType& ex) {
      // 异常处理
   }
}
```

12.7.3 异常和析构函数：再论 noexcept(false)

从 C++11 开始，编译器将所有析构函数隐式声明为 noexcept，除非以下两种情况：

- 将析构函数显式声明为 noexcept(false)

- 直接或间接基类的析构函数被声明为 noexcept(false)

软件工程

如果析构函数调用的函数可能抛出异常，那么应该捕捉并处理它们，即使这只是意味着记录异常并以可控的方式终止程序。[39] 在销毁派生类对象时，如果基类的析构函数有可能抛出异常，可以在派生类析构函数上使用一个函数 try 块来确保你有机会捕捉异常。

如果在对象构造期间发生了异常，那么会像下面这样调用析构函数。

- 如果在对象完全构造好之前抛出一个异常，那么会为到目前为止构造好的任何成员对象或基类子对象调用析构函数。
- 如果当异常发生时，一个对象数组已被部分构造，那么只为数组中已构造好的对象调用析构函数。

catch 处理程序开始执行时，会保证已经完成了栈展开。如果由于栈展开而调用的一个析构函数抛出了异常，程序会终止。根据 isocpp.org 的 FAQ，[40] 之所以选择终止，是因为 C++ 不知道是继续处理最开始导致栈展开的异常，还是处理从析构函数抛出的新异常。

12.8 处理 new 的失败

1.4 节展示了用 new 动态分配内存的情况。然后，11.5 节展示了使用 RAII（资源获取即初始化）、类模板 unique_ptr 和函数模板 make_unique 的现代 C++ 内存管理技术。make_unique 在幕后使用了操作符 new。如果 new 不能分配所需的内存，就会抛出一个 bad_alloc 异常（在头文件 <new> 中定义）。

本节通过图 12.6 和图 12.7 展示了两个 new 失败的例子。每个都试图获取大量动态分配的内存。

- 第一个例子演示 new 抛出一个 bad_alloc 异常。
- 第二个例子使用 set_new_handler 函数来指定 new 失败时要调用的函数。这个技术主要用于支持遗留 C++ 代码，那时编译器还不支持抛出 bad_alloc 异常。

软件工程

用 new 表达式创建的对象的构造函数如果抛出异常，为该对象动态分配的内存会被释放。

在持有指向动态分配内存的一个原始指针时不要抛出异常

核心准则

11.5 节证明，无论 unique_ptr 是因为正常的控制流还是因为异常而离开作用域，动态分配的内存都保证会被正确地取消分配（deallocated）。如果通过旧式的原始指针（raw pointer）管理动态分配的内存（就像在遗留 C++ 代码中那样），那么在释放内存之前不要允许发生未捕获的异常。[41] 例如，假设一个函数包含以下一系列语句：

```
int* ptr{new int[100]}; // 获取动态分配的内存
processArray(ptr); // 假定该函数可能抛出异常
delete[] ptr; // 将内存返还给系统
// ...
```

如果 processArray 抛出异常，就会发生内存泄漏——代码将无法到达 delete[] 语句。为了防止这种泄漏，必须在允许异常传回调用者之前捕捉异常并 delete 内存。正如第 11 章讨论的那样，现代 C++ 编程不要再使用原始指针，而是使用 unique_ptr 智能指针来管理内存。

12.8.1 new 在失败时抛出 bad_alloc

图 12.6 演示了 new 在分配内存失败时抛出 bad_alloc。try 块内的 for 语句（第 15 行～第 19 行）遍历名为 items 的 unique_ptr 对象数组，并为每个元素分配包含 500 000 000 个 double 值的一个数组。我们的主要测试电脑配备了 32 GB 内存和 8 TB 磁盘空间，所以不得不分配海量的元素来迫使动态内存分配失败。我们用另一台有 16 GB 内存和 256 GB 磁盘空间的测试机来产生这个程序的输出，也还是要分配 50 亿个 double 来诱发内存分配失败。请根据各自电脑上的实际情况调整。如果 new 在调用 make_unique 的过程中失败，并抛出一个 bad_alloc 异常，那么循环就终止了。程序从第 21 行继续，在这里 catch 处理程序捕捉并处理了异常。第 22 行和第 23 行打印“Exception occurred:”，后面是 what 函数返回的消息。这通常是一条由实现定义的特定的异常消息，例如“bad allocation”或者“std::bad_alloc”。我们的输出结果表明，在 new 失败并抛出 bad_alloc 异常之前，该程序只进行了 10 次循环迭代。你的输出结果可能会因物理内存、虚拟内存大小以及所用的编译器而有所不同。

```
1  // fig12_06.cpp
2  // Demonstrating standard new throwing bad_alloc when memory
3  // cannot be allocated.
4  #include <array>
5  #include <fmt/format.h>
6  #include <iostream>
7  #include <memory>
8  #include <new> // bad_alloc class is defined here
9
10 int main() {
```

图 12.6 new 在失败时抛出 bad_alloc

```
    std::array<std::unique_ptr<double[]>, 1000> items{};

    // aim each unique_ptr at a big block of memory
    try {
       for (int i{0}; auto& item : items) {
          item = std::make_unique<double[]>(500'000'000);
          std::cout << fmt::format(
             "items[{}] points to 500,000,000 doubles\n", i++);
       }
    }
    catch (const std::bad_alloc& memoryAllocationException) {
       std::cerr << fmt::format("Exception occurred: {}\n",
          memoryAllocationException.what());
    }
}
```

```
items[0] points to 500,000,000 doubles
items[1] points to 500,000,000 doubles
items[2] points to 500,000,000 doubles
items[3] points to 500,000,000 doubles
items[4] points to 500,000,000 doubles
items[5] points to 500,000,000 doubles
items[6] points to 500,000,000 doubles
items[7] points to 500,000,000 doubles
items[8] points to 500,000,000 doubles
items[9] points to 500,000,000 doubles
Exception occurred: bad allocation
```

图 12.6 new 在失败时抛出 bad_alloc（续）

12.8.2 new 在失败时返回 nullptr

软件工程

应该使用 new 在失败时抛出 bad_alloc 异常那个版本。然而，C++ 标准规定你也可以使用一个较早的 new 版本，它在失败时返回 nullptr。为此，头文件 <new> 定义了 std::nothrow 对象（类型为 nothrow_t），其使用方法如下所示：

```
std::unique_ptr<double[]> ptr{
   new(std::nothrow) double[500'000'000]};
```

这里就不能使用 make_unique 了，因为它使用的是默认版本的 new。

12.8.3 使用 set_new_handler 函数处理 new 的失败

在遗留 C++ 代码中，你可能遇到过另一个用于处理 new 操作失败的特性，即

set_new_handler 函数（头文件 <new>）。这个函数获取的实参是一个指向无参且返回 void 的函数的指针，或者是一个无参并返回 void 的 lambda。

如果 new 失败，就会调用指定函数或 lambda（称为 new 处理程序）。一旦 set_new_handler 在程序中注册了一个 new 处理程序，操作符 new 就不会在失败时抛出 bad_alloc。相反，它将错误处理委托给 new 处理程序。

new 处理程序应执行以下任务之一。

- 通过删除其他动态分配的内存或告诉用户关闭其他应用程序来使更多的内存可用，然后再尝试分配内存。
- 抛出一个 bad_alloc 类型的异常（或 bad_alloc 的派生类）。
- 调用函数 abort 或 exit（都在头文件 <cstdlib> 中）来终止程序。abort 函数可以立即终止程序，而 exit 函数在终止程序之前会执行全局对象和局部静态对象的销毁程序。当这些函数被调用时，非静态的局部对象不会被销毁。

图 12.7 的程序演示了 set_new_handler（第 21 行）。customNewHandler 函数（第 11 行～第 14 行）打印一条错误消息（第 12 行），然后调用 exit（第 13 行）来终止程序。常量 EXIT_FAILURE 是在头文件 <cstdlib> 中定义的。输出结果表明，在 new 失败并调用函数 customNewHandler 之前，循环总共迭代了 9 次。输出结果可能会因不同编译器和系统为虚拟内存配置的物理内存和磁盘空间而有所区别。

```
1  // fig12_07.cpp
2  // Demonstrating set_new_handler.
3  #include <array>
4  #include <cstdlib>
5  #include <fmt/format.h>
6  #include <iostream>
7  #include <memory>
8  #include <new> // set_new_handler is defined here
9
10 // handle memory allocation failure
11 void customNewHandler() {
12    std::cerr << "customNewHandler was called\n";
13    std::exit(EXIT_FAILURE);
14 }
15
16 int main() {
17    std::array<std::unique_ptr<double[]>, 1000> items{};
18
```

图 12.7 set_new_handler 指定了在 new 失败时调用的函数

```
      // specify that customNewHandler should be called on
      // memory allocation failure
      std::set_new_handler(customNewHandler);

      // aim each unique_ptr at a big block of memory
      for (int i{0}; auto& item : items) {
         item = std::make_unique<double[]>(500'000'000);
         std::cout << fmt::format(
            "items[{}] points to 500,000,000 doubles\n", i++);
      }
   }
```

```
items[0] points to 500,000,000 doubles
items[1] points to 500,000,000 doubles
items[2] points to 500,000,000 doubles
items[3] points to 500,000,000 doubles
items[4] points to 500,000,000 doubles
items[5] points to 500,000,000 doubles
items[6] points to 500,000,000 doubles
items[7] points to 500,000,000 doubles
items[8] points to 500,000,000 doubles
customNewHandler was called
```

图 12.7　set_new_handler 指定了在 new 失败时调用的函数（续）

12.9 标准库异常层次结构

异常很好分类。C++ 标准库包含异常类的一个层次结构，下图展示了其中一部分。

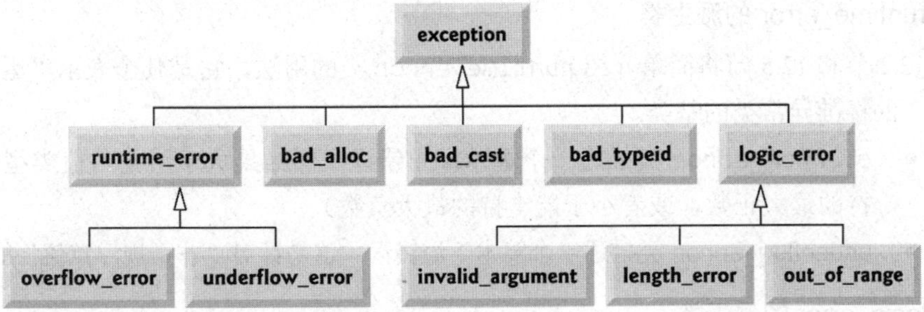

要获取 C++ 标准库异常类型的一个完整列表（包括新的 C++20 异常类型 nonexistent_local_time、ambiguous_local_time 和 format_error），请访问 https://zh.cppreference.com/w/cpp/error/exception。

我们构建的程序可以抛出以下类型的异常：

- 标准异常
- 从标准异常派生的异常
- 不从标准异常派生的自定义异常
- 非类类型的实例，比如基本类型的值和指针

核心准则 软件工程

异常类层次结构是创建自定义异常类型的一个好的起点。事实上，根据“C++ 核心准则”的建议，最好不要抛出图中展示的那些类型的异常，而是创建应用程序特有的派生类异常类型。这种自定义类型能比常规命名的异常类型（如 runtime_error）传达更多的含义。

基类 exception

核心准则

标准库异常层次始于基类 exception（在头文件 <exception> 中定义）。该类包含虚函数 what，派生类可以重写它来提供适当的错误消息。如果一个 catch 处理程序指定了对基类 exception 类型的引用，它就可以捕捉从该基类 public 派生的所有异常类的对象。[42]

exception 的派生类

exception 的直接派生类包括 runtime_error 和 logic_error（都在头文件 <stdexcept> 中定义），每个都有几个派生类。同样，从 exception 派生的还有由 C++ 操作符抛出的异常。

- bad_alloc 由 new 操作符抛出（第 12.8 节）。
- bad_cast 由 dynamic_cast 操作符抛出（网上第 20 章英文版）。
- bad_typeid 由 typeid 操作符抛出（网上第 20 章英文版）。

runtime_error 的派生类

12.2 节和 12.5 节将简单介绍 runtime_error 类的用法，它是几个表示“运行时错误”的标准异常类的基类。

- overflow_error 类描述一个算术溢出错误（即结果大于给定数值类型能支持的最大正数，或者小于能支持的最大负数）。
- underflow_error 类描述一个算术下溢错误。这是针对“非正规浮点值”的。[43]

logic_error 的派生类

logic_error 是表示程序逻辑错误的几个标准异常类的基类。

- 我们在赋值函数中使用 invalid_argument 类（从第 9 章开始）来指出试图设置一个无效的值。当然，通过适当的编码，可以防止无效实参进入函数。

- `length_error` 类指出所操作的对象的长度超出了允许值。
- `out_of_range` 类表示一个值（例如数组下标）超出允许的范围。

捕捉因继承而相关的异常类型

软件工程

通过为异常使用继承，异常处理程序能通过简洁的表示法来捕捉相关的错误。

错误提示

- 一个办法是单独捕捉每种派生类的异常类型。这很容易出错，因为你可能忘记显式测试一个或多个派生类类型。
- 一个更简洁的办法是捕捉对基类异常对象的引用。

如果将基类 `catch` 处理程序放在捕获它的某个派生类的 `catch` 处理程序之前，那么属于一种逻辑错误——编译器会为此发出警告。基类 `catch` 处理程序匹配所有从基类 `public` 派生的类的对象，所以派生类的 `catch` 处理程序永远得不到执行。[44]

捕捉所有异常

软件工程

C++ 异常不一定要从 `exception` 类派生，所以捕捉 `exception` 类型并不能保证捕捉到程序可能遇到的所有异常。可以使用 `catch(...)` 捕捉在一个 `try` 块中抛出的所有异常类型。但这种方法存在下面这些缺点。

错误提示

- 被捕捉的异常类型未知。
- 另外，由于没有具名参数，所以不能在异常处理程序中引用异常对象。

软件工程

`catch(...)` 处理程序主要用于执行不依赖于异常类型的恢复操作，例如释放公共资源。异常可以重新抛出，以提醒外层的包围 `catch` 处理程序。

12.10 C++ 的 finally 块替代方案：资源获取即初始化 (RAII)

在 C++ 之后创建的几种编程语言中（例如 Java、C# 和 Python），`try` 语句支持一个可选的 `finally` 块，它保证执行，无论相应的 `try` 块是成功完成还是因异常而终止。`finally` 块放在 `try` 块的最后一个异常处理程序之后。如果没有异常处理程序，则紧接在 `try` 块之后（这些语言允许没有 `catch` 处理程序，但 C++ 不允许）。这使其他语言中的 `finally` 块成为保证资源取消分配以防止资源泄漏的一种良好机制。

其他语言的程序员可能会想，为什么 C++ 的 `try` 语句一直没有添加 `finally` 块呢？在 C++ 中，由于 RAII（资源获取即初始化）、智能指针和析构函数的存在，所以用不着 `finally` 块。如果基于 RAII 策略来设计自己的类，类的对象会在对象构造过程中获得它们的资源，并在对象销毁过程中取消分配这些资源。

多年以后，Java、C# 和 Python 也加入了类似的特性。

- Java 有 try-with-resources 语句。

- C# 有 using 语句。
- Python 有 with 语句。

当程序控制进入这些语句时，每个语句都会创建获取资源的对象，然后可以在语句的主体中使用这些资源。一旦这些语句终止（无论成功结束还是因为异常），它们都会自动取消分配资源。

12.11 一些库同时支持异常和错误码

异常的使用并不普遍。2018 年 ISO 全球 C++ 开发者调查显示，在 52% 的项目中，异常是被部分或完全禁止的。[45]

- Google C++ 样式指南 [46] 指出，Google 不使用异常。
- Joint Strike Fighter Air Vehicle（JSF AV）C++ 编码标准 [47] 明确禁止使用 try、catch 和 throw。

如果组织禁用异常，那么同时也会禁用可能抛出异常的函数的库，例如 C++ 标准库。

不许用异常的项目存在多种弊端。在禁止了异常的项目中，程序员遇到的部分问题如下：[48]

- 与使用了异常的类库的互操作性问题
- 处理错误情况所需的代码量
- 如何解决对象构造过程中的错误
- 重载赋值操作符的问题
- 错误处理控制流的困难
- 逻辑和错误处理的混杂使代码混乱
- 资源分配和取消分配的问题
- 代码的效率

为了使程序员能灵活选择是否使用异常，一些库支持双接口，每个函数有两个版本：

- 一个在遇到问题时抛出异常
- 另一个在遇到问题时设置或返回错误码

以 C++17 <filesystem> 库中的函数为例。[49] 可利用这些函数在 C++ 应用程序中操作文件和文件夹。这个库的每个函数都有两个版本，一个抛出 filesystem_error 异常，另一个为 error_code 参数设置一个值，该参数以“传引用”的方式传给函数。

12.12 日志记录

在处理异常时，一个常见的任务是将发生异常的位置记录到人看得懂的文本文件中，以便开发人员将来进行分析，从而达到调试之目的。可以在开发期间使用记录功能，以帮助定位和解决问题。也可以在应用程序发布后使用——如果应用程序发生崩溃，它可以写入一个日志文件，然后由用户把它发送给开发人员。

C++ 标准库没有内置日志记录功能，但可以使用 C++ 的文件处理功能创建自己的日志机制。另外，还有许多开源的 C++ 日志库可供选择：

- Boost.Log——https://www.boost.org/doc/libs/1_75_0/libs/log/doc/html/
- Easylogging++——https://github.com/amrayn/easyloggingpp
- Google Logging Library (glog)——https://github.com/google/glog
- Loguru——https://github.com/emilk/loguru
- Plog——https://github.com/SergiusTheBest/plog
- spdlog——https://github.com/gabime/spdlog

其中一些是单文件库，可以直接包含到你的项目中。其他则需要安装。

12.13 展望“契约”

为了强化程序的错误处理架构，可以分别用前置条件和后置条件来指定函数执行前后的预期状态。本节将对这两种条件进行定义，展示前置条件的示例代码[50]，并解释违反契约时会发生什么。

- 函数被调用时，其**前置条件**（precondition）[51] 必须为真。前置条件描述了对函数参数的约束以及函数在开始执行之前的其他任何期望。如果前置条件没有得到满足，那么函数的行为就是未定义的。换言之，它可能抛出异常，以非法的值继续执行，或者试图从错误中恢复。如果允许具有未定义行为的代码继续执行，其结果可能无法预测，而且不能跨平台移植。每个函数都可以设置多个前置条件。
- **后置条件**（postcondition）[52] 在函数成功返回后为真。后置条件描述了对返回值的保证或者函数可能产生的副作用。定义函数时，你应该说明所有后置条件，这样别人就知道在调用你的函数时应该期待什么。你还应确保函数在满足其前置条件的情况下履行其后置条件。每个函数都可以设置多个后置条件。

违反前置和后置条件

今天，违反前置条件和后置条件的情况往往通过抛出异常来处理。以 array 和 vector 的 at 函数为例，它接收一个容器索引。对于前置条件，at 要求其索引实参大于或等于 0，并且小于容器大小。如果满足前置条件，at 的后置条件指出，该函数将返回该索引所在的数据项。如果不满足前置条件，at 会抛出一个 out_of_range 范围的异常。作为 array 或 vector 的客户，我们相信 at 函数只要满足了它的前置条件，就一定满足后置条件。

前置和后置条件都是断言，所以可以在程序控制进入或退出函数时使用 assert 预处理器宏（12.6.1 节）实现它们。C++ 的许多预处理器宏都已弃用。但是，在契约成为C++的一部分之前，你将继续使用assert宏或自定义C++代码来表达前置条件、断言和后置条件。

不变式

不变式（invariant）是在代码中应该永远为真的条件——也就是说，一个永远不变的条件。对于类的每个对象来说，类的不变式必须为真。它们通常与对象的生命期联系在一起。类的不变式从类的对象被构造出来开始，一直到它销毁，将始终为真。示例如下。

- 9.6 节的 Account 类要求它的 m_balance 数据成员始终非负。
- 9.7 节的 Time 类要求它的 m_hour 数据成员始终有一个 0 ～ 23 的值，而它的 m_minute 和 m_second 成员始终有一个 0 ～ 59 的值。

这些不变式确保类的对象在其整个生命期内始终保持有效的状态信息。

函数也可以包含不变式。例如，对于一个在 vector<int> 中查找指定值的函数，它的不变式是：如果该值在 vector 中，其索引必须大于或等于 0，并且小于 vector 的大小。

契约式设计

契约式设计（Design by Contract，DbC）[53, 54, 55] 是伯特南·梅耶（Bertrand Meyer）在 20 世纪 80 年代创建的一种软件设计方法，用于设计他的 Eiffel 编程语言。采用这种方法之后，函数希望客户端代码满足该函数的前置条件。如果前置条件为真，函数保证其后置条件为真。任何不变式都得以维持。

2012 年首次提议在 C++ 标准中增加对基于契约的编程（通常简称“契约”）的支持，该提议随后被否。[56] 另一个提案最终被接受纳入 C++20，但在 C++20 开发周期的后期，由于“绵延不断的设计分歧和担忧”而被移除。[57] 因此，对契约的支持至少被推迟到了 C++23。

C++ 标准库逐渐转向契约

赫伯·萨特（Herb Sutter）说：“在 Java 和 .NET 中，大约 90% 的异常是因违反前置条件而被抛出的。”他还说：“现在的编程界广泛认识到，编程错误（例如，越界访问、空解引用，以及一般化的所有前置 / 后置 / 断言条件违反）会导致无法以编程方式恢复的损坏状态，因此它们绝不应该作为异常或者代码能以某种方式处理的错误代码报告给调用代码。”[58]

软件工程

之所以要纳入契约，一个关键的思路在于，我们目前通过异常处理的许多错误都可以通过前置条件和后置条件来定位，然后通过对代码进行修正来予以消除。[59]

性能提示

契约的一个目标是使大多数函数都可以设为 except，[60] 这也许能使编译器执行额外的优化。萨特说：“逐渐将违反前置条件的行为从异常转换为契约，最终有望消除标准库抛出的大部分异常。”[61, 62]

契约属性

契约提案 [63] 引入了三个特性，它们具有以下形式：

[[*contractAttribute optionalLevel optionalIdentifier*: *condition*]]

可用这些特性为自己的函数指定前置条件、后置条件和断言。其中，*optionalIdentifier* 是函数在后置条件中使用的一个局部变量，图 12.9 会对此进行演示。这三个契约特性如下：

- `expects`——指定函数的前置条件，在函数主体开始执行之前检查
- `ensures`——指定函数的后置条件，在函数返回之前检查
- `assert`——指定在函数执行过程遇到就要检查的断言

如果指定了多个前置条件和后置条件，它们将按声明顺序检查。

契约等级

有以下三种契约等级：

性能提示

- `default` 指定与函数的典型执行时间相比，契约的运行时开销很小。如果没有指定等级，编译器会假定为 `default`

软件工程

- `audit` 指定与函数的典型执行时间相比，契约具有显著的运行时开销。这样的契约主要在程序开发过程中使用
- `axiom` 指定契约旨在由静态代码检查器来强制，而不是在运行时强制

性能提示

使用这些级别后，你可以选择在运行时强制哪些契约，从而对性能上的开销进行控制。可以选择（也许通过编译器标志）是完全关闭契约，强制低开销的 `default` 契约，还是强制高开销的 `audit` 契约。

指定前置条件、后置条件和断言

前置条件契约（expects）和后置条件契约（ensures）是在函数原型中指定的。你需要在函数签名之后和分号之前列出它们。例如，一个计算 double 值的实数（非虚数）平方根的函数期望其实参大于或等于零。可以用一个 expects 前提条件契约来指定：

```
double squareRoot(double value)
    [[expects: value >= 0.0]];
```

如果函数定义同时也是函数的原型，那么就在函数签名和它的起始左大括号之间列出前置和后置条件契约。

断言作为函数主体中的语句来指定。例如，为了断言一个整数考试成绩（grade）在 0 ～ 100 的范围内，你可以这样写：

```
[[assert: grade >= 0 && grade <= 100]];
```

注意，上述语句中的 assert 不是一个 assert 宏。

抢先体验

GNU C++64 提供了一个抢先体验版（early-access）契约实现[64]，可以通过 Compiler Explorer 网站[65]（https://godbolt.org）进行测试。该网站支持多种编程语言的多种编译器版本。可以选择“x86-64 gcc (contracts)”作为编译器，并使用以下网址描述的编译器选项来编译基于契约的代码：

https://gitlab.com/lock3/gcc-new/-/wikis/contract-assertions

我们提供了一个 godbolt.org 的网址，在那里你可以使用抢先体验版的实现来尝试我们的每个例子。GNU C++ 抢先体验版契约的实现使用不同的关键字来表示前置和后置条件：

- pre 而不是 expects
- post 而不是 ensures

示例：除以零

图 12.8 重新实现了图 12.3 的 quotient 函数。我们在 quotient 函数的原型（第 5 行和第 6 行）中指定了一个 default 等级的前置条件契约，表明 denominator（分母）不能为 0.0。也可以显式指定 default 关键字，如下所示：

```
[[pre default: denominator != 0.0]]
```

这个例子可见 https://godbolt.org/z/jn4MK3o9T。

在 Compiler Explorer 编辑器中键入代码或者加载一个现成的例子时，Compiler Explorer 会自动编译并运行它，或者显示发生的任何编译错误。

```
1  // fig12_08.cpp
2  // quotient function with a contract precondition.
3  #include <iostream>
4
5  double quotient(double numerator, double denominator)
6     [[pre: denominator != 0.0]];
7
8  int main() {
9     std::cout << "quotient(100, 7): " << quotient(100, 7)
10       << "\nquotient(100, 0): " << quotient(100, 0) << '\n';
11 }
12
13 // perform division
14 double quotient(double numerator, double denominator) {
15    return numerator / denominator;
16 }
```

图 12.8 指定了前置条件契约的 quotient 函数

我们将这个例子的编译器选项进行如下预设：

```
-std=c++20 -fcontracts
```

它用 C++20 和实验性契约支持来编译代码。Compiler Explorer 通常显示至少两个标签页：一个代码编辑器和一个编译器。我们的例子还显示了“输出”标签页，这样就可以看到执行程序的结果，编译错误也会在这里显示。编译器标签页的顶部提供了两个下拉列表。一个让你选择编译器，另一个让你查看和编辑编译器选项。也可以单击下箭头来选择常用的编译器选项。

第 9 行的 quotient 调用满足了前置条件并成功执行，产生以下结果：

```
quotient(100, 7): 14.2857
```

然而，第 10 行的 quotient 调用造成一次契约违反。因此，默认的违反处理程序（handle_contract_violation）被隐式调用，显示以下错误消息，然后终止运行程序：

```
default std::handle_contract_violation called:
 ./example.cpp 6 quotient denominator != 0.0 default default 0
```

如果如下更改编译选项：

```
-std=c++20 -fcontracts -fcontract-build-level=off
```

那么会禁用契约检查，允许第 10 行执行，产生以下结果：

```
quotient(100, 0): inf
```

除以零是 C++ 的一种未定义的行为。但是，许多编译器（包括本书使用的三种主流编译器）在这种情况下都会返回正无穷大（`inf`）或负无穷大（`-inf`）。这是 IEEE 754 浮点运算标准规定的行为，被现代编程语言所广泛支持。

契约延续模式

如果违反契约，默认的延续模式是立即终止程序。要想允许程序继续执行，你可以添加以下编译器选项：

```
-fcontract-continuation-mode=on
```

示例：查找函数要求一个有序 vector

图 12.9 的程序定义的 `binarySearch` 函数模板有两个前置条件：`vector` 实参必须包含元素，而且必须排好序。可以在 https://godbolt.org/z/obMsY5Wo4 测试这个例子。

本例在 `main` 之前定义该函数，并将前置条件放在参数列表之后、函数主体之前。

```
// fig12_09.cpp
// binarySearch function with a precondition requiring a sorted vector.
#include <algorithm>
#include <iostream>
#include <vector>

template<typename T>
int binarySearch(const std::vector<T>& items, const T& key)
   [[pre: items.size() > 0]]
   [[pre audit: std::is_sorted(items.begin(), items.end())]] {
   size_t low{0}; // low index of elements to search
   size_t high{items.size() - 1}; // high index
   size_t middle{(low + high + 1) / 2}; // middle element
   int loc{-1}; // key's index; -1 if not found

   do { // loop to search for element
      // if the element is found at the middle
      if (key == items[middle]) {
         loc = middle; // loc is the current middle
      }
```

图 12.9 binarySearch 函数有两个前置条件

```
      else if (key < items[middle]) { // middle is too high
         high = middle - 1; // eliminate the higher half
      }
      else { // middle element is too low
         low = middle + 1; // eliminate the lower half
      }

      middle = (low + high + 1) / 2; // recalculate the middle
   } while ((low <= high) && (loc == -1));

   return loc; // return location of key
}

int main() {
   // sorted vector v1 satisfies binarySearch's sorted vector precondition
   std::vector v1{10, 20, 30, 40, 50, 60, 70, 80, 90};
   int result1{binarySearch(v1, 70)};
   std::cout << "70 was " << (result1 != -1 ? "" : "not ")
      << "found in v1\n";

   // unsorted vector v2 violates binarySearch's sorted vector precondition
   std::vector v2{60, 70, 80, 90, 10, 20, 30, 40, 50};
   int result2{binarySearch(v2, 60)};
   std::cout << "60 was " << (result2 != -1 ? "" : "not ")
      << "found in v2\n";
}
```

图 12.9 binarySearch 函数有两个前置条件（续）

binarySearch 函数模板对 vector 执行二叉查找，这要求 vector 事先排好序，否则结果可能不正确。我们的实现还要求 vector 包含元素。所以，我们声明了以下两个前置条件：

```
[[pre: items.size() > 0]]
[[pre audit: is_sorted(begin(items), end(items))]]
```

第一个前置条件确保 vector 包含元素。第二个调用 C++ 标准库函数 is_sorted（来自头文件 <algorithm>[66]）来检查 vector 是否有序。这可能是一个昂贵的操作。对一个 10 亿元素的有序 vector 进行二叉查找只需进行 30 次比较。但是，判断 vector 是否有序需要进行 999 999 999 次比较。而用一种高效的 $O(n\ kog\ n)$ 排序算法对 10 亿个元素进行排序可能需要进行大约 300 亿次操作。开发者可能希望在开发过程中启用这个测试，而在生产代码中禁用它。出于这个原因，我们将前置条件契约的等级设为 audit。

我们将这个例子的编译器选项进行如下预设：

```
-std=c++2a -fcontracts
```

它同样使用 C++20 和 default 等级的契约支持来编译的代码，所以第 10 行 audit 等级的前置条件契约被忽略了。在 main 中，我们创建两个包含相同数值的整数 vector：v1 有序（第 36 行），v2 无序（第 42 行）使用初始的编译器设置，用于确保 vector 有序的前置条件没有进行测试，所以第 37 行和第 43 行的 binarySearch 调用都成功完成，程序显示以下输出：

```
70 was found in v1
60 was not found in v2
```

由于忽略了 audit 等级的前置条件，所以我们的程序存在一个逻辑错误：第二行输出说在 v2 中没有找到 60。该算法期望 v2 是排好序的，所以它没能找到 60，尽管它确实在 v2 中。为此，需要将编译选项中的契约构建等级改为 audit，即：

```
-std=c++2a -fcontracts -fcontract-build-level=audit
```

这样就可以启用 audit 等级的契约检查。在这种情况下，第 37 行的 binarySearch 调用中的 vector v1 满足第 10 行的前置条件，所以第 38 行和第 39 输出以下消息：

```
70 was found in v1
```

但是，第 43 行的 binarySearch 调用中的 vector v2 造成一次契约违反，所以会输出以下消息：

```
default std::handle_contract_violation called:
 ./example.cpp 10 binarySearch<int> is_sorted(begin(items),
   end(items)) audit
default 0
```

自定义契约违反处理程序

到目前为止的例子使用的都是默认的**契约违反处理程序**（contract violation handler）。发生契约违反时会创建一个 contract_violation 对象，其中包含以下信息：

- 违反位置的行号——由成员函数 line_number 返回
- 源代码文件名——由成员函数 file_name 返回
- 发生违反的函数名——由成员函数 function_name 返回
- 对违反的条件一个说明——由成员函数 comment 返回

- 契约等级——由成员函数 `assertion_level` 返回

`contract_violation` 通过以下形式传递给用于处理契约违反的函数：

```
void handle_contract_violation(const contract_violation& violation) {
    // 处理程序代码
}
```

g++ 的实验性契约实现提供了该函数的一个默认实现。如果你定义了自己的，g++ 就会调用你的版本。

12.14 小结

C++ 用来构建现实世界面向关键任务和关键业务的软件。这些系统往往非常庞大。通过本章的学习，你理解了应该在开发过程中尽量消除 bug，并想好在软件投入生产后如何面对可能发生的问题。

我们讨论了异常在代码中可能以什么方式表现。讨论了如何利用异常处理来编写健壮的、容错的程序，这种程序能捕捉不经常出现的问题，并选择是继续执行，执行适当的清理并得体地终止，还是在出现出乎预料的异常时突然终止。

我们用一个例子来说明异常处理的概念，它展示了当程序成功执行和发生异常时的不同控制流。我们讨论了捕捉异常再重新抛出的用例。我们展示了栈解开技术如何使其他函数能处理在特定作用域内没有捕捉到的异常。

你了解了何时应该使用异常。我们还介绍了可以在代码中提供的各种异常保证，包括不做任何保证，提供基本异常保证，提供强异常保证，以及提供完全不抛出异常的保证。我们解释了为什么在构造过程中要使用异常来指示错误，以及为什么析构函数不应抛出异常。还展示了如何使用“函数 try 块”来捕捉来自构造函数成员初始化列表的异常，或者当派生类对象被销毁时来自基类析构函数的异常。

我们讲到，当动态内存分配失败时，操作符 `new` 会抛出 `bad_alloc` 异常。我们还解释了遗留 C++ 代码如何通过 `set_new_handler` 来处理动态内存分配失败的情况。

我们介绍了 C++ 标准库异常类层次结构，并创建了一个继承自 C++ 标准库异常类的自定义异常类。你理解了通过引用来捕捉异常的重要性，它使异常处理程序能捕捉到通过继承产生联系的、不会发生“切割”（slicing）的异常类型。我们还介绍了如何将异常记录到文件，以便开发人员出于调试目的进行分析。

我们讨论了为什么有的组织不允许使用异常处理。你还看到一些库提供了双接口，以便开发者自由选择函数抛出异常的版本或者设置错误码的版本。

本章最后介绍了“契约”特性，它原本计划在 C++20 中实现，但因为一些原因被推迟到未来的 C++ 版本。我们展示了如何在运行时使用契约来测试前置条件、后置条件和断言。你了解到，这些测试条件在正确的代码中应该始终为真。你还看到，如果这些条件为假，就会发生“契约违反”的情况，这默认会造成代码立即终止。利用这个技术，可以更快地发现错误，在开发过程中消除它们，并创建出更健壮的代码。

第 7 章介绍了标准库类 `array` 和 `vector`。第 13 章将讨论许多额外的 C++ 标准库容器和迭代器。标准库算法使用迭代器来遍历容器并操作其中的元素。

注释

1. Bjarne Stroustrup，“C++ Applications”，October 27, 2020，访问日期 2022 年 1 月 16 日，https://www.stroustrup.com/applications.html。
2. Vincent Lextrait, “The Programming Languages Beacon v16”，March 2016，访问日期 2022 年 1 月 16 日，https://www.mentofacturing.com/vincent/implementations.html。
3. “Codebases: Millions of Lines of Code Infographic”，September 24, 2015，访问日期 2022 年 1 月 16 日，https://www.informationisbeautiful.net/visualizations/million-lines-of-code/。infographic 的数据源还有一个电子表格的版本，具体请访问 http://bit.ly/CodeBasesInfographicData。
4. “The Large Hadron Collider”，访问日期 2022 年 1 月 16 日，https://home.cern/science/accelerators/large-hadron-collider。
5. Anthony Martin，“Vehicle Cybersecurity: Control the Code, Control the Road”，March 18, 2020，访问日期 2022 年 1 月 16 日，https://www.vehicledynamicsinternational.com/features/vehicle-cybersecurity-control-the-code-control-the-road.html。
6. Ferenc Valenta 对“How many lines of code are in a car?”的回答，January 10, 2019，访问日期 2022 年 1 月 16 日，https://www.quora.com/How-many-lines-of-code-are-in-a-car/answer/Ferenc-Valenta。
7. “Jaguar Land Rover Finds the Teenagers Writing the Code for a Self-Driving Future”，April 15, 2019，访问日期 2022 年 1 月 16 日，https://media.jaguarlandrover.com/news/2019/04/jaguar-land-rover-finds-teenagers-writing-code-self-driving-future。
8. Herb Sutter, “De-fragmenting C++: Making Exceptions and RTTI More Affordable and Usable”，September 23, 2021，访问日期 2022 年 1 月 16 日，https://www.youtube.com/watch?v=ARYP83yNAWk。
9. “Technical Report on C++ Performance”，February 15, 2006，访问日期 2022 年 1 月 16 日，http://www.open-std.org/jtc1/sc22/wg21/docs/TR18015.pdf（page 34)。
10. “What Does It Mean That Exceptions Separate the Good Path (or Happy Path) from the Bad Path?”，访问日期 2022 年 1 月 16 日，https://isocpp.org/wiki/faq/exceptions#exceptions-separategood-and-bad-path。
11. Barbara Thompson，“C++ Exception Handling: Try, Catch, Throw Example”，访问日期 2022 年 1 月 16 日，https://www.guru99.com/cpp-exceptions-handling.html。
12. “Technical Report on C++ Performance”，February 15, 2006，访问日期 2022 年 1 月 16 日，http://www.open-std.org/jtc1/sc22/wg21/docs/TR18015.pdf (page 34)。
13. Manoj Piyumal，“Some Useful Facts to Know Before Using C++ Exceptions”，December 5,

2017，访问日期 2022 年 1 月 16 日，https://dzone.com/articles/some-useful-facts-to-know-whenusing-c-exceptions。

14. C++ Core Guidelines，“E.14: Use Purpose-Designed User-Defined Types as Exceptions (not built-in types)”，访问日期 2022 年 1 月 16 日，https://isocpp.github.io/CppCoreGuidelines/CppCoreGuidelines#Re-exception-types。
15. “throw 表达式”，访问日期 2022 年 1 月 16 日，https://zh.cppreference.com/w/cpp/language/throw。
16. C++ Core Guidelines，“E.2: Throw an Exception to Signal That a Function Can't Perform Its Assigned Task”，访问日期 2022 年 1 月 16 日，https://isocpp.github.io/CppCoreGuidelines/CppCoreGuidelines#Re-throw。
17. “Technical Report on C++ Performance”，February 15, 2006，访问日期 2022 年 1 月 16 日，http://www.open-std.org/jtc1/sc22/wg21/docs/TR18015.pdf (page 34)。
18. Klaus Iglberger，“Back to Basics: Exceptions”，October 5, 2020，访问日期 2022 年 1 月 16 日，https://www.youtube.com/watch?v=0ojB8c0xUd8。
19. “异常”，访问日期 2022 年 1 月 16 日，https://zh.cppreference.com/w/cpp/language/exceptions。
20. “std::nested_exception”，访问日期 2022 年 1 月 16 日，https://zh.cppreference.com/w/cpp/error/nested_exception。
21. 译注：unwind 一般翻译成“展开”，但这并不是一个很好的翻译。wind 和 unwind 均源自于生活。把线缠到线圈上称为 wind；从线圈上松开称为 unwind。同样地，调用函数 (方法) 时压入栈帧，称为 wind；函数执行完毕，弹出栈帧，称为 unwind。
22. C++ Core Guidelines，“E.17: Don't Try to Catch Every Exception in Every Function”，访问日期 2022 年 1 月 16 日，https://isocpp.github.io/CppCoreGuidelines/CppCoreGuidelines#Re-not-always。
23. “Modern C++ Best Practices for Exceptions and Error Handling”，August 24, 2020，访问日期 2022 年 1 月 16 日，https://docs.microsoft.com/en-us/cpp/cpp/errors-and-exception-handling-modern-cpp。
24. C++ Core Guidelines，“E.1: Develop an Error-Handling Strategy Early in a Design”，访问日期 2022 年 1 月 16 日，https://isocpp.github.io/CppCoreGuidelines/CppCoreGuidelines#Re-design。
25. “What Shouldn't I Use Exceptions For?”，访问日期 2022 年 1 月 16 日，https://isocpp.org/wiki/faq/exceptions#why-not-exceptions。
26. “Joint Strike Fighter Air Vehicle C++ Coding Standards”，访问日期 2022 年 1 月 16 日，December 2005，https://www.stroustrup.com/JSF-AV-rules.pdf。
27. 我们之前使用“除以零”来演示异常处理控制流。
28. Vishal Chovatiya，“C++ Exception Handling Best Practices: 7 Things To Know”，November 3, 2019，访问日期 2022 年 1 月 16 日，http://www.vishalchovatiya.com/7-best-practices-for-exception-handling-in-cpp-with-example/。
29. “Why Use Exceptions?”，访问日期 2022 年 1 月 16 日，https://isocpp.org/wiki/faq/exceptions#why-exceptions。
30. “Technical Report on C++ Performance”，February 15, 2006，访问日期 2022 年 1 月 16 日，http://www.open-std.org/jtc1/sc22/wg21/docs/TR18015.pdf。
31. Herb Sutter，“Zero-Overhead Deterministic Exceptions: Throwing Values”，August 4, 2019，访问日期 2022 年 1 月 16 日，https://wg21.link/p0709R4。

32. C++ Core Guidelines，“E.18: Minimize the Use of Explicit try/catch”，访问日期 2022 年 1 月 16 日，https://isocpp.github.io/CppCoreGuidelines/CppCoreGuidelines#Re-catch。
33. “assert”，访问日期 2022 年 1 月 16 日，https://zh.cppreference.com/w/cpp/error/assert。
34. “Modern C++ Best Practices For Exceptions and Error Handling”，August 24, 2020，访问日期 2022 年 1 月 16 日，https://docs.microsoft.com/en-us/cpp/cpp/errors-and-exception-handling-modern-cpp。
35. C++ Core Guidelines，“E.26: If You Can’t Throw Exceptions, Consider Failing Fast”，访问日期 2022 年 1 月 16 日，https://isocpp.github.io/CppCoreGuidelines/CppCoreGuidelines#Re-no-throw-crash。
36. 访问日期 2022 年 1 月 16 日，https://en.wikipedia.org/wiki/Fail-fast。
37. Jim Shore，“Fail Fast [Software Debugging]”，*IEEE Software* 21, no. 5 (September/October 2004): 21–25，Edited by Martin Fowler，https://martinfowler.com/ieeeSoftware/failFast.pdf。
38. “函数 try 块”，访问日期 2022 年 1 月 16 日，https://zh.cppreference.com/w/cpp/language/function-try-block。
39. C++ Core Guidelines “C.36: A Destructor Must Not Fail”，访问日期 2022 年 1 月 16 日，https://isocpp.github.io/CppCoreGuidelines/CppCoreGuidelines#Rc-dtor-fail。
40. “How can I handle a destructor that fails?”，访问日期 2022 年 1 月 16 日，https://isocpp.org/wiki/faq/exceptions#dtors-shouldnt-throw。
41. C++ Core Guidelines，“E.13: Never Throw While Being the Direct Owner of an Object”，访问日期 2022 年 1 月 16 日，https://isocpp.github.io/CppCoreGuidelines/CppCoreGuidelines#Re-never-throw。
42. C++ Core Guidelines，“E.15: Catch Exceptions from a Hierarchy By Reference”，访问日期 2022 年 1 月 16 日，https://isocpp.github.io/CppCoreGuidelines/CppCoreGuidelines#Re-exception-ref。
43. 访问日期 2022 年 1 月 16 日，https://en.wikipedia.org/wiki/Subnormal_number。
44. C++ Core Guidelines，“E.31: Properly Order Your catch-Clauses”，访问日期 2022 年 1 月 16 日，https://isocpp.github.io/CppCoreGuidelines/CppCoreGuidelines#Re_catch/。
45. “C++ Developer Survey ‘Lite’: 2018–02”，February 2018，访问日期 2022 年 1 月 16 日，https://isocpp.org/files/papers/CppDevSurvey-2018-02-summary.pdf。
46. “Google C++ Style Guide”，访问日期 2022 年 1 月 16 日，https://google.github.io/styleguide/cppguide.html。
47. “Joint Strike Fighter Air Vehicle C++ Coding Standards”，December 2005，访问日期 2022 年 1 月 16 日，https://www.stroustrup.com/JSF-AV-rules.pdf。
48. Lucian Radu Teodorescu 对“为什么有人建议不要在 C++ 中使用异常处理？这是 C++ 的一种社区文化，还是背后存在一些真正的原因？”的回答，访问日期 2022 年 1 月 16 日，https://tinyurl.com/53mzapzr。
49. “文件系统库”，访问日期 2022 年 1 月 16 日，https://zh.cppreference.com/w/cpp/filesystem。
50. “契约”目前还不是一个标准的 C++ 特性。本节展示的语法将来可能改变。
51. 访问日期 2022 年 1 月 16 日，https://en.wikipedia.org/wiki/Precondition。
52. 访问日期 2022 年 1 月 16 日，https://en.wikipedia.org/wiki/Postcondition。
53. Bertrand Meyer, *Object-Oriented Software Construction*. Prentice Hall, 1988。

54. Bertrand Meyer, *In Touch of Class: Learning to Program Well with Objects and Contracts*, xvii. Springer Berlin AN, 2016。
55. 访问日期 2022 年 1 月 16 日，https://zh.wikipedia.org/zh-hans/ 契约式设计。
56. Nathan Meyers，“What Happened to C++20 Contracts?”，August 5, 2019，访问日期 2022 年 1 月 16 日，https://www.reddit.com/r/cpp/comments/cmk7ek/what_happened_to_c20_contracts/。
57. Herb Sutter，“Trip Report: Summer ISO C++ Standards Meeting (Cologne)”，July 2019，访问日期 2022 年 1 月 16 日，https://herbsutter.com/2019/07/20/trip-report-summer-iso-c-standards-meeting-cologne/。
58. Herb Sutter，“Trip Report: Summer Iso C++ Standards Meeting (Rapperswil)”，July 2018.，访问日期 2022 年 1 月 16 日，https://herbsutter.com/2018/07/。
59. Glennen Carnie，“Contract Killing (in Modern C++)”，September 18, 2019，访问日期 2022 年 1 月 16 日，https://blog.feabhas.com/2019/09/contract-killing-in-modern-c/。
60. Herb Sutter，“Trip report: Summer ISO C++ standards meeting (Rapperswil)”。
61. Herb Sutter，“Trip report: Summer ISO C++ standards meeting (Rapperswil)”。
62. 为了体会 C++ 及其库所抛出的异常数量，我们在 https://isocpp.org/files/papers/N4860.pdf 的 C++ 标准文档最终草案中查找“throws”一词。这个 PDF 有 1800 多页，其中 450 多页涉及语言，1000 多页涉及标准库，其余是附录、参考文献、交叉引用和索引。“throws”出现了 422 次，“throws nothing”出现了 92 次，“throws nothing unless…”出现了 13 次（表示由于栈展开而抛出的异常），而函数抛出异常的情况发生了 329 次。在这 329 次抛出异常的情况下，有许多都可以通过“契约”来避免抛出异常。
63. G. Dos Reis, J. D. Garcia, J. Lakos, A. Meredith, N. Meyers and B. Stroustrup，“Support for Contract Based Programming in C++”，June, 8, 2018，访问日期 2022 年 1 月 16 日，http://www.openstd.org/jtc1/sc22/wg21/docs/papers/2018/p0542r5.html。
64. Clang 的契约实现也有一个抢先体验版，详情请访问 https://github.com/arcosuc3m/clang-contracts。不过，需要自行 build 和安装。
65. 版权所有 ©，2012–2019, Compiler Explorer Authors。保留所有权利。Compiler Explorer 由 Matt Godbolt 开发：https://xania.org/MattGodbolt。
66. C++ 标准库 <algorithm> 头文件包含 200 多个函数，第 14 章要讨论其中许多函数。

第Ⅳ部分

标准库容器、迭代器和算法

第13章

标准库容器和迭代器

学习目标

- 进一步了解 C++ 标准库的可重用容器、迭代器和算法
- 理解容器和 C++20 “范围”之间的关系
- 使用 I/O 流迭代器从标准输入流中读取值，并将值写入标准输出流
- 使用迭代器访问容器元素
- 使用 vector、list 和 deque 序列容器
- 将 ostream_iterator 用于 std::copy 和 std::ranges::copy 算法，用一条语句输出容器元素
- 使用 set、multiset、map 和 multimap 等有序关联式容器。
- 理解有序和无序关联式容器之间的区别
- 使用 stack、queue 和 priority_queue 容器适配器
- 使用 bitset 这种“近似容器”来操作位标志集合

13.1 导读

标准库定义了强大的、基于模板的、可重用的组件，实现了许多常见的数据结构和用于处理这些数据结构的算法。第 5 章和第 6 章简单介绍了模板，本章、第 14 章和第 15 章将要广泛使用它们。本章中介绍的特性在历史上称为**标准模板库**（Standard Template Library，STL）。[1]在 C++ 标准文档中，它们简单地被称为 C++ 标准库的一部分。

容器、迭代器和算法

本章介绍三个关键的标准库组件，分别是容器（模板化数据结构）、迭代器和算法。我们将介绍容器、容器适配器和近似容器。

容器的通用成员函数

每个容器都有相关的一系列成员函数——所有容器均定义了这些函数的一个子集。我们在 `array`（在第 6 章介绍）、`vector`（同样在第 6 章介绍，本章会更深入地讨论）、`list`（13.7 节）和 `deque`（发音是“deck”；13.8 节）的例子中演示了大部分这些通用功能。

迭代器

迭代器用于操作容器元素，具有与指针相似的属性。使用指针作为迭代器，内置数组也能通过标准库算法来操作。我们将看到，当与标准库算法结合时，通过迭代器来操作容器具有良好的表达力，有时能将多行代码精简为一个语句。

算法

标准库算法（将在第 14 章深入讨论）是执行常见数据操作的函数模板，这些操作包括查找、排序、拷贝、转换和比较元素或整个容器。标准库提供了上百种算法。

- 90 个在 `<algorithm>` 头文件的 std 命名空间中，其中 82 个还在 `std::ranges` 命名空间针对 C++20“范围”进行了重载。

- 11 个在 `<numeric>` 头文件的 `std` 命名空间中。
- 14 个在 `<memory>` 头文件的 `std` 命名空间中，全部都在 `std::ranges` 命名空间针对 C++20 “范围” 进行了重载。
- 2 个在 `<cstdlib>` 头文件中。

许多是在 C++11 和 C++20 中添加的，少数几个在 C++17 中添加。要查看完整算法列表及其说明，请访问 https://zh.cppreference.com/w/cpp/algorithm。

大多数算法使用迭代器来访问容器元素。每种算法对可以使用的迭代器的种类有最低要求。我们会看到容器支持特定种类的迭代器，其中一些比另一些更强大。容器支持的迭代器决定了该容器是否能和一种特定的算法一起使用。迭代器封装了用于遍历容器和访问其元素的机制，这使许多算法都能应用于具有明显不同实现的容器。这也使你能自己创建算法来处理多种容器类型的元素。

C++20 “范围”

第 6 章介绍了 C++20 新的“范围”和“视图”特性。范围是可供遍历的元素集合。所以，`array` 和 `vector` 就是范围。我们还使用视图指定了包含一系列操作的管道，这些操作可以操作一个范围中的元素。任何容器只要提供了代表其开始和结束位置的迭代器，就可以被当成是 C++20 的“范围”。本章将使用新的 C++20 标准库算法 `std::ranges::copy` 和旧的 C++ 标准库算法 `std::copy` 来演示如何通过范围来简化代码。第 14 章将使用来自 `std::ranges` 命名空间的更多 C++20 算法来演示范围和视图的其他特性。

自定义模板化数据结构

一些流行的数据结构包括链表、队列、栈和二叉树，如下所述。

- 链表是逻辑上“排成一排”的数据项的集合。在链表的任何位置都可以插入和删除。
- 栈在编译器和操作系统中很重要。插入和删除只在栈的一端进行，即栈顶（top）。
- 队列就是我们日常生活中排队的那个队列。插入在队尾（tail）进行，删除在队头（head）进行。
- 二叉树是非线性的、分级的数据结构，便于以数据进行查找和排序以及消除重复。

每种数据结构都有许多有趣的应用。我们可以用指针把链接对象仔细地编织在一起，但基于指针的代码很复杂，而且容易出错。最轻微的遗漏或疏忽都会导致严重的内存访问违规和内存泄漏，而编译器无法对此进行预警。

核心准则

性能提示

软件工程

为了避免重新发明车轮，应该尽量使用C++标准库现有的容器、迭代器和算法。[2]预打包的容器类提供了大多数应用所需的数据结构。使用标准库中成熟的容器、迭代器和算法有助于减少测试和调试时间。它们是为性能和灵活性而构思和设计的。

13.2 容器简介

标准库容器划分为四大类：[3]

- 序列容器
- 有序关联式容器
- 无序关联式容器
- 容器适配器

我们简单总结了这些容器，本章后续小节会展示了许多实际的例子。

序列容器

序列容器表示线性数据结构，其所有元素在概念上“排成一排”，包括数组、向量和链表，所有这些都是可排序的。5个序列容器，分别如下：

- array（第6章）——固定大小，元素在内存中是连续的。直接访问（也称为随机访问）任何元素
- vector（13.6节）——大小可变，元素在内存中是连续的。在末尾快速插入和删除。直接访问任何元素
- list（13.7节）——大小可变的双链表，可在任何地方快速插入和删除
- deque（第13.8节）——大小可变的双端队列。在头尾快速插入和删除，直接访问任何元素
- forward_list——大小可变的单链表，可在任何地方快速插入和删除

链表容器不支持元素的随机访问。string类支持与序列容器相同的功能，但只能存储字符数据。

关联式容器

关联式容器（associative container）是非线性数据结构（通常实现为二叉树），[4,5]通常可以快速定位元素。这种容器可以存储值的集合或者键值对，其中每个键都有一个关联的值。例如，程序可能需要将雇员ID与Employee对象关联。正如你将看到的，一些关联式容器允许每个键有多个值。关联式容器中的键是不可变的，除非先把它们从容器中移走，否则不能修改。4个有序关联式容器如下：

- multiset（13.9.1节）——快速查找，允许重复
- set（13.9.2节）——快速查找，不允许重复

- multimap (13.9.3 节)——基于键的快速查找，允许重复键。一对多映射
- map (13.9.4 节)——基于键的快速查找，不允许有重复的键。一对一映射

4 个无序关联式容器（基于哈希来实现 [6, 7]）如下：

- unordered_multiset——快速查找，允许重复
- unordered_set——快速查找，不允许重复
- unordered_multimap——一对多映射，允许重复，基于键的快速查找
- unordered_map——一对一映射，不允许重复，基于键的快速查找

容器适配器

标准库实现了 stack、queue 和 priority_queue 作为容器适配器，使程序能以受限的方式查看一个序列容器：

- stack——后入先出（LIFO）数据结构
- queue——先入先出（FIFO）数据结构
- priority_queue——最高优先级的元素总是第一个出队

近似容器

还有一些近似容器类型，其中包括内置数组（第 7 章）、用于维护标志集的 bitset（13.11 节）、string 和用于执行高速数学向量运算的 valarray[8]（不要与 vector 容器混淆）。这些类型之所以被认为是近似容器，是因为它们具有序列和关联式容器的部分但非全部能力。

13.2.1 序列和关联式容器中的通用嵌套类型

下表展示了在每个序列容器和关联式容器类定义中都有的嵌套类型。如本章和第 14 章所述，它们在基于模板的变量声明、函数参数和函数返回值中使用。例如，每个容器中的 value_type 总是代表容器元素的类型。

嵌套类型	说明
allocator_type	用于为容器分配内存的对象的类型，array 容器无此类型。使用分配器（allocator）的容器都提供了一个默认分配器，它对于大多数程序员来说已经足够了。自定义分配器超出了本书的范围
value_type	容器中元素的类型
reference	用于声明容器元素引用的类型
const_reference	用于声明 const 容器元素引用的类型
pointer	用于声明容器元素指针的类型

（续表）

嵌套类型	说明
const_pointer	用于声明 const 容器元素指针的类型
iterator	指向容器元素的迭代器。
const_iterator	指向const容器元素的迭代器。仅用于读取元素和执行const操作。
reverse_iterator	指向容器元素的反向迭代器。从后往前遍历容器。forward_list 无此类型。
const_reverse_iterator	指向容器元素的反向迭代器，仅用于读取元素和执行 const 操作。用于反向遍历容器。forward_list 无此类型
difference_type	该类型用于表示两个迭代器之间的距离（有多少个元素），这两个迭代器指向的是同一个容器中的元素。如果迭代器有一个重载的减（-）操作符，该操作符返回的就是这个类型的值
size_type	用于对容器中的数据项进行计数，并对随机访问序列容器进行索引

13.2.2 通用容器成员和非成员函数

大多数容器都提供了类似的功能。许多操作适用于所有容器，另一些则适用于特定的容器类别。以下一系列表格展示了大多数标准库容器都有的一些功能。在使用任何容器之前，都应该先熟悉它的能力。要获得所有容器成员函数的完整列表，并了解有哪些容器支持这些函数，请参见 cppreference.com 网站的成员函数表。[9] 本章在介绍各种序列容器、关联式容器和容器适配器时，会讲到本节没有列出的几个成员函数。

容器特殊成员函数

下表展示了每个容器都支持的特殊成员函数。除此之外，每个容器类通常还会提供许多重载的构造函数，能以多种方式初始化容器和容器适配器。例如，每个序列容器和关联式容器都可以从一个 initializer_list（初始化列表）进行初始化。

容器的特殊成员函数	说明
默认构造函数	初始化一个空容器
拷贝构造函数	将容器初始化为同类型的现有容器的一个拷贝。
拷贝 operator=	将一个容器的元素拷贝到另一个容器中
移动构造函数	将现有容器的内容移动到一个新的同类型的容器中。旧容器不再包含数据。这避免了拷贝现有容器的每个元素的开销

（续表）

容器的特殊成员函数	说明
移动 operator=	将一个容器的内容移动到另一个同类型的容器中。旧容器不再包含数据。这避免了拷贝现有容器的每个元素的开销
析构函数	销毁容器元素

非成员关系和相等性操作符

大多数容器都支持 <、<=、>、>=、== 和 != 操作符。在 C++17 和更早的版本中，它们被重载为非成员函数。在 C++20 中，<、<=、>、>= 和 != 操作符由编译器使用新的三路比较操作符 <=> 和 == 操作符合成。如 11.7 节所述，C++ 编译器可以使用 <=> 来实现每种关系和相等性比较，它们都用 <=> 进行重写。例如，编译器将 x < y 重写如下：

```
(x <=> y) < 0
```

无序关联式容器不支持<、<=、>和>=。priority_queue 不支持关系和相等性操作符。

返回迭代器的成员函数

下表展示了返回迭代器的容器成员函数。forward_list 容器没有成员函数 rbegin、rend、crbegin 和 crend。

容器的成员函数	说明
begin	返回引用了容器第一个元素的 iterator 或 const_iterator（取决于容器是否为 const）
end	返回引用了容器末尾之后下一个位置的 iterator 或 const_iterator（取决于容器是否为 const）
cbegin（C++11）	返回引用了容器第一个元素的 const_iterator
cend（C++11）	返回引用了容器末尾之后的下一个位置的 const_iterator
rbegin	返回引用了容器最后一个元素的 reverse_iterator 或 const_reverse_iterator（取决于容器是否为 const）
rend	返回引用了容器第一个元素之前那个位置的 reverse_iterator 或 const_reverse_iterator（取决于容器是否为 const）
crbegin（C++11）	返回引用了容器最后一个元素的 const_reverse_iterator
crend（C++11）	返回引用了容器第一个元素之前那个位置的 const_reverse_iterator

其他成员函数

下表列出了各种额外的容器成员函数。如果一个函数不是所有容器都支持，我们会指明哪些容器支持它，哪些不支持它。容器的完整成员函数列表可访问 https://zh.cppreference.com/w/cpp/container。

容器的成员函数	说明
clear	将所有元素从容器中移除。array 不支持
contains（C++20）	如果指定的键存在于容器中，就返回 true；否则返回 false。只支持关联型容器
empty	如果容器是空的，就返回 true；否则返回 false
emplace（C++11）	在容器中的目标位置就地构造一个数据项。如果该位置已经有一个数据项，它将在一个单独的位置构造对象，然后通过移动赋值将其移动到目标位置。array 不支持。forward_list 支持 emplace_after 和 emplace_front，不支持 erase。关联式容器提供了 emplace 和 emplace_hint
erase	从容器中删除一个或多个元素。array 不支持。forward_list 支持 erase_after，不支持 erase
extract（C++17）	关联式容器是包含值的节点的链接数据结构。关联式容器成员函数 extract 从容器中删除一个节点，并返回该容器的 node_type 的一个对象
insert	在容器中插入一个数据项。该函数被重载以支持拷贝和移动语义。array 不支持。forward_list 支持 insert_after，不支持 insert
max_size	返回容器最大元素数
size	返回容器当前元素数。forward_list 不支持
swap	交换两个容器的内容

13.2.3 对容器元素的要求

在使用标准库容器之前，必须确保元素类型支持一组最低限度的功能，示例如下。

- 如果向容器插入数据项需要对象的拷贝，那么对象类型应提供拷贝构造函数和拷贝赋值操作符。
- 如果向容器插入数据项需要移动对象，那么对象类型应提供移动构造函数和移动赋值操作符。我们已在第 11 章讨论了移动语义。
- 有序关联式容器和许多算法都要求元素可比较。所以，对象类型应支持比较。

查看每个容器的文档时（无论通过 C++ 标准文档本身还是 cppreference.com 这样的网站），你会看到各种命名要求，例如 *CopyConstructible*（可拷贝构造）、*MoveAssignable*（可移动构造）或 *EqualityComparable*（可相等比较）。这些有助于你确定自己的类型是否与各种 C++ 标准库容器和算法兼容。命名要求列表及相关说明可访问 https://zh.cppreference.com/w/cpp/named_req。

在 C++20 中，许多命名要求被形式化为“概念”，我们将在第 14 章和第 15 章展开讨论。

13.3 使用迭代器

迭代器（iterator）与指针有许多相似之处。它指向序列容器和关联式容器中的元素，但同时持有对其所操作的特定容器敏感的状态信息。所以，迭代器要针对每种类型的容器来具体实现。操作迭代器所使用的语法在不同容器之间是统一的。例如，向迭代器应用 * 来解引用，以便访问它所引用的元素。向迭代器应用 ++，可使其移至容器的下一个元素。这种操作上的统一是迭代器的一个关键方面，它使标准库算法能通过编译时多态性作用于各种容器类型。

序列容器和关联式容器提供了成员函数 begin 和 end。其中，begin 返回指向容器第一个元素的迭代器。函数 end 返回指向容器末尾后的第一个元素。这是一个不存在的元素，经常用它来判断何时到达容器末尾。例如，在相等或不相等比较中，可以用它来判断一个递增的迭代器是否已到达容器末尾。

13.3.1 使用 istream_iterator 进行输入，使用 ostream_iterator 进行输出

我们将迭代器用于序列（也称为范围）。这些序列可以在容器中，也可以是输入序列或输出序列。图 13.1 的程序演示了以下操作：

- 使用 istream_iterator 从一个标准输入（用于程序输入的数据序列）输入
- 使用 ostream_iterator 向一个标准输出（一个用于程序输出的数据序列）输出

该程序从用户处输入两个整数并显示两者之和。本章以后会讲到，istream_iterator 和 ostream_iterator 可与标准库算法一起使用，以创建强大的语句。例如，在以后的例子中，我们将使用 ostream_iterator 和 copy 算法，用单独一条语句将容器的元素拷贝到标准输出流中。

```cpp
// fig13_01.cpp
// Demonstrating input and output with iterators.
#include <iostream>
#include <iterator> // ostream_iterator and istream_iterator

int main() {
   std::cout << "Enter two integers: ";
```

图 13.1　演示用迭代器进行输入和输出

```
8
9       // create istream_iterator for reading int values from cin
10      std::istream_iterator<int> inputInt{std::cin};
11
12      const int number1{*inputInt}; // read int from standard input
13      ++inputInt; // move iterator to next input value
14      const int number2{*inputInt}; // read int from standard input
15
16      // create ostream_iterator for writing int values to cout
17      std::ostream_iterator<int> outputInt{std::cout};
18
19      std::cout << "The sum is: ";
20      *outputInt = number1 + number2; // output result to cout
21      std::cout << "\n";
22   }
```

```
Enter two integers: 12 25
The sum is: 37
```

图 13.1 演示用迭代器进行输入和输出（续）

istream_iterator

图 13.1 中，第 10 行创建一个 istream_iterator，它能从标准输入对象 cin 中提取（输入）int 值。第 12 行对迭代器 inputInt 进行解引用，以便从 cin 中读取第一个整数，并用该值初始化 number1。应用于 inputInt 的解引用操作符 * 从流中获取值。第 13 行将 inputInt 定位到输入流中的下一个值。第 14 行从 inputInt 中输入下一个 int，并用它初始化 number2。无论前缀还是后缀递增都可以使用。由于性能原因，我们选择使用前缀形式，因为它不会创建一个临时对象。

性能提示

ostream_iterator

第 17 行创建一个 ostream_iterator，它能在标准输出对象 cout 中插入（输出）int 值。第 20 行将 number1 和 number2 之和赋给被解引用的迭代器（*outputInt），从而向 cout 输出一个整数。

13.3.2 迭代器的类别

下表总结了迭代器的类别。每一类都提供了一组特定的功能。本章将说明每个容器支持哪种迭代器类别。第 14 章会讲到，一个算法的最低迭代器要求决定了哪些容器能与该算法一起使用。

迭代类类别	说明
输入	用于从容器中读取一个元素。从容器的开头到末尾，每次只能前移一个元素。输入迭代器只支持 one-pass 算法，即只能用它将一个序列“过”一遍
输出	用于将一个元素写入容器。每次只能前移一个元素。输出迭代器只支持 one-pass 算法。对于本表格后续的迭代器类型，如果它们引用的是非常量数据，就可以用迭代器向容器中写入
正向	不仅具有输入和输出迭代器的能力，还维护了在容器中的位置。这种迭代器支持 multi-pass 算法，即可以用它将一个序列“过”多遍
双向	不仅具有正向迭代器的能力，还增加了从容器末尾向开头移动的能力。双向迭代器支持 multi-pass 算法
随机访问	不仅具有双向迭代器的能力，还增加了直接访问容器中任何元素的能力。换言之，可以向前或向后跳过任意数量的元素。这种迭代器支持关系操作符
连续	一种随机访问迭代器，要求元素存储在连续的内存位置。这类迭代器在 C++17 中引入，在 C++20 中正式化

13.3.3 容器对迭代器的支持

每个容器所支持的迭代器类别决定了该容器是否能与特定算法一起使用。支持随机访问迭代器的容器可与所有标准库算法一起使用。指向内置数组的指针可作为迭代器使用。下表展示了每个容器所支持的迭代器类别。序列容器、关联式容器、`string` 和内置数组都可以用迭代器进行遍历。

容器	迭代器类别	容器	迭代器类别
序列容器		无序关联式容器	
vector	连续	unordered_set	正向
array	连续	unordered_multiset	正向
deque	随机访问	unordered_map	正向
list	双向	unordered_multimap	正向
forward_list	正向		
有序关联式容器		容器适配器	
set	双向	stack	无
multiset	双向	queue	无
map	双向	priority_queue	无
multimap	双向		

13.3.4 预定义迭代器类型名称

下表展示了标准库容器类定义中的预定义迭代器类型名称。并非每个容器都定义了所有这些名称。const 迭代器用来遍历不应修改（写入）的容器。反向（reverse）迭代器则以相反方向遍历容器。

预定义迭代器类型名称	++ 方向	作用
iterator	正向	读取 / 写入
const_iterator	正向	读取
reverse_iterator	反向	读取 / 写入
const_reverse_iterator	反向	读取

对 const_iterator 进行的操作会返回 const 引用，以防止修改容器元素。在适当的地方使用 const_iterator 是最小权限原则的又一个例子。

13.3.5 迭代器操作符

下表展示了每种迭代器类型支持的操作符。除了“所有迭代器”都支持的操作符外，迭代器还必须提供默认构造函数（正向和以上的迭代器）、拷贝构造函数和拷贝赋值操作符。“正向迭代器”支持 ++ 和所有输入 / 输出迭代器支持的操作。“双向迭代器”在此基础上还支持 -- 操作。“随机访问迭代器”和“连续迭代器”支持表中展示的所有操作。如果是“输入迭代器”和“输出迭代器”，那么不允许先保存迭代器，再在以后使用保存的值。

迭代器操作	说明
所有迭代器	
++p	迭代器前递增
p++	迭代器后递增
p = p1	将一个迭代器赋给另一个
输入迭代器	
*p	将迭代器解引用为一个 const 左值
p->m	通过迭代器读取元素 m
p == p1	比较迭代器的相等性
p != p1	比较迭代器的不相等性

（续表）

迭代器操作	说明
输出迭代器	
*p	将迭代器解引用为 const 左值
p = p1	将一个迭代器赋给另一个
正向迭代器	正向迭代器支持输入和输出迭代器支持的所有操作
双向迭代器	
--p	迭代器前递减
p--	迭代器后递减
随机访问迭代器	
p += i	迭代器 p 递增 i 个位置
p -= i	迭代器 p 递减 i 个位置
p + i 或 i + p	返回一个迭代器，它定位到 p 递增 i 个位置后的位置
p - i	返回一个迭代器，它定位到 p 递减 i 个位置后的位置
p - p1	返回一个整数，代表同一个容器的两个元素之间的距离（相隔的元素数）
p[i]	返回从 p 开始偏移 i 个位置的那个元素的引用
p < p1	如果迭代器 p 小于迭代器 p1（即 p 在 p1 之前），就返回 true；否则返回 false
p <= p1	如果迭代器 p 小于或等于迭代器 p1（即 p 在 p1 之前，或者在与 p1 相同的位置），就返回 true；否则返回 false
p > p1	如果迭代器 p 大于迭代器 p1（即 p 在 p1 之后），就返回 true；否则返回 false
p >= p1	如果迭代器 p 大于或等于迭代器 p1（即 p 在 p1 之后，或者在与 p1 相同的位置），就返回 true；否则返回 false

13.4 算法简介

标准库提供了几十种**算法**（algorithm），可用它们操作各种各样的容器。部分或全部序列及关联式容器都支持插入、删除、查找、排序以及其他算法。这些算法其实只是通过迭代器间接操作容器元素。许多算法能对元素的一个序列进行操作，该序列由指向序列的第一个元素和最后一个元素之后的那个元素的迭代器定义，这称为 half-open 范围。现在，许多算法都支持 C++20“范围”。还可以创建自己的新算法，以类似的方式工作，这样它们就可以与标准库容器和迭代器一起使用。本章许多例子都会使用 copy 算法将容器的内容拷贝到标准输出。第 14 章会讨论许多标准库算法。

13.5 序列容器

C++ 标准库提供了 5 个序列容器，分别是 array、vector、deque、list 和 forward_list。array、vector 和 deque 容器通常基于内置数组。list 和 forward_list 容器实现了链表数据结构。我们已在第 6 章全面讨论和使用了 array，这里不再详述。第 6 章还介绍了 vector，但这里要讨论它的更多细节。

性能和对合适容器的选择

性能提示

13.2.2 节介绍了大多数标准库容器通用的操作。除了这些操作之外，每个容器通常还提供其他多种功能。许多都是几个容器共有的，但效率不一定一样。“C++ 核心准则”指出，vector 对于大多数应用程序来说都令人满意。[10] 但是，你应该对自己的应用程序进行分析（profile），以确定所选的容器最适合你的用例和性能要求。

核心准则

性能提示

在 vector 末尾插入非常高效。如有必要，vector 会扩容以容纳新数据项。在 vector 中间插入（或删除）一个元素则非常昂贵。插入（或删除）点之后的每一项都必须移动，因为 vector 元素在内存中占用的是连续的存储单元。

性能提示

对于需要在容器两端频繁插入和删除的应用，可以考虑使用 deque 而不是 vector。deque 类对于在队头进行的插入和删除是 $O(1)$，[11] 这使它比 vector 更高效，vector 对于这些操作是 $O(n)$。[12] 如果还不熟悉这里使用的 Big O 符号，请参考 13.12 节的简介。

性能提示

在容器的中间和 / 或两端频繁插入和删除的应用有时会使用 list，因为针对在数据结构任意位置的插入和删除操作，它的实现更高效。

13.6 vector 序列容器

6.15 节介绍的 vector 容器是一种具有连续内存位置的动态数据结构。它用重载的下标操作符 [] 提供快速索引访问，感觉就像是一个内置数组或 array 对象。选择 vector 容器是为了在一个可增长的容器中获得最好的随机访问性能。超出一个 vector 的容量时，它会执行以下操作：

- 分配（allocate）一个更大的内置数组
- 拷贝或移动（取决于元素类型支持什么）原来的元素到新的内置数组
- 取消分配（deallocate）旧的内置数组

13.6.1 使用 vector 和迭代器

图 13.2 演示了 vector 的几个成员函数，其中许多函数是所有序列容器和关联式容器都支持的。本例在向一个 vector<int> 添加数据项的过程中，会调用 showResult 函数（第 9 行～第 12 行）来显示添加的新值以及 vector 的以下信息：

- 大小（size）——它目前存储的元素数量
- 容量（capacity）——在需要动态调整自身大小以容纳更多元素之前，它最多能够存储的元素数量

```
1  // fig13_02.cpp
2  // Standard library vector class template.
3  #include <fmt/format.h> // C++20: This will be #include <format>
4  #include <iostream>
5  #include <ranges>
6  #include <vector> // vector class-template definition
7
8  // display value appended to vector and updated vector size and capacity
9  void showResult(int value, size_t size, size_t capacity) {
10    std::cout << fmt::format("appended: {}; size: {}; capacity: {}\n",
11                value, size, capacity);
12 }
13
```

图 13.2 标准库 vector 类模板

创建 vector 并显示其初始大小和容量

第 15 行定义名为 integers 的 vector<int> 对象。vector 的默认构造函数创建了一个空 vector，其大小和容量被设为 0。所以，向该 vector 添加元素时，它将不得不分配内存。第 17 行和第 18 行显示大小和容量。size 函数返回当前存储在容器中的元素数量。[13]capacity 函数返回 vector 的当前容量。

```
14 int main() {
15    std::vector<int> integers{}; // create vector of ints
16
17    std::cout << "Size of integers: " << integers.size()
18       << "\nCapacity of integers: " << integers.capacity() << "\n\n";
19
```

```
Size of integers: 0
Capacity of integers: 0
```

push_back 函数

第 21 行～第 24 行调用 push_back 每次向 vector 追加一个元素。每次循环迭代都会调用 showResult 来显示添加的数据项以及 vector 的最新大小和容量。除了 array 和 forward_list，其他所有序列容器都支持 push_back（和 push_front）。添加一个新元素时，如果 vector 的大小已经等于它的容量，vector 就会增加它的容量以容纳更多的元素。

```
20       // append 1-10 to integers and display updated size and capacity
21       for (int i : std::views::iota(1, 11)) {
22          integers.push_back(i); // push_back is in vector, deque and list
23          showResult(i, integers.size(), integers.capacity());
24       }
25
```

```
appended: 1; size: 1; capacity: 1
appended: 2; size: 2; capacity: 2
appended: 3; size: 3; capacity: 3
appended: 4; size: 4; capacity: 4
appended: 5; size: 5; capacity: 6
appended: 6; size: 6; capacity: 6
appended: 7; size: 7; capacity: 9
appended: 8; size: 8; capacity: 9
appended: 9; size: 9; capacity: 9
appended: 10; size: 10; capacity: 13
```

修改 vector 后更新大小和容量

性能提示

C++ 标准并没有规定 vector 具体如何扩充容量来容纳更多的元素——这是一个耗时的操作。一些实现将 vector 的容量扩充到原来的一倍。其他则扩充 1.5 倍，如上述 Visual C++ 的输出所示。当大小和容量都是 4 时，这会变得非常明显。

- 当我们追加 5 时，vector 的容量从 4 增大到 6，大小变成 5，为一个额外的元素留出空间。
- 当我们追加 6 时，容量仍为 6，大小变成 6。
- 当我们追加 7 时，vector 的容量从 6 增大到 9，大小变成 7，为两个额外的元素留出空间。
- 当我们追加 8 时，容量仍为 9，大小变成 8。
- 当我们追加 9 时，容量仍为 9，大小变成 9。
- 当我们追加 10 时，vector 的容量从 9 增大到 13（9 的 1.5 倍，四舍五入到最接近的整数），大小变成 10。这样在 vector 需要分配更多空间之前，还有三个元素的空间。

g++ 的 vector 扩容方式

C++ 库的实现者使用各种方案来最小化 vector 容量调整的开销，所以这个程序的输出可能根据你的编译器的 vector 的扩容方式而有所不同。例如，GNU g++ 在需要更多空间时将 vector 的容量增大到原来的一倍，产生以下输出：

```
appended: 1; size: 1; capacity: 1
appended: 2; size: 2; capacity: 2
appended: 3; size: 3; capacity: 4
appended: 4; size: 4; capacity: 4
appended: 5; size: 5; capacity: 8
appended: 6; size: 6; capacity: 8
appended: 7; size: 7; capacity: 8
appended: 8; size: 8; capacity: 8
appended: 9; size: 9; capacity: 16
appended: 10; size: 10; capacity: 16
```

调整 vector 大小时的其他考虑

性能提示

一些程序员喜欢分配一个大的初始容量。如果 vector 存储的元素不多，这个做法就可能浪费空间。但是，如果程序向 vector 添加许多元素，同时不必为容纳这些元素而重新分配内存，这个做法就能显著改善性能。这是一种典型的空间 - 时间权衡。库的实现者必须在占用的内存容量和执行各种 vector 操作所需的时间之间取得一个平稳。

性能提示

需要更多空间时，将 vector 的大小增加一倍可能是一种浪费。例如，在需要空间时将分配的内存翻倍的 vector 实现中，对于一个包含 1 000 000 个元素的满载 vector，即使只需要再新增一个元素，也需要调整容量以容纳 2 000 000 个元素。这就留下了 999 999 个未使用的元素位置。可以使用成员函数 reserve 来更好地控制空间的使用。

用迭代器输出 vector 内容

第 28 行～第 31 行输出 vector 的内容。第 28 行使用 vector 成员函数 cbegin 来初始化控制变量 constIterator，它返回指向 vector 第一个元素的一个 const_iterator。我们用 auto 推断控制变量的类型如下：

```
vector<int>::const_iterator
```

这简化了代码，并减少了处理更复杂的类型时的错误。

```
26      std::cout << "\nOutput integers using iterators: ";
27
28      for (auto constIterator{integers.cbegin()};
```

```
29          constIterator != integers.cend(); ++constIterator) {
30          std::cout << *constIterator << ' ';
31      }
32
```

```
Output integers using iterators: 1 2 3 4 5 6 7 8 9 10
```

错误提示

只要 constIterator 没有到达 vector 末尾，循环就会继续。这是通过比较 constIterator 和调用 vector 成员函数 cend 的结果来判断的。当 constIterator 等于这个值时，循环就结束了。试图对位于容器外部的迭代器进行解引用是一个逻辑错误。由 end 或 cend 返回的迭代器不能进行解引用，也不能递增。

第 30 行对 constIterator 进行解引用以获得当前元素的值。记住，迭代器就像一个指向元素的指针，而操作符 * 被重载以返回对元素的引用。表达式 ++constIterator（第 29 行）将迭代器定位到 vector 的下一个元素。可以使用以下更直观的、基于范围的 for 语句来代替这个循环：

```
for (auto const& item : integers) {
   std::cout << item << ' ';
}
```

当然，基于范围的 for 语句在幕后使用的仍然是迭代器。

用 const_reverse_iterator 反向显示 vector 的内容

第 36 行～第 39 行反向遍历 vector。vector 的成员函数 crbegin 和 crend 都返回一个 const_reverse_iterator，分别代表反向遍历容器时的起点和终点。大多数序列容器和有序关联式容器都支持反向迭代。vector 类还提供了成员函数 rbegin 和 rend 来返回非 const 的 reverse_iterator。

```
33      std::cout << "\nOutput integers in reverse using iterators: ";
34
35      // display vector in reverse order using const_reverse_iterator
36      for (auto reverseIterator{integers.crbegin()};
37          reverseIterator != integers.crend(); ++reverseIterator) {
38          std::cout << *reverseIterator << ' ';
39      }
40
41      std::cout << "\n";
42  }
```

```
Output integers in reverse using iterators: 10 9 8 7 6 5 4 3 2 1
```

C++11：shrink_to_fit

从 C++11 开始，可以调用成员函数 shrink_to_fit 来请求 vector 或 deque 向系统返还不需要的内存，将其容量收缩至容器当前的元素数。根据 C++ 标准，实现可以忽略这个请求，以便执行特定的优化。

13.6.2 vector 元素处理函数

图 13.3 演示了用于检索和处理 vector 中的元素的函数。第 12 行用大括号初始化器初始化了一个 vector<int>。在本例中，我们将 vector 的类型声明为 std::vector。编译器使用类模板实参推导（Class Template Argument Deduction，CTAD）从初始化列表的 int 值中推断出元素类型。第 13 行使用了一个 vector 构造函数，它接收两个迭代器参数，用从 values.cbegin() 到（但不包括）values.cend() 的元素的拷贝来初始化 integers。

```
1  // fig13_03.cpp
2  // Testing standard library vector class template
3  // element-manipulation functions.
4  #include <algorithm> // copy algorithm
5  #include <fmt/format.h> // C++20: This will be #include <format>
6  #include <iostream>
7  #include <ranges>
8  #include <iterator> // ostream_iterator iterator
9  #include <vector>
10
11 int main() {
12    std::vector values{1, 2, 3, 4, 5}; // class template argument deduction
13    std::vector<int> integers{values.cbegin(), values.cend()};
14    std::ostream_iterator<int> output{std::cout, " "};
15
```

图 13.3 vector 容器元素处理函数

ostream_iterator

第 14 行定义名为 output 的一个 ostream_iterator，可用它通过 cout 输出由单个空格分隔的整数。ostream_iterator<int> 只输出 int 类型的值。构造函数的第一个实参指定了输出流，第二个实参是一个字符串，指定了输出值的分隔符，这里使用的是一个空格字符。在这个例子中，我们使用 ostream_iterator（头文件 <iterator>）来输出 vector 的内容。

copy 算法

第 17 行使用标准库算法 copy（头文件 <algorithm>）将 integers 的内容输出到标准输出。算法的这个版本要求接收三个实参。前两个是迭代器，指定了从 vector integers 中拷贝的元素——从 integers.cbegin() 到（但不包括）integers.cend()。为了从容器中读取值，它们必须满足“输入迭代器”（例如 const_iterator）的要求。另外，它们还必须指向同一个容器，这样才能对第一个迭代器重复应用 ++，使其最终抵达第二个迭代器实参所指向的位置。第三个实参指定要将元素拷贝到哪里。这必须是可供存储或输出值的一个“输出迭代器”。这里使用的输出迭代器是一个连接到 cout 的 ostream_iterator。所以，第 17 行是将元素拷贝到标准输出。

```
16      std::cout << "integers contains: ";
17      std::copy(integers.cbegin(), integers.cend(), output);
18
```

```
integers contains: 1 2 3 4 5
```

普通范围

在 C++20 之前，容器元素的“范围”（range）是由迭代器来描述的，它们指定了起始位置和最后一个位置过去的一个位置。这两个位置通常通过调用容器的 begin 和 end（或其他类似名称的）成员函数来返回。从 C++20 开始，C++ 标准将这种范围称为“普通范围”（common range），防止与新的 C++20“范围”特性混淆。从现在开始，在讨论由两个迭代器决定的范围时，我们将使用术语“普通范围”。而在讨论 C++20 范围时，我们将使用术语“范围”。

vector 成员函数 front 和 back

错误提示

第 19 行和第 20 行通过成员函数 front 和 back 获得 vector 的第一个和最后一个元素，大多数序列容器都支持这两个函数。注意 front 和 begin 这两个函数的区别。front 返回对 vector 第一个元素的引用，而 begin 返回指向 vector 第一个元素的迭代器。类似地，back 函数返回对 vector 最后一个元素的引用，而 end 返回指向最后一个元素之后那个位置的迭代器。在一个空 vector 上调用 front 和 back 时，结果是未定义的。

```
19      std::cout << fmt::format("\nfront: {}\nback: {}\n\n",
20         integers.front(), integers.back());
21
```

```
front: 1
back: 5
```

访问 vector 的元素

第 22 行和第 23 行演示了访问 vector（或 deque）中的元素的两种方法。第 22 行使用 [] 操作符，它返回对指定位置的值的引用或者对那个 const 值的引用，具体取决于容器是否为 const。at 函数（第 23 行）执行同样的操作，但它会执行边界检查。at 成员函数首先检查它的实参，判断是否在 vector 的边界内。如果不在，at 会抛出一个 out_of_range 异常，6.15 节已对此进行了演示。

```
22      integers[0] = 7; // set first element to 7
23      integers.at(2) = 10; // set element at position 2 to 10
24
```

vector 成员函数 insert

第 26 行使用了几乎所有序列容器都有的几个重载 insert 成员函数之一（除了 array，它有一个固定的大小，还有 forward_list，它用函数 insert_after 代替）。第 26 行在作为第一个实参传递的迭代器所指向的元素之前插入值 22。在这里，迭代器指向第二个元素，所以 22 成为第二个元素，而原来的第二个元素现在是第三个。其他版本的 insert 允许执行以下操作：

- 从给定位置开始插入同一个值的多个拷贝
- 从另一个容器插入一个范围中的值，从一个给定的位置开始

第 26 行的 insert 版本返回指向插入项的迭代器。

```
25      // insert 22 as second element
26      integers.insert(integers.cbegin() + 1, 22);
27
28      std::cout << "Contents of vector integers after changes: ";
29      std::ranges::copy(integers, output);
30
```

```
Contents of vector integers after changes: 7 22 2 10 4 5
```

C++20“范围”的 copy 算法

第 29 行使用来自 std::ranges 命名空间的 C++20 的 copy 算法将 integers 的元素拷贝到标准输出。这个版本的 copy 只接收要拷贝的范围和代表拷贝目标的输出迭代器。第一个参数是代表元素范围的一个对象，其输入迭代器代表它的开头和结尾——本例是一个 vector。C++20 之前 <algorithm> 头文件中的大多数算法现在都在 std::ranges 命名空间中有了 C++20“范围”版本。std::ranges 中的算法通常都有一个重载版本能接收一个范围对象，还有一个版本能接收一个迭代器和一

个哨兵。在 C++20“范围”中，**哨兵**（sentinel）是代表已经到达容器末端的一个对象。第 14 章演示了许多 C++20“范围”算法。

vector 成员函数 erase

第 31 行和第 36 行使用了两个版本的 erase 成员函数，这些函数在大多数序列和关联式容器中都可用——除了 array，它有一个固定的大小，而 forward_list 用 erase_after 函数代替。第 31 行擦除由其迭代器参数指定的位置的元素——本例是第一个元素。第 36 行擦除由两个迭代器实参指定的“普通范围”内的元素——本例即为所有元素。第 38 行使用成员函数 empty（所有容器和适配器都有）来确认 vector 是空的。

```
31      integers.erase(integers.cbegin()); // erase first element
32      std::cout << "\n\nintegers after erasing first element: ";
33      std::ranges::copy(integers, output);
34
35      // erase remaining elements
36      integers.erase(integers.cbegin(), integers.cend());
37      std::cout << fmt::format("\nErased all elements: integers {} empty\n",
38         integers.empty() ? "is" : "is not");
39
```

```
integers after erasing first element: 22 2 10 4 5
Erased all elements: integers is empty
```

错误提示

通常，erase 会销毁它所擦除的对象。但是，erase 一个指向动态分配对象的元素，并不会 delete 该对象，所以可能导致内存泄漏。同样地，这是为什么不应该用原始指针管理动态分配内存的原因。unique_ptr（11.5 节）类型的元素能释放动态分配的内存。如果该元素是一个 shared_ptr（参考放到网上的本书第 20 章），动态分配对象的引用计数会被递减；只有当引用计数达到 0 时才会 delete 该内存。

vector 的三参数成员函数 insert（范围插入）

第 41 行演示了 insert 函数的另一个版本，它使用第二个和第三个参数来指定要插入到 vector 中的元素的“普通范围”（本例的值来自 values）。记住，结束位置指定了序列中最后一个要插入的元素之后的位置；拷贝发生在这个位置之前，但不包括这个位置。这个版本的 insert 成员函数返回指向插入的第一项的迭代器。如果没有插入任何东西，那么该函数返回它的第一个实参。

```
40      // insert elements from the vector values
41      integers.insert(integers.cbegin(), values.cbegin(), values.cend());
42      std::cout << "\nContents of vector integers before clear: ";
```

```
43      std::ranges::copy(integers, output);
44
```

```
Contents of vector integers before clear: 1 2 3 4 5
```

vector 成员函数 clear

最后，第 46 行使用成员函数 `clear` 来清空 `vector`。除了大小固定的 `array`，其他所有序列容器和关联式容器都提供了这个成员函数。记住，清空 `vector` 并不会减小 `vector` 的容量。

```
45      // empty integers; clear empties a collection
46      integers.clear();
47      std::cout << fmt::format("\nAfter clear, integers {} empty\n",
48                  integers.empty() ? "is" : "is not");
49  }
```

```
After clear, integers is empty
```

13.7 list 顺序容器

性能提示

`list` 序列容器（来自头文件 `<list>`）允许在容器的任何位置进行插入和删除操作。`list` 容器作为双链表来实现，[14] 即每个节点都包含指向上一个节点和下一个节点的指针。这使 `list` 可以支持双向迭代器，允许对容器进行正向和反向遍历。任何需要输入、输出、正向或双向迭代器的算法都可以在一个 `list` 上操作。`list` 的许多成员函数将容器中的元素作为一个有序元素集合进行操作。如果大部分插入和删除都发生在容器两端，可以考虑使用 `deque`（13.8 节）或 `vector`。记住，`deque` 前端（队头）插入的实现比 `vector` 更高效。

forward_list 容器

`forward_list` 序列容器（头文件 `<forward_list>`；自 C++11 加入）作为单链表来实现，即每个节点都包含指向下一个节点的指针。这使 `forward_list` 支持正向迭代器，允许对容器进行正向遍历。任何需要输入、输出或正向迭代器的算法都可以在一个 `forward_list` 上操作。

list 的成员函数

性能提示

除了 13.2 节讨论的序列容器的通用成员函数之外，`list` 还提供了成员函数 `splice`、`push_front`、`pop_front`、`emplace_front`、`emplace_back`、`remove`、

remove_if、unique、merge、reverse 和 sort。其中几个是标准库算法（将在第 14 章讨论）的 list 优化实现。push_front 和 pop_front 也被 forward_list 和 deque 支持。图 13.4 展示了 list 的几个特性。图 13.2 和图 13.3 展示的许多函数也可用于 list。对本例的讨论将重点放在新的特性上。

```
1  // fig13_04.cpp
2  // Standard library list class template.
3  #include <algorithm> // copy algorithm
4  #include <iostream>
5  #include <iterator> // ostream_iterator
6  #include <list> // list class-template definition
7  #include <vector>
8
9  // printList function template definition; uses
10 // ostream_iterator and copy algorithm to output list elements
11 template <typename T>
12 void printList(const std::list<T>& items) {
13    if (items.empty()) { // list is empty
14       std::cout << "List is empty";
15    }
16    else {
17       std::ostream_iterator<T> output{std::cout, " "};
18       std::ranges::copy(items, output);
19    }
20 }
21
```

图 13.4 标准库 list 类模板

函数模板 printList（第 11 行～第 20 行）检查其 list 实参是否为空（第 13 行），如果是，就显示一条适当的消息。否则，printList 使用一个 ostream_iterator 和 std::ranges::copy 算法将 list 的元素拷贝到标准输出，如前面的图 13.4 所示。

创建 list 对象

图 13.4 中，第 23 行创建一个能存储 int 的 list 对象。第 26 行和第 27 行使用成员函数 push_front 在 values 的开头插入整数。这个成员函数是 forward_list、list 和 deque 类所特有的。第 28 行和第 29 行使用 push_back 将整数追加到 values 的末尾。除了 array 和 forward_list，push_back 函数是其他所有序列容器通用的。第 31 行和第 32 行显示 values 的当前内容。

```
22 int main() {
23    std::list<int> values{}; // create list of ints
```

```
24
25      // insert items in values
26      values.push_front(1);
27      values.push_front(2);
28      values.push_back(4);
29      values.push_back(3);
30
31      std::cout << "values contains: ";
32      printList(values);
33
```

```
values contains: 2 1 4 3
```

list 成员函数 sort

第 34 行使用 `list` 成员函数 `sort` 按升序排列元素。`sort` 的第二个版本允许提供一个**二元谓词函数**（binary predicate function），它接收两个实参（`list` 中的值），比较它们并返回一个 `bool` 值，表示在有序内容中，第一个实参是否应该排在第二个实参之前。这个函数决定了元素的排序顺序。如果要以降序对 `list` 进行排序，或者自定义元素的比较方式以确定排序顺序，这个版本就非常有用。

```
34      values.sort(); // sort values
35      std::cout << "\nvalues after sorting contains: ";
36      printList(values);
37
```

```
values after sorting contains: 1 2 3 4
```

list 成员函数 splice

第 46 行使用 `list` 成员函数 `splice` 来删除 `otherValues` 中的元素，并在 `values` 中，将它们插入到第一个实参所指定的迭代器的位置之前。三参数的 `splice` 函数允许在第二个实参指定的容器中，从第三个实参所指定的迭代器位置删除一个元素。四参数的 `splice` 函数使用最后两个实参来指定一个“普通范围”，从第二个实参所指定的 `list` 中删除它们，并在第一个实参所指定的位置插入。`forward_list` 提供了一个类似的成员函数，名为 `splice_after`。通过上述说明，你应该体会了 `splice` 函数名的意思，即“拼接”。

```
38      // insert elements of ints into otherValues
39      std::vector ints{2, 6, 4, 8};
40      std::list<int> otherValues{}; // create list of ints
41      otherValues.insert(otherValues.cbegin(), ints.cbegin(), ints.cend());
```

```
42      std::cout << "\nAfter insert, otherValues contains: ";
43      printList(otherValues);
44
45      // remove otherValues elements and insert at end of values
46      values.splice(values.cend(), otherValues);
47      std::cout << "\nAfter splice, values contains: ";
48      printList(values);
49
```

```
After insert, otherValues contains: 2 6 4 8
After splice, values contains: 1 2 3 4 2 6 4 8
```

list 成员函数 merge

在 otherValues 中插入更多元素，并对 values 和 otherValues 进行排序后，第 61 行使用 list 成员函数 merge 来删除 otherValues 中的所有元素，并将它们有序地插入 values 中。在执行这个操作之前，两个 list 都必须以相同顺序进行排序。merge 的第二个版本允许提供一个二元谓词函数，它接收两个实参（list 中的值）并返回一个 bool 值。该谓词函数指定了 merge 使用的排序顺序，如果谓词的第一个实参应该放在第二个实参之前，则返回 true。

```
50      values.sort(); // sort values
51      std::cout << "\nAfter sort, values contains: ";
52      printList(values);
53
54      // insert elements of ints into otherValues
55      otherValues.insert(otherValues.cbegin(), ints.cbegin(), ints.cend());
56      otherValues.sort(); // sort the list
57      std::cout << "\nAfter insert and sort, otherValues contains: ";
58      printList(otherValues);
59
60      // remove otherValues elements and insert into values in sorted order
61      values.merge(otherValues);
62      std::cout << "\nAfter merge:\n values contains: ";
63      printList(values);
64      std::cout << "\n otherValues contains: ";
65      printList(otherValues);
66
```

```
After sort, values contains: 1 2 2 3 4 4 6 8
After insert and sort, otherValues contains: 2 4 6 8
After merge:
  values contains: 1 2 2 2 3 4 4 4 6 6 8 8
  otherValues contains: List is empty
```

list 成员函数 pop_front 和 pop_back

第 67 行使用 list 成员函数 pop_front 来移除第一个元素。第 68 行使用函数 pop_back 来删除最后一个元素。除了 array 和 forward_list 之外的所有序列容器都支持这两个函数。

```
67      values.pop_front(); // remove element from front
68      values.pop_back(); // remove element from back
69      std::cout << "\nAfter pop_front and pop_back:\n values contains: ";
70      printList(values);
71
```

```
After pop_front and pop_back:
  values contains: 2 2 2 3 4 4 4 6 6 8
```

list 成员函数 unique

第 72 行使用 list 的 unique 函数来移除重复的相邻元素。如果 list 是有序的，所有重复元素都会被消除。unique 的第二个版本允许提供一个谓词函数，它接收两个实参（list 中的值）并返回一个 bool 值，指出两个元素是否相等。

```
72      values.unique(); // remove duplicate elements
73      std::cout << "\nAfter unique, values contains: ";
74      printList(values);
75
```

```
After unique, values contains: 2 3 4 6 8
```

list 成员函数 swap

第 76 行使用 list 成员函数 swap 来交换 values 和 otherValues 的内容。所有序列容器和关联式容器都支持该函数。

```
76      values.swap(otherValues); // swap elements of values and otherValues
77      std::cout << "\nAfter swap:\n values contains: ";
78      printList(values);
79      std::cout << "\n otherValues contains: ";
80      printList(otherValues);
81
```

```
After swap:
  values contains: List is empty
  otherValues contains: 2 3 4 6 8
```

list 成员函数 assign 和 remove

第 83 行使用 list 成员函数 assign（在所有序列容器中可用）将 values 的内容替换成来自 otherValues 的一个“普通范围”中的元素。assign 还有一个版本是将第二个实参所指定的值拷贝由第一个实参所指定的份数到 list 中（替换原来的内容并调整其大小）。第 92 行使用 list 成员函数 remove 从 list 中删除值 4 的所有拷贝。

```
82     // replace contents of values with elements of otherValues
83     values.assign(otherValues.cbegin(), otherValues.cend());
84     std::cout << "\nAfter assign, values contains: ";
85     printList(values);
86
87     // remove otherValues elements and insert into values in sorted order
88     values.merge(otherValues);
89     std::cout << "\nAfter merge, values contains: ";
90     printList(values);
91
92     values.remove(4); // remove all 4s
93     std::cout << "\nAfter remove(4), values contains: ";
94     printList(values);
95     std::cout << "\n";
96 }
```

```
After assign, values contains: 2 3 4 6 8
After merge, values contains: 2 2 3 3 4 4 6 6 8 8
After remove(4), values contains: 2 2 3 3 6 6 8 8
```

13.8 deque 序列容器

性能提示

性能提示

deque 类（头文件 <deque>）——“双端队列”（double-ended queue）的简称——在一个容器中提供了 vector 和 list 的许多优点。类似于 vector 或 array，它为读取和修改元素提供了高效的索引访问（使用下标）。另外类似于 list，它支持在头尾两端进行高效的插入和删除。deque 类支持随机访问迭代器，所以可与所有标准库算法一起使用。deque 的一个常见用途是维护先入先出的元素队列。事实上，deque 是 queue 适配器[15]的默认容器（13.10.2 节）。

在内存块（通常用一个内置数组来维护，其中包含指向这些内存块的指针[16]）的两端都可以分配 deque 所需的额外存储。由于 deque 使用非连续内存布局，所以它的迭代器必须比 vector、array 或内置数组更“聪明”。deque 支持和 vector 一样的操作。但和 list 一样，它增加了成员函数 push_front 和 pop_front，以便在 deque 的开头（队头）进行高效的插入和删除。

图 13.5 的程序展示了 deque 的几个特性。图 13.2 ～图 13.4 展示的许多函数同样适用于 deque。

```cpp
// fig13_05.cpp
// Standard library deque class template.
#include <algorithm> // copy algorithm
#include <deque> // deque class-template definition
#include <iostream>
#include <iterator> // ostream_iterator

int main() {
   std::deque<double> values; // create deque of doubles
   std::ostream_iterator<double> output{std::cout, " "};

   // insert elements in values
   values.push_front(2.2);
   values.push_front(3.5);
   values.push_back(1.1);

   std::cout << "values contains: ";

   // use subscript operator to obtain elements of values
   for (size_t i{0}; i < values.size(); ++i) {
      std::cout << values[i] << ' ';
   }

   values.pop_front(); // remove first element
   std::cout << "\nAfter pop_front, values contains: ";
   std::ranges::copy(values, output);

   // use subscript operator to modify element at location 1
   values[1] = 5.4;
   std::cout << "\nAfter values[1] = 5.4, values contains: ";
   std::ranges::copy(values, output);
   std::cout << "\n";
}
```

```
values contains: 3.5 2.2 1.1
After pop_front, values contains: 2.2 1.1
After values[1] = 5.4, values contains: 2.2 5.4
```

图 13.5 标准库 deque 类模板

第 9 行实例化一个可以存储 double 值的 deque，然后第 13 行～第 15 行使用成员函数 push_front 和 push_back 在其头尾插入元素。

第 20 行～第 22 行使用下标操作符来检索每个元素的值并输出。循环条件使用成员函数 size 来确保不会试图访问 deque 边界外的元素。在这里之所以使用计数器控制的 for 循环，只是为了演示 [] 操作符。一般来说，应该使用基于范围的 for 来处理容器的所有元素。

第 24 行使用成员函数 pop_front 来演示移除 deque 的第一个元素。第 29 行使用下标操作符来获得一个左值，我们用它来为 deque 的元素 1 赋一个新值。

13.9 关联式容器

关联式容器（associative container）提供了通过键来存储和检索元素的直接访问。4 个有序关联式容器是 multiset、set、multimap 和 map。这些容器中的每一个都以有序（sorted order）方式维护它们的键。还有 4 个对应的无序关联式容器：unordered_multiset、unordered_set、unordered_multimap 和 unordered_map，它们提供了与有序版本相同的大部分功能。有序和无序关联式容器之间的主要区别在于，无序版本不按排好序的方式维护其键。如果你的键不具可比性，就必须使用无序容器。本节主要讨论有序关联式容器。

性能提示

若是不需要以排序方式维护键，无序关联式容器通过哈希提供了更好的查找性能：$O(1)$，最坏的情况是 $O(n)$，有序关联式容器则是 $O(log\ n)$。[17] 但是，这要求键是可哈希的（hashable）。关于可哈希类型的要求，请参见 std::hash 的文档。[18] 13.13 节简单介绍了哈希。

遍历有序关联式容器时，会按照该容器的排序顺序遍历它。multiset 类和 set 类支持对值的集合进行操作，其中值本身就是键。Multiset 类和 set 类的主要区别是前者允许重复的键，而后者不允许。multimap 类和 map 类允许操作与键关联的值（这些值有时称为映射值）。multimap 和 map 的主要区别是前者允许重复的键，而后者只允许唯一的键。除了常见的容器成员函数外，有序关联式容器还支持关联式容器特有的几个成员函数。可以使用 merge 函数（在 C++17 中添加）合并同类型关联式容器的内容。接下来的几个小节将展示有序关联式容器和它们的常用成员函数的例子。

13.9.1 multiset 关联式容器

multiset 有序关联式容器（来自头文件 <set>）支持对键进行快速存储和检索，并允许重复的键。元素的排序由一个**比较器**（comparator）函数对象决定。**函数对象**

(function object)是类的一个实例，该类有一个重载的圆括号操作符，允许对象像函数一样被“调用”。例如，在一个整数 multiset 中，元素可以使用比较器函数对象 less<int> 对键进行升序排序，该函数对象知道如何比较两个 int 值以判断第一个是否小于第二个。这使整数 multiset 能以升序排列其元素。14.5 节会详细讨论函数对象。在这里，我们只展示了在声明有序关联式容器时如何使用 less<int>。

在所有有序关联式容器中，键的数据类型必须支持基于“比较器函数对象”的比较——用 less<T> 排序的键必须支持用 operator< 进行比较。如果有序关联式容器中的键是用户自定义数据类型，那么这些类型必须提供比较操作符。multiset 支持双向迭代器。如果键的顺序不重要，可以考虑 unordered_multiset（头文件 <unordered_set>），但要记住，它只支持正向迭代器。

创建 multiset

图 13.6 演示了 multiset 有序关联式容器，它包含按升序排序的 int 键。容器 multiset 和 set（13.9.2 节）提供同样的基本功能。第 12 行创建 multiset，使用函数对象 std::less<int> 来指定键的排序顺序。编译器知道这个 multiset 包含 int 值，所以可以把 std::less<int> 简单地指定为 std::less<>——编译器会推断出 std::less 比较的是 int 值。另外，std::less<> 还是 multiset 的默认值，所以第 12 行可以简化为以下形式:

```
std::multiset<int> ints{}; // multiset of int values
```

```
1  // fig13_06.cpp
2  // Standard library multiset class template
3  #include <algorithm> // copy algorithm
4  #include <fmt/format.h> // C++20: This will be #include <format>
5  #include <iostream>
6  #include <iterator> // ostream_iterator
7  #include <ranges>
8  #include <set> // multiset class-template definition
9  #include <vector>
10
11 int main() {
12    std::multiset<int, std::less<int>> ints{}; // multiset of int values
```

图 13.6 标准库 multiset 类模板

multiset 成员函数 count

第 13 行使用所有关联式容器都支持的 count 函数来统计值 15 目前在 multiset 中的出现次数。

```
13      std::cout << fmt::format("15s in ints: {}\n", ints.count(15));
14
```

```
15s in ints: 0
```

multiset 成员函数 insert

第 16 行～第 17 行使用成员函数 insert 的一个重载版本将值 15 添加到 multiset 中两次。第二个版本的 insert 以一个迭代器和一个值为实参，从指定的迭代器位置开始查找插入点。第三个版本的 insert 获取两个迭代器，它们指定了另一个容器中的“普通范围”，并将这个范围中的元素添加到 multiset 中。关于其他几个重载，请访问 https://zh.cppreference.com/w/cpp/container/multiset/insert。

```
15      std::cout << "\nInserting two 15s into ints\n";
16      ints.insert(15); // insert 15 in ints
17      ints.insert(15); // insert 15 in ints
18      std::cout << fmt::format("15s in ints: {}\n\n", ints.count(15));
19
```

```
Inserting two 15s into ints
15s in ints: 2
```

multiset 成员函数 find

第 21 行～第 28 行使用所有关联式容器都支持的成员函数 find（第 22 行）在 multiset 中查找值 15 和 20。基于范围的 for 循环遍历 {15, 20} 中的每一项（就 2 项）。{15, 20} 在这里创建了一个 initializer_list。find 返回一个 iterator 或者 const_iterator，具体取决于 multiset 是否为 const。返回的迭代器指向找到值的位置。如果没有找到值，find 同样返回一个 iterator 或者 const_iterator，它等于容器的 end 成员函数所返回的值。通常，如果需要用到指向了所找到的元素的迭代器，就考虑使用 find。在这里，我们可以使用 count 成员函数，如果它返回 0，就表明目标数据项不在 multiset 中。

```
20      // search for 15 and 20 in ints; find returns an iterator
21      for (int i : {15, 20}) {
22         if (auto result{ints.find(i)}; result != ints.end()) {
23            std::cout << fmt::format("Found {} in ints\n", i);
24         }
25         else {
26            std::cout << fmt::format("Did not find {} in ints\n", i);
27         }
```

```
28     }
29
```

```
Found 15 in ints
Did not find 20 in ints
```

multiset 成员函数 contains(C++20)

第 31 行～第 38 行使用新的 C++20 成员函数 contains（第 32 行）来判断值 15 和 20 是否在 multiset 中。所有关联式容器都支持这个函数，它返回一个 bool 来表明值是否存在于容器中。基于范围的 for 循环遍历 {15, 20} 中的每一项。

```
30     // search for 15 and 20 in ints; contains returns a bool
31     for (int i : {15, 20}) {
32        if (ints.contains(i)) {
33           std::cout << fmt::format("Found {} in ints\n", i);
34        }
35        else {
36           std::cout << fmt::format("Did not find {} in ints\n", i);
37        }
38     }
39
```

```
Found 15 in ints
Did not find 20 in ints
```

将另一个容器的元素插入 multiset

第 42 行使用成员函数 insert 将一个 vector 的元素插入 multiset，然后第 44 行将 multiset 的元素拷贝到标准输出。这些值以升序显示，因为 multiset 是一种有序容器，默认情况下它的元素保持升序。注意第 44 行的以下表达式：

```
std::ostream_iterator<int>{std::cout, " "}
```

这会创建一个临时 ostream_iterator，并立即把它传给 copy。之所以采用这种方式，是因为本例只用到 ostream_iterator 一次。

```
40     // insert elements of vector values into ints
41     const std::vector values{7, 22, 9, 1, 18, 30, 100, 22, 85, 13};
42     ints.insert(values.cbegin(), values.cend());
43     std::cout << "\nAfter insert, ints contains:\n";
44     std::ranges::copy(ints, std::ostream_iterator<int>{std::cout, " "});
45
```

```
After insert, ints contains:
1 7 9 13 15 15 18 22 22 30 85 100
```

multiset 成员函数 lower_bound 和 upper_bound

第 49 行使用所有有序关联式容器都支持的 lower_bound 和 upper_bound 函数来定位值 22 在 multiset 中最早出现的位置（下界），以及值 22 在 multiset 中最后出现位置之后的那个位置（上界）。这两个函数都返回指向适当位置的 iterator 或 const_iterator。如果在 multiset 中没有找到目标值，则返回 end 迭代器。下限和上限共同构成了包含值 22 的元素的一个“普通范围”。

```
46      // determine lower and upper bound of 22 in ints
47      std::cout << fmt::format(
48         "\n\nlower_bound(22): {}\nupper_bound(22): {}\n\n",
49         *ints.lower_bound(22), *ints.upper_bound(22));
50
```

```
lower_bound(22): 22
upper_bound(22): 30
```

pair 对象和 multiset 成员函数 equal_range

multiset 成员函数 equal_range 返回一个 pair，其中包含调用 lower_bound 和 upper_bound 所返回的结果。pair 将这两个值（下界和上界）关联起来。第 52 行创建并初始化一个名为 p 的 pair 对象。我们使用 auto 从其初始化器中推断出变量的类型。equal_range 返回的 pair 包含两个 iterator 或 const_iterator，具体取决于 multiset 是否为 const。pair 提供了两个 public 数据成员，称为 first 和 second，它们的类型取决于 pair 的初始化器。

```
51      // use equal_range to determine lower and upper bound of 22 in ints
52      auto p{ints.equal_range(22)};
53      std::cout << fmt::format(
54         "lower_bound(22): {}\nupper_bound(22): {}\n",
55         *(p.first), *(p.second));
56   }
```

```
lower_bound(22): 22
upper_bound(22): 30
```

第 52 行使用 equal_range 来确定 multiset 中值 22 的 lower_bound 和 upper_bound。第 55 行使用 p.first 和 p.second 来分别访问 lower_bound 和 upper_bound。我们对迭代器进行解引用，以输出从 equal_range 返回的两个位置的值。虽然在这里没有这样做，但在解引用之前，应该始终确保由 lower_bound、upper_bound 和 equal_range 返回的迭代器不等于容器的 end 迭代器。

C++14：异质查找

在 C++14 之前，在关联式容器中查找一个键时，提供给查找函数（如 find）的实参必须具有容器的键类型。例如，如果键的类型是 string，那么可以向 find 传递一个要在容器中定位的基于指针的字符串。在这种情况下，实参会被转换为键类型（string）的一个临时对象，然后再传递给 find。在 C++14 和更高版本中，find（和其他类似函数）的实参可以是任何类型，只要有重载的比较操作符能将实参类型的值与容器键类型的值进行比较。如果有这样的重载操作符，就不会创建临时对象。这就是所谓的**异质查找**（heterogeneous lookup）。[19]

13.9.2 set 关联式容器

set 关联式容器（头文件 <set>）用于对唯一键进行快速存储和检索。set 的实现与 multiset 的实现相同，只是 set 必须有唯一的键。插入的重复键会被忽略。这是“集合”预期的数学行为，所以不被认为是错误。set 支持双向迭代器。如果键的顺序不重要，可以考虑使用 unordered_set（头文件 <unordered_set>），但记住它只支持正向迭代器，而且键必须可哈希。

创建 set

图 13.7 演示了一个包含 double 值的 set。第 10 行创建 set，通过类模板实参推导（CTAD）来推断元素类型。第 10 行等价于：

```
std::set<double, std::less<double>> doubles{2.1, 4.2, 9.5, 2.1, 3.7};
```

set 的 initializer_list 构造函数将所有元素插入该 set。第 14 行使用 std::range 提供的 copy 算法来输出 set 的内容。注意，虽然值 2.1 在初始化列表中出现了两次，但在 doubles 中只出现了一次。记住，set 中的键不允许重复。

```
1  // fig13_07.cpp
2  // Standard library set class template.
3  #include <algorithm>
4  #include <fmt/format.h> // C++20: This will be #include <format>
5  #include <iostream>
6  #include <iterator> // ostream_iterator
7  #include <set>
8
9  int main() {
10    std::set doubles{2.1, 4.2, 9.5, 2.1, 3.7}; // CTAD
11
```

图 13.7　标准库 set 类模板

```
12      std::ostream_iterator<double> output{std::cout, " "};
13      std::cout << "doubles contains: ";
14      std::ranges::copy(doubles, output);
15
```

```
doubles contains: 2.1 3.7 4.2 9.5
```

图 13.7 标准库 set 类模板（续）

在 set 中插入新值

第 19 行定义并初始化了一个 pair，用于存储调用 set 成员函数 insert 的结果。这个 pair 包含指向 set 中的数据项的一个 iterator 和一个指示该数据项是否已被插入的 bool——如果该项之前不在 set 中，就为 true；否则为 false。在本例中，第 19 行使用 insert 函数将值 13.8 插入集合，并返回一个 pair，其中 p.first 指向 set 中的值 13.8，p.second 为 true，因为该值已经插入了。

```
16      // insert 13.8 in doubles; insert returns pair in which
17      // p.first represents location of 13.8 in doubles and
18      // p.second represents whether 13.8 was inserted
19      auto p{doubles.insert(13.8)}; // value not in set
20      std::cout << fmt::format("\n{} {} inserted\n", *(p.first),
21         (p.second ? "was" : "was not"));
22      std::cout << "doubles contains: ";
23      std::ranges::copy(doubles, output);
24
```

```
13.8 was inserted
doubles contains: 2.1 3.7 4.2 9.5 13.8
```

在 set 中插入重复值

第 26 行试图插入 9.5，它已经在集合中。输出表明 9.5 没有被插入，因为 set 不允许有重复的键。在这种情况下，返回的 pair 中的 p.first 指向 set 中现有的 9.5，而 p.second 为 false。

```
25      // insert 9.5 in doubles
26      p = doubles.insert(9.5); // value already in set
27      std::cout << fmt::format("\n{} {} inserted\n", *(p.first),
28         (p.second ? "was" : "was not"));
29      std::cout << "doubles contains: ";
30      std::ranges::copy(doubles, output);
31      std::cout << "\n";
32   }
```

```
9.5 was not inserted
doubles contains: 2.1 3.7 4.2 9.5 13.8
```

13.9.3 multimap 关联式容器

multimap 关联容器用于对“键和关联值”(通常称为键值对)进行快速存储和检索。multiset 和 set 使用的许多函数也能用于 multimap 和 map。multimap 和 map 的元素是键和值的 pair（键值对）。向 multimap 或 map 中插入时，你使用的是包含键和值的 pair 对象。键的顺序由一个“比较器函数对象”确定。例如，在使用整数作为键类型的 multimap 中，可以使用比较器函数对象 less<int> 对键进行升序排序。

multimap 允许重复键，因此一个键可以关联多个值。这称为“一对多”映射。例如，在信用卡交易处理系统中，一个信用卡账户可以有多笔关联交易；在大学里，一个学生可以上多门课，一名教授可以教很多学生；在军队中，一个军衔(如“列兵”)对应很多人。multimap 支持双向迭代器。

创建包含键值对的 multimap

图 13.8 的程序演示了 multimap 关联式容器（头文件 <map>）。如果键的顺序不重要，可以使用 unordered_multimap（头文件 <unordered_map>）代替。multimap 的实现能高效地定位与给定键配对的所有值。第 8 行创建一个 multimap，其中键类型为 int，和这个键关联的值的类型为 double，元素默认按升序排列。该语句的复杂版本如下：

```
std::multimap<int, double, std::less<int>> pairs{};
```

```
1  // fig13_08.cpp
2  // Standard library multimap class template.
3  #include <fmt/format.h> // C++20: This will be #include <format>
4  #include <iostream>
5  #include <map> // multimap class-template definition
6
7  int main() {
8     std::multimap<int, double> pairs{}; // create multimap
```

图 13.8 标准库 multimap 类模板

统计特定键的“键值对”数量

第 10 行使用成员函数 count 确定 15 这个键的键值对的数量——本例为 0，因为容器目前是空的。

```
 9      std::cout << fmt::format("Number of 15 keys in pairs: {}\n",
10      pairs.count(15));
11
```

```
Number of 15 keys in pairs: 0
```

插入键值对

第 13 行使用成员函数 insert 将一个新的键值对添加到 multimap 中。标准库函数 make_pair 创建一个 pair 对象，推断出其实参的类型。在本例中，first 代表一个 int 类型的键（15），second 代表一个 double 类型的值（99.3）。第 14 行插入另一个键 15、值 2.7 的 pair 对象。然后，第 15 行～第 16 行输出键为 15 的所有 pair 的数量。

```
12      // insert two pairs
13      pairs.insert(std::make_pair(15, 99.3));
14      pairs.insert(std::make_pair(15, 2.7));
15      std::cout << fmt::format("Number of 15 keys in pairs: {}\n\n",
16         pairs.count(15));
17
```

```
Number of 15 keys in pairs: 2
```

使用大括号初始化器而不是 make_pair 插入键值对

可以直接对 pair 对象进行大括号初始化，所以第 13 行～第 14 行可以简化如下：

```
pairs.insert({15, 99.3});
pairs.insert({15, 2.7});
```

第 19 行～第 23 行在 multimap 中插入 5 个额外的 pair。第 28 行～第 30 行基于范围的 for 语句输出 multimap 的键和值。我们推断出循环控制变量的类型——本例是包含 int 键和 double 值的 pair。第 29 行访问每个 pair 的成员。注意，这些键以升序出现，因为 multimap 会维持键的升序排列。

```
18      // insert five pairs
19      pairs.insert({30, 111.11});
20      pairs.insert({10, 22.22});
21      pairs.insert({25, 33.333});
22      pairs.insert({20, 9.345});
23      pairs.insert({5, 77.54});
24
25      std::cout << "Multimap pairs contains:\nKey\tValue\n";
26
```

```
   // walk through elements of pairs
   for (const auto& mapItem : pairs) {
      std::cout << fmt::format("{}\t{}\n", mapItem.first, mapItem.second);
   }
}
```

```
Multimap pairs contains:
Key     Value
5       77.54
10      22.22
15      99.3
15      2.7
20      9.345
25      33.333
30      111.11
```

C++11：对键值对容器进行大括号初始化

之前是单独调用成员函数 insert 将键值对添加到一个 multimap 中。如果事先知道键值对，那么可以在创建 multimap 时使用大括号初始化。例如，以下语句用三个键值对来初始化一个 multimap，这些键值对由主初始化列表中的子列表表示：

```
std::multimap<int, double> pairs{
   {10, 22.22}, {20, 9.345}, {5, 77.54}};
```

13.9.4 map 关联式容器

map 关联式容器（头文件 <map>）用于对唯一键及其关联值进行快速存储和检索。map 不允许重复的键。换言之，每个键只能关联一个值。这称为“一对一”映射。例如，使用了唯一员工 ID（例如 100、200 和 300）的公司可以在一个 map 中将员工 ID 与他们的电话分机（例如 4321、4115 和 5217）分别关联起来。在 map 的下标操作符 [] 中提供键，即可定位 map 中与该键关联的值。如果键的顺序不重要，可以考虑使用 unordered_map（头文件 <unordered_map>），但要记住键必须可哈希。

图 13.9 演示了一个 map（第 9 行～第 10 行）。提供的 8 个键值对实际只插入了 6 个，因为有两个键是重复的。和某些编程语言的类似数据结构不同，如果插入两个键一样的键值对，并不会用第二个键的关联值替换第一个键的关联值。在 C++ 中插入一个键值对时，如果 map 中已经有这个键，那么整个键值对都会被忽略。

```
1  // fig13_09.cpp
2  // Standard library class map class template.
```

图 13.9 标准库 map 类模板

```cpp
#include <iostream>
#include <fmt/format.h> // C++20: This will be #include <format>
#include <map> // map class-template definition

int main() {
   // create a map; duplicate keys are ignored
   std::map<int, double> pairs{{15, 2.7}, {30, 111.11}, {5, 1010.1},
      {10, 22.22}, {25, 33.333}, {5, 77.54}, {20, 9.345}, {15, 99.3}};

   // walk through elements of pairs
   std::cout << "pairs contains:\nKey\tValue\n";
   for (const auto& pair : pairs) {
      std::cout << fmt::format("{}\t{}\n", pair.first, pair.second);
   }

   pairs[25] = 9999.99; // use subscripting to change value for key 25
   pairs[40] = 8765.43; // use subscripting to insert value for key 40

   // walk through elements of pairs
   std::cout << "\nAfter updates, pairs contains:\nKey\tValue\n";
   for (const auto& pair : pairs) {
      std::cout << fmt::format("{}\t{}\n", pair.first, pair.second);
   }
}
```

```
pairs contains:
Key     Value
5       1010.1
10      22.22
15      2.7
20      9.345
25      33.333
30      111.11

After updates, pairs contains:
Key     Value
5       1010.1
10      22.22
15      2.7
20      9.345
25      9999.99
30      111.11
40      8765.43
```

图 13.9 标准库 map 类模板（续）

第 18 行～第 19 行使用了 map 的下标操作符 []。如果下标是包含在 map 中的键，该操作符返回对关联值的一个引用。如果下标不是包含在 map 中的键，下标操作符在 map 中插入一个新的键值对，这个 pair 对象由指定的键和容器中“值”类型的默认值构成。第 18 行用新值 9999.99 替换了键 25 的值（之前是 33.333，在第 10 行中指定）。第 19 行在 map 中插入一个新的键值对。

13.10 容器适配器

三个容器适配器（container adaptor）是 stack、queue 和 priority_queue。容器适配器不提供可供存储元素的数据结构实现，也不支持迭代器。通过一个适配器类，你可以选择底层的序列容器，或者使用适配器的默认选择——stack 和 queue 默认使用 deque，priority_queue 则默认使用 vector。适配器类提供了成员函数 push 和 pop。

- push 将一个元素正确地插入适配器的底层容器中。
- pop 将一个元素正确地从适配器的底层容器中移除。

下面来看看适配器类的一些例子。

13.10.1 stack 适配器

stack 类（头文件 <stack>）在一端（栈顶或 top）实现了对底层容器的插入和删除。因此，stack 是一种“后入先出”（LIFO）数据结构。stack 可以用 vector、list 或 deque 来实现。默认情况下，stack 是用 deque 实现的。stack 支持的常见操作如下。

- push 在栈顶插入一个元素——通过调用底层容器的 push_back 成员函数来实现。
- emplace 在栈顶就地（in-place）构造一个元素。
- pop 移除栈顶元素——通过调用底层容器的 pop_back 成员函数来实现。
- top 获取对栈顶元素的引用——通过调用底层容器的 back 成员函数来实现。
- empty 判断 stack 是否为空——通过调用底层容器的 empty 成员函数来实现。
- size 获取 stack 的元素数——通过调用底层容器的 size 成员函数来实现。

图 13.10 演示了 stack。这个例子创建了三个包含 int 值的 stack，分别使用一个 deque（第 26 行）、一个 vector（第 27 行）和一个 list（第 28 行）作为底层数据结构。

```
// fig13_10.cpp
// Standard library stack adaptor class.
#include <iostream>
#include <list> // list class-template definition
#include <ranges>
#include <stack> // stack adaptor definition
#include <vector> // vector class-template definition

// pushElements generic lambda to push values onto a stack
auto pushElements = [](auto& stack) {
   for (auto i : std::views::iota(0, 10)) {
      stack.push(i); // push element onto stack
      std::cout << stack.top() << ' '; // view (and display) top element
   }
};

// popElements generic lambda to pop elements off a stack
auto popElements = [](auto& stack) {
   while (!stack.empty()) {
      std::cout << stack.top() << ' '; // view (and display) top element
      stack.pop(); // remove top element
   }
};

int main() {
   std::stack<int> dequeStack{}; // uses a deque by default
   std::stack<int, std::vector<int>> vectorStack{}; // use a vector
   std::stack<int, std::list<int>> listStack{}; // use a list

   // push the values 0-9 onto each stack
   std::cout << "Pushing onto dequeStack: ";
   pushElements(dequeStack);
   std::cout << "\nPushing onto vectorStack: ";
   pushElements(vectorStack);
   std::cout << "\nPushing onto listStack: ";
   pushElements(listStack);

   // display and remove elements from each stack
   std::cout << "\n\nPopping from dequeStack: ";
   popElements(dequeStack);
   std::cout << "\nPopping from vectorStack: ";
   popElements(vectorStack);
   std::cout << "\nPopping from listStack: ";
```

图 13.10 标准库 stack 适配器类

```
44      popElements(listStack);
45      std::cout << "\n";
46  }
```

```
Pushing onto dequeStack: 0 1 2 3 4 5 6 7 8 9
Pushing onto vectorStack: 0 1 2 3 4 5 6 7 8 9
Pushing onto listStack: 0 1 2 3 4 5 6 7 8 9
Popping from dequeStack: 9 8 7 6 5 4 3 2 1 0
Popping from vectorStack: 9 8 7 6 5 4 3 2 1 0
Popping from listStack: 9 8 7 6 5 4 3 2 1 0
```

图 13.10　标准库 stack 适配器类（续）

泛型 lambda pushElements（第 10 行～第 15 行）使 0～9 入栈（push）。第 32 行、第 34 行和 36 行为每个 stack 都调用这个 lambda。第 12 行使用所有适配器类都支持的 push 函数将一个整数压入栈顶。第 13 行使用 stack 的 top 函数来检索当前栈顶元素并输出。top 函数不会移除栈顶元素。

泛型 lambda popElements（第 18 行～第 23 行）使元素出栈（pop）。第 40 行、第 42 行和第 44 行为每个 stack 都调用这个 lambda。第 20 行使用 stack 的 top 函数来检索当前栈顶元素并输出。第 21 行使用所有适配器类都支持的 pop 函数来移除栈顶元素。pop 函数不返回值。所以，必须在栈顶元素出栈前调用 top 来获得它的值。

13.10.2 queue 适配器

队列（queue）类似于我们日常生活中排队的那个队列。排在第一位的会先离开。因此，队列是一种“先入先出”（FIFO）数据结构。queue 类（头文件 <queue>）只允许在底层数据结构的尾部（back）插入和从头部（front）删除。queue 将其元素存储在 list 或 deque 序列容器的对象中（默认 deque）。[20]queue 支持的常见操作如下。

- push 在队尾插入一个元素——通过调用底层容器的 push_back 成员函数来实现。
- emplace 在队头就地（in-place）构造一个元素。
- pop 移除队头元素——通过调用底层容器的 pop_front 成员函数来实现。
- front 获取 queue 第一个（队头）元素的引用——通过调用底层容器的 front 成员函数来实现。
- back 获取 queue 最后一个（队尾）元素的引用——通过调用底层容器的 back 成员函数来实现。
- empty 判断 queue 是否为空——通过调用底层容器的 empty 成员函数来实现。
- size 获取 queue 的元素数——通过调用底层容器的 size 成员函数来实现。

图 13.11 演示了 queue 适配器类。第 7 行实例化一个包含 double 值的 queue。第 10 行～第 12 行使用 push 函数向 queue 添加元素。第 17 行～第 20 行的 while 语句使用 empty 函数（所有容器都有）来判断 queue 是否为空（第 17 行）。当队列中有更多的元素时，第 18 行使用 queue 的 front 函数来读取（但不移除）队列第一个元素并输出。第 19 行使用所有适配器类都支持的 pop 函数来移除队列的第一个元素。

```
1  // fig13_11.cpp
2  // Standard library queue adaptor class template.
3  #include <iostream>
4  #include <queue> // queue adaptor definition
5
6  int main() {
7     std::queue<double> values{}; // queue with doubles
8
9     // push elements onto queue values
10    values.push(3.2);
11    values.push(9.8);
12    values.push(5.4);
13
14    std::cout << "Popping from values: ";
15
16    // pop elements from queue
17    while (!values.empty()) {
18       std::cout << values.front() << ' '; // view front element
19       values.pop(); // remove element
20    }
21
22    std::cout << "\n";
23 }
```

```
Popping from values: 3.2 9.8 5.4
```

图 13.11 标准库 queue 适配器类模板

13.10.3 priority_queue 适配器

priority_queue 类（头文件 <queue>）以有序的方式向底层数据结构插入，并从底层数据结构的头部删除。默认情况下，priority_queue 用一个 vector 来存储它的元素。[21] 添加到 priority_queue 中的元素按“优先级顺序”（priority order）插入，所以最高优先级的元素将是第一个被移除的元素。这通常是通过将元素排列成一个“堆”（heap）来实现的。[22] 堆总是将其最高优先级的元素放在数据结构的开头。默认情况下，元素的比较是用“比较器函数对象”less<T> 来进行的。

priority_queue 支持的常见操作如下。

- push 按优先级顺序在适当位置插入一个元素。
- emplace 就地构造一个元素，然后优先级顺序对 priority_queue 进行重新排序。
- pop 移除 priority_queue 中最高优先级的元素。
- top 获取 priority_queue 队头（最高优先级）元素的引用——通过调用底层容器的 front 成员函数来实现。
- empty 判断 priority_queue 是否为空——通过调用底层容器的 empty 成员函数来实现。
- size 获取 priority_queue 的元素数——通过调用底层容器的 size 成员函数来实现。

图 13.12 演示了 priority_queue 类。第 7 行实例化一个包含 double 值的 priority_queue，它用一个 vector 作为底层数据结构。第 10 行～第 12 行使用成员函数 push 向 priority_queue 添加元素。第 17 行～第 20 行使用成员函数 empty（所有容器都可用）来判断 priority_queue 是否为空（第 17 行）。如果不是，第 18 行使用 priority_queue 的 top 函数来检索 priority_queue 中优先级最高的元素（本例就是最大的那个值）并输出。第 19 行调用所有适配器类都支持的 pop 函数来删除 priority_queue 中最高优先级的元素。

```
1  // fig13_12.cpp
2  // Standard library priority_queue adaptor class.
3  #include <iostream>
4  #include <queue> // priority_queue adaptor definition
5
6  int main() {
7     std::priority_queue<double> priorities; // create priority_queue
8
9     // push elements onto priorities
10    priorities.push(3.2);
11    priorities.push(9.8);
12    priorities.push(5.4);
13
14    std::cout << "Popping from priorities: ";
15
```

图 13.12 标准库 priority_queue 适配器类

```
   // pop element from priority_queue
   while (!priorities.empty()) {
      std::cout << priorities.top() << ' '; // view top element
      priorities.pop(); // remove top element
   }

   std::cout << "\n";
}
```

```
Popping from priorities: 9.8 5.4 3.2
```

图 13.12 标准库 priority_queue 适配器类（续）

13.11 bitset 近似容器

bitset 类（头文件 <bitset>）方便我们创建和操作**位集**（bit set），它代表了由位标志（bit flag）构成的一个集合。bitset 在编译时大小固定。bitset 类是执行位操作时的一种替代性工具。“位操作”的详情将网上英文版附录 E 中讨论。

以下声明：

```
bitset<size> b;
```

将创建名为 b 的 bitset，它将 size 所指定的那么多的二进制位初始化为 0（“关”）。

以下语句：

```
b.set(bitNumber);
```

将编号为 bitNumber 的二进制位设为“开”。也可以向该函数传递第二个 bool 类型的实参，指定是将位设为“开”（true）还是“关”（false）。b.set() 将 b 中的所有位设为“开”。

以下语句：

```
b.reset(bitNumber);
```

将编号为 bitNumber 的位重置为“关”。表达式 b.reset() 将 b 中的所有位重置为“关”。

以下语句：

```
b.flip(bitNumber);
```

切换编号为 bitNumber 位——如果位为“开”，就翻转为“关”；反之亦然。表达式 b.flip() 翻转 b 中的所有位。

对于一个非 const 的 bitset，表达式 b[bitNumber] 会返回一个

std::bitset::reference[23]，可利用该引用来操作位于 bitNumber 的 bool。如果 bitset 为 const，则返回目标位置那个 bool 的一个拷贝。

表达式 b.test(bitNumber) 先对 bitNumber 执行范围检查。如果 bitNumber 在范围内（根据 bitset 中的二进制位数），test 会在目标位为“开”时返回 true，为“关”时返回 false。如果超出范围，test 会抛出一个 out_of_range 异常。

表达式 b.size() 返回 bitset 中的二进制位数。表达式 b.count() 则返回当前已被 set 的二进制位数（即为 true 的位数）。

表达式 b.any()（自 C++11 加入）在任何位被 set 的前提下返回 true。

表达式 b.all()（自 C++11 加入）在所有位被 set 的前提下返回 true。

表达式 b.none()（自 C++11 加入）在没有任何位被 set（即所有位都为 false）的前提下返回 true。

表达式 b == b1 和 b != b1 分别比较两个 bitset 是相等还是不相等。

所有按位赋值操作符 &=、|= 和 ^=（在网上的附录 E 中讨论）都可用于合并 bitset。例如以下语句：

```
b &= b1;
```

执行 b 和 b1 之间的按位 AND；如果某一位在 b 和 b1 中都为“开”，就将 b 中的那一位设为“开”。

以下按位 OR 操作：

```
b |= b1;
```

如果某一位在 b 或 b1 中为“开”，就将 b 中的那一位设为“开”。

以下按位 XOR 操作：

```
b ^= b2;
```

为了将 b 中的一位设为“开”，要求 b 和 b1 中任意一个的对应位为“开”，但不能全部为“开”。

还可以执行按位 NOT 操作。以下表达式返回 bitset 的一个拷贝，其中所有位都被反转：

```
~b
```

以下语句：

```
b >>= n;
```

将所有位右移 n 个位置。以下语句：

```
b <<= n;
```

则将所有位左移 n 个位置。

以下表达式：

```
b.to_string()
b.to_ulong()
b.to_ullong()
```

将 bitset 分别转换为一个 string、一个 unsigned long 和一个 unsigned long long。

13.12 选读：Big O 简介

本章使用了 $O(1)$、$O(n)$ 和 $O(\log n)$ 等 Big O 符号。本节将解释这些符号的含义，并介绍另外两个：$O(n^2)$ 和 $O(n \log n)$。这些 Big O 表达式描述了一个算法在处理 n 个数据项时必须完成的工作量。对于今天的电脑来说，虽然它们每秒或许能完成几十亿次操作，但最终还是要由大 O 表达式决定一个程序是几乎立即运行完成，还是需要几秒钟、几分钟、几小时、几天、几个月、几年甚至更长时间。显然，谁都喜欢更快完成的算法，即使它们要处理的数据量 n 比较大。对于当今的“大数据”计算应用，这一点尤其重要。在标准库容器和算法的实现中，被认为效率处于合理区间的 Big O 包括 $O(1)$、$O(n)$ 和 $O(\log n)$，甚至包括 $O(n \log n)$——后者对于优良的排序算法来说是很常见的。而被归类为 $O(n^2)$ 或更差的算法，例如 $O(n^2)$ 或 $O(n!)$，即使它们处理的数据项并不多，也可能要运行几个世纪、几千年或更长时间。所以，要避免写这样的算法。

查找算法都是为了同一个目标：在容器（这里假设是一个数组容器）中找到与给定查找键相匹配的元素——如果这样的元素确实存在的话。然而，有几样东西造成了不同查找算法之间的差异。最主要的差异是它们为了完成查找而必须投入的工作量，这具体取决于必须查找的数据项数量。描述这种工作量的一种方法就是使用 Big O 符号，它表示一个算法可能需要多大的投入才能解决一个问题。对于查找和排序算法，这主要取决于总共有多少数据元素。

$O(1)$ 算法

假设某算法测试数组第一个元素是否等于第二个元素。对于有 10 个元素的数组，该算法只需进行一次比较。对于有 1000 个元素的数组，它还是只需一次比较。事实上，该算法与数组元素数量 n 无关。我们说这种算法具有**恒定运行时间**（constant running time），用 Big O 符号表示成 $O(1)$，并被读作“order one”。$O(1)$ 算法并没有规定只能执行一次比较。相反，$O(1)$ 只是说比较次数恒定——它不会随着数组的增大而增加。如果一个算法测试数组第一个元素是否等于随后三个元素中的任何一个，那么虽然要进行三次比较，但仍然是 $O(1)$ 算法。

$O(n)$ 算法

假设某算法测试数组第一个元素是否等于其他任何数组元素，那么它最多需要进行 $n-1$ 次比较，其中 n 是数组元素的数量。如果数组有 10 个元素，那么该算法最多需要 9 次比较。如果数组有 1000 个元素，则最多需要 999 次比较。随着 n 的增长，表达式 $n-1$ 的 n 部分“占据主导”，减 1 变得不重要了。Big O 的设计是为了突出这种主导项，忽略那些随着 n 的增长变得不重要的项。由于这个原因，一个总共需要 $n-1$ 次比较的算法（比如我们前面描述的那个）被称为 $O(n)$。我们说一个 $O(n)$ 算法具有**线性运行时间**（linear running time）。$O(n)$ 读作“on the order of n”，或者简单地读作“order n”。

$O(n^2)$ 算法

假设某算法测试数组的任何元素是否在数组的其他地方重复。第一个元素必须与数组中的其他所有元素比较。第二个必须与除第一个之外的其他所有元素比较（它已经与第一个元素比较过了）。第三个必须与除前两个之外的其他所有元素比较。最终，该算法要进行 $(n-1)+(n-2)+\cdots+2+1$ 或者 $n^2/2-n/2$ 次比较。随着 n 的增大，n^2 项将占据主导，n 项变得越来越不重要。同样，Big O 符号应强调项 n^2，忽略 $n/2$。

Big O 关注的是一个算法的运行时间如何随着所处理的数据量而增长。假设一个算法需要进行 n^2 次比较。对于 4 个元素，该算法需要 16 次比较；对于 8 个元素，需要 64 次比较。在这个算法中，倍增元素数量会造成比较次数增大到原来的四倍。考虑一个类似的、需要 $n^2/2$ 次比较的算法。4 个元素需要 8 次比较，8 个元素需要 32 次比较。同样，元素数量增加一倍，比较次数会增加到原来的四倍。这两种算法的运行时间都以 n 的平方增长，所以 Big O 忽略了常数，认为这两种算法都是 $O(n^2)$，称为**平方运行时间**（quadratic running time），读作“on the order of n-squared”（n 的平方阶）或者更简单地读作“order n-squared”（平方阶）。

线性查找的效率 $O(n)$

线性查找算法的运行时间为 $O(n)$，它通常用于查找未排序（无序）数组。在最坏的情况下，这种算法必须检查每个元素以确定查找键是否在数组中。数组大小增加一倍，算法在最坏情况下必须进行的比较次数也会增加一倍。如果与查找键相匹配的元素恰好在数组的开头或者附近，线性查找能提供出色的性能。但是，我们寻求的是在所有查找中都表现良好的算法，包括目标元素在数组末端的情况。

线性查找很容易编程，但与其他查找算法相比可能很慢，特别是当 n 变得很大时。如果一个程序需要对大数组进行多次查找，最好是实现一种更高效的算法，例如第 14 章要讨论的 `binary_search` 算法。

性能提示

有的时候，最简单的算法表现也很差。它们的优点是容易编程、测试和调试。有的时候，需要更复杂的算法来实现最好的性能。

二叉查找效率 $O(\log n)$

在最坏情况下，查找包含 1023（$2^{10}-1$）个元素的有序数组，用二叉查找只需要进行 10 次比较。该算法将查找键与有序数组的中间元素进行比较。如果匹配的，查找就结束了。更有可能的是，查找键会比中间元素大或小。如果更大，就可以把数组前半部分排除在外。如果比中间元素小，就可以把数组后半部分排除在外。这就产生了折半的效果。在随后的查找中，我们只需对位置 511、255、127、63、31、15、7、3 和 1 的元素进行比较。所以，在最坏情况下，1023（$2^{10}-1$）个元素只需折半 10 次就能找到目标键或者确定它不在数组中。折半（除以 2）相当于二叉查找算法中的一次比较。因此，包含 1 048 575（$2^{20}-1$）个元素的数组最多需要 20 次比较就能找到键，而大概 10 亿个元素的数组最多需要 30 次比较。二叉查找的性能相比线性查找有了巨大的提升。对于一个 10 亿元素的数组，线性查找平均需要 5 亿次比较，而二叉查找最多只需要 30 次比较！对任何有序数组进行二叉查找，所需的最大比较次数是大于数组元素数量的第一个 2 的幂的指数，表示为 $\log_2 n$。所有对数都以“大致相同的速度”增长，所以出于 Big *O* 比较的目的，我们可以省略底数。这导致二叉查找算法的 Big *O* 符号写成 $O(\log n)$，这称为**对数运行时间**（logarithmic running time），读作“order log *n*”。

常用的 Big *O* 符号

下表列出了各种常见的 Big *O* 符号和 *n* 值，方便你体会增长率的差异。如果把表中的数值理解为计算的秒数，就可以很容易地理解为什么要避免使用 $O(n^2)$ 算法！

n =	$O(1)$	$O(\log n)$	$O(n)$	$O(n \log n)$	$O(n2)$
1	1	0	1	0	1
2	1	1	2	2	4
3	1	1	3	3	9
4	1	1	4	4	16
5	1	1	5	5	25
10	1	1	10	10	100
100	1	2	100	200	10 000
1 000	1	3	1 000	3 000	10^6
1 000 000	1	6	1 000 000	6 000 000	10^{12}

13.13 选读：哈希表简介

程序在创建对象时，可能需要以高效的方式存储和检索它们。如果数据的某些方面直接与数值键值相匹配，而且键是唯一和紧致的，那么用数组来存储和检索信息会非常高效。例如，假定企业有 100 名拥有 9 位美国社会安全号码的雇员，你想使用社会安全号码作为数组索引来存储和检索员工数据，那么需要包含超过 8 亿个元素的一个数组，因为根据美国社会安全局的网站（https://www.ssa.gov/employer/randomization.html），9 位社会安全号码必须以 001-899 开头（666 除外）。这对使用社会安全号码作为键的大多数应用程序来说都是不现实的。对于一个拥有如此大的数组的程序，不可能通过简单地使用社会安全号码作为数组索引来实现存储和检索雇员记录时的高性能。

许多应用都有这样的问题——即要么键的类型不对（例如，不是可作为数组下标使用的正整数），要么键的类型对了，但稀疏分布于一个巨大的范围内（例如小公司雇员的社会安全号码）。现在需要的是一种高速的方案，它能将社会安全号码、库存零件号码这样的键转换为合理大小的一个数组中的唯一数组索引。然后，当应用程序需要存储一个数据项时，该方案可以将应用程序的键迅速转换为数组索引——这个过程称为哈希或散列（hashing）。然后，数据就可以存储到数组的那个位置。检索以同样的方式完成。如果应用程序想检索和一个键关联的数据，那么只需对键进行希处理，就能获得数据所在位置的数组索引。

“哈希”或“散列”这个名字是怎么来的？在转换过程中，我们相当于打散了二进制位，形成了一种“混杂”或者说“散列”的数字。这个数字除了在存储和检索特定数据时有用之外，没有其他任何实际意义。

该方案存在一个称为碰撞的缺陷。当两个不同的键“哈希”到数组中的同一个单元（元素）时，就会发生碰撞。一个地方不能存储两个值，除了哈希到一个地方的第一个值，哈希到此处的其他所有值都需要找一个另外的家。有许多方案可以做到这一点。一个方案是“再次哈希”（hash again）——对上一个哈希结果应用另一次哈希转换，以提供数组中的下一个候选单元。哈希算法被设计成将值均匀散布于整个表中。因此，有望通过一次或几次哈希找到一个可用的单元。

另一个方案是进行一次哈希以定位第一个候选单元。如果该单元被占用，就依次检查相邻的单元，直到找到一个可用的。检索（数据取回）的工作方式也是如此。键被哈希一次以确定初始位置，并检查它是否包含所需的数据。如果包含，查找就结束了；否则，依次查找连续的单元，直到找到所需的数据。解决哈希表碰撞问题的一个流行的方案是让表的每个单元都成为一个**哈希桶**（hash bucket）——通常是一个链表，其中包含哈希到这个桶中的所有键值对。

散列表的负载因子或**加载因子**（load factor）影响着哈希方案的性能。负载因子是指哈希表中被占用的单元数量与哈希表中单元总数的比率。这个比率越接近 1.0，碰撞的机会就越大，而碰撞会减缓数据插入和检索的速度。

性能提示 哈希表的负载因子是内存空间 / 执行时间权衡的一个典型例子：通过增大负载因子，我们可以得到更好的内存利用率。但是，由于哈希碰撞的增加，程序会运行得更慢。通过减小负载因子，由于减少了散列碰撞，所以可以得到更好的程序运行速度，但会得到更差的内存利用率，因为哈希表的大部分都是空着的。

C++ 语言的 `unordered_set`、`unordered_multiset`、`unordered_map` 和 `unordered_multimap` 关联式容器在幕后都作为哈希表来实现。使用这些容器时，可以获得高速数据存储和检索的好处，同时不必建立自己的哈希表机制——“重用”的一个经典例子。

哈希的另一个有趣的应用是虚拟内存。[24] VMWare[25] 公司致力于创建虚拟化产品。例如，我们在 macOS 系统上使用 VMWare Fusion 来跑 Windows 和 Linux。它们作为虚拟内存操作系统运行。程序和数据用大容量二级存储来维护，并被加载到有限的主存（甚至更有限和更快的高速缓存）来执行。高效运行应用程序的诀窍在于，将程序中需要在特定时间内执行的部分保留在主内存（和高速缓存）中。为了在虚拟内存中查找这些程序片断，需要在定义了虚拟内存的一个非常大的数据结构中查找。VMWare 正在探索如何将哈希技术与称为**转换后备缓冲区**（Translation Look-aside Buffer，TLB）的硬件一起使用，以加快定位所需虚拟内存片段的过程 [26]。

13.14 小结

本章介绍了标准库的三个关键组件：容器、迭代器和算法。我们讨论了线性序列容器，包括 `array`（第 6 章）、`vector`、`deque`、`forward_list` 和 `list`，它们代表的都是线性数据结构。还讨论了非线性关联式容器，包括 `set`、`multiset`、`map` 和 `multimap` 以及它们的无序版本。我们讨论了如何使用容器适配器 `stack`、`queue` 和 `priority_queue` 来限制序列容器 `vector`、`deque` 和 `list` 的操作，以实现容器适配器所代表的特殊数据结构。我们讨论了迭代器的分类，强调任何容器只要支持算法所需的最小迭代器功能，就可以将这种算法应用于这种容器。我们区分了“普通范围”和 C++20“范围”，并演示了 `std::ranges::copy` 算法。还介绍了 `bitset` 类的特性，它作为一种近似容器，可以方便你创建和操作位集合（位标志集）。

第 14 章将继续讨论标准库的容器、迭代器和算法，算法会被重点讨论。你会看到，

C++20“概念”在最新版本的标准库中得到了广泛应用。我们将讨论决定哪些容器可与每个算法一起使用的最低迭代器要求。我们将继续讨论 `lambda` 表达式，并演示如何将函数指针和函数对象——重载了函数调用（圆括号）操作符的类的实例——传递给算法。在第 15 章，你将看到在创建自定义容器和自定义迭代器时，C++20“概念”是如何发挥作用的。

注释

1. STL 是由惠普公司的亚历山大 • 施特帕罗夫（Alexander Stepanov）和李孟（Meng Lee）基于他们的泛型编程研究而开发的，大卫 • 穆塞尔（David Musser）也做出了重要贡献。施特帕罗夫在 1993 年 11 月的 ANSI/ISO C++ 标准化委员会会议上首次提出将 STL 纳入 C++。它在 1994 年 7 月被批准加入（https://zh.wikipedia.org/wiki/ 标准模板库）。
2. C++ Core Guidelines，“SL.1: Use Libraries Wherever Possible”，访问日期 2022 年 1 月 22 日，https://isocpp.github.io/CppCoreGuidelines/CppCoreGuidelines#Rsl-lib。
3. 本节旨在为全章内容提供一个索引。以后在学习本章的代码示例时，可以回头参考本节的内容。
4. 访问日期 2022 年 1 月 22 日，https://zh.cppreference.com/w/cpp/container/set。
5. 访问日期 2022 年 1 月 22 日，https://zh.cppreference.com/w/cpp/container/map。
6. 访问日期 2022 年 1 月 22 日，https://zh.cppreference.com/w/cpp/container/unordered_set。
7. 访问日期 2022 年 1 月 22 日，https://zh.cppreference.com/w/cpp/container/unordered_map。
8. 要了解 valarray 及其对数学运算的支持，请参考它的文档（https://zh.cppreference.com/w/cpp/numeric/valarray）以及“std::valarray Class in C++”一文（https://www.geeksforgeeks.org/std-valarray-class-c/）。
9. “容器库—成员函数表格”，https://zh.cppreference.com/w/cpp/container。
10. C++ Core Guidelines，“SL.con.2: Prefer Using STL vector By Default Unless You Have a Reason to Use a Different Container”，访问日期 2022 年 1 月 22 日，https://isocpp.github.io/CppCoreGuidelines/CppCoreGuidelines#Rsl-vector。
11. 访问日期 2022 年 1 月 22 日，https://zh.cppreference.com/w/cpp/container/deque。
12. 访问日期 2022 年 1 月 22 日，https://zh.cppreference.com/w/cpp/container/vector。
13. forward_list 没有 size 成员函数。
14. 访问日期 2022 年 1 月 22 日，https://zh.cppreference.com/w/cpp/container/list。
15. 访问日期 2022 年 1 月 22 日，https://zh.cppreference.com/w/cpp/container/queue。
16. 这属于一种实现细节，C++ 标准没有做具体规定。
17. 访问日期 2022 年 1 月 22 日，https://zh.cppreference.com/w/cpp/container。
18. 访问日期 2022 年 1 月 22 日，https://zh.cppreference.com/w/cpp/utility/hash。
19. 译注：“异质”在这里指的是存储的类型和查找的类型不一样。
20. 访问日期 2022 年 1 月 22 日，https://zh.cppreference.com/w/cpp/container/queue。
21. 访问日期 2022 年 1 月 22 日，https://zh.cppreference.com/w/cpp/container/priority_queue。
22. 不要混淆“堆”和“动态分配的内存”。
23. 访问日期 2022 年 1 月 22 日，https://zh.cppreference.com/w/cpp/utility/bitset/reference。
24. 访问日期 2022 年 1 月 22 日，https://en.wikipedia.org/wiki/Virtual_memory。

25. “VMWare: 关于我们”，https://www.vmware.com/cn/company.html。
26. Alex Conway, Rob Johnson, Jayneel Gandhi, et al.,“Hash-Based Virtual Memory: Reducing the Costs of Virtual Memory Through Better Data Structures.” VMWare，访问日期 2022 年 1 月 22 日，https://research.vmware.com/projects/hashed-p-o-t-a-t-o-e。

第 14 章

标准库算法和 C++20 范围 / 视图

学习目标

- 理解使用标准库容器和算法的最低迭代器要求
- 创建捕获局部变量并在主体中使用这些变量的 `lambda` 表达式
- 使用许多 C++20 `std::ranges` 算法
- 理解与 C++20 `std::ranges` 算法的最低迭代器要求相对应的 C++20 “概念”
- 比较新的 C++20 `std::ranges` 算法和旧的“普通范围”`std` 算法
- 将迭代器用于算法以访问和操作标准库容器中的元素
- 将 `lambda`、函数指针和函数对象（大多可互换）传给标准库算法
- 在用 C++20 范围算法处理对象时，使用“投射”来转换范围内的对象
- 使用 C++20 视图和 C++20 范围的惰性求值
- 了解 C++23 可能支持的 C++ 范围特性
- 了解用于提升性能的并行算法，第 17 章将具体讨论这些算法

14.1 导读

本章旨在作为大量标准库算法的一个参考。它侧重于常见的容器操作，包括填充值、生成值、比较元素或整个容器、移除元素、替换元素、数学运算、查找、排序、交换、拷贝、合并、集合运算、确定边界以及计算最小值和最大值等。标准库提供了许多预包装的、模板化的算法。

- 90 个在 `<algorithm>` 头文件的 `std` 命名空间中，其中 82 个还在 C++20 `std::ranges` 命名空间进行了重载。
- 11 个在 `<numeric>` 头文件的 `std` 命名空间中。
- 14 个在 `<memory>` 头文件的 `std` 命名空间中，全部都在 `std::ranges` 命名空间针对 C++20“范围”进行了重载。

许多是在 C++11 和 C++20 中添加的，少数几个在 C++17 中添加。要查看完整算法列表及其说明，请访问 https://zh.cppreference.com/w/cpp/algorithm。

最低算法要求和 C++20“概念”

概念

标准库的算法指定了最低要求，它们帮助你确定可以向每个算法传递哪些容器、迭代器和函数。`std::ranges` 命名空间中基于 C++20“范围”的算法用 C++20“概念”来指定它们的要求。本章将简单地介绍 C++20“概念”，帮助你理解使用这些算法的要求。第 15 章在创建自定义模板时，会更深入地讨论“概念”。

比较基于 C++20“范围”的算法与早期的“普通范围”算法

本章讨论的大多数算法都在以下命名空间中。

- 用于 C++20“范围”的 `std::ranges` 命名空间。
- 用于 C++20 之前的“普通范围”的 `std` 命名空间——也就是一对迭代器，分别代表范围的第一个元素和该范围结束后的那个元素。

我们将主要关注算法基于 C++20“范围”的版本。[1,2]

lambda、函数指针和函数对象

6.14.2 节已经介绍了 lambda 表达式。14.3 节会重新审视它们并介绍更多细节。届时会讲到，许多算法都能接收一个 lambda、一个函数指针或者一个函数对象作为实参。本章大多数例子都使用 lambda，因为它们在表达小任务时很方便。在 14.5 节中，你会看到 lambda 表达式通常可与函数指针或函数对象（也称为仿函数或 functor）互换。函数对象的类重载了 `operator()` 函数，允许将对象名作为函数名使用，即 *objectName*(实参)。在本章，当我们说一个算法可以接收一个函数作为实参时，意思是它可以接收一个函数、一个 `lambda` 或者一个函数对象。

C++20“视图”和进行惰性求值的函数式编程

像许多现代语言一样，C++ 也支持**函数式编程**（functional-style programming），6.14.3 节已经介绍了这种能力。具体而言，我们演示了过滤、映射和归约操作。14.7 节继续介绍如何使用 C++20 新的 `<ranges>` 库进行函数式编程。

并行算法

C++17 在头文件 `<algorithm>` 中为 69 个标准库算法引入了新的并行重载版本，使你能充分利用多核处理器架构来提升程序性能。我们在 14.8 节简单介绍了这些并行重载，并在 14.9 节的标准库算法汇总表中列举了具有并行版本的算法。第 17 章会详细演示几种并行算法。在那一章，我们将利用 `<chrono>` 头文件提供的功能，分别为单核处理器上顺序运行的和多核处理器上并行运行的标准库算法计时，以便体会性能的提升。

展望 C++23“范围”

一些 C++20 算法——包括在 `<numeric>` 头文件中提供的算法和在 `<algorithm>` 头文件中提供的并行算法——没有在 `std::ranges` 中提供重载版本。14.10 节概述了预计 C++23 会进行的更新，并介绍了开源项目 `rangesnext`，[3] 它包含了对一些拟议更新的实现。

14.2 算法要求：C++20“概念”

C++ 标准库将容器与操作容器的算法分开。大多数算法通过迭代器间接操作容器元素。这种架构使我们可以更容易地编写适用于各种容器的通用算法，这是标准库算法的优势。

软件工程

容器类模板及其相应的迭代器类模板通常在同一个头文件中。例如，`<vector>` 头文件包含了 `vector` 类及其迭代器类的模板。容器在内部创建其迭代器类的对象，并通过容器的成员函数（例如 `begin`、`end`、`cbegin` 和 `cend`）返回它们。

迭代器要求

软件工程

为了实现最大程度的重用，每种算法都可以操作满足该算法最小迭代器要求的任何容器。[4] 例如，一个要求正向迭代器的算法可以操作任何至少提供了正向迭代器的容器。所有标准库算法都能操作 vector 和 array，因为这两种容器都支持连续迭代器，提供了 13.3 节讨论的每一种迭代器操作。

在 C++20 之前，是下面这样的。

- 每个容器的文档都提到了它所支持的迭代器等级。
- 每个算法的文档都提到了它的最低迭代器要求。

你应该遵守算法文档提到的要求，只为容器使用满足要求的迭代器。如果传递了错误的迭代器类型，编译器会在整个算法的模板定义中替换该类型，而正如本贾尼 • 斯特劳斯特卢普（Bjarne Stroustrup）所观察到的，会产生“惊人的错误消息”。[5]

C++20“概念”

“概念”是 C++20 的四大特性之一，是对配合模板使用的类型进行限制的一种技术。C++ 之父本贾尼 • 斯特劳斯特卢普指出，“概念完成了最初（几十年前）对 C++ 模板的构想”。[6] 每个概念都指定了一个类型的要求或者类型之间的关系。[7]

当算法的参数受到一个概念的约束时，在整个函数模板中用实参的类型来替换之前，编译器将检查函数调用是否符合要求。如果提供的实参类型不满足概念的要求，那么概念的一个好处就是：编译器产生的错误消息比老式的“普通范围”算法少得多，也清晰得多。这使你更容易理解错误并纠正代码。

本章重点在于 C++20 新的基于范围的算法，这些算法受到许多 C++20 预定义概念的制约。标准中共有 76 个预定义概念。[8, 9] 虽然第 6 章和第 13 章都广泛使用了标准库模板，本章也会继续使用，但我们始终没有在代码中使用“概念”，本章也不会。这是创建 C++20 基于范围的算法的程序员的工作，是由他们在算法的函数模板签名中使用概念来指定算法对迭代器和范围的要求。

概念

调用 C++20 基于范围的算法时，必须传递满足算法要求的容器和迭代器实参。因此，对于本章介绍的算法，我们将指出算法原型中指定的预定义概念名称，并简要说明它们是如何对算法的实参进行约束的。还会用会用本段旁边的空白处的图标来标注概念。第 15 章将从模板开发者的角度出发，演示如何用概念实现自定义模板。

C++20 迭代器概念

概念

查看 C++20 基于范围的算法的文档时，经常会在它们的原型中看到以下 C++20“迭代器概念”，它们在 <iterator> 头文件的 std 命名空间中定义：

- `input_iterator`
- `output_iterator`
- `forward_iterator`
- `bidirectional_iterator`
- `random_access_iterator`
- `contiguous_iterator`

它们指定了对第 13 章介绍的各种迭代器类别的要求。“迭代器概念”的完整清单请访问 https://zh.cppreference.com/w/cpp/iterator。

C++20 中的范围概念

范围概念描述了一个具有起始迭代器和结束哨兵的类型，两者可以是不同的类型。在基于 C++20 范围的算法的原型中，经常会看到以下 C++20 范围概念：

概念

- `input_range`——支持 `input_iterator` 的一个范围
- `output_range`——支持 `output_iterator` 的一个范围
- `forward_range`——支持 `forward_iterator` 的一个范围
- `bidirectional_range`——支持 `bidirectional_iterator` 的一个范围
- `random_access_range`——支持 `random_access_iterator` 的一个范围
- `contiguous_range`——支持 `contiguous_iterator` 的一个范围

它们在 `<ranges>` 头文件的 `std::ranges` 命名空间中定义，指定了对范围的要求，这些范围支持第 13 章介绍的迭代器类别。未来章节遇到其他概念时也会及时说明。

14.3 lambda 和算法

可以通过传递一个函数作为实参来自定义许多标准库算法的行为。6.14.2 节讲到，可以使用 lambda 表达式来定义匿名函数——而且通常在其他函数内部。[10]8.19 节讲到，它们可以操作外层包围函数的局部变量。我们经常将 lambda 传递给标准库算法，因为它们在表达小任务时很方便。

图 14.1 的程序重新审视了标准库的 `copy` 和 `for_each` 算法，这次使用的是 C++20 的 `std::ranges` 版本。11.6 节讲过，`for_each` 要求接收一个函数作为参数，以指定要在每个容器元素上执行的任务。

```
// fig14_01.cpp
// Lambda expressions.
```

图 14.1 lambda 表达式

```
3   #include <algorithm>
4   #include <array>
5   #include <iostream>
6   #include <iterator>
7
8   int main() {
9      std::array values{1, 2, 3, 4}; // initialize values
10     std::ostream_iterator<int> output{std::cout, " "};
11
12     std::cout << "values contains: ";
13     std::ranges::copy(values, output);
14
```

```
values contains: 1 2 3 4
```

图 14.1 lambda 表达式（续）

copy 算法以及“普通范围”和 C++20“范围”对迭代器的要求

第 9 行创建一个 int 数组，第 13 行使用一个 ostream_iterator 和来自 C++20 std::ranges 命名空间的 copy 算法[11]来显示这些值。13.6.2 节是像下面这样调用“普通范围”的 std::copy 算法：

```
std::copy(integers.cbegin(), integers.cend(), output);
```

旧算法的文档指出，前两个实参必须是输入迭代器，指定要拷贝的“普通范围”的开头和结尾。第三个实参是一个输出迭代器，指定要将元素拷贝到哪里。

第 13 行调用的 std::ranges 版本的 copy 只需要两个实参：values 容器和一个 ostream_iterator。这个版本的 copy 通过以下两个调用来帮你确定 values 的开头与结尾：

```
std::ranges::begin(values)
```

和

```
std::ranges::end(values)
```

C 概念

任何支持 begin 和 end 迭代器的容器都可以被视为一个 C++20“范围”。std::ranges::copy 算法的第一个参数必须是一个 input_range，第二个参数必须是一个输出迭代器。本例是向标准输出流写入，但也可以向另一个范围写入。输出迭代器有下面几个要求。

C 概念

- 它必须为 std::weakly_incrementable，这意味着它必须支持 ++ 操作符以实现对序列的遍历。所有迭代器都支持该操作符。

- 它还必须为 std::indirectly_copyable，这指定了 copy 的 input_range 迭代器和输出迭代器之间的关系。具体地说，input_range 的迭代器必须为 std::indirectly_readable，使 copy 能对迭代器进行解引用，以便读取给定类型的元素。而输出迭代器必须为 std::indirectly_writable，使 copy 能对迭代器进行解引用，以便将那种类型的已拷贝元素写入目标范围。

概念

indirectly_readable 和 indirectly_writable 这两个概念又有许多额外的要求。为简单起见，今后当一个算法要求一个 weakly_incrementable 输出迭代器时，我们会简单地说“输出迭代器”。

概念

使用 C++20 基于范围的算法，而不是使用老式的“普通范围”算法。传递整个容器，而不是传递 begin 和 end 迭代器。这样可以简化你的代码，并避免意外传递不匹配的迭代器——即 begin 迭代器指向一个容器，end 迭代器指向另一个容器。

错误提示

软件工程

for_each 算法

本例使用了两次来自 C++20 std::ranges 命名空间的 for_each 算法。第 17 行第一次调用时，将 values 的每个元素乘以 2 并显示结果。

```
15      // output each element multiplied by two
16      std::cout << "\nDisplay each element multiplied by two: ";
17      std::ranges::for_each(values, [](auto i) {std::cout << i * 2 << " ";});
18
```

```
Display each element multiplied by two: 2 4 6 8
```

std::ranges::for_each 算法的两个参数如下。

概念

- 一个 input_range（values），其中包含要处理的元素。
- 一个单参数函数，允许它修改作为实参传给它的、input_range 中的元素。

for_each 算法反复调用第二个实参指定的函数，每次向函数传递 input_range 实参中的一个元素。

具有空 introducer 的 lambda

第 17 行的 lambda 将其实参 i 乘以 2 并显示结果。lambda 以 lambda introducer（[]）开始，后跟参数列表和主体。本例的 lambda introducer 是空的，所以它没有捕获任何局部变量。参数类型是 auto，所以这是一个泛型 lambda，编译器根据上下文推断参数类型。由于我们遍历的是 int 值，所以编译器推断参数 i 的类型是 int。

第 17 行的 lambda 用 int 特化后，类似于以下独立函数：

```
void timesTwo(int i) {
   cout << i * 2 << " ";
}
```

如果定义了这个函数，可以把它传给 `for_each`，如下所示：

```
std::ranges::for_each(values, timesTwo);
```

具有非空 introducer 的 lambda：捕获局部变量

核心准则

第 21 行调用 `for_each` 计算 `values` 所有元素之和。lambda introducer [&sum] 以传引用（&）的方式捕获第 20 行定义的局部变量 `sum`，这样一来，`lambda` 能够修改 `sum` 的值。[12, 13, 14] `for_each` 算法将 `values` 的每个元素传给 `lambda`，后者将该元素加到 `sum` 上。第 22 行显示 `sum`。如果不写 & 符号，`sum` 会以传值方式捕获，并会造成编译错误，因为 lambda 的参数默认被视为 `const`。

```
19      // add each element to sum
20      int sum{0}; // initialize sum to zero
21      std::ranges::for_each(values, [&sum](auto i) {sum += i;});
22      std::cout << "\nSum of value's elements is: " << sum << "\n";
23  }
```

```
Sum of value's elements is: 10
```

lambda introducers [&] 和 [=]

lambda introducer 可以通过提供一个逗号分隔的变量列表，从包围函数的作用域中捕获多个变量。也可以使用 [&] 或 [=] 这两种形式的 lambda introducer 来捕获多个变量。

- lambda introducer [&] 表示在 lambda 主体中使用的包围作用域内的每个变量都应该以“传引用”的方式捕获。
- lambda introducer [=] 表示在 lambda 主体中使用的来自包围作用域内的每个变量都应该“传值”的方式捕获。

软件工程

更好的方式是指定具体要捕获的变量。如果指定了要捕获的变量列表，每个附加了 & 前缀的都会以“传引用”的方式捕获。

lambda 返回类型

编译器可以根据主体中的 `return` 语句推断 lambda 的返回类型。也可以使用 C++11 的尾随返回类型（trailing return type）语法来显式指定 lambda 的返回类型：

```
[](parameterList) -> type {lambdaBody}
```

尾随返回类型（`-> type`）放在参数列表的结束右圆括号和 lambda 的主体之间。

14.4 算法

14.4.1 节～14.4.14 节演示了许多标准库算法，其中大多数都是 C++20 std::ranges 的版本。

14.4.1 fill、fill_n、generate 和 generate_n

图 14.2 演示了来自 C++20 std::ranges 命名空间的 fill、fill_n、generate 和 generate_n 算法。

- fill 算法和 fill_n 算法将范围的所有元素或者前 *n* 个元素以为指定值。
- generate 算法和 generate_n 算法使用一个**生成器函数**（generator function）[15] 为范围的每个元素或者前 *n* 个元素创建值。生成器函数无参并返回一个值。

第 9 行～第 12 行定义了一个名为 nextLetter 的函数，它负责生成字母。还会把它作为一个 lambda 来实现，以便你体会两者的相似性。[16] 第 15 行定义了包含 char 值的一个 10 元素 std::array，并命名为 chars。本例将操作其中的值。

```
1  // fig14_02.cpp
2  // Algorithms fill, fill_n, generate and generate_n.
3  #include <algorithm> // algorithm definitions
4  #include <array> // array class-template definition
5  #include <iostream>
6  #include <iterator> // ostream_iterator
7
8  // returns the next letter (starts with A)
9  char nextLetter() {
10    static char letter{'A'};
11    return letter++;
12 }
13
14 int main() {
15    std::array<char, 10> chars{};
```

图 14.2 fill、fill_n、generate 和 generate_n 算法

fill 算法

第 16 行使用 C++20 std::ranges::fill 算法在 chars 的每个元素中填充 '5'。第一个实参必须是一个 output_range，这样算法才能做到以下两点。 概念

- 使用 ++ 来递增迭代器，以便从范围的开头遍历到结束。
- 对迭代器进行解引用，以便向当前元素写入一个新值。

概念

array 具有 contiguous_iterator，它支持所有迭代器操作。所以 fill 可以用 ++ 来递增迭代器。另外，chars 数组是非 const 的，所以 fill 能对迭代器进行解引用，以便向范围中写入值。第 20 行显示 chars 的元素。在示例输出中，我们加粗显示了算法对 chars 的每一处改动。

```
16      std::ranges::fill(chars, '5'); // fill chars with 5s
17
18      std::cout << "chars after filling with 5s: ";
19      std::ostream_iterator<char> output{std::cout, " "};
20      std::ranges::copy(chars, output);
21
```

```
chars after filling with 5s: 5 5 5 5 5 5 5 5 5 5
```

fill_n 算法

概念

第 23 行使用 C++20 的 std::ranges::fill_n 算法将字符 'A'（第三个实参）填充到 chars 的前 5 个元素中（由第二个实参指定）。第一个实参要求至少是一个 output_iterator。array 对象支持 contiguous_iterator，而 chars 是非 const 的，所以通过调用 chars.begin() 返回的一个迭代器，fill_n 可以向 chars 中写入值。

```
22      // fill first five elements of chars with 'A's
23      std::ranges::fill_n(chars.begin(), 5, 'A');
24
25      std::cout << "\nchars after filling five elements with 'A's: ";
26      std::ranges::copy(chars, output);
27
```

```
chars after filling five elements with 'A's: A A A A A 5 5 5 5 5
```

generate 算法

概念

第 29 行使用 C++20 的 std::ranges::generate 算法为 chars 的每个元素生成值。第一个实参必须是一个 output_range。第二个实参是一个无参且返回一个值的函数。nextLetter 函数（第 9 行～第 12 行）定义了一个 char 类型的静态局部变量 letter 并将其初始化为 'A'。第 11 行返回 letter 的当前值，对它进行后递增，以便在函数的下一次调用中使用。

```
28     // generate values for all elements of chars with nextLetter
29     std::ranges::generate(chars, nextLetter);
30
31     std::cout << "\nchars after generating letters A-J: ";
32     std::ranges::copy(chars, output);
33
```

```
chars after generating letters A-J: A B C D E F G H I J
```

generate_n 算法

概念

第 35 行使用 C++20 的 `std::ranges::generate_n` 算法将每次调用 `nextLetter` 的结果填充到 `chars` 从 `chars.begin()` 开始的 5 个元素中。第一个实参要求至少是一个 `indirectly_writable` 的 `input_or_output_iterator`，这样算法才能对迭代器进行解引用以便向目标范围写入。

```
34     // generate values for first five elements of chars with nextLetter
35     std::ranges::generate_n(chars.begin(), 5, nextLetter);
36
37     std::cout << "\nchars after generating K-O into elements 0-4: ";
38     std::ranges::copy(chars, output);
39
```

```
chars after generating K-O into elements 0-4: K L M N O F G H I J
```

通过 lambda 来使用 generate_n 算法

第 41 行～第 46 行调用 C++20 `std::ranges::generate_n` 算法，向它传递返回所生成字母的一个无参 lambda（第 42 行～第 45 行）。编译器从 `return` 语句推断 lambda 的返回类型是 `char`。

```
40     // generate values for first three elements of chars with a lambda
41     std::ranges::generate_n(chars.begin(), 3,
42        [](){ // lambda that takes no arguments
43           static char letter{'A'};
44           return letter++;
45        }
46     );
47
48     std::cout << "\nchars after generating A-C into elements 0-2: ";
49     std::ranges::copy(chars, output);
50     std::cout << "\n";
51 }
```

```
chars after generating A-C into elements 0-2: A B C N O F G H I J
```

14.4.2 equal、mismatch 和 lexicographical_compare

图 14.3 演示了如何使用来自 C++20 std::ranges 命名空间的 equal、mismatch 和 lexicographical_compare 算法来比较值序列的相等性。第 12 行～第 14 行创建并初始化三个 array，然后第 17 行～第 22 行显示它们的内容。

```
1  // fig14_03.cpp
2  // Algorithms equal, mismatch and lexicographical_compare.
3  #include <algorithm> // algorithm definitions
4  #include <array> // array class-template definition
5  #include <fmt/format.h> // C++20: This will be #include <format>
6  #include <iomanip>
7  #include <iostream>
8  #include <iterator> // ostream_iterator
9  #include <string>
10 
11 int main() {
12    std::array a1{1, 2, 3, 4, 5, 6, 7, 8, 9, 10};
13    std::array a2{a1}; // initializes a2 with copy of a1
14    std::array a3{1, 2, 3, 4, 1000, 6, 7, 8, 9, 10};
15    std::ostream_iterator<int> output{std::cout, " "};
16 
17    std::cout << "a1 contains: ";
18    std::ranges::copy(a1, output);
19    std::cout << "\na2 contains: ";
20    std::ranges::copy(a2, output);
21    std::cout << "\na3 contains: ";
22    std::ranges::copy(a3, output);
23 
```

```
a1 contains: 1 2 3 4 5 6 7 8 9 10
a2 contains: 1 2 3 4 5 6 7 8 9 10
a3 contains: 1 2 3 4 1000 6 7 8 9 10
```

图 14.3 equal、mismatch 和 lexicographical_compare 算法

equal 算法

概念

第 26 行和第 30 行使用 C++20 的 std::ranges::equal 算法来比较两个 input_range 是否相等。如果序列的长度不一样，该算法返回 false。否则，它用 == 操作符比较每个范围的对应元素，如果都相等，就返回 true；否则返回 false。第 26 行将 a1 中的元素与 a2 中的元素进行比较。在这个例子中，a1 和 a2 相等。第 30 行比较 a1 和 a3，它们不相等。

```
24      // compare a1 and a2 for equality
25      std::cout << fmt::format("\n\na1 is equal to a2: {}\n",
26         std::ranges::equal(a1, a2));
27
28      // compare a1 and a3 for equality
29      std::cout << fmt::format("a1 is equal to a3: {}\n",
30         std::ranges::equal(a1, a3));
31
```

```
a1 is equal to a2: true
a1 is equal to a3: false
```

为 equal 算法使用二元谓词函数

许多比较元素的标准库算法都允许传递一个函数来自定义应该如何对元素进行比较。例如，可以向 equal 算法传递一个函数。该函数接收两个要比较的元素作为实参，并返回一个表示它们是否相等的 bool 值。由于这种函数接收两个实参并返回一个 bool，所以被称为**二元谓词函数**（binary predicate function）。如果范围中包含的对象没有定义 == 操作符，或者对象中包含指针，那么这样的函数会很有用。例如，可以比较 Employee 对象的年龄、ID 或地点，而不是对整个对象进行比较。另外，可以比较指针所指向的内容，而不是比较指针中存储的地址。

C++20 std::ranges 中的算法还支持**投射**（projection），以便处理范围中对象的一个子集。例如，为了按薪资对 Employee 对象进行排序，可以使用一个选择了每个 Employee 薪资的投影。对 Employee 进行排序时，只比较他们的薪资来确定排序顺序。然后，Employee 对象会被相应地排列。我们将在 14.6 节进行这种排序。

mismatch 算法

C++20 的 std::ranges::mismatch 算法（第 33 行）比较两个 input_range。该算法返回一个 std::ranges::mismatch_result，它包含名为 in1 和 in2 的迭代器，指向每个范围中不匹配的元素。如果所有元素都匹配，in1 等于第一个范围的哨兵，in2 等于第二个范围的哨兵。[17] 第 33 行用 auto 推断 location 变量的类型。第 35 行用以下表达式确定不匹配的索引：

```
location.in1 - a1.begin()
```

它求值为迭代器之间相隔的元素数——这类似于指针算法（第 7 章）。和 equal 一样，mismatch 也能接收一个对比较进行自定义的二元谓词函数（14.6 节）。

```
32      // check for mismatch between a1 and a3
33      auto location{std::ranges::mismatch(a1, a3)};
```

```
34      std::cout << fmt::format("a1 and a3 mismatch at index {} ({} vs. {})\n",
35         (location.in1 - a1.begin()), *location.in1, *location.in2);
36
```

```
a1 and a3 mismatch at index 4 (5 vs. 1000)
```

关于 auto 和算法返回类型的注意事项

模板类型声明可能很快就变得非常复杂和容易出错，标准库算法的返回类型通常也是如此。用一个算法的返回值初始化变量时（例如第 33 行），最好是用 auto 来推断类型。为了帮助你理解这背后的原因，请考虑一下第 33 行 std::ranges::mismatch 算法的返回类型：

```
std::ranges::mismatch_result<borrowed_iterator_t<R1>,
   borrowed_iterator_t<R2>>
```

R1 和 R2 是传给 mismatch 的范围的类型。根据 a1 和 a3 的声明，第 33 行算法的返回类型如下：

```
std::ranges::mismatch_result<borrowed_iterator_t<array<int, 10>>,
   borrowed_iterator_t<array<int, 10>>>
```

如你所见，更方便的做法是用 auto 让编译器帮你确定这个复杂的声明。C++17 类模板实参推导（CTAD）也可以用来推断类型实参。所以，我们可以直接将变量类型声明为 std::ranges::mismatch_result。

lexicographical_compare 算法

概念

C++20 的 std::ranges::lexicographical_compare 算法（第 41 行～第 42 行）比较两个 input_range 的内容——本例是两个 string。和容器一样，string 具有迭代器，使它们能被当作 C++20“范围”来处理。遍历范围时，如果它们的对应元素不匹配，而且第一个范围中的元素小于第二个范围中的对应元素，那么该算法返回 true；否则返回 false。可利用这个算法按字典顺序（lexicographical）对序列进行排序。它还可以接收一个二元谓词函数；如果函数的第一个实参应被视为小于第二个实参，就返回 true。当然，string 可以用关系和相等性操作符进行比较，所以第 42 行的 lexicographical_compare 函数调用可以替换为 s1 < s2。主要将这个算法用于相互不能直接比较的范围，例如两个 std::span。

```
37      std::string s1{"HELLO"};
38      std::string s2{"BYE BYE"};
39
40      // perform lexicographical comparison of c1 and c2
```

```
41      std::cout << fmt::format("\"{}\" < \"{}\": {}\n", s1, s2,
42         std::ranges::lexicographical_compare(s1, s2));
43   }
```

```
"HELLO" < "BYE BYE": false
```

14.4.3 remove、remove_if、remove_copy 和 remove_copy_if

图 14.4 演示了如何使用来自 C++20 std::ranges 命名空间的 remove、remove_if、remove_copy 和 remove_copy_if 算法从一个序列中删除值。[18] 第 9 行创建一个 vector<int>，我们将用它初始化本例的其他 vector。

```
1    // fig14_04.cpp
2    // Algorithms remove, remove_if, remove_copy and remove_copy_if.
3    #include <algorithm> // algorithm definitions
4    #include <iostream>
5    #include <iterator> // ostream_iterator
6    #include <vector>
7
8    int main() {
9       std::vector init{10, 2, 15, 4, 10, 6};
10      std::ostream_iterator<int> output{std::cout, " "};
11
```

图 14.4 算法 remove、remove_if、remove_copy 和 remove_copy_if

remove 算法

第 12 行～第 14 行使用 vector init 的元素的拷贝来初始化 vector v1 并输出 v1 的内容。第 17 行使用 C++20 的 std::ranges::remove 算法从 v1 中移除（remove）所有值为 10 的元素。第一个实参必须是一个 forward_range，它支持 forward_iterator。迭代器还必须为 std::permutable（可重新排列），这样算法才能在移除元素时执行元素交换和移动等操作。vector 支持更强大的 random_access_iterator，所以可与任何需要更弱迭代器的算法一起工作。这个算法并不会销毁或删除（erase）被移除的元素。相反，它将剩余元素放在容器开头，并返回指定了不再有效的那些元素的一个子范围。该子范围不应继续使用，所以它的元素通常应该从容器中删除（erase），我们马上就会讨论这个问题。

C 概念

```
12      std::vector v1{init}; // initialize with copy of init
13      std::cout << "v1: ";
14      std::ranges::copy(v1, output);
```

```
15
16     // remove all 10s from v1
17     auto removed{std::ranges::remove(v1, 10)};
18     v1.erase(removed.begin(), removed.end());
19     std::cout << "\nv1 after removing 10s: ";
20     std::ranges::copy(v1, output);
21
```

```
v1: 10 2 15 4 10 6
v1 after removing 10s: 2 15 4 6
```

Erase–Remove 惯用法

性能提示

第 18 行使用 `vector` 的 `erase` 成员函数实际地删除（delete）已被移除（removed）的子范围[19]，这个子范围中都是无效的 `vector` 元素。结果是将 `vector` 大小调整为剩余的元素数量。第 20 行输出 `v1` 更新后的内容。

第 17 行和第 18 行的 `remove` 和 `erase` 组合采用了一种称为“Erase–Remove 惯用法”[20]的技术。你通过 `remove` 或 `remove_if` 移除元素，然后调用 `vector` 的 `erase` 成员函数来实际删除现在已经无用的元素。

“普通范围” `std::remove` 和 `std::remove_if` 算法各自返回指向 `vector` 中第一个无效元素的迭代器。使用“普通范围”算法时，用一个语句即可执行“Erase–Remove 惯用法”，如下所示：

```
v1.erase(std::remove(v1.begin(), v1.end(), 10), v1.end());
```

遗憾的是，像 `erase` 这样的容器成员函数还不支持 C++20“范围”。

C++20 std::erase 和 std::erase_if

性能提示

为了简化“Erase–Remove 惯用法”，C++20 新增了 `std::erase` 和 `std::erase_if` 函数。两者均在头文件 `<string>`、`<vector>`、`<deque>`、`<list>` 和 `<forward_list>` 中进行了重载，`std::erase_if` 还在头文件 `<map>`、`<set>`、`<unordered_map>` 和 `<unordered_set>` 中进行了重载。两者都通过单独一个函数调用来执行“Erase–Remove 惯用法”，都接收一个给定的容器作为第一个实参。例如，第 17 行和第 18 行可以替换为如下语句：

```
std::erase(v1, 10);
```

remove_copy 算法

概念

第 28 行使用 C++20 的 `std::ranges::remove_copy` 算法将 `v2` 中所有值不为 `10` 的元素拷贝到 `vector c1` 中。第一个实参必须是一个 `input_range`，它支

持 input_iterator 以便从范围中读取。同样，vector 支持更强大的 random_access_iterator，所以它符合 remove_copy 的最低要求。马上就会讨论第二个实参。第 30 行输出 c1 的所有元素。

```
22      std::vector v2{init}; // initialize with copy of init
23      std::cout << "\n\nv2: ";
24      std::ranges::copy(v2, output);
25
26      // copy from v2 to c1, removing 10s in the process
27      std::vector<int> c1{};
28      std::ranges::remove_copy(v2, std::back_inserter(c1), 10);
29      std::cout << "\nc1 after copying v2 without 10s: ";
30      std::ranges::copy(c1, output);
31
```

```
v2: 10 2 15 4 10 6
c1 after copying v2 without 10s: 2 15 4 6
```

迭代器适配器：back_inserter、front_inserter 和 inserter

错误提示

第二个实参指定了一个输出迭代器，表明要将拷贝的元素写入哪里——通常是另一个容器。remove_copy 算法并不检查目标容器是否有足够的空间来存储所有拷贝的元素。所以，第二个实参中的迭代器必须引用一个有足够空间容纳所有元素的容器。可以不必预分配内存；相反，可以使用一个**迭代器适配器**（iterator adaptor）对容器进行扩容，允许它在插入新元素时分配更多空间。在第 28 行，表达式 std::back_inserter(c1) 使用 back_inserter 迭代器适配器（头文件 <iterator>）创建一个 back_insert_iterator。算法使用这个迭代器在 c1 中插入一个元素时，迭代器会调用容器的 push_back 函数将元素放到 c1 末尾。如果容器需要更多空间，它会扩容以适应新元素。back_insert_iterator 不能用于 array，因为后者是固定大小的容器，不提供 push_back 函数。

还有另外两个插入器（inserter）。

- front_inserter 创建一个 front_insert_iterator，它使用容器的 push_front 成员函数在容器开头插入一个元素。
- inserter 创建一个 insert_iterator，它使用容器的 insert 成员函数在适配器第一个实参所指定的容器中插入一个元素，具体位置由适配器第二个实参中的迭代器指定。

remove_if 算法

概念

第 38 行调用 C++20 的 std::ranges::remove_if 算法从 v3 中移除一元谓

词函数 greaterThan9 返回 true 的所有元素。第一个实参必须是一个 forward_range，它使 remove_if 能够读取范围中的元素。一元谓词函数必须接收一个实参并返回一个 bool 值。

```
32      std::vector v3{init}; // initialize with copy of init
33      std::cout << "\n\nv3: ";
34      std::ranges::copy(v3, output);
35
36      // remove elements greater than 9 from v3
37      auto greaterThan9{[](auto x) {return x > 9;}};
38      auto removed2{std::ranges::remove_if(v3, greaterThan9)};
39      v3.erase(removed2.begin(), removed2.end());
40      std::cout << "\nv3 after removing elements greater than 9: ";
41      std::ranges::copy(v3, output);
42
```

```
v3: 10 2 15 4 10 6
v3 after removing elements greater than 9: 2 4 6
```

第 37 行以泛型 lambda 的形式定义一元谓词函数：

```
[](auto x){return x > 9;}
```

如果实参大于 9，它会返回 true；否则返回 false。编译器为 lambda 的参数和返回类型都使用 auto 类型推断。

- vector 包含 int 值，所以编译器推断参数类型是 int。
- lambda 返回条件求值结果，所以编译器推断返回类型是 bool。

和 remove 一样，remove_if 不改变容器中的元素数量。相反，它将所有不用删除的元素放到容器开头。然后，它返回一个子范围，其中包含了不再有效的元素。我们在第 39 行用那个子范围从 v3 中实际删除无用的元素。第 41 行输出 v3 更新后的内容。第 38 行和第 39 行可替换成 C++20 的 std::erase_if 调用：

```
std::erase_if(v3, greaterThan9);
```

remove_copy_if 算法

概念

第 49 行调用 C++20 的 std::ranges::remove_copy_if 算法来拷贝其 input_range 实参 v4 中的元素，但一元谓词函数（第 37 行的 lambda）返回 true 的元素除外。第二个实参必须是一个输出迭代器，使被拷贝的元素能够写入目标范围。我们使用一个 back_inserter 将拷贝的元素插入 vector c2 中。第 51 行输出 c2 的内容。

```
43      std::vector v4{init}; // initialize with copy of init
44      std::cout << "\n\nv4: ";
```

```
    std::ranges::copy(v4, output);

    // copy elements from v4 to c2, removing elements greater than 9
    std::vector<int> c2{};
    std::ranges::remove_copy_if(v4, std::back_inserter(c2), greaterThan9);
    std::cout << "\nc2 after copying v4 without elements greater than 9: ";
    std::ranges::copy(c2, output);
    std::cout << "\n";
}
```

```
v4: 10 2 15 4 10 6
c2 after copying v4 without elements greater than 9: 2 4 6
```

14.4.4 replace、replace_if、replace_copy 和 replace_copy_if

图 14.5 演示了如何使用 C++20 `std::ranges` 的 `replace`、`replace_if`、`replace_copy` 和 `replace_copy_if` 这几个算法替换序列中的值。

```
1  // fig14_05.cpp
2  // Algorithms replace, replace_if, replace_copy and replace_copy_if.
3  #include <algorithm>
4  #include <array>
5  #include <iostream>
6  #include <iterator> // ostream_iterator
7
8  int main() {
9     std::ostream_iterator<int> output{std::cout, " "};
10
```

图 14.5 replace、replace_if、replace_copy 和 replace_copy_if 算法

replace 算法

第 16 行调用 C++20 的 `std::ranges::replace` 算法将 `input_range a1` 中的所有 `10` 替换为 `100`。第一个实参必须支持 `indirectly_writable` 迭代器，这样 `replace` 算法才能对迭代器进行解引用来替换范围中的值。`array a1` 是非 `const` 的，所以可以用它的迭代器向 `array` 中写入。

Ⓒ 概念

```
11    std::array a1{10, 2, 15, 4, 10, 6};
12    std::cout << "a1: ";
13    std::ranges::copy(a1, output);
14
```

```
15      // replace all 10s in a1 with 100
16      std::ranges::replace(a1, 10, 100);
17      std::cout << "\na1 after replacing 10s with 100s: ";
18      std::ranges::copy(a1, output);
19
```

```
a1: 10 2 15 4 10 6
a1 after replacing 10s with 100s: 100 2 15 4 100 6
```

replace_copy 算法

第 26 行调用 C++20 的 std::ranges::replace_copy 算法来拷贝 input_range a2 中的所有元素，用 100 替换每个 10。第二个实参必须是一个输出迭代器，代表要将拷贝的元素写入哪里。该算法拷贝或替换 input_range 中的每一个元素，所以为 c1 分配和 a2 相同数量的元素。但是，也可以使用一个空 vector 和一个 back_inserter。

```
20      std::array a2{10, 2, 15, 4, 10, 6};
21      std::array<int, a2.size()> c1{};
22      std::cout << "\n\na2: ";
23      std::ranges::copy(a2, output);
24
25      // copy from a2 to c1, replacing 10s with 100s
26      std::ranges::replace_copy(a2, c1.begin(), 10, 100);
27      std::cout << "\nc1 after replacing a2's 10s with 100s: ";
28      std::ranges::copy(c1, output);
29
```

```
a2: 10 2 15 4 10 6
c1 after replacing a2's 10s with 100s: 100 2 15 4 100 6
```

replace_if 算法

第 36 行调用 C++20 的 std::ranges::replace_if 算法来替换 input_range a3 中一元谓词函数（第 35 行的 greaterThan9）返回 true 的每个元素。第一个实参必须支持输出迭代器，这样 replace_if 才能替换范围中的值。在本例中，我们将大于 9 的每个值替换为 100。

```
30      std::array a3{10, 2, 15, 4, 10, 6};
31      std::cout << "\n\na3: ";
32      std::ranges::copy(a3, output);
33
```

```
34     // replace values greater than 9 in a3 with 100
35     auto greaterThan9{[](auto x) {return x > 9;}};
36     std::ranges::replace_if(a3, greaterThan9, 100);
37     std::cout << "\na3 after replacing values greater than 9 with 100s: ";
38     std::ranges::copy(a3, output);
39
```

```
a3: 10 2 15 4 10 6
a3 after replacing values greater than 9 with 100s: 100 2 100 4 100 6
```

replace_copy_if 算法

第 46 行调用 C++20 的 std::ranges::replace_copy_if 算法来拷贝 input_range a4 中的所有元素；如果一元谓词函数返回 true，就替换它们的值。在本例中，我们将大于 9 的值替换为 100。拷贝或替换的元素填充到 c2 中，从位置 c2.begin() 开始。c2 必须是一个输出迭代器。

Ⓒ 概念

```
40     std::array a4{10, 2, 15, 4, 10, 6};
41     std::array<int, a4.size()> c2{};
42     std::cout << "\n\na4: ";
43     std::ranges::copy(a4, output);
44
45     // copy a4 to c2, replacing elements greater than 9 with 100
46     std::ranges::replace_copy_if(a4, c2.begin(), greaterThan9, 100);
47     std::cout << "\nc2 after replacing a4's values "
48        << "greater than 9 with 100s: ";
49     std::ranges::copy(c2, output);
50     std::cout << "\n";
51 }
```

```
a4: 10 2 15 4 10 6
c2 after replacing a4's values greater than 9 with 100s: 100 2 100 4 100 6
```

14.4.5 打散、计数和最小 / 最大元素算法

图 14.6 演示了来自 C++20 std::ranges 命名空间的 shuffle、count、count_if、min_element、max_element 和 minmax_element 这几个算法。我们还使用 transform 算法求一个范围中的值的立方。

```
// fig14_06.cpp
// Shuffling, counting, and minimum and maximum element algorithms.
```

图 14.6　标准库的数学算法

```
3  #include <algorithm>
4  #include <array>
5  #include <iostream>
6  #include <iterator>
7  #include <random>
8
9  int main() {
10     std::array a1{1, 2, 3, 4, 5, 6, 7, 8, 9, 10};
11     std::ostream_iterator<int> output{std::cout, " "};
12
13     std::cout << "a1: ";
14     std::ranges::copy(a1, output);
15
```

```
a1: 1 2 3 4 5 6 7 8 9 10
```

图 14.6　标准库的数学算法（续）

shuffle 算法

第 18 行调用 C++20 的 std::ranges::shuffle 算法来随机重新排列（打散）a1 的元素。这要求一个具有 random_access_iterator 的 random_access_range，所以 array、vector 和 deque（以及内置数组）等容器都支持该算法。该算法的声明表明，范围的迭代器必须 permutable（可重新排列），从而允许诸如交换和移动元素等操作。非 const 的 array 的迭代器允许此类操作。shuffle 算法的第二个实参是一个 C++11 随机数生成器引擎（5.8 节）。第 20 行显示打散后的结果。

```
16     // create random-number engine and use it to help shuffle a1
17     std::default_random_engine randomEngine{std::random_device{}()};
18     std::ranges::shuffle(a1, randomEngine); // randomly order elements
19     std::cout << "\na1 shuffled: ";
20     std::ranges::copy(a1, output);
21
```

```
a1 shuffled: 5 4 7 6 3 9 1 8 10 2
```

count 算法

第 27 行调用 C++20 的 std::ranges::count 算法对 a2 中的特定值（本例是 8）进行计数。第一个实参必须是一个 input_range，这样 count 才能读取范围中的元素。

```
22     std::array a2{100, 2, 8, 1, 50, 3, 8, 8, 9, 10};
23     std::cout << "\n\na2: ";
24     std::ranges::copy(a2, output);
```

```
25
26    // count number of elements in a2 with value 8
27    auto result1{std::ranges::count(a2, 8)};
28    std::cout << "\nCount of 8s in a2: " << result1;
29
```

```
a2: 100 2 8 1 50 3 8 8 9 10
Count of 8s in a2: 3
```

count_if 算法

第 31 行调用 C++20 的 `std::ranges::count_if` 算法对 `input_range` 实参 `a2` 中一元谓词函数返回 `true` 的元素进行计数。同样，这里用一个 `lambda` 定义一元谓词函数，它为大于 9 的值返回 `true`。

Ⓒ 概念

```
30    // count number of elements in a2 that are greater than 9
31    auto result2{std::ranges::count_if(a2, [](auto x){return x > 9;})};
32    std::cout << "\nCount of a2 elements greater than 9: " << result2;
33
```

```
Count of a2 elements greater than 9: 3
```

min_element 算法

第 35 行调用 C++20 的 `std::ranges::min_element` 算法来定位其 `forward_range` 实参 `a2` 中最小的元素。这种范围支持 `forward_iterator`，使 `min_element` 能够从范围中读取元素。算法返回的迭代器对准该范围中最小元素第一次出现的位置；如果范围为空，则返回该范围的哨兵。和许多对元素进行比较的算法一样，你可以提供一个自定义的二元谓词函数来指定如何比较元素。如果该函数的第一个实参应被视为小于第二个实参，就返回 `true`。由于迭代器可能代表一个范围的哨兵（末尾），所以在对它进行解引用之前，应该先核实它是否与哨兵不匹配，第 35 行就是这么做的。

⊗ 错误提示

Ⓒ 概念

```
34    // locate minimum element in a2
35    if (auto result{std::ranges::min_element(a2)}; result != a2.end()) {
36       std::cout << "\n\na2 minimum element: " << *result;
37    }
38
```

```
a2 minimum element: 1
```

max_element 算法

© 概念

第 40 行调用 C++20 的 `std::ranges::max_element` 算法来定位其 `forward_range` 实参 `a2` 中最大的元素。这种范围支持 `forward_iterator`，使 `max_element` 能够从范围中读取元素。算法返回的迭代器对准该范围中最大元素第一次出现的位置；如果范围为空，则返回该范围的哨兵。同样，可以提供自定义的二元谓词函数来指定元素的比较方式。

```
39      // locate maximum element in a2
40      if (auto result{std::ranges::max_element(a2)}; result != a2.end()) {
41         std::cout << "\na2 maximum element: " << *result;
42      }
43
```

```
a2 maximum element: 100
```

minmax_element 算法

© 概念

第 45 行调用 C++20 的 `std::ranges::minmax_element` 算法来定位其 `forward_range` 实参 `a2` 中最小和最大的元素。算法返回一个 `std::ranges::minmax_element_result`，其中包含名为 `min` 和 `max` 的迭代器，分别对准最小元素和最大元素。

- 如果最小元素有重复，第一个迭代器定位到第一个最小值。
- 如果最大元素有重复，第二个迭代器定位到最后一个最大值——注意，这一点和 `max_element` 算法有区别。

同样，可以提供自定义的二元谓词函数来指定元素的比较方式。

```
44      // locate minimum and maximum elements in a2
45      auto [min, max]{std::ranges::minmax_element(a2)};
46      std::cout << "\na2 minimum and maximum elements: "
47         << *min << " and " << *max;
48
```

```
a2 minimum and maximum elements: 1 and 100
```

C++17 结构化绑定

第 45 行利用了 C++17 的**结构化绑定声明**（structured binding declaration）技术，21, 22 使用 `minmax_element` 返回的 `minmax_element_result`（实际是一个 `pair` 对象）来初始化变量 `min` 和 `max`。这有时也被称为对元素进行**解包**（unpack）。可以利用这个技术将内置数组、`std::array` 对象、`std::pair` 或 `std::tuple`（它

们的大小在编译时已知）的元素提取到单独的变量中。结构化绑定也可以用来解包 struct 或类对象的 public 数据成员。在第 13 章的所有例子中，如果函数会返回一个 std::pair，那么都可以换用结构化绑定来解包这个 pair 的成员。

transform 算法

第 51 行和第 52 行使用 C++20 的 std::ranges::transform 算法将其 input_range a1 的元素转换为新值。每个新值都被写入算法第二个实参所指定的范围，该实参必须是一个输出迭代器，而且可以指向与 input_range 相同或不同的容器。作为 transform 第三个实参提供的函数接收一个值并返回一个新值。由于不保证该函数对范围内元素的调用顺序，所以它不应修改 input_range 的元素。要修改原始范围的元素，请改为使用 std::foreach 算法。[23]

```
49     // calculate cube of each element in a1; place results in cubes
50     std::array<int, a1.size()> cubes{};
51     std::ranges::transform(a1, cubes.begin(),
52        [](auto x){return x * x * x;});
53     std::cout << "\n\na1 values cubed: ";
54     std::ranges::copy(cubes, output);
55     std::cout << "\n";
56  }
```

```
a1 values cubed: 125 64 343 216 27 729 1 512 1000 8
```

transform 的一个重载版本可以接收两个 input_range、一个输出迭代器以及一个获取两个实参并返回一个结果的函数。这个版本的 transform 将每个 input_range 的对应元素传给函数实参，通过输出迭代器来输出函数的结果。

14.4.6 查找和排序算法

图 14.7 的程序演示了一些基本的查找和排序算法，其中包括来自 C++20 std::ranges 命名空间的 find、find_if、sort、binary_search、all_of、any_of、none_of 和 find_if_not。

```
// fig14_07.cpp
// Standard library search and sort algorithms.
#include <algorithm> // algorithm definitions
#include <array> // array class-template definition
#include <iostream>
#include <iterator>
```

图 14.7　标准库查找和排序算法

```
7
8  int main() {
9     std::array values{10, 2, 17, 5, 16, 8, 13, 11, 20, 7};
10    std::ostream_iterator<int> output{std::cout, " "};
11
12    std::cout << "values contains: ";
13    std::ranges::copy(values, output); // display output vector
14
```

```
values contains: 10 2 17 5 16 8 13 11 20 7
```

图 14.7 标准库查找和排序算法（续）

find 算法

概念

C++20 的 std::ranges::find 算法（第 16 行）执行一次 $O(n)$ 线性查找，在其 input_range 实参（values）中查找一个值（16）。算法返回的迭代器定位到包含该值的第一个元素。如果没有找到目标值，则返回该范围的哨兵（如第 24 行～第 29 行所示）。我们在第 17 行使用返回的迭代器来计算发现该值的索引位置。

```
15    // locate first occurrence of 16 in values
16    if (auto loc1{std::ranges::find(values, 16)}; loc1 !=values.cend()) {
17       std::cout << "\n\nFound 16 at index: " << (loc1 - values.cbegin());
18    }
19    else { // 16 not found
20       std::cout << "\n\n16 not found";
21    }
22
23    // locate first occurrence of 100 in values
24    if (auto loc2{std::ranges::find(values, 100)}; loc2 != values.cend()) {
25       std::cout << "\nFound 100 at index: " << (loc2 - values.cbegin());
26    }
27    else { // 100 not found
28       std::cout << "\n100 not found";
29    }
30
```

```
Found 16 at index: 4
100 not found
```

find_if 算法

概念

C++20 的 std::ranges::find_if 算法（第 35 行）执行一次线性查找，在其 input_range 实参（values）中查找一元谓词函数（第 32 行的

isGreaterThan10）为其返回 true 的第一个值。算法返回的迭代器定位到谓词函数返回 true 的第一个元素。如果一个这样的值都没有找到，则返回该范围的哨兵。

```
31      // create variable to store lambda for reuse later
32      auto isGreaterThan10{[](auto x){return x > 10;}};
33
34      // locate first occurrence of value greater than 10 in values
35      auto loc3{std::ranges::find_if(values, isGreaterThan10)};
36
37      if (loc3 != values.cend()) { // found value greater than 10
38         std::cout << "\n\nFirst value greater than 10: " << *loc3
39            << "\nfound at index: " << (loc3 - values.cbegin());
40      }
41      else { // value greater than 10 not found
42         std::cout << "\n\nNo values greater than 10 were found";
43      }
44
```

```
First value greater than 10: 17
found at index: 2
```

sort 算法

C++20 的 std::ranges::sort 算法（第 46 行）执行一次 $O(n \log n)$ 排序，按照升序对实参 values 中的元素进行排序。实参必须是一个 random_access_range，它支持 random_access_iterator，所以可以用于 array、vector 和 deque 容器（以及内置数组）。该算法还可以接收一个二元谓词函数，它获取两个实参并返回一个代表排序顺序的 bool。谓词函数比较序列中的两个值。如果返回 true，表明两个元素已经处于排好序的状态（有序）；否则，两个元素需要重新排序。

概念

```
45      // sort elements of values
46      std::ranges::sort(values);
47      std::cout << "\n\nvalues after sort: ";
48      std::ranges::copy(values, output);
49
```

```
values after sort: 2 5 7 8 10 11 13 16 17 20
```

binary_search 算法

C++20 的 std::ranges::binary_search 算法（第 52 行）执行一次 $O(\log n)$ 二叉查找，判断一个值（13）是否在它的 forward_range 实参（values）中。范围必须先按升序进行排序。算法返回一个 bool 来指出是否在序列中找到目标值。第

软件工程

概念

59 行演示了调用 binary_search 但没有发现目标值的情况。该算法还可以接收一个二元谓词函数，它获取两个实参并返回一个 bool。如果比较的两个元素处于有序状态，谓词函数应返回 true。如果需要知道查找键在容器中的位置，请使用 lower_bound 或 find 算法，而不要使用 binary_search。

```
50      // use binary_search to check whether 13 exists in values
51      if (std::ranges::binary_search(values, 13)) {
52         std::cout << "\n\n13 was found in values";
53      }
54      else {
55         std::cout << "\n\n13 was not found in values";
56      }
57
58      // use binary_search to check whether 100 exists in values
59      if (std::ranges::binary_search(values, 100)) {
60         std::cout << "\n100 was found in values";
61      }
62      else {
63         std::cout << "\n100 was not found in values";
64      }
65
```

```
13 was found in values
100 was not found in values
```

all_of 算法

概念

C++20 的 std::ranges::all_of 算法（第 67 行）执行一次 $O(n)$ 线性查找来判断作为第二个实参传递的一元谓词函数（本例是名为 isGreaterThan10 的 lambda）是否为 input_range 实参（values）中的所有元素返回 true。如果是，all_of 返回 true；否则返回 false。

```
66      // determine whether all of values' elements are greater than 10
67      if (std::ranges::all_of(values, isGreaterThan10)) {
68         std::cout << "\n\nAll values elements are greater than 10";
69      }
70      else {
71         std::cout << "\n\nSome values elements are not greater than 10";
72      }
73
```

```
Some values elements are not greater than 10
```

any_of 算法

概念

C++20 的 std::ranges::any_of 算法（第 75 行）执行一次 $O(n)$ 线性查找来判断作为第二个实参传递的一元谓词函数（本例是名为 isGreaterThan10 的 lambda）是否为 input_range 实参（values）中的至少一个元素返回 true。如果是，any_of 返回 true；否则返回 false。

```
74    // determine whether any of values' elements are greater than 10
75    if (std::ranges::any_of(values, isGreaterThan10)) {
76       std::cout << "\n\nSome values elements are greater than 10";
77    }
78    else {
79       std::cout << "\n\nNo values elements are greater than 10";
80    }
81
```

```
Some values elements are greater than 10
```

none_of 算法

概念

C++20 的 std::ranges::none_of 算法（第 83 行）执行一次 $O(n)$ 线性查找来判断作为第二个实参传递的一元谓词函数（本例是名为 isGreaterThan10 的 lambda）是否为 input_range 实参（values）中的所有元素返回 false。如果是，none_of 返回 true；否则返回 false。

```
82    // determine whether none of values' elements are greater than 10
83    if (std::ranges::none_of(values, isGreaterThan10)) {
84       std::cout << "\n\nNo values elements are greater than 10";
85    }
86    else {
87       std::cout << "\n\nSome values elements are greater than 10";
88    }
89
```

```
Some values elements are greater than 10
```

find_if_not 算法

概念

C++20 的 std::ranges::find_if_not 算法（第 91 行）执行一次 $O(n)$ 线性查找，在其 input_range 实参（values）中查找一元谓词函数（本例是名为 isGreaterThan10 的 lambda）为其返回 false 的第一个值。算法返回的迭代器定位到谓词函数返回 false 的第一个元素。如果一个这样的值都没有找到，则返回该范围的哨兵。

```
   // locate first occurrence of value that is not greater than 10
   auto loc4{std::ranges::find_if_not(values, isGreaterThan10)};

   if (loc4 != values.cend()) { // found a value less than or equal to 10
      std::cout << "\n\nFirst value not greater than 10: " << *loc4
         << "\nfound at index: " << (loc4 - values.cbegin());
   }
   else { // no values less than or equal to 10 were found
      std::cout << "\n\nOnly values greater than 10 were found";
   }

   std::cout << "\n";
}
```

```
First value not greater than 10: 2
found at index: 0
```

14.4.7 swap、iter_swap 和 swap_ranges

图 14.8 演示了元素交换算法，包括来自 std 命名空间的 swap 和 iter_swap，以及来自 C++20 std::ranges 命名空间的 swap_ranges。

```
1  // fig14_08.cpp
2  // Algorithms swap, iter_swap and swap_ranges.
3  #include <algorithm>
4  #include <array>
5  #include <iostream>
6  #include <iterator>
7
8  int main() {
9     std::array values{1, 2, 3, 4, 5, 6, 7, 8, 9, 10};
10    std::ostream_iterator<int> output{std::cout, " "};
11
12    std::cout << "values contains: ";
13    std::ranges::copy(values, output);
14
```

```
values contains: 1 2 3 4 5 6 7 8 9 10
```

图 14.8 swap、iter_swap 和 swap_ranges 算法

swap 算法

第 15 行使用 std::swap 算法交换两个实参的值，注意这不是一种范围或“普

通范围”算法。函数接收对要交换的两个值的引用。在本例中，我们传递对数组第一个和第二个元素的引用。

```
15      std::swap(values[0], values[1]); // swap elements at index 0 and 1
16
17      std::cout << "\nafter std::swap of values[0] and values[1]: ";
18      std::ranges::copy(values, output);
19
```

```
after std::swap of values[0] and values[1]: 2 1 3 4 5 6 7 8 9 10
```

iter_swap 算法

第 21 行使用 `std::iter_swap` 算法交换由其“普通范围”正向迭代器实参指定的两个元素。迭代器可以引用同类型的任何两个元素。

```
20      // use iterators to swap elements at locations 0 and 1
21      std::iter_swap(values.begin(), values.begin() + 1);
22      std::cout << "\nafter std::iter_swap of values[0] and values[1]: ";
23      std::ranges::copy(values, output);
24
```

```
after std::iter_swap of values[0] and values[1]: 1 2 3 4 5 6 7 8 9 10
```

swap_ranges 算法

第 31 行使用 C++20 的 `std::ranges::swap_ranges` 算法来交换它的两个 `input_range` 实参的元素。如果范围的长度不一样，该算法将较短的序列与较长序列中的对应元素交换。这些范围还必须支持 `indirectly_swappable` 迭代器，这样算法才能对迭代器进行解引用，以交换到每个范围中的对应元素。 Ⓒ 概念 Ⓒ 概念

```
25      // swap values and values2
26      std::array values2{10, 9, 8, 7, 6, 5, 4, 3, 2, 1};
27      std::cout << "\n\nBefore swap_ranges\nvalues contains: ";
28      std::ranges::copy(values, output);
29      std::cout << "\nvalues2 contains: ";
30      std::ranges::copy(values2, output);
31      std::ranges::swap_ranges(values, values2);
32      std::cout << "\n\nAfter swap_ranges\nvalues contains: ";
33      std::ranges::copy(values, output);
34      std::cout << "\nvalues2 contains: ";
35      std::ranges::copy(values2, output);
36
```

```
Before swap_ranges
values contains: 1 2 3 4 5 6 7 8 9 10
values2 contains: 10 9 8 7 6 5 4 3 2 1

After swap_ranges
values contains: 10 9 8 7 6 5 4 3 2 1
values2 contains: 1 2 3 4 5 6 7 8 9 10
```

概念

第 38 行和第 39 行调用 C++20 的 std::ranges::swap_ranges 重载，对两个 input_range 的部分进行交换。本例将 values 的前 5 个元素与 values2 的前 5 个元素交换，将两个要交换的范围指定为迭代器对。

- values.begin() 和 values.begin() + 5 代表 values 中的前五个元素。
- values2.begin() 和 values2.begin() + 5 代表 values2 中的前五个元素。

也可以为 std 命名空间中的“普通范围”版本指定迭代器对。本例的两个范围在不同容器中，但完全可以在同一个容器中，只是在这种情况下范围不能重叠。

```
37     // swap first five elements of values and values2
38     std::ranges::swap_ranges(values.begin(), values.begin() + 5,
39        values2.begin(), values2.begin() + 5);
40
41     std::cout << "\n\nAfter swap_ranges for 5 elements"
42        << "\nvalues contains: ";
43     std::ranges::copy(values, output);
44     std::cout << "\nvalues2 contains: ";
45     std::ranges::copy(values2, output);
46     std::cout << "\n";
47  }
```

```
After swap_ranges for 5 elements
values contains: 1 2 3 4 5 5 4 3 2 1
values2 contains: 10 9 8 7 6 6 7 8 9 10
```

14.4.8 copy_backward、merge、unique、reverse、copy_if 和 copy_n

图 14.9 演示了来自 C++20 std::ranges 命名空间的 copy_backward、merge、unique、reverse、copy_if 和 copy_n 算法。[24]

```
// fig14_09.cpp
// Algorithms copy_backward, merge, unique, reverse, copy_if and copy_n.
#include <algorithm>
```

图 14.9 算法 copy_backward、merge、unique、reverse、copy_if 和 copy_n

```
4  #include <array>
5  #include <iostream>
6  #include <iterator>
7  #include <vector>
8
9  int main() {
10    std::array a1{1, 3, 5, 7, 9};
11    std::array a2{2, 4, 5, 7, 9};
12    std::ostream_iterator<int> output{std::cout, " "};
13
14    std::cout << "array a1 contains: ";
15    std::ranges::copy(a1, output); // display a1
16    std::cout << "\narray a2 contains: ";
17    std::ranges::copy(a2, output); // display a2
18
```

```
array a1 contains: 1 3 5 7 9
array a2 contains: 2 4 5 7 9
```

图 14.9　算法 copy_backward、merge、unique、reverse、copy_if 和 copy n（续）

copy_backward 算法

C 概念

C++20 的 std::ranges::copy_backward 算法（第 21 行）将其第一个实参的 bidirectional_range（a1）拷贝到第二个实参的输出迭代器——本例是目标容器的末尾（results.end()）——所指定的范围中。该算法按相反顺序拷贝元素，将每个元素放入目标容器中，从 results.end() 之前的元素开始，并向容器开头移动。该算法返回一个 std::ranges::copy_backward_result，其中包含两个迭代器。

- 第一个迭代器定位到 a1.end() 处。
- 第二个迭代器定位到拷贝到目标范围的最后一个元素，也就是 results 的开头，因为拷贝是向后执行的。

```
19    // place elements of a1 into results in reverse order
20    std::array<int, a1.size()> results{};
21    std::ranges::copy_backward(a1, results.end());
22    std::cout << "\n\nAfter copy_backward, results contains: ";
23    std::ranges::copy(results, output);
24
```

```
After copy_backward, results contains: 1 3 5 7 9
```

虽然这些元素按相反的顺序拷贝，但它们在 results 中的顺序与 a1 相同。copy 和 copy_backward 的区别如下。

- copy 返回的迭代器定位到最后一个被拷贝的元素之后。
- copy_backward 返回的迭代器定到被拷贝的最后一个元素上，也就是范围中的第一个元素。

move 和 move_backward 算法

你可以为范围使用移动语义。C++20 std::ranges 的 move 和 move_backward 算法（来自头文件 <algorithm>）的工作方式类似于 copy 和 copy_backward 算法，但它们在指定的范围内移动元素而不是拷贝它们。

merge 算法

C++20 的 std::ranges::merge 算法（第 27 行）合并两个都按升序排好序的 input_range，并将结果写入第三个实参的输出迭代器所指定的目标容器。在这个操作之后，results2 将包含来自两个范围的排好序的值。merge 的另一个版本获取代表两个范围的迭代器 / 哨兵对。这两个版本都允许提供一个用于指定排序顺序的二元谓词函数。该谓词函数对它的两个实参进行比较，如果第一个在排序顺序上应被视为小于第二个，就返回 true。

```
25      // merge elements of a1 and a2 into results2 in sorted order
26      std::array<int, a1.size() + a2.size()> results2{};
27      std::ranges::merge(a1, a2, results2.begin());
28
29      std::cout << "\n\nAfter merge of a1 and a2, results2 contains: ";
30      std::ranges::copy(results2, output);
31
```

```
After merge of a1 and a2, results2 contains: 1 2 3 4 5 5 7 7 9 9
```

unique 算法

C 概念

C++20 的 std::ranges::unique 算法（第 34 行）找出由其 forward_range 实参指定的已排序值范围中的唯一值。将 unique 应用于一个含有重复值的有序范围后，每个值都只在范围中保留一个拷贝。该算法返回一个包含无效值的子范围——从最后一个唯一值之后的元素开始，一直原始范围的末尾。在容器中，最后一个唯一值之后的所有元素的值都是未定义的。它们不应继续使用，所以就像之前讲过的那样，此时可以删除（erase）未使用的元素（第 35 行）。还可以提供一个二元谓词函数，指定如何比较两个元素的相等性。

```
32      // eliminate duplicate values from v
33      std::vector v(results2.begin(), results2.end());
34      auto [first, last]{std::ranges::unique(v)};
```

```
35     v.erase(first, last); // remove elements that no longer contain values
36
37     std::cout << "\n\nAfter unique v contains: ";
38     std::ranges::copy(v, output);
39
```

```
After unique, v contains: 1 2 3 4 5 7 9
```

reverse 算法

概念

C++20 的 std::ranges::reverse 算法（第 41 行）反转作为实参传递的范围中的元素，该实参是支持 bidirectional_iterator 的一个 bidirectional_range。

```
40     std::cout << "\n\nAfter reverse, a1 contains: ";
41     std::ranges::reverse(a1); // reverse elements of a1
42     std::ranges::copy(a1, output);
43
```

```
After reverse, a1 contains: 9 7 5 3 1
```

copy_if 算法

概念

copy_if 和 copy_n 算法自 C++11 引入，C++20 则新增了这两个算法的范围版本。C++20 的 std::ranges::copy_if 算法（第 47 行和第 48 行）接收的实参包括一个 input_range、一个输出迭代器和一个一元谓词函数。该算法为 input_range 中的每个元素调用一元谓词函数，并且只拷贝函数返回 true 的那些元素。输出迭代器指定要将元素输出到哪里——本例使用一个 back_inserter 将元素添加到一个 vector 中。该算法返回一个 std::ranges::in_out_result，其中包含两个迭代器。

- 第一个是输入迭代器，定位于 input_range 末尾。
- 第二个是输出迭代器，定位于被拷贝到输出容器的最后一个元素之后。

```
44     // copy odd elements of a2 into v2
45     std::vector<int> v2{};
46     std::cout << "\n\nAfter copy_if, v2 contains: ";
47     std::ranges::copy_if(a2, std::back_inserter(v2),
48        [](auto x){return x % 2 == 0;});
49     std::ranges::copy(v2, output);
50
```

```
After copy_if, v2 contains: 2 4
```

copy_n 算法

概念

C++20 的 std::ranges::copy_n 算法（第 54 行）从第一个实参的 input_iterator 所指定的位置（a2.begin()）开始拷贝第二个实参指定的元素数（3）。元素输出到由第三个实参的输出迭代器所指定的位置。本例用一个 back_inserter 将元素添加到一个 vector 中。

```
51      // copy three elements of a2 into v3
52      std::vector<int> v3{};
53      std::cout << "\n\nAfter copy_n, v3 contains: ";
54      std::ranges::copy_n(a2.begin(), 3, std::back_inserter(v3));
55      std::ranges::copy(v3, output);
56      std::cout << "\n";
57   }
```

```
After copy_n, v3 contains: 2 4 5
```

14.4.9 inplace_merge、unique_copy 和 reverse_copy

图 14.10 演示了来自 C++20 std::ranges 命名空间的 inplace_merge 算法、unique_copy 算法和 reverse_copy 算法。

```
// fig14_10.cpp
// Algorithms inplace_merge, unique_copy and reverse_copy.
#include <algorithm>
#include <array>
#include <iostream>
#include <iterator>
#include <vector>

int main() {
   std::array a1{1, 3, 5, 7, 9, 1, 3, 5, 7, 9};
   std::ostream_iterator<int> output{std::cout, " "};

   std::cout << "array a1 contains: ";
   std::ranges::copy(a1, output);

```

```
array a1 contains: 1 3 5 7 9 1 3 5 7 9
```

图 14.10 inplace_merge、unique_copy 和 reverse_copy 算法（续）

inplace_merge 算法

第 18 行调用 C++20 的 std::ranges::inplace_merge 算法将其 bidirectional_range 实参中的两个有序元素范围合并成一个有序范围。本例处理范围 a1（第一个实参），将从 a1.begin() 到（但不包括）a1.begin()+5（第二个实参）的元素与从 a1.begin()+5（第二个实参）开始到（但不包括）范围末尾的元素合并。也可以传递一个二元谓词函数来比较两个子范围内的元素，如果第一个应该被认为比第二个小，就返回 true。

```
16      // merge first half of a1 with second half of a1 such that
17      // a1 contains sorted set of elements after merge
18      std::ranges::inplace_merge(a1, a1.begin() + 5);
19      std::cout << "\nAfter inplace_merge, a1 contains: ";
20      std::ranges::copy(a1, output);
21
```

```
After inplace_merge, a1 contains: 1 1 3 3 5 5 7 7 9 9
```

unique_copy 算法

第 24 行调用 C++20 std::ranges::unique_copy 算法来拷贝第一个实参的有序 input_range 中的唯一元素。作为第二个实参提供的输出迭代器指定了将拷贝的元素放到哪里。在本例中，back_inserter 将新元素添加到根据需要进行扩容的一个名为 results1 的 vector 中。还可以传递一个二元谓词函数来指定如何比较元素的相等性。

```
22      // copy only unique elements of a1 into results1
23      std::vector<int> results1{};
24      std::ranges::unique_copy(a1, std::back_inserter(results1));
25      std::cout << "\nAfter unique_copy, results1 contains: ";
26      std::ranges::copy(results1, output);
27
```

```
After unique_copy results1 contains: 1 3 5 7 9
```

reverse_copy 算法

第 30 行调用 C++20 std::ranges::reverse_copy 算法按相反的方向拷贝第一个实参的 bidirectional_range。作为第二个实参提供的输出迭代器指定了将拷贝的元素放到哪里。在本例中，back_inserter 将新元素添加到根据需要进行扩容的一个名为 results2 的 vector 中。

```
    // copy elements of a1 into results2 in reverse order
    std::vector<int> results2{};
    std::ranges::reverse_copy(a1, std::back_inserter(results2));
    std::cout << "\nAfter reverse_copy, results2 contains: ";
    std::ranges::copy(results2, output);
    std::cout << "\n";
}
```

```
After reverse_copy, results2 contains: 9 9 7 7 5 5 3 3 1 1
```

14.4.10 集合操作

图 14.11 演示了 C++20 std::ranges 命名空间的集合操作算法，包括 includes、set_difference、set_intersection、set_symmetric_difference 和 set_union。除了我们展示的功能外，你还可以通过传递一个二元谓词函数来自定义每个算法的元素比较方式，该函数接收两个元素，如果第一个元素应被视为小于第二个元素，就返回 true。

```
// fig14_11.cpp
// Algorithms includes, set_difference, set_intersection,
// set_symmetric_difference and set_union.
#include <array>
#include <algorithm>
#include <fmt/format.h> // C++20: This will be #include <format>
#include <iostream>
#include <iterator>
#include <vector>

int main() {
   std::array a1{1, 2, 3, 4, 5, 6, 7, 8, 9, 10};
   std::array a2{4, 5, 6, 7, 8};
   std::array a3{4, 5, 6, 11, 15};
   std::ostream_iterator<int> output{std::cout, " "};

   std::cout << "a1 contains: ";
   std::ranges::copy(a1, output); // display array a1
   std::cout << "\na2 contains: ";
   std::ranges::copy(a2, output); // display array a2
   std::cout << "\na3 contains: ";
   std::ranges::copy(a3, output); // display array a3

```

图 14.11 includes、set_difference、set_intersection、set_symmetric_difference 和 set_union 算法

```
a1 contains: 1 2 3 4 5 6 7 8 9 10
a2 contains: 4 5 6 7 8
a3 contains: 4 5 6 11 15
```

图 14.11 includes、set_difference、set_intersection、set_symmetric_difference 和 set_union 算法（续）

includes 算法

第 26 行和第 30 行分别调用 C++20 的 **std::ranges::includes** 算法来比较两个有序的 **input_range**，并判断是否第二个范围的每个元素都在第一个范围内。这些范围必须使用相同的比较函数进行排序。如果第二个范围的所有元素都在第一个范围内，该算法返回 **true**；否则返回 **false**。在第 26 行，由于 **a2** 的元素都在 **a1** 中，所以 **includes** 返回 **true**。在第 30 行，**a3** 的元素不都在 **a1** 中，所以 **includes** 返回 **false**。

概念

```
24      // determine whether a2 is completely contained in a1
25      std::cout << fmt::format("\n\na1 {} a2",
26         std::ranges::includes(a1, a2) ? "includes" : "does not include");
27
28      // determine whether a3 is completely contained in a1
29      std::cout << fmt::format("\n\na1 {} a3",
30         std::ranges::includes(a1, a3) ? "includes" : "does not include");
31
```

```
a1 includes a2

a1 does not include a3
```

set_difference 算法

第 34 行调用 C++20 的 **std::ranges::set_difference** 算法在第一个有序 **input_range** 中找出不在第二个有序 **input_range** 中的元素。范围必须使用相同的比较函数进行排序。有区别的元素拷贝到由第三个实参的输出迭代器所指定的位置。本例用一个 **back_inserter** 把它们添加到名为 **difference** 的 **vector** 中。

概念

```
32      // determine elements of a1 not in a2
33      std::vector<int> difference{};
34      std::ranges::set_difference(a1, a2, std::back_inserter(difference));
35      std::cout << "\n\nset_difference of a1 and a2 is: ";
36      std::ranges::copy(difference, output);
37
```

```
set_difference of a1 and a2 is: 1 2 3 9 10
```

set_intersection 算法

第 40 行和第 41 行调用 C++20 的 `std::ranges::set_intersection` 算法在第一个有序 `input_range` 中找出在第二个有序 `input_range` 中的元素。范围必须使用相同的比较函数进行排序。两者共有的元素拷贝到由第三个实参的输出迭代器所指定的位置。本例用一个 `back_inserter` 把它们添加到名为 `intersection` 的 `vector` 中。

```
38     // determine elements in both a1 and a2
39     std::vector<int> intersection{};
40     std::ranges::set_intersection(a1, a2,
41        std::back_inserter(intersection));
42     std::cout << "\n\nset_intersection of a1 and a2 is: ";
43     std::ranges::copy(intersection, output);
44
```

```
set_intersection of a1 and a2 is: 4 5 6 7 8
```

set_symmetric_difference 算法

第 48 行和第 49 行调用 C++20 的 `std::ranges::set_symmetric_difference` 算法在第一个有序 `input_range` 中找出不在第二个有序 `input_range` 中的元素，并在第二个有序 `input_range` 中找出不在第一个有序 `input_range` 中的元素。范围必须使用相同的比较函数进行排序。每个 `input_range` 中有区别的元素拷贝到由第三个实参的输出迭代器所指定的位置。本例用一个 `back_inserter` 把它们添加到名为 `symmetricDifference` 的 `vector` 中。

```
45     // determine elements of a1 that are not in a3 and
46     // elements of a3 that are not in a1
47     std::vector<int> symmetricDifference{};
48     std::ranges::set_symmetric_difference(a1, a3,
49        std::back_inserter(symmetricDifference));
50     std::cout << "\n\nset_symmetric_difference of a1 and a3 is: ";
51     std::ranges::copy(symmetricDifference, output);
52
```

```
set_symmetric_difference of a1 and a3 is: 1 2 3 7 8 9 10 11 15
```

set_union 算法

第 55 行调用 C++20 的 `std::ranges::set_union` 算法创建在一个或两个有序 `input_range` 中都有的元素。范围必须使用相同的比较函数进行排序。这些并集元素拷贝到由第三个实参的输出迭代器所指定的位置。本例用一个 back_inserter 把它们添加到名为 unionSet 的 vector 中。注意，两个集合都有的元素只拷贝来自第一个集合的。

```
   // determine elements that are in either or both sets
   std::vector<int> unionSet{};
   std::ranges::set_union(a1, a3, std::back_inserter(unionSet));
   std::cout << "\n\nset_union of a1 and a3 is: ";
   std::ranges::copy(unionSet, output);
   std::cout << "\n";
}
```

```
set_union of a1 and a3 is: 1 2 3 4 5 6 7 8 9 10 11 15
```

14.4.11 lower_bound、upper_bound 和 equal_range

图 14.12 演示了来自 C++20 的 std::ranges 命名空间的 lower_bound、upper_bound 和 equal_range 算法。[25] 除了我们展示的功能外，还可以通过传递一个二元谓词函数来自定义每个算法的元素比较方式，该函数接收两个元素，如果第一个元素应被视为小于第二个元素，就返回 true。

```
// fig14_12.cpp
// Algorithms lower_bound, upper_bound and
// equal_range for a sorted sequence of values.
#include <algorithm>
#include <array>
#include <iostream>
#include <iterator>

int main() {
   std::array values{2, 2, 4, 4, 4, 6, 6, 6, 6, 8};
   std::ostream_iterator<int> output{std::cout, " "};

   std::cout << "values contains: ";
   std::ranges::copy(values, output);

```

```
values contains: 2 2 4 4 4 6 6 6 6 8
```

图 14.12 对有序值序列进行操作的 lower_bound、upper_bound 和 equal_range 算法

lower_bound 算法

第 17 行调用 C++20 的 std::ranges::lower_bound 算法在一个有序 forward_range 中查找可以插入第二个实参，同时范围仍然以升序排列的第一个位置。算法返回指向那个位置的一个迭代器。

```
16     // determine lower-bound insertion point for 6 in values
17     auto lower{std::ranges::lower_bound(values, 6)};
18     std::cout << "\n\nLower bound of 6 is index: "
19        << (lower - values.begin());
20
```

```
Lower bound of 6 is index: 5
```

upper_bound 算法

第 22 行调用 C++20 的 std::ranges::upper_bound 算法在一个有序 forward_range 中查找可以插入第二个实参，同时范围仍然以升序排列的最后一个位置。算法返回指向那个位置的一个迭代器。

```
21     // determine upper-bound insertion point for 6 in values
22     auto upper{std::ranges::upper_bound(values, 6)};
23     std::cout << "\nUpper bound of 6 is index: "
24        << (upper - values.begin());
25
```

```
Upper bound of 6 is index: 9
```

equal_range 算法

C++20 std::ranges::equal_range 算法（第 27 行）执行 lower_bound 和 upper_bound 操作，将它们的结果作为一个 std::ranges::subrange 返回。然后，我们将其解包（unpack）到变量 first 和 last 中。

```
26     // use equal_range to determine the lower and upper bound of 6
27     auto [first, last]{std::ranges::equal_range(values, 6)};
28     std::cout << "\nUsing equal_range:\n Lower bound of 6 is index: "
29        << (first - values.begin());
30     std::cout << "\n Upper bound of 6 is index: "
31        << (last - values.begin());
32
```

```
Using equal_range:
  Lower bound of 6 is index: 5
  Upper bound of 6 is index: 9
```

在有序序列中定位插入点

lower_bound、upper_bound 和 equal_range 算法经常被用来定位一个新值在有序序列中的插入点。第 36 行使用 lower_bound 来定位 3 可以在 values 中顺序插入的第一个位置。第 43 行使用 upper_bound 来定位 7 可以在 values 中顺序插入的最后一个位置。

```
33      // determine lower-bound insertion point for 3 in values
34      std::cout << "\n\nUse lower_bound to locate the first point "
35         << "at which 3 can be inserted in order";
36      lower = std::ranges::lower_bound(values, 3);
37      std::cout << "\n Lower bound of 3 is index: "
38         << (lower - values.begin());
39
40      // determine upper-bound insertion point for 7 in values
41      std::cout << "\n\nUse upper_bound to locate the last point "
42         << "at which 7 can be inserted in order";
43      upper = std::ranges::upper_bound(values, 7);
44      std::cout << "\n Upper bound of 7 is index: "
45         << (upper - values.begin()) << "\n";
46   }
```

```
Use lower_bound to locate the first point at which 3 can be inserted in order
  Lower bound of 3 is index: 2

Use upper_bound to locate the last point at which 7 can be inserted in order
  Upper bound of 7 is index: 9
```

14.4.12 min、max 和 minmax

图 14.13 演示了来自 std 命名空间的 min、max 和 minmax 算法以及来自 C++20 std::ranges 命名空间的 minmax 重载。和 14.4.5 节介绍的对范围进行操作的算法不同，std 命名空间的 min、max 和 minmax 算法操作的是作为实参传递的两个值。std::ranges::minmax 算法返回一个范围中的最小值和最大值。

获取两个实参的 min 和 max 算法

min 和 max 算法（第 8 行～第 12 行）都接收两个实参，并分别返回两者的最小值或最大值。每个算法都有一个重载，允许通过第三个实参来接收一个对比较进行自定义的二元谓词函数，它判断第一个实参是否应被视为小于第二个实参。

```
1   // fig14_13.cpp
2   // Algorithms min, max and minmax.
```

图 14.13 算法 min、max 和 minmax

```
3  #include <array>
4  #include <algorithm>
5  #include <iostream>
6
7  int main() {
8     std::cout << "Minimum of 12 and 7 is: " << std::min(12, 7)
9        << "\nMaximum of 12 and 7 is: " << std::max(12, 7)
10       << "\nMinimum of 'G' and 'Z' is: '" << std::min('G', 'Z') << "'"
11       << "\nMaximum of 'G' and 'Z' is: '" << std::max('G', 'Z') << "'"
12       << "\nMinimum of 'z' and 'Z' is: '" << std::min('z', 'Z') << "'";
13
```

```
Minimum of 12 and 7 is: 7
Maximum of 12 and 7 is: 12
Minimum of 'G' and 'Z' is: 'G'
Maximum of 'G' and 'Z' is: 'Z'
Minimum of 'z' and 'Z' is: 'Z'
```

图 14.13 算法 min、max 和 minmax（续）

获取两个实参的 C++11 minmax 算法

C++11 增加了获取两个实参的 minmax 算法（第 15 行），它返回一对分别包含较小和较大项的值。本例使用结构化绑定技术将这些值解包到 smaller 和 larger 变量中。minmax 的另一个版本通过第三个实参来接收一个对比较进行自定义的二元谓词函数，它判断第一个实参是否应被视为小于第二个实参。

```
14    // determine which argument is the min and which is the max
15    auto [smaller, larger]{std::minmax(12, 7)};
16    std::cout << "\n\nMinimum of 12 and 7 is: " << smaller
17       << "\nMaximum of 12 and 7 is: " << larger;
18
```

```
Minimum of 12 and 7 is: 7
Maximum of 12 and 7 is: 12
```

用于操作 C++20 范围的 minmax 算法

C 概念

C++20 的 std::ranges::minmax 算法（第 25 行）返回一对值，其中包含 input_range 或 initializer_list 实参中的最小项和最大项。同样地，我们使用结构化绑定技术将这两个值分别解包到 smallest 和 largest 变量中。还可以通过第二个实参来传递一个二元谓词函数，它比较两个元素，判断第一个是否应被视为比第二个小。

```
   std::array items{3, 100, 52, 77, 22, 31, 1, 98, 13, 40};
   std::ostream_iterator<int> output{std::cout, " "};

   std::cout << "\n\nitems: ";
   std::ranges::copy(items, output);

   auto [smallest, largest]{std::ranges::minmax(items)};
   std::cout << "\nMinimum value in items: " << smallest
      << "\nMaximum value in items is: " << largest << "\n";
}
```

```
items: 3 100 52 77 22 31 1 98 13 40
Minimum value in items: 1
Maximum value in items is: 100
```

14.4.13 来自头文件 <numeric> 的算法 gcd、lcm、iota、reduce 和 partial_sum

8.19.2 节已经介绍了 accumulate 算法（头文件 <numeric>）。图 14.14 演示了 <numeric> 的其他算法，包括 gcd、lcm、iota、reduce 和 partial_sum。这个头文件的算法要求“普通范围”，并有望在 C++23 中针对范围进行重载。[26]

gcd 算法

gcd 算法（第 14 行和第 15 行）接收两个整数实参并返回它们的最大公约数。

```
1  // fig14_14.cpp
2  // Demonstrating algorithms gcd, lcm, iota, reduce and partial_sum.
3  #include <array>
4  #include <algorithm>
5  #include <functional>
6  #include <iostream>
7  #include <iterator>
8  #include <numeric>
9
10 int main() {
11    std::ostream_iterator<int> output{std::cout, " "};
12
13    // calculate the greatest common divisor of two integers
14    std::cout << "std::gcd(75, 20): " << std::gcd(75, 20)
15       << "\nstd::gcd(17, 13): " << std::gcd(75, 13);
16
```

图 14.14 演示 gcd、lcm、iota、reduce 和 partial_sum 算法

```
std::gcd(75, 20): 5
std::gcd(17, 13): 1
```

图 14.14 演示 gcd、lcm、iota、reduce 和 partial_sum 算法（续）

lcm 算法

lcm 算法（第 18 行和第 19 行）接收两个整数实参并返回它们的最小公倍数。

```
17      // calculate the least common multiple of two integers
18      std::cout << "\n\nstd::lcm(3, 5): " << std::lcm(3, 5)
19         << "\nstd::lcm(12, 9): " << std::lcm(12, 9);
20
```

```
std::lcm(3, 5): 15
std::lcm(12, 9): 36
```

iota 算法

iota 算法（第 23 行）用从第三个实参的值开始的一系列连续值来填充一个“普通范围”。前两个实参必须是代表了要填充之“普通范围”的正向迭代器。最后一个实参的类型必须支持 ++ 操作符。

```
21      // fill an array with integers using the std::iota algorithm
22      std::array<int, 5> ints{};
23      std::iota(ints.begin(), ints.end(), 1);
24      std::cout << "\n\nints: ";
25      std::ranges::copy(ints, output);
26
```

```
ints: 1 2 3 4 5
```

reduce 算法

reduce 算法（第 29 行和第 31 行）将一个“普通范围”的元素归约（reduce）为单个的值。第一个和第二个实参必须是输入迭代器。第 29 行的调用隐式累加“普通范围”中的元素。第 31 行的调用提供了一个自定义初始值（1）和一个指定了如何执行归约的二元函数。本例使用的是 std::multiplies{}（头文件 <functional>），它是一个预定义的二元函数对象[27]，作用是计算两个实参的乘积并返回结果。{} 创建一个临时的 std::multiplies 对象并调用其构造函数。每个函数对象都有一个重载的 operator() 函数。在 reduce 算法内部，它会在函数对象上调用 operator() 函数来生成一个结果。任何获取两个同类型的值并返回该类型的结果的交换率（commutative）和结合率（associative）二元函数都可以作为第四个实参传递。14.5 节会讲到，头文件 <functional> 为加、减、乘、除和取模等运算定义了二元函数对象。

```
27      // reduce elements of a container to a single value
28      std::cout << "\n\nsum of ints: "
29         << std::reduce(ints.begin(), ints.end())
30         << "\nproduct of ints: "
31         << std::reduce(ints.begin(), ints.end(), 1, std::multiplies{});
32
```

```
sum of ints: 15
product of ints: 120
```

对比 reduce 和 accumulate

reduce 和 accumulate 这两种算法相似，但前者不保证元素的处理顺序。第 17 章会讲到，正是因为两者在工作方式上的这个差异，所以 reduce 算法能并行执行以提供更好的性能，而 accumulate 算法不能。[28]

partial_sum 算法

partial_sum 算法（第 37 行和第 39 行）为其"普通范围"的元素求部分和（partial sum），从指定范围的开头开始一直到最后，中途返回每次计算的中间结果。默认情况下，这个版本的 partial_sum 使用 std::plus 函数对象，它计算并返回两个实参的求和结果。对于已在第 23 行填入了值 1、2、3、4 和 5 的 ints，第 37 行的调用输出以下求和结果：

- 1（这就是 ints 第一个元素的值）
- 3（1 + 2 之和）
- 6（1 + 2 + 3 之和）
- 10（1 + 2 + 3 + 4 之和）
- 15（1 + 2 + 3 + 4 + 5 之和）

```
33      // calculate the partial sums of ints' elements
34      std::cout << "\n\nints: ";
35      std::ranges::copy(ints, output);
36      std::cout << "\n\npartial_sum of ints using std::plus by default: ";
37      std::partial_sum(ints.begin(), ints.end(), output);
38      std::cout << "\npartial_sum of ints using std::multiplies: ";
39      std::partial_sum(ints.begin(), ints.end(), output, std::multiplies{});
40      std::cout << "\n";
41   }
```

```
ints: 1 2 3 4 5

partial_sum of ints using std::plus by default: 1 3 6 10 15
partial_sum of ints using std::multiplies: 1 2 6 24 120
```

第二个调用（第 39 行）则使用了 partial_sum 的一个重载版本，它获取一个指定了如何执行部分计算的二元函数。本例使用的是预定义二元函数对象 std::multiplies{}，它从容器开头的值开始一直到最后，返回每一次连乘的结果：

- 1（这就是 ints 第一个元素的值）
- 2（1 * 2 的结果）
- 6（1 * 2 * 3 的结果）
- 24（1 * 2 * 3 * 4 的结果）
- 120（1 * 2 * 3 * 4 * 5 的结果）

这个 partial_sum 调用实际分步计算 1 ～ 5 的阶乘，即 1!、2!、3!、4! 和 5!。

14.4.14 堆排序和优先队列

13.10.3 节介绍了 priority_queue 容器适配器。添加到 priority_queue 中的元素以特殊方式存储，可以按优先级顺序（priority order）移除它们。优先级最高的元素总是被首先移除。通常，优先级最高的元素具有最大的值，但这是可以自定义的。寻找最高优先级的元素可以通过将元素排列在一个称为堆（heap）的数据结构中来高效完成。不要把它和 C++ 为动态内存分配而维护的“堆”混淆。操作系统进程调度通常使用的就是优先队列。

堆数据结构

堆作为二叉树来实现。**最大堆**（max heap）将其最大值存储在根节点上，任何给定子节点的值都小于或等于其父节点的值。堆可以包含重复的值。堆也可以是一个**最小堆**（min heap），其根节点包含的是最小值，任何给定子节点的值都大于或等于其父节点的值。以下二叉树代表一个最大堆：

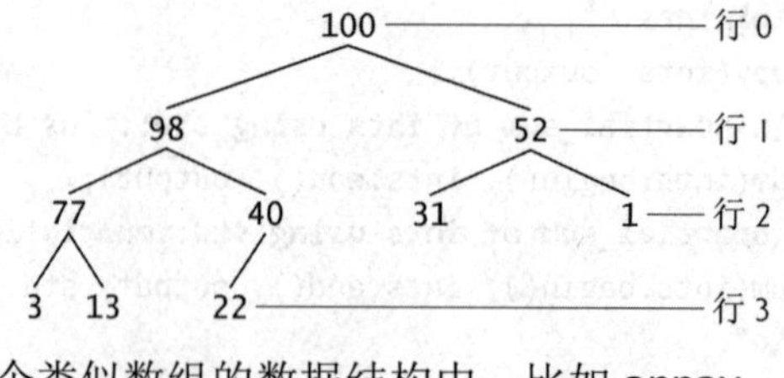

堆通常存储在一个类似数组的数据结构中，比如 array、vector 或 deque，它们都使用了随机访问迭代器。以下 array 表示了上述最大堆：

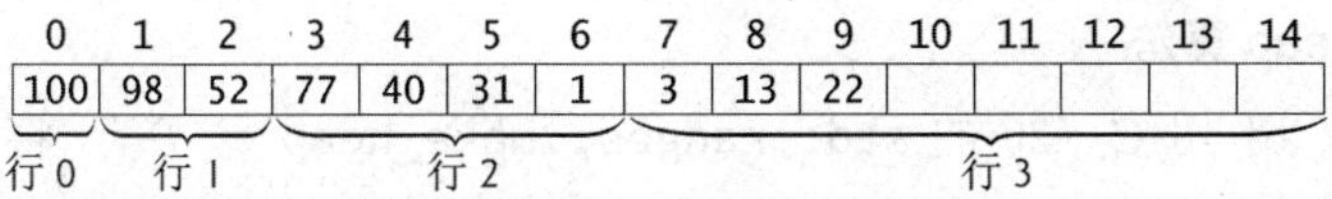

可以简单地确认该 array 表示的是一个最大堆。对于任何给定的数组索引 n，可以使用整数算术来计算 (n - 1) / 2，从而获得父节点的数组索引。然后，就可以确认子节点的值小于或等于父节点的值。一个最大堆的最大值总是在二叉树顶端，它对应索引为 0 的数组元素。

和堆相关的算法

图 14.15 的程序展示了和堆相关的 4 个来自 C++20 std::ranges 命名空间的算法。首先展示的是 make_heap 和 sort_heap 算法，它们实现了堆排序（heapsort）算法中的两个步骤。该算法在最坏情况下的运行时间是 $O(n \log n)$。[29]

- 步骤 1 将容器中的元素排列成一个堆。
- 步骤 2 从堆中移除元素以生成一个有序序列。

然后，我们展示了 push_heap 和 pop_heap。在堆中添加和移除元素时，priority_queue 容器适配器在幕后利用这两个算法对元素进行维护。[30]

```
1  // fig14_15.cpp
2  // Algorithms make_heap, sort_heap, push_heap and pop_heap.
3  #include <iostream>
4  #include <algorithm>
5  #include <array>
6  #include <vector>
7  #include <iterator>
8
9  int main() {
10    std::ostream_iterator<int> output{std::cout, " "};
11
```

图 14.15　算法 make_heap、sort_heap、push_heap 和 pop_heap

初始化并显示 heapArray

第 12 行创建并初始化名为 heapArray 的 array，其中包含 10 个不同的无序整数。在将 heapArray 的内容转换成堆并排序之前，第 14 行先显示它的元素。

```
12    std::array heapArray{3, 100, 52, 77, 22, 31, 1, 98, 13, 40};
13    std::cout << "heapArray before make_heap:\n";
14    std::ranges::copy(heapArray, output);
15
```

```
heapArray before make_heap:
3 100 52 77 22 31 1 98 13 40
```

make_heap 算法

第 16 行调用 C++20 的 std::ranges::make_heap 算法，将其 random_access_range 实参中的元素排列成一个堆，以便稍后应用 sort_heap 算法来生成一个有序的序列。第 18 行显示元素已经排列成一个堆的 heapArray。random_access_range 支持 random_access_iterator，所以可用这个算法来操作 array、vector 和 deque。

```
16      std::ranges::make_heap(heapArray); // create heap from heapArray
17      std::cout << "\nheapArray after make_heap:\n";
18      std::ranges::copy(heapArray, output);
19
```

```
heapArray after make_heap:
100 98 52 77 40 31 1 3 13 22
```

sort_heap 算法

第 20 行调用 C++20 的 std::ranges::sort_heap 算法对其 random_access_range 实参的元素进行排序。这个范围必须已经是一个堆。第 22 行显示排好序的 heapArray。

```
20      std::ranges::sort_heap(heapArray); // sort elements with sort_heap
21      std::cout << "\nheapArray after sort_heap:\n";
22      std::ranges::copy(heapArray, output);
23
```

```
heapArray after sort_heap:
1 3 13 22 31 40 52 77 98 100
```

用 push_heap 和 pop_heap 来维护堆

接着，我们演示 priority_queue 在幕后如何使用算法在堆中插入新项和从堆中删除项。两个操作的时间复杂度都是 $O(\log n)$。[31] 第 25 行～第 33 行定义名为 push 的 lambda，它向存储在一个 vector 中的堆添加一个 int 值。为此，push 执行了以下任务。

- 第 28 行将一个 int 追加到 vector 实参 heap 的末尾。
- 第 29 行调用 C++20 的 std::ranges::push_heap 算法，它获取其 random_access_range 实参（heap）的最后一个元素，并将其插入堆数据结构中。每次调用 push_heap 时，它都假定插入的元素在堆的最后一个位置，而且其他元素已经排列成堆结构。如果在第 28 行追加的元素是范围中唯一的元素，那么该范围已经是一个堆。否则，push_heap 将元素重新排列成堆结构。

- 第 31 行在添加每个值后显示更新的堆数据结构。

```
24    // lambda to add an int to a heap
25    auto push{
26       [&](std::vector<int>& heap, int value) {
27          std::cout << "\n\npushing " << value << " onto heap";
28          heap.push_back(value); // add value to the heap
29          std::ranges::push_heap(heap); // insert last element into heap
30          std::cout << "\nheap: ";
31          std::ranges::copy(heap, output);
32       }
33    };
34
```

第 36 行～第 44 行定义名为 pop 的 lambda，它从堆数据结构中移除最大值。为此，pop 执行了以下任务。

- 第 38 行调用 C++20 的 std::ranges::pop_heap 算法移除堆的最大值。算法假定它的 random_access_range 实参代表的是一个堆数据结构。首先，它将最大的堆元素（位于 heap.begin()）和最后一个堆元素（heap.end() 之前的那个元素）交换。然后，它确保从范围开头到（但不包括）范围最后一个元素仍然形成一个堆。pop_heap 算法不会改变范围内的元素数量。
- 第 39 行显示 vector 的最后一个元素的值，这个值刚刚从堆中移除，但还留在 vector 中。
- 第 40 行删除 vector 的最后一个元素，只留下 vector 中仍然代表一个堆数据结构的元素。
- 第 42 行显示当前堆数据结构的内容。

```
35    // lambda to remove an item from the heap
36    auto pop{
37       [&](std::vector<int>& heap) {
38          std::ranges::pop_heap(heap); // remove max item from heap
39          std::cout << "\n\npopping highest priority item: " << heap.back();
40          heap.pop_back(); // remove vector's last element
41          std::cout << "\nheap: ";
42          std::ranges::copy(heap, output);
43       }
44    };
45
```

演示堆数据结构

第46行定义一个空的vector<int>，我们将在其中维护堆数据结构。第49行～第51行调用push lambda，将值3、52和100添加到堆中。在添加每个值时，注意，最大的值总是存储在vector的第一个元素中，而且这些元素不是按照排序顺序存储的。

```
46      std::vector<int> heapVector{};
47
48      // place five integers into heapVector, maintaining it as a heap
49      for (auto value : {3, 52, 100}) {
50         push(heapVector, value);
51      }
52
```

```
pushing 3 onto heap
heap: 3

pushing 52 onto heap
heap: 52 3

pushing 100 onto heap
heap: 100 3 52
```

接着，第53行调用pop lambda，从堆中移除优先级最高的项（100）。注意，当前剩余的最大值（52）在vector的第一个元素中。第54行将值22添加到堆中。

```
53      pop(heapVector); // remove max item
54      push(heapVector, 22); // add new item to heap
55
```

```
popping highest priority item: 100
heap: 52 3

pushing 22 onto heap
heap: 52 3 22
```

接着，第56行将最高优先级的项（52）从堆中移除。同样，剩余的最大值（22）当前在vector的第一个元素中。第57行将值77添加到堆中。它现在是最大值，所以成为vector的第一个元素。

```
56      pop(heapVector); // remove max item
57      push(heapVector, 77); // add new item to heap
58
```

```
popping highest priority item: 52
heap: 22 3

pushing 77 onto heap
heap: 77 3 22
```

最后，第 59 行～第 61 行删除堆中剩余的三项。注意，在第 59 行执行后，剩余的最大元素（22）成为 vector 的第一个元素。

```
59      pop(heapVector); // remove max item
60      pop(heapVector); // remove max item
61      pop(heapVector); // remove max item
62      std::cout << "\n";
63   }
```

```
popping highest priority item: 77
heap: 22 3

popping highest priority item: 22
heap: 3

popping highest priority item: 3
heap:
```

14.5 函数对象 (仿函数)

软件工程

如前所述，许多标准库算法允许将一个 lambda 或函数指针传递给算法，以帮助它完成任务。任何能接收 lambda 或函数指针的算法也能接收一个**函数对象**（function object），也称为**仿函数**（functor）。它本质上是一个类的对象，用一个名为 operator() 的函数重载了函数调用操作符（圆括号）。重载的 operator() 必须满足算法对参数数量和返回类型的要求。

函数对象无论在语法还是语义上都可以像 lambda 或函数指针一样使用。调用 operator() 时，需要先写对象名称，再写包含实参的圆括号。对于大多数算法，lambda、函数指针和函数对象可以互换着使用。

函数对象的优势

相对于函数和函数的指针，函数对象具有以下两个方面的优势。

- 函数对象是类的对象，所以可以包含非 static 数据来维护特定函数对象的状态，也可以包含 static 数据来维护由该类类型的所有函数对象共享的状态。另外，函数对象的类类型可被用作模板类型参数的默认类型实参。[32]
- 或许最重要的是，编译器可以内联函数对象以提高性能。函数对象的 operator() 函数通常在它的类的主体中定义，这使它隐式 inline。如果在它的类的主体外部定义，那么可以将 operator() 函数显式声明为 inline。编译器将 lambda 作为函数对象来实现，所以它们也能内联。另一方面，编译

性能提示

器通常不会内联通过函数指针来调用的函数，这些指针可能指向任何具有适当参数和返回类型的函数，所以编译器不知道要内联哪一个。[33]

标准库的预定义函数对象

头文件 <functional> 包含许多预定义函数对象。每一个都以类模板的形式实现。下表列出了一些常用的标准库函数对象。每个关系和相等性函数对象在 C++20 的 std::ranges 命名空间中都有一个对应的同名函数。大多都是二元函数对象，接收两个实参并返回一个结果。logical_not 和 negate 都是一元函数对象，接收一个实参并返回一个结果。

函数对象	类型	函数对象	类型
divides<T>	算术	logical_or<T>	逻辑
equal_to<T>	关系	minus<T>	算术
greater<T>	关系	modulus<T>	算术
greater_equal<T>	关系	negate<T>	算术
less<T>	关系	not_equal_to<T>	关系
less_equal<T>	关系	plus<T>	算术
logical_and<T>	逻辑	multiplies<T>	算术
logical_not<T>	逻辑		

以下函数对象比较两个 int 值：

```
std::less<int> smaller{};
```

为了调用它的operator()函数，我们可以像下面这样使用对象名称（smaller）：

```
smaller(10, 7)
```

在本例中，smaller 会返回 false，因为 10 不小于 7。像 sort 这样的算法会利用这种信息将值重新按升序排序。13.9 节的例子已经使用了函数对象 less<T> 来指定有序集合和映射容器中键的顺序。

可以访问 https://zh.cppreference.com/w/cpp/utility/functional，获得完整的函数对象列表。

此外，还可以参考 C++ 标准的“Function Objects”一节[34]。比较元素以进行排序的 std::ranges 算法使用 less<T> 作为其默认的谓词函数实参。之前讲过，许多执行比较的重载标准库算法都可以接收一个二元函数，它判断其第一个实参是否小于第二个实参——这正是 less<T> 函数对象的作用。

使用 accumulate 算法

图 14.16 中，程序利用 std::accumulate 数值算法（头文件 <numeric>）来计算一个 array 中所有元素的平方和。<numeric> 算法没有 C++20 的 std::ranges 重载，所以它们使用的是“普通范围”。目前，C++23 已提议了这些算法的 std::ranges 重载。[35]accumulate 算法有两个重载。其中，三参数版本默认对“普通范围”的元素进行累加。四参数版本则接收一个二元函数作为它的最后一个实参，该函数自定义了如何执行计算。可以采取以下形式提供这个实参。

- 一个指向二元函数的函数指针，函数接收“普通范围”元素类型的两个实参，并返回该类型的一个结果。
- 一个二元函数对象，其中 operator() 函数接收“普通范围”元素类型的两个实参，并返回该类型的一个结果。
- 一个 lambda，它接收“普通范围”元素类型的两个实参，并返回该类型的一个结果。

本例在调用 accumulate 时先传递一个函数指针，再传递一个函数对象，最后传递一个 lambda。

```
1  // fig14_16.cpp
2  // Demonstrating function objects.
3  #include <array>
4  #include <algorithm>
5  #include <functional>
6  #include <iostream>
7  #include <iterator>
8  #include <numeric>
9
```

图 14.16 演示函数对象

sumSquares 函数

第 12 行～第 14 行定义了 sumSquares 函数，它接收两个相同类型的实参并返回该类型的值这是 accumulate 对允许作为实参传递的二元函数的要求。sumSquares 函数将第一个实参 total 与第二个实参 value 的平方相加，并返回结果。

```
10 // binary function returns the sum of its first argument total
11 // and the square of its second argument value
12 int sumSquares(int total, int value) {
13    return total + value * value;
14 }
15
```

SumSquaresClass 类

第 19 行～第 25 行定义了 SumSquaresClass 类。[36] 它重载的 operator() 获取两个 int 实参并返回一个 int。这同样符合在处理“普通范围”的 int 时，accumulate 可以调用的二元函数的要求。operator() 函数将第一个实参 total 与第二个实参 value 的平方加到一起，并返回结果。

```
16 // class SumSquaresClass defines overloaded operator()
17 // that returns the sum of its first argument total
18 // and the square of its second argument value
19 class SumSquaresClass {
20 public:
21    // add square of value to total and return result
22    int operator()(int total, int value) {
23       return total + value * value;
24    }
25 };
26
```

调用 accumulate 算法

我们调用 accumulate 三次。

- 第 36 行和第 37 行以指向 sumSquares 函数的指针作为最后一个实参来调用 accumulate。
- 第 44 行和第 45 行以 SumSquaresClass 函数对象作为最后一个实参来调用 accumulate。第 45 行的 SumSquaresClass{} 创建一个临时的 SumSquaresClass 对象并调用其构造函数。然后，该临时函数对象被传递给 accumulate，后者调用 SumSquaresClass 对象的 operator() 函数。
- 第 50 行和第 51 行用一个等价的 lambda 来调用 accumulate。该 lambda 执行的任务与 sumSquares 函数和 SumSquaresClass 中重载的 operator() 函数一样。

```
27 int main() {
28    std::array integers{1, 2, 3, 4};
29    std::ostream_iterator<int> output{std::cout, " "};
30
31    std::cout << "array integers contains: ";
32    std::ranges::copy(integers, output);
33
34    // calculate sum of squares of elements of array integers
35    // using binary function sumSquares
36    int result{std::accumulate(integers.cbegin(), integers.cend(),
```

```
      0, sumSquares)};

   std::cout << "\n\nSum of squares\n"
      << "via binary function sumSquares: " << result;

   // calculate sum of squares of elements of array integers
   // using binary function object
   result = std::accumulate(integers.cbegin(), integers.cend(),
      0, SumSquaresClass{});

   std::cout << "\nvia a SumSquaresClass function object: " << result;

   // calculate sum of squares array
   result = std::accumulate(integers.cbegin(), integers.cend(),
      0, [](auto total, auto value){return total + value * value;});

   std::cout << "\nvia a lambda: " << result << "\n";
}
```

```
array integers contains: 1 2 3 4

Sum of squares
via binary function sumSquares: 30
via a SumSquaresClass function object: 30
via a lambda: 30
```

对 accumulate 的每个调用都会像下面这样依次调用其函数实参。

- 第一次调用其函数实参时，accumulate 传递其第三个实参的值（本例是 0）和 integers 的第一个元素的值（本例是 1）。这会计算并返回 0 + 1 * 1 的结果，即 1。
- 第二次调用其函数实参时，accumulate 传递之前的结果（1）和 integers 的下一个元素的值（2）。这会计算并返回 1+2 * 2 的结果，即 5。
- 第三次调用其函数实参时，accumulate 传递之前的结果（5）和 integers 的下一个元素的值（3）。这会计算并返回 5 + 3 * 3 的结果，即 14。
- 最后一次调用其函数实参时，accumulate 传递之前的结果（14）和 integers 的下一个元素的值（4）。这会计算并返回 14 + 16 的结果，即 30。

现在，accumulate 已到达由其前两个实参指定的“普通范围”的终点，所以它返回最后一次调用其函数实参的结果（30）。

14.6 投射

处理包含多个数据项的对象时，来自 C++20 `std::ranges` 的所有算法都允许使用一个**投射**（projection）选择对每个对象一个较窄的部分进行处理。以 `Employee` 对象为例，每个对象都有一个名字、姓氏和薪资。不是基于全部三个数据成员对 `Employee` 对象进行排序；相反，可以只根据他们的薪资来排序。图 14.17 按薪资对包含 `Employee` 对象的一个 `array` 进行排序，先按升序，再按降序。第 11 行～第 22 行定义了 `Employee` 类。第 25 行～第 29 行定义了一个重载的 `operator<<` 函数，以方便输出 `Employee` 对象。

```
1  // fig14_17.cpp
2  // Demonstrating projections with C++20 range algorithms.
3  #include <array>
4  #include <algorithm>
5  #include <fmt/format.h>
6  #include <iostream>
7  #include <iterator>
8  #include <string>
9  #include <string_view>
10
11 class Employee {
12 public:
13    Employee(std::string_view first, std::string_view last, int salary)
14       : m_first{first}, m_last{last}, m_salary{salary} {}
15    std::string getFirst() const {return m_first;}
16    std::string getLast() const {return m_last;}
17    int getSalary() const {return m_salary;}
18 private:
19    std::string m_first;
20    std::string m_last;
21    int m_salary;
22 };
23
24 // operator<< for an Employee
25 std::ostream& operator<<(std::ostream& out, const Employee& e) {
26    out << fmt::format("{:10}{:10}{}",
27       e.getLast(), e.getFirst(), e.getSalary());
28    return out;
29 }
30
```

图 14.17 演示 C++20 范围算法如何使用投射

定义并显示一个 array<Employee>

第 32 行～第 36 行定义一个 array<Employee> 并用三个 Employee 初始化它。第 41 行显示了这些 Employee，这样可以在之后确认他们是否被正确排序。

```
31 int main() {
32    std::array employees{
33       Employee{"Jason", "Red", 5000},
34       Employee{"Ashley", "Green", 7600},
35       Employee{"Matthew", "Indigo", 3587}
36    };
37
38    std::ostream_iterator<Employee> output{std::cout, "\n"};
39
40    std::cout << "Employees:\n";
41    std::ranges::copy(employees, output);
42
```

```
Employees:
Red       Jason      5000
Green     Ashley     7600
Indigo    Matthew    3587
```

使用投射按升序对 array<Employee> 排序

第 45 行和第 46 行调用 std::ranges::sort 算法并传递三个实参。

- 第一个实参（employees）是要排序的范围。
- 第二个实参 ({}) 是二元谓词函数，sort 在确定其排序顺序时用它比较元素。符号 {} 表示 sort 应该使用 sort 定义中指定的默认二元谓词函数，即 std::ranges::less。这导致以升序排列元素。less 函数对象比较其两个实参，如果第一个小于第二个，就返回 true。如果 less 返回 false，说明这两个薪资不是按升序排列的，所以 sort 会重新排列相应的 Employee 对象。
- 最后一个实参指定了投射。这个一元函数从范围中接收一个元素并返回该元素的一部分。在本例中，我们将这个一元函数实现为返回 Employee 实参对象的薪资部分的一个 lambda。投射在 sort 比较元素之前应用，所以为了确定排序顺序，无须比较整个 Employee 对象，只需要比较 Employee 的薪资。

```
43    // sort Employees by salary; {} indicates that the algorithm should
44    // use its default comparison function
45    std::ranges::sort(employees, {},
```

```
46         [](const auto& e) {return e.getSalary();});
47     std::cout << "\nEmployees sorted in ascending order by salary:\n";
48     std::ranges::copy(employees, output);
49
```

```
Employees sorted in ascending order by salary:
Indigo    Matthew   3587
Red       Jason     5000
Green     Ashley    7600
```

投射的简化形式

第 46 行作为 lambda 来实现的一元函数可以如下简化：

```
&Employee::getSalary
```

这会创建指向 Employee 类的 getSalary 成员函数的指针，所以第 45 行～第 46 行可以如下简化：

```
std::ranges::sort(employees, {}, &Employee::getSalary);
```

能作为投射使用的成员函数必须是 public 的，而且不能被重载。另外，它必须无参，因为 std::ranges 的算法不能接收向投射所指定的成员函数传递的额外实参。[37]

投射可以是指向 public 数据成员的指针

如果类有一个 public 数据成员，那么可以传递指向它的一个指针作为投射参数。例如，如果 Employee 类有一个名为 salary 的 public 数据成员，那么 sort 的投射实参可以如下指定：

```
&Employee::salary
```

使用投射按降序对 array<Employee> 进行排序

在像 sort 这样有函数实参的算法中，自定义函数和投射可以结合起来使用。例如，第 51 行和第 52 行同时指定了一个二元谓词函数对象和一个投射，以便按薪资对 Employee 对象进行降序排序。我们同样传递了三个实参。

- 第一个实参（employees）是要排序的范围。
- 第二个实参创建一个 std::ranges::greater 函数对象。这使得 sort 按降序排列元素。greater 函数对象比较它的两个实参，如果第一个比第二个大，就返回 true。如果 greater 返回 false，表明比较的两个薪资不是按降序排列的，所以 sort 会重新排列相应的 Employee 对象。
- 最后一个参数是投射。在这个调用中，std::ranges::greater 将比较 Employee 的 int 薪资来决定排序顺序。

```
    // sort Employees by salary in descending order
    std::ranges::sort(employees, std::ranges::greater{},
       &Employee::getSalary);
    std::cout << "\nEmployees sorted in descending order by salary:\n";
    std::ranges::copy(employees, output);
}
```

```
Employees sorted in descending order by salary:
Green      Ashley     7600
Red        Jason      5000
Indigo     Matthew    3587
```

14.7 C++20 视图和函数式编程

6.14.3 节展示了用于对范围执行操作的**视图**（view）。我们指出，视图是可组合的，可以把它们连在一起，通过一个操作管道来处理一个范围中的元素。视图不会自己维护范围元素的一个拷贝，它只是通过一个操作管道来移动元素。视图是 C++20 的核心函数式编程能力之一。

性能提示

本章到目前为止介绍的算法都是贪婪的——调用算法时，它会立即执行其指定的任务。而 6.14.3 节讲到，视图是惰性的——除非在一个循环中遍历它们，或者把它们传给一个会遍历它们的算法，否则不会生成结果。如 6.14.3 节所述，惰性求值按需生成值，这可以减少程序的内存消耗。而且只要并非一次性需要全部值，它就有助于提升性能。

14.7.1 范围适配器

6.14.3 节还演示了函数式过滤和映射操作。

- `std::views::filter` 只保留谓词函数返回 `true` 的元素。
- `std::views::transform` 将每个视图元素映射成一个新值（可以是不同的类型）。

这些是**范围适配器**（range adaptor）。视图就像一个窗口，允许你“看到”一个范围并观察它的元素——视图本身没有那些元素的拷贝。每个范围适配器都接收一个 `std::ranges::viewable_range` 作为实参，并返回那个范围的一个视图，以便在一个操作管道中使用（参见 6.14 节）。`viewable_range` 是可以“安全转换为视图”的范围。[38] 由于视图不实际拥有它们“看到”的数据，所以临时对象不能转换为 `viewable_range`。

下表列出了许多 C++20 范围适配器（头文件 <ranges>），[39] 它们可以实现我们在 6.14 节介绍的函数式编程技术。范围适配器在命名空间 std::ranges::views 中定义，也可以通过别名 std::views 来访问。

范围适配器	说明
filter	创建只代表谓词返回 true 的范围元素的视图
transform	创建将元素映射为新值的视图
common	将视图转换为 std::ranges::common_range，这使范围能用于要求相同类型的一对 begin/end 迭代器的“普通范围”算法
all	创建代表范围中所有元素的视图
counted	从范围开头或者特定的迭代器位置开始，创建包含指定数量的元素的视图
reverse	创建视图，以相反的顺序处理一个双向视图
drop	创建视图，忽略从另一个视图开头起的指定数量的元素
drop_while	创建视图，只要一个谓词返回 true，就忽略从另一个视图开头起的元素
take	创建视图，其中包含从另一个视图开头起的指定数量的元素
take_while	创建视图，只要一个谓词返回 true，就包含从另一个视图开头起的元素
join	创建合并了多个范围的元素的视图
split	按分隔符拆分视图。新视图为每个子范围包含一个单独的视图
keys	为键值对（例如 map 中的那些）中的“键”创建视图。“键”是键值对中的第一个元素
values	为键值对（例如 map 中的那些）中的“值”创建视图。“值”是键值对中的第二个元素
elements	对于包含 tuple、pair 或 array 的视图，创建一个视图来包含每个对象中指定索引的元素

14.7.2 使用范围适配器和视图

图 14.18[40] 演示了上表的几个 std::views，并介绍了无限版本的 std::views::iota。第 13 行定义一个 lambda，如果实参是偶整数，它会返回 true。我们将在管道中使用该 lambda。

```
1  // fig14_18.cpp
2  // Working with C++20 std::views.
3  #include <algorithm>
4  #include <iostream>
```

图 14.18 使用 C++20 std::views

```
5   #include <iterator>
6   #include <map>
7   #include <ranges>
8   #include <string>
9   #include <vector>
10
11  int main() {
12     std::ostream_iterator<int> output{std::cout, " "};
13     auto isEven{[](int x) {return x % 2 == 0;}}; // true if x is even
14
```

图 14.18 使用 C++20 std::views（续）

用 std::views::iota 创建无限范围

软件工程

图 6.13 演示了 `std::views::iota`，它还有一个名字叫**范围工厂**（range factory）。作为视图，当你在它上面遍历时，它会惰性地创建连续整数的一个序列。图 6.13 的 `iota` 版本需要获取两个实参：起始整数值和 `iota` 应生成的序列中的最后一个整数之后的一个值。本例第 16 行使用了 `iota` 的**无限范围**（infinite range）版本，它只接收序列的起始整数（`0`），并逐一递增，直到你告诉它停止——马上就会讲到如何停止。第 16 行的管道创建一个视图，它过滤由 `iota` 生成的整数，只保留 `isEven` 这个 `lambda` 会返回 `true` 的整数。当前尚未生成任何整数。记住，视图是惰性的——在用循环或标准库算法遍历它们之前，它们不会执行。视图是可以存储在变量中的对象，这样就可以重用它们的处理步骤，甚至可以在以后添加更多处理步骤。我们将这个视图存储在变量 `evens` 中，稍后将用 `evens` 来构建几个增强的管道。

```
15     // infinite view of even integers starting at 0
16     auto evens{std::views::iota(0) | std::views::filter(isEven)};
17
```

take 范围适配器

错误提示

虽然无限范围在逻辑上无限，[41] 但为了在循环中处理它，或者把它传递给标准库算法，必须限制管道将产生的元素的数量；否则，程序会包含一个无限循环。为此，一个办法是使用范围适配器来限制要处理的元素数量。这种适配器适用于无限范围和固定大小的范围。例如，第 19 行使用 `take` 范围适配器从第 16 行定义的 `evens` 管道中取前 5 个值。我们将结果视图传递给 `std::ranges::copy`（第 19 行），它遍历管道并开始执行以下管道操作：

- `iota` 生成一个整数
- `filter` 检查它是不是偶数

- 如果是，take 将那个值传给 copy

如果 iota 生成的值不是偶数，filter 会丢弃该值，iota 继续生成序列中的下一个值。这个过程会一直重复，直到 take 超过指定的要 copy 的元素数。可以从无限大的范围内 take 任意数量的项，或者从固定大小的范围内 take 最大数量的项。出于演示的目的，我们在随后讨论的每个管道中只处理几个数据项。

```
18      std::cout << "First five even ints: ";
19      std::ranges::copy(evens | std::views::take(5), output);
20
```

```
First five even ints: 0 2 4 6 8
```

take_while 范围适配器

第 22 行和第 23 行创建一个增强的管道，它使用 take_while 范围适配器来限制 evens 无限范围。该范围适配器返回一个视图，它从管道的早期步骤中获取元素，前提是 take_while 的一元谓词返回 true。在本例中，我们 take 偶整数，同时这些值小于 12。第一个大于或等于 12 的值将终止管道。我们将 take_while 返回的视图存储在变量 lessThan12 中，以便在后续语句中使用。第 24 行将 lessThan12 传递给 std::ranges::copy，后者遍历视图，执行之前描述的管道步骤，并显示结果。

```
21      std::cout << "\nEven ints less than 12: ";
22      auto lessThan12{
23         evens | std::views::take_while([](int x) {return x < 12;})};
24      std::ranges::copy(lessThan12, output);
25
```

```
Even ints less than 12: 0 2 4 6 8 10
```

reverse 范围适配器

第 27 行使用 reverse 范围适配器反转来自第 22 行和第 23 行的 lessThan12 视图的整数。我们将 reverse 返回的视图传递给 std::ranges::copy，后者遍历该视图，执行其管道步骤，并显示结果。

```
26      std::cout << "\nEven ints less than 12 reversed: ";
27      std::ranges::copy(lessThan12 | std::views::reverse, output);
28
```

```
Even ints less than 12 reversed: 10 8 6 4 2 0
```

transform 范围适配器

第 6 章的图 6.13 已经介绍了 transform 范围适配器。本例第 31 行～第 33 行的管道创建一个视图，它获取由 lessThan12 产生的整数，将其反转，然后使用 transform 求值的平方。我们将结果视图传递给 std::ranges::copy，后者遍历该视图，执行其流水线步骤，并显示结果。

```
29      std::cout << "\nSquares of even ints less than 12 reversed: ";
30      std::ranges::copy(
31         lessThan12
32            | std::views::reverse
33            | std::views::transform([](int x) {return x * x;}),
34         output);
35
```

```
Squares of even ints less than 12 reversed: 100 64 36 16 4 0
```

drop 范围适配器

第 38 行的管道从 evens 生成的偶整数无限序列开始，使用 drop 范围适配器跳过前 1000 个偶整数，然后使用 take 范围适配器从序列中取下五个偶整数。我们将结果视图传递给 std::ranges::copy，后者遍历该视图，执行其流水线步骤，并显示结果。

```
36      std::cout << "\nSkip 1000 even ints, then take five: ";
37      std::ranges::copy(
38         evens | std::views::drop(1000) | std::views::take(5),
39         output);
40
```

```
Skip 1000 even ints, then take five: 2000 2002 2004 2006 2008
```

drop_while 范围适配器

也可以在一元谓词保持 true 时跳过元素。第 43 行～第 45 行的管道从 evens 生成的偶整数无限序列开始，使用 drop_while 范围适配器来跳过从无限序列开头起，所有小于或等于 1000 的偶整数。然后，使用 take 范围适配器从序列中取下五个偶整数。我们将结果视图传递给 std::ranges::copy，后者遍历该视图，执行其流水线步骤，并显示结果。

```
41      std::cout << "\nFirst five even ints greater than 1000: ";
42      std::ranges::copy(
43         evens
```

```
44            | std::views::drop_while([](int x) {return x <= 1000;})
45            | std::views::take(5),
46         output);
47
```

```
First five even ints greater than 1000: 1002 1004 1006 1008 1010
```

创建并显示罗马数字及其十进制值的 map

到目前为止，为简单起见，我们处理的一直是整数范围。但是，完全可以处理更复杂类型的范围，还可以处理各种容器。接着，我们将演示如何处理一个 map 中的键值对，它以 string 对象作为键，以 int 作为值。键是罗马数字，值是和它们对应的十进制值。第 49 行的 using 声明使我们能在第 51 行～第 52 行创建每个键值对时使用 string 对象字面值。例如，在 "I"s 这样的一个值中，字符串字面值后面的 s 表明该字面值是一个 string 对象。第 53 行～第 54 行创建一个 lambda，我们将在第 56 行把它用于 std::ranges::for_each，以便显示 map 中的每个键值对。

```
48      // allow std::string object literals
49      using namespace std::string_literals;
50
51      std::map<std::string, int> romanNumerals{
52         {"I"s, 1}, {"II"s, 2}, {"III"s, 3}, {"IV"s, 4}, {"V"s, 5}};
53      auto displayPair{[](const auto& p) {
54            std::cout << p.first << " = " << p.second << "\n";}};
55      std::cout << "\n\nromanNumerals:\n";
56      std::ranges::for_each(romanNumerals, displayPair);
57
```

```
romanNumerals:
I = 1
II = 2
III = 3
IV = 4
V = 5
```

keys 和 values 范围适配器

在管道中处理 map 时，每个键值对被视为包含键和值的一个 pair 对象。可以使用范围适配器 keys（第 60 行）和 values（第 63 行）来分别获得只有键和值的视图。

- keys 创建的视图只选择每个 pair 中的第一项。
- values 创建的视图只选择每个 pair 中的第二项。

我们把每个管道传递给 std::ranges::copy，后者遍历管道并显示结果。

```
58      std::ostream_iterator<std::string> stringOutput{std::cout, " "};
59      std::cout << "\nKeys in romanNumerals: ";
60      std::ranges::copy(romanNumerals | std::views::keys, stringOutput);
61
62      std::cout << "\nValues in romanNumerals: ";
63      std::ranges::copy(romanNumerals | std::views::values, output);
64
```

```
Keys in romanNumerals: I II III IV V
Values in romanNumerals: 1 2 3 4 5
```

elements 范围适配器

有趣的是，keys 和 values 范围适配器还适用于所有元素都是 tuple 或 array 的范围。即使它们都包含两个以上的元素，keys 也总是选择第一项，而 values 总是选择第二项。如果范围中的 tuple 或 array 元素包含两个以上的元素，elements 范围适配器可以按索引选择数据项。下面用 romanNumerals 这个 map 中的键值对来演示这个操作。第 67 行只从范围中的每个 pair 对象中选择元素 0，而第 70 行只选择元素 1。在两种情况下，我们都将管道传递给 std::ranges::copy，后者遍历管道并显示结果。

```
65      std::cout << "\nKeys in romanNumerals via std::views::elements: ";
66      std::ranges::copy(
67         romanNumerals | std::views::elements<0>, stringOutput);
68
69      std::cout << "\nvalues in romanNumerals via std::views::elements: ";
70      std::ranges::copy(romanNumerals | std::views::elements<1>, output);
71      std::cout << "\n";
72   }
```

```
Keys in romanNumerals via std::views::elements: I II III IV V
values in romanNumerals via std::views::elements: 1 2 3 4 5
```

14.8 并行算法简介

性能提示

几十年来，计算机处理能力每两年就会以低廉的价格翻上一番。这称为**摩尔定律**（Moore' s law），以英特尔联合创始人摩尔的名字命名，他在 20 世纪 60 年代发现了这一趋势。不过，计算机处理器公司英伟达（NVIDIA）和安谋科技（ARM）的核心管理层表示，摩尔定律或许已经不再适用。[42, 43] 计算机处理能力虽然还是会增加，但现在主要依赖于新的处理器设计，尤其是多核处理器。它们实现了真正的并行处理，能提供更好的性能。C++ 一直以来都以性能为优先。但是，从 C++ 诞生之日起 32 年之后，它对并行的第一个标准化支持才在 C++11 中加入。

要实现算法的并行化，不能只是“打开一个开关”，然后说：“我想并行地运行这个算法”。并行化对算法所做的事情以及哪些部分能真正在多核硬件上并行运行很敏感。程序员必须仔细确定如何分解任务以并行执行。这样的算法必须能扩展到任意数量的内核——在某一时刻可能会有更多或更少的内核可用，因为这些内核是由计算机的所有任务共享的。此外，随着计算机架构的发展，内核数量也在不断增加，所以算法应该足够灵活，能利用这些额外的内核。虽然编写并行算法具有挑战性，但我们有足够的动机来最大限度地提高应用程序的性能。

多年来我们发现的一个很明显的问题是，设计能在多个内核上执行的算法是复杂和容易出错的。许多编程语言现在提供了内置的库功能，提供“罐装”的并行功能。C++ 已经有了一个有价值的算法集合。为了避免程序员“重新发明轮子”，C++17 为 69 种“普通范围”的算法引入了并行重载，使它们能利用多核架构和当今 CPU 和 GPU 所支持的高性能“矢量数学”运算。矢量运算可以为许多数据项同时（simultaneously）执行相同的操作。[44]

除此之外，C++17 还新增了 7 个并行算法，每个算法都有一个对应的顺序版本：

- for_each_n
- exclusive_scan
- inclusive_scan
- transform_exclusive_scan
- transform_inclusive_scan
- reduce
- transform_reduce

算法的重载版本在很大程度上将并行编程的重担从程序员的肩上卸下，并将其转移给预打包的库算法，使编程过程变得更轻松。遗憾的是，C++20 std::ranges 中的算法还没有并行化，虽然 C++23 已经把它提上议事日程。[45]

我们将在第 17 章介绍以下主题。

- 概述各种并行算法。
- 讨论四个“执行策略”（三个来自 C++17，一个来自 C++20），它们决定了并行算法如何利用系统的并行处理能力来执行任务。
- 演示如何调用并行算法。
- 使用 <chrono> 头文件中的函数对标准库算法的顺序和并行执行进行计时，从而体会性能的差异。

你将看到，算法的并行版本并非总是比顺序版本运行得更快，届时会解释具体原因。我们还会介绍包含了 C++ 并发和并行编程特性的各种标准库头文件。然后，第 18 章将介绍 C++20 新的“协程”特性。

14.9 标准库算法小结

C++ 标准规定了 117 种算法——许多都有两个或多个重载版本。标准将这些算法划分为几个类别：

- 会修改序列的算法（`<algorithm>`）
- 不修改序列的算法（`<algorithm>`）
- 排序及相关算法（`<algorithm>`）
- 常规数值操作（`<numeric>`）
- 特殊内存操作（`<memory>`）

要了解本章没有介绍的算法，请访问以下网站：

https://zh.cppreference.com/w/cpp/algorithm

https://docs.microsoft.com/zh-cn/cpp/standard-library/algorithm

在本节后面的所有表格中，将采用以下约定。

- 本章已经介绍的算法被分组在每个表格的顶部，并加粗显示。
- 有 C++20 `std::ranges` 重载版本的算法[46]用上标“R”标记。
- 有并行版本的算法[47]用上标“P”标记。
- 在 C++11、C++17 和 C++20 版本中引入的算法用上标版本号标记。

例如，`copy` 算法被标记为“PR”，意味着它有一个并行版本和一个 `std::ranges` 版本，`is_sorted_until` 算法被标记为“PR11”，意味着它有一个并行版本和一个 `std::ranges` 版本，而且是从 C++11 开始在标准库中引入的。

会修改序列的算法

下表展示了会对序列进行修改的算法；换言之，它们会修改所操作的容器。`shuffle` 算法取代了不太安全的 `random_shuffle` 算法。`random_shuffle` 在幕后使用了 `rand` 函数，后者是从 C 语言标准库继承而来的。C 语言的 `rand` 不具备“良好的统计特征”，是可以预测的。[48] 这使得使用 `rand` 的程序不那么安全。较新的 `shuffle` 算法使用了 C++11 的**非确定性随机数生成**（nondeterministic random-number generation）功能。

安全提示

头文件 <aalgorithm> 提供的会修改序列的算法			
copy[PR]	copy_backward[R]	copy_ifP[R11]	copy_n[PR11]
fill[PR]	fill_n[PR]	generate[PR]	generate_n[PR]
iter_swap	remove[PR]	remove_copy[PR]	remove_copy_if[PR]
remove_if[PR]	replace[PR]	replace_copy[PR]	replace_copy_if[PR]
replace_if[PR]	reverse[PR]	reverse_copy[PR]	shuffle[R11]
swap_ranges[PR]	transform[PR]	unique[PR]	unique_copy[PR]
move[PR11]	move_backward[R11]	rotate[PR]	rotate_copy[PR]
sample[R17]	shift_left[20]	shift_right[20]	

不修改序列的算法

下表展示了不会修改序列的算法，换言之，它们不会修改所操作的容器。

头文件 <algorithm> 提供的不会修改序列的算法			
all_of[PR11]	any_of[PR11]	count[PR]	count_if[PR]
equal[PR]	find[PR]	find_if[PR]	find_if_not[PR11]
for_each[PR]	mismatch[PR]	none_of[PR11]	
adjacent_find[PR]	find_end[PR]	find_first_of[PR]	for_each_n[PR17]
is_permutation[R11]	search[PR]	search_n[PR]	

排序及相关算法

下表展示了排序及其相关算法。

头文件 <algorithm> 提供的排序及相关算法		
binary_search[R]	equal_range[R]	includes[PR]
inplace_merge[PR]	lexicographical_compare[PR]	lower_bound[R]
make_heap[R]	max[R]	max_element[PR]
merge[PR]	min[R]	min_element[PR]
minmax[R11]	minmax_element[PR11]	pop_heap[R]
push_heap[R]	set_difference[PR]	set_intersection[PR]
set_symmetric_difference[PR]	set_union[PR]	sort[PR]
sort_heap[R]	upper_bound[R]	

（续表）

头文件 <algorithm> 提供的排序及相关算法		
clamp[R17]	is_heap[PR11]	is_heap_until[PR11]
is_partitioned[PR11]	is_sorted[PR11]	is_sorted_until[PR11]
lexicographical_compare_three_way[20]	partial_sort[PR]	next_permutation[R]
nth_element[PR]	partition_copy[PR11]	partial_sort_copy[PR]
partition[PR]	stable_partition[PR]	partition_point[R11]
prev_permutation[R]		stable_sort[PR]

数值算法

下表展示了头文件 <numeric> 提供的数值算法。注意，这个头文件提供的算法尚未针对 C++20“范围”进行更新，不过 C++23 已将其提上了日程。[49, 50]

头文件 <numeric> 提供的常规数值操作		
accumulate	gcd[17]	iota[11]
lcm[17]	partial_sum	reduce[P17]
adjacent_difference[P]	exclusive_scan[P17]	inclusive_scan[P17]
inner_product[P]	midpoint[20]	transform_reduce[P17]
transform_exclusive_scan[P17]	transform_inclusive_scan[P17]	

特殊内存操作

下表展示了头文件 <memory> 提供的特殊内存算法，它们支持动态内存操作，这方面的主题超出了本书的范围。要了解关于这个头文件和这些算法的概述，请访问 https://zh.cppreference.com/w/cpp/header/memory。

特殊内存操作	
construct_at[R20]	destroy[R17]
destroy_at[R17]	destroy_n[R17]
uninitialized_copy[PR]	uninitialized_copy_n[PR11]
uninitialized_default_construct[PR17]	uninitialized_default_construct_n[PR17]
uninitialized_fill[PR]	uninitialized_fill_n[PR]
uninitialized_move[PR17]	uninitialized_move_n[PR17]
uninitialized_value_construct[PR17]	uninitialized_value_construct_n[PR17]

14.10 C++23“范围”前瞻

虽然许多算法在 C++20 `std::ranges` 命名空间中都有重载，但许多 C++20 算法——包括 `<numeric>` 头文件中的算法以及 `<algorithm>` 头文件中的并行算法——都还没有 C++20 `std::ranges` 的重载。C++ 标准委员会提议使多种额外的范围库特性成为 C++23 的一部分。其中一些正在开发中，现在可以通过开源项目“Ranges for C++23”来暂时使用。[51]C++20 的范围功能以及为 C++23 提议的许多新特性都基于开源项目 range-v3 所提供的功能。[52]

“A Plan for C++23 Ranges”

这篇论文[53]概述了 C++23“范围”的总体规划，并为许多可能的新范围特性提供了细节。建议的特性按重要性分为三层，第一层（Tier 1）包含最重要的特性。在简短的介绍之后，这篇论文讨论了几类可能的新增特性。

- **视图辅助**（view adjuncts）：本节概述了两个关键特性——将视图转换为各种容器类型的重载 `ranges::to` 函数，以及格式化视图和范围以方便输出的能力。它们的详情分别在“ranges::to: A Function to Convert Any Range to a Container”[54]和“Formatting Ranges”[55]这两篇论文中进行了讨论。
- **算法**（Algorithm）：本节概述了各种 `<numeric>` 算法可能的新 `std::ranges` 重载，在论文“A Concept Design for the Numeric Algorithms”[56]中进行了更详细的讨论。这一节还概述了为 C++17 引入的并行算法生成 `std::ranges` 重载版本的潜在问题。论文“Introduce Parallelism to the Ranges TS”[57]对这些问题进行了更深入的讨论。
- **行动**（Actions）。这是在 range-v3 项目中与范围和视图分开的第三类能力。和视图一样，行动可与 | 操作符组合。但是和 `std::ranges` 的算法一样，行动是贪婪的，所以会立即产生结果。根据这一节的说明，虽然行动会使一些编码更方便，但加入它们的优先级很低，因为可以通过在多个语句中调用现有的 `std::ranges` 算法来执行同样的任务。

14.11 小结

本章演示了许多标准库算法，包括用值填充容器、生成值、比较元素或整个容器、移除元素、替换元素、数学运算、查找、排序、交换、拷贝、合并、集合操作、确定边界以及计算最小值和最大值等。我们主要关注这些算法的 C++20 `std::ranges` 版本。

本章解释了标准库算法的各种最低要求，它们帮助你确定哪些容器、迭代器和函数可以传递给算法。我们概述了“普通范围”算法采用的一些命名要求，并强调基于 C++20“范围”的算法是用 C++20“概念”来指定其要求，这些要求会在编译时检查。我们简要介绍了为每个基于范围的算法所指定的 C++20“概念”。注意，并非所有算法都有基于范围的版本。

我们重拾了 lambda 的话题，介绍了如何捕获包围范围中的变量。你看到许多算法都能接收一个 lambda、函数指针或函数对象作为实参（可互换），并调用它们来自定义算法的行为。

我们继续讨论了 C++ 的函数式编程。展示了如何创建一个逻辑上无限的值序列，以及如何使用范围适配器来限制通过管道处理的元素总数。我们将视图保存在变量中供以后使用，并将更多的步骤添加到先前保存的管道中。我们介绍了用于操作键值对中的“键”和“值”的范围适配器，并展示了一个类似的范围适配器 `elements`，它能从固定大小的对象（例如 `pair`、`tuple` 和 `array`）中选择任何有索引的元素。

本章讲到，C++17 在 `<algorithm>` 头文件中为 69 种标准库算法引入了新的并行重载版本。第 16 章会讲到，它们允许你利用当今计算机的多核架构来提升程序性能。第 16 章会演示几种并行算法，并利用 `<chrono>` 头文件的功能对顺序算法和并行算法的调用计时，这样就可以体会到两者在性能上的差异。我们会解释为什么并行算法并非一定比顺序算法更快。所以，并行版本并非总是更值得。

我们展示了许多 C++20 算法，包括 `<numeric>` 头文件中的算法和 `<algorithm>` 头中的并行算法，它们都没有 `std::ranges` 重载。我们提到了 C++23 中的预期更新，并引导你访问 `GitHub` 项目 `rangesnext`，它实现了许多拟议的更新。

下一章将使用自定义模板来构建一个简单的容器、多种迭代器以及一个简单的算法。在我们的自定义模板中，会适当地使用 C++20“概念”。

注释

1. Tristan Brindle，“An Overview of Standard Ranges”，September 29, 2019，访问日期 2022 年 1 月 29 日，https://www.youtube.com/watch?v=SYLgG7Q5Zws。
2. Tristan Brindle，“C++20 Ranges in Practice”，October 8, 2020，访问日期 2022 年 1 月 29 日，https://www.youtube.com/watch?v=d_E-VLyUnzc。
3. Corentin Jabot，“Ranges for C++23”，https://github.com/cor3ntin/rangesnext。
4. Alexander Stepanov 和 Meng Lee，“The Standard Template Library, Section 2: Structure of the Library”，October 31, 1995，访问日期 2022 年 1 月 29 日，http://stepanovpapers.com/STL/DOC.PDF。

5. Bjarne Stroustrup，“Concepts: The Future of Generic Programming—1. A Bit of Background”，January 31, 2017，访问日期 2022 年 1 月 29 日，https://wg21.link/p0557r0。
6. Bjarne Stroustrup，“Concepts: The Future of Generic Programming—Conclusion”，January 31, 2017，访问日期 2022 年 1 月 29 日，https://wg21.link/p0557r0。
7. Bjarne Stroustrup，“Concepts: The Future of Generic Programming—3.1 Specifying Template Interfaces”，January 31, 2017，访问日期 2022 年 1 月 29 日，https://wg21.link/p0557r0。
8. “Index of Library Concepts”，访问日期 2022 年 1 月 29 日，https://timsong-cpp.github.io/cppwp/n4861/conceptindex。
9. 该标准还规定了 30 个仅供参详（exposition-only）的概念。
10. lambda 也可以在类或命名空间作用域内定义。详情参见 https://zh.cppreference.com/w/cpp/language/lambda。
11. 访问日期 2022 年 1 月 29 日，https://zh.cppreference.com/w/cpp/algorithm/ranges/copy。
12. C++ Core Guidelines，“F.50: Use a Lambda When a Function Won't Do (to Capture Local Variables, or to Write a Local Function)”，访问日期 2022 年 1 月 29 日，https://isocpp.github.io/CppCoreGuidelines/CppCoreGuidelines#Rf-capture-vs-overload。
13. C++ Core Guidelines，“F.52: Prefer Capturing By Reference in Lambdas That Will Be Used Locally, Including Passed to Algorithms”，访问日期 2022 年 1 月 29 日，https://isocpp.github.io/CppCoreGuidelines/CppCoreGuidelines#Rf-reference-capture。
14. C++ Core Guidelines，“F.53: Avoid Capturing By Reference in Lambdas That Will Be Used Non-Locally, Including Returned, Stored on the Heap, or Passed to Another Thread”，访问日期 2022 年 1 月 29 日，https://isocpp.github.io/CppCoreGuidelines/CppCoreGuidelines#Rf-value-capture。
15. 不要和 C++20 生成器协程（generator coroutine）混淆，详情参见第 18 章。
16. nextLetter 函数不是线程安全的。第 17 章将讨论如何创建线程安全的函数。
17. 之前说过，在 C++20“范围”中，哨兵（sentinel）是代表已经到达容器末端的一个对象。
18. 截止 2022 年 1 月，std::ranges::remove 还无法在最新版本的 clang++ 编译器上编译。
19. 译注：是不是对移除（remove）、删除（delete）、擦除（erase）、销毁（destroy）等说法感到眼花缭乱？其实很简单，只需记住只有“移除”才不会实际删除、擦除或销毁元素。
20. 访问日期 2022 年 1 月 29 日，https://zh.wikipedia.org/zh-hans/Erase–remove 惯用法或 https://tinyurl.com/2p983d4n。
21. 访问日期 2022 年 1 月 29 日，https://zh.cppreference.com/w/ cpp/language/structured_binding。
22. Dominik Berner，“Quick and Easy Unpacking in C++ with Structured Bindings”，May 24, 2018，访问日期 2022 年 1 月 29 日，https://dominikberner.ch/structured-bindings/。
23. “Algorithms Library—mutating Sequence Operations—Transform”，访问日期 2022 年 1 月 29 日，https://timsong-cpp.github.io/cppwp/n4861/alg.transform。
24. 截止 2022 年 1 月，std::ranges::unique 在最新的 clang++ 编译器上还不能编译。
25. 截止 2022 年 1 月，std::ranges::equal_range 在最新 clang++ 上还不能编译。
26. Barry Revzin、Conor Hoekstra 和 Tim Song，“A Plan for C++23 Ranges”，October 14, 2020，访问日期 2022 年 1 月 29 日，http://www.open-std.org/jtc1/sc22/wg21/docs/papers/2020/p2214r0.html#algorithms。
27. 14.5 节将详细解释预定义函数对象。

28. Sy Brand，“std::accumulate vs. std::reduce”，May 15, 2018，访问日期 2022 年 1 月 29 日，https://blog.tartanllama.xyz/accumulate-vs-reduce/。
29. 访问日期 2022 年 1 月 29 日，https://zh.wikipedia.org/zh-hans/ 堆排序。
30. 要了解开源 Microsoft C++ 标准库的 priority_queue 如何利用 push_heap 和 pop_heap 来实现，请访问 https://github.com/microsoft/STL/blob/main/stl/inc/queue。
31. 访问日期 2022 年 1 月 29 日，https://zh.wikipedia.org/zh-hans/ 二叉堆。
32. “C++ 标准库中的函数对象”，https://docs.microsoft.com/en-us/cpp/standard-library/function-objects-in-the-stl。
33. Scott Meyers，*Effective STL: 50 Specific Ways to Improve Your Use of the Standard Template Library*. p.201–202: Pearson Education, 2001。
34. “General Utilities Library—function Objects”，访问日期 2022 年 1 月 29 日，https://timsong-cpp.github.io/cppwp/n4861/function.objects。
35. Christopher Di Bella，“A Concept Design for the Numeric Algorithms”，August 2, 2019，访问日期 2022 年 1 月 29 日，https://wg21.link/p1813r0。
36. 该类只能处理 int 值，但完全可以作为类模板来实现，以提供对多种类型的支持。我们将在第 15 章讲解如何创建自定义类模板。
37. std::ranges::sort 幕后使用 std::invoke 函数（头文件 <functional>）在每个 Employee 对象上调用提供的比较器。
38. 访问日期 2022 年 1 月 29 日，https://zh.cppreference.com/ w/cpp/ranges/viewable_range。
39. 访问日期 2022 年 1 月 29 日，https://zh.cppreference.com/w/cpp/ranges。
40. 截止到 2022 年 1 月，这个程序在最新版本的 clang++ 编译器上还不能编译。
41. Jeff Garland，“Using C++20 Ranges Effectively”，June 18, 2019，访问日期 2022 年 1 月 29 日，https://www.youtube.com/watch?v=VmWS-9idT3s。
42. Esther Shein，“Moore’s Law Turns 55: Is It Still Relevant?”，访问日期 2022 年 1 月 29 日，https://www.techrepublic.com/article/moores-law-turns-55-is-it-still-relevant。
43. “Moore’s Law Is Dead: Three Predictions About the Computers of Tomorrow”，访问日期 2022 年 1 月 29 日，https://www.techrepublic.com/article/moores-law-is-dead-three-predictions-about-the-computers-of-tomorrow/。
44. “General Utilities Library—execution Policies—unsequenced Execution Policy”，访问日期 2022 年 1 月 29 日，https://timsong-cpp.github.io/cppwp/n4861/execpol.unseq。
45. Barry Revzin、Conor Hoekstra 和 Tim Song，“A Plan for C++23 Ranges”，October 14, 2020，访问日期 2022 年 1 月 29 日，https://wg21.link/p2214r0。
46. 访问日期 2022 年 1 月 29 日，https://zh.cppreference.com/w/cpp/algorithm/ranges。
47. 访问日期 2022 年 1 月 29 日，https://zh.cppreference.com/w/cpp/experimental/parallelism。
48. Fred Long，“Do Not Use the rand() Function for Generating Pseudorandom Numbers”，最后由 Jill Britton 修改于 2021 年 11 月 30 日，访问日期 2022 年 1 月 29 日，https://tinyurl.com/ycxrvd6y。
49. Christopher Di Bella，“A Concept Design for the Numeric”，访问日期 2022 年 1 月 29 日，http://www.open-std.org/jtc1/sc22/wg21/docs/papers/2019/p1813r0.pdf。
50. Tristan Brindle，“Numeric Range Algorithms for C++20”，访问日期 2022 年 1 月 29 日，https://tristanbrindle.com/posts/numeric-ranges-for-cpp20。
51. Corentin Jabot，“Ranges for C++23”，访问日期 2022 年 1 月 29 日，https://github.com/cor3ntin/rangesnext。

52. Eric Niebler，“range-v3”，访问日期 2022 年 1 月 29 日，https://github.com/ericniebler/range-v3。
53. Barry Revzin、Conor Hoekstra 和 Tim Song，“A Plan for C++23 Ranges”，访问日期 2022 年 1 月 29 日，https://wg21.link/p2214r0。
54. Corentin Jabot，Eric Niebler 和 Casey Carter，“ranges::to: A Function to Convert Any Range to a Container”，访问日期 2022 年 1 月 29 日，https://wg21.link/p1206r3。
55. Barry Revzin，“Formatting Ranges”，访问日期 2022 年 1 月 29 日，https://wg21.link/p2286。
56. Christopher Di Bella，“A Concept Design for the Numeric Algorithms”，访问日期 2022 年 1 月 29 日，https://wg21.link/p1813r0。
57. Gordon Brown，Christopher Di Bella，Michael Haidl，Toomas Remmelg，Ruyman Reyes，Michel Steuwer 和 Michael Wong，“P0836R1 Introduce Parallelism to the Ranges TS”，访问日期 2022 年 1 月 29 日，https://wg21.link/p0836r1。

第Ⅴ部分

高级编程主题

第15章

模板、C++20“概念”和元编程

学习目标

- 理解泛型编程日益增加的重要性
- 使用类模板创建相关的自定义类
- 理解编译时与运行时多态性
- 区分模板和模板实例
- 使用 C++20 缩写函数模板和模板化 lambda
- 使用 C++20 的概念来约束模板参数，并根据其类型要求来重载函数模板
- 使用类型 `traits`，了解它们与 C++20“概念”的关系
- 用 `static_assert` 在编译时测试“概念”
- 创建自定义概念约束算法
- 将我们的 `MyArray` 类重构为带有自定义迭代器的一个自定义容器类模板
- 使用非类型模板参数将编译时常量传给模板，并使用默认模板实参
- 使用接收任意数量的可变参数（variadic）模板，并通过折叠（fold）表达式对其应用二元操作符
- 利用编译时模板元编程能力来计算值、操作类型和生成代码，以提高运行时性能

15.1 导读

自 1998 年 C++ 标准发布以来，就一直可以使用模板进行泛型编程，而且随着每个新版本的发布，其重要性也在增加。[1]“现代 C++”的宗旨是在编译时做更多的事情，以获得更好的类型检查和更好的运行时性能。[2, 3, 4] 本书之前已经广泛地使用了模板。通过本章的学习你会了解，模板和模板元编程是强大的编译时操作的关键。本章将深入研究模板，解释如何开发自定义类模板，探索“概念”这种 C++20 最重要的新特性，并介绍模板元编程。下表总结了书中各章对模板的介绍。

章号	和模板有关的内容
第 1 章	泛型编程简介
第 2 章～第 4 章	`string`（本质是类模板，`string` 是 `basic_string<char>` 的别名）
第 5 章	5.8 节：用于随机数生成的 `uniform_int_distribution` 类模板。5.16 节：定义一个函数模板
第 6 章	标准库容器类模板 `array` 和 `vector`

（续表）

章号	和模板有关的内容
第 7 章	7.10 节：类模板 span，用于为包含连续元素的容器（例如 array 或 vector）创建视图
第 8 章	8.2 节～ 8.9 节：深入讨论 string（是类模板）。8.12 节～ 8.16 节：文件流处理类（是类模板）；8.17 节：string 流类模板。8.19 节：用丁操作 CSV 数据的 rapidcsv 库函数模板
第 9 章	9.22 节：cereal 库函数模板，使用 JSON 对数据进行序列化和反序列化
第 10 章	10.13 节：使用 std::variant 类模板和 std::visit 函数模板实现运行时多态性
第 11 章	用类模板 unique_ptr 管理动态分配内容（智能指针），函数模板 make_unique，以及向函数传递初始化列表的类模板 initializer_list
第 12 章	12.8 节：unique_ptr 类模板
第 13 章	标准库容器类模板和迭代器（也作为类模板实现）
第 14 章	标准库算法函数模板，通过迭代器操纵标准库容器类模板
第 15 章	自定义类模板、迭代器模板、函数模板、缩写函数模板、模板化 lambda、类型 traits、C++20“概念”、基于“概念”的重载、变量模板、别名模板、可变参数模板、折叠表达式和模板元编程
第 16 章	并行标准库算法和其他各种与多线程应用开发有关的函数模板和类模板
第 19 章	（网上版）流 I/O 类（是类模板）
第 20 章	（网上版）shared_ptr 和 weak_ptr 智能指针类模板

自定义模板

5.16 节显讲过，编译器使用函数模板来生成重载函数，这被称为对函数模板进行**实例化**（instantiating）。同样，编译器使用类模板来生成相关的类，这称为对类模板进行实例化。对模板进行实例化可以实现编译时（静态）多态性。本章将创建自定义类模板，并研究与模板相关的关键技术。

C++20 的模板特性

本章将讨论 C++20 新的模板功能，包括缩写函数模板、模板化 lambda 以及概念。“概念”是 C++20 的“四大”特性之一，在它的帮助下，使用模板进行泛型编程变得更方便、更强大。以前讲过，在调用 C++20 基于范围的算法时，必须传递满足算法要求的容器或迭代器实参。本章从模板开发人员的角度出发来看待这个问题。我们将开发自定义模板，使用预定义和自定义的 C++20 概念来指定其要求。[5, 6, 7, 8] 编

Ⓒ 概念

译器在实例化模板主体之前检查概念，这通常能产生更少、更清晰和更精确的错误信息。

类型 traits

我们将介绍类型 `traits`，它们在编译时测试内置和自定义类类型的特性。我们会讲到，许多 C++20“概念”都是以类型 `traits` 的形式来实现的。概念简化了使用类型 `traits` 来约束模板参数的过程。

构建自定义容器、迭代器和算法

第 11 章的 `MyArray` 类只存储 `int` 值。我们将创建一个 `MyArray` 类模板，它可以被特化来存储各种类型的元素（例如，存储 `float` 值的 `MyArray`，或者存储 `Employee` 对象的 `MyArray`）。我们将定义自定义迭代器，使 `MyArray` 对象与许多标准库算法兼容。还将定义一个自定义算法，它可以处理 `MyArray` 的元素和标准库容器类的对象。

可变参数模板和折叠表达式

我们将构建一个可变参数函数模板，它接收数量可变的参数。还将介绍 C++17 的折叠表达式，它方便你对传给变量模板的所有项应用一个操作。

模板元编程

性能提示

“C++ 核心准则”将**模板元编程**（Template Metaprogramming，TMP）定义为“创建在编译时合成代码的程序。”[9] 编译器也可以使用它们来进行编译时计算和类型操作。编译时计算有助于改善程序的执行时性能，也许能减少执行时间和内存消耗。你会看到，在模板元编程中，类型 `traits` 被广泛用于根据模板实参的特性（attribute）来生成代码。我们还将编写一个函数模板，它能根据其容器实参是支持随机访问迭代器还是更“弱”（lesser）的迭代器，在编译时生成不同的代码。你会看到这如何优化程序的运行时性能。

核心准则

在 C++20 之前，许多 C++ 程序员认为模板元编程过于复杂，难以使用。C++20“概念”使它在某些方面变得更友好、更容易理解。不过，谷歌的“C++ Style Guide”强调要“避免复杂的模板编程。”[10] 类似地，“C++ 核心准则”指出，应该“只在真正需要的时候才使用模板元编程”，而且它“很难做到正确，……往往很难维护。”[11] 在开发者使用 C++20“概念”获得更多开发经验，并且在 C++23 可能进行的改进之后，这些“准则” 也许会进行更新。

15.2 自定义类模板和编译时多态性

模板通过指定泛化的功能，然后让编译器实例化模板，按要求为具体类型生成特化的代码，从而实现编译时（或静态）多态性。[12, 13] 类模板也被称为**参数化类型**（parameterized type），因为它们需要一个或多个参数来告诉编译器如何自定义类模板，以形成一个**类模板特化**（class-template specialization），使对象可以从中实例化。你需要写一个类模板定义。以后需要一个具体的特化时，可以使用一种简洁的记号法来实例化模板，编译器会为你生成这种具体的特化。例如，一个 Stack 类模板可以成为创建许多 Stack 类模板特化的基础，例如“包含 double 的 Stack”、“包含 int 的 Stack”、“包含 Employee 对象的 Stack”、“包含 Bill 对象的 Stack”以及“包含 ActivationRecord 的 Stack”。

可用于模板的类型必须满足模板的要求。例如，模板可能要求一种具体类型的对象满足以下要求。

- 可初始化，有默认构造函数。
- 可拷贝或可移动。
- 可用 < 操作符进行比较，以确定其排序顺序。
- 包含特定的成员函数。

如果用一个不符合模板要求的类型来实例化模板，通常会发生编译错误。

错误提示

创建类模板 Stack<T>

现在来编码一个自定义的 Stack（栈）类模板。无论在栈中放入或移除什么，栈的概念都是恒定不变的，它就是一种后入先出（Last-in, first-out，LIFO）数据结构。类模板方便了软件重用，因为编译器能从单一的类模板中实例化出许多针对具体类型的“类模板特化”。通过 13.10.1 节讲述的 stack 容器适配器，你已经体会到了这一点。在图 15.1 的程序中，我们将定义一个泛型 Stack 类模板，然后对它进行实例化，以便使用适合特定类型的栈（图 15.2）。图 15.1 的 Stack 类模板定义看起来像是一个传统的类定义，但两者有几个关键的区别。

软件工程

```
// Fig. 15.1: Stack.h
// Stack class template.
#pragma once
#include <deque>

template<typename T>
```

图 15.1 Stack 类模板

```
7  class Stack {
8  public:
9     // return the top element of Stack
10    const T& top() const {return stack.front();}
11
12    // push an element onto Stack
13    void push(const T& pushValue) {stack.push_front(pushValue);}
14
15    // pop an element from Stack
16    void pop() {stack.pop_front();}
17
18    // determine whether Stack is empty
19    bool isEmpty() const {return stack.empty();}
20
21    // return size of Stack
22    size_t size() const {return stack.empty();}
23 private:
24    std::deque<T> stack{}; // internal representation of Stack
25 };
```

图 15.1 Stack 类模板（续）

template 头

第一个关键的区别是 template 头（第 6 行）：

```
template<typename T>
```

它以 template 关键字开始，后跟一个包含在尖括号（< 和 >）中的逗号分隔的模板参数列表。每个代表类型的模板参数前面必须有一个可互换的关键字 typename 或 class。一些程序员更喜欢 typename，因为模板的类型参数可能不是类类型。还有些时候，必须使用 typename，而不能使用 class。[14, 15] 类型参数 T 是 Stack 中包含的元素类型的占位符。类型参数名称可以是任何有效的标识符（虽然一般都会使用 T），在模板定义中保持唯一即可。在整个 Stack 类模板中，在所有提到 Stack 的元素类型的地方都会使用 T。

- 声明成员函数返回类型（第 10 行）。
- 声明成员函数的参数（第 13 行）。
- 声明变量（第 24 行）。

实例化类模板时，编译器将类型参数（type parameter）与一个类型实参（type argument）关联起来。这时，编译器会生成一个类模板的拷贝，其中出现的所有类型参数都被替换成指定的类型实参。编译器只会为你在代码中使用的模板部分生成定义。[16, 17]

软件工程

和我们定义的其他类，类模板 Stack 的另一个区别是，我们没有把类模板的接口和它的实现分开。你在头文件中定义模板，然后在客户端代码文件中 #include 它们。每次用新的类型实参对模板进行实例化时，编译器都需要完整的模板定义来生成相应的代码。对于类模板，这意味着成员函数也要在头文件中定义——通常是在类定义的主体内，如图 15.1 所示。

类模板 Stack<T> 的数据表示

性能提示

13.10.1 节讲过，标准库的 stack 适配器类可以使用多种容器来存储其元素。stack 要求只能在其顶部（栈顶或 top）插入和删除。所以，可以使用 vector 或 deque 来存储 stack 的元素（来表示 stack 的数据）。vector 支持在其末尾（back）进行快速插入和删除。deque 则支持在其队头（front）和队尾（back）进行快速插入和删除。deque 是标准库 stack 适配器的默认表示，[18] 因为 deque 在自动扩容时的效率比 vector 更高。

- vector 的元素存储在一个连续的内存块中。当这个块满了，而你又添加了一个新元素，vector 就会执行昂贵的操作来分配一个更大的连续内存块，将旧元素拷贝或移动到新的内存块中。
- deque 则通常作为一系列固定大小的内置数组来实现——必要时增加新数组即可。将新数据项添加到 deque 的队头或队尾时，不需要拷贝或移动现有的元素。

考虑到这些原因，我们也使用一个 deque（第 24 行）来作为 Stack 类的底层容器。

类模板 Stack<T> 的成员函数

在行为上，类模板的成员函数定义类似于函数模板。在类模板的主体中定义它们时，不需要在它们前面附加一个 template 头。它们仍然使用模板参数 T 来表示元素类型。Stack 类模板没有定义自己的构造函数——类的默认构造函数会调用 deque 数据成员的默认构造函数。

图 15.1 的 Stack 类模板提供了以下成员函数。

- top（第 10 行）返回 Stack 栈顶元素的 const 引用，但不移除它。也可以用一个非 const 的版本来重载 top。
- push（第 13 行）将一个新的元素放到 Stack 栈顶，这称为入栈。
- pop（第 16 行）移除 Stack 栈顶元素，这称为出栈。
- isEmpty（第 19 行）如果 Stack 是空的，返回 bool 值 true；否则，返回 false。
- size（第 22 行）返回 Stack 中元素的数量。

每个函数都调用一个 deque 成员函数来执行其任务，这被称为**委托**（delegation）。

测试类模板 Stack<T>

图 15.2 对 Stack 类模板进行测试。第 8 行实例化 doubleStack。这个变量被声明为 Stack<double> 类型（读作“Stack of double”）。编译器将类型实参 double 与类模板的类型参数 T 关联起来，从而生成类模板的一个“特化”，即可以包含 double 元素的一个 Stack 类的源代码，这些元素用一个 deque<double> 来存储。第 15 行～第 19 行调用 push（第 16 行），将 double 值 1.1、2.2、3.3、4.4 和 5.5 放到 doubleStack 中（入栈）。接着，第 24 行～第 27 行在一个 while 循环中调用 isEmpty、top 和 pop 来移除栈中的元素（出栈）。输出结果表明，这些值确实是按照“后入先出”顺序出栈的。当 doubleStack 为空时，出栈循环终止。

```
1  // fig15_02.cpp
2  // Stack class template test program.
3  #include <iostream>
4  #include "Stack.h" // Stack class template definition
5  using namespace std;
6
7  int main() {
8     Stack<double> doubleStack{}; // create a Stack of double
9     constexpr size_t doubleStackSize{5}; // stack size
10    double doubleValue{1.1}; // first value to push
11
12    cout << "Pushing elements onto doubleStack\n";
13
14    // push 5 doubles onto doubleStack
15    for (size_t i{0}; i < doubleStackSize; ++i) {
16       doubleStack.push(doubleValue);
17       cout << doubleValue << ' ';
18       doubleValue += 1.1;
19    }
20
21    cout << "\n\nPopping elements from doubleStack\n";
22
23    // pop elements from doubleStack
24    while (!doubleStack.isEmpty()) { // loop while Stack is not empty
25       cout << doubleStack.top() << ' '; // display top element
26       doubleStack.pop(); // remove top element
27    }
28
29    cout << "\nStack is empty, cannot pop.\n";
30
```

图 15.2 Stack 类模板测试程序

```
31      Stack<int> intStack{}; // create a Stack of int
32      constexpr size_t intStackSize{10}; // stack size
33      int intValue{1}; // first value to push
34
35      cout << "\nPushing elements onto intStack\n";
36
37      // push 10 integers onto intStack
38      for (size_t i{0}; i < intStackSize; ++i) {
39         intStack.push(intValue);
40         cout << intValue++ << ' ';
41      }
42
43      cout << "\n\nPopping elements from intStack\n";
44
45      // pop elements from intStack
46      while (!intStack.isEmpty()) { // loop while Stack is not empty
47         cout << intStack.top() << ' '; // display top element
48         intStack.pop(); // remove top element
49      }
50
51      cout << "\nStack is empty, cannot pop.\n";
52   }
```

```
Pushing elements onto doubleStack
1.1 2.2 3.3 4.4 5.5

Popping elements from doubleStack
5.5 4.4 3.3 2.2 1.1

Stack is empty, cannot pop.
Pushing elements onto intStack
1 2 3 4 5 6 7 8 9 10

Popping elements from intStack
10 9 8 7 6 5 4 3 2 1
Stack is empty, cannot pop.
```

图 15.2 Stack 类模板测试程序（续）

第 31 行将 `intStack` 实例化为一个 `Stack<int>`（读作“Stack of int”）。第 38 行～第 41 行循环调用 `push`（第 39 行）将值放入 `intStack`。然后，第 46 行～第 49 行循环调用 `isEmpty`、`top` 和 `pop` 从 `intStack` 中移除 `int` 值，直到它变成空。同样，输出结果证实了元素被移除的顺序是“后入先出”。虽然编译器没有展示为 `Stack<double>` 和 `Stack<int>` 生成的代码，但可以通过以下网站查看生成的示例代码：

https://cppinsights.io

该网站展示了由 Clang C++ 编译器生成的模板实例。[19]

在类模板外部定义类模板成员函数

成员函数可在类模板定义的外部定义。在这种情况下，每个成员函数定义必须以与类模板相同的 template 头开始。另外，必须用类名和范围解析操作符来限定每个成员函数。例如，可以像下面这样在类模板定义外部定义 pop 函数：

```
template<typename T>
void Stack<T>::pop() {stack.pop_front();}
```

Stack<T>:: 指出 pop 在类模板 Stack<T> 的作用域内。标准库类模板的部分成员函数在类模板主体内部定义，部分在外部定义。

15.3 C++20 对函数模板的增强

除了“概念”，C++20 还新增了对缩写函数模板和模板化 lambda 表达式的支持。

15.3.1 C++20 缩写函数模板

传统的函数模板语法要求用一个 template 头来定义函数模板，如以下 printContainer 函数模板所示：

```
template <typename T>
void printContainer(const T& items) {
   for (const auto& item : items) {
      std::cout << item << " ";
   }
}
```

该函数模板接收对容器（items）的一个引用，并使用基于范围的 for 语句来显示元素。如图 15.3 所示，C++20 的缩写函数模板（abbreviated function template）允许使用 auto 关键字来作为参数类型（第 10 行），从而定义一个没有 template 头的函数模板（第 10 行～第 14 行）。

```
1  // fig15_03.cpp
2  // Abbreviated function template.
3  #include <array>
4  #include <iostream>
5  #include <string>
```

图 15.3 缩写函数模板

```
 6 #include <vector>
 7
 8 // abbreviated function template printContainer displays a
 9 // container's elements separated by spaces
10 void printContainer(const auto& items) {
11    for (const auto& item : items) {
12       std::cout << item << " ";
13    }
14 }
15
16 int main() {
17    using namespace std::string_literals; // for string object literals
18
19    std::array ints{1, 2, 3, 4, 5};
20    std::vector strings{"red"s, "green"s, "blue"s};
21
22    std::cout << "ints: ";
23    printContainer(ints);
24    std::cout << "\nstrings: ";
25    printContainer(strings);
26    std::cout << "\n";
27 }
```

```
ints: 1 2 3 4 5
strings: red green blue
```

图 15.3 缩写函数模板（续）

第 19 行和第 20 行定义一个 `int array` 和一个 `string vector`，后者用 `string` 对象字面值来初始化。编译器通过 CTAD（类模板实参推导）从每个初始化列表中推断其元素类型。在第 23 行和第 25 行的 `printContainer` 调用中，编译器根据作为实参传递的容器推断出参数类型，并分别生成适当的函数模板实例。

有时需要传统的函数模板语法

缩写函数模板语法与普通的函数定义相似，但并非总是适合。考虑一下 5.16 节的函数模板 maximum 的前两行，它接收三个相同类型的参数：

```
template <typename T>
   T maximum(T value1, T value2, T value3) {
```

软件工程

这两行正确地保证了全部三个参数都具有相同的类型。

但是，如果将 `maximum` 写成一个缩写函数模板：

```
auto maximum(auto value1, auto value2, auto value3) {
```

那么编译器将根据相应的实参来独立推断每个 auto 参数的类型。因此，maximum 可能接收到三种不同类型的实参。

为 printContainer 使用不兼容的类型

错误提示

在编译器尝试实例化 printContainer 函数模板时，如果出现以下情况，就会发生错误。

- 传递一个与基于范围的 for 语句不兼容的对象。
- 容器的元素类型的对象不能用 << 操作符进行输出。

这样的错误往往令人困惑，因为它们提到了调用者本来无须知道的 printContainer 的内部实现细节。在实参不兼容的情况下，如果错误消息能直接说明原因，那么对客户端代码的程序员来说会更友好。15.4 节和 15.6 节会展示如何利用 C++20“概念”来约束传递给函数模板的类型，并及时阻止编译器尝试实例化模板。如你所见，虽然也会收到错误消息，但此时的消息通常更容易理解。

15.3.2 C++20 模板化 lambda

C++20 允许用 lambda 指定模板参数。以图 14.16 的以下 lambda 为例，我们当时用它计算一个 array 中包含的整数的平方和：

```
[](auto total, auto value) {return total + value * value;}
```

软件工程

编译器根据实参来独立推断 total 和 value 的类型（两种类型可能不同）。但是，使用一个模板化 lambda，我们可以强制 lambda 要求两者具有相同的类型：

```
[]<typename T>(T total, T value) {return total + value * value;}
```

模板参数列表要放在 lambda 的 introducer 和参数列表之间；即 [] 和 () 之间。

错误提示

如果两个 lambda 参数都用一个模板类型参数（T）来声明，那么编译器要求两个参数具有相同的类型，否则会发生编译错误。

15.4 C++20“概念”初探

概念

14.2 节已经简单介绍了“概念”，它简化了泛型编程。C++ 专家认为，“概念是编写模板的一种革命性的方法”，[20]“C++20 使我们在使用元编程的方式上发生了一种思维模式的转变。”[21] C++ 的缔造者 Bjarne Stroustrup 说：“概念完成了最初设想的 C++ 模板”，它们将“极大改善你的泛型编程，并使之前的变通方案（例如，traits 类）和低级技术（例如，基于 enable_if 的重载）感觉变成了一种容易出错和乏味的汇编编程”。[22]

正如你将看到的，概念显式约束了为模板参数指定的实参。我们用 `requires` 子句和 `requires` 表达式来指定约束，它们可以有以下用途。

- 测试类型的特性（例如，“是整数类型吗？”）。
- 测试类型是否支持各种操作（例如，“类型是否支持比较操作？”）。

C++ 标准提供了 74 个预定义概念（参见 15.4.3 节），你也可以创建自定义的概念。每个概念都定义了一个类型的要求或者类型之间的关系。[23] 概念可以应用于任何模板的任何参数，还可应用于任何使用了 `auto` 的地方。[24] 我们将在 15.6 节更深入地讨论概念。在此之前，我们将专注于使用概念来约束函数模板的类型参数。

“概念”的动机与目标

C++ 之父说：“概念使重载成为可能，并消除了对大量临时元编程和许多元编程支架代码的需求，从而大幅简化了元编程和泛型编程”。[25]

模板的要求传统上是隐含的，具体取决于模板在操作符表达式、函数调用等等中如何使用它的实参。[26] 图 15.3 的缩写函数模板 `printContainer` 就属于这种情况。该函数定义并没有指出实参必须支持用基于范围的 `for` 来遍历，也没有指出元素的类型必须支持用 << 操作符来输出。虽然这些要求通常会在程序注释中记录下来，但编译器又不能凭借注释来予以强制。为了确定一个类型和模板不兼容，编译器必须先尝试实例化模板，然后才“发现”该类型不支持模板的隐含要求。这导致了许多编译错误（而且往往令人费解）。

概念则在代码中显式指定了模板要求。这使编译器能在实例化模板之前确定该类型与模板不兼容，这样就能提供更少、更精确的错误消息以及潜在的编译时性能改进。[27] 软件工程

概念还允许我们根据每个函数模板的要求，对具有相同签名的函数模板进行重载。[28] 例如，我们将为具有相同签名的函数模板定义两个不同的重载。软件工程

- 一个支持具有输入迭代器的任何容器。
- 另一个为具有随机访问迭代器的容器进行优化。

15.4.1 无约束的函数模板 multiply

调用函数时，编译器使用它的**重载解析规则**（overload-resolution rules）[29] 和一种称为**实参依赖查找**（Argument-Dependent Lookup，ADL）[30, 31, 32, 33] 的技术来定位所有可能满足该函数调用的函数定义。所有这些函数定义统称为**重载集**（overload set）。在这个过程中，经常需要根据函数调用的实参类型来实例化函数模板。然后，编译器从重载集中选择最佳匹配。**无约束的函数模板**（unconstrained function template）不显式指定任何要求。所以编译器将调用时传递的实参类型代入函数模板的声明中，以检查它是不是一个可行的匹配。如果是，那么继续检查它是不是最佳

匹配。只有在是最佳匹配时，编译器才会实例化模板的定义，然后判断实参类型是否真正支持函数模板主体中的操作。

现在，让我们考虑一下无约束函数模板 multiply（图 15.4 的第 5 行和第 6 行），它接收两个相同类型（T）的值并返回两者的乘积。

```
1  // fig15_04.cpp
2  // Simple unconstrained multiply function template.
3  #include <iostream>
4
5  template<typename T>
6  T multiply(T first, T second) {return first * second;}
7
8  int main() {
9     std::cout << "Product of 5 and 3: " << multiply(5, 3)
10       << "\nProduct of 7.25 and 2.0: " << multiply(7.25, 2.0) << "\n";
11 }
```

```
Product of 5 and 3: 15
Product of 7.25 and 2.0: 14.5
```

图 15.4 简单的无约束 multiply 函数模板

这个模板有一些隐含的要求，可以从代码中推断出来。

- 参数类型（第 6 行）不是指针或引用，所以实参以"传值"方式接收。同样地，返回类型不是指针或引用，所以结果以"传值"方式返回。因此，传递的实参的类型必须支持拷贝或移动。
- 要对实参做乘法，所以实参的类型必须支持二元 * 操作符——要么原生支持（例如 int 和 double 等内置类型），要么通过操作符重载。

如果编译器为一个给定的类型实例化 multiply，并发现实参与模板隐含的要求不兼容，那么它会从重载集中删除该函数。在本例中，第 9 行和第 10 行分别用两个 int 值和两个 double 值调用 multiply。C++ 的所有数值类型都支持这个模板的隐含要求，所以编译器可以为每个类型实例化 multiply。有趣的是，不能用不同类型的实参调用 multiply，即使一个实参的类型可以隐式转换为另一个。由于只有一个类型参数，所以两个实参必须具有相同的类型。

在 multiply 中使用不兼容的类型

错误提示

如果传递给 multiply 的实参不支持模板的隐含要求，而且没有其他函数声明能更好地匹配函数调用，那么会发生什么？编译器会报告错误消息。例如，以下代码试图计算两个 string 的乘积：[34]

```
std::string s1{"hi"};
```

```
std::string s2{"bye"};
auto result{multiply(s1, s2)}; // string 没有 * 操作符
```

string 类不支持 * 操作符。将上述代码添加到图 15.4 的 main 中并重新编译，我们首选的编译器会报告以下错误消息（我们增加了一些垂直间距以方便阅读）。Clang 报告如下：

```
fig15_04.cpp:6:45: error: invalid operands to binary expression
('std::basic_string<char>' and 'std::basic_string<char>')
T multiply(T first, T second) {return first * second;}
                                      ~~~~~ ^ ~~~~~~
fig15_04.cpp:14:16: note: in instantiation of function template
specialization 'multiply<std::basic_string<char>>' requested here
auto result{multiply(s1, s2)}; // string does not have * operator
           ^
1 error generated.
```

GNU g++ 报告如下：

```
fig15_04.cpp: In instantiation of 'T multiply(T, T) [with T =
std::__cxx11::basic_string<char>]':
fig15_04.cpp:14:24:   required from here
fig15_04.cpp:6:45: error: no match for 'operator*' (operand types are
'std::__cxx11::basic_string<char>' and 'std::__cxx11::basic_string<char>')
    6 | T multiply(T first, T second) {return first * second;}
      |                                       ~~~~~~^~~~~~~
```

Visual C++ 报告如下：

```
1>fig15_04.cpp
1>c:\pauldeitel\Documents\examples\ch15\fig15_04.cpp(6,45): error C2676: binary '*': 'T'
does not define this operator or a conversion to a type acceptable to the predefined operator
1>        with
1>        [
1>            T=std::string
1>        ]

1>c:\pauldeitel\Documents\examples\ch15\fig15_04.cpp(14): message : see reference to
function template instantiation 'T multiply<std::string>(T,T)' being compiled
1>        with
1>        [
1>            T=std::string
1>        ]

1>Done building project "concurrencpp_test.vcxproj" -- FAILED.
```

错误提示

本例显示的错误相对较小，而且直观易懂。但是，这并非典型情况。更复杂的模板往往会导致冗长的错误消息清单。例如，如果将错误种类的迭代器传递给一个没有用概念约束的标准库算法，会产生数百行错误消息。我们试着编译一个只包含以下两个简单语句的程序，它们尝试对一个 `std::list` 进行排序：

```
std::list integers{10, 2, 33, 4, 7, 1, 80};
std::sort(integers.begin(), integers.end());
```

`std::list` 有双向迭代器，但 `std::sort` 要求随机访问迭代器。我们的一个首选编译器为 `std::sort` 调用产生了超过 1000 行错误消息！在这种情况下，只需切换到用概念约束的 `std::ranges::sort` 算法，即可产生少得多的消息，而且会清楚地说明要求随机访问迭代器。

15.4.2 带有 C++20“概念”的 requires 子句的有约束的函数模板

核心准则

C++20“概念”使你能够指定**约束**（constraint）。每个约束都是一个编译时的谓词表达式，它求值为 `true` 或 `false`。[35] 编译器在实例化模板之前使用约束来检查类型要求。“C++ 核心准则”的建议如下。

概念

- 为每个模板参数指定概念。[36]
- 如有可能，使用标准的预定义概念。[37]

可以将概念应用于函数模板参数，以显式说明对相应的类型实参的要求。如果类型实参满足要求，编译器就会实例化该模板；否则，该模板会被忽略。如果编译器没有为一个函数调用找到匹配，和概念部分或全部替代的旧技术相比，概念的一个好处在于，编译器通常会生成更少（而且可能要少得多）、更清晰、更精确的错误消息。

requires 子句

图 15.5 使用 C++20 的 `requires` 子句（第 8 行）来约束 `multiply` 的模板参数 T。关键字 `requires` 后面是一个**约束表达式**（constraint expression），由一个或多个编译时的 `bool` 表达式与逻辑 `&&` 和 `||` 操作符组合而成。

```
1  // fig15_05.cpp
2  // Constrained multiply function template that allows
3  // only integers and floating-point values.
4  #include <concepts>
5  #include <iostream>
6
```

图 15.5 有约束的 `multiply` 函数模板，只允许整数和浮点值。输出展示的是 g++ 编译器生成的错误消息

```
7  template<typename T>
8     requires std::integral<T> || std::floating_point<T>
9  T multiply(T first, T second) {return first * second;}
10
11 int main() {
12    std::cout << "Product of 5 and 3: " << multiply(5, 3)
13       << "\nProduct of 7.25 and 2.0: " << multiply(7.25, 2.0) << "\n";
14
15    std::string s1{"hi"};
16    std::string s2{"bye"};
17    auto result{multiply(s1, s2)};
18 }
```

```
fig15_05.cpp: In function 'int main()':
fig15_05.cpp:17:24: error: no matching function for call to
'multiply(std::string&, std::string&)'
   17 |    auto result{multiply(s1, s2)};
      |                ~~~~~~~~^~~~~~~~

fig15_05.cpp:9:3: note: candidate: 'template<class T> requires (integral<T>)
|| (floating_point<T>) T multiply(T, T)'
    9 | T multiply(T first, T second) {return first * second;}
      |   ^~~~~~~~

fig15_05.cpp:9:3: note: template argument deduction/substitution failed:
fig15_05.cpp:9:3: note: constraints not satisfied
fig15_05.cpp: In substitution of 'template<class T> requires (integral<T>)
|| (floating_point<T>) T multiply(T, T) [with T = std::__cxx11::basic_
string<char>]':
fig15_05.cpp:17:24: required from here
fig15_05.cpp:9:3: required by the constraints of 'template<class T>
requires (integral<T>) || (floating_point<T>) T multiply(T, T)'

fig15_05.cpp:8:30: note: no operand of the disjunction is satisfied
    8 |    requires std::integral<T> || std::floating_point<T>
      |             ~~~~~~~~~~~~~~~~~^~~~~~~~~~~~~~~~~~~~~~~~~~
```

图 15.5　有约束的 multiply 函数模板，只允许整数和浮点值。输出展示的是 g++ 编译器生成的错误消息（续）

第 8 行指定有效的 multiply 类型实参必须满足以下两个概念之一，这两个概念都是对类型参数 T 的一个约束。

- std::integral<T> 指定 T 可为任意整数数据类型。
- std::floating_point<T> 指定 T 可为任意浮点数据类型。

所有整数和浮点类型都支持算术操作符，所以我们知道所有这些类型的值都支持第 9 行的 * 操作符。如果上述两个约束都不满足，表明类型实参不兼容函数模板

multiply，编译器不会实例化模板。如果没有其他函数匹配这个调用，编译器会生成错误消息。

稍后会看到，有些概念指定了许多单独的约束。前面展示的两个概念（来自头文件 <concepts>）是 C++20 的 74 个预定义概念中的两个。[38]

15.4.3 节列出了预定义概念的类别、每一类中的概念以及定义它们的头文件。

析取和合取

第 8 行的逻辑 OR（||）操作符建立了一个**析取**（disjunction）。要求任何一个或两个操作数都为 true，编译器才会对模板进行实例化。如果两个都为 false，编译器会忽略该模板，不认为它是 multiply 函数调用的一个潜在匹配。multiply 函数只定义了一个类型参数，所以两个操作数必须具有相同的类型。所以，对于本例的每个 multiply 调用，第 8 行的两个概念只有一个可能为 true。

还可以用逻辑 AND（&&）操作符来建立一个**合取**（conjunction），要求只有在两个操作数都为 true 的前提下，编译器才会实例化该模板。析取和合取均使用了短路求值（参见 4.11.3 节）。

用满足约束的实参调用 multiply

第 12 行和第 13 行分别用两个 int 值和两个 double 值调用 multiply。当编译器查找与这些调用匹配的函数定义时，它只会遇到第 7 行～第 9 行的 multiply 函数模板。它会检查实参的类型以确定它们是否满足第 8 行 requires 子句中的任一概念。每个调用中的两个实参都满足二择一（析取）的要求，所以编译器将在第 12 行用 int 类型来实例化模板，在第 13 行用 double 类型来实例化模板。记住，multiply 只有一个类型参数，所以两个实参必须是同一类型。否则，编译器不知道该用哪种类型来实例化模板，并会报错。

用不满足约束的实参调用 multiply

错误提示

第 17 行用两个 string 实参调用 multiply。当编译器查找与这个调用匹配的函数定义时，它只会遇到 multiply 函数模板。接着，它检查实参的类型，以确定它们是否满足第 8 行的 requires 子句所列出的任何一个概念。string 类型两个概念都不满足，而且没有其他 multiply 函数可以接收两个 string 实参，所以编译器会生成错误消息。图 15.5 展示的是 g++ 的错误消息。我们用粗体字强调了几条消息，并增大了垂直间距以便阅读。注意这个输出的最后几行，编译器指出“no operand of the disjunction is satisfied”（没有满足析取的操作数），并指向第 8 行的 requires 子句。对于这个例子，Visual C++ 生成的错误消息在我们的三个首选编译器中是最简单的：

```
fig15_05.cpp
fig15_05.cpp(17): error C2672: "multiply": 未找到匹配的重载函数
fig15_05.cpp(17): error C7602: "multiply": 未满足关联约束
fig15_05.cpp(9): note: 参见“multiply”的声明
```

15.4.3 C++20 预定义概念

C++ 标准的“库概念索引”按字母顺序列出了标准中定义的概念。下表按头文件（<concepts>、<iterator>、<ranges>、<compare> 和 <random>）列出了所有标准概念。我们把 <concepts> 头文件的 31 个概念划分为核心语言概念、比较概念、对象概念和可调用概念等子类。许多概念的名称是不言而喻的。每个概念的细节请参见 cppreference.com 上相应头文件的页面。

Ⓒ 概念

74 个预定义的 C++20 概念		
<concepts> 头文件的核心语言概念		
assignable_from	default_initializable	same_as
common_reference_with	derived_from	signed_integral
common_with	destructible	swappable
constructible_from	floating_point	swappable_with
convertible_to	integral	unsigned_integral
copy_constructible	move_constructible	
<concepts> 头文件的比较概念		
equality_comparable	totally_ordered	totally_ordered_with
equality_comparable_with		
<concepts> 头文件的对象概念		
copyable	regular	semiregular
Movable		
<concepts> 头文件的可调用概念		
equivalence_relation	predicate	relation
invocable	regular_invocable	strict_weak_order
<iterator> 头文件的概念		
bidirectional_iterator	indirectly_copyable_storable	input_or_output_iterator
contiguous_iterator	indirectly_movable	mergeable

（续表）

74 个预定义的 C++20 概念		
forward_iterator	indirectly_movable_storable	output_iterator
incrementable	indirectly_readable	permutable
indirect_binary_predicate	indirectly_regular_unary_	random_access_iterator
indirect_equivalence_relation	invocable	sentinel_for
indirect_strict_weak_order	indirectly_swappable	sized_sentinel_for
indirect_unary_predicate	indirectly_unary_invocable	sortable
indirectly_comparable	indirectly_writable	weakly_incrementable
indirectly_copyable	input_iterator	
<ranges> 头文件的概念		
bidirectional_range	forward_range	random_access_range
borrowed_range	input_range	sized_range
common_range	output_range	view_range
contiguous_range	range	viewable_range
<compare> 头文件的概念		
three_way_comparable	three_way_comparable_with	
<random> 头文件的概念		
uniform_random_bit_generator		

15.5 类型 traits

C++11 引入了 <type_traits> 头文件，[39] 它可以在编译时测试类型是否具有各种 traits，并根据那些 traits 生成模板代码。例如，可以检查一个类型是不是以下类型。

- 一个像 int 这样的基本数据类型（使用类型 trait std::is_fundamental）。
- 一个类类型（使用类型 trait std::is_class）。

然后，使用不同的模板代码来处理每种情况。后续每个 C++ 版本都增加了更多的类型 traits，而且其中有几个已被废弃或移除。最新情况是，C++20 又增加了 10 个类型 traits。

在 C++20 之前使用类型 traits

在“概念”之前，我们是在无约束的模板定义中使用类型 traits 来检查类型实参是否满足模板的要求。和概念一样，这些检查在编译时进行，但却是在实例化模板期间，这往往会导致许多令人费解的错误消息。相反，编译器是在实例化模板之前测试概念，通常能导致比在无约束模板中使用类型 traits 更少、更准确的错误消息。

C++20 预定义概念经常使用类型 traits

C++20“概念”经常使用类型 traits 来实现，示例如下。

- 概念 std::integral 使用类型 trait std::is_integral 来实现。
- 概念 std::floating_point 使用类型 trait std::is_floating_point 来实现。
- 概念 std::destructible 使用类型 trait std::is_nothrow_destructible 来实现。

演示类型 traits

图 15.6 演示了和图 15.5 的“概念”对应的类型 traits。

```cpp
// fig15_06.cpp
// Using type traits to test whether types are
// integral types, floating-point types or arithmetic types.
#include <fmt/format.h>
#include <iostream>
#include <string>
#include <type_traits>

int main() {
   std::cout << fmt::format("{}\n{}{}\n{}{}\n{}{}\n{}{}\n{}{}\n\n",
      "CHECK WITH TYPE TRAITS WHETHER TYPES ARE INTEGRAL",
      "std::is_integral<int>::value: ", std::is_integral<int>::value,
      "std::is_integral_v<int>: ", std::is_integral_v<int>,
      "std::is_integral_v<long>: ", std::is_integral_v<long>,
      "std::is_integral_v<float>: ", std::is_integral_v<float>,
      "std::is_integral_v<std::string>: ",
      std::is_integral_v<std::string>);

   std::cout << fmt::format("{}\n{}{}\n{}{}\n{}{}\n{}{}\n{}{}\n\n",
      "CHECK WITH TYPE TRAITS WHETHER TYPES ARE FLOATING POINT",
      "std::is_floating_point<float>::value: ",
      std::is_floating_point<float>::value,
```

图 15.6 使用类型 traits 测试类型是否为整数类型、浮点类型或算术类型

```
23        "std::is_floating_point_v<float>: ",
24        std::is_floating_point_v<float>,
25        "std::is_floating_point_v<double>: ",
26        std::is_floating_point_v<double>,
27        "std::is_floating_point_v<int>: ",
28        std::is_floating_point_v<int>,
29        "std::is_floating_point_v<std::string>: ",
30        std::is_floating_point_v<std::string>);
31
32     std::cout << fmt::format("{}\n{}{}\n{}{}\n{}{}\n{}{}\n",
33        "CHECK WITH TYPE TRAITS WHETHER TYPES CAN BE USED IN ARITHMETIC",
34        "std::is_arithmetic<int>::value: ", std::is_arithmetic<int> ::value,
35        "std::is_arithmetic_v<int>: ", std::is_arithmetic_v<int>,
36        "std::is_arithmetic_v<double>: ", std::is_arithmetic_v<double>,
37        "std::is_arithmetic_v<std::string>: ",
38        std::is_arithmetic_v<std::string>);
39  }
```

```
CHECK WITH TYPE TRAITS WHETHER TYPES ARE INTEGRAL
std::is_integral<int>::value: true
std::is_integral_v<int>: true
std::is_integral_v<long>: true
std::is_integral_v<float>: false
std::is_integral_v<std::string>: false

CHECK WITH TYPE TRAITS WHETHER TYPES ARE FLOATING POINT
std::is_floating_point<float>::value: true
std::is_floating_point_v<float>: true
std::is_floating_point_v<double>: true
std::is_floating_point_v<int>: false
std::is_floating_point_v<std::string>: false

CHECK WITH TYPE TRAITS WHETHER TYPES CAN BE USED IN ARITHMETIC
std::is_arithmetic<int>::value: true
std::is_arithmetic_v<int>: true
std::is_arithmetic_v<double>: true
std::is_arithmetic_v<std::string>: false
```

图 15.6 使用类型 traits 测试类型是否为整数类型、浮点类型或算术类型（续）

本例的每个类型 trait 类都有一个名为 value 的 static constexpr bool 成员。以第 12 行的表达式为例：

```
std::is_integral<int>::value
```

如果尖括号中的类型（int）是整数类型，该表达式会在编译时求值为 true；否则，求值为 false。

由于经常要为类型 trait 类使用符号 ::value 来访问其 true 或 false 值，所以 C++17 为类型 trait 值的使用增加了一种简写形式。它们被定义为变量模板（C++14 的一个特性），名称以 _v 结尾。[40] 我们知道，函数模板指定了相关函数的分组，而类模板指定了相关类的分组。类似地，变量模板指定了相关变量的分组。我们可以实例化一个变量模板来使用它。对于以下表达式：

```
std::is_integral<int>::value
```

和它对应的变量模板在 C++ 标准中定义如下：[41]

```
template<class T>
inline constexpr bool is_integral_v = is_integral<T>::value;
```

所以，上述表达式可以简写如下：

```
std::is_integral_v<int>
```

第 12 行、第 22 行和第 34 行测试类型 traits 并显示其 value 成员的值。程序的其他测试则使用了更方便的 _v 变量模板。

- 第 13 行、第 14 行、第 15 行和第 17 行使用 std::is_integral_v 检查各种类型是不是整数类型。
- 第 24 行、第 26 行、第 28 行和第 30 行使用 std::is_floating_point_v 检查各种类型是不是浮点类型。
- 第 35 行、第 36 行和第 38 行使用 std::is_arithmetic_v 检查各种类型是不是算术类型（也就是可以在算术表达式中使用的类型）

下表按类别列出了 <type_traits> 头文件 的类型 traits 和支持函数。在 C++14（新增 2 项）、17（新增 14 项）和 20（新增 10 项）中增加的新 traits 用上标版本号表示。关于每一项的细节，请访问 https://zh.cppreference.com/w/cpp/header/type_traits。这个表格按照和 cppreference.com 一样的分类和顺序列出各种类型 traits。

类型 traits 的分类		
辅助类		
bool_constant[17]	false_type	true_type
integral_constant		
主要类型分类		
is_void	is_enum	is_lvalue_reference
is_null_pointer[14]	is_union	is_rvalue_reference
is_integral	is_class	is_member_object_pointer

（续表）

类型 traits 的分类		
is_floating_point	is_function	is_member_function_pointer
is_array	is_pointer	
复合类型分类		
is_fundamental	is_object	is_reference
is_arithmetic	is_compound	is_member_pointer
is_scalar		
类型属性		
has_unique_object_representations17	is_standard_layout	is_signed
is_const	is_empty	is_unsigned
is_volatile	is_polymorphic	is_bounded_array[20]
is_trivial	is_abstract	is_unbounded_array[20]
is_trivially_copyable	is_final[14]	is_scoped_enum[23]
	is_aggregate[17]	
支持的操作		
is_constructible	is_move_constructible	is_trivially_move_assignable
is_trivially_constructible	is_trivially_move_constructible	is_nothrow_move_assignable
is_nothrow_constructible	is_nothrow_move_constructible	is_destructible
is_default_constructible	is_assignable	is_trivially_destructible
is_trivially_default_constructible	is_trivially_assignable	is_nothrow_destructible
is_nothrow_default_constructible	is_nothrow_assignable	has_virtual_destructor
is_copy_constructible	is_copy_assignable	is_swappable_with[17]
is_trivially_copy_constructible	is_trivially_copy_assignable	is_swappable[17]
is_nothrow_copy_constructible	is_nothrow_copy_assignable	is_nothrow_swappable_with[17]
	is_move_assignable	is_nothrow_swappable[17]
属性查询		
alignment_of	rank	extent

（续表）

类型 traits 的分类		
类型关系		
is_same	is_layout_compatible[20]	is_invocable_r[17]
is_base_of	is_pointer_ interconvertible_base_of[20]	is_nothrow_invocable[17]
is_convertible	is_invocable[17]	is_nothrow_invocable_r[17]
is_nothrow_convertible[20]		
常量 - 可变说明符		
remove_cv	remove_volatile	add_const
remove_const	add_cv	add_volatile
引用		
remove_reference	add_lvalue_reference	add_rvalue_reference
指针		
remove_pointer	add_pointer	
符号修饰符		
make_signed	make_unsigned	
数组		
remove_extent	remove_all_extents	
杂项转换		
aligned_storage	conditional	underlying_type
aligned_union	common_type	invoke_result[17]
decay	common_reference[20]	void_t[17]
remove_cvref[20]	basic_common_reference[20]	type_identity[20]
enable_if		
对 traits 的操作		
conjunction[17]	disjunction[17]	negation[17]
成员函数关系		
is_pointer_ interconvertible_ with_class[20]		is_corresponding_member[20]

15.6 C++20 概念：深入了解

之前介绍了如何通过 requires 子句和预定义概念对模板参数进行约束，本节将创建一个自定义概念来聚合两个预定义概念，并介绍和概念相关的其他特性。

15.6.1 创建自定义概念

Ⓒ 概念

C++20 的预定义概念通常聚合多个约束，有时还包括来自其他预定义概念的约束，以这种方式创建的是一些开发者所谓的类型类别（type category）。[42] 还可以使用模板来创建自定义概念。以下自定义概念聚合了之前在图 15.5 中用来约束 multiply 函数模板的预定义概念 std::integral 和 std::floating_point：

```
template<typename T>
concept Numeric = std::integral<T> || std::floating_point<T>;
```

概念以一个 template 头开始，后跟以下各项：

- C++20 关键字 concept
- 概念名称（Numeric）
- 一个等号（=）
- 约束表达式（std::integral<T> || std::floating_point<T>）

约束表达式（constraint expression）是一个编译时逻辑表达式，它判断一个模板实参是否满足一组特定的要求。在本例中，它判断是否为一个整数或浮点类型。约束表达式通常包括预定义概念、类型 traits 以及用于指定其他要求的 requires 表达式（详情参见 15.6.5 节）。Numeric 概念的 template 头有一个类型参数，代表要测试的类型。

可为含有多个模板参数的概念指定类型之间的关系。[43] 例如，如果一个模板有两个类型参数，那么可以使用预定义概念 std::same_as 来确保两个类型实参具有相同的类型，即：

```
template<typename T, typename U>
   requires std::same_as<T, U>
// 模板的其余定义
```

15.12 节将介绍可变参数模板，它可以有任意数量的（类型或非类型）模板实参。届时会在一个可变参数函数模板中使用 std::same_as 来要求所有实参都具有相同的类型。

15.6.2 使用概念

Ⓒ 概念

定义好概念后，可以采取四种方式之一用它对模板参数进行约束。本节展示前三种，第四种在 15.6.3 节展示。

放在 template 头后面的 requires 子句

如图 15.5 所示，任何概念都可以放在 template 头后面的一个 requires 子句中。下面是使用了自定义概念 Numeric<T> 的 multiply 函数模板：

```
template<typename T>
   requires Numeric<T>
T multiply(T first, T second) {return first * second;}
```

放在函数模板签名后面的 requires 子句

还可以将 requires 子句放在函数模板签名之后、函数模板主体之前，例如：

```
template<typename T>
T multiply(T first, T second) requires Numeric<T> {
   return first * second;
}
```

有两种情况只能使用这种尾随的 requires 子句。[44]

- 在类模板主体中定义的成员函数没有 template 头，所以只能用尾随的 requires 子句。
- 要在约束中使用函数模板的参数名，就只能使用尾随的 requires 子句，这样参数名在编译器对 requires 子句进行求值之前就已经在作用域内了。

概念作为 template 头中的一个类型

如果只有一个用概念约束的类型参数，“C++ 核心准则” 建议在 template 头中使用概念名称来代替 typename。[45] 这样可以消除 requires 子句，从而简化模板定义。

核心准则

```
template<Numeric T>
Number multiply(T first, T second) {return first * second;}
```

现在，每个实参都必须满足概念 Numeric 的要求。函数模板仍然只有一个类型参数，所以函数的实参还是必须要有相同的类型；否则会发生编译错误。

错误提示

15.6.3 在缩写函数模板中使用概念

图 15.3 介绍了缩写函数模板，它的参数声明为 auto，以便编译器推断函数的参数类型。在代码中任何能使用 auto 的地方，都能在它前面加上一个概念名称对允许的类型进行约束，[46] 其中包括以下各项：

- 缩写函数模板参数列表
- 作为函数返回类型指定的 auto

- 从初始化器推断变量类型的 auto 局部变量定义
- 泛型 lambda 表达式

图 15.7 将 multiply 重新实现为一个缩写函数模板。在本例中，我们为每个参数都使用了有约束的 auto，用我们的自定义 Numeric 概念来限制可作为实参传递的类型。还使用 auto 作为返回类型，使编译器能从第 12 行的表达式的类型推断它。

```
1  // fig15_07.cpp
2  // Constrained multiply abbreviated function template.
3  #include <concepts>
4  #include <iostream>
5
6  // Numeric concept aggregates std::integral and std::floating_point
7  template<typename T>
8  concept Numeric = std::integral<T> || std::floating_point<T>;
9
10 // abbreviated function template with constrained auto
11 auto multiply(Numeric auto first, Numeric auto second) {
12    return first * second;
13 }
14
15 int main() {
16    std::cout << "Product of 5 and 3: " << multiply(5, 3)
17       << "\nProduct of 7.25 and 2.0: " << multiply(7.25, 2.0)
18       << "\nProduct of 5 and 7.25: " << multiply(5, 7.25) << "\n";
19 }
```

```
Product of 5 and 3: 15
Product of 7.25 and 2.0: 14.5
Product of 5 and 7.25: 36.25
```

图 15.7 有约束的 multiply 缩写函数模板

错误提示

这个缩写函数模板和 15.4.2 节的有约束 multiply 函数模板的关键区别在于，编译器将第 11 行中的每一个 auto 看成是一个单独的模板类型参数。因此，first 和 second 可以是不同的数据类型。例如，第 18 行就传递了一个 int 和一个 double。相反，如果是之前有约束的 multiply 版，那么会为混合类型的实参报告编译错误。第 11 行～第 13 行实际等价于一个有两个类型参数的模板：

```
template<Numeric T1, Numeric T2 >。
auto multiply(T1 first, T2 second) {return first * second;}
```

如果要求两个或多个参数具有相同的类型，那么必须要关注以下两点：

软件工程

- 使用常规函数模板，而不要使用缩写函数模板
- 为每个要求同类型的函数参数使用同一个类型参数名称

15.6.4 基于概念的重载

软件工程

概念

函数模板和重载密切相关。如果重载函数在不同类型上执行语法上相同的操作，那么可以使用函数模板来更紧凑、更方便地表示它们。然后，可以用不同的实参类型写函数调用，让编译器为每个函数调用针对性地实例化模板。这些实例都具有相同的函数名，所以编译器使用**重载解析或重载决议**（overload resolution）来调用最合适的那个。

重载函数的匹配过程

在决定调用哪个函数时，编译器会查看函数和函数模板，找到一个现有的函数，或者生成一个与调用相匹配的函数模板特化。

错误提示

- 如果一个匹配都没有，编译器会生成错误消息。
- 如果有多个匹配的函数调用，编译器尝试确定最佳匹配。
- 如果最佳匹配不止一个，那么该调用存在歧义，编译器会生成错误消息。[47]

重载函数模板

也可以对函数模板进行重载。例如，可以提供具有不同签名的其他函数模板。也可以提供函数名相同但参数不同的一个非模板函数来重载函数模板。

使用概念来重载函数模板

C++20 允许根据对每个函数模板参数进行约束的概念来选择重载。[48] 以 `<iterator>` 头文件提供的标准函数 `std::distance` 和 `std::advance` 为例，两者都通过迭代器对容器进行操作。

- `std::distance` 计算两个迭代器之间的元素数量。[49]
- `std::advance` 使一个迭代器从其当前位置前进 *n* 个位置。[50]

两者都可以作为 $O(n)$ 操作来实现。

- `std::distance` 可以使用 ++ 从一个起始迭代器开始遍历，直到但不包括一个结束迭代器，并统计递增次数（*n*）。
- `std::advance` 可以循环 *n* 次，每次循环迭代都递增一次迭代器。

一些算法可以针对特定的迭代器类型进行优化。`std::distance` 和 `std::advance` 都可以作为随机访问迭代器的 $O(1)$ 操作来实现。

- `std::distance` 可以使用 `operator-` 将一个起始迭代器从一个结束迭代器中减去，这样一次操作就能计算迭代器之间的数据项数量。
- `std::advance` 可以使用 `operator+` 在一个迭代器上加整数 *n*，从而在一次操作中使迭代器前进 *n* 个位置。

图 15.8 实现了重载的 customDistance 函数模板。每个重载都要求两个迭代器实参，并计算两者之间的元素数量。我们使用基于概念的重载（也称为概念重载），使编译器能根据我们用来约束每个模板参数的概念来选择重载。

```
// fig15_08.cpp
// Using concepts to select overloads.
#include <array>
#include <iostream>
#include <iterator>
#include <list>

// calculate the distance (number of items) between two iterators
// using input iterators; requires incrementing between iterators,
// so this is an O(n) operation
template <std::input_iterator Iterator>
auto customDistance(Iterator begin, Iterator end) {
   std::cout << "Called customDistance with input iterators\n";
   std::ptrdiff_t count{0};

   // increment from begin to end and count number of iterations
   for (auto& iter{begin}; iter != end; ++iter) {
      ++count;
   }

   return count;
}

// calculate the distance (number of items) between two iterators
// using random-access iterators and an O(1) operation
template <std::random_access_iterator Iterator>
auto customDistance(Iterator begin, Iterator end) {
   std::cout << "Called customDistance with random-access iterators\n";
   return end - begin; // returns a std::ptrdiff_t value
}

int main() {
   std::array ints1{1, 2, 3, 4, 5}; // has random-access iterators
   std::list ints2{1, 2, 3}; // has bidirectional iterators

   auto result1{customDistance(ints1.begin(), ints1.end())};
   std::cout << "ints1 number of elements: " << result1 << "\n";
   auto result2{customDistance(ints2.begin(), ints2.end())};
```

图 15.8 根据概念来选择重载

```
39      std::cout << "ints2 number of elements: " << result2 << "\n";
40  }
```

```
Called customDistance with random-access iterators
ints1 number of elements: 5
Called customDistance with input iterators
ints2 number of elements: 3
```

图 15.8 根据概念来选择重载（续）

为了区分函数模板，我们使用了 <iterator> 头文件提供的预定义概念 std::random_access_iterator 和 std::input_iterator。

- 在第 11 行～第 22 行，$O(n)$ 效率类型 customDistance 函数要求满足 std::input_iterator 概念的两个实参。
- 在第 26 行～第 30 行，$O(1)$ 效率类型的 customDistance 函数要求满足 std::random_access_iterator 概念的两个实参。

C++ 使用类型 std::ptrdiff_t（第 14 行）来表示两个指针或两个迭代器之间的差值。std::distance 算法返回的就是这种类型，所以我们在 customDistance 的实现中也使用它。

软件工程

第 33 行和第 34 行定义了一个 array 和一个 list。第 36 行为 array ints1 调用 customDistance，而 array 具有随机访问迭代器。我们要求接收 input_iterator 的那个版本的函数也能接收 random_access_iterator。然而，如果一个函数调用有多个函数模板都可以满足，编译器会调用限制最大的那个版本。[51, 52] 所以，第 36 行调用的是较快的 $O(1)$ 版本的 customDistance（第 26 行～第 30 行）。根据定义，编译器知道 random_access_iterator 比 input_iterator 更受约束（限制更大）。但是，对于第 38 行的调用，由于 list 的双向迭代器不满足第 26 行～第 30 行的函数模板约束，所以那个较快的版本被排除在外，并调用了第 11 行～第 22 行定义的速度较慢的版本的 customDistance。

15.6.5 requires 表达式

“C++ 核心准则”建议使用标准概念。[53] 如果在 requires 子句中不能通过标准概念来表示自定义的要求，那么可以使用一个 requires 表达式，它具有两种形式：

```
requires {
    “要求定义”
}
```

或者：

```
requires ( 参数列表 ) {
  可选择使用参数的“要求定义”
}
```

其中，“参数列表”和函数的参数列表差不多，只是不能有默认参数。编译器只是使用 requires 表达式的参数来检查类型是否满足在表达式的大括号中定义的要求。大括号可以包含后面几个小节描述的四种需求类型的任意组合：简单、类型、复合和嵌套。每个需求以分号（;）结束。

简单要求

简单要求检查表达式是否有效。以 <ranges> 头文件的 range 概念的定义为例，它检查一个对象的类型是否代表具有起始迭代器和结束哨兵的一个 C++20“范围”：[54]

```
1 template<class T>
2 concept range =
3   requires(T& t) {
4     std::ranges::begin(t);
5     std::ranges::end(t);
6   };
```

可以在要求中引用表达式的参数和 template 头中的模板参数。这个 range 概念定义了一个 T& 参数 t。第 4 行～第 5 行定义了两个“简单要求”，指定只有在我们能通过将 t 传递给函数 std::ranges::begin 和 std::ranges::end 来分别获得 t 的起始迭代器（begin iterator）和结束哨兵（end sentinel）时，t 才是一个 range。如果这些简单要求中的任何一个不能被编译，那么 t 就不是一个 range。

“简单要求”可以指定操作符表达式。以下概念指定了任何整数或浮点算术类型都应该支持的操作（运算）：

```
template<class T>
concept ArithmeticType =
  requires(T a, T b) {
    a + b;
    a - b;
    a * b;
    a / b;
    a += b;
    a -= b;
    a *= b;
    a /= b;
  };
```

这里没有包括求模运算（%），因为它要求整型操作数。当然，内置的算术类型支持更多的操作，例如类型之间的隐式转换，所以一个“真正的” ArithmeticType 概念会更详细。类型 trait is_arithmetic 测试是否为内置的算术类型，对于自定义类类型，它总是求值为 false。

类型要求

类型要求以 typename 开头，后跟一个类型，它判断指定的类型是否有效。例如，如果代码要求一个类型实参具有一个名为 value_type 的嵌套类型（标准库容器就是这种情况），那么可以用以下“类型要求”来定义一个概念：

```
template<typename T>
concept HasValueType = requires {
   typename T::value_type;
};
```

只有在 T::value_type 是有效类型的前提下，类型 T 才会满足 HasValueType。如果类型 T 不包含嵌套的 value_type，这个要求就会求值为 false。

复合要求

复合要求指定一个对其结果也有要求的表达式。这种要求的形式如下：

```
{ 表达式 } -> 返回类型要求
```

例如，标准库 <iterator> 头文件的 incrementable（可递增）概念包含以下 requires 表达式，指定 incrementable 迭代器必须支持后递增操作符（++）：[55]

```
requires(I i) {
   { i++ } -> same_as<I>;
}
```

-> 符号表示对 i++ 表达式结果的一个要求。在本例中，结果必须具有与对象 i 相同的类型（I）。可选择在“复合要求”的右大括号后放一个 noexcept，以表示表达式必须 noexcept（不抛出异常）。之前在介绍 std::same_as 时，我们使用了两个模板参数，但这里只使用了一个。为表达式的结果指定约束时，编译器会将表达式的类型作为第一个类型参数插入约束。所以，上述约束实际还是有两个类型参数，只是在本例中均为类型 I。[56]

incrementable 对象还必须支持名为 weakly_incrementable 的概念，除了其他要求之外，它还包含以下复合要求：

```
{ ++i } -> same_as<I&>;
```

换言之，incrementable 对象还必须支持前递增，而且表达式的结果必须具有和对类型参数 I 的引用相同的类型。

嵌套要求

嵌套要求其实就是在 requires 表达式中嵌套的一个 requires 子句。我们用嵌套要求将现有的概念和类型 traits 应用于 requires 表达式的参数。

requires requires——临时约束

直接放在一个 requires 子句中的 requires 表达式称为**临时约束**（ad-hoc constraint）。在以下 printRange 函数模板中，我们拷贝了 std::ranges::range 概念的 requires 表达式，并把它直接放到一个 requires 子句中：

```
template<typename T>
   requires requires(const T& t) {
      std::ranges::begin(t);
      std::ranges::end(t);
   }
void printRange(const T& range) {
   for (const auto& item : range) {
      std::cout << item << “ “;
   }
}
```

像 requires requires 这样的表示法是没有问题的。

- 第一个 requires 引入 requires 子句。
- 第一个 requires 引入 requires 表达式。

软件工程

临时约束的好处在于，如果只需使用一次，就可以在使用的地方定义它。但在其他时候，还是应该首选具名概念。

15.6.6 C++20 仅供参详的概念

概念

在整个 C++ 标准文档中，“for the sake of exposition”或“exposition only”（仅供参详）出现了 400 多次。这些短语以斜体显示，表示它们仅用于讨论的目的。[57] 经常用它们来展示一样东西可以如何实现，但并不一定是最佳或推荐的实现方式。例如，C++ 标准在范围库中使用以下“仅供参详”的 has-arrow 概念来描述一个支持操作符 -> 的迭代器类型：[58]

```
template<class I>
   concept has-arrow =
      input_iterator<I> && (is_pointer_v<I> ||
         requires(I i) { i.operator->(); });
```

类似地，C++ 标准在范围库中使用以下“仅供参详”的 decrementable 概念来描述一个支持操作符 -- 的迭代器类型：[59]

```
template<class I>
  concept decrementable =
    incrementable<I> && requires(I i) {
      { --i } -> same_as<I&>;
      { i-- } -> same_as<I>;
    };
```

你或许会奇怪为什么 `decrementable` 要求 `incrementable`。记住，所有迭代器都支持 ++，所以一个 `decrementable` 的迭代器也必然是 `incrementable` 的。

如下表所示，C++ 标准使用了 31 个“仅供参详”的概念。所有这些都可以通过标准的“Index of library concepts”来了解详情。[60]

31 个“仅供参考”（exposition-only）的概念		
C++20 概念库		
boolean-testable	same-as-impl	
boolean-testable-impl	weakly-equality-comparable-with	
迭代器库		
can-reference	cpp17-input-iterator	dereferenceable
cpp17-bidirectional-iterator	cpp17-iterator	indirectly-readable-impl
cpp17-forward-iterator	cpp17-random-access-iterator	simple-view
C++20 范围库		
advanceable	has-tuple-element	pair-like-convertible-from
convertible-to-non-slicing	iterator-sentinel-pair	stream-extractable
decrementable	not-same-as	tiny-range
has-arrow	pair-like	
语言支持库中的比较		
compares-as	partially-ordered-with	
内存库		
no-throw-forward-iterator	no-throw-input-iterator	no-throw-sentinel
no-throw-forward-range	no-throw-input-range	

15.6.7 C++20“概念”之前的技术：SFINAE 和 Tag Dispatch

随着每个新 C++ 标准的问世，元编程变得越来越强大和方便。C++20“概念”基于几种技术的历史沉淀，包括 SFINAE、Tag Dispatch 和 constexpr if（将在 15.13.3 节讨论 constexpr）。要了解这些技术的发展历程，请参见博文“Notes on C++ SFINAE, Modern C++ and C++20 Concepts”。[61]

SFINAE，替换失败不是错误

之前讲过，在调用一个函数时，编译器会定位所有可能满足该函数调用的函数——这称为一个“重载集”。编译器从这些重载中选择最佳匹配。在这个过程中，通常需要根据函数调用的实参类型来实例化函数模板。

在“概念”之前，开发者必须非常熟悉模板的特化规则。由于模板调试非常麻烦，所以代码很容易出错。涉及 `std::enable_if` 的模板元编程技术通常与类型 `traits` 一起使用，以检查一个函数模板实参是否满足模板的要求。如果不满足，编译器将生成无效的代码。然后，它会忽略该代码，并从重载集中移除。SFINAE（Substitution Failure Is Not An Error，替换失败不是错误）[62, 63, 64] 这个术语描述的就是编译器在试图确定要调用的正确函数时丢弃无效模板特化代码的过程。SFINAE 防止编译器在第一次实例化模板时立即产生可能非常冗长的错误列表。编译器只有在无法在重载集中找到匹配的函数调用时才会生成错误消息。

Tag Dispatch

使用 Tag Dispatch 技术，[65] 编译器在决定要调用的重载函数的版本时，不仅会基于模板类型参数，还会基于那些类型的属性。Bjarne Stroustrup 在他的论文“Concepts: The Future of Generic Programming”（概念：泛型编程的未来）中将类型的属性称为“概念”，并讨论了 C++20 基于概念的重载（15.6.4 节）如何取代 Tag Dispatch。[66]

15.7 用 static_assert 测试 C++20 概念

Ⓒ 概念

所有“概念”在编译时产生 `bool` 值，可以用 C++11 的 `static_assert` 声明在编译时对其进行测试。[67] 开发 `static_assert` 的目的是增加编译时断言支持，以报告模板库的不正确使用。[68] 图 15.9 在一个没有用概念约束的 `multiply` 函数模板中测试了来自 15.6.1 节的自定义 `Numeric` 概念。[69]

```cpp
// fig15_09.cpp
// Testing custom concepts with static_assert.
#include <iostream>
#include <string>

template<typename T>
concept Numeric = std::integral<T> || std::floating_point<T>;

template<typename T>
auto multiply(T a, T b) {
   static_assert(Numeric<T>);
   return a * b;
}

int main() {
   using namespace std::string_literals;
   multiply(2, 5); // OK: int is Numeric
   multiply(2.5, 5.5); // OK: double is Numeric
   multiply("2"s, "5"s); // error: string is not Numeric
}
```

```
fig15_09.cpp:11:4: error: static_assert failed
  static_assert(Numeric<T>);
  ^             ~~~~~~~~~~~
fig15_09.cpp:19:4: note: in instantiation of function template specialization
'multiply<std::basic_string<char>>' requested here
   multiply("2"s, "5"s); // error: string is not Numeric
   ^
fig15_09.cpp:11:18: note: because 'std::basic_string<char>' does not satisfy
'Numeric'
   static_assert(Numeric<T>);
                 ^
fig15_09.cpp:7:24: note: because 'std::basic_string<char>' does not satisfy
'integral'
concept Numeric = std::integral<T> || std::floating_point<T>;
                       ^
/usr/bin/../lib/gcc/x86_64-linux-gnu/10/../../../../include/c++/10/concepts:
102:24: note: because 'is_integral_v<std::basic_string<char> >'
evaluated to false
    concept integral = is_integral_v<_Tp>;
                       ^
```

图 15.9 用 static_assert 测试自定义概念

```
fig15_09.cpp:7:44: note: and 'std::basic_string<char>' does not satisfy
'floating_point'
concept Numeric = std::integral<T> || std::floating_point<T>;
                                       ^
/usr/bin/../lib/gcc/x86_64-linux-gnu/10/../../../../include/c++/10/concepts:
111:30: note: because 'is_floating_point_v<std::basic_string<char> >'
evaluated to false
    concept floating_point = is_floating_point_v<_Tp>;
                             ^

fig15_09.cpp:12:13: error: invalid operands to binary expression
('std::basic_string<char>' and 'std::basic_string<char>')

   return a * b;
          ~ ^ ~

2 errors generated.
```

图 15.9 用 static_assert 测试自定义概念（续）

错误提示

如果 static_assert 的实参为 false，编译器会输出一条错误消息，告诉你错误的内容和位置。如果 static_assert 的实参为 true，编译器不会输出任何信息，它只是继续编译代码。第 11 行的表达式：

```
static_assert(Numeric<T>);
```

将检查 multiply 的实参类型（T）是否满足 Numeric 概念的要求。如果满足，Numeric<T> 求值为 true，编译器继续编译代码。第 17 行和第 18 行调用 multiply 时，Numeric<T> 都求值为 true，因为实参类型 int 和 double 都满足 Numeric 概念。

但是，第 19 行用 string 对象字面值调用 multiply 时，第 11 行的 Numeric<T> 会求值为 false，因为 string 不是 Numeric。输出容器显示了 Clang C++ 产生的错误消息。我们加粗了关键消息，并增加了空行以改善可读性。

对于 Numeric 概念，编译器说：

```
note: because 'std::basic_string<char>' does not satisfy 'Numeric'
```

消息还提供了更多细节，说：

```
note: because 'std::basic_string<char>' does not satisfy 'integral'
```

以及：

```
note: and 'std::basic_string<char>' does not satisfy 'floating_point'
```

static_assert 声明可以选择指定一个字符串作为第二个实参，以便在断言为 false 时包含到错误消息中。

15.8 创建自定义算法

第 13 章和第 14 章讲过，标准库被划分为容器、迭代器和算法。我们展示了如何通过迭代器来操作容器元素。你可以利用这个架构来创建自定义算法。只要容器支持你的算法的迭代器要求，就可以用这个算法对其进行操作。图 15.10 定义了一个受约束的 average 算法，其实参必须满足第 14 行--第 17 行的自定义 NumericInputRange 概念（稍后详述）。

```
1  // fig15_10.cpp
2  // A custom algorithm to calculate the average of
3  // a numeric input range's elements.
4  #include <algorithm>
5  #include <array>
6  #include <concepts>
7  #include <iostream>
8  #include <iterator>
9  #include <list>
10 #include <ranges>
11 #include <vector>
12
13 // concept for an input range containing integer or floating-point values
14 template<typename T>
15 concept NumericInputRange = std::ranges::input_range<T> &&
16    (std::integral<typename T::value_type> ||
17    std::floating_point<typename T::value_type>);
18
19 // calculate the average of a NumericInputRange's elements
20 auto average(NumericInputRange auto const& range) {
21    long double total{0};
22
23    for (auto i{range.begin()}; i != range.end(); ++i) {
24       total += *i; // dereference iterator and add value to total
25    }
26
27    // divide total by the number of elements in range
28    return total / std::ranges::distance(range);
29 }
30
31 int main() {
32    std::ostream_iterator<int> outputInt(std::cout, " ");
```

图 15.10 用自定义算法来计算一个数值输入范围的平均值

```
33      const std::array ints{1, 2, 3, 4, 5};
34      std::cout << "array ints: ";
35      std::ranges::copy(ints, outputInt);
36      std::cout << "\naverage of ints: " << average(ints);
37
38      std::ostream_iterator<double> outputDouble(std::cout, " ");
39      const std::vector doubles{10.1, 20.2, 35.3};
40      std::cout << "\n\nvector doubles: ";
41     std::ranges::copy(doubles, outputDouble);
42      std::cout << "\naverage of doubles: " << average(doubles);
43
44      std::ostream_iterator<long double> outputLongDouble(std::cout, " ");
45      const std::list longDoubles{10.1L, 20.2L, 35.3L};
46      std::cout << "\n\nlist longDoubles: ";
47      std::ranges::copy(longDoubles, outputLongDouble);
48      std::cout << "\naverage of longDoubles: " << average(longDoubles)
49         << "\n";
50  }
```

```
array ints: 1 2 3 4 5
average of ints: 3

vector doubles: 10.1 20.2 35.3
average of doubles: 21.8667

list longDoubles: 10.1 20.2 35.3
average of doubles: 21.8667
```

图 15.10 用自定义算法来计算一个数值输入范围的平均值（续）

自定义 NumericInputRange 概念

自定义 NumericInputRange 概念（第 14 行～第 17 行）检查以下两点。

- 一个类型是否满足 input_range 概念（第 15 行），因此该实参至少要支持用于读取其元素的输入迭代器。
- 一个范围的元素是否满足 std::integrity 或 std::floating_point 概念（第 16 行和第 17 行），这样它们才可以在计算中使用。

13.2.1 节讲过，每个标准容器都有一个嵌套的 value_type，它用于标识容器的元素类型。我们用它来检查元素类型是否满足这个概念的要求。在第 16 行和第 17 行，以下符号：

```
typename T::value_type
```

指出 T::value_type 是范围的元素类型的别名。

自定义 average 算法

第 20 行～第 29 行将 average 定义为一个缩写函数模板。我们用自定义概念 NumericInputRange 来约束它的 range 参数，所以这个算法可以操作包含数值的任意 input_range。为了确保 average 能支持任何内置的数值类型，我们使用一个 long double（第 21 行）来存储元素之和。

第 23 行～第 25 行从 range 的 begin 迭代器一直遍历到（但不包括）end 迭代器，将每个元素的值加到 total 上。然后，第 28 行用 total 除以范围中的元素数（由 std::ranges::distance 算法确定），从而获得平均值。

对标准库容器使用 average 算法

为了证明我们的自定义 average 算法可以处理各种标准库容器，第 33 行、第 39 行和第 45 行分别定义了一个包含 int 值的 array、一个包含 double 值的 vector 和一个包含 long double 值的 list。第 36 行、第 42 行和第 48 行分别为这些容器调用 average 来计算其元素的平均值。

15.9 创建自定义容器和迭代器

在第 11 章中，通过我们的自定义 MyArray 类来演示了特殊成员函数和操作符重载。“C++ 核心准则” 建议，只要类代表的是一个值或值范围的容器，就用模板来实现该类。[70] 所以，本节准备将 MyArray 定义为一个类模板，并使用各种标准库的约定来增强它。[71] 我们还要创建自定义迭代器，以便为 MyArray 对象使用各种标准库算法。

核心准则

本节的目标是让你体会创建类似标准库的容器时所涉及的过程。为了实现与标准库的完全兼容以及与之前的 C++ 语言版本的向后兼容，需要用到许多**条件编译指令**（conditional compilation directive），而这超出了本书的范围。如果想构建可重用的类标准库容器，请研究编译器供应商所提供的代码，并查看我们在脚注中引用的参考资料。图 15.11 定义了 MyArray 类模板和它的自定义迭代器。我们把这个程序分为几个部分以方便讨论。

单一头文件

和第 11 章的 MyArray 类相比，一个变化是整个类和它的自定义迭代器都被定义在一个头文件中，这在类模板中非常典型。编译器需要类模型用来初始化自己的完整定义。另外，在类模板定义内定义成员函数可以简化语法，因为不需要为每个成员函数都写一个 template 头。

软件工程

MyArray 支持双向迭代器

我们以标准库的 array 类模板为蓝本来建模这个例子。array 类模板使用了一个编译时分配的、固定大小的内置数组。如 13.3 节所述，指向这种数组的指针满足随机访问迭代器的所有要求。但在这个例子中，我们准备使用类模板来实现自定义的双向迭代器。我们使用的迭代器架构受到了微软开源 C++ 标准库 array 实现的启发，[72] 它定义了两个迭代器类：

- 一个用于对 const 对象进行操作的迭代器。
- 另一个用于对非 const 对象进行操作的迭代器。

可以在 https://github.com/microsoft/STL/blob/main/stl/inc/array 查看微软的实现。

我们定义了以下自定义迭代类：

- ConstIterator 类代表一个只读双向迭代器。
- Iterator 类代表一个可读 / 可写双向迭代器。

GNU 和 Clang 的 array 实现直接为它们的 array 迭代器使用指针。可在 https://github.com/gcc-mirror/gcc/blob/master/libstdc%2B%2B-v3/include/std/array 和 https://github.com/llvm/llvm-project/blob/main/libcxx/include/array 查看它们的实现。

为什么要实现双向迭代器而不是随机访问迭代器？

13.3 节在讨论迭代器时讲过，标准库的容器支持各种等级的迭代器。最强大的是连续迭代器，它是保证用连续内存来存储的容器的随机访问迭代器。大多数标准库算法操作的都是容器元素的一个范围。只有 12 种算法要求随机访问迭代器——shuffle 和 11 种与排序相关的算法——而且没有一种算法要求连续迭代器。MyArray 的双向迭代器使大多数标准库算法都能操作 MyArray 对象。如下表所示，随机访问迭代器有许多额外的要求。[73] 作为一个练习，你可以实现这些能力来增强 MyArray 的自定义迭代器，使其成为随机访问迭代器。

随机访问迭代器操作	说明
p += i	将迭代器 p 递增 i 个位置
p -= i	将迭代器 p 递减 i 个位置
p + i 或 i + p	结果是一个迭代器，指向 p 递增 i 个位置后的位置
p - i	结果是一个迭代器，指向 p 递减 i 个位置后的位置
p - p1	计算同一容器中两个元素之间的距离（即元素的数量）
p[i]	返回对 p 偏移 i 个位置后的元素的引用

（续表）

随机访问迭代器操作	说明
p < p1	如果迭代器 p 小于迭代器 p1（即迭代器 p 在容器中处于迭代器 p1 之前），那么返回 true；否则，返回 false
p <= p1	如果迭代器 p 小于或等于迭代器 p1（即迭代器 p 在容器中处于迭代器 p1 之前或在同一位置），那么返回 true；否则，返回 false
p > p1	如果迭代器 p 大于迭代器 p1（即迭代器 p 在容器中处于迭代器 p1 之后），那么返回 true；否则，返回 false
p >= p1	如果迭代器 p 大于或等于迭代器 p1（即迭代器 p 在容器中处于迭代器 p1 之后或在同一位置），那么返回 true；否则，返回 false

基本迭代器要求

所有迭代器都必须支持：[74, 75, 76]

- 默认构造
- 拷贝构造
- 拷贝赋值
- 析构
- 交换

我们使用“零法则”(11.6.6 节)来实现迭代器类，让编译器自己生成拷贝构造函数、拷贝赋值操作符、移动构造函数、移动赋值操作符和析构函数等特殊成员函数。

15.9.1 类模板 ConstIterator

图 15.11 的第 15 行～第 77 行定义了类模板 ConstIterator，MyArray 类使用它来创建只读迭代器。该模板用一个类型参数 T（第 15 行）来代表 MyArray 的元素类型。每个 ConstIterator 都指向该类型的一个元素。

```
1 // Fig. 15.11: MyArray.h
2 // Class template MyArray with custom iterators implemented
3 // by class templates ConstIterator and Iterator
4 #pragma once
5 #include <algorithm>
6 #include <compare>
7 #include <initializer_list>
8 #include <iostream>
```

图 15.11 ConstIterator 类：类模板 MyArray 使用了类模板 ConstIterator 和 Iterator 所实现的自定义迭代器

```
#include <iterator>
#include <memory>
#include <stdexcept>
#include <utility>

// class template ConstIterator for a MyArray const iterator
template <typename T>
class ConstIterator {
public:
   // public iterator nested type names
   using iterator_category = std::bidirectional_iterator_tag;
   using difference_type = std::ptrdiff_t;
   using value_type = T;
   using pointer = const value_type*;
   using reference = const value_type&;

   // default constructor
   ConstIterator() = default;

   // initialize a ConstIterator with a pointer into a MyArray
   ConstIterator(pointer p) : m_ptr{p} {}

   // OPERATIONS ALL ITERATORS MUST PROVIDE
   // increment the iterator to the next element and
   // return a reference to the iterator
   ConstIterator& operator++() noexcept {
      ++m_ptr;
      return *this;
   }

   // increment the iterator to the next element and
   // return the iterator before the increment
   ConstIterator operator++(int) noexcept {
      ConstIterator temp{*this};
      ++(*this);
      return temp;
   }

   // OPERATIONS INPUT ITERATORS MUST PROVIDE
   // return a const reference to the element m_ptr points to
   reference operator*() const noexcept {return *m_ptr;}

```

图 15.11 ConstIterator 类：类模板 MyArray 使用了类模板 ConstIterator 和 Iterator 所实现的自定义迭代器（续）

```
51       // return a const pointer to the element m_ptr points to
52       pointer operator->() const noexcept {return m_ptr;}
53
54       // <=> operator automatically supports equality/ relational operators.
55       // Only == and != are needed for bidirectional iterators.
56       // This implementation would support the <, <=, > and >= required
57       // by random-access iterators.
58       auto operator<=>(const ConstIterator& other) const = default;
59
60       // OPERATIONS BIDIRECTIONAL ITERATORS MUST PROVIDE
61       // decrement the iterator to the previous element and
62       // return a reference to the iterator
63       ConstIterator& operator--() noexcept {
64          --m_ptr;
65          return *this;
66       }
67
68       // decrement the iterator to the previous element and
69       // return the iterator before the decrement
70       ConstIterator operator--(int) noexcept {
71          ConstIterator temp{*this};
72          --(*this);
73          return temp;
74       }
75    private:
76       pointer m_ptr{nullptr};
77    };
78
```

图 15.11 ConstIterator 类：类模板 MyArray 使用了类模板 ConstIterator 和 Iterator 所实现的自定义迭代器（续）

标准迭代器嵌套类型名称

第 19 行～第 23 行定义了 C++ 标准库在迭代器类中所期望的嵌套类型名称的类型别名。[77]

- iterator_category：迭代器的类别（13.3.2 节），这里指定为头文件 <iterator> 中的 std::bidirectional_iterator_tag 类型。这个“tag”类型表示双向迭代器。标准库算法使用类型 traits 和 C++20 概念来确认与每种算法一起使用的容器具有正确类别的迭代器。
- difference_type：一个 ConstIterator 减去另一个 ConstIterator 的结果类型——std::ptrdiff_t 是指针减法的结果类型。

- value_type：一个 ConstIterator 指向的元素的类型。
- pointer： 指 向 value_type 的 const 对 象 的 指 针 的 类 型。ConstIterator 的数据成员（第 76 行）是用这种类型声明的。
- reference：到 value_type 的 const 对象的引用的类型。

构造函数

ConstIterator 类提供了一个无参 default 构造函数（第 26 行），它使用类内初始化器（nullptr；第 76 行）来初始化 ConstIterator 的 m_ptr 成员。还有一个构造函数从指向一个元素的 pointer 来初始化 ConstIterator（第 29 行）。该类的拷贝和移动构造函数是自动生成的。

++ 操作符

第 34 行～第 37 行和第 41 行～第 45 行定义了所有迭代器都要求的前递增和后递增操作符。前递增操作符将迭代器的 m_ptr 成员定位到下一个元素，并返回对递增后的迭代器的引用。后递增操作符也将迭代器的 m_ptr 成员定位到下一个元素，但返回迭代器递增前的一个拷贝。

重载的 * 和 -> 操作符

从语义上讲，迭代器就像指针，所以它们必须重载 * 和 -> 操作符（第 49 行和第 52 行）。重载的 operator* 对 m_ptr 进行解引用，以访问迭代器当前指向的元素，并返回对该元素的一个 reference。重载的 operator-> 则将 m_ptr 作为指向那个元素的一个 pointer 返回。

双向迭代器比较

双向迭代器必须支持用 == 和 != 进行比较。这里使用了编译器生成的三路比较操作符 <=>（第 58 行）来支持对 ConstIterator 的比较。如果你想增强这些迭代器类，把它们变成随机访问迭代器，那么这个实现还支持随机访问迭代器所要求的 <、<=、> 和 >= 比较。

-- 操作符

第 63 行～第 66 行和第 70 行～第 74 行定义了双向迭代器所要求的前递减和后递减操作符。这些操作符的工作方式类似于 ++ 操作符，但是将 m_ptr 成员定位到前一个元素。

15.9.2 类模板 Iterator

图 15.11 的第 81 行～第 137 行定义了类模板 Iterator， MyArray 类用它创建

读 / 写迭代器。该模板有一个代表 MyArray 的元素类型的型参数 T（第 81 行）。Iterator 类继承自 ConstIterator<T> 类（第 82 行）。

```
79  // class template Iterator for a MyArray non-const iterator;
80  // redefines several inherited operators to return non-const results
81  template <typename T>
82  class Iterator : public ConstIterator<T> {
83  public:
84     // public iterator nested type names
85     using iterator_category = std::bidirectional_iterator_tag;
86     using difference_type = std::ptrdiff_t;
87     using value_type = T;
88     using pointer = value_type*;
89     using reference = value_type&;
90  
91     // inherit ConstIterator constructors
92     using ConstIterator<T>::ConstIterator;
93  
94     // OPERATIONS ALL ITERATORS MUST PROVIDE
95     // increment the iterator to the next element and
96     // return a reference to the iterator
97     Iterator& operator++() noexcept {
98        ConstIterator<T>::operator++(); // call base-class version
99        return *this;
100    }
101 
102    // increment the iterator to the next element and
103    // return the iterator before the increment
104    Iterator operator++(int) noexcept {
105       Iterator temp{*this};
106       ConstIterator<T>::operator++(); // call base-class version
107       return temp;
108    }
109 
110    // OPERATIONS INPUT ITERATORS MUST PROVIDE
111    // return a reference to the element m_ptr points to; this
112    // operator returns a non-const reference for output iterator support
113    reference operator*() const noexcept {
114       return const_cast<reference>(ConstIterator<T>::operator*());
115    }
116 
117    // return a pointer to the element m_ptr points to
118    pointer operator->() const noexcept {
```

```
119       return const_cast<pointer>(ConstIterator<T>::operator->());
120    }
121
122    // OPERATIONS BIDIRECTIONAL ITERATORS MUST PROVIDE
123    // decrement the iterator to the previous element and
124    // return a reference to the iterator
125    Iterator& operator--() noexcept {
126       ConstIterator<T>::operator--(); // call base-class version
127       return *this;
128    }
129
130    // decrement the iterator to the previous element and
131    // return the iterator before the decrement
132    Iterator operator--(int) noexcept {
133       Iterator temp{*this};
134       ConstIterator<T>::operator--(); // call base-class version
135       return temp;
136    }
137 };
138
```

标准迭代器嵌套类型名称

第 85 行～第 89 行定义了 C++ 标准库在迭代器类中所期望的嵌套类型名称的类型别名。类模板 `Iterator` 定义了读 / 写迭代器，所以第 88 行和第 89 行定义了没有 `const` 的 `pointer` 和 `reference` 类型别名。可以利用这些类型的指针和引用向元素中写入新值。

构造函数

`ConstIterator` 的构造函数知道如何初始化 `Iterator` 所继承的 `m_ptr` 成员，所以第 92 行直接继承基类构造函数。

++ 和 -- 操作符

第 97 行～第 100 行、第 104 行～第 108 行、第 125 行～第 128 行和第 132 行～第 136 行定义了前递增、后递增、前递减和后递减操作符。每个都直接调用 `ConstIterator` 的相应版本。前缀操作符返回对更新后的 `Iterator` 的引用。后缀操作符则返回 `Iterator` 递增或递减前的一个拷贝。

重载的 * 和 -> 操作符

第 113 行～第 115 行和 118 行～第 120 行重载了 * 和 -> 操作符。每个都调用 ConstIterator 的版本。那些版本返回一个指针或引用，将 value_type 视为 const。由于 Iterator 应该允许读写元素值，所以第 114 行和第 119 行使用 const_cast 来去掉由基类重载操作符返回的指针或引用的 const 性质（即移除 const）。

15.9.3 类模板 MyArray

图 15.11 所涉及的整个程序中，后续的第 141 行～第 211 行定义了我们简化后的 MyArray 类模板。我们删除了第 11 章展示的一些重载操作符和各种特殊成员函数，以专注于容器及其迭代器。为了模仿 std::array 类模板，我们将 MyArray 定义为一个聚合类型（9.21 节），它要求所有非 static 数据均为 public。因此，我们使用一个 struct 来定义 MyArray，它的成员默认 public。另外，新的 MyArray 类模板的数据被存储为一个固定大小的内置数组中（第 210 行），它在编译时分配，而不是使用动态内存分配。

```
139  // class template MyArray contains a fixed-size T[SIZE] array;
140  // MyArray is an aggregate type with public data, like std::array
141  template <typename T, size_t SIZE>
142  struct MyArray {
143     // type names used in standard library containers
144     using value_type = T;
145     using size_type = size_t;
146     using difference_type = ptrdiff_t;
147     using pointer = value_type*;
148     using const_pointer = const value_type*;
149     using reference = value_type&;
150     using const_reference = const value_type&;
151
152     // iterator type names used in standard library containers
153     using iterator = Iterator<T>;
154     using const_iterator = ConstIterator<T>;
155     using reverse_iterator = std::reverse_iterator<iterator>;
156     using const_reverse_iterator = std::reverse_iterator <const_iterator>;
157
158     // Rule of Zero: MyArray's special member functions are autogenerated
159
160     constexpr size_type size() const noexcept {return SIZE;} // return size
161
162     // member functions that return iterators
```

```
    iterator begin() {return iterator{&m_data[0]};}
    iterator end() {return iterator{&m_data[0] + size()};}
    const_iterator begin() const {return const_iterator{&m_data[0]};}
    const_iterator end() const {
       return const_iterator{&m_data[0] + size()};
    }
    const_iterator cbegin() const {return begin();}
    const_iterator cend() const {return end();}

    // member functions that return reverse iterators
    reverse_iterator rbegin() {return reverse_iterator{end()};}
    reverse_iterator rend() {return reverse_iterator{begin()};}
    const_reverse_iterator rbegin() const {
       return const_reverse_iterator{end()};
    }
    const_reverse_iterator rend() const {
      return const_reverse_iterator{begin()};
    }
    const_reverse_iterator crbegin() const {return rbegin();}
    const_reverse_iterator crend() const {return rend();}

    // autogenerated three-way comparison operator
    auto operator<=>(const MyArray& t) const noexcept = default;

    // overloaded subscript operator for non-const MyArrays;
    // reference return creates a modifiable lvalue
    T& operator[](size_type index) {
       // check for index out-of-range error
       if (index >= size()) {
          throw std::out_of_range{"Index out of range"};
       }

       return m_data[index]; // reference return
    }

    // overloaded subscript operator for const MyArrays;
    // const reference return creates a non-modifiable lvalue
    const T& operator[](size_type index) const {
       // check for subscript out-of-range error
       if (index >= size()) {
          throw std::out_of_range{"Index out of range"};
       }

       return m_data[index]; // returns copy of this element
```

```
207     }
208
209     // like std::array the data is public to make this an aggregate type
210     T m_data[SIZE]; // built-in array of type T with SIZE elements
211 };
212
```

MyArray 的 template 头

template 头（第 141 行）指明 MyArray 是一个类模板。这个头指定了两个参数。

- T 代表 MyArray 的元素类型。
- SIZE 是一个非类型模板参数，被视为一个编译时常量。我们用 SIZE 表示 MyArray 的元素数量。

第 210 行创建了包含 SIZE 个元素的 T 类型的一个内置数组。虽然这里没有这样做，但非类型模板参数可以有默认参数。

标准容器嵌套类型名称

第 144 行～第 156 行定义了 C++ 标准库在容器类中所期望的嵌套类型名称的类型别名。那些针对反向迭代器的类型是至少有双向迭代器的容器所特有的。[78]

- value_type：容器的元素类型（T）。
- size_type：代表容器元素数量的类型。
- difference_type：迭代器减法的结果类型。
- pointer：指向 value_type 对象的指针的类型。
- const_pointer：指向 const value_type 对象的指针的类型。
- reference：对 value_type 对象的引用的类型。
- const_reference：对 const value_type 对象的引用的类型。
- iterator：MyArray 的读 / 写迭代器类型（Iterator<T>）。
- const_iterator：MyArray 的只读迭代器类型（ConstIterator<T>）。
- reverse_iterator：MyArray 的读 / 写迭代器类型，用于从 MyArray 的末端反向遍历。迭代器适配器 std::reverse_iterator 从它的迭代器类型实参中创建一个反向迭代器类型，它至少要是双向的。
- const_reverse_iterator：MyArray 的只读迭代器类型，用于从 MyArray 的末端反向移动，std::reverse_iterator 从其迭代器类型实参中创建一个 const 反向迭代器类型，它至少要是双向的。

返回迭代器的 MyArray 成员函数

第 163 行～第 182 行定义了 MyArray 的成员函数，它们返回 MyArray 的各种迭代器和反向迭代器。关键函数是第 163 行～第 168 行的 begin 和 end。

- begin（第 163 行）返回指向 MyArray 第一个元素的 iterator。
- end（第 164 行）返回指向 MyArray 最后一个元素之后的那个位置的 iterator。
- begin（第 165 行）的 const 重载，返回指向 MyArray 第一个元素的 const_iterator。
- end（第 166 行～第 168 行）的 const 重载，返回指向 MyArray 最后一个元素之后的那个位置的 const_iterator。

下面是调用这些 begin 和 end 函数来返回迭代器的其他成员函数。

- cbegin 和 cend（第 169 行～第 170 行）调用返回 const 迭代器的 begin 和 end 版本。
- rbegin 和 rend（第 173 行和第 174 行）根据 begin 和 end 的非 const 版本所返回的 iterator 来生成 reverse_iterator。
- rbegin 和 rend（第 175 行～第 180 行）的重载，根据 const 版本的 begin 和 end 所返回的 const_iterator 来生成 const_reverse_iterator。
- crbegin 和 crend（第 181 行和第 182 行）返回调用 rbegin 和 rend 的 const 版本所返回的 const_reverse_iterator。

MyArray 的重载操作符

第 185 行、189 行～第 196 行和 200 行～第 207 行定义了 MyArray 的重载操作符。虽然本例用不上，但编译器生成的三路比较操作符（第 185 行）允许比较具有相同元素类型和大小的整个 MyArray 对象。重载的 operator[] 成员函数和第 11 章 MyArray 类中的成员函数相同。但是，我们现在是调用 size 成员函数（第 191 行和第 202 行）来判断一个 index 是否在 MyArray 的边界之外。

15.9.4 针对大括号初始化的 MyArray 推导指引

以前讲过，可以使用类模板实参推导（CTAD）来初始化一个 std::array。例如，当编译器看到以下语句时：

```
std::array ints{1, 2, 3, 4, 5};
```

它会推断数组的元素类型是 int——因为所有初始化器（initializers）都是 int。另外，它还会统计初始化器的数量来确定数组的大小。MyArray 没有定义一个能接收任意数量实参的构造函数。但是，如图 15.11 所示整个程序中接下来的第 214 行～第 215 行所示，我们可以定义一个**推导指引**（deduction guide），[79] 向编译器展示如何从一个大括号初始化列表中推导出 MyArray 的类型。然后，编译器可以使用聚合初始化（例如图 15.12 的第 15 行），将初始化器放入我们的 MyArray 聚合类型的内置数组数据成员中。

```
213   // deduction guide to enable MyArrays to be brace initialized
214   template<typename T, std::same_as<T>... Us>
215   MyArray(T first, Us... rest) -> MyArray<T, 1 + sizeof...(Us)>;
```

ConstIterator 和 Iterator——MyArray 推导指引

推导指引实际是一个模板。本例的推导指引 template 头使用了将于 15.12 节全面讨论的可变参数模板语法（...）。第 214 行指出编译器要查找一个具有以下特点的初始化列表。

- 包含至少一个初始化器，这由 typename T 指定。
- 可能包含与 T 相同类型的任意数量的其他初始化器，这由 std::same_as<T>...Us 指定。... 表示一个**参数包**（parameter pack）。参数包的名称（Us）通常是复数，因为它可能代表多项。

在第 215 行，-> 左侧的内容看起来像是 MyArray 构造函数的开头，它在名为 first 的 T 参数中接收第一个实参，在名为 rest 的 Us... 参数中接收其他所有实参。-> 右侧的内容告诉编译器，当它看到一个使用“类模板实参推导”来初始化的 MyArray 时，它应该推导出我们要创建包含 T 类型元素的一个 MyArray，其大小由以下表达式指定：

```
1 + sizeof...(Us)
```

在这个表达式中：

- 1 是初始化列表的最小初始化器数量。
- sizeof...(Us) 使用 C++11 的编译时 sizeof... 操作符确定编译器要放到参数包 Us 中的其他初始化器的数量。

我们的推导指引基于 GNU 和 Clang 为其 std::array 实现提供的指引。可在它们相应的 <array> 头文件中查看这些指引：

https://github.com/gcc-mirror/gcc/blob/master/libstdc++-v3/include/std/array

和：

https://github.com/llvm/llvm-project/blob/main/libcxx/include/array

15.9.5 将 MyArray 及其自定义迭代器用于 std::ranges 算法

图 15.12 的程序创建三个 MyArray 来分别存储 int、double 和 string 元素，然后把它们用于各种要求输入、输出、正向或双向迭代器的 std::ranges 算法。我们还使用一个基于范围的 for 语句来遍历 MyArray。MyArray 有双向迭代器，所以也可以把它用于图 15.10 展示的自定义 average 算法，该算法只要求“输入迭代器”。

```
// fig15_12.cpp
// Using MyArray with range-based for and with
// C++ standard library algorithms.
#include <iostream>
#include <iterator>
#include "MyArray.h"

int main() {
   std::ostream_iterator<int> outputInt{std::cout, " "};
   std::ostream_iterator<double> outputDouble{std::cout, " "};
   std::ostream_iterator<std::string> outputString{std::cout, " "};

   std::cout << "Displaying MyArrays with std::ranges::copy, "
      << "which requires input iterators:\n";
   MyArray ints{1, 2, 3, 4, 5, 6, 7, 8};
   std::cout << "ints: ";
   std::ranges::copy(ints, outputInt);

   MyArray doubles{1.1, 2.2, 3.3, 4.4, 5.5};
   std::cout << "\ndoubles: ";
   std::ranges::copy(doubles, outputDouble);

   using namespace std::string_literals; // for string object literals
   MyArray strings{"red"s, "orange"s, "yellow"s};
   std::cout << "\nstrings: ";
   std::ranges::copy(strings, outputString);

   std::cout << "\n\nDisplaying a MyArray with a range-based for "
      << "statement, which requires input iterators:\n";
   for (const auto& item : doubles) {
      std::cout << item << " ";
   }

   std::cout << "\n\nCopying a MyArray with std::ranges::copy, "
```

图 15.12 将 MyArray 用于基于范围的 for 和 C++ 标准库算法

```
35          << "which requires an input range and an output iterator:\n";
36      MyArray<std::string, strings.size()> strings2{};
37      std::ranges::copy(strings, strings2.begin());
38      std::cout << "strings2 after copying from strings: ";
39      std::ranges::copy(strings2, outputString);
40
41      std::cout << "\n\nFinding min and max elements in a MyArray "
42          << "with std::ranges::minmax_element, which requires "
43          << "a forward range:\n";
44      auto [min, max] {std::ranges::minmax_element(strings)};
45      std::cout << "min and max elements of strings are: "
46          << *min << ", " << *max;
47
48      std::cout << "\n\nReversing a MyArray with std::ranges::reverse, "
49          << "which requires a bidirectional range:\n";
50      std::ranges::reverse(ints);
51      std::cout << "ints after reversing elements: ";
52      std::ranges::copy(ints, outputInt);
53      std::cout << "\n";
54  }
```

```
Displaying MyArrays with std::ranges::copy, which requires input iterators:
ints: 1 2 3 4 5 6 7 8
doubles: 1.1 2.2 3.3 4.4 5.5
strings: red orange yellow

Displaying a MyArray with a range-based for statement, which requires input
iterators:
1.1 2.2 3.3 4.4 5.5

Copying a MyArray with std::ranges::copy, which requires an input range and
output iterator:
strings2 after copying from strings: red orange yellow

Finding min and max elements in a MyArray with std::ranges::minmax_element,
which requires a forward range:
min and max elements of strings are: orange, yellow

Reversing a MyArray with std::ranges::reverse, which requires a
bidirectional range:
ints after reversing elements: 8 7 6 5 4 3 2 1
```

图 15.12 将 MyArray 用于基于范围的 for 和 C++ 标准库算法（续）

创建 MyArray 并用 std::ranges::copy 显示

第 13 行～第 26 行创建了三个 MyArray（第 15 行、第 19 行和第 24 行），使用类模板实参推导来推断它们的元素类型和大小。第 17 行、第 21 行和第 26 行使用 std::ranges::copy 显示每个 MyArray 的内容。这个算法的第一个实参是 input_range，它要求范围有输入迭代器。MyArray 与这种算法兼容，因为它有更强大的双向迭代器。

用基于范围的 for 语句显示 MyArray

第 30 行～第 32 行使用基于范围的 for 来显示名为 doubles 的 MyArray，它只要求输入迭代器，所以支持任何可迭代的对象，其中包括 MyArray。MyArray doubles 不是一个 const 对象，所以使用了 MyArray 的读 / 写迭代器。如果要把一个非 const 对象当作 const 对象来处理，可以考虑把它传递给 C++17 的 std::as_const 函数，从而创建非 const 对象的一个 const 视图。例如，本例基于范围的 for 不会修改 doubles 的元素，所以第 30 行可以如下改写：

```
for (auto& item : std::as_const(doubles)) {
```

在这种情况下，item 的类型会被推断成对 const double 元素的引用。

用 std::ranges::copy 拷贝 MyArray

第 36 行新建一个 MyArray，我们准备向其中拷贝 MyArray strings 的元素。第 37 行使用 std::ranges::copy 将 strings 的元素拷贝到 strings2 中。该算法使用一个输入迭代器来读取 strings 的每个元素，并使用一个输出迭代器来指定将元素写入 strings2 的什么位置。MyArray 的非 const 双向迭代器同时支持读取（输入）和写入（输出），所以可用 std::ranges::copy 将一个 MyArray 拷贝到相同类型的另一个 MyArray 中。

用 std::ranges::minmax_element 查找 MyArray 中的最小和最大元素

第 44 行使用 std::ranges::minmax_element 算法来获得指向包含 MyArray 最小和最大值的元素的迭代器。该算法要求提供了正向迭代器的一个 forward_range。MyArray 的双向迭代器比正向迭代器更强大，所以可用该算法来操作 MyArray。

用 std::ranges::reverse 来反转 MyArray

第 50 行使用 std::ranges::reverse 算法来反转 MyArray ints 的元素，这要求一个带有双向迭代器的 bidirectional_range。而这正是 MyArray 提供的迭代器，所以可用该算法来操作 MyArray。

尝试将 std::ranges::sort 用于 MyArray

MyArray 的迭代器不支持随机访问迭代器的所有特性，所以不能将 MyArray 传递给要求这种迭代器的算法。为了证明这一点，我们写了一个只包含以下语句的简短程序，它创建一个包含 int 元素的 MyArray，然后试图用 std::ranges::sort 对其进行排序，该算法要求随机访问迭代器：

```
MyArray integers{10, 2, 33, 4, 7, 1, 80};
std::ranges::sort(integers);
```

Clang 编译器在后面的输出窗口中产生了以下错误消息。我们用粗体字强调了关键消息，并添加了一些空行以增加可读性。这些消息清楚地表明，该代码不能编译：

错误提示

```
because 'MyArray<int, 7> &' does not satisfy 'random_access_range'
```

而且：

```
because 'iterator_t<MyArray<int, 7> &>' (aka 'Iterator<int>')
does not satisfy 'random_access_iterator'
```

```
test.cpp:9:4: error: no matching function for call to object of type 'const
std::ranges::__sort_fn'
   std::ranges::sort(integers);
   ^~~~~~~~~~~~~~~~~

/usr/bin/../lib/gcc/x86_64-linux-gnu/10/../../../../include/c++/10/bits/ranges_
algo.h:2032:7: note: candidate template ignored: constraints not satisfied
[with _Range = MyArray<int, 7> &, _Comp = std::ranges::less, _Proj =
std::identity]
      operator()(_Range&& __r, _Comp __comp = {}, _Proj __proj = {}) const
      ^

/usr/bin/../lib/gcc/x86_64-linux-gnu/10/../../../../include/c++/10/bits/ranges_
algo.h:2028:14: note: because 'MyArray<int, 7> &' does not satisfy 'ran-
dom_access_range'
    template<random_access_range _Range,
             ^
```

（待续）

```
/usr/bin/../lib/gcc/x86_64-linux-gnu/10/../../../../include/c++/10/bits/
range_access.h:934:37: note: because 'iterator_t<MyArray<int, 7> &>' (aka
'It-erator<int>') does not satisfy 'random_access_iterator'
        = bidirectional_range<_Tp> && random_access_iterator<iterator_t<_Tp>>;
                                   ^

/usr/bin/../lib/gcc/x86_64-linux-gnu/10/../../../../include/c++/10/bits/iterator_
concepts.h:614:10: note: because 'derived_from<__detail::__iter_concept<
Iterator<int> >, std::random_access_iterator_tag>' evaluated to false
   && derived_from<__detail::__iter_concept<_Iter>,
      ^

/usr/bin/../lib/gcc/x86_64-linux-gnu/10/../../../../include/c++/10/concepts:
67:28: note: because '__is_base_of(std::random_access_iterator_tag,
std::bidirectional_iterator_tag)' evaluated to false
     concept derived_from = __is_base_of(_Base, _Derived)
                            ^

/usr/bin/../lib/gcc/x86_64-linux-gnu/10/../../../../include/c++/10/bits/ranges_
algo.h:2019:7: note: candidate function template not viable: requires at
least 2 arguments, but 1 was provided
      operator()(_Iter __first, _Sent __last,
      ^

1 error generated.
```

15.10 模板类型参数的默认实参

类型参数还可以指定一个默认类型实参。例如，下面是 C++ 标准的 stack 容器适配器类模板的开头部分：

```
template <class T, class Container = deque<T>>
```

它指定 stack 默认使用一个 deque 来存储 stack 的 T 类型的元素。当编译器看到以下声明时：

```
stack<int> values;
```

它会为类型 int 实例化类模板 stack，并用得到的特化来实例化名为 values 的对象。stack 的元素存储在一个 deque<int> 中。

默认类型参数必须是模板的类型参数列表中最右边（尾部）的参数。实例化一个有两个或多个默认参数的模板时，如果一个省略的实参不是最右边的，它右边的所有类型实参也必须省略。从 C++11 开始，便增加了在函数模板中为模板类型参数使用默认类型实参的能力。

15.11 变量模板

现在已经实例化了函数模板和类模板，它们分别定义了相关函数和类的分组。C++14 增加了变量模板，它定义了相关变量的分组。图 15.6 在演示类型 `traits` 时使用了几个预定义变量模板。C++17 增加了方便的变量模板来访问每个类型 `trait` 的 `value` 成员。例如，对于以下变量模板：

```
is_integral_v<T>
```

它在标准中定义如下：

```
template<class T>
inline constexpr bool is_arithmetic_v = is_arithmetic<T>::value;
```

软件工程

错误提示

这个变量模板定义了一个 `inline bool` 变量，这种变量被求值为一个编译时常量（由 constexpr 表示）。C++17 增加了 `inline` 变量来更好地支持单文件库（header-only library）。这种头文件可以包含到同一应用程序中的多个源代码文件（即**翻译单元**）中。[80] 在头文件中定义一个普通变量时，在一个应用程序中多次包含该头文件会导致该变量的多个定义错误。相反，可在同一应用程序的不同翻译单元中使用完全一致的 `inline` 变量定义。[81]

15.12 可变参数模板和折叠表达式

软件工程

在 C++11 之前，每个类模板或函数模板都有固定数量的模板参数。为了定义具有不同数量的模板参数的类或函数模板，需要为每种情况都单独定义一个模板。C++11 **可变参数模板**（variadic template）能接受任意数量的实参。它们简化了模板编程，因为只需提供一个可变参数函数模板，而不必提供多个参数数量不同的重载。

15.12.1 tuple 可变参数类模板

C++11 的 `tuple`（元组）类（头文件 `<tuple>`）是类模板 `pair`（已在 13.9 节介绍）的一个更常规的版本，它就是用可变参数类来实现的。`tuple` 是一个相关值的集合，而且这些值可能具有不同的类型。图 15.13 演示了 `tuple` 的几个功能。

```
// fig15_13.cpp
// Manipulating tuples.
#include <fmt/format.h>
```

图 15.13 操作 tuple

```
#include <iostream>
#include <string>
#include <tuple>

// type alias for a tuple representing a hardware part's inventory
using Part = std::tuple<int, std::string, int, double>;

// return a part's inventory tuple
Part getInventory(int partNumber) {
   using namespace std::string_literals; // for string object literals

   switch (partNumber) {
   case 1:
      return {1, "Hammer"s, 32, 9.95}; // return a Part tuple
   case 2:
      return {2, "Screwdriver"s, 106, 6.99}; // return a Part tuple
   default:
      return {0, "INVALID PART"s, 0, 0.0}; // return a Part tuple
   }
}

int main() {
   // display the hardware part inventory
   for (int i{1}; i <= 2; ++i) {
      // unpack the returned tuple into four variables;
      // variables' types are inferred from the tuple's element values
      auto [partNumber, partName, quantity, price] {getInventory(i)};

      std::cout << fmt::format("{}: {}, {}: {}, {}: {}, {}: {:.2f}\n",
         "Part number", partNumber, "Tool", partName,
         "Quantity", quantity, "Price", price);
   }

   std::cout << "\nAccessing a tuple's elements by index number:\n";
   auto hammer{getInventory(1)};
   std::cout << fmt::format("{}: {}, {}: {}, {}: {}, {}: {:.2f}\n",
      "Part number", std::get<0>(hammer), "Tool", std::get<1>(hammer),
      "Quantity", std::get<2>(hammer), "Price", std::get<3>(hammer));

   std::cout << fmt::format("A Part tuple has {} elements\n",
      std::tuple_size<Part>{}); // get the tuple size
}
```

图 15.13 操作 tuple（续）

```
Part number: 1, Tool: Hammer, Quantity: 32, Price: 9.95
Part number: 2, Tool: Screwdriver, Quantity: 106, Price: 6.99

Accessing a tuple's elements by index number:
Part number: 1, Tool: Hammer, Quantity: 32, Price: 9.95
A Part tuple has 4 elements
```

图 15.13 操作 tuple（续）

第 9 行的 using 声明（已在 10.13 节介绍）为代表硬件零件库存的一个 tuple 创建名为 Part 的类型别名。每个 Part 都由以下元素构成。

- 一个 int 零件编号。
- 一个 string 零件名称。
- 一个 int 数量。
- 一个 double 价格。

在 tuple 声明中，每个模板类型参数都对应于 tuple 中相同位置的一个值。tuple 元素的数量总是与类型参数的数量相匹配。我们使用 Part 类型别名来简化其余部分的代码。

打包 tuple

创建一个 tuple 对象被称为对 tuple 进行**打包**（packing）。第 12 行～第 23 行定义了一个 getInventory 函数，它接收一个零件编号并返回一个 Part 元组。该函数通过返回一个包含 4 个元素（一个 int、一个 string、一个 int 和一个 double）的初始化列表（第 17 行、第 19 行和第 21 行）来打包三个 Part tuple。编译器用这个初始化列表来初始化返回的 Part std::tuple 对象。tuple 一旦创建，它的大小就固定下来了。

用 std::make_tuple 创建 tuple

也可以用来自 <tuple> 头文件的 make_tuple 函数打包一个 tuple，它可以从函数的实参中推断出一个 tuple 的类型参数。例如，可以用如下所示的 make_tuple 调用来创建第 17 行、第 19 行和第 21 行的 tuple：

```
std::make_tuple(1, "Hammer"s, 32, 9.95)
```

如果采用这种方法，getInventory 的返回类型可以指定为 auto 以便从 make_tuple 的结果推断返回类型。

通过结构化绑定来解包 tuple

可以使用 C++17 的结构化绑定（参见 14.4.5 节）来解包一个 tuple 以访问它的

元素。第 30 行将一个 Part 的成员解包到不同的变量中，并在第 32 行～第 34 行显示这些变量。

使用 get<index> 按索引获取一个 tuple 成员

类模板 pair 包含 public 成员 first 和 second，可用它们访问 pair 的两个成员。但是，你创建的每个 tuple 都可能有任意数量的元素，所以 tuple 没有提供类似名称的数据成员。相反，<tuple> 头文件提供了函数模板 get<*index*>(*tupleObject*)，它返回对 *tupleObject* 在指定 *index* 处的成员的引用。第一个成员的索引是 0。第 38 行获得代表**榔头**（hammer）库存的一个元组，然后第 39 行～第 41 行按索引访问 tuple 的每个元素。

C++14 使用 get<type> 按类型获取一个 tuple 成员

C++14 增加了一个 get 重载，它可以获取特定类型的一个 tuple 成员，前提是该 tuple 只包含该类型的一个成员。例如，以下语句获取 hammer tuple 的 string 成员：

```
auto partName{get<std::string>(hammer)};
```

然而，以下语句：

```
auto partNumber{get<int>(hammer)};
```

错误提示

会产生编译错误，因为该调用存在歧义——hammer tuple 包含两个 int 成员，分别代表零件编号和数量。

tuple 的其他特性

下表展示了 tuple 类模板的其他几个特性。要想了解 tuple 类模板的完整细节，请访问 https://zh.cppreference.com/w/cpp/utility/tuple/tuple。

要想了解 <tuple> 头文件中定义的其他 tuple 相关特性，请访问 https://zh.cppreference.com/w/cpp/utility/tuple。

其他 tuple 类模板特性	说明
比较	包含相同数量成员的元组可以使用关系和相等性操作符相互比较（假定它们的元素支持相应的操作符）
默认构造函数	创建一个元组，其中每个成员都进行“值初始化”，即基本类型的值设为 0 或与 0 相当的值。类类型的对象用它们的默认构造函数初始化
拷贝构造函数	将一个元组的元素拷贝到相同类型的一个新元组中
移动构造函数	将一个元组的元素移动到相同类型的一个新元组中

（续表）

其他 tuple 类模板特性	说明
拷贝赋值	使用赋值操作符（=）将右操作数中的元组的元素拷贝到左操作数中相同类型的元组中
移动赋值	使用赋值操作符（=）将右操作数中的元组的元素移动到左操作数中相同类型的元组中

15.12.2 可变参数函数模板和 C++17 折叠表达式简介

可参数函数模板允许定义可接收任何数量实参的函数。图 15.14 使用可变函数模板对一个或多个实参求和。本例假设所有实参都可以是 + 操作符的操作数，并具有相同类型。我们展示了两种可变参数的两种方法。

- 使用编译时递归（这在 C++17 之前是必须的）。
- 使用 C++17 的折叠表达式来消除递归。

15.12.7 节将展示如何测试所有实参是否具有相同的类型。

```
// fig15_14.cpp
// Variadic function templates.
#include <fmt/format.h>
#include <iostream>
#include <string>

// base-case function for one argument
template <typename T>
auto sum(T item) {
   return item;
}

// recursively add one or more arguments
template <typename FirstItem, typename... RemainingItems>
auto sum(FirstItem first, RemainingItems... theRest) {
   return first + sum(theRest...); // expand parameter pack for next call
}

// add one or more arguments with a fold expression
template <typename FirstItem, typename... RemainingItems>
auto foldingSum(FirstItem first, RemainingItems... theRest) {
   return (first + ... + theRest); // expand the parameter
```

图 15.14 可变参数函数模板

```
23 }
24 
25 int main() {
26    using namespace std::literals;
27 
28    std::cout << "Recursive variadic function template sum:"
29       << fmt::format("\n{}{}\n{}{}\n{}{}\n{}{}\n\n",
30             "sum(1): ", sum(1), "sum(1, 2): ", sum(1, 2),
31             "sum(1, 2, 3): ", sum(1, 2, 3),
32             "sum(\"s\"s, \"u\"s, \"m\"s): ", sum("s"s, "u"s, "m"s));
33 
34    std::cout << "Variadic function template foldingSum:"
35       << fmt::format("\n{}{}\n{}{}\n{}{}\n{}{}\n",
36             "sum(1): ", foldingSum(1), "sum(1, 2): ", foldingSum(1, 2),
37             "sum(1, 2, 3): ", foldingSum(1, 2, 3),
38             "sum(\"s\"s, \"u\"s, \"m\"s): ",
39             foldingSum("s"s, "u"s, "m"s));
40 }
```

```
Recursive variadic function template sum:
sum(1): 1
sum(1, 2): 3
sum(1, 2, 3): 6
sum("s"s, "u"s, "m"s): sum

Variadic function template foldingSum:
sum(1): 1
sum(1, 2): 3
sum(1, 2, 3): 6
sum("s"s, "u"s, "m"s): sum
```

图 15.14 可变参数函数模板（续）

编译时递归

第 8 行～第 11 行和第 14 行～第 17 行定义了名为 `sum` 的重载函数模板，使用**编译时递归**（compile-time recursion）来处理**可变参数包**（variadic parameter pack）。只有一个模板参数的函数模板 `sum`（第 8 行～第 11 行）代表递归的**基本情况**（base case），其中 `sum` 只接收一个实参并返回它。递归函数模板 `sum`（第 14 行～第 17 行）则指定了两个类型参数。

- 类型参数 `FirstItem` 代表第一个函数实参。
- 类型参数 `RemainingItems` 代表传递给函数的其他所有实参。

`typename...` 引入一个可变参数模板的参数包（parameter pack），它代表任意数量的实参。在函数的参数列表中（第 15 行），可变参数必须出现在最后，并在其类型（`RemainingItems`）之后用 `...` 标记。注意，在 `template` 头和函数参数列表中，`...` 的位置是不同的。

返回语句将 first 实参添加到递归调用的结果中：

```
sum(theRest...)
```

表达式 `theRest...` 是一个参数包扩展——编译器将参数包的元素转变成一个以逗号分隔的列表。关于这一点，我们稍后会详细说明。

调用有一个实参的 sum

当第 30 行调用 `sum(1)` 时，由于只有一个实参，所以编译器会调用 `sum` 的单参数版本（第 8 行～第 11 行）。如果只有一个实参，那么求和结果就是这个实参的值（本例是 `1`）。

调用有两个实参的 sum

当第 30 行调用 `sum(1, 2)` 时，编译器会调用 `sum` 的可变参数版本（第 14 行～第 17 行），它在参数 `first` 中接收 `1`，然后在参数包 `theRest` 中接收 `2`。然后，函数将 `1` 与使用参数包扩展（...）调用 `sum` 的结果相加。参数包只包含 `2`，所以这个调用变成 `sum(2)`，会回归基本情况，即调用 `sum` 的单参数版本，递归结束。因此，最终结果是 3（即 1+2）。

虽然 `sum` 的可变参数版本看起来像传统的递归，但编译器为每个递归调用都生成了单独的模板实例。因此，`sum(1, 2)` 这个调用变成：

```
sum(1, sum(2))
```

或者更准确地说：

```
sum<int, int>(1, sum<int>(2))
```

性能提示

编译器拥有计算中使用的所有值，所以可以执行计算，并把它们作为编译时常量内联到程序中，从而消除执行时函数调用的开销。[82]

调用有三个实参的 sum

第 31 行调用 `sum(1, 2, 3)` 时，编译器再次调用 `sum` 的可变参数版本（第 14 行～第 17 行）。

- 在这个初始调用中，`first` 参数接收 `1`，参数包 `theRest` 接收 `2` 和 `3`。然后，函数将 `1` 与使用参数包扩展（...）调用 `sum` 的结果相加，产生调用 `sum(2, 3)`。
- 在 `sum(2, 3)` 调用中，参数 `first` 接收 `2`，参数包 `theRest` 接收 `3`。然后，函数将 `2` 与使用参数包扩展（...）调用 `sum` 的结果相加，产生调用 `sum(3)`。

- sum(3) 调用 sum 的单参数版本（基本情况），返回 3。此时，sum(2, 3) 调用的主体变成 2 + 3（即 5），而 sum(1, 2, 3) 调用的主体变成 1 + 5，产生最终结果 6。

原始调用实际变成了以下形式：

```
sum(1, sum(2, sum(3)))
```

编译器知道最内层调用 sum(3) 的值，所以可以确定其他调用的结果。

用三个 string 对象调用 sum

第 32 行调用 sum("s"s, "u"s, "m"s)，它接收三个 string 对象字面值。记住，string 的 + 操作执行的是字符串连接（string concatenation），所以原始调用实际变成了：

```
sum("s"s, sum("u"s, sum("m"s)))
```

结果是字符串 "sum"。

C++17 折叠表达式

折叠表达式（fold expression）提供了一种方便的表示法，可以将一个二元操作符重复应用于可变参数模板的“参数包”中的所有元素。[83, 84, 85] 我们经常用折叠表达式将参数包中的值“归约”（reduce）为单个值。还可以用它向参数包中的每个对象应用一个操作，比如调用成员函数或者用 cout 显示参数包中的元素（将在 15.12.6 节讨论）。

第 20 行～第 23 行使用了一个二元左折（第 22 行）：

```
(first + ... + theRest)
```

它对 first 和参数包 theRest 中的零个或多个实参进行求和。折叠表达式必须用圆括号括住。二元左折表达式有两个二元操作符，它们必须相同——本例是加法操作符（+）。第一个操作符左侧的实参是表达式的初始值。... 展开第二个操作符右侧的参数包，用二元操作符将参数包中的每个参数与下一个参数分开。因此，对于第 37 行的以下函数调用：

```
foldingSum(1, 2, 3)
```

二元左折表达式展开成以下形式：

```
((1 + 2) + 3)
```

如果参数包为空，二元左折表达式的值就是初始值，本例就是 first 的值。

“C++ 核心准则”建议为混合类型的实参使用可变函数模板，[86] 为接收同一类型的可变数量实参的函数使用 initializer_list。[87] 然而，折叠表达式不能应用于 initializer_list。

15.12.3 折叠表达式的类型

在后面的描述中，采用了以下约定。

- *pack* 代表一个参数包。
- *op* 代表可以在折叠表达式中使用的 32 个二元操作符之一。[88]
- *initialValue* 代表二元折叠表达式的初始值。例如，求和可能从 0 开始，求乘积可能从 1 开始。

有四种折叠表达式类型，每种都要求圆括号：

- 一元左折有一个二元操作符，参数包扩展（`...`）作为左操作数，*pack* 作为右操作数：

  (`...` *op pack*)

- 一元右折有一个二元操作符，参数包扩展（`...`）作为右操作数，*pack* 作为左操作数：

  (*pack op* `...`)

- 二元左折有两个二元操作符，两个操作符必须相同。*initialValue* 放在第一个操作符左侧，参数包扩展（`...`）放在两个操作符之间，*pack* 放在第二个操作符右侧：

  (*initialValue op* `...` *op pack*)

- 二元右折有两个二元操作符，两个操作符必须相同。*initialValue* 放在第二个操作符右左侧，参数包扩展（`...`）放在两个操作符之间，*pack* 放在第二个操作符左侧：

  (*pack op* `...` *op initialValue*)

15.12.4 一元折叠表达式如何应用它们的操作符

左折和右折表达式的关键区别在于它们应用操作符的顺序。左折从左到右分组，右折从右到左分组。根据操作符的不同，分组可能产生不同的结果。图 15.15 演示了使用加法（+）和减法（-）操作符的一元左折和一元右折操作。

- 第 6 行～第 9行定义了 `unaryLeftAdd`，它用一元左折操作对其参数包中的项执行加法运算。
- 第 11 行～第 14 行定义了 `unaryRightAdd`，它用一元右折操作对其参数包中的项执行加法运算。
- 第 16 行～第 19 行定义了 `unaryLeftSubtract`，它用一元左折操作对其参数包中的项执行减法运算。

- 第 21 行～第 24 行定义了 unaryRightSubtract，它用一元右折操作对其参数包中的项执行减法运算。

```
1  // fig15_15.cpp
2  // Unary fold expressions.
3  #include <fmt/format.h>
4  #include <iostream>
5  
6  template <typename... Items>
7  auto unaryLeftAdd(Items... items) {
8     return (... + items); // unary left fold
9  }
10 
11 template <typename... Items>
12 auto unaryRightAdd(Items... items) {
13    return (items + ...); // unary right fold
14 }
15 
16 template <typename... Items>
17 auto unaryLeftSubtract(Items... items) {
18    return (... - items); // unary left fold
19 }
20 
21 template <typename... Items>
22 auto unaryRightSubtract(Items... items) {
23    return (items - ...); // unary right fold
24 }
25 
26 int main() {
27    std::cout << "Unary left and right fold with addition:"
28       << fmt::format("\n{}{}\n{}{}\n\n",
29             "unaryLeftAdd(1, 2, 3, 4): ", unaryLeftAdd(1, 2, 3, 4),
30             "unaryRightAdd(1, 2, 3, 4): ", unaryRightAdd(1, 2, 3, 4));
31 
32    std::cout << "Unary left and right fold with subtraction:"
33       << fmt::format("\n{}{}\n{}{}\n",
34             "unaryLeftSubtract(1, 2, 3, 4): ",
35             unaryLeftSubtract(1, 2, 3, 4),
36             "unaryRightSubtract(1, 2, 3, 4): ",
37             unaryRightSubtract(1, 2, 3, 4));
38 }
```

图 15.15 一元折叠表达式

```
Unary left and right fold with addition:
unaryLeftAdd(1, 2, 3, 4): 10
unaryRightAdd(1, 2, 3, 4): 10

Unary left and right fold with subtraction:
unaryLeftSubtract(1, 2, 3, 4): -8
unaryRightSubtract(1, 2, 3, 4): -2
```

图 15.15 一元折叠表达式（续）

一元左折和右折加法

下面来看看第 29 行的调用：

```
unaryLeftAdd(1, 2, 3, 4)
```

它的参数包中有 1，2，3 和 4。该函数使用 + 操作符执行一元左折操作，计算的是：

```
(((1 + 2) + 3) + 4)
```

类似于，对于第 30 行的调用：

```
unaryRightAdd(1, 2, 3, 4)
```

它执行一元右折，计算的是：

```
(1 + (2 + (3 + 4)))
```

+ 操作符的应用顺序无关紧要，所以上述两个表达式都产生相同的结果（10）。

一元左折和右折减法

但对于某些操作符来说，不同的应用顺序可能产生不同的结果。以第 35 行的调用为例：

```
unaryLeftSubtract(1, 2, 3, 4)
```

该函数使用 - 操作符执行一元左折操作，计算的是：

```
(((1 - 2) - 3) - 4)
```

结果是 -8。相反，对于第 37 行的调用：

```
unaryRightSubtract(1, 2, 3, 4)
```

它执行的是一元右折操作，计算的是：

```
(1 - (2 - (3 - 4)))
```

结果是 -2。

一元折叠表达式中的参数包必须非空

一元折叠表达式只能应用于至少含有一个元素的参数包，否则会发生编译错误。

错误提示

唯一例外的是二元操作符 &&、|| 和逗号（,）。

- 向空参数包应用的 && 操作会求值为 `true`。
- 向空参数包应用的 || 操作会求值为 `false`。
- 用逗号操作符对空参数包执行的任何操作都会被求值为 `void()`，即不执行任何操作。我们将在 15.12.6 节展示一个使用逗号操作符的折叠表达式。

15.12.5 二元折叠表达式如何应用它们的操作符

如果可能存在空的参数包，那么可以使用二元左折或二元右折。每个都要求一个初始值。如果参数包是空的，那么初始值被用作折叠表达式的值。图 15.16 演示了如何用二元左折或二元右折来执行加法和减法运算。

- 第 6 行～第 9 行定义了 `binaryLeftAdd`，它用二元左折操作对其参数包中的项执行加法运算，从初始值 `0` 开始。
- 第 11 行～第 14 行定义了 `binaryRightAdd`，它用二元右折操作对其参数包中的项执行加法运算，从初始值 `0` 开始。
- 第 16 行～第 19 行定义了 `binaryLeftSubtract`，它用二元左折操作对其参数包中的项执行减法运算，从初始值 `0` 开始。
- 第 21 行～第 24 行定义了 `binaryRightSubtract`，它用二元右折操作对其参数包中的项执行减法运算，从初始值 `0` 开始。

同样，折叠表达式如何分组对加法运算来说并不重要，但对减法来说会导致不同的结果。

```
1  // fig15_16.cpp
2  // Binary fold expressions.
3  #include <fmt/format.h>
4  #include <iostream>
5
6  template <typename... Items>
7  auto binaryLeftAdd(Items... items) {
8     return (0 + ... + items); // binary left fold
9  }
10
11 template <typename... Items>
12 auto binaryRightAdd(Items... items) {
13    return (items + ... + 0); // binary right fold
14 }
15
```

图 15.16 二元折叠表达式

```
template <typename... Items>
auto binaryLeftSubtract(Items... items) {
   return (0 - ... - items); // binary left fold
}

template <typename... Items>
auto binaryRightSubtract(Items... items) {
   return (items - ... - 0); // binary right fold
}

int main() {
   std::cout << "Binary left and right fold with addition:"
      << fmt::format("\n{}{}\n{}{}\n{}{}\n{}{}\n\n",
            "binaryLeftAdd(): ", binaryLeftAdd(),
            "binaryLeftAdd(1, 2, 3, 4): ", binaryLeftAdd(1, 2, 3, 4),
            "binaryRightAdd(): ", binaryRightAdd(),
            "binaryRightAdd(1, 2, 3, 4): ", binaryRightAdd(1, 2, 3, 4));

   std::cout << "Binary left and right fold with subtraction:"
      << fmt::format("\n{}{}\n{}{}\n{}{}\n{}{}\n",
            "binaryLeftSubtract(): ", binaryLeftSubtract(),
            "binaryLeftSubtract(1, 2, 3, 4): ",
            binaryLeftSubtract(1, 2, 3, 4),
            "binaryRightSubtract(): ", binaryRightSubtract(),
            "binaryRightSubtract(1, 2, 3, 4): ",
            binaryRightSubtract(1, 2, 3, 4));
}
```

```
Binary left and right fold with addition:
binaryLeftAdd(): 0
binaryLeftAdd(1, 2, 3, 4): 10
binaryRightAdd(): 0
binaryRightAdd(1, 2, 3, 4): 10

Binary left and right fold with subtraction:
binaryLeftSubtract(): 0
binaryLeftSubtract(1, 2, 3, 4): -10
binaryRightSubtract(): 0
binaryRightSubtract(1, 2, 3, 4): -2
```

图 15.16 二元折叠表达式（续）

15.12.6 使用逗号操作符重复执行一个操作

逗号操作符先求值它左侧的表达式，再求值它右侧的表达式。逗号操作符表达式的值是最右侧表达式的值。可以把逗号操作符和折叠表达式结合起来，对参数包中的每一项重复执行任务。图 15.17 的 printItems 函数分别用一行显示其参数包（items）中的每一项。第 7 行为参数包 items 中的每一项都执行逗号操作符左侧的表达式：

```
(std::cout << items << "\n")
```

```
1  // fig15_17.cpp
2  // Repeating a task using the comma operator and fold expressions.
3  #include <iostream>
4
5  template <typename... Items>
6  void printItems(Items... items) {
7     ((std::cout << items << "\n"), ...); // unary right fold
8  }
9
10 int main() {
11    std::cout << "printItems(1, 2.2, \"hello\"):\n";
12    printItems(1, 2.2, "hello");
13 }
```

```
printItems(1, 2.2, "hello"):
1
2.2
hello
```

图 15.17 使用逗号操作符和折叠表达式来重复一项任务

15.12.7 将参数包中的元素约束为同一类型

使用折叠表达式时，你可能希望每个元素都具有相同的类型。例如，可能希望一个可变参数函数模板对其实参进行求和，并生成一个与实参类型相同的结果。图 15.18 使用预定义概念 std::same_as 来检查一个参数包的所有元素是否与另一个类型实参为同一类型。

```
// fig15_18.cpp
// Constraining a variadic-function-template parameter pack to
// elements of the same type.
```

图 15.18 将一个可变参数函数模板的“参数包”限制为同一类型的元素

```cpp
#include <concepts>
#include <iostream>
#include <string>

template <typename T, typename... Us>
concept SameTypeElements = (std::same_as<T, Us> && ...);

// add one or more arguments with a fold expression
template <typename FirstItem, typename... RemainingItems>
   requires SameTypeElements<FirstItem, RemainingItems...>
auto foldingSum(FirstItem first, RemainingItems... theRest) {
   return (first + ... + theRest); // expand the parameter
}

int main() {
   using namespace std::literals;

   foldingSum(1, 2, 3); // valid: all are int values
   foldingSum("s"s, "u"s, "m"s); // valid: all are std::string objects
   foldingSum(1, 2.2, "hello"s); // error: three different types
}
```

```
fig15_18.cpp:23:4: error: no matching function for call to 'foldingSum'
  foldingSum(1, 2.2, "hello"s); // error: three different types
  ^~~~~~~~~~

fig15_18.cpp:14:6: note: candidate template ignored: constraints not satisfied
[with FirstItem = int, RemainingItems = <double, std::basic_string<char>>]
auto foldingSum(FirstItem first, RemainingItems... theRest) {
     ^

fig15_18.cpp:13:13: note: because 'SameTypeElements<int, double,
std::basic_string<char> >' evaluated to false
   requires SameTypeElements<FirstItem, RemainingItems...>
            ^

fig15_18.cpp:9:34: note: because 'std::same_as<int, double>' evaluated to
false
concept SameTypeElements = (std::same_as<T, Us> && ...);
                                 ^

/usr/bin/../lib/gcc/x86_64-linux-gnu/10/../../../../include/c++/10/concepts:
63:19: note: because '__detail::__same_as<int, double>' evaluated to false
     = __detail::__same_as<_Tp, _Up> && __detail::__same_as<_Up, _Tp>;
                 ^
```

图 15.18 将一个可变参数函数模板的“参数包”限制为同一类型的元素（续）

```
/usr/bin/../lib/gcc/x86_64-linux-gnu/10/../../../../include/c++/10/concepts:
57:27: note: because 'std::is_same_v<int, double>' evaluated to false
concept __same_as = std::is_same_v<_Tp, _Up>;
                    ^

fig15_18.cpp:9:34: note: and 'std::same_as<int, std::basic_string<char> >'
evaluated to false
concept SameTypeElements = (std::same_as<T, Us> && ...);
                             ^
/usr/bin/../lib/gcc/x86_64-linux-gnu/10/../../../../include/c++/10/concepts:
63:19: note: because '__detail::__same_as<int, std::basic_string<char>
>' evaluated to false
      = __detail::__same_as<_Tp, _Up> && __detail::__same_as<_Up, _Tp>;
                ^

/usr/bin/../lib/gcc/x86_64-linux-gnu/10/../../../../include/c++/10/concepts:
57:27: note: because 'std::is_same_v<int, std::basic_string<char> >'
evaluated to false
      concept __same_as = std::is_same_v<_Tp, _Up>;
                          ^

1 error generated.
```

图 15.18 将一个可变参数函数模板的“参数包”限制为同一类型的元素（续）

可变参数模板的自定义概念

概念

第 8 行和第 9 行定义了自定义概念 SameTypeElements，它有两个类型参数：

- 第一个代表单个类型
- 第二个是一个可变参数类型参数

以下约束：

std::same_as<T, Us>。

将类型 T 与参数包 Us 中的一个类型进行比较。这个约束是在一个折叠表达式中，所以参数包扩展（...）向参数包 Us 中的每个类型应用一次 std::same_as<T, Us>，将 Us 中的每个类型与类型 T 进行比较。如果参数包 Us 中的每一项都与 T 相同，那么约束条件就会求值为 true。foldingSum 函数模板的第 13 行将我们的 SameTypeElements 概念应用于该函数的类型参数。

调用 foldingSum

错误提示

在 main 中，第 21 行和第 22 行分别用三个 int 和三个 string 调用 foldingSum。每次调用都提供三个同类型的实参，所以这些语句将成功编译。然而，第 23 行试图用一个 int、一个 double 和一个 string 调用 foldingSum。在该调用中，SameTypeElements 概念中的类型 T 是 int，而类型 double 和 string 被放在参数包 Us 中。double 和 string 自然都不是 int，所以每次使用概念 std::same_as<T, Us> 都会失败。图 15.18 展示的是 Clang C++ 编译器显示的错误消息。我们用粗体字强调了关键消息，并增大了垂直间距以方便阅读。Clang 指出：

```
error: no matching function for call to 'foldingSum'
```

而且：

```
note: candidate template ignored: constraints not satisfied
```

它还在其 note: 中指出了因为类型与 int 不相同而造成的每一次失败的 std::same_as 测试：

```
note: because 'std::same_as<int, double>' evaluated to false
note: and 'std::same_as<int, std::basic_string<char> >' evaluated
to false
```

15.13 模板元编程

我们之前提到，“现代 C++”的一个宗旨是在编译时做更多工作，使编译器能够优化代码以提升运行时性能。大多数这样的优化都是通过**模板元编程**（template metaprogramming，TMP）来完成的，它使编译器能够完成以下任务。

- 操作类型。
- 执行编译时的计算。
- 生成优化的代码。

本章介绍的概念、基于概念的重载和类型 traits 都是至关重要的模板元编程能力。

模板元编程很复杂。如果使用得当，它能帮助你提升程序的运行时性能。所以，我们有必要了解模板元编程的强大能力。 软件工程

本节的目标是展示一些容易掌握的模板元编程的例子。我们在许多脚注中引用了供你做进一步的研究的资源。针对以下任务，我们将通过例子来展示。

- 在编译时用元函数计算值。
- 用 constexpr 函数在编译时计算值。
- 通过 constexpr if 语句，在编译时使用类型 traits 来优化运行时性能。
- 在编译时用元函数操作类型。

15.13.1 C++ 模板是图灵完备的

托德·维尔德休森（Todd Veldhuizen）证明了 C++ 模板是具有**图灵完备**（Turing complete）特性的。[89, 90] 所以，任何可以计算的东西都能通过 C++ 模板元编程在编译时计算出来。1994 年，在 C++ 早期的标准化工作中，人们首次尝试论证这种编译时计算。欧文·安鲁（Erwin Unruh）写了一个模板元程序来计算小于 30 的质数。[91, 92] 该程序没有通过编译，但是编译器的错误消息包括了质数计算的结果。你可以在 http://www.erwin-unruh.de/primorig.html 查看原始程序（已经不再是有效的 C++）以及原始的编译器错误消息。

下面列出了这些错误消息中的一些行。他的类模板 D 的特化显示了前几个质数（我们加粗显示）：

```
| Type `enum{}´ can´t be converted to txpe `D<2>´ ("primes.cpp",L2/C25).
| Type `enum{}´ can´t be converted to txpe `D<3>´ ("primes.cpp",L2/C25).
| Type `enum{}´ can´t be converted to txpe `D<5>´ ("primes.cpp",L2/C25).
| Type `enum{}´ can´t be converted to txpe `D<7>´ ("primes.cpp",L2/C25).
```

15.13.2 在编译时计算值

性能提示

编译时计算的目标是优化程序的运行时性能。[93] 图 15.19 使用模板元编程在编译时计算阶乘。首先，我们使用一个用模板实现的递归阶乘定义。然后，我们展示了两个编译时 constexpr 函数，它们分别使用了 5.17 节中介绍的递归和循环算法。“C++ 核心准则”推荐使用 constexpr 函数在编译时计算值，[94] 这种函数使用的是传统 C++ 语法。

核心准则

```
// fig15_19.cpp
// Calculating factorials at compile time.
#include <iostream>

// Factorial value metafunction calculates factorials recursively
template <int N>
struct Factorial {
   static constexpr long long value{N * Factorial<N - 1>::value};
};

// Factorial specialization for the base case
template <>
```

图 15.19 在编译时计算阶乘

```
struct Factorial<0> {
   static constexpr long long value{1}; // 0! is 1
};

// constexpr compile-time recursive factorial
constexpr long long recursiveFactorial(int number) {
   if (number <= 1) {
      return 1; // base cases: 0! = 1 and 1! = 1
   }
   else { // recursion step
      return number * recursiveFactorial(number - 1);
   }
}

// constexpr compile-time iterative factorial
constexpr long long iterativeFactorial(int number) {
   long long factorial{1}; // result for 0! and 1!

   for (long long i{2}; i <= number; ++i) {
      factorial *= i;
   }

   return factorial;
}

int main() {
   // "calling" a value metafunction requires instantiating
   // the template and accessing its static value member
   std::cout << "CALCULATING FACTORIALS AT COMPILE TIME "
      << "WITH A RECURSIVE METAFUNCTION"
      << "\nFactorial(0): " << Factorial<0>::value
      << "\nFactorial(1): " << Factorial<1>::value
      << "\nFactorial(2): " << Factorial<2>::value
      << "\nFactorial(3): " << Factorial<3>::value
      << "\nFactorial(4): " << Factorial<4>::value
      << "\nFactorial(5): " << Factorial<5>::value;

   // calling the recursive constexpr function recursiveFactorial
   std::cout << "\n\nCALCULATING FACTORIALS AT COMPILE TIME "
      << "WITH A RECURSIVE CONSTEXPR FUNCTION"
      << "\nrecursiveFactorial(0): " << recursiveFactorial(0)
      << "\nrecursiveFactorial(1): " << recursiveFactorial(1)
```

图 15.19 在编译时计算阶乘（续）

```
      << "\nrecursiveFactorial(2): " << recursiveFactorial(2)
      << "\nrecursiveFactorial(3): " << recursiveFactorial(3)
      << "\nrecursiveFactorial(4): " << recursiveFactorial(4)
      << "\nrecursiveFactorial(5): " << recursiveFactorial(5);

   // calling the iterative constexpr function iterativeFactorial
   std::cout << "\n\nCALCULATING FACTORIALS AT COMPILE TIME "
      << "WITH AN ITERATIVE CONSTEXPR FUNCTION"
      << "\niterativeFactorial(0): " << iterativeFactorial(0)
      << "\niterativeFactorial(1): " << iterativeFactorial(1)
      << "\niterativeFactorial(2): " << iterativeFactorial(2)
      << "\niterativeFactorial(3): " << iterativeFactorial(3)
      << "\niterativeFactorial(4): " << iterativeFactorial(4)
      << "\niterativeFactorial(5): " << iterativeFactorial(5) << "\n";
}
```

```
CALCULATING FACTORIALS AT COMPILE TIME WITH A RECURSIVE METAFUNCTION
Factorial(0): 1
Factorial(1): 1
Factorial(2): 2
Factorial(3): 6
Factorial(4): 24
Factorial(5): 120

CALCULATING FACTORIALS AT COMPILE TIME WITH A RECURSIVE CONSTEXPR FUNCTION
recursiveFactorial(0): 1
recursiveFactorial(1): 1
recursiveFactorial(2): 2
recursiveFactorial(3): 6
recursiveFactorial(4): 24
recursiveFactorial(5): 120

CALCULATING FACTORIALS AT COMPILE TIME WITH AN ITERATIVE CONSTEXPR FUNCTION
iterativeFactorial(0): 1
iterativeFactorial(1): 1
iterativeFactorial(2): 2
iterativeFactorial(3): 6
iterativeFactorial(4): 24
iterativeFactorial(5): 120
```

图 15.19 在编译时计算阶乘（续）

元函数

可以使用**元函数**（metafunction）执行编译时计算。和迄今为止定义的所有函数一样，元函数也有实参和返回值，但两者的语法存在显著区别。元函数是作为类模板实现的——通常是用 struct。我们用元函数的实参来特化类模板，而它的返回值是一个 public 类成员。15.5 节介绍的类型 traits 就是元函数。

有下面两种类型的元函数。

- **值元函数**（value metafunction）是带有一个 public static constexpr 数据成员（通常命名为 value）的类模板。类模板在编译时使用它的模板实参来计算 value。这就是我们实现阶乘计算的方式。
- **类型元函数**（type metafunction）是一个带有嵌套 type 成员的类模板，通常定义为一个类型别名。类模板在编译时使用它的模板实参来操作一个类型。我们将在 15.13.4 节展示类型元函数。

将元函数的成员命名为 value 和 type，这是整个 C++ 标准库和更一般的元编程中所采用的约定。[95]

Factorial 元函数

我们的 Factorial 元函数（第 6 行～第 9 行）使用以下递归阶乘定义来实现：

$n! = n \cdot (n - 1)!$

Factorial 有一个非类型模板参数，即 int 参数 N（第 6 行），它代表元函数的实参。根据 C++ 标准中关于“值元函数”的约定，第 8 行定义一个名为 value 的 public static constexpr 数据成员。阶乘增长很快，所以我们将变量的类型声明为 long long。常量 value 被初始化为以下表达式的结果：

```
N * Factorial<N - 1>::value
```

它用 N 来乘为 N - 1 “调用” Factorial 元函数的结果。

“调用”元函数

我们通过实例化元函数的模板来“调用”它，这听起来或许有点奇怪。例如，为了计算 3 的阶乘，要像这样“调用”：

```
Factorial<3>::value
```

其中，3 是模板实参，而 ::value 是“返回值”。该表达式造成编译器创建一个新类型来表示 3 的阶乘。稍后会更多地对此进行解释。

Factorial 元函数针对基本情况的特化：Factorial<0>

进行递归阶乘计算时，0! 是基本情况（base case），它被定义为 1。在元函数递归中，我们用一个模板全特化（full template specialization）来指定基本情况（第 12 行～第 15 行）。这样的特化要使用 template <> 符号（第 12 行）来表示模板的所有实参将在类名后面的尖括号中显式指定。全特化模板 Factorial<0> 只匹配实参为 0 的 Factorial 调用。第 14 行将特化的 value 成员设为 1。[96]

编译器如何为实参 0 求值元函数 Factorial

遇到一个元函数调用时，例如 Factorial<0>::value（main 中的第 43 行），编译器必须确定使用哪个 Factorial 类模板。模板实参是 int 值 0。第 6 行～第 9 行的类模板 Factorial 可以匹配任何 int 值，而第 12 行～第 15 行的全特化模板 Factorial<0> 只匹配值 0。记住，编译器总是从多个匹配模板中选择最特化的那个。所以，Factorial<0> 匹配的是全特化模板，而 Factorial<0>::value 求值为 1。

编译器如何为实参 3 求值元函数 Factorial

接着，让我们重新考虑元函数调用 Factorial<3>::value（main 中的第 46 行）。编译器生成在编译时获得最终结果所需的每个特化。在遇到 Factorial<3>::value 调用时，它用 3 作为实参来特化第 6 行～第 9 行的类模板。这个特化的第 8 行变成：

```
3 * Factorial<2>::value
```

编译器发现，为了完成 Factorial<3> 定义，必须为 Factorial<2> 特化模板。这个特化的第 8 行变成：

```
2 * Factorial<1>::value
```

接着，编译器发现，为了完成 Factorial<2> 定义，必须为 Factorial<1> 特化模板。这个特化的第 8 行变成：

```
1 * Factorial<0>::value
```

通过第 12 行～第 15 行的全特化，编译器知道 Factorial<0>::value 为 1。这就完成了针对 Factorial<3> 的所有 Factorial 特化。

现在，编译器知道了为了完成之前的所有 Factorial 特化而需知道的一切：

- Factorial<1>::value 存储 1 * 1 的结果，即 1。
- Factorial<2>::value 存储 2 * 1 的结果，即 2。
- Factorial<3>::value 存储 3 * 2 的结果，即 6。

所以，编译器可以插入最终的常量值 6 来代替原始的元函数调用，这样就不会产生任何运行时开销。编译器对 main 中第 43 行～第 48 行的每个 Factorial 元函数调用都进行类似的求值，以便在编译时完成这些计算。

函数式编程

编译器在模板特化过程中所做的一切都不会修改初始化后的变量值。[97] 模板元程序中不存在可变的（mutable）变量。这是函数式编程的一个标志。本例处理的所有值都是编译时常量。

使用 constexpr 函数执行编译时计算

如你所见，在编译时使用元函数来计算值，不如传统的运行时函数那样简单明了。C++ 为传统函数的编译时求值提供了两个选择。

- 声明为 `constexpr` 的函数可以在编译时或运行时调用。
- 在 C++20 中，可以将函数声明为 `consteval`（而不是 `constexpr`），以表明只能在编译时调用它来产生一个常量。

软件工程

对于许多用元函数执行的计算，使用声明为 `constexpr` 或 `consteval` 的传统函数更容易实现。这种函数也是编译时元编程的一部分。事实上，C++ 标准委员会的许多成员更喜欢基于 `constexpr` 的元编程，而不是基于模板的元编程，后者“难以使用，不能很好地扩展，基本上相当于在 C++ 中发明一种新的语言。”[98] 他们提出了各种对 `constexpr` 的增强，希望在未来的 C++ 版本中进一步简化元编程。

第 18 行～第 25 行和第 28 行～第 36 行使用 5.17 节的算法和传统的 C++ 语法定义了 `recursiveFactorial` 和 `iterativeFactorial` 函数，分别以递归和循环方式计算阶乘。每个函数都被声明为 `constexpr`，所以编译器能在编译时求值函数结果。第 53 行～第 58 行演示了 `recursiveFactorial`，第 63 行～第 68 行演示了 `iterativeFactorial`。

15.13.3 用模板元编程和 constexpr if 进行条件编译

为了在编译时做更多工作以优化运行时的执行效率，另一个措施是生成能在运行时以优化方式执行的代码。15.6.4 节展示了 C++20 如何利用基于“概念”的函数重载来优化 `customDistance` 函数模板的运行时效率。在那个例子中，编译器根据模板参数的类型约束来选择调用正确的重载函数模板。图 15.20 使用单一的 `customDistance` 函数模板来重新实现那个例子，演示了在“概念”问世之前如何实现类似的功能。在函数内部，一个 C++17 编译时 `if` 语句——称为 `constexpr if`——使用 `std::is_base_of_v`（用这种简写方式访问类型 trait `std::is_base_of` 的 `value` 成员）来决定是生成 $O(1)$ 还是 $O(n)$ 距离计算，这具体取决于函数的迭代器实参。

- 如果是随机访问迭代器（或派生的迭代器类别：连续迭代器），就执行 $O(1)$ 距离计算。
- 如果是更弱的迭代器，就执行 $O(n)$ 距离计算。

```
// fig15_20.cpp
// Implementing customDistance using template metaprogramming.
#include <array>
#include <iostream>
#include <iterator>
```

图 15.20 使用模板元编程来实现 customDistance

```
#include <list>
#include <ranges>
#include <type_traits>

// calculate the distance (number of items) between two iterators;
// requires at least input iterators
template <std::input_iterator Iterator>
auto customDistance(Iterator begin, Iterator end) {
   // for random-access iterators, subtract the iterators
   if constexpr (std::is_base_of_v<std::random_access_iterator_tag,
      Iterator::iterator_category>) {

      std::cout << "customDistance with random-access iterators\n";
      return end - begin; // O(1) operation for random-access iterators
   }
   else { // for all other iterators
      std::cout << "customDistance with non-random-access iterators\n";
      std::ptrdiff_t count{0};

      // increment from begin to end and count number of iterations;
      // O(n) operation for non-random-access iterators
      for (auto iter{begin}; iter != end; ++iter) {
         ++count;
      }

      return count;
   }
}

int main() {
   const std::array ints1{1, 2, 3, 4, 5}; // has random-access iterators
   const std::list ints2{1, 2, 3}; // has bidirectional iterators

   auto result1{customDistance(ints1.begin(), ints1.end())};
   std::cout << "ints1 number of elements: " << result1 << "\n";
   auto result2{customDistance(ints2.begin(), ints2.end())};
   std::cout << "ints2 number of elements: " << result2 << "\n";
}
```

```
customDistance with random-access iterators
ints1 number of elements: 5
customDistance with non-random-access iterators
ints2 number of elements: 3
```

图 15.20 使用模板元编程来实现 customDistance（续）

第 12 行～第 33 行定义函数模板 customDistance。由于这个函数至少需要输入迭代器才能完成它的任务，所以第 12 行使用概念 std::input_iterator 来约束类型参数 Iterator。虽然编译时 if 语句在 C++ 标准中称为 constexpr if，但它在代码中写成 if constexpr（第 15 行）。这个语句的条件必须在编译时求值为一个 bool 值。

第 15 行和第 16 行使用 std::is_base_of_v 来比较两个类型：

- std::random_access_iterator_tag
- Iterator::iterator_category

记住，标准迭代器有一个名为 iterator_category 的嵌套类型，它使用头文件 <iterator> 中的某个“tag”类型来指定迭代器的类型：

- input_iterator_tag
- output_iterator_tag
- forward_iterator_tag
- bidirectional_iterator_tag
- random_access_iterator_tag
- contiguous_iterator_tag

它们作为一个类层次结构来实现。[99] 对于 16 行的以下表达式：

```
Iterator::iterator_category
```

它会从实参的迭代器类型（std::is_base_of_v）中获取迭代器 tag，然后把它和第一个类型实参 std::random_access_iterator_tag 进行比较，以判断它们是不是相同的类型（或者 std::random_access_iterator_tag 是不是 Iterator::iterator_category 的基类）。结果为 true 或 false。如果为 true，编译器会实例化 if constexpr 主体中的代码（第 18 行和第 19 行），它针对随机访问迭代器进行了优化，能执行效率为 $O(1)$ 的计算。否则，编译器实例化 else 主体（第 22 行～第 31 行），它执行效率为 $O(n)$ 的计算，这个方法支持其他所有迭代器类别。g++ 和 clang++ 实现的 std::array 都使用指针作为迭代器，所以不能在 customDistance 的这个实现中使用。相反，15.6.4 节基于“概念”的重载支持指针作为迭代器的情况。

15.13.4 类型元函数

软件工程

经常使用**类型元函数**（type metafunction）在编译时向类型**增删特性**（attribute）。这是一种更高级的模板元编程技术，主要由模板类库的实现者使用。在图 15.21 中，我们使用自己的类型元函数来增删类型特性，它们模拟了来自 <type_traits> 头文件的那些，以便你理解这种元函数可以如何实现。除此之外，我们还使用了一些预定义的元函数。平时写程序的时候，总是首选 <type_traits> 头文件的预定义类型 traits，而不要自己实现。

```
// fig15_21.cpp
// Adding and removing type attributes with type metafunctions.
#include <fmt/format.h>
#include <iostream>
#include <type_traits>

// add const to a type T
template <typename T>
struct my_add_const {
   using type = const T;
};

// general case: no pointer in type, so set nested type variable to T
template <typename T>
struct my_remove_ptr {
   using type = T;
};

// partial template specialization: T is a pointer type, so remove *
template <typename T>
struct my_remove_ptr<T*> {
   using type = T;
};

int main() {
   std::cout << fmt::format("{}\n{}{}\n{}{}\n\n",
      "ADD CONST TO A TYPE VIA A CUSTOM TYPE METAFUNCTION",
      "std::is_same_v<const int, my_add_const<int>::type>: ",
      std::is_same_v<const int, my_add_const<int>::type>,
      "std::is_same_v<int* const, my_add_const<int*>::type>: ",
      std::is_same_v<int* const, my_add_const<int*>::type>);

   std::cout << fmt::format("{}\n{}{}\n{}{}\n\n",
      "REMOVE POINTER FROM TYPES VIA A CUSTOM TYPE METAFUNCTION",
      "std::is_same_v<int, my_remove_ptr<int>::type>: ",
      std::is_same_v<int, my_remove_ptr<int>::type>,
      "std::is_same_v<int, my_remove_ptr<int*>::type>: ",
      std::is_same_v<int, my_remove_ptr<int*>::type>);

```

图 15.21 编译时类型操作

```
40     std::cout << fmt::format("{}\n{}{}\n{}{}\n\n",
41        "ADD REFERENCES TO TYPES USING STANDARD TYPE TRAITS",
42        "std::is_same_v<int&, std::add_lvalue_reference<int>::type>: ",
43        std::is_same_v<int&, std::add_lvalue_reference<int>::type>,
44        "std::is_same_v<int&&, std::add_rvalue_reference<int>::type>: ",
45        std::is_same_v<int&&, std::add_rvalue_reference<int>::type>);
46
47     std::cout << fmt::format("{}\n{}{}\n{}{}\n{}{}\n",
48        "REMOVE REFERENCES FROM TYPES USING STANDARD TYPE TRAITS",
49        "std::is_same_v<int, std::remove_reference<int>::type>: ",
50        std::is_same_v<int, std::remove_reference<int>::type>,
51        "std::is_same_v<int, std::remove_reference<int&>::type>: ",
52        std::is_same_v<int, std::remove_reference<int&>::type>,
53        "std::is_same_v<int, std::remove_reference<int&&>::type>: ",
54        std::is_same_v<int, std::remove_reference<int&&>::type>);
55  }
```

```
ADD CONST TO A TYPE VIA A CUSTOM TYPE METAFUNCTION
std::is_same_v<const int, my_add_const<int>::type>: true
std::is_same_v<int* const, my_add_const<int*>::type>: true

REMOVE POINTER FROM TYPES VIA A CUSTOM TYPE METAFUNCTION
std::is_same_v<int, my_remove_ptr<int>::type>: true
std::is_same_v<int, my_remove_ptr<int*>::type>: true

ADD REFERENCES TO TYPES USING STANDARD TYPE TRAITS
std::is_same_v<int&, std::add_lvalue_reference<int>::type>: true
std::is_same_v<int&&, std::add_rvalue_reference<int>::type>: true

REMOVE REFERENCES FROM TYPES USING STANDARD TYPE TRAITS
std::is_same_v<int, std::remove_reference<int>::type>: true
std::is_same_v<int, std::remove_reference<int&>::type>: true
std::is_same_v<int, std::remove_reference<int&&>::type>: true
```

图 15.21　编译时类型操作（续）

为类型添加 const

第 8 行～第 11 行实现一个名为 my_add_const 的类型元函数，它是头文件 <type_traits> 中的 std::add_const 元函数的一个简化版本。根据惯例，类型元函数必须有一个名为 type 的 public 成员。当 my_add_const 随同一个类型被实例化时，编译器会定义第 10 行中的类型别名，会在类型前面加上 const。

main 中的第 26 行～第 31 行演示了 my_add_const 元函数。第 29 行：

```
my_add_const<int>::type
```

用非 const 类型 int 实例化模板。为了证明已经为 int 添加了 const，我们使用 std::is_same_v（用这种简写形式访问 std::is_same 的 value 成员）将 const int 类型与上述表达式返回的类型进行比较。如输出所示，两者相同，所以结果是 true。类似地，第 31 行证明 my_add_const 元函数也支持指针类型。

从指针类型移除 *

第 14 行～第 17 行和第 20 行～第 23 行实现了一个名为 my_remove_ptr 的自定义类型元函数，它模仿了 <type_traits> 头文件的 std::remove_pointer 元函数，以展示这种元函数可以如何实现。需要下面两个元函数类模板。

- 第 14 行～第 17 行的类模板处理类型不是指针的常规情况。第 16 行的类型别名将 type 成员简单地定义为 T，它可以是任何类型。对于一个不包含 * 来表示指针的类型，这个元函数直接返回用于对模板进行特化的类型。
- 第 20 行～第 23 行的元函数类模板只匹配指针类型。为此，我们定义了一个**模板偏特化**（partial template specialization）。[100, 101] 和以 template<> 开头的模板全特化不同，模板偏特化指定了带有一个或多个参数的 template 头（第 20 行），这些参数在类名后面的尖括号中使用（第 21 行）。在本例的偏特化中，T 肯定是一个指针，这用 T* 来标识。第 22 行的类型别名将 type 成员简单地定义为 T，从而从指针类型中移除 *。

main 中的第 36 行和第 38 行演示了我们的自定义 my_remove_ptr 类型元函数。下面考虑一下编译器调用它们时的匹配过程。

为非指针类型实例化 my_remove_ptr

对于第 36 行的以下表达式：

```
my_remove_ptr<int>::type
```

它是用非指针类型 int 来实例化模板。编译器必须确定 my_remove_ptr 的哪个定义与该表达式匹配。由于没有用 * 来表示 int 类型中的一个指针，所以这个表达式只与第 14 行～第 17 行中的 my_remove_ptr 定义匹配，后者将其 type 成员设为类型实参 int。为了确认这一点，我们使用 std::is_same_v 来比较类型 int 和上述表达式返回的类型。它们是相同的，所以结果为 true。

为指针类型实例化 my_remove_ptr

对于第 38 行的以下表达式：

```
my_remove_ptr<int*>::type
```

它用指针类型 int* 来实例化模板，它同时匹配 my_remove_ptr 的两个定义：

- 第一个定义能匹配任何类型
- 第二个定义能匹配任何指针类型

同样地，编译器总是选择最具体的匹配模板。在本例中，int* 类型匹配第 20 行～第 23 行的偏特化模板：

- 上述表达式中的 int 与第 21 行的 T 匹配
- 上述表达式中的 * 与第 21 行中的 * 匹配，将其与 int 类型区分开——这使模板偏特化能从类型中移除指针（*）

为了确认 * 已被移除，我们使用 std::is_same_v 来比较 int 和上述表达式返回的类型。它们是一样的，所以结果 true。

向类型添加左值和右值引用

对类型进行修改的预定义类型元函数与自定义类型元函数 my_add_const 和 my_remove_ptr 的工作方式相似。main 中的第 43 行和第 45 行演示了预定义类型元函数 add_lvalue_reference 和 add_rvalue_reference。第 43 行将 int 类型转换为 int& 类型——这是一个左值（*lvalue*）引用类型。第 45 行将 int 类型转换为 int&&——这是一个右值（*rvalue*）引用类型。我们使用 std::is_same_v 来确认这两个结果。

从引用类型中移除左值和右值引用

第 50 行、第 52 行和第 54 行测试了 <type_traits> 头文件中预定义的 std::remove_reference 元函数，它从一个类型中删除引用。我们分别用 int、int& 和 int&& 等类型实例化 std::remove_reference，具体如下：

- 非引用类型（如 int）原样返回
- 左值引用类型的 & 被移除
- 右值引用类型的 && 被移除

为了确认这一点，我们使用 std::is_same_v 来比较 int 和第 50 行、第 52 行和第 54 行的每个表达式所返回的类型。它们是相同的，所以在每种情况下结果都为 true。

15.14 小结

在本章中，我们通过模板和概念演示了泛型编程和编译时多态性的强大能力。我们使用类模板创建了相关的自定义类，区分了模板和模板实例，前者是写好的模板，后者是编译器根据你的代码对模板进行的“特化”。

我们介绍了 C++20 的缩写函数模板和模板化 lambda。我们使用 C++20“概念”来约束模板参数，并根据它们的类型要求来重载函数模板。接着，我们介绍了类型 traits，并展示了它们与 C++20 概念之间的关系。我们创建了自定义概念，并演示如何用 static_assert 在编译时测试它。

我们演示了如何创建一个自定义的、用概念约束的算法，然后用它操作几种 C++ 标准库容器类的对象。接着，我们将 MyArray 类重构为一个带有自定义迭代器的自定义容器类模板。我们证明，这些迭代器使 C++ 标准库的算法能够操作 MyArray 中的元素。我们还介绍了用于向模板传递编译时常量的非类型模板参数，并讨论了默认模板参数（实参）。

我们演示了如何用可变参数模板来接收任意数量的参数，首先使用的是标准库的 tuple 可变参数类模板，然后使用了可变参数函数模板。我们还展示了如何使用折叠表达式将二元操作符应用于可变参数包。

本章展示的许多技术都是执行编译时元编程的各个方面时的较新方法。最后，我们介绍了其他几种元编程技术，包括如何在编译时用值（value）元函数计算值，如何用 constexpr if 进行编译时条件编译，以及如何在编译时用类型（type）元函数修改类型。

下一章介绍 C++20 新的“模块”技术，它对于大型软件开发项目尤其有用，能更好地组织项目，改善项目的伸缩性，同时减少编译时间。

注释

1. “History of C++”，访问日期 2022 年 2 月 2 日，https://www.cplusplus.com/info/history/。
2. C++ Core Guidelines，“Per: Performance”，访问日期 2022 年 2 月 2 日，https://isocpp.github.io/CppCoreGuidelines/CppCoreGuidelines#S-performance。
3. “Big Picture Issues—What's the Big Deal with Generic Programming?”，访问日期 2022 年 2 月 2 日，https://isocpp.org/wiki/faq/big-picture#generic-paradigm。
4. “Compile Time vs. Run Time Polymorphism in C++: Advantages/Disadvantages”，https://tinyurl.com/46p4kzvc。
5. Marius Bancila，“Concepts Versus SFINAE-Based Constraints”，https://mariusbancila.ro/blog/2019/10/04/concepts-versus-sfinae-based-constraints/。
6. Saar Raz，“C++20 Concepts: A Day in the Life”，YouTube video，October 17, 2019，https://www.youtube.com/watch?v=qawSiMIXtE4。
7. “约束与概念”，访问日期 2022 年 2 月 2 日，https://zh.cppreference.com/w/cpp/language/constraints。
8. “概念库”，访问日期 2022 年 2 月 2 日，https://zh.cppreference.com/w/cpp/concepts。
9. C++ Core Guidelines，“T: Templates and Generic Programming”，访问日期 2022 年 2 月 2 日，https://isocpp.github.io/CppCoreGuidelines/CppCoreGuidelines#S-templates。
10. “Google C++ Style Guide—Template Metaprogramming”，访问日期 2022 年 2 月 2 日，

https://google.github.io/styleguide/cppguide.html#Template_metaprogramming。
11. C++ Core Guidelines，“T.120: Use Template Metaprogramming Only When You Really Need To”，访问日期 2022 年 2 月 2 日，https://isocpp.github.io/CppCoreGuidelines/CppCoreGuidelines#Rt-metameta。
12. 访问日期 2022 年 2 月 2 日，https://en.wikipedia.org/wiki/C++#Static_polymorphism。
13. Kateryna Bondarenko，“Static Polymorphism in C++”，访问日期 2022 年 2 月 2 日，https://medium.com/@kateolenya/static-polymorphism-in-c-9e1ae27a945b。
14. Scott Meyers，“Item 42: Understand the Meanings of typename”，*Effective C++*, 3/e, Pearson Education, 2005。
15. John Lakos，“1.3 Declarations, Definitions, and Linkage”，*Large-Scale C++*，Addison-Wesley，2020。Footnotes 56 and 57。
16. Andreas Fertig，“Back to Basics: Templates (Part 1 of 2)”，访问日期 2022 年 2 月 2 日，https://www.youtube.com/watch?v=VNJ4wiuxJM4。
17. “13.9.2 Implicit Instantiation [temp.inst]”，访问日期 2022 年 2 月 2 日，https://timsong-cpp.github.io/cppwp/n4861/temp.inst#4。
18. 访问日期 2022 年 2 月 2 日，https://zh.cppreference.com/w/cpp/container/stack。
19. 该网站要求将所有代码粘贴到其代码窗格中。要用我们的例子做实验，请在测试程序中删除 Stack.h 的 #include 指令，并将类模板 Stack 的代码粘贴到 main 上方。另外，#pragma once 指令也要删除。
20. Bartlomiej Filipek，“C++20 Concepts—A Quick Introduction”，访问日期 2022 年 2 月 2 日，https://www.cppstories.com/2021/concepts-intro/。
21. Inbal Levi，“Exploration of C++20 Meta Programming”，访问日期 2022 年 2 月 2 日，https://www.youtube.com/watch?v=XgrjybKaIV8。
22. Bjarne Stroustrup，“Concepts: The Future of Generic Programming—3.1 Specifying Template Interfaces”，访问日期 2022 年 2 月 2 日，https://wg21.link/p0557r0。
23. Bjarne Stroustrup，“Concepts: The Future of Generic Programming—3.1 Specifying Template Interfaces”，访问日期 2022 年 2 月 2 日，https://wg21.link/p0557r0。
24. “占位类型说明符”，访问日期 2022 年 2 月 2 日，https://zh.cppreference.com/w/cpp/language/auto。
25. Bjarne Stroustrup，“Concepts: The Future of Generic Programming—3 Using Concepts”，访问日期 2022 年 2 月 2 日，https://wg21.link/p0557r0。
26. Hendrik Niemeyer，“An Introduction to C++20’s Concepts”，https://www.youtube.com/watch?v=N_kPd2OK1L8。
27. 错误消息的质量和数量在不同编译器之间仍有相当大的差异。
28. 这甚至使类的无参构造函数也能通过特定的约束进行重载。
29. “重载决议”，访问日期 2022 年 2 月 2 日，https://zh.cppreference.com/w/cpp/language/overload_resolution。
30. C++ Standard，“6.5.4 Argument-Dependent Name Lookup [basic.lookup.argdep]”，访问日期 2022 年 2 月 2 日，https://timsong-cpp.github.io/cppwp/n4861/basic.lookup.argdep#:lookup,argument-dependent。
31. “实参依赖查找”，访问日期 2022 年 2 月 2 日，https://zh.cppreference.com/w/cpp/language/adl。
32. Inbal Levi，“Exploration of C++20 Metaprogramming”，访问日期 2022 年 2 月 2 日，https://www.youtube.com/watch?v=XgrjybKaIV8。

33. Arthur O'Dwyer，“What Is ADL?”，访问日期 2022 年 2 月 2 日，https://quuxplusone.github.io/blog/2019/04/26/what-is-adl/。
34. 为方便做个实验，这些有错误的代码在源代码文件的 main 末尾以注释形式提供。
35. C++ Standard，“13.5 Template Constraints”，访问日期 2022 年 2 月 2 日，https://timsong-cpp.github.io/cppwp/n4861/temp.constr。
36. C++ Core Guidelines，“T.10: Specify Concepts for All Template Arguments”，访问日期 2022 年 2 月 2 日，https://isocpp.github.io/CppCoreGuidelines/CppCoreGuidelines#Rt-concepts。
37. C++ Core Guidelines，“T.11: Whenever Possible Use Standard Concepts”，访问日期 2022 年 2 月 2 日，https://isocpp.github.io/CppCoreGuidelines/CppCoreGuidelines#Rt-std-concepts。
38. C++ Standard，“Index of Library Concepts”，访问日期 2022 年 2 月 2 日，https://timsong-cpp.github.io/cppwp/n4861/conceptindex。
39. “标准库头文件 <type_traits>”，访问日期 2022 年 2 月 2 日，https://zh.cppreference.com/w/cpp/header/type_traits。
40. C++ Core Guidelines，“T.142: Use Template Variables to Simplify Notation”，访问日期 2022 年 2 月 2 日，https://isocpp.github.io/CppCoreGuidelines/CppCoreGuidelines#Rt-var。
41. C++ Standard，“20.15.3 Header <type_traits> Synopsis”，访问日期 2022 年 2 月 2 日，https://timsong-cpp.github.io/cppwp/n4861/meta#type.synop。
42. Inbal Levi，“Exploration of C++20 Metaprogramming”，访问日期 2022 年 2 月 2 日，https://www.youtube.com/watch?v=XgrjybKaIV8。
43. Bjarne Stroustrup，“Concepts: The Future of Generic Programming—3.1 Specifying Template Interfaces”，访问日期 2022 年 2 月 2 日，https://wg21.link/p0557r0。
44. “What Is the Difference Between the Three Ways of Applying Constraints to a Template?”，访问日期 2022 年 2 月 2 日，https://stackoverflow.com/a/61875483。注意，原始的 stackoverflow.com 问题只提到向模板应用约束的三种方式，但实际有四种，而且都在引用的这个答案中提及。
45. C++ Core Guidelines，“T.13: Prefer the Shorthand Notation for Simple, Single-Type Argument Concepts”，访问日期 2022 年 2 月 2 日，https://isocpp.github.io/CppCoreGuidelines/CppCoreGuidelines#Rt-shorthand。
46. “占位类型说明符”，访问日期 2022 年 2 月 2 日，https://zh.cppreference.com/w/cpp/language/auto。
47. 编译器对函数调用进行解析的过程非常复杂。完整细节请参见 C++ Standard“12.2 Overload Resolution”，访问日期 2022 年 2 月 2 日，https://timsong-cpp.github.io/cppwp/n4861/over.match。
48. Bjarne Stroustrup，“Concepts: The Future of Generic Programming—6 Concept Overloading”，访问日期 2022 年 2 月 2 日，https://wg21.link/p0557r0。
49. 访问日期 2022 年 2 月 2 日，https://zh.cppreference.com/w/cpp/iterator/distance。
50. 访问日期 2022 年 2 月 2 日，https://zh.cppreference.com/w/cpp/iterator/advance。
51. Hendrik Niemeyer，“An Introduction to C++20's Concepts”，访问日期 2022 年 2 月 2 日，https://www.youtube.com/watch?v=N_kPd2OK1L8。
52. C++ Standard，“13.5 Template constraints”，访问日期 2022 年 2 月 2 日，https://timsong-cpp.github.io/cppwp/n4861/temp.constr。
53. C++ Core Guidelines，“T.11: Whenever Possible Use Standard Concepts”，访问日期 2022 年 2 月 2 日，https://isocpp.github.io/CppCoreGuidelines/CppCoreGuidelines#Rt-std-concepts。

54. C++ Standard，“24.4.2 Ranges”，访问日期 2022 年 2 月 2 日，https://timsong-cpp.github.io/cppwp/n4861/ranges#range.range。
55. C++ Standard，“23.3.4.5 Concept incrementable”，访问日期 2022 年 2 月 2 日，https://timsong-cpp.github.io/cppwp/n4861/iterator.concepts#iterator.concept.inc。
56. C++ Standard，“13.2 Template Parameters”，访问日期 2022 年 2 月 2 日，https://timsong-cpp.github.io/cppwp/n4861/temp.param#4。
57. “Exposition-Only in the C++ Standard?”，访问日期 2022 年 2 月 2 日，https://stackoverflow.com/questions/34493104/exposition-only-in-the-c-standard。
58. C++ Standard，“24.5.1 Helper Concepts”，访问日期 2022 年 2 月 2 日，https://timsong-cpp.github.io/cppwp/n4861/range.utility。
59. C++ Standard，“24.6.4.2 Class Template iota_view”，访问日期 2022 年 2 月 2 日，https://timsong-cpp.github.io/cppwp/n4861/range.factories#range.iota.view-2。
60. C++ Standard，“Index of Library Concepts”，访问日期 2022 年 2 月 2 日，https://timsong-cpp.github.io/cppwp/n4861/conceptindex。
61. Bartlomiej Filipek，“Notes on C++ SFINAE, Modern C++ and C++20 Concepts”，访问日期 2022 年 2 月 2 日，https://www.bfilipek.com/2016/02/notes-on-c-sfinae.html。
62. 访问日期 2022 年 2 月 2 日，https://zh.wikipedia.org/zh-cn/替换失败并非错误。
63. Bartlomiej Filipek，“Notes on C++ SFINAE, Modern C++ and C++20 Concepts”，访问日期 2022 年 2 月 2 日，https://www.bfilipek.com/2016/02/notes-on-c-sfinae.html。
64. David Vandevoorde 和 Nicolai M. Josuttis，*C++ Templates: The Complete Guide*. Addison-Wesley Professional, 2002. 中文版《C++ 模板》
65. “Generic Programming: Tag Dispatching”，访问日期 2022 年 2 月 2 日，https://www.boost.org/community/generic_programming.html#tag_dispatching。
66. Bjarne Stroustrup，“Concepts: The Future of Generic Programming (Section 6)”，January 31, 2017，访问日期 2022 年 2 月 2 日，https://www.stroustrup.com/good_concepts.pdf。
67. C++ Core Guidelines，“T.150: Check That a Class Matches a Concept Using static_assert”，访问日期 2022 年 2 月 2 日，https://isocpp.github.io/CppCoreGuidelines/CppCoreGuidelines#Rt-check-class。
68. Robert Klarer、John Maddock，Beman Dawes and Howard Hinnant，“Proposal to Add Static Assertions to the Core Language (Revision 3)”，访问日期 2022 年 2 月 2 日，http://www.openstd.org/jtc1/sc22/wg21/docs/papers/2004/n1720.html。
69. 使用概念进行约束的话，就不需要像这里演示的那样使用 static_assert。
70. C++ Core Guidelines，“T.3: Use Templates to Express Containers and Ranges”，访问日期 2022 年 2 月 2 日，https://isocpp.github.io/CppCoreGuidelines/CppCoreGuidelines#Rt-cont。
71. Jonathan Boccara，“Make Your Containers Follow the Conventions of the STL”，访问日期 2022 年 2 月 2 日，https://www.fluentcpp.com/2018/04/24/following-conventions-stl/。
72. “array Standard Header”，访问日期 2022 年 2 月 2 日，https://github.com/microsoft/STL/blob/main/stl/inc/array。
73. C++ Standard，“23.3.4.13 Concept random_access_iterator”，访问日期 2022 年 2 月 2 日，https://timsong-cpp.github.io/cppwp/n4861/iterator.concept.random.access。
74. “C++ 具名要求老式迭代器”，访问日期 2022 年 2 月 2 日，https://zh.cppreference.com/w/cpp/named_req/Iterator。
75. Triangles，“Writing a Custom Iterator in Modern C++”，访问日期 2022 年 2 月 2 日，https://internalpointers.com/post/writing-custom-iterators-modern-cpp。

76. David Gorski，“Custom STL Compatible Iterators”，访问日期2022年2月2日，https://davidgorski.ca/posts/stl-iterators/。
77. C++ Standard，“23.3.2.3 Iterator Traits”，访问日期2022年2月2日，https://timsong-cpp.github.io/cppwp/n4861/iterators#iterator.traits。
78. C++ Standard，“Table 73: Container Requirements”，访问日期2022年2月2日，https://timsong-cpp.github.io/cppwp/n4861/container.requirements#tab:container.req。
79. “类模板实参推导”，访问日期2022年2月2日，https://zh.cppreference.com/w/cpp/language/class_template_argument_deduction。
80. Alex Pomeranz，“6.9 — Sharing global constants across multiple files (using inline variables)”，访问日期2022年2月2日，https://www.learncpp.com/cpp-tutorial/global-constants-and-inline-variables/。
81. “inline说明符”，访问日期2022年2月2日，https://zh.cppreference.com/w/cpp/language/inline。
82. 访问日期2022年2月2日，https://en.wikipedia.org/wiki/Template_metaprogramming#Compile-time_code_optimization。
83. Jonathan Boccara，“C++ Fold Expressions 101”，访问日期2022年2月2日，https://www.fluentcpp.com/2021/03/12/cpp-fold-expressions/。
84. Jonathan Boccara，“What C++ Fold Expressions Can Bring to Your Code”，访问日期2022年2月2日，https://www.fluentcpp.com/2021/03/19/what-c-fold-expressions- can-bring-to-your-code/。
85. Jonathan Muller，“Nifty Fold Expression Tricks”，访问日期2022年2月2日，https://www.foonathan.net/2020/05/fold-tricks/。
86. C++ Core Guidelines，“T.100: Use Variadic Templates When You Need a Function That Takes a Variable Number of Arguments of a Variety of Types”，访问日期2022年2月2日，https://isocpp.github.io/CppCoreGuidelines/CppCoreGuidelines#Rt-variadic。
87. C++ Core Guidelines，“T.103: Don't Use Variadic Templates for Homogeneous Argument Lists”，访问日期2022年2月2日，https://isocpp.github.io/CppCoreGuidelines/CppCoreGuidelines#Rt-variadic-not。
88. “折叠表达式”，访问日期2022年2月2日，https://zh.cppreference.com/w/cpp/language/fold。
89. Todd Veldhuizen，“C++ Templates Are Turing Complete”，访问日期2022年2月2日，https://citeseerx.ist.psu.edu/viewdoc/summary?doi=10.1.1.14.3670。
90. 访问日期2022年2月2日，https://zh.wikipedia.org/zh-cn/模板元编程。
91. Erwin Unruh，“Prime Number Computation”，1994. ANSI X3J16-94-0075/ISO WG21-4-62。
92. Rainer Grimm，“C++ Core Guidelines: Rules for Template Metaprogramming”，https://www.modernescpp.com/index.php/c-core-guidelines-rules-for-template-metaprogramming。感谢Rainer Grimm的这篇博客文章，在该文的指引下我们访问了Erwin Unruh的历史记录。
93. https://zh.wikipedia.org/zh-cn/模板元编程。
94. C++ Core Guidelines，“T.123: Use constexpr Functions to Compute Values at Compile Time”，访问日期2022年2月2日，https://isocpp.github.io/CppCoreGuidelines/CppCoreGuidelines#Rt-fct。
95. Jody Hagins，“Template Metaprogramming: Type Traits (Part 1 of 2)”，访问日期2022年2月2日，https://www.youtube.com/watch?v=tiAVWcjIF6o。
96. 5.17节讲过，0和1都是阶乘计算的基本情况。为了模仿这一点，我们可以实现第二个名为 Factorial<1> 的模板全特化。在我们的实现中，Factorial 元函数将 Factorial<1> 作为 1 * Factorial<0> 来处理。

97. “模板元编程”，访问日期 2022 年 2 月 2 日，https://zh.wikipedia.org/zh-cn/模板元编程。
98. Louis Dionne，“Metaprogramming By Design, Not By Accident”，访问日期 2022 年 2 月 2 日，https://wg21.link/p0425r0。
99. 访问日期 2022 年 2 月 2 日，https://zh.cppreference.com/w/cpp/iterator/iterator_tags。
100. Inbal Levi，“Exploration of C++20 Metaprogramming”，访问日期 2022 年 2 月 2 日，https://www.youtube.com/watch?v=XgrjybKaIV8。
101. 译注：从英文原文可以看出，“全特化”就是“完全特化”，“偏特化”就是“部分特化”。这里之所以沿用“偏特化”，只是为了与其他中文文档资料保持一致。但是，它确实不是翻译得很准确。

第 16 章

C++20 模块：大规模开发

学习目标

- 理解模块化的动机，特别是对于大型软件系统而言
- 了解模块如何提升封装性
- 导入标准库头文件作为模块头单元
- 定义模块的主要接口单元
- 从模块导出声明，使其可由其他翻译单元使用
- 导入模块以使用其导出的声明
- 将模块的接口和实现分开，将实现放在 :private 模块片段或模块实现单元中
- 了解试图使用非导出的模块项时会发生什么编译错误
- 使用模块分区将模块组织成逻辑组件
- 将模块划分为“子模块”，使客户端代码开发人员可以选择想要使用的库的哪些部分
- 理解声明的可见性和可达性
- 了解模块如何减少翻译单元大小和编译时间

16.1 导读

模块

模块（module）是 C++20 的“四大”特性之一（另外三个是范围、概念和协程），它提供了一种新的代码组织方式，能精确控制向客户端代码公开的声明，同时封装实现细节。[1] 每个模块都有唯一的名称，是相关声明和定义一个可重用的分组，并提供了可供客户端代码使用的、良好定义的接口。

本章通过许多完整的、可实际工作的示例代码来讨论模块。模块有帮于开发者提高工作效率，特别是在需要构建、维护和进化一个大型软件系统的时候。[2] 模块还能改善这些系统的伸缩性。[3]C++ 之父本贾尼·斯特劳斯特卢普（Bjarne Stroustrup）说：“模块为改善 C++ 的代码整洁性和编译速度提供了一个历史性的机会（将 C++ 带入 21 世纪）。”[4]

即使在小型系统中，模块也能为每个程序带来直接的好处。例如，可以用 `import` 语句代替 C++ 标准库 `#include` 预处理器指令。这就避免了对 `#include` 内容的重复处理，因为用模块风格导入的头文件（16.4 节）以及更一般的模块本身只需编译一次，然后就可以在程序中导入它们的地方重复使用。

模块简史

C++ 模块的实现很有挑战性，这项工作花了很多年。第一批设计是在 21 世纪初提出的，但 C++ 委员会当时专注于最终成为 C++11 的那些设计。2014 年，模块化工作继续进行，提出了“C++ 模块系统”（A Module System for C++），它基于加布里尔·杜斯·雷斯（Gabriel Dos Reis）和本贾尼·斯特劳斯特卢普（Bjarne Stroustrup）在美国德州 A&M 大学的工作。[5, 6]C++ 委员会成立了一个模块研究小组，并最终形成了 Modules TS（技术规范）。[7] 随后，委员会的大部分讨论集中在技术妥协和 C++20 模块功能的细节规范上。[8]

模块的编译器支持

本书写作时，我们首选的编译器尚未提供对模块的完全支持。我们在每个编译器上尝试了每个例子，展示了每个例子所需的编译命令，并指出哪个编译器（如果有的话）不支持某一特定功能。[9]

用于 g++ 11.2 和 clang++ 13 的 Docker 容器

为了在最新的 g++ 和 clang++ 版本中测试我们的模块例子，我们使用了以下来自 https://hub.docker.com 的免费 Docker 容器：

- 对于 g++，我们使用官方 GNU GCC 容器的最新版本（11.2）

```
docker pull gcc:latest
```

- LLVM/Clang 团队没有官方 Docker 容器，但在 hub.docker.com 上有许多好用的容器。我们使用了最新的、被广泛下载的、包含 clang++ 13 的容器：[10]

```
docker pull silkeh/clang:13
```

如果还不熟悉 Docker 容器的使用，请参考本书开头的“准备工作”中对 Docker 的说明，还可以参考 Docker 的官方说明：

https://docs.docker.com/get-started/overview/

C++20 之前的 C++ 编译和链接

16.2 节将讨论传统的 C++ 编译和链接过程以及这种模型存在的各种问题。

模块的优点和目标

16.3 节将介绍模块的各种好处，其中一些纠正了 C++20 之前的编译过程存在的问题，并对其进行了改进。

模块和模块工具的未来

16.12 节讨论了一些正在开发中的 C++23 模块特性，并提供了相应的参考文献。

参考资料和模块词汇表

为方便你进一步学习，本章末尾提供了一个附录，其中包含我们在撰写本章时参考的各种视频、文章、论文和文档的清单。还提供了一个模块词汇表，其中包括关键的模块术语和定义。

16.2 C++20 之前的编译和链接

C++ 一直有一个模块化架构，它通过头文件和源代码文件的组合来管理代码。

- 根据预处理器指令，预处理器对每个源代码文件进行文本替换和其他文本处理。一个预处理好的源代码码文件称为**翻译单元**（translation unit）。[11]
- 编译器将每个翻译单元转换为一个**目标码文件**（object-code file）。
- 链接器将程序的目标码文件与库目标文件（如 C++ 标准库的那些）合并，以创建程序的可执行文件。

这种方法在 20 世纪 70 年代就有了，是 C++ 从 C 继承来的。[12] 如果你对预处理器不熟悉，那么在阅读本章之前，可以考虑先阅读一下本书放在网上的英文版附录 D。

当前的头文件 / 源代码文件模型存在的问题

预处理器只是一种文本替换机制，它不理解 C++。作为设计 C++20 模块的动机，C++ 之父指出了预处理器存在的三个问题。[13]

错误提示

- 一个头文件的内容可以影响任何后续的 `#include` 头文件，所以 `#include` 的顺序很重要，并可能引起不容易发现的错误。

错误提示

- 一个给定的 C++ 实体在多个翻译单元中可以有不同的声明。编译器和链接器并不总是报告这种问题。

性能提示　性能提示

- 重新处理相同的 `#include` 内容影响了速度，特别是在大型程序中，一个头文件可能被包含几十甚至几百次。在每个独立的翻译单元中，预处理器会插入 `#include` 头文件的内容，这可能导致同一代码在许多翻译单元中被重复编译。通过 `import` 来导入头文件，使其成为“头单元”，可以消除这种重复处理（16.4 节），从而显著改善大型代码库的编译时间。

预处理器还有下面几个问题。[14]

- 头文件中的定义可能违反了 C++ 的**单一定义规则**（One Definition Rule，ODR）。ODR 的意思是：“任何翻译单元都不得包含任何变量、函数、类类型、枚举类型、模板、参数默认值（针对给定作用域内的一个函数）或默认模板参数（实参）的一个以上的定义”。[15]
- 头文件不提供封装——头文件中的所有内容对于 `#include` 那个该头文件的翻译单元来说都是可用的。
- 头文件之间意外的循环依赖会导致编译错误和其他问题。[16]

错误提示

- 头文件经常定义宏——即一些 `#define` 预处理器指令，它们创建以符号表示的常量（例如 `#define SIZE 10`）以及函数风格的操作（例如 `#define SQUARE(x) ((x) * (x))`）。[17] 宏由预处理器通过文本替换进行处理。编译器不能检查它们的语法，如果两个或更多的头文件定义了相同的宏名称，那么也不能报告多定义错误。

16.3 模块的优点与目标

模块的部分优点如下。[18, 19, 20, 21, 22]

- 大型代码库能更好地组织和组件化。
- 更小的翻译单元。

- 缩短了编译时间。[23]
- 避免重复的 #include 处理——模块只需编译一次，不必为每个使用它的源代码文件重新处理。
- 避免 #include 顺序问题。
- 避免了许多可能引入细微错误的预处理器指令。
- 避免违反“单一定义规则”（ODR）。

模块的缺点

模块的部分缺点如下。[24，25]

- 本书写作时，大多数 C++ 编译器对模块的支持还不完整。
- 现有代码库需要进行修改，才能完全从模块中受益。
- 模块没有解决 C++ 在打包和分发软件时的便利性问题，而其他几种流行的语言都能用包管理器来解决。
- 编译后的模块具有编译器的特殊性，不能跨编译器和平台移植，所以仍需将模块作为源代码来分发。
- 对模块的接纳最初会是缓慢的，因为组织会谨慎地审查其能力，决定如何构建新的代码库，可能会修改现有的代码库，并等待其他人的经验分享。
- 目前很少有关于模块的建议和准则。例如，“C++ 核心准则”尚未就模块进行更新。

16.4 示例：过渡到模块——头单元

模块的一个目标是消除对预处理器的需求。当前存在大量现成的库，它们大多以下面这些方式提供。 软件工程

- 单文件（header-only）库。
- 头文件和源代码文件的组合。
- 头文件和平台特有目标码文件的组合。

库的开发者需要时间来使他们的库模块化。有的库可能永远不会被模块化。作为从预处理器向模块迁移的一个步骤，你可以从 C++ 标准库导入现有的大多数头文件，[26] 如图 16.1 的第 3 行所示。这样做会使那个头文件成为一个**头单元**（header unit）。 模块

```
1  // fig16_01.cpp
2  // Importing a standard library header as a header unit.
3  import <iostream>; // instead of #include <iostream>
```

图 16.1 将标准库头文件作为一个“头单元”导入

```
int main() {
   std::cout << "Welcome to C++20 Modules!\n";
}
```

```
Welcome to C++20 Modules!
```

图 16.1 将标准库头文件作为一个“头单元”导入（续）

头单元和头文件的区别

性能提示

和预处理器将头文件的内容包含到源代码文件中不同，编译器是将头文件作为一个翻译单元来处理。它会对其进行编译并生成信息，从而将头文件视为一个模块。这在大型系统中有助于提升编译性能，因为头文件只需编译一次，而不需要将它的内容插入每个包含了头文件的翻译单元中。[27]“头单元”类似于某些 C++ 环境下的**预编译头**（precompiled headers）。[28]

和 `#include` 指令不同，导入顺序无关紧要。例如，对于以下 `import` 语句：[29]

```
import SomeModule;
import SomeOtherModule;
```

它产生的结果和以下语句没有区别：

```
import SomeOtherModule;
import SomeModule;
```

头单元中的声明对**导入翻译单元**（importing translation unit，也就是导入头单元的翻译单元）变得可用，因为头单元隐式地“导出”了它们的内容。[30]16.6 节会讲到，你定义的模块可以指定要导出哪些声明供其他翻译单元使用，这样就可以精确控制每个模块的接口。和 `#include` 不同，`import` 语句不会向导入翻译单元添加源代码。另外，在 `import` 一个头单元之前出现的翻译单元中的预处理器指令不会影响头单元的内容。[31]

将所有头文件作为头单元导入（如果可能的话）

错误提示

软件工程

一般来说，应该把所有头文件作为头单元导入。[32]遗憾的是，并不是所有头文件都可以导入。如果将头文件作为头单元导入会造成编译错误，你通常会改而使用 `#include`。如果头文件依赖于 `#define` 预处理器宏（即处于预处理器状态），就会发生这种情况。

在 Microsoft Visual Studio 中用头单元进行编译

要编译本章使用了头单元的任何例子，都需要确保 Visual Studio 项目配置正确。

1. 在解决方案资源管理器中右击项目名称，选择“属性”。
2. 在属性页对话框中，从“配置”下拉列表中选择“所有配置”。
3. 从左栏中选择“配置属性”|“C/C++”|“语言”，将“C++ 语言标准”设为“ISO C++20 标准 (/std:c++20)”。[33]
4. 从左栏中选择“配置属性”|“C/C++”|“所有选项”，将“扫描源以查找模块依赖关系”选项设为“是”。
5. 单击“确定”。

将 fig16_01.cpp 添加到项目的“源文件”文件夹，编译并运行项目。

在 g++ 中用头单元进行编译

在 g++ 中，首先必须将要导入的每个头编译成一个头单元。[34, 35, 36] 以下命令将 <iostream> 标准库头文件编译为一个头单元：

```
g++ -fmodules-ts -x c++-system-header iostream
```

- 目前需要 -fmodules-ts 编译器标志而不是 -std=c++20 才能编译使用了 C++20 模块的任何代码。
- -x c++-system-header 编译器标志指出，我们要将一个 C++ 标准库头文件作为头单元进行编译。这里在指定头文件名称时不需要尖括号。[37]

然后，使用以下命令编译源代码文件 fig16_01.cpp：

```
g++ -fmodules-ts fig16_01.cpp -o fig16_01
```

这会生成名为 fig16_01 的可执行文件，用以下命令来执行它：

```
./fig16_01
```

在 clang++ 用头单元进行编译

在 clang++ 13 中，使用以下命令编译这个例子：[38]

```
clang++ -std=c++20 -stdlib=libc++ -fimplicit-modules
   -fimplicit-module-maps fig16_01.cpp -o fig16_01
```

- -std=c++20 标志指出要使用 C++20 语言特性。
- 在某些系统上，g++ 的 C++ 标准库是默认的 C++ 库。所以，-stdlib=libc++ 标志确保使用的是 clang++ 的 C++ 标准库。
- -fimplicit-modules 和 -fimplicit-module-maps 这两个标志使 clang++ 能生成和查找将头文件作为头单元来处理所需的信息。

这会生成名为 fig16_01 的可执行文件，用以下命令来执行它：

```
./fig16_01
```

16.5 模块可以减少翻译单元的大小和编译时间

如前所述，在同一个程序中，模块可避免在许多翻译单元中对同一个头文件进行重复的预处理，从而减少编译时间。以下面这个简单的程序为例，它只有不到 90 个字符，其中还包括了垂直间距和缩进：

```
#include <iostream>

int main() {
   std::cout << "Welcome to C++20 Modules!\n";
}
```

编译这个程序时，预处理器将 <iostream> 的内容插入翻译单元中。我们的每个首选编译器都支持一个标志，它使你能看到对源代码文件进行预处理的结果：

- g++ 和 clang++ 是 -E
- Visual C++ 是 /P

我们使用这些标志来预处理上述程序。在我们的系统上，预处理好的翻译单元的大小分别如下。

- g++ 是 1 023 010 字节
- clang++ 是 1 883 270 字节
- Visual C++ 是 1 497 116 字节

预处理后的翻译单元的大小约为源代码文件的 11 000 到 21 000 倍——每个翻译单元的字节数都大幅增加了。想象一下，大型项目可能包含成千上万个翻译单元，每个单元都 #include 了许多头文件。每个 #include 必须被预处理，以形成编译器随后可以处理的翻译单元。

性能提示

但是，如果使用头单元，那么每个头文件作为一个翻译单元只需处理一次。另外，导入头单元不会将头文件的内容插入每个翻译单元中。积少成多，这将显著减少编译时间。

参考资料

要想深入了解翻译单元的大小和编译性能，可以参考以下资料。

- Gabriel Dos Reis 和 Cameron DaCamara，“Implementing C++ Modules: Lessons Learned, Lessons Abandoned”，访问日期 2022 年 2 月 5 日，https://www.youtube.com/watch?v=9OWGgkuyFV8。
- Bjarne Stroustrup，“Thriving in a Crowded and Changing World: C++ 2006–

2020—Section 9.3.1 Modules”，访问日期 2022 年 2 月 6 日，https://www.stroustrup.com/hopl20main-p5-p-bfc9cd4--final.pdf。

- Cameron DaCamara，“Practical C++20 Modules and the Future of Tooling Around C++ Modules”，访问日期 2022 年 2 月 4 日，https://www.youtube.com/watch?v=ow2zV0Udd9M。
- Rainer Grimm，“C++20: The Advantages of Modules”，访问日期 2022 年 2 月 4 日，https://www.modernescpp.com/index.php/cpp20-modules。
- Rene Rivera，“Are Modules Fast? (Revision 1) ”，访问日期 2022 年 2 月 4 日，https://wg21.link/p1441r1。

编译器分析工具

有许多工具可以分析（profiling）编译性能，下面是一些可供参考的资源。

- Kevin Cadieux、Helena Gregg 和 Colin Robertson，“Get Started with C++ Build Insights”，访问日期 2022 年 2 月 4 日，https://docs.microsoft.com/en-us/cpp/build-insights/get-started-with-cpp-build-insights。
- “Clang 13 Documentation: Target-Independent Compilation Options -ftime-report and -ftime-trace”，访问日期 2022 年 2 月 4 日，https://clang.llvm.org/docs/ClangCommandLineReference.html#target-independent-compilation-options。
- “Profiling the C++ Compilation Process”，访问日期 2022 年 2 月 4 日，https://stackoverflow.com/questions/13559818/profiling-the-c-compilationprocess。

16.6 示例：创建并使用模块

接下来，让我们开始定义自己的第一个模块。模块的接口指定了允许在其他翻译单元中使用的模块成员。可以通过以下四种方式之一，使用 `export` 关键字来导出成员的声明。[39]

模块

- 直接 `export` 一个声明。
- `export` 一组用大括号（{ 和 }）括起来的声明。
- `export` 一个 `namespace`，其中可能包含许多声明。
- `export` 一个 `namespace` 成员，同时还会导出 `namespace` 的名称，[40] 但不会导出 `namespace` 的其他成员。

记住，如果一个标识符首次出现就是它的定义，那么它同时也作为标识符的声明。所以，上述列表中的每一项都可能导出声明或定义。

16.6.1 模块接口单元的 module 声明

模块

图 16.2 定义了我们的第一个**模块单元**（module unit），[41] 这是作为模块一部分的翻译单元。当模块由一个翻译单元构成时，该模块单元通常被简单地称为**模块**（module）。图 16.2 的模块包含 4 个函数（第 8 行～第 10 行、第 14 行～第 16 行、第 21 行～第 23 行和第 28 行～第 30 行），它们演示了如何导出可以在其他翻译单元中使用的声明。在后续小节中，我们将讨论围绕第 14 行～第 16 行、第 21 行～第 23 行和第 28 行～第 30 行的函数的 **export** 和 **namespace**“包装器”。

```
1  // Fig. 16.2: welcome.ixx
2  // Primary module interface for a module named welcome.
3  export module welcome; // introduces the module name
4
5  import <string>; // class string is used in this module
6
7  // exporting a function
8  export std::string welcomeStandalone() {
9     return "welcomeStandalone function called";
10 }
11
12 // exporting all items in the braces that follow export
13 export {
14    std::string welcomeFromExportBlock() {
15       return "welcomeFromExportBlock function called";
16    }
17 }
18
19 // exporting a namespace exports all items in the namespace
20 export namespace TestNamespace1 {
21    std::string welcomeFromTestNamespace1() {
22       return "welcomeFromTestNamespace1 function called";
23    }
24 }
25
26 // exporting an item in a namespace exports the namespace name, too
27 namespace TestNamespace2 {
28    export std::string welcomeFromTestNamespace2() {
29       return "welcomeFromTestNamespace2 function called";
30    }
31 }
```

图 16.2 welcome 模块的主模块接口

模块声明和模块命名

第 3 行是 `welcome` 模块的模块声明。按照惯例，模块名称是以点（.）分隔的小写标识符，[42] 例如以后的例子会用到的 `deitel.time` 或 `deitel.math`。这些点没有特殊含义——事实上，有一个提议是要取消模块名称中的点分隔符。[43] `deitel.time` 和 `deitel.math` 都以“`deitel.`”开头，但这些模块并不是一个名为 `deitel` 的大模块的“子模块”。从模块声明到翻译单元末尾的所有声明都是模块 `purview`[44] 的一部分，来自作为模块一部分的其他所有单元的声明也是如此。[45] 我们会在后续小节中展示多文件模块。

一旦在模块声明前面加上 `export`，它就引入了一个模块接口单元，指定了客户端代码可以访问的模块成员。每个模块都有一个**主模块接口单元**（primary module interface unit），其中包含一个 export module 声明，它引入该模块的名称。16.9 节会讲到，主模块接口单元可以由**模块接口分区单元**（module interface partition unit）组成。

模块接口文件扩展名

Microsoft Visual C++ 为模块接口单元使用 .ixx 文件扩展名。按以下步骤在 Visual C++ 项目中添加一个模块接口单元。

1. 右击项目的“源文件”文件夹，选择“添加” | “模块”。
2. 在“添加新项”对话框中输入一个文件名（我们使用 welcome.ixx 这个名字），指定文件的保存位置，然后单击“添加”。
3. 用图 16.2 的代码替换默认代码。

并非一定要使用 .ixx 扩展名。如果用不同的扩展名命名模块接口单元文件，请在项目中右击该文件，选择“属性”，并确定该文件的“项类型”被设置为“C/C++ 编译器”。

g++ 和 clang++ 的模块接口文件扩展名

g++ 和 clang++ 编译器不要求模块接口单元使用特殊的文件扩展名。在本节的最后，我们会展示如何使 g++ 和 clang++ 编译 .ixx 文件，这样就可以在三种编译器中使用相同的文件扩展名。

其他文件扩展名

使用 C++20 模块时，可能遇到以下这些常见的文件扩展名。

- .ixx——Microsoft Visual C++ 文件扩展名，用于“主模块接口单元”。
- .ifc——Microsoft Visual C++ 文件扩展名，用于“主模块接口单元”的编译版本。[46]
- .cpp——翻译单元（包括模块单元）中的 C++ 源代码文件的扩展名。

- .cppm——clang++ 推荐的模块单元文件扩展名。Visual C++ 也建议使用这个扩展名。
- .pcm——在 clang++ 中编译主模块接口单元时，生成的文件会使用这个扩展名。

16.6.2 导出声明

声明必须导出才能在模块外部使用。图 16.2 的第 8 行将 `export` 应用于一个函数定义，从而将函数的声明（也就是它的原型）作为模块接口的一部分导出。所有导出的声明必须出现在翻译单元中的 `module` 声明之后，而且要么在文件作用域（称为全局命名空间作用域）中，要么在命名空间作用域中（16.6.5 节）。`export` 语句中的声明不能有内部链接（internal linkage）。[47]

- 翻译单元中位于全局命名空间作用域内的 static 变量和函数。
- 翻译单元中的 const 或 constexpr 全局变量。
- 在无名命名空间中声明的标识符。[48]

此外，如果模块定义了任何预处理器宏，那么这些宏只能在该模块中使用，不能导出。[49]

在模块中定义模板、constexpr 函数和 inline 函数

和头文件相似，如果在模块中定义了一个模板、`constexpr` 函数或 `inline` 函数，那么必须 `export` 其完整定义，这样编译器才能在模块被导入的位置访问它。

16.6.3 导出一组声明

可以不必向每个单独的声明应用 `export`，而是直接 `export` 大括号中的一组声明（第 13 行～第 17 行）。大括号中的每个声明都会导出。注意，大括号并没有定义一个新的作用域。所以，在这种块中声明的标识符在块的结束大括号后会继续存在。

16.6.4 导出命名空间

一个程序可能包括许多在不同作用域内定义的标识符。有的时候，一个作用域的变量会与另一个作用域的同名变量发生冲突并导致错误。C++ 用命名空间解决了这个问题。每个命名空间都定义了一个作用域，其中的标识符和变量都属于该作用域。如你所知，C++ 标准库的特性是在 `std` 命名空间中定义的，这有助于确保这些标识符不会与你自己程序中的标识符冲突。

定义和导出命名空间

第 20 行～第 24 行定义了命名空间 TestNamespace1。namespace 的主体由大括号（{ }）进行界定。namespace 中可以包含常量、数据、类和函数。namespace 的定义必须放在全局命名空间作用域中，或者嵌套在其他 namespace 中。和类不同，namespace 的成员可以在单独但完全同名的 namespace 块中定义。例如，每个 C++ 标准库头文件都有一个像下面这样的 namespace 块：

```
namespace std {
   // 标准库头文件的声明
}
```

它指出头文件的声明是在 namespace std 中。在给定的 namespace 块之前放一个 export 时，那个块的所有成员都会导出，但同一个命名空间的单独的 namespace 块中的那些成员不会。

模块

访问命名空间的成员

和往常一样，要使用 namespace 的一个成员，必须用命名空间的名称和作用域解析操作符（::）来限定成员名称，如以下表达式所示：

```
TestNamespace1::welcomeFromTestNamespace1()
```

另一个办法是先提供一个 using 声明或 using 指令，再在翻译单元中使用成员。下面展示了一个 using 声明：

```
using TestNamespace1::welcomeFromTestNamespace1;
```

这样会将一个标识符（welcomeFromTestNamespace1）带入该指令所在的作用域。下面是一个 using 指令：

```
using namespace TestNamespace1;
```

这样会将指定命名空间中的所有标识符带入该指令所在的作用域。同一个命名空间的成员可以直接相互访问，不需要使用 namespace 限定符。

软件工程

16.6.5 导出命名空间的成员

如第 27 行～第 31 行所示，也可以导出特定的命名空间成员，而不是导出整个命名空间。在本例中，命名空间的名称也被导出。这不会隐式导出命名空间的其他成员。

16.6.6 导入模块以使用其导出的声明

模块

要在给定翻译单元中使用一个模块已导出的声明，必须在全局命名空间作用域

软件工程

内提供一个包含模块名称的 import 声明（图 16.3 的第 4 行）。从 import 声明一直到翻译单元结束，都可以使用该模块已导出的声明。导入模块不会将模块的代码插入翻译单元。因此，和头文件不同，模块不需要“包含守护”（include guard，参见 9.7.3 节）。第 7 行～第 10 行调用我们从 welcome 模块导出的 4 个函数（图 16.2）。对于在命名空间中定义的函数，第 9 行和第 10 行在每个函数名前面附加了其命名空间名称和范围解析操作符（::）。程序的输出证明，我们可以调用 welcome 模块的每个已导出函数。

```
1  // fig16_03.cpp
2  // Importing a module and using its exported items.
3  import <iostream>;
4  import welcome; // import the welcome module
5
6  int main() {
7     std::cout << welcomeStandalone() << '\n'
8        << welcomeFromExportBlock() << '\n'
9        << TestNamespace1::welcomeFromTestNamespace1() << '\n'
10       << TestNamespace2::welcomeFromTestNamespace2() << '\n';
11 }
```

```
welcomeStandalone function called
welcomeFromExportBlock function called
welcomeFromTestNamespace1 function called
welcomeFromTestNamespace2 function called
```

图 16.3 导入一个模块并使用其导出的项目

在 Visual C++ 中编译这个例子

在 Visual C++ 中，确保 fig16_03.cpp 在项目的“源文件”文件夹中。然后，运行项目来编译模块和 main 程序。

在 g++ 中编译这个例子

在 g++ 中执行以下命令，C++20 模块在该编译器中定版后，这些命令可能会发生变化。

1. 将 <string> 和 <iostream> 头文件编译为头单元，因为它们分别在我们的模块和 main 程序中使用：

```
g++ -fmodules-ts -x c++-system-header string
g++ -fmodules-ts -x c++-system-header iostream
```

2. 编译模块接口单元——这会生成文件 welcome.o：

```
g++ -fmodules-ts -c -x c++ welcome.ixx
```

3. 编译 main 应用程序，把它和 welcome.o 链接——这个命令会生成可执行文件 fig16_03：

```
g++ -fmodules-ts fig16_03.cpp welcome.o -o fig16_03
```

在步骤 2 中：

- `-c` 选项指示编译 welcome.ixx，但不链接它。
- `-x c++` 选项指出 welcome.ixx 是一个 C++ 文件。

`-x c++` 是必须的，因为 .ixx 不是标准的 g++ 文件扩展名。如果将 welcome.ixx 命名为 welcome.cpp，就不需要 `-x c++` 选项了。

在 clang++ 中编译这个例子

在 clang++ 中执行以下命令，C++20 模块在该编译器中定版后，这些命令可能会发生变化。

1. 将模块接口单元编译成一个预编译模块（.pcm）文件，它是 clang++ 编译器特有的：

```
clang++ -c -std=c++20 -stdlib=libc++ -fimplicit-modules
   -fimplicit-module-maps -x c++ welcome.ixx
   -Xclang -emit-module-interface -o welcome.pcm
```

2. 编译 `main` 应用程序并和 welcome.pcm 链接——这个命令生成可执行文件 fig16_03：

```
clang++ -std=c++20 -stdlib=libc++ -fimplicit-modules
   -fimplicit-module-maps -fprebuilt-module-path=.
   fig16_03.cpp welcome.pcm -o fig16_03
```

在步骤 1 中：

- `-c` 选项指示编译 welcome.ixx，但不链接它。
- `-x c++` 选项指出 welcome.ixx 是一个 C++ 文件。

`-x c++` 是必须的，因为 .ixx 不是标准的 clang++ 文件扩展名。如果将 welcome.ixx 命名为 welcome.cpp，就不需要 `-x c++` 选项了。在步骤 2 中，以下选项：

```
-fprebuilt-module-path=.
```

指定了 clang++ 可以在哪里定位预编译模块（.pcm）文件。点（.）代表当前文件夹，但也可以是到系统上其他位置的一个相对或完整路径。

16.6.7 示例：试图访问未导出的模块内容

模块不会隐式地导出声明——这称为**强封装**（strong encapsulation）。这样一来，我们可以精确控制导出的、要在其他翻译单元中使用的声明。图 16.4 定义了 软件工程

模块 模块

一个名为 deitel.math 的主模块接口单元（第 3 行），其中包含一个没有导出的 deitel::math 命名空间。[50] 我们在这个命名空间中定义了两个函数，其中 square（第 7 行～第 9 行）被导出，而 cube（第 12 行～第 14 行）没有被导出。导出 square 函数会隐式地导出包围它的那个命名空间的名称，但不会导出命名空间的其他成员。由于 cube 没有被导出，所以其他翻译单元不能调用它（如图 16.5 所示）。这是和头文件的一处关键区别，即头文件中声明的一切都能在 #include 它的位置使用。[51]

```
1  // Fig. 16.4: deitel.math.ixx
2  // Primary module interface for a module named deitel.math.
3  export module deitel.math; // introduces the module name
4
5  namespace deitel::math {
6     // exported function square; namespace deitel::math implicitly exported
7     export int square(int x) {
8        return x * x;
9     }
10
11    // non-exported function cube is not implicitly exported
12    int cube(int x) {
13       return x * x * x;
14    }
15 };
```

图 16.4 deitel.math 模块的主模块接口

软件工程

在模块中将导出的标识符放在命名空间中是一个很好的做法，这样可以避免当多个模块导出相同标识符时发生名称冲突。我们通过调查发现，命名空间的名称通常会模仿其模块名称。[52] 所以，我们也为 deitel.math 模块指定了命名空间 deitel::math（第 5 行）。

错误提示

在图 16.5 中，第 4 行导入 deitel.math 模块。第 9 行调用该模块导出的 deitel::math::square 函数，用其包围 namespace 的名称限定了函数名称。这能通过编译，因为 square 是由 deitel.math 模块导出的。然而，第 12 行发生了编译错误——deitel.math 模块没有导出 cube。图 16.5 显示的编译错误来自 Visual C++。我们用粗体字强调了关键的错误消息，并增大了垂直间距以改善可读性。

```
1  // fig16_05.cpp
2  // Showing that a module's non-exported identifiers are inaccessible.
3  import <iostream>;
4  import deitel.math; // import the deitel.math module
5
```

图 16.5　模块未导出的标识符是不可访问的

```
int main() {
   // can call square because it's exported from namespace deitel::math,
   // which implicitly exports the namespace
   std::cout << "square(3) = " << deitel::math::square(3) << '\n';

   // cannot call cube because it's not exported
   std::cout << "cube(3) = " << deitel::math::cube(3) << '\n';
}
```

```
Build started...
1>------ Build started: Project: modules_demo, Configuration: Debug Win32 ---
---
1>Scanning sources for module dependencies...
1>deitel.math.ixx
1>fig16_05.cpp
1>Compiling...
1>deitel.math.ixx
1>fig16_05.cpp
1>C:\Users\pauldeitel\Documents\examples\ch16\fig16_04-
05\fig16_05.cpp(12,47): error C2039: 'cube': is not a member of
'deitel::math'
1>C:\Users\pauldeitel\Documents\examples\examples\ch16\fig16_04-05\deitel.
math.ixx(5): message : see declaration of 'deitel::math'
1>C:\Users\pauldeitel\Documents\examples\examples\ch16\fig16_04-
05\fig16_05.cpp(12,51): error C3861: 'cube': identifier not found
```

图 16.5　模块未导出的标识符是不可访问的（续）

g++ 的错误消息

要查看 g++ 显示的错误消息，请执行以下命令，每个命令都在 16.6.6 节解释过。

错误提示

1. `g++ -fmodules-ts -x c++-system-header iostream`
2. `g++ -fmodules-ts -c -x c++ deitel.math.ixx`
3. `g++ -fmodules-ts fig16_05.cpp deitel.math.o`

关键错误消息已加粗：

```
fig16_05.cpp: In function 'int main()':
fig16_05.cpp:12:49: error: 'cube' is not a member of 'deitel::math'
  12 |    std::cout << "cube(e) = " << deitel::math::cube(3) << '\n';
     |                                               ^~~~
```

clang++ 的错误消息

错误提示

要查看 clang++ 显示的错误消息，请执行以下命令，每个命令都在 16.6.6 节解释过了：

1. `clang++ -c -std=c++20 -stdlib=libc++ -fimplicit-modules`
   `-fimplicit-module-maps -x c++ deitel.math.ixx`
   `-Xclang -emit-module-interface -o deitel.math.pcm`
2. `clang++ -std=c++20 -stdlib=libc++ -fimplicit-modules`
   `-fimplicit-module-maps -fprebuilt-module-path=.`
   `fig16_05.cpp deitel.math.pcm -o fig16_05`

关键错误消息已加粗：

```
fig16_05.cpp:12:49: error: no member named 'cube' in namespace 'deitel::math'
  std::cout << "cube(e) = " << deitel::math::cube(3) << '\n';
                                             ~~~~~~~~~~~~~~^
1 error generated.
```

16.7 全局模块片断

如前所述，某些头文件不能作为头单元编译，因为它们要求“预处理器状态”，例如在翻译单元或其他头文件中定义的宏。为了 `#include` 这种头文件以便在模块单元中使用，可以把它们放在**全局模块片段**（global module fragment）中：[53]

```
module;
```

模块

全局模块片断要放在模块单元的开头，位于 `module` 声明之前。全局模块片段只能包含预处理器指令。模块接口单元可以导出在全局模块片段中 `#include` 的声明，使其他 `import` 该模块的实现单元能够使用那个声明。[54] 来自所有模块单元的全局模块片断都被放到**全局模块**（global module）中，后者还包含了非模块翻译单元（比如包含 `main` 的那个）中的非模块化代码。

16.8 将接口与实现分开

软件工程

第 9 章和第 10 章使用 .h 头文件和 .cpp 源代码文件来定义类，从而将类的接口与实现分开。模块也支持接口与实现的分离。

软件工程

- 可以将接口和实现分解为不同的文件（如 16.8.1 节和 16.8.2 节所示）。
- 可以在一个源代码文件中定义接口和实现（在 16.8.3 节讨论）。

16.8.1 示例：模块实现单元

软件工程

模块

有时需要将一个大模块分解成更小的、更容易管理的部分。例如，如果团队的开发人员需要开发同一个模块的不同方面，就可以将模块定义分解成多个源文件。我们用一个主模块接口单元来包含模块的接口，用一个单独的源代码文件来包含模块的实现细节。

主模块接口单元

deitel.math 模块的主模块接口单元（图 16.6）导出了 deitel::math 命名空间（第 7 行～第 10 行），后者包含 average 函数的原型，用于计算 vector<int> 中所有元素的平均值。

```
1  // Fig. 16.6: deitel.math.ixx
2  // Primary module interface for a module named deitel.math.
3  export module deitel.math; // introduces the module name
4
5  import <vector>;
6
7  export namespace deitel::math {
8     // calculate the average of a vector<int>'s elements
9     double average(const std::vector<int>& values);
10 };
```

图 16.6 deitel.math 模块的主模块接口

模块实现单元

模块

软件工程

模块

所有包含 module 声明而没有 export 关键字的文件（图 16.7 的第 3 行）都是**模块实现单元**（module implementation unit），而且通常在 .cpp 文件中定义。[55] 这种文件可将较大的模块分解为多个源文件，使代码更容易管理。第 3 行指出该文件是 deitel.math 模块的一个模块实现单元。模块实现单元会隐式导入指定模块名称的接口。编译器将主模块接口单元及其相应的模块实现单元合并成单个**具名模块**（named module），以便其他翻译单元导入。[56] 第 10 行～第 13 行在一个命名空间中实现 average 函数，该命名空间的名称必须与主模块接口单元中包含 average 函数原型的命名空间相同（图 16.6）。

```
1  // Fig. 16.7: deitel.math-impl.cpp
2  // Module implementation unit for the module deitel.math.
3  module deitel.math; // this file's contents belong to module deitel.math
```

图 16.7 deitel.math 模块的模块实现单元

```

import <numeric>;
import <vector>;

namespace deitel::math {
   // average function's implementation
   double average(const std::vector<int>& values) {
      double total{std::accumulate(values.begin(), values. end(), 0.0)};
      return total / values.size();
   }
};
```

图 16.7 deitel.math 模块的模块实现单元（续）

使用模块

图 16.8 的 main 程序导入 deitel.math 模块（第 7 行）并调用它的 average 函数（第 17 行）来计算 integers vector 中的元素的平均值。

```
1  // fig16_08.cpp
2  // Using the deitel.math module’ s average function.
3  import <algorithm>;
4  import <iostream>;
5  import <iterator>;
6  import <vector>;
7  import deitel.math; // import the deitel.math module
8  
9  int main() {
10    std::ostream_iterator<int> output(std::cout, " ");
11    std::vector integers{1, 2, 3, 4};
12 
13    std::cout << "vector integers: ";
14    std::copy(integers.begin(), integers.end(), output);
15 
16    std::cout << "\naverage of integer's elements: "
17       << deitel::math::average(integers) << '\n';
18 }
```

```
vector integers: 1 2 3 4
average of integer's elements: 2.5
```

图 16.8 使用 deitel.math 模块的 average 函数

在 Visual C++ 中编译这个例子

将 deitel.math.ixx 文件添加到 Visual C++ 项目。确保项目的“源文件”文件夹中包含以下内容。

- deitel.math.ixx——主模块接口单元。
- deitel.math-impl.cpp[57]——模块实现单元。
- fig16_08.cpp——main 应用程序。

然后，直接运行项目，即可编译模块并运行 main 程序。

在 g++ 中编译这个例子

在 g++ 中，使用 16.6.6 节介绍的命令将标准库头文件 <algorithm>、<iostream>、<iterator>、<numeric> 和 <vector> 编译成头单元。然后，编译主模块接口单元：

```
g++ -fmodules-ts -c -x c++ deitel.math.ixx
```

再编译模块实现单元：

```
g++ -fmodules-ts -c deitel.math-impl.cpp
```

现在，我们获得了目标文件 deitel.math.o 和 deitel.math-impl.o，它们分别代表模块的接口和实现。最后，编译 main 程序并把它链接到 deitel.math.o 和 deitel.math-impl.o：

```
g++ -fmodules-ts fig16_08.cpp deitel.math.o deitel.math-impl.o
   -o fig16_08
```

在 clang++ 中编译这个例子

在 clang++ 中，将主模块接口单元编译成一个预编译模块（.pcm）文件：

```
clang++ -c -std=c++20 -stdlib=libc++ -fimplicit-modules
   -fimplicit-module-maps -x c++ deitel.math.ixx
   -Xclang -emit-module-interface -o deitel.math.pcm
```

接着将模块实现单元编译成一个目标文件：

```
clang++ -c -std=c++20 -stdlib=libc++ -fimplicit-modules
   -fimplicit-module-maps -fmodule-file=deitel.math.pcm
   deitel.math-impl.cpp
```

选项 -fmodule-file=deitel.math.pcm 指定了主模块接口单元的名称。最后，编译 main 程序，并和 deitel.math-impl.o 以及 deitel.math.pcm 文件链接：

```
clang++ -std=c++20 -stdlib=libc++ -fimplicit-modules
   -fimplicit-module-maps -fprebuilt-module-path=. fig16_08.cpp
   deitel.math-impl.o deitel.math.pcm -o fig16_08
```

16.8.2 示例：模块化一个类

本节为第9章的 Time 类定义一个简化版本，把它的接口放在主模块接口单元中，把实现放在模块实现单元中。我们将模块命名为 deitel.time，并将类放在 deitel::time 命名空间中。

deitel.time 主模块接口单元

deitel.time 模块的主模块接口单元（图16.9）定义并导出了包含 Time 类定义（第8行～第18行）的命名空间 deitel::time（第7行～第19行）。

```
1  // Fig. 16.9: deitel.time.ixx
2  // Primary module interface for a simple Time class.
3  export module deitel.time; // declare the primary module interface
4
5  import <string>; // rather than #include <string>
6
7  export namespace deitel::time {
8     class Time {
9     public:
10       // default constructor because it can be called with no arguments
11       explicit Time(int hour = 0, int minute = 0, int second = 0);
12
13       std::string toString() const;
14    private:
15       int m_hour{0}; // 0 - 23 (24-hour clock format)
16       int m_minute{0}; // 0 - 59
17       int m_second{0}; // 0 - 59
18    };
19 }
```

图16.9 一个简单 Time 类的主模块接口

deitel.time 模块实现单元

图16.10第4行的 module 声明指出 deitel.time-impl.cpp 是一个 deitel.time 模块实现单元。文件剩余的部分定义了 Time 类的各个成员函数。第8行：

```
using namespace deitel::time;
```

使这个模块实现单元能够访问命名空间 deitel::time 的内容。然而，任何导入 deitel.time 模块的翻译单元都看不到这个 using 指令。所以，其他翻译单元仍然需要使用 deitel::time 或通过它们自己的 using 语句来访问我们的模块的已导出名称。

```
// Fig. 16.10: deitel.time-impl.cpp
// deitel.time module implementation unit containing the
// Time class member function definitions.
module deitel.time; // module implementation unit for deitel.time

import <stdexcept>;
import <string>;
using namespace deitel::time;

// Time constructor initializes each data member
Time::Time(int hour, int minute, int second) {
   // validate hour, minute and second
   if ((hour < 0 || hour >= 24) || (minute < 0 || minute >= 60) ||
      (second < 0 || second >= 60)) {
      throw std::invalid_argument{
         "hour, minute or second was out of range"};
   }

   m_hour = hour;
   m_minute = minute;
   m_second = second;
}

// return a string representation of the Time
std::string Time::toString() const {
   using namespace std::string_literals;

   return "Hour: "s + std::to_string(m_hour) +
      "\nMinute: "s + std::to_string(m_minute) +
      "\nSecond: "s + std::to_string(m_second);
}
```

图 16.10 deitel.time 模块实现单元包含 Time 类的成员函数定义

在 deitel.time 模块中使用 Time 类

图 16.11 的程序导入 deitel.time 模块（第 7 行）并使用 Time 类。为方便起见，第 8 行指定该程序使用模块的 deitel::time 命名空间，但也可以在第 11 行和第 17 行中对 Time 类进行完全限定，即：

```
deitel::time::Time
```

```
1 // fig16_11.cpp
2 // Importing the deitel.time module and using its Time class.
```

图 16.11 导入 deitel.time 并使用它的 Time 类

```
import <iostream>;
import <stdexcept>;
import <string>;

import deitel.time;
using namespace deitel::time;

int main() {
   const Time t{12, 25, 42}; // hour, minute and second specified

   std::cout << "Time t:\n" << t.toString() << "\n\n";

   // attempt to initialize t2 with invalid values
   try {
      const Time t2{27, 74, 99}; // all bad values specified
   }
   catch (const std::invalid_argument& e) {
      std::cout << "t2 not created: " << e.what() << '\n';
   }
}
```

```
Time t:
Hour: 12
Minute: 25
Second: 42

t2 not created: hour, minute or second was out of range
```

图 16.11 导入 deitel.time 并使用它的 Time 类（续）

在 Visual C++ 中编译这个例子

将 deitel.time.ixx 文件添加到 Visual C++ 项目。接着，确保项目在“源文件”文件夹中包含以下内容。

- deitel.time.ixx——主模块接口单元。
- deitel.time-impl.cpp——模块实现单元。
- fig16_11.cpp——main 应用程序文件。

然后，直接运行项目，即可编译模块并运行 main 程序。

在 g++ 中编译这个例子

在 g++ 中，使用 16.6.6 节介绍的命令将标准库头文件 <iostream>、<string> 和 <stdexcept> 编译成头单元。然后，编译主模块接口单元：

```
g++ -fmodules-ts -c -x c++ deitel.time.ixx
```

再来编译模块实现单元：

```
g++ -fmodules-ts -c deitel.time-impl.cpp
```

现在获得了文件 deitel.time.o 和 deitel.time-impl.o，它们分别代表 deitel.time 模块的接口和实现。最后，编译 main 程序并把它链接到 deitel.time.o 和 deitel.time-impl.o：[58]

```
g++ -fmodules-ts fig16_11.cpp deitel.time.o deitel.time-impl.o
    -o fig16_11
```

在 clang++ 中编译这个例子

在 clang++ 中，将主模块接口单元编译成一个预编译模块（.pcm）文件：

```
clang++ -c -std=c++20 -stdlib=libc++ -fimplicit-modules
    -fimplicit-module-maps -x c++ deitel.time.ixx
    -Xclang -emit-module-interface -o deitel.time.pcm
```

接着将模块实现单元编译成一个目标文件：

```
clang++ -c -std=c++20 -stdlib=libc++ -fimplicit-modules
    -fimplicit-module-maps -fmodule-file=deitel.time.pcm
    deitel.time-impl.cpp
```

选项 -fmodule-file=deitel.time.pcm 指定了主模块接口单元的名称。最后，编译 main 程序，并和 deitel.time-impl.o 以及 deitel.time.pcm 文件链接：

```
clang++ -std=c++20 -stdlib=libc++ -fimplicit-modules
    -fimplicit-module-maps -fprebuilt-module-path=.
    fig16_11.cpp deitel.time-impl.o deitel.time.pcm -o fig16_11
```

16.8.3 :private 模块片断

模块还支持在一个翻译单元中将接口和实现分开，这是通过在主模块接口单元中使用一个 :private 模块片断来实现的：[59, 60, 61]

模块

```
export module name; // 引入模块名称

// 定义主模块接口的代码

// 用于定义实现细节的 private 模块片断
module :private;

// 实现细节
```

用这种方法定义模块，主模块接口单元必须是该模块的唯一模块单元。对 :private 模块片段中的实现细节的改变不会影响这个模块的接口，也不会影响导入这个模块的其他翻译单元。[62]

软件工程

软件工程　性能提示

在与Microsoft Visual C++团队的Cameron DaCamara的一次邮件通信中，他说“应该使用 :private 模块片段的情况是，你想把所有已编译代码和接口代码放在同一个翻译单元中。我对 :private 模块片段的看法是，它本质上相当于模块 :private; 之后的一个模块实现单元，但我不需要为了实现接口的细节而编译一个单独的 .cpp 文件。另一个主要的好处在于，将所有代码放在单一的接口中，有助于指引你的工具集的优化决策（也许能做出更好的决策），而不需要基于花哨的、链接器的技术。”[63]

16.9 分区

模块　性能提示

可以把一个模块的接口和/或其实现分成更小的、称为**分区**（partition）的部分。[64] 开发大型项目时，这有助于用更小、更容易管理的翻译单元来组织一个模块的组件。将较大的模块分解成较小的翻译单元，还有助于减少大型系统的编译时间。只有那些已经更改的翻译单元和依赖于这些更改的翻译单元才需要重新编译。[65] 项目是否需要重新编译，将由编译器的模块工具决定。[66] 编译器将一个模块的分区聚合成单个具名模块，以便在其他翻译单元中导入。

16.9.1 示例：模块接口分区单元

本例将创建一个 deitel.math 模块，在其主模块接口单元中导出 4 个函数：square、cube、squareRoot 和 cubeRoot。为了演示分区语法，我们将这些函数划分为两个模块接口分区单元（powers 和 roots）。然后，我们将它们导出的声明聚合到一个**主模块接口分区**（primary module interface partition）中。

deitel.math:powers 模块接口分区单元

模块

图 16.12 的第 3 行指出翻译单元 deitel.math-powers.ixx 是一个模块接口分区单元。deitel.math:powers 这样的表示法指出分区名称是 powers，而且该分区是 deitel.math 模块的一部分。该模块接口分区导出了 deitel::math 命名空间，后者包含 square 和 cube 函数。模块分区在它们的模块外部是不可见的，所以不能将它们导入不属于同一模块的翻译单元中。[67]

```
1  // Fig. 16.12: deitel.math-powers.ixx
2  // Module interface partition unit deitel.math:powers.
3  export module deitel.math:powers;
4
5  export namespace deitel::math {
```

图 16.12　模块接口分区单元 deitel.math:powers

```
    double square(double x) {return x * x;}
    double cube(double x) {return x * x * x;}
}
```

图 16.12 模块接口分区单元 deitel.math:powers（续）

deitel.math:roots 模块接口分区单元

图 16.13 的第 3 行指出翻译单元 deitel.math-roots.ixx 是一个模块接口分区单元，分区名称是 roots，而且该分区属于 deitel.math 模块。该分区导出了 deitel::math 命名空间，后者包含 squareRoot 和 cubeRoot 函数。分区有几个规则需要注意。

- 所有具有相同模块名称的模块接口分区都是同一模块（本例是 deitel.math）的一部分。它们之间不会隐式地知道对方，也不会隐式地导入模块的接口。[68] 模块
- 分区只能被导入属于同一模块的其他模块单元中。模块
- 一个模块接口分区单元可导入同一模块中的另一个分区，以使用那个分区提供的功能。模块

```
1  // Fig. 16.13: deitel.math-roots.ixx
2  // Module interface partition unit deitel.math:roots.
3  export module deitel.math:roots;
4
5  import <cmath>;
6
7  export namespace deitel::math {
8     double squareRoot(double x) { return std::sqrt(x); }
9     double cubeRoot(double x) { return std::cbrt(x); }
10 }
```

图 16.13 模块接口分区单元 deitel.math:roots

deitel.math 主模块接口单元

图 16.14 定义了 deitel.math.ixx 主模块接口单元。每个模块都必须有一个主模块接口单元，它有一个不包含分区名称的 export module 声明（第 4 行）。第 8 行和第 9 行先 import 再 export 模块接口分区单元。

- 每个 import 后都有一个冒号（:）和一个模块接口分区单元的名称（本例是 powers 和 roots）。
- 将 export 关键字放在 import 之前，表示每个模块接口分区单元所导出的成员也应该是 deitel.math 模块的主模块接口的一部分。软件工程

模块的用户看不到它的分区。[69]

```
// Fig. 16.14: deitel.math.ixx
// Primary module interface unit deitel.math exports declarations from
// the module interface partitions :powers and :roots.
export module deitel.math; // declares the primary module interface unit

// import and re-export the declarations in the module
// interface partitions :powers and :roots
export import :powers;
export import :roots;
```

图 16.14 从模块接口分区 :power 和 :roots 导出声明的主模块接口单元

你也对主模块接口单元进行 export import。假设有名为 A 和 B 的模块，如果模块 A 的主模块接口单元包含以下语句：

```
export import B;
```

那么导入 A 的翻译单元会同时导入 B，并且可以使用它导出的声明。

如果 export import 一个头单元，它的预处理器宏只能在导入它的翻译单元中使用——它们不能再重新导出。所以，要在特定的翻译单元中使用来自一个头单元的宏，必须显式 import 那个头文件。

使用 deitel.math 模块

图 16.15 导入 deitel.math 模块（第 4 行），第 9 行～第 12 行使用它导出的函数，从而证明该主模块接口包含了由 powers 和 roots 模块接口分区导出的所有函数。

```
1  // fig16_15.cpp
2  // Using the deitel.math module's functions.
3  import <iostream>;
4  import deitel.math; // import the deitel.math module
5
6  using namespace deitel::math;
7
8  int main() {
9     std::cout << "square(6): " << square(6)
10       << "\ncube(5): " << cube(5)
11       << "\nsquareRoot(9): " << squareRoot(9)
12       << "\ncubeRoot(1000): " << cubeRoot(1000) << '\n';
13 }
```

```
square(6): 36
cube(5): 125
squareRoot(9): 3
cubeRoot(1000): 10
```

图 16.15 使用 deitel.math 模块的函数

在 Visual C++ 中编译这个例子

将 文 件 deitel.math-powers.ixx、deitel.math-roots.ixx 和 deitel.math.ixx 添加到 Visual C++ 项目。然后将文件 fig16_15.cpp 添加到项目的“源文件”文件夹。然后，直接运行项目，即可编译模块并运行 main 程序。

在 g++ 中编译这个例子

build 含有分区的模块时，必须先于主模块接口单元完成分区的 build。在 g++ 中，使用 16.6.6 节介绍的命令将标准库头文件 <cmath> 和 <iostream> 编译成头单元。接着，编译每个模块接口分区单元：

```
g++ -fmodules-ts -c -x c++ deitel.math-powers.ixx
g++ -fmodules-ts -c -x c++ deitel.math-roots.ixx
```

然后编译主模块接口单元：

```
g++ -fmodules-ts -c -x c++ deitel.math.ixx
```

最后编译 main 程序并链接到 deitel.math-powers.o、deitel.math-roots.o 和 deitel.math.o：

```
g++ -fmodules-ts fig16_15.cpp deitel.math-powers.o
   deitel.math-roots.o deitel.math.o -o fig16_15
```

16.9.2 模块实现分区单元

模块

性能提示

模块的实现也可以分解为**多个模块实现分区单元**（module implementation partition unit），从而用多个源代码文件定义一个模块的实现细节。[70] 同样地，这样有利于用更小、更容易管理的翻译单元来组织一个模块的组件，而且也许能减少大型系统的编译时间。在模块实现分区中，module 声明不能包含 export 关键字：

```
module ModuleName:PartitionName;
```

模块实现分区单元不会隐式导入主模块接口。[71] 本书写作的时候，我们首选的编译器都还不支持模块实现分区，所以这里不用例子进行演示。

16.9.3 示例：“子模块”和分区

软件工程

有些库非常庞大，例如 C++ 标准库。使用这种库的程序员可能希望能够灵活地只导入其中的部分内容。库的供应商可以将一个库分成逻辑上的“子模块”，每个模块都有自己的主模块接口单元。这些模块可以被独立地导入。此外，库的供应商还可以提供一个主模块接口单元，通过导入和重新导出“子模块”的接口来聚合这些“子模块”。本节只使用主模块接口单元来重新实现 16.9 节的 deitel.math 模块，以展示用户提供的这些灵活性。

deitel.math.powers 主模块接口单元

首先将文件 deitel.math-powers.ixx 重命名为 deitel.math.powers.ixx。我们之前用“*-name*”命名约定来指出 powers 分区是 deitel.math 模块的一部分。而在本例中，deitel.math.powers 成了主模块接口单元（图 16.16）。我们不是像图 16.12 那样用以下语句声明一个模块接口分区：

```
export module deitel.math:powers;
```

相反，图 16.16 的第 3 行用一个以点分隔的名称来声明主模块接口单元：

```
export module deitel.math.powers;
```

现在就可以独立地导入 deitel.math.powers 并使用它的函数（图 16.17）。

```
1  // Fig. 16.16: deitel.math.powers.ixx
2  // Primary module interface unit deitel.math.powers.
3  export module deitel.math.powers;
4
5  export namespace deitel::math {
6     double square(double x) {return x * x;}
7     double cube(double x) {return x * x * x;}
8  }
```

图 16.16 主模块接口单元 deitel.math.powers

```
// fig16_17.cpp
// Using the deitel.math.powers module's functions.
import <iostream>;
import deitel.math.powers; // import the deitel.math.powers module

using namespace deitel::math;

int main() {
   std::cout << "square(6): " << square(6)
      << "\ncube(5): " << cube(5) << '\n';
}
```

```
square(6): 36
cube(5): 125
```

图 16.17 使用 deitel.math.powers 模块的函数

在 Visual C++ 中编译这个例子

将文件 deitel.math.powers.ixx 和 fig16_17.cpp 添加到 Visual C++ 项目。然后，运行项目来编译模块并运行应用程序。

在 g++ 中编译这个例子

在 g++ 中，使用 16.6.6 节介绍的命令将标准库头文件 `<iostream>` 编译成头单元。然后，编译主模块接口单元：

```
g++ -fmodules-ts -c -x c++ deitel.math.powers.ixx
```

再编译 main 应用程序把它和 deitel.math.powers.o 链接起来：

```
g++ -fmodules-ts fig16_17.cpp deitel.math.powers.o -o fig16_17
```

在 clang++ 中编译这个例子

将主模块接口单元编译成一个预编译模块（.pcm）文件：

```
clang++ -c -std=c++20 -stdlib=libc++ -fimplicit-modules
   -fimplicit-module-maps -x c++ deitel.math.powers.ixx
   -Xclang -emit-module-interface -o deitel.math.powers.pcm
```

再编译 main 应用程序并把它和 deitel.math.powers.o 链接起来：

```
clang++ -std=c++20 -stdlib=libc++ -fimplicit-modules
   -fimplicit-module-maps -fprebuilt-module-path=.
   fig16_17.cpp deitel.math.powers.pcm -o fig16_17
```

deitel.math.roots 主模块接口单元

接着，将文件 deitel.math-roots.ixx 重命名为 deitel.math.roots.ixx，并使 deitel.math.roots 成为主模块接口单元（图 16.18）。不像图 6.13 那样用以下语句声明一个模块接口分区：

```
export module deitel.math:roots;
```

相反，图 16.18 的第 3 行用一个以点分隔的名称来声明主模块接口单元：

```
export module deitel.math.roots;
```

现在就可以独立地导入 deitel.math.roots 并使用它的函数（图 16.19）。

```
1  // Fig. 16.18: deitel.math.roots.ixx
2  // Primary module interface unit deitel.math.roots.
3  export module deitel.math.roots;
4
5  import <cmath>;
6
7  export namespace deitel::math {
8     double squareRoot(double x) {return std::sqrt(x);}
9     double cubeRoot(double x) {return std::cbrt(x);}
10 }
```

图 16.18 主模块接口单元 deitel.math.roots

```
// fig16_19.cpp
// Using the deitel.math.roots module's functions.
import <iostream>;
import deitel.math.roots; // import the deitel.math.roots module

using namespace deitel::math;

int main() {
   std::cout << "squareRoot(9): " << squareRoot(9)
      << "\ncubeRoot(1000): " << cubeRoot(1000) << '\n';
}
```

```
squareRoot(9): 3
cubeRoot(1000): 10
```

图 16.19 使用 deitel.math.roots 模块的函数

在 Visual C++ 中编译这个例子

将文件 deitel.math.roots.ixx 和 fig16_19.cpp 添加到 Visual C++ 项目。然后，运行项目来编译模块并运行应用程序。

在 g++ 中编译这个例子

在 g++ 中，使用 16.6.6 节介绍的命令将标准库头文件 <iostream> 和 <cmath> 编译成头单元。然后，编译主模块接口单元：

```
g++ -fmodules-ts -c -x c++ deitel.math.roots.ixx
```

再编译 main 应用程序并把它和 deitel.math.roots.o 链接起来：

```
g++ -fmodules-ts fig16_19.cpp deitel.math.roots.o -o fig16_19
```

在 clang++ 中编译这个例子

将主模块接口单元编译成一个预编译模块（.pcm）文件：

```
clang++ -c -std=c++20 -stdlib=libc++ -fimplicit-modules
   -fimplicit-module-maps -x c++ deitel.math.roots.ixx
   -Xclang -emit-module-interface -o deitel.math.roots.pcm
```

再编译 main 应用程序并把它和 deitel.math.roots.o 链接起来：

```
clang++ -std=c++20 -stdlib=libc++ -fimplicit-modules
   -fimplicit-module-maps -fprebuilt-module-path=.
   fig16_19.cpp deitel.math.roots.pcm -o fig16_19
```

deitel.math 主模块接口单元

现在，图 16.16 和图 16.18 是单独的模块。它们的名称 `deitel.math.powers` 和 `deitel.math.roots` 暗示了两者之间的一个逻辑关系，而且两个模块都导出 `deitel::math` 命名空间，但它们没有定义一个模块。为方便起见，我们可以将这些单独的模块聚合到一个主模块接口单元中，它对两个“子模块”进行 `export import` 操作，如图 16.20 的第 7 行和第 8 行所示。然后，可以通过导入 `deitel.math` 来使用这两个“子模块”中的所有函数（图 16.21）。

软件工程

利用这些“子模块”，开发者现在可以灵活地完成以下任务。

软件工程

- 导入 `deitel.math.powers`，只使用 `square` 和 `cube`。
- 导入 `deitel.math.roots`，只使用 `squareRoot` 和 `cubeRoot`。
- 导入聚合模块 `deitel.math` 来使用全部 4 个函数。

```
1  // Fig. 16.20: deitel.math.ixx
2  // Primary module interface unit deitel.math aggregates declarations
3  // from "submodules" deitel.math.powers and deitel.math.roots.
4  export module deitel.math; // primary module interface unit
5
6  // import and re-export deitel.math.powers and deitel.math.roots
7  export import deitel.math.powers;
8  export import deitel.math.roots;
```

图 16.20 主模块接口单元 deitel.math 聚合了来自“子模块”deitel.math.powers 和 deitel.math.roots 的声明

```
// fig16_21.cpp
// Using the deitel.math module's functions.
import <iostream>;
import deitel.math; // import the deitel.math module

using namespace deitel::math;

int main() {
   std::cout << "square(6): " << square(6)
      << "\ncube(5): " << cube(5)
      << "\nsquareRoot(9): " << squareRoot(9)
      << "\ncubeRoot(1000): " << cubeRoot(1000) << '\n';
}
```

```
square(6): 36
cube(5): 125
squareRoot(9): 3
cubeRoot(1000): 10
```

图 16.21 使用 deitel.math 模块的函数

在 Visual C++ 中编译这个例子

将图 16.16、图 16.18 和图 16.20 的 .ixx 文件以及 fig16_21.cpp 添加到 Visual C++ 项目。然后，运行项目来编译模块并运行应用程序。

在 g++ 中编译这个例子

以下步骤假定在编译 deitel.math.powers.ixx 和 deitel.math.roots.ixx 时的那个文件夹中执行命令。首先编译主模块接口单元：

```
g++ -fmodules-ts -c -x c++ deitel.math.ixx
```

再编译 main 应用程序并把它和 deitel.math.powers.o、deitel.math.roots.o 以及 deitel.math.o 链接：

```
g++ -fmodules-ts fig16_21.cpp deitel.math.powers.o
   deitel.math.roots.o deitel.math.o -o fig16_21
```

在 clang++ 中编译这个例子

以下步骤假定在编译 deitel.math.powers.ixx 和 deitel.math.roots.ixx 时的那个文件夹中执行命令。首先将主模块接口单元编译成一个预编译模块（.pcm）文件：

```
clang++ -c -std=c++20 -stdlib=libc++ -fimplicit-modules
   -fimplicit-module-maps -fprebuilt-module-path=.
   -x c++ deitel.math.ixx -Xclang -emit-module-interface
   -o deitel.math.pcm
```

再编译 main 应用程序并把它和 deitel.math.powers.pcm、deitel.math.roots.pcm 和 deitel.math.pcm 链接：

```
clang++ -std=c++20 -stdlib=libc++ -fimplicit-modules
   -fimplicit-module-maps -fprebuilt-module-path=. fig16_21.cpp
   deitel.math.pcm deitel.math.roots.pcm deitel.math.powers.pcm
   -o fig16_21
```

16.10 其他模块示例

接下来的几个小节展示了其他一些模块概念。

- 导入模块化的 Microsoft 和 clang++ 标准库。
- 模块存在的一些限制，以及如果违反了这些限制会收到的编译错误。
- 翻译单元可以直接按名称来使用的模块成员和其他翻译单元可以间接使用的模块成员之间的区别。

16.10.1 示例：将 C++ 标准库作为模块导入

C++ 标准目前没有要求编译器提供一个模块化的标准库。Microsoft 为 Visual C++ 提供了一个，它被分解成几个模块。clang++ 则提供了标准库的一个单模块版本。本书写作时，g++ 还没有提供模块化的标准库。

概念

可以在 Visual C++ 项目中导入下面这几个模块，它们“取决于项目的规模，也许能加快编译速度”。[72]

性能提示

- std.core——该模块包含标准库的大多数功能，但以下除外。
- std.filesystem——该模块包含 <filesystem> 头文件的功能。
- std.memory——该模块包含 <memory> 头文件的功能。
- std.regex——该模块包含 <regex> 头文件的功能。
- std.threading——该模块包含所有和并发编程相关的头文件的功能：<atomic>、<condition_variable>、<future>、<mutex>、<shared_mutex> 和 <thread>。

对于 clang++，可以使用以下语句导入整个 C++ 标准库：

```
import std;
```

现在已经有了 std 和 std.compat 这两个标准库模块的提议，它们或许会被包含到 C++23 中。[73]

在 Visual C++ 中，不能将 #include 标准库头文件的代码与 import Microsoft 标准库模块的代码合并。否则，在链接最终的可执行文件时，编译器不知道该选择哪个版本的标准库。

图 16.22 导入 std.core 模块（第 3 行），然后使用由标准库的 <iostream> 功能提供的 cout 来输出一个字符串。

```
1  // fig16_22.cpp
2  // Importing Microsoft's modularized standard library.
3  import std.core; // provides access to most of the C++ standard library
4
5  int main() {
6     std::cout << "Welcome to C++20 Modules!\n";
7  }
```

```
Welcome to C++20 Modules!
```

图 16.22 导入 Microsoft 的模块化标准库

在 Visual C++ 中编译程序

编译使用了 Microsoft 模块化标准库的程序需要额外的项目设置，而且可能在 Microsoft 的模块实现定版之后发生改变。首先要保证已经安装了 C++ 模块支持。

1. 在 Visual Studio 中选择“工具”|“获取工具和功能”。
2. 在“单个组件”标签页中搜索“C++ 模块”（“模块”前有一个空格），并确保已经勾选了“适用于 v### 生成工具的 C++ 模块”，本书写作时 ### 是 143。如果没有勾选，请勾选它，然后单击“修改”进行安装。可能需要关闭 Visual Studio 以完成安装。

接着必须配置几个项目设置。

1. 在解决方案资源管理器中右击项目，选择“属性”，打开属性页对话框。
2. 在左栏中选择“配置属性”|“C/C++”|“代码生成”。
3. 在右栏中确保将“启用 C++ 异常”设为“是 (/EHsc)”。
4. 如果用 Release 模式进行编译，在右栏中将“运行库”设为“多线程 DLL(/MD)”。如果以 Debug 模式编译，则设为“多线程调试 DLL(/MDd)”。可以在属性页对话框顶部的“配置”下拉列表中更改值，从而选择 Release 或 Debug 模式的设置。
5. 在左栏中选择“配置属性”|“C/C++”|“语言”。
6. 在右栏中确保“启用实验性的 C++ 标准库模块”设为“是 (/experimental:module)”，而且“C++ 语言标准”设为“ISO C++20 标准 (/std:c++20)”。

现在就可以编译并运行图 16.22 中的程序了。

在 clang++ 中修改和编译程序

为了在 clang++ 中编译这个程序，需要将图 16.22 的第 3 行修改成：

```
import std;
```

然后使用以下命令编译程序：

```
clang++ -std=c++20 -stdlib=libc++ -fimplicit-modules
   -fimplicit-module-maps fig16_22.cpp -o fig16_22
```

16.10.2 示例：不允许循环依赖

模块不允许对自己有依赖性；也就是说，模块不能直接或间接地导入自己。[74, 75] 图 16.23 和图 16.24 定义了主模块接口单元 moduleA 和 moduleB——moduleA 导入

moduleB，反之亦然。由于图 16.23 第 5 行和图 16.24 第 5 行的 import 语句，每个模块都间接地对自己有依赖性——moduleA 导入模块 B，moduleB 又导入模块 A。

```
1  // Fig. 16.23: moduleA.ixx
2  // Primary module interface unit that imports moduleB.
3  export module moduleA; // declares the primary module interface unit
4
5  export import moduleB; // import and re-export moduleB
```

图 16.23 导入 moduleB 的主模块接口单元

```
1  // Fig. 16.24: moduleB.ixx
2  // Primary module interface unit that imports moduleA.
3  export module moduleB; // declares the primary module interface unit
4
5  export import moduleA; // import and re-export moduleA
```

图 16.24 导入 moduleA 的主模块接口单元

在 Visual C++ 中编译图 16.23 和图 16.24 的程序产生了以下错误消息：

错误：无法生成以下源文件，因为它们之间存在循环依赖关系： ch16\fig16_23-24\moduleA.ixx 依赖于 ch16\fig16_23-24\moduleB.ixx 依赖于 ch16\fig16_23-24\moduleA.ixx。

错误提示

这个例子中 g++ 或 clang++ 中也不能编译，因为每种编译器都要求先编译一个主模块接口单元，然后才导入它。由于每个模块都相互依赖，所以这是无法做到的。

16.10.3 示例：导入不具传递性

16.6.7 节提到模块是“强封装”的，不会隐式导出声明。因此，import 语句不具传递性。也就是说，如果一个翻译单元导入了 A，A 又导入了 B，那么导入 A 的翻译单元不能自动访问 B 导出的成员。

模块

考虑 moduleA（图 16.25）和 moduleB（图 16.26）——moduleB 导入但没有重新导出 moduleA（图 16.26 的第 6 行）。结果是，moduleA 导出的 cube 函数不是 moduleB 接口的一部分。

```
// Fig. 16.25: moduleA.ixx
// Primary module interface unit that exports function cube.
export module moduleA; // declares the primary module interface unit

export int cube(int x) { return x * x * x; }
```

图 16.25 这个主模块接口单元导出了函数 cube

```
// Fig. 16.26: moduleB.ixx
// Primary module interface unit that imports, but does not export,
// moduleA and exports function square.
export module moduleB; // declares the primary module interface unit

import moduleA; // import but do not export moduleA

export int square(int x) { return x * x; }
```

图 16.26 这个主模块接口单元导入但不导出 moduleA，同时导出了函数 square

错误提示

图 16.27 的程序导入 moduleB 并试图使用 moduleA 的 cube 函数（第 8 行），这产生了错误，因为 cube 的声明没有被导入。Visual C++、g++ 和 clang++ 所生成的关键错误消息分别如下：

- error C3861：“cube”：找不到标识符
- error: ‘cube’ was not declared in this scope
- error: declaration of ‘cube’ must be imported from module ‘moduleA’ before it is required

```
1 // fig16_27.cpp
2 // Showing that moduleB does not implicitly export moduleA's function.
3 import <iostream>;
4 import moduleB;
5
6 int main() {
7    std::cout << "square(6): " << square(6) // exported from moduleB
8       << "\ncube(5): " << cube(5) << '\n'; // not exported from moduleB
9 }
```

图 16.27 证明 moduleB 没有隐式地导出 moduleA 的函数

16.10.4 示例：可见性和可达性

模块

到目前为止，我们每次使用从一个模块中导出的名称，都演示了**可见性**（visibility）的概念。如果能使用一个声明的名称，它在翻译单元中就是可见的。如你所见，从模块导出的任何名称都可以在导入该模块的翻译单元中使用。

模块

有些声明可达但不可见，这意味着不能在另一个翻译单元中显式引用该声明的名称，但该声明可以间接访问。[76, 77, 78] 任何可见的都是可达的，反之则不然。理解这个概念最简单的方法是自己写一下代码。为了演示**可达性**（reachability），我们修改了图 16.9 的主模块接口单元 deitel.time.ixx[79]。主要进行了两处修改（图 16.28）。

- 不再导出命名空间 deitel::time（第 7 行），因此 Time 类没有被导出，对导入 deitel.time 的翻译单元不可见。
- 添加了一个导出的函数 getTime（第 21 行），它向调用者返回一个 Time 对象——我们准备使用该函数的返回值来演示可达性。

该模块的实现单元（图 16.10）在本例中也是一样的，所以这里不再列出。

```
1  // Fig. 16.28: deitel.time.ixx
2  // Primary module interface unit for the deitel.time module.
3  export module deitel.time; // declare the primary module interface
4  
5  import <string>; // rather than #include <string>
6  
7  namespace deitel::time {
8     class Time { // not exported
9     public:
10       // default constructor because it can be called with no arguments
11       explicit Time(int hour = 0, int minute = 0, int second = 0);
12 
13       std::string toString() const;
14    private:
15       int m_hour{0}; // 0 - 23 (24-hour clock format)
16       int m_minute{0}; // 0 - 59
17       int m_second{0}; // 0 - 59
18    };
19 
20    // exported function returns a valid Time
21    export Time getTime() {return Time(6, 45, 0);}
22 }
```

图 16.28 deitel.time 模块的主模块接口单元

图 16.29 的程序导入了 deitel.time 模块（第 5 行）。第 10 行调用该模块导出的 getTime 函数来获得一个 Time 对象。注意，变量 t 的类型是推断出来的。如果把第 10 行的 auto 替换为 deitel::time::Time，那么会产生下面这样的一个错误（来自 Visual C++）：

```
"Time"：不是 "deitel::time" 的成员
```

之所以发生这个错误，是因为 Time 在这个翻译单元中不可见。然而，Time 的定义是可达的，因为 getTime 返回一个 Time 对象——编译器知道这一点，所以它能推断出变量 t 的类型。当一个类的定义可达时，该类的成员就是可见的。因此，即使 deitel.time 没有导出 Time 类，这个翻译单元仍然可以调用 Time 的成员函数

模块

toString（第 14 行）来获得 t 的字符串表示。这个程序的编译步骤与 16.8.2 节描述的相同，只是 main 程序文件名现在是 fig16_29.cpp。

```
1  // fig16_29.cpp
2  // Showing that type deitel::time::Time is reachable
3  // and its public members are visible.
4  import <iostream>;
5  import deitel.time;
6
7  int main() {
8     // initalize t with the object returned by getTime; cannot declare t
9     // as type Time because the type is not exported, and thus not visible
10    auto t{deitel::time::getTime()};
11
12    // Time's toString function is reachable, even though
13    // class Time was not exported by module deitel.time
14    std::cout << "Time t:\n" << t.toString() << "\n\n";
15 }
```

```
Time t:
Hour: 6
Minute: 45
Second: 0
```

图 16.29 证明 deitel::time::Time 类型是可达的，而且其 public 成员是可见的

16.11 将代码迁移到模块

我们经常参考“C++ 核心准则”来获取关于如何正确使用各种语言元素的建议和意见。本书写作时，模块技术还很新，流行编译器对模块的实现尚未完善，“C++ 核心准则”也没有更新关于模块的建议。除此之外，讨论开发者将现有软件系统迁移到模块的经验的文章和视频也不多。这里列出了一些我们最喜欢的文章。微软（Cameron DaCamara）和彭博社（Steve Downey）的视频提供了最新的提示、指南和见解。Daniela Engert 和 Nathan Sidwell 的视频都演示了如何对现有代码进行模块化，Yuka Takahashi、Oksana Shadura 和 Vassil Vassilev 的论文讨论了他们对大型 CERN ROOT C++ 代码库的部分进行模块化的经验：

- Cameron DaCamara，“Moving a Project to C++ Named Modules”，访问日期 2022 年 2 月 4 日，https://devblogs.microsoft.com/cppblog/moving-a-project-to-cpp-named-modules。

- Steve Downey，“Writing a C++20 Module”，访问日期 2022 年 2 月 4 日，https://www.youtube.com/watch?v=AO4piAqV9mg。
- Daniela Engert，“Modules: The Beginner' s Guide”，访问日期 2022 年 2 月 4 日，https://www.youtube.com/watch?v=Kqo-jIq4V3I。
- Yuka Takahashi、Oksana Shadura 和 Vassil Vassilev，“Migrating Large Codebases to C++ Modules”，访问日期 2022 年 2 月 4 日，https://arxiv.org/abs/1906.05092。
- Nathan Sidwell，“Converting to C++20 Modules”，访问日期 2022 年 2 月 4 日，https://www.youtube.com/watch?v=KVsWIEw3TTw。

一旦有更多有价值的资源出现，我们会在 https://deitel.com/c-plus-plus-20-for-programmers 进行更新。

16.12 模块和模块工具的未来

C++ 标准委员会已开始着手 C++23，重点是一个模块化的标准库。[80]C++20 模块是如此之新，以至于帮助你使用模块的工具都处于开发阶段，并将在几年内继续进化。本章已经展示了一些工具。例如，如果你用 Visual C++ 来实验本章的例子，就知道 Visual Studio 允许将模块添加到项目，而且它的生成工具可以编译和链接你的模块化应用程序。

许多流行的编程语言都有模块系统或类似的功能。

- Java 有 Java 平台模块系统（Java Platform Module System，JPMS），为此我们专门在 Java 书中写了一章，并在 Oracle 的 Java Magazine 上发表了一篇文章。[81]
- Python 有一个完善的模块系统，我们的 Python 书广泛使用了这个系统。[82，83]
- Microsoft .NET 平台语言（例如 C# 和 Visual Basic）都可以使用“程序集”对代码进行模块化。

维基百科列出了支持模块功能的几十种语言。[84]

许多语言都提供了工具来帮助你使用它们的模块系统并对你的代码进行模块化。以下工具最终可能出现在 C++ 生态系统中。

- 管理软件系统编译过程的模块感知 build 工具（Visual C++ 已经有了这个工具）。
- 生成跨平台模块接口的工具，这样开发者就可以发布模块接口描述和目标码，而不是源代码。
- 依赖性检查工具，确保已经安装好需要的模块。

- 模块发现工具，确定哪些模块已经安装，以及安装的是什么版本。
- 可视化模块依赖关系的工具，向你呈现软件系统中模块之间的关系。
- 模块打包和分发工具，帮助开发者在不同平台上方便地安装模块及其依赖项。
- 以及更多。

参考资料

彭博社的的 Daniel Ruoso 在 2021 年 7 月发表的一篇论文[85]中讨论了当今代码重用和 build 系统的各种问题，倡议大家积极讨论 C++ 模块工具的未来。那篇论文和这里列出的其他资源按时间倒序列出了各种 C++ 标准和第三方供应商为了帮助改善 C++ 开发过程而有可能提供的各种模块感知工具：

- Daniel Ruoso，“Requirements for Usage of C++ Modules at Bloomberg”，访问日期 2022 年 2 月 4 日，https://isocpp.org/files/papers/P2409R0.pdf。
- Nathan Sidwell，“P1184: A Module Mapper”，访问日期 2022 年 2 月 4 日，http://www.open-std.org/jtc1/sc22/wg21/docs/papers/2020/p1184r2.pdf。
- Rob Irving、Jason Turner 和 Gabriel Dos Reis，“Modules Present and Future”，访问日期 2022 年 2 月 4 日，https://cppcast.com/modules-gaby-dos-reis/。
- Cameron DaCamara，“Practical C++20 Modules and the Future of Tooling Around C++ Modules”，访问日期 2022 年 2 月 4 日，https://www.youtube.com/watch?v=ow2zV0Udd9M。
- Nathan Sidwell，“C++ Modules and Tooling”，访问日期 2022 年 2 月 4 日，https://www.youtube.com/watch?v=4yOZ8Zp_Zfk。
- Gabriel Dos Reis，“Modules Are a Tooling Opportunity”，访问日期 2022 年 2 月 4 日，http://www.open-std.org/jtc1/sc22/wg21/docs/ papers/2017/p0822r0.pdf。

16.13 小结

本章介绍了模块——C++20 新的“四大”特性之一。模块可以帮助你组织代码，精确控制向客户端代码公开的声明，同时封装实现细节。我们讨论了模块的优点，包括它们如何提高开发人员的生产效率，改善系统的伸缩性，并减少翻译单元大小和构建时间。我们同时指出了模块的一些缺点。

本章展示了许多完整的、可实际运行的模块代码示例。即使是规模不大的系统，也能从模块技术中获益，而这只需要从使用 `#include` 预处理器指令过渡到将标准库头文件作为“头单元”导入。我们创建了自定义模块：实现一个主模块接口单元来指定模块的客户端代码接口，然后将该模块导入一个应用程序，从而使用其导出的成员。我们使用命名空间来避免与其他模块内容发生名称冲突。我们强调，在导入模块的翻译单元中，模块没有导出的成员是不能通过名称来访问的。

我们将接口和实现分开。一种做法是在主模块接口单元中将实现代码放在 `:private` 模块片段中。另一种做法是使用“模块实现单元”。我们将模块划分为不同的部分，将其组件组织成更小、更容易管理的翻译单元。我们证明了“子模块”比分区更灵活，因为不能将分区导入不属于同一模块的翻译单元中。

我们展示了在一个语句中导入 Microsoft 或 clang++ 的模块化标准库是多么容易。我们证明了模块的循环依赖关系是不被允许的，而且导入不具传递性。我们讨论了声明的“可见性”和“可达性”的区别，强调任何可见的都可达，但并非所有可达的都可见。

针对遗留代码迁移到模块的问题，我们提供了许多相关的资源——这是考虑部署模块技术的组织非常感兴趣的话题。最后，我们讨论了 C++20 模块的未来以及未来几年可能出现的一些工具。在稍后的附录中，为了方便你进一步学习和研究，我们列出了在撰写本章时参考的各种视频、文章、技术论文和文档。还提供了一个词汇表，列出了与模块相关的关键术语和定义。

模块技术非常重要。只要有合适的工具支持，模块就能为 C++ 开发人员提供对库和大规模软件系统的设计、实现和进化进行改善的重要机会。

但是，模块无论如何都是一种新事物，组织鲜有使用它们的经验。一些组织确实对新软件进行了模块化，但 40 多年都没有模块化的遗留 C++ 软件怎么办？其中一些最终会被模块化。有些则永远不会被模块化，原因可能是构建和理解这些系统的人早就离开了。

在我们公司，对多种广泛使用的编程语言都有涉足。我们多年来研究、写作和教授 Java 平台模块系统（JPMS）的经验表明，对 C++20 模块的接纳会是一个循序渐进的过程。Java 早在 2017 年就引入了 JPMS。但是，编译器厂商 JetBrains 在 2021 年的一次开发者调查显示，72% 的 Java 开发者仍在某种程度上使用 Java 8——引入 JPMS 之前的 Java 版本。[86] 许多人都在等着其他组织对大型遗留代码库进行模块化和启动新模块化软件开发项目的经验。

下一章将介绍可以发挥计算机多核架构的能力的 C++ 技术，包括并发性、并行性和并行标准库算法。

模块相关视频（英文版）

视频按时间顺序倒序排列：

- Gabriel Dos Reis and Cameron DaCamara, “Implementing C++ Modules:

Lessons Learned, Lessons Abandoned,” December 18, 2021. 访问日期 2022 年 2 月 5 日，https://www.youtube.com/watch?v=9OWGgkuyFV8。

- Steve Downey, “Writing a C++20 Module,” July 5, 2021. 访问日期 2022 年 2 月 4 日，https://www.youtube.com/watch?v=AO4piAqV9mg。
- Daniela Engert, “The Three Secret Spices of C++ Modules,” July 1, 2021. 访问日期 2022 年 2 月 4 日，https://www.youtube.com/watch?v=l_83lyxWGtE。
- Sy Brand, “C++ Modules: Year 2021,” May 6, 2021. 访问日期 2022 年 2 月 4 日，https://www.youtube.com/watch?v=YcZntyWpqVQ。
- Gabriel Dos Reis, “Programming in the Large with C++ 20: Meeting C++ 2020 Keynote,” December 11, 2020. 访问日期 2022 年 2 月 4 日，https://www.youtube.com/watch?v=j4du4LNsLiI。
- Marc Gregoire, “C++20: An (Almost) Complete Overview,” September 26, 2020. 访问日期 2022 年 2 月 4 日，https://www.youtube.com/watch?v=FRkJCvHWdwQ。
- Cameron DaCamara, “Practical C++20 Modules and the Future of Tooling Around C++ Modules,” May 4, 2020. 访问日期 2022 年 2 月 4 日，https://www.youtube.com/watch?v=ow2zV0Udd9M。
- Timur Doumler, “How C++20 Changes the Way We Write Code,” October 10, 2020. 访问日期 2022 年 2 月 4 日，https://www.youtube.com/watch?v=ImLFlLjSveM。
- Daniela Engert, “Modules: The Beginner’s Guide,” May 2, 2020. 访问日期 2022 年 2 月 4 日，https://www.youtube.com/watch?v=Kqo-jIq4V3I。
- Bryce Adelstein Lelbach, “Modules Are Coming,” May 1, 2020. 访问日期 2022 年 2 月 4 日，https://www.youtube.com/watch?v=yee9i2rUF3s。
- Pure Virtual C++ 2020 Conference, April 30, 2020. 访问日期 2022 年 2 月 4 日，https://www.youtube.com/watch?v=c1ThUFISDF4。
- “Demo: C++20 Modules,” March 30, 2020. 访问日期 2022 年 2 月 4 日，https://www.youtube.com/watch?v=6SKIUeRaLZE。
- Daniela Engert, “Dr Module and Sister #include,” December 5, 2019. 访问日期 2022 年 2 月 4 日，https://www.youtube.com/watch?v=OCFOTle2G-A。
- Boris Kolpackov, “Practical C++ Modules,” October 18, 2019. 访问日期 2022 年 2 月 4 日，https://www.youtube.com/watch?v=szHV6RdQdg8。
- Michael Spencer, “Building Modules,” October 6, 2019. 访问日期 2022 年 2 月 4 日，https://www.youtube.com/watch?v=L0SHHkBenss。

- Gabriel Dos Reis, “Programming with C++ Modules: Guide for the Working Software Developer,” October 5, 2019. 访问日期 2022 年 2 月 4 日，https://www.youtube.com/watch?v=tjSuKOz5HK4。
- Nathan Sidwell, “Converting to C++20 Modules,” October 4, 2019. 访问日期 2022 年 2 月 4 日，https://www.youtube.com/watch?v=KVs WIEw3TTw。
- Gabriel Dos Reis, “C++ Modules: What You Should Know,” September 13, 2019. 访问日期 2022 年 2 月 4 日，https://www.youtube.com/watch?v=MP6SJEBt6Ss。
- Richárd Szalay, “The Rough Road Towards Upgrading to C++ Modules,” June 16, 2019. 访问日期 2022 年 2 月 4 日，https://www.youtube.com/watch?v=XJxQs8qgn-c。
- Nathan Sidwell, “C++ Modules and Tooling,” October 4, 2018. 访问日期 2022 年 2 月 4 日，https://www.youtube.com/watch?v=4yOZ8Zp_Zfk。

模块相关文章

文章按时间顺序倒序排列：

- Cameron DaCamara, “Moving a Project to C++ Named Modules,” August 10, 2021. 访问日期 2022 年 2 月 4 日，https://devblogs.microsoft.com/cppblog/moving-a-project-to-cppnamed-modules/。
- Cameron DaCamara, “Using C++ Modules in MSVC from the Command Line Part 1: Primary Module Interfaces,” July 21, 2021. 访问日期 2022 年 2 月 4 日，https://devblogs.microsoft.com/cppblog/using-cpp-modules-in-msvc-from-the-command-line-part-1/。
- Daniel Ruoso, “Requirements for Usage of C++ Modules at Bloomberg,” July 12, 2021. 访问日期 2022 年 2 月 4 日，https://wg21.link/P2409R0。
- Andreas Fertig, Programming with C++20: Concepts, Coroutines, Ranges, and More, 2021. 访问日期 2022 年 2 月 4 日，https://andreasfertig.info/books/programming-with-cpp20/。
- Nathan Sidwell, “C++ Modules: A Brief Tour,” October 19, 2020. 访问日期 2022 年 2 月 4 日，https://accu.org/journals/overload/28/159/sidwell/。
- Cameron DaCamara, “Standard C++20 Modules Support with MSVC in Visual Studio 2019 Version 16.8,” September 14, 2020. 访问日期 2022 年 2 月 4 日，https://devblogs.microsoft.com/cppblog/standard-c20-modules-support-with-msvc-in-visual-studio-2019-version-16-8/。
- Vassil Vassilev, David Lange, Malik Shahzad Muzaffar, Mircho Rodozov, Oksana Shadura and Alexander Penev, “C++ Modules in ROOT and Beyond,” August

25, 2020. 访问日期 2022 年 2 月 4 日，https://arxiv.org/pdf/2004.06507.pdf。

- Bjarne Stroustrup, “Thriving in a Crowded and Changing World: C++ 2006–2020—Section 9.3.1 Modules,” June 12, 2020. 访问日期 2022 年 2 月 6 日，https://www.stroustrup.com/ hopl20main-p5-p-bfc9cd4--final.pdf。
- Rainer Grimm, “C++20: Further Open Questions to Modules,” June 8, 2020. 访问日期 2022 年 2 月 4 日，https://www.modernescpp.com/index.php/c-20-open-questions-to-modules。
- Rainer Grimm, “C++20: Structure Modules,” June 1, 2020. 访问日期 2022 年 2 月 4 日，https://www.modernescpp.com/index.php/c-20-divide-modules。
- Rainer Grimm, “C++20: Module Interface Unit and Module Implementation Unit,” May 25, 2020. 访问日期 2022 年 2 月 4 日， https://www.modernescpp.com/index.php/c-20-moduleinterface-unit-and-module-implementation-unit。
- Rainer Grimm, “C++20: A Simple Math Module,” May 17, 2020. 访问日期 2022 年 2 月 4 日，https://www.modernescpp.com/index.php/cpp20-a-first-module。
- Corentin Jabot, “What Do We Want from a Modularized Standard Library?” May 16, 2020. 访问日期 2022 年 2 月 4 日，https://wg21.link/p2172r0。
- Rainer Grimm, “C++20: The Advantages of Modules,” May 10, 2020. 访问日期 2022 年 2 月 4 日，https://www.modernescpp.com/index.php/cpp20-modules。
- Cameron DaCamara, “C++ Modules Conformance Improvements with MSVC in Visual Studio 2019 16.5,” January 22, 2020. 访问日期 2022 年 2 月 4 日，https://devblogs.microsoft.com/cppblog/c-modules-conformance-improvements-with-msvc-in-visual-studio-2019-16-5/。
- Colin Robertson and Nick Schonning, “Overview of Modules in C++,” December 13, 2019. 访问日期 2022 年 2 月 4 日，https://docs.microsoft.com/en-us/cpp/cpp/modules-cpp?view=msvc160。
- Arthur O’Dwyer, “Hello World with C++2a Modules,” November 7, 2019. 访问日期 2022 年 2 月 4 日，https://quuxplusone.github.io/blog/2019/11/07/modular-hello-world/。
- “Understanding C++ Modules: Part 3: Linkage and Fragments,” October 7, 2019. 访问日期 2022 年 2 月 4 日，https://vector-of-bool.github.io/2019/10/07/modules-3.html。
- Rainer Grimm, “More Details to Modules,” May 13, 2019. 访问日期 2022 年 2 月 4 日，http://modernescpp.com/index.php/c-20-more-details-to-modules。

- Rainer Grimm, “Modules,” May 6, 2019. 访问日期 2022 年 2 月 4 日，http://moder- nescpp.com/index.php/c-20-modules。
- Bryce Adelstein Lelbach and Ben Craig, “P1687R1: Summary of the Tooling Study Group’s Modules Ecosystem Technical Report Telecons,” August 5, 2019. 访问日期 2022 年 2 月 4 日，https://wg21.link/P1687R1。
- Corentin Jabot, “Naming Guidelines for Modules,” June 16, 2019. 访问日期 2022 年 2 月 4 日，https://wg21.link/P1634R0。
- “Understanding C++ Modules: Part 2: export, import, Visible, and Reachable,” March 31, 2019. 访问日期 2022 年 2 月 4 日，https://vector-of-bool.github.io/2019/03/31/modules-2.html。
- “Understanding C++ Modules: Part 1: Hello Modules, and Module Units,” March 10, 2019. 访问日期 2022 年 2 月 4 日，https://vector-of-bool.github.io/2019/03/10/modules-1.html。
- Rene Rivera, “Are Modules Fast? (Revision 1),” March 6, 2019, 访问日期 2022 年 2 月 4 日，https://wg21.link/p1441r1。
- Richard Smith, “Merging Modules,” February 22, 2019. 访问日期 2022 年 2 月 4 日，https://wg21.link/p1103r3。
- “C++ Modules Might Be Dead-on-Arrival,” January 27, 2019. 访问日期 2022 年 2 月 4 日，https://vector-of-bool.github.io/2019/01/27/modules-doa.html。
- Richard Smith and Gabriel Dos Reis, “Merging Modules,” June 22, 2018. 访问日期 2022 年 2 月 4 日，https://wg21.link/p1103r0。
- Gabriel Dos Reis and Richard Smith, “Modules for Standard C++,” May 7, 2018. 访问日期 2022 年 2 月 4 日，https://wg21.link/p1087r0。
- Richard Smith, “Another Take on Modules (Revision 1),” March 6, 2018. 访问日期 2022 年 2 月 4 日，https://wg21.link/p0947r1。
- Bjarne Stroustrup, “Modules and Macros,” February 11, 2018. 访问日期 2022 年 2 月 4 日，https://wg21.link/p0955r0。
- Dmitry Guzeev, “A Few Words on C++ Modules,” January 8, 2018. 访问日期 2022 年 2 月 4 日，https://medium.com/@dmitrygz/brief-article-on-c-modules-f58287a6c64。
- Gabriel Dos Reis (ed.), “Working Draft, Extensions to C++ for Modules,” January 29, 2018. 访问日期 2022 年 2 月 4 日，https://wg21.link/n4720。
- Gabriel Dos Reis and Pavel Curtis, “Modules, Componentization, and Transition,” October 5, 2015. 访问日期 2022 年 2 月 4 日，https://wg21.link/p0141r0。

- Gabriel Dos Reis, Mark Hall and Gor Nishanov, "A Module System for C++," May 27, 2014. 访问日期 2022 年 2 月 4 日，https://wg21.link/n4047。
- Daveed Vandevoorde, "Modules in C++ (Revision 6)," January 11, 2012. http://www.openstd.org/jtc1/sc22/wg21/docs/papers/2012/n3347.pdf。

文档

- "3.23 C++ Modules." 访问日期 2022 年 2 月 4 日，https://gcc.gnu.org/onlinedocs/gcc/C_002b_002b-Modules.html.
- "C++20 Standard: 10 Modules." 访问日期 2022 年 2 月 4 日，https://timsong-cpp.github.io/cppwp/n4861/module.
- "Modules—Module Partitions." 访问日期 2022 年 2 月 4 日，https://zh.cppreference.com/w/cpp/language/modules.

模块词汇表

- 导出（`export`）一个声明——使导入（`import`）相应模块的翻译单元能够使用该声明。
- 导出（`export`）一个定义——使导入（`import`）相应模块的翻译单元能够使用该定义（例如模板）。
- `export` 后跟大括号——模块导出由大括号界定的代码块中的所有声明或定义。注意，这个块没有定义一个新的作用域。
- `export module` 声明——指出一个模块单元是主模块接口单元，并引入了该模块的名称。
- 全局模块——一个未具名的模块，包含在非模块翻译单元或全局模块片段中定义的所有标识符。
- 全局模块片段——在模块单元中，这种片段（fragment）只能包含预处理器指令，而且必须放在 `module` 声明之前。这种片段中的所有声明都是全局模块的一部分，可以在模块单元的其余部分使用。
- 头单元（header unit）——被 `import` 而不是 `#include` 的头文件。
- IFC（.ifc）格式——一种 Microsoft Visual C++ 文件格式，用于存储编译器为模块生成的信息。
- 导入（`import`）头文件——使现有的头文件被当作"头单元"处理，这也许能缩减大型项目的编译时间。
- 导入（`import`）模块——使模块导出的声明能在翻译单元中使用。

- import 声明——将一个模块导入翻译单元的语句。
- 接口依赖——将模块导入实现单元，该实现单元对该模块的接口就有了一个依赖。
- module 声明——每个模块单元都有一个 module 声明，它指定了模块的名称，可能还有一个分区名称。
- 模块实现单元——module 声明不以 export 关键字开头的模块单元。
- 模块接口单元——module 声明以 export 关键字开头的模块单元。
- 模块链接（module linkage）——从模块导出的、只在那个模块中已知的名称。
- 模块名称——在 module 声明中指定的名称。给定模块的所有模块单元都必须有相同的模块名称。
- 模块分区（module partition）——一种模块单元，其 module 声明指定了一个模块名称，并后跟冒号和分区名称。同名模块中的模块分区名称必须是唯一的。如果模块分区是模块接口分区，它必须由模块的主接口单元导出。
- 模块视界（module purview）——从 module 声明开始，一直到翻译单元结束的标识符集合。
- 模块单元——包含一个 module 声明的实现单元。
- 具名模块——具有相同模块名称的所有模块单元。
- 具名模块视界（named module purview）——具名模块中所有模块单元的“视界”（purview）。
- 命名空间——定义一个作用域，相关的标识符和变量都放在这里，避免你自己的程序和库中的标识符发生名称冲突。
- 分区——一种模块单元，它定义了模块的一部分接口或实现。分区对导入模块的翻译单元不可见。
- 预编译模块接口（precompiled module interface，文件名格式 .pcm）：一种 clang++ 文件，包含和一个模块接口有关的信息。在编译依赖于给定模块的其他翻译单元时使用。
- 主模块接口单元——决定哪些声明由一个模块导出，可以在其他翻译单元中使用。
- :private 模块片段——模块接口单元中的一个部分，允许在接口所在的同一个文件中定义模块的实现，同时不会将实现暴露给其他翻译单元。
- 可达的（reachable）声明——如果一个声明在代码中可以不以直接引用的方式使用，这个声明就是可达的。例如，如果将模块导入一个翻译单元，而且该模块导出的一个函数返回了未导出的一个类型的对象，那么该类型在进行导入的这个翻译单元中就是可达的。

- 翻译单元——一个预处理好的源代码文件，它已经准备好进行编译。
- 可见的（visible）声明——可以在代码中直接按名称来使用的声明。例如，如果将模块导入一个翻译单元，该模块导出的声明在该翻译单元中就是可见的。所有可见的声明都可达，反之则不然。

注释

1. Daveed Vandevoorde，“Modules in C++ (Revision 6)”，https://wg21.link/n3347。
2. Gabriel Dos Reis，“Programming in the Large with C++ 20: Meeting C++ 2020 Keynote”，访问日期 2022 年 2 月 4 日，https://www.youtube.com/watch?v=j4du4LNsLiI。
3. Vassil Vassilev1，David Lange1，Malik Shahzad Muzaffar，Mircho Rodozov，Oksana Shadura 和 Alexander Penev，“C++ Modules in ROOT and Beyond”，https://arxiv.org/pdf/2004.06507.pdf。
4. Bjarne Stroustrup，“Modules and Macros”，访问日期 2022 年 2 月 4 日，https://wg21.link/p0955r0。
5. Bjarne Stroustrup，“Thriving in a Crowded and Changing World: C++ 2006–2020—Section 9.3.1 Modules”，访问日期 2022 年 2 月 6 日，https://www.stroustrup.com/hopl20main-p5-p-bfc9cd4--final.pdf。
6. Gabriel Dos Reis、Mark Hall 和 Gor Nishanov，“A Module System for C++”，访问日期 2022 年 2 月 4 日，https://wg21.link/n4047。
7. Gabriel Dos Reis (ed.)，“Working Draft, Extensions to C++ for Modules”，访问日期 2022 年 2 月 4 日，https://wg21.link/n4720。
8. Bjarne Stroustrup，“Thriving in a Crowded and Changing World: C++ 2006–2020—Section 9.3.1 Modules”，访问日期 2022 年 2 月 6 日，https://www.stroustrup.com/hopl20main-p5-p-bfc9cd4--final.pdf。
9. 当你读到本书时，编译步骤可能有所改变。如果遇到问题，请电邮 deitel@deitel.com。我们会及时响应，并在本书主页 https://deitel.com/cpp20fp 发布更新。
10. Xcode 中的 clang++ 版本并没有像直接来自 LLVM/Clang 团队的版本那样实现许多 C++20 特性。另外，在本书写作的时候，在 docker pull 命令中使用”latest”而不是”13”会下载一个包含 clang++ 12 而不是 13 版本的 Docker 容器。
11. 访问日期 2022 年 2 月 4 日，https://en.wikipedia.org/wiki/Translation_unit_(programming)。
12. Gabriel Dos Reis，“Programming with C++ Modules: Guide for the Working Software Developer”，访问日期 2022 年 2 月 4 日，https://www.youtube.com/watch?v=tjSuKOz5HK4。
13. Stroustrup，“Thriving in a Crowded and Changing World”。
14. Bryce Adelstein Lelbach，“Modules Are Coming”，访问日期 2022 年 2 月 4 日，https://www.youtube.com/watch?v=yee9i2rUF3s。
15. “C++20 Standard: 6 Basics—6.3 One-Definition Rule”，访问日期 2022 年 2 月 4 日，

https://timsong-cpp.github.io/cppwp/n4861/basic.def.odr。

16. 访问日期 2022 年 2 月 4 日，https://en.wikipedia.org/wiki/Circular_dependency。
17. 一些程序员首选对预处理器常量（如 SIZE）和宏（如 SQUARE）使用全部大写的命名。
18. Corentin Jabot，“What Do We Want from a Modularized Standard Library?”，访问日期 2022 年 2 月 4 日，https://wg21.link/p2172r0。
19. Gabriel Dos Reis 和 Pavel Curtis，“Modules, Componentization, and Transition”，访问日期 2022 年 2 月 4 日，https://wg21.link/p0141r0。
20. Daniela Engert，“Modules: The Beginner' s Guide”，https://www.youtube.com/watch?v=Kqo-jIq4V3I。
21. Rainer Grimm，“C++20: The Advantages of Modules”，访问日期 2022 年 2 月 4 日，https://www.modernescpp.com/index.php/cpp20-modules。
22. Dmitry Guzeev，“A Few Words on C++ Modules”，访问日期 2022 年 2 月 4 日，https://medium.com/@dmitrygz/brief-article-on-c-modules-f58287a6c64。
23. Rene Rivera，“Are Modules Fast? (Revision 1)”，访问日期 2022 年 2 月 4 日，https://wg21.link/p1441r1。
24. Steve Downey，“Writing a C++20 Module”，访问日期 2022 年 2 月 4 日，https://www.youtube.com/watch?v=AO4piAqV9mg。
25. “C++ Modules Might Be Dead-on-Arrival”，访问日期 2022 年 2 月 4 日，https://vector-of-bool.github.io/2019/01/27/modules-doa.html。
26. “C++20 Standard: 10 Modules—10.3 Import Declaration”，访问日期 2022 年 2 月 4 日，https://timsong-cpp.github.io/cppwp/n4861/module.import。
27. Dos Reis，“Programming with C++ Modules: Guide for the Working Software Developer”。
28. Cameron DaCamara，“Practical C++20 Modules and the Future of Tooling Around C++ Modules”，访问日期 2022 年 2 月 4 日，https://www.youtube.com/watch?v=ow2zV0Udd9M。
29. Stroustrup，“Thriving in a Crowded and Changing World”。
30. “C++20 Standard: 10 Modules—10.3 Import Declaration”，访问日期 2022 年 2 月 4 日，https://timsong-cpp.github.io/cppwp/n4861/module.import。
31. “Understanding C++ Modules: Part 3: Linkage and Fragments”，访问日期 2022 年 2 月 4 日，https://vector-of-bool.github.io/2019/10/07/modules-3.html。
32. Daniela Engert，“Modules: The Beginner' s Guide”，访问日期 2022 年 2 月 4 日，https://www.youtube.com/watch?v=Kqo-jIq4V3I。
33. 如果 C++20 选项也不起作用，可以尝试设为“预览 - 最新 C++ 工作草案中的功能 (/std:c++latest)”。
34. 等 g++ 完全实现 C++20“模块”后，这可能会发生改变。
35. “3.23 C++ Modules”，访问日期 2022 年 2 月 4 日，https://gcc.gnu.org/onlinedocs/gcc/C_002b_002b-Modules.html。
36. Nathan Sidwell，“C++ Modules: A Brief Tour”，访问日期 2022 年 2 月 4 日，https://accu.org/journals/overload/28/159/sidwell/。
37. 还可使用 c++-header 和 c++-user-header 标志将其他头文件作为头单元来编译。详情参见 https://gcc.gnu.org/onlinedocs/gcc/C_002b_002b-Modules.html。
38. 等 clang++ 完全实现 C++20“模块”后，这可能会发生改变。另外，头单元适用于标准库头文件。用户自定义头文件需要创建自己的模块映射。欲知详情，请参见 https://clang.llvm.org/docs/Modules.html#module-maps。
39. “C++ Standard: 10 Modules—10.2 Export Declaration”，访问日期 2022 年 2 月 4 日，https://timsong-cpp.github.io/cppwp/n4861/module.interface。
40. 这样就可以使用“name::”来限定它导出的成员。
41. “C++ Standard: 10 Modules—10.1 Module Units and Purviews”，访问日期 2022 年 2 月 4 日，https://timsong-cpp.github.io/cppwp/n4861/module.unit。
42. Corentin Jabot，“Naming Guidelines for Modules”，访问日期 2022 年 2 月 4 日，https://wg21.link/P1634R0。
43. Michael Spencer，“P1873R1: remove.dots.in.module.names”，访问日期 2022 年 2 月 4 日，https://wg21.link/p1873r1。
44. 译注：module purview 翻译为“模块视界”为佳，但目前尚未统一。
45. “C++ Standard: 10 Modules—10.1 Module Units and Purviews”。
46. DaCamara，“Practical C++20 Modules and the Future of Tooling Around C++ Modules”。
47. “C++ Standard: 10 Modules—10.2 Export Declaration”。
48. 访问日期 2022 年 2 月 4 日，https://zh.cppreference .com/w/cpp/language/namespace。
49. Dos Reis，“Programming with C++ Modules: Guide for the Working Software Developer”。
50. 命名空间 deitel::math 定义了带有嵌套命名空间 math 的 deitel 命名空间。这种表示法是在 C++17 中引入的。我们在网上的英文版第 20 章中讨论了嵌套命名空间。
51. Dos Reis，“Programming with C++ Modules: Guide for the Working Software Developer”。
52. Daniela Engert，“Modules: The Beginner's Guide”，访问日期 2022 年 2 月 4 日，https://www.youtube.com/watch?v=Kqo-jIq4V3I。
53. “C++ Standard: 10 Modules—10.4 Global Module Fragment”，访问日期 2022 年 2 月 4 日，https://timsong-cpp.github.io/cppwp/n4861/module.global.frag。
54. Dos Reis，“Programming with C++ Modules: Guide for the Working Software Developer”。
55. “C++20 Standard: 10 Modules—10.1 Module Units and Purviews”，访问日期 2022 年 2 月 4 日，https://timsong-cpp.github.io/cppwp/n4861/module#unit。
56. “C++20 Standard: 10 Modules”，访问日期 2022 年 2 月 4 日，https://timsong-cpp.github.io/cppwp/n4861/module。
57. 我们用“-impl”后缀命名模块实现单元，目的是支持 g++ 编译器的编译步骤，确保生成的每个 .o 文件都有一个唯一的名称。
58. 截至本书写作时为止，这个例子在 g++ 中还不能正确链接。
59. “C++20 Standard: 10 Modules—Private module fragment”，访问日期 2022 年 2 月 4 日，https://timsong-cpp.github.io/cppwp/n4861/module.private.frag。
60. Cameron DaCamara，“Standard C++20 Modules Support with MSVC in Visual Studio 2019 Version 16.8—Private Module Fragments”，访问日期 2022 年 2 月 5 日，https://tinyurl.com/ywhpy3nd。
61. Dos Reis，“Programming with C++ Modules: Guide for the Working Software

Developer”。
62. “C++20 Standard: 10 Modules—Private Module Fragment”，访问日期 2022 年 2 月 4 日，https://timsong-cpp.github.io/cppwp/n4861/module.private.frag。
63. 摘自本书作者 Paul Deitel 与 Visual C++ 团队成员兼 Microsoft 高级软件工程师 Cameron DaCamara 于 2022 年 2 月 10 日的一次邮件通信。
64. 截至本书写作时为止，clang++ 还不支持分区。
65. DaCamara，“Practical C++20 Modules and the Future of Tooling Around C++ Modules”。
66. 模块工具（modules tooling）在本书写作时仍处于开发阶段，而且未来几年还会继续进化。
67. “模块—模块分区”，访问日期 2022 年 2 月 4 日，https://zh.cppreference.com/w/cpp/language/modules。
68. Dos Reis，“Programming with C++ Modules: Guide for the Working Software Developer”。
69. “C++ Standard: 10 Modules—10.1 Module Units and Purviews”，访问日期 2022 年 2 月 4 日，https://timsong-cpp.github.io/cppwp/n4861/module.unit。
70. Richard Smith，“Merging Modules—Section 2.2 Module Partitions”，访问日期 2022 年 2 月 4 日，https://wg21.link/p1103r3。
71. C++ Standard，“10 Modules—10.1 Module Units and Purviews”。
72. Colin Robertson 和 Nick Schonning，“C++ 中的模块概述”，访问日期 2022 年 2 月 4 日，https://docs.microsoft.com/zh-cn/cpp/cpp/modules-cpp。
73. Stephan T. Lavavej、Gabriel Dos Reis、Bjarne Stroustrup 和 Jonathan Wakely，“Standard Library Modules std and std.compat”，访问日期 2022 年 2 月 4 日，https://wg21.link/p2465。
74. “C++ Standard: 10 Modules—10.3 Import Declaration”，访问日期 2022 年 2 月 4 日，https://timsong-cpp.github.io/cppwp/n4861/module.import。
75. “Understanding C++ Modules: Part 2: export, import, Visible, and Reachable”，访问日期 2022 年 2 月 4 日，https://vector-of-bool.github.io/2019/03/31/modules-2.html。
76. “C++ Standard: 10 Modules—10.7 Reachability”，访问日期 2022 年 2 月 4 日，https://timsong-cpp.github.io/cppwp/n4861/module.reach。
77. “Understanding C++ Modules: Part 2: export, import, Visible, and Reachable”。
78. Richard Smith，“Merging Modules—Section 2.2 Module Partitions”，访问日期 2022 年 2 月 4 日，https://wg21.link/p1103r3。
79. 截止到本书写作时，这个例子在 g++ 中无法正确链接，在 clang++ 中无法编译。
80. “To Boldly Suggest an Overall Plan for C++23”，访问日期 2022 年 2 月 4 日，https://wg21.link/p0592r4。
81. Paul Deitel，“Understanding Java 9 Modules”，Oracle Java Magazine，访问日期 2022 年 2 月 4 日，https://www.oracle.com/a/ocom/docs/corporate/java-magazine-sept-oct-2017.pdf。
82. Paul Deitel and Harvey Deitel，*Python for Programmers*，2019，Pearson Education, Inc.
83. Paul Deitel and Harvey Deitel，*Intro to Python for Computer Science and Data Science: Learning to Program with AI, Big Data and the Cloud*，2020，Pearson Education, Inc.
84. 访问日期 2022 年 2 月 4 日，https://zh.wikipedia.org/wiki/ 模块化编程。

85. Daniel Ruoso“Requirements for Usage of C++ Modules at Bloomberg”，访问日期 2022 年 2 月 4 日，https://wg21.link/P2409R0。
86. “The State of Developer Ecosystem 2021”，访问日期 2022 年 2 月 4 日，https://www.jetbrains.com/lp/devecosystem-2021/。

第 17 章

并行算法和并发性：高级观点

学习目标

- 理解并发性、并行性和多线程
- 使用高级并发特性，例如 C++17 的并行算法和 C++20 的闭锁和栅栏
- 理解线程生命周期
- 利用 <chrono> 头文件的计时功能在多核系统上分析顺序和并行算法的性能
- 实现正确的生产者 - 消费者关系
- 使用 `std::mutex`、`std::lock_guard`、`std::condition_variable` 和 `std::unique_lock` 来同步多个线程对共享可变数据的访问
- 使用 `std::async` 和 `std::future` 来异步执行长时间的计算并获得结果
- 使用 C++20 的并发特性，包括闭锁、栅栏、信号量和增强的原子类型
- 了解未来可能成为标准的并发特性

17.1 导读

性能提示

如果能够一次只专注于一项任务，并把它做好，那自然再理想不过。但是，在一个每时每刻都在发生许多事情的复杂世界里，这可能很难做到。本章介绍了如何利用 C++ 提供的特性来构建允许创建和管理多个任务的应用程序。这能显著提升某些程序的性能和响应速度。

多任务的顺序、并发和并行操作

当我们说两个任务**顺序**（sequentially）执行时，意思是它们“按顺序”一个接一个地执行。当我们说两个任务**并发**（concurrently）执行时，意思是它们都在取得进展，进展的幅度可能很小，而且不一定是**同时**（simultaneously）发生的。

这里有必要澄清一下。直到 21 世纪初，大多数计算机都只有一个处理器。这种计算机上的操作系统通过在多个任务之间快速切换来营造它们“同时”执行的假象。先完成每个任务的一小部分，再切换到下一个任务。这样一来，所有任务都在不断进展。在这种情况下，我们说任务是“并发”执行的。例如，完全可以在一台计算机上并发进行云备份、编译程序、向打印机发送文件、收发电子邮件和推文、传输流媒体视频和音频、下载文件等等操作。

而当我们说两个任务**并行**（in parallel）执行时，意思是它们真的在同时执行。从这个意义上说，并行性是并发性的一个子集。人体以并行方式进行大量工作。例如，呼吸、血液循环、消化、思考和行走可以并行进行，所有感官——视觉、听觉、触觉、嗅觉和味觉——也是如此。这种并行性之所以能够实现，是因为人脑包含数十亿个“处理器”。今天的多核电脑配备多个处理器，也能并行执行任务。

C++ 并发性

C++ 通过语言和标准库来支持并发性。在程序中“并发”的是**执行线程**（thread of execution）。根据 C++ 标准，“一个执行线程[1]（简称为线程）是程序中的单一控制流，包括对特定顶层函数的初始调用，并递归包括线程随后执行的每个函数调用。”[2]

程序可以有多个执行线程。每个线程都有自己的函数调用栈和程序计数器，允许它与其他线程并发执行。给定程序中的所有线程可以共享整个应用程序的资源，例如内存和文件。这种能力称为**多线程处理**（multithreading）。

性能提示

单线程（single-threaded）应用程序的问题在于，在其他活动开始之前，必须完成某项冗长的活动，这可能导致很差的**可响应性**（responsiveness）。在多线程应用程序中，线程可以分布在多个内核上（如果有的话），使任务能真正并行（同时）执行，从而提高应用程序的效率。

性能提示

单处理器系统也能从多线程处理中获益。一个线程不能继续时（例如，它在等待一个 I/O 操作的结果），另一个线程可以使用处理器。

并发编程用例：视频流式传输（串流）

我们将讨论各种并发式编程应用。例如，在互联网上传输视频时，用户可能不希望等到整个冗长的视频下载完毕后才开始播放。可以使用多线程来解决这个问题。一个线程每次下载视频的一个“区块”（我们将这个线程称为生产者），另一个线程播放视频（我们把这个线程称为消费者）。这些活动可以并发地进行。线程会进行同步，以避免播放卡顿。它们的行动相互协调，在内存中有足够多已下载的视频内容，从而确保播放器能顺利工作之前，播放器线程不会开始。生产者和消费者线程共享数据。我们将展示如何同步线程以确保正确执行。在视频流式传输的情况下，对线程进行同步可以确保流畅的观看体验，即使在任何时刻内存中可能只有一部分视频内容。

线程安全

当线程共享可变（可修改）的数据时，必须确保它们不会破坏这些数据，这就是所谓的使代码**线程安全**（thread-safe）。我们通过以下方法来保证线程安全。[3]

- 不可变（常量）数据——常量对象不可修改，同时允许任何数量线程访问一个常量对象。
- 互斥——可以协调对共享可变数据的访问，每次只允许一个线程访问数据。
- 原子类型——可以使用自动确保原子性操作（这种操作不会中断）的低级类型，这样每次只有一个线程可以访问和修改数据。

- 线程局部存储——在由多个线程执行的代码中，用存储类 `thread_local`（C++11）声明静态或全局变量。这样一来，对于这些变量，每个线程都会有它们自己的副本。线程不会共享声明为 `thread_local` 的变量，所以这些变量不会出现线程安全问题。[4, 5]

并发编程很复杂

多线程程序的编写比较棘手。虽然人的大脑能同时执行多项任务，但在平行的思维轨迹之间跳跃也是很困难的。可以自己做一下实验，体会多线程程序在编写和理解上为什么会有挑战性。打开三本主题截然不同的书的第一页，试着同时阅读这些书。从第一本读几个字，然后从第二本读几个字，再从第三本读几个字，然后循环往复，从第一本读接下来的几个字……通过实验，你会体会到多线程的一些挑战——在每本书之间切换，简短地阅读，记住每本书都读到什么位置，把要看的书移近，使文字和图像成为焦点，把暂时不看的书推到一边。而且，在所有这些混乱的情况下，还要努力理解书中的内容。

C++11 和 C++14：提供低级并发特性

在 C++11 之前，C++ 多线程库都是一些非标准的、平台特有的扩展。C++11 引入了标准化多线程处理。在 C++11 和 C++14 中，C++ 标准委员会主要定义了低级基元。[6] 然后，这些能力被用来构建更高级的 C++17 和 C++20 特性。它们也被用来实现 C++23 以及往后更高级的功能。C++11 是提供了用于实现多线程应用程序的标准库特性的第一个 C++ 版本，提供了称为互斥体（mutex）和锁（lock）的低级线程同步基元。[7]C++14 则增加了共享互斥体和共享锁。[8]

C++17 和 C++20：提供方便的高级并发特性

在 C++17 和 C++20 中引入更高级并发特性的目的是简化并发编程。17.15 节会介绍为 C++23 提议的特性，它们同样是出于此目的。出于以下原因，更高级的并发特性是必不可少的。

- 它们简化了并发编程。
- 某些时候无法重现和每个并发编程 bug 发生时完全一致的环境，高级并发特性有助于发现这种 bug。
- 它们帮助你避免常见错误。
- 它们使程序更容易维护。

C++17 增加了 69 个并行标准库算法（14.8 节和 14.9 节）。[9]C++20 增加了更高级的线程同步能力（闭锁、栅栏和信号量——在本书写作时，clang++ 还没有提供）、额外的并行算法和协程（第 18 章）。[10] 本章剩余部分将介绍用于实现多线程应用程序的 C++ 特性。

17.2 标准库并行算法 (C++17)

性能提示

计算机处理能力持续提升，但摩尔定律 [11] 基本上已经过时。所以，现在的硬件厂商是通过多核处理器来提供更好的性能。本章强调了构建并发应用的高级方法。我们从 C++17 的并行标准库算法重载开始。这些算法利用多核架构和高性能“矢量数学”从并发执行中获益。[12, 13] **矢量运算**（vector operations）使用了许多 CPU 和 GPU 都有提供的 SIMD（single instruction, multiple data，单指令多数据流）指令，能同时对大量数据项执行相同的任务。[14, 15]

17.2.1 示例：分析顺序排序和并行排序算法

性能提示

6.12 节使用 `std::sort` 算法在单一执行线程中对 `std::array` 进行排序。让我们把这个算法与它的**并行重载**（parallel overload）进行比较，以判断性能是否有所提升。图 17.1 对存储在 `vector` 中的 1 亿个随机生成的 `int` 进行排序。我们利用 `<chrono>` 头文件提供的计时特性来证明在多核系统上，并行排序相较于顺序排序在性能上的提升。我们用 Visual C++ 编译这个程序，并在一台配备了 8 核 Intel 处理器的 Windows 10 64 位计算机上运行。你的结果很可能会因你的硬件、操作系统和编译器，以及运行这个例子时系统的工作负荷而有所不同。注意，这个例子使用的是要求随机访问迭代器（而不是随机访问范围）的 sort 算法。C++20 `std::ranges` 中的算法尚未完成并行化（计划在 C++23 中完成）。[16]

```
// fig17_01.cpp
// Profiling sequential and parallel sorting with the std::sort algorithm.
#include <algorithm>
#include <chrono> // for timing operations
#include <execution> // for execution policies
#include <iostream>
#include <iterator>
#include <random>
#include <vector>

int main() {
   // set up random-number generation
```

图 17.1 用 `std::sort` 算法对顺序和并行排序进行分析

```
    std::random_device rd;
    std::default_random_engine engine{rd()};
    std::uniform_int_distribution ints{};

    std::cout << "Creating a vector v1 to hold 100,000,000 ints\n";
    std::vector<int> v1(100'000'000); // 100,000,000 element vector

    std::cout << "Filling vector v1 with random ints\n";
    std::generate(v1.begin(), v1.end(), [&](){return ints(engine);});

    // copy v1 to create identical data sets for each sort demonstration
    std::cout << "Copying v1 to vector v2 to create identical data sets\n";
    std::vector v2{v1};

    // <chrono> library features we'll use for timing
    using std::chrono::steady_clock;
    using std::chrono::duration_cast;
    using std::chrono::milliseconds;

    // sequentially sort v1
    std::cout << "\nSorting 100,000,000 ints sequentially\n";
    auto start1{steady_clock::now()}; // get current time
    std::sort(v1.begin(), v1.end()); // sequential sort
    auto end1{steady_clock::now()}; // get current time

    // calculate and display time in milliseconds
    auto time1{duration_cast<milliseconds>(end1 - start1)};
    std::cout << "Time: " << (time1.count() / 1000.0) << " seconds\n";

    // parallel sort v2
    std::cout << "\nSorting the same 100,000,000 ints in parallel\n";
    auto start2{steady_clock::now()}; // get current time
    std::sort(std::execution::par, v2.begin(), v2.end()); // parallel sort
    auto end2{steady_clock::now()}; // get current time

    // calculate and display time in milliseconds
    auto time2{duration_cast<milliseconds>(end2 - start2)};
    std::cout << "Time: " << (time2.count() / 1000.0) << " seconds\n";
}
```

```
Creating a vector v1 to hold 100,000,000 ints
Filling vector v1 with random ints
Copying v1 to vector v2 to create identical data sets
```
(continued...)

图 17.1 用 std::sort 算法对顺序和并行排序进行分析（profiling）（续）

```
Sorting 100,000,000 ints sequentially
Time: 8.296 seconds

Sorting the same 100,000,000 ints in parallel
Time: 1.227 seconds
```

图 17.1 用 std::sort 算法对顺序和并行排序进行分析（profiling）（续）

设置随机数生成

第 13 行～第 15 行设置将在本例中使用的随机数能力。我们没有指定随机数的范围，所以默认情况下，uniform_int_distribution 将生成 0 到 std::numeric_limits<int>::max() 范围内的整数，后者是系统中的最大 int 值。

创建数组

第 18 行创建一个 vector 来容纳 1 亿个 int，第 21 行使用 std::generate 用随机 int 值填充该 vector。第 25 行拷贝该 vector，以便比较顺序和并行排序在内容完全一致的两个 vector 上的性能。

用 std::chrono 计时

为了对顺序和并行排序计时，我们将使用 <chrono> 头文件中的 C++ 标准库日期和时间特性。第 28 行～第 30 行指出我们要使用命名空间 std::chrono 的 steady_clock、duration_cast 和 milliseconds。

- 我们使用一个 steady_clock 对象来获取排序操作开始前和完成后的时间。推荐使用这种类型的对象进行计时操作。[17] 如果需要一天中的时间，可以使用 system_clock 对象，它返回自 UTC 时间 1970 年 1 月 1 日午夜开始的时间。[18]
- duration_cast 函数模板将一个持续时间转换为其他度量单位。例如，我们将计算两个时间点之间的持续时间，然后调用 duration_cast 将结果转换为毫秒。
- 我们使用 std::chrono::duration 类型的 milliseconds 和一个 duration_cast 来确定每个 sort 调用的总执行时间。

顺序排序

第 33 行～第 40 行执行顺序排序并对结果计时。第 34 行和第 36 行获取调用 sort（第 35 行）前后的时间。第 39 行计算 end1 和 start1 的时间差，然后将结果转换为毫秒，并作为一个 std::chrono::duration 对象返回。第 40 行调用 duration 的 count 成员函数来获得以毫秒为单位的排序持续时间，然后将其除以 1000.0 来显示结果（秒）。

使用执行策略 std::execution::par 进行并行排序

第 43 行～第 50 行执行并行排序并对结果计时。第 44 行和第 46 行获取调用 `sort` 并行重载（第 45 行）前后的时间。每个并行算法重载都要求一个**执行策略**（execution policy）作为它的第一个参数。该策略指定是否将一个任务并行化；如果是，将如何进行。第 45 行用 `std::execution::par` 执行策略（来自头文件 `<execution>`）调用 `sort`，表明该算法应尝试在多个核心上同时执行其工作的一部分。17.2.3 节将对四个标准执行策略进行概述。

性能提示

第 49 行计算 `end2` 和 `start2` 的时间差，得到以毫秒为单位的排序时间。第 50 行将其除以 `1000.0`，并显示以秒为单位的结果。这个程序的输出表明，在我们的系统上，并行执行比顺序执行快 6.76 倍。在多个核心上对大量数据进行并行排序时，你能体会到明显的性能优势。

警告：并行化并非一定更快

性能提示

不能简单地认为使用并行算法一定会提升性能。有的时候，并行算法的性能比相应的顺序算法更差。[19] 在处理少量元素和使用非随机访问迭代器时，情况尤其如此。在这些情况下，并行化的开销可能超过了并行化在性能上的好处。在微软的 C++ 标准库实现中，一些并行算法默认为以顺序方式执行，因为基准测试表明，对于 Visual C++ 所针对的硬件种类，并行版本的运行速度更慢。[20] 考虑到这些原因，微软的 `copy`、`copy_n`、`fill`、`fill_n`、`move`、`reverse`、`reverse_copy`、`rotate`、`rotate_copy` 和 `swap_ranges` 算法的并行版本默认顺序执行。微软的 Billy O' Neal 建议为处理至少 2 000 个数据项并需要超过 $O(n)$ 时间的任务（如排序）考虑并行算法。[21]

17.2.2 什么时候使用并行算法

为了证明并行执行反而会增加小数据集的排序时间，我们用包含 100 ～ 1 亿个随机整数的多个 `vector` 来运行图 17.1 的程序，并测量执行时间（纳秒）。这些 `vector` 的大小均为 10 的倍数。我们在两台计算机上运行 Visual C++。

- 我们日常使用的四核 64 位 Windows 10 系统。
- 一台更强大的八核 64 位 Windows 10 系统（我们经常在上面进行机器学习和深度学习 AI 模型的处理器密集型训练）。

下表展示了两个系统的结果。在每个系统上，从 1 万个随机整数开始，并行执行开始（勉强）优于顺序执行。随着元素数量的增大，性能的提升也变得更加明显。

元素数	四核顺序执行（单位：纳秒）	四核并行执行（单位：纳秒）	八核顺序执行（单位：纳秒）	八核并行执行（单位：纳秒）
100	3 200	81 900	2 800	63 400
1 000	42 500	161 900	33 300	136 400
10 000	880 400	711 400	433 900	431 600
100 000	10 205 300	6 308 200	5 888 300	1 289 500
1 000 000	98 959 700	27 816 100	75 358 800	12 486 400
10 000 000	1 065 163 900	415 386 000	814 166 200	126 300 900
100 000 000	12 361 988 600	3 444 056 800	8 473 599 400	1 230 407 100

17.2.3 执行策略

图 17.1 演示了 `std::execution::par` 执行策略。有 4 种标准的执行策略。[22]

- `std::execution::seq`（C++17）指定一个算法必须在单线程中执行。这是 `std::execution::sequenced_policy` 类的一个对象。
- `std::execution::par`（C++17）指定一个算法可以并行化。这是 `std::execution::parallel_policy` 类的一个对象。
- `std::execution::par_unseq`（C++17）指定一个算法可以并行化和矢量化。这是 `std::execution::parallel_unsequenced_policy` 类的一个对象。以前说过，矢量硬件运算同时对许多数据项执行相同的任务。
- `std::execution::unseq`（C++20）指定一个算法可以矢量化。这是 `std::execution::unsequenced_policy` 类的一个对象。

编译器也可以提供自定义的执行策略。[23]

性能提示

C++ 可用于多种多样的设备和操作系统，其中一些不支持并行化。这些执行策略只是一种建议——编译器可以忽略它们或以不同方式处理它们。例如，如果一个编译器的目标硬件不支持矢量化，编译器就可能将 `par_unseq` 策略默认为 `par`。事实上，Visual C++“以同样的方式实现并行（par）和并行非顺序（`par_unseq`）策略，所以不应指望在使用了 `par_unseq` 后就能获得更好的性能。”[24] 多测试自己的代码并比较顺序化、并行化和矢量化算法的性能，以确定是否有必要使用并行算法重载。

17.2.4 示例：分析并行化和矢量化运算

图 17.2 的程序使用 `std::transform` 来演示并行化执行（通过 `std::execution::par`）和矢量化执行（通过 `std::execution::unseq`）。

- 第 37 行和第 38 行分别创建包含 1 亿和 10 亿个元素的 vector，第 41 行～第 44 行用随机 int 值填充每个 vector。
- 第 49 行～第 58 行调用缩写函数模板 timeTransform（第 13 行～第 28 行）来计算使用每种执行策略对每个 vector 执行 std::transform 操作的时间。第 61 行～第 67 行显示计时结果。
- timeTransform 函数的第一个实参是执行策略，我们将其传递给 std::transform（第 21 行）。第 21 行～第 22 行计算 timeTransform 的 vector 实参中每个元素的平方根，将结果写入另一个 vector。
- 第 20 行和第 23 行对 std::transform 调用进行计时，然后，第 26 行～第 27 行计算并返回持续时间（以秒为单位）。

我们使用 g++ 11.2 在安装了 Intel 处理器的 MacBook Pro 上编译并运行这个例子。在我们的系统上，使用 std::execution::unseq 执行策略所需的执行时间约为 std::execution::par 的一半。如图 17.1 所示，结果可能会因不同的硬件、操作系统和编译器以及运行本例时系统的工作负荷而有所不同。

```
1  // fig17_02.cpp
2  // Performing transforms with execution policies par and unseq.
3  #include <algorithm>
4  #include <chrono> // for timing operations
5  #include <cmath>
6  #include <execution> // for execution policies
7  #include <fmt/format.h>
8  #include <iostream>
9  #include <random>
10 #include <vector>
11
12 // time each std::transform call and return its duration in seconds
13 double timeTransform(auto policy, const std::vector<int>& v) {
14    // <chrono> library features we'll use for timing
15    using std::chrono::steady_clock;
16    using std::chrono::duration_cast;
17    using std::chrono::milliseconds;
18
19    std::vector<double> result(v.size());
20    auto start{steady_clock::now()}; // get current time
21    std::transform(policy, v.begin(), v.end(),
22       result.begin(), [](auto x) {return std::sqrt(x);});
23    auto end{steady_clock::now()}; // get current time
24
```

图 17.2 使用 par 和 unseq 执行策略来执行转换

```
    // calculate and return time in seconds
    auto time{duration_cast<milliseconds>(end - start)};
    return time.count() / 1000.0;
}

int main() {
    // set up random-number generation
    std::random_device rd;
    std::default_random_engine engine{rd()};
    std::uniform_int_distribution ints{0, 1000};

    std::cout << "Creating vectors\n";
    std::vector<int> v1(100'000'000);
    std::vector<int> v2(1'000'000'000);

    std::cout << "Filling vectors with random ints\n";
    std::generate(std::execution::par, v1.begin(), v1.end(),
       [&]() {return ints(engine);});
    std::generate(std::execution::par, v2.begin(), v2.end(),
       [&]() {return ints(engine);});

    std::cout << "\nCalculating square roots:\n";

    // time the transforms on 100,000,000 elements
    std::cout << fmt::format("{} elements with par\n", v1.size());
    double parTime1{timeTransform(std::execution::par, v1)};
    std::cout << fmt::format("{} elements with unseq\n", v1.size());
    double unseqTime1{timeTransform(std::execution::unseq, v1)};

    // time the transforms on 1,000,000,000 elements
    std::cout << fmt::format("{} elements with par\n", v2.size());
    double parTime2{timeTransform(std::execution::par, v2)};
    std::cout << fmt::format("{} elements with unseq\n", v2.size());
    double unseqTime2{timeTransform(std::execution::unseq, v2)};

    // display table of timing results
    std::cout << "\nExecution times (in seconds):\n\n"
       << fmt::format("{:>13}{:>17}{:>21}\n", "# of elements",
          "par (parallel)", "unseq (vectorized)")
       << fmt::format("{:>13}{:>17.3f}{:>21.3f}\n",
          v1.size(), parTime1, unseqTime1)
       << fmt::format("{:>13}{:>17.3f}{:>21.3f}\n",
          v2.size(), parTime2, unseqTime2);
}
```

图 17.2 使用 par 和 unseq 执行策略来执行转换（续）

```
Creating vectors
Filling vectors with random ints

Calculating square roots:
100000000 elements with par
100000000 elements with unseq
1000000000 elements with par
1000000000 elements with unseq

Execution times (in seconds):

# of elements    par (parallel)     unseq (vectorized)
    100000000             2.401                  1.215
   1000000000            22.969                 11.787
```

图 17.2 使用 par 和 unseq 执行策略来执行转换（续）

17.2.5 并行算法的其他注意事项

除了为 69 种现有的算法添加并行重载之外，C++17 还新增了以下几种并行算法。

- for_each_n[25] 将一个函数应用于范围的前 *n* 个元素。
- exclusive_scan[26] 和 inclusive_scan[27] 是 partial_sum 算法（参见 14.4.13 节）的并行版本，用于求“部分和”。两个并行算法的区别在于，exclusive_scan 在计算第 *n* 个和时不包括第 *n* 个元素，但 inclusive_scan 包括。和 partial_sum 一样，可以自定义这两种并行算法，使用除加法之外的其他二元运算。
- transform_exclusive_scan[28] 和 transform_inclusive_scan[29] 分别类似于 exclusive_scan 和 inclusive_scan，但会在求和（或其他二元运算）之前向每个元素应用一个转换函数。
- reduce 从一个值的范围中生成单个值（例如，计算容器的元素之和，或者找出容器中的最大值）。
- transform_reduce 对一个范围中的每个元素或者一对范围内的每对元素进行转换，然后将结果归约（reduce）为单个值。

并行算法名称

性能提示

一些并行算法的名称与它们对应的顺序版本不同。例如，reduce 算法是 accumulate 算法的并行版本。[30] 与 accumulate 不同，reduce 不保证元素的处理顺序，这使 reduce 可以并行化以获得更好的性能。[31]

限制条件

错误提示

除非算法文档另有规定，否则传递给算法的函数、lambda 或函数对象不得修改任何由其实参直接或间接引用的对象。[32] 另外，标准库算法可能会拷贝它们的函数对象实参，所以传递给标准库算法的函数对象不应维护内部状态信息，因为一旦函数对象被拷贝，这些信息就可能会变得不正确。[33]

17.3 多线程编程

在多核系统中，可以在多个处理器上真正同时执行任务的不同部分，从而使程序更快地完成。为了充分利用多核架构的优势，你需要编写多线程应用程序。当程序的任务被分解为独立的线程时，只要有足够的核心可用，多核系统就能并行运行这些线程。 性能提示

在现代计算机系统上运行任何程序时，你的程序的任务要和其他任务“竞争”处理器的关注，后者包括操作系统本身、其他应用程序以及操作系统代表你运行的其他任务。各种各样的任务通常都在系统后台运行。当你运行本节的示例程序时，执行每项任务所需的时间将根据你的计算机的处理器速度、核心数量和计算机上当前运行的内容而变化。这和开车去超市没什么不同，需要花的时间会因交通状况、天气、是否需要避让特种车辆以及其他因素而变。某些时候，开车可能需要 10 分钟，但也可能需要更长的时间，例如，在高峰期或恶劣天气下。

17.3.1 线程状态和线程生命周期

在任何时候，线程都处于几种线程状态中的一种。下面是一张常规意义上的线程状态切换图，它摘自我们的操作系统书。[34]

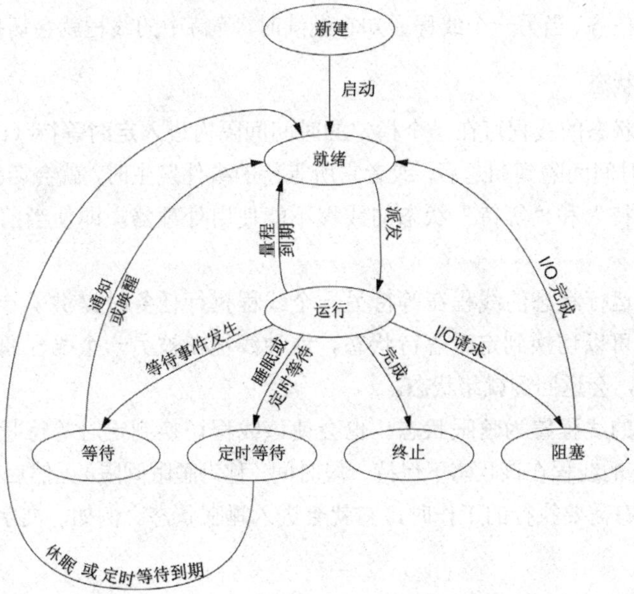

软件工程

通过这张图，你可以体会到线程在幕后发生的各种状态切换。我们马上就会具体讨论其中的一些术语。C++ 提供的并发基元隐藏了这种复杂性，大幅简化了多线程编程，并减小了出错的几率。

新建和就绪状态

线程从**新建**（born）状态开始它的生命周期，并一直保持这个状态，直到程序启动线程，使其进入**就绪**（ready）状态。在 C++ 中，构造一个以函数为实参的线程对象（如 17.4 节所示）会新建一个线程并立即启动它，使其就绪，可以开始执行由那个函数代表的任务。

运行状态

性能提示

操作系统将一个就绪的线程分配给一个处理器时，该线程就进入了**运行**（running）状态（即开始执行）——这个过程也称为对线程进行**派发**（dispatch）。操作系统为每个线程分配称为**量程**（quantum）或**时间片**（timeslice）的少量处理器时间，使其任务取得进展。具体分配多大的量程是操作系统的一项关键决策。为线程分配的量程过期时，线程就会回到就绪状态，操作系统将另一个线程分配给处理器。“就绪”和“运行”状态之间的切换完全由操作系统控制。操作系统决定派发哪个线程以及何时派发的机制称为**线程调度**（thread scheduling）。必须谨慎地做出调度决定，以获得良好的性能，并避免处于等待状态的线程出现像无限期推迟这样的问题（17.3.2 节）。

等待状态

有的时候，一个处于运行状态的线程会切换到**等待**（waiting）状态，以等待另一个线程执行任务。当另一个线程通知它继续时，等待中的线程就会切换回就绪状态。

计时等待状态

处于运行状态的线程可在一个指定的时间间隔内进入**定时等待**（timed waiting）状态。在这个时间间隔到期之后，或者它所等待的事件发生时，就会切换回就绪状态。处于“定时等待”和“等待”状态的线程不能使用处理器，即使当前有可用的处理器也不行。

如果处于运行状态的线程在等待另一个线程执行任务时提供了一个可选的时间间隔，那么它可以切换到定时等待状态。这种线程在被另一个线程通知或其等待时间间隔到期时，会返回到就绪状态。

性能提示

将可运行的线程置为睡眠状态，也会使该线程切换到定时等待状态。处于**睡眠**（sleeping）状态的线程在该状态下保持一段时间（称为**睡眠间隔**），然后返回就绪状态。当线程暂时没有需要执行的工作时，它就会进入睡眠状态。例如，文字处理软件可能包含一个定期保存当前文档的线程。如果该线程在连续的备份操作之间不睡眠，它就需要一个循环，不断测试是否要保存文档。这将平白消耗处理器时间而不是进行生产性的工作，从而降低系统性能。在这种情况下，更有效的做法是为线程指定一个与连续保存间隔时间相同的睡眠间隔，并进入定时等待状态。这个线程在其睡眠间隔时间到期时会返回到就绪状态，这时就可以保存文档并重新进入定时等待状态。

阻塞状态

正在运行的线程试图执行一个不能立即完成的任务时，就会进入**阻塞**（blocked）状态。它只能暂时等待，直到那个任务完成。例如，当线程发出一个 I/O 请求时，操作系统会阻塞该线程，直到 I/O 操作完成。I/O 操作完成后，被阻塞的线程会切换到就绪状态以恢复执行。被阻塞的线程不能使用处理器，即使当前有可用的处理器。

终止状态

当一个运行中的线程完成其任务时，它就进入了**终止**（terminated）状态。

线程调度

如前所述，“时间片”或“分时”（timelicing）机制使多个线程能共享一个处理器。没有分时机制，一个线程除非离开“运行”状态，并进入“等待”或“定时等待”状态，否则其他线程根本没有机会执行。有了分时机制后，即使一个线程在其量程（时间片）到期时还没有结束执行，操作系统也会把处理器从该线程那里拿走，并把它交给下一个线程（如果有的话）。

是由操作系统的**线程调度器**（thread scheduler）决定接着运行哪一个线程。在一个简单的线程调度器实现中，会确保每个线程都以**轮询**（round-robin）的方式执行一个量程。该过程一直持续到所有线程都运行完毕。

软件工程

具体的线程调度方式依赖于平台。在不同 C++ 实现、不同硬件和不同操作系统中，一个多线程程序的行为可能有所不同。

17.3.2 死锁和无限期推迟

一个高优先级的线程进入就绪状态时，操作系统通常会抢占正在运行的线程（称为**抢占式调度**，即 preemptive scheduling）。取决于实际的操作系统，高优先级线程的持续涌入可能会推迟——甚至可能无限期推迟——低优先级线程的运行。线程被无限期推迟的情况称为**饥饿**（starvation）。操作系统可以采用一种称为**老化**（aging）的技术来防止饥饿。也就是说，当一个线程在就绪状态下等待时，操作系统会逐渐提高该线程的优先级，确保它最终得以运行。

死锁

另一个与无限期推迟有关的问题称为**死锁**（deadlock）。[35, 36] 如果一个线程在等待一个不会发生的特定事件，那么它就处于死锁状态。在多线程系统中，资源共享是主要目标之一。当资源在一组线程之间共享，每个线程对分配给它的特定资源保持独占控制时，就会出现死锁。在这种情况下，一些线程将永远无法完成执行。例如，假定线程 1 等待线程 2 完成才能继续，而线程 2 也在等待线程 1 完成才能继续，就会发生死锁。这两个线程在相互等待，所以使每个线程得以继续的事件永远无法发生。死锁的结果可能是系统吞吐量下降，甚至可能造成系统故障。

死锁的 4 个必要条件

Coffman，Elphick and Shoshani（1971）[37] 证明，死锁的发生需要满足 4 个必要条件。

1. 资源一次只能由一个线程独占使用，这称为**互斥条件**（mutual exclusion condition）。
2. 获得独占资源的线程可能在持有该资源的同时等待获得其他资源，这称为**等待**（wait-for）条件，也称为**持有并等待**（hold-and-wait）条件。
3. 一旦线程获得了一个资源，系统就不能将其从线程的控制中移除，直到该线程使用完该资源，这称为**不可抢占条件**（no-preemption condition）。
4. 两个或多个线程被锁死在一个**循环链**（circular chain）中，其中每个线程都在等待链中下一个线程所持有的一个或多个资源，这称为**循环等待条件**（circular-wait condition）。

所有这些都是必要条件，每个条件都必须满足才会发生死锁。所以，破除这些必要条件中的任何一个，都能防止死锁的发生。综合来看，全部 4 个条件是死锁的充要条件（换言之，在所有条件都满足的情况下，系统才会死锁）。

无限期推迟

发生**无限期推迟**（indefinite postponement）时，没有死锁的一个线程可能等待一个可能永远不可能发生的事件（或者因为系统的资源调度策略的偏差，该事件会在遥远的、不可预测的将来发生）。在某些情况下，保证系统不会发生死锁和无限期推迟的代价很高。当然，在面向关键任务的系统中，无论多高的代价都必须付出，因为允许死锁或无限期推迟的发生，可能会造成灾难性的后果，尤其是在涉及人身安全的时候。

预防死锁

存在多种预防死锁的技术。哈文德（Havender）的研究表明，如果一个系统能阻止 4 个必要条件中的任何一个，就不会发生死锁。他还提出了几种死锁预防策略。[38]

最实际的方法是让每个线程一次性请求它需要的全部资源，在全部资源被授予之前不继续运行。如果一个线程一次性请求并获得它需要的全部资源，运行到完成，然后释放这些资源，就不会发生循环等待，线程也不会死锁。如果线程不能一次获得所有资源，那么它应该取消请求，以后再试，使其他线程得以继续进行。

性能提示

错误提示

一次性请求需要的全部资源并不是一个完美的解决方案——它可能导致无限期推迟，并可能导致系统资源利用率低下。例如，假定一个线程要执行 10 分钟的任务，总共需要用到 5 个资源，那么具体执行则如下所示。

- 一个资源在任务的整个持续时间内使用。
- 其他资源只在任务执行的最后一分钟使用。

在这种情况下，直到最后一分钟才需要的 4 个资源的利用率非常低下。

等待有危险

死锁和无限期推迟都涉及某种形式的等待。在并发编程中，这些等待情况往往以微妙的方式发展，不容易被发现——特别是在活跃的并发任务的数量增加时。如果系统涉及人身安全，那么后果可能是毁灭性的。进行并发编程时，应该养成一种健康的、谨慎的意识。你能构建正确运行的并发系统吗？是的，可以。这很容易吗？并不总是。构建可靠的、面向关键业务和关键任务的系统时，一个关键是倾向于开发和采纳更高级的并发基元。虽然本章中相当多的内容都和这种更高级的方法有关，但首先来认识一些低级的构建单元。

17.4 用 std::jthread 启动线程

为了在应用程序中启动并发任务，C++ 标准提供了两个类，分别是 `std::thread`（C++11）和 `std::jthread`（C++20）。[39] 两个类都在 `<thread>` 头文件中定义。这个头文件还提供了一些实用函数，例如 `get_id`、`sleep_for` 和 `sleep_until`。本章只使用 `std::jthread`，[40, 41] 因为它解决了 `std::thread` 存在的多方面的问题。

为了指定一个任务可以和其他任务并发执行，要采取以下步骤。

- 创建定义了要执行的任务的函数、lambda 或函数对象。
- 用该函数、lambda 或函数对象初始化一个 `std::jthread` 对象，以便在一个单独的线程中执行它。

任务的返回值会被忽略。如你所见，我们用其他机制在线程间沟通数据。

jthread 中的异常

错误提示

如果 `std::jthread` 的任务是因为一个异常而退出的，程序就会调用 `std::terminate` 来终止。

17.4.1 定义在线程中执行的任务

这个例子由头文件 printtask.h（图 17.3）和 main 程序（图 17.4）组成。我们在输出语句中使用 id 函数（图 17.3 的第 11 行～第 15 行）来显示在给定时刻运行的是哪个线程。每个线程都有唯一的 ID 号，包括 main 所在的线程、用 std::jthread 或 std::thread 创建的线程以及由库函数为你创建的线程。第 13 行中的以下表达式：

```
std::this_thread::get_id()
```

调用了 std::this_thread 命名空间的 get_id 函数来获取当前正在运行的线程的唯一 ID，并作为一个 std::thread::id 对象返回。我们用那个对象重载的 operator<< 将 ID 转换成一个 std::string。

```
1  // Fig. 17.3: printtask.h
2  // Function printTask defines a task to perform in a separate thread.
3  #include <chrono>
4  #include <fmt/format.h>
5  #include <iostream>
6  #include <sstream>
7  #include <string>
8  #include <thread>
9
10 // get current thread's ID as a string
11 std::string id() {
12    std::ostringstream out;
13    out << std::this_thread::get_id();
14    return out.str();
15 }
16
17 // task to perform in a separate thread
18 void printTask(const std::string& name,
19    std::chrono::milliseconds sleepTime) {
20
21    // <chrono> library features we'll use for timing
22    using std::chrono::steady_clock;
23    using std::chrono::duration_cast;
24    using std::chrono::milliseconds;
25
26    std::cout << fmt::format("{} (ID {}) going to sleep for {} ms\n",
27       name, id(), sleepTime.count());
28
```

图 17.3 printTask 函数定义了在单独线程中执行的任务

```
29      auto startTime{steady_clock::now()}; // get current time
30
31      // put thread to sleep for sleepTime milliseconds
32      std::this_thread::sleep_for(sleepTime);
33
34      auto endTime{steady_clock::now()}; // get current time
35      auto time{duration_cast<milliseconds>(endTime - startTime)};
36      auto difference{duration_cast<milliseconds>(time - sleepTime)};
37      std::cout << fmt::format("{} (ID {}) awakens after {} ms ({} + {})\n",
38         name, id(), time.count(), sleepTime.count(), difference.count());
39   }
```

图 17.3 printTask 函数定义了在单独线程中执行的任务（续）

printTask 函数（第 18 行～第 39 行）实现了我们想要执行的任务。它的参数如下。

- name 用于在程序的输出中标识每个任务。
- 以毫秒为单位的 sleepTime 用于强迫正在执行的线程放弃处理器至少那么长的时间。

当一个线程调用 printTask 时，执行过程如下。

- 第 26 行和第 27 行显示一条消息，指出当前执行的任务的 name、唯一线程 ID 和以毫秒为单位的 sleepTime。[42]
- 第 29 行获取线程进入睡眠状态前的时间。
- 第 32 行调用 std::this_thread 命名空间的 sleep_for 函数使线程进入睡眠状态至少指定的时间。此时，线程失去对处理器的所有权，可能使另一个线程得以执行。我们的例子经常让线程睡眠来模拟它“执行任务”的情况。我们还使用随机睡眠来强调无法预测每个线程何时会获得处理器时间来执行其任务。std::this_thread 命名空间还提供了 sleep_until，它使线程一直睡眠到指定的时间。
- 线程的睡眠时间到期后，线程重新进入就绪状态，但不一定马上开始执行。最终，当操作系统为线程分配一个处理器时，第 34 行获取当前时间，第 35 行计算线程没有执行的总时间，第 36 行计算这个总时间与 sleepTime 之间的差值。然后，第 37 行和第 38 行显示所有这些时间。
- 当 printTask 终止时，其 jthread 进入终止状态。

17.4.2 在一个 jthread 中执行任务

图 17.4 启动了两个并发执行 printTask（图 17.3）的线程，并显示了两个示例输出。第 14 行～第 16 行设置随机数生成来选择最多 5000 毫秒的随机睡眠时间。第

18 行创建一个 vector 来存储 std::jthread。我们用它使 main 在程序终止前等待线程完成它们的任务。关于这一点，我们稍后会详细说明。

```
1  // Fig. 17.4: printtask.cpp
2  // Concurrently executing tasks with std::jthreads.
3  #include <chrono>
4  #include <fmt/format.h>
5  #include <iostream>
6  #include <random>
7  #include <string>
8  #include <thread>
9  #include <vector>
10 #include "printtask.h"
11
12 int main() {
13    // set up random-number generation
14    std::random_device rd;
15    std::default_random_engine engine{rd()};
16    std::uniform_int_distribution ints{0, 5000};
17
18    std::vector<std::jthread> threads; // stores the jthreads
19
20    std::cout << "STARTING JTHREADS\n";
21
22    // start two jthreads
23    for (int i{1}; i < 3; ++i) {
24       std::chrono::milliseconds sleepTime{ints(engine)};
25       std::string name{fmt::format("Tasks {}", i)};
26
27       // create a jthread that calls printTask, passing name and sleepTime
28       // as arguments and store the jthread, so it is not destructed until
29       // the vector goes out of scope at the end of main; each jthread's
30       // destructor automatically joins the jthread
31       threads.push_back(std::jthread{printTask, name, sleepTime});
32    }
33
34    std::cout << "\nJTHREADS STARTED\n";
35    std::cout << "\nMAIN ENDS\n";
36 }
```

图 17.4 用 std::jthread 并发执行任务

```
STARTING JTHREADS

JTHREADS STARTED

MAIN ENDS
Task 2 (ID 15704) going to sleep for 4547 ms
Task 1 (ID 15624) going to sleep for 3648 ms
Task 1 (ID 15624) awakens after 3651 ms (3648 + 3)
Task 2 (ID 15704) awakens after 4555 ms (4547 + 8)
```

```
STARTING JTHREADS

JTHREADS STARTED

MAIN ENDS
Task 1 (ID 9368) going to sleep for 441 ms
Task 2 (ID 16876) going to sleep for 2614 ms
Task 1 (ID 9368) awakens after 449 ms (441 + 8)
Task 2 (ID 16876) awakens after 2618 ms (2614 + 4)
```

图 17.4 用 std::jthread 并发执行任务（续）

第 23 行～第 32 行创建两个 std::jthread 对象，细节如下。

- 第 24 行选取一个随机睡眠时间。
- 第 25 行创建一个 string，我们用它在输出中标识任务。
- 第 31 行创建每个 jthread 并把它追加到 vector 中。jthread 构造函数接收要执行的函数（printTask）和需要传递给该函数的实参（name 和 sleepTime）。这个语句将 jthread 作为一个临时对象来创建，所以 vector 的 push_back 函数（它接收一个右值引用）将该对象移动到 vector 的新元素中。

用一个要执行的函数构造一个 jthread 对象，会自动启动该 jthread。这样一来，操作系统就可以着手安排它在系统的一个核心上执行。第 34 行输出一条消息，表示线程已经启动，第 35 行指出 main 结束。

等待之前调度的任务终止

调度了要执行的任务后，你一般需要等待它们完成——例如，为了使用它们的结果。可以通过调用 jthread 的 join 函数将这个线程“加入”或“连接”，从而告诉 main 等待一个 jthread 完成其任务再继续。join 操作既可以显式地进行，也可以像我们在这个程序中所做的那样，通过 jthread 的析构函数隐式地进行——这正是 jthread 相较于 C++11 std::thread 的优势之一（参见 17.4.3 节）。如你所知，当 main 结束时，它的局部变量会超出作用域，这些变量的析构函数会被调用。当 vector 的析构函数执行时，每个 jthread 元素的析构函数都会执行，调用那个 jthread 的 join 函数。当所有"加入"的 jthread 都结束执行后，程序就可以终止了。

主线程

main 中的代码在**主线程**（main thread）中执行。printTask 函数在操作系统派发了相应的 jthread 后执行，这会在该 jthread 进入就绪状态后的某个时间发生。

示例输出

示例输出展示了每个任务的名称和线程进入睡眠状态时的时间。睡眠时间最短的线程通常会先唤醒，但这一点不作保证。每个线程继续时，它会显示其任务名称、唯一线程 ID 和各种时间，然后终止。第一个输出表明任务进入睡眠状态的顺序与我们创建其 jthread 的顺序是不一致的。记住，我们预测不了任务开始执行的顺序，即使知道它们的创建和启动顺序也不行。这正是多线程编程面临的挑战之一。

17.4.3 jthread 对 thread 的修正

核心准则

"C++ 核心准则"指出，要首选 std::jthread 而不是 std::thread。[43]thread 类存在多方面的问题。如上例所示，jthread 会对每个线程自动进行 join 操作，以确保先执行完线程，程序才会终止。事实上，jthread 这个名称就是"joining thread"的简称。另一方面，对于传统的 thread 对象，如果它在销毁之前不进行 join 或 detach 操作，它的析构函数就会调用 std::terminate，从而立即终止应用程序。[44] 为了防止这种情况的发生，必须对每个 thread 显式进行 join 操作。如果上个程序使用的是 thread 对象，那么必须在 main 的结束大括号添加如下所示的一个循环：

错误提示

```
for (auto& t : threads) {
   t.join();
}
```

错误提示

但即使添加了上述循环，仍然可能发生一种错误。如果启动 thread 的函数因为一个未捕捉的异常而在对每个线程进行 join 操作之前退出，线程就会被销毁，第一个执行的 thread 析构函数会调用 std::terminate。

由于一般情况下都总是对每个线程进行 join 操作，所以 jthread 通过在其析构函数中调用自己的 join 函数来解决上述问题。[45] 自然，任何时候一个 jthread 超出作用域，它的析构函数都会得以执行，细节如下。

- 到达创建该 `jthread` 的块的末尾。
- 该块因异常而终止时。

`jthread` 类还解决了 `thread` 的其他问题。特别是，`jthread` 支持协作式取消（17.9 节），支持正确的移动语义，而且是一种 RAII（资源获取即初始化）类型（参见 11.5 节），可以正确清理它所使用的资源。[46]

17.5 生产者 - 消费者关系：首次尝试

错误提示

很快就会看到，如果并发线程共享**可变**（mutable）数据，而且该数据被其中一个或多个线程修改时，那么可能会出现不确定的结果。

- 如果一个线程正在更新一个共享对象，而另一个线程也试图更新该对象，那么不能确定最终生效的是哪个线程的更新。
- 类似地，如果一个线程正在更新一个共享对象，另一个线程试图读取该对象，那么不确定读取线程看到的是旧值还是新值。

在这些情况下，程序的行为不能被信任。程序有时会产生正确的结果，有时则不会。没有任何迹象表明共享的可变对象被错误地操作了。更糟的是，多线程代码可能在一次运行中显得正确，下一次运行又不正确。

本节和下一节将提供两个例子。第一个例子展示了并发线程访问共享可变数据的问题。第二个例子则修正了这些问题。两个例子都展示了生产者 - 消费者关系。

- **生产者**（producer）线程生成数据并将其存储在一个共享对象中。
- **消费者**（consumer）线程从该共享对象中读取数据。

生产者 - 消费者关系的另一个例子

后台打印（print spooling）是生产者 - 消费者关系的一个常见例子。打印机是一种**独占资源**（exclusive resource）。当你想从一个应用程序（生产者）中打印时，虽然打印机可能暂时不可用，但你仍然可以立即“完成”打印任务。打印数据被暂时存储到打印队列（这个过程称为 spooling），直到打印机可用。类似地，当打印机（消费者）可用时，它不会等待一名当前用户发出打印指令。打印机只要可用，它就会完成被放到后台打印队列中的打印任务。

同步

在多线程的生产者 - 消费者关系中，一个生产者线程产生数据，把它放到一个称为**缓冲区**（buffer）的共享对象中。消费者线程从缓冲区读取数据。这种关系需要**同步**（synchronization），以确保值被正确地生产和消费。如 17.6 节所示，对并发线程所访问的**共享可变数据**（shared mutable data）执行的所有操作都必须用**锁**（lock）来保护，以防止数据发生损坏。

状态依赖

对共享缓冲区的操作也要**依赖于状态**（state-dependent）。只有当缓冲区处于正确的状态时，这些操作才能继续。

- 如果缓冲区处于非满状态，生产者可以生产。
- 如果缓冲区处于非空状态，消费者可以消费。

类似地，还有如下操作。

- 如果缓冲区处于满状态，当生产者想写入一个新值时，必须等待，直到缓冲区腾出空间。
- 当消费者想要读取一个值时，如果缓冲区处于空状态，必须等待新数据出现。

缺少同步而导致的逻辑错误

错误提示

让我们说明一下并发线程在没有恰当同步的情况下共享可变数据的危险性。在图 17.5 和图 17.6 中，一个生产者线程将数字 1 ～ 10 写入一个共享缓冲区——本例是图 17.5 第 23 行的一个名为 `m_buffer` 的 `int` 变量。一个消费者线程从共享缓冲区读取这些数据并显示。虽然看起来无伤大雅，但这个程序的输出表明，由于无约束的生产者随意向共享缓冲区写入（生产）值，而无约束的消费者随意从共享缓冲区读取（消费）这些值，所以可能发生错误。

生产者线程向共享缓冲区写入的每个值都只能由消费者线程消费一次。这个例子中的线程是不同步的，所以才有以下操作。

错误提示

- 如果生产者在消费者尚未读取旧数据之前，就将新数据放入共享缓冲区，那么数据可能丢失或发生混乱。
- 如果消费者在生产者生产下一个值之前再次消费相同的数据，那么数据可能会被错误地重复。

为了展示这些可能性，下例的消费者线程维护着它所读取的所有值之和。生产者线程生产 1 ～ 10 的整数。如果消费者正确读取生产的每个值一次，而且只读取一次，那么这些值之和将是 55。但正如你会看到的那样，不同步的生产者 - 消费者可能产生不正确的和（而不是 55）。有趣的是，不同步的生产者 - 消费者也可能歪打正着产生正确的和 55。无论如何，我们都要保证正确的运算，具体方案将在 17.6 节展示。

UnsynchronizedBuffer

在图 17.6 中，我们在并发的生产者和消费者线程之间共享 `UnsynchronizedBuffer` 类（图 17.5）的一个对象。`UnsynchronizedBuffer` 维护着一个 `int` 数据成员（第 22 行）。

生产者线程调用该类的 put 函数（第 11 行～第 14 行）在 int 成员中放入一个值，而消费者线程调用该类的 get 函数（第 17 行～第 20 行）来检索 int 成员的值。

```
1  // Fig. 17.5: UnsynchronizedBuffer.h
2  // UnsynchronizedBuffer incorrectly maintains a shared integer that is
3  // accessed by a producer thread and a consumer thread.
4  #pragma once
5  #include <fmt/format.h>
6  #include <iostream>
7  #include <string>
8
9  class UnsynchronizedBuffer {
10 public:
11    // place value into buffer
12    void put(int value) {
13       std::cout << fmt::format("Producer writes\t{:2d}", value);
14       m_buffer = value;
15    }
16
17    // return value from buffer
18    int get() const {
19       std::cout << fmt::format("Consumer reads\t{:2d}", m_buffer);
20       return m_buffer;
21    }
22 private:
23    int m_buffer{-1}; // shared by producer and consumer threads
24 };
```

图 17.5 UnsynchronizedBuffer 错误地维护了一个被生产者线程和消费者线程访问的共享整数；该类不是线程安全的

这个缓冲区不受同步的保护

UnsynchronizedBuffer 类没有对其数据的访问进行同步，所以它不是线程安全的。第 23 行将 UnsynchronizedBuffer 的 m_buffer 成员初始化为 -1。我们用这个值来演示消费者线程在生产者线程将一个值放入 m_buffer 之前就试图消费一个值的情况。put 函数直接将其实参赋给 m_buffer（第 14 行），而 get 函数直接返回 m_buffer 的值（第 20 行）。

main 应用程序

在图 17.6 的程序中，第 12 行创建 UnsynchronizedBuffer 对象 buffer，它负责存储由并发的生产者和消费者线程共享的数据。生产者线程将调用名为 produce 的 lambda（第 15 行～第 36 行），而消费者线程将调用名为 consume 的 lambda（第 39 行～第

60 行）。我们稍后会更详细地讨论每个 lambda。两个 lambda 的 `introducer`（即 `[]` 部分）都以“传引用”的方式捕获 `buffer`，所以执行这些 lambda 的并发线程会共享第 12 行的 `buffer` 对象。第 62 行和第 63 行显示程序输出的列标题。第 65 行和第 66 行创建两个 `jthread`。其中，`producer` 执行 `produce lambda`，而 `consumer` 执行 `consume lambda`。每个 `jthread` 都在 `main` 的末尾超出了作用域，从而因为析构函数的调用，这两个线程会 `join` 连接到主线程上。输出中的斜体字是我们的注释，不是程序输出。

```
1  // Fig. 17.6: SharedBufferTest.cpp
2  // Application with concurrent jthreads sharing an unsynchronized buffer.
3  #include <chrono>
4  #include <fmt/format.h>
5  #include <iostream>
6  #include <random>
7  #include <thread>
8  #include "UnsynchronizedBuffer.h"
9
10 int main() {
11    // create UnsynchronizedBuffer to store ints
12    UnsynchronizedBuffer buffer;
13
14    // lambda expression that produces the values 1-10 and sums them
15    auto produce{
16       [&buffer]() {
17          // set up random-number generation
18          std::random_device rd;
19          std::default_random_engine engine{rd()};
20          std::uniform_int_distribution ints{0, 3000};
21
22          int sum{0};
23
24          for (int count{1}; count <= 10; ++count) {
25             // get random sleep time then sleep
26             std::chrono::milliseconds sleepTime{ints(engine)};
27             std::this_thread::sleep_for(sleepTime);
28
29             buffer.put(count); // set value in buffer
30             sum += count; // add count to sum of values produced
31             std::cout << fmt::format("\t{:2d}\n", sum);
32          }
33
```

图 17.6 两个并发的 `jthread` 共享一个非同步的缓冲区（警告：`UnsynchronizedBuffer` 不是线程安全的）

```cpp
         std::cout << "Producer done producing\nTerminating Producer\n";
      }
   };

   // lambda expression that consumes the values 1-10 and sums them
   auto consume{
      [&buffer]() {
         // set up random-number generation
         std::random_device rd;
         std::default_random_engine engine{rd()};
         std::uniform_int_distribution ints{0, 3000};

         int sum{0};

         for (int count{1}; count <= 10; ++count) {
            // get random sleep time then sleep
            std::chrono::milliseconds sleepTime{ints(engine)};
            std::this_thread::sleep_for(sleepTime);

            sum += buffer.get(); // get buffer value and add to sum
            std::cout << fmt::format("\t\t\t{:2d}\n", sum);
         }

         std::cout << fmt::format("\n{} {}\n{}\n",
           "Consumer read values totaling", sum, "Terminating Consumer");
      }
   };

   std::cout << "Action\t\tValue\tSum of Produced\tSum of Consumed\n";
   std::cout << "------\t\t-----\t---------------\t---------------\n";

   std::jthread producer{produce}; // start producer jthread
   std::jthread consumer{consume}; // start consumer jthread
}
```

```
Action              Value   Sum of Produced   Sum of Consumed
------              -----   ---------------   ---------------
Producer writes       1       1
Producer writes       2       3                                 — 1 丢失了
Consumer reads        2                             2
Consumer reads        2                             4           — 2 重复读取
Producer writes       3       6
```

图 17.6 两个并发的 jthread 共享一个非同步的缓冲区（警告：UnsynchronizedBuffer 不是线程安全的）（续）

```
Action              Value    Sum of Produced    Sum of Consumed
------              -----    ---------------    ---------------
Consumer reads        3                               7
Producer writes       4        10
Producer writes       5        15                                 — 4 丢失了
Consumer reads        5                              12
Producer writes       6        21
Producer writes       7        28                                 — 6 丢失了
Consumer reads        7                              19
Consumer reads        7                              26           — 7 重复读取
Consumer reads        7                              33           — 7 重复读取
Producer writes       8        36
Producer writes       9        45                                 — 8 丢失了
Consumer reads        9                              42
Producer writes      10        55
Producer done producing
Terminating Producer
Consumer reads       10                              52
Consumer reads       10                              62           — 10 重复读取

Consumer read values totaling 62
Terminating Consumer
```

```
Action              Value    Sum of Produced    Sum of Consumed
------              -----    ---------------    ---------------
Consumer reads       -1                              -1           —读取 -1，坏数据（必须先运行生产者）
Producer writes       1         1
Producer writes       2         3                                 —1 丢失了
Consumer reads        2                               1
Consumer reads        2                               3           —2 重复读取
Producer writes       3         6
Consumer reads        3                               6
Producer writes       4        10
Consumer reads        4                              10
Consumer reads        4                              14           —4 重复读取
Producer writes       5        15
Consumer reads        5                              19
Producer writes       6        21
Consumer reads        6                              25
Producer writes       7        28
```

图 17.6 两个并发的 jthread 共享一个非同步的缓冲区（警告：UnsynchronizedBuffer 不是线程安全的）（续）

```
Action                 Value    Sum of Produced    Sum of Consumed
------                 -----    ---------------    ---------------
Consumer reads           7                             32
Producer writes          8        36
Producer writes          9        45                                 —8 丢失了
Producer writes         10        55                                 —9 丢失了
Producer done producing
Terminating Producer
Consumer reads          10                             42

Consumer read values totaling 42
Terminating Consumer
```

```
Action                 Value    Sum of Produced    Sum of Consumed
------                 -----    ---------------    ---------------
Producer writes          1         1
Consumer reads           1                              1
Producer writes          2         3
Producer writes          3         6                                 —2 丢失了
Consumer reads           3                              4
Producer writes          4        10
Consumer reads           4                              8
Consumer reads           4                             12            —4 重复读取
Consumer reads           4                             16            —4 重复读取
Consumer reads           4                             20            —4 重复读取
Producer writes          5        15
Producer writes          6        21                                 —5 丢失了
Consumer reads           6                             26
Producer writes          7        28
Producer writes          8        36                                 —7 丢失了
Producer writes          9        45                                 —8 丢失了
Consumer reads           9                             35
Producer writes         10        55
Producer done producing
Terminating Producer
Consumer reads          10                             45
Consumer reads          10                             55            —10 重复读取

Consumer read values totaling 55                                     —歪打正着的正确求和结果
Terminating Consumer
```

图 17.6 两个并发的 jthread 共享一个非同步的缓冲区（警告：UnsynchronizedBuffer 不是线程安全的）（续）

生产者线程

producer 线程执行名为 produce 的 lambda（第 15 行～第 36 行）。每次循环迭代都会睡眠（第 27 行）0 ～ 3000 毫秒。当线程唤醒时，第 29 行通过向对象的 put 函数传递 count 来设置共享 buffer 的值。第 30 行和第 31 行维护到目前为止产生的值之和，并显示这个和。当循环完成时，第 34 行指出 producer 已经完成了数据的生产，并且正在终止。然后，lambda 执行完毕，producer 线程终止。任何从 jthread 的任务中调用的函数（例如 buffer 的 put 函数）都在那个线程中执行。当我们在 17.6 节和 17.7 节同步生产者 - 消费者关系时，这一事实将非常重要。

消费者线程

consumer 线程执行名为 consumer 的 lambda（第 39 行～第 60 行）。第 48 行～第 55 行循环迭代 10 次。每次循环迭代都会睡眠 0 ～ 3000 毫秒的随机时间（第 51 行）。接着，第 53 行使用 buffer 的 get 函数来检索 buffer 的值，然后将其加到 sum 上。第 54 行显示到目前为止所消费的值的总和。当循环完成时，第 57 行和第 58 行显示消费的所有值的总和，lambda 执行完毕，consumer 线程终止。一旦两个线程都终止，程序就结束了。

随机数生成

C++11 的随机数生成不是线程安全的。为了保证每个线程都能安全地生成随机数，我们在 produce（第 18 行～第 20 行）和 consume（第 42 行～第 44 行）这两个 lambda 中定义了独立的随机数生成器，而不是在两者之间共享一个随机数生成器。[47]

调用 std::this_thread::sleep_for 只是出于演示目的

本章提到的都是**异步并发线程**（asynchronous concurrent thread）。所谓**异步**（asynchronous），是指线程的工作几乎都是相互独立的。[48] 为了强调你无法预测异步并发线程的相对执行速度，我们在 produce 和 consume 这两个 lambda 中调用了 std::this_thread::sleep_for 函数来睡眠一个随机的时间。因此，我们不知道生产者线程何时会写入一个新值，也不知道消费者线程何时会读取一个值。一般来说，在多线程应用程序中，在每个线程取得一个处理器的所有权期间，我们无法预测它何时执行任务，也无法预测会执行多长时间。这些线程调度问题是由操作系统控制的。

如果我们没有刻意地添加 sleep_for 调用，而且如果 producer 先执行，考虑到今天的处理器速度，producer 可能会在 consumer 有机会执行之前完成其任务。而如果 consumer 先执行，它可能会消费相同的垃圾数据 10 次，然后在生产者生产第一个真正的值之前终止。

分析输出

错误提示

之前说过，producer 线程应该先执行，它生产的每个值都应该恰好由 consumer 线程消费一次。我们突出显示了输出中 producer 或 consumer 不按顺序行动的那几行，以强调不对可变数据的访问进行同步而可能发生的问题。[49]

- 在图 17.6 的第一个输出中，注意 producer 在 consumer 读取它的第一个值（2）之前就写入了 1 和 2。所以，值 1 丢失了。之后，4、6 和 8 也丢失了，而 2 和 10 被读取了两次，7 被读取了三次。所以在第一个输出中，consumer 产生了一个错误的求和结果 62，而不是正确的 55。
- 在第二个输出中，consumer 在 producer 写入任何值之前就读取了垃圾值 -1。同时，1、8 和 9 都丢失了，而 2 和 4 被读取了两次。结果是 consumer 获得不正确的求和结果 42。
- 在第三个输出中，consumer 在不是读取 1 ～ 10 的每个值一次的情况下，意外地得到了正确的求和结果 55。在本例中，其实 2、5、7 和 8 都丢失了，而 4 被读了四次，10 被读了两次。

这些输出结果清楚地表明，必须仔细控制并发线程对共享可变对象的访问；否则，程序很有可能产生不正确的结果——更糟的是，可能误打误撞得到一个“正确结果”。

错误提示

多线程编程的一个挑战在于发现隐藏的错误。这些错误是可能不经常发生，而且不好预测，以至于一个有问题的程序在测试期间完全有可能产生貌似正确的结果。正是因为这个原因，所以我们应该坚持使用预定义容器和更高级的基元来帮助自己处理同步问题。

软件工程

为了解决数据丢失和重复的问题，下一节的例子会同步对共享对象的访问，保证每个值都只被处理一次。

17.6 生产者 - 消费者：同步对共享可变数据的访问

对于 17.5 节的程序，它的错误归咎于 UnsynchronizedBuffer 类不是线程安全的。在未经协调的情况下，它允许生产者和消费者线程并发修改和读取共享的可变数据，这导致了数据竞争，也称为**竞态条件**（race condition）。[50, 51] 在这种情况下，谁“手快”就谁先执行任务，即使它此时不应执行。并发的生产者和消费者线程执行任务的顺序得不到保证，这就导致了以下情况的发生。

- 生产者覆盖之前写入的、尚未被消费的值，造成数据丢失。
- 消费者在生产者生产其第一个合法值之前读取无效数据（-1）。
- 消费者读取之前已经读取过的旧值。

C++ 标准强调："如果没有某种形式的锁定机制，那么除非执行的是读取访问，否则一个内存位置不能被两个线程安全地访问。"[52]

线程同步、互斥和临界区

为了解决上一个例子的问题，可以一次只让一个线程以独占方式访问对共享可变数据进行操作的代码。在这段时间内，其他线程必须等待。当拥有独占访问权限的线程完成对共享可变数据的操作后，等待的线程可以继续。这个线程同步过程协调了多个并发线程对共享可变数据的访问。访问共享对象的每个线程都会阻止其他线程的同时访问。这就是所谓的**互斥**（mutual exclusion）。我们使用互斥来保护的那个代码区域称为**临界区**（critical section）。

一组操作当作一个操作来执行

为了确保共享缓冲区是线程安全的，我们必须确保每次只有一个线程可以向缓冲区存储一个值或从缓冲区读取一个值。还必须确保这些操作不会被分解成更小的子操作。换言之，操作必须是原子式的（atomic）。我们通过在同一时间只允许一个线程执行 `put` 或 `get` 来做到这一点。

- 在消费者试图执行 `get` 时，如果生产者正在执行 `put`，那么消费者必须等待，直到生产者完成它的 `put` 调用。
- 与此类似，在生产者试图执行 `put` 时，如果消费者正在执行 `get`，那么生产者必须等待，直到消费者完成它的 `get` 调用。

不可变的数据不需要同步

核心准则

只有共享的可变数据才需要使用下例展示的同步机制，这种数据在其生命周期内可能发生改变。不可变的数据不会发生改变，所以任何数量的并发线程都能放心地访问这些数据。"C++ 核心准则"指出："不可能在常量上发生竞态条件。"有鉴于此，应该执行以下操作。

- "使用 `const` 来定义其值在构造后不会发生改变的对象"。
- "为可在编译时计算的值使用 `constexpr`"。[53]

核心准则

如此处理后，就表明变量的值在初始化后不会发生改变，从而防止被意外修改而危及线程安全。"C++ 核心准则"还建议尽量减少对共享可变数据的使用，以避免出现数据竞争。[54]

17.6.1 SynchronizedBuffer 类：互斥体、锁和条件变量

图 17.7 和图 17.8 演示了一个生产者线程和一个消费者线程，它们能正确访问一个同步共享可变缓冲区。在本例中，情况如下。

- 生产者总是先生产一个值。
- 消费者只在生产者生产了一个值之后消费。
- 生产者只在消费者消费了上一个（或第一个）值之后生产下一个值。

软件工程

如你所见，SynchronizedBuffer 的 put 和 get 函数（图 17.7）处理了同步问题。我们从这些函数中输出消息只是为了演示。和处理器的速度相比，I/O 的速度非常慢。一般不要在“临界区”执行 I/O，因为尽量减少对象被“锁定”的时间至关重要。

性能提示

```
// Fig. 17.7: SynchronizedBuffer.h
// SynchronizedBuffer maintains synchronized access to a shared mutable
// integer that is accessed by a producer thread and a consumer thread.
#pragma once
#include <condition_variable>
#include <fmt/format.h>
#include <mutex>
#include <iostream>
#include <string>

using namespace std::string_literals;

class SynchronizedBuffer {
public:
   // place value into m_buffer
   void put(int value) {
      // critical section that requires a lock to modify shared data
      {
         // lock on m_mutex to be able to write to m_buffer
         std::unique_lock dataLock{m_mutex};

         if (m_occupied) {
            std::cout << fmt::format(
               "Producer tries to write.\n{:<40}{}\t\t{}\n\n",
               "Buffer full. Producer waits.", m_buffer, m_occupied);

            // wait on condition variable m_cv; the lambda in the second
            // argument ensures that if the thread gets the processor
            // before m_occupied is false, the thread continues waiting
            m_cv.wait(dataLock, [&]() {return !m_occupied;});
         }

         // write to m_buffer
         m_buffer = value;
```

图 17.7　SynchronizedBuffer 同步了生产者和消费者线程对共享可变 int 成员的访问

```
         m_occupied = true;

         std::cout << fmt::format("{:<40}{}\t\t{}\n\n",
            "Producer writes "s + std::to_string(value),
            m_buffer, m_occupied);
      } // dataLock's destructor releases the lock on m_mutex

      // if consumer is waiting, notify it that it can now read
      m_cv.notify_one();
   }

   // return value from m_buffer
   int get() {
      int value; // will store the value returned by get

      // critical section that requires a lock to modify shared data
      {
         // lock on m_mutex to be able to read from m_buffer
         std::unique_lock dataLock{m_mutex};

         if (!m_occupied) {
            std::cout << fmt::format(
               "Consumer tries to read.\n{:<40}{}\t\t{}\n\n",
               "Buffer empty. Consumer waits.", m_buffer, m_occupied);

            // wait on condition variable m_cv; the lambda in the second
            // argument ensures that if the thread gets the processor
            // before m_occupied is true, the thread continues waiting
            m_cv.wait(dataLock, [&]() {return m_occupied;});
         }

         value = m_buffer;
         m_occupied = false;

         std::cout << fmt::format("{:<40}{}\t\t{}\n{}\n",
            "Consumer reads "s + std::to_string(m_buffer),
            m_buffer, m_occupied, std::string(64, '-'));
      } // dataLock's destructor releases the lock on m_mutex

      // if producer is waiting, notify it that it can now write
      m_cv.notify_one();

```

图 17.7 SynchronizedBuffer 同步了生产者和消费者线程对共享可变 int 成员的访问（续）

```
77         return value;
78      }
79   private:
80      int m_buffer{-1}; // shared by producer and consumer threads
81      bool m_occupied{false};
82      std::condition_variable m_cv;
83      std::mutex m_mutex;
84   };
```

图 17.7 SynchronizedBuffer 同步了生产者和消费者线程对共享可变 int 成员的访问（续）

SynchronizedBuffer 的 m_buffer 和 m_occupied 数据成员

第 80 行定义了 int 数据成员 m_buffer，生产者线程将向其中写入数据，消费者线程将从其中读取数据。bool 数据成员 m_occupied（第 81 行）用于指示 m_buffer 当前是否包含数据。我们将用它来帮助跟踪共享缓冲区的状态，以达到线程同步的目的。变量 m_occupied 和 m_buffer 都是 SynchronizedBuffer 的状态信息的一部分，所以你必须同步对两者的访问，以确保缓冲区是线程安全的。

SynchronizedBuffer 的 std::condition_variable 数据成员

作为对缓冲区的访问进行同步的一部分，必须确保生产者和消费者线程只有在缓冲区处于适当状态时才开始工作。这需要一种方法来允许线程根据某些条件进入等待状态，我们通过 m_occupied 来维护这些条件。

- 生产者只有在缓冲区未满的情况下（即 m_occupied 为 false）才能在缓冲区中放入一个新项。
- 消费者只有在缓冲区非空的情况下（即 m_occupied 为 true）才能从缓冲区中读取一项。

如果一个给定的条件为 true，相应的线程可以继续。如果为 false，相应的线程必须等待，直到它变为 true。

还需要一种方法让等待的线程知道条件发生了变化，使其可以继续执行以下操作。

- 如果消费者正在等待读取，而生产者向缓冲区写了一个新值，那么缓冲区现在就已经满了，所以生产者应该通知等待的消费者它可以读取这个值。
- 如果生产者正在等待写入，而消费者读取了缓冲区的当前值，那么缓冲区现在是空的，所以消费者应该通知等待的生产者它可以向缓冲区写入。

这些等待和通知功能是由一个 std::condition_variable[55] 提供的（来自头文件 <condition_variable>）。第 82 行定义了这个类型的 m_cv 数据成员。

SynchronizedBuffer 的 std::mutex 数据成员

为了实现对共享可变资源的互斥访问，一个常见的方法是创建临界区。这些同步的代码块利用来自 <mutex> 头文件的特性以“原子”方式执行。一个 std::mutex 在同一时间只能被一个线程拥有。需要独占访问资源的线程必须先获得 mutex（互斥体）上的一个锁（互斥锁）——这通常在代码块的开头进行。其他线程试图执行的操作如果需要同一个 mutex，那么会被阻塞，直到第一个线程释放锁——这通常在代码块末尾进行。在此之后，被阻塞的线程就可以尝试获取锁并继续执行操作。[56]

核心准则

通过将操作放到临界区，我们每次只允许一个线程获得锁并执行操作。如果多个临界区使用同一个 mutex 进行同步，那么一次只能执行一个临界区的操作。第 83 行定义了 mutex 数据成员 m_mutex，我们把它和 m_cv 一起使用，以保护 SynchronizedBuffer 的 put 和 get 函数中访问该类共享可变数据的临界区代码。对于需要互斥访问的数据，“C++ 核心准则”建议将数据与用于保护它的 mutex 一起定义。例如，我们使用同属 SynchronizedBuffer 数据成员的一个 mutex 来保护 SynchronizedBuffer 的数据成员。[57]

软件工程

性能提示

在多线程程序中，将所有对共享可变数据的访问放到由同一个 std::mutex 进行同步的临界区。该临界区内的所有操作都是原子操作。锁不再需要时要及时释放。

SynchronizedBuffer 的成员函数

put 函数（第 16 行～第 44 行）和 get 函数（第 47 行～第 78 行）提供对共享数据成员 m_occupied 和 m_buffer 的同步访问。在特定 SynchronizedBuffer 对象上，一次只有一个线程可以进入这两个函数中的某一个的临界区。变量 m_occupied 在 put 和 get 中被用来判断是轮到生产者写入还是轮到消费者读取。

- m_occupied 为 false，表明 m_buffer 是空的，所以生产者可以将一个值放入 m_buffer，而消费者此时不能读取 m_buffer 的值。
- m_occupied 为 true，表明 m_buffer 是满的，所以消费者可以读取 m_buffer 的值，而生产者此时不能将值放入 m_buffer。

成员函数 put 和生产者线程

我们将使用 SynchronizedBuffer 类的 condition_variable、mutex 和 C++11 的 std::unique_lock 来同步对该类的共享可变数据的访问。在 std::unique_lock 提供的多项功能中，有一项是锁定与 condition_variable 配合使用的一个 mutex。当生产者线程调用 put 时，它必须先获得 m_mutex 的锁，以确保它能独占访问 SynchronizedBuffer 的共享可变数据。可以通过创建一个锁对象并用 mutex 来初始化它，从而获得 mutex 的锁（第 20 行）。如果 mutex 的锁不可用，创建锁对象的线程会被阻塞，必须等待，直到能获得锁。一旦线程获得锁，就说那个代码块的其余部分受到了 mutex 的保护。

稍后就会看到，一个 unique_lock 可以在没有轮到某个线程执行其任务时释放一个 mutex 的锁，然后可以在以后重新获得该锁。这种能力相当重要。一个线程在不能执行其任务时，继续持有在 SynchronizedBuffer 的 mutex 上的一个锁可能导致**死锁**（deadlock）。

错误提示

获得锁并检查是否轮到生产者

当 m_mutex 的锁可用时，第 20 行获得该锁。然后，第 22 行检查 m_occupied 是否为 true。如果是，表明 m_buffer 已满，生产者线程必须等待，直到 m_buffer 变空，所以第 23 行～第 25 行输出一条消息，指出以下几点。

- 生产者线程尝试写入一个值。
- m_buffer 已满。
- 生产者线程等待腾出空间。

在条件变量上等待

条件变量可以用来在条件未满足时让线程等待，然后在条件满足时通知等待中的线程。

- 如果生产者线程获得了 mutex 的锁，但缓冲区已满，那么线程调用 condition_variable 的 wait 函数（第 30 行），将 unique_lock（dataLock）作为第一个实参传递。这将导致 dataLock 释放 mutex 的锁，将生产者线程置为 condition_variable m_cv 的等待状态，并将该线程从对处理器的竞争中移除。这很重要，因为生产者线程目前执行不了它的任务。所以，应该允许消费者访问 SynchronizedBuffer，使条件（m_occupied）能够发生变化。现在，消费者可以尝试获取 m_mutex 上的锁。
- 一旦执行 get 函数的临界区的消费者线程满足了生产者线程正在等待的条件——也就是说，消费者读取了缓冲区的值，使缓冲区变空——消费者线程就在 m_cv 上调用 notify_one（第 75 行）。这允许在该条件下等待的生产者线程切换为就绪状态。[58] 当操作系统将生产者线程变成运行状态后，该线程就可以尝试重新获得锁。[59]

一旦生产者收到通知并隐式地重新获取 m_mutex 的锁之后，put 会继续执行 wait 调用之后的语句。

虚假唤醒

偶尔，一个线程在被唤醒后，还没开始执行任务就被系统移回就绪状态，这称为**假性唤醒**（spurious wakeup）。[60,61] 在第 30 行，wait 函数的第二个实参是一个无参 lambda，它检查是否轮到生产者线程访问 m_buffer。当生产者线程获得处理器的所有权时，它首先重新获得 m_mutex 的锁，然后调用这个 lambda。如果 lambda 返回 false，线程会释放锁并返回 condition_variable m_cv 的等待状态；否则，生产者线程继续执行。

更新 SynchronizedBuffer 的状态

第 34 行将生成的值赋给 m_buffer。第 35 行将 m_occupied 设为 true，表示 m_buffer 现在包含一个值（也就是说，消费者可以读取值，但生产者还不能在其中放入另一个值）。第 37 行～第 39 行表示生产者正在向 m_buffer 中写入一个值。

释放锁

在这个时候，程序执行到了第 40 行，即定义了 put 的临界区的那个块的末尾。当线程使用完一个用 unique_lock 管理的共享对象时，该线程必须通过隐式或显式调用锁的 unlock 函数来释放锁。锁对象使用 RAII（资源获取即初始化，参见 11.5 节）。如果不显式调用 unlock，一旦锁在临界区末尾超出作用域，unique_lock 类的析构函数就会隐式地调用它。如果消费者线程之前在试图进入 get 的临界区时被阻塞了（该临界区由同一个 mutex 保护），它现在就可以获得锁来继续执行。

通知消费者线程继续

现在缓冲区已满，生产者线程调用 m_cv 的 notify_one 函数（第 43 行）来指出缓冲区的状态已发生改变。如果消费者正在这个条件变量上等待，它就会进入就绪状态，有资格重新获得锁。notify_one 函数立即返回，然后 put 返回到它的调用者（即生产者线程）。为了提高性能，应该在调用 notify_one（或 notify_all）之前解锁 unique_lock，以确保被通知的等待线程不需要等待 mutex 锁变得可用。[62]

性能提示

成员函数 get 和消费者线程

get 和 put 这两个函数的实现方式相似。当消费者线程调用 get 时，第 53 行创建一个 unique_lock 并试图获取 m_mutex 的锁。如果该锁不可用（例如，生产者尚未释放它），消费者线程就会被阻塞，直到该锁变得可用。如果它可用，第 53 行就会获取它，使消费者线程拥有这个锁。接着，第 55 行检查 m_occupied 是否为 false。如果是，表明 m_buffer 为空，所以第 56 行～第 58 行输出消息来指出以下几点。

- 消费者线程尝试读取一个值。
- 缓冲区为空。
- 消费者线程正在等待。

在条件变量上等待

第 63 行调用 m_cv 的 wait 函数，将消费线程置于该 condition_variable 的等待状态。同样，wait 导致 dataLock 释放 m_mutex 的锁，使生产者线程能够尝试获取它并执行工作（生产值）。

消费者线程一直处于等待状态，直到它被生产者线程通知继续。此时，消费者线程会返回到就绪状态。当操作系统将线程切换到运行状态时，消费者线程会尝试隐式地重新获取 m_mutex 的锁。如果锁可用，消费者线程重新获取它，get 继续执行 wait 后的语句。m_cv 的 wait 函数的第二个实参是一个 lambda，用于检查是否轮到消费者线程。如果消费者线程分配到一个处理器，并且这个 lambda 返回 false，线程将返回到 m_cv 的等待状态。

更新 SynchronizedBuffer 的状态并通知生产者继续

第 66 行存储要返回给调用线程的 value，第 67 行将 m_occupied 设为 false，以指出 m_buffer 现在为空（即生产者可以生产），而第 69 行～第 71 行表示消费者正在读取一个值。然后，dataLock 超出作用域，其析构函数释放 m_mutex 的锁。接着，第 75 行调用 m_cv 的 notify_one 函数。如果一个生产者线程正处于 m_cv 的等待状态，它就会进入就绪状态，并有资格重新获得 m_mutex 的锁。notify_one 函数立即返回，get 将 value 返回给它的调用者。

等待和通知必须成对

软件工程

当并发的线程使用给定 mutex 上的锁操作共享对象时，要确保如果一个线程调用 wait 函数进入 condition_variable 的等待状态，另一个线程最终会调用 condition_variable 的 notify_one 函数使正在等待的线程切换回就绪状态。

17.6.2 测试 SynchronizedBuffer

图 17.8 和图 17.6 相似。第 19 行～第 24 行定义名为 getSleepTime 的 lambda，它使用一个 std::mutex（第 16 行）和一个 C++11 std::lock_guard（第 21 行）来同步对一个要在本例所有线程中共享的随机数生成器的访问。在本例中，我们这样做只是出于演示的目的，以展示如何使用 lock_guard 来保护一个不需要 condition_variable 的共享资源。构造一个 lock_guard 时，如果它的 mutex 实参的锁可用，它就会获取这个锁；否则，创建 lock_guard 的线程会被阻塞，直到它能够获取该锁。unique_lock 允许释放和重新获取一个 mutex 的锁（这是 condition_variable 的意义之所在）。相反，lock_guard 会一直拥有一个 mutex 的锁，直到 lock_guard 超出作用域。此时，它的析构函数会释放 mutex 的锁。[63] 因此，

每次只有一个线程可以执行 getSleepTime 的代码块。如果线程需要访问的资源由多个单独的 mutex 进行保护，C++ 还提供了 std::scoped_lock（C++17），它一次获得几个 mutex 上的锁。一旦 scoped_lock 在其包围块结束时超出作用域，就会释放这些锁。[64]

第 27 行创建要在并发的生产者和消费者线程之间共享的 SynchronizedBuffer。第 30 行～第 44 行和第 47 行～第 61 行定义名为 produce 和 consume 的两个 lambda，它们将分别由生产者和消费者 jthread 调用（第 67 行和第 68 行）。每个 lambda 都以“传引用”的方式捕获了 buffer 和 getSleepTime。第 63 行～第 65 行显示输出的列标题。main 函数结束时，jthread 会超出作用域，自动执行 join 操作，从而确保它们先完成执行，然后程序才会终止。

```
1  // Fig. 17.8: SharedBufferTest.cpp
2  // Concurrent threads correctly manipulating a synchronized buffer.
3  #include <chrono>
4  #include <fmt/format.h>
5  #include <iostream>
6  #include <mutex>
7  #include <random>
8  #include <thread>
9  #include "SynchronizedBuffer.h"
10
11 int main() {
12    // set up random-number generation
13    std::random_device rd;
14    std::default_random_engine engine{rd()};
15    std::uniform_int_distribution ints{0, 3000};
16    std::mutex intsMutex;
17
18    // lambda for synchronized random sleep time generation
19    auto getSleepTime{
20       [&]() {
21          std::lock_guard lock{intsMutex};
22          return std::chrono::milliseconds{ints(engine)};
23       }
24    };
25
26    // create SynchronizedBuffer to store ints
27    SynchronizedBuffer buffer;
28
29    // lambda expression that produces the values 1-10 and sums them
```

图 17.8 并发线程正确处理一个同步的缓冲区

```
    auto produce{
       [&buffer, &getSleepTime]() {
          int sum{0};

          for (int count{1}; count <= 10; ++count) {
             // get random sleep time then sleep
             std::this_thread::sleep_for(getSleepTime());

             buffer.put(count); // set value in buffer
             sum += count; // add count to sum of values produced
          }

          std::cout << "Producer done producing\nTerminating Producer\n";
       }
    };

    // lambda expression that consumes the values 1-10 and sums them
    auto consume{
       [&buffer, &getSleepTime]() {
          int sum{0};

          for (int count{1}; count <= 10; ++count) {
             // get random sleep time then sleep
             std::this_thread::sleep_for(getSleepTime());

             sum += buffer.get(); // get buffer value and add to sum
          }

          std::cout << fmt::format("\n{} {}\n{}\n",
             "Consumer read values totaling", sum, "Terminating Consumer");
       }
    };

    std::cout << fmt::format("{:<40}{}\t\t{}\n{:<40}{}\t\t{}\n\n",
       "Operation", "Buffer", "Occupied",
       "---------", "------", "--------");

    std::jthread producer{produce}; // start producer thread
    std::jthread consumer{consume}; // start consumer thread
 }
```

图 17.8 并发线程正确处理一个同步的缓冲区（续）

```
Operation                                  Buffer          Occupied
---------                                  ------          --------

Consumer tries to read.
Buffer empty. Consumer waits.              -1              false

Producer writes 1                          1               true

Consumer reads 1                           1               false
----------------------------------------------------------------------
Producer writes 2                          2               true

Producer tries to write.
Buffer full. Producer waits.               2               true

Consumer reads 2                           2               false
----------------------------------------------------------------------
Producer writes 3                          3               true

Consumer reads 3                           3               false
----------------------------------------------------------------------
Consumer tries to read.
Buffer empty. Consumer waits.              3               false

Producer writes 4                          4               true

Consumer reads 4                           4               false
----------------------------------------------------------------------
Producer writes 5                          5               true

Consumer reads 5                           5               false
----------------------------------------------------------------------
Producer writes 6                          6               true

Producer tries to write.
Buffer full. Producer waits.               6               true

Consumer reads 6                           6               false
----------------------------------------------------------------------
Producer writes 7                          7               true

Producer tries to write.
Buffer full. Producer waits.               7               true

Consumer reads 7                           7               false
----------------------------------------------------------------------
Producer writes 8                          8               true

Producer tries to write.
Buffer full. Producer waits.               8               true
```

图 17.8 并发线程正确处理一个同步的缓冲区（续）

```
Consumer reads 8                        8            false
-----------------------------------------------------------
Producer writes 9                       9            true

Consumer reads 9                        9            false
-----------------------------------------------------------
Producer writes 10                      10           true

Producer done producing
Terminating Producer
Consumer reads 10                       10           false
-----------------------------------------------------------

Consumer read values totaling 55
Terminating Consumer
```

图 17.8 并发线程正确处理一个同步的缓冲区（续）

分析输出

研究图 17.8 的输出，我们有以下几个发现。

- 生产的每个整数都被恰好被消费一次，既没有值丢失，也没有值被消费超过一次。
- 同步确保生产者只在缓冲区为空时生产一个值，而消费者只在缓冲区为满时消费。
- 生产者总是在消费者首次被允许消费一个值之前生产一个值。
- 如果消费者上次消费后生产者没有生产，消费者会等待。
- 如果消费者还没有消费生产者最近生产的值，生产者会等待。

多次执行这个程序，确认每个生产出来的整数都恰当被消费一次。在示例输出中，我们用粗体字表示生产者和消费者必须等待执行各自任务的时间。

关于同步示例中输出语句的说明

核心准则

性能提示

除了对 SynchronizedBuffer 执行实际操作，我们的同步 put 和 get 函数还会向控制台打印消息，报告线程在执行这些函数时的进度。这样做是为了通过消息的打印顺序来验证 put 和 get 已正确同步。在后面的例子中，我们会继续从临界区输出消息，但目的只是为了演示。“C++ 核心准则”指出，应最小化临界区的持续时间[65]，即对象的“锁定”时间。在持有一个锁的时候，应避免执行 I/O、冗长的计算和不需要同步的操作。

软件工程

另外，出于演示的目的，第 36 行和第 53 行调用 sleep_for 来强调线程调度的不可预测性。虽然这里没有这样做，但很重要的一点是，在实际应用中，线程在持有锁的时候不应睡眠。

17.7 生产者–消费者：用循环缓冲区最小化等待时间

性能提示

17.6 节的程序使用线程同步来保证两个并发的线程正确操纵共享缓冲区中的数据。然而，该程序的性能不是最优的。如果线程运行速度不同，其中一个线程将花费更多（或大多数）时间来等待。

- 如果生产者生产值的速度比消费者消费值的速度快，生产者就会等待，因为没有空的位置可以写入。
- 如果消费者消费值的速度比生产者生产值的速度快，消费者就会等待，直到生产者将下一个值放入共享缓冲区。

即使线程以大致相同的速度运行，偶尔也会在一段时间内变得“失去同步”，导致其中一个等待另一个。

性能提示

我们无法预测异步并发线程的相对速度。与操作系统、网络、用户和其他组件的交互会导致线程以不同的、不断变化的速度运行。当这种情况发生时，线程就会等待。当线程切换到等待状态是，程序的效率会降低，交互式程序的响应灵敏度会下降，应用程序可能经历长时间的延迟。

循环缓冲区

使用**循环缓冲区**（circular buffer），我们可以将共享资源并以相同平均速度运行的并发线程之间的等待时间降到最低。这种缓冲区提供了固定数量的单元，生产者向其中写入值，消费者从中读取值。在内部，循环缓冲区管理生产者按顺序向缓冲区写入，消费者按顺序从缓冲区元素中读取，从第一个单元开始，向最后一个单元移动。当循环缓冲区到达最后一个元素时，它“环绕”回第一个元素，并从那里继续，这就是“循环”一词的来历。

17.1 节讨论的视频流式处理就是使用循环缓冲区的生产者 - 消费者关系的例子。有了循环缓冲区，就有了以下执行过程。

- 如果生产者执行得暂时比消费者快，生产者可以向额外的缓冲区单元（如果有可用的话）写入额外的值。这使生产者能保持忙碌，即使消费者还没有准备好检索正在生产的当前值。
- 如果消费者执行得暂时比生产者快，消费者可以从缓冲区读取额外的值（如果有的话）。这使消费者能保持忙碌，即使生产者还没有准备好生产更多的值。

即使有一个循环缓冲区，生产者线程也可能填满缓冲区，迫使生产者等待，直到消费者消费一个值来释放缓冲区中的一个元素。类似地，如果缓冲区是空的，消费者必须等待，直到生产者生产另一个值。

注意，如果生产者和消费者的平均速度始终存在显著差异，那么就连循环缓冲区也不好使。

- 如果消费者总是执行得更快，包含一个位置（或少量位置）的缓冲区就足够了。
- 如果生产者总是执行得更快，而且程序不要求生产者等待，那么只有包含“无限”个位置的缓冲区才能吸收额外的产量。

软件工程

如果两个线程的平均执行速度差不多，那么循环缓冲区有助于平滑任何一个线程在执行过程中偶尔加速或减速的影响，减少等待时间，并提高性能。

性能提示

设计循环缓冲区时，关键在于优化它的大小，在减少线程等待时间的同时不浪费内存。如果确定生产者生产的值经常比消费者可以消费的值多出三个，那么可以提供一个至少三个单元的缓冲区来处理额外的产量。缓冲区设计得太小，会导致线程等待更长时间。

实现循环缓冲区

图 17.9 和图 17.10 展示了并发的生产者和消费者线程如何访问一个同步循环缓冲区（图 17.9）。我们将循环缓冲区实现为包含三个 `int` 元素的一个 `array`。消费者只在 `array` 非空时消费一个值，而生产者只在数组未满时生产一个值。同样，在类的临界区使用输出语句只是出于演示目的。

```cpp
// Fig. 17.9: CircularBuffer.h
// Synchronizing access to a shared three-element circular buffer.
#pragma once
#include <array>
#include <condition_variable>
#include <fmt/format.h>
#include <mutex>
#include <iostream>
#include <string>
#include <string_view>

using namespace std::string_literals;

class CircularBuffer {
public:
   // place value into m_buffer
   void put(int value) {
      // critical section that requires a lock to modify shared data
      {
```

图 17.9 同步对共享的三元素循环缓冲区的访问

```
         // lock on m_mutex to be able to write to m_buffer
         std::unique_lock dataLock{m_mutex};

         // if no empty locations, wait on condition variable m_cv
         if (m_occupiedCells == m_buffer.size()) {
            std::cout << "Buffer is full. Producer waits.\n\n";

            // wait on the condition variable; the lambda argument
            // ensures that if the thread gets the processor before
            // the m_buffer has open cells, the thread continues waiting
            m_cv.wait(dataLock,
               [&] {return m_occupiedCells < m_buffer.size();});
         }

         m_buffer[m_writeIndex] = value; // write to m_buffer
         ++m_occupiedCells; // one more m_buffer cell is occupied
         m_writeIndex = (m_writeIndex + 1) % m_buffer.size();
         displayState(fmt::format("Producer writes {}", value));
      } // dataLock's destructor releases the lock on m_mutex here

      m_cv.notify_one(); // notify threads waiting to read from m_buffer
   }

   // return value from m_buffer
   int get() {
      int readValue; // will temporarily hold the next value read

      // critical section that requires a lock to modify shared data
      {
         // lock on m_mutex to be able to write to m_buffer
         std::unique_lock dataLock{m_mutex};

         // if no data to read, place thread in waiting state
         if (m_occupiedCells == 0) {
            std::cout << "Buffer is empty. Consumer waits.\n\n";

            // wait on the condition variable; the lambda argument
            // ensures that if the thread gets the processor before
            // there is data in the m_buffer, the thread continues waiting
            m_cv.wait(dataLock, [&]() {return m_occupiedCells > 0;});
         }

```

图 17.9 同步对共享的三元素循环缓冲区的访问（续）

```
         readValue = m_buffer[m_readIndex]; // read value from m_buffer
         m_readIndex = (m_readIndex + 1) % m_buffer.size();
         --m_occupiedCells; // one fewer m_buffer cells is occupied
         displayState(fmt::format("Consumer reads {}", readValue));
      } // dataLock's destructor releases the lock on m_mutex here

      m_cv.notify_one(); // notify threads waiting to write to m_buffer
      return readValue;
   }

   // display current operation and m_buffer state
   void displayState(std::string_view operation) const {
      std::string s;

      // add operation argument and number of occupied m_buffer cells
      s += fmt::format("{} (buffer cells occupied: {})\n{:<15}",
         operation, m_occupiedCells, "buffer cells:");

      // add values in m_buffer
      for (int value : m_buffer) {
         s += fmt::format(" {:2d} ", value);
      }

      s += fmt::format("\n{:<15}", ""); // padding

      // add underlines
      for (int i{0}; i < m_buffer.size(); ++i) {
         s += "---- "s;
      }

      s += fmt::format("\n{:<15}", ""); // padding

      for (int i{0}; i < m_buffer.size(); ++i) {
         s += fmt::format(" {}{} ",
            (i == m_writeIndex ? 'W' : ' '),
            (i == m_readIndex ? 'R' : ' '));
      }

      s += "\n\n";
      std::cout << s; // display the state string
   }
private:
```

图 17.9 同步对共享的三元素循环缓冲区的访问（续）

```
104      std::condition_variable m_cv;
105      std::mutex m_mutex;
106
107      std::array<int, 3> m_buffer{-1, -1, -1}; // shared m_buffer
108      int m_occupiedCells{0}; // count number of buffers used
109      int m_writeIndex{0}; // index of next element to write to
110      int m_readIndex{0}; // index of next element to read
111   };
```

图 17.9 同步对共享的三元素循环缓冲区的访问（续）

数据成员

第 104 行～第 110 行定义类的成员函数，具体如下。

- 第 104 行 和 第 105 行 定 义 了 std::condition_variable m_cv 和 std::mutex m_mutex 以同步对 CircularBuffer 的其他数据成员的访问。
- 第 107 行创建并初始化三元素的 int array m_buffer，它就是我们的循环缓冲区。
- 变量 m_occupiedCells（第 108 行）对包含可读数据的 m_buffer 中的元素进行计数。当 m_occupiedCells 为 0 时，表明循环缓冲区为空，消费者必须等待。当 m_occupiedCells 为 3（缓冲区的大小）时，表明循环缓冲区已满，生产者必须等待。
- 变量 m_writeIndex（第 109 行）表示生产者可以放入值的下一个位置。
- 变量 m_readIndex（第 110 行）表示消费者可以读取下一个值的位置。

数据成员 m_buffer、m_occupiedCells、m_writeIndex 和 m_readIndex 都是类的共享可变数据的一部分，所以对这些变量的访问必须同步，以确保 CircularBuffer 是线程安全的。

CircularBuffer 的 put 函数

put 函数（第 17 行～第 41 行）执行与图 17.7 的同名函数一样的任务，只做了几处修改。第 24 行～第 32 行检查 CircularBuffer 是否已满。如果是，生产者必须等待，所以第 25 行指出生产者正在等待执行其任务。然后，第 30 行和第 31 行调用 m_cv 的 wait 函数，造成生产者线程释放 m_mutex 的锁，并等待缓冲区有空间来写入新值。

执行从第 34 行继续时，生产者在循环缓冲区的 m_writeIndex 位置放入 value。第 35 行递增 m_occupiedCells，因为缓冲区有了一个可供消费者读取的值。然后，第 36 行更新 m_writeIndex，供生产者下一次调用 put 时使用。这一行是缓冲区的“循环性”的关键。接着，第 37 行调用 displayState（第 73 行～第 102 行）来显示生产者写入的值、m_occupiedCells 计数、单元的内容以及当前的 m_writeIndex 和 m_readIndex。第 38 行到达块的末尾，m_mutex 的锁被释放。第 40 行在 m_cv 上调用 notify_one，将一个等待该锁的线程转换为就绪状态。随后，一个等待的消费者线程（如果有的话）可以再次尝试从缓冲区读取一个值。

CircularBuffer 的 get 函数

get 函数（第 44 行～第 70 行）执行的任务与图 17.7 的同名函数相同，只是做了几处小的修改。第 53 行～第 60 行（图 17.9）判断是否缓冲区的所有单元都为空，消费者在这种情况下必须等待。如果是，第 54 行更新输出，指出消费者正在等待执行其任务。然后，第 59 行调用 m_cv 的 wait 函数，使消费者线程释放 m_mutex 的锁，并等待有可供读取的数据。

当执行从第 62 行继续时，在 m_buffer 的 m_readIndex 位置存储的值被赋给局部变量 readValue。然后，第 63 行为下一次调用 CircularBuffer 的 get 函数而更新 m_readIndex。这一行和第 36 行共同实现了缓冲区的“循环性”。第 64 行递减 m_occupiedCells，因为现在有了一个开放的缓冲区位置，生产者可在其中放入一个值。第 65 行更新输出，显示被消费的值、m_occupiedCells 计数、单元格的内容以及当前的 m_writeIndex 和 m_readIndex。到达第 66 行会释放 m_mutex 的锁。第 68 行调用 m_cv 的 notify_one 函数，允许等待的生产者线程再次尝试写入。然后，第 69 行将消费的值返回给调用者。

CircularBuffer 的 displayState 函数

displayState 函数（第 73 行～第 102 行）构建并输出一个包含应用程序状态的 string。第 81 行～第 83 行将缓冲区各个单元格的值添加到 string 中，使用 ":2d" 格式说明符来格式化每个单元格的内容，如果数字只有一位，就使用前导空格。第 94 行～第 98 行分别使用字母 W 和 R 将当前的 m_writeIndex 和 m_readIndex 位置添加到 string 中。注意，我们只从临界区调用这个函数以确保线程安全。以前说过，平常不应在临界区执行 I/O，我们这样做只是为了产生有用的输出以达到演示的目的。

测试 CircularBuffer 类

图 17.10 包含了启动应用程序的 main 函数。第 13 行创建一个名为 buffer 的 CircularBuffer 对象，第 14 行显示 buffer 的初始状态。第 17 行～第 37 行和第 40 行～第 60 行创建并发的生产者和消费者线程将要执行的 lambda：produce 和 consume。第 62 行和第 63 行创建两个 std::jthread 来调用 produce 和 consume 这两个 lambda。当 main 结束时，std::jthread 超出了作用域，线程会自动 join。

```
// Fig. 17.10: SharedBufferTest.cpp
// Concurrent threads manipulating a synchronized circular buffer.
#include <chrono>
#include <fmt/format.h>
#include <iostream>
#include <mutex>
#include <random>
#include <thread>
#include "CircularBuffer.h"

int main() {
   // create CircularBuffer to store ints and display initial state
   CircularBuffer buffer;
   buffer.displayState("Initial State");

   // lambda expression that produces the values 1-10 and sums them
   auto produce{
      [&buffer]() {
         // set up random-number generation
         std::random_device rd;
         std::default_random_engine engine{rd()};
         std::uniform_int_distribution ints{0, 3000};

         int sum{0};

         for (int count{1}; count <= 10; ++count) {
            // get random sleep time then sleep
            std::chrono::milliseconds sleepTime{ints(engine)};
            std::this_thread::sleep_for(sleepTime);

            buffer.put(count); // set value in buffer
            sum += count; // add count to sum of values produced
         }

         std::cout << "Producer done producing\nTerminating Producer\n\n";
      }
   };

   // lambda expression that consumes the values 1-10 and sums them
   auto consume{
      [&buffer]() {
         // set up random-number generation
```

图 17.10 线程并发操纵一个同步循环缓冲区

```
         std::random_device rd;
         std::default_random_engine engine{rd()};
         std::uniform_int_distribution ints{0, 3000};

         int sum{0};

         for (int count{1}; count <= 10; ++count) {
            // get random sleep time then sleep
               std::chrono::milliseconds sleepTime{ints(engine)};
               std::this_thread::sleep_for(sleepTime);

               sum += buffer.get(); // get buffer value and add to sum
         }

         std::cout << fmt::format("{} {}\n{}\n\n",
            "Consumer read values totaling", sum, "Terminating Consumer");
      }
   };

   std::jthread producer{produce}; // start producer thread
   std::jthread consumer{consume}; // start consumer thread
}
```

```
Initial State (buffer cells occupied: 0)
buffer cells:    -1   -1   -1
                ---- ---- ----
                 WR

Buffer is empty. Consumer waits.

Producer writes 1 (buffer cells occupied: 1)
buffer cells:     1   -1   -1
                ---- ---- ----
                  R    W
Consumer reads 1 (buffer cells occupied: 0)
buffer cells:     1   -1   -1
                ---- ---- ----
                      WR

Buffer is empty. Consumer waits.

Producer writes 2 (buffer cells occupied: 1)
buffer cells:     1    2   -1
                 ---- ---- ----
                       R    W
```

图 17.10　线程并发操纵一个同步循环缓冲区（续）

```
Consumer reads 2 (buffer cells occupied: 0)
buffer cells:     1   2   -1
                ---- ---- ----
                         WR

Buffer is empty. Consumer waits.

Producer writes 3 (buffer cells occupied: 1)
buffer cells:     1    2    3
                ---- ---- ----
                  W         R

Consumer reads 3 (buffer cells occupied: 0)
buffer cells:     1    2    3
                ---- ---- ----
                 WR

Producer writes 4 (buffer cells occupied: 1)
buffer cells:     4    2    3
                ---- ---- ----
                  R    W

Producer writes 5 (buffer cells occupied: 2)
buffer cells:     4    5    3
                ---- ---- ----
                  R         W

Consumer reads 4 (buffer cells occupied: 1)
buffer cells:     4    5    3
                ---- ---- ----
                       R    W

Consumer reads 5 (buffer cells occupied: 0)
buffer cells:     4    5    3
                ---- ---- ----
                           WR

Producer writes 6 (buffer cells occupied: 1)
buffer cells:     4    5    6
                ---- ---- ----
                  W         R

Producer writes 7 (buffer cells occupied: 2)
buffer cells:     7    5    6
                ---- ---- ----
                       W    R

Producer writes 8 (buffer cells occupied: 3)
buffer cells:     7    8    6
                ---- ---- ----
                           WR
```

图 17.10 线程并发操纵一个同步循环缓冲区（续）

```
Buffer is full. Producer waits.

Consumer reads 6 (buffer cells occupied: 2)
buffer cells:   7    8    6
              ---- ---- ----
                R         W

Producer writes 9 (buffer cells occupied: 3)
buffer cells:    7    8    9
               ---- ---- ----
                WR

Buffer is full. Producer waits.

Consumer reads 7 (buffer cells occupied: 2)
buffer cells:    7    8    9
               ---- ---- ----
                 W    R

Producer writes 10 (buffer cells occupied: 3)
buffer cells:   10    8    9
               ---- ---- ----
                     WR

Producer done producing
Terminating Producer

Consumer reads 8 (buffer cells occupied: 2)
buffer cells:   10    8    9
               ---- ---- ----
                      W    R

Consumer reads 9 (buffer cells occupied: 1)
buffer cells:   10    8    9
               ---- ---- ----
                 R    W

Consumer reads 10 (buffer cells occupied: 0)
buffer cells:   10    8    9
               ---- ---- ----
                     WR

Consumer read values totaling 55
Terminating Consumer
```

图 17.10 线程并发操纵一个同步循环缓冲区（续）

分析输出

当生产者写入一个值或消费者读取一个值时，程序会输出一条消息，指出所执行的操作、m_buffer 的内容以及 m_writeIndex 和 m_readIndex 的位置（分别用 "W" 和 "R" 来标识）。在示例输出中，消费者会立即等待，因为它试图在生产者执行之前消费。接着，生产者写入 1。然后，缓冲区的第一个单元中包含 1，另外两个单元包含 -1（我们为输出目的而使用的默认值）。现在的写入索引定位到第二个单元，而读取索引仍然定位到第一个单元。接着，消费者读取 1。缓冲区包含的值不变，但读取索引现在定位到第二个单元。然后，消费者试图再次读取，但缓冲区为空，消费者必须等待。消费者在读取 2 之后也要等待。之后，生产者填充了两次缓冲区，随后每次都要等待。

17.8 读者和写者

我们的生产者 - 消费者例子只使用了一个生产者和一个消费者。对于许多在线程之间共享可变数据应用程序来说，这是很常见的一种情况。但是，有的系统需要多个读取数据的消费者线程（称为“读者”或 reader）和多个写入数据的生产者线程（称为“写者”或 writer）。这就是所谓的**读者和写者问题**（readers and writers problem）。

例如，在机票预订系统中，读者数量可能远超过写者。在客户实际购买某个航班的特定座位之前，会对可用的航班信息数据库进行许多查询。这里的重点在于，如果你有多个读者，它们可以同时读取而不存在线程安全问题，因为它们不会修改数据。但是，写者仍然需要独占访问修改数据的临界区——不能有其他写者，也不能有读者。

支持多个读者和写者的 C++ 特性是 std::shared_mutex、std::shared_lock 和 std::condition_variable_any。一个 std::shared_mutex[66]（来自头文件 <mutex>）允许一个写者或多个读者拥有它的锁。

- 如果锁可用，写者通过一个 lock_guard 或 unique_lock 来获得它。否则，写者会被阻塞，必须等待锁变得可用。当一个写者持有一个 shared_mutex 的锁时，没有其他线程可以获得它。
- 如果锁可用，读者通过 std::shared_lock[67]（来自头文件 <mutex>）来获得它；否则，读者会被阻塞，必须等待锁变得可用。当一个读者持有一个 shared_mutex 的锁时，只有其他读者可以获得该锁。

和我们同步的生产者 - 消费者例子一样，必须确保读者和写者只有在轮到它们的时候才执行各自的任务。

- 如果一个读者正在读取，而一个写者来到了这里，那么写者必须等待锁变得可用。另外，随后到达的其他任何读者也必须等待，直到当前等待的写者完成它的工作，并通知它们已完成了写入。如果允许随后到达的一连串读者进行读取，那么等待中的写者会被无限期推迟。

- 如果一个写者正在写入，而一个读者来到了这里，那么读者必须等待锁变得可用。另外，随后到达的其他任何写者也必须等待，直到当前正在等待的读者完成读取。如果允许随后到达的一连串写者进行写入，那么等待中的读者会被无限期推迟。

同样地，我们可以使用条件变量管理这些条件：一个用于读者，一个用于写者。

读者使用的是 shared_lock，而 condition_variable 类要求的是 unique_lock。所以，对于读者，我们使用 std::condition_variable_any[68] 对象来管理等待的读者。condition_variable_any 类的工作方式与 condition_variable 相似，但支持其他锁类型。当一个写者完成写入后，它通过调用 condition_variable_any 对象的 notify_all 函数来通知当前等待的所有读者可以开始读取。然后，所有等待该条件的读者线程将过渡到就绪状态，并有资格重新获得该锁。

写者线程仍然使用 unique_lock 来独占访问共享的可变数据，所以我们可以使用 condition_variable 来管理等待的写者。当所有活动的读者结束读取后，程序将调用 condition_variable 对象的 notify_all 函数。随后，所有等待的写者线程都将进入就绪状态，并有资格重新获得锁。然而，只有一个写作者能重新获得锁并继续。

17.9 协作式取消 jthread

当一个多线程应用程序需要终止时，关闭仍在执行任务的线程是一个很好的实践，这样它们可以释放正在使用的资源。[69] 例如，它们可能需要关闭文件、数据库连接和网络连接。在 C++20 之前，没有标准的机制让线程相互合作以得体地终止。这是 thread 类的另一个缺陷。

C++20 增加了**协作式取消**（cooperative cancellation）来解决这个问题，它使程序能在线程应该终止的时候通知它们。在线程中执行的任务可以关注这种通知，然后完成关键工作，释放资源并终止。

图 17.11 展示了如何在线程之间利用 <stop_token> 头文件提供的特性进行协作式取消。稍后就会讲到，jthread 集成了这些特性。

```
// Fig. 17.11: CooperativeCancelation.cpp
// Using a std::jthread's built-in stop_source
// to request that the std::jthread stop executing.
#include <chrono>
#include <fmt/format.h>
```

图 17.11 使用 std::jthread 内置的 stop_source 来请求 std::jthread 停止执行

```
#include <iostream>
#include <mutex>
#include <random>
#include <sstream>
#include <string>
#include <string_view>
#include <thread>

// get current thread's ID as a string
std::string id() {
   std::ostringstream out;
   out << std::this_thread::get_id();
   return out.str();
}

int main() {
   // each printTask iterates until a stop is requested by another thread
   auto printTask{
      [&](std::stop_token token, std::string name) {
         // set up random-number generation
         std::random_device rd;
         std::default_random_engine engine{rd()};
         std::uniform_int_distribution ints{500, 1000};

         // register a function to call when a stop is requested
         std::stop_callback callback(token, [&]() {
            std::cout << fmt::format(
               "{} told to stop by thread with id {}\n", name, id());
         });

         while (!token.stop_requested()) { // run until stop requested
            auto sleepTime{std::chrono::milliseconds{ints(engine)}};

            std::cout << fmt::format(
               "{} (id: {}) going to sleep for {} ms\n",
               name, id(), sleepTime.count());

            // put thread to sleep for sleepTime milliseconds
            std::this_thread::sleep_for(sleepTime);

            // show that task woke up
            std::cout << fmt::format("{} working.\n", name);
```

图 17.11 使用 std::jthread 内置的 stop_source 来请求 std::jthread 停止执行（续）

```
            }

            std::cout << fmt::format("{} terminating.\n", name);
        }
    };

    std::cout << fmt::format("MAIN (id: {}) STARTING TASKS\n", id());

    // create two jthreads that each call printTask with a string argument
    std::jthread task1{printTask, "Task 1"};
    std::jthread task2{printTask, "Task 2"};

    // put main thread to sleep for 2 seconds
    std::cout << "\nMAIN GOING TO SLEEP FOR 2 SECONDS\n\n";
    std::this_thread::sleep_for(std::chrono::seconds{2});

    std::cout << fmt::format("\nMAIN (id: {}) ENDS\n\n", id());
}
```

```
MAIN (id: 16352) STARTING TASKS

MAIN GOING TO SLEEP FOR 2 SECONDS

Task 1 (id: 14048) going to sleep for 708 ms
Task 2 (id: 10504) going to sleep for 995 ms
Task 1 working.
Task 1 (id: 14048) going to sleep for 940 ms
Task 2 working.
Task 2 (id: 10504) going to sleep for 926 ms
Task 1 working.
Task 1 (id: 14048) going to sleep for 875 ms
Task 2 working.
Task 2 (id: 10504) going to sleep for 519 ms

MAIN (id: 16352) ENDS

Task 2 told to stop by thread with id 16352
Task 2 working.
Task 2 terminating.
Task 1 told to stop by thread with id 16352
Task 1 working.
Task 1 terminating.
```

图 17.11 使用 std::jthread 内置的 stop_source 来请求 std::jthread 停止执行（续）

每个 jthread 内部都维护着一个 std::stop_source，它有一个关联的 std::stop_token。一个 jthread 的任务函数可以选择接收这个令牌作为其第一个参数。然后，任务函数可以定期调用令牌对象的 stop_requested 成员函数来判断任务是否应该停止执行。如果发生以下两种情况之一。

- 另一个线程调用 jthread 的 request_stop 成员函数。
- jthread 的析构函数在 jthread 超出作用域时调用 request_stop。

stop_source 就会通知和它关联的 stop_token 已发出停止请求。随后，对 stop_token 的 stop_requested 成员函数的调用将返回 true。然后，该任务就可以得体地终止执行。如果任务函数一直不调用 stop_requested，相应的 jthread 就会一直执行——这就是“协作式取消”这个术语的来历。

在这个例子中，我们将让 jthread 的析构函数调用 request_stop 成员函数，使程序在 main 完成后很快终止。我们创建了两个 jthread（第 57 行～第 58 行），它们会调用名为 printTask 的 lambda（第 23 行～第 52 行）。每个 jthread 都将其 stop_token 传给 lambda。在 lambda 中的第 36 行～第 48 行，我们用一个循环来连续执行以下操作。

- 打印任务名称、线程 ID 和睡眠时间。
- 睡眠。
- 打印任务名称并报告 lambda 正在执行工作。

这个循环一直执行到对应的 jthread 的内部 stop_source 接收到对其 request_stop 成员函数的调用。在这个程序中，这个调用是在 jthread 的析构函数中发生的。遇到 main 结尾时，jthread 会超出作用域，从而自动调用它的析构函数。

可选的 stop_callback

第 31 行～第 34 行展示了还可以注册一个可选的函数，以便在请求停止时调用，这种函数称为回调函数，或简称**回调**（callback）。std::stop_callback[70] 构造函数接收的实参包括一个 stop_token 和一个无参函数（本例是一个 lambda）。构造函数向给定的 stop_token 注册该回调函数。当 stop_token 被通知有停止请求时，它会在请求停止的线程（本例为 main 线程）上调用由 stop_callback 注册的函数。可以为一个给定的 stop_token 创建任意数量的 stop_callback。注意，它们的函数的执行顺序不是固定的。我们的 lambda 只是显示一个 string，报告回调确实被调用了。但是，也可利用这个机制在线程终止前执行清理工作。[71]

分析输出

在示例输出中，Task1 和 Task2 一直在睡眠或工作。一旦 main 结束，执行这些任务的 jthread 就超出了作用域，它们的析构函数会调用每个 jthread 的 request_stop 成员函数来通知这些任务它们应该终止了。在 "MAIN (id: 16352) ENDS" 之后的输出中，你可以看到每个 jthread 何时收到了它的 request_stop 调用——我们的

stop_callback 显示了任务名称，后跟一条消息，其中包括告诉任务停止的线程 ID（本例是 main 线程）。[72] 在每种情况下，对应的任务都会结束工作并终止。

17.10 用 std::async 启动任务

图 17.12 演示了 std::async——在单独线程中启动任务的一种更高级的方式。本例将实现一个可能非常耗时的任务——判断一个大整数是不是质数；如果不是，判断它的质因数。

安全性、加密和大整数质因数分解

安全性是一种至关重要的应用。质因数分解 [73, 74, 75] 是 RSA 公钥加密算法的一个重要方面，该算法被普遍用于保护互联网上传输的数据。[76, 77] 工业强度的 RSA 使用的是数百位的大质数。对这些质数的乘积进行质因数分解所需的时间之长——即使今天世界上最强大的超级计算机也无法胜任。而这正是 RSA 如此安全的一个关键原因。公钥加密也被用来保护加密货币背后的区块链技术，例如比特币。[78] 如果有兴趣了解 RSA 的工作原理，请参考本书主页 Resources 部分的在线 RSA Public-Key Cryptography 附录：

安全提示

https://deitel.com/c-plus-plus-20-for-programmers

本例概述

本例要执行的任务由 getFactors 函数（第 27 行～第 68 行）定义，它判断一个数字是不是质数；[79] 如果不是，则计算它的质因数。这个程序中的每个线程都会执行，直到 getFactors 返回其结果——一个 std::tuple，其中包含任务名称、getFactors 处理的数字、表示该数字是不是质数的一个 bool 以及由该数字的因数构成的一个 vector。为了确保任务每次至少运行几秒钟，我们使用了两个 19 位数，包括田纳西大学马丁校区 Prime Pages 网站上的一个质数。[80] 该网站提供了按位数排列的一个质数清单。

图 17.12 的程序由以下函数组成。

- id 函数（第 13 行～第 17 行）将一个唯一的 std::thread::id 转换为 std::string。
- getFactors 函数（第 27 第～第 68 行）尝试找出一个整数的因数。
- proveFactors 函数（第 71 行～第 90 行）确认一组给定的质因数在它们相乘后会重现一个相应的非质数值。
- displayResults 函数（第 93 行～第 117 行）显示一个任务的结果。
- main 函数（第 119 行～第 133 行）启动 getFactors 任务，等待它们完成，然后显示它们的结果。

为方便讨论，我们将这个程序分成几个部分。最后会提供示例输出。图 17.12 的第 3 行～第 10 行 import 本程序使用的头文件。

```
1  // Fig. 17.12: async.cpp
2  // Prime-factorization tasks performed in separate threads
3  #include <cmath>
4  #include <fmt/format.h>
5  #include <future> // std::async
6  #include <iostream>
7  #include <sstream>
8  #include <string>
9  #include <tuple>
10 #include <vector>
11
12 // get current thread's ID as a string
13 std::string id() {
14     std::ostringstream out;
15     out << std::this_thread::get_id();
16     return out.str();
17 }
18
```

图 17.12 用 std::async 启动质因数分解任务

类型别名

第 20 行和第 24 行定义类型别名来简化类型声明。

- Factors（第 20 行）是包含 pair 对象的一个 vector 的别名，每个 pair 都包含一个 long long 类型的质因数和一个 int 类型的数字，后者代表整数被该因数除了多少次。例如，8 有三个因数 2。
- FactorResults（第 24 行）是 getFactors 函数的返回类型。这个别名表示一个 tuple，其中包含一个任务名称（std::string）、要为其计算质因数的数字（long long）、代表这个数字是不是质数的一个 bool 以及一个质因数 vector（Factors）。

```
19 // type alias for vector of factor/count pairs
20 using Factors = std::vector<std::pair<long long, int>>;
21
22 // type alias for a tuple containing a task name,
23 // a number, whether the number is prime and its factors
24 using FactorResults = std::tuple<std::string, long long, bool, Factors>;
25
```

对整数进行质因数分解的 getFactors 函数

程序会启动多个单独的线程，每个线程都调用 getFactors 函数（第 27 行～第 68 行）来寻找一个整数的因数或判断它是不是质数。该函数接收一个要在输出中显示的任务名称以及一个要进行因数分解的数字，并返回一个 FactorResults 对象。

```
26 // performs prime factorization
27 FactorResults getFactors(std::string name, long long number) {
28    std::cout << fmt::format(
29       "{}: Thread {} executing getFactors for {}\n", name, id(), number);
30
31    long long originalNumber{number}; // copy to place in FactorResults
32    Factors factors; // vector of factor/count pairs
33
34    // lambda that divides number by a factor and stores factor/count
35    auto factorCount{
36       [&](int factor) {
37          int count{0}; // how many times number is divisible by factor
38
39          // count how many times number is divisible by factor
40          while (number % factor == 0) {
41             ++count;
42             number /= factor;
43          }
44
45          // store pair containing the factor and its count
46          if (count > 0) {
47             factors.push_back({factor, count});
48          }
49       }
50    };
51
52    factorCount(2); // count how many times number is divisible by 2
53
54    // number is now odd; store each factor and its count
55    for (int i{3}; i <= std::sqrt(number); i += 2) {
56       factorCount(i); // count how many times number is divisible by i
57    }
58
59    // add last prime factor
60    if (number > 2) {
61       factors.push_back({number, 1});
62    }
63
```

```
64     bool isPrime{factors.size() == 1 && get<int>(factors[0]) == 1};
65
66     // initialize the FactorResults object returned by getFactors
67     return {name, originalNumber, isPrime, factors};
68  }
69
```

该函数执行以下操作。

- 第 28 行和第 29 行显示正在执行的任务的 name 和执行 getFactors 的那个线程的 ID。
- 如果 number 有质因数，该算法会修改 number，所以第 31 行拷贝了 number，以便在 FactorResults 中包含原始数字。
- 第 32 行定义名为 factors 的 Factors 对象——一个 vector，其中容纳了由因数和计数构成的 pair。
- 第 35 行～第 50 行定义名为 factorCount 的 lambda，它计算 number（以“传引用”的方式捕获）能被 lambda 的 factor 实参除多少次。当 number 能被 factor 整除时（第 40 行），我们递增 count 并使 number 除以 factor，结果重新赋给 number，再重复上述操作。如果 number 不能被 factor 整除，就结束循环，并判断 count 是否大于 0；如果是，第 47 行向 factors 对象添加一个新的 factor/count 对。
- 第 52 行为因数 2 调用 factorCount。然后，第 55 行～第 57 行对 3 及以上的奇数值 i 重复调用它——只要 i 小于或等于 number 的平方根。
- 第 60 行～第 62 行检查 number 是否仍然大于 2，如果是，这就是最后一个要加入 factors 的因数。
- 如果 number 是质数，那么 factors 将只包含该数字本身，其因子计数为 1。第 64 行检查这一点并相应地设置 bool 变量 isPrime。
- 最后，第 67 行使用使用任务 name、originalNumber、isPrime 和 factors 来初始化 getFactors 返回的 FactorResults tuple。

用于确认质因数分解 proveFactors 函数

第 71 行～第 90 行定义了 proveFactors 函数，它确认一个非质数的整数值是否可以通过计算其质因数的乘积来重现。

- 第 72 行将 proof 初始化为 1。
- 对于 factors 中的每一对 factor/count（第 76 行），第 77 行～第 79 行循环迭代 count 次，用 proof 乘那个 factor。
- 第 83 行～第 89 行检查 number 是否与 proof 相符，并显示一条恰当的消息。

```
70 // multiply the factors and confirm they reproduce number
71 void proveFactors(long long number, const Factors& factors) {
72    long long proof{1};
73
74    // for each factor/count pair, unpack it then multiply proof
75    // by factor the number of times specified by count
76    for (const auto& [factor, count] : factors) {
77       for (int i{0}; i < count; ++i) {
78          proof *= factor;
79       }
80    }
81
82    // confirm proof and number are equal
83    if (proof == number) {
84       std::cout << fmt::format(
85          "\nProduct of factors matches original value ({})\n", proof);
86    }
87    else {
88       std::cout << fmt::format("\n{} != {}\n", proof, number);
89    }
90 }
91
```

显示质因数分解的 displayResults 函数

第 93 行～第 117 行定义了 displayResults 函数，main 调用它来显示从这个程序的任务中接收到的每个 FactorResults tuple。

- 第 96 行将元组解包到变量 name（std::string）、number（long long）、isPrime（bool）和 factors（Factors）中。每个变量的类型均由元组的类型推断（第 24 行）。
- 第 98 行显示任务的 name。
- 如果 number 是质数（第 101 行），那么第 102 行显示一条消息。否则，第 105 行～第 110 行显示非质数的质因数及其计数。
- 最后，如果 number 不是质数，第 115 行调用 proveFactors 来检查质因数相乘后是否能重现 number。

```
92 // show a task's FactorResults
93 void displayResults(const FactorResults& results) {
94    // unpack results into name (std::string), number (long long),
95    // isPrime (bool) and factors (Factors)
96    const auto& [name, number, isPrime, factors] {results};
97
```

```
98      std::cout << fmt::format("\n{} results:\n", name);
99
100     // display whether value is prime
101     if (isPrime) {
102        std::cout << fmt::format("{} is prime\n", number);
103     }
104     else { // display prime factors
105        std::cout << fmt::format("{}'s prime factors:\n\n", number);
106        std::cout << fmt::format("{:<12}{:<8}\n", "Factor", "Count");
107
108        for (const auto& [factor, count] : factors) {
109           std::cout << fmt::format("{:<12}{:<8}\n", factor, count);
110        }
111     }
112
113     // if not prime, prove that factors produce the original number
114     if (!isPrime) {
115        proveFactors(number, factors);
116     }
117  }
118
```

创建并执行任务：函数模板 std::async

利用 <future> 头文件（第 5 行）提供的一些特性，我们可以执行异步任务，并在这些任务执行完毕后接收结果。

```
119  int main() {
120     std::cout << "MAIN LAUNCHING TASKS\n";
121     auto future1{std::async(std::launch::async,
122        getFactors, "Task 1", 1016669006116682993)}; // not prime
123     auto future2{std::async(std::launch::async,
124        getFactors, "Task 2", 1000000000000000003)}; // prime
125
126     std::cout << "\nWAITING FOR TASK RESULTS\n";
127
128     // wait for results from each task, then display the results
129     displayResults(future1.get());
130     displayResults(future2.get());
131
132     std::cout << "\nMAIN ENDS\n";
133  }
```

```
MAIN LAUNCHING TASKS

WAITING FOR TASK RESULTS
Task 1: Thread 5032 executing getFactors for 1016669006116682993
Task 2: Thread 2952 executing getFactors for 1000000000000000003

Task 1 results:
1016669006116682993's prime factors:

Factor      Count
1000000007  1
1016668999  1

Product of factors matches original value (1016669006116682993)

Task 2 results:
1000000000000000003 is prime

MAIN ENDS
```

第 121 行和第 122 行以及第 123 行和第 124 行使用 `std::async` 函数模板[81] 来创建两个异步执行 `getFactors` 的线程。`std::async` 函数有两个版本，这里使用获取三个实参的那个。

- 启动策略（来自 `std::launch enum`）可以选择 `std::launch::async`，`std::launch::deferred`，或者用按位 OR（|）操作符来合并这两个值。`std::launch::async` 表示第二个实参所指定的函数应该在一个单独的线程中执行，而 `std::launch::deferred` 表示应该在同一个线程中执行。合并这两个值则让系统选择是异步执行还是同步执行。
- 要执行的任务由一个函数指针、函数对象或 lambda 指定。
- 剩余的任何实参都由 `std::async` 传递给任务函数。我们传递了一个字符串任务名称和一个要质因数分解的 `long long` 值。

`std::async` 的另一个版本不接收启动策略实参，它会自动为你选择启动策略。

如果 `std::async` 接收的启动策略是 `std::launch::async`，但不能创建线程，它会抛出一个 `std::system_error` 异常。如果 `std::async` 成功地创建了线程，任务函数就开始在新线程中执行。

std::future、std::promise 和线程间通信

`std::async` 函数返回类模板 `std::future`（C++11）的一个对象，它允许在调用 `async` 的线程（主调线程）和通过 `async` 来启动的线程（异步线程）之间进行通信。“C++ 核心准则”建议使用一个 `future` 从异步任务返回结果。[82]

核心准则

在幕后，async 会从一个 std::promise 对象中获取返回的 future。任务完成时，async 将任务的结果存储到 promise 中。async 的调用者使用 future 来访问 promise 中的结果——本例就是一个 FactorResults 对象。你不需要直接和 promise 打交道。

为了确保程序在任务完成之前不会终止，并接收每个任务的结果，第 129 行和第 130 行调用每个 future 的 get 成员函数。如果任务仍在运行，get 会阻塞主调线程，该线程会等待任务完成；否则，get 会立即返回任务的结果。get 函数返回的就是任务函数返回的任何东西（本例是一个 tuple）。一旦有了结果，第 129 行和第 130 行将它们传递给 displayResults 函数。程序的输出显示了唯一线程 ID，证明两个 getFactors 任务是在不同的线程中执行的。

错误提示

如果 async 的任务抛出异常，那么 future 就包含了这个异常而不是任务的结果，调用 get 会重新抛出异常。如果多个线程需要访问一个异步任务的结果，你可以使用 std::shared_future 对象。[83]

std::packaged_task 和 std::async

启动异步任务的另一种方式是 std::packaged_task。[84] 它和 async 的主要区别如下。

- 必须调用它的 get_future 成员函数来获得关联的 future 对象，以便在以后的某个时间获得任务的结果。
- 一个 packaged_task 在调用该任务的 operator() 函数的线程上执行。
- 要在单独的线程中执行一个 packaged_task，你需要创建一个线程，并用 std::move(yourPackagedTaskObject) 来初始化它。线程完成后，可以在任务的 future 对象上调用 get 来获得结果。

17.11 线程安全的一次性初始化

有的时候，变量只应初始化一次，即使是在并发的多个线程尝试执行该变量的初始化语句的时候。在 C++11 之前，人们通常使用一种叫双重检查锁（double-checked locking）的技术，但它不能保证在所有编译器和平台上都是线程安全的。[85] 本节讨论 C++11 提供的两种机制，它们能对变量进行一次性的、线程安全的初始化。

static 局部变量

如果函数定义了一个 static 局部变量，那么当并发的线程执行该函数时，C++ 标准规定，变量的初始化“在控制第一次通过其声明时执行”（is performed the first time control passes through its declaration），[86, 87] 因此，执行 static 局部变量声明的第一个线程负责初始化。其他所有试图执行 static 变量声明的线程都被阻塞，直到第一个线程完成变量的初始化。然后，调用该函数的其他线程跳过声明，使用已经初始化的 static 局部变量。

once_flag 和 call_once

C++11 的 std::once_flag[88] 和 std::call_once[89]（来自头文件 <mutex>）共同使用来确保并发线程只执行某个函数、lambda 或函数一次。首先声明一个 once_flag 对象：

```
std::once_flag myFlag;
```

然后，使用 call_once 调用函数：

```
std::call_once(myFlag, myFunction, 实参);
```

执行上述语句的第一个线程将调用 *myFunction*，传递指定的实参（如果有的话）。当后续的一个线程执行该语句时，call_once 立即返回，不会调用 myFunction。要了解常见的 call_once 用例，请观看亚瑟 • 奥德怀尔（Arthur O’Dwyer）的“Back to Basics: Concurrency”视频。[90]

17.12 原子类型简介

17.6 节和 17.7 节中的例子使用同步基元（原语）std::mutex、锁和 std::condition_variable 确保了对共享可变数据的独占访问。C++11 还引入了各种原子类型[91]（来自 <atomic> 头文件[92]），它提供了不能被分解成更小步骤的操作，使线程能方便地共享可变数据，同时无须显式同步和锁定。

从某种意义上说，原子类型比 mutex、锁和 condition_variable 还要高级。但是，人们主要将原子类型及其操作视为低级特性，旨在帮助库开发者实现更高级的并发功能。例如，Visual C++、GNU C++ 和 Clang C++ 标准库都在幕后使用原子类型来实现 C++20 的 std::latch、std::barrier 和 std::semaphore 等线程协作基元（17.13 节和 17.14 节）。[93, 94, 95]

本节展示了原子类型的简单例子。大多数开发者首选的是更高级的基元，这有助于他们快速构建正确、健壮、高效的并发应用。对原子类型及其相关技术的性能的一个全面讨论请参见博文“A Concurrency Cost Hierarchy”。[96]

在两个并发线程中递增 int、std::atomic<int> 和 std::atomic_ref<int>

图 17.13 简单演示了两个并发线程对以下整数进行递增的情况：

- 一个无保护的 int

- std::atomic<int> 类型的一个对象
- 类模板 std::atomic_ref<int> 的一个对象

类模板 std::atomic_ref 是在 C++20 中引入的，用于在一个被引用的变量（在本程序中是一个 int）上进行原子操作。首先将展示 std::atomic<int> 和 std::atomic_ref<int> 的用法，然后会就原子类型多作一些说明。

```cpp
// Fig. 17.13: atomic.cpp
// Incrementing integers from concurrent threads
// with and without atomics.
#include <atomic>
#include <fmt/format.h>
#include <iostream>
#include <thread>

int main() {
   int count1{0};
   std::atomic<int> atomicCount{0};
   int count2{0};
   std::atomic_ref<int> atomicRefCount{count2};

   {
      std::cout << "Two concurrent threads incrementing int count1, "
         << "atomicCount and atomicRefCount\n\n";

      // lambda to increment counters
      auto incrementer{
         [&]() {
            for (int i{0}; i < 1000; ++i) {
               ++count1; // no synchronization
               ++atomicCount; // ++ is an atomic operation
               ++atomicRefCount; // ++ is an atomic operation
               std::this_thread::yield(); // force thread to give up CPU
            }
         }
      };

      std::jthread t1{incrementer};
      std::jthread t2{incrementer};
   }

   std::cout << fmt::format("Final count1: {}\n", count1);
```

图 17.13 在用和不用原子类型的情况下从并发线程中递增整数

```
36     std::cout << fmt::format("Final atomicCount: {}\n", atomicCount);
37     std::cout << fmt::format("Final count2: {}\n", count2);
38 }
```

```
Two concurrent threads incrementing int count1, atomicCount and
atomicRefCount

Final count1: 2000
Final atomicCount: 2000
Final count2: 2000
```

```
Two concurrent threads incrementing int count1, atomicCount and
atomicRefCount

Final count1: 1554
Final atomicCount: 2000
Final count2: 2000
```

图 17.13 在用和不用原子类型的情况下从并发线程中递增整数（续）

定义计数器

第 10 行～第 13 行定义了以下计数器变量：

- `int` 变量 `count1`
- `std::atomic<int>` 变量 `atomicCount`
- `int` 变量 `count2`
- `std::atomic_ref<int>` 变量 `atomicRefCount`

前三个变量初始化为 `0`，而 `atomicRefCount` 初始化为对变量 `count2` 的引用。我们将通过 `atomicRefCount` 来演示如何通过引用以原子方式间接地操作 `count2`。

递增计数器

在第 15 行～第 33 行，两个非同步的并发线程分别递增 1000 次计数器。如果每次递增都能正常工作，当这些线程完成时，每个计数器的总数应该是 2000。第 20 行～第 29 行定义了名为 `incrementer` 的 lambda，它使用操作符 ++ 来分别递增 `count1`（第 23 行）、`atomicCount`（第 24 行）和 `atomicRefCount`（第 25 行）。操作符 ++ 是可以在原子对象上执行的有限操作之一。线程在原子对象上执行 ++ 操作时，在另一个线程修改或查看该原子对象的值之前，会保证完成递增。但是，对于非原子的 `int` 变量来说，这一点是不被保证的。完整的原子操作列表请访问 https://zh.cppreference.com/w/cpp/atomic/atomic。

软件工程

基于当今的处理器速度，一个线程可以快速执行循环迭代，所以多个线程在不同步的情况下递增一个 int 也许能获得正确的结果，就像这个程序的第一个输出所展示的那样。考虑到这个原因，第 26 行使用 std::this_thread 命名空间的 yield 函数来强制当前执行的线程在每次循环迭代后让出[97] 处理器。和睡眠一样，我们想通过 yield 函数的本意来强调一点：你无法预测异步并发线程的相对速度！

第 31 行和第 32 行创建两个 std::jthread 来分别执行 incrementer。然后，代码块终止，jthread 随即超出作用域，每个线程都自动 join。最后，第 35 行～第 37 行显示 count1、atomicCount 和 count2 的值。变量 count2 是通过一个 atomicRefCount 间接递增的。

分析示例输出

错误提示

第 20 行 ～ 第 29 行 应 该 将 count1、atomicCount 和 count2（ 通 过 atomicRefCount 间接地）递增 2000 次。但是，如示例输出所示，从没有同步的并发线程中直接递增 int count1，每次都会产生不同的总数，包括第一个输出中看似正确的总数。而在未同步的情况下，从并发线程中递增 atomicCount 和通过 atomicRefCount 间接递增 count2，保证每次都能产生正确的总数 2000。

关于原子类型的更多话题

bool 类型和所有整型都有预定义的 std::atomic 类模板特化和相应的类型别名。[98, 99] 还可以为以下类型特化 std::atomic：

- 指针类型
- 浮点类型
- 可频繁拷贝类型（trivially copyable types），[100] 即编译器提供拷贝和移动构造函数、拷贝和移动赋值操作符以及析构函数，并且没有虚函数

对整型、指针以及从 C++20 开始的浮点类型的特化都支持在原子数据项上加减一个值。整型的特化还提供了原子按位 &=（and）、|=（or）和 ^=（xor）操作。

C++20 原子智能指针和原子指针

C++20 为 std::atomic<shared_ptr<T>> 和 std::atomic<weak_ptr<T>> 添加了原子智能指针特化，为这些智能指针类型实现了原子指针操作。[101, 102]

对于所有原子指针，只有指针操作才是原子性的，例如：

- 让指针指向一个不同的对象
- 指针递增一个整数
- 指针递减一个整数

可以利用原子指针实现类型安全的链式数据结构。

C++20 std::atomic_ref 类模板

和 std::atomic 一样，std::atomic_ref 类模板也可以为任何基本类型、指针类型或可平凡拷贝类型进行特化。但是，std::atomic_ref 对象是用一个引用而不是值来初始化。我们使用 atomic_ref 对被引用的对象执行原子操作。多个 atomic_ref 可以引用同一个对象。被引用对象的生存期必须长于 std::atomic_ref，否则会造成空悬引用或指针。[103, 104]

错误提示

17.13 用 C++20 闭锁和栅栏来协同线程

之前，我们是用 std::mutex、std::condition_variable 和锁来协同线程。C++20 提供了更高级的线程协同类型 std::latch 和 std::barrier，[105] 它们不要求显式使用 mutex、条件变量和锁。[106]

17.13.1 C++20 std::latch

std::latch（来自头文件 <latch>）是代码中的一次性门户（single-use gateway），它一直保持关闭状态，直到指定数量的线程到达该闭锁（latch）。随后，门户将永久性开放。[107] 该门户作为一次性的同步位置使用，允许线程在此等待，直到指定数量的线程到达该位置。需要对线程进行协同的时候，闭锁的用法比互斥体（mutex）和条件变量简单。

软件工程

我们来考虑一个并行的排序算法，该算法具体如下。

- 启动几个工作者线程，对大型 array 的一部分进行排序。
- 等待到工作者线程完成。
- 将排好序的子 array 合并到最终排好序的 array 中。

假设该算法使用两个工作者线程，每个线程对一半的 array 进行排序。该算法可以使用一个 std::latch 对象来等待工作者都完成自己的事情。

- 首先，算法创建一个具有非零计数的 std::latch 对象。在本例中，它需要两个工作者线程来完成，所以我们将该 latch 初始化为 2。
- 每个工作者都有对同一个 latch 的引用。
- 在启动工作者之后，算法在该 latch 上等待，这会阻塞算法。
- 当一个线程到达 latch 时，该线程将 latch 的计数减 1，称为向闭锁发出信号（signaling the latch），以表明它完成了对一个子 array 的排序。
- 当 latch 的计数变成 0 时，latch 会永久性开放，算法的阻塞状态解除，可以开始合并两个工作者线程的结果。

在门户永久性开放时试图等待

任意数量的线程都可以尝试在一个特定的 latch 上等待。然而，一旦 latch 被打开，其他试图在它上面等待的线程都会直接通过门户并继续执行。

演示闭锁

图 17.14 使用一个名为 task 的 lambda（第 22 行～第 34 行）来执行在 main 被允许继续之前必须完成的工作。和本章一直采用的做法一样，我们通过睡眠来模拟这项工作。程序的工作过程如下所示。

- 第 19 行创建名为 mainLatch 的一个 std::latch，其计数为 3。任何在 mainLatch 上等待的线程都不能继续，直到三个线程到达 mainLatch。
- 第 40 行～第 46 行启动三个 jthread，每个都执行 task lambda。
- 在 main 启动 jthread 后，第 49 行调用 mainLatch 的 wait 成员函数。如果mainLatch的计数大于0，main在第49行等待，直到latch的计数达到0。
- 当每个 jthread 的 task 调用到达第 32 行时，它调用 mainLatch 的 count_down 成员函数向闭锁发出信号，递减其计数。虽然在这个程序中，我们是直接终止 task，但它是可以继续的。关键在于，每个线程应该先完成 main 正在等待的工作，再向闭锁发信号。在示例输出中，注意线程以不同的顺序向闭锁发出信号。
- 当 mainLatch 的计数达到 0 时，任何在 mainLatch 上等待的线程都会解除阻塞并继续执行。在这个程序中，main 从第 51 行继续执行。
- 为了说明闭锁是一种一次性门户，第 53 行再次调用 mainLatch 的 wait 函数。由于 mainLatch 已经打开，所以 main 直接从第 54 行继续执行，显示另一条消息后终止。

```
1  // Fig. 17.14: LatchDemo.cpp
2  // Coordinate threads with a std::latch object.
3  #include <chrono>
4  #include <fmt/format.h>
5  #include <iostream>
6  #include <latch>
7  #include <random>
8  #include <string_view>
9  #include <thread>
10 #include <vector>
11
12 int main() {
```

图 17.14 用一个 std::latch 对象来协同线程

```
    // set up random-number generation
    std::random_device rd;
    std::default_random_engine engine{rd()};
    std::uniform_int_distribution ints{2000, 3000};

    // latch that 3 threads must signal before the main thread continues
    std::latch mainLatch{3};

    // lambda representing the task to execute
    auto task{
       [&](std::string_view name, std::chrono::milliseconds workTime) {
          std::cout << fmt::format("Proceeding with {} work for {} ms.\n",
             name, workTime.count());

          // simulate work by sleeping
          std::this_thread::sleep_for(workTime);

          // show that task arrived at mainLatch
          std::cout << fmt::format("{} done; signals mainLatch.\n", name);
          mainLatch.count_down();
       }
    };

    std::vector<std::jthread> threads; // stores the threads
    std::cout << "Main starting three jthreads.\n";

    // start three jthreads
    for (int i{1}; i < 4; ++i) {
       // create jthread that calls task lambda,
       // passing a task name and work time
       threads.push_back(std::jthread{task,
          fmt::format("Task {}", i),
          std::chrono::milliseconds{ints(engine)}});
    }

    std::cout << "\nMain waiting for jthreads to reach the latch.\n\n";
    mainLatch.wait();

    std::cout << "\nAll jthreads reached the latch. Main working.\n";
    std::cout << "Showing that mainLatch is permanently open.\n";
    mainLatch.wait(); // latch is already open
    std::cout << "mainLatch is already open. Main continues.\n";
}
```

图 17.14 用一个 std::latch 对象来协同线程（续）

```
Main starting three jthreads.

Main waiting for jthreads to reach the latch.

Proceeding with Task 3 work for 2648 ms.
Proceeding with Task 2 work for 2705 ms.
Proceeding with Task 1 work for 2024 ms.
Task 1 done; signals mainLatch.
Task 3 done; signals mainLatch.
Task 2 done; signals mainLatch.

All jthreads reached the latch. Main working.
Showing that mainLatch is permanently open.
mainLatch is already open. Main continues.
```

```
Main starting three jthreads.

Main waiting for jthreads to reach the latch.

Proceeding with Task 2 work for 2571 ms.
Proceeding with Task 1 work for 2462 ms.
Proceeding with Task 3 work for 2248 ms.
Task 3 done; signals mainLatch.
Task 1 done; signals mainLatch.
Task 2 done; signals mainLatch.

All jthreads reached the latch. Main working.
Showing that mainLatch is permanently open.
mainLatch is already open. Main continues.
```

图 17.14 用一个 std::latch 对象来协同线程（续）

17.13.2 C++20 std::barrier

考虑对汽车自动装配线中的喷漆工序进行模拟。通常，几台由计算机控制的机器人一起工作来完成一道特定的工序。让我们假设沿着装配线移动的汽车和两台机器人（装配线左右两侧各一台）的工作都是由线程单独控制的。一旦一辆车的工作完成，我们想重置一切，推进装配线，为下一辆车再次执行同样的工作。这种场景特别适合使用 std::barrier[108]（来自头文件 <barrier>），它就像一个可重用的 latch（闭锁）。通常使用 barrier 在循环中执行重复性任务。

- 每个线程执行自己的工作，然后到达一个 barrier（栅栏），并等待它打开。
- 当指定数量的线程到达 barrier 时，会执行一个可选的完成函数（completion function）。

- barrier 重置其计数，这就解除了线程的阻塞，它们可以继续执行并重复这个过程。

图 17.15 使用一个 barrier 来模拟一条装配线为多辆汽车喷漆的步骤。我们还会手动使用 stop_source 和 stop_token 来协同装配线关闭时的线程取消。和以前一样，我们还是通过睡眠来模拟工作。在输出中注意，机器人有时会以不同的顺序完成对每辆车的“工作”。

```cpp
// Fig. 17.15: BarrierDemo.cpp
// Coordinating threads with a std::barrier object.
#include <barrier>
#include <chrono>
#include <fmt/format.h>
#include <iostream>
#include <random>
#include <string_view>
#include <thread>

int main() {
   // simulate moving car into painting position
   auto moveCarIntoPosition{
      []() {
         std::cout << "Moving next car into painting position.\n";
         std::this_thread::sleep_for(std::chrono::seconds(1));
         std::cout << "Car ready for painting.\n\n";
      }
   };

   int carsToPaint{3};

   // stop_source used to notify robots assembly line is shutting down
   std::stop_source assemblyLineStopSource;

   // stop_token used by paintingRobotTask to determine when to shut down
   std::stop_token stopToken{assemblyLineStopSource.get_token()};

   // assembly line waits for two painting robots to reach this barrier
   std::barrier paintingDone{2,
      [&]() noexcept { // lambda called when robots finish
         static int count{0}; // # of cars that have been painted
         std::cout << "Painting robots completed tasks\n\n";

```

图 17.15 用 std::barrier 对象来协同线程

```
      // check whether it's time to shut down the assembly line
      if (++count == carsToPaint) {
         std::cout << "Shutting down assembly line\n\n";
         assemblyLineStopSource.request_stop();
      }
      else {
         moveCarIntoPosition();
      }
   }
};

// lambda that simulates painting work
auto paintingRobotTask{
   [&](std::string_view name) {
      // set up random-number generation
      std::random_device rd;
      std::default_random_engine engine{rd()};
      std::uniform_int_distribution ints{2500, 5000};

      // check whether the assembly line is shutting down
      // and, if not, do the painting work
      while (!stopToken.stop_requested()) {
         auto workTime{std::chrono::milliseconds{ints(engine)}};

         std::cout << fmt::format("{} painting for {} ms\n",
            name, workTime.count());
         std::this_thread::sleep_for(workTime); // simulate work

         // show that task woke up and arrived at continuationBarrier
         std::cout << fmt::format(
            "{} done painting. Waiting for next car.\n", name);

         // decrement paintingDone barrier's counter and
         // wait for other painting robots to arrive here
         paintingDone.arrive_and_wait();
      }

      std::cout << fmt::format("{} shut down.\n", name);
   }
};

moveCarIntoPosition(); // move the first car into position
```

图 17.15 用 std::barrier 对象来协同线程（续）

```
77
78        // start up two painting robots
79        std::cout << "Starting robots.\n\n";
80        std::jthread leftSideRobot{paintingRobotTask, "Left side robot"};
81        std::jthread rightSideRobot{paintingRobotTask, "Right side robot"};
82    }
```

```
Moving next car into painting position.
Car ready for painting.

Starting robots.

Left side robot painting for 4564 ms
Right side robot painting for 2758 ms
Right side robot done painting. Waiting for next car.
Left side robot done painting. Waiting for next car.
Painting robots completed tasks

Moving next car into painting position.
Car ready for painting.

Left side robot painting for 4114 ms
Right side robot painting for 2860 ms
Right side robot done painting. Waiting for next car.
Left side robot done painting. Waiting for next car.
Painting robots completed tasks

Moving next car into painting position.
Car ready for painting.

Right side robot painting for 4730 ms
Left side robot painting for 3794 ms
Left side robot done painting. Waiting for next car.
Right side robot done painting. Waiting for next car.
Painting robots completed tasks

Shutting down assembly line

Right side robot shut down.
Left side robot shut down.
```

图 17.15 用 `std::barrier` 对象来协同线程（续）

`main` 线程代表装配线。程序的工作过程如下所示。

- 第 13 行～第 19 行定义一个 lambda 来模拟将下一辆车移入装配线上的喷漆工位。
- 第 21 行定义 `carsToPaint`，它代表在模拟中要处理的汽车数量。

- 我们使用协作式取消（17.9 节）在装配线关闭时终止机器人线程。jthread 的析构函数在加入（join）线程之前调用其 stop_source 的 request_stop 成员函数。然后，jthread 的任务可以检查它的 stop_token 参数来决定是否终止。然而，在这个模拟中，当 jthread 在 main 末尾超出作用域的时候，我们不希望机器人线程终止。所以，我们手动处理取消。stop_source（第 24 行）协同了机器人线程的取消。在处理了三辆汽车后，我们在这个 stop_source 上调用 request_stop，通知机器人线程装配线正在关闭。
- 第 27 行获得 stop_source 的 stop_token。在喷漆之前，每个机器人线程将调用这个 stop_token 的 stop_requested 函数来核实装配线是否正在关闭。
- 第 30 行～第 44 行定义了名为 paintingDone 的 barrier，将它的计数初始化为 2（表示有两个喷漆机器人），当 barrier 的内部计数达到 0 时调用完成函数（第 31 行～第 43 行）。static 局部变量 count 跟踪到目前为止处理的汽车数量。当 count 等于 carsToPaint 时，第 38 行在 stop_source 上调用 request_stop，以表示装配线正在关闭。否则，第 41 行模拟将下一辆车移入喷漆工位。
- 第 47 行～第 74 行定义了 paintingRobotTask lambda。第 56 行～第 70 行会反复执行，直到第 56 行判断因为装配线正在关闭而需要停止该任务。第 57 行～第 65 行模拟了喷漆工作。当喷漆完成后，调用它的 jthread 到达 paintingDone barrier，并调用该 barrier 的 arrive_and_wait 函数（第 69 行）。这会递减该 barrier 的内部计数。如果计数不为 0，调用喷漆任务的 jthread 就会在这里阻塞。如果计数为 0，就会执行 barrier 的完成函数，将下一辆车移到工位或关闭装配线。当完成函数执行完毕后，barrier 会重置其内部计数，并解除对等待的 jthread 的阻塞，使它们能继续执行。
- 为了开始模拟，main 中的第 76 行将第一辆车移入工位，第 80 行～第 81 行启动两个 jthread，分别代表装配线左右两侧的喷漆机器人。

17.14 C++20 信号量

另一种互斥机制是**信号量**（semaphore），是 Dijkstra 在他关于合作顺序进程的开创性论文中提出的。[109, 110, 111] 信号量包含一个整数值，代表可以访问一个共享资源（例如共享的可变数据）的最大并发线程数。一经初始化，该整数就只能由两个

操作 *P* 和 *V* 来访问和修改。*P* 和 *V* 分别是荷兰语单词 proberen 和 verhogen 的缩写，前者代表“测试”，后者代表“增加”。[112] 当线程想进入一个临界区时，就会调用 *P* 操作（也称为等待操作），当它想退出一个临界区时，就会调用 *V* 操作（也叫信号操作）。一旦操作临界区的线程数量达到上限，其他试图进入的线程就必须等待。*P* 和 *V* 是抽象的，封装了互斥实现方案的细节。它们可以支持任意数量的协作线程。C++ 的信号量类将这两个操作命名为 `acquire` 和 `release`。关于信号量基础知识的一个精彩讨论，请参见 Allen B. Downey 的“The Little Book of Semaphores”。[113]

C++20 的 `<semaphore>` 头文件提供了用于实现计数信号量和二元信号量 [114] 的特性。

- `std::counting_semaphore` 实现了“信号量”的概念，它比 `std::latch` 和 `std::barrier` 低级，但仍然比 `mutex`、锁、`condition_variable` 和原子类型高级。[115, 116] 一个 `counting_semaphore` 允许多个线程访问共享资源。它的构造函数会初始化一个内部整数计数器。当一个线程获得该信号量时，内部计数器会递减 1。如果计数器达到 0，试图获取信号量的线程会被阻塞，直到计数器增加（表示共享资源可用）。当一个线程释放信号量时，内部计数器会增加 1（默认），等待获取信号量的线程会解除阻塞。
- `std::binary_semaphore` 不过是一个计数固定为 1 的 `counting_semaphore`，可以像 `std::mutex` 一样使用。

使用 C++20 std::binary_semaphore 的生产者 - 消费者关系

C++ 标准说信号量“被广泛用于实现其他同步基元（原语），而且在两者都适用的情况下，会比条件变量更高效。”[117] 图 17.16 重新实现了 17.6 节的 `SynchronizedBuffer` 类，使用 `binary_semaphore` 来实现互斥。这提供了一个整洁、简单、更高级的方法来取代低级的、使用了 `mutex`（互斥体）的代码。我们重用了图 17.8 的 `main` 函数，所以这里不再重复。

性能提示

```
// Fig. 17.16: SynchronizedBuffer.h
// SynchronizedBuffer using two binary_semaphores to
// maintain synchronized access to a shared mutable int.
#pragma once
#include <fmt/format.h>
#include <iostream>
#include <semaphore>
#include <string>

using namespace std::string_literals;
```

图 17.16 `SynchronizedBuffer` 用两个 `binary_semaphore` 来同步对一个共享可变 `int` 的访问

```cpp

class SynchronizedBuffer {
public:
   // place value into m_buffer
   void put(int value) {
      // acquire m_produce semaphore to be able to write to m_buffer
      m_produce.acquire(); // blocks if it's not the producer's turn

      m_buffer = value; // write to m_buffer
      m_occupied = true;

      std::cout << fmt::format("{:<40}{}\t\t{}\n",
         "Producer writes "s + std::to_string(value),
         m_buffer, m_occupied);

      m_consume.release(); // allow consumer to read
   }

   // return value from m_buffer
   int get() {
      int value; // will store the value returned by get

      // acquire m_consume semaphore to be able to read from m_buffer
      m_consume.acquire(); // blocks if it's not the consumer's turn

      value = m_buffer; // read from m_buffer
      m_occupied = false;

      std::cout << fmt::format("{:<40}{}\t\t{}\n",
         "Consumer reads "s + std::to_string(m_buffer),
         m_buffer, m_occupied);

      m_produce.release(); // allow producer to write
      return value;
   }
private:
   std::binary_semaphore m_produce{1}; // producer can produce
   std::binary_semaphore m_consume{0}; // consumer can't consume
   bool m_occupied{false};
   int m_buffer{-1}; // shared by producer and consumer threads
};
```

图 17.16 SynchronizedBuffer 用两个 binary_semaphore 来同步对一个共享可变 int 的访问（续）

```
Operation                          Buffer      Occupied
---------                          ------      --------
Producer writes 1                  1           true
Consumer reads 1                   1           false
Producer writes 2                  2           true
Consumer reads 2                   2           false
Producer writes 3                  3           true
Consumer reads 3                   3           false
Producer writes 4                  4           true
Consumer reads 4                   4           false
Producer writes 5                  5           true
Consumer reads 5                   5           false
Producer writes 6                  6           true
Consumer reads 6                   6           false
Producer writes 7                  7           true
Consumer reads 7                   7           false
Producer writes 8                  8           true
Consumer reads 8                   8           false
Producer writes 9                  9           true
Consumer reads 9                   9           false
Producer writes 10                 10          true
Producer done producing
Terminating Producer
Consumer reads 10                  10          false

Consumer read values totaling 55
Terminating Consumer
```

图 17.16 SynchronizedBuffer 用两个 binary_semaphore 来同步对一个共享可变 int 的访问（续）

图 17.16 使用两个 std::binary_semaphore 来协调生产者和消费者线程。

- m_produce（第 47 行）将计数初始化为 1，表示生产者最初可以生产一个值，因为 m_buffer 为空。
- m_consume（第 48 行）将计数初始化为 0，表示消费者最初不能消费一个值，因为 m_buffer 为空。

本例的 m_occupied（第 49 行）仅用于输出目的，它在本例的线程同步中不发挥作用。

SynchronizedBuffer 的 put 成员函数

SynchronizedBuffer 的逻辑使用 std::binary_semaphore 得到了简化。当生产者线程调用 put（在第 15 行～第 27 行定义）时，第 17 行调用 m_produce 的 acquire 成员函数。如果 m_produce 的计数为 0，生产者线程会被阻塞，直到计数变成 1；如果计数为 1，生产者线程将获取信号量，将其计数减少到 0，并向 m_buffer 写入一个新值。在 m_produce 的计数变成 1 之前，生产者不能再次生产，而这只有在消费者消费了缓冲区的值后才会发生。

生产者在完成了对缓冲区的更新后，第 26 行调用 m_consume 的 release 成员函数，使那个信号量的计数增加到 1。如果一个消费者线程正被阻塞以等待获取 m_consume，它会解除阻塞并继续。如果未被阻塞，当消费者试图调用 get 时，它会立即获取 m_consume 并继续。

SynchronizedBuffer 的 get 成员函数

当消费者线程调用 get（在第 30 行～第 45 行定义）时，第 34 行调用 m_consume 的 acquire 成员函数。如果 m_consume 的计数为 0，消费者线程会被阻塞，直到计数变成 1；如果计数为 1，消费者线程将获取 m_consume，将其计数减少到 0，然后读取 m_buffer 的当前值。在 m_consume 的计数变成 1 之前，消费者不能再次消费，而这只有在生产者向缓冲区写下一个值时才会发生。

消费者从缓冲区读取完毕后，第 43 行调用 m_produce 的 release 成员函数，使那个信号量的计数增加到 1。如果一个生产者线程正被阻塞以等待获取 m_produce，它就解除阻塞并继续。如果未被阻塞，当生产者试图调用 put 时，它会立即获取 m_produce 并继续。

17.15 C++23：C++ 并发性未来展望

目前，正在为未来的 C++ 版本计划许多新的并发特性。本节概述了其中的几个，并提供了一些链接供你了解更多信息。[118，119]

17.15.1 并行范围算法

C++ 标准委员会正在着手 C++20 std::ranges 算法的并行版本。在提案“A Plan for C++23 Ranges”中指出，目前存在和 executors 有关的一些实现问题。[120]

17.15.2 并发容器

本书以前已经讨论了许多非并发容器。本章定义了一个 CircularBuffer（循环缓冲区）类，并在其中通过 std::mutex、std::unique_lock 和 std::condition_variable 来实现对它的并发访问。一般来说，与其像本章这样创建自己的并发容器，不如使用现有的、能自动为你管理同步的容器，例如并发队列和并发映射（也称为并发哈希表或并发字典）。这些都是由专家编写的，经过了全面的测试和调试，运行效率高，可以帮助你避免常见的陷阱和误区。这样的容器可能会被包含到 C++23 标准库中。就目前来说，你只能使用一些第三方库，例如 Google Concurrency Library（GCL）[121] 或 Microsoft Parallel Patterns Library[122] 中的容器。要想进一步了解并发队列，请参见“C++ Concurrent Queues”提案。[123] 该提案指出，并发队列的参考实现由 GCL 的 buffer_queue 和 lock_free_buffer_queue 类提供。要想进一步了解并发映射，请参见 C++ 标准委员会的提案：

性能提示

- “Concurrent Associative Data Structure with Unsynchronized View” [124]
- “Concurrent Map Customization Options (SG1 Version)” [125]

并发映射的参考实现可从以下网址访问：

https://github.com/BlazingPhoenix/concurrent-hash-map

17.15.3 其他和并发性相关的提案

针对 C++23 和后续版本，还有另外一些涉及并发性的 C++ 标准委员会提案。

- “Hazard Pointers ” [126] 以及“Concurrent Data Structures: Read-Copy-Update” [127] 提案引入了对线程间共享的资源进行安全回收的特性
- “apply() for synchronized_value<T>” [128] 提案增强了之前一份引入 synchronized_value<T> 的提案，自动使用一个 mutex 来同步对 T 类型的一个对象的并发访问。在提案中，建议使用 apply 函数来接收一个函数和一个或多个 synchronized_value<T> 对象来作为实参。然后，它会在每个 synchronized_value<T> 上调用其函数实参，使用关联的 mutex 对来自多个并发线程的访问进行同步。

17.16 小结

本章介绍了如何使用现代标准化 C++ 并发特性来提升多核系统上的应用程序的性能。我们解释了顺序、并发和并行执行的区别，并提供了一幅线程生命周期示意图。我们解释了为什么并发编程复杂且容易出错。一般来说，开发者应该首选本章强调的那些更简单、更方便、更高级、现成的并发特性。

我们展示了 C++17 的高级并行算法会自动将任务并行化以获得更好的性能。我们利用 <chrono> 头文件提供的计时功能来对多核系统上的顺序和并行算法性能进行分析，并展示了对于足够大的数据集，并行 std::sort 算法（当用 std::execution::par 执行策略调用时）的性能相较其顺序版本有了显著提升。

我们还比较了 std::transform 算法在使用 std::execution::par（并行化）和 std::execution::unseq（矢量化）执行策略时的性能。

我们通过C++20的 std::jthread 类在单独的线程中执行任务，“C++核心准则”建议优先使用它而不是C++11的 std::thread 类。我们利用 jthread 集成的协作式取消功能得体地终止线程，使它们能完成关键工作并正确释放资源。

我们介绍了生产者-消费者关系，这种关系在并发编程中很流行。另外，还展示了生产者线程和消费者线程在没有同步的情况下同时访问共享可变数据时的问题。我们使用低级C++11并发基元（原语）std::mutex、std::condition_variable 和 std::unique_lock 来同步以共享易变数据的访问，从而纠正了这些问题。接着，我们使用这些基元来实现一个同步的循环缓冲区，以减少生产者-消费者的等待时间，从而提高性能。

我们使用C++11的 std::async 和 std::future 来隐式创建线程，异步执行任务，并将其结果反馈给异步调用的线程。我们讲到，在进行线程间通信时，async 会在幕后使用 std::promise 将任务的结果或异常返回给异步调用的线程。

我们介绍了C++11的原子类型，它们使线程能方便地共享可变数据，同时不需要显式地进行同步和锁定。我们概述了C++20对原子类型的增强，并提到Visual C++、g++和clang++的C++标准库实现都使用原子类型来实现更高级的C++20基元 std::latch、std::barrier 和信号量。

我们演示了 std::latch 和 std::barrier 这两种线程协同基元，指出它们不需要 mutex 和锁就能正确工作。随后，我们在不使用 mutex、锁条件变量的情况下，使用C++20信号量来同步对共享可变数据的访问。

最后，我们提到了正在为C++23和后续版本考虑的几种高级并发特性，包括并发容器和基于范围的算法的并行版本。大多数程序员都应首选现有的并发容器，例如并发队列和并发映射，它们对同步机制进行了封装，这有助于避免使用低级同步基元时的常见陷阱和误区。这些并发容器还不是C++标准库的一部分，所以需要暂时使用现有的第三方库，例如Google Concurrency Library和Microsoft Parallel Patterns Library。

下一章将详细讨论名为“协程”的并发特性，它是C++20的“四大”特性中的最后一个（另外还有范围、概念和模块）。将使用一种高级的、基于库的方法来方便地创建协程，为复杂的并发编程赋予简单的、类似于顺序的编码风格。

注释

1. 译注：繁体中文中译作“执行绪”。

2. C++ Standard，“Multi-Threaded Executions and Data Races”，访问日期 2022 年 2 月 7 日，https://timsong-cpp.github.io/cppwp/n4861/intro.multithread#def:thread_of_execution)。
3. 访问日期 2022 年 2 月 7 日，https://zh.wikipedia.org/zh-hans/ 线程安全。
4. 如果显式共享对 thread_local 变量的指针或引用，它们可能出现线程安全问题。
5. Paul E. McKenney and J. F. Bastien，“Use Cases for Thread-Local Storage”，访问日期 2022 年 2 月 7 日，https://wg21.link/n4324。
6. 译注：也可翻译为“原语”。
7. 访问日期 2022 年 2 月 7 日，https://zh.wikipedia.org/zh-cn/C++11。
8. 访问日期 2022 年 2 月 7 日，https://zh.wikipedia.org/zh-cn/C++14。
9. 访问日期 2022 年 2 月 7 日，https://zh.wikipedia.org/zh-cn/C++17。
10. 访问日期 2022 年 2 月 7 日，https://zh.wikipedia.org/zh-cn/C++20。
11. 访问日期 2022 年 2 月 7 日，https://zh.wikipedia.org/wiki/ 摩尔定律。
12. Billy O’Neal (Visual C++ Team blog)，“Using C++17 Parallel Algorithms for Better Performance”，访问日期 2022 年 2 月 7 日，https://devblogs.microsoft.com/cppblog/using-c17-parallel-algorithms-for-better-performance/。
13. Dietmar Kuhl，“C++17 Parallel Algorithms”，访问日期 2022 年 2 月 7 日，https://www.youtube.com/watch?v=Ve8cHE9LNfk。
14. C++ Standard，“General Utilities Library—Execution Policies—Unsequenced Execution Policy”，访问日期 2022 年 2 月 7 日，https://timsong-cpp.github.io/cppwp/n4861/execpol.unseq。
15. https://en.wikipedia.org/wiki/SIMD。
16. Barry Revzin，Conor Hoekstra and Tim Song，“A Plan for C++23 Ranges”，访问日期 2022 年 2 月 7 日，https://wg21.link/p2214r0。
17. 访问日期 2022 年 2 月 7 日，https://zh.cppreference.com/w/cpp/chrono/steady_clock。
18. 访问日期 2022 年 2 月 7 日，https://zh.cppreference.com/w/cpp/chrono/system_clock。
19. Lucian Radu Teodorescu，“A Case Against Blind Use of C++ Parallel Algorithms”，访问日期 2022 年 2 月 7 日，https://accu.org/journals/overload/29/161/teodorescu/。
20. O’Neal，“Using C++17 Parallel Algorithms for Better Performance”。
21. O’Neal，“Using C++17 Parallel Algorithms for Better Performance”。
22. 访问日期 2022 年 2 月 7 日，https://zh.cppreference.com/w/cpp/algorithm/execution_policy_tag。
23. C++ Standard，“20.18.1 Execution Policies”，访问日期 2022 年 2 月 7 日，https://timsong-cpp.github.io/cppwp/n4861/execpol#general。
24. Billy O’Neal，“Using C++17 Parallel Algorithms for Better Performance”。
25. 访问日期 2022 年 2 月 7 日，https://zh.cppreference.com/w/cpp/algorithm/for_each_n。
26. 访问日期 2022 年 2 月 7 日，https://zh.cppreference.com/w/cpp/algorithm/exclusive_scan。
27. 访问日期 2022 年 2 月 7 日，https://zh.cppreference.com/w/cpp/algorithm/inclusive_scan。
28. 访问日期 2022 年 2 月 7 日，https://zh.cppreference.com/w/cpp/algorithm/transform_exclusive_scan。
29. 访问日期 2022 年 2 月 7 日，https://zh.cppreference.com/w/cpp/algorithm/transform_inclusive_scan。
30. Dietmar Kuhl，“C++17 Parallel Algorithms”，访问日期 2022 年 2 月 7 日，https://www.youtube.com/watch?v=Ve8cHE9LNfk。
31. Sy Brand，“std::accumulate vs. std::reduce”，访问日期 2022 年 2 月 7 日，https://blog.tartanllama.xyz/accumulate-vs-reduce/。

32. C++ Standard，“25.3.2 Requirements on User-Provided Function Objects”，访问日期 2022 年 2 月 7 日，https://timsong-cpp.github.io/cppwp/n4861/algorithms.parallel#user。
33. C++ Standard，“25.2 Algorithms Requirements”，访问日期 2022 年 2 月 7 日，https://timsong-cpp.github.io/cppwp/n4861/algorithms.requirements#10。
34. Harvey Deitel，Paul Deitel and David Choffnes，“Chapter 4, Thread Concepts”，*Operating Systems*, 3/e, p. 153. Upper Saddle River, NJ: Prentice Hall, 2004.
35. S. S. Isloor and T. A. Marsland，“The Deadlock Problem: An Overview”，*Computer*, Vol. 13, No. 9, September 1980, pp. 58–78。
36. D. Zobel，“The Deadlock Problem: A Classifying Bibliography”，*Operating Systems Review*， Vol. 17, No. 4, October 1983, pp. 6–16。
37. E. G. Coffman、Jr., M. J. Elphick and A. Shoshani，“System Deadlocks”，*Computing Surveys*, Vol. 3, No. 2, June 1971, p. 69.
38. J. W. Havender，“Avoiding Deadlock in Multitasking Systems”，*IBM Systems Journal*, Vol. 7, No. 2, 1968, pp. 74–84。
39. 我们还会展示一些更高级的功能，使用这些功能可以不必显式地创建线程。
40. clang++ 13 和更高的版本才支持 std::jthread。要在 clang++ 早期版本上运行这些例子，请将 std::jthread 替换成 std::thread，并按照 17.4.3 节的描述对线程进行 join 处理。
41. 在 Linux 上，为编译命令添加 -pthread 编译器标志以使用 std::jthread。
42. 多个线程都在使用 std::cout 显示输出时，它们的输出可能因为交织在一起而显得混乱。需要通过线程同步（17.6 节）来防止这个问题。
43. C++ Core Guidelines，“CP.25: Prefer gsl::joining_thread over std::thread”，访问日期 2022 年 2 月 7 日，https://isocpp.github.io/CppCoreGuidelines/CppCoreGuidelines#Rconc-joining_thread。注意，这个准则末尾指出在 C++20 中应首选 std::jthread。
44. 对一个线程进行 detach（分离），会把它从 thread 或 jthread 中分离出来，但操作系统会继续执行该线程。“C++ 核心准则”建议不要进行分离，因为它“使监视和与分离的线程进行通信变得更加困难”。欲知详情，请参见“CP.26: Don't detach() a Thread”，访问日期 2022 年 2 月 7 日，https://isocpp.github.io/CppCoreGuidelines/CppCoreGuidelines#Rconc-detached_thread。
45. Nicolai Josuttis，“Why and How We Fixed std::thread by std::jthread”，访问日期 2022 年 2 月 7 日，https://www.youtube.com/watch?v=elFil2VhlH8。
46. Nicolai Josuttis，“C++20: The Complete Guide”，Chapter 15,“std::jthread and Stop Tokens”，访问日期 2022 年 2 月 7 日，http://cppstd20.com/。
47. C++ Standard，“16.5.5.10 Data Race Avoidance”，访问日期 2022 年 2 月 7 日，https://timsong-cpp.github.io/cppwp/n4861/res.on.data.races。
48. Harvey Deitel、Paul Deitel，David Choffnes，Chapter 3，“Process Concepts”*Operating Systems*, 3/e, p. 124，Upper Saddle River, NJ: Prentice Hall, 2004。
49. 和图 17.4 一样，这个程序的输出可能因为发生交织而发生错乱。防止这个问题需要线程同步，详情参见 17.6 节。
50. C++ Standard，“Data Races”，访问日期 2022 年 2 月 7 日，https://timsong-cpp.github.io/cppwp/n4861/intro.races#def:data_race。
51. Arthur O'Dwyer，“Back to Basics: Concurrency”，访问日期 2022 年 2 月 7 日，https://www.youtube.com/watch?v=F6Ipn7gCOsY。
52. “C++11 Language Extensions—Concurrency”，访问日期 2022 年 2 月 7 日，https://isocpp.org/wiki/faq/cpp11-language-concurrency。

53. C++ Core Guidelines，“Con: Constants and Immutability”，访问日期 2022 年 2 月 7 日，https://isocpp.github.io/CppCoreGuidelines/CppCoreGuidelines#S-const。
54. C++ Core Guidelines，“CP.3: Minimize Explicit Sharing of Writable Data”，访问日期 2022 年 2 月 7 日，https://isocpp.github.io/CppCoreGuidelines/CppCoreGuidelines#Rconc-data。
55. https://zh.cppreference.com/w/cpp/thread/condition_variable
56. 摘自 2021 年 12 月 6 日与 Anthony Williams 的电子邮件通信：“当一个 mutex 被解锁时，具体哪个线程会获得 mutex 是没有硬性规定的。……从操作系统的角度来看，让等待时间最短的线程……获得互斥锁往往最高效，因为它的数据可能还在高速缓存中。”
57. C++ Core Guidelines，“CP.50: Define a mutex Together with the Data It Guards”，https://isocpp.github.io/CppCoreGuidelines/CppCoreGuidelines#Rconc-mutex。
58. 摘自 2021 年 12 月 6 日与安东尼．威廉斯（Anthony Williams）的电子邮件通信：“条件变量并没有指定在调用 notify_one 时唤醒哪个线程。它所有正在等待唤醒的线程都是有效的……特别是，从操作系统的角度来看，让等待时间最短的线程被唤醒通常最高效……，因为它的数据可能还在高速缓存中。”
59. 在某些应用程序中，当线程重新获得锁时，它仍然无法执行任务，因为在这种情况下，它会重新进入条件变量的等待状态，并隐式地释放锁。
60. Marius Bancila，*Modern C++ Programming Cookbook*, 2/e, p. 422. Birmingham, UK: Packt Publishing. 2020。
61. 访问日期 2022 年 2 月 7 日，https://en.wikipedia.org/wiki/Spurious_wakeup。
62. Bancila，*Modern C++ Programming Cookbook,* p. 420。
63. 访问日期 2022 年 2 月 7 日，https://zh.cppreference.com/w/cpp/thread/lock_guard。
64. 访问日期 2022 年 2 月 7 日，https://zh.cppreference.com/w/cpp/thread/scoped_lock。
65. C++ Core Guidelines，“CP.43: Minimize Time Spent in a Critical Section”，访问日期 2022 年 2 月 7 日，https://isocpp.github.io/CppCoreGuidelines/CppCoreGuidelines#Rconc-time。
66. 访问日期 2022 年 2 月 7 日，https://zh.cppreference.com/w/cpp/thread/shared_mutex。
67. 访问日期 2022 年 2 月 7 日，https://zh.cppreference.com/w/cpp/thread/shared_lock。
68. 访问日期 2022 年 2 月 7 日，https://zh.cppreference.com/w/cpp/thread/condition_variable_any。
69. Anthony Williams，“Concurrency in C++20 and Beyond”，访问日期 2022 年 2 月 7 日，https://www.youtube.com/watch?v=jozHW_B3D4U。
70. 访问日期 2022 年 2 月 7 日，https://zh.cppreference.com/w/cpp/thread/stop_callback。
71. Williams，“Concurrency in C++20 and Beyond”。
72. 如果是在构造 stop_callback 之前请求停止，那么显示的线程 ID 将是构造 stop_callback 的那个线程的 ID（参见 https://zh.cppreference.com/w/cpp/thread/stop_callback）。
73. “Prime Factorization”，访问日期 2022 年 2 月 7 日，https://www.cuemath.com/numbers/prime-factorization/。
74. Striver，“Prime Factors of a Big Number”，访问日期 2022 年 2 月 7 日，https://www.geeksforgeeks.org/prime-factors-big-number/。
75. Ehud Shalit，“Prime Numbers—Why Are They So Exciting?”，访问日期 2022 年 2 月 7 日，https://kids.frontiersin.org/articles/10.3389/frym.2018.00040。
76. 访问日期 2022 年 2 月 7 日，https://zh.wikipedia.org/zh-cn/RSA 加密算法
77. K. Moriarty，B. Kaliski，J. Jonsson and A. Rusch，“PKCS #1: RSA Cryptography Specifications Version 2.2”，访问日期 2022 年 2 月 7 日，https://tools.ietf.org/html/rfc8017。

78. Sarah Rothrie，“How Blockchain Cryptography Is Fighting the Rise of Quantum Machines”，访问日期 2022 年 2 月 7 日，https://coincentral.com/blockchain-cryptography-quantum-machines/。
79. 访问日期 2022 年 2 月 7 日，https://zh.wikipedia.org/wiki/ 素性测试。
80. 访问日期 2022 年 2 月 7 日，https://primes.utm.edu/curios/index.php。
81. 访问日期 2022 年 2 月 7 日，https://zh.cppreference.com/w/cpp/thread/async。
82. C++ Core Guidelines，“CP.60: Use a future to Return a Value from a Concurrent Task”，访问日期 2022 年 2 月 7 日，https://isocpp.github.io/CppCoreGuidelines/CppCoreGuidelines#Rconc-future。
83. 访问日期 2022 年 2 月 7 日，https://zh.cppreference.com/w/cpp/thread/shared_future。
84. 访问日期 2022 年 2 月 7 日，https://zh.cppreference.com/w/cpp/thread/packaged_task。
85. Scott Meyers and Andrei Alexandrescu，“C++ and the Perils of Double-Checked Locking”，访问日期 2022 年 2 月 7 日，https://www.aristeia.com/Papers/DDJ_Ju-1_Aug_2004_revised.pdf。
86. C++ Standard，“8.8 Declaration Statement”，访问日期 2022 年 2 月 7 日，https://timsong-cpp.github.io/cppwp/n4861/stmt.dcl#4。
87. “Storage Class Specifiers—static Local Variables”，访问日期 2022 年 2 月 7 日，https://en.cppreference.com/w/cpp/language/storage_duration#Static_local_variables。
88. 访问日期 2022 年 2 月 7 日，https://zh.cppreference.com/w/cpp/thread/once_flag。
89. 访问日期 2022 年 2 月 7 日，https://zh.cppreference.com/w/cpp/thread/call_once。
90. Arthur O’Dwyer，“Back to Basics: Concurrency”，访问日期 2022 年 2 月 7 日，https://www.youtube.com/watch?v=F6Ipn7gCOsY。
91. Hans-J. Boehm and Lawrence Crowl，“C++ Atomic Types and Operations”，访问日期 2022 年 2 月 7 日，http://www.open-std.org/jtc1/sc22/wg21/docs/papers/2007/n2427.html。
92. “原子操作库”，访问日期 2022 年 2 月 7 日，https://zh.cppreference.com/w/cpp/atomic。
93. “Microsoft’s C++ Standard Library”，访问日期 2022 年 2 月 7 日，https://github.com/microsoft/STL。
94. 访问日期 2022 年 2 月 7 日，https://gcc.gnu.org/onlinedocs/libstdc++/latestdoxygen/files.html。
95. 访问日期 2022 年 2 月 7 日，https://github.com/llvm/llvm-project/tree/main/libcxx/。
96. Travis Downs，“A Concurrency Cost Hierarchy”，访问日期 2022 年 2 月 7 日，https://travisdowns.github.io/blog/2020/07/06/concurrency-costs.html。
97. 译注：“让出”、“放弃”才是“yield”的本意。很多中文文档将“yield”一词无脑地翻译为“生成”，这是非常片面的。
98. C++ Standard，“Atomic Operations Library”，访问日期 2022 年 2 月 7 日，https://timsong-cpp.github.io/cppwp/n4861/atomics。
99. 访问日期 2022 年 2 月 7 日，https://zh.cppreference.com/w/cpp/atomic/atomics。
100. C++ Standard，“ Properties of Classes”，访问日期 2022 年 2 月 7 日，https://timsong-cpp.github.io/cppwp/n4861/class.prop。
101. C++ Standard，“Partial Specializations for Smart Pointers”，访问日期 2022 年 2 月 7 日，https://timsong-cpp.github.io/cppwp/n4861/util.smartptr.atomic。
102. 访问日期 2022 年 2 月 7 日，https://zh.cppreference.com/w/cpp/atomic/atomic。
103. C++ Standard，“31.7 Class Template atomic_ref”，访问日期 2022 年 2 月 7 日，https://timsong-cpp.github.io/cppwp/n4861/atomics.ref.generic。

104. 访问日期 2022 年 2 月 7 日，https://zh.cppreference.com/w/cpp/atomic/atomic_ref
105. C++ Standard，“Thread Support Library—Coordination Types”，访问日期 2022 年 2 月 7 日，https://timsong-cpp.github.io/cppwp/n4861/thread.coord。
106. Bryce Adelstein Lelbach，“The C++20 Synchronization Library”，访问日期 2022 年 2 月 7 日，https://www.youtube.com/watch?v=Zcqwb3CWqs4。
107. C++ Standard，“Thread Support Library—Coordination Types—Latches”，访问日期 2022 年 2 月 7 日，https://timsong-cpp.github.io/cppwp/n4861/thread.latch。
108. C++ Standard，“Thread Support Library—Coordination Types—Barriers”，访问日期 2022 年 2 月 7 日，https://timsong-cpp.github.io/cppwp/n4861/thread.barrier。
109. E. W. Dijkstra，“Cooperating Sequential Processes”，Technological University, Eindhoven, Netherlands, 1965, reprinted in F. Genuys, ed., Programming Languages, pp. 43–112. New York: Academic Press, 1968.
110. Harvey Deitel、Paul Deitel，and David Choffnes，Chapter 5,“Asynchronous Concurrent Execution.” *Operating Systems*, 3/e, pp. 227–233. Upper Saddle River, NJ: Prentice Hall, 2004.
111. 访问日期 2022 年 2 月 7 日，https://zh.wikipedia.org/zh-hans/ 信号量。
112. 访问日期 2022 年 2 月 7 日，https://en.wikipedia.org/wiki/Semaphore_(programming)#Operation_names。
113. Allen B. Downey，*The Little Book of Semaphores* (Version 2.2.1)，Section “3.6.4 Barrier Solution,” 2016. Green Tea Press. https://greenteapress.com/semaphores/LittleBookOfSemaphores.pdf。许可证：http://creativecommons.org/licenses/by-nc-sa/4.0。感谢我们的审稿人 Anthony Williams 推荐 Downey 的这个作品。
114. 译注：二元信号量是计数信号量的一种特化，只有两种状态：占用与非占用。
115. C++ Standard，“Thread Support Library—Semaphore”，访问日期 2022 年 2 月 7 日，https://timsong-cpp.github.io/cppwp/n4861/thread.sema。
116. 访问日期 2022 年 2 月 7 日，https://zh.cppreference.com/w/cpp/thread/counting_semaphore。
117. C++ Standard，“32.7 Semaphore”，访问日期 2022 年 2 月 7 日，https://timsong-cpp.github.io/cppwp/n4861/thread.sema。
118. 访问日期 2022 年 2 月 7 日，https://en.wikipedia.org/wiki/C++23。
119. Ville Voutilainen，“To Boldly Suggest an Overall Plan for C++23”，访问日期 2022 年 2 月 7 日，https://wg21.link/p0592。
120. Barry Revzin，Conor Hoekstra and Tim Song，“A Plan for C++23 Ranges”，访问日期 2022 年 2 月 7 日，https://wg21.link/p2214
121. Alasdair Mackintosh，“Google Concurrency Library (GCL)”，访问日期 2022 年 2 月 7 日，https://github.com/alasdairmackintosh/google-concurrency-library。
122. “并行模式库 (PPL)—并行容器和对象”，访问日期 2022 年 2 月 7 日，https://docs.microsoft.com/zh-cn/cpp/parallel/concrt/parallel-containers-and-objects。
123. Lawrence Crowl and Chris Mysen,“C++ Concurrent Queues”,访问日期2022年2月7日，https://wg21.link/p0260。
124. Sergey Murylev、Anton Malakhov and Antony Polukhin，“Concurrent Associative Data Structure with Unsynchronized View”，访问日期 2022 年 2 月 7 日，https://wg21.link/p0652。
125. David Goldblatt，“Concurrent Map Customization Options (Sg1 Version)”，访问日期 2022 年 2 月 7 日，https://wg21.link/P1761。

126. Maged M. Michael, Michael Wong, Paul McKenney, Geoffrey Romer, Andrew Hunter, Arthur O'Dwyer, Daisy S. Hollman, JF Bastien, Hans Boehm, David Goldblatt, Frank Birbacher, Mathias Stearn and Jens Maurer，"Hazard Pointers"，访问日期 2022 年 2 月 7 日，https://wg21.link/p1121。
127. Paul McKenney, Michael Wong, Maged M. Michael, Geoffrey Romer, Andrew Hunter, Arthur O'Dwyer, Daisy Hollman, JF Bastien, Hans Boehm, David Goldblatt, Frank Birbacher, Erik Rigtorp, Tomasz Kaminski and Jens Maurer，"Concurrent Data Structures: Read-Copy-Update"，访问日期 2022 年 2 月 7 日，https://wg21.link/p1122。
128. Anthony Williams，"apply() for synchronized_value<T>"，访问日期 2022 年 2 月 7 日，https://wg21.link/p0290。

第18章

C++20 协程

学习目标

- 理解协程及其用法
- 使用关键字 co_yield 来暂停生成器协程并返回结果
- 使用 co_await 操作符在等待结果时暂停协程
- 使用 co_return 语句来终止协程，并将其结果或控制返回给调用者
- 使用开源 generator 库来简化用 co_yield 创建生成器协程的过程
- 使用开源 concurrencpp 库来简化创建带有 co_await 和 co_return 的协程
- 了解正在为未来 C++ 版本考虑的协程特性

18.1 导读

当程序包含一个长时间运行的任务时，你经常需要以同步方式[1]调用一个函数，然后该函数以异步方式启动那个长时间的任务。[2]通常，程序会为异步任务提供一个回调函数（可以是函数、lambda 或函数对象），以便在任务完成时调用。这种编码模式通过C++20协程（coroutine）得到了简化，这是本书介绍的C++20“四大”特性（范围、概念、模块和协程）中的最后一个。

软件工程

协程[3]是一种可以暂停执行并在以后恢复的函数。编译器会自动生成代码来帮助你实现以下操作。

- 暂停一个协程并将控制返回给调用者。
- 在以后恢复已暂停的协程的执行。

稍后就会讲到，含有 `co_await`、`co_yield` 或 `co_return` 等任何一个关键字的函数都是协程。

软件工程

协程使你能以简单的顺序编码风格进行并发编程。这个能力需要复杂的基础结构。你可以自己写，但那样不仅复杂和乏味，还容易出错。相反，大多数专家都认为，程序员应该尽量使用高级的协程支持库，这正是本章要展示的方法。开源社区已经创建了一些实验性的库，用于快速、方便地开发协程。18.2 节列出了其中的几个，并解释了我们在协程例子中要使用的两个库的基本原理。

协程用例

协程的一些用例[4]如下。

- Web 服务器处理请求，在游戏编程中使一个函数的执行跨越多个动画帧，在数据（例如长时间运行的计算的结果，参见 18.5 节）可用时使用该数据，来自物联网（IoT）设备的数据，或者下载大文件。[5]
- 惰性计算序列（称为生成器，参见 18.4 节），每次按需生成一个值。[6]
- 无回调函数的事件驱动编码，[7]例如，模拟、用户界面、服务器、游戏、非阻塞 I/O。[8]
- 协作式多任务。[9, 10]
- 结构化并发性。[11]
- 响应式流编程（reactive streams programming）。[12]
- 实现状态机。[13]

18.2 协程支持库

协程需要各种支持类，其中包含有许多成员函数和嵌套类型。自己创建这些不仅麻烦和复杂，还容易出错。C++20 标准库只包含库开发者构建协程支持库所需的低级基元。路易斯·贝克（Lewis Baker）从事了几个这样的库的开发，他说这些基元“可被认为是协程的低级汇编语言”。[14] 大多数开发者会首选一个协程支持库。预计 C++23 会提供标准库协程支持。[15, 16]

在此期间，开源社区已经创建了几个非标准的实验性协程支持库。以下是我们在撰写本章内容时考察过的一些。

- 路易斯·贝克的 cppcoro[17] 经常在各种书籍、视频和博文中提及，但已不再提供支持。[18]
- Facebook 的 folly::coro 是其流行的大型 folly 开源 C++ 实用工具库 [19] 的一个子集。路易斯·贝克是脸书 folly::coro 团队的一员。这个库的文档指出，folly::coro 只是实验性的。遗憾的是，folly::coro 不能独立于 folly 安装。
- 大卫·海姆（David Haim）的 concurrencpp[20] 目前正在积极维护。这个库使你能方便地使用 co_await 和 co_return 开发协程。本书写作时，concurrencpp 还没有提供对 co_yield 的支持，但大卫（David）会在 concurrencpp 0.1.4 版本中把它加入。[21]
- 西·布兰德（Sy Brand）的 generator[22] 是一个单文件（header-only）库，用于开发通过 co_yield 一次返回一个值的协程。生成器协程按需生成值，这称为惰性求值。与之相反的是贪婪求值——例如，std::ranges::generate 算法（14.4.1 节）会立即生成值并将它们放入一个范围（例如一个 vector）中。如果数据项非常多，创建范围可能需要大量内存和时间。如果程序不需要一下子获得所有值，生成器就能减少程序的内存消耗，提高性能。生成器还能定义无限序列，例如斐波那契序列（18.4 节）或质数。[23]

本章的协程例子最终选用的是 concurrencpp 和 generator。[24] concurrencpp 安装简单，维护积极，而且有清晰的文档和丰富的代码示例。它提供了以下高级并发功能。

- 用于异步执行函数的任务。
- 用于调度任务的 executors，可能会在单独的线程中执行它们。
- 用于在未来执行任务的计时器。
- 各种实用函数。

18.4 节的例子使用 generator 库来实现一个斐波那契生成器协程。该生成器根据需要生成下一个斐波那契数，并通过 co_yield 将其返回给调用者。18.5 节的例子介绍了 concurrencpp 的任务和 executors[25]（预计 C++23 会有各自的标准化版本）。18.6 节的例子使用这些来实现一个演示了 co_await 和 co_return 的协程。

18.3 安装 concurrencpp 和 generator 库

concurrencpp 库

为了安装 concurrencpp 库，请按以下网址的指示，针对具体的平台进行操作：

https://github.com/David-Haim/concurrencpp#building-installing-and-testing

如果使用 Visual C++，还要执行以下额外的步骤。

1. 从库的 concurrencpp/build/lib 中打开 concurrencpp.sln，生成解决方案以生成库文件。
2. 在要使用 concurrencpp 的 Visual Studio 解决方案中，按照 3.12 节的说明，将 concurrencpp\include 文件夹添加到头文件包含路径中。
3. 接着，选择“文件”|“添加”|“现有项”，切换到 concurrencpp 库的 concurrencpp\build\lib 文件夹并将 concurrencpp.vcxproj 添加到你的解决方案。
4. 最后，右击项目，从弹出的快捷菜单中选择“添加”|“引用”，在“添加引用”对话框中选中 concurrencpp 项目并单击“确定”按钮。

generator 库

可直接从 https://github.com/TartanLlama/generator 下载单文件的 generator 库。然后把它包含到自己的项目中。如果愿意，可以克隆 GitHub 仓库，然后将库的 include 文件夹添加到编译器的头文件包含路径中。

18.4 用 co_yield 和 generator 库创建生成器协程

生成器（generator）是按需生成值的一个协程。调用生成器时，它使用 co_yield 表达式来暂停执行，并将下一个生成的值返回给它的调用者。对生成器的支持预计会成为 C++23 标准库的一部分。本例准备使用 generator 库。[26] 它的 tl::generator 类模板使你能指定生成器协程的返回类型。它提供了一些机制，使 co_yield 能向生成器协程的调用者返回值。

图 18.1 定义了一个生成以下斐波那契数列的生成器协程：

```
0, 1, 1, 2, 3, 5, 8, 13, 21, …
```

它从 0 和 1 开始，后续每个斐波那契数都是前两个之和。

```cpp
// fig18_01.cpp
// Creating a generator coroutine with co_yield.
#include <fmt/format.h>
#include <iostream>
#include <sstream>
#include <thread>
#include <tl/generator.hpp>

// get current thread's ID as a string
std::string id() {
   std::ostringstream out;
   out << std::this_thread::get_id();
   return out.str();
}

// coroutine that repeatedly yields the next Fibonacci value in sequence
tl::generator<int> fibonacciGenerator(int limit) {
   std::cout << fmt::format(
      "Thread {}: fibonacciGenerator started executing\n", id());

   int value1{0}; // Fibonacci(0)
   int value2{1}; // Fibonacci(1)

   for (int i{0}; i < limit; ++i) {
      co_yield value1; // yield current value of value1

      // update value1 and value2 for next iteration
      int temp{value1 + value2};
      value1 = value2;
      value2 = temp;
   }

   std::cout << fmt::format(
      "Thread {}: fibonacciGenerator finished executing\n", id());
}

int main() {
```

图 18.1 用 co_yield 创建生成器协程

```
38      std::cout << fmt::format("Thread {}: main begins\n", id());
39
40      // display first 10 Fibonacci values
41      for (int i{0}; auto value : fibonacciGenerator(10)) {
42         std::cout << fmt::format("Fibonacci({}) is {}\n", i++, value);
43      }
44
45      std::cout << fmt::format("Thread {}: main ends\n", id());
46   }
```

```
Thread 7316: main begins
Thread 7316: fibonacciGenerator started executing
Fibonacci(0) is 0
Fibonacci(1) is 1
Fibonacci(2) is 1
Fibonacci(3) is 2
Fibonacci(4) is 3
Fibonacci(5) is 5
Fibonacci(6) is 8
Fibonacci(7) is 13
Fibonacci(8) is 21
Fibonacci(9) is 34
Thread 7316: fibonacciGenerator finished executing
Thread 7316: main ends
```

(continued...)

图 18.1 用 co_yield 创建生成器协程（续）

将线程 ID 转换为 std::string 的 id 函数

id 函数（第 10 行～第 14 行）使用 std::thread::id 对象重载的 operator<< 将线程 ID 转换为一个 std::string。我们用它证明 main 函数和 fibonacciGenerator 协程在同一个线程中执行。

fibonacciGenerator 协程

第 17 行～第 35 行定义了 fibonacciGenerator 协程。该函数的 limit 参数决定了从 Fibonacci(0) 开始要生成的斐波那契值的数量。第 18 行和第 19 行显示正在执行 fibonacciGenerator 的线程的 ID。从程序输出可以看出，线程 ID 与 main 的线程 ID 一样，这表明协程与 main 在同一线程中执行。第 21 行和第 22 行定义变量 value1 和 value2。这些变量最开始存储的是斐波那契数列中的前两个值。当程序向生成器请求一个新值时，co_yield（第 25 行）暂停了协程的执行，并立即返回下一个斐波那契值。当代码随后要求下一个值时，协程恢复执行，第 28 行～第 30

行更新 value1 和 value2。然后，循环的下一次迭代会 co_yield 下一个斐波那契值，再次暂停协程并返回一个值给调用者。这样一直持续到最后一个斐波那契值的产生。随后，第 33 行和第 34 行再次显示正在执行 fibonacciGenerator 的线程 ID，证明仍然是和 main 相同的线程。

main 函数

第 38 行显示 main 的线程 ID，以便我们确认 main 和 fibonacciGenerator 在同一个线程中执行。第 41 行～第 43 行请求 Fibonacci(0) 到 Fibonacci(9) 值。调用 fibonacciGenerator(10) 会返回一个 tl::generator<int>，它提供了迭代器，所以可以在一个基于范围的 for 循环中使用它。当循环的每一次迭代请求下一个值时，fibonacciGenerator 协程都会恢复执行以生成下一个值，然后暂停并返回该值。最后，第 45 行显示 main 的线程 ID 并报告 main 结束。示例输出中的线程 ID 证明 fibonacciGenerator 是在 main 线程中执行它的工作。

调用协程并不会自动为你创建一个新线程。如 18.5 节和 18.6 节所示，如果确实需要任何线程，那么协程必须创建它们。可以使用第 17 章讨论的技术来创建和管理这些线程，也可以让 concurrencpp 这样的库来帮你创建和管理它们。

软件工程

生成器协程的控制流示意图

下图展示了这个程序中的基本控制流，编号与后续步骤说明中的编号对应。

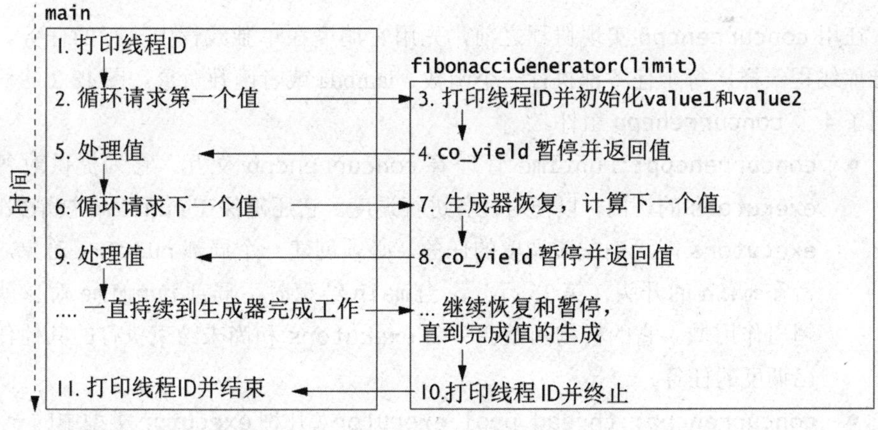

1. main 打印它 线程 ID。
2. main 中的循环向 fibonacciGenerator 请求第一个值。
3. fibonacciGenerator 打印它的线程 ID 并初始化它的局部变量。
4. fibonacciGenerator co_yield 一个值，这会暂停协程的执行并将值（和控制）返回给 main。

5. main 中的循环处理值。
6. main 中的循环向 fibonacciGenerator 请求下一个值。
7. fibonacciGenerator 恢复执行并计算下一个值。
8. fibonacciGenerator co_yield 一个值。同样，这会暂停协程的执行并将值（和控制）返回给 main。
9. main 中的循环处理值。
10. 步骤 6～9 会一直持续，直到 fibonacciGenerator 结束所有值的生成。然后，fibonacciGenerator 会打印它的线程 ID，终止，并将控制返回给 main。
11. main 中的循环终止，然后 main 打印它的线程 ID 并终止。

协程是无栈的

性能提示

编译器管理着使协程暂停和恢复的机制。它会创建**协程状态**（coroutine state），[27] 其中包含了恢复协程所需的信息。这个状态在堆而不是栈上动态分配，因此可以说协程是**无栈**（stackless）的。[28] 如果编译器判断协程的生命周期完全在调用者的生命周期内，那么它可以避免进行堆分配的开销。[29] 马克·格里高利（Marc Gregoire）指出："无栈协程占用的内存微乎其微，几百万甚至几十亿个协程并发运行都没有问题。"[30]

18.5 用 concurrencpp 启动任务

在用 concurrencpp 实现协程之前，先用它调度在单独线程中执行的任务。和标准库线程一样，每个任务都执行一个函数、lambda 或者函数对象。图 18.2 的程序使用了 4 个 concurrencpp 组件。

- concurrencpp::runtime 管理着 concurrencpp 交互。它为提供对各种 executors 的访问，以便对任务进行调度。它还确保在 runtime 被销毁时，executors 能正确关闭调度的任务。必须创建一个局部 runtime 对象，通常在 main 的开头（第 35 行）。当 main 结束时，局部 runtime 对象就会超出作用域。它的析构函数会关闭 executors 和尚未结束执行的其他任何已调度的任务。

性能提示

- concurrencpp::thread_pool_executor（几种 executor 类型中的一种）调度要执行的任务。它创建并管理称为**线程池**（thread pool）[31] 的一个线程组，并将任务分配给池中的线程来执行。这个 executor 可以重用池中现有的线程，以避免为每个任务创建新线程的开销。它还能优化线程的数量，确保处理器在保持忙碌的同时不会创建太多线程，以至于应用程序耗尽资源。预计会在 C++23 中提供标准 executors 但像 concurrencpp、libunifex[32]

和 folly::coro 这样的库现在已经提供了。

- concurrencpp::task 代表一个要执行的任务。concurrencpp executor 在调度任务时创建它们。
- concurrencpp::result 使你能访问一个并发任务的结果，如果它没有返回值，则用它等待任务完成执行。调度一个 concurrencpp::task 后，会收到一个 concurrencpp::result。

```
// fig18_02.cpp
// Setting up the concurrencpp::runtime and scheduling tasks with it.
#include <chrono>
#include <concurrencpp/concurrencpp.h>
#include <fmt/format.h>
#include <iostream>
#include <random>
#include <sstream>
#include <thread>
#include <vector>

// get current thread's ID as a string
std::string id() {
   std::ostringstream out;
   out << std::this_thread::get_id();
   return out.str();
}

// Function printTask sleeps for a specified period in milliseconds.
// When it continues executing, it prints its name and completes.
void printTask(std::string name, std::chrono::milliseconds sleep) {
   std::cout << fmt::format(
      "{} (thread ID: {}) going to sleep for {} ms\n",
      name, id(), sleep.count());

   // put the calling thread to sleep for sleep milliseconds
   std::this_thread::sleep_for(sleep);

   std::cout << fmt::format("{} (thread ID: {}) done sleeping\n",
      name, id());
}

int main() {
   // set up the concurrencpp runtime for scheduling tasks to execute
```

图 18.2　设置 concurrencpp::runtime 并用它调度任务

```
    concurrencpp::runtime runtime;

    std::cout << fmt::format("main's thread ID: {}\n\n", id());

    // set up random number generation for random sleep times
    std::random_device rd;
    std::default_random_engine engine{rd()};
    std::uniform_int_distribution ints{0, 5000};

    // stores the tasks so we can wait for them to complete later;
    // concurrencpp::result<void> indicates that each task returns void
    std::vector<concurrencpp::result<void>> results;

    std::cout << "STARTING THREE CONCURRENCPP TASKS\n";

    // schedule three tasks
    for (int i{1}; i < 4; ++i) {
       std::chrono::milliseconds sleepTime{ints(engine)};
       std::string name{fmt::format("Task {}", i)};

       // use a concurrencpp thread_pool_executor to schedule a call
       // to printTask with name and sleepTime as its arguments
       results.push_back(runtime.thread_pool_executor()->submit(
          printTask, name, sleepTime));
    }

    std::cout << "\nALL TASKS STARTED\n";
    std::cout << "\nWAITING FOR TASKS TO COMPLETE\n";

    // wait for each task to complete
    for (auto& result : results) {
       result.get(); // wait for each task to return its result
    }

    std::cout << fmt::format("main's thread ID: {}\nMAIN ENDS\n", id());
}
```

```
main's thread ID: 20740

STARTING THREE CONCURRENCPP TASKS

ALL TASKS STARTED
```

图 18.2 设置 concurrencpp::runtime 并用它调度任务（续）

```
WAITING FOR TASKS TO COMPLETE
Task 3 (thread ID: 18960) going to sleep for 2683 ms
Task 1 (thread ID: 9840) going to sleep for 3856 ms
Task 2 (thread ID: 1700) going to sleep for 904 ms
Task 2 (thread ID: 1700) done sleeping
Task 3 (thread ID: 18960) done sleeping
Task 1 (thread ID: 9840) done sleeping

main's thread ID: 20740
MAIN ENDS
```

图 18.2 设置 concurrencpp::runtime 并用它调度任务（续）

id 函数

id 函数（第 13 行～第 17 行）为当前线程的唯一 ID 创建一个 std::string 表示。我们将用它展示用于执行 main 和每个任务的线程。

printTask 函数

在本例中，我们没有手动创建和管理线程。用 concurrencpp::thread_pool_executor 调度任务时，它会用它自己的线程池为你创建和管理线程。本例调度了对 printTask 函数（第 21 行～第 31 行）的调用，并显示它们在单独的线程上执行。第 22 行～第 24 行和第 29 行～第 30 行显示了当前执行线程的唯一 ID，以确认 printTask 是从独立的线程中调用的。

main 函数

main 与图 17.4 的 main 相似，所以我们将重点放在 concurrencpp 语句上。第 35 行创建了 concurrencpp::runtime，这样就可以使用该库的特性。第 37 行显示正在执行 main 的线程的 ID。

concurrencpp 的任务和结果

任务（task）提高了开发人员的效率，“因为他们可以更多地关注业务逻辑，而不必关注线程管理和线程间同步等低级概念”。[33] 你将任务定义为一个函数、lambdas 或函数对象。调度一个任务后，concurrencpp 为你创建一个 concurrencpp::task 对象，并返回代表任务结果的一个 concurrencpp::result 对象，后者可能在未来的某个时候才可用。如果任务的函数返回一个结果，那么可以通过 concurrencpp::result 对象访问它，图 18.3 将对此进行演示。如果函数返回 void，就像 printTask 那样，那么可以使用 concurrencpp::result<void> 对象来等待任务完成，这类似于加入（join）一个线程。第 46 行创建由 concurrencpp::result<void> 对象构成的一个 vector。我们用它来存储任务的结果，这样以后等待任务稍后在 main 中完成。

concurrencpp::thread_pool_executor

Java、Go、Python 和 Kotlin 等编程语言建议通过一个 executor 来实现并发性，而不是直接创建和管理线程。本例使用一个 concurrencpp::thread_pool_executor（第 57 行和第 58 行）来调度每个任务。runtime 对象的 thread_pool_executor 函数返回一个 shared_ptr。程序的所有部分都使用 shared_ptr 与给定 executor 类型的单个对象进行交互。executor 的 submit 函数负责调度一个任务的执行。它接收数量可变的实参。

- submit 的第一个实参是定义了要执行的任务的函数，本例是 printTask。
- submit 将它额外的实参传给由第一个实参指定的函数，在本例中，submit 将 name 和 sleepTime 传给 printTask。

每个 submit 调用都会创建一个 task 对象并返回一个 result。由于 printTask 返回 void，所以 submit 在本例的返回类型是 concurrencpp::result<void>。

等待任务完成执行

调用每个 result 对象的 get 函数（第 65 行～第 67 行）等待相应任务的结果，这类似于加入（join）一个线程。本例的每个任务都返回 void，所以调用 get 函数只是让 main 等待任务完成。如果 printTask 返回一个值，get 将返回该值。

concurrencpp 的 executors 小结

concurrencpp 文档提供了 executors 的一个列表，并说明了每种 executor 在什么情况下使用。[34]

- thread_executor——对于每个任务，thread_executor 都会启动一个单独的线程，而且完成任务后不再重用。根据 concurrencpp 文档，thread_executor“适合长时间运行的任务，比如执行工作循环的对象，或者会造成长时间阻塞的操作。”
- thread_pool_executor（在图 18.2 和图 18.3 中使用）——前面说过，它用一个线程池来调度任务。“适合非阻塞的、短时的、CPU-bound 的任务。我们鼓励应用程序使用它作为非阻塞任务的默认 executor。”
- background_executor——“拥有更大线程池的一个线程池 executor。适合启动短的阻塞任务，例如文件 I/O 和数据库查询。”
- worker_thread_executor——“一种单线程 executor，维护着一个任务队列。如果应用程序想要用一个专门的线程来执行许多相关的任务，就适合使用这种 executor。”
- inline_executor（稍后讨论）——“主要用于重写（override）其他执行器的行为。将一个任务入队，相当于以内联方式调用它。”

任务并非一定要用单独的线程运行

concurrencpp::inline_executor 会在主调线程上调度任务。为了产生下面的输出，我们用 inline_executor 替换了 thread_pool_executor（图 18.2 的第 57 行），从而在主调线程（本例就是 main 线程）上执行任务。每次用 inline_executor 运行这个程序时，任务都会在与 main 相同的线程中按照你的调度顺序执行。这个示例输出显示，所有三个任务的线程 ID 都与 main 相同。调度的每个任务会立即进入睡眠状态，过段时间被唤醒并完成，然后才会启动下一个任务。

```
main's thread ID: 7854

STARTING THREE CONCURRENCPP TASKS
Task 1 (ID: 7854) going to sleep for 2000 ms
Task 1 (ID: 7854) done sleeping
Task 2 (ID: 7854) going to sleep for 4432 ms
Task 2 (ID: 7854) done sleeping
Task 3 (ID: 7854) going to sleep for 3688 ms
Task 3 (ID: 7854) done sleeping

ALL TASKS STARTED

WAITING FOR TASKS TO COMPLETE

main's thread ID: 7854
MAIN ENDS
```

18.6 用 co_await 和 co_return 创建协程

现在，让我们使用 concurrencpp、co_await 和 co_return 来实现一个协程，执行一个可能非常耗时的任务——对一个 int vector 中的 1 亿个元素进行排序。

本例概述

我们将使用 concurrencpp 的 thread_pool_executor 来并行执行两个任务，每个任务对一半 vector 进行排序。一旦这些任务完成，我们将使用标准库算法 inplace_merge（14.4.9 节）来合并 vector 排好序的两半。图 18.3 由以下几个函数组成。

- id 函数（第 14 行～第 18 行）将一个唯一线程 ID 转换为 string。
- sortCoroutine 协程（第 21 行～第 78 行）使用 concurrencpp 来启动两个任务，分别对一半 vector 进行排序。
- main 函数（第 80 行～第 107 行）创建包含 1 亿个元素的 vector，并调用 sortCoroutine 对 vector 进行排序。

为方便讨论，我们把这个程序分成几部分。在程序的最后，我们展示了一个示例输出。

#include 指令和 id 函数

在图 18.3 中，第 3 行～第 11 行包含了本程序用到的头文件，第 14 行～第 18 行定义 id 函数。concurrencpp 库（第 3 行）提供了本程序需要的协程支持特性。

```
1  // fig18_03.cpp
2  // Implementing a coroutine with co_await and co_return.
3  #include <concurrencpp/concurrencpp.h>
4  #include <fmt/format.h>
5  #include <iostream>
6  #include <memory> // for shared_ptr
7  #include <random>
8  #include <sstream>
9  #include <string>
10 #include <thread>
11 #include <vector>
12
13 // get current thread's ID as a string
14 std::string id() {
15    std::ostringstream out;
16    out << std::this_thread::get_id();
17    return out.str();
18 }
19
```

图 18.3 用 co_await 和 co_return 实现协程

用两个任务来执行的 sortCoroutine

第 21 行～第 78 行定义了 sortCoroutine，它接收的实参如下。

- 用于调度任务的一个 std::shared_ptr<concurrencpp::thread_pool_executor>
- 对要排序的 vector<int> 的一个 const 引用

```
20 // coroutine that sorts a vector<int> using two tasks
21 concurrencpp::result<void> sortCoroutine(
22    std::shared_ptr<concurrencpp::thread_pool_executor> executor,
23    std::vector<int>& values) {
24
25    std::cout << fmt::format("Thread {}: sortCoroutine started\n\n", id());
26
```

```
   // lambda that sorts a portion of a vector
   auto sortTask{
      [&](auto begin, auto end) {
         std::cout << fmt::format(
            "Thread {}: Sorting {} elements\n", id(), end - begin);
         std::sort(begin, end);
         std::cout << fmt::format("Thread {}: Finished sorting\n", id());
      }
   };

   // stores task results
   std::vector<concurrencpp::result<void>> results;

   size_t middle{values.size() / 2}; // middle element index

   std::cout << fmt::format(
      "Thread {}: sortCoroutine starting first half sortTask\n", id());

   // use a concurrencpp thread_pool_executor to schedule
   // a sortTask call that sorts the first half of values
   results.push_back(
      executor->submit(
         [&]() {sortTask(values.begin(), values.begin() + middle);}
      )
   );

   std::cout << fmt::format(
      "Thread {}: sortCoroutine starting second half sortTask\n", id());

   // use a concurrencpp thread_pool_executor to schedule
   // a sortTask call that sorts the second half of values
   results.push_back(
      executor->submit(
         [&]() {sortTask(values.begin() + middle, values.end());}
      )
   );

   // suspend coroutine while waiting for all sortTasks to complete
   std::cout << fmt::format("\nThread {}: {}\n", id(),
      "sortCoroutine co_awaiting sortTask completion");
   co_await concurrencpp::when_all(
      executor, results.begin(), results.end());

   // merge the two sorted sub-vectors
```

```
71       std::cout << fmt::format(
72          "\nThread {}: sortCoroutine merging results\n", id());
73       std::inplace_merge(
74          values.begin(), values.begin() + middle, values.end());
75
76       std::cout << fmt::format("Thread {}: sortCoroutine done\n", id());
77       co_return; // terminate coroutine and resume caller
78    }
79
```

sortCoroutine 的工作过程如下所示。

- 第 25 行显示一条消息，其中包含正在运行 sortCoroutine 的线程的 ID，并指出 sortCoroutine 已经启动。通过线程 ID，我们确认 sortCoroutine 与 main 在同一线程中运行。
- sortCoroutine 将启动两个 concurrencpp 任务，它们都执行 lambda sortTask（第 28 行～第 35 行）。该 lambda 接收代表要排序的一个“普通范围”开头和结尾的随机访问迭代器。第 30 行～第 31 行显示一条消息，其中包含执行给定 sortTask 的线程的 ID 以及它要排序的元素数量。第 32 行调用 std::sort 算法对 vector 的指定部分进行排序。排序完成后，第 33 行显示一条包含线程 ID 的消息，并指出任务的排序工作已经完成。
- sortTask 不返回值，所以每个 thread_pool_executor 的 submit 函数为每个任务返回一个 concurrencpp::result<void>。我们将把这些存储在名为 results 的 vector 中（在第 38 行定义）。
- 第 40 行判断 vector 的中间元素，我们用它把 vector 分成两半。
- 第 42 行和第 43 行显示一条消息，指出执行线程的 ID，而且我们正在为 vector 的前一半启动 sortTask。然后，第 47 行～第 51 行使用 thread_pool_executor 的 submit 函数来创建一个任务，调用 sortTask 对 values 范围从 values.begin() 开始，一直到（但不包括）中间元素的值进行排序。我们将 submit 返回的 result 对象存储在 results vector 中。第 53 行～第 62 行重复这些步骤来启动第二个任务，对 values 从中间元素到 vector 末尾的值进行排序。
- 第 66 行～第 66 行显示一条消息，其中包含正在运行 sortCoroutine 的线程的 ID，并指出正在 co_await sortTask 的结果。第 67 行～第 68 行使用 concurrencpp 的 when_all 函数来 co_await 所有 sortTask 的结果。我们稍后会更详细地讨论这一行。
- 第 71 行和第 72 行显示一条消息，其中包含正在运行 sortCoroutine 的线程的 ID，并指出正在合并结果。然后，第 73 行～第 74 行使用标准库算法 inplace_merge 来合并 vector 已经排好序的两半。

- 最后，第 76 行显示当前正在执行协程的线程的 ID，并指出 sortCoroutine 已经完成。然后，第 77 行使用 C++20 的 co_return 语句来终止协程并将控制权返回给 main。由于 sortCoroutine 不返回值，所以 concurrencpp 将一个 concurrencpp::result<void> 返回给协程的调用者。稍后会讲到，main 使用这个对象的 get 函数来等待协程执行完毕。

在 C++20 的 co_await 表达式中使用 when_all

在 C++23 或以后的版本中，我们可能会看到的一个协程实用函数是 when_all，它允许程序等待一组任务的完成。when_all 函数接收的实参如下。

- 一个 executor，用于在所有任务完成后恢复协程的执行。
- 迭代器，代表由 concurrencpp::result 对象构成的一个“普通范围”，在本例中，这些对象是 results vector 中的所有元素。

软件工程

第 67 行和第 68 行 co_await 了 when_all 调用的结果。co_await 表达式由 co_await 操作符和一个会返回可**等待实体**（awaitable entity）的表达式组成。通常，可等待实体是一个协程库类的对象。concurrencpp::result 满足 C++ 标准对 co_await 操作符的操作数的要求，而 when_all 返回的正是这种对象。更准确地说，返回的是一个 concurrencpp::lazy_result 对象，其中包含由所有任务的结果构成的一个 tuple。

软件工程

决定是否暂停协程执行

这时，协程要决定是否暂停执行。在暂停之前，协程调用 co_await 操作数的 await_ready 函数来检查一个任务的结果是否可用。如果是，两个 sortTask 都已经完成了，所以 sortCoroutine 顺序执行下一条语句。否则，sortCoroutine 协程会暂停执行，直到 when_all 的实参中的异步任务执行完毕。这个设计允许调用者（main）执行其他不依赖于异步任务结果的工作。

如示例输出所示，如果协程暂停，main 通过显示一行文本来指出它恢复执行（main resumed...）。然后，main 等待 sortCoroutine 完成并返回。然而，完全可以不必等待 sortCoroutine。相反，main 可以在这此期间继续做其他事情。

恢复协程执行

当 co_await 的异步任务完成后，sortCoroutine 恢复执行，继续执行 co_await 表达式后的下一条语句。在本例中，sortCoroutine 对 vector 已排序的前半部分和后半部分进行合并，然后将控制权 co_return 给 main，使其能继续执行。

concurrencpp 的 when_any 实用函数

另一个可能在 C++23 或更高版本中出现的协程实用函数是 when_any，它允许程序等待两个或更多任务中的任何一个完成。concurrencpp 提供了一个 when_any 函数。

需要用到 when_any 的一种情况是同时下载几个大文件，每个任务下载一个。虽然你最终想要所有结果，但你希望每下载完一个文件就立即处理一个。然后可以再次调用 when_any 来处理剩下的、仍在执行的任务。concurrencpp 的 when_any 通常在一个循环中使用。循环一直迭代，直到多个任务的最后一个完成。

main 程序

main 函数（第 80 行～第 107 行）创建包含 1 亿个随机 int 值的 vector，调用 sortCoroutine 对其进行排序，等待 sortCoroutine 完成，然后确认 vector 已排好序。

```
80  int main() {
81     concurrencpp::runtime runtime; // set up concurrencpp runtime
82     auto executor{runtime.thread_pool_executor()}; // get the executor
83
84     // set up random number generation
85     std::random_device rd;
86     std::default_random_engine engine{rd()};
87     std::uniform_int_distribution ints;
88
89     std::cout << fmt::format(
90        "Thread {}: main creating vector of random ints\n", id());
91     std::vector<int> values(100'000'000);
92     std::ranges::generate(values, [&]() {return ints(engine);});
93
94     std::cout << fmt::format(
95        "Thread {}: main starting sortCoroutine\n", id());
96     auto result{sortCoroutine(executor, values)};
97
98     std::cout << fmt::format("\nThread {}: {}\n", id(),
99        "main resumed. Waiting for sortCoroutine to complete.");
100    result.get(); // wait for sortCoroutine to complete
101
102    std::cout << fmt::format(
103       "\nThread {}: main confirming that vector is sorted\n", id());
104    bool sorted{std::ranges::is_sorted(values)};
105    std::cout << fmt::format("Thread {}: values is{} sorted\n",
106       id(), sorted ? "" : " not");
107 }
```

main 的工作过程如下所示。

- 第 81 行和第 82 行构造 concurrencpp::runtime 对象并获取它的 concurrencpp::thread_pool_executor。
- 第 85 行～第 87 行设置随机数生成，以填充一个 vector<int>。
- 第 89 行～第 92 行创建包含 1 亿个元素的 vector<int>，然后使用 std::ranges::generate 算法用随机 int 值填充它。
- 第 94 行和第 95 行报告 main 线程正在执行并准备调用 sortCoroutine。
- 第 96 行调用 sortCoroutine 协程，传递 executor 和名为 values 的 vector。这就启动了异步排序任务，并返回一个类型为 concurrencpp::result<void> 的对象。sortCoroutine 调用在 main 线程中执行以启动异步任务。当 sortCoroutine 对这些任务进行 co_await 时，如果任务的结果尚未出现，它将暂停执行；否则，它将简单地完成并返回。
- 在本例中，异步任务不会立即完成，因为 sortCoroutine 启动的每个任务都需要时间来排序 5 000 万个元素。所以，协程将暂停执行，并将控制权返回给 main。随后，第 98 行和第 99 行显示一行文本来指出 main 已恢复执行。在这个时候，main 其实可以继续做其他事情。
- 第 100 行调用 result 对象的 get 方法来阻塞 main 继续执行，直到 sortCoroutine 的异步任务执行完毕。
- 异步任务都执行完毕后，第 102 行和第 103 行会显示一条消息，指出 main 正在确认 values 已经排好序。然后，第 104 行调用 std::ranges::is_sorted，并将 values 作为实参。如果它的实参所代表的范围已排好序，这个算法就会返回 true；否则返回 false。最后，第 105 行～第 106 行显示一条消息，指出 vector 是否已经排好序。

示例输出

让我们详细讨论一下示例输出。我们对输出进行了分解以方便讨论。

```
Thread 17276: main creating vector of random ints
Thread 17276: main starting sortCoroutine
Thread 17276: sortCoroutine started

Thread 17276: sortCoroutine starting first half sortTask
Thread 17276: sortCoroutine starting second half sortTask

Thread 17276: sortCoroutine co_awaiting sortTask completion
```

```
Thread 17276: main resumed. Waiting for sortCoroutine to complete.
Thread 17144: Sorting 50000000 elements
Thread 6252: Sorting 50000000 elements
Thread 6252: Finished sorting
Thread 17144: Finished sorting

Thread 6252: sortCoroutine merging results
Thread 6252: sortCoroutine done

Thread 17276: main confirming that vector is sorted
Thread 17276: values is sorted
```

首先，main 显示它的线程 ID 并创建随机整数 vector：

```
Thread 17276: main creating vector of random ints
```

接着，main 显示它的线程 ID 并调用 sortCoroutine：

```
Thread 17276: main starting sortCoroutine
```

然后，sortCoroutine 显示它的线程 ID 并报告它已经启动：

```
Thread 17276: sortCoroutine started
```

注意，sortCoroutine 在 main 线程中执行，所以两者显示的线程 ID 一样。接着，sortCoroutine 启动两个任务对 vector 进行排序：

```
Thread 17276: sortCoroutine starting first half sortTask
Thread 17276: sortCoroutine starting second half sortTask
```

在这个时候，sortCoroutine 会 co_await 它的两个任务的完成：

```
Thread 17276: sortCoroutine co_awaiting sortTask completion
```

如果两个 sortTask 没有完成，sortCoroutine 暂停执行，将控制返回给 main。我们故意创建了一个大的 vector，使排序不会立即完成。这样一来，就可以证明 main 会在协程暂停执行期间继续执行：

```
Thread 17276: main resumed. Waiting for sortCoroutine to complete.
```

main 在显示了上面这行文本后，会调用 sortCoroutine result 对象的 get 函数来阻塞，直到 sortCoroutine 完成并将控制返回给 main。

与此同时，并行的 sortTask 开始在其他线程中执行，如它们的线程 ID 所示：

```
Thread 17144: Sorting 50000000 elements
Thread 6252: Sorting 50000000 elements
```

我们无法预测异步并发任务的相对速度，所以不知道哪个 sortTask 先完成。在本次运行中，sortTask 是按照和启动时相反的顺序完成的，这同样通过它们的线程 ID 来证明：

```
Thread 6252: Finished sorting
Thread 17144: Finished sorting
```

接着，sortCoroutine 合并两个 sortTask 的结果，并报告它已完成：

```
Thread 17144: sortCoroutine merging results
Thread 17144: sortCoroutine done
```

注意，executor 在最后一个完成 sortTask 的线程上恢复 sortCoroutine 的执行。

在这个时候，sortCoroutine 将控制 co_return 给 main，后者继续执行，确认 vector 已排好序，然后终止：

```
Thread 17276: main confirming that vector is sorted
Thread 17276: values is sorted
```

co_await 和 co_return 的协程的控制流

下图展示了这个程序中的基本控制流，编号与后续步骤说明中的编号对应。

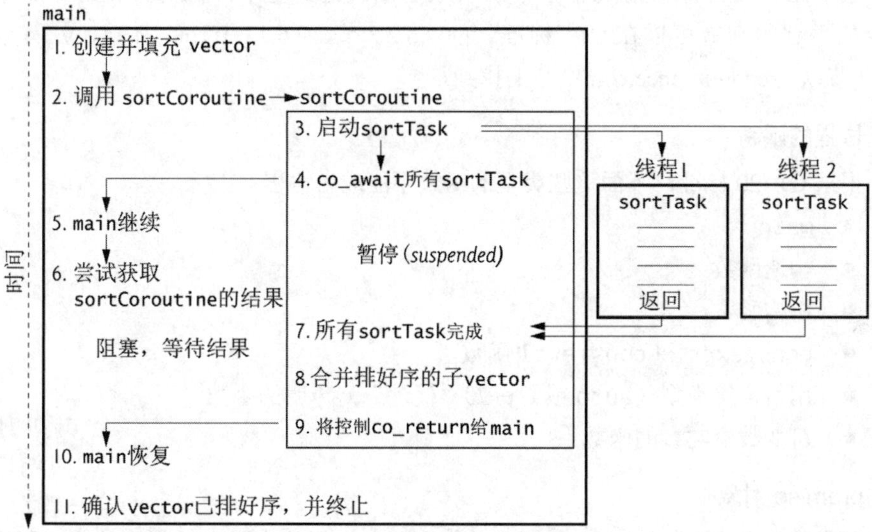

1. main 创建并填充由随机整数构成的 vector。
2. main 调用 sortCoroutine。
3. sortCoroutine 启动两个并行任务，每个任务为一半的 vector 调用 sortTask。这些任务开始并行运行。
4. sortCoroutine 对所有任务的结果进行 co_await，暂停协程的执行，并将控制返回给 main。
5. main 继续执行。
6. main 试图获得 sortCoroutine 的结果，这会阻塞 main 的继续执行，直到 sortCoroutine 完成执行并将控制返回给 main。

7. 最终，两个 sortTask 完成，这时 sortCoroutine 恢复执行。
8. sortCoroutine 合并排好序的子 vector。
9. sortCoroutine 将控制 co_return 给 main，终止 sortCoroutine。
10. main 恢复执行。
11. main 确认 vector 已排好序，然后终止。

18.7 低级协程概念

通过本章的例子，大家可以体会到利用像 generator 和 concurrencpp 这样的协程支持库，可以方便地创建协程。如果程序员想尝试在不使用这些“实验性”协程支持库的情况下自己进行协程编程，就需要用到本节概述的一些低级概念。为方便你进一步学习，我们在注解中加入了关键的文章和视频，并附有一些示例代码。[35, 36, 37, 38, 39, 40]

本节还将加强你对前几个小节所采取的高级的、基于库的方法的理解。本节讨论的主题的细节可以在 C++ 标准[41]的 7.6.2.3 节、7.6.17 节、8.7.4 节、9.5.4 节和 17.12 节以及 cppreference.com[42, 43] 上找到。

协程的限制

根据 C++20 标准，下面这些类型的函数不能成为协程：[44]

- main
- 构造函数
- 析构函数
- constexpr 和 consteval 函数
- 用占位符类型（auto 或 C++20“概念”）声明的函数
- 可变数量实参的函数

promise 对象

每个协程都有一个 promise 对象，[45]它是在协程首次调用时创建的。协程用它向调用者返回一个结果，或者向调用者返回一个异常。

promise 对象是协程状态的一部分。它提供了几个成员函数。

- get_return_object——当协程开始执行时，它在 promise 对象上调用这个函数以获得协程的结果对象，当协程第一次暂停时，这个结果对象会被返回给协程的调用者。当协程的结果可用时，调用者使用该结果对象来访问协程的结果。
- initial_suspend——当协程开始执行时，它在 promise 对象上调用这个函数以确定是立即暂停（对惰性协程而言，例如图 18.1

的 fibonacciGenerator 协程）还是继续执行（例如图 18.2 的 sortCoroutine 协程）。<coroutine> 头文件提供了 suspend_always 和 suspend_never 类型来支持这两种可能性。

- unhandled_exception——如果一个未处理的异常导致协程终止，协程会在 promise 对象上调用这个函数。
- return_void——当执行到协程的结束大括号、无表达式的 co_return 语句或者表达式求值为 void 的 co_return 语句时，协程在 promise 对象上调用这个函数。promise 对象可以定义 return_void 或 return_value，但不能两个都定义。
- return_value——当 co_return 语句包含一个非 void 表达式时，协程调用这个函数。promise 对象可以定义 return_value 或 return_void，但不能两个都定义。
- final_suspend——在调用 return_void 或 return_value 后，协程调用此函数将控制权（可能还有一个结果）返回给协程的调用者。
- yield_value——执行 co_yield 语句时，生成器协程调用这个函数将一个值返回给协程的调用者。

协程状态

协程状态（有时也称为协程帧）负责维护以下内容：

- 协程参数的拷贝
- 它的 promise 对象
- **暂停点**（suspension point）的一个表示，这样协程才知道从哪里恢复执行。
- 在暂停点处于作用域内的局部变量

在我们的生成器例子中（图 18.1），暂停点是 co_yield 语句暂停协程并将一个值返回给生成器的调用者的位置。在我们的 vector 排序例子中（图 18.3），暂停点是我们对调用 concurrencpp::when_all 的结果进行 co_await 的地方。

协程句柄

生成器支持库使用 coroutine_handle（来自头文件 <coroutine>）来引用和操作一个正在运行或暂停的协程。类模板 coroutine_handle 的一些功能如下。

- 从一个 promise 对象创建一个 coroutine_handle。
- 检查被引用的协程是否已完成执行。
- 恢复一个暂停的协程。
- 销毁协程状态。
- 获取协程的 promise 对象。

可等待对象

co_await 的操作数必须是一个可等待（awaitable）对象，例如 concurrencpp::result（图 18.3）。这样的对象必须提供几个成员函数。

- await_ready——当 co_await 一个可等待对象时，先调用这个函数以判断结果是否已经可用。如果是，协程继续执行。
- await_suspend——如果结果还没有准备好，调用该函数以判断是否暂停协程的执行并将控制返回给调用者。如果该函数返回另一个暂停的协程的 coroutine_handle，则那个协程恢复执行。
- await_resume——协程恢复执行时，调用该函数以返回 co_await 表达式的结果。

18.8 C++23 的协程改进计划

18.5 节展示了用于启动任务和管理线程的 concurrencpp executors。在 C++23 中，executors 以及其他协程开发支持特性有望被纳入标准。其他各种第三方库也提供了实验性的 executors 实现。例如，脸书（Facebook）的 libunifex（unified executors）库[46]是 executor 和其他异步编程机制的一个原型实现，目前正考虑纳入标准。欲知详情，请参见 C++ 标准委员会的提案：

- std::execution[47]
- A Unified Executors Proposal for C++[48]
- Dependent Execution for a Unified Executors Proposal for C++[49]

18.9 小结

本章讨论了协程，它是 C++20 四大特性（范围、概念、模块和协程）中的最后一个。目前 C++20 库只为协程提供了较低级的支持，目的是让开发者为 C++23 和以后的版本创建更高级的协程支持库。我们使用这种高级的、基于库的方法来方便地创建协程，从而可以采用简单的、类似顺序的编码风格来实现复杂的并发编程。我们使用关键字 co_yield 和 generator 库来实现一个惰性生成器协程。我们还介绍了 concurrencpp 库提供的 executors、任务和结果，用它们执行任务，并用关键字 co_await 和 co_return 来定义一个协程。

感谢阅读本书。我们希望你喜欢这本书，能体会到它的趣味性，并能从中学到真正有用的东西。最重要的是，我们希望你通过本书获得信心，能将自己学到的技术应用于个人职业生涯所面临的各种挑战。

注释

1. 译注：同步意味着一个操作开始后必须等待它完成；异步则意味着不用等它完成，可立即返回做其他事情。不要将“同步”理解成“同时”。换言之，同步意味着不能同时访问一个资源，只有在你用完了之后，我才能接着用。
2. 译注：这称为“异步地同步”（asynchronously synchronization），即同步对资源的访问，但以异步方式进行，即不阻塞线程。
3. “协程”（coroutine）一词由 Melvin Conway 于 1958 年发明，访问日期 2022 年 2 月 12 日，https://zh.wikipedia.org/zh-hans/ 协程。
4. Geoffrey Romer，Gor Nishanov，Lewis Baker and Mihail Mihailov，“Coroutines: Use-Cases and Trade-Offs”，访问日期 2022 年 2 月 12 日，http://www.open-std.org/jtc1/sc22/wg21/docs/papers/2019/p1493r0.pdf。
5. “What Are Use Cases for Coroutines?”，访问日期 2022 年 2 月 12 日，https://stackoverflow.com/questions/303760/what-are-use-cases-for-coroutines。
6. 访问日期 2022 年 2 月 12 日，https://zh.cppreference.com/w/cpp/language/coroutines。
7. David Mazières，“My Tutorial and Take on C++20 Coroutines”，访问日期 2022 年 2 月 12 日，https://www.scs.stanford.edu/ ～ dm/blog/c++-coroutines.html。
8. Techmunching，“Coroutines and Their Introduction in C++”，访问日期 2022 年 2 月 12 日，https://techmunching.com/coroutines-and-their-introduction-in-c/。
9. Rainer Grimm，“C++20: More Details to Coroutines”，访问日期 2022 年 2 月 12 日，http://modernescpp.com/index.php/component/content/article/54-blog/c-20/488-c-20-coroutines-more-details。
10. Bobby Priambodo，“Cooperative vs. Preemptive: a Quest to Maximize Concurrency Power”，访问日期 2022 年 2 月 12 日，https://tinyurl.com/ye24uf7f。
11. Lewis Baker，“Structured Concurrency: Writing Safer Concurrent Code with Coroutines and Algorithms”，访问日期 2022 年 2 月 12 日，https://www.youtube.com/watch?v=1Wy5sq3s2rg。
12. Jeff Thomas，“Exploring Coroutines”，访问日期 2022 年 2 月 12 日，https://blog.coffeetocode.com/2021/04/exploring-coroutines/。
13. Steve Downey，“Converting a State Machine to a C++ 20 Coroutine”，访问日期 2022 年 2 月 12 日，https://www.youtube.com/watch?v=Z8jHi9Cs6Ug。
14. Lewis Baker，“C++ Coroutines: Understanding Operator co_await”，访问日期 2022 年 2 月 12 日，https://lewissbaker.github.io/2017/11/17/understanding-operatorco-await。
15. Ville Voutilainen，“To Boldly Suggest an Overall Plan for C++23”，访问日期 2022 年 2 月 12 日，http://www.open-std.org/jtc1/sc22/wg21/docs/papers/2019/p0592r4.html。
16. 访问日期 2022 年 2 月 12 日，https://en.wikipedia.org/wiki/C++23。
17. Lewis Baker，“cppcoro”，https://github.com/lewissbaker/cppcoro。
18. 在 2021 年 9 月 18 日的一次电子邮件通信中，Baker 说不再提供对 cppcoro 的支持。他现在从事 Facebook 的实验性 folly::coro 和 libunifex 库的开发。
19. “facebook/folly.”，访问日期 2022 年 2 月 12 日，https://github.com/facebook/folly。
20. David Haim，“concurrencpp”，访问日期 2022 年 2 月 12 日，https://github.com/David-Haim/concurrencpp。
21. 根据 2021 年 11 月 14 日我们与 David Haim 的电子邮件通信。
22. Sy Brand (C++ Developer Advocate, Microsoft)，“generator”，访问日期 2022 年 2 月 12 日，https://github.com/TartanLlama/generator。

23. Visual C++ 语言在 <experimental/generator> 头文件中提供了一个 std::experimental::generator 实现。
24. 感谢 *C++ Concurrency in Action* 第 2 版（https://www.manning.com/books/c-plus-plus-concurrency-in-action-second-edition）的作者 Anthony Williams（https://www.linkedin.com/in/anthonyajwilliams）分享他的个人见解，最终使我们确定了如何安排本书“协程”这一章的内容。
25. 译注：executors 预计在 C++23 才标准化，目前没有统一的译法。本书保留原文。
26. 截止本书写作时为止，generator 库还不支持 clang++。
27. C++ Standard，“Coroutine Definitions”，访问日期 2022 年 2 月 1 日，https://timsong-cpp.github.io/cppwp/n4861/dcl.fct.def.coroutine#9。
28. Varun Ramesh Blog，“Stackless vs. Stackful Coroutines”，访问日期 2022 年 2 月 1 日，https://blog.varunramesh.net/posts/stackless-vs-stackful-coroutines/。
29. “Coroutines—Heap Allocation”，访问日期 2022 年 2 月 1 日，https://en.cppreference.com/w/ cpp/language/coroutines#Heap_allocation。
30. “Thread pool.” Marc Gregoire, *Professional C++*，Fifth Edition, p. 963，2021，Indianapolis, IN: John Wiley & Sons，2021，中文版《C++20 高级编程》（第 5 版）
31. 访问日期 2022 年 2 月 1 日，https://zh.wikipedia.org/zh-hans/ 线程池。
32. 访问日期 2022 年 2 月 1 日，https://github.com/facebookexperimental/libunifex。
33. David Haim，“concurrencpp overview”，访问日期 2022 年 2 月 1 日，https://github.com/David-Haim/concurrencpp#concurrencpp-overview。
34. “concurrencpp—Executors.”，访问日期 2022 年 2 月 1 日，https://github.com/David-Haim/concurrencpp#executors。
35. Marius Bancila，*Modern C++ Programming Cookbook*，Chapter 12, pp. 681–700. Packet, 2020.
36. Simon Toth，“C++20 Coroutines: Complete Guide”，访问日期 2022 年 2 月 1 日，https://itnext.io/c-20-coroutines-complete-guide-7c3fc08db89d。
37. Rainer Grimm，“40 Years of Evolution from Functions to Coroutines”，访问日期 2022 年 2 月 1 日，https://www.youtube.com/watch?v=jd6P9X8l2bY。
38. Jeff Thomas，“Exploring Coroutines”，访问日期 2022 年 2 月 1 日，https://blog.coffeetocode.com/2021/04/exploring-coroutines/。
39. Panicsoftware，“Your First Coroutine”，访问日期 2022 年 2 月 1 日，https://blog.panicsoftware.com/your-first-coroutine/。
40. Panicsoftware，“co_awaiting Coroutines”，访问日期 2022 年 2 月 1 日，https://blog.panicsoftware.com/co_awaiting-coroutines/。
41. C++ Standard，访问日期 2022 年 2 月 1 日，https://timsong-cpp.github.io/cppwp/n4861/。
42. 访问日期 2022 年 2 月 1 日，https://zh.cppreference.com/w/cpp/language/coroutines。
43. 访问日期 2022 年 2 月 1 日，https://zh.cppreference.com/w/cpp/header/coroutine。
44. C++ Standard，6.9.3.1 节、9.2.5 节、9.2.8.5 节、11.4.4 节和 11.4.6 节，访问日期 2022 年 2 月 1 日，https://timsong-cpp.github.io/cppwp/n4861/。
45. Lewis Baker，“C++ Coroutines: Understanding the Promise Type”，访问日期 2022 年 2 月 1 日，https://lewissbaker.github.io/2018/09/05/understandingthe-promise-type。
46. 访问日期 2022 年 2 月 1 日，https://github.com/facebookexperimental/libunifex。
47. Micha Dominiak, Lewis Baker, Lee Howes, Kirk Shoop, Michael Garland, Eric Niebler and Bryce Adelstein Lelbach，“std::execution”，访问日期 2022 年 2 月 1 日，https://wg21.link/p2300。

48. Jared Hoberock, Michael Garland, Chris Kohlhoff, Chris Mysen, Carter Edwards, Gordon Brown, Daisy Hollman, Lee Howes, Kirk Shoop, Lewis Baker and Eric Niebler, “A Unified Executors Proposal for C++”，访问日期 2022 年 2 月 1 日，https://wg21.link/p0443。
49. Jared Hoberock, Michael Garland, Chris Kohlhoff, Chris Mysen, Carter Edwards and Gordon Brown，“Dependent Execution for a Unified Executors Proposal for C++”，访问日期 2022 年 2 月 1 日，https://wg21.link/p1244。

附录 A 操作符优先级和分组

下表中的操作符按优先级从上到下降序排列。

操作符	用途	分组
`::`	作用域解析	从左到右
`()`	分组圆括号	
`()`	函数调用	从左到右
`[]`	数组下标	
`.`	通过对象选择成员	
`->`	通过指针选择成员	
`++`	一元后递增	
`--`	一元后递减	
`typeid`	运行时类型信息	
`dynamic_cast< 类型 >`	运行时类型检查强制类型转换	
`static_cast< 类型 >`	编译时类型检查强制类型转换	
`reinterpret_cast< 类型 >`	针对非标准转换的强制类型转换	
`const_cast< 类型 >`	去掉 const 性质的强制类型转换	
`++`	一元前递增	从右到左
`--`	一元前递减	
`+`	一元加法	
`-`	一元减法	
`!`	一元逻辑取反	
`~`	一元按位求补	
`sizeof`	判断大小 (单位：字节)	
`&`	取址	
`*`	解引用	
`new`	动态内存分配	
`new[]`	动态数组分配	
`delete`	动态内存取消分配	

操作符	用途	分组
delete[] co_await (类型)	动态数组取消分配 等待协程完成 C 语言风格的一元强制类型转换	从右到左
.* ->*	通过对象对指向成员的指针进行解引用 通过指针对指向成员的指针进行解引用	从左到右
* / %	乘法 除法 求余	从左到右
+ -	加法 减法	从左到右
<< >>	按位左移位 按位右移位	从左到右
<=>	三路比较	从左到右
< <= > >=	关系小于 关系小于或等于 关系大于 关系大于或等于	从左到右
== !=	关系等于 关系不等于	从左到右
&	按位 AND	从左到右
^	按位 XOR(异或)	从左到右
|	按位 OR	从左到右
&&	逻辑 AND	从左到右
||	逻辑 OR	从左到右
?: = += -= *= /= %= &= ^= |= <<= >>= co_yield throw	三元条件 赋值 加法赋值 减法赋值 乘法赋值 除法赋值 求余赋值 按位 AND 赋值 按位 XOR 赋值 按位 OR 赋值 按位左移位赋值 按位右移位赋值 暂停协程并返回一个值 抛出异常	从右到左
,	逗号	从左到右

附录 B

字符集

ASCII字符集

	0	1	2	3	4	5	6	7	8	9
0	nul	soh	stx	etx	eot	enq	ack	bel	bs	ht
1	nl	vt	ff	cr	so	si	dle	dc1	dc2	dc3
2	dc4	nak	syn	etb	can	em	sub	esc	fs	gs
3	rs	us	sp	!	"	#	$	%	&	‘
4	(	)	*	+	,	-	.	/	0	1
5	2	3	4	5	6	7	8	9	:	;
6	<	=	>	?	@	A	B	C	D	E
7	F	G	H	I	J	K	L	M	N	O
8	P	Q	R	S	T	U	V	W	X	Y
9	Z	[	\	]	^	_	’	a	b	c
10	d	e	f	g	h	i	j	k	l	m
11	n	o	p	q	r	s	t	u	v	w
12	x	y	z	{	|	}	~	del		

* 表格左侧数字是字符十进制编码（0 ~ 127）左边的数字，表格上方的数字是编码右边的数字。例如，'F' 的字符编码是 70，'&' 的字符编码则是 38。